I0043856

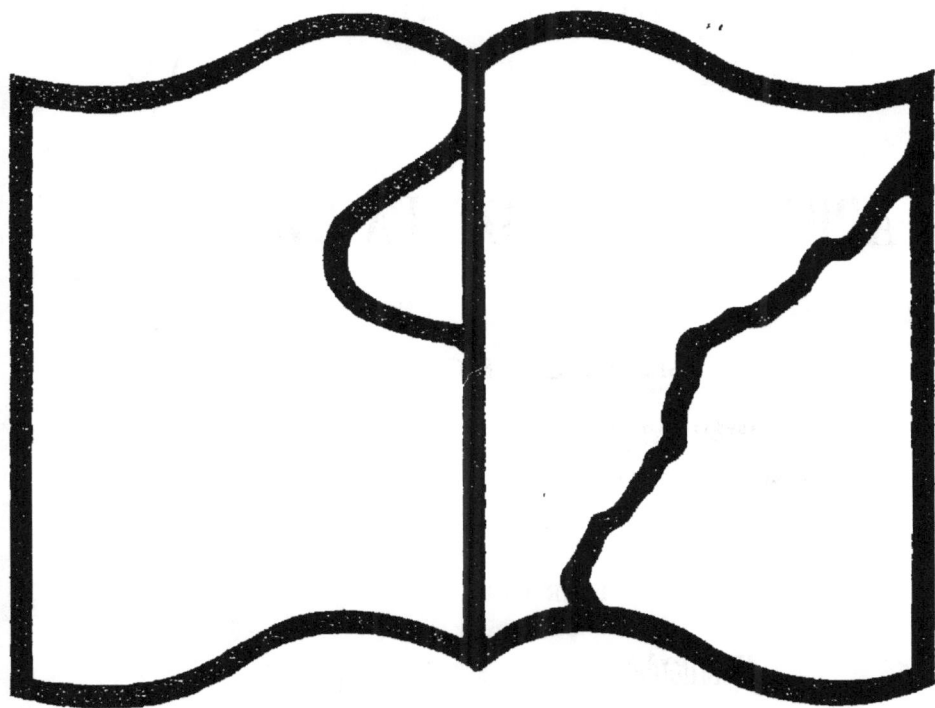

Texte détérioré — reliure défectueuse

NF Z 43-120-11

TRAITÉ GÉNÉRAL

des

APPLICATIONS DE LA CHIMIE

PAR

Jules GARÇON

LAURÉAT DE LA SOCIÉTÉ INDUSTRIELLE DE MULHOUSE,

DE LA SOCIÉTÉ D'ENCOURAGEMENT POUR L'INDUSTRIE NATIONALE, ETC.

TOME PREMIER

Métalloïdes et Composés métalliques.

PARIS

Vᵛᵉ Ch. DUNOD, Editeur,

49, QUAI DES GRANDS-AUGUSTINS, 49.

1901

Société Anonyme

des

Matières colorantes et Produits chimiques

DE SAINT-DENIS

ÉTABLISSEMENTS
A. Poirrier et G. Dalsace

Capital : 7 Millions.

PARIS. 105, Rue Lafayette, PARIS.

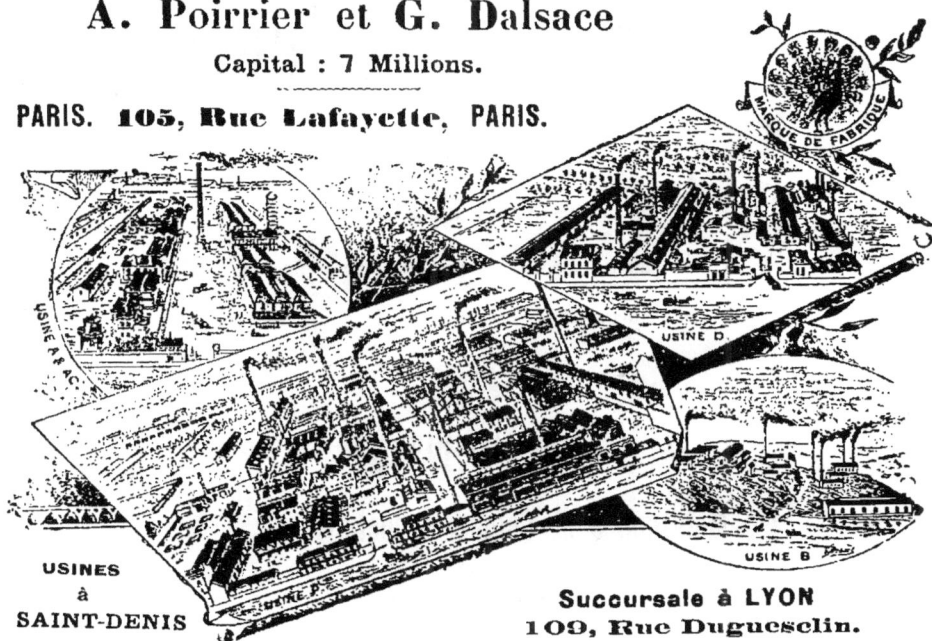

**USINES
à
SAINT-DENIS**

**Succursale à LYON
109, Rue Duguesclin.**

PRODUITS ET COULEURS DÉRIVÉS DU GOUDRON DE HOUILLE : Aniline et chlorhydrate d'aniline. — Toluène. — Benzine. — Xylidine. — Couleurs d'aniline, etc. — Naphtylamine. — Naphtols, etc. — Orseille. — Extrait d'Orseille. — Cudbear. — Cachou de Laval. — Alizarine. — Noir Vidal. — Noir Saint-Denis.

PRODUITS PHARMACEUTIQUES : Analgésine Saint-Denis. — Phénédine. — Antifébrine. — a et b Naphtol, etc.

PRODUITS CHIMIQUES : Acide muriatique pur et ordinaire. — Acide nitrique. — Sulfate de zinc. — Sulfate de soude aiguillé, anhydre, calciné et médicinal. — Alun, Sulfate et Acétate d'alumine.

RÉCOMPENSES :

Médaille d'Or : Paris 1867. — Prize Medal : Londres 1862. — Diplômes d'honneur : Lyon 1872 et Vienne 1873. — Grande médaille : Philadelphie 1876. — Grand prix : Paris 1878. — Premier ordre de mérite : Melbourne 1880. — Diplômes d'honneur : Amsterdam 1883 et Rouen 1884. — Médaille d'or : Barcelone 1888. — Hors concours : Paris 1889, Chicago 1893, Rouen 1896 et Paris 1900.

TRAITÉ GÉNÉRAL

des

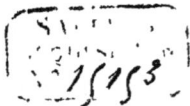

APPLICATIONS DE LA CHIMIE

PAR

Jules GARÇON

LAURÉAT DE LA SOCIÉTÉ INDUSTRIELLE DE MULHOUSE,

DE LA SOCIÉTÉ D'ENCOURAGEMENT POUR L'INDUSTRIE NATIONALE, ETC.

TOME PREMIER

Métalloïdes et Composés métalliques.

PARIS

Vᵛᵉ Ch. DUNOD, Editeur,

49, QUAI DES GRANDS-AUGUSTINS, 49.

1901

PRÉFACE

Cet ouvrage a pour objet d'étudier les Applications générales et particulières de la Chimie, en les rattachant aux propriétés des corps d'où elles dérivent, et d'exposer avec détails les plus importantes de ces applications.

Notre Traité général des Applications de la Chimie présente, on le voit, un caractère tout à fait nouveau et essentiellement utilitaire. Nous espérons que les lecteurs voudront bien le reconnaître, et que leur appui moral apportera à l'auteur la force de continuer une œuvre utile. Nous souhaitons l'amener à être un exposé absolument complet des Applications de la Chimie susceptibles d'intéresser non seulement les Chimistes et les Professeurs, mais encore tous les Industriels, les Ingénieurs, les Elèves des écoles techniques et ceux des facultés, les Agriculteurs, les Médecins et les Pharmaciens, les Inventeurs, les Experts, etc., en un mot toutes les personnes qui s'occupent de Chimie appliquée.

L'ouvrage sera tenu à jour, continué et complété, car dans le domaine de la Chimie appliquée, le siècle qui commence nous réserve des merveilles plus extraordinaires encore que celles offertes par le siècle qui expire, et dont l'Exposition internationale de 1900 a présenté au monde la splendide synthèse.

Des indications bibliographiques choisies permettent de recourir avec sûreté à la source originale, brevet français ou étranger, publication scientifique ou technique, etc. — En ce qui concerne les brevets et les procédés, nous déclinons, bien entendu, toute responsabilité, puisque nous résumons simplement des documents publics.

Comme le but que nous poursuivons est d'être utile, nous nous mettons, entièrement et à titre gracieux, à la disposition de ceux de nos lecteurs qui désireraient quelque renseignement supplémentaire.

JULES GARÇON
40 bis, rue Fabert, Paris.

TABLE SYSTÉMATIQUE DES MATIÈRES

PREMIÈRE PARTIE

Métalloïdes et Métaux.

CHAPITRE PREMIER

Hydrogène.

CHAPITRE II

Fluor et Composés.

CHAPITRE III

Chlore et Composés.

Composés oxygénés du chlore

CHAPITRE IV

Brome et Composés.

CHAPITRE V

Iode et Composés.

CHAPITRE VI

Oxygène et Composés.

Air

Eau

Eau oxygénée

Oxydes

CHAPITRE VII
Soufre et Composés

Sulfures

Anhydride sulfureux et Sulfites

Acide sulfurique

CHAPITRE VIII

Azote et Composés.

CHAPITRE X

Arsenic, Antimoine, Bismuth et Composés.

CHAPITRE XI

Bore et Composés.

CHAPITRE XII

Silicium et Composés.

CHAPITRE XIII

Carbone.

CHAPITRE XIV

Composés oxygénés du carbone.

CHAPITRE XV

Cyanogène et Composés.

FIN DE LA TABLE SYSTÉMATIQUE DES MATIÈRES.

OUVRAGES ET PUBLICATIONS CONSULTÉS [1]

I. — OUVRAGES.

Ghersi (J.). — Formulaire industriel. (1901) in-8, 514 pages. Td. par M. Bompas. Paris, G. Carré et C. Naud, 3 rue Racine ; 5 fr. [Excellent petit recueil de procédés et de formules d'un usage journalier].

Girardin (M. J.). — Leçons de chimie élémentaire appliquées aux arts industriels. (1880) 6° éd., 6 v. in-8, Paris.

Payen (A.). — Précis de chimie industrielle. (1877-1878) 6° éd., revue par M. Vincent, 2 v. in-8 et atlas, Paris.

Pelouze et Fremy. — Traité de chimie générale (1867) 3° éd.. 7 v. in-8, Paris.

Wagner. — Nouveau traité de chimie industrielle. (1901) 4° éd., 2 v. in-8, Paris. (Sur l'édition allemande de Wagner et Fischer, traduite par L. Gautier)

Joannis (A.). — Traité de chimie organique appliquée. (1896) 2 v. in-8, Paris.

Mendéleef (D.). — Principes de chimie. (1895-1898) 3 v. in-8, Paris. (Sur la 6° éd. russe.)

Dammer (O.). — Handbuch der chemischen Technologie. (1895-1898) 5 Bde in-8, Stuttgart.

Codex pharmaceutique.

Beilstein (F.). — Handbuch der organischen Chemie. (1892 et suiv.) 3° éd.

Dictionnaire de chimie pure et appliquée de Wurtz. (1868-1878) 5 v. in-8. (1884) 2 v. de supplément. (1890 et suiv.) 2° supplément.

Dictionnaire de chimie industrielle de A. M. Villon. (1892) v. in-4, Paris.

Congrès international de chimie appliquée.

    Deuxième.... réuni à Paris, en 1896... (1897) 5 v. in-8, Paris.

    Troisième... réuni à Paris, en 1900.

Mineral (The) industry, its statistics, technology and trade, in the U. S. and other countries. (18.. — 1900) New-York and London.

Rapports du Jury international aux Expositions de Londres 1862, de Paris 1867, de Vienne 1873, de Paris 1878, de Paris 1889, de Paris 1900.

II. — TRAVAUX DES SOCIÉTÉS SAVANTES.

Académie des sciences de Paris.

    Comptes rendus hebdomadaires. 1835 et suiv. Tables des t. I-XXXI, XXXII-LXI LXII-XCI.

American Association for the advancement of science.

    Proceedings of the american Association for the advancement of science. 1848 et suiv. Ils renferment, depuis 1883, v. XXXII, les Reports of the committee on indexing chemical literature.

---

[1] Le but est d'effectuer le dépouillement intégral des milliers de volumes qui constituent l'ensemble des Ouvrages et Publications consultés.

American chemical Society.
> Journal (The) of the american chemical Society. 1876 et suiv., New-York. Subject and author-index to v. I-XXX, by Sohon (1899). Le Journal contient, depuis décembre 1897, une Review of american chemical research, ed. by A.-A. Noyes.

British Association for the advancement of science.
> Reports of the annual meeting and transactions of . ... the british association for the advancement of science. 1831 et suiv. Index ..... from 1831 to 1860 (1864), London.

Cheminal Society of London.
> Journal of the chemical Society of London. 1848 et suiv. Index to 1848-1872 (1874) ; to 1873-1882 : to 1883-1892.

Deutsche chemische Gesellschaft zu Berlin.
> Berichte der deutschen chemischen Gesellschaft zu Berlin. 1868 et suiv., avec un Chemisch Centralblatt depuis 1898. General-Register zu 1868-1877 (1880), 2 Bde in-8, Berlin : — zu 1878-1887 ; — zu 1888-1896.

Royal Institution of Great Britain.
> Proceedings of the royal Institution of Great Britain. 1851 et suiv. Index to v. I-XII, in v. XII, 1889.

Royal Society of London.
> Proceedings of the royal Society of London. 1854 et suiv.

Society of chemical Industry.
> Journal (The) of the Society of chemical Industry. 1881 et suiv., London. Collective Index, 1881-1895 (1896).

Société chimique de Paris.
> Bulletin de la Société chimique de Paris. 1861 et suiv. [1858-1860 : Répertoire de chimie]. Table de 1858 à 1874 par Ed. Wilm ; de 1875 à 1888 par Th. Schneider.

Société d'encouragement pour l'Industrie Nationale.
> Bulletin de la Société d'Encouragement pour l'Industrie nationale. 1802 et suiv. Tables.

Society for the encouragement of arts.
> Journal of the Society ..... for the encouragement of arts... 1852 et suiv. Indexes to v. I-X..., XXXI-XL...

Société industrielle de Rouen.
> Bulletin de la Société industrielle de Rouen. 1873 et suiv. Tables de 1873 à 1882, de 1883 à 1888, de 1889 à 1893, de 1894 à 1899.

Société Industrielle de Mulhouse.
> Bulletin de la Société industrielle de Mulhouse. 1826 et suiv. Tables in t. XXV, in t. XLVI par Michel, in Bulletin du cinquantenaire. Tables générales des matières contenues dans les v. I-LX, 1826-1890, par A. Boeringer (1894). Table des matières des séances du Comité de chimie, 1866-1889, par Albert Scheurer.

Technologischen Gewerbe-Museum in Wien.
> Mittheilungen des K. K. technologischen Gewerbe-Museums in Wien. Section fur chemische Gewerbe, 1883 et suiv., Wien.

III. — AUTRES PUBLICATIONS PÉRIODIQUES.

Abridgments of specifications. Patent office of London. 1617 et suiv.

Auszüge aus den Patentschriften, hersg. von dem Kaiserlichen Patentamt. 1880 et suiv.

Chemisch-technisch Repertorium ..... hrsg. von Emil Jacobsen. 1863 et suiv., in-8, Berlin. General-Register zu I-V, VI-X, ... ; XXVI-XXX, 1887-1891.

Description des machines et procédés consignés dans les brevets d'invention pris sous le régime de la loi de 1791. 93 v. de 1791 à 1844.

Description des machines et procédés pour lesquels des brevets d'inventions ont été pris sous le régime de la loi de 1844. 116 v. in-8 de 1844 à 1874. Nouvelle série de 1875 à 1898.

Dingler's polytechnisches Journal. 1822 et suiv., in-8 [in-f° depuis 1891], Stuttgart. Real-Register zu Bde I-CCXVIII.

Jahresberichte uber die Fortschritte ..... der chemischen Technologie ..... hrsg. von J.-R. Wagner [F. Fischer]. 1855 et suiv., Leipzig. General-Register über Bde I-X, XI-XX, XXI-XXX.

Jahresberichte uber die Fortschritte der reinen, pharmaceutischen und technischen Chemie ..... hrsg. von J. Liebig und H. Kopp. 1849 et suiv., Giessen [Braunschweig]. Register fur 1847-1856 ; 1857-1866 ; 1877-1886.

Jahresrundschau uber die chemische Industrie ..... hrsg. von A. Bender, 1893 et suiv.

Illustrated official Journal of patents for inventions. Patent office of London. 1884 et suiv.

Journal de pharmacie et de chimie. 1809 et suiv., Paris. Tables tous les 15 ans, jusqu'en 1894.

Mémorial des poudres et salpêtres. 1883 et suiv., Paris.

Moniteur scientifique du D\r Quesneville. 1857 et suiv., in-8, Paris Trois tables annuelles très bien faites pour les matières par ordre de publication, pour les matières par ordre alphabétique, pour les auteurs par ordre alphabétique.

Official (The) gazette of the United-States patents. Patent office of Washington.

Revue de chimie industrielle, 1890 et suiv., Paris.

Revue des progrès de chimie pure et appliquée, du D\r G. R. Jaubert. 1896 et suiv., Paris.

Revue générale des sciences pures et appliquées. 1889 et suiv., Paris.

Revue des matières colorantes. 1897 et suiv., Paris.

Zeitschrift fur angewandte Chemie ..... hrsg. von F. Fischer. 1887 et suiv., in-8, Berlin.

INTRODUCTION A LA CHIMIE

La chimie est la partie de la science humaine qui a plus spécialement pour objet l'étude des modifications permanentes subies par les propriétés des corps. Ce fut Lavoisier qui à la fin du XVIIIᵉ siècle créa la chimie moderne sur les ruines de l'alchimie.

Lavoisier établit la définition, toujours suivie, du corps simple ou élément : celui dont on n'a encore su extraire qu'une seule espèce de matière. L'expérience, en s'appuyant sur les deux grandes méthodes générales de l'analyse et de la synthèse, a réparti tous les corps en deux classes : les corps simples ou *éléments*, les corps composés ou *combinaisons*. Une centaine de corps simples ont été fournis jusqu'à ce jour par le monde terrestre aux recherches des chimistes. Il est fort probable qu'ils seront décomposés à leur tour et que la matière est plus ou moins une. — Mais comment est faite cette matière ? Les chimistes aiment à se figurer aujourd'hui, avec Dalton, que « les faits de la chimie s'expliquent aisément si l'on admet que les corps sont formés de parties infiniment petites, c'est-à-dire d'*atomes*, qui diffèrent entre eux par leur poids et qui au lieu de se pénétrer s'ajoutent les uns aux autres. »

On a donc adopté généralement l'hypothèse que les corps composés résultent de la juxtaposition des atomes. — Mais comment se fait cette juxtaposition ? Lavoisier admettait que les corps qui se combinent entre eux tendent à conserver dans le composé le groupement moléculaire primitif. C'est le *système dualistique*. Berzélius lui apporta le concours de sa théorie des corps + et —. Le système dualistique explique très bien les principales propriétés des sels et leurs doubles décompositions.

A l'encontre du système dualistique ou par addition se place le *système unitaire* ou par substitution. L'arrangement des atomes, d'après Gerhardt, est inaccessible à l'expérience et défie le raisonnement ; on ne peut classer les corps composés que d'après leurs fonctions et leurs métamorphoses ; leurs atomes constitutifs s'échangent par voie de substitution.

Certains corps composés ont la propriété d'unir ou de substituer leur groupement moléculaire global à un corps simple ; on les nomme *radicaux*.

La théorie des substitutions entraîna le perfectionnement de la théorie des radicaux et amena la naissance de la théorie des types, qui a pour premier auteur Dumas ; elle a exercé une action puissante sur l'essor de la chimie, en inspirant une foule de travaux, de recherches et de découvertes des plus remarquables. La chloruration, la nitratation d'un grand nombre de substances organiques en dérivent presque directement.

Les corps simples et les radicaux sont dits *monoatomiques* ou *polyatomiques* selon que leurs atomes ou leurs molécules s'unissent à un ou à plusieurs atomes de l'hydrogène pris comme unité.

Quelle est la cause qui amène les corps simples à s'unir entre eux ? Ce problème a passionné les chimistes depuis que la chimie est créée, mais il ne semble pas près d'être résolu, bien qu'on revienne aujourd'hui aux idées que Berthollet exposait au commencement de ce siècle. Quelle signification attribuer au nom d'*affinité* que l'on a donné à cette cause ? L'affinité ne peut rien expliquer ; tout au plus, peut-on la considérer comme une propriété des corps, ce qui laisse le problème aussi difficile à résoudre, puisque l'affinité est tantôt aidée, tantôt contrariée par des influences de même nature, et qu'elle n'est donc pas constante.

La conception de la chaleur comme phénomène au lieu de substance, celle des mouvements propres aux molécules matérielles, dont le mouvement brownien est une attestation, ont conduit à envisager les molécules comme se précipitant les unes sur les autres au moment de leurs réactions. La chaleur dégagée ou absorbée dans une réaction est alors facteur de la somme des travaux chimiques et physiques accomplis, et le travail de l'affinité a pour mesure la quantité de chaleur dégagée par les transformations chimiques accomplies dans l'acte de la combinaison, l'affinité étant la résultante des actions qui tiennent unis les éléments des corps simples. Berthelot a appuyé cette conception de l'affinité par de nombreuses déterminations thermochimiques. Reste à savoir si les chaleurs ainsi dégagées dans les réactions chimiques mesurent réellement les affinités, ou si elles ne représentent que de simples transformations d'énergie.

Les propriétés des corps réagissant, les variations dans les conditions physiques jouent un rôle très grand dans la réaction. Berthollet, et après lui de nombreux savants, en ont multiplié les exemples.

Les résultats de tous ces travaux ont montré qu'il y a des liens rapprochés et des traits d'union étroits entre les faits de la physique générale et ceux de la chimie. L'affinité se rattacherait donc d'une façon plus immédiate qu'il ne semble d'abord aux lois générales de la mécanique, et ainsi que l'a exprimé Newton, à l'attraction universelle. Nous sommes même portés actuellement à regarder l'affinité chimique, plutôt comme dépendant d'une question de cinétique que d'une question de statique. Nous devons pour le moins méditer cette pensée de Laplace : « La courbe décrite par une simple molécule est réglée d'une manière aussi certaine que les orbites planétaires, il n'y a de différence entre elles que celle qu'y met notre ignorance. »

Classifications des corps en chimie.

Iº CORPS SIMPLES.

Les corps simples ou éléments, c'est-à-dire ceux dont on n'a pu jusqu'à ce jour pousser plus loin la décomposition, ont été rangés en deux groupes : les métalloïdes et les métaux. Ils se distinguent par l'ensemble de leurs propriétés physiques et chimiques. Ce partage s'établit non par un saut brusque, mais par une transition graduée.

Les *métaux* sont des corps solides, sauf l'hydrogène qui est gazeux et le mercure qui est liquide. Ils sont opaques, et possèdent un éclat métallique, que le frottement fait reparaître s'ils l'ont perdu. Ils changent difficilement d'état physique, sont plus denses que l'eau à l'exception des métaux alcalins, et sont généralement bons conducteurs de la chaleur et de l'électricité. Dans la chaîne électro-chimique de Berzélius, ils occupent l'extrémité négative ; ce sont donc les corps les plus électro-positifs. Ils jouent le rôle de combustibles vis-à-vis des métalloïdes. Ils se combinent difficilement avec l'hydrogène, c'est là leur meilleur caractère de distinction. Enfin, ils forment avec l'oxygène au moins une combinaison basique, et c'est là leur caractère essentiel au point de vue chimique.

Les *métalloïdes*, au contraire, se rencontrent sous les trois états ; l'un est liquide, quatre sont gazeux, les autres sont solides. Ils sont généralement ternes, et s'ils ont un éclat brillant, le frottement ne le fait pas reparaître. Ils changent d'état physique beaucoup plus facilement que les métaux. Ils sont moins denses et mauvais conducteurs de la chaleur et de l'électricité. Ce sont les corps les plus électro-négatifs. Ils jouent le rôle de comburants vis-à-vis des métaux. Ils se combinent facilement avec l'hydrogène et forment des composés gazeux, à l'exception d'un seul qui est l'eau. Avec l'oxygène ils ne donnent que des combinaisons acides.

Les métalloïdes sont donc les corps simples qui s'éloignent le plus par leurs propriétés des métaux proprement dits. Leur nom, qui signifie : ressemblant à un métal, a donc été mal choisi.

Les métalloïdes sont au nombre de quatorze. On compte plus de quatre-vingts métaux, et les découvertes de l'analyse spectrale continuent à augmenter leur nombre. Beaucoup d'entre eux n'offrent qu'un sujet de curiosité, et ne sont que des produits de laboratoire.

Voici le tableau des corps simples connus, avec le symbole qui les représente abréviativement et le poids de l'atome rapporté à celui de l'hydrogène pris comme unité :

Nom.	Symbole.	Poids atomique.
Hydrogène	H	1

I. MÉTALLOIDES (1).

Corps halogènes

1 Fluor	Fl	19
Chlore	Cl	35,5
Brome	Br	80
Iode	Io	127
2 Oxygène	O	16
Soufre	S	32
Sélénium	Se	79,5
Tellure	Te	128
3 Azote	N ou Az	14
Phosphore	P	31
Arsenic	As	75
Antimoine	Sb (stibium)	120
Bismuth	Bi	208
4 Silicium	Si	28
Carbone	C	12
5 Bore	Bo	11
Argon	Ar	20
Hélium	He	2

II. MÉTAUX (2).

Métaux alcalins :

Potassium	K (kalium)	39
Sodium	Na (sodium)	23
Lithium	Li	7
Thallium	Tl	204
Césium	Cs	133
Rubidium	Rb	85

Métaux alcalino-terreux :

Baryum	Ba	137
Strontium	Sr	87,5
Calcium	Ca	40

Métaux magnésiens :

Magnésium	Mg	24
Zinc	Zn	65
Cadmium	Cd	112

(1) Nous avons ajouté l'antimoine et le bismuth à la troisième famille, et constitué avec le bore une cinquième famille.

(2) Citons en outre le Davyum, le Decipium, le Norwegium, l'Ouralium, le Samarium, etc.

Aluminium	Al		27
Glucinium	Gl		9,1
Gallium	Ga		70
Indium	In		113,4
Yttrium	Yt		89,5
Erbium	Er		166
Terbium	Te		173
Lanthane	La		138,5
Cérium	Ce		141
Didyme	Di		145
Fer	Fe		56
Manganèse	Mn		55
Chrome	Cr		52,5
Nickel	Ni		59
Cobalt	Cb		59
Vanadium	Va		51,3
Uranium	Ur		240
Tungstène	Tg ou W (wolfram)		184
Molybdène	Mo		96
Osmium	Os		190
Germanium	Ge		72,4
Tantale	Ta		182
Titane	Ti		50
Zirconium	Zr		90
Thorium	Tho		233
Etain	Sn (stannum)		118
Antimoine	Sb (stibium)		
Bismuth	Bi		208
Niobium	Nb		94
Cuivre	Cu		63
Plomb	Pb		207
Mercure	Hg (hydrargyrum)		200
Palladium	Pd		106
Rhodium	Rho		104
Ruthénium	Ru		101,4
Argent	Ag		108
Or	Au (aurum)		196,6
Platine	Pt		195
Iridium	Ir		192,7

Les métaux de la mine de platine peuvent être classés en trois groupes.
1° Pt. Pd. 2° Ir. Rho. 3° Os. Ru.

Les corps simples qui appartiennent à une même famille ont été réunis sous une accolade.

Dumas a donné en 1827 une classification des métalloïdes que les progrès de la science ont peu modifiée, parce qu'elle est d'accord avec la valence atomique des métalloïdes. Elle est fondée sur la composition (c'est-à-dire le rapport en volume des éléments qui se combinent et leur mode de condensation) et sur les propriétés des combinaisons que les métalloïdes forment avec l'hydrogène.

Il est à remarquer que les propriétés des corps qui composent une même famille ont une grande similitude. Généralement, leur mode de préparation, celui de leurs composés, les propriétés générales et la structure moléculaire de ceux-ci sont semblables. Enfin, les poids atomiques vont en augmentant généralement en même temps que la densité, que la fixité, que la tendance à prendre l'éclat métallique. L'état physique varie donc proportionnellement au poids atomique, mais l'énergie chimique est en raison inverse ; il en résulte que le chef de chaque file déplacera les autres métalloïdes de leurs combinaisons.

Il faut aussi remarquer que les métalloïdes qui tiennent la tête de chaque famille jouent un rôle exceptionnel, et mériteraient une place à part comme l'hydrogène. Ils présentent tous d'ailleurs certaines divergences avec les métalloïdes de la même famille. Ce sont Fl, O, Az, C, et H. Le fluor semble avoir été l'agent minéralisateur de la plupart des substances d'origine ignée. Quant à l'hydrogène, à l'oxygène, à l'azote, au carbone, ils existent tous dans l'air mélangés ou combinés, et constituent réunis la matière organique.

Notons enfin quelques résultats curieux : les métalloïdes qui occupent le premier rang dans chaque famille sont incolores, ceux qui occupent le deuxième sont jaunâtres, et le troisième rougeâtres.

Les métalloïdes de la première famille de Dumas (corps halogènes de Berzélius) : Fl, Cl, Br, Io, s'unissent à l'hydrogène directement, dans le rapport de 1 volume à 1 volume, pour donner sans condensation 2 volumes d'un hydracide gazeux, à odeur pénétrante irritant fortement les organes de la respiration, fumant à l'air et soluble dans l'eau avec laquelle il forme des composés définis. Ces hydracides donnent avec un même métal des composés généralement isomorphes, présentant de grandes analogies dans leurs propriétés physiques et chimiques. Seuls les fluorures sont un peu différents. Si les halosels de plomb sont tous très peu solubles dans l'eau froide, le fluorure d'argent est soluble dans l'eau et celui de calcium insoluble au contraire de ce qui a lieu pour les autres halosels des mêmes métaux. — L'affinité pour l'oxygène est inverse de celle pour l'hydrogène. La combinaison est difficile et ne se fait jamais directement. On ne connaît pas de composé oxygéné du fluor. Ceux du chlore sont nombreux, mais très peu stables. La stabilité est plus grande pour ceux du brome, et principalement de l'iode, mais leur nombre diminue.

Les corps de la deuxième famille : O, S, Se, Te, donnent avec l'hydrogène des combinaisons formées de 1 volume du métalloïde pour 2 volumes d'hydrogène condensés en 2 volumes. La combinaison directe, qui se fait si aisément pour l'oxygène, est difficile pour les trois autres métalloïdes. Une différence analogue se remarque entre le composé hydrogéné de l'oxygène et ceux des autres métalloïdes de la même famille. L'eau est un corps neutre, les hydracides du soufre, du sélénium, du tellure sont des acides faibles, très vénéneux, à odeur d'œufs ou de choux pourris, s'enflammant à l'air au contact d'un autre corps enflammé et solubles dans l'eau. Ces solutions sont décomposées par l'air. — Les sulfures, les séléniures et les tellurures sont isomorphes et se rencontrent toujours ensemble dans la nature. — Ces métalloïdes forment avec l'oxygène des acides de formule MO^2, et avec les oxydants des acides de formule MO^3 dont les sels sont isomorphes. — L'oxygène et le soufre présentent une analogie complète dans leur préparation, dans leurs propriétés : le charbon et les métaux brûlent dans la vapeur de soufre comme dans l'oxygène, enfin dans la structure de leurs composés. La seule différence est que l'oxygène est toujours électro-négatif, tandis que le soufre joue le plus souvent sans doute le rôle d'un corps électro-négatif NaS^2, mais quelquefois aussi celui d'un corps électro-positif S^2Cl, $NaOS^2$.

Les métalloïdes de la troisième famille : N, Ph, As, donnent avec l'hydrogène des composés gazeux qui contiennent une fois et demie leur volume d'hydrogène, et jouent le rôle de base ou de corps neutre. Le bismuth seul ne se combine pas à l'hydrogène. — Ils sont allotropiques, sauf l'azote. Leur densité de volume répond à 1 volume, mais pour l'azote elle répond à 2 volumes. Deville a cherché à expliquer cette singularité en admettant qu'un volume d'azote combiné se dédouble toujours en deux volumes lorsqu'il passe à l'état de liberté. Il rend compte ainsi des propriétés explosives des composés azotés. — Ils donnent avec l'oxygène des acides forts. Les phosphates et les arséniates sont isomorphes et souvent associés dans la nature,

Pour les métalloïdes de la quatrième famille : C, Si, Bo, un équivalent du métalloïde se combine avec 4 équivalents d'hydrogène. Le bore ne donne pas de combinaison hydrogénée, et on l'a mis à part. Il est d'ailleurs ᵛ. — Ces trois métalloïdes sont solides, peu fusibles, tout à fait fixes. On les connaît tous trois à l'état amorphe et à l'état cristallin. La cristallisation les rend presque inattaquables par les agents chimiques. Ils ne se dissolvent que dans les métaux en fusion, le charbon dans la fonte, le bore dans l'aluminium, le silicium dans l'aluminium et dans le zinc. — Leurs sulfures sont indécomposables par l'eau, ainsi que les chlorures du carbone. Et c'est un fait unique dans l'histoire des chlorures de métalloïdes. — Le carbone et le silicium se présentent sous trois états allotropiques. La structure de leurs composés est tout à fait analogue. Aussi le silicium a-t-il été surnommé le carbone de la chimie minérale. Il est à noter cependant que le fluorure de silicium n'a pas son identique parmi les composés du carbone, et que les hydrates du silicium sont plus stables que ceux du carbone. — Le bore et le silicium sont de proches parents. Ils donnent avec le fluor des corps fumants à l'air que l'eau décompose. Leurs composés oxygénés sont des acides fixes, fusibles à une haute température, qui fournissent avec les alcalis des matières vitrifiables.

La distinction entre métalloïdes et métaux est tout à fait artificielle. L'antimoine, le bismuth, l'osmium, devraient se trouver à la suite de l'arsenic ; le titane, le zirconium et l'étain, à côté du silicium. Les essais faits pour arriver à une classification naturelle des métaux n'ont pas eu grand succès jusqu'ici, parce que, dit Troost, les propriétés d'un grand nombre de métaux rares ne sont que très imparfaitement connues. La division des corps simples en métalloïdes et en métaux est arbitraire et disparaîtra devant les progrès de la chimie.

D'après Dumas, la classification des métaux doit être fondée sur les caractères des composés qu'ils forment avec le chlore, et autant que possible sur le rapport en volume des deux éléments qui se combinent.

Thénard a donné en 1813 une classification fondée sur l'action que les métaux exercent sur l'oxygène libre ou combiné. On apprécie cette action par trois procédés : par l'oxydabilité du métal à différentes températures au contact de l'oxygène et de l'air ; par la facilité plus ou moins grande de réduction de l'oxyde sous l'influence de la chaleur ; par l'action que les métaux exercent à différentes températures seuls ou en présence des acides sur l'oxyde H^2O l'eau.

Cette classification n'est qu'un système, car on y trouve séparés des métaux aux propriétés semblables, comme le zinc et le magnésium, l'argent et le mercure, et réunis des métaux différents, comme l'argent et l'or dont les oxydes ont des fonctions si différentes.

Voici le tableau synoptique de la classification de Thénard.

Ire classe. Métaux s'oxydant à l'air à températures élevées, qui décomposent l'eau et dont les oxydes sont irréductibles par la chaleur :

    1re section : décomposent l'eau à température ordinaire.

                Métaux alcalins.   K. Na. Li. Rb. Cæs. Th.

                Métaux alcalino-terreux. Ca. Sr. Ba.

   2e section :   « vers 100°.

                        Mg. Mn.

   3e section :   « au rouge sombre, ou à froid en présence d'un acide.

                        Fe. Ni. Cb. Zn. Cr. Cd. Vd. In. Ur.

   4e section :   « au rouge vif, ou à chaud en présence d'un alcali.

                        Tg. Mo. Os. Ta. Ti. Sn. Sb. Nio. Il.

   5e section :   « au rouge blanc, en petite quantité, mais ni en présence d'un acide, ni en présence d'un alcali.

                        Pb. Cu. Bi.

II⁺ classe (1). Métaux décomposant l'eau très difficilement au rouge; oxydes irréductibles.

· Al. Gl. Ce. La. Di. Yt. Er. Ter. Tho. Zr.

III⁺ classe. Métaux ne décomposant pas l'eau ; oxydes réductibles.

    1ʳ⁺ section : s'oxydent à chaud au contact de l'air ou de l'oxygène.

Hg. Pd. Rh. Ru.

    2⁺ section : ne s'oxydent pas à l'air.

        Métaux précieux.   Ag. Au. Pt. Ir.

Les corps simples ont encore été rangés d'après leur valence, c'est-à-dire leur capacité de saturation par l'hydrogène ou le chlore.

Voici le tableau synoptique de cette classification :

    Corps monovalents :
        1° Fl. Cl. Br. I.
        2° H. Li. Na. K. Am. Ag. Au. Th.
    Corps divalents :
        1° O. S. Se. Te.
        2° Ca. Sr. Ba. Pb. — Mg. Cd. Zn. — Fe. Mn. Ni. Cb. Cu. Hg.
    Corps trivalents :
        1° Az. Ph. As. Sb.
        2° Au.
    Corps tétravalents :
        1° C. Si.
        2° Fe. Al. Cr. Mn. — Sn. Pb. Pt.
    Corps pentavalents :
        Vd.
    Corps hexavalents :
        Mo. Tg. Fe. Al. Cr. Mn.

Une classification générale dite en spirale ou vis tellurique de Beg. de Chancourtois, 1862-63, qui reposait sur l'ordre croissant des poids atomiques, contenait en germe le principe de la classification périodique de Mendelejeff, 1869, qui le conduisit en 1871 à poser la célèbre loi périodique, d'après laquelle les *propriétés des corps simples sont fonctions périodiques des poids atomiques*. On sait que cette classification a permis au savant russe de décrire plusieurs des termes inconnus qui manquaient à sa série, avec leurs propriétés importantes, et que ses prévisions ont reçu une confirmation éclatante dans la découverte que Leçocq de Bois-baudran fit du gallium, 1875, et dans celles que Nilson fit du scandium et Cl. Winkler du germanium.

II° CORPS COMPOSÉS

Nous classerons les corps composés d'après leur fonction chimique, celle-ci étant caractérisée par un ensemble de propriétés très voisines.

_____

(1) Créée par H. Debray.

Les propriétés des corps composés permettent de leur attribuer des fonctions différentes et de les classer en acides, bases et sels. Il doit être entendu que ces fonctions n'ont rien d'absolu par elles-mêmes, et un corps possédant habituellement la fonction basique peut très bien, s'il est placé dans des circonstances différentes, abandonner cette fonction pour revêtir la fonction acide.

1° — La fonction *acide* appartient aux composés hydrogénés dont l'hydrogène peut être remplacé, en tout ou en partie, par un métal ou un radical ayant la fonction métal.

Les *acides* ont généralement une saveur aigre qui leur a valu leur nom. Ils ont pour caractère général de donner directement avec la plupart des métaux et indirectement avec la plupart des bases des composés connus sous le nom de sels.

Les acides se reconnaissent par les changements de coloration qu'ils font éprouver à certains réactifs : ils font passer au rouge (rouge vineux ou rouge pelure d'oignon, suivant la force de l'acide) la teinture bleue de tournesol, les teintures de campêche et de cochenille, au jaune la teinture brun rouge de curcuma, au rouge la dissolution orangée de la chrysoïdine, au bleu celle du rouge Congo. Ils décolorent la phénolphtaléine. Enfin, beaucoup d'entre eux font effervescence lorsqu'on les verse dans une dissolution de carbonate. Les acides minéraux, et non les acides organiques, font virer au rouge l'orangé de diméthylaniline et au bleu vert le violet de méthylaniline.

On nomme *anhydrides* (anciens acides anhydres) les composés qui en se combinant avec l'eau produisent les combinaisons possédant la fonction acide. Les anhydrides sont aux acides ce que sont les oxydes aux hydrates, les éthers aux alcools.

2° — La fonction *base* appartient aux corps simples ou aux composés renfermant un élément ou un radical susceptible d'être remplacé par un radical acide pour former un sel.

Les bases sont en chimie le pendant des acides. Elles donnent en se combinant avec eux les sels, et elles se reconnaissent comme eux par les changements de coloration qu'elles font éprouver à certains réactifs : elles font passer au bleu la teinture rouge de tournesol et brunissent le papier de curcuma, font virer au jaune les teintures de campêche et de cochenille ; les alcalis libres rougissent le bleu soluble CLB de Poirrier, et colorent en violet la phénolphtaléine.

Le passage d'une solution acide à une solution alcaline se décèle par le virage de coloration du jaune au rouge pelure d'oignon avec le bois de Brésil, du jaune au rouge bleuâtre avec la cochenille, du jaune au brun orangé avec l'hématoxyline du campêche, du rouge au pelure d'oignon avec le tournesol, du rouge au jaune paille avec l'orangé de méthylamine, de l'incolore au violet avec la phénolphtaléine.

3° — La fonction *sel* est le résultat de la substitution d'éléments ou de radicaux équivalents aux atomes d'hydrogène typique dans la molécule d'un acide.

On nomme *sels neutres* aux papiers chimiques ceux qui n'ont aucune action sur eux. Mais les *sels neutres* au point de vue chimique sont ceux dans lesquels la base et l'acide se neutralisent complètement, c'est-à-dire ceux dans lesquels il y a un rapport défini entre l'élément négatif de l'acide et celui de la base, pour les oxysels, ou bien, si l'on veut se placer au point de vue atomique, ceux qui résultent de la complète substitution de tous les atomes d'hydrogène typique.

Les *sels acides* renferment une proportion moindre, et les *sels basiques* une proportion plus élevée de l'élément positif, du métal, que les sels neutres.

Un sel neutre au point de vue chimique peut très bien bleuir le papier rouge de tournesol, comme les carbonates alcalins, ou rougir le papier bleu, comme le sulfate de cuivre. Les sels minéraux dits sels acides, le sulfate d'aluminium, le tétrachlorure d'étain, le sulfate de cuivre, rougissent la teinture de tournesol, mais ne font virer le papier imprégné de rouge Congo qu'en violet peu intense ; s'ils renferment de l'acide libre, ils produisent un bleu franc, Freyss.

Les sels se préparent ordinairement en faisant agir soit un acide sur une base, soit un acide, une base ou un sel sur un autre sel.

Ils sont solides à la température ordinaire, la plupart sont incolores ; ceux de fer au minimum sont verts, au maximum jaune rouille ; ceux de cuivre sont bleus et verts en solution acide ; ceux de chrome sont jaunes ou oranges. Les sels solubles ont seuls une saveur, salée pour les sels de soude, amère pour ceux de magnésie, astringente pour ceux d'alumine, sucrée puis astringente pour ceux de plomb, métallique et désagréable pour ceux de fer et de cuivre.

La solubilité des sels dans l'eau est étudiée p. 294 et suivantes. Cf p. 311.

La chaleur décompose certains sels, soit en leur enlevant l'eau d'hydratation, par exemple le gypse, soit en causant la séparation partielle ou totale de l'acide ou de la base : c'est ainsi qu'elle fait passer certains sels neutres à l'état de sels acides ou de sels basiques, et qu'elle décompose tous les sels à acide volatil, comme les carbonates, ou à base volatile, comme les sels d'ammonium.

Notons ici que certains sels sous l'action de la chaleur ou se volatilisent : chlorures alcalins ; ou fusent : nitrates ; ou brûlent : phosphites ; ou décrépitent : sel marin ; ou détonent : picrates.

La lumière réduit les sels d'argent, d'or, etc., les sels peroxygénés et ceux des métaux peu oxydables ; propriété qui est appliquée en photographie. Elle agit aussi sur le bichromate et sur le permanganate de potassium.

L'électricité décompose généralement les sels ; l'élément acide ou électro-négatif se rend au pôle +, et l'élément basique ou électro-positif se rend au pôle —. Dans l'électrolyse des composés binaires, le métalloïde se rend au pôle + et le métal au pôle —. Dans l'électrolyse des composés ternaires, l'acide et le métalloïde se rendent au pôle + et le métal au pôle —. Ce dépôt de métal au pôle — est le principe de la galvanoplastie. Il se produit souvent d'ailleurs des réactions secondaires, comme la dissolution de l'une des électrodes.

L'action des métaux sur les sels est très complexe. Un métal oxydable décompose toujours un sel dont le métal est moins oxydable. Ainsi le zinc décompose l'acétate de plomb (arbre de Saturne) ; le fer décompose le sulfate de cuivre (affinage des métaux précieux) ; le mercure décompose le nitrate d'argent (arbre de Diane).

L'action des acides, des bases et des sels sur les sels est régie par les lois de Berthollet, dont nous donnons le résumé plus loin. Il y a réaction dès qu'il peut se produire un composé éliminable. C'est ainsi que l'acide sulfurique décompose les nitrates, les carbonates, les borates, qu'il précipite les sels de baryum et de plomb, que la potasse décompose les sels d'ammonium et de fer, etc.

4° Un certain nombre de corps composés ne peuvent pas être rangés dans l'une des trois grandes series des acides, des bases et des sels. Nous les rangeons parmi les corps neutres ; tels l'eau, l'alcool.

* *

Nous serons obligés, quand nous étudierons les composés hydrogénés du carbone, c'est-à-dire les corps dits organiques, de déterminer de nouvelles séries ; nous le ferons dans l'Introduction au tome II. Pour le moment, les quatre séries dont il vient d'être question nous suffiront.

Dans le tome I de ce traité, nous consacrerons des études spéciales à des classes de composés possédant pour la plupart la fonction sel, mais dont plusieurs sont des corps acides, basiques ou neutres. Ces études porteront sur les fluorures, les chlorures, les chlorates, les oxydes, les sulfures, les sulfites, les sulfates, les nitrites, les nitrates, les phosphates, les arséniates, les silicates, les borates, les carbonates.

Nomenclature et notation des corps en chimie. — A la suite des travaux de Lavoisier, les chimistes français entreprirent de réformer la nomenclature chimique. Guyton-Morveau s'était déjà occupé de cette réforme, dans un mémoire publié à Dijon en 1782. Il vint à Paris en 1786 pour soumettre ses idées à l'Académie des sciences et étudier de plus près les nouvelles théories : il ne tarda pas à être convaincu de leur supériorité. Il se réunit alors à Lavoisier, à Berthollet et à Fourcroy, qui avaient été chargés par l'Académie d'examiner son travail, et les quatre savants entreprirent en commun la réforme de la nomenclature. Le 18 avril 1787,

Lavoisier put lire à l'Académie son « Mémoire sur la nécessité de réformer et de perfectionner la nomenclature de la chimie », et le 22 mai de la même année Guyton-Morveau son « Mémoire sur le développement des principes de la nomenclature chimique » ; enfin Fourcroy dressa un tableau en deux colonnes, avec la correspondance des anciens noms et des nouveaux noms de chaque substance. Cette réforme avait d'ailleurs été préparée par un grand nombre de conférences dans lesquelles, dit Lavoisier, « nous avons été aidés des lumières et des conseils des géomètres de l'Académie et de plusieurs chimistes. Nous avons cherché, ajoute-t-il, à nous pénétrer tous du même esprit ; nous avons oublié ce qui avait été fait pour ne voir que ce qu'il y avait à faire, et ce n'est qu'après avoir passé plusieurs fois en revue toutes les parties de la chimie, après avoir profondément médité sur la physique des langues et sur le rapport des idées avec les mots que nous avons hasardé de nous former un plan ». Malgré les reserves des rapporteurs chargés par l'Académie de son examen (c'était Baumé, Cadet, Darcet et Sage), la nouvelle nomenclature fut adoptée avec empressement par presque tous les chimistes, et elle est encore aujourd'hui universellement suivie... Ses règles se sont d'ailleurs développées et transformées lorsque les découvertes de la chimie organique vinrent multiplier d'une façon si prodigieuse le nombre des substances connues, en même temps qu'elles augmentaient celui des fonctions qu'elles représentent.

La notation chimique se developpa en même temps que la nomenclature.

Le système de notation que Guyton-Morveau proposa en 1777 dans ses Eléments de chimie, quoique plus simple que les systèmes des alchimistes par signes astrologiques ou par symboles arbitraires, était encore fort compliqué et fort arbitraire. Lavoisier en fit cependant usage. Adet et Hassenfratz lui substituèrent un autre système, supérieur mais encore trop compliqué. Dalton, 1804, représentait les corps simples par des symboles circulaires qui indiquaient en même temps les poids atomiques. Berzélius, 1818, eut enfin l'idée bien simple de représenter chaque corps simple par la première lettre de son nom latin, qui indique en même temps l'équivalent, et de désigner le nombre des atomes par des signes ou des barres.

Le système de notation symbolique de Berzélius a rendu extrêmement aisé l'emploi des équations chimiques que Lavoisier le premier proposa d'utiliser à la représentation des réactions chimiques.

Dans le système de notation atomique suivi par Berzélius, chaque symbole représente un atome ou un volume, et la notation de l'eau est H^2O. Dans le système par équivalents, le symbole représente un équivalent, et la notation de l'eau est HO.

Les systèmes dualistique et unitaire adoptèrent successivement les formules conformes aux idées qu'ils soutenaient. La formule de l'acide sulfurique est en notation atomique dans l'un SO^3H^2O, dans le second SO^4H^2. Lorsque les théories des radicaux composés, des substitutions, des types chimiques eurent été posées pour les composés organiques, *Gerhardt* les appliqua à établir des formules dites rationnelles. Nous en reparlerons dans l'Introduction au tome II, à propos des composés du carbone.

Lois générales de la chimie. — Les combinaisons et les réactions chimiques sont régies par un nombre restreint de lois fort simples. Le français Lavoisier a démontré le premier, à l'aide de la balance, que les composants se retrouvent en entier dans le composé et que le poids du composé est la somme absolue des poids des composants. « La quantité de matière employée se retrouve toujours dans les produits avec le même poids... Je puis considérer les matières mises en présence et le résultat obtenu comme une équation algébrique. Rien ne se perd, rien ne se crée, la matière reste toujours la même, il peut y avoir des transformations dans sa forme, mais il n'y a jamais d'altération dans son poids ».

A la même époque que Lavoisier, Wenzel 1777 se guidait sur les mêmes idées de la permanence de la matière, et l'étude des réactions mutuelles des acides et des bases, dans la formation des sels, l'amenait à la notion des nombres proportionnels, c'est-à-dire des proportions constantes suivant lesquelles les acides et les bases se combinent. Richter, dans sa Stœchiométrie, 1792-1794, précisa cette notion et donna une première table d'équivalents.

Berthollet 1803 démontra l'influence des propriétés chimiques sur le sens de la réaction ; il soutint que les lois de la chimie ne peuvent pas différer de celles de la physique générale : ces idées sont reprises aujourd'hui.

Proust 1806 fixa de son côté la loi des proportions définies, après une discussion célèbre entre lui et Berthollet, discussion qui reste un modèle d'habileté et de courtoisie mutuelles. La loi des proportions définies pose que pour produire un même composé, il faut toujours la même quantité des mêmes éléments composants. Cette loi fournit aussi la notion des équivalents, c'est-à-dire des nombres proportionnels, rapportés à une unité, qui s'équivalent dans toutes les réactions.

L'anglais Dalton 1806 précisa la loi des proportions multiples, base de la chimie, et les recherches de Wollaston la confirmèrent. Les quantités des éléments composants qui se combinent pour produire un corps composé sont toujours entre elles dans un rapport fort simple. Gay-Lussac 1808 montra que cette loi s'étend aux volumes gazeux ; une partie de son travail fut faite en collaboration avec l'illustre de Humboldt.

Berthelot a formulé les trois principes de la thermochimie comme il suit :·
1° Principe du travail moléculaire : la chaleur dégagée dans une réaction quelconque mesure la somme des travaux physiques et chimiques accomplis dans cette réaction. 2° Principe calorifique des transformations (dû

à H. Hess) : cette quantité de chaleur dépend uniquement de l'état initial et de l'état final du système. 3° Principe du travail maximum (dû à Berthelot) : tout changement chimique tend de lui-même vers la production du corps qui dégage le plus de chaleur.— En conséquence, toute action susceptible de s'accomplir sans l'aide d'une énergie étrangère se produit nécessairement s'il se dégage de la chaleur.

Les lois de Berthollet régissent l'action des acides, des bases et des sels sur les sels. En voici le résumé : Toutes les fois que dans cette action il peut se produire un composé éliminable, gaz, précipité, corps moins soluble, ce composé se produit. — Il faut tenir compte en outre des conditions de masse, d'énergie chimique, de nature du véhicule, etc.

Presque toute la chimie expérimentale tient dans ces quelques principes.

Il y a une identité absolue entre les lois qui régissent les composés dits minéraux, et celles qui régissent les composés dits organiques. Cette identité a été démontrée par Berthelot qui a déterminé la méthode générale qui facilite la syntèse organique et a découvert la formation, de toutes pièces à partir des éléments générateurs, des carbures et des alcools. Des substances de combinaisons compliquées sont produites aujourd'hui par le chimiste dans son laboratoire ; la synthèse de la matière amylacée et de la matière albumineuse peuvent même être envisagée comme prochaine, et les produits synthétiques s'amoncellent en nombre indéfini par la seule action des réactifs aidée de l'intervention de la chaleur et sous la direction intelligente de l'esprit humain.

Quelques définitions de réactions ou de propriétés particulières. — Lorsque des corps simples ou composés agissent les uns sur les autres, il y a réactions, et combinaisons ou décompositions. La production d'un composé par combinaison des composants est généralement accompagnée d'un dégagement de chaleur ; la combinaison est dite dans ce cas *exothermique*. La décomposition des corps formés avec dégagement de chaleur nécessite la restitution d'une égale quantité de chaleur. Mais il existe des corps dont la production s'effectue avec absorption de chaleur, par combinaison *endothermique*. Leur décomposition est accompagnée d'un dégagement de chaleur, et cette circonstance rend ces corps *explosifs*. Leur production nécessite l'intervention d'une cause étrangère de production de chaleur.

Parmi les réactions chimiques, la chloruration, l'oxydation, la sulfuration, la nitratation, la carburation, la réduction ou désoxydation seront étudiées à part au cours du Traité.

Les réactions chimiques nécessitent pour se produire le contact intime des corps réagissant. Elles sont souvent aidées par des circonstances bien définies d'interventions calorifiques, électriques, lumineuses. Les phénomènes thermiques qui les accompagnent rendent la combinaison et la décomposition chimiques assimilables aux changements d'état physiques.

La combinaison et la décomposition chimiques sont parfois limitées par les *réactions inverses*. En particulier la *dissociation*, ou décomposition par la chaleur, est réglée par la tension limite de dissociation, qui correspond à ce qu'est la tension maxima de vaporisation entre les deux phénomènes physiques de la vaporisation et de la liquéfaction.

On nomme *isomorphes* les corps qui cristallisent dans le même système cristallographique, et par conséquent jouissent de la propriété de coexister dans le même système. E. Mitscherlich, 1819, a trouvé qu'il existe une relation entre la composition chimique des corps composés et leur forme cristalline.

On nomme *polymorphes* les corps qui peuvent cristalliser dans des systèmes différents, tel le soufre. Les corps *amorphes* sont ceux qui ne cristallisent pas. Un même corps peut se présenter sous une forme amorphe et sous une forme polymorphe, tel encore le soufre.

On nomme *états allotropiques* les variétés d'un corps simple, qui possèdent des aspects et des propriétés différentes, tels le phosphore ordinaire et le phosphore rouge ; *états isomériques* les différentes formes d'une combinaison répondant à une même composition centésimale, tels le cyanogène et le paracyanogène. L'isomérie se rencontre surtout parmi les composés du carbone ; par exemple l'alcool éthylique et l'éther méthylique, l'acide acétique et le formiate de méthyle. Lorsque l'isomérie correspond à des formules multiples, elle porte le nom de polymérie, par exemple l'acide lactique, le glucose sont des combinaisons polymériques avec l'acide acétique.

FIN DE L'INTRODUCTION

TRAITÉ UNIVERSEL

DES

APPLICATIONS DE LA CHIMIE

APERÇU DES PRINCIPALES APPLICATIONS

DE LA CHIMIE

Nous pouvons dire de la Chimie ce que le fabuliste Ésope disait de la langue : C'est la meilleure et ce peut être aussi la pire des choses. La chimie est la meilleure des choses lorsqu'elle procure à l'agriculteur le moyen d'augmenter les rendements d'une terre qu'il cultive à la sueur de ses membres; lorsqu'elle place entre les mains du médecin des armes nouvelles et plus puissantes pour lutter contre les ennemis de notre existence ; lorsqu'elle permet à l'industrie de prendre le développement merveilleux que la fin de ce siècle offre à nos yeux ; ou lorsqu'elle vient, en serviteur dévoué, accroître notre bien-être et notre pouvoir d'être bienfaisant. C'est encore la meilleure des choses quand elle trouve de nouvelles formes de la matière, ce que nous appelons de nouveaux corps, ou qu'elle produit artificiellement des corps déjà connus.

Les belles médailles ont leur revers. Profitant de ce que la chimie est habile à presque tout, certains industriels s'en autorisent pour falsifier a peu près tout. On met du plâtre dans la farine, de la farine dans le sucre, de la poudre de bois pulvérisé ou du sable dans le poivre : on ajoute du vitriol au vinaigre ; on mélange aux huiles, aux graisses, des substances de même nature, mais moins estimées ; aux confitures, on donne la consistance avec la colle de poisson ou la gélatine, la couleur avec un peu de fuchsine, le goût aigrelet avec un acide quelconque, et l'on n'emploie la groseille que pour aromatiser. Quant aux vins, nous aurions trop à dire : les fraudeurs n'ont-ils pas été jusqu'à fabriquer du vin où le jus de raisin n'entre plus qu'en proportion extrèmement réduite, comme ils ont été jusqu'à fabriquer de toutes pièces des grains de café!

Il faut se hâter de dire, à la décharge de la chimie, que le plus souvent ces falsifications sont de simples mélanges physiques faits dans un but de commerce frauduleux : ils pourraient exister sans la chimie ; c'est elle, et elle seule, qui permet de découvrir ces fraudes éhontées.

D'ailleurs, parce que la langue qui est la meilleure des choses peut devenir la pire, est-ce un motif suffisant pour s'en débarrasser ? Puisque nous l'avons, n'est-il pas préférable de la garder soigneusement, et de ne nous en servir que pour les bonnes choses ? Ne doit-on pas conclure de même pour la chimie ?

La chimie mérite d'autant plus que nous la conservions et que nous la cultivions avec passion, qu'elle forme une des sciences les plus extraordinaires qu'il ait été donné à l'esprit humain de concevoir. Elle possède un caractère qui ne se trouve dans aucune autre science à un degré aussi éminent. Tout ce qui est matière pour nous, ce que nous voyons, comme ce que nous ne voyons pas, du monde matériel, voilà l'objet des recherches de la chimie. La chimie prend cette matière, et, sans s'arrêter à ses apparences physiques, elle la scrute, elle la dissèque, elle l'analyse dans ses détails les plus infimes ; elle la transforme par tous les moyens dont elle dispose, et, caractère étrange, les phénomènes qu'elle fait ainsi jaillir du monde de l'inconnu sont les mêmes, qu'il s'agisse d'une masse imposante ou d'une portion minime, de 100 kilos ou de 1 gramme. La chimie est donc en quelque sorte la science des particules infiniment petites de la matière.

La chimie est une science expérimentale, toute de faits, et il est aisé d'en prendre des exemples sensibles parmi les objets que nous avons sous les yeux. Soit la table sur laquelle nous écrivons : c'est du bois. Le chimiste sait convertir ce bois, non seulement en charbon de bois, ce que les charbonniers de nos forêts font de temps immémorial, mais encore en vinaigre de bois, en esprit de bois, en sucre de bois, en papier de bois. De ce bois, la chimie fait à volonté du charbon, du vinaigre, de l'alcool ou du sucre ; ou même elle le transforme en papier, en explosifs, en soies artificielles. Et je laisse encore de côté toutes les substances qui peuvent coexister à côté du bois, et que le chimiste saura en extraire : tannins pour nos cuirs, matières colorantes pour nos vêtements, remèdes contre nos maladies ; je ne parle que de la substance même du bois, dont les transformations plus haut citées sont devenues la base d'autant d'industries extrêmement importantes. Ces transformations se passent aussi bien et de la même façon dans les grandes masses de 100 kilos et dans les petites de 1 gramme.

En étudiant tous les corps possibles, la chimie est arrivée à les répartir dans deux grandes classes : les corps simples, c'est-à-dire ceux dont on n'a pu jusqu'ici extraire qu'une seule espèce de matière, qu'on n'a pas su décomposer : on en compte environ quatre-vingts ; et les corps composés, c'est-à-dire tous les autres.

Parmi ces corps simples, les plus remarquables sont l'oxygène, l'hydrogène, le carbone. L'oxygène est l'agent actif de la respiration; c'est un principe qui existe dans l'air, mélangé avec l'azote, dans les proportions d'à peu près un cinquième d'oxygène pour quatre cinquièmes d'azote. L'oxygène, en se combinant avec l'hydrogène, donne l'eau, cet autre agent si important pour notre existence. L'oxygène de l'air, par sa combinaison avec le carbone, est la source de la chaleur bienfaisante qui se dégage de nos foyers. C'est le même oxygène de l'air, dissous dans le sang par la respiration et transporté ensuite dans le torrent de la circulation artérielle, qui va brûler le carbone de nos tissus organiques; cette combinaison du carbone et de l'oxygène se trouve la source de la chaleur animale développée dans notre corps, absolument comme elle est la source de la chaleur développée dans nos foyers.

C'est le fondateur de la chimie moderne, le grand savant français Lavoisier, qui montra le premier d'une façon décisive que l'oxygène est l'une des parties constituantes de l'air (1772). Il démontra ensuite, avec non moins de succès, puisque ses idées dominent encore après plus d'un siècle la science chimique, que cet oxygène est l'agent actif de la combustion des métaux à l'air (1774), l'agent actif de toute combustion, de la respiration animale elle-même qui n'est qu'un cas de combustion lente, enfin d'un grand nombre de fermentations. Ses idées sont encore suivies aujourd'hui dans leurs grandes lignes.

L'oxygène, l'hydrogène, le carbone, ainsi qu'un autre élément, l'azote, forment la partie essentielle de toutes les matières organiques. Le bois, dont nous parlions tout à l'heure, est formé de carbone, d'hydrogène et d'oxygène; le vinaigre, le sucre, l'alcool, le sont également, quoique dans des proportions différentes. Rien d'étonnant donc à ce que la chimie sache transformer le bois en vinaigre, en sucre, en alcool.

Semble-t-il plus étonnant que l'on ait songé à transformer un corps simple en un autre corps simple? Non, si l'on veut bien penser, avec la plupart des savants, qu'un grand nombre de corps simples ne sont simples que parce que nous n'avons pas encore su les décomposer, et qu'il n'existe peut-être au fond qu'une seule espèce de matière, ou tout au moins un nombre très limité d'espèces.

Le problème de la transformation des corps en d'autres corps a inspiré toute l'alchimie jusqu'à la fin du siècle dernier. Même à notre époque, la transmutation du plomb ou du mercure en or ne manquerait pas d'exciter un vif intérêt; la recherche d'un moyen effectuant cette transmutation, moyen que les alchimistes appelaient la pierre philosophale, fut l'un des deux principaux objets de leurs poursuites. Mais si les alchimistes sont arrivés souvent à recueillir de fortes quantités d'or pour eux, grâce aux largesses de ceux qu'ils dupaient, le résultat a été tout différent pour ceux-ci.

Le problème de la transmutation des métaux semblerait marcher vers quelque solution, si l'on part de l'argent. Il y a une dizaine d'années, un savant de Philadelphie, M. Carey Lea, est arrivé par des manipulations particulières à obtenir trois modifications moléculaires de l'argent, dont l'une est soluble dans l'eau, ni plus ni moins qu'un morceau de sucre, et l'autre, qui se présente en lamelles minces, possède la couleur de l'or. Ce sont là des faits absolument certains. S'appuyant sur eux, un autre Américain, M. Emmens, déjà connu par la découverte d'un explosif, serait arrivé, dit-il, à briser complètement les forces qui réunissent les molécules de l'argent et à transformer ce métal en un corps spécial, qui n'est ni l'or, ni l'argent, qu'il appelle argentaurum, mais qui posséderait les propriétés précieuses de l'or, au point que la Monnaie officielle des États-Unis l'achèterait au prix de l'or.

Cette découverte est possible. Si elle est en même temps réelle, elle arriverait à un moment bien propice, puisque l'argent qui valait en 1873 le quinzième de l'or, n'en vaut plus aujourd'hui que moins du quarantième ; en 1873. on avait 15 kilos 5 d'argent pour 1 kilo d'or ; aujourd'hui, on a plus de 40 kilos d'argent pour le même kilo d'or. La transformation de l'argent en or serait donc une chose très heureuse pour les producteurs d'argent.

* *
*

La chimie s'occupe de tout le monde matériel, à ce point qu'elle a même pu arriver, en s'appuyant sur des données physiques, à analyser la matière des astres qui circulent dans l'espace à des millions de lieues du nôtre. La chimie s'applique a tout. Bornons-nous à jeter un coup d'œil rapide sur ses principales applications en agriculture, en médecine, en industrie, en économie domestique.

I

En agriculture, d'abord.

La chimie a montré que les productions végétales, le blé, les fourrages, etc., sont composées, comme éléments indispensables, de carbone, d'hydrogène, d'oxygène, d'azote, de phosphore, de potasse et de chaux ; elles ont besoin d'air, d'eau et de lumière. L'air leur fournit le carbone, l'hydrogène, l'oxygène et une partie de l'azote ; et le sol, l'autre partie de l'azote, le phosphore, la potasse et la chaux. Mais les productions végétales enlèvent au sol une partie des éléments qu'il renfermait, elles l'appauvrissent ; c'est le rôle des engrais de suppléer à la perte. Quelle est la composition de chaque production végétale ? Quelles sont la nature et la quantité d'engrais nécessaires à une production déterminée, étant donné que le sol présente telle composition antérieure ? Voilà les principales questions que la chimie doit résoudre pour l'agriculture, et sans leur solution il n'y a pas de haut rendement, il n'y a pas de progrès, il n'y a que routine.

II

En médecine, ensuite.

L'emploi des produits antiseptiques, celui des sérums a révolutionné de fond en comble la chirurgie et la médecine. Par l'antisepsie, les opérations les plus graves sont rendues aisées. Les chirurgiens introduisent le bistouri dans toutes les régions du corps, mais les instruments, les mains de l'opérateur, la plaie, sont antiseptisés avec le plus grand soin, et la plupart du temps cette plaie guérit sans la moindre trace de suppuration. Depuis l'introduction des procédés antiseptiques, la mortalité dans les hôpitaux a diminué dans une proportion très grande. Parmi ces produits antiseptiques, citons le sublimé corrosif, l'acide phénique, l'iodoforme et le salol ; les premiers sont des poisons violents, les seconds ne sont pas toxiques.

L'application des sérums à la médecine a produit des résultats encore plus merveilleux. Ils dérivent des recherches de notre grand Pasteur, l'un des trois savants que l'Allemagne dit nous envier : Claude Bernard, Pasteur et Berthelot.

Pasteur était chimiste, il n'était pas médecin, et cependant il a peut-être fait progresser davantage la médecine à lui tout seul que tous les médecins ensemble. Grâce aux travaux merveilleux de son laboratoire, on sait guérir aujourd'hui la rage, la diphtérie dont l'une des manifestations, le croup, exerçait autrefois des ravages si terribles ; et tous ces résultats, qui en font entrevoir bien d'autres pour l'avenir, sont dus à la chimie.

III

En industrie, aussi.

Ici, pour être complet, nous devrions passer en revue toutes les industries sans exception. La chimie est d'abord la base des industries métallurgiques ; c'est le chimiste qui extrait de leurs minerais le fer, le cuivre, le plomb, le zinc, l'aluminium, l'argent ; c'est lui qui prépare les fontes, les aciers, les alliages, ces autres métaux. C'est le chimiste qui dirige la fabrication de l'acide sulfurique, de la soude, des chlorures, dont il se fabrique en Europe des millions de tonnes et dont l'importance de consommation dans un pays est le symbole de sa prospérité industrielle. C'est le chimiste encore qui fabrique notre sucre, notre alcool, notre papier, notre savon, nos allumettes, notre gaz d'éclairage, qui raffine notre pétrole, qui blanchit nos tissus, et les revêt ensuite, à la teinture, à l'impression, aux apprêts, des apparences les plus brillantes et les plus flatteuses. C'est le chimiste qui nous fournit cette multitude de produits pharmaceutiques, photographiques et autres.

IV

Dans la sphère de l'économie domestique et de la vie journalière, les applications de la chimie deviennent innombrables. Nous ne faisons pas seulement de la chimie, d'une façon inconsciente, par le fait même que nous respirons, que nous digérons ; la chimie intervient également lorsque nous nous chauffons, ou lorsque nous nous éclairons. Le perfectionnement Auer aux becs de gaz a été le résultat de longues recherches de laboratoires. Les allumettes sont une merveille de la chimie, quand on les compare au briquet de nos grands parents, encore en usage au début de ce siècle.

Les données de la chimie, nous pourrions les appliquer à tout instant. Et chacun de nous devrait avoir chez soi, prêts à l'emploi, les produits les plus utiles, comme l'alcali volatil si précieux en cas de piqûres d'insectes, le salol, cet excellent antiseptique dont on saupoudre les plaies, du sulfate de cuivre à 50 pour 1000, l'un des meilleurs désinfectants ; de même que chacun de nous devrait savoir préparer, au grand avantage de sa bourse, son alcool camphré : 1 partie de camphre pour 10 parties d'alcool ; son eau dentifrice : alcool à 90° aromatisé d'un peu de menthol ; son eau à détacher : mélange d'alcool, d'ammoniaque et d'éther de pétrole ; ses encres : dissolutions dans un litre d'eau de 5 grammes de noir naphtol, d'éosine, de violet d'aniline ; et combien d'autres choses encore !

* * *

La chimie s'applique donc à tout. Aussi le rôle qu'elle joue dans la société ne peut être qu'extrêmement important. Pour étudier ce rôle social plus à fond, faisons choix d'une des industries chimiques. L'une des plus étonnantes est celle des matières colorantes artificielles. Ce fut en 1856 qu'un Anglais, Perkin, trouva par hasard la première matière colorante artificielle dérivée du goudron de houille : le pourpre ou violet d'aniline. En 1858, Hofmann découvrait la fuchsine, dont la fabrication fut assurée en 1859 par des Français : Verguin, Renard et Franc. A partir de cette époque, l'industrie des matières colorantes artificielles a marché à pas de géant dans la voie du progrès, et on peut dire que, si le charbon n'a pas encore été transformé industriellement en diamant, par contre le chimiste sait retirer de la houille et de son goudron des centaines de produits d'une très grande valeur. Si l'on se borne aux matières colorantes artificielles, on en compte aujourd'hui près de quinze cents dérivées de cette source.

Cette nouvelle industrie n'a pas manqué d'exercer une influence très grande sur les relations commerciales des peuples, puisque l'Europe aujourd'hui envoie « ses bleus dérivés du goudron à l'Inde, la patrie de l'indigo ; ses rouges d'aniline au Mexique, producteur de la cochenille ; ses autres colorants artificiels, substituts du quercitron et du carthame, à la Chine, au Japon, aux pays d'où les matières colorantes naturelles étaient tirées. » Les produits naturels, presque tous, ont été impuissants à supporter cette terrible concurrence ; l'alizarine artificielle a complètement arrêté la culture de la garance dans le midi de la France ; la garance, le carthame, ont presque disparu ; les bois de campêche sont battus en brèche par les noirs artificiels, et l'indigo lui-même commence à l'être par l'indigo artificiel.

L'industrie des matières colorantes artificielles était d'origine française et anglaise par ses débuts de laboratoire, et plus spécialement française par les débuts de la fabrication de la fuchsine. Mais une interprétation fâcheuse de la loi sur les brevets d'invention, en assurant à une seule maison de Lyon le monopole de la fuchsine, fut l'une des causes qui amenèrent l'établissement et le développement prodigieux que cette industrie prit en Allemagne ; les 4/5 des produits fabriqués actuellement le sont dans ce pays. Il ne s'agit pas d'une somme minime, puisqu'elle atteint 125 millions de francs, dont 90 pour l'Allemagne, 16 pour la Suisse, 10 pour la France et 9 pour l'Angleterre.

Mais la principale cause du développement de cette industrie, comme de celui des autres industries chimiques en Allemagne, se rattache à la prospérité des études chimiques dans ce pays. L'industrie allemande est sortie tout entière des laboratoires de ses savants et de ses Universités. Ces laboratoires sont extrêmement nombreux ; ils fournissent, tous les ans, cinq à six cents jeunes chimistes de grande valeur, la plupart pourvus du titre de docteur ès sciences. Ces chimistes trouvent un débouché dans toutes les usines qui les emploient comme directeurs, comme contremaîtres, comme visiteurs de la clientèle, comme chimistes spéciaux dans leurs laboratoires de recherches. C'est ainsi que telle usine n'a pas moins de 80 chimistes employés dans ses laboratoires : la Badische Anilin- und Soda-Fabrik a 80 chimistes ; les Farbwerke de Hoechst, 75 ; les Farbenfabriken d'Elberfeld, 76 ; l'Actiengesellchaft für Anilin-Fabrikation de Berlin, 30. Pas une usine allemande qui n'ait d'ailleurs ses chimistes et son laboratoire, pour lesquels 521 fabriques spéciales fabriquent les produits qui servent de base aux recherches, en sorte que les chimistes ne perdent pas le temps à les préparer.

Il ne faut pas s'étonner qu'avec une pareille organisation l'Allemagne ravisse à l'Angleterre sa suprématie industrielle, et que l'Angleterre la sente avec un dépit bien naturel passer entre les mains de sa rivale.

Nous avons donc le droit de dire que la chimie n'amène pas seulement les changements les plus inattendus dans les relations commerciales des peuples ; mais, conséquence fatale, leur situation industrielle se trouve elle-même bouleversée selon qu'ils s'adonnent plus ou moins à cette science. Aujourd'hui c'est le tour de l'Allemagne, demain ce peut être celui des États-Unis, puis du Japon, à moins que nous ne voyions surgir l'une de ces conflagrations internationales, comme celle qui s'éleva entre la Bolivie, le Pérou et le Chili pour leurs dépôts de guano et de salpêtre.

* *
*

Il faut donc cultiver la chimie.

D'abord, elle offre aux jeunes gens des positions rémunératrices, ce qui n'est pas à dédaigner à un moment où la lutte pour la vie est si dure.

Ensuite, le développement et la vulgarisation des études chimiques en France nous dispensera de l'obligation d'aller chercher nos chimistes à l'étranger. Nous avons en France les plus grands savants, mais nous n'avons qu'un nombre insuffisant de praticiens instruits et de chimistes industriels, parce que l'enseignement pratique de la chimie est resté long-temps très inférieur en France, comme dans les autres pays, à ce qu'il est en Allemagne.

Aussi nos éloges sans réserves sont-ils dus aux hommes éminents qui ont soutenu en France la cause de la vulgarisation des sciences chimiques et de leur enseignement pratique : à M. Friedel, qui dirigea à Paris le nouveau Laboratoire de chimie appliquée annexé à la Sorbonne ; à M. Haller, qui a fondé, grâce à l'initiative privée, un splendide Institut chimique à Nancy; à M. Léo Vignon, qui dirige à Lyon l'École de chimie industrielle ; à M. Ch. Lauth, qui, en prenant possession de la direction de l'École de physique et de chimie de la ville de Paris, a déclaré vouloir la pousser vers le côté pratique ; à M. l'abbé Henri Vassart, qui, lui aussi, grâce à l'initiative privée, a su créer l'Institut technique roubaisien, dont le département des Industries tinctoriales s'est mis aussitôt à la hau-teur de ce qui existait auparavant dans les grandes écoles de Mulhouse, de Crefeld, de Zurich, de Leeds et de Manchester, sous la direction d'illustres maîtres ; l'Institut roubaisien est même hors de pair, comme importance du matériel pratique. Nous devrions ajouter à ces noms ceux d'un grand nombre d'autres savants français.

Il est d'autant plus urgent de persévérer dans cette voie de la vulgari-sation des sciences chimiques, et d'y pousser plus avant, que la chimie, qui a déjà réalisé de si grandes merveilles, est appelée, dans un avenir peut-être bien proche, à nous en offrir de plus grandes encore.

En agriculture, elle peut, en accroissant le rendement des récoltes du blé, délivrer les pays fertiles du tribut qu'ils payent à l'étranger, et arriver même à leur assurer une exportation pleine de profits. C'est ainsi qu'en France, la récolte du blé est, dans les très bonnes années, d'environ 95 millions de quintaux, soit 120 millions d'hectolitres ; c'est à peu près la consommation. Cette récolte, pour une surface moyenne d'environ 6 millions 5 d'hectares, représente près de 18 hectolitres 5 de rendement moyen à l'hectare. Ce sont les résultats d'une très bonne année, comme le fut 1896. Mais, en 1897, l'année a été très mauvaise, nous n'avons obtenu que 67 millions de quintaux; nous avons donc été obligés d'acheter ce qui manquait, c'est-à-dire la différence entre les 95 nécessaires et les 67 produits, soit 28 millions de quintaux ; à 28 francs le quintal, nous avons dû débourser 784 millions de francs, plus d'un demi-milliard et demi !

que nous avons payés à nos bons amis les Russes d'Odessa et les Américains de Chicago. Comme, en moyenne, bonnes et mauvaises années, nous produisons un rendement de 16 hectolitres 5 à l'hectare, il suffirait d'augmenter le rendement moyen de 2 hectolitres pour l'amener à 18 hectolitres 5, et nous aurions tout le blé nécessaire. Or, par l'emploi raisonné et intelligent des engrais chimiques, cette élévation de rendement est très possible. Les agriculteurs qui marchent dans cette voie arrivent à des rendements toujours supérieurs à la moyenne de leur département; 20 quintaux a l'hectare est pour eux un résultat facile à atteindre ; ils le dépassent exceptionnellement, puisqu'ils ont obtenu jusqu'à 43 quintaux, mais dans des circonstances toutes particulières. Se figure-t-on la richesse de notre pays si tous les agriculteurs se mettaient à employer convenablement les engrais et à faire de la chimie culturale ? Au lieu de dépenser bon an mal an une centaine de millions pour le blé qui nous manque, nous garderions cet argent, et, devenus exportateurs, nous verrions l'argent étranger affluer dans nos caisses. Le salut matériel de la France est dans son agriculture, et nous pouvons espérer que, grâce à la chimie, le XX⁰ siècle le lui assurera.

En médecine, l'emploi des antiseptiques qui empêchent les mauvais microbes (ils ne sont pas tous mauvais) d'exercer leur action néfaste, celui des anesthésiques qui endorment la douleur, celui des sérums qui préviennent ou détruisent la maladie, cet emploi joint à une hygiène prudente et continuelle permettra sans doute de reculer encore la moyenne de la vie humaine. Les alchimistes poursuivaient dans leurs recherches l'élixir de longue vie ; nous le trouverons peut-être, et avec lui nous retrouverons les longues existences des patriarches au début de l'humanité.

En industrie, aucune limite ne s'impose à notre imagination. Nous pouvons nous figurer les merveilles les plus étonnantes. nous resterons encore bien en dessous probablement de ce que l'avenir de la chimie réserve à l'humanité. Si les hommes du siècle dernier revenaient assister pendant une journée au spectacle de l'industrie actuelle, quelle admiration ne serait pas la leur devant tant de phénomènes prodigieux que la chimie leur offre, depuis les simples allumettes chimiques, en passant ensuite par la production synthétique de nombreux composés : couleurs, sucres, vanille, essences, etc., que le chimiste fabrique de toutes pièces dans son laboratoire ; en passant par la photographie, qui est fondée sur l'action chimique des rayons solaires, par l'électricité, dont l'une des formes dérive des réactions chimiques, pour arriver où ? nous ne pouvons le dire ! Mais nous pouvons cependant prévoir avec une grande probabilité que le XX⁰ siècle, grâce à la chimie appuyée sur les autres sciences et sur des forces encore inconnues, comme l'est l'énergie des radiations X, que le XX⁰ siècle nous réserve la production du diamant artificiel, corps extrêmement précieux au point de vue industriel, la synthèse de quelques substances alimentaires, et par conséquent la possibilité de nous nourrir à moins de frais, la fixation de l'azote atmosphérique pour rendre à la terre épuisée sa fertilité primitive ; nous réserve aussi l'asservissement plus complet des forces chimiques et physiques, d'où la réalisation de moteurs très légers, et par suite la locomotion automobile dans toute sa splendeur et la direction des ballons, et peut-être même l'aviation, avec toutes leurs conséquences. Ces merveilles seraient moins étonnantes pour nous, au point où nous sommes arrivés, que les merveilles actuelles de la synthèse chimique, de l'électrochimie, de la photographie, des télégraphes, téléphones, microphones et phonographes ne le seraient aux yeux d'un esprit même avancé du siècle dernier.

La chimie peut s'appliquer à tout, mais il est cependant une chose qui lui est impossible. Si elle peut tout transformer, elle ne peut pas détruire ni créer. Ce principe absolu s'impose à priori ; il a été démontré expérimentalement, en s'appuyant sur la balance, par Lavoisier, le fondateur de la chimie moderne. La matière qui est l'objet d'une expérimentation chimique peut être modifiée dans ses formes, mais elle se retrouve intégralement complète dans son essence de l'autre côté de la réaction. Le chimiste n'est pas un créateur, ce n'est qu'un ouvrier. Plus cet artisan pousse ses investigations dans le champ immensément démesuré du monde existant, plus il se trouve dominé, aussi bien lorsqu'il se perd dans le domaine des infiniment petits que dans celui des infiniment grands, par la nécessité d'une cause.

MÉMOIRE

SUR LES SOURCES BIBLIOGRAPHIQUES

DES SCIENCES CHIMIQUES [1]

INTRODUCTION

Le mouvement bibliographique aux États-Unis dans ses rapports avec les bibliographies de sujets chimiques.

Une très bonne bibliographie de la chimie a été publiée récemment par un Américain, M. H.-C. Bolton. Son auteur est déjà connu pour un excellent catalogue de périodiques scientifiques.

La publication de ces œuvres de bibliographie se rattache à tout un mouvement bibliographique extrêmement important aux États-Unis, du moins en ce qui concerne les sujets scientifiques dont je m'occupe seuls ici. D'abord, la Library of Surgeon General's office, U. S. army, a poursuivi depuis 1881 la publication de son catalogue, et celui-ci n'est pas seulement une encyclopédie bibliographique hors ligne des sciences médicales, c'est encore le roi des catalogues imprimés. Ensuite, il s'est fondé en Amérique un Committee on indexing chemical literature, sous la tutelle de l'American Association for the advancement of science; ses rapports, édités par M. H.-C. Bolton, figurent, depuis 1883, dans les Proceedings de cette association, et ils sont indispensables à connaître pour tout bibliographe de sujets scientifiques, car non seulement le Committee on indexing chemical literature inspire et facilite un grand nombre de bibliographies spéciales, mais encore il s'efforce de signaler toutes celles qui sont publiées ou en cours de préparation. Autre fait à noter, comme symptôme de ce mouvement, c'est au Patent Office de Washington que l'on doit la publication, en 1883, d'un Subject-matters index des brevets français depuis 1791 jusqu'à 1873. C'est également en Amérique que se publient

---

(1) Communiqué le 13 avril 1898 au Congrès bibliographique international.

le plus grand nombre de bibliographies de sujets chimiques. On les trouve principalement soit dans les Annals of the New-York Academy of sciences (j'ai le regret d'avoir à constater que notre si riche Bibliothèque nationale ne possède pas ces Annales), soit dans les Miscellaneous collections de cette incomparable Smithsonian Institution for the diffusion of knowledge among men. L'ouvrage de M. H.-C. Bolton, « A select bibliography of chemistry », forme les tomes XXXVI et XXXIX des Smithsonian miscellaneous collections (nᵒˢ 850 et 1170).

Cette bibliographie renferme 17 585 titres en 25 langues. Une première section est consacrée aux travaux bibliographiques, inclus les tables de périodiques, une deuxième aux dictionnaires, une troisième à l'histoire de la chimie, une quatrième à la biographie, une cinquième aux ouvrages de chimie pure et appliquée, une sixième à l'alchimie, une septième aux périodiques de chimie pure et appliquée.

La bibliographie est l'une des sciences les plus difficiles. Il peut sembler aisé aux lecteurs de relever des listes de livres et d'articles, mais rien n'est plus malaisé que d'arriver à le faire d'une façon tout ensemble précise, claire et concise. Quant aux lacunes et aux erreurs, aucun bibliographe ne peut les éviter; elles augmentent, au contraire, d'autant que le travail est plus vaste et plus pénible. L'impossibilité d'arriver à autre chose qu'à une perfection relative est probablement la cause principale qui anime les bibliographes à se signaler mutuellement les imperfections de leurs œuvres; leurs critiques répondent au besoin de s'aider l'un l'autre et ne doivent dériver que d'un sentiment de confraternité très louable. M. Bolton me permettra de lui signaler quelques imperfections, que nous serions heureux de voir disparaître dans une nouvelle édition et dans les suppléments. Nous voudrions en particulier voir inscrits le nombre de figures, ainsi que le prix des volumes. Nous voudrions surtout voir multiplier les indications analytiques, qui feraient s'acheminer l'ouvrage de M. Bolton vers une œuvre de bibliographie critique, pouvant donner par conséquent le maximum de rendement utile à ses lecteurs.

SOURCES BIBLIOGRAPHIQUES DES SCIENCES CHIMIQUES

Les chimistes ont donc à ce jour deux instruments de travail bibliographique considérables, dans les « Reports of the Committee on indexing chemical literature » et dans « A select bibliography of chemistry » de M. H.-C. Bolton.

Mais il existe encore pour eux un très grand nombre d'autres documents et de sources bibliographiques, auxquels ils peuvent recourir avec grands avantages. Le tableau de ces sources n'a pas encore été présenté, et j'espère que son exposé rendra service non seulement aux chimistes, mais encore à tous les travailleurs scientifiques, autant pour donner une direction générale à ceux qui débutent dans des recherches de cette nature, et restreindre la durée du travail préparatoire, que pour permettre aux autres d'approfondir certaines questions ou d'élucider certains points.

En vue de faciliter cet exposé, je rapporterai les sources bibliographiques de la chimie, soit aux bibliographies générales, soit aux bibliographies spéciales, soit aux catalogues de périodiques, soit aux catalogues de bibliothèques. Les bibliographies générales seront divisées en bibliographies générales proprement dites et en bibliographies nationales. Les bibliographies spéciales seront divisées en bibliographies de sciences et de technologie, en bibliographies générales de chimie, en bibliographies de sujets chimiques spéciaux. Les catalogues de périodiques comprennent également les tables de ces périodiques, quelle que soit la nature de ces tables. Enfin les catalogues de bibliothèques se rattachent aux trois classes précédentes.

I. — Bibliographies générales.

Les œuvres de bibliographie générale ne donnent qu'une part fort restreinte à la chimie ; cependant il peut être utile de consulter les ouvrages classiques de Watt, de Brunet, de Petzhold, de Vallée. On consultera également l'article de E.-D. Gand dans la Grande Encyclopédie, le Manuel de bibliographie de C.-V. Langlois, le Manuel de bibliographie générale de H. Stein, utiles pour initier aux principaux recueils et travaux bibliographiques. Le Manuel de bibliographie universelle de F. Denis ne mérite plus qu'une simple mention.

Watt. — *Bibliotheca britannica*, or a general index to british and foreign literature (1824), 4 v. in-8, Edinburgh. Vol. I-II, authors ; v. III-IV, subjects.

Brunet J.-C. — *Manuel du libraire* (1810). — (1860-1865), 5ᵉ éd., 6 v. in-8. In t. VI : table méthodique : Chimie, pp. 234-239. — Supplément en 1878-1880, 2 v., par G. Brunet et P. Deschamps.

Petzhold. — *Bibliotheca bibliographica*. Kritisches Verzeichniss der Gesammtgebiet der Bibliographie betreffenden Litteratur des In- und Auslandes in systematischer Ordnung. (1866), XIII-939 S., Leipzig. Voir Chimie, S. 539-543 : Technologie, S. 726-749 ; etc.

Vallée. — *Bibliographie des bibliographies*. Iʳᵉ Partie : Catalogue par ordre alphabétique d'auteurs ; IIᵉ Partie : Repertoire. . . . . par ordre alphabétique des matières. (1883), Paris.—(1887), Supplément.

Gand E.-D. — *Bibliographie*. In La Grande Encyclopédie, v. II, pp. 598-641, Paris.

Langlois Ch.-V. — *Manuel de bibliographie historique* (1896), in-12, Paris.

Stein H. — *Manuel de bibliographie générale* (1897), Paris.

Denis F., Pinçon P. et de Martonne. — *Nouveau manuel de bibliographie universelle* (1857), 3 v. in-8, Paris.

La partie technique du *Polybiblion, Revue bibliographique universelle*

(**1868** et suiv.), renferme des sections consacrées à la technologie, à la chimie, que l'on peut parcourir.

Les bibliographies nationales, ou bibliographies générales de pays, même lorsqu'elles ne sont pas accompagnées de tables, rendent des services inappréciables à toute personne s'occupant de bibliographie. Les plus importantes sont celles publiées en France et en Allemagne ; ce sont presque les seules utiles aux recherches bibliographiques concernant la chimie. En France, le

Journal général de l'Imprimerie et de la Librairie ou *Bibliographie de la France*, paraît depuis 1811 en fascicules hebdomadaires, avec table alphabétique par noms d'auteurs et table systématique par matières pour chaque année. (Les années 1857 à 1864 manquent de tables.) — La Bibliographie de la France a servi à O. LORENZ pour publier depuis 1858 son *Catalogue annuel de la Librairie française* en tables alphabétiques et tables méthodiques publiées par périodes de plusieurs années. Ce Catalogue fort utile est devenu annuel à partir de 1893, sous la direction de D. JORDELL, mais les tables systématiques sont fort inférieures à ce qu'elles étaient auparavant ; elles demandent à être plus développées.

En Allemagne, les trois recueils suivants sont les principaux :

Allgemeines Bücher-Lexicon de W. HEINSIUS, 1700 et suiv.

KAISER's *Index librorum ;* Vollständiges Bücher-Lexicon, 1750 et suiv. Il-a un Sach-Register zum 1750-1836, et un autre zum 1891-1894 de A. DRESSEL et A. HILBERT.

Allgemeine Bibliographie für Deutschland, 1842 et suiv. Continué depuis 1893 par le *Hinrich's wöchentliches Verzeichniss*.

II. — BIBLIOGRAPHIES DE SCIENCES ET DE TECHNOLOGIE.

Le titre de cette division explique suffisamment quels sont l'objet et la matière des bibliographies dont nous donnons une simple énumération. Parmi elles, nous devons cependant une mention particulière au Biographisch-literarisches Handwörterbuch de Poggendorf, source très riche de renseignements précis sur la vie et les ouvrages des savants, et au Medicinisches Schriftsteller Lexicon de A. Callisen, travail de toute une vie.

Apuntes para una biblioteca espanolas de libros . . . relativos al. . . sciencias. . de E. y RAMON RUA FIGUEROA (1872), 2 v. in-8, Madrid.

Bibliographical notes on histories of inventions and books of secrets. FERGUSSON. 3 parts. In Transactions of the archaeological Society of Glasgow, 1883 and 1885.

Bibliographie des finances, du commerce et de l'industrie (en russe), 1714-1879. Table systématique..... par C. KARATEFF (1880), in-8, Saint-Pétersbourg.

Bibliographie der technische Kunsten en Wetenschappen, de VAN DER MEULEN, 1850-1875. (1876), in-8, Amsterdam.

Biographisch-literarisches Handwörterbuch zur Geschichte der exacten Wissenschaften. . . de J.-C. POGGENDORF (1858-1863), 2 Bde in-8, Leipzig. Ouvrage de premier ordre. 3e Bd, 1858-1883, hrsg. von B.-W. FEDDERSEN und A.-J. von OETTINGEN (1897-1898), Leipzig. 4e Bd in 1900.

Bibliotheca mecanico-technologica, de W. MILDEN, 1862 et suiv., Göthingen.

Bibliothèque de l'Ingénieur, de LACROIX (1857-1873), 4 séries, Paris.

Bibliotheca polytechnica, de Fr. von SALZEPANSKI (1889), Saint-Pétersbourg.

Bibliotheca scriptorum historiæ naturalis. . . artium ac scientiarum. . . realis systematica, de G.-R. BOEHMER (1785-1789), 5 v. in-8, Leipzig.

Bibliographie néerlandaise historico-scientifique des ouvrages importants. . . aux·XV·, XVI·, XVII· et XVIII· siècles, sur les sciences mathématiques et physiques, par D. BEERENS DE HAAN (1883), in-4, 424 pp., Roma. In Bolletino di bibliografia. . . delle scienze, Roma, t. XIV-XVI, 1881-1883.

Catalogue (A) of modern works on science and technology. London.

Catalogue of works relating to natural philosophy and the mechanical arts, with reference to particular passages and occasionnal abstracts and remarks, de Th. YOUNG. In A Course of lectures on natural philosophy. . . (1807), 2 v. in-4 ; 2d ed. in 1845.

Bibliotheca historico-naturalis et physico-chemica. . . von E.-A. ZUCHOLD. . . (1851 et suiv.), in-8, Gottingen. Pour les livres, la chimie n'y figure plus à partir de 1887.

Bibliotheca medico-chirurgica pharmaceutico-chimica. . . de C. RUPRECHT (1847 et suiv.), in-8, Gottingen.

Faits de la pharmacie française. Exposé des travaux scientifiques, 1792 à 1830, par A. CHEVALLIER et M. de MEZE (1836), in-8, Paris.

Handbuch der Literatur der Gewerbekunde in alphabetische Ordnung. . . (1819, 1829), 2 Bde. — (1822), Supplement, zu 1820, Marburg.

Directory of technical litterature, London.

Handy lists of technical litterature, de H. HAKERFORN, 1881-1893.

Kunst industrielle Literatur, de H.-L. BOERSME (1888), S'Gravenhage.

Literatur der Technologie. . . . nach alphabetischer Folge des Jacobschonschen Wörterbuchs geordnet, de G.-E. ROSENTHAL (1795), in-4, Berlin und Stettin.

Medicinisches Schriftsteller Lexicon. . . de A.-C.-P. CALLISEN (1830-1845), 33 v. in-12, Kopenhagen et Altona.

Naturæ novitates. Bibliographie neuer Erscheinungen aller Länder auf dem Gebiete der Naturgeschichte und der exacten Wissenschaften, hersg. von R. FRIEDLÄNDER (1879 et suiv.), in-8, Berlin.

Polytechnische Bibliotek (1866 et suiv.), Leipzig.

Polytechnische Bücherkunde. . . von J.-C. LEUCHS (1829), in-8, Nurnberg. — (1846), 4 Auflage.

Seydel's Fuhrer durch die technische Literatur, Berlin.

III. — BIBLIOGRAPHIES GÉNÉRALES DE CHIMIE.

En dehors de « A select bibliography of chemistry » de H.-C. Bolton (1893), nous donnons une mention toute particulière au très curieux « Repertorium der chemischen Literatur » de Fuchs (1806).

Allgemeine Bibliotek chemische des XIX Jahrg., de J. TROMMSDORFF (1802-1805), 5 Bde in-12, Erfurt.

A bibliography of analytical and applied chemistry for... 1891, 1892, by H.-C. BOLTON, in J. of anal. appl. chem. [VI, 1892; VII, 1893, 19 pp.]

A bibliography of analytical chemistry for the year 1886 [1887, 1888, 1889, 1890], by H.-C. BOLTON, in J. anal. chem., v. I [II, III, IV, V] 1887-1891, Easton.

A bibliography of chemistry for the year 1887, by H.-C. BOLTON (n° 665 des Smith. misc. coll.), (1888), in-8, 13 pp., Washington.

A select bibliography of chemistry, 1492-1892 (n° 850 des Smith. misc. coll.), by H.-C. BOLTON. (1893), in-8, XI-1212 pp. (12 031 titles in 25 languages). — First supplement..., 1492-1897, IX-489 pp., 5 554 titles (1899), in-8 (n° 1170 des Smith. misc. coll.).

Bibliotheca chemica..... 1840-1858..... von E.-A. ZUCHOLD, in-8, VIII-342 pp., Göttingen.

Bibliotheca chemica et pharmaceutica... 1858-1870... von R. RUPRECHT (1872), in-8, 125 pp., Göttingen.

Bibliotheca chemica, de P. BOREL (1654), in-12, 24 pp., Paris. Le premier catalogue en date.

Bibliotheca medico-chirurgica et pharmaceutica chemica.. .. librorum, dissertationum..... in Belgio ab 1790 ad 1840 ..... de L. HOLTROP (1842), in-8, Hagae-Comitis.

Bibliotheca pharmaceutico-chemica.... Bucher.... vom 1750 bis.... 1837 in Deutschland erschienen sind, de V. ENGELMANN (1838), 3 Aufl. in-8, Leipzig.

Bibliothek der neuesten...., physisch-chemischen Literatur.... von S.-F. HERMBSTÄDT (1788-1795), 4 Bde in-8, Berlin. Suivi par Annalen der chemischen Literatur, hrsg. von F. WOLFF (1803), Berlin.

Führer durch die chemischen Literatur vom 1850 bis 1882, de FRANK (1883), in-16.

Grundriss der reinen und angewandten Chemie. von C. WEIGEL, Greifswald (1777), 2 Bde in-12. Einleitung zur algemeinen Scheidekunst (1788-1794), 3 Bde in-8, Leipzig. Intéressant ouvrage.

Lives of alchemystical philosophers .... a bibliography, de WAITE (1888), London.

Physikalische bibliothek, de BERNHARD VON ROHR (1724), Leipzig : réédité en 1754.

Leber Naturphilosophie in Bezug auf Physik und Chemie. Ein Beitrag zur kritischen Uebersischt der physikalisch-chemischen Literatur, de W. NASSE (1809), in-8, Freiberg.

Ouvrages qui ont été écrits en français avant la fin du XVIe siècle sur la chimie. (1882), in-12, Paris. In v. XXV, pp. 321-382, des Mélanges tirés d'une grande bibliothèque.

Repertorium der chemischen Literatur, von 494 vor C' Geburt bis 1806. In chronologischer Ordnung, de FISCH. G. F. C. (1806-1812), in-8, Iena.

Lebersischt aller Erfahrungen und Untersuchungen...., Chemiker.... 1798-1800. In Journal der Chemie, Bd VI (1800), S. 515-716. Siehe S. 710-716, Technische Benutzung thierischer und vegetabilischer Subzianzen.

Verzeichniss sämmtlicher Schriften über Gewerbechemie und chemisch-technische Rezeptbücher.... 1865-1881, Gracklauer's Fachkatalog No 18 (1881), in-8, 12 S. Leipzig. C/ No 14, 264 S. (1881).

Wolf's Naturwissenschaftliches Vademecum Alphabetische und Systematische der literarische Erscheinungen auf dem Gebiete der Chemie, Pharmacie und Chemischen Technologie.... bis 1890, exch. (1890), in-12, 91 S. Leipzig.

Quellen-Literatur der organischen Chemie, de E. WOLFF, bis 1844 (1845), in-8, XII-404 Coll., Halle.

On consultera avec fruit, pour les ouvrages, les catalogues suivants :

Catalogue des thèses soutenues devant l'école de pharmacie de Paris, 1815-1889, de DORVEAUX (1890), in-8, Paris :

Catalogue des thèses de pharmacie soutenues en province, 1803-1894, de DORVEAUX (1892), in-8, Paris :

Catalogue des thèses de sciences soutenues en France depuis 1810 jusqu'en 1890 (1892), in-8, Paris :

et les catalogues des thèses allemandes.

IV. — BIBLIOGRAPHIES DE SUJETS CHIMIQUES SPÉCIAUX.

Toute une série de sujets spéciaux de chimie ont fait l'objet de travaux bibliographiques, parfois très remarquables, surtout en Amérique. La chimie agricole, en particulier, est l'objet de documents bibliographiques très importants dans les publications du Département de l'agriculture des États-Unis.

L'histoire de la chimie a été traitée par H.-C. Bolton (1875), New-York ; la détermination des poids atomiques par G. Becker (1880), Washington ; la stéréochimie par A. Eiloart (1892) ; la thermodynamique par A. Tuckermann (1890), Washington ; la rapidité des réactions chimiques par R. Warder (1883), Salem ; la capillarité par J. Lhoyd (1895-96), Chicago ; la dissolution par Nicol (1887, 1889), London ; l'action chimique de la lumière par A. Tuckermann (1891), Washington ; l'histoire de la photographie par J. Eder (1891), Halle ; l'électrotechnique par G. Maas (1893),

Leipzig ; l'électrolyse par W. Webb (1882), New-York ; la toxicologie par
A.-W. Blyth (1884), London ; la détermination de l'azote par L.-F. Kebler
(1891), Salem ; les ptomaïnes par V. Vaughan (1888), Philadelphie ; le fer
et l'acier par A.-L. Cobby (1898) ; le didymium par A.-C. Langmuir (1893),
Washington ; le cérium et le lanthane par W.-H. Magée (1895) ; l'iridium
par N.-W. Perry (1885), Washington ; le manganèse par H.-C. Bolton
(1875), New-York ; le niobium par F.-W. Traphagen (1888), Washington ;
l'or par A. Liversidge (1895), Brisbane ; le titanium par E.-J. Hallock
(1877), New-York ; l'uranium par H.-C. Bolton (1870, 1885), Washington ;
le vanadium par G.-J. Rockwell (1877), New-York ; le wolfram par
G. Boetticher (1880), Berlin ; les métaux du groupe du platine, 1748-1896,
par J.-L. Howe (1897), Washington ; les carbures métalliques par J.-A.
Mathews (1898), Washington ; l'éther acétoacétique et ses dérivés par
P.-H. Seymour, excellente bibliographie analytique (1894), Washington :
les amalgames par W. Dudley (1890), Salem ; les eaux potables par Hu-
guemy (1865), Paris ; la composition de l'eau par T.-C. Warrington (in
Chemical-News, v. LXXIII, p. 137 et suiv.) ; l'ozone par A. Leeds (1880,
1884), New-York ; l'eau oxygénée par A. Leeds (1880, 1884), New-York ; les
carbohydrates par B. Tollens (1888), Breslau ; l'inuline par J. Bay (1893),
Saint-Louis ; le sucre par J. Maumené (1876), Paris, par R. Ling (1890),
London ; le sucre d'amidon par E.-J. Hallock (1884), Washington ; le
sucre de betterave par C.-R. Barnett (1897), Washington ; les pétroles par
S. Peckham (1884) ; les explosifs par E. Munroë (1886, 1893), Baltimore ;
les alcaloïdes par P. Murrill (1898) ; les substances alimentaires par
A. Colby (1882), Albany ; le lait par E. Martin (1886), New-York ; le miel
par H. Wiley (1892), Washington ; la cire (id.) ; le beurre par E. Wuller
(1886) ; la falsification des matières alimentaires par J. Battershall (1887),
New-York ; celle des sucres par A. Colby (1882), Albany ; celle du beurre
et des huiles par G. Caldwell (1882), Albany ; la spectroscopie par C. Fiévez
(1878), Bruxelles, et par A. Tuckermann (1891), Washington.

Citons aussi le *Résumé chronologique et analytique des travaux (277 n°˙)
de A.-W. von Hofmann*, par NOELTING et GERBER, in Moniteur Scientifique,
1898, pp. 98-156.

Enfin, plusieurs travaux bibliographiques sont en préparation ou sous
presse. Je citerai (1), entre autres, les travaux de G. Barton pour la glycérine, de G. Pfeiffer pour l'acide picrique, de W. Wilkinson pour le vin ;
A bibliography of basic slags de K.-Mc Elroy ; Index to the literature
of thallium, de Miss M. Doan,... of thorium de C. Jouet,... of tantalum de
F. Traphagen,... of zirconium de A. Langmuir,... of carbonic oxid de
W. Nichols et A. Gill,... of milk de Cl. Andrews ; Bibliography of oxygen
de G. Wagner ; A bibliography of chemical dissertations de H.-C. Bolton.

Il faut ajouter à cette liste le *Répertoire analytique des Industries tinctoriales et des Industries annexes depuis les origines jusqu'à la fin du*

___
(1) Cf les 15ᵉ et 16ᵉ rapports annuels du Committee on indexing chemical literature.

XIX° *siècle* en deux parties : Ire Partie : Ouvrages (Liste alphabétique et analytique des ouvrages, Table méthodique des ouvrages) ; II° Partie : Publications périodiques et brevets (Relevé analytique des périodiques, Table alphabétique des noms propres, Table méthodique des matières), de Jules Garçon, dont les premières années du siècle prochain verront, je l'espère, commencer la publication. Il faut ajouter encore l'Appendice I : *Liste choisie d'ouvrages ou de mémoires utiles à consulter pour l'histoire de la chimie en France,* à l'Histoire de la chimie en France de Jules Garçon, qui doit être publiée en 1900 à l'occasion de l'Exposition.

Voici l'indication détaillée de quelques bibliographies spéciales publiées à ce jour :

Atomic weights, by Al. Scott, in Science progress, I, 1894, p. 542.

The composition of water, by T.-C. Warington, in Chemical News, LXXIII, 137 et sq.

Outlines of a bibliography of the history of chemistry, by H.-C. Bolton. In Annals of the Lyceum of natural history of New-York, v. X ; reproduit in Chemical News, XXXII (1875), pp. 36-37, 56-57 and 68. Cf 144, 281.

Bibliographie des Ouvrages, Mémoires et Notices de Spectroscopie, par C. Fiévez (1878), in-32, Bruxelles.

Index to the literature of the spectroscope, by A. Tuckermann (1888), in-8, 433 pp., Washington, n° 658 des Smithsonian miscellaneous collections. Une nouvelle éd. se prépare pour 1900.

Bibliography to the chemical influence of light, by A. Tuckermann (1891), in-8, 22 pp., Washington, n° 785 des Smith. misc. coll.

An Index to the literature on the estimation of nitrogen, by L.-F. Kebler. In Journal of analytical and applied chemistry, V, 1891, p. 260.

Bibliography of beeswax, waxes....., ed. by H. Wiley, in Part VI of Foods and Food adulterants. Bulletin n° 13, division of chemistry. U. S. Department of agriculture (1892), Washington, pp. 871-874.

Index to the literature of didymium, 1842-1893, by A.-C. Langmuir (1893), in-8, 19 pp., Washington, n° 972 des Smith. misc. coll.

Index to the literatures of cerium and lanthanum, 1751-1894, by W.-H. Magie (1895), in-8, 43 pp., Washington, n° 971 des Smith. misc. coll.

A bibliography of the metals of the platinum group, 1748-1896, by J.-L. Howe (1897), in-8, 318 pp., Washington, n° 1084 des Smith. misc. coll.

References to the literature of the sugar-beet, by C.-R. Barnett (1897), in-4, 9 pp., Washington.

A chemical bibliography of morphine, 1875-1896, by H.-E. Brown. In Pharm. Archives, I, n° 3.

A bibliography of the metallography of iron and steel, by A.-L. Colby. In Metallographist (1898), I, n° 2, pp. 168-178.

Review and bibliography of the metallic carbides, by J.-A. Mathews (1898), in-8, 32 pp., n° 1090 des Smith. misc. coll.

Alkaloidal estimation : a bibliographical index, ... 1890-1900, by P. Murrill (1898). Ann. Arbor, 60 pp.

Contributions to the bibliography of gold, by A. Liversidge (1895). In Australasian Ass. for the adv. of science. Brisbane.

Bibliography of embalming, by C.-W. Mc Curdy (1896).

Index to the literature of the detection and estimation of fusel oil in spirits, by W.-D. Bigelow. In J. amer. chem. S., XVIII, 397 et sq.

Bibliography of ester aceto-acetic and its derivatives, by P.-H. Seymour (1894), in-8, 148 pp., Washington, n° 970 des Smith. misc. coll. C'est une bibliographie analytique jusqu'à 1891.

Bibliography of the solution, by Nicol. In Reports of the Committee of the British Association for the advancement of science and industry : 1887, pp. 57-59 ; 1888, p. 54 ; 1889, pp. 53-54.

Index to the literature of peroxide of hydrogen..., 1818-1878, by A. Leeds (1880), in-8, 11 pp., New-York. — Supplement, 1879-1883, 3 pp. Extrait des Annals of the New-York Academy of sciences, I, 1880, and III, 1884. Une nouvelle édition est en préparation.

Elektrotechnische Bibliographie, von G. MAAS (1893), in-8, Leipzig.

Index to the literature of electrolysis, 1784-1880, by W. WEBB (1882), in-8, 40 pp., New-York. Extrait des Annals of New-York Academy of sciences, t. IJ, 1882. Traduit en français : Index des Mémoires sur l'Electrochimie, publiés depuis 1784 jusqu'à 1880, in Traité théorique et pratique d'Electrochimie, de D. Tommasi (1889), in-8, Paris.

Bibliography of the metal iridium, by N.-W. PERRY. In W.-L. Dudley's paper on iridium, published in Mineral ressources of the United States, calendar years 1883 and 1884 (1885), in-8, Washington. Reproduit in Chemical News, LI, pp. 32-33.

Index to the literature of manganese, 1596-1874, by H.-C. BOLTON. In Annals of the New-York Lyceum of natural history, XI, 1875, 44 pp.

Index to the literature of columbium (niobium), by F.-W. TRAPHAGEN (1888), in-8, 27 pp., Washington, n° 663 des Smith. misc. coll.

Index to the literature of ozone, 1785-1879, ..., by A. LEEDS (1880), in-8, 32 pp., New-York. — Supplement, 1879-1883, 16 pp. Extrait des Annals of the New-York Academy of sciences, I, 1880, and III, 1884, p. 137. Une nouvelle édition est en préparation.

Bibliography of starch-sugar, by E.-J. HALLOCK (1884), in-8, 44 pp., Washington.

Index to the literature of titanium, 1783-1876, by E.-J. HALLOCK (1877), in-8, 22 pp., New-York. Extrait des Annals of the New-York Academy of sciences, I, 1877.

Index to the literature of uranium, by H.-C. BOLTON. In Annals of the New-York Lyceum of natural history, IX, 1870, 15 pp. — 2ᵉ éd., 1789-1885, in Smithsonian report (1885), 36 pp., Washington.

Index to the literature of vanadium, by C.-J. ROCKWELL (1877), in-8, 13 pp., New-York. Extrait des Annals of the New-York Academy of sciences, V, 1877.

References to capillarity, by J. LHOYD (1895-96), in-8, Chicago.

Die Wolfram Literatur seit Lachmann, von G. BOETTICHER (1880), in-8, Berlin.

Certaines bibliographies de sujets spéciaux se rencontrent, traitées d'une façon intéressante, dans des ouvrages plus généraux de chimie. Par exemple, pour l'histoire de l'alchimie dans *Beyträg zur Geschichte der höheren Chemie,* de CARBONARIUS (1785), Leipzig ; — pour les théories Lavoisiériennes dans *Grundzige der neuern chemischen Theorie,* von A.-N. SCHERER (1795), S. 297-384, Iéna, et dans son *Nachtrage* (1796), S. 547-561 ; — pour l'acide du bleu de Prusse dans *Die Blausaure,* de W. PREYER (1870), Bonn. Literatur, 1802-1869 ; — pour les constantes physiques dans *The constants of nature,* de F.-W. CLARKE, t. XII, pp. 4-10, et t. XIV, pp. 5-7, des Smithsonian miscellaneous collections ; — pour les poids atomiques, ibid. (1897) ; — pour la loi périodique dans *Development of the periodic law,* de F. VENABLE (1896), Easton ; — pour l'argon dans un article publié en 1897 par C. PARKER, in J. am. chem. Soc. ; — pour l'ozone dans *L'ozone,* de H. SCOUTTETEN (1857), Strasbourg ; — pour la chlorophylle dans l'ouvrage de HANSEN (1859) et dans celui de MARCHLEWSKI (1895) ; — pour l'alun dans celui de HOFMEISTER (1840) ; — pour les explosifs, jusqu'en 1894, dans celui de O. GUTTMANN, *Die Industrie der Explosivstoffe ;* — enfin pour de nombreux titres dans le *Dictionnaire de chimie pure et appliquée* de WURTZ et suppléments (1868 et suiv.), Paris, dans les traités de chimie de SADTLER (1892), de LADENBURG, dans l'*Encyclopédie chimique* de FREMY (1882-1899), Paris, et dans le merveilleux *Index-Catalogue of the library of surgeon-general's office U. S. army.*

Parmi les sujets spéciaux de chimie appliquée, je citerai la modeste *Bibliographie de la Technologie chimique des fibres textiles : propriétés, blan-*

chiment, teinture, impression et apprêts, publiée en 1893 par la Société industrielle de Mulhouse, et une œuvre beaucoup plus importante, actuellement en cours de publication, le *Répertoire* ou *Dictionnaire méthodique de bibliographie des industries tinctoriales et des industries annexes,* de JULES GARÇON, qui a reçu de la même Société en 1897 le 3e grand prix décennal Daniel Dollfus (médaille d'honneur et 5 000 francs). L'introduction de ce Répertoire renferme une notice sur les sources bibliographiques qui peuvent aider les chercheurs dans leurs études spéciales et dont les principaux éléments sont d'ailleurs tirés du présent mémoire.

Ce Dictionnaire de bibliographie comprend 342 sujets différents ou « Titres de matières », et un grand nombre d'entre eux présentent de l'intérêt pour les chimistes.

Les *Matériaux pour la coloration des étoffes* de DOLLFUS-AUSSET (1865), 2 v. in-8, Paris, sont accompagnés d'analyses et d'extraits.

La *papeterie* a fait l'objet d'une bibliographie par DUMÉRY (1888), Bruxelles.

A la fin de cette division des bibliographies de sujets spéciaux, citons encore le *Dictionnaire bibliographique de la garance* de J. CLOUET et J. DÉPIERRE, et des mentions bibliographiques spéciales a la teinture en rouge-turc, dans CHATEAU, *Étude historique et chimique de la fabrication du rouge-turc,* pp. 116-118 ; à l'indigo dans ROSSIGNON, *Manual del cultivo del anil* (1859), Paris ; aux plantes tinctoriales et textiles dans HEUZÉ, *Plantes industrielles* (1894) ; aux fibres textiles dans O.-N. WITT, *Chemische Technologie der Gespinnstfasern* (1888 und 1891), Braunschweig ; au coton dans DESCHAMPS, *Études sur le coton* (1865) ; à la soie dans PARISSET, *Les industries de la soie* (1890), Lyon, et surtout dans SILBERMANN, *Die Seide* (1897), Dresden ; à la houille et à ses dérivés dans BOLLEY et KOPP, *Traité des matières colorantes artificielles* (1874), Paris ; aux matières colorantes artificielles dans G. SCHULTZ [und P. Julius, 1 Auflage], *Tabellarische Uebersicht der künstlichen organischen Farbstoffe* (1897), 3 Aufl. in-8, Berlin, 20 Mk. ; traduction anglaise de la 2e édition ; dans L. LEFÈVRE, *Traité des matières colorantes organiques artificielles* (1896), 2 v. in-8, et dans A. SEYEWETZ et P. SISLEY, *Chimie des matières colorantes organiques* (1896) ; aux tannins, et d'une façon remarquable, dans TRIMBLE, *The tannins* (1892 and 1894), Philadelphia ; au dosage du tannin dans G. SPENCER, *Foods and food adulterants* (1892), Washington ; à l'acide tartrique dans BELLOUARD, *Étude chimique de l'acide tartrique* (1874), pp. 29-32 ; à la naphtaline et ses dérivés dans RÉVERDIN und FULDA, *Tabellarische Uebersicht der Naphtalinderivate* (1894), 3e éd., 2 v. in-4, Genève ; à diverses questions de teinture dans JULES GARÇON, *La Pratique du teinturier* (1893-1897), 3 v. in-8, Paris.

V. — CATALOGUES DE PÉRIODIQUES.

Les Catalogues de périodiques, ou bien se bornent à donner une simple énumération des périodiques, ou bien fournissent le relevé des articles publiés dans ces périodiques.

I. — Une liste des périodiques scientifiques a été dressée excellemment par II.-C. Bolton. S. Scudder, américain comme l'auteur précédent, avait donné auparavant une liste des périodiques de Sociétés savantes, extrêmement précieuse elle aussi. Des listes de périodiques se trouvent encore en tête du v. I de l'Index-Catalogue of surgeon-general's office, et des v. I, VII, IX, du Catalogue of scientific papers. D'autres se retrouveront indiquées plus loin parmi les Catalogues de bibliothèques. Pour la France, la liste de Hatin est tout à fait inférieure aux besoins actuels ; l'annuaire de H. Le Soudier est meilleur : il embrasse toutes les revues périodiques qui paraissent à Paris chaque année ; enfin l'excellente Bibliographie des Sociétés savantes de la France de E. Lefèvre-Pontalis a servi de base aux « Bibliographies des travaux publiés par ces Sociétés ».

Annuaire des journaux, revues et publications périodiques parus à Paris, par H. LE SOUDIER (annuel).

Bibliographie historique et critique de la presse périodique française, par F. HATIN (1866), in-8, Paris.

Bibliographie des Sociétés savantes de la France, par E. LEFÈVRE-PONTALIS (1886), in-4, Paris.

Verzeichniss der in Deutschland erschienen wissenschaftlichen Zeitschriften für die Universitäts Ausstellung in Chicago, 1893. Hersg. von der kongl. Bibliothek zu Berlin (1893), Berlin.

Helps for cataloguers of serials, by H.-C. BOLTON. In The bulletin of bibliography, 1897.

A Catalogue of chemical periodicals, by H.-C. BOLTON (1885), in-12 de 10 pp., London. Ex Annals of New-York Academy of sciences, III, 1885, pp. 159-216. Cf in Chemical News, LI, LII et aussi LV, 1887, pp. 216-217.

A Catalogue of scientific and technical periodicals, together with chronological tables and a library check-list, 1665-1882, by H.-C. BOLTON (n° 514 des Smith. misc. coll.) (1885), in-8, x-773 pp., Washington. Les tables chronologiques sont fort intéressantes. — (1898), second edition, 1665-1895, 8 603 titles, 1247 pp. (n° 1076 des Smith. misc. coll.)

Catalogue of scientific serials of all countries, 1663-1876 [Library of Harward University], by S.-H. SCUDDER (1879), in-8, xii-358 pp. Cambridge, Mass.

II. — Les relevés de périodiques offrent un intérêt plus considérable que les simples listes. Nous possédons des relevés très bien faits, et l'un des plus anciens, celui de Reuss, est du nombre. Le plus important est le Catalogue of scientific papers publié par la Royal Society of London. L'Index de Poole, le Repertorium de Kerl, puis Rieth, sont d'un service continuel, et j'espère que mon Dictionnaire méthodique de bibliographie méritera le même jugement. On trouvera également de précieuses indications, comme relevés d'autres périodiques, dans plusieurs Jahresberichte cités plus loin. La Bibliographie des travaux scientifiques publiés par les Sociétés savantes, de J. Deniker, est un ouvrage de choix, réalisé sur le plan de la Bibliographie-liste de E. Lefèvre-Pontalis, mais on doit déplorer que les sciences appliquées aient été laissées de côté, par principe, dans le dépouillement des articles. On doit déplorer également que le Répertoire de D. Jordell laisse de côté presque toutes les revues scientifiques et techniques.

Allgemeines Sachregister über die wichtigsten deutschen Zeit- und Wochenschriften (1790), Leipzig.

Alphabetisches Sachregister der wichtigsten technischen Journal, 1847-1864, von D. Philipp (1847-1864), in-8, Berlin.

Annual (The) literary review, by W.-J. Fletcher and R. Bowen (1892), 1ᵉ v., New-York.

Bibliographie des travaux scientifiques (sciences mathématiques, physiques et naturelles) *publiés par les Sociétés savantes de la France*, par J. Deniker (1895), in-4, t. 1, 1ʳᵉ livraison : (1897), 2ᵉ livraison.

Bollettino di bibliografia e di storia delle scienze matematiche e fisiche, in-4, Roma. Il renferme d'excellents Annunzi di recenti publicazioni.

Catalogue of scientific papers, from 1800 to 1803, compiled and published by the royal Society of London. 1800-1863, 6 v.; 1864-1873, 2 v.; 1874-1883, 3 v. (1867-1892), 11 v. in-4, London. C'est le meilleur des recueils alphabétiques par noms d'auteurs, mais on désirerait une Table méthodique. C'est la suite de l'excellent ouvrage de Reuss.

Catalogo metodico degli scritti contenuti nelle publicazioni periodiche italiane e straniere. Biblioteca della camera dei deputati. (1885-1895), 4 v. in-8, Roma.

Dictionnaire méthodique de bibliographie des industries tinctoriales et des industries annexes, de Jules Garçon, 3 v. grand in-8. en cours de publication. [1899-1900].

Index (An) to engineering [english] *periodicals*, 1883-1887, by F.-E. Galloupe (1888), in-12, Boston.

Index to foreign periodicals contained in the Patent Office library of London..... from 1866 to 1872 (1867-1876), 7 v. in-8, London.

Index to periodical litterature [of english language], by W. Poole (1846), New-York. — (1885), new ed. — Supplement by W.-J. Fletcher (1891 and 1893).

Index to the periodicals for England. The review of reviews. (1890 et suiv.), London.

Répertoire bibliographique des principales revues françaises; réd. par D. Jordell. 1ʳᵉ année, 1897. (1898), in-8, x-209 pp., Paris.

Repertorium commentationum a Societatibus litterariis editarum, secundum disciplinarum ordinem, de J.-D. Reuss (1801-1821), 16 v. in-4, Göttingen. OEuvre de premier ordre. C'est le t. III (1803) qui renferme la chimie : le t. VI (1806), l'économie. Cet excellent Répertoire s'étend de 1665 à 1800, la suite est donnée par le Catalogue of scientific papers.

Repertorium der technischen Literatur der Jahre 1823 bis 1853, von F. Schubarth. Hrsg. im Auftrage des K. Ministeriums fur Handel (1856), in-8, Berlin. — S'y rapporte le : Reference Index of subjects named in Schubarth's Repertorium..... with corresponding references to Woodcroft's subject-matter Indexes of patents of inventions (1856), in-8, London.

Repertorium der technischen Journal-Literatur, hrsg. im Auftrage des K. Patentamts, 1854-1868, von B. Kerl [suite à Schubarth]: 1869-1873: 1874-1878; 1879-1881, von B. Kerl; 1882-1885, von R. Biedermann; 1886-1891, von Rieth.

Repertorium der technischen, mathematischen und naturwissenschaften Journal-Literatur,... von F. Schotte (1869-1871), 3 v. in-8, Leipzig. 1 fascicule par mois avec disposition méthodique.

Repertorium uber die vom 1800 bis 1850 in akademische Abhandlungen erschienenen Aufsätze, von W. Koner (1852-1856), Berlin.

Wissenschaftliche (Die) Vereine und Gesellschaften Deutschlands. Bibliographie ihrer Veröffentlichungen, seit ihrer Begrundung bis auf die Gegenwart, von J. Müller (1883-1887), xxi-878 S.

Year-Book of the scientific and learned Societies of Great-Britain and Ireland comprising lists of the papers read. V. I (1884); II (1894); III (1895), London.

Bibliographischer Monatsbericht uber neu erschiene Schul- und Universitätsschriften, von G. Fock (1889 et suiv.), Leipzig.

Jahres-Verzeichniss der an den deutschen Universitäten erschienenen Schriften (1885 et suiv.), Berlin.

Systematisches Verzeichniss der Abhandlungen (Schulschriften)... *Deutschland*, 1876-1895, de R. Krussmann (1889), Leipzig.

Sveriges periodiska Litteratur, de B. Lundstedt, 1645-1894 (1895-96), in-8, Stockholm.

III. — Toute une classe de relevés de périodiques, qui s'imposent à notre vive attention, ce sont les tables mêmes des périodiques, tables annuelles et tables récapitulatives. Il en est très peu de bien établies. Le départ entre les articles originaux et les extraits ou reproductions n'est presque jamais réalisé; la pagination de fin, si avantageuse pour apprécier l'importance d'un mémoire, n'est indiquée que dans un nombre très restreint de périodiques. Les tables de matières, celles d'auteurs ou de noms propres, sont tracées d'après un plan qui varie avec chaque recueil. Les tables récapitulatives volume par volume n'existent que pour deux ou trois recueils, à ma connaissance. Tous ces défauts ont été exposés par H. Wheatley dans son ouvrage : « What is an Index? » (1879), in-8, London. On y trouvera, pp. 83-96, une liste de tables de périodiques. H. Stein en a donné une plus complète dans son Manuel de bibliographie générale (1898), Paris, pp. 637-710, sous le titre : Répertoire des tables générales des periodiques de toutes langues.

Les tables accompagnant les périodiques qui intéressent surtout les chimistes sont celles des différentes Académies des sciences, des Sociétés de chimie, de plusieurs Sociétés savantes, de quelques annales ou revues. Nous nous bornerons à donner la liste de leurs différents recueils, avec l'indication abrégée de leurs tables récapitulatives.

1º Mémoires et Comptes rendus des Académies :

Académie des sciences de Paris.
>Comptes rendus hebdomadaires. 1835 et suiv. Tables des t. I-XXXI, XXXII-LXI, LXII-XCI.
>Histoire et Mémoires. 1666-1790. Tables alphabétiques des matières de 1666 à 1780 par Godin et Demours, 9 v. in-4 : de 1666 à 1770 par Rozier, 4 v. in-4.
>Mémoires de l'Académie des sciences. 1796 et suiv. Table de 1796 à 1878.
>Mémoires présentés à l'Académie des sciences. 1750 et suiv. Table de 1806 à 1877.

Academia dei Lincei. Roma.
>Rendiconti. 1884 et suiv.
>Atti. 1847 et suiv. Deux sections depuis 1871.

Academia delle scienze dell' Instituto di Torino.
>Miscellanea, Mélanges, Mémoires, Memorie..... 1759 et suiv.
>Atti. 1866 et suiv.

Académie ..... des sciences..... de Bruxelles.
>Mémoires. 1769 et suiv. Répertoire systématique et analytique ..... par Namur (1838), Liège.
>Bulletin. 1832 et suiv. Tables, 1832-1880, 3 v.

Académie ..... des sciences de Saint-Petersbourg.
>Commentarii, Acta, Mémoires. 1726 et suiv.
>Bulletin. 1836 et suiv. Mélanges physiques et chimiques tirés du Bulletin. 1846 et suiv.
>Table générale méthodique et alphabétique des ..... publications (1876). Supplément en 1882.

Svenska Vetenskaps Academiens.
>Handlingar. 1739 et suiv. Register zu 1739-1825. Traduction allemande 1739-1791, et 3 Bde de Register.
>C/ Arsberattelse om Framstegen i Physik och Kemi, 1821-1853, ... af J. Berzelius, avec un Register zu 1821-1847. Traduits en allemand par C. Gmelin et F. Wöhler, en français par Plantamour.

Cf aussi Recueil des mémoires ..... de chimie ..... contenus dans ..... les actes de l'Académie ..... de Stockolm. (1764), 2 v. in-12, Paris.

American Academy of arts and sciences.
> Memoirs. 1783 et suiv.
> Proceedings. 1846 et suiv.

Academy national of sciences of Washington.
> Memoirs. 1883 et suiv.

Academy of sciences of New-York. 1876 et suiv. Suite à Annals of lyceum of natural history, 1823-1876.

Akademie der Wissenschaften zu Berlin.
> Miscellanea, Histoire, Mémoires, Abhandlungen. 1710 et suiv. Verzeichniss der Abhandlungen.
> Sitzungsberichte. 1836 et suiv. Register zu 1836-1858, zu 1859-1873.

Akademie der Wissenschaften zu München.
> Abhandlungen. 1763 et suiv.
> Jahresberichte, Sitzungsberichte. 1803 et suiv. Inhaltverzeichniss zu 1860-1870, zu 1871-1885.

Akademie der Wissenschaften zu Wien.
> Denkschriften. 1850 et suiv. Register.
> Sitzungsberichte. 1848 et suiv. Register zu Bden I-LXXXIV, 2 Bde.

Böhmischen Gesellschaft der Wissenschaften.
> Abhandlungen. 1785 et suiv.
> Sitzungsberichte. 1859 et suiv.
> General-Register. 1784-1884. (1884), Prag.

2° *Mémoires de Sociétés chimiques :*

Berichte der deutschen chemischen Gesellschaft zu Berlin, 1868 et suiv., avec un Chemisch Central-blatt depuis 1898. General-Register zu 1868-1877 (1880), 2 Bde in-8, Berlin ; — zu 1878-1887 ; — zu 1888-1896.

Berichte der oesterreichischen chemischen Gesellschaft.

Berichte der oesterreichischen Gesellschaft zur Förderung der chemischen Industrie.

Bulletin de la Société chimique de Paris. 1861 et suiv. [1858-1860 : Répertoire de chimie]. Table de 1858 à 1874 par Ed. Wilm; de 1875 à 1888 par Th. Schneider.

Bulletin of the chemical Society of Washington, 1886 et suiv.

Journal de la Société physico-chimique russe. Zhurnal russkova khimicheskova i fizicheskova obscheisva pri S¹ Petersburgskom Universitetye. 1869 et suiv., in-8.

Journal of the chemical Society of London. 1848 et suiv. Index to 1848-1872 (1874); to 1873-1882; to 1883-1892.

Journal (The) of the Society of chemical Industry. 1881 et suiv., London. Collective Index. 1881-1895 (1896).

Journal (The) of the american chemical Society. 1876 et suiv., New-York. Subject- and author-index to v. I-XXX, by Sohon [à paraître en 1899]. Le Journal contient, depuis décembre 1897, une Review of american chemical research, ed. by A.-A. Noyes.

3° *Mémoires d'autres Sociétés savantes :*

Bulletin de la Société d'Encouragement à l'Industrie nationale. 1802 et suiv. Tables.

Bulletin de la Société industrielle d'Amiens. 1862 et suiv. Tables en 1875 et en 1884.

Bulletin de la Société industrielle de Mulhouse. 1826 et suiv. Tables in t. XXV, in t. XLVI par Michel, in Bulletin du cinquantenaire. Tables générales des matières contenues dans les v. I-LX, 1826-1890, par A. Boeringer (1891). Table des matières des séances du Comité de chimie, 1866-1889, par Albert Scheurer.

Bulletin de la Société industrielle de Rouen. 1873 et suiv. Tables de 1873 à 1882, de 1883 à 1888, de 1889 à 1893.

Journal of the Franklin Institute. 1896 et suiv., Philadelphia. Index to the reports of the committee on science and arts, 1834-1890, in v. CXXX. Index for the CXX v., from 1826 to 1895 (1896).

Journal of the Society ..... for the encouragement of arts..., 1852 et suiv. Indexes to v. I-X,... XXXI-XL...

Mittheilungen des K. K. technologischen Gewerbe-Museums in Wien. Section fur chemische Gewerbe. 1883 et suiv., Wien.

Philosophical transactions of the royal Society of London. 1665 et suiv. Index from v. I to v. CXX, 1665 to 1830, 3 parts, London. Table des mémoires..... 1665-1735 (1739), Paris.

Proceedings of the american Association for the advancement of science. 1848 et suiv. Ils renferment, depuis 1883, v. XXXII, les Reports of the committee on indexing chemical literatur.

Proceedings of the royal Institution of Great Britain. 1851 et suiv. Index to v. I-XII, in v. XII, 1889.

Proceedings of the royal Society of London. 1834 et suiv.

Reports of the annual meeting and transactions of ..... the british association for the advancement of science. 1831 et suiv. Index ..... from 1831 to 1860 (1864), London.

4° Annales, Journaux et Revues :

Les Actualités chimiques, revue des progrès de la chimie pure et appliquée, publiée sous la direction de Ch. Friedel. 1896 et suiv., Paris.

Agenda du chimiste. 1877 et suiv. Notices annuelles.

Afhandlingar i Fysik, kemi ..... af J. Berzelius. 1806-1818, Stockholm.

American chemical Journal ..... by Ira Remsen. 1879 et suiv., Baltimore. General-Index of v. I-X, 1890.

Analyst (The). 1876 et suiv., London ; organ of the S. of public analysts. General-Index for 1876 to 1896.

Annalen der Chemie und Pharmacie, hrsg. von Woehler, Liebig, Kopp ..... 1832 et suiv., Leipzig. Autoren und Sach-Register zu den Bd. I-C. ...... CLV-CCXX, 1873-1883 ; CCXXI-CCLXXVI, 1884-1893.

Annalen der Physik und Chemie von Poggendorf. 1809 et suiv., Leipzig. Indexes. Sach-Register zu I-CLXI, 1824-1877 (1888). C'est la suite du Journal der ..... de A.-C. Gren, 1790-1798. Namen- und Sach-Register zu 1799-1824; zu 1824-1877.

Annales de chimie et de physique. 1789 et suiv., in-8, Paris. Tables générales raisonnées tous les dix ans jusqu'en 1893.

Annali der laboratorio chimico centrale delle gabelle, publ. da V. Villavecchia. 1891 et suiv., Roma.

Annali, puis Giornale di chimica..., di L. Brugnatelli. 1790-1827. Pavia. Index (1827), in v. XXI.

Archives des sciences physiques et naturelles de Genève. 1796 et suiv. Table générale raisonnée, 1796-1855, 3 v. in-8.

Chemical News..... ed. by W. Crookes. 1860 et suiv., in-4, London. Suite à The chemical gazette, 1843-1859.

Chemical Review (The). 1871 et suiv., London.

Chemiker-Zeitung ..... hrsg. von G. Krause. 1877 et suiv., Cöthen.

Chemiker-Kalender, hrsg. von R. Biedermann. 1880 et suiv., in-16, Berlin.

Chemische Industrie (Die) ..... 1878 et suiv., in-4, Berlin.

Chemisches Centralblatt, hrsg. von R. Arendt. 1830 et suiv., Leipzig. General-Register, 1870-1881.

Chemisch-technischen (Die) Mittheilungen der neuesten Zeit, ihrem wesentlichen Inhalte nach alphabetisch zusammengestellt; hrsg. von L. Elsner [Ch. Heinzerling]. 1846 et suiv., in-8, Berlin. Sach-Register zu 1846-1859: zu 1846-1870.

Chemisch-technisch Reportorium ..... hrsg. von Emil Jacobsen. 1863 et suiv., in-8, Berlin. General-Register zu I-V, VI-X, ... ; XXVI-XXX, 1887-1891.

Crell's chemische Annalen. 1778-1799, Lemgo [Leipzig].

Dingler's polytechnisches Journal. 1822 et suiv., in-8 [in-f° depuis 1891], Stuttgart. Real-Register zu Bd. I-CCXVIII.

Jahrbuch der Chemie ..... hrsg. von R. Meyer. 1891 et suiv., in-8, Braunschweig.

Jahrbuch der Erfindungen und Fortschritte auf den Gebieten der Physik und Chemie, der Technologie ..... hrsg. von H. Hirzel ..... 1865 et suiv., Leipzig. Register zu I-V, ... XII-XXIV .....

Jahrbuch der organischen Chemie, hrsg. von Munnuni. 1893 et suiv., Leipzig.

Jahresberichte uber die Fortschritte der Chemie. Nach Berzelius Tode fortg. von L. Svanberg. I-XXX, 1822-1851. Tübingen. Register zu Jahr. I-VII.

Jahresberichte uber die Fortschritte auf dem Gebiete der reinen Chemie, hrsg von W. Städel. 1874 et suiv., Tübingen.

Jahresberichte uber die Fortschritte der Thierchemie, hrsg. von R. Maly. 1872 et suiv., Wiesbaden. Register zu Bd. I-X.

Jahresberichte uber die Fortschritte ..... der chemischen Technologie..... hrsg von J.-R. Wagner [F. Fischer]. 1855 et suiv., Leipzig. General-Register uber Bd. I-V, VI-XX, XXI-XXX. Recueil de première utilité.

Jahresberichte über die Fortschritte der physischen Wissenschaften von J. Berzelius. 1821-1850, Tübingen. Traduit en français, 1840-1847.

Jahresberichte uber die Fortschritte der reinen, pharmaceutischen und technischen Chemie ..... hrsg. von J. Liebig und H. Kopp. 1849 et suiv., Giessen [Braunschweig]. Register fur 1847-1856; 1857-1866; 1867-1876 : 1877-1886.

Jahresrundschau uber die chemische Industrie ..... hrsg. von A. Bender. 1893 et suiv.

Journal allgemeine der Chemie ..... hrsg. von A.-N. Scherer ... [Gehlen] ..... J. Schweigger ..... 1799-1832. Autoren und Sach-Register zu 69 Bden (1488), München.

Journal de pharmacie et de chimie. 1809 et suiv., Paris. Tables tous les 15 ans, jusqu'en 1894.

Journal [d'abord Observations et mémoires] de physique, de chimie, d'histoire naturelle et des arts... par J.-C. Delamétherie. 1771-1794. Tables en v. X, XXIV, LV.

Journal fur praktische Chemie, hrsg. von E. Meyer; suite à Journal fur technische und okonomische Chemie de O.-L. Erdmann, et à Journal allgemeine der Chemie. 1828 et suiv. Sach und Namen-Register zu I-XXX, XXXI-LX, LXI-XC, XCI-CXIII, CIX-..... 1870-1894 (1895).

Journal (The) of analytical and applied chemistry ... . ed. by E. Hart. 1887 et suiv., Easton.

Journal of applied chemistry. 1866-1875, New-York.

Monatshefte fur Chemie..... 1880 et suiv., Wien. General-Register zu Bd. I-X (1894).

Monteur scientifique du Dr Quesneville. 1857 et suiv., in-8, Paris. Trois tables annuelles très bien faites pour les matieres par ordre de publication, pour les matières par ordre alphabétique, pour les auteurs par ordre alphabétique.

Revue de chimie analytique. 1897 et suiv., Paris.

Revue de chimie industrielle. 1890 et suiv., Paris.

Recueil des travaux chimiques des Pays-Bas, par W.-A. van Dorp, A. Franchimont, E. Mulder. 1882 et suiv., Leide.

Philosophical magazine, continuation de Nicholson's Journal 1797-1813, Annals of philosophy by Th. Thomson, 1813-1826.

Technisch-chemische Jahrbuch, hrsg. von R. Biedermann. 1877 et suiv., Berlin.

Zeitschrift fur analytische Chemie ..... hrsg. von Fresenius. 1862 et suiv., Wiesbaden. Autoren und Sach-Register zu I-X, XI-XX. XXI-XXX : 1882-1891.

Zeitschrift fur angewandte Chemie ..... hrsg. von F. Fischer. 1887 et suiv., in-8, Berlin.

Zeitschrift fur anorganische Chemie, hrsg. von R. Lorenz. 1892 et suiv., Hamburg.

Zeitschrift fur Elektrochemie, organ der deutschen elektrochemischen Gesellschaft, hrsg. von W. Ostwald und W. Borchers. 1894 et suiv., Halle.

Zeitschrift fur physiologische Chemie, hrsg. von F. Hoppe-Seyler. 1877 et suiv., Strasburg.

Zeitschrift fur physikalische Chemie, hrsg. von W. Ostwald und J.-H. van't Hoff. 1887 et suiv.

Cette liste d'Annales, de Journaux et de Revues ne renferme que les organes traitant de chimie pure et ceux traitant de chimie appliquée d'une façon générale. On pourrait citer à la suite, pour chaque industrie particulière, un certain nombre de périodiques.

Nous devons une exposition toute spéciale aux publications périodiques officielles concernant les brevets d'invention. La France a publié, de 1828 à 1883, un *Catalogue des brevets d'invention,* 40 v. in-8, dont les deux premiers volumes, Catalogue des spécifications..., sont consacrés à la période 1791 à 1827. Ce Catalogue est remplacé, depuis 1884, par le *Bulletin de la propriété industrielle et commerciale.* Le Catalogue ne donne que l'énumération des brevets, mais comme ils sont classés par sections et malgré le caractère tout arbitraire de la répartition, il facilite beaucoup les recherches. Le Bulletin ne donne, lui aussi, que le titre du brevet, et, au grand regret de tous ceux qui ont à faire des recherches, la table annuelle des brevetés, classés par sections, ne mentionne plus que le nom du breveté et le numéro du brevet. Les recherches sont devenues beaucoup plus difficiles qu'avec le Catalogue : le progrès est à rebours. Le Ministère du Commerce et de l'Industrie publie encore la *Description des machines et procédés pour lesquels des brevets ont été pris,* mais cette publication a deux défauts immenses. Le premier, c'est d'être incomplète : ce ne sont que des brevets choisis, ou même des extraits de brevets qui sont imprimés, et le choix est fait par une commission spéciale d'une façon parfois bizarre (1). Le second, c'est de manquer d'actualité, car les fascicules de la Description..... ne sont publiés que plusieurs années après la délivrance des brevets. Les publications officielles qui concernent les brevets d'invention pris en France sont absolument inférieures à ce qu'elles sont dans les autres pays, en Angleterre, aux États-Unis, en Allemagne et même au Japon : il y aurait tout un mémoire à écrire sur les causes de cette situation et sur ses fâcheux résultats.

Tout autre est la situation des publications du Patent Office de Londres. Leur ensemble est des plus intéressants et des plus complets ; il mérite d'être cité comme modèle, et c'est à lui que les travailleurs recourent de préférence. D'abord, un journal hebdomadaire illustré avec le résumé de chaque brevet : *Illustrated official journal of patents for inventions,* 1884 et suiv., accompagné chaque année d'un alphabetical Index of patentees. Ensuite, les *Abridgments of specifications,* ou abrégés des brevets, classés par séries et par classes, avec illustrations depuis 1877, au prix modique de 1 sh. chaque volume. Quelques volumes pour chaque classe, depuis 1617, donnent un exposé complet de l'histoire de chaque industrie. Enfin les *Specifications of inventions* ne sont autres que les brevets imprimés intégralement dès leur délivrance, et on peut se les procurer au prix modique de 8 pence par spécification, quelle que soit l'importance du texte et des planches. Des tables parfaitement conçues, par noms de brevetés et par matières, donnent toutes facilités pour les recherches. Elles sont aidées d'ailleurs par une Abridgments class and index key (1893), renfermant

---

(1) Cette commission comprend trois membres. (La commission correspondante de Washington comprend trente-cinq principaux examinateurs.) On raconte qu'un brevet pour une bière-cercueil fut classé aux Boissons, un autre pour une boite de distribution de courants électriques dénommée orgue électrique aux instruments de musique.

les subject-names ou mots souches sur lesquels le Patent Office s'appuie pour répartir les brevets dans les différentes classes. C'est une collection méthodique et magnifique.

Les publications analogues de l'Allemagne : *Patentblatt, Auszüge, Patentschriften;* celles des États-Unis : *The official gazette of the U. S. patent, General Indexes;* celles de l'Italie, de la Belgique, de la Suisse, sont également à consulter par le chimiste. En particulier, les États-Unis ont publié des Catalogues généraux des brevets américains, des brevets français et des brevets italiens, fort utiles pour les recherches.

En dehors des publications officielles consacrées exclusivement aux brevets d'invention, on trouve ces brevets plus ou moins résumés en plus ou moins grand nombre dans quelques-unes des publications qui ont été relevées antérieurement, en particulier dans : Moniteur scientifique de Quesneville, Chemiker-Zeitung du Dr Krause, Journal of the Society of chemical Industry. La Revue générale des matières colorantes de L. Lefèvre publie in extenso, depuis janvier 1899, tous les brevets français concernant les matières colorantes et leurs applications, au prix de 300 fr. les 12 fascicules annuels.

VI. — CATALOGUES DE BIBLIOTHÈQUES.

Nous avons déjà observé que les Catalogues de bibliothèques peuvent se rattacher à toutes les classes de bibliographies. C'est ainsi qu'en qualité de bibliographies générales, nous citerons avant tout le Catalogue du British Museum ; il est alphabétique mais avec renvois à des titres généraux, comme le sont ceux de : Academies, Periodical publications, qui sont en outre imprimés à part. Il faut citer aussi le Catalogue général de la Bibliothèque nationale ; il est alphabétique, il n'a encore qu'un volume d'imprimé. Il faut citer également le Catalogue des sciences médicales de la Bibliothèque nationale, et surtout l'Index-Catalogue of the library of the Surgeon general's Office, ce roi des catalogues et des bibliographies.

Voici le simple relevé des Catalogues qu'il peut être utile de consulter :

Bücherverzeichniss der Bibliothek der Farbenfabriken in Elberfeld. Kekulé-Bibliothek. (1898), in-8, 483 S.

Catalogue abrégé de la bibliothèque Sainte-Geneviève [Les éléments d'une grande bibliothèque], s. d., 12 fasc. in-8, Paris.

Catalogue de la bibliothèque de l'Académie des sciences..... de Belgique (1881-1890), 4 v. in-8, Bruxelles.

Catalogue de la Société d'Encouragement à l'Industrie nationale, par T. Castagnol (manuscrit).

Catalogue de la bibliothèque de la Société industrielle de Rouen, dans son Bulletin, XX, pp. 404-464.

Catalogue de la bibliothèque de l'Ecole des mines, par T. Castagnol (manuscrit).

Catalogue des livres et brochures entrés dans la bibliothèque de la Société chimique russe à l'Université Impériale de Saint-Pétersbourg, de 1868 à 1891 (1892).

Catalogue des sciences médicales de la Bibliothèque nationale (1857-1873), 2 v. in-4, Paris.

Catalogue général des Imprimés de la Bibliothèque nationale (1897 et suiv.), in-4, Paris.

Catalogue méthodique de la bibliothèque de l'Ecole des beaux-arts.

Catalogue of the library of the chemical Society of London, arranged according to subjects (1886), in-8, London.

Catalogue of the library of the Patent Office of U. S., by WESTON FLINT (1878), 717 pp., Washington.

Catalogue of the library of the royal Institution of Great Britain ....., by R. VINCENT (1857), London.

Catalogue of the Patent Office library of London. V. I, authors ; v. II, subjects.

Catalogue of the Sciences library in the South Kensington Museum (1891), London.

Catalogue of the scientific books in the library of the royal Society (1881), London.

General catalogue of the British Museum library (1881 et suiv.).

Handy lists of ..... bibliographical works in the reading room of the British Museum (1881), London.

Index-Catalogue of the library of the Surgeon general's Office, U. S. army. Authors and subjects (1880-1896), 17 v. in-4, Washington. Edited by J.-S. BILLING.

Katalog der Bibliothek des Kaiserlichen Patentamtes (1896), in-8, Berlin.

List of scientific and other periodicals ..... in the free public library of the Patent Office, London.

List of the books of reference in the reading room of the British Museum.

Liste des ouvrages mis à la disposition des lecteurs dans la salle des Imprimés. Bibliothèque nationale.

Liste des périodiques étrangers [*Bibliothèque nationale :* Département des Imprimés] (1896), Paris.

Liste des périodiques ..... qui se trouvent à la bibliothèque de l'Université de Paris.

Liste des publications reçues à la B. N. depuis 1880. Matières, auteurs et anonymes.

Liste des publications des Sociétés savantes et des journaux scientifiques qui se trouvent dans la bibliothèque de la Société hollandaise des sciences à Harlem (1876).

Subject-Index of the modern works added to the library of the British Museum in the years 1880-1895, by C. FORTESARE, 5 v. in-8, London.

Tel est, très abrégé, l'exposé des sources bibliographiques utiles à consulter pour les travailleurs qui s'adonnent aux sciences chimiques. Puissent ces modestes notes, toutes incomplètes qu'elles soient, leur rendre service !

JULES GARÇON

40 bis, rue Fabert, Paris.

RENSEIGNEMENTS
SUR LES BREVETS·D'INVENTION

CES RENSEIGNEMENTS COMPRENNENT :

I. *d'abord, le texte de la Loi française du 5 juillet 1844 ;*

II. *ensuite, des extraits de la Circulaire concernant les formalités à accomplir pour la prise des brevets ;*

III. *enfin, les modèles des pièces à déposer.*

I. — Loi du 5 juillet 1844 sur les brevets d'invention.

TITRE Iᵉʳ. — DISPOSITIONS GÉNÉRALES.

ARTICLE 1. — Toute nouvelle découverte ou invention dans tous les genres d'industrie confère à son auteur, sous les conditions et pour le temps ci-après déterminés, le droit exclusif d'exploiter à son profit ladite découverte ou invention.

Ce droit est constaté par des titres délivrés par le Gouvernement, sous le nom de *brevets d'invention.*

ART. 2. — Seront considérées comme inventions ou découvertes nouvelles :

L'invention de nouveaux produits industriels ;

L'invention de nouveaux moyens, ou l'application nouvelle de moyens connus pour l'obtention d'un résultat ou d'un produit industriel.

ART. 3. — Ne sont pas susceptibles d'être brevetés :

1° Les compositions pharmaceutiques ou remèdes de toute espèce, lesdits objets demeurant soumis aux lois et règlements spéciaux sur la matière, et notamment au décret du 18 août 1810, relatif aux remèdes secrets ;

2° Les plans ou combinaisons de crédit ou de finances.

ART. 4. — La durée des brevets sera de cinq, dix ou quinze années.

Chaque brevet donnera lieu au payement d'une taxe, qui est fixée ainsi qu'il suit, savoir :

Cinq cents francs pour un brevet de cinq ans ;

Mille francs pour un brevet de dix ans ;

Quinze cents francs pour un brevet de quinze ans.

Cette taxe sera payée par annuités de cent francs, sous peine de déchéance si le breveté laisse écouler un terme sans l'acquitter.

TITRE II. — DES FORMALITÉS RELATIVES A LA DÉLIVRANCE DES BREVETS.

SECTION Iʳᵉ. — *Des demandes de brevets.*

ART. 5. — Quiconque voudra prendre un brevet d'invention devra déposer, sous cachet, au Secrétariat de la préfecture, dans le département où il est domicilié, ou dans tout autre département, en y élisant domicile :

1° sa demande au Ministre de l'agriculture et du commerce ;

2° une description de la découverte, invention ou application faisant l'objet du brevet demandé ;

3° les dessins ou échantillons qui seraient nécessaires pour l'intelligence de la description ;

4° et un bordereau des pièces déposées.

ART. 6. — La demande sera limitée à un seul objet principal, avec les objets de détail qui le constituent, et les applications qui auront été indiquées.

Elle mentionnera la durée que les demandeurs entendent assigner à leur brevet dans les limites fixées par l'article 4, et ne contiendra ni restrictions, ni conditions, ni réserves.

Elle indiquera un titre renfermant la désignation sommaire et précise de l'objet de l'invention.

La description ne pourra être écrite en langue étrangère. Elle devra être sans altérations ni surcharges. Les mots rayés comme nuls seront comptés et constatés, les pages et les renvois parafés. Elle ne devra contenir aucune dénomination de poids ou de mesures autre que celles qui sont portées au tableau annexé à la loi du 4 juillet 1837.

Les dessins seront tracés à l'encre et d'après une échelle métrique.

Un duplicata de la description et des dessins sera joint à la demande.

Toutes les pièces seront signées par le demandeur ou par un mandataire, dont le pouvoir restera annexé à la demande.

ART. 7. — Aucun dépôt ne sera reçu que sur la production d'un récépissé constatant le versement d'une somme de cent francs à valoir sur le montant de la taxe du brevet.

Un procès-verbal, dressé sans frais par le Secrétaire général de la préfecture, sur un registre à ce destiné, et signé par le demandeur, constatera chaque dépôt, en énonçant le jour et l'heure de la remise des pièces.

Une expédition dudit procès-verbal sera remise au déposant, moyennant le remboursement des frais de timbre.

ART. 8. — La durée du brevet courra du jour du dépôt prescrit par l'article 5.

SECTION II. — *De la délivrance des brevets.*

ART. 9. — Aussitôt après l'enregistrement des demandes et dans les cinq jours de la date du dépôt, les Préfets transmettront les pièces, sous le cachet de l'inventeur, au Ministre de l'agriculture et du commerce, en y joignant une copie certifiée du procès-verbal du dépôt, le récépissé constatant le versement de la taxe, et, s'il y a lieu, le pouvoir mentionné dans l'article 6.

ART. 10. — A l'arrivée des pièces au Ministère de l'agriculture et du commerce, il sera procédé à l'ouverture, à l'enregistrement des demandes et à l'expédition des brevets, dans l'ordre de la réception desdites demandes.

ART. 11. — Les brevets dont la demande aura été régulièrement formée seront délivrés, sans examen préalable, aux risques et périls des demandeurs, et sans garantie, soit de la réalité, de la nouveauté ou du mérite de l'invention, soit de la fidélité ou de l'exactitude de la description.

Un Arrêté du Ministre, constatant la régularité de la demande, sera délivré au demandeur, et constituera le Brevet d'invention.

A cet arrêté sera joint le duplicata certifié de la description et des dessins, mentionné dans l'article 6, après que la conformité avec l'expédition originale en aura été reconnue et établie au besoin.

La première expédition des brevets sera délivrée sans frais.

Toute expédition ultérieure, demandée par le breveté ou ses ayants cause, donnera lieu au payement d'une taxe de vingt-cinq francs.

Les frais de dessin, s'il y a lieu, demeureront à la charge de l'impétrant.

ART. 12. — Toute demande dans laquelle n'auraient pas été observées les formalités prescrites par les numéros 2 et 3 de l'article 5, et par l'article 6, sera rejetée. La moitié de la somme versée restera acquise au Trésor, mais il sera tenu compte de la totalité de cette somme au demandeur s'il reproduit sa demande dans un délai de trois mois, à compter de la date de la notification du rejet de sa requête.

ART. 13. — Lorsque, par application de l'article 3, il n'y aura pas lieu à délivrer un brevet, la taxe sera restituée.

ART. 14. — Une ordonnance royale, insérée au *Bulletin des lois,* proclamera, tous les trois mois, les brevets délivrés.

ART. 15. — La durée des brevets ne pourra être prolongée que par une loi.

SECTION III. — *Des certificats d'addition.*

ART. 16. — Le breveté ou les ayants droit au brevet auront, pendant toute la durée du brevet, le droit d'apporter à l'invention des changements, perfectionnements ou additions, en remplissant, pour le dépôt de la demande, les formalités déterminées par les articles 5, 6 et 7.

Ces changements, perfectionnements ou additions seront constatés par des Certificats délivrés dans la même forme que le brevet principal, et qui produiront, à partir des dates respectives des demandes de leur expédition, les mêmes effets que ledit brevet principal, avec lequel ils prendront fin.

Chaque demande de certificat d'addition donnera lieu au payement d'une taxe de vingt francs.

Les certificats d'addition, pris par un des ayants droit, profiteront à tous les autres.

ART. 17. — Tout breveté qui, pour un changement, perfectionnement ou addition, voudra prendre un brevet principal de cinq, dix ou quinze années, au lieu d'un certificat d'addition expirant avec le brevet primitif, devra remplir les formalités prescrites par les articles 5, 6 et 7, et acquitter la taxe mentionnée dans l'article 4.

ART. 18. — Nul autre que le breveté ou ses ayants droit, agissant comme il est dit ci-dessus, ne pourra, pendant une année, prendre valablement un brevet pour un changement, perfectionnement ou addition à l'invention qui fait l'objet du brevet primitif.

Néanmoins, toute personne qui voudra prendre un brevet pour changement, addition ou perfectionnement à une découverte déjà brevetée, pourra, dans le cours de ladite année, former une demande qui sera transmise et restera déposée sous cachet au Ministère de l'agriculture et du commerce.

L'année expirée, le cachet sera brisé et le brevet délivré.

Toutefois, le breveté principal aura la préférence pour les changements, perfectionnements et additions pour lesquels il aurait lui-même, pendant l'année, demandé un certificat d'addition ou un brevet.

ART. 19. — Quiconque aura pris un brevet pour une découverte, invention ou application se rattachant à l'objet d'un autre brevet, n'aura aucun droit d'exploiter l'invention déjà brevetée, et réciproquement le titulaire du brevet primitif ne pourra exploiter l'invention objet du nouveau brevet.

SECTION IV. — *De la transmission et de la cession des brevets.*

ART. 20. — Tout breveté pourra céder la totalité ou partie de la propriété de son brevet.

La cession totale ou partielle d'un brevet, soit à titre gratuit, soit à titre onéreux, ne pourra être faite que par acte notarié et après le payement de la totalité de la taxe déterminée par l'article 4.

Aucune cession ne sera valable, à l'égard des tiers, qu'après avoir été enregistrée au Secrétariat de la préfecture du département dans lequel l'acte aura été passé.

L'enregistrement des cessions et de tous autres actes emportant mutation sera fait sur la production et le dépôt d'un extrait authentique de l'acte de cession ou de mutation.

Une expédition de chaque procès-verbal d'enregistrement, accompagnée de l'extrait de l'acte ci-dessus mentionné, sera transmise, par les Préfets, au Ministre de l'agriculture et du commerce, dans les cinq jours de la date du procès-verbal.

Art. 21. — Il sera tenu, au Ministère de l'agriculture et du commerce, un registre sur lequel seront inscrites les mutations intervenues sur chaque brevet ; et tous les trois mois une ordonnance royale proclamera, dans la forme déterminée par l'article 14, les mutations enregistrées pendant le trimestre expiré.

Art. 22. — Les cessionnaires d'un brevet et ceux qui auront acquis d'un breveté ou de ses ayants droit la faculté d'exploiter la découverte ou l'invention, profiteront, de plein droit, des certificats d'addition qui seront ultérieurement délivrés au breveté ou à ses ayants droit. Réciproquement, le breveté ou ses ayants droit profiteront des certificats d'addition qui seront ultérieurement délivrés aux concessionnaires.

Tous ceux qui auront droit de profiter des certificats d'addition pourront en lever une expédition au Ministère de l'agriculture et du commerce, moyennant un droit de vingt francs.

Section V. — *De la communication et de la publication des descriptions et dessins de brevets.*

Art. 23. — Les descriptions, dessins, échantillons et modèles des brevets délivrés resteront, jusqu'à l'expiration des brevets, déposés au Ministère de l'agriculture et du commerce, où ils seront communiqués sans frais à toute réquisition.

Toute personne pourra obtenir, à ses frais, copie desdites descriptions et dessins, suivant les formes qui seront déterminées dans le règlement rendu en exécution de l'article 50.

Art. 24. — Après le payement de la deuxième annuité, les descriptions et dessins seront publiés, soit textuellement, soit par extrait.

Il sera, en outre, publié, au commencement de chaque année, un catalogue contenant les titres des brevets délivrés dans le courant de l'année précédente.

Art. 25. — Le recueil des descriptions et dessins, et le catalogue publié en exécution de l'article précédent, seront déposés au Ministère de l'agriculture et du commerce et au Secrétariat de la préfecture de chaque département, où ils pourront être consultés sans frais.

Art. 26. — A l'expiration des brevets, les originaux des descriptions et dessins seront déposés au Conservatoire royal des arts et métiers.

TITRE III. — Des droits des étrangers.

Art. 27. — Les étrangers pourront obtenir en France des brevets d'invention.

Art. 28. — Les formalités et conditions déterminées par la présente loi seront applicables aux brevets demandés ou délivrés en exécution de l'article précédent.

Art. 29. — L'auteur d'une invention ou découverte déjà brevetée à l'étranger pourra obtenir un brevet en France ; mais la durée de ce brevet ne pourra excéder celle des brevets antérieurement pris à l'étranger.

TITRE IV. — DES NULLITÉS ET DÉCHÉANCES ; DES ACTIONS Y RELATIVES.

SECTION Ire. — *Des nullités et déchéances.*

Art. 30. — Seront nuls et de nul effet les brevets délivrés dans les cas suivants, savoir :

1° Si la découverte, invention ou application n'est pas nouvelle ;

2° Si la découverte, invention ou application n'est pas, aux termes de l'article 3, susceptible d'être brevetée ;

3° Si les brevets portent sur des principes, méthodes, systèmes, découvertes et conceptions théoriques ou purement scientifiques, dont on n'a pas indiqué les applications industrielles ;

4° Si la découverte, invention ou application est reconnue contraire à l'ordre ou à la sûreté publique, aux bonnes mœurs ou aux lois du royaume, sans préjudice, dans ce cas et dans celui du paragraphe précédent, des peines qui pourraient être encourues pour la fabrication ou le débit d'objets prohibés ;

5° Si le titre sous lequel le brevet a été demandé indique frauduleusement un objet autre que le véritable objet de l'invention ;

6° Si la description jointe au brevet n'est pas suffisante pour l'exécution de l'invention, ou si elle n'indique pas, d'une manière complète et loyale, les véritables moyens de l'inventeur ;

7° Si le brevet a été obtenu contrairement aux dispositions de l'article 18.

Seront également nuls et de nul effet les certificats comprenant des changements, perfectionnements ou additions qui ne se rattacheraient pas au brevet principal.

Art. 31. — Ne sera pas réputée nouvelle toute découverte, invention ou application qui, en France ou à l'étranger, et antérieurement à la date du dépôt de la demande, aura reçu une publicité suffisante pour pouvoir être exécutée.

Art. 32 (modifié par la loi du 20 mai 1856). — Sera déchu de tous ses droits :

1° Le breveté qui n'aura pas acquitté son annuité avant le commencement de chacune des années de la durée de son brevet ;

2° Le breveté qui n'aura pas mis en exploitation sa découverte ou invention, en France, dans le délai de deux ans, à dater du jour de la signature du brevet, ou qui aura cessé de l'exploiter pendant deux années consécutives, à moins que, dans l'un ou l'autre cas, il ne justifie des causes de son inaction ;

3° Le breveté qui aura introduit en France des objets fabriqués en pays étrangers et semblables à ceux qui sont garantis par son brevet.

Néanmoins, le Ministre de l'agriculture, du commerce et des travaux publics pourra autoriser l'introduction :

1° Des modèles de machines ;

2° Des objets fabriqués à l'étranger, destinés à des expositions publiques ou à des essais faits avec l'assentiment du Gouvernement.

ART. 33. — Quiconque, dans des enseignes, annonces, prospectus, affiches, marques ou estampilles, prendra la qualité de breveté sans posséder un brevet délivré conformément aux lois, ou après l'expiration d'un brevet antérieur, ou qui, étant breveté, mentionnera sa qualité de breveté ou son brevet sans y ajouter ces mots : *sans garantie du Gouvernement*, sera puni d'une amende de cinquante francs à mille francs.

En cas de récidive, l'amende pourra être portée au double.

SECTION II. — *Des actions en nullité et en déchéance.*

ART. 34. — L'action en nullité et l'action en déchéance pourront être exercées par toute personne y ayant intérêt.

Ces actions, ainsi que toutes contestations relatives à la propriété des brevets, seront portées devant les tribunaux civils de première instance.

ART. 35. — Si la demande est dirigée en même temps contre le titulaire du brevet et contre un ou plusieurs cessionnaires partiels, elle sera portée devant le tribunal du domicile du titulaire du brevet.

ART. 36. — L'affaire sera instruite et jugée dans la forme prescrite, pour les matières sommaires, par les articles 405 et suivants du Code de procédure civile. Elle sera communiquée au procureur du roi.

ART. 37. — De toute instance tendant à faire prononcer la nullité ou la déchéance d'un brevet, le ministère public pourra se rendre partie intervenante et prendre des réquisitions pour faire prononcer la nullité ou la déchéance absolue du brevet.

Il pourra même se pourvoir directement, par action principale, pour faire prononcer la nullité, dans les cas prévus aux numéros 2, 4 et 5 de l'article 30.

ART. 38. — Dans les cas prévus par l'article 37, tous les ayants droit au brevet dont les titres auront été enregistrés au Ministère de l'agriculture et du commerce conformément à l'article 21, devront être mis en cause.

ART. 39. — Lorsque la nullité ou la déchéance absolue d'un brevet aura été prononcée par jugement ou arrêt ayant acquis force de chose jugée, il en sera donné avis au Ministre de l'agriculture et du commerce, et la nullité ou la déchéance sera publiée dans la forme déterminée par l'article 14 pour la proclamation des brevets.

TITRE V. — De la contrefaçon, des poursuites et des peines.

Art. 40. — Toute atteinte portée aux droits du breveté, soit par la fabrication de produits, soit par l'emploi de moyens faisant l'objet de son brevet, constitue le délit de contrefaçon.

Ce délit sera puni d'une amende de cent à deux mille francs.

Art. 41. — Ceux qui auront sciemment recélé, vendu ou exposé en vente, ou introduit sur le territoire français un ou plusieurs objets contrefaits, seront punis des mêmes peines que les contrefacteurs.

Art. 42. — Les peines établies par la présente loi ne pourront être cumulées.

La peine la plus forte sera seule prononcée pour tous les faits antérieurs au premier acte de poursuite.

Art. 43. — Dans le cas de récidive, il sera prononcé, outre l'amende portée aux articles 40 et 41, un emprisonnement d'un mois à six mois.

Il y a récidive lorsqu'il a été rendu contre le prévenu, dans les cinq années antérieures, une première condamnation pour un des délits prévus par la présente loi.

Un emprisonnement d'un mois à six mois pourra aussi être prononcé, si le contrefacteur est un ouvrier ou un employé ayant travaillé dans les ateliers ou dans l'établissement du breveté, ou si le contrefacteur, s'étant associé avec un ouvrier ou un employé du breveté, a eu connaissance, par ce dernier, des procédés décrits au brevet.

Dans ce dernier cas, l'ouvrier ou employé pourra être poursuivi comme complice.

Art. 44. — L'article 463 du Code pénal pourra être appliqué aux délits prévus par les dispositions qui précèdent.

Art. 45. — L'action correctionnelle, pour l'application des peines ci-dessus, ne pourra être exercée par le ministère public que sur la plainte de la partie lésée.

Art. 46. — Le tribunal correctionnel, saisi d'une action pour délit de contrefaçon, statuera sur les exceptions qui seraient tirées par le prévenu, soit de la nullité ou de la déchéance du brevet, soit des questions relatives à la propriété dudit brevet.

Art. 47. — Les propriétaires de brevets pourront, en vertu d'une ordonnance du président du tribunal de première instance, faire procéder, par tous huissiers, à la désignation et description détaillées, avec ou sans saisie, des objets prétendus contrefaits.

L'ordonnance sera rendue sur simple requête et sur la représentation du brevet ; elle contiendra, s'il y a lieu, la nomination d'un expert pour aider l'huissier dans sa description.

Lorsqu'il y aura lieu à la saisie, ladite ordonnance pourra imposer au requérant un cautionnement qu'il sera tenu de consigner avant d'y faire procéder.

Le cautionnement sera toujours imposé à l'étranger breveté qui requerra la saisie.

Il sera laissé copie au détenteur des objets décrits ou saisis, tant de l'ordonnance que de l'acte constatant le dépôt du cautionnement, le cas échéant ; le tout, à peine de nullité et de dommages-intérêts contre l'huissier.

Art. 48. — A défaut par le requérant de s'être pourvu, soit par la voie civile, soit par la voie correctionnelle, dans le délai de huitaine, outre un jour par trois myriamètres de distance entre le lieu où se trouvent les objets saisis ou décrits et le domicile du contrefacteur, recéleur, introducteur ou débitant, la saisie ou description sera nulle de plein droit, sans préjudice des dommages-intérêts qui pourront être réclamés, s'il y a lieu, dans la forme prescrite par l'article 36.

Art. 49. — La confiscation des objets reconnus contrefaits, et, le cas échéant, celle des instruments ou ustensiles destinés spécialement à leur fabrication, seront, même en cas d'acquittement, prononcées contre le contrefacteur, le recéleur, l'introducteur ou le débitant.

Les objets confisqués seront remis au propriétaire du brevet, sans préjudice de plus amples dommages-intérêts et de l'affiche du jugement, s'il y a lieu.

TITRE VI. — Dispositions particulières et transitoires.

Art. 50. — Des ordonnances royales, portant règlement d'administration publique, arrêteront les dispositions nécessaires pour l'exécution de la présente loi, qui n'aura effet que trois mois après sa promulgation.

Art. 51. — Des ordonnances rendues dans la même forme pourront régler l'application de la présente loi dans les colonies, avec les modifications qui seront jugées nécessaires.

Art. 52. — Seront abrogées, à compter du jour où la présente loi sera devenue exécutoire, les lois des 7 janvier et 25 mai 1791, celle du 20 septembre 1792, l'arrêté du 17 vendémiaire an VII, l'arrêté du 5 vendémiaire an IX, les décrets des 25 novembre 1806 et 25 janvier 1807, et toutes dispositions antérieures à la présente loi, relatives aux brevets d'invention, d'importation et de perfectionnement.

Art. 53. — Les brevets d'invention, d'importation et de perfectionnement actuellement en exercice, délivrés conformément aux lois antérieures à la présente, ou prorogés par ordonnance royale, conserveront leur effet pendant tout le temps qui aura été assigné à leur durée.

Art. 54. — Les procédures commencées avant la promulgation de la présente loi, seront mises à fin, conformément aux lois antérieures.

Toute action, soit en contrefaçon, soit en nullité ou déchéance de brevet, non encore intentée, sera suivie conformément aux dispositions de la présente loi, alors même qu'il s'agirait de brevets délivrés antérieurement.

II. — Extraits de la Circulaire du Ministère du Commerce et de l'Industrie.

BREVETS D'INVENTION

Durée et taxe.

Les brevets d'invention se délivrent pour une durée de cinq, dix ou quinze années, au choix des inventeurs.

La durée du brevet court du jour du dépôt de la demande ; elle ne peut être prolongée que par une loi.

Chaque brevet est soumis à une taxe qui se paie par annuité de 100 francs, sous peine de déchéance si le breveté n'a pas acquitté l'annuité avant le commencement de chaque année de son brevet.

Formalités à remplir.

Toute personne peut prendre un brevet d'invention, en remplissant les formalités indiquées ci-après :

On doit d'abord verser une somme de 100 francs, à Paris, place Vendôme, n° 16, chez le receveur central des finances de la Seine, ou, dans les départements, chez les receveurs des finances. Le versement de cette somme, qui forme la première annuité de la taxe, est constaté par un récépissé que délivre le receveur.

On se présente ensuite au Secrétariat général de la préfecture du département où l'on est domicilié (ou d'un autre département, en y élisant domicile), et l'on dépose, avec le récépissé de la première annuité, un paquet cacheté renfermant : 1° une demande au Ministre du commerce et de l'industrie ; 2° une description de l'invention ; 3° les dessins qu'on juge nécessaires pour l'intelligence de la description ; 4° un bordereau des pièces déposées. Si l'on charge une personne de prendre le brevet ou seulement de faire le dépôt des pièces, cette personne doit justifier, à cet effet, d'un pouvoir écrit et le déposer.

La demande doit être limitée à un seul objet principal, avec les objets de détail qui le constituent et les applications qui ont été indiquées ; elle ne doit contenir ni restrictions, ni conditions, ni réserves. Lorsque ces prescriptions ne sont pas observées, la demande est rejetée. (Loi du 5 juillet 1844, art. 6 et 12.)

La description doit être fournie en double exemplaire, un original et une copie. L'original doit porter en tête le mot *original*, et la copie le mot *duplicata*. Si les deux exemplaires ne sont pas entièrement conformes et que l'original ne soit pas indiqué, la demande est rejetée. Elle le serait également si la description était écrite en langue étrangère. (Loi du 3 juillet 1844, art. 6 et 12.)

Les dessins également doivent être fournis en double exemplaire, un original et une copie. L'original doit porter en tête le mot *original*, et la copie le mot *duplicata*. Si les deux exemplaires ne sont pas entièrement conformes et que l'original ne soit pas indiqué, la demande est rejetée. Elle le serait également si les dessins étaient tracés au crayon. (Même loi et mêmes articles.)

Lorsqu'on juge à propos d'ajouter à un dessin une légende explicative, on doit l'inscrire en marge sur l'original et sur la copie. Si les deux libellés de la légende ne sont pas conformes et que l'original ne soit pas indiqué, la demande est rejetée. Elle le serait également si la légende était rédigée en langue étrangère. (Même loi et mêmes articles.)

Il est nécessaire de mentionner dans la demande la durée qu'on entend assigner au brevet, en choisissant une des périodes fixées par la loi, et de désigner l'objet de l'invention d'une manière sommaire et précise.

La description ne doit renfermer ni grattage, ni surcharge, ni altération quelconque, ni mots interlignés, ni aucune dénomination de poids ou mesures autres que ceux qui font partie du système métrique. Les mots rayés comme nuls doivent être comptés et constatés, les pages et les renvois parafés. L'original et le duplicata doivent être signés de l'inventeur ou de son fondé de pouvoir.

Les dessins doivent être *tracés à l'encre* et d'après une échelle métrique ; ils ne doivent renfermer ni grattage, ni surcharge, ni altération quelconque, ni aucune dénomination de mesures autres que celles qui font partie du système métrique. Les photographies ou dessins faits suivant des procédés dérivés de la photographie ne sont pas admis. L'original et le duplicata doivent être signés de l'inventeur ou de son fondé de pouvoir. Ces signatures ne doivent pas être légalisées, non plus que celles qui sont apposées sur la description.

Les légendes aussi ne doivent renfermer ni grattage, ni surcharge, ni altération quelconque, ni mots interlignés, ni aucune dénomination de poids ou mesures autres que ceux qui font partie du système métrique. Les mots rayés comme nuls doivent être comptés et constatés, et les renvois parafés.

On doit laisser aux descriptions, dessins et légendes une marge suffisante pour les mentions que l'Administration est chargée d'y inscrire.

L'objet de l'invention doit être désigné de la même manière dans la demande et dans le procès-verbal de dépôt. Ces deux pièces doivent aussi indiquer le même titulaire et la même durée pour le brevet.

L'inobservation des formalités indiquées ci-dessus peut, suivant le cas, entraîner le rejet de la demande.

Les échantillons ou modèles que les inventeurs jugeraient nécessaires pour l'intelligence de la description doivent être déposés en même temps que le paquet ci-dessus mentionné, mais dans un autre paquet cacheté,

Si les échantillons ou modèles sont trop volumineux pour être transmis par la poste, ils doivent être présentés dans une boîte en bois, fournie et fermée par le déposant.

Le dépôt est constaté par un procès-verbal dont une expédition est remise au déposant moyennant le remboursement des frais de timbre.

Droits des étrangers.

Les étrangers peuvent prendre des brevets en France. De plus, l'auteur d'une invention ou découverte déjà brevetée à l'étranger peut prendre en France un brevet, dont la durée toutefois ne peut excéder celle du brevet antérieurement pris à l'étranger.

Dans ce cas, l'inventeur doit donner pouvoir à une personne résidant en France de former la demande de brevet en son nom ou seulement d'effectuer le dépôt des pièces, comme il est indiqué au titre précédent de la présente notice.

Délivrance des brevets.

Les brevets dont la demande a été régulièrement formée sont délivrés *sans examen préalable, aux risques et périls des brevetés, et sans garantie, soit de la réalité, soit de la nouveauté ou du mérite de l'invention, soit de la fidélité ou de l'exactitude de la description,* et sans que la délivrance du brevet dispense le titulaire de l'exécution d'aucune loi ou d'aucun règlement.

Les brevets sont délivrés suivant l'ordre d'arrivée des demandes au ministère.

Changements, perfectionnements ou additions aux brevets.

Le breveté ou les ayants droit au brevet peuvent, pendant la durée déterminée, se réserver le droit exclusif d'exploiter à leur profit des changements, perfectionnements ou additions au brevet, en se faisant délivrer un *Certificat dit d'addition.* Les formalités sont les mêmes que pour les demandes de brevet, excepté que chaque certificat d'addition n'est soumis qu'au payement d'une taxe unique de 20 francs. Chaque certificat d'addition produit ses effets à partir du jour du dépôt et prend fin avec le brevet. Les certificats d'addition pris par un des ayants droit profitent à tous les autres.

Tout breveté peut d'ailleurs prendre, au lieu d'un certificat d'addition expirant avec le brevet primitif, un second brevet principal de cinq, dix ou quinze ans, pour un changement, perfectionnement ou addition. Les formalités et la taxe sont les mêmes que pour le brevet ordinaire.

Toute autre personne peut également prendre un brevet pour un changement, perfectionnement ou addition à l'invention déjà brevetée. Mais le breveté primitif a la préférence pour les changements, perfectionnements ou additions pour lesquels il a pris lui-même, pendant la première année, un brevet ou un certificat d'addition.

Copies et communications au public.

Toute personne peut obtenir une copie d'une description relative à un brevet, en la demandant au Ministre et en lui transmettant le récépissé d'une taxe de 25 francs, versée comme celle du brevet. Pour avoir une copie d'une description relative à un certificat d'addition, la demande doit être accompagnée d'un récépissé d'une taxe de 20 francs. Quant aux dessins, les personnes qui veulent en avoir des copies doivent venir au ministère les faire elles-mêmes, ou envoyer quelqu'un pour exécuter ce travail à leurs frais. Les descriptions, dessins, échantillons ou modèles des brevets délivrés restent déposés au Ministère du commerce et de l'industrie jusqu'à l'expiration de ces brevets et y sont communiqués sans frais. C'est au Conservatoire des arts et métiers que l'on trouve les descriptions et dessins des brevets expirés.

Nous ajouterons à cette réglementation les quelques observations qui suivent.

Les brevets d'invention étant délivrés en France sans aucune garantie, l'inventeur doit avant tout se renseigner s'il n'y a pas quelque antériorité en France ou à l'étranger qui mette en écueil ce qu'il croit une découverte, et rende par conséquent nuls son brevet et les dépenses faites à ce sujet.

La plupart des inventeurs, en France, laissent de côté ces recherches d'antériorité, et il en résulte que le plus grand nombre des brevets n'ont pas de valeur, en tant que brevets.

Les brevets délivrés sont à la disposition du public, qui peut les consulter et en prendre copie, pendant les quinze premières années, au Ministère du commerce et de l'industrie, rue de Varenne, et ensuite pour les brevets périmés au Conservatoire des arts et métiers. Le Bureau des Brevets au Ministère du commerce et de l'industrie est ouvert au public tous les jours de midi à 4 heures ; on ne peut se servir que de crayons pour les copies. Le Bureau du Portefeuille industriel au Conservatoire des arts et métiers est ouvert au public tous les jours, sauf le lundi, de 10 heures à 3 heures.

III. — Modèles des Pièces à déposer.

1° Modèle de la Demande.

A Monsieur le Ministre du Commerce et de l'Industrie.

Monsieur le Ministre,

J'ai l'honneur de solliciter en mon nom [ou au nom de

.. . .] la délivrance d'un Brevet d'invention de quinze [dix ou cinq] ans pour *(objet)*

sous le titre .

Veuillez agréer, Monsieur le Ministre, mes salutations les plus respectueuses.

(Date et signature)

[par procuration de]

2° Modèle du Bordereau.

BORDEREAU

*des pièces déposées à l'appui d'une demande de Brevet d'invention
de quinze [dix ou cinq] ans*

par M.

[agissant avec le pouvoir de M

]

pour *(objet et titre)*

1° le présent Bordereau.............................. 1 pièce.
2° lettre de Demande à Monsieur le Ministre .... 1 pièce.
3° récépissé de la taxe............................... 1 pièce.
4° mémoire descriptif (original et duplicata)............. 2 pièces.
[5° le pouvoir de .. 1 pièce.]

Total : cinq [six] pièces.

(Date et signature)

3° **Modèle du Pouvoir.**

POUVOIR.

Le soussigné .

donne, par la présente, pouvoir à M

pour former pour lui et en son nom la demande régulière d'un Brevet d'invention de *(durée, objet et titre)* .

En conséquence, signer et déposer toutes les pièces, les retirer et reproduire, faire toutes demandes de certificats et brevets de perfectionnement ou d'addition, payer les droits et frais, réclamer les pièces et les taxes en cas de renonciation ou de refus pour un motif quelconque, élire domicile, substituer et, en général, remplir toutes les formalités requises pour la réalisation du présent mandat, promettant ratification.

Fait à

(Date et signature)

RÈGLEMENTS

CONCERNANT LES ÉTABLISSEMENTS DANGEREUX

INSALUBRES OU INCOMMODES

I. — Décret du 15 octobre 1810

RELATIF AUX MANUFACTURES ET ATELIERS QUI RÉPANDENT UNE ODEUR INSALUBRE OU INCOMMODE.

Napoléon, etc.,

Sur le rapport de notre Ministre de l'intérieur ;

Vu les plaintes portées par différents particuliers contre les manufactures et ateliers dont l'exploitation donne lieu à des exhalaisons insalubres ou incommodes ;

Le rapport fait sur ces établissements par la Section de chimie de la Classe des sciences physiques et mathématiques de l'Institut ;

Notre Conseil d'Etat entendu,

NOUS AVONS DÉCRÉTÉ ET DÉCRÉTONS ce qui suit :

ARTICLE 1. — A compter de la publication du présent décret, les manufactures et ateliers qui répandent une odeur insalubre ou incommode, ne pourront être formés sans une permission de l'autorité administrative : ces établissements seront divisés en trois classes.

La première classe comprendra ceux qui doivent être éloignés des habitations particulières ;

La seconde, les manufactures et ateliers dont l'éloignement des habitations n'est pas rigoureusement nécessaire, mais dont il importe néanmoins de ne permettre la formation qu'après avoir acquis la certitude que les opérations qu'on y pratique sont exécutées de manière à ne pas incommoder les propriétaires du voisinage, ni à leur causer des dommages ;

Dans la troisième classe, seront placés les établissements qui peuvent rester sans inconvénient auprès des habitations, mais doivent rester soumis à la surveillance de la police.

ART. 2. — La permission nécessaire pour la formation des manufactures et ateliers, compris dans la première classe, sera accordée avec les formalités ci-après par un décret rendu en notre Conseil d'Etat ;

Celle qu'exigera la mise en activité des établissements compris dans la seconde classe, le sera par les Préfets, sur l'avis des Sous-Préfets.

Les permissions pour l'exploitation des établissements placés dans la dernière classe, seront délivrées par les Sous-Préfets, qui prendront préalablement l'avis des Maires.

ART. 3. — La permission pour les manufactures et fabriques de première classe ne sera accordée qu'avec les formalités suivantes :

La demande en autorisation sera présentée au Préfet, et affichée par son ordre dans toutes les communes, à cinq kilomètres de rayon.

Dans ce délai, tout particulier sera admis à présenter ses moyens d'opposition.

Les Maires des communes auront la même faculté.

ART. 4. — S'il y a des oppositions, le Conseil de préfecture donnera son avis, sauf la décision du Conseil d'Etat.

ART. 5. — S'il n'y a pas d'opposition, la permission sera accordée, s'il y a lieu, sur l'avis du Préfet et le rapport de notre Ministre de l'intérieur.

ART. 6. — S'il s'agit de fabriques de soude, ou si la fabrique doit être établie dans la ligne des douanes, notre Directeur général des douanes sera consulté.

ART. 7. — L'autorisation de former des manufactures et ateliers, compris dans la seconde classe, ne sera accordée qu'après que les formalités suivantes auront été remplies.

L'entrepreneur adressera d'abord sa demande au Sous-Préfet de son arrondissement, qui la transmettra au Maire de la commune dans laquelle on projette de former l'établissement, en le chargeant de procéder à des informations de *commodo* et *incommodo*. Ces informations terminées, le Sous-Préfet prendra sur le tout un arrêté qu'il transmettra au Préfet. Celui-ci statuera, sauf le recours à notre Conseil d'Etat par toutes parties intéressées. •

S'il y a opposition, il y sera statué par le Conseil de préfecture, sauf le recours au Conseil d'Etat.

ART. 8. — Les manufactures et ateliers ou établissements portés dans la troisième classe, ne pourront se former que sur la permission du Préfet de police, à Paris, et sur celle du Maire, dans les autres villes.

S'il s'élève des réclamations contre la décision prise par le Préfet de police ou les Maires, sur une demande en formation de manufacture ou d'atelier compris dans la troisième classe, elles seront jugées au Conseil de préfecture.

ART. 9. — L'autorité locale indiquera le lieu où les manufactures et ateliers compris dans la première classe pourront s'établir, et exprimera sa distance des habitations particulières. Tout individu qui ferait des constructions dans le voisinage de ces manufactures et ateliers, après que la formation en aura été permise, ne sera plus admis à en solliciter l'éloignement.

ART. 10. — La division en trois classes des établissements qui répandent une odeur insalubre ou incommode, aura lieu conformément au tableau annexé au présent décret. Elle servira de règle, toutes les fois qu'il sera question de prononcer sur des demandes en formation de ces établissements.

ART. 11. — Les dispositions du présent décret n'auront point d'effet rétroactif : en conséquence, tous les établissements qui sont aujourd'hui en activité, continueront à être exploités librement, sauf les dommages dont pourront être passibles les entrepreneurs de ceux qui préjudicient aux propriétés de leurs voisins ; les dommages seront arbitrés par les tribunaux.

ART. 12. — Toutefois, en cas de graves inconvénients pour la salubrité publique, la culture, ou l'intérêt général, les fabriques et ateliers de première classe qui les causent pourront être supprimés, en vertu d'un décret rendu en notre Conseil d'Etat, après avoir entendu la police locale, pris l'avis des Préfets, reçu la défense des manufacturiers ou fabricants.

ART. 13. — Les établissements maintenus par l'article 11 cesseront de jouir de cet avantage, dès qu'ils seront transférés dans un autre emplacement, ou qu'il y aura une interruption de six mois dans leurs travaux. Dans l'un et l'autre cas, ils rentreront dans la catégorie des établissements à former, et ils ne pourront être remis en activité qu'après avoir obtenu, s'il y a lieu, une nouvelle permission.

ART. 14. — Nos Ministres de l'intérieur et de la police générale sont chargés, chacun en ce qui le concerne, de l'exécution du présent décret, qui sera inséré au *Bulletin des lois*.

II. — Ordonnance du 14 janvier 1815

Louis, etc.,

Sur le rapport de notre Ministre secrétaire d'Etat de l'intérieur ;

Vu le décret du 15 octobre 1810, qui divise en trois classes les établissements insalubres ou incommodes dont la formation ne peut avoir lieu qu'en vertu d'une permission de l'autorité administrative ;

Le tableau de ces établissements qui y est annexé :

L'état supplémentaire arrêté par le Ministre de l'intérieur, le 22 novembre 1811 ;

Les demandes adressées par plusieurs Préfets, à l'effet de savoir si les permissions nécessaires pour la formation des établissements compris dans la troisième classe, seront délivrées par les Sous-Préfets ou par les Maires ;

Notre Conseil d'Etat entendu,

Nous avons ordonné et ordonnons ce qui suit :

Article 1. — A compter de ce jour, la nomenclature jointe à la présente ordonnance servira seule de règle pour la formation des établissements répandant une odeur insalubre ou incommode.

Art. 2. — Le procès-verbal d'information de *commodo* et *incommodo*, exigé par l'article 7 du décret du 15 octobre 1810, pour la formation des établissements compris dans la seconde classe de la nomenclature, sera pareillement exigible, en outre de l'affiche de demande, pour la formation de ceux compris dans la première classe.

Il n'est rien innové aux autres dispositions de ce décret.

Art. 3. — Les permissions nécessaires pour la formation des établissements compris dans la troisième classe seront délivrées, dans les départements, conformément aux articles 2 et 8 du décret du 15 octobre 1810, par les Sous-Préfets, après avoir pris préalablement l'avis des Maires et de la police locale.

Art. 4. — Les attributions données aux Préfets et aux Sous-Préfets par le décret du 15 octobre 1810, relativement à la formation des établissements répandant une odeur insalubre ou incommode, seront exercées par notre Directeur général de la police dans toute l'étendue du département de la Seine, et dans les communes de Saint-Cloud, de Meudon et de Sèvres, du département de Seine-et-Oise.

Art. 5. — Les Préfets sont autorisés à faire suspendre la formation ou l'exercice des établissements nouveaux qui, n'ayant pu être compris dans la nomenclature précitée, seraient cependant de nature à y être placés. Ils pourront accorder l'autorisation d'établissement pour tous ceux qu'ils jugeront devoir appartenir aux deux dernières classes de la nomenclature, en remplissant les formalités prescrites par le décret du 15 octobre 1810, sauf, dans les deux cas, à rendre compte à notre Directeur général des manufactures et du commerce.

Art. 6. — Notre Ministre secrétaire d'Etat de l'intérieur est chargé de l'exécution de la présente ordonnance, qui sera insérée au *Bulletin des lois*.

III. — Ordonnance du 30 novembre 1837

Nous, Conseiller d'État, Préfet de police,

Vu : 1° les articles 2 et 23 de l'arrêté du Gouvernement du 12 messidor an VIII, et l'article 1er de celui du 3 brumaire an IX ;

2° Le décret du 15 octobre 1810 et l'ordonnance royale du 14 janvier 1815 ;

3° Les ordonnances royales des 29 juillet 1818, 25 juin et 29 octobre 1823, 20 août 1824, 9 février 1825, 5 novembre 1826, 7 mai et 20 septembre 1828, 23 septembre 1829, 25 mars 1830, 31 mai 1833, 5 juillet 1834, 30 octobre 1836 et 27 janvier 1837, portant classification des diverses industries comprises dans le tableau annexé à la présente ordonnance,

ORDONNONS ce qui suit :

ARTICLE 1. — Le décret du 15 octobre 1810 et l'ordonnance royale du 14 janvier 1815 précités, seront de nouveau publiés et affichés dans le ressort de notre préfecture.

ART. 2. — Toute personne qui voudra établir, dans le ressort de notre préfecture, des manufactures ou ateliers, compris dans l'une des trois classes de la nomenclature annexée à la présente ordonnance, devra nous adresser une demande en autorisation, conformément aux articles 3, 7 et 8 du décret du 15 octobre 1810, et à l'article 4 de l'ordonnance du 14 janvier 1815 précités.

ART. 3. — Aucune demande en autorisation d'établissements classés ne sera instruite, s'il n'y est joint un plan en double expédition, dessiné sur une échelle de cinq millimètres par mètre, et indiquant les détails de l'exploitation, c'est-à-dire la désignation des fours, fourneaux, machines ou chaudières à vapeur, foyers de toute espèce, réservoirs, ateliers, cours, puisards, etc., qui devront servir à la fabrique. Ce plan devra indiquer les tenants et aboutissants aux ateliers.

Lorsque la demande aura pour objet l'autorisation d'ouvrir un établissement compris dans la première classe, il devra être produit par le pétitionnaire, indépendamment du plan ci-dessus indiqué, un second plan, également en double expédition, dressé sur une échelle de vingt-cinq millimètres pour cent mètres, et qui donnera l'indication de toutes les habitations situées dans un rayon de huit cents mètres au moins.

ART. 4. — Il ne pourra être fait aucun changement dans un établissement classé et autorisé, sans une autorisation nouvelle.

Tout établissement dans lequel on aura fait des changements à l'état des lieux désignés sur le plan joint à la demande et dans l'autorisation, pourra être fermé.

ART. 5. — Tout propriétaire d'établissements classés, qui n'est pas pourvu de l'autorisation exigée par le décret du 15 octobre 1810 précité, devra, dans le délai d'un mois, à compter du jour de la publication de la présente ordonnance, nous adresser la demande pour obtenir, s'il y a lieu, la permission qui lui est nécessaire.

ART. 6. — Les Sous-Préfets des arrondissements de Saint-Denis et de Sceaux, les Maires des communes rurales du ressort de la Préfecture de police, le Chef de la police municipale, les Commissaires de police, l'Architecte-commissaire de la petite voirie, l'Ingénieur en chef des mines du département de la Seine, l'Inspecteur des établissements classés, et les préposés de la Préfecture de police, sont chargés, chacun en ce qui le concerne, de tenir la main à l'exécution de la présente ordonnance.

IV. — Décret du 31 décembre 1866

Napoléon, etc.,

Sur le rapport de notre ministre secrétaire d'État au département de l'agriculture, du commerce et des travaux publics ;

Vu le décret du 15 octobre 1810, l'ordonnance royale du 14 janvier 1815, et le décret du 25 mars 1852 sur la décentralisation administrative (1) ;

Vu les ordonnances des 29 juillet 1818, 25 juin 1823, 20 août 1824, 9 février 1825, 5 novembre 1826, 20 septembre 1828, 31 mai 1833, 5 juillet 1834, 30 octobre 1836, 27 janvier 1837, 25 mars, 15 avril et 27 mai 1838, 27 janvier 1846, et les décrets des 6 mai 1849, 19 février 1853, 21 mai 1862, 26 août 1863 et 18 avril 1866, portant addition ou modification aux classements des établissements réputés insalubres, dangereux ou incommodes ;

Vu les avis du comité consultatif des arts et manufactures ;

Notre Conseil d'État entendu,

AVONS DÉCRÉTÉ ET DÉCRÉTONS ce qui suit :

ARTICLE 1. — La division en trois classes des établissements réputés insalubres, dangereux ou incommodes, aura lieu conformément au tableau annexé au présent décret. Elle servira de règle toutes les fois qu'il sera question de prononcer sur les demandes en formation de ces établissements.

---

(1)   *Extrait du décret du 25 mars 1852.*

2. Les Préfets statueront également, sans l'autorisation du Ministre de l'intérieur, sur les divers objets concernant les subsistances, les encouragements à l'agriculture, l'enseignement agricole et vétérinaire, les affaires commerciales et la police sanitaire et industrielle dont la nomenclature est fixée par le tableau B.

TABLEAU B.

§ 8. Autorisation des établissements insalubres de première classe, dans les formes déterminées pour cette nature d'établissements, et avec les recours existant aujourd'hui pour les établissements de deuxième classe.

ART. 2. — Notre Ministre secrétaire d'Etat au département de l'agriculture, du commerce et des travaux publics, est chargé de l'exécution du présent décret, qui sera inséré au *Bulletin des lois*.

V. — Décret du 3 mai 1886

QUI FIXE LA NOMENCLATURE DES ÉTABLISSEMENTS DANGEREUX, INSALUBRES OU INCOMMODES.

Le Président de la République Française,

Sur le rapport du ministre du commerce et de l'industrie ;

Vu le décret du 15 octobre 1810 [1], l'ordonnance royale du 14 janvier 1815 [2], et le décret du 25 mars 1852 [3] sur la décentralisation administrative ;

Vu les décrets des 31 décembre 1866 [4], 31 janvier 1872 [5], 7 mai 1878 [6], 22 avril 1879 [7], 26 février 1881 [8] et 20 juin 1883 [9] ;

Vu les avis du comité consultatif des arts et manufactures ;

Le Conseil d'État entendu,

DÉCRÈTE :

ARTICLE 1. — La nomenclature et la division en trois classes des établissements insalubres, dangereux ou incommodes, sont fixées conformément au tableau annexé au présent décret [10].

ART. 2. — Les décrets en date des 31 décembre 1866, 31 janvier 1872, 7 mai 1878, 22 avril 1879, 26 février 1881 et 20 juin 1883, sont rapportés.

ART. 3. — Le ministre du commerce et de l'industrie est chargé de l'exécution du présent décret, qui sera publié au *Journal officiel* et inséré au *Bulletin des lois*.

---

[1] IVᵉ série, Bull. 323, n° 6 059.
[2] Vᵉ série, Bull. 76, n° 668.
[3] Xᵉ série, Bull. 508, n° 3 855.
[4] XIᵉ série, Bull. 1 430, n° 14 860.
[5] XIIᵉ série, Bull. 80, n° 884.

[6] XIIᵉ série, Bull. 404, n° 7 219.
[7] XIIᵉ série, Bull. 452, n° 8 124.
[8] XIIᵉ série, Bull. 612, n° 10 504.
[9] XIIᵉ série, Bull. 778, n° 13 362.

[10] (*N. du R.*) Cette nomenclature : XIIᵉ série, Bull. 1 021, n° 16 809, a été modifiée par les décrets suivants :

5 mai 1888, Bull. 1 172, n° 19 390.
15 mars 1890, Bull. 1 325, n° 22 169.
26 janvier 1892, Bull. 1 467, n° 24 853.
13 avril 1894, Bull. 1 633, n° 28 110.

6 juillet 1896, Bull. 1 811, n° 31 695
24 juin 1897, Bull. 1 891, n° 33 274.
17 août 1897, Bull. 1 906, n° 33 515.
29 juillet 1898, Bull. 1 014.

VI. – Tableau de classement par ordre alphabétique[1].

DÉSIGNATION DES INDUSTRIES.	INCONVÉNIENTS.	CLASSES.
Abattoirs publics. (Voir aussi *Tueries*).	Odeur et altération des eaux . .	1r.
Absinthe. (Voir *Distilleries*.)		
Acétylène liquide ou comprimé à plus d'une atmosphère et demie (Dépôts d')	Danger d'explosion et d'incend	1r.
Acétylène liquide ou comprimé à plus d'une atmosphère et demie (Fabrication de l').	Odeur et danger d'explosion. .	1r.
Acétylène gazeux non comprimé ou comprimé à une atmosphère et demie au plus (Fabrication de l') :		
Pour l'usage public	Idem .	1r.
Pour l'usage particulier . . .	Idem	3.
Acide arsénique (Fabrication de l') au moyen de l'acide arsénieux et de l'acide azotique :		
1° Quand les produits nitreux ne sont pas absorbés.	Vapeurs nuisibles	1re.
2° Quand ils sont absorbés	Idem.	2e.
Acide chlorhydrique (Production de l') par décomposition des chlorures de magnésium, d'aluminium et autres :		
1° Quand l'acide n'est pas condensé. . . .	Émanations nuisibles . . .	1r.
2° Quand l'acide est condensé . . .	Émanations accidentelles .	2.
Acide fluorhydrique (Fabrication de l') . . .	Émanations nuisibles	2.
Acide lactique (Fabrique d')	Odeur	2.
Acide muriatique. (Voir *Acide chlorhydrique*)		
Acide nitrique (Fabrication de l')	Émanations nuisibles	3.
Acide oxalique (Fabrication de l') :		
1° Par l'acide nitrique :		
a. Sans destruction des gaz nuisibles . .	Fumée	1r.
b. Avec destruction des gaz nuisibles . . .	Fumée accidentelle. . .	3.
2° Par la sciure de bois et la potasse. . .	Fumée	2.
Acide phénique (Dépôt d') contenant plus de 100 kilos en vase non hermétiquement clos.	Odeur	2.
Acide picrique (Fabrication de l') :		
1° Quand les gaz nuisibles ne sont pas brûlés . .	Vapeurs nuisibles	1r.
2° Avec destruction des gaz nuisibles. . . .	Idem.	3.
Acide pyroligneux (Fabrication de l') :		
1° Quand les produits gazeux ne sont pas brûlés	Fumée et odeur	2.
2° Quand les produits gazeux sont brûlés	Idem. .	3.
Acide pyroligneux (Purification de l'). . . .	Odeur	2.
Acide salicylique (Fabrication de l') au moyen de l'acide phénique	Idem.	2.
Acide stéarique (Fabrication de l') :		
1° Par distillation.	Odeur et danger d'incendie. .	1r.
2° Par saponification	Idem.	2e.
Acide sulfurique (Fabrication de l') :		
1° Par combustion du soufre et des pyrites .	Émanations nuisibles.	1re.
2° De Nordhausen, par décomposition du sulfate de fer	Idem.	1r.
Acide urique. (Voir *Murexide*.)		
Acier (Fabrication de l').	Fumée.	3e.
Affinage de l'or et de l'argent par les acides. . . .	Émanations nuisibles.	1r.
Affinage des métaux au fourneau. (Voir *Grillage des minerais*.)		
Agglomérés ou briquettes de houille (Fabrication des) :		
1° Au brai gras.	Odeur et danger d'incendie .	2e.
2° Au brai sec.	Odeur	3e.

[1] Avec les modifications apportées jusqu'au jour de l'impression : juin 1899.

DÉSIGNATION DES INDUSTRIES.	INCONVÉNIENTS.	CLASSES.
Albumine (Fabrication de l') au moyen du sérum frais du sang.	Odeur	3°.
Alcali volatil. (Voir *Ammoniaque*.)		
Alcool (Rectification de l')	Danger d'incendie	2°.
Alcool méthylique ou méthylène du commerce (Dépôts d') :		
En bonbonnes ou en fûts de bois : 1° Appr. corr. à un stock de plus de 30 hectol. et ne dépassant pas 150 hectol. d'alcool méthylique pur	Idem	3°.
2° Appr. corr. à un stock de plus de 150 hectol	Idem	2°.
En réservoirs métalliques : 1° Appr. corr. à un stock de plus de 150 hectol. et ne dépassant pas 750 hectol. d'alc. méthylique pur	Idem.	3°.
2° Appr. corr. à un stock de plus de 750 hectol	Idem	2°.
Alcools autres que de vin, sans travail de rectification.	Altération des eaux.	3°.
Alcools (Distillerie agricole d').	Idem.	3°.
Alcools (Dépôts d') d'un titre supérieur à 40° alcoométrique :		
En fûts de bois pour le tout ou partie : Approvisionnements correspondant à un stock supérieur à 150 hectol. d'alcool absolu	Danger d'incendie	3°.
En réservoirs métalliques : Approv. corresp. à un stock supérieur à 1 500 hectol. d'alcool absolu	Idem.	3°.
Aldéhyde (Fabrication de l')	Idem.	1re.
Alizarine artificielle (Fabrication de l') au moyen de l'anthracène.	Odeur et danger d'incendie	2°.
Allumettes chimiques (Dépôt d') :		
1° En quantités au-dessus de 25 mètres cubes	Danger d'incendie	2°.
2° De 5 à 25 mètres cubes.	Idem.	3°.
Allumettes chimiques (Fabrication des).	Danger d'explosion ou d'incend.	1re.
Allume-feux (Fabrication des).	Odeur et danger d'incendie	2°.
Aluminium et ses alliages (Fabric. de l') par procédés électrométallurgiques en faisant usage des fluorures :		
1° Quand les vapeurs fluorhydriques ne sont pas condensées.	Vapeurs nuisibles	1re.
2° Quand les vapeurs sont condensées.	Idem.	2°.
Alun. (Voir *Sulfate de fer, d'alumine, etc.*)		
Amidon grillé (Fabrication de l')	Odeur	3.
Amidonneries :		
1° Par fermentation	Odeur, émanations nuisibles et altération des eaux	1re.
2° Par séparation du gluten et sans fermentation	Altération des eaux.	2°.
Ammoniaque (Fabrication en grand de l') par la décomposition des sels ammoniacaux.	Odeur.	3°.
Amorces fulminantes (Fabrication des)	Danger d'explosion	1re.
Amorces fulminantes pour pistolets d'enfants (Fabrication d')	Idem.	2°.
Aniline. (Voir *Nitrobenzine*.)		
Arcansons ou résines de pin. (Voir *Résines, etc.*)		
Argenture des glaces avec application de vernis aux hydrocarbures.	Odeur et danger d'incendie	2°.
Argenture sur métaux. (Voir *Dorure et argenture*.)		
Arséniate de potasse (Fabrication de l') au moyen du salpêtre :		
1° Quand les vapeurs ne sont pas absorbées	Émanations nuisibles	1re.
2° Quand les vapeurs sont absorbées	Émanations accidentelles	2°.
Artifices (Dépôts de pièces d') :		
de 2 000 kilos et au-dessus	Danger d'incendie et d'explos.	1re.
de 300 kilos à 2 000 kilos exclusivement	Idem.	2°.
de 100 kilos à 300 kilos exclusivement	Idem.	3°.

DÉSIGNATION DES INDUSTRIES.	INCONVÉNIENTS.	CLASSES.
Artifices (Fabrication des pièces d').	Danger d'incendie et d'explos.	1re.
Asphaltes, bitumes, brais et matières bitumineuses solides (Dépôts d'). . . . . . . :	Odeur, danger d'incendie. . . .	3e.
Asphaltes et bitumes (Travail des) à feu nu	Idem.	2e.
Ateliers de construction de machines et wagons. (Voir Machines et wagons.)		
Bâches imperméables (Fabrication des) :		
1° Avec cuisson des huiles.	Danger d'incendie.	1re.
2° Sans cuisson des huiles	Idem.	2e.
Bains et boues provenant du dérochage des métaux (Traitement des) :		
1° Si les vapeurs ne sont pas condensées.	Vapeurs nuisibles .	1re.
2° Si les vapeurs sont condensées	Vapeurs accidentelles.	2e.
Baleine (Travail des fanons de). (Voir Fanons de baleine.)		
Baryte caustique par décomposition du nitrate (Fabrication de la) :		
1° Si les vapeurs ne sont ni condensées ni détruites.	Vapeurs nuisibles . .	1re.
2° Si les vapeurs sont condensées ou détruites . .	Vapeurs accidentelles.	2e.
Baryte (Décoloration du sulfate de) au moyen de l'acide chlorhydrique à vases ouverts.	Emanations nuisibles.	2 .
Battage, cardage et épuration des laines, crins et plumes de literie.	Odeur et poussière. . . .	3e.
Battage des cuirs à l'aide de marteaux.	Bruit et ébranlement .	3 .
Battage des tapis en grand.	Bruit et poussière.	2 .
Battage et lavage (Ateliers spéciaux pour le) des fils de laine, bourres et déchets de filature de laine et de soie dans les villes.	Idem.	3e.
Batteurs d'or et d'argent.	Bruit. . . .	3 .
Battoir à écorces dans les villes.	Bruit et poussière. . .	3 .
Benzine (Fabrication et dépôts de). (Voir Huiles de pétrole, de schiste, etc.)		
Benzine (Dérivés de la). (Voir Nitrobenzine.)		
Betteraves (Dépôts de pulpes de) humides destinées à la vente.	Odeur, émanations . . .	3 .
Bitumes (Fabrication et dépôts de). (Voir Asphaltes.)		
Blanc de plomb. (Voir Céruse.)		
Blanc de zinc (Fabrication de) par la combustion du métal.	Fumées métalliques.	3e.
Blanchiment :		
1° Des fils, des toiles et de la pâte à papier par le chlore	Odeur, émanations nuisibles. .	2 .
2° Des fils et tissus de lin, de chanvre et de coton par les chlorures (hypochlorites) alcalins.	Odeur, altération des eaux	3e.
3° Des fils et tissus de laine et de soie par l'acide sulfureux.	Emanations nuisibles . .	2 .
Blanchiment des fils et tissus de laine et de soie par l'acide sulfureux en dissolution dans l'eau	Emanations accidentelles. . .	3 .
Bleu de Prusse (Fabrication du). (Voir Cyanure de potassium.)		
Bleu d'outremer (Fabrication du) :		
1° Lorsque les gaz ne sont pas condensés.	Emanations nuisibles	1re.
2° Lorsque les gaz sont condensés.	Emanations accidentelles. . .	2e.
Bocards à minerais ou à crasses	Bruit.	3e.
Boues et immondices (Dépôts de) et voiries.	Odeur	1re.
Bougies de paraffine et autres d'origine minérale (Moulage des).	Odeur, danger d'incendie.	3e.
Bougies et autres objets en cire et en acide stéarique	Danger d'incendie	3e.
Bouillon de bière (Distillation de). (Voir Distilleries.)		
Boules au glucose caramélisé pour usage culinaire (Fabrication des).	Odeur	3e.
Bourres. (Voir Battage et lavage des fils de laine, bourres, etc.)		
Boutonniers et autres emboutisseurs de métaux par moyens mécaniques.	Bruit.	3e.

DÉSIGNATION DES INDUSTRIES.	INCONVÉNIENTS.	CLASSES.
Boyauderies. (Travail des boyaux frais pour tous usages.)	Odeur, émanations nuisibles...	1re.
Boyaux et pieds d'animaux abattus (Dépôts de). (Voir *Chairs, débris, etc.*)		
Boyaux salés destinés au commerce de la charcuterie (Dépôts de)...	Odeur .. .	2e.
Brasseries	*Idem*	3e.
Briqueteries avec fours non fumivores..	Fumée. .. .	3e.
Briqueteries flamandes..	*Idem*... .	2e.
Briquettes ou agglomérés de houille. (Voir *Agglomérés*.)		
Brûlage des vieilles boîtes et autres objets en fer-blanc.	Odeur, fumée . .	3e.
Brûlerie des galons et tissus d'or ou d'argent. (Voir *Galons*.)		
Buanderies........	Altération des eaux.	3 .
Café (Torréfaction en grand du)	Odeur et fumée..........	3e.
Caillettes et caillons pour la confection des fromages. (Voir *Chairs, débris, etc.*)		
Cailloux (Fours pour la calcination des)...... ...	Fumée.. .	3e.
Calorigène (Dépôts de) et mélanges de ce genre ..	Danger d'incendie.	2e.
Carbonisation des matières animales en général. .	Odeur	1re.
Carbonisation du bois :		
1° A l'air libre dans des établissements permanents et autre part qu'en forêt	Odeur et fumée.. . .	2e.
2° En vase clos. { Avec dégagement dans l'air des produits gazeux de la distillation	*Idem*.... . ..	2.
{ Avec combustion des produits gazeux de la distillation ...	*Idem*	3e.
Carbure de calcium et carbures présentant des dangers analogues (Fabriques de).............	Odeur et poussières nuisibles..	1re.
Caoutchouc (Application des enduits du) .. .	Danger d'incendie.........	2e.
Caoutchouc (Travail du) avec emploi d'huiles essentielles ou de sulfure de carbone............	Odeur, danger d'incendie......	2e.
Caoutchoucs factices ou caoutchoucs des huiles (Fabrication des) :		
1° A froid	Odeur	2e.
2° A chaud	Odeur et danger d'incendie. .	1re.
Cardage des laines, etc. (Voir *Battage*.)		
Cartonniers....... . ..	Odeur	3e.
Cartouches de guerre (Fabriques et dépôts de) destinées à l'exportation............	Danger d'explosion et d'incend.	1re.
Celluloïd brut ou façonné (Dépôt de) :		
renfermant moins de 300 kilos.	Danger d'incendie . ..	3e.
— de 300 à 800 kilos...	*Idem*........ . .	2e.
— 800 kilos et plus	*Idem*.. . .	1re.
Celluloïd en dissolution (Dépôt de) dans l'alcool et l'acétone, l'éther acétique, renfermant plus de 20 litres	*Idem*. .	2.
Celluloïd et pro- } (Ateliers de façonnage de) .	*Idem*.. .	2e.
duits nitrés ana- } (Fabrication de).............	Vapeurs nuisibles, danger d'incendie .	1re.
logues .. .... }		
Cendres d'orfèvre (Traitement des) par le plomb ...	Fumées métalliques.	3e.
Cendres gravelées :		
1° Avec dégagement de la fumée au dehors. ...	Fumée et odeur . . .	1re.
2° Avec combustion ou condensation des fumées .	*Idem*.	2e.
Cendres de varechs (Lessivage des) pour l'extraction des sels de potasse.	Émanations nuisibles . .	3 .
Céruse ou blanc de plomb (Fabrication de la).. . .	*Idem*.	3 .
Chairs, débris et issues (Dépôts de) provenant de l'abatage des animaux....	Odeur .	1re.
Chamoiseries	*Idem*.. .	2e.
Chandelles (Fabrication des)..	Odeur, danger d'incendie.	3 .
Chanvre (Teillage et rouissage du) en grand. (Voir *Teillage* ou *Rouissage*.)		
Chanvre imperméable. (Voir *Feutre goudronné*.)		

DÉSIGNATION DES INDUSTRIES.	INCONVÉNIENTS.	CLASSES
Chapeaux de feutre (Fabrication de)	Odeur et poussière	3°.
Chapeaux de soie ou autres préparés au moyen d'un vernis (Fabrication de)	Danger d'incendie	2.
Charbon animal (Fabrication ou revivification du). (Voir Carbonisation des matières animales.)		
Charbon de bois dans les villes (Dépôts ou magasins de)	Idem.	3°.
Charbons agglomérés. (Voir Agglomérés.)		
Charbons de terre. (Voir Houille et Coke.)		
Chaudronnerie et serrurerie (Ateliers de) employant des marteaux à la main, dans les villes et centres de population de 2 000 âmes et au-dessus :		
1° Ayant de 4 à 10 étaux ou enclumes ou de 8 à 20 ouvriers	Bruit	3°.
2° Ayant plus de 10 étaux ou enclumes ou plus de 20 ouvriers	Idem.	2°.
Chaudronneries. (Voir Forges et chaudronneries.)		
Chaux (Fours à) :		
1° Permanents	Fumée, poussière.	2
2° Ne travaillant pas plus d'un mois par an	Idem.	3°.
Chicorée (Torréfaction en grand de la).	Odeur et fumée	3.
Chiens (Infirmerie de)	Odeur et bruit.	1re.
Chiffons (Dépôts de)	Odeur.	3°.
Chiffons (Traitement des) par la vapeur de l'acide chlorhydrique :		
1° Quand l'acide n'est pas condensé.	Émanations nuisibles	1re.
2° Quand l'acide est condensé	Émanations accidentelles	3
Chlorate de potasse (Fabrication du) par électrolyse	Poussières.	3
Chlore (Fabrication du)	Odeur	2.
Chlorure de chaux (Fabrication du) :		
1° En grand	Idem.	2.
2° Dans les ateliers fabriquant au plus 300 kilos par jour	Idem.	3°.
Chlorures alcalins, eau de Javelle (Fabrication des)	Idem.	2°.
Chlorures de plomb (Fonderies de).	Émanations nuisibles	2°.
Chlorures de soufre (Fabrication des).	Vapeurs nuisibles	1re.
Choucroute (Ateliers de fabrication de la)	Odeur	3°.
Chromate de potasse (Fabrication du)	Idem.	3°.
Chrysalides (Ateliers pour l'extraction des parties soyeuses des)	Idem.	1re.
Ciment (Fours à) :		
1° Permanents	Fumée, poussière	2°.
2° Ne travaillant pas plus d'un mois par an.	Idem.	3°.
Cire à cacheter (Fabrication de la)	Danger d'incendie	3°.
Cochenille ammoniacale (Fabrication de la)	Odeur	3°.
Cocons :		
1° Traitement des frisons de cocons	Altération des eaux.	2°.
2° Filature de cocons. (Voir Filature.)		
Coke (Fabrication du) :		
1° En plein air ou en fours non fumivores	Fumée et poussière.	1re.
2° En fours fumivores	Poussière	2°.
Colle de peaux et colle de pâte (Fabriques de)	Odeur des résidus	3°.
Colle forte (Fabrication de la)	Odeur, altération des eaux	1re.
Collodion (Fabrication du)	Danger d'explosion ou d'incend.	1re.
Combustion des plantes marines dans les établissements permanents	Odeur et fumée	1re.
Construction (Ateliers de). (Voir Machines et wagons.)		
Cordes à instruments en boyaux (Fabrication de). (Voir Boyauderies.)		
Cornes et sabots (Aplatissement des) :		
1° Avec macération	Odeur et altération des eaux	2°.
2° Sans macération.	Odeur	3°.
Corroiries	Idem.	2°.
Coton et coton gras (Blanchisserie des déchets de)	Altération des eaux.	3°.

DÉSIGNATION DES INDUSTRIES.	INCONVÉNIENTS.	CLASSES.
Crayons de graphite pour éclairage électrique (Fabrication des)	Bruit et fumée	2ᵉ.
Cretons (Fabrication de)	Odeur et danger d'incendie	1ʳᵉ.
Crins (Teinture des). (Voir *Teintureries*.)		
Crins et soies de porc. (Voir *Soies de porc*.)		
Cristaux (Fabrication de). (Voir *Verreries, etc.*)		
Cuirs (Battage des). (Voir *Battage*.)		
Cuirs vernis (Fabrication de)	*Idem*	1ʳᵉ.
Cuirs verts et peaux fraîches (Dépôts de)	Odeur	2ᵉ.
Cuivre (Dérochage du) par les acides	Odeur, émanations nuisibles	3.
Cuivre (Fonte du). (Voir *Fonderies de cuivre, etc.*)		
Cuivre (Trituration des composés de)	Poussières	3ᵉ.
Cyanure de potassium et bleu de Prusse (Fabrication de) :		
1° Par la calcination directe des matières animales avec la potasse	Odeur	1ʳᵉ.
2° Par l'emploi de matières préalablement carbonisées en vases clos	*Idem*	2ᵉ.
Cyanure rouge de potassium ou prussiate rouge de potasse	Émanations nuisibles	3ᵉ.
Débris d'animaux (Dépôts de). (Voir *Chairs, etc.*)		
Déchets de laine (Dégraissage des). (Voir *Peaux, étoffes, etc.*)		
Déchets de matières filamenteuses (Dépôts de) en grand dans les villes	Danger d'incendie	3ᵉ.
Déchets des filatures de lin, de chanvre et de jute (Lavage et séchage en grand des)	Odeur, altération des eaux	2ᵉ.
Dégras ou huile épaisse à l'usage des chamoiseurs et corroyeurs (Fabrication de)	Odeur, danger d'incendie	1ʳᵉ.
Dérochage du cuivre. (Voir *Cuivre*.)		
Distilleries en général, eau-de-vie, genièvre, kirsch, absinthe et autres liqueurs alcooliques	Danger d'incendie	3.
Dorure et argenture sur métaux	Émanations nuisibles	3.
Dynamite (Fabriques et dépôts de). (Régime spécial. Loi du 8 mars 1875 et décrets des 24 août 1875 et 28 octobre 1882.)		
Eau de Javelle (Fabrication d'). (Voir *Chlorures alcalins*.)		
Eau-de-vie. (Voir *Distilleries*.)		
Eau-forte. (Voir *Acide nitrique*.)		
Eaux grasses (Extraction, pour la fabrication du savon et autres usages, des huiles contenues dans les) :		
1° En vases ouverts	Odeur, danger d'incendie	1ʳᵉ.
2° En vases clos	*Idem*	2.
Eau oxygénée (Fabrique d'). (Voir *Baryte caustique*.)		
Eaux savonneuses des fabriques. (Voir *Huiles extraites des débris d'animaux*.)		
Échaudoirs :		
1° Pour la préparation industrielle des débris d'animaux	Odeur	1ʳᵉ.
2° Pour la préparation des parties d'animaux propres à l'alimentation	*Idem*	3ᵉ.
Écorces (Battoir à). (Voir *Battoir*.)		
Émail (Application de l') sur les métaux	Fumée	3ᵉ.
Émaux (Fabrication d') avec fours non fumivores	*Idem*	3ᵉ.
Encres d'imprimerie (Fabrication des) :		
1° Avec cuisson d'huile à feu nu	Odeur et danger d'incendie	1ʳᵉ.
2° Sans cuisson d'huile à feu nu	*Idem*	2.
Engrais (Dépôts d') au moyen des matières provenant de vidanges ou de débris d'animaux :		
1° Non préparés ou en magasin non couvert	Odeur	1ʳᵉ.
2° Desséchés ou désinfectés et en magasin couvert, quand la quantité excède 25 000 kilos	*Idem*	2ᵉ.
3° Les mêmes, quand la quantité est inférieure à 25 000 kilos	*Idem*	3.

DÉSIGNATION DES INDUSTRIES.	INCONVÉNIENTS.	CLASSES
Engrais et insecticides à base de goudron ou de résidus d'épuration du gaz (Fabrication d') :		
1° A l'air libre..	Odeur et danger d'incendie.	1°
2° En vase clos	Idem	2
Engrais (Fabrication des) au moyen des matières animales	Odeur	1°
Engraissement des volailles dans les villes (Établissement pour l')	Idem .	3
Épaillage des laines et draps (par la voie humide) .	Danger d'incendie ..	3
Éponges (Lavage et séchage des)	Odeur et altération des eaux.	3
Épuration des laines, etc. (Voir Battage.)		
Équarrissage des animaux (Ateliers d').	Odeur, émanations nuisibles	1°
Étamage des glaces (Ateliers d')	Émanations nuisibles ..	3°
Éther (Dépôts d') :		
1° Si la quantité emmagasinée est, même temporairement, de 1 000 litres ou plus.	Danger d'incendie et d'explos	1°
2° Si la quantité supérieure à 100 litres, n'atteint pas 1 000 litres	Idem	2
Éther (Fabrication de l') .. .. • ..	Idem	1°
Étoffes (Dégraissage des) (Voir Peaux, étoffes, etc.)		
Étoupes (Transformation en) des cordages hors de service, goudronnés ou non.	Danger d'incendie .	3°
Étoupilles (Fabrication d') avec matières explosives .	Danger d'explosion et d'incend.	1°
Faïence (Fabrique de) :		
1° Avec fours non fumivores.	Fumée.	2
2° Avec fours fumivores	Fumée accidentelle	3
Fanons de baleine (Travail des)	Émanations incommodes .	3
Féculeries..	Odeur, altération des eaux	3°
Fer (Dérochage du)	Vapeurs nuisibles	3
Fer (Galvanisation du) ..	Idem..	3°
Fer-blanc (Fabrication du) ..	Fumée.	3
Feutre goudronné (Fabrication du)..	Odeur, danger d'incendie.	2
Feutres et visières vernis (Fabrication de). ..	Idem	1°
Filature des cocons (Ateliers dans lesquels la) s'opère en grand, c'est-à-dire employant au moins six tours.	Odeur, altération des eaux	3
Fonderies de cuivre, laiton et bronze. ..	Fumées métalliques	3
Fonderies en deuxième fusion.	Fumée.	3
Fonte et laminage du plomb, du zinc et du cuivre .	Bruit, fumée.	3 .
Forges et chaudronneries de grosses œuvres employant des marteaux mécaniques. ..	Fumée, bruit ..	2
Formes en tôle pour raffinerie (Voir Tôles vernies.)		
Fourneaux (Hauts-).	Fumée et poussière	2
Fours à plâtre et fours à chaux. (Voir Plâtre, chaux.)		
Fromages (Dépôts de) dans les villes.. ..	Odeur	3
Fulminate de mercure (Fabrication du). (Régime spécial. Ordonnance du 30 octobre 1836)	Danger d'explosion et d'incend	1°.
Galipots ou résines de pin. (Voir Résines.)		
Galons et tissus d'or et d'argent (Brûlerie en grand des) dans les villes.	Odeur ..	2
Gaz (Goudrons des usines à gaz) (Voir Goudrons)		
Gaz d'éclairage et de chauffage (Fabrication du) :		
1° Pour l'usage public. (Régime spécial. Décret du 9 février 1867)	Odeur, danger d'incendie.	2
2° Pour l'usage particulier	Idem	3
Gazomètres pour l'usage particulier, non attenant aux usines de fabrication..	Idem ..	3 .
Gélatine alimentaire et gélatines provenant de peaux blanches et de peaux fraîches non tannées (Fabrication de)	Odeur	3°.
Générateurs à vapeur. (Régime spécial. Décret du 30 avril 1880.)		
Genièvre. (Voir Distilleries.)		
Glace. (Voir Réfrigération)		
Glaces (Étamage des). (Voir Étamage.)		

DÉSIGNATION DES INDUSTRIES.	INCONVÉNIENTS.	CLASSES.
Glycérine (Distillation de la)..	Odeur	3°.
Glycérine (Extraction de la) des eaux de savonnerie ou de stéarinerie	Idem.	2°.
Goudrons et brais végétaux d'origines diverses (Élaboration des)....	Odeur, danger d'incendie...	1re.
Goudrons et matières bitumineuses fluides (Dépôts de).	Idem.	2.
Goudrons (Traitement des) dans les usines à gaz où ils se produisent.	Idem.	2.
Goudrons (Usines spéciales pour l'élaboration des) d'origines diverses.	Idem.. .	1re.
Graisses à feu nu (Fonte des)...	Idem.. .	1re.
Graisses (Fonte aux acides des)	Odeur et altération des eaux.	2°.
Graisses de cuisine (Traitement des)...	Odeur	1re.
Graisses et suifs (Refonte des)........	Idem.. .	3°.
Graisses pour voitures (Fabrication des)..	Odeur, danger d'incendie . .	1re
Gravure chimique sur verre, avec application de vernis aux hydrocarbures..	Idem.. .	2.
Grillage des minerais sulfureux............. ...	Fumée, émanations nuisibles .	1re.
Grillage des minerais sulfureux quand les gaz sont condensés et que le minerai ne renferme pas d'arsenic.	Idem .. .	2°.
Guano (Dépôts de) :		
1° Quand l'approvisionnement excède 25 000 kilos.	Odeur .	1re.
2° Pour la vente au détail	Idem. .	3.
Harengs (Saurage des)....	Idem. .	3°.
Hongroieries	Idem	3°.
Houille (Agglomérés de). (Voir Agglomérés.)		
Huile de Bergues (Fabrique d'). (Voir Degras.)		
Huile de pieds de bœuf (Fabrication d') :		
1° Avec emploi de matières en putréfaction.... .	Idem. .	1re.
2° Quand les matières employées ne sont pas putréfiées..	Idem.. .	2°.
Huile épaisse ou dégras. (Voir Degras.)		
Huileries ou moulins à huiles	Odeur, danger d'incendie.	3°.
Huiles de pétrole, de schiste et de goudron, essences et autres hydrocarbures employés pour l'éclairage, le chauffage, la fabrication des couleurs et vernis, le dégraissage des étoffes et autres usages (Fabrication, distillation, travail en grand et dépôts d'). (Régime spécial. Décrets des 19 mai 1873, 12 juillet 1884 et 20 mars 1885.)		
Huiles de poisson (Fabrique d').	Idem. . .	1re.
Huiles de résine (Fabrication d').	Idem. .	1re.
Huiles de ressence (Fabrication d')...	Odeur, altération des eaux	2°
Huiles (Épuration des)......	Odeur, danger d'incendie. .	3°.
Huiles essentielles ou essences de térébenthine, d'aspic et autres. (Voir Huiles de pétrole, de schiste, etc.)		
Huiles et autres corps gras extraits des débris de matières animales (Extraction des)...	Idem. . .	1°.
Huiles extraites des schistes bitumineux. (Voir Huiles de pétrole, de schiste, etc.)		
Huiles lourdes créosotées (Injection des bois à l'aide des) :		
Ateliers opérant en grand et d'une manière permanente	Idem.. . .	2°.
Huiles (Mélange à chaud ou cuisson des) :		
1° En vases ouverts..	Idem...	1re.
2° En vases clos	Idem. ..	2°.
Huiles oxydées par exposition à l'air (Fabrication et emploi d') :		
1 Avec cuisson préalable	Idem	1re.
2° Sans cuisson	Idem. .	2
Huiles rousses (Fabrication d') par extraction des cretons et débris de graisse à haute température. .	Idem . .	1re.
Impressions sur étoffes. (Voir Toiles peintes.)		

DÉSIGNATION DES INDUSTRIES.	INCONVÉNIENTS.	CLASSES.
Jute (Teillage du). (Voir *Teillage*.)		
Kirsch. (Voir *Distilleries*.)		
Laine. (Voir *Battage et lavage des fils de laine, etc.*)		
Laiteries en grand dans les villes	Odeur	2 .
Lard (Ateliers à enfumer le)	Odeur et fumée	3°.
Lavage des cocons. (Voir *Cocons.*)		
Lavage et séchage des éponges. (Voir *Éponges.*)		
Lavoirs a houille	Altération des eaux	3°.
Lavoirs à laine	*Idem*	3°.
Lavoirs à minerais en communication avec des cours d'eau	*Idem*	3 .
Lessives alcalines des papeteries (Incinération des)	Fumée, odeur et émanations nuisibles	2°.
Liège (Usine pour la trituration du)	Danger d'incendie	2 .
Lies de vin (Incinération des) :		
1° Avec dégagement de la fumée au dehors	Odeur	1°.
2° Avec combustion ou condensation des fumées	*Idem*.	2 .
Lies de vin (Séchage des)	*Idem*.	2°.
Lignites (Incinération des)	Fumée, émanations nuisibles.	1°.
Lin (Rouissage du). (Voir *Rouissage.*)		
Lin (Teillage en grand du). (Voir *Teillage.*)		
Liquides pour l'éclairage (Dépôts de) au moyen de l'alcool et des huiles essentielles	Danger d'incendie et d'explos	2 .
Liqueurs alcooliques. (Voir *Distilleries*.)		
Litharge (Fabrication de la)	Poussière nuisible	3°.
Machines et wagons (Ateliers de construction de)	Bruit, fumée.	2
Machines à vapeur. (Voir *Générateurs*.)		
Malteries	Altération des eaux	3.
Marcs ou churrées de soude (Exploitation des), en vue d'en extraire le soufre, soit libre, soit combiné	Odeur, émanations nuisibles	1°.
Maroquineries	Odeur	3°.
Massicot (Fabrication du)	Émanations nuisibles	3°.
Matières colorantes (Fabrication des) au moyen de l'aniline et de la nitrobenzine	Odeur, émanations nuisibles	3 .
Mèches de sûreté pour mineurs (Fabrication des) :		
1° Quand la quantité manipulée ou conservée dépasse 100 kilos de poudre ordinaire	Danger d'incendie ou d'explos.	1°.
2° Quand la quantité manipulée ou conservée est inférieure à 100 kilos de poudre ordinaire	*Idem*	2°.
Mégisseries	Odeur	3 .°
Ménageries	Danger des animaux	1°.
Métaux (Ateliers de) pour construction de machines et appareils. (Voir *Machines.*)		
Minerais de métaux précieux (Traitement des)	Émanations nuisibles	2°.
Minium (Fabrication du)	*Idem*	3°.
Miroirs métalliques (Fabrique de) et autres ateliers employant des moutons :		
1° Où on emploie des marteaux ne pesant pas plus de 25 kilos et n'ayant que 1 mètre au plus de longueur de chute	Bruit et ébranlement	3°.
2° Ou on emploie des marteaux ne pesant pas plus de 25 kilos et ayant plus de 1 mètre de longueur de chute.	*Idem*	2 .
3° Ou on emploie des marteaux d'un poids supérieur à 25 kilos, quelle que soit la longueur de chute.	*Idem*	2°.
Morues (Sécheries des)	Odeur	2°
Moulins à broyer le plâtre, la chaux, les cailloux et les pouzzolanes	Poussière	3°.
Moulins à huile. (Voir *Huileries.*)		
Moutons (Ateliers employant des). (Voir *Miroirs métalliques.*)		
Murexide (Fabrication de la) en vases clos par la réaction de l'acide azotique et de l'acide urique du guano	Émanations nuisibles	2°.

DÉSIGNATION DES INDUSTRIES.	INCONVÉNIENTS.	CLASSES.
Nitrate de méthyle (Fabrique de).	Danger d'explosion	1re.
Nitrates métalliques obtenus par l'action directe des acides (Fabrication des) :		
1° Si les vapeurs ne sont pas condensées.	Vapeurs nuisibles	1re.
2° Si les vapeurs sont condensées.	Vapeurs accidentelles.	2e.
Nitrobenzine, aniline et matières dérivant de la benzine (Fabrication de).	Odeur, émanations nuisibles et danger d'incendie.	2e.
Noir de fumée (Fabrication du) par la distillation de la houille, des goudrons, bitumes, etc.	Fumée, odeur	2e.
Noir des raffineries et des sucreries (Revivification du).	Émanations nuisibles, odeur .	2e
Noir d'ivoire et noir animal (Distillation des os ou fabrication du) :		
1° Lorsqu'on n'y brûle pas les gaz	Odeur.	1re.
2° Lorsque les gaz sont brûlés	Idem	2.
Noir minéral (Fabrication du) par le broyage des résidus de la distillation des schistes bitumineux . .	Odeur et poussière	3.
Oignons (Dessiccation des) dans les villes	Odeur	2.
Olives (Confiserie des)	Altération des eaux	3e
Olives (Tourteaux d'). (Voir Tourteaux.)		
Orseille (Fabrication de l') :		
1° En vases ouverts	Odeur	1re.
2° À vases clos et employant de l'ammoniaque à l'exclusion de l'urine. . .	Idem	3e.
Os (Torréfaction des) pour engrais :		
1° Lorsque les gaz ne sont pas brûlés.	Odeur et danger d'incendie . . .	1re.
2° Lorsque les gaz sont brûlés	Idem	2.
Os d'animaux (Calcination des). (Voir Carbonisation des matières animales.)		
Os frais (Dépôts d') en grand.	Odeur, émanations nuisibles . .	1re.
Os secs (Dépôts d') en grand.	Odeur.	3e.
Ouates (Fabrication des).	Poussière et danger d'incendie	3e.
Papier (Fabrication du)	Danger d'incendie.	3e.
Parchemineries.	Odeur	3.
Pâte à papier (Préparation de la) au moyen de la paille et autres matières combustibles.	Altération des eaux.	2e.
Peaux de lièvres et de lapins. (Voir Secrétage.)		
Peaux de moutons (Séchage des)	Odeur	3e.
Peaux, étoffes et déchets de laine (Dégraissage des) par les huiles de pétrole et autres hydrocarbures. .	Odeur et danger d'incendie. .	1e.
Peaux fraîches. (Voir Cuirs verts.)		
Peaux (Lustrage et apprêtage des)	Odeur et poussière	3e.
Peaux (Planage et séchage des)	Odeur . . .	2e.
Peaux salées et non séchées (Dépôts de) . .	Idem	3e.
Peaux sèches (Dépôts de) conservées à l'aide de produits odorants.	Idem	3.
Perchlorure de fer par dissolution de peroxyde de fer (Fabrication de).	Émanations nuisibles	3e.
Pétrole. (Voir Huiles de pétrole, etc.)		
Phellosine (Fabrication de).	Odeur et danger d'incendie...	1e.
Phosphate de chaux (Ateliers pour l'extraction et le lavage du)	Altération des eaux	3e.
Phosphore (Fabrication du)	Danger d'incendie	1e.
Pilerie mécanique des drogues	Bruit et poussière	3e.
Pipes à fumer (Fabrication des) :		
1° Avec fours non fumivores	Fumée.	2e.
2° Avec fours fumivores	Fumée accidentelle.	3e.
Plantes marines. (Voir Combustion des plantes marines.)		
Platine (Fabrication du).	Émanations nuisibles	2e.
Plâtre (Fours à) :		
1° Permanents	Fumée et poussière.	2e.
2° Ne travaillant pas plus d'un mois	Idem	3.
Plomb (Fonte et laminage du). (Voir Fonte.)		
Poêliers fournalistes, poêles et fourneaux en faïence et terre cuite. (Voir Faïence.)		

DÉSIGNATION DES INDUSTRIES.	INCONVÉNIENTS.	CLASSES.
Poils de lièvre et de lapin. (Voir *Secrétage.*)		
Poissons salés (Dépôts de).	Odeur incommode.	2ᵉ.
Porcelaine (Fabrication de la) :		
1° Avec fours non fumivores	Fumée	2ᵉ.
2° Avec fours fumivores.	Fumée accidentelle	3ᵉ.
Porcheries comprenant plus de six animaux ayant cessé d'être allaités :		
1° Lorsqu'elles ne sont point l'accessoire d'un établissement agricole	Odeur, bruit	2ᵉ.
2° Lorsque, dépendant d'un établissement agricole, elles sont situées dans les agglomérations urbaines de 5 000 âmes et au-dessus	Idem	2ᵉ.
Potasse (Fabrication de la) par la calcination des résidus de mélasse	Fumée et odeur.	2ᵉ.
Poteries de terre (Fabrication de) avec fours non fumivores	Fumée.	3ᵉ.
Poudre de mine comprimée (Fabrication de cartouches de)	Danger d'explosion et d'incend.	1ʳᵉ.
Poudres et matières fulminantes (Fabrication de). (Voir aussi *Fulminate de mercure.*)	Idem.	1ʳᵉ.
Poudrette (Dépôts de) (Voir *Engrais.*)		
Poudrette (Fabrication de) et autres engrais au moyen de matières animales	Odeur et altération des eaux.	1ʳ
Pouzzolane artificielle (Fours à).	Fumée.	3ᵉ.
Protochlorure d'étain ou sel d'étain (Fabrication du).	Émanations nuisibles	2
Prussiate de potasse. (Voir *Cyanure de potassium.*)		
Pulpes de betteraves. (Voir *Betteraves.*)		
Pulpes de pommes de terre. (Voir *Fécules.*)		
Raffineries et fabriques de sucre.	Fumée, odeur	2ᵉ.
Réfrigération (Appareils de) :		
1° Par l'acide sulfureux	Émanations nuisibles	2
2° Par l'ammoniaque	Odeur	3ᵉ
3° Par l'éther ou autres liquides volatils et combustibles	Danger d'explosion et d'incend	3
Résines, galipots et arcansons (Travail en grand pour la fonte et l'épuration des).	Odeur, danger d'incendie	1ʳᵉ.
Rogues (Dépôts de salaisons liquides connues sous le nom de).	Odeur	2ᵉ.
Rouge de Prusse et d'Angleterre.	Émanations nuisibles	1ʳ.
Rouissage en grand du chanvre et du lin	Émanations nuisibles et altération des eaux	1ʳ
Rouissage en grand du chanvre, du lin et de la rame par l'action des acides, de l'eau chaude et de la vapeur.	Idem.	2
Sabots (Ateliers à enfumer les) par la combustion de la corne ou d'autres matières animales dans les villes.	Odeur et fumée.	1ʳᵉ.
Salaison et préparation des viandes.	Odeur	3.
Salaisons (Ateliers pour les) et le saurage des poissons	Idem	2ᵉ.
Salaisons (Dépôts de) dans les villes	Idem	3ᵉ.
Sang :		
1° Ateliers pour la séparation de la fibrine, de l'albumine, etc.	Idem	1ʳᵉ.
2° (Dépôts de) pour la fabrication du bleu de Prusse et autres industries	Idem	1ʳᵉ.
3° (Fabrique de poudre de) pour la clarification des vins	Idem	1ʳᵉ.
Sardines (Fabrique de conserves de) dans les villes	Idem	2ᵉ.
Saucissons (Fabrication en grand de).	Idem	2
Saurage des harengs. (Voir *Harengs.*)		
Savonneries	Idem	3.
Schistes bitumineux. (Voir *Huiles de pétrole, de schiste, etc.*)		
Scieries mécaniques et établissements où l'on travaille le bois à l'aide de machines à vapeur ou à feu	Danger d'incendie	3ᵉ

DÉSIGNATION DES INDUSTRIES	INCONVÉNIENTS.	CLASSES.
Séchage des éponges. (Voir *Éponges*.)		
Sècheries des morues. (Voir *Morues*.)		
Secrétage des peaux ou poils de lièvre et de lapin	Odeur	2°.
Sel ammoniac et sulfate d'ammoniaque (Fabrication des) par l'emploi des matières animales :		
1° Comme établissement principal . . .	Odeur, émanations nuisibles .	1re.
2 Comme annexe d'un dépôt d'engrais provenant de vidanges ou de débris d'animaux précédemment autorisé	*Idem*. . . .	2e.
Sel ammoniac et sulfate d'ammoniaque extraits des eaux d'épuration du gaz (Fabrique spéciale de).	Odeur	2e.
Sel de soude (Fabrication du) avec le sulfate de soude.	Fumée, émanations nuisibles...	3e.
Sel d'étain. (Voir *Protochlorure d'étain*.)		
Serrurerie (Ateliers de). (Voir *Chaudronnerie et serrurerie*.)		
Sinapismes (Fabrication des) à l'aide des hydrocarbures :		
1° Sans distillation	Odeur . . .	2e
2° Avec distillation	Odeur et danger d'incendie . . .	1re.
Sirops de fécule et glucose (Fabrication des)	Odeur	3e.
Soie. (Voir *Filature des cocons*.)		
Soie artificielle (Fabrication de la) au moyen du collodion	Danger d'explosion et d'incendie.	1re.
Soies de porcs (Préparation des) :		
1 Par fermentation	Odeur	1re.
2° Sans fermentation	Odeur et poussière	3e.
Soude. (Voir *Sulfate de soude*.)		
Soudes brutes (Dépôts de résidus provenant du lessivage des) . . .	Odeur, émanations nuisibles.	1re.
Soudes brutes de varech (Fabrication des) dans les établissements permanents	Odeur et fumée	1re.
Soufre (Fusion ou distillation du) . .	Émanations nuisibles, danger d'incendie..	2e.
Soufre (Lustrage au) des imitations de chapeaux de paille	Poussière nuisible	3e.
Soufre (Pulvérisation et blutage du) . .	Poussière, danger d'incendie..	3e.
Sucre. (Voir *Raffineries et fabriques de sucre*.)		
Sucre (Râperies annexées aux fabriques de) . .	Odeur et altération des eaux..	3e.
Suif brun (Fabrication du)	Odeur, danger d'incendie . . .	1re.
Suif en branches (Fonderie de) :		
1° A feu nu.. . . .	*Idem*	1re.
2° Au bain-marie ou à la vapeur . .	Odeur	2e.
Suif d'os (Fabrication du)..	Odeur, altération des eaux, danger d'incendie	1re.
Sulfate de baryte (Décoloration du). (Voir *Baryte*.)		
Sulfate de cuivre (Fabrication du) au moyen du grillage des pyrites . . .	Émanations nuisibles et fumée	1re.
Sulfate de fer, d'alumine et alun (Fabrication du) par le lavage des terres pyriteuses et alumineuses grillées	Fumée et altération des eaux	3e.
Sulfate de mercure (Fabrication du) :		
1° Quand les vapeurs ne sont pas absorbées . . .	Émanations nuisibles . . .	1re.
2 Quand les vapeurs sont absorbées	Émanations moindres. . .	2e.
Sulfate de peroxyde de fer (Fabrication du) par le sulfate de protoxyde de fer et l'acide nitrique (nitro-sulfate de fer).	Émanations nuisibles	2e.
Sulfate de protoxyde de fer ou couperose verte par l'action de l'acide sulfurique sur la ferraille (Fabrication en grand du)	Fumée. émanations nuisibles	3.
Sulfate de soude (Fabrication du) par la décomposition du sel marin par l'acide sulfurique :		
1° Sans condensation de l'acide chlorhydrique	Émanations nuisibles .	1re.
2° Avec condensation complète de l'acide chlorhydrique.	*Idem*	2e

DÉSIGNATION DES INDUSTRIES.	INCONVÉNIENTS.	CLASSES.
Sulfure d'arsenic (Fabrication du), à la condition que les vapeurs seront condensées	Odeur, émanations nuisibles...	2°.
Sulfure de carbone (Dépôts de). (Suivent le régime des huiles de pétrole.)		
Sulfure de carbone (Fabrication du)........	Odeur, danger d'incendie	1°.
Sulfure de carbone (Manufactures dans lesquelles on emploie en grand le)?	Danger d'incendie . .	1'.
Sulfure de sodium (Fabrication du)	Odeur........ . ..	2 .
Sulfures métalliques. (Voir *Grillage des minerais sulfureux*.)		
Superphosphate de chaux et de potasse (Fabrication du).	Emanations nuisibles	2
Tabac (Incinération des côtes de)....	Odeur et fumée	1'.
Tabacs (Manufactures de)...........	Odeur et poussière...... ...	2°.
Tabatières en carton (Fabrication des)...	Odeur et danger d'incendie	3 .
Taffetas et toiles vernis ou cirés (Fabrication de).....	*Idem* . . .	1'.
Tan (Moulins à)..	Bruit et poussière...... ...	3'.
Tannée humide (Incinération de la)......	Fumée, odeur . .	2°.
Tanneries...........	Odeur	2
Tapis (Battage en grand des). (Voir *Battage*.)		
Teillage du lin, du chanvre et du jute en grand.. .	Poussière et bruit	2 .
Teintureries............	Odeur et altération des eaux..	3'.
Teintureries de peaux	Odeur	3 .
Térébenthine (Distillation et travail en grand de la) (Voir *Huiles de pétrole, de schiste, etc.*)		
Terres émaillées (Fabrication de) :		
1° Avec fours non fumivores	Fumée.	2.
2° Avec fours fumivores.	Fumée accidentelle . .	3 .
Terres pyriteuses et alumineuses (Grillage des).... .	Fumée, émanations nuisibles..	1°.
Tissus d'or et d'argent (Brûlerie en grand des). (Voir *Galons.*)		
Toiles (Blanchiment des). (Voir *Blanchiment*.)		
Toiles cirées. (Voir *Taffetas et toiles vernis*.)		
Toiles grasses pour emballage, tissus, cordes goudronnées, papiers goudronnés, cartons et tuyaux bitumés (Fabrique de) :		
1° Travail à chaud.	Odeur, danger d'incendie. ..	2
2° Travail à froid ....:	*Idem*	3 .
Toiles peintes (Fabrique de)..............	Odeur	3'.
Toiles vernies (Fabrique de). (Voir *Taffetas et toiles vernis*.)		
Tôles et métaux vernis.	Odeur, danger d'incendie......	3'.
Tonnelleries en grand opérant sur des fûts imprégnés de matières grasses et putrescibles..	Bruit, odeur et fumée	2 .
Torches résineuses (Fabrication de)..............	Odeur et danger du feu|.... ..	2 .
Tourbe (Carbonisation de la) :		
1° A vases ouverts.....................	Odeur et fumée...	1°.
2° En vases clos.....................	Odeur	2°.
Tourteaux d'olives (Traitement des) par le sulfure de carbone	Danger d'incendie..	1'.
Tréfileries........... . .	Bruit et fumée.	3 .
Triperies annexes des abattoirs	Odeur et altération des eaux	1°
Tueries d'animaux. (Voir aussi *Abattoirs publics*.) .	Danger des animaux et odeur..	2
Tuileries avec fours non fumivores.............	Fumée.	3 .
Tuiles métalliques (Trempage au goudron des) ...	Emanations nuisibles, danger d'incendie....	2 .
Tuyaux de drainage (Fabrique de)	Fumée.	3 .
Urate (Fabrique d'). (Voir *Engrais* [*Fabrication des*].)		
Vacheries dans les villes de plus de 5 000 habitants .	Odeur et écoulement des urines	3'.
Varech. (Voir *Soudes de varech*.)		
Verdet ou vert-de-gris (Fabrication du) au moyen de l'acide pyroligneux.	Odeur	3 .
Vernis à l'esprit-de-vin (Fabrique de)	Odeur et danger d'incendie ...	2°.
Vernis (Ateliers où l'on applique le) sur les cuirs, feutres, taffetas, toiles, chapeaux. (Voir ces mots.).		

DÉSIGNATION DES INDUSTRIES.	INCONVÉNIENTS.	CLASSES.
Vernis gras (Fabrique de).....	Odeur et danger d'incendie....	1ʳᵉ.
Vernis. (Voir *Argenture des glaces*.)		
Verreries, cristalleries et manufactures de glaces :		
1° Avec fours non fumivores....	Fumée et danger d'incendie ..	2ᵉ.
2° Avec fours fumivores.....	Danger d'incendie......... ..	3ᵉ.
Vessies nettoyées et débarrassées de toute substance membraneuse (Ateliers pour le gonflement et le sé-chage des)...	Odeur.........	2ᵉ.
Viandes (Salaisons des). (Voir *Salaisons*.)		
Visières vernies (Fabrique de). (Voir *Fentres et visières*.)		
Voirie. (Voir *Boues et immondices*.)		
Volailles (Engraissement des). (Voir *Engraissement*.)		
Wagons (Construction de). (Voir *Machines et wagons*.)		

RÈGLEMENT

POUR LE TRANSPORT PAR CHEMIN DE FER

DES MATIÈRES DANGEREUSES

ET DES MATIÈRES INFECTES

Arrêté du 12 Novembre 1897

Les Ministres des Travaux publics, de la Guerre et des Finances,

Vu la loi du 15 juillet 1845 sur la police des chemins de fer ;

Vu les articles 21 et 66 de l'ordonnance du 15 novembre 1846 sur la police, la sûreté et l'exploitation des chemins de fer ;

Vu la loi du 8 mars 1875, qui a autorisé la fabrication de la dynamite par l'industrie privée ;

Vu le décret du 24 août 1875, portant règlement d'administration publique pour l'exécution de cette loi ;

Vu l'arrêté du 10 janvier 1879, relatif au transport de la dynamite sur les voies ferrées ;

Vu l'arrêté du 27 mai 1887, relatif au transport des matières infectes ;

Vu l'arrêté du 9 janvier 1888, relatif au transport des poudres de guerre, de mine ou de chasse et des munitions de guerre ;

Vu l'arrêté en date également du 9 janvier 1888, relatif au transport des matières inflammables ou explosibles autres que les poudres et la dynamite ;

Vu les arrêtés et circulaires qui ont modifié ou complété les quatre arrêtés sus-visés ;

Vu les décrets des 1er janvier et 22 novembre 1896 (1), portant promulgation de l'arrangement additionnel à la convention internationale du 14 octobre 1890, concernant le transport des marchandises par chemin de fer, signé à Berne le 16 juillet 1895 ;

Vu les avis du Comité de l'exploitation technique et de la Commission militaire supérieure des chemins de fer, ainsi que de la Commission des substances explosibles ;

Les compagnies de chemins de fer entendues,

---

(1) Nous nous bornons à y renvoyer pour les personnes qu'intéressent les questions de transports internationaux.

ARRÊTENT :

TITRE Iᵉʳ. — DISPOSITIONS GÉNÉRALES.

ARTICLE 1. — Le transport de la nitroglycérine et celui des fulminates autres que le fulminate de mercure sont absolument interdits sur les chemins de fer, sauf l'exception prévue à l'article 77 pour les pois fulminants.

ART. 2. — Le transport pourra être refusé provisoirement pour les matières dangereuses non classées ci-après, sauf, pour les intéressés, à en référer au Ministre des travaux publics.

TITRE II. — CLASSIFICATION.

ART. 3. — Sous la réserve des dispositions des articles 1 et 2 ci-dessus, les matières explosibles, inflammables, vénéneuses ou infectes sont classées, au point de vue des précautions à prendre pour leur transport sur les voies ferrées, en six catégories, savoir : les matières explosibles et inflammables dans les quatre premières catégories, les matières vénéneuses dans la cinquième et les matières infectes dans la sixième.

1ʳᵉ catégorie.

A. — Explosifs.

Poudres de guerre, de mine ou de chasse, à l'exception des explosifs de sûreté, c'est-à-dire des explosifs qui ne présentent pas de dangers d'explosion en masse par la combustion ou par le choc ; fusées de signaux et signaux à percussion ; obus chargés ; détonateurs amorcés pour obus ; amorces pour détonateurs d'obus et autres munitions de guerre ou de chasse non dénommées aux catégories suivantes ; fulminate de mercure ; fulmi-coton et autres pyroxyles ; picrates de potasse et d'ammoniaque.

Dynamite.

Mélinite, crésylite et acide picrique, chargés dans des récipients métalliques à parois résistantes.

Amorces ou détonateurs pour pétards explosifs.

Artifices ; mèches de mineurs munies d'amorces ou d'autres moyens d'inflammation.

a. — Autres matières.

Acide carbonique liquéfié ; protoxyde d'azote liquéfié.

Acétylène liquéfié et acétylène gazeux comprimé à plus de 1 kilo de pression par centimètre carré.

Oxygène, hydrogène, gaz d'éclairage de houille et autres gaz comprimés à une pression de plus de 15 kilos par centimètre carré.

Acide nitrique ou acide azotique monohydraté.

Acide sulfonitrique.

2ᵉ catégorie.

B. — *Munitions et matières assimilées.*

Munitions de guerre ci-après : flambeaux, grenades éclairantes, cylindres incendiaires, cylindres à fumée, fascines et tourteaux goudronnés, allumeurs pour mèches lentes, mèches à canon, mèches à étoupilles, cordeaux porte-feu et cordeaux détonants.

Mélinite, crésylite, acide picrique en détonateurs, en pétards de cavalerie ou en cartouches explosibles non amorcés.

Mélinite, crésylite, acide picrique garanti pur, chargés dans des barils, caisses ou autres récipients à parois peu résistantes.

b. — *Autres matières.*

Chlore liquéfié anhydre, gaz ammoniac liquéfié ; acide sulfureux anhydre liquéfié ; phosgène ou oxychlorure de carbone liquéfié.

Chlorure de méthyle.

Matière ayant servi à épurer le gaz d'éclairage et contenant du fer ou du manganèse.

Chiffons, étoupes et déchets (de laine, de coton, de poils, de laine artificielle, de soie, de lin, de chanvre ou de jute), cordages, courroies de coton et de chanvre, cordelettes et ficelles diverses, imprégnés de graisses ou de vernis ; laine grasse ayant servi au nettoyage.

Allumettes chimiques et autres allumettes à friction (telles que allumettes-bougies, allumettes d'amadou, etc.) ; chlorates et agglomérés (ou pastilles) de chlorate de potasse ou de bioxyde de manganèse.

Phosphore ordinaire ; potassium ; sodium.

Phosphure de calcium.

Trichlorure de phosphore ; oxychlorure de phosphore ; pentachlorure de phosphore ou superchlorure de phosphore ; chlorure d'acétyle.

Sulfure de carbone ; éther sulfurique et liquides contenant de l'éther sulfurique en grande quantité comme le collodion.

Celloïdine.

Essences minérales : essences de pétrole, de schistes bitumineux, de goudrons de houille ou de lignite (naphte, gazoline, néoline, éthers de pétrole, benzine de houille, benzine de pétrole, ligroïne, essences pour nettoyage, etc.) ; huiles minérales brutes ou rectifiées, lorsque ces produits émettent des vapeurs qui prennent feu au contact d'une flamme, même lorsque la température du liquide n'excède pas 35 degrés centigrades ; colle essentielle.

Acide nitrique du commerce ou eau-forte ou acide azotique ordinaire.

Acide fluorhydrique.

Brome.

3ᵉ catégorie.

C. — *Explosifs de sûreté et matières assimilées.*

Explosifs de sûreté.

Pétards pour signaux d'arrêt sur les chemins de fer.

Vélo-torpilles, pétards pour vélocipédistes et engins analogues.

Pois fulminants.

c. — *Autres matières.*

Soies souples ou schappes, en écheveaux, cordonnets ou déchets, teintes en noir.

Fils à base de nitrocellulose ou fils nitrés.

Charbon de bois en poudre fine ou en grains ; houille moulue ou pulvérisée ; noir de fumée et autres espèces de suies.

Carbure de calcium.

Esprit de bois brut ; alcool méthylique ou esprit de bois rectifié ; acétone.

Huiles minérales : huiles de pétrole, de schistes bitumineux, de goudrons de houille ou de lignite (huiles lampantes, huiles solaires, photogène, toluol, xylol, cumol, benzol, etc.) et autres huiles minérales brutes ou rectifiées, lorsque ces produits n'émettent de vapeurs prenant feu au contact d'une flamme qu'à une température supérieure à 35 degrés centigrades.

Acide sulfurique anhydre ou anhydride.

Acide sulfurique de Nordhausen.

4ᵉ catégorie.

D. — *Munitions de sûreté et matières assimilées.*

Munitions de sûreté, notamment : cartouches à douille métallique, cartouches à douille en carton garnie d'un revêtement métallique, étoupilles ordinaires, électriques, obturatrices, à friction ou à percussion, fusées à friction employées pour la mise de feu aux grenades à main, fusées percutantes, fusantes, à double effet, bouchons porte-retard, amorces en poudre n° 1 en boîtes de fer-blanc, amorces en poudre n° 3, même en boîtes de carton ; amorces Flobert et cartouches Flobert à petit plomb en boîtes de fer-blanc, appareils percutants pour cartouches à percussion centrale, même en boîtes de carton ; capsules pour armes à feu, pastilles fulminantes pour munitions d'armes portatives, amorces non détonantes pour projectiles. Bonbons fulminants ; feux de Bengale préparés à la laque ou feux de Bengale de salon sans amorces ; papiers nitrés ; bougies fulminantes ; lances fulminantes ; allumettes munies d'un feu de Bengale.

Mèches de mineurs non amorcées.

d. — *Autres matières.*

Ballons captifs, dits ballons d'enfants, gonflés avec un gaz inflammable.

Gaz, autres que l'acétylène, comprimés à 15 kilos au plus par centimètre carré.

Acétylène comprimé à 1 kilo au plus par centimètre carré.

Essence de térébenthine ; huiles de mauvaise odeur ; ammoniaque ou alcali volatil.

Ether acétique ou acétate d'éthyle ; alcools autres que l'alcool méthylique ; trois-six ; esprit de vin.

Vernis ; couleurs préparées avec du vernis.

Huiles éthérées et grasses.

Essence de mirbane ou nitrobenzine.

Produits préparés au moyen d'un mélange d'essence de térébenthine ou d'alcool avec de la résine.

Siccatifs.

Aniline ou huile d'aniline.

Objets auxquels le feu peut être facilement communiqué : foin, paille, y compris les pailles de maïs, de riz et de lin, joncs, à l'exclusion du jonc d'Espagne : alfa, diss, crin végétal, tourbe, à l'exception de la tourbe mécanique ou comprimée ; coton, matières à filer végétales et leurs déchets, rognures de papier, sciure de bois, pâtes de bois sèches, copeaux de bois, produits préparés au moyen d'un mélange de résidus de pétrole, de résines et d'autres substances semblables avec des corps poreux inflammables ; soufre, papier graissé ou huilé et fuseaux de ce papier.

Celluloïd.

Phosphore amorphe ou rouge.

Résines et goudrons liquides ou secs ; brai gras ou sec.

Charbon de bois en morceaux.

Bioxyde de baryum ; peroxyde de sodium.

Sulfure de sodium brut ou raffiné ; cokes à base de soude.

Nitrite d'ammoniaque.

Levure liquide ou solide.

Bisulfate de soude.

Liquides acides ou caustiques non dénommés aux 1re, 2e et 3e catégories, notamment : acide sulfurique du commerce, esprit de vitriol, acide muriatique ou chlorhydrique, acides goudronneux et fèces acides des raffineries d'huile, lessives caustiques (lessive de soude caustique, lessive de soude, lessive de potasse caustique, lessive de potasse), chlorure de soufre, renfermés dans des bonbonnes ou des bouteilles.

Liquides acides, liquides caustiques, essences, huiles minérales et autres liquides inflammables, à l'exception de ceux de ces produits qui sont classés dans la 1re catégorie et de l'acide nitrique du commerce, lorsqu'ils sont renfermés dans des wagons spéciaux ou dans des fûts ou bidons métalliques parfaitement étanches et hermétiquement bouchés.

Produits de droguerie et produits pharmaceutiques au détail.

E. — 5ᵉ **catégorie.**

Substances arsenicales non liquides, notamment : acide arsénieux ou fumée arsenicale coagulée, vert de Scheele, vert de Schweinfurth, arsenic jaune ou sulfure d'arsenic ou orpiment arsenic rouge ou réalgar, arsenic natif, cobalt arsenical écailleux ou pierre à mouches.

Substances arsenicales liquides, particulièrement acide arsénique.

Autres produits vénéneux, notamment : les produits mercuriels tels que sublimé, calomel, précipité blanc et rouge, vermillon, cinabre ; les préparations de plomb telles que litharge ou massicot, minium, sucre de Saturne et autres sels de plomb, céruse et autres couleurs à base de plomb, les cendres d'antimoine, le cyanure de potassium et les sels d'aniline.

F. — 6ᵉ **catégorie.**

Gadoues vertes et noires ; déchets d'animaux sujets à putréfaction tels que carnasses non chaulées, débris frais de peaux non chaulés ; résidus de fonte de suifs, graisses, boyaux verts, sang non desséché ; matières fécales.

Poudrette.

Peaux fraiches et cuirs verts non salés.

Os frais ; tendons ; cornes ; onglons ; sabots.

Caillettes de veau fraiches.

TITRE III. — Expédition, emballage et chargement.

Art. 4. — Toute déclaration d'expédition d'une quelconque des matières auxquelles s'applique le présent règlement doit indiquer la nature exacte de la marchandise et, dans le cas où cette marchandise serait assujettie a des dispositions spéciales pour le conditionnement et l'emballage, faire connaître que ces dispositions ont été observées.

S'il s'agit d'une matière explosible, la déclaration doit porter en outre, d'une manière apparente, l'une des mentions : Explosifs, Munitions, Explosifs de sûreté ou Munitions de sûreté.

Art. 5. — Tout colis contenant une matière explosible doit porter d'une façon apparente, sur les fonds s'il s'agit de barils ou de fûts, sur deux faces au moins s'il s'agit de caisses, une étiquette ou une empreinte faisant connaître la nature du produit, avec l'une des mentions : Explosifs, Munitions, Explosifs de sûreté ou Munitions de sûreté.

L'étiquette « Explosifs » pourra être supprimée pour la dynamite quand le colis portera une étiquette avec le nom de la dynamite, même en langue étrangère, pourvu qu'il soit écrit en caractères latins bien apparents.

L'enveloppe de tout colis contenant une matière non explosible, assujettie par le présent règlement à des dispositions spéciales pour le conditionnement et l'emballage, doit porter à l'extérieur une étiquette apparente faisant connaître la nature de la substance, avec la mention « Matière inflammable », s'il y a lieu.

Matières de la 1ʳᵉ catégorie.

Poudres de guerre, de mine ou de chasse. — *Munitions de guerre ou de chasse.*
— *Fulminate de mercure. Fulmi-coton et autres pyroxyles.* — *Picrates de
potasse et d'ammoniaque.*

ART. 6. — Les poudres de guerre, de mine ou de chasse, à l'exception
des explosifs de sûreté, c'est-à-dire des explosifs qui ne présentent pas de
dangers d'explosion en masse par la combustion ou par le choc, les fusées
de signaux, les signaux à percussion, les obus chargés, les détonateurs
amorcés pour obus, les amorces pour détonateurs d'obus et les autres
munitions de guerre ou de chasse non dénommées aux catégories suivantes, le fulminate de mercure, le fulmi-coton et les autres pyroxyles,
ainsi que les picrates de potasse et d'ammoniaque, doivent toujours être
livrés au chemin de fer sous deux enveloppes, toutes deux étanches,
c'est-à-dire ne laissant pas tamiser le contenu.

Le fulminate de mercure doit être renfermé dans des vases métalliques
pleins d'eau et contenus dans des caisses en bois.

Pour les autres matières susénumérées, l'enveloppe intérieure peut
être une caisse en bois, un baril, un sac en toile ou en cuir, ou même,
s'il s'agit de munitions confectionnées, un sac en carton ou en papier ;
l'enveloppe extérieure sera une caisse en bois ou en cuivre, ou un baril.

Les obus chargés non amorcés peuvent être transportés en vrac.

ART. 7. — Les barils ou caisses et les coffres d'artillerie renfermant les
produits énumérés au précédent article sont chargés sur des wagons
couverts et fermés à panneaux pleins, qui ne doivent contenir aucune
marchandise explosible ou facilement inflammable.

Les autres marchandises qui seront chargées dans ces wagons devront
être à destination de la même gare ou des au-delà.

Le plancher de ces wagons doit être recouvert d'un prélart imperméable, de manière à prévenir tout répandage sur la voie. Ces wagons
doivent porter une inscription bien apparente indiquant la nature du
chargement.

Aucun agent ne doit pendant la marche du train avoir accès à ces
wagons.

On doit employer de préférence des wagons sans frein à vis.

Lorsqu'on fait emploi de wagons à frein à vis, il est interdit de faire
usage du frein, et les surfaces des ferrures des axes ou leviers de transmission de mouvement, qui pourraient être apparentes à l'intérieur, doivent être soigneusement recouvertes d'étoffes ou enveloppées dans des
manchons en bois.

La charge des wagons, y compris les emballages, est limitée à
5 000 kilos.

Les barils doivent être non pas placés sur l'un des fonds, mais couchés
dans les wagons et fortement calés avec du bois.

Les munitions de guerre peuvent être transportées dans des caissons d'artillerie chargés sur wagons plats.

Dynamite.

ART. 8. — Pour la dynamite provenant d'une manufacture du Gouvernement, l'agent qui fera l'expédition sera tenu de remettre à la gare de départ, en double exemplaire, une déclaration écrite attestant les conditions de bonne qualité et de bon emballage de la matière expédiée.

ART. 9. — Tout établissement privé situé en France ou à l'étranger, qui voudra faire admettre au transport la dynamite fabriquee par lui, devra recevoir, à ses frais, un agent du service des poudres et salpêtres ou, à son défaut, un contrôleur des mines ou un conducteur des ponts et chaussées, lequel sera chargé en permanence de surveiller la fabrication et sera accrédité auprès de la compagnie de chemin de fer qui aura à recevoir directement les produits de l'usine.

Cet agent, qui aura à sa disposition dans l'établissement une pièce à usage de bureau, remettra à l'appui de chaque expédition, en double exemplaire, une déclaration écrite attestant les conditions de bonne qualité et de bon emballage de la matière expédiée et, pour les dynamites étrangères, indiquant la date de l'emballage. ·

De plus, les dynamites fabriquées à l'étranger devront, avant d'être remises au chemin de fer, passer par un entrepôt dûment autorisé sur le sol français et placé aussi près que possible de la frontière. L'entrepôt devra renfermer un laboratoire d'essai dirigé, aux frais de l'entrepositaire, par le service des mines, qui délivrera un certificat constatant l'examen auquel il aura procédé.

ART. 10. — De son côté, le fabricant devra, par une déclaration générale écrite remise, chaque année, à la compagnie de chemin de fer recevant ses produits et pour l'ensemble des expéditions à faire pendant cette année, assumer la responsabilité de tout accident provenant des vices de ladite matière.

Pour les dynamites étrangères, cette déclaration générale sera fournie par l'agent préposé à l'entrepôt, qui assumera la responsabilité tant en son nom qu'en celui du fabricant. Mais ce dernier devra, en outre, joindre à chaque envoi une note de détail, destinée à la douane d'importation ; cette note, certifiée exacte par l'agent français attaché à la fabrique, indiquera, par colis, le poids brut, le poids net et la date de l'expédition.

ART. 11. — En outre des conditions exigées dans la métropole pour la circulation sur les voies ferrées des dynamites fabriquées en France, ces dynamites ne pourront être transportées sur les chemins de fer tunisiens garantis et algériens que si elles satisfont aux conditions suivantes :

Elles devront arriver dans la colonie accompagnées d'un certificat de qualité et d'emballage délivré par l'agent de l'Etat délégué à la surveillance dans l'usine de fabrication ;

Elles passeront, avant d'être remises au chemin de fer, par un dépôt dûment autorisé, établi à proximité du port par lequel elles auront été importées ;

Le dépôt devra renfermer un laboratoire d'essai dirigé, aux frais du dépositaire, par le service des mines, et les expéditions ne seront remises au chemin de fer qu'accompagnées d'un certificat de l'agent de ce service.

Pour les dynamites importées directement de l'étranger, ce dépôt remplacera l'entrepôt visé au précédent article.

ART. 12. — Au départ de l'usine de fabrication, ou à son entrée en France si elle vient de l'étranger, la dynamite ne sera point admise au transport si elle a plus d'un an d'emballage. Ce délai pourra être réduit pour les dynamites à absorbants hygrométriques.

ART. 13. — La réexpédition de la dynamite ayant séjourné soit dans un dépôt appartenant au fabricant, soit chez un industriel qui ne l'aura pas utilisée, se fera aux conditions suivantes :

Le dépositaire devra assumer par écrit la responsabilité de tout accident provenant des vices de la matière et fournir, à ses frais, une déclaration du service des poudres et salpêtres, attestant que la matière à réexpédier n'a pas cessé de présenter les conditions de bonne qualité et de bon emballage exigées pour la première expédition ;

Pour la dynamite dont le délai d'emballage sera plus court que celui fixé en vertu de l'article 12, cette déclaration pourra être donnée sur la simple constatation de l'état satisfaisant des cartouches de dynamite, après ouverture de la caisse ou du baril dont il est question à l'article 14 ;

Pour la dynamite dont le délai d'emballage sera plus long que celui fixé en vertu de l'article 12, l'agent du service des poudres et salpêtres pourra, s'il le juge à propos, procéder à une analyse du produit.

ART. 14. — La dynamite livrée au chemin de fer devra toujours être renfermée dans des cartouches recouvertes de papier parchemin ou autre enveloppe imperméable, non amorcées et dépourvues de tout moyen d'ignition. L'enveloppe doit être collée et fermée de façon à empêcher tout suintement de nitroglycérine ; elle portera une inscription indiquant la nature et le dosage des substances constituant l'explosif. Cette inscription n'est pas exigible pour les produits expédiés à l'étranger.

Ces cartouches doivent être emballées dans une première enveloppe bien étanche, de carton, de bois, de zinc ou de caoutchouc ; les vides entre les cartouches doivent être exactement remplis avec des étoupes, du papier découpé, de la sciure de bois ou toute autre matière sèche, pulvérulente ou souple, capable d'amortir les chocs et d'absorber la nitroglycérine qui viendrait à suinter.

S'il s'agit de dynamites fabriquées en France, les premières enveloppes seront enfermées dans une caisse en bois ou dans un baril également en bois ; elles y seront assujetties de manière à éviter tout ballottement au moyen de sciure de bois ou de toute autre matière sèche, pulvérulente ou souple, comme ci-dessus.

Les caisses seront pourvues de poignées non métalliques, solidement fixées, ou porteront extérieurement, sur le fond, deux tasseaux en bois permettant de glisser les mains au-dessous d'elles pour les soulever ; les barils seront consolidés exclusivement au moyen de cerceaux ou de chevilles en bois.

Pour les dynamites étrangères, les premières enveloppes ne pourront être enfermées que dans une caisse dont les dispositions seront conformes au modèle adressé aux agents français attachés aux dynamiteries, réserve faite des dimensions, pour lesquelles une certaine latitude sera laissée aux fabricants.

Le poids brut de chaque caisse ou baril ne doit pas dépasser 35 kilos.

ART. 15. — Outre les étiquettes apposées en exécution de l'article 5, paragraphe 1er, du présent règlement, les caisses ou barils contenant des dynamites françaises porteront extérieurement une estampille indiquant le nom du fabricant ou de l'expéditeur, le lieu de fabrication et la date de l'emballage. De plus, un plomb spécial au fabricant et le plomb en usage dans les poudreries de l'État seront appliqués sur chaque colis estampillé, pour en maintenir l'intégrité.

ART. 16. — Les caisses ou barils doivent être chargés dans des wagons couverts et fermés, à panneaux pleins, qui ne doivent contenir aucune marchandise explosible ou facilement inflammable.

Les autres marchandises chargées dans ces wagons doivent être à destination de la même gare ou des au-delà. Le plancher de ces wagons doit être recouvert d'un prélart imperméable. Ils doivent porter une inscription bien apparente indiquant la nature du chargement.

On doit, autant que possible, ne faire usage, pour le transport de la dynamite, que de wagons sans frein à vis.

En cas de nécessité, si on emploie des wagons a frein à vis, il est interdit de se servir de ce frein, et les surfaces des ferrures des axes ou leviers de transmission, qui pourraient être apparentes à l'intérieur, doivent être soigneusement recouvertes d'étoffes ou enveloppées dans des manchons en bois.

La charge d'un wagon de dynamite, y compris les emballages, ne doit pas dépasser 3 000 kilos.

Les barils doivent être couchés dans les wagons et non placés debout sur l'un des fonds ; ils devront être posés et maintenus avec le plus grand soin, de façon à éviter tout choc soit au moment du chargement, soit en cours de route. Ils ne doivent jamais être recouverts par d'autres colis, même de pareille nature.

Les wagons doivent, à moins qu'une escorte n'y prenne place, être fermés avec des cadenas ou des serrures offrant des garanties équivalentes à la continuité des panneaux.

Les dynamites expédiées par l'État pourront être chargées sur wagons plats lorsqu'elles seront contenues dans des voitures de modèles réglementaires affectées au transport de la dynamite pour des usages militaires et, notamment, dans les caissons d'artillerie ou les prolonges du génie.

Dans ce cas, les dispositions ci-dessus, relatives au mode d'emballage et au poids des caisses, ne seront pas applicables.

Mélinite, crésylite, acide picrique, chargés dans des récipients métalliques à parois résistantes.

ART. 17. — L'acide picrique n'est admis au transport qu'autant que l'expéditeur atteste, sur sa déclaration d'expédition, que ce produit peut être transporté sans danger en raison de sa pureté.

ART. 18. — Les wagons contenant de la mélinite, de la crésylite ou de l'acide picrique dans des récipients métalliques à parois résistantes doivent, à moins qu'une escorte n'y prenne place, être fermés avec des cadenas ou des serrures offrant des garanties équivalentes à la continuité des panneaux.

Ils ne doivent contenir ni fulminate, ni autres produits détonants, ni plomb, ni composés de plomb, tels que litharge, massicot, minium, etc., ni aucune matière facilement inflammable. Ils ne doivent présenter ni revêtements ni couverture en plomb.

Amorces ou détonateurs pour pétards explosifs.

ART. 19. — Les amorces ou détonateurs pour pétards explosifs doivent être emballés, l'ouverture en haut et au nombre de cent au plus, dans de fortes caisses métalliques garnies intérieurement de drap ou de feutre sur les fonds et de papier sur les parois latérales.

Les vides qui les séparent doivent être remplis de sciure de bois ou d'une autre matière analogue, à moins que les détonateurs ne soient munis d'opercules avec trou central. Dans ce cas, les détonateurs seront fixés dans des trous ménagés dans une feuille de carton de mêmes dimensions que la boîte et placée à la hauteur des opercules. De plus, les fonds sur lesquels viennent buter les culots et les extrémités ouvertes des détonateurs seront garnis de feutre ou d'une matière analogue, assez épaisse pour pouvoir appuyer légèrement sur les détonateurs quand les caisses seront fermées.

Les caisses métalliques ainsi remplies doivent être emballées dans une forte caisse en planches de 22 millimètres au moins d'épaisseur, renfermée elle-même dans une autre caisse en planches de 25 millimètres au moins d'épaisseur ; on ménagera entre ces deux dernières caisses un espace de 30 millimètres au moins, qui sera rempli de sciure de bois, de paille, d'étoupes ou d'autres matières propres à amortir les chocs.

La caisse extérieure doit être munie de deux fortes poignées non métalliques ; elle doit porter des étiquettes indiquant le haut et le bas du colis.

Le poids de la matière explosible ne peut excéder 20 kilos par caisse.

ART. 20. — Les caisses doivent être chargées dans des wagons couverts et fermés à panneaux pleins.

On ne peut admettre dans ces wagons aucune autre matière explosible ou facilement inflammable.

*Artifices. — Mèches de mineurs munies d'amorces ou
d'autres moyens d'inflammation.*

ART. 21. — Les pièces d'artifice et les mèches de mineurs munies
d'amorces ou d'autres moyens d'inflammation doivent être emballées dans
des caisses en planches jointives, dont le poids brut ne peut dépasser
100 kilos ; les planches auront 1 centimètre au moins d'épaisseur si le
poids brut du colis n'excède pas 40 kilos, et 1 centimètre 1/2 si ce poids
dépasse 40 kilos.

Les mèches de mineurs peuvent être également emballées dans des
barils hermétiquement fermés.

Exceptionnellement, les pièces d'artifice de grande dimension pourront
n'être pas emballées ; elles seront alors fixées avec soin contre les parois
des wagons et isolées.

ART. 22. — Le chargement des pièces d'artifice et des mèches de mineurs munies d'amorces ou d'autres moyens d'inflammation ne peut
s'effectuer que dans des wagons couverts et à panneaux pleins.

ART. 23. — On ne peut admettre dans ces wagons aucune autre matière
explosible ou facilement inflammable.

Acide carbonique et protoxyde d'azote liquéfiés.

ART. 24. — L'acide carbonique et le protoxyde d'azote liquéfiés doivent
être purs de tout résidu d'air.

ART. 25. — Ces produits doivent être renfermés dans des récipients en
fer forgé ou en acier doux recuit.

Ces récipients seront soumis au préalable, aux frais des intéressés, à
une épreuve officielle constatant qu'ils supportent, sans fuites ni déformations permanentes, une pression de 250 kilos par centimètre carré.

Cette épreuve sera renouvelée tous les trois ans.

Chaque récipient portera une marque officielle placée à un endroit bien
apparent, indiquant :

1º Le poids du récipient vide ;

2º La charge en kilogrammes qu'il peut contenir et qui doit être limitée
à 1 kilogramme de liquide pour 1 litre 34 de capacité ;

3º La date de la dernière épreuve.

Par exception, la marque officielle des récipients destinés à l'exportation dans les pays qui ont adhéré à la convention de Berne, du 14 octobre
1890, doit donner le poids du récipient vide, accessoires compris. Pour
ces récipients, la marque devra indiquer également, le cas échéant, que la
tare comprend le poids de la chape.

Toutes ces indications devront être poinçonnées par l'agent qui aura
procédé à l'épreuve des récipients.

Quand les récipients seront chargés en vrac, ils devront être confectionnés de façon à ne pouvoir rouler, ou pourvus d'une garniture extérieure remplissant ce but et être peints en blanc ; en outre, les soupapes

et robinets devront être protégés par des chapes ou couvercles de même métal que les récipients, et vissés sur eux.

Quand les récipients seront emballés dans des caisses solides, la chape, la garniture extérieure pour empêcher le roulement et la peinture en blanc ne seront pas obligatoires. Les caisses devront d'ailleurs être disposées de manière que les timbres officiels d'épreuves puissent facilement être découverts.

Art. 26. — Le transport de ces produits n'aura lieu que dans des wagons couverts et à panneaux pleins, ou bien dans des wagons spécialement aménagés à cet effet. Dans le dernier cas, les récipients devront être protégés par un revêtement en bois ou par une bâche.

Les récipients ne doivent jamais être violemment projetés ni être exposés aux rayons du soleil ou à la chaleur du feu.

Acétylène liquéfié et acétylène gazeux comprimé à une pression de plus de 1 kilo par centimètre carré.

Art. 27. — L'acétylène liquéfié et l'acétylène gazeux comprimé à une pression de plus de 1 kilo par centimètre carré doivent être renfermés dans des récipients en fer forgé ou en acier doux recuit.

Les soupapes et robinets des récipients doivent être protégés par des chapes ou couvercles en métal vissés sur les récipients et n'être formés ni de cuivre ni d'alliages de cuivre.

Les autres conditions d'emballage, ainsi que les conditions d'épreuves et de chargement des récipients, sont celles prescrites par les articles 25 et 26 pour l'acide carbonique et le protoxyde d'azote liquéfiés.

Oxygène, hydrogène, gaz d'éclairage de houille et autres gaz comprimés à une pression de plus de 15 kilos par centimètre carré.

Art. 28. — L'oxygène, l'hydrogène, le gaz d'éclairage de houille et les autres gaz comprimés a une pression de plus de 15 kilos par centimètre carré ne peuvent être transportés à une pression supérieure à 200 kilos.

Les envois ne peuvent être remis que par des personnes possédant un manomètre réglé et en connaissant le maniement. Ces personnes doivent, chaque fois qu'elles en sont requises, adapter le manomètre au récipient, pour permettre de vérifier si la plus haute pression prescrite n'est pas dépassée.

Art. 29. — Les récipients doivent être des cylindres d'une seule pièce, en acier ou en fer forgé, d'une longueur maximum de 2 mètres et d'un diamètre intérieur maximum de 21 centimètres.

Ces récipients seront soumis au préalable, aux frais de l'expéditeur, à une épreuve officielle constatant qu'ils supportent, sans fuites ni déformations permanentes, une pression égale à une fois et demie celle des gaz qu'ils contiennent au moment de la remise au chemin de fer.

Cette épreuve sera renouvelée tous les trois ans.

Les récipients porteront une marque officielle placée à un endroit bien apparent, indiquant la valeur de la pression autorisée et la date de la dernière épreuve.

Ces indications devront être poinçonnées par l'agent qui aura procédé à l'épreuve des récipients.

Les soupapes et robinets des récipients devront être protégés par des chapes ou couvercles en métal vissés sur les récipients.

Si les soupapes sont dans l'intérieur du goulot, elles devront être protégées par un bouchon de même métal que le récipient, d'une hauteur d'au moins 25 millimètres, vissé dans le goulot, mais n'en dépassant pas latéralement l'orifice.

Les récipients seront confectionnés de façon à ne pouvoir rouler, ou pourvus d'une garniture extérieure remplissant ce but.

Pour les chargements par wagons complets, les récipients ne seront astreints à aucun emballage dans des caisses ou autres enveloppes et pourront être chargés nus. Pour les expéditions partielles, ils seront emballés dans des caisses, solidement et de telle façon que les timbres officiels d'épreuves puissent être facilement découverts.

·Art. 30. — Le transport des gaz comprimés doit avoir lieu dans des wagons couverts et à panneaux pleins, ou dans des wagons spécialement aménagés à cet effet. Dans le dernier cas, les récipients devront être protégés par un revêtement en bois ou par une bâche.

Les récipients ne doivent jamais être violemment projetés ni être exposés aux rayons du soleil ou à la chaleur du feu.

Acide nitrique ou azotique monohydraté.

Art. 31. — L'acide nitrique ou azotique monohydraté, dit aussi *acide nitrique rouge* ou *fumant,* doit être contenu dans des bonbonnes ou bouteilles en verre ou en grès, bien bouchées.

Ces bonbonnes ou bouteilles doivent toujours être bien emballées et placées debout dans des enveloppes munies de poignées pour en faciliter la manutention. Les bouteilles pourront aussi être placées debout dans de fortes caisses en planches.

Sur chaque caisse, une inscription indiquera le côté du dessus et rappellera en outre la nécessité de toujours maintenir les caisses à plat sur leur fond, pendant le transport ou pendant le séjour sur les quais des gares.

Les bonbonnes ou les bouteilles doivent, dans tous les cas, être entourées de terre absorbante.

Art. 32. — L'acide nitrique monohydraté ne peut être placé dans un même wagon avec d'autres produits chimiques ni avec des matières explosibles.

Acide sulfonitrique.

Art. 33. — L'acide sulfonitrique est soumis aux mêmes conditions d'emballage et de chargement que l'acide nitrique monohydraté (art. 31 et 32).

Matières de la 2º catégorie.

Munitions de guerre : flambeaux, grenades éclairantes, cylindres incen-
diaires, cylindres à fumée, fascines et tourteaux goudronnés, allumeurs
pour mèches lentes, mèches à canon, mèches à étoupilles, cordeaux porte-
feu et cordeaux détonants.

ART. 34. — Les munitions de guerre, flambeaux, grenades éclairantes, cylindres incendiaires, cylindres à fumée, fascines et tourteaux goudronnés, allumeurs pour mèches lentes, mèches à canon, mèches à étoupilles, cordeaux porte-feu et cordeaux détonants doivent être emballés dans des enveloppes résistantes, bien étanches et d'une manutention commode.

ART. 35. — Le chargement doit être fait dans des wagons couverts et à panneaux pleins.

Mélinite, crésylite, acide picrique en détonateurs, en pétards de cavalerie ou
en cartouches explosibles non amorcées. Mélinite, crésylite, acide picrique
garanti pur, chargés dans des barils, caisses ou autres récipients à parois
peu résistantes.

ART. 36. — Les détonateurs, les pétards de cavalerie et les cartouches explosibles non amorcées, chargés en mélinite, crésylite ou acide picrique, doivent être emballés dans des caisses en bois dont les parois auront au moins 18 millimètres d'épaisseur.

Les caisses ne doivent contenir aucune amorce et ne pas peser plus de 100 kilos.

Les caisses pesant plus de 10 kilos doivent être munies de poignées et liteaux pour en faciliter le maniement.

ART. 37. — L'acide picrique n'est admis au transport en caisses, en barils et autres récipients analogues, qu'autant que l'expéditeur atteste, sur sa déclaration d'expédition, qu'il peut être transporté sans danger en raison de sa pureté.

La mélinite, la crésylite et l'acide picrique doivent être emballés dans des enveloppes de la nature des barils à pétrole ou des caisses à poudre réglementaires de la guerre, c'est-à-dire dans des récipients à parois peu résistantes.

ART. 38. — Les wagons contenant de la mélinite, de la crésylite ou de l'acide picrique sous l'une des formes ci-dessus indiquées doivent être fermés avec des cadenas ou des serrures offrant des garanties équivalentes à la continuité des panneaux.

Ils ne doivent contenir ni fulminate, ni autres produits détonants, ni plomb, ni composés de plomb, tels que litharge, massicot, minium, etc., ni aucune matière explosible ou facilement inflammable.

Ils ne doivent présenter ni revêtements ni couverture en plomb.

Chlore liquéfié anhydre. Gaz ammoniac liquéfié. Acide sulfureux liquéfié anhydre. Phosgène ou oxychlorure de carbone liquéfié.

Art. 39. — Le chlore liquéfié n'est admis au transport que s'il est anhydre, c'est-à-dire complètement dépourvu d'eau.

Art. 40. — Le chlore liquéfié anhydre, le gaz ammoniac liquéfié, l'acide sulfureux anhydre liquéfié et le phosgène ou oxychlorure de carbone liquéfié doivent être renfermés dans des recipients en fer forgé ou en acier doux recuit ; toutefois, le phosgène peut aussi être renfermé dans des récipients en cuivre.

Les récipients seront soumis au préalable, aux frais de l'expéditeur, a une épreuve officielle constatant qu'ils supportent, sans fuites ni déformations permanentes, une pression fixée :

Pour le gaz ammoniac, à 100 kilos ;

Pour le chlore, à 50 kilos ;

Pour l'acide sulfureux anhydre et le phosgène, à 30 kilos.

Cette épreuve sera renouvelée tous les trois ans pour le gaz ammoniac et tous les ans pour le chlore, l'acide sulfureux et le phosgène.

Chaque récipient portera une marque officielle placée a un endroit bien apparent, indiquant :

1° Le poids du récipient vide ;

2° La charge en kilogr. qu'il peut contenir et qui doit être limitée :

Pour le gaz ammoniac, à 1 kilo de liquide par 1 litre 86 de capacité ;

Pour le chlore, à 1 kilo de liquide par 0 l. 9 de capacité ;

Pour l'acide sulfureux anhydre et le phosgène, à 1 kilo de liquide par 0 l. 8 de capacité ;

3° La date de la dernière épreuve.

Toutes ces indications devront être poinçonnées par l'agent qui aura procédé à l'épreuve des récipients.

Les soupapes ou robinets devront être protégés par des chapes ou couvercles en métal, vissés sur les récipients.

Quand ils seront chargés en vrac, les récipients devront être peints en blanc. Ils seront confectionnés de façon à ne pouvoir rouler, ou pourvus d'une garniture extérieure remplissant ce but.

Pour les chargements par wagons complets, les récipients ne seront astreints à aucun emballage dans des caisses ou autres enveloppes et pourront être chargés nus. Pour les expéditions partielles, ils seront emballés dans des caisses, solidement et de telle façon que les timbres officiels d'épreuves puissent être facilement découverts.

Art. 41. — Le transport de ces produits ne peut s'effectuer que dans des wagons couverts et à panneaux pleins, ou dans des wagons spécialement aménagés à cet effet. Dans le dernier cas, les récipients doivent être protégés par un revêtement en bois ou par une bâche.

Art. 42. — Les récipients ne doivent jamais être violemment projetes ni être exposés aux rayons du soleil ou à la chaleur du feu.

Chlorure de méthyle.

ART. 43. — Le chlorure de méthyle doit être renfermé dans des cylindres métalliques offrant, sous la responsabilité du fabricant de cette substance, une résistance suffisante, et qui ne seront remplis qu'aux neuf dixièmes.

On inscrira sur ces cylindres leur poids lorsqu'ils sont vides et leur poids lorsqu'ils sont remplis aux neuf dixièmes de chlorure de méthyle.

ART. 44. — Lorsque le chargement est fait dans des wagons fermés, on doit ménager par des ouvertures latérales, volets ou jalousies, un courant d'air suffisant pour entraîner les vapeurs qui se dégageraient à l'intérieur.

ART. 45. — Ces prescriptions ne s'appliquent pas aux envois de petites quantités de chlorure de méthyle prévus par l'article 161 ci-après.

Matière ayant servi à épurer le gaz d'éclairage et contenant du fer ou du manganèse.

ART. 46. — La matière ayant servi à épurer le gaz d'éclairage et contenant du fer ou du manganèse peut être expédiée dans des wagons en tôle entièrement fermés ou parfaitement protégés par des bâches ininflammables. Les wagons en tôle ou les bâches devront, si la compagnie le demande, être fournis par l'expéditeur.

Autrement, cette matière doit être contenue dans des caisses de tôle bien fermées.

ART. 47. — Ces caisses ne peuvent être chargées que dans des wagons couverts et à panneaux pleins.

Chiffons, étoupes, déchets, cordages, courroies de coton et de chanvre, cordelettes, ficelles, imprégnés de graisse ou de vernis. Laine grasse ayant servi au nettoyage.

ART. 48. — Les chiffons, étoupes, déchets de laine, de coton, de poils, de laine artificielle, de soie, de lin, de chanvre, de jute, les cordages, les courroies de coton et de chanvre, les cordelettes et ficelles diverses, lorsqu'ils sont imprégnés de graisse ou de vernis, et la laine grasse ayant servi au nettoyage, doivent être emballés dans des enveloppes ou récipients fermés ; ceux-ci peuvent être de nature quelconque, pourvu que le tassement soit aussi énergique que possible.

ART. 49. — Le chargement des matières énumérées à l'article précédent ne peut s'effectuer que dans des wagons couverts et à panneaux pleins, ou sur des wagons découverts munis de bâches.

Allumettes. Chlorates. Agglomérés (ou pastilles) de chlorate de potasse et de bioxyde de manganèse.

ART. 50. — Les allumettes chimiques et autres allumettes à friction telles que les allumettes-bougies, les allumettes d'amadou, etc., doivent être emballées dans des caisses en planches jointives, de 10 millimètres au moins d'épaisseur.

Il en est de même des chlorates, si le poids brut du colis est inférieur à 40 kilos.

Si ce poids dépasse 40 kilos, l'épaisseur des caisses doit être portée à 15 millimètres pour ce dernier produit.

Les chlorates peuvent également être transportés dans des tonneaux solides et bien joints.

Les agglomérés (ou pastilles) de chlorate de potasse et de bioxyde de manganèse doivent être enfermés dans des étuis cylindriques pesant chacun 1 kilo 500 au maximum. Ces étuis doivent eux-mêmes être enfermés dans des boîtes en bois et calés dans ces boîtes au moyen de sciure de bois.

ART. 51. — Le chargement ne peut être fait que dans des wagons couverts et à panneaux pleins.

Phosphore ordinaire. Potassium. Sodium.

'ART. 52. — Le phosphore ordinaire doit être renfermé dans des fûts étanches et remplis d'eau, ou dans des boîtes en fer-blanc remplies d'eau et soudées, entourées de sciure de bois et renfermées dans des caisses cerclées en fer ou munies aux deux bouts de fortes traverses en bois entourant leurs quatre faces.

ART. 53. — Le potassium et le sodium doivent être contenus dans des fûts étanches et remplis d'huile de naphte, ou dans des boîtes en fer-blanc remplies d'huile de naphte et soudées, entourées de sciure de bois et renfermées dans des caisses cerclées en fer ou munies aux deux bouts de fortes traverses en bois entourant leurs quatre faces.

ART. 54. — Le chargement des récipients contenant du phosphore ordinaire, du potassium ou du sodium ne peut être fait que dans des wagons couverts et à panneaux pleins.

Phosphure de calcium.

ART. 55. — Le phosphure de calcium doit être contenu dans des vases métalliques étanches.

ART. 56. — Le transport ne peut être effectué que dans des wagons couverts et à panneaux pleins.

Chlorures de phosphore et d'acétyle.

ART. 57. — Le trichlorure de phosphore, l'oxychlorure de phosphore, le pentachlorure ou superchlorure de phosphore et le chlorure d'acétyle doivent être contenus dans des récipients en plomb ou en cuivre, absolument étanches et hermétiquement clos, ou bien dans des bouteilles de verre solide, bouchées a l'émeri et dont les bouchons doivent être enduits de paraffine. Les goulots de ces bouteilles doivent être recouverts d'une enveloppe en parchemin.

Les bouteilles dont le contenu pèse plus de 5 kilos pour le pentachlorure de phosphore, ou plus de 2 kilos pour les autres produits énumérés ci-dessus, doivent être placées dans des récipients en métal pourvus de poignées.

Les bouteilles contenant 5 kilos au plus pour le pentachlorure de phosphore, ou 2 kilos au plus pour les autres produits énumérés ci-dessus, peuvent être placées dans des caisses en bois solides, pourvues de poignées et divisées intérieurement en autant de compartiments qu'il y a de bouteilles. Chaque caisse ne peut renfermer plus de quatre bouteilles.

Dans tous les cas, un espace de 30 millimètres doit exister entre les bouteilles et les parois des récipients ou caisses ; les espaces vides doivent être soigneusement comblés avec de la terre d'infusoires bien séchée, de façon qu'aucun mouvement des bouteilles ne puisse se produire.

ART. 58. — Le chargement ne peut être effectué que dans des wagons couverts et à panneaux pleins.

Sulfure de carbone. Éther sulfurique et liquides qui en contiennent en grande quantité.

ART. 59. — Le sulfure de carbone, l'éther sulfurique et les liquides qui contiennent une forte proportion d'éther sulfurique, comme le collodion, doivent être contenus dans des vases métalliques ou en gutta-percha bien fermés, dans des fûts cerclés en fer, complètement étanches et bien bouchés, dans des touries ou dans des bouteilles en verre ou en grès bien bouchées. Les touries doivent être emballées avec soin dans des corbeilles ou enveloppes en osier solidement tressées et garnies de poignées pour en faciliter la manutention ; les bouteilles doivent être bien emballées dans des caisses en bois solidement établies et garnies aussi de poignées.

Est également admis le mode d'emballage dit au *linogomme*, c'est-à-dire constitué par des récipients en verre à enveloppe de toile avec sciure de liège interposée entre le vase et l'enveloppe. Les colis doivent être disposés de manière que la manutention en soit commode et que les bonbonnes ou récipients de verre soient bien protégés contre les chocs.

ART. 60. — Lorsque le chargement est fait dans des wagons fermés, on doit ménager par des ouvertures latérales, volets ou jalousies, un courant d'air suffisant pour entraîner les vapeurs qui se dégageraient à l'intérieur.

Celloïdine.

ART. 61. — La celloïdine ne peut être transportée qu'autant que ses lames isolées sont emballées de façon à empêcher complètement toute dessication.

ART. 62. — Elle ne peut être chargée que dans des wagons couverts et à panneaux pleins.

*Essences minérales : essences de pétrole, de schistes, etc. ; huiles minérales
brutes ou rectifiées émettant déjà à 35° centigrades des vapeurs inflammables. Colle essentielle.*

ART. 63. — Les essences minérales, les huiles minérales brutes ou
rectifiées classées dans la 2ᵉ catégorie, les autres produits de même degré
d'inflammabilité préparés avec ces diverses substances et la colle essentielle, à moins d'être transportés dans les wagons spéciaux ou dans des
fûts ou bidons métalliques parfaitement étanches et hermétiquement bouchés, doivent être contenus soit dans des fûts cerclés en fer, complètement
étanches et bien bouchés, soit dans des touries en verre ou en grès ou des
bouteilles bien bouchées et bien emballées dans des corbeilles ou enveloppes en osier solidement tressées et garnies de poignées pour en faciliter
la manutention.

Est également admis le mode d'emballage dit au *linogomme,* défini à
l'article 59 ci-dessus.

Les récipients ne doivent pas être complètement remplis.

ART. 64. — Lorsque le chargement est fait dans des wagons fermés, on
doit ménager par des ouvertures latérales, volets ou jalousies, un courant
d'air suffisant pour entraîner les vapeurs qui se dégageraient à l'intérieur.

Les corbeilles ou enveloppes contenant les touries ou les bouteilles
doivent être solidement assujetties et placées l'une à côté de l'autre, sans
superposition.

Acide nitrique du commerce ou eau-forte ou acide azotique ordinaire.

ART. 65. — L'acide nitrique du commerce, s'il n'est pas formellement
désigné comme tel, sera assimilé à l'acide nitrique monohydraté et classé
dans la première catégorie.

ART. 66. — L'acide nitrique du commerce doit être contenu dans des
bonbonnes ou des bouteilles en verre ou en grès bien bouchées.

Les bonbonnes et les bouteilles doivent être bien emballées et placées
debout dans des corbeilles ou enveloppes en osier ou en fer, munies de
poignées pour en faciliter la manutention. Les bouteilles peuvent aussi
être placées debout dans de fortes caisses en planches, à condition d'y être
emballées de manière à être protégées contre les chocs.

On pourra également faire usage de bonbonnes garnies de liège ou de
l'emballage dit au *linogomme,* défini à l'article 59 ci-dessus, à la condition
que la manutention des colis sera commode, que les bonbonnes ou récipients de verre seront bien protégés contre les chocs et que les bouchons
seront de nature à ne pas être attaqués par l'acide.

Sur chaque caisse, une inscription indiquera le côté du dessus et
rappellera en outre la nécessité de toujours maintenir les caisses à plat
sur leur fond pendant le transport ou pendant le séjour sur les quais des
gares.

Acide fluorhydrique.

Art. 67. — L'acide fluorhydrique doit être contenu dans un fût en plomb, emballé lui-même dans un fût en bois, avec interposition de matière absorbante. Les tubes servant au remplissage ou à la vidange doivent être en plomb, bien soudés et protégés par les anses-poignées du fût en bois. Le bouchage doit être obtenu par une soudure autogène.

L'acide fluorhydrique peut également être emballé dans des bouteilles en gutta-percha placées dans des caisses en bois avec interposition de substances absorbantes inertes.

Le poids brut de chaque fût, emballage compris, ne doit pas dépasser 100 kilos.

Brome.

Art. 68. — Le brome doit être contenu dans des bouteilles en verre bien bouchées.

Les bouteilles doivent être bien emballées et placées debout dans des corbeilles munies de poignées pour en faciliter la manutention. Elles peuvent aussi être placées debout dans de fortes caisses en planches.

Sur chaque caisse, une inscription indique le côté du dessus et rappelle en outre la nécessité de toujours maintenir les caisses à plat sur leur fond pendant le transport ou pendant le séjour sur les quais des gares.

Les bouteilles doivent, dans tous les cas, être entourées de matière absorbante.

Matières de la 3ᵉ catégorie.

Explosifs de sûreté.

Art. 69. — Les explosifs de sûreté sont ceux qui ne présentent pas de dangers d'explosion en masse par la combustion ou par le choc et peuvent être assimilés, au point de vue des transports, aux matières simplement inflammables.

Ne seront transportés comme explosifs de sûreté que ceux dont les fabricants se seront munis d'un certificat du service des poudres et salpêtres attestant que leurs produits peuvent être transportés comme tels.

Art. 70. — Les explosifs de sûreté doivent être emballés dans une première enveloppe étanche de papier, de carton, de bois, de tôle, de zinc ou de caoutchouc, mise elle-même dans une caisse ou un baril en bois, solidement établis.

Art. 71. — Les caisses ne devront pas contenir d'amorces et ne pèseront pas plus de 100 kilos.

Les caisses pesant plus de 10 kilos devront être garnies de poignées et de liteaux destinés à en faciliter le maniement.

Art. 72. — Les caisses ou autres enveloppes contenant des explosifs de sûreté seront chargées dans des wagons couverts et à panneaux pleins ne renfermant aucune autre substance explosible.

Pétards pour signaux d'arrêt sur les chemins de fer.

Art. 73. — Les pétards pour signaux d'arrêt sur les chemins de fer doivent être emballés, de façon à ne pouvoir se toucher l'un l'autre ni toucher un autre corps dur, dans des caisses en planches d'une épaisseur de 15 millimètres au moins. Le poids brut de ces caisses ne doit pas dépasser 15 kilos.

Art. 74. — Le chargement ne peut être effectué que dans des wagons couverts et à panneaux pleins.

Vélo-torpilles, pétards pour vélocipédistes et engins analogues.

Art. 75. — Les vélo-torpilles, les pétards pour vélocipédistes et les autres engins analogues doivent être revêtus individuellement d'une bourre protectrice et enfermés, au nombre de dix au plus, dans des boîtes en carton. Ces boîtes sont emballées elles-mêmes, au nombre maximum de cinq, dans de petites caisses en bois de 10 a 12 millimètres d'épaisseur.

Art. 76. — Le chargement ne peut être effectué que dans des wagons couverts et à panneaux pleins, et il est interdit de charger ensemble plus de cinq petites caisses.

Pois fulminants.

Art. 77. — Les pois fulminants ne doivent pas contenir plus de 3 grammes de fulminate d'argent pour 1 000 pois.

Art. 78. — Ils doivent être enfermés, au nombre de 1 000 au plus, dans des boîtes de carton garnies de sciure de bois et enveloppées dans du papier. Ces boîtes doivent être placées dans des récipients en forte tôle ou dans de solides caisses en bois d'un volume maximum de 0 m. c. 5, et emballées de façon à ne pouvoir se déplacer. Un espace de 30 millimètres, rempli de sciure de bois, de paille, d'étoupe ou d'autre matière analogue, doit séparer les parois de la caisse de son contenu.

Art. 79. — Le chargement ne peut être effectué que dans des wagons couverts et à panneaux pleins.

Soies souples ou schappes en écheveaux, cordonnets ou déchets,
teintes en noir.

Art. 80. — Les soies souples ou schappes en écheveaux, cordonnets ou déchets, teintes en gros noir, ne seront admises au transport que parfaitement lavées et complètement desséchées.

Les expéditions en petite vitesse de ces matières ne sont acceptées que du 1er octobre au 1er mai. Pendant le reste de l'année, les expéditions en grande vitesse sont seules admises.

Art. 81. — Ces produits doivent être emballés, par paquets de 10 kilos au maximum, dans des caisses à claire-voie. La largeur des caisses ne doit pas excéder la plus grande dimension des paquets ; les paquets doivent être isolés, en tous sens, les uns des autres, par des traverses laissant entre deux paquets consécutifs un espace vide pour la circulation de l'air ; le poids des caisses ne doit pas excéder 60 kilos.

ART. 82. — Les soies souples ou schappes en écheveaux, cordonnets ou déchets, teintes en noir, mais non en gros noir, sont acceptées sans conditions d'emballage ; seulement elles doivent être accompagnées d'une déclaration de l'expéditeur qu'elles ne sont ni teintes en gros noir ni dans un état où elles puissent présenter des dangers d'inflammation spontanée.

ART. 83. — Le chargement de ces matières ne peut être effectué que dans des wagons couverts et à panneaux pleins.

Fils à base de nitro-cellulose ou fils nitrés.

ART. 84. — Les fils à base de nitro-cellulose ou fils nitrés sont admis au transport dans des caisses métalliques ou des tonneaux en bois, hermétiquement fermés et contenant un excès d'eau facile à vérifier par l'agitation du récipient.

Ils sont également admis au transport dans des caisses métalliques parfaitement étanches. Dans ce dernier cas, la déclaration d'expédition doit certifier que chaque bobine de fil nitré est enveloppée d'une toile bien mouillée.

ART. 85. — Le chargement de ces matières ne peut être effectué que dans des wagons couverts et à panneaux pleins.

Charbon de bois en poudre. Houille moulue ou pulvérisée. Noir de fumée et autres espèces de suies.

ART. 86. — Le charbon de bois en poudre fine ou en grains, la houille moulue ou pulvérisée, le noir de fumée et les autres espèces de suies doivent être contenus dans des enveloppes ou récipients fermés de nature quelconque offrant toutes garanties contre le tamisage.

La déclaration d'expédition doit certifier que le charbon de bois en poudre est dans un état tel qu'il ne soit pas susceptible de s'enflammer spontanément.

Carbure de calcium.

ART. 87. — Le carbure de calcium doit être contenu dans des vases métalliques bien fermés et complètement étanches.

ART. 88. — Le transport ne peut être effectué que dans des wagons couverts et à panneaux pleins.

Esprit de bois brut. Alcool méthylique ou esprit de bois rectifié. Acétone.

ART 89. — L'esprit de bois brut, l'alcool méthylique ou esprit de bois rectifié et l'acétone, à moins d'être transportés dans des wagons spéciaux ou dans des vases métalliques parfaitement étanches et hermétiquement bouchés, doivent être contenus dans des récipients en gutta-percha bien fermés, dans des fûts cerclés en fer et bien bouchés, ou dans des touries en verre ou en grès bien bouchées et bien emballées dans des corbeilles ou enveloppes en osier solidement tressées et munies de poignées pour en faciliter le maniement.

Est également admis le mode d'emballage dit au *linogomme*, défini à l'article 59 ci-dessus.

ART. 90. — Lorsque le chargement est fait dans des wagons fermés, ces wagons doivent être munis d'ouvertures disposées de manière à assurer la ventilation de l'intérieur du wagon.

Huiles minérales brutes ou rectifiées n'émettant qu'au-dessus de 35° centigrades des vapeurs inflammables : huiles lampantes, etc.

ART. 91. — Les huiles minérales classées en 3ᵉ catégorie ne seront admises au transport comme telles que si elles sont accompagnées d'une déclaration de l'expéditeur certifiant que les vapeurs émises par ces produits sont inflammables seulement quand le liquide est chauffé à plus de 35 degrés centigrades.

ART. 92. — Les huiles minérales classées dans la 3ᵉ catégorie et les autres produits de même degré d'inflammabilité préparés avec ces substances, à moins d'être transportés dans des wagons spéciaux ou dans des fûts ou bidons métalliques parfaitement étanches et hermétiquement fermés, doivent être contenus dans des fûts cerclés en fer complètement étanches et bien bouchés, ou dans des touries en verre ou en grès ou dans des bouteilles bien bouchées et bien emballées dans des corbeilles ou enveloppes en osier solidement tressées et garnies de poignées pour en faciliter la manutention.

Est également admis le mode d'emballage dit au *linogomme*, défini à l'article 59 ci-dessus.

Les récipients ne doivent pas être complètement remplis.

ART. 93. — Lorsque le chargement est fait dans des wagons fermés, on doit ménager par des ouvertures latérales, volets ou jalousies, un courant d'air suffisant pour entraîner les vapeurs qui se dégageraient à l'intérieur : les corbeilles ou enveloppes contenant les touries ou les bouteilles doivent être solidement assujetties et placées l'une à côté de l'autre, sans superposition.

Acide sulfurique anhydre ou anhydride.

ART. 94. — L'acide sulfurique anhydre ou anhydride ne peut être transporté que dans des boîtes ou bouteilles en métal, ou bien dans des touries ou des bouteilles en verre ou en grès ; l'ouverture de ces récipients doit être hermétiquement bouchée, mastiquée et revêtue d'une enveloppe d'argile.

Les touries et les bouteilles en verre ou en grès doivent être entourées d'une substance inorganique fine, telle que laine minérale, terre d'infusoires, cendres, etc., et solidement emballées dans des corbeilles munies de poignées pour en faciliter la manutention ou dans de fortes caisses en bois. Elles seront placées debout.

Sur chaque caisse, une inscription indiquera le côté du dessus et rappellera la nécessité de toujours maintenir les caisses à plat sur leur fond pendant le transport ou pendant le séjour sur les quais des gares.

Acide sulfurique de Nordhausen.

ART. 95. — L'acide sulfurique de Nordhausen, à moins d'être transporté dans des wagons spéciaux ou dans des fûts métalliques parfaitement étanches et hermétiquement bouchés, devra être contenu dans des bouteilles ou dans des bonbonnes de verre ou de grès, ou dans des caisses ou bouteilles en fer ou en cuivre bien bouchées.

Les bonbonnes seront emballées dans des corbeilles ou enveloppes en osier munies de poignées pour en faciliter la manutention.

Les bouteilles seront placées debout dans des caisses en planches de 1 centimètre au moins d'épaisseur.

Les bonbonnes et les bouteilles en verre ou en grès seront entourées de matière inorganique absorbante et bien protégées contre les chocs.

On pourra également faire usage de bonbonnes garnies de liège ou de l'emballage dit au *linogomme*, défini à l'article 59 ci-dessus, à condition que les bouchons seront de nature à ne pas être attaqués par l'acide.

Sur chaque caisse, une inscription indiquera le côté du dessus et rappellera la nécessité de toujours maintenir les caisses à plat sur leur fond pendant le transport ou pendant le séjour sur les quais des gares.

Matières de la 4ᵉ catégorie.

Munitions de sûreté. Bonbons fulminants. Feux de Bengale. Papiers nitrés. Bougies et lances fulminantes. Allumettes munies d'un feu de Bengale.

ART. 96. — Les munitions de sûreté sont les munitions dont les conditions de fabrication et d'emballage sont telles que l'explosion de l'une d'entre elles, ne se communiquant que partiellement et incomplètement aux munitions voisines, ne puisse déterminer l'explosion en masse des munitions contenues dans la même caisse.

Ne seront transportées comme munitions de sûreté que celles dont les fabricants se seront munis d'un certificat du service des poudres et salpêtres ou de l'artillerie attestant qu'elles peuvent être transportées comme telles.

ART. 97. — Les munitions de sûreté ci-après dénommées : cartouches à douille métallique, cartouches à douille en carton garnie d'un revêtement métallique, étoupilles ordinaires, électriques, obturatrices, à friction ou à percussion, fusées à friction employées pour la mise de feu aux grenades à main, fusées percutantes, fusantes, à double effet, bouchons porte-relard, doivent être renfermés dans des boîtes de carton ou de fer-blanc. Ces boîtes seront emballées dans des caisses en planches dont les parois auront au moins 18 millimètres d'épaisseur.

Chaque caisse ne devra renfermer qu'une seule et même espèce de munitions, ne devra contenir aucune autre matière explosible ou facilement inflammable et ne devra pas peser plus de 100 kilos. Les caisses pesant brut plus de 10 kilos seront munies de poignées ou de liteaux pour en faciliter le maniement. L'emballage devra être fait solidement et de manière qu'il n'y ait pas d'espaces vides dans les caisses.

ART. 98. — Les munitions de sûreté ci-après dénommées : amorces en poudre n° 1 en boîtes de fer-blanc, amorces en poudre n° 3 même en boîtes de carton, amorces Flobert et cartouches Flobert à petit plomb en boîtes de fer-blanc, appareils percutants pour cartouches à percussion centrale même en boîtes de carton ; capsules pour armes à feu, pastilles fulminantes pour munitions d'armes portatives. amorces non détonantes pour projectiles, les bonbons fulminants, les feux de Bengale préparés à la laque ou feux de Bengale de salon sans amorces, les papiers nitrés, les bougies fulminantes, les lances fulminantes et les allumettes munies d'un feu de Bengale doivent être emballés dans des caisses en planches dont les parois auront au moins 18 millimètres d'épaisseur. Les caisses pesant brut plus de 10 kilos seront munies de poignées ou de liteaux pour en faciliter le maniement. L'emballage devra être fait solidement et de manière qu'il n'y ait pas d'espaces vides dans les caisses.

Les bonbons fulminants, avant d'être emballés dans les caisses en bois, doivent être enfermés dans des boîtes en carton, à raison de 12 au plus par boîte.

ART. 99. — Le chargement des munitions de sûreté et des autres produits énumérés à l'article précédent ne peut avoir lieu que dans des wagons couverts et à panneaux pleins.

Mèches de mineurs non amorcées.

ART. 100. — Les mèches de mineurs non amorcées doivent être emballées dans des caisses ou dans des barils en bois hermétiquement fermés.

ART. 101. — Ces caisses ou barils ne peuvent être transportés que dans des wagons couverts et à panneaux pleins.

Ballons captifs, dits ballons d'enfants, gonflés avec un gaz inflammable.

ART. 102. — Les ballons captifs, dits ballons d'enfants, quand ils sont gonflés avec un gaz inflammable, ne sont admis au transport qu'emballés dans des cartons, boîtes ou caisses hermétiquement fermés.

ART. 103. -- Ils doivent être chargés dans des wagons couverts et à panneaux pleins.

Toutefois, ils peuvent être admis dans les voitures à voyageurs, à la condition d'être tenus en laisse à la main, au nombre de deux au plus.

Gaz, autres que l'acétylène, comprimés à 15 kilos au plus par centimètre carré.

ART. 104. — Les gaz, autres que l'acétylène, comprimés à 15 kilos au plus par centimètre carré, doivent être renfermés dans des récipients métalliques solidement établis.

Ces récipients seront soumis au préalable, aux frais des intéressés, à une épreuve officielle constatant qu'ils supportent, sans fuites ni déformations permanentes, une pression supérieure de 4 kilos à la pression maxima à laquelle ils peuvent être soumis en service.

Cette épreuve sera renouvelée tous les dix ans.

Acétylène gazeux comprimé à une pression de 1 kilo au plus par centimètre carré.

ART. 105. — L'acétylène gazeux comprimé à une pression de 1 kilo au plus par centimètre carré peut être transporté dans des récipients métalliques.

Les robinets et les soupapes, non plus que les récipients, ne devront être en cuivre ni en alliages de cuivre.

Essence de térébenthine. — Huiles de mauvaise odeur. Ammoniaque.

ART. 106. — L'essence de térébenthine et les huiles de mauvaise odeur, ainsi que l'ammoniaque ou alcali volatil, ne sont transportés que sur des wagons découverts ou dans des wagons fermés munis d'ouvertures disposées de manière à assurer la ventilation de l'intérieur du wagon.

Essence de mirbane ou nitro-benzine.

ART. 107. — L'essence de mirbane ou nitro-benzine doit être mise dans des fûts bien fermés et bien étanches, ou dans des touries ou bouteilles bien bouchées et bien emballées dans des corbeilles ou enveloppes solidement établies.

Est également admis le mode d'emballage dit au *linogomme*, défini à l'article 59 ci-dessus.

Les récipients ne doivent pas être complètement remplis.

Aniline ou huile d'aniline.

ART. 108. — L'aniline ou huile d'aniline devra être emballée dans des estagnons en fer, dans des fûts à pétrole ou dans des barils solidement établis et cerclés, parfaitement étanches.

Foin. Paille. Joncs. Alfa. Diss. Crin végétal. Tourbe. Coton. Matières à filer végétales et leurs déchets. Rognures de papier. Sciure, pâtes sèches et copeaux de bois. Mélanges. Soufre. Papier graissé ou huilé et fuseaux de ce papier.

ART. 109. — Les objets auxquels le feu peut être facilement communiqué : foin, paille, y compris les pailles de maïs, de riz et de lin, joncs à l'exclusion du jonc d'Espagne, alfa, diss, crin végétal, tourbe à l'exception de la tourbe mécanique ou comprimée, coton, matières à filer végétales et leurs déchets, rognures de papier, sciure de bois, pâtes de bois sèches, copeaux de bois, produits préparés au moyen d'un mélange de résidus de pétrole, de résines et d'autres substances semblables avec des corps poreux inflammables, soufre, papier graissé ou huilé et fuseaux de ce papier, doivent, lorsqu'ils sont transportés sur des wagons découverts, être bâchés de telle sorte que la surface supérieure du chargement au moins soit couverte.

Celluloïd.

Art. 110. — Le celluloïd doit être emballé dans des caisses faites de planches bien jointives.

Phosphore amorphe ou rouge.

Art. 111. — Le phosphore amorphe ou rouge doit être renfermé dans des cylindres métalliques étanches, contenus eux-mêmes dans des caisses en bois faites de planches bien jointives.

Résine et goudron liquides. — Brai gras.

Art. 112. — La résine et le goudron liquides, ainsi que le brai gras, doivent être renfermés dans des fûts solidement établis.

Bioxyde de baryum et peroxyde de sodium.

Art. 113. — Le bioxyde de baryum et le peroxyde de sodium doivent être emballés dans des récipients parfaitement étanches et incombustibles, munis d'un bouchage hermétique et également incombustible. Si ces récipients sont fragiles, ils doivent être protégés contre les chocs de manière à ne pouvoir se briser ni pendant leur manutention, ni en cours de route.

Sulfure de sodium. Cokes à base de soude.

Art. 114. — Le sulfure de sodium brut, non cristallisé, ainsi que les cokes à base de soude (produits accessoires obtenus dans la fabrication des huiles de goudron), doivent être enfermés dans des récipients en tôle hermétiquement clos.

Le sulfure de sodium raffiné, cristallisé, n'est admis au transport que dans des tonneaux ou autres récipients imperméables à l'eau.

Nitrite d'ammoniaque.

Art. 115. — Le nitrite d'ammoniaque ne peut être expédié que dans des récipients non hermétiquement fermés.

Si l'expédition a lieu en touries, bouteilles ou cruchons, ces récipients doivent être bien emballés et placés dans des caisses en bois ou dans des paniers solides, pourvus les uns et les autres de poignées.

Est également admis l'emballage dit au *linogomme*, défini à l'article 59 ci-dessus.

Levure liquide ou solide.

ART. 116. — La levure liquide ou solide n'est acceptée au transport que dans des récipients non hermétiquement fermés, à moins que l'expéditeur ne déclare prendre toute la responsabilité de l'expédition faite en vase clos.

Bisulfate de soude.

ART. 117. — Le bisulfate de soude doit être contenu dans des récipients étanches.

Liquides acides ou caustiques non dénommés aux 1re, 2e et 3e catégories, notamment : acide sulfurique du commerce, acide muriatique, acides goudronneux et fèces acides des raffineries d'huile, lessives caustiques, chlorure de soufre, en bonbonnes ou en bouteilles.

ART. 118. — Les liquides acides ou caustiques, tels que l'acide sulfurique du commerce, l'esprit de vitriol, l'acide muriatique, l'acide chlorhydrique, les acides goudronneux et les fèces acides des raffineries d'huile, les lessives caustiques de potasse ou de soude, le chlorure de soufre, à moins d'être transportés dans des wagons spéciaux ou dans des fûts ou bidons parfaitement étanches et hermétiquement fermés, doivent être contenus dans des bouteilles ou dans des bonbonnes en verre ou en grès bien bouchées.

Les bonbonnes doivent être emballées dans des corbeilles ou enveloppes en osier munies de poignées pour en faciliter la manutention ; les bouteilles doivent être bien emballées et placées debout dans des caisses en planches de 1 centimètre au moins d'épaisseur, de manière à être protégées contre les chocs.

On pourra également faire usage de bonbonnes garnies de liège ou de l'emballage dit au *linogomme*, défini à l'article 59 ci-dessus. Sur chaque caisse, une inscription indiquera le côté du dessus et rappellera la nécessité de toujours maintenir les caisses à plat sur leur fond pendant le transport ou pendant le séjour sur les quais des gares.

Liquides acides, liquides caustiques, huiles minérales et autres liquides inflammables, à l'exception de ceux de ces produits qui sont classés dans la 1re catégorie et de l'acide nitrique du commerce, lorsqu'ils sont renfermés dans des wagons spéciaux ou dans des fûts ou bidons métalliques parfaitement étanches et hermétiquement fermés.

ART. 119. — Les liquides acides ou caustiques, les huiles minérales et autres liquides inflammables, à l'exception de ceux de ces produits qui sont classés dans la 1re catégorie et de l'acide nitrique du commerce, seront toujours transportés comme matière de la 4e catégorie quand ils seront renfermés dans des wagons spéciaux ou dans des fûts ou bidons métalliques parfaitement étanches et hermétiquement fermés.

Les wagons spéciaux devront être établis dans des conditions reconnues satisfaisantes par la compagnie sur laquelle se trouve l'usine expéditrice.

Les fûts devront être assez résistants pour ne pas être déformés par les chocs auxquels ils sont exposés au cours du transport. Les bidons devront être emballés dans des caisses ou paniers, de manière à être garantis contre les chocs.

Les récipients ne devront pas être complètement remplis.

Produits de droguerie et produits pharmaceutiques expédiés au détail.

ART. 120. — Les produits de droguerie et les produits pharmaceutiques dénommés dans les 2e, 3e et 4e catégories, lorsqu'ils seront expédiés au détail, pourront être transportés comme s'ils étaient tous de la 4e catégorie. Ils devront alors être emballés avec soin dans des paniers, et les flacons contenant des liquides devront avoir leurs bouchons solidement fixés de manière à ne pouvoir se déplacer en cours de route.

Aucun paquet ou récipient ne pourra renfermer plus de 1 kilo ou de 1 litre de chacun de ces produits.

ART. 121. — Les produits appartenant à la 1re catégorie et les explosifs de toute catégorie ne pourront faire l'objet d'expéditions de ce genre.

Autres matières de la 4e catégorie.

ART. 122. — Les autres matières de la 4e catégorie ne sont assujetties à aucune disposition spéciale pour le conditionnement, l'emballage ou le chargement.

Toutefois, les vases contenant des liquides inflammables seront refusés s'ils ne sont pas bien bouchés.

Matières de la 5e catégorie (Vénéneuses)

Substances arsenicales non liquides.

ART. 123. — Les substances arsenicales non liquides, notamment l'acide arsénieux ou fumée arsenicale coagulée, le vert de Scheele, le vert de Schweinfurth, l'arsenic jaune ou sulfure d'arsenic ou orpiment, l'arsenic rouge ou réalgar, l'arsenic natif, le cobalt arsenical écailleux ou pierre à mouches, ne sont admises au transport que :

Dans des sacs en papier entoilé et goudronné, emballés dans des tonneaux ou dans des caisses consolidés au moyen de cercles ou de bandes de fer ou de bois : des bandes de papier entoilé et goudronné doivent être collées sur les joints du tonneau à l'intérieur ;

Dans des tonneaux en bois de chêne bien sec, à parois épaisses de 15 millimètres au moins, à douves parfaitement jointives, consolidés par des cercles en fer ;

Dans des sacs de toile goudronnée, emballés dans des tonneaux de bois fort et sec, dont les joints sont recouverts intérieurement de papier goudronné ;

Ou dans des cylindres en fer-blanc soudés, qui soient revêtus d'une enveloppe de bois solide et dont les fonds soient consolidés au moyen de cercles.

Substances arsenicales liquides.

ART. 124. — Les substances arsenicales liquides, particulièrement l'acide arsenique, peuvent être transportées dans des récipients de métal, de bois ou de caoutchouc, ou bien dans des bonbonnes ou bouteilles en verre ou en grès, bien bouchées.

Les bonbonnes doivent être bien emballées dans des corbeilles ou enveloppes en osier, munies de poignées pour en faciliter la manutention. Les bouteilles doivent être bien emballées et placées dans des caisses en planches de 1 centimètre au moins d'épaisseur, de manière à être protégées contre les chocs.

Est également admis le mode d'emballage dit au *linogomme*, défini à l'article 59 ci-dessus.

Poids vénéneux.

ART. 125. — Les autres produits vénéneux, particulièrement les produits mercuriels, tels que sublimé, calomel, précipité blanc et rouge, vermillon, cinabre, les préparations de plomb, telles que litharge ou massicot, minium, sucre de Saturne et autres sels de plomb, céruse et autres couleurs à base de plomb, les cendres d'antimoine, le cyanure de potassium, les sels d'aniline, doivent être contenus dans des tonneaux ou caisses bien joints, faits de bois sec et solide, consolidés au moyen de cercles ou de bandes de bois ou de fer, de manière que, malgré les secousses et chocs inévitables dans le transport, le contenu des récipients ne puisse tamiser.

Matières de la 6ᵉ catégorie (Infectes)

ART. 126. — Les matières de la 6ᵉ catégorie ne peuvent être chargées que sur des wagons découverts.

Si les wagons sont recouverts de bâches, celles-ci devront être imperméables. Elles seront fournies par les expéditeurs.

ART. 127. — Les frais de désinfection éventuelle des wagons, bâches ou récipients en retour ayant servi au transport des matières de la 6ᵉ catégorie sont à la charge des expéditeurs.

Gadoues vertes et noires.

ART. 128. — Les gadoues vertes peuvent être chargées en vrac.

ART. 129. — Les gadoues noires ne sont acceptées que du 1er octobre au 1er avril ; elles doivent être enfermées dans des récipients étanches.

Déchets d'animaux. — Matières fécales.

ART. 130. — Les déchets d'animaux sujets à putréfaction, tels que carnasses non chaulées, débris frais de peaux non chaulés, résidus de fonte de suifs, graisses, boyaux verts, sang non desséché, et les matières fécales, doivent être contenus dans des wagons spéciaux, tonneaux ou caisses fermés et étanches.

ART. 131. — Les récipients vides ayant contenu ces matières ne peuvent être transportés qu'après avoir été désinfectés efficacement aux frais des expéditeurs.

Peaux fraîches et cuirs verts non salés.

ART. 132. — Les peaux fraîches et les cuirs verts non sales peuvent être chargés en vrac.

Os frais. Tendons. Cornes. Onglons. Sabots.

ART. 133. — Les os frais, tendons, cornes, onglons et sabots peuvent être enfermés dans des sacs du 1er octobre au 30 avril ; ils doivent être contenus dans des tonneaux hermétiquement clos du 1er mai au 30 septembre.

Toutefois, les cornes, onglons et sabots auxquels n'adhère aucune matière putrescible peuvent être chargés en vrac.

Caillettes de veau fraîches.

ART. 134. — Les caillettes de veau fraîches ne sont admises au transport que si elles sont débarrassées de tout reste d'aliments et salées.

ART. 135. — Elles doivent être renfermées dans des récipients étanches. Une couche de sel d'environ 1 centimètre d'épaisseur doit être répandue au fond des récipients et sur la couche supérieure des caillettes.

TITRE IV. — Transports.

Matières de la 1re catégorie. — Explosifs.

ART. 136. — Le transport des explosifs ne peut, dans aucun cas, être effectué par les trains contenant des voyageurs.

Toutefois, les munitions de guerre chargées dans des caissons d'artillerie, quelle que soit leur composition (poudre, dynamite, mélinite, etc.), peuvent être transportées par les trains militaires spéciaux affectés au transport des troupes.

Ne sont d'ailleurs pas considérés comme voyageurs les agents de l'Etat ou de l'industrie privée chargés d'accompagner certaines expéditions.

ART. 137. — Sur les lignes où ne circulent pas de trains de marchandises réguliers, les compagnies sont tenues d'assurer le transport des explosifs aux conditions des tarifs en vigueur et par tels moyens qu'elles jugent convenables.

ART. 138. — Les wagons chargés d'explosifs doivent toujours être munis de tampons à ressort et précédés et suivis d'un wagon au moins également pourvu de ces tampons.

ART. 139. — Un train ne peut recevoir plus de dix wagons chargés d'explosifs. Ces wagons doivent être placés, autant que possible, vers le milieu du train.

Ils doivent toujours être précédés et suivis de trois wagons couverts et à panneaux pleins ne contenant pas d'autres matières de la 1re catégorie, ou de trois wagons découverts vides.

Toutefois, les wagons découverts peuvent être chargés si leur chargement ne comporte pas de matières facilement inflammables telles que paille, foin, charbon de bois, huiles minérales et autres substances analogues.

Les expéditeurs peuvent exiger, par une mention spéciale inscrite sur la déclaration d'expédition, qu'un ou plusieurs de ces six wagons soient remplacés à leurs frais par un pareil nombre de wagons vides.

ART. 140. — Les wagons chargés d'explosifs ne peuvent être manœuvrés au moyen de machines-locomotives qu'à condition d'en être séparés par trois wagons couverts et à panneaux pleins ou par trois wagons découverts ne renfermant aucune matière facilement inflammable. Les manœuvres doivent s'effectuer avec une vitesse ne dépassant pas celle d'un homme marchant au pas. Les manœuvres par lancement sont interdites pour ces wagons.

Les trains de marchandises contenant des wagons chargés d'explosifs peuvent, d'ailleurs, être remorqués, dans les cas prévus aux règlements, par deux machines placées l'une à l'avant, l'autre à l'arrière, sous la reserve de l'observation des dispositions de l'article 139, paragraphes 2, 3 et 4.

ART. 141. — Un train portant de la dynamite peut transporter de la poudre, mais il ne doit pas recevoir de fulminates ou autres produits détonants. Toutefois, dans un train exclusivement affecté à des transports militaires, les caisses d'amorces fulminantes peuvent être admises, à condition de n'être pas chargées sur les mêmes wagons que la dynamite, la mélinite, la crésylite, l'acide picrique ou la poudre.

ART. 142. — Il est interdit de faire stationner sous les halles couvertes les wagons chargés de dynamite et de laisser les caisses en dépôt sur les quais.

ART. 143. — Les clefs des cadenas ou serrures des wagons contenant de la dynamite, de la mélinite, de la crésylite ou de l'acide picrique

(v. art. 16 et 18) seront envoyées après la fermeture à la gare destinataire par les soins de la gare expéditrice, ou remises à l'agent qui, au départ de chaque train, devra être spécialement chargé de la surveillance de ces wagons pendant toute la durée du transport. A la gare de destination, un agent devra garder les wagons jusqu'à l'enlèvement de leur chargement par le destinataire ou jusqu'à l'arrivée de la garde que la compagnie doit demander d'après l'article suivant, lorsque le chargement n'est pas enlevé dans le délai de trois heures après l'arrivée du train.

Art. 144. — Les expéditions d'explosifs sont soumises aux conditions suivantes de surveillance dans les gares de départ et d'arrivée :

Gare de départ. — L'escorte, soit militaire pour les explosifs de l'État, soit civile pour la dynamite de l'industrie privée, qui accompagne l'envoi jusqu'à la gare expéditrice, est tenue de le garder jusqu'au départ du train.

Gare d'arrivée. — Si le chargement n'est pas enlevé dans un délai de trois heures après l'arrivée du train, les compagnies doivent demander à l'autorité compétente une garde militaire dans le cas où le destinataire est un service de l'État, une garde civile dans tous les autres cas.

. Dans le cas de garde militaire, la gendarmerie ne peut être requise que pour cause d'extrême urgence ou d'éloignement d'une ville de garnison. La garde civile peut être composée tout ou en partie d'agents des compagnies de chemins de fer.

Art. 145. — Exceptionnellement, certaines expéditions d'explosifs déterminées par l'autorité militaire pourront, quel qu'en soit le poids, être escortées, même pendant leur transport sur les voies ferrées.

Dans ce cas, au lieu de départ. l'escorte est requise par l'agent du ministère de la guerre chargé de l'expédition. Le commandant de gendarmerie, à qui la réquisition est adressée, transmet d'urgence aux commandants des villes où l'escorte doit être relevée un avis faisant connaître le jour du départ.

Un second avis semblable, indiquant le jour et l'heure d'arrivée du train, est transmis aux mêmes autorités par les compagnies de chemins de fer, à la diligence des chefs de gare. En outre, ces compagnies préviennent les commissaires de surveillance administrative des gares de départ et d'arrivée et de toute station où un transbordement doit avoir lieu, afin que la manutention des changements puisse être surveillée.

L'escorte est toujours composée de deux militaires au moins.

Si, pour une cause quelconque, l'escorte manque, soit au point de départ, soit à un des points de relais, le transport n'est pas différé ; mais avis de cette circonstance est transmis par le télégraphe à la gare du relais suivant, pour être communiqué immédiatement au commandant de la gendarmerie dans cette localité.

Art. 146. — L'escorte préposée à la garde, en cours de route, des expéditions visées au précédent article prend place, à la volonté de l'autorité militaire, soit avec les conducteurs du train, soit, à raison de deux hommes au plus par wagon, dans les mêmes wagons que le chargement dont elle a la surveillance.

Pendant le séjour momentané dans les gares des wagons qu'elle doit surveiller, l'escorte ne doit jamais les perdre de vue ni s'en éloigner.

Il est formellement interdit aux agents du train, sauf le cas de force majeure, de monter dans les wagons pendant le trajet.

Art. 147. — La composition des escortes et des gardes, l'autorité à laquelle les compagnies doivent les demander, le montant des indemnités à leur allouer et le mode de règlement de ces indemnités sont déterminés par les administrations compétentes.

Art. 148. — Les compagnies sont prévenues vingt-quatre heures à l'avance des transports d'explosifs qu'elles auront à effectuer ; un avis spécial leur est adressé au sujet de ceux de ces transports qui doivent être escortés en cours de route.

Lorsque le trajet doit avoir lieu, en totalité ou en partie, sur des lignes à une seule voie, les compagnies sont prévenues trois jours à l'avance. Elles font connaître dans le plus bref délai à l'expéditeur le jour et l'heure du départ du train.

Les livraisons aux gares se font en conséquence.

Toutefois, ces prescriptions ne sont applicables aux chemins de fer tunisiens garantis ou algériens qu'aux époques où circulent des trains de marchandises dont la composition permet l'admission des matières dangereuses dont il s'agit.

Les explosifs remis par les agents de l'Etat seront reçus les dimanches et jours fériés, même après l'heure de fermeture.

Lorsque les explosifs doivent être expédiés par un train de nuit, ils sont amenés à la gare deux heures au moins avant le coucher du soleil et chargés dans les wagons avant la nuit.

Toute manutention d'explosifs pour un chargement, un déchargement ou, si besoin était, un transbordement, sera faite de jour.

Chaque expédition d'explosifs doit être faite par le plus prochain train susceptible de recevoir cette nature de chargement.

Elle doit être enlevée de la gare destinataire dans les douze heures de jour qui suivent son arrivée ; si cette condition n'est pas remplie à la diligence du destinataire, la compagnie du chemin de fer est autorisée à faire cet enlèvement aux frais, risques et périls de ce dernier.

Art. 149. — Si les colis de dynamite ne sont pas acceptés par le destinataire, ils seront immédiatement retournés à l'expéditeur, qui sera tenu d'en prendre livraison aussitôt et de payer les frais pour le double transport et le camionnage.

Art. 150. — Les agents de l'Etat sont tenus de recevoir les voitures chargées d'explosifs, quelle que soit l'heure à laquelle elles se présentent : si elles arrivent la nuit, ils les font conduire à proximité des magasins et attendent jusqu'au jour pour faire opérer le déchargement.

Art. 151. — Lorsque le transport des explosifs devra être effectué sur

voie ferrée et par les soins des agents de l'Etat d'un magasin de l'Etat à
une gare de chemin de fer, les wagons sur lesquels ils auront été chargés
devront arriver à la gare deux heures au plus et une heure au moins
avant le départ des trains qui devront emmener l'expédition. L'agent de
l'Etat qui aura opéré le chargement restera responsable de l'observation
des mesures de précaution prescrites par le présent règlement pour cette
opération.

Réciproquement, lorsqu'un transport de même nature devra être
effectué sur voie ferrée et par les soins des agents de l'Etat d'une gare de
chemin de fer à un magasin de l'Etat, la prise en charge des wagons et
leur départ de la gare devront être opérés dans un délai de deux heures
au plus, à charge par la compagnie de prévenir vingt-quatre heures à
l'avance l'autorité militaire de l'arrivée des wagons. L'agent de l'Etat qui
sera chargé d'amener les wagons de la gare au magasin de l'Etat restera
responsable de l'observation des mesures de précaution prescrites par le
présent règlement pour cette opération.

Art. 152. — Sauf en ce qui concerne les expéditions visées à l'article 145 ci-dessus, le présent règlement n'est pas applicable aux expéditions d'explosifs autres que la dynamite, si elles pèsent moins de
250 kilos, poids brut.

Toutefois, les expéditions de moins de 250 kilos seront placées dans
des wagons fermés et couverts, ne contenant aucune matière explosible
ou facilement inflammable, telle que paille, foin, charbon de bois, huiles
minérales et autres substances analogues. Elles seront signalées d'une
manière spéciale à l'attention du chef de train. Elles ne pourront d'ailleurs être transportées par les trains contenant des voyageurs.

Matières de la 1re catégorie autres que les explosifs.

Art. 153. — Le transport des matières de la 1re catégorie autres
que les explosifs ne peut être effectué dans les trains contenant des voyageurs sur les lignes ou sections de ligne où circulent des trains de marchandises réguliers.

Sur les sections où ne circulent pas des trains de marchandises réguliers, ces matières pourront être transportées par trains mixtes, à la
condition que les wagons les contenant soient placés derrière les voitures
à voyageurs.

Par exception, les tubes d'oxygène comprimé ayant un diamètre extérieur au plus égal à 10 centimètres et une longueur totale de 60 centimètres au maximum peuvent être transportés sur toutes les lignes par les
trains de voyageurs. Le nombre des tubes transportés par un train ne
peut pas dépasser dix.

Art. 154. — Les wagons chargés de ces matières doivent toujours être
munis de tampons à ressort et précédés et suivis d'un wagon au moins
également pourvu de ces tampons.

Art. 155. — Ils doivent toujours, sauf dans le cas prévu au dernier paragraphe de l'article 153, être séparés de la machine par deux wagons et des voitures à voyageurs par trois wagons couverts et à panneaux pleins ou par un même nombre de wagons découverts vides. Toutefois, les wagons découverts pourront être chargés si leur chargement ne comporte pas de matières inflammables.

Matières de la 2ᵉ catégorie.

Art. 156. — Les wagons chargés de matières de la 2ᵉ catégorie doivent toujours être munis de tampons à ressort et précédés et suivis d'un wagon au moins également pourvu de ces tampons.

Art. 157. — Les matières de la 2ᵉ catégorie sont exclues des trains portant des voyageurs sur les lignes ou sections de ligne où circulent des trains de marchandises réguliers, sous le bénéfice de la restriction indiquée à l'article 136, paragraphe 3.

Sur les sections où ne circulent pas des trains de marchandises réguliers, ces matières pourront être transportées par trains mixtes.

Art. 158. — Les wagons qui contiennent des matières de la 2ᵉ catégorie doivent toujours être séparés de la machine par deux wagons et des voitures à voyageurs par trois wagons couverts et à panneaux pleins ou par trois wagons découverts vides.

Toutefois, les wagons découverts peuvent être chargés si leur chargement ne comporte pas de matières facilement inflammables, telles que paille, foin, charbon de bois, huiles minérales et autres substances analogues.

Les wagons contenant de la mélinite, de la crésylite ou de l'acide picrique doivent toujours être placés derrière les voitures à voyageurs.

Art. 159. — Toutes manutentions, chargement, déchargement ou transbordement d'essences minérales ou autres produits émettant des vapeurs qui prennent feu au contact d'une flamme seront faites de jour.

Il est formellement interdit d'entrer avec une lumière dans les wagons qui renferment ces produits.

Échantillons de benzine.

Art. 160. — Exceptionnellement, les échantillons de benzine expédiés par le service des contributions indirectes au laboratoire de la direction générale sont admis au transport en grande vitesse comme colis postaux aux conditions suivantes :

Chaque échantillon de benzine sera enfermé dans un petit flacon en verre d'une capacité d'environ 10 centilitres, hermétiquement bouché et emballé dans une caissette en bois ou en métal renfermant de la sciure de bois ou toute autre matière absorbante en quantité suffisante pour empêcher tout écoulement du liquide en cas de bris du flacon ; une étiquette bien apparente, apposée sur le dessus de la caissette, portera comme inscription : Contributions indirectes. — Échantillons de benzine.

Chaque colis ne se composera que d'un seul échantillon.

Chlorure de méthyle.

Art. 161. — Exceptionnellement, on pourra admettre au transport par grande vitesse, comme colis postaux, des flacons contenant 300 grammes au plus de chlorure de méthyle. Chaque flacon devra être isolé dans une caisse ne contenant aucun autre produit.

Matières de la 3e catégorie.

Art. 162. — Les wagons chargés de matières de la 3e catégorie doivent toujours être munis de tampons à ressort.

Art. 163. — Les explosifs de sûreté, les pétards, les vélo-torpilles, les pois fulminants, sont exclus des trains portant des voyageurs sur les lignes ou sections de ligne où circulent des trains de marchandises réguliers.

Sur les lignes où ne circulent pas des trains de marchandises réguliers, ils peuvent être transportés par trains mixtes.

Dans ces derniers trains, les wagons qui les contiennent doivent être séparés de la machine par deux wagons, des voitures à voyageurs qui les suivent par trois wagons, et des voitures à voyageurs qui les précèdent par un wagon au moins. Les wagons isolateurs doivent être couverts et à panneaux pleins ou vides s'ils sont découverts. Toutefois, les wagons découverts peuvent être chargés si leur chargement ne comporte pas de matières facilement inflammables, telles que foin, paille, charbon de bois, huiles minérales et autres substances analogues.

Art. 164. — Les autres matières de la 3e catégorie sont admises sur toutes les lignes dans les trains portant des voyageurs.

Dans ces trains, les wagons qui renferment ces matières peuvent occuper une place quelconque, s'ils sont couverts et à panneaux pleins ou complètement bâchés. Si ce sont des wagons découverts et non complètement bâchés, et si leur chargement comporte en outre des matières facilement inflammables, telles que paille, foin, charbon de bois et autres substances analogues, ils doivent être séparés de la machine et des voitures à voyageurs comme il est dit à l'article 163 ci-dessus.

Art. 165. — Les agents de chemins de fer peuvent emporter avec eux les pétards nécessaires pour leur service, aux termes des règlements.

Matières de la 4e catégorie.

Art. 166. — Les wagons contenant des matières de la 4e catégorie peuvent occuper une place quelconque dans les trains de voyageurs, s'ils sont couverts et à panneaux pleins ou complètement bâchés. S'ils ne remplissent pas ces conditions et si leur chargement comporte des matières facilement inflammables, ils doivent être séparés de la machine et des voitures à voyageurs par un wagon couvert et à panneaux pleins ou par un wagon découvert vide. Toutefois, le wagon découvert peut être chargé s'il ne comporte pas de matières facilement inflammables.

Art. 167. — Les militaires voyageant pour le service peuvent porter leurs cartouches dans la giberne ou dans le sac.

Art. 168. — Les voyageurs peuvent également porter leurs munitions de chasse sur leur personne ou dans un sac à main.

Matières de la 5ᵉ catégorie.

Art. 169. — Les matières de la 5ᵉ catégorie ne sont soumises à aucune condition spéciale de transport.

Matières de la 6ᵉ catégorie.

Art. 170. — Les matières de la 6ᵉ catégorie sont exclues des trains portant des voyageurs sur les lignes ou sections de ligne où circulent des trains de marchandises réguliers.

Sur les lignes où ne circulent pas des trains de marchandises réguliers, ces matières pourront être transportées par trains mixtes.

Les wagons chargés de ces matières devront alors être placés en queue des trains et séparés des voitures à voyageurs par un véhicule au moins.

Art. 171. — Les wagons chargés de matières de la 6ᵉ catégorie ne devront pas être différés en route par les compagnies de chemins de fer.

Art. 172. — Si les matières ne sont pas enlevées par les destinataires dans les délais ci-dessous fixés, l'enlèvement et le camionnage devront être effectués, par tous les moyens possibles, aux frais, risques et périls des destinataires.

En cas d'impossibilité absolue, les wagons devront être remisés, aux frais des destinataires, sur les voies de garage aussi éloignées que possible des habitations. Si besoin est, les matières seront désinfectées d'office aux frais des destinataires.

Art. 173. — Tous les frais supplémentaires de manutention, remisage, stationnement des wagons, etc., imposés par la négligence des expéditeurs ou destinataires qui ne rempliront pas leurs obligations dans les délais prescrits, seront exigibles à partir de l'expiration de ces délais.

Gadoues vertes et noires.

Art. 174. — Les gadoues vertes doivent être chargées directement de voitures à wagons, dans un délai de deux heures à partir de l'entrée en gare, par les soins des expéditeurs ou, à défaut, aux frais de ceux-ci, par les soins des compagnies.

Elles doivent être déchargées et enlevées des gares par les soins des destinataires ou, à défaut, aux frais de ceux-ci et d'urgence, par les soins des compagnies, dans un délai de six heures à partir de leur arrivée, non compris les périodes de nuit pendant lesquelles les gares sont fermées au public.

ART. 175. — Le chargement des gadoues noires doit être terminé, dans un délai de deux heures à partir de l'entrée en gare, par les soins des expéditeurs ou, à défaut, aux frais de ceux-ci, par les soins des compagnies.

Le déchargement et l'enlèvement devront être effectués par les soins des destinataires ou, à défaut, aux frais de ceux-ci et d'urgence, par les soins des compagnies, dans un délai de trois heures à partir de l'arrivée, non compris les périodes de nuit pendant lesquelles les gares sont fermées au public ; le délai sera porté à six heures quand les récipients seront hermétiquement fermés.

ART. 176. — Les compagnies de chemins de fer devront faire connaître à l'avance au public les départs et les itinéraires des trains destinés à emporter de Paris et des grandes villes les gadoues vertes ou noires pour engrais, afin que les expéditeurs puissent apporter leurs marchandises au moment voulu pour le chargement. Les expéditeurs devront d'ailleurs prévenir les destinataires du départ des trains emmenant leurs marchandises et de leur arrivée à la gare destinataire en vue de l'enlèvement à cette gare dans les délais prescrits. Ils devront joindre à leur déclaration d'expédition une pièce signée d'eux mentionnant que cet avis préalable a été donné en temps utile, ou inscrire cette mention sur la déclaration d'expédition elle-même.

Déchets d'animaux sujets à putréfaction. Matières fécales.

ART. 177. — Les déchets d'animaux sujets à putréfaction, tels que carnasses non chaulées, débris frais de peaux non chaulés, résidus de fonte de suifs. graisses, boyaux verts, sang non desséché, et les matières fécales, ne seront acceptés à destination des gares non pourvues d'un service de camionnage que sous le bénéfice d'une déclaration du destinataire remise au point d'expédition et spécifiant que l'enlèvement sera effectué dans le délai de six heures, non compris les périodes de nuit pendant lesquelles les gares sont fermées au public, à partir du moment où ce destinataire aura été avisé de l'arrivée par le télégraphe, la poste ou un exprès.

Si la gare destinataire est pourvue d'un service de camionnage, ces matières pourront, faute de la précédente déclaration, être acceptées avec l'ordre exprès donné par l'expéditeur de faire, à l'arrivée, le camionnage au domicile du destinataire. Dans ce cas, les frais de désinfection éventuelle des voitures ayant servi à ce camionnage seront à la charge du destinataire.

Peaux fraîches et cuirs verts non salés.

ART. 178. — Les prescriptions de l'article 174 ci-dessus sont applicables aux peaux fraîches et aux cuirs verts non salés.

Os frais. Tendons. Cornes. Onglons. Sabots.

ART. 179. — Pour les os frais, les tendons et les cornes, onglons et sabots non complètement débarrassés de toute matière putrescible, on appliquera, à l'arrivée, les mesures édictées a l'article 174 pour les gadoues vertes.

TITRE V. — Dispositions diverses.

Art. 180. — Le Ministre des travaux publics règle les conditions dans lesquelles sont effectuées les épreuves officielles des récipients prévues aux articles 25, 27, 29, 40 et 104, ainsi que le mode d'évaluation des frais et de leur recouvrement sur les intéressés.

Art. 181. — En temps de paix, l'autorité militaire, si l'intérêt public l'exige, peut requérir par écrit des dérogations aux dispositions du present arrêté. Dans ce cas, les compagnies de chemins de fer sont exonérées de toute responsabilité.

Art. 182. — En temps de guerre, le service des chemins de fer relevant tout entier de l'autorité militaire, le Ministre de la guerre pourra apporter aux dispositions du présent arrêté toutes les modifications rendues nécessaires par les circonstances.

Art. 183. —- Sont abrogés les arrêtés du 10 janvier 1879, 27 mai 1887 et 9 janvier 1888, ainsi que tous autres arrêtés et circulaires ayant pour objet le transport des matières visées par le présent règlement.

Art. 184. — Le présent arrêté sera notifié aux compagnies de chemins de fer.

Il sera publié et affiché.

Art. 185. — Les Préfets, ainsi que les fonctionnaires et agents du contrôle, sont chargés d'en surveiller l'exécution.

Paris, le 12 novembre 1897.

PREMIÈRE PARTIE

MÉTALLOÏDES ET MÉTAUX

CHAPITRE I

HYDROGÈNE

Hydrogène H. — L'hydrogène (poids atomique = 1) existe dans la nature, dans l'eau, dans les hydrocarbures, comme les pétroles, dans toutes les matières organiques animales et végétales.

L'hydrogène se prépare industriellement en décomposant l'acide chlorhydrique HCl, ou l'acide sulfurique SO^4H^2, par un métal, le zinc ou le fer : $SO^4H^2 + Fe = H^2 + SO^4Fe$. C'est le procédé par l'acide sulfurique et le fer qui est ordinairement employé, lorsqu'on veut avoir de l'hydrogène pour le gonflement des ballons captifs et des aérostats militaires. Le zinc donne, il est vrai, un sulfate qui se dissout plus aisément dans l'eau que le sulfate de fer. Mais ce léger avantage disparaît devant des inconvénients très réels : le zinc coûte plus cher que le fer ; il possède un rendement moindre, puisque son poids atomique est supérieur ; enfin il renferme presque toujours de l'arsenic, qui donne lieu à une production d'arséniure d'hydrogène, corps très toxique.

La décomposition par la chaleur du formiate de potasse donne des quantités torrentielles d'hydrogène, et ce procédé a été utilisé par *Raoul Pictet* dans ses recherches sur la liquéfaction de l'hydrogène. Enfin la décomposition de l'eau par le courant électrique, ou par un métal à froid comme le sodium, ou à chaud comme le fer, est également une source pratique d'hydrogène. La décomposition de l'eau par le fer au rouge a été utilisée par *Giffard* pour son ballon captif de 1877.

La décomposition de l'eau par le charbon au rouge donne en même temps de l'oxyde de carbone : ce mélange constitue le gaz à l'eau.

En dehors de la décomposition de l'eau, des hydrures comme l'acide chlorhydrique HCl, des hydrates comme l'acide sulfurique SO^4H^2, celle des matières organiques, sous l'influence de la chaleur, telle la calcination de la houille, sous celle des alcalis, sous celle des ferments, telle la fermentation butyrique, produit l'hydrogène en quantités notables.

L'hydrogène a presque toujours une odeur désagréable, qu'il doit à des impuretés dues elles-mêmes aux matières premières employées, ou au défaut de précautions suffisantes dans sa préparation.

La densité de l'hydrogène est très faible (d $=$ 0,06926 par rapport à l'air). Il est quatorze fois et demie plus léger que l'air ; c'est le plus léger de tous les gaz. Ce serait donc celui qui conviendrait le mieux à gonfler les ballons, s'il n'était en même temps le plus diffusible des gaz, c'est-à-dire celui qui traverse le plus aisément une cloison. Cette diffusion peut se constater en enflammant à travers une feuille de papier le gaz qui s'échappe par le goulot d'une bouteille ; comme cette légèreté se constate en gonflant des bulles de savon avec de l'hydrogène renfermé dans une vessie, et les bulles, ballons en miniature, s'élèveront dans les airs. Aussi dans l'aérostation est-on obligé de revêtir l'enveloppe des ballons d'un enduit ou vernis pour réduire le plus possible cette diffusion.

C'est principalement dans l'aérostation que la faible densité de l'hydrogène trouve ses applications. Il a été employé pour la première fois dans ce but, en 1783, par *Charles*. On se sert de lui aujourd'hui pour gonfler les petits ballons en baudruche, l'amusement des enfants, et si ces ballons se dégonflent moins rapidement que ceux en taffetas, c'est que l'hydrogène se diffuse moins vite à travers la baudruche. On emploie l'hydrogène beaucoup dans l'aérostation, surtout dans l'aérostation militaire, de préférence au gaz d'éclairage, pour les motifs suivants : d'abord la force ascensionnelle due à l'hydrogène est supérieure à celle du gaz d'éclairage, puisque l'hydrogène pèse quatorze fois moins que l'air, tandis que le gaz d'éclairage (d $=$ 0,370 à 0,523) pèse seulement deux fois et demie moins que l'air. Au point de vue pratique, étant donné que la densité moyenne des gaz industriels est plus élevée, on estime la force ascensionnelle de l'hydrogène à 1 kilo par mètre cube, et celle du gaz aux deux tiers. Un ballon militaire normal, d'un rayon de 5 mètres, cube 540 mètres cubes. Ensuite, il est plus facile en aérostation militaire de se procurer de l'hydrogène directement, en faisant agir du fer sur de l'acide sulfurique, et en emmagasinant l'hydrogène produit dans des tubes en fer forgé, sous une pression qui peut aller à 150 atmosphères. Ces tubes pèsent 30 kilos ; leur longueur est de 2 m. 40, leur largeur de 0 m. 13, leur épaisseur de 0 m. 013. Plusieurs nations s'en sont servies pour leurs aérostats militaires, par exemple : l'Angleterre, l'Italie.

J. Francis, de New-York, a proposé de construire des bateaux que leur bordage, formé de gros tuyaux remplis d'hydrogène, aurait rendus tout à fait insubmersibles.

L'hydrogène est un véritable métal gazeux; il joue en effet le rôle d'un métal dans toutes les combinaisons minérales. Il conduit la chaleur et l'électricité beaucoup mieux que les autres gaz. Il a pu être liquéfié, même solidifié ; mais c'est le gaz le plus difficile à liquéfier. Après les belles recherches de *Cailletet* et *Pictet*, *Wroblewski* fit le premier une expérience nette sur la liquéfaction de l'hydrogène en janvier 1884 ; *Olszewski* la vérifia peu après. Ces deux expérimentateurs opéraient à la température d'ébullition de l'oxygène et par détente du gaz de 140 et 190 atmosphères à 1 atmosphère. *J. Dewar* (C. R., 1898) le premier a obtenu de l'hydrogène liquide, 16 cc., en opérant avec du gaz refroidi à — 205° et sous une pression de 180 atmosphères. Pendant que l'hydrogène liquide s'évapore, on voit se produire au milieu du vase qui le contient un nuage d'air solide. Sa température critique est — 234°,5, et son point d'ébullition, sous la pression atmosphérique, — 243°, M. *Olszewski* ; c'est bien se rapprocher de la température du O absolu : — 273°. L'hydrogène est donc l'un des gaz les plus parfaits, et à ce titre on peut s'en servir pour thermomètres à gaz.

L'hydrogène est un gaz combustible : il brûle au contact de l'air avec une flamme très pâle et très chaude (1700° *Becquerel*), en donnant de l'eau H^2O par son union avec l'oxygène O de l'air ; aussi cette flamme dépose-t-elle des gouttelettes d'eau sur les parois froides. La combinaison de l'hydrogène et de l'oxygène se fait dans le rapport constant de 2 volumes de H et 1 volume de O. Elle a lieu au contact d'un corps en ignition, sous l'influence d'une température de 450°, d'une étincelle électrique ou de la mousse de platine : cette dernière circonstance est la base du briquet a gaz hydrogène ou lampe hydroplatinique de *Dœbereiner*. En dehors de la production d'eau reconnue pour la première fois par *Cavendish* en 1771, elle donne lieu à une explosion violente (d'où le nom de gaz tonnant donné au mélange d'H et d'O) et à un dégagement de chaleur considérable : + 34 500 calories. Un kilo d'hydrogène brûlant dans l'oxygène produit assez de chaleur pour élever 345 kilos d'eau de 0° jusqu'au point d'ébullition. L'hydrogène est de tous les combustibles celui qui dégage le plus de chaleur à poids égal. A cette grande chaleur de combustion se rattache son grand pouvoir réducteur ; et l'hydrogène enlève l'oxygène à tous les oxydes formés avec un dégagement de chaleur inférieur à 34 500 calories.

La flamme très pâle de l'hydrogène a reçu le nom de flamme philosophique ; lorsqu'elle brûle au-dessus d'un orifice étroit à l'intérieur d'un tube ouvert à ses deux extrémités, elle fait entendre une série de sons musicaux, d'où le nom d'harmonica chimique donné à cet appareil dû à *Higgins* (1777). Ces sons sont produits par les explosions successives qui résultent de la combinaison de l'hydrogène et de l'oxygène.

Lorsqu'on écrase la flamme de l'hydrogène contre une paroi froide, elle prend parfois une coloration bleu violacé, qui est due à la présence de traces de séléniure d'hydrogène.

Il n'est pas comburant, et une bougie plongée dans une atmosphère d'hydrogène s'éteint, mais elle enflamme au passage la couche extérieure d'hydrogène.

Il est asphyxiant. *Scheele* l'a respiré et a remarqué un changement dans le timbre de sa voix. Ce fait a été confirmé par *Maunoir* et *Paul*, de Genève. *Pilâtre de Rozier* l'a inspiré jusqu'à sept fois, et l'expirant par un tube, il l'enflammait à l'extrémité de ce tube, ce qui était extraordinairement dangereux. *Regnault* a fait vivre des animaux dans une atmosphère qui contenait 76 pour 100 H et 24 pour 100 O. Tout cela pourrait faire croire qu'il n'est pas vénéneux ; mais tout cela n'empêche pas l'anglais *Buttan* (1841) et *Van Asten* (1849) d'être morts en quelques heures à la suite d'inspirations de ce gaz, probablement impur.

La flamme de l'hydrogène, avons-nous déjà dit, est très pâle ; on peut cependant lui donner de l'éclat, soit en faisant barboter l'hydrogène dans des carbures éclairants, comme la benzine, etc., soit en dirigeant la flamme sur un fragment d'une substance réfractaire, comme la craie. La chaleur très élevée de cette flamme est utilisée dans le chalumeau à gaz hydrogène et oxygène ou *chalumeau oxyhydrique* ; dans cet appareil le jet d'hydrogène brûle tout autour d'un jet d'oxygène pur. La température développée dans ces conditions est telle qu'elle suffit à fondre le platine, à vaporiser l'argent et l'or, à oxyder le fer avec un développement d'étincelles éblouissantes. Si on dirige le dard du chalumeau à gaz hydrogène et oxygène sur un cylindre de chaux ou de magnésie, le cylindre est porté rapidement au rouge blanc et l'éclat lumineux intense qu'il projette est utilisé dans les expériences de projections d'optique : *lumière Drummond*. Le chalumeau à gaz hydrogène et oxygène, ou à gaz hydrogène et air, est utilisé encore, à cause de la chaleur développée, pour réaliser des soudures autogènes sur les feuilles de métaux qui ont peu de conductibilité calorifique, en particulier le plomb et le platine.

L'hydrogène est un réducteur des plus énergiques, et c'est la source de ses applications les plus intéressantes. A l'état naissant (acide chlorhydrique HCl ou acide acétique C^2H^3O, OH plus fer ou zinc), il est utilisé à réduire un grand nombre de substances organiques, amines, composés amidés, etc. C'est ainsi que, par réduction du nitrobenzène, il fournit la phénylamine ou aniline, l'une des matières premières les plus importantes pour la fabrication des matières colorantes artificielles. C'est ainsi qu'il réduit l'indigo bleu en indigo blanc et constitue le principe actif des cuves à l'indigo. Il sert aussi à préparer par réduction certaines substances minérales, par exemple le fer réduit, obtenu en réduisant l'oxyde de fer, de préférence le sesquioxyde pur Fe^2O^3 ; cette réaction est presque inverse de celle qui préside à l'un des modes de formation de l'hydrogène.

Cependant, les affinités de l'hydrogène dans les conditions ordinaires ne s'exercent que faiblement, et il a pu servir à constituer des atmosphères artificielles, bien que l'azote convienne mieux à cet effet.

Ces affinités se trouvent augmentées par l'état naissant et par l'état d'occlusion. Les réductions de l'hydrogène à l'état naissant sont attribuées par *D. Tommasi* (1897) à ce que l'hydrogène, au moment où il sort d'une combinaison, se trouve accompagné de toute la quantité de chaleur qui s'est produite pendant sa mise en liberté. H naissant est synonyme de H + cal. Et les différences que l'on observe entre l'hydrogène provenant de diverses réactions chimiques, tiennent à ce que ces réactions ne développent pas la même quantité de chaleur. H naissant sera d'autant plus actif que la valeur calorifique sera plus grande, pourvu que la réaction entre l'hydrogène et le corps à réduire ou à hydrogéner puisse commencer.

CHAPITRE II

FLUOR ET COMPOSÉS

Fluor Fl. — Le fluor (P.a. $= 19$) a été très malaisé à isoler, parce qu'il attaque presque tous les corps avec lesquels il se trouve en contact ; l'honneur de le recueillir à l'état de liberté échut, après les tentatives de *Davy, Aimé, Knox, Louyet, Fremy, Reinsch, Kammerer, Sidot,* à *Moissan* (1886) qui l'obtint en électrolysant de l'acide fluorhydrique dans un tube de platine à — 50°. Il se liquéfie à — 185° ; c'est un gaz jaunâtre, il est doué d'affinités des plus énergiques, il n'a pas d'application. Tout autre est le cas de l'acide fluorhydrique et de plusieurs fluorures.

Acide fluorhydrique HFl. — Il se prépare en décomposant le fluorure de calcium ou spath-fluor par l'acide sulfurique : $CaFl^2 + SO^4H^2 = 2 HFl + SO^4Ca$. La décomposition se fait dans des vases en fonte, sans dépasser une température de 130°, et on recueille l'acide gazeux qui se dégage dans des vases de plomb refroidis et contenant plus ou moins d'eau suivant que l'on veut produire de l'acide à 35, 40, 52 pour 100 de HFl, ou de l'acide pur. On le conserve dans des vases doublés de plomb ; l'acide pur se met dans des vases de cérésine, qu'il faut avoir bien soin de ne pas exposer à la chaleur, sans quoi la cérésine fondrait. On s'est servi aussi de bouteilles en gutta-percha.

L'acide commercial renferme comme impuretés de l'acide sulfurique entraîné et de l'acide hydrofluosilicique.

L'acide fluorhydrique existe à l'état anhydre et à l'état hydraté. A l'état anhydre, c'est un gaz au-dessus de — 150°, extrêmement avide d'eau et répandant à l'air, en conséquence, d'abondantes fumées blanches. A l'état hydraté, c'est un liquide incolore, très avide d'eau lorsqu'il est à son maximum de concentration.

L'acide fluorhydrique est l'acide le plus corrosif que l'on connaisse. Ses vapeurs sont mortelles, et même très diluées elles produisent une vive inflammation des yeux et des parties sub-unguiculaires. Une goutte d'acide concentré tombant sur la peau produit une blessure cruelle, ulcération suppurante, qui ne guérit que lentement. Il suffit de toucher la peau avec une aiguille trempée dans cet acide pour avoir un sommeil agité par la fièvre. L'acide très dilué est inoffensif ; mais comme il se concentre par l'évaporation de l'eau, il faut toujours laver avec soin la place où il en est tombé. *Kessler* a proposé pour son antidote l'ammoniaque. Les ouvriers se protègent contre les gaz par des respirateurs en caoutchouc ; ils s'enduisent la figure de lanoline et se gantent les mains de caoutchouc.

Cependant, l'acide absolument pur paraît sans action sérieuse sur les organes respiratoires, et les propriétés antiseptiques qu'il possède l'ont fait recommander en inhalations dans le traitement de la tuberculose.

L'acide fluorhydrique est décomposé par presque tous les métaux, sauf le plomb dont l'action est restreinte, le mercure, l'argent, l'or et le platine qui sont sans action.

Sa propriété la plus remarquable est son action sur la silice qu'il dissout en donnant du fluorure de silicium, corps gazeux, et de l'eau : $SiO^2 + 4 HFl = SiFl^4 + 2 H^2O$. Aussi ne peut-on conserver cet acide dans des vases en verre. Cette propriété est utilisée en analyse chimique pour attaquer et désagréger les silicates insolubles ; elle explique pourquoi l'acide commercial renferme toujours de l'acide hydrofluosilicique $SiFl^4 2 HFl$, puisque le fluorure de calcium générateur renferme toujours de la silice ; elle est la base de ses applications pour décaper les objets métalliques, pour nettoyer les sources de pétrole, pour graver sur le verre.

La présence de l'acide hydrofluosilicique dans l'acide fluorhydrique commercial ne constitue pas par elle-même une impureté nuisible, mais *K. Stahl* (1896, Z. für ang. Chemie) fait remarquer à juste titre qu'elle entraîne une perte assez notable de fluor. En effet, la réaction qui se passe : $SiO^2 + 3 CaFl^2 + 3 SO^4H^2 = SiFl^4 2 HFl + 3 SO^4Ca + 2 H^2O$ $(60 + 234 + 294 = 144 + 408 + 36)$, montre que chaque partie de silice, en produisant 2 parties 4 d'acide hydrofluosilicique, entraîne la perte de 4 parties de spath et de 5 parties d'acide sulfurique, et finalement de près de 2 parties de fluor, de sorte qu'un centième de silice dans le spath diminue la valeur de l'acide fluorhydrique d'au moins 10 pour 100. Les spaths anglais renferment jusqu'à 35 pour 100 de silice, les américains 1 1/2, les allemands 1/2. Mais l'auteur de ce traité ne voit pas comment l'on pourrait économiquement débarrasser les spaths de leur silice.

L'application de l'acide fluorhydrique au décapage des objets métalliques, principalement de la fonte de fer, est assez récente ; mais elle est très logique, attendu qu'il nettoie mieux la surface que les autres acides, car il attaque le sable et l'oxyde de fer noir, ce que ne font pas les autres acides. On se sert pour ce nettoyage d'acide fluorhydrique à 2 pour 100, et le traitement s'effectue dans des bacs en bois ; il dure de une demi-heure à deux heures. Si l'on veut que l'objet reste brillant, il faut le laver à l'eau chaude, le sécher, et il est prêt pour l'étamage ou la galvanoplastie.

Cette solution d'acide fluorhydrique à 2 pour 100 nettoie bien les objets en fer et en acier, *Fœche* (1896).

Une application assez extraordinaire consiste dans le nettoyage des sources de pétrole ou de gaz naturel. Ces sources tendent à se boucher, notamment lorsqu'on fait exploder des cartouches dans le but de désagréger le sous-sol rocheux ; les graviers finissent par se tasser au point que l'effet utile de l'explosion est perdu. Il paraît qu'il suffit de jeter dans le puits quelques tonneaux d'acide fluorhydrique étendu pour dissoudre les graviers et rendre l'écoulement libre au pétrole ou au gaz.

L'acide fluorhydrique est doué de propriétés antiseptiques très énergiques. Aussi *J. Effront* (1891) l'a-t-il proposé pour régulariser la fermentation des moûts sucrés dans la production des alcools : 5 grammes par hectolitre.

Mais son application la plus étendue, en dehors de la préparation des fluorures alcalins, c'est la gravure sur verre, bien qu'aujourd'hui la gravure mécanique par projection violente d'un jet de sable ait fait de grands progrès.

Gravure chimique sur verre. — Ce mode de gravure remonte à *Schwanhard,* de Nuremberg, 1670. Il consiste à faire agir sur du verre, dont on a protégé certaines parties au moyen d'un vernis, soit l'acide gazeux, soit l'acide liquide, à une température de 20°. On peut se servir comme vernis d'une dissolution de cire dans l'essence de térébenthine, ou d'un mélange de asphalte 1, blanc de baleine 1 ; ou asphalte 1, colophane 1, essence de térébenthine ; ou d'un vernis formé avec de la cire, du noir de fumée et de l'essence de térébenthine. Lorsqu'on utilise l'acide liquide, on entoure le verre de règles de bois enduites de cire, de façon à former une petite enceinte sans profondeur. Avec un poinçon, on trace dans le vernis des traits qui vont jusqu'au verre, puis on fait agir l'acide ; on obtient des effets variés en répétant cette action plusieurs fois sur certains traits, tandis qu'on recouvre de vernis les traits creusés suffisamment. Quand on veut produire des fonds, au lieu de graver le dessin sur le vernis, on le reporte sur la lame de verre en réserve au moyen d'une encre grasse appliquée sur une feuille de papier, par exemple : bitume 3, acide stéarique 2, essence de térébenthine 3. Lorsque la gravure est finie, on lave, on sèche, et on enlève tout le vernis avec de l'essence de térébenthine.

La gravure est mate lorsqu'on se sert de l'acide gazeux, mais elle manque de régularité ; la gravure à l'acide gazeux ne convient d'ailleurs que pour traits, et pas pour surfaces. La gravure est claire avec l'acide liquide. Enfin, la gravure est mate avec des solutions acides de fluorures alcalins ; on utilise les fluorures de potassium, de sodium, d'ammonium, et comme acides l'acide fluorhydrique lui-même, l'acide chlorhydrique ou l'acide acétique, soit par exemple 9 parties de fluorure de sodium et 5 parties d'acide acétique. Ces mélanges constituent les *encres à graver mat sur verre,* qui peuvent servir avec des plumes d'acier et qu'on conserve dans des flacons de gutta-percha où l'on met un peu de grenaille de plomb afin de mêler la composition au moment de l'usage. Une encre de composition américaine, la *white-acid,* est formée de fluorhydrate de fluorure d'ammonium, sulfate de baryte, acide fluorhydrique ; c'est une

bouillie assez fluide pour écrire. Après avoir écrit, on lave, puis on encre
à l'encre d'imprimerie pour faire apparaître les traces. La production des
traits ou des dessins en mat est reliée à la formation dans le verre de
cristaux de silicofluorures alcalins, hexagonaux pour ceux de potassium et
de calcium, rectangulaires pour celui de sodium. La finesse du mat dépend
de la petitesse des cristaux, c'est-à-dire de la rapidité de l'action et de la
concentration du bain. Une solution concentrée de fluorure d'ammonium
additionnée d'acide fluorhydrique produit un beau mat en quelques
secondes.

Un mode spécial d'action de l'acide fluorhydrique est celui adopté par
Lévy, qui pulvérise l'acide au moyen de l'air comprimé.

Fluorures. — Plusieurs se rencontrent dans la nature, la *fluorine* ou
spath-fluor $CaFl^2$, utilisée pour la préparation de l'acide fluorhydrique, la
cryolite $Al^2Fl^6\ NaFl$, qui a servi autrefois à la préparation de l'aluminium,
et sert encore dans la fabrication du verre et de l'émail. Les fluorures
alcalins se préparent en traitant un oxyde par l'acide fluorhydrique ; ils
servent dans la gravure en mat du verre, et comme agents antiseptiques
dans certaines fermentations.

Les fluorures se caractérisent parce qu'ils donnent avec l'acide sulfurique concentré à chaud un dégagement de gaz fumant à l'air et corrodant
le verre ; avec le chlorure de baryum, un précipité blanc, volumineux,
insoluble dans l'eau, soluble dans l'acide chlorhydrique en excès ; avec le
nitrate d'argent, rien.

Les fluorhydrates de fluorures se préparent en prenant 2 parties d'acide
fluorhydrique, neutralisant l'une par un oxyde et ajoutant l'autre.

Le pouvoir antiseptique du *fluorure de sodium* est utilisé pour la
conservation du beurre ; on a proposé dans ce but de malaxer le beurre
avec une solution à 5 pour 1000, *Fribarwegaray* (1897). Le fluorure de
sodium est employé comme antiseptique sous le nom de *fluorol*, en solution au centième, dans les affections des voies lacrymales.

Une addition de fluorure de sodium à un savon calcaire peut rendre
celui-ci soluble dans l'eau, *Wilczensky* (br. fr., 1897).

L'emploi des fluorures de potassium, de sodium, d'ammonium, a donné
d'excellents résultats pratiques, en addition directe aux moûts de distillerie, *J. Effront*.

Les fluorures alcalins ont une action sur un certain nombre de couleurs,
surtout en présence d'un acide ; ils sont utilisés à cause de cette action
pour enlevages sur couleurs à base d'oxyde de fer : par exemple, le bleu
de Prusse, le tannate de fer. Ils n'ont pas d'action sur l'indigo et le bleu
d'aniline.

Le *fluorure d'aluminium* est volatil ; c'est un agent minéralisateur des
plus actifs. *Fremy* (1878), en calcinant un mélange d'alumine et de fluorure de baryum, a obtenu du corindon. A titre d'antiseptique, il aurait
donné des résultats en distillerie meilleurs encore que les fluorures alca-

lins, *Cluss* et *Feller* (1898), (à la dose de 30 grammes par hectolitre, au lieu de 7 gr. 5 d'acide fluorhydrique, ou 15 grammes de fluorure d'ammonium). Il coûte moins cher que les autres fluorures, et est plus aisé à manier, mais il ne renferme que 23,2 pour 100 de l'élément actif : le fluor.

L'un des plus importants fluorures métalliques est celui d'*antimoine*. Il a été proposé par *de Haen* pour remplacer le tartre émétique dans la teinture du coton avec les matières colorantes de nature basique (voir l'acide tartrique).

Nous rattacherons aux fluorures le *fluorure de silicium* SiFl⁴, gaz incolore, d'une odeur suffocante, n'attaquant pas le verre et que l'on prépare en faisant se produire l'acide fluorhydrique en présence de silice. Le fluorure de silicium, au contact de l'eau, redonne de la silice et de l'*acide hydrofluosilicique* : $SiFl^4 + H^2O = SiFl^1\ 2\ HFl$. Il faut avoir soin, dans cette préparation, que le tube abducteur du gaz acide hydrofluosilicique ait son extrémité plongée dans du mercure, sinon un dépôt de silice, résultant de l'action de l'eau, pourrait amener son obstruction et occasionner une explosion dangereuse. L'acide hydrofluosilicique peut aussi se préparer en dissolvant simplement de la silice dans l'acide fluorhydrique, suivant .la réaction que nous avons déjà donnée. Ce corps n'est connu qu'à l'état de dissolution, qui est une liqueur très acide, volatile sans résidu, car la chaleur la décompose en ses deux constituants tous deux gazeux. Il n'attaque pas le verre à froid, mais il l'attaque à chaud. C'est un corps très employé. D'abord dans les laboratoires, parce qu'il précipite les sels de potassium et de baryum ; il donne avec les premiers un précipité gélatineux difficilement visible, avec les seconds un précipité blanc cristallin, à peine soluble dans l'acide chlorhydrique ; ces réactions sont caractéristiques. Il sert encore dans la préparation des composés oxygénés du chlore, de l'eau oxygénée ; dans le décapage des métaux, dans le durcissement du plâtre et des pierres calcaires. — Une propriété à noter de cet acide, c'est que, contrairement aux autres acides minéraux, il semble exercer une action très minime sur les fibres textiles d'origine végétale, au moins à la température ordinaire. Aussi l'emploie-t-on de préférence dans certains procédés de teinture, qui nécessitent la présence d'un acide : il partage d'ailleurs cette application avec l'acide fluorhydrique. Nous pouvons citer à cet égard un procédé de teinture en noir d'aniline à l'acide fluorhydrique, des *Farbenfabriken d'Elberfeld* (br. all., 1894).

Le *fluosilicate de sodium* est employé comme antiseptique sous le nom de *salufer*. Il possède, d'après *Thomson*, une action antiseptique forte, quoique lente. Comme antiseptique chirurgical, il a l'avantage de n'être ni véneux, ni volatil, et de présenter peu de saveur. Une solution saturée à 0,6 pour 100 agit plus énergiquement que la solution de sublimé corrosif au millième, et n'irrite pas les blessures. Il a été vendu sous le nom de *préservatif clarifiant pour vins rouges et confitures,* que l'on ajoute à la dose de 20 à 25 grammes par hectolitre. Le fluosilicate de sodium se prépare en saturant l'acide hydrofluosilicique par le carbonate.

CHAPITRE III

CHLORE ET COMPOSÉS

Chlore Cl. — Le chlore (P.a. = 35) est l'un des corps les plus importants de la grande industrie chimique. On le regarda longtemps comme un composé oxygéné : acide muriatique oxygéné.

Préparation. — Le chlore se prépare en soumettant un chlorure à un agent oxydant : l'oxygène s'unit au métal et du chlore est mis en liberté.

Vu l'importance de cette préparation au point de vue industriel, nous exposerons ici les principaux procédés employés dans ce but (1).

On se sert comme chlorure d'acide chlorhydrique, de chlorure de sodium, de chlorure d'ammonium, de chlorure de magnésium ; et comme oxygène d'air, de bioxyde de manganèse, etc.

Scheele, qui découvrit le chlore en 1774, décomposait l'acide chlorhydrique par du bioxyde de manganèse : $4\,HCl + MnO^2 = Cl^2 + MnCl^2 + 2\,H^2O$. On voit que ce procédé ne fournit que la moitié du chlore disponible dans HCl et que l'autre moitié passe à l'état résiduaire dans $MnCl^2$.

Le procédé de *Berthollet* traite également par le bioxyde de manganèse, non plus HCl, mais un mélange de chlorure de sodium et d'acide sulfurique, mélange générateur de HCl comme l'on sait : $2\,NaCl + 3\,SO^4H^2 + MnO^2 = Cl^2 + 2\,SO^4NaH + SO^4Mn + 2\,H^2O$. Ce procédé, utile à une époque où HCl était d'un prix élevé, a moins d'intérêt aujourd'hui que HCl se produit comme résidu dans plusieurs fabrications, en particulier dans la première phase de la fabrication de la soude caustique par le procédé *Leblanc*.

Le procédé de *Scheele* : oxydation de HCl par le bioxyde de manganèse, laisse comme résidu du chlorure de manganèse impur. On peut utiliser directement ces résidus comme matières désinfectantes, ou pour préparer du chlorure de baryum *(Kuhlmann)*, du violet de Nürnberg *(Leykauf)*, des permanganates, etc., mais on peut aussi les traiter pour régénérer le bioxyde de manganèse : procédés *Dunlop-Balmain, Hofmann-Kopp, Weldon, Weldon-Péchiney.*

Dunlop et *Balmain* traitent le chlorure de manganèse par du carbonate d'ammoniaque *(Balmain)* ou de calcium *(Dunlop)*, qui le transforme en carbonate de manganèse ; celui-ci, grillé à 300°, redonne le bioxyde. Ce

---

(1) Voir Darstellung von Chlor und Salzsäure, par Vd. Caro (1893), in-8, Berlin. 3 M.

procédé fut suivi chez Tennant et Cie à St-Rollox, où il resta confiné (1836).

Le procédé *Hofmann-Kopp* a pour but aussi d'utiliser les résidus du procédé *Leblanc* et de régénérer le soufre des marcs ou charrées de soude. En mélangeant les résidus du chlore et les résidus de la soude, le chlorure de manganèse est transformé en sulfure, et celui-ci redonne le bioxyde par grillage et par oxydation à l'aide d'un nitrate. *Buquet* l'a perfectionné ; il a été exploité aux usines de Dieuze.

Dans le procédé *Weldon*, on commence par neutraliser les liqueurs par de la craie, puis on les traite par un lait de chaux qui transforme le chlorure de manganèse en hydrate manganeux. En oxydant par un courant d'air à 55°, l'hydrate manganeux donne de l'acide manganeux sous forme de bimanganite de calcium $(MnO^3)^2CaH^2$, et ce corps est employé à la place du bioxyde de manganèse pour oxyder HCl et obtenir Cl. Le procédé *Weldon* permet de faire servir indéfiniment le même bioxyde, et bien qu'il ne donne que le tiers environ du chlore renfermé dans HCl, alors que le procédé primitif de *Scheele* donne les 4/10, et le procédé *Berthollet* donne la totalité, cependant il a été préféré aux autres, parce qu'il avait l'avantage de n'occasionner qu'une faible dépense de bioxyde de manganèse, tant que la question de dépenser plus ou moins de HCl était de faible importance, vu les énormes quantités produites comme résidu dans le procédé *Leblanc*. Il a été introduit d'abord chez Gamble à Sainte-Hélène (1868), puis se répandit dans la plupart des usines, où il diminua d'un tiers le prix de revient du chlorure de chaux.

Le procédé *Weldon* a été modifié par *Péchiney*, qui emploie de la magnésie au lieu de chaux pour la transformation du chlorure de manganèse.

Le procédé *Weldon-Péchiney* (1884) est appliqué à Salindres. Dans ce procédé, on dissout MgO dans HCl ; on prépare MgOCl par un traitement avec MgCl^2 ; l'oxychlorure est cassé, puis séché ; enfin on le décompose en le saisissant à une température élevée. Il se produit environ 40 pour 100 de chlore libre. Comme il reste environ 49 pour 100 de chlore en roulement, le rendement utile est de $\dfrac{40}{100-49}$, c'est-à-dire d'environ 78 pour 1000.

Ce procédé dérive des deux brevets *Weldon* suivants :

Dans le brevet *Weldon* (1878), on traite HCl par MnO^2 + MgO. Il se dégage du chlore ; on concentre la liqueur de chlorure, puis on mélange avec MnO^2 + MgO, et on oxyde les briquettes au four, à l'air chaud.

Dans le brevet *Weldon* (1881), du chlorure de magnésium est mélangé aux résidus antérieurs, mis sous la forme de briquettes qui sont traitées à chaud. Il se dégage, en présence de l'air, HCl et Cl.

Depuis la substitution dans un grand nombre d'usines pour la préparation de la soude du procédé *Solvay* au procédé *Leblanc*, HCl est redevenu plus coûteux, et l'on prépare le chlore, dans plusieurs usines importantes, par des procédés qui décomposent HCl sans se servir de bioxyde de manganèse, de façon à obtenir tout le chlore à peu près contenu dans HCl, ou qui décomposent le chlorure de calcium ou celui de magnésium, produits résiduaires du procédé *Solvay*, ou qui dédoublent le chlorure de sodium.

Le procédé *Deacon*, l'un des plus importants aujourd'hui, revient à oxyder directement HCl par l'oxygène atmosphérique : $2\ HCl + O = Cl^2 + H^2O$.

Ce procédé, dont la première idée est due à *Oxland,* consiste à prendre l'acide chlorhydrique au sortir des chaudières à sulfate, à le refroidir dans un jeu d'orgue pour y faire déposer presque tout l'acide sulfurique entraîné, à le réchauffer à 450°-500°, à l'envoyer dans la chambre de décomposition où, par passage sur des débris de poterie imprégnés de chlorure de cuivre, il subit la réaction : $2\ HCl + O = Cl^2 + H^2O$. Le rendement pratique a pu être porté jusqu'à 70 pour 100 du rendement théorique. Le chlore ainsi produit est utilisé, après lavage et séchage, pour la préparation du chlorure de chaux et autres chlorures décolorants et du chlorate de potasse. Le procédé *H. Deacon* a excité un grand intérêt à son apparition, mais les défectuosités de la pratique le firent rejeter par plusieurs maisons qui l'avaient adopté, bien que maintenant ces difficultés aient été surmontées une à une, et que, comme le dit *G. Lunge*, le procédé est l'un de ceux qui permettent de préparer le chlore en grand dans les conditions les plus économiques.

Le procédé *Schlœsing* décompose le chlorure de magnésium par un courant d'air à température élevée. Le procédé *Péchiney* décompose l'oxychlorure de magnésium, qu'on produit en ajoutant de la magnésie à du chlorure de magnésium. Cette décomposition du chlorure ou de l'oxychlorure de magnésium par l'air surchauffé fournit un mélange de chlore et d'acide chlorhydrique ; le second reproduit du chlorure de magnésium avec la magnésie, le premier est utilisé pour la préparation soit des chlorures décolorants, soit des chlorates.

On traite par des procédés similaires le chlorure de calcium, résidu dans la préparation de la soude à l'ammoniaque ; après l'avoir mélangé à du sable ou à de l'argile, on fait agir un courant d'air sec, pour obtenir Cl, ou un courant d'air humide, pour obtenir HCl, procédés *Solvay* (1877), *Exhelmann* (1881), *Mond.*

Quelques autres procédés ont été utilisés dans la fabrication en grand. La décomposition du bichlorure de cuivre, indiquée par *Vogel :* $2\ CuCl^2 = Cl^2 + Cu^2Cl^2$, forme une réaction auxiliaire du procédé *Deacon*. La décomposition du chlorure de sodium par l'oxygène de l'acide nitrique, brevet *Alsberge,* ou par un mélange de NO^3Na et SO^4H^2, brevet *Dunlop* (1853), a été utilisée par la maison Tennant de Glasgow. La décomposition de HCl par un chromate, *J. Shanks,* a été aussi utilisée à St-Helens.

Il ne faut pas oublier qu'en faisant agir un acide même faible sur un hypochlorite, l'acide hypochloreux mis en liberté se dédouble aussitôt en chlore et en oxygène.

Il nous reste à parler de la fabrication électrique.

La production du chlore par électrolyse industrielle des chlorures alcalins semble être le procédé de l'avenir, parce qu'il repose sur l'utilisation économique des forces naturelles. Des procédés innombrables ont été proposés et brevetés pour cet objet : nous ne pouvons qu'en donner un exposé très sommaire. Ils diffèrent principalement par le dispositif qui permet d'effectuer l'isolement du chlore et de la soude caustique (ou du sodium, lorsque la cathode est constituée par le mercure), au fur et à mesure que les deux produits de l'électrolyse se séparent, afin d'empêcher des réactions secondaires. L'électrolyse peut se faire avec des chlorures fondus, ou avec des dissolutions salines, et celles-ci peuvent être électrolysées directement : appareils *Outhenin-Chalandre, Hargreaves-Bird, Castner,* ou indirectement, en présence de mercure qui s'amalgame avec le sodium, et dispense de l'emploi de diaphragmes : appareils *Hermite, Castner.* Voir une étude scientifique de *M. Merle* sur la fabrication électrolytique du chlore et de la soude, in *Moniteur scientifique,* 1896.

En résumé, les procédés de préparation du chlore (ou de l'acide chlorhydrique comme source de chlore) sont :

le procédé Leblanc ;

les procédés étudiés en vue d'utiliser les résidus de la soude à l'ammoniaque, soit les chlorures alcalino-terreux ;

les procédés qui constituent des perfectionnements a celui de Leblanc :

ceux qui utilisent les sous-produits des mines de Stassfurt ;

ceux qui dédoublent le chlorure de sodium ;

ceux qui font intervenir l'énergie électrique.

Parmi les procédés récents de préparation de l'acide chlorhydrique comme source de chlore, nous citerons l'ingénieux procédé de *O. N. Witt* (br. all., 1885 ; Cf Bull. de Mulhouse, 1895) basé sur ce que l'acide phosphorique sirupeux décompose le sel ammoniacal. En chauffant légèrement, il se dégage la totalité de l'acide chlorhydrique ; en augmentant la chaleur, on obtient la totalité de l'ammoniaque ; il reste de l'acide phosphorique vitreux. La difficulté de trouver une matière résistant à l'action corrosive de l'acide phosphorique à température élevée a empêché le procédé de passer dans la pratique.

Propriétés et Applications. — Le chlore est un gaz jaune verdâtre, ainsi que l'indique son nom d'origine grecque. Son odeur est suffocante et très irritante ; l'irritation devient facilement mortelle, si on le respire en trop grande quantité, aussi lorsqu'on fait respirer du chlore dans les cas d'empoisonnement par H_2S, faut-il procéder avec grand ménagement. On combat son action dans les usines par le lait, par des aspersions d'ammoniaque. Sa $d = 2,48$; le chlore pèse donc environ deux fois et demie plus que l'air, et cette propriété permet, lorsqu'on le prépare dans les laboratoires, de le recueillir dans des flacons par simple déplacement de l'air qu'ils renferment.

Le chlore est soluble dans l'eau en un liquide jaune clair, qu'on nomme

bustibles. Il s'unit à presque tous les corps simples, tout particulièrement *eau de chlore*. Pour l'obtenir saturée, on fait passer du chlore dans un flacon à moitié rempli d'eau distillée. Quand l'absorption s'arrête, on ferme le flacon et on l'agite. Cette opération est répétée jusqu'à ce qu'il ne se forme plus de vide dans le flacon après agitation. On conserve la dissolution dans des flacons bouchés à l'émeri et en verre jaune qui arrête les rayons chimiques. La solubilité du chlore, 1.44 à 0°, semble présenter un maximum vers 8°, 3.04. Mais cette anomalie apparente résulte de ce qu'en dessous de 8°, la dissolution renferme une combinaison réelle du chlore avec l'eau, l'*hydrate de chlore*, $Cl + 5\ H^2O$, qui se dépose en cristaux d'une dissolution saturée à 0°, qui se dissout sans décomposition dans l'eau au-dessous de 8°, qui se décompose entre 8° et 9°, de telle sorte qu'au-dessus de 9° la solubilité du chlore intervient seule ; elle diminue ensuite à mesure que la température augmente. Les cristaux d'hydrate de chlore séchés entre des doubles de papier à filtrer servent à préparer le chlore liquide.

Le chlore se liquéfie à — 35° sous la pression ordinaire, à + 15° sous une pression de 4 atmosphères. Le chlore liquide, d = 1,33, bout à — 33°6 ; il se solidifie à —102°. (Température critique 141° ; pression critique 83 atm.9.) Le chlore liquide est insoluble dans l'eau. Il se prépare soit en chauffant des cristaux d'hydrate de chlore, soit en comprimant le gaz chlore au moyen de pompes. Sa tension de vapeur est très élevée ; aussi ne peut-on le conserver que dans des vases très forts. Le chlore liquide est cependant passé dans la pratique industrielle, parce que son transport est plus aisé et plus économique sous cette forme que sous toute autre. Le chlore liquide industriel est préparé par compression au moyen de pompes ; le chlore comprimé est maintenu gazeux par un manchon d'eau chaude, et conduit dans un réfrigérant en plomb. « Actuellement, dit *Fribourg* (Bull. de S. chim., 1893), cette industrie est établie dans l'importante usine Péchiney à Salindres. Les récipients qui servent à le transporter contiennent 50 kilos, le poids de l'emballage est d'environ 100 kilos. Ils sont formés d'un cylindre de fer soudé ou en acier. A la partie supérieure, se trouvent deux robinets en bronze, l'un destiné au remplissage du chlore liquide, l'autre à l'échappement du chlore gazeux. Le fer, le cuivre, le plomb, ne sont pas attaqués par le chlore anhydre, il n'y a donc aucune crainte à avoir, depuis près de deux ans des récipients font le service sans aucune détérioration. Un récipient de 50 kilos contient près de 15 000 litres de chlore gazeux ; la densité du chlore liquéfié est, en effet, de 1,33 environ. La pression du chlore à 15° est de 6 kilos ; à 35°, elle atteint 10 atmosphères, mais les récipients sont essayés à plus de 100 atmosphères. Pour les laboratoires, j'ai été amené à étudier un petit modèle de siphon en fer forgé, muni d'un robinet double avec raccord à oreilles. Ce siphon pèse 7 kilos, il contient 4 kilos de chlore. »

Le chlore a trois propriétés dominantes.

D'abord, il est, après l'oxygène, le corps le plus électronégatif, et il présente, en conséquence, l'affinité la plus grande pour tous les corps com-

à l'hydrogène, en dégageant + 23 783 calories ; il donne avec eux des chlorures par chloruration directe, et c'est ainsi que l'on prépare un grand nombre de chlorures métalliques, principalement les chlorures au maximum. Ces combinaisons sont accompagnées des mêmes phénomènes lumineux et calorifiques que les oxydations vives, et l'antimoine, le cuivre brûlent avec intensité dans le chlore gazeux. Il se combine à tous les métaux directement, sauf au platine et à ses analogues ; il attaque et dissout l'or, et les feuilles de ce métal précieux se dissolvent dans la dissolution aqueuse du chlore, ou dans l'eau régale, qui n'est qu'un mélange générateur de chlore. L'attaque des métaux par le chlore reste superficielle, si le chlorure produit peut former une couche superficielle qui s'oppose à l'action subséquente ; l'attaque se prolonge et se totalise, si la chaleur produite suffit à fondre ou à volatiliser le chlorure ainsi formé. — Le chlore s'unit aussi directement à un grand nombre de radicaux minéraux ou organiques.

La seconde propriété importante du chlore dérive de l'affinité si énergique qu'il présente pour l'hydrogène. Cette affinité est tellement prononcée que l'hydrogène et le chlore se combinent ensemble, à volumes égaux, avec une explosion comparable à celle du mélange tonnant d'hydrogène et de chlore. La combinaison de l'hydrogène et du chlore se fait aussitôt à la lumière directe du soleil, lentement à la lumière diffuse ; elle n'a pas lieu dans l'obscurité, à moins que le chlore n'ait été d'abord insolé. De cette affinité si puissante que le chlore présente vers l'hydrogène dérive la propriété très importante que le chlore possède d'enlever l'hydrogène à un grand nombre de composés, eau H^2O, acide sulfhydrique H^2S, ammoniaque NH^3, substances hydrogénées organiques. Son action sur ces dernières va même jusqu'à les détruire, le carbone seul résistant. Par exemple, si l'on plonge dans un flacon de chlore un morceau de papier imprégné d'essence de térébenthine, il s'enflamme spontanément et donne du noir de fumée.

Le chlore décompose l'eau en donnant de l'acide chlorhydrique et de l'oxygène. Il n'y a pas à s'étonner que, dans leurs analyses du chlore, les anciens chimistes aient obtenu toujours de l'oxygène, parce qu'ils ne savaient pas suffisamment dessécher leur chlore. Cette décomposition de l'eau par le chlore se fait facilement, lorsqu'on oblige la vapeur d'eau et le chlore à passer simultanément dans un tube de porcelaine chauffé au rouge. Elle s'opère à la température ordinaire sous l'influence des rayons solaires: il se produit dans ce cas de l'acide perchlorique par suite de la présence de l'oxygène naissant, *Barreswill* et *Schmit*. Elle s'opère encore à la température ordinaire, lorsqu'à l'affinité du chlore pour l'hydrogène se joint celle d'un autre corps pour l'oxygène, comme l'acide sulfureux, le sulfate ferreux, l'acide arsénieux : on obtient de l'acide sulfurique, du sulfate ferrique, de l'acide arsénique (base de la chlorométrie). Par suite de cette production d'oxygène en présence d'eau, le chlore possède indirectement des propriétés oxydantes assez énergiques.

L'action du chlore sur l'acide sulfhydrique H^2S donne de l'acide chlorhydrique et du soufre. L'hydrogène sulfuré n'est-il pas l'image de l'eau ?

Le chlore décompose l'ammoniaque NH^3 en donnant de l'acide chlorhydrique et de l'azote. On a aussi du chlorure d'azote, s'il y a excès de chlore, et cette production pourrait donner lieu à des accidents. $3 Cl + NH^3 = N + 3 HCl$. $6 Cl + NH^3 = NCl^3 + 3 HCl$. On peut réaliser l'expérience en faisant arriver un jet d'ammoniaque dans un flacon de chlore, en versant sur une dissolution de chlore contenue dans un long tube un dixième de son volume d'une dissolution d'ammoniaque, en faisant passer du chlore dans une dissolution d'ammoniaque, *Leras*. Cette action du chlore sur l'ammoniaque est la raison des aspersions d'ammoniaque dans les fabriques de chlore.

Le chlore dans tous ces cas se substitue soit à l'hydrogène, soit aux autres corps simples, atome par atome, volume par volume. Ces substitutions sont principalement remarquables dans les composés du carbone, le formène, l'éthylène, la liqueur des Hollandais, l'aldéhyde, l'acide acétique. Notons que l'action du chlore sur les matières organiques ne va jamais jusqu'à enlever l'hydrogène de l'eau constitutive.

De ces substitutions du chlore à l'hydrogène des composés du carbone, découlent les phénomènes de décoloration et de désinfection. Le chlore décolore le tournesol, l'indigo, la cochenille, l'encre. Dans ce dernier cas, il reste une carcasse d'oxyde ferrique, que les sulfures colorent en noir, le ferrocyanure de potassium en bleu, et que l'acide chlorhydrique dissout. Comme décolorant, le chlore agit et comme chlore, et par l'oxygène qu'il met en liberté à l'état naissant s'il y a de l'eau présente.

De même que le chlore se substitue à l'oxygène de l'eau, de même il peut se substituer à l'oxygène des oxydes tout en s'unissant à lui, et donner avec les oxydes des chlorures, des hypochlorites et des chlorates. C'est ainsi qu'avec les oxydes alcalins et alcalino-terreux, il donne à froid et en solution étendue un mélange de chlorure et d'hypochlorite, qui n'est autre que le mode de préparation des chlorures commerciaux : $4 Cl + 2 CaO = (ClO)^2Ca + CaCl^2$, et à chaud ou en solution concentrée un mélange de chlorure et de chlorate, qui a été pendant longtemps la base de la préparation industrielle des chlorates : $12 Cl + 6 CaO = (ClO^3)^2Ca + 5 CaCl^2$. Nous verrons plus loin les chlorures commerciaux et les chlorates, en étudiant les composés oxygénés du chlore.

Sous quelle forme emploie-t-on le chlore ? Pour ses multiples applications, on recourt dans la grande industrie au chlore gazeux, soit qu'il s'agisse de préparer les chlorures commerciaux, ou anciennement les chlorates, soit qu'il s'agisse d'épailler les tissus. Mais le maniement du chlore gazeux est trop difficile pour qu'on s'en serve dans la petite industrie ou dans l'usage courant des ateliers de blanchiment, etc. Comme l'eau de chlore n'est pas très riche en chlore, on l'utilise rarement ; ce fut pourtant sous cette forme qu'il fut d'abord employé. Dès que

Berthollet parvint à faire absorber le chlore par les alcalis, l'usage des chlorures commerciaux prévalut sur toute autre forme, et l'industrie reconnaissante donna pendant longtemps le nom de Berthollet au chlorure de chaux. C'est donc à l'état naissant que le chlore est surtout employé aujourd'hui, soit qu'il provienne de la décomposition d'un chlorure commercial par un acide faible qui peut être l'acide carbonique de l'air ou du vinaigre dilué, comme c'est le cas pour le blanchiment des fibres ou la désinfection, soit qu'on le produise en électrolysant un chlorure alcalin ou alcalino-terreux, comme c'est le cas pour le blanchiment du papier par le procédé *Hermite,* où l'électrolyse capable d'engendrer du chlore sous l'action du courant électrique est formé d'une dissolution de 7 parties de chlorure de sodium et 1 partie de chlorure de magnésium ; c'est à peu près le rapport qui existe dans l'eau de la mer. Enfin, on tend à employer aussi le chlore sous la forme si riche de chlore liquide.

CHLORURES

Le chlore forme avec un grand nombre de corps simples, métalliques ou non, et de radicaux complexes, des composés nommés *chlorures.* Les chlorures sont métalloïdiques, métalliques ou organiques.

Les premiers se forment directement, et souvent même à la température ordinaire. Tous, sauf ceux de carbone, sont décomposés par l'eau, avec production d'acide chlorhydrique et d'un oxacide.

Ceux de carbone peuvent être considérés comme produits ultimes de la substitution chlorée d'hydrocarbures.

Les chlorures métalliques se rencontrent dans la nature. On y trouve : la sylvine, KCl ; la carnalite, $KCl, Mg^2Cl, 4 H^2O$; le sel gemme, $NaCl$; le salmiac, NH^4Cl ; le calomel, Hg^2Cl ; le kérargyre, $AgCl$.

La composition des chlorures dépend de l'atomicité du métal. Les proportions du chlore qui se combinent avec ce métal varieront selon son atomicité. En rapportant les formules au premier type, on a des protochlorures répondant au type $\frac{H}{Cl}$, formule MCl, comme ceux de potassium, de mercure, d'argent ; des bi ou dichlorures $\frac{H^2}{Cl^2}$, formule M^2Cl^2, MCl^2, comme ceux de platine, de calcium, de cuivre ; des trichlorures $\frac{H^3}{Cl^3}$, formule MCl^3, M^2Cl^6, comme ceux de phosphore, de bismuth ; des sesquichlorures, formule M^2Cl^6, comme ceux de fer, d'alumine ; des tétrachlorures $\frac{H^4}{Cl^4}$, formule MCl^4, comme ceux de silicium, de titane ; des pentachlorures $\frac{H^5}{Cl^5}$, comme celui d'antimoine ; des hexachlorures, formule MCl^6, comme celui de molybdène.

On divise encore les chlorures en *chlorures acides* et en *chlorures basiques*. Leur combinaison engendre des chlorures salins, chlorosels ou chlorures doubles.

On prépare les chlorures métalliques par combinaison directe, par substitution, par double décomposition.

Les chlorures sont généralement solides à température ordinaire, et possèdent une apparence saline bien plus prononcée que les oxydes et les sulfures. Quelques-uns sont liquides, le bichlorure d'étain, le pentachlorure d'antimoine. Ces derniers ont une odeur irritante et fument à l'air. Leur couleur dépend de la nature du métal et de l'hydratation du chlorure.

Les chlorures fondent à une température peu élevée, quelques-uns si facilement qu'on les a nommés *beurres métalliques* Tels le trichlorure d'antimoine, ceux de bismuth et de zinc.

Ils sont pour la plupart volatils, surtout les plus chlorurés, et distillent sans altération. Cette volatilité avait été remarquée par les alchimistes, qui disaient que le chlore donne des ailes aux métaux et que l'oxygène les leur coupe.

Ils sont solubles dans l'eau, excepté ceux au minimum de mercure, de cuivre, de platine, et le chlorure d'argent. Les chlorures de plomb, de thallium, de rhodium, de platine, le sesquichlorure de chrome sont peu solubles. Anciennement, ces dissolutions étaient considérées comme des solutions d'hydrochlorates ou de muriates. Ils sont en effet formés par action de l'acide muriatique sur un oxyde, et on peut très bien ne pas remarquer la formation d'eau lorsqu'on opère par voie humide. Mais si on opère par voie sèche, si, par exemple, on fait passer de l'acide chlorhydrique sec sur de l'oxyde d'argent chauffé dans un tube à boule, on voit à l'extrémité du tube se dégager des vapeurs d'eau.

La chaleur décompose les chlorures anhydres des deux dernières sections, sauf ceux d'argent et de mercure, ramène à l'état anhydre ceux qui étaient hydratés et peut par conséquent modifier leur couleur : c'est le principe des encres sympathiques. Enfin elle ramène à un état de chloruration inférieure certains chlorures au maximum, comme ceux de cuivre, de platine.

La lumière attaque le chlorure cuivreux, le chlorure d'argent qui, d'après *Gay-Lussac*, perd la moitié de son chlore.

L'électricité décompose tous les chlorures. Le métal se rend au pôle négatif, ce qui permet de préparer le baryum, le strontium à l'aide de leurs chlorures fondus. Un cas curieux est celui où le courant est produit par le métal lui-même, comme, par exemple, une lame d'étain plongée dans une solution de protochlorure d'étain.

L'électrolyse des chlorures des métaux alcalins en solution aqueuse est un phénomène très complexe. A côté de la réaction principale, $NaCl + H^2O = Cl + NaOH + H$, dit *L. Gourwitsch* (Mon. scient., 1896), il en est d'autres qui s'établissent avec une intensité variable, et fournissent différents composés oxygénés du chlore, ou reproduisent le chlorure de sodium.

D'après *F. Oettel* (1896), l'électrolyse des solutions neutres de chlorures alcalins fournit toujours beaucoup d'hypochlorite ; celle des solutions alcalines fournit beaucoup de chlorate.

Les métaux d'une section décomposent les chlorures des métaux des sections supérieures. L'ordre d'affinité du chlore pour les métaux est donc le même que celui de l'oxygène. On a ainsi des phénomènes de substitution et de réduction ; ces derniers sont appliqués à la préparation de certains métaux, soit par voie humide même à froid comme dans l'action du zinc sur le chlorure d'argent, du fer ou du zinc sur le perchlorure de fer, soit par voie sèche à chaud comme dans l'action du sodium sur le chlorure d'aluminium *(Woehler)*, de l'étain ou de l'antimoine sur le chlorure mercurique. Comme l'or ne présente pas ce dernier effet, on en a tiré parti pour le séparer de l'étain et de l'antimoine. Remarquons enfin que, dans l'action du mercure sur le chlorure cuivrique, on a non pas réduction, mais production de chlorure mercureux et de chlorure cuivreux.

L'eau agit comme dissolvant simple sur les chlorures qui cristallisent par évaporation. Mais elle agit aussi comme agent chimique. C'est ainsi qu'elle donne un précipité blanc d'oxychlorure avec les chlorures d'antimoine et de bismuth, qu'elle décompose à l'ébullition les chlorures indifférents, qu'une solution de chlorure de magnésium ou de chlorure d'aluminium évaporée à sec dégage de l'acide chlorhydrique et laisse un oxyde comme résidu.

Certains chlorures, ceux de calcium, d'aluminium, d'étain, de titane, d'argent, absorbent l'ammoniaque.

Un chlorure chauffé avec l'acide sulfurique donne de l'acide chlorhydrique, et du chlore si on agit en présence de bioxyde de manganèse.

L'azotate de plomb et le nitrate mercureux donnent des précipités solubles dans beaucoup d'eau. Le nitrate d'argent donne le précipité blanc caractéristique de chlorure d'argent.

La plupart des chlorures se préparent par action directe du chlore sur le métal ou sur l'oxyde.

Applications du chlore. — Le chlore gazeux joue un rôle considérable dans la préparation des hypochlorites commerciaux ou chlorures décolorants du commerce par son action directe et ménagée sur les oxydes, potasse, soude, chaux, etc. Il sert encore à préparer certains chlorures métalliques par action directe sur le métal, fer, etc., et les chlorates par action directe et aidée de la chaleur sur les oxydes ; il sert aussi à préparer les permanganates, les ferricyanures ; enfin certains composés organiques chlorurés, tels le chloral, le chloroforme.

Le chlore gazeux a été proposé pour le chlorage de la laine en vue de faciliter son impression ultérieure.

Pour chlorer la laine, *Farbwerke in Höchst* (br. all., 1896) la traitent par du chlore mélangé ou non à l'air, sans dépasser 25 litres de chlore par kilo de laine. Celle-ci acquiert une plus grande affinité pour les matières colorantes et en même temps un aspect soyeux.

Le chlore gazeux a été également proposé pour augmenter le pouvoir colorant des extraits tinctoriaux. Le procédé américain dans lequel l'hématoxyline est oxydée en hématéine au moyen du chlore, est bon d'une manière générale, mais il offre aussi des inconvénients, et il n'y a pas lieu de supposer qu'il trouve un emploi développé dans l'industrie.

Dans les laboratoires, on se sert d'eau de chlore comme réactif pour séparer le brome et l'iode de leurs combinaisons, et les caractériser. Cette réaction est aussi utilisée dans l'industrie de la préparation du brome et de l'iode.

Enfin l'eau de chlore est utilisée à la préparation du chlorure d'or, à la séparation de l'or et de l'argent de leurs gangues, à reprendre l'étain aux déchets de fer-blanc. Le chlore sert encore à purifier le charbon d'origine organique.

Mais c'est en qualité de décolorant et de désinfectant que le chlore est le plus souvent utilisé. Ses propriétés décolorantes et désinfectantes sont la conséquence de ses substitutions à l'hydrogène dans les composés organiques.

Le chlore décolore le tournesol, l'indigo, la cochenille, l'encre, etc. Dans le cas de l'encre il reste une carcasse d'oxyde ferrique, que les sulfures colorent en noir, le ferrocyanure de potassium ou prussiate jaune en bleu, et que l'acide chlorhydrique dissout.

Les propriétés décolorantes du chlore ont été constatées pour la première fois par *Scheele*. Mais c'est à *Berthollet* qu'on doit d'avoir indiqué leur utilisation pour le blanchiment industriel, 1785. Le chlore sert à blanchir les fibres d'origine végétale, le lin, le coton, la ramie, le jute, etc., c'est-à-dire celles qui ne renferment pas d'azote. Les fibres animales qui renferment de l'azote jaunissent sous l'action du chlore, et réclament d'autres décolorants.

Le chlore gazeux n'est guère utilisé que pour le blanchiment des chiffons effilochés destinés à la confection du papier, et l'eau de chlore pour le blanchiment des vieilles gravures ou pour l'enlèvement des taches d'encre. On n'emploie guère pour le blanchiment des fibres que les chlorures commerciaux. Voir plus loin : Composés oxygénés du chlore.

L'action désinfectante du chlore a été signalée par *Hellé* en 1785. *Fourcroy* le recommanda vivement en 1791 contre les miasmes, les épidémies, etc. *Guyton de Morveau* combina un petit appareil permanent de désinfection.

Le rôle du chlore comme désinfectant a été étudié par *G.-C. Clayton* (J. of S. of chem. Ind., 1896). Le chlore gazeux ou en solution aqueuse tue les germes par suite de son affinité pour l'hydrogène et de la libération d'oxygène naissant qu'il cause en présence de l'humidité. L'action microbicide du chlore est plus active en présence d'humidité que si l'on prend du chlore sec. Le chlorure de chaux renferme 35 pour 100 de chlore ; mais la forte proportion de chaux qu'il contient diminue son action microbicide ; une solution à 3 pour 100 pendant deux heures s'est montrée bon microbicide. Comme le chlore dissout l'albumine au lieu de la coaguler, ainsi que le fait le sublimé corrosif, l'acide phénique, le crésol, le chlore présente sur eux un réel avantage; de plus, le chlorure de sodium est facilement soluble.

L'usage le plus fréquent du chlore dans l'art médical est la *fumigation* guytonnienne du Codex, qui représente simplement le mode de préparation préconisé par Scheele-Berthollet. Les proportions indiquées par le Codex sont 250 grammes chlorure de sodium pulvérisé, 100 grammes bioxyde de manganèse, 200 acide sulfurique du commerce, 200 eau commune. On ferme bien la pièce où l'on doit faire la fumigation chlorée ; on mélange dans une terrine, ou mieux dans une capsule modérément chauffée, le chlorure de sodium avec le bioxyde de manganèse, et on arrose le tout avec le mélange d'acide sulfurique et d'eau. Le dégagement du chlore commence aussitôt. La quantité de chlore ainsi dégagée suffit pour une chambre d'environ 100 mètres cubes de capacité.

Les chlorures que nous verrons sont :

l'acide chlorhydrique HCl,
le chlorure de potassium KCl,
le chlorure de sodium NaCl,
le chlorure d'ammonium NH^4Cl,
le chlorure de baryum $BaCl^2$,
le chlorure de calcium $CaCl^2$,
le chlorure de magnésium $MgCl^2$,
le chlorure d'aluminium Al^2Cl^6,
le chlorure de zinc $ZnCl^2$,
le chlorure ferrique Fe^2Cl^6,
le chlorure de nickel $NiCl^2$,
le chlorure de cobalt $CoCl^2$,
le chlorure stanneux $SnCl^2$,
le chlorure stannique $SnCl^4$,
le chlorure d'antimoine $SbCl^3$,
le chlorure de plomb Pb^2Cl,
le chlorure de bismuth $BiCl^3$,
le chlorure de cuivre Cu^2Cl^2,
le chlorure mercureux Hg^2Cl^2,
le chlorure mercurique $HgCl^2$,
le chlorure d'argent $AgCl^3$,
le chlorure d'or Au^2Cl^3,
le chlorure de platine $PtCl^4$.

Acide chlorhydrique HCl. — L'*acide chlorhydrique* se produit dans l'action des acides sur les chlorures, en particulier dans celle de l'acide sulfurique SO^4H^2 sur le chlorure de sodium NaCl : $NaCl + SO^4H^2 = HCl + SO^4Na^2$. C'est un produit accessoire de la fabrication de la soude par le procédé *Leblanc,* où la préparation du sulfate de sodium se fait sur une grande échelle.

L'acide chlorhydrique est un gaz incolore, d'une odeur très piquante ; il fume à l'air parce qu'il est très avide d'eau. C'est même l'un des gaz les plus avides d'eau que l'on connaisse. Si l'on débouche un flacon plein de gaz HCl sous l'eau, celle-ci s'élance dans le flacon et le remplit comme s'il était vide. Le mélange de l'acide HCl et de la neige spongieuse donne un abaissement de température de —35°. L'acide est très soluble dans l'eau qui en dissout environ 460 fois son volume à 10°. C'est cette dissolution, connue sous le nom d'*esprit de sel* (1), dont on se sert presque uniquement. Pure, elle est incolore ; mais le produit commercial est habituellement coloré en jaune par du chlorure ferrique, et renferme de l'acide sulfurique entraîné et un peu d'acide sulfureux ; ce chlorure ferrique résulte de l'action du mélange chlorosulfurique sur la fonte à température élevée. L'acide sulfureux provient de la réduction de l'acide sulfurique, particulièrement sous l'action des matières goudronneuses qui ont servi à la dénaturation du sel.

Pour obtenir de l'acide chlorhydrique pur, il faut employer de l'acide sulfurique débarrassé de toute trace d'arsenic. G. *Le Roy* (Bull. de Rouen, 1898) arrive plus simplement au résultat, avec l'acide chlorhydrique commercial, en soumettant le gaz parfaitement desséché à une légère compression, suivie d'une détente, simultanément avec un abaissement de température ; le chlorure d'arsenic y contenu se liquéfie.

L'acide chlorhydrique est un acide très énergique, le type des hydracides ; c'est un poison irritant des plus inflammatoires lorsqu'il est pris à l'intérieur. Il est un caustique violent lorsqu'il est mis en contact avec la peau ou les muqueuses.

Comme cet acide coûte très bon marché, dans certaines industries où il se produit comme un résidu, on a parfois intérêt à le perdre plutôt qu'à le recueillir. Ses applications sont fort nombreuses, et on l'emploie dans tous les cas où l'on a besoin d'un acide, sans qu'on soit forcé de prendre tel acide bien spécifié.

Ses propriétés chimiques les plus remarquables sont de donner avec l'eau des hydrates bien définis ; de donner par oxydation (oxygène. air, oxyde) du chlore et de l'eau : c'est la base de la préparation du chlore ; de dissoudre un grand nombre de métaux, tels le fer, le zinc, l'étain : c'est l'un des moyens les plus pratiques pour avoir de l'hydrogène et les chlorures métalliques. Il donne avec le gaz ammoniac du chlorhydrate d'ammoniaque ; les deux gaz incolores, en se combinant à volumes égaux, donnent naissance à un solide blanc.

La réaction caractéristique de l'acide chlorhydrique est le précipité blanc de chlorure d'argent qu'il donne avec l'azotate d'argent.

En qualité d'acide, il est employé à la préparation d'un grand nombre

---

(1) L'acide chlorhydrique a porté aussi le nom d'*acide marin, acide muriatique* (muria, saumure), d'*acide hydrochlorique.*

de corps simples ou composés, le chlore surtout, mais aussi l'hydrogène, l'acide sulfhydrique, l'acide carbonique pour les eaux gazeuses, les chlorures d'ammonium, de zinc, d'étain, l'eau régale. Il détruit les incrustations des chaudières. Il sert à nettoyer les murs des édifices noircis par le temps ; le procédé est bien supérieur au grattage, mais il faut avoir soin d'effectuer ensuite un lavage à fond ; la solution que l'on emploie doit être à 32 grammes par litre. Il convertit le sucre dextrogyre en lévogyre, dans le traitement des mélasses de betteraves pour alcools.

Étendu de 10 parties d'eau, il donne de bons résultats dans le traitement des engelures. Il sert en thérapeutique comme adjuvant de la pepsine et pour préparer la limonade chlorhydrique.

Dans l'industrie, c'est un résidu qu'on a eu parfois intérêt à perdre, dont le prix était bien inférieur à celui des vases qui le contenaient ; mais, aujourd'hui qu'une partie de la soude se prépare par le procédé *Solvay,* qui ne donne pas d'acide chlorhydrique, et que ses applications se sont multipliées, sa valeur a augmenté.

Il sert à purifier les argiles destinées à la préparation de produits réfractaires, les sables destinés à la verrerie, le noir animal après son usage en sucrerie. Comme il dissout le phosphate de chaux, on l'emploie pour isoler la gélatine des os. Comme il s'unit à l'oxyde de fer pour donner un chlorure soluble, on s'en sert pour enlever toutes les taches de fer. C'est enfin l'acide par excellence des nettoyages domestiques.

Dans les laboratoires, c'est le réactif de l'ammoniaque, parce qu'il donne avec elle des vapeurs blanchâtres ; c'est aussi le réactif des sels de plomb, de mercure au minimum et d'argent, parce qu'il produit dans leurs dissolutions des précipités de chlorures insolubles.

Chlorure de potassium KCl. — Le chlorure de potassium est le

plus important, au point de vue industriel, de tous les sels de potassium, parce qu'on s'en sert pour préparer le plus grand nombre des autres sels : chlorate, azotate, sulfate et, par conséquent, carbonate.

Le chlorure de potassium s'extrait des mines de Stassfurt. La première fabrique date de 1861. On le retire encore des eaux-mères des marais salants. Le raffinage des cendres de varechs, l'exploitation des salins de betteraves, le traitement des sels de suint fournissent également du chlorure de potassium. Les quantités moyennes contenues dans ces différentes sources sont données par le tableau suivant :

Mines de Stassfurt..........	La carnalite en renferme 16 pour 100.
Eaux-mères des marais salants.	5 à 6 kilos par mètre cube d'eau de mer.
Cendres de varechs	14 pour 100.
Salins de betteraves........	20 pour 100.
Suint de mouton...........	12 à 17 pour 100.

Le chlorure de potassium cristallise anhydre en cubes transparents. Il

fond à 740° et se volatilise au rouge vif sans se décomposer. Il se dissout
dans trois fois son poids d'eau à 15°, dans un peu moins de son poids à 100° ;
cette dissolution est accompagnée d'un abaissement notable de température. Il est peu soluble dans l'alcool.

Le chlorure de potassium est employé comme condiment à la place du
chlorure de sodium par certaines populations de l'Afrique, *J. Dybowski*
(C. R., 1893), *L. Frédéricq* (Ac. de Belgique, 1898).

Chlorure de sodium   NaCl. — C'est le *sel ordinaire*, il est très
répandu dans la nature ; le chlorure de sodium se rencontre à l'état solide
dans les mines de *sel gemme*, et à l'état de dissolution dans l'eau de la
mer et dans les eaux des sources salées.

Les mines de sel gemme proviennent, vraisemblablement, de l'évaporation des mers anciennes. Les plus importantes sont celle de *Vieliczka*, en
Pologne, où toute une population vit sous terre, sans presque jamais
remonter à la surface, celle de *Cardona*, en Espagne, où l'exploitation se
fait à ciel ouvert, celles de *Vic*, de *Dieuze*, en France. L'Algérie renferme
aussi des dépôts très puissants. On peut y rattacher les dépôts des *Chott*
ou lacs salés desséchés.

L'exploitation des mines de sel gemme se fait soit à ciel ouvert, soit
par puits et galeries comme celle de toute autre mine. Si le sel est impur,
on procède par trou de sonde et de dissolution au moyen d'un courant
d'eau. Les liqueurs sont traitées comme nous allons voir pour les eaux
des sources salées.

Le sel gemme est souvent très pur ; le sel gemme blanc de *Vieliczka*
représente du chlorure de sodium absolument pur.

Les mines de sel de *Vieliczka* présentent trois couches, une supérieure
imprégnée d'argile, une couche moyenne très pure, une couche inférieure
imprégnée de quartz est réservée à l'industrie chimique. Les galeries
de ces intéressantes mines développent 80 kilomètres ; la température
atteint 40°. La tonne revient à la fosse à 10 fr. 10, et elle est revendue,
par le gouvernement qui a le monopole, 104 francs pour le sel industriel,
177 francs pour le sel mélangé d'argile, et 208 francs pour le sel pur.
Le dépôt a 3 600 mètres de longueur sur 800 mètres de largeur maxima.

Les eaux des sources salées, ou celles des lacs salés, tels le *Saltlake*,
des Etats-Unis, l'étang de *Berre*, en France, sont le plus souvent de
richesse insuffisante et on est obligé de les concentrer afin d'en retirer le
sel plus aisément. Cet enrichissement ou graduation peut se faire par
évaporation spontanée au soleil ou sur des bâtiments de graduation
garnis de fagots d'épines. Pour extraire le sel de l'eau salée, on évapore
l'eau enrichie dans des chaudières évaporatoires appelées *poêles* ; ou bien
on soumet l'eau salée à une série de réfrigérations qui permet d'enlever
l'eau sous forme de glace.

Lorsqu'on se sert de poêles, il se forme sur les parois des chaudières
des incrustations, le plus souvent formées par une croûte de sulfate double
de sodium et de calcium, qu'on nomme *schlot*.

L'eau de la mer renferme une grande proportion de chlorure de sodium. L'eau de l'océan Atlantique contient 36 kilos 1/2 de substances solides dissoutes par mètre cube d'eau, soit, environ 27 kilos 1/2 de chlorure de sodium, 3 kilos de chlorure de magnésium, 1 kilo 400 de chlorure de potassium, 2 kilos de sulfate de magnésium, 1 kilo 800 de sulfate de calcium et 0 gr. 500 de bromure de sodium ou de magnésium. On en retire des quantités considérables de *sel marin* par l'évaporation spontanée dans de vastes bassins. Cette exploitation se fait en France sur les côtes de l'océan Atlantique (marais salants) ou sur les côtes de la Méditerranée (salins). Ces bassins, marais salants ou salins, renferment les eaux de la mer sous une faible couche, et on fait passer celle-ci d'un compartiment dans un autre, jusqu'à ce qu'elles arrivent sur des aires ou tables salantes, où leur évaporation, qui dure une cinquantaine de jours l'été, laisse déposer du *sel gris* ou *gros sel* souillé de terre. Les eaux-mères des marais salants ne sont pas seulement traitées pour chlorure de sodium, on en extrait aussi des sels de potassium et de magnésium. Les dernières eaux-mères servent à l'extraction du brome et de l'iode.

On raffine le *sel gris* pour arriver au sel blanc ; ce raffinage consiste à dissoudre le sel gris dans l'eau, à précipiter la magnésie par de la chaux, et à évaporer la dissolution. Si l'évaporation est lente, on obtient du *sel gros* (sel du Dimanche en Allemagne) ; mais si l'évaporation est rapide, on obtient du *sel fin fin*. A Paris, on raffine les sels qui ont servi à la salaison de la morue, mais il faut auparavant les soumettre à une calcination afin de détruire la matière organique.

On obtient également du sel gris ou gros sel au moyen des produits des mines ou des sources, en produisant une grosse cristallisation dans les chaudières, puis en saupoudrant la masse d'une fine poussière grise.

Le *sel marin* livré au commerce pour *sel de cuisine* renferme pour 100 parties :

Chlorure de sodium	88	à 98
Chlorure de magnésium	0,15	à 0,95
Sulfate de magnésium	0,05	à 0,4
Sulfate de calcium	0,05	à 1,5
Matières terreuses	0,05	à 0,5
Eau	0,1	à 9.

Le chlorure de sodium est un sel incolore, transparent, d'une saveur caractéristique. Il est soluble dans l'eau, mais sa solubilité reste à peu près constante avec la température : 1000 parties d'eau dissolvent 360 grammes de NaCl à 18° et 404 à 109°. Il est insoluble dans l'alcool absolu, peu soluble dans l'alcool étendu ; il colore la flamme en jaune. Sa d = 2,1. Il fond au rouge clair et se volatilise au rouge sombre.

Le chlorure de sodium cristallise en cristaux cubiques. Lorsque cette cristallisation s'opère par évaporation à la température ordinaire d'une solution saturée, elle s'effectue à la surface du liquide, et donne souvent naissance à de petites pyramides quadrangulaires creuses, que l'on nomme *trémies,* qui sont constituées par l'accolement de cubes et dont les parois représentent une série de gradins.

Pour avoir du chlorure de sodium pur, on dissout le sel dans trois fois son poids d'eau, on ajoute du carbonate de sodium goutte à goutte jusqu'à ce que tous les sels terreux soient précipités ; on filtre, on évapore dans une capsule en porcelaine, on enlève avec une spatule les cristaux qui se forment pendant l'évaporation, on les laisse égoutter dans un entonnoir ; on les lave avec une petite quantité d'eau distillée, et lorsque tout le liquide s'est écoulé, on fait sécher les cristaux.

Le chlorure de sodium tout a fait pur n'est pas hygroscopique. Mais lorsqu'il renferme un peu de chlorure de magnésium ou de calcium, il attire avec rapidité l'humidité de l'air et tombe en déliquescence.

Les cristaux sont anhydres, mais comme ils retiennent le plus souvent un peu d'eau, ils *décrépitent* si on les chauffe ; ce phénomène est dû à ce que l'eau transformée en vapeur brise les cristaux et les projette. S'ils tombent sur le charbon, ils peuvent éteindre le feu. Le sel, en effet, fond et forme une sorte de carapace vitrée qui empêche l'accès de l'air. On peut se servir avec avantage de cette propriété pour se préparer à peu de frais de véritables extincteurs d'incendie ; une solution à 3 parties d'eau pour 1 de sel, ou à 3 parties d'eau pour 1 de sel ordinaire et 1/2 de sel ammoniacal, constitue un excellent extincteur.

Le chlorure de sodium soumis à l'électrolyse donne du chlore et du sodium, ou du chlore et de la soude caustique, ou de l'hypochlorite de sodium, ou du chlorate de sodium.

Le principal usage du chlorure de sodium repose sur le rôle qu'il joue dans l'alimentation de l'homme et des animaux ; il agit en activant la nutrition et la circulation. Il est indispensable à la nourriture, et l'animal meurt rapidement dans l'épuisement, si on élimine d'une façon absolue le chlorure de sodium de son alimentation. On évalue au dixième de son poids la quantité de sel que chaque animal absorbe annuellement. Le sel est donc une denrée de première nécessité. Les populations de l'intérieur des terres, qui n'ont pas de mines de sel gemme à proximité, entreprennent de longs voyages pour se le procurer, et les briques de sel sont, à l'intérieur de l'Afrique, l'objet d'un négoce important. On raconte que, le sel ayant été refusé à des serfs en Russie, ils tombèrent dans une anémie qui ne cessa que lorsqu'on le leur rendit. L'homme en absorbe 10 grammes par jour ; il excite l'appétit. A haute dose, il est purgatif et émétique.

Le sel est également employé en agriculture dans l'alimentation du bétail. Les animaux en sont très friands, et on excite leur appétit, ou bien on leur fait utiliser des fourrages de seconde qualité, en ajoutant à leur ration journalière une certaine proportion de sel. Dans les grands pays d'élevage en plein air, par exemple en Australie, on utilise l'attrait que le sel exerce sur les troupeaux pour les rassembler chaque soir.

L'une des applications les plus intéressantes du chlorure de sodium est la préparation du *sérum artificiel*. Le plus employé consiste simplement en une dissolution à 7 pour 1000 ; on emploie aussi une dissolution à 4 pour 1000 et 2 de carbonate de soude. Le sérum artificiel sert dans les circonstances les plus diverses ; tantôt il exerce une action bienheureuse pour réveiller l'organisme, comme c'est le cas dans les maladies chroniques, la convalescence, l'affaiblissement nerveux, et on procède alors par doses de 1 à 10 grammes qu'on injecte sous la peau à intervalles de deux ou quatre jours ; tantôt il sert à remplacer le sang, dans les cas d'hémorragies, empoisonnements, maladies infectieuses, et on utilise alors des doses qui vont jusqu'à 1 litre. Il se produit de véritables résurrections.

Le sel existe dans le plus grand nombre des aliments naturels, et en quantité parfois très variable. C'est à tort que la loi française a décidé que les vins qui en renferment plus de 1 gramme par litre seraient regardés comme falsifiés, attendu que *E. Bonjean* (1898) en a trouvé jusqu'à 15 grammes dans des vins naturels d'Algérie.

Le sel étant pour l'homme un objet de première nécessité, l'impôt qui le frappe chez un grand nombre de peuples est un impôt mauvais en soi-même, et lorsqu'il est exagéré, il ne peut manquer d'exciter des révoltes; l'histoire en témoigne. En France, le sel est soumis à un impôt de 10 centimes par kilo.

Les sels destinés à l'industrie en sont exempts, à condition d'être dénaturés de manière à ne pouvoir servir à l'alimentation ou à la préparation de produits alimentaires. Voir le décret du 7 juillet 1897 (J. offic., 23 juillet 1897).

Le sel est le conservateur le plus utilisé dans la pratique. On l'utilise dans la salaison des viandes, du poisson, du beurre. En ce qui concerne les viandes et le poisson, il faut constater qu'il les modifie en les durcissant et en les rendant plus indigestes. On s'en sert pour conserver les jaunes d'œufs destinés à la mégisserie.

En salant très abondamment le beurre, jusqu'à 15 pour 100, il se conserve très bien ; mais, pour le rendre comestible, on est obligé de lui enlever cette forte proportion de sel. *R. Backhaus* (br. all., 1895) le traite dans un appareil émulseur par du petit lait, qui reprend le sel. *Mme Blanchon* (br. fr., 1897) opère la salaison du beurre en présence d'acide citrique. Le beurre divisé en petits fragments est mis en contact, pendant dix jours, avec un premier bain constitué par : 8 kilos 1/2 sel, 850 grammes acide citrique, 140 litres eau, pour 100 kilos de beurre; puis avec un second bain renfermant moitié moins de sel et d'acide citrique avec 4 kilos 1/4 de sucre et 14 gouttes d'essence de noisette.

Le sel est employé également pour conserver les bois.

On utilise le sel dans la préparation du chlore, du chlorhydrate d'ammoniaque, de l'acide chlorhydrique, dans le grillage des minerais d'argent, pour le salage ou précipitation des savons, pour l'alunage des peaux mégies, pour vernir les grès et les poteries, pour précipiter les couleurs dans leurs solutions aqueuses, *P. Monnet* (br. fr., 1859); en bains, etc., pour augmenter la solubilité de l'émétique.

Une solution de sel à 120 grammes par litre d'eau, d = 1.073, permet de constater si les œufs sont frais ou non ; les œufs frais tombent au fond, les œufs non frais surnagent, car ils renferment des gaz qui les rendent plus légers.

Chlorure d'ammonium NH^4Cl. — *Sel ammoniac, ou chlorhydrate d'ammoniaque* (NH^3, HCl). Il s'extrayait autrefois de l'Egypte, où on le préparait en calcinant la fiente de chameau. Aujourd'hui on le prépare en recevant directement dans de l'acide chlorhydrique étendu d'eau l'ammoniaque provenant d'une préparation industrielle. Il se produit d'ailleurs, sous forme de poudre blanche, lorsqu'on fait réagir directement l'un sur l'autre, du gaz chlorhydrique et du gaz ammoniac. On le purifie par simple sublimation. Le chlorhydrate d'ammoniaque sublimé est difficile à pulvériser.

Il est soluble dans son poids d'eau à 100° et dans 2 fois 5 son poids d'eau à 18°. Il est moins soluble dans l'alcool.

Il se volatilise au-dessus du rouge, sans subir ni fusion, ni décomposition.

Le chlorure d'ammonium sert à désagréger les substances peu ou point solubles. Pour cela, on chauffe le mélange à 200 — 300°C et 2 à 3 atmosphères, *Pataky* (br. all., 1895).

C'est le sel actif des piles *Leclanché*, si employées pour les usages domestiques.

En thérapeutique, c'est un fondant.

Chlorure de baryum $BaCl^2$. — Le chlorure de baryum est la matière première qui sert à la préparation des autres composés barytiques. C'est le réactif de l'acide sulfurique, parce qu'il se produit, par leur action réciproque, du sulfate de baryte, poudre blanche insoluble dans l'eau, les acides, l'ammoniaque.

Il se présente sous forme de cristaux $BaCl^2 + 2 H^2O$, à saveur piquante, inaltérables à l'air, solubles dans l'eau : 100 parties d'eau en dissolvent 43,5 à 15° et 78 à 100° ; insolubles dans l'alcool absolu. La solubilité dans l'eau est diminuée par la présence de l'acide chlorhydrique.

Sa propriété de précipiter les sulfates dissous en donnant du sulfate de baryte insoluble, est appliquée pour l'épuration des eaux sulfatées.

Proposé par *Duke* (1896) pour manchons de lampes. On imprègne le tulle, on le brûle, on porte à une haute température pour faire fondre.

Chlorure de calcium $CaCl^2$. — Le chlorure de calcium est un corps très avide d'eau, dont on se sert pour dessécher les gaz ou pour préparer des mélanges réfrigérants. On le prépare en dissolvant de la craie dans l'acide chlorhydrique : $CO^3Ca + 2 HCl = CaCl^2 + CO^2 + H^2O$. La dis-

solution concentrée et refroidie laisse déposer des cristaux $CaCl^2 + 6\,H^2O$, très déliquescents et très avides d'eau. Ils s'y dissolvent aisément, puisque 100 parties d'eau en dissolvent 400 parties à 15° ; cette dissolution est accompagnée d'un abaissement de température qui peut aller de 0° à —45°, si on emploie pour le mélange réfrigérant 2 parties de neige et 3 parties de $CaCl^2$ en cristaux.

Si l'on chauffe les cristaux $CaCl^2 + 6\,H^2O$, ils commencent par fondre dans leur eau de cristallisation ; puis ils perdent à 200° 4 molécules d'eau et se prennent par le refroidissement en une masse poreuse blanche très avide d'eau, que l'on emploie pour dessécher les gaz.

Si l'on porte la température au-dessus de 200°, le chlorure de calcium perd toute son eau près du rouge, subit à 720° la fusion ignée, et se prend par le refroidissement en une masse blanche cristalline extrêmement avide d'eau, et qui convient encore mieux que la formule précédente pour dessécher les gaz ; mais elle est moins employée parce qu'elle coûte plus cher à préparer, puisqu'elle nécessite une plus forte dépense de charbon.

Le chlorure de calcium qui a été employé pour dessécher les gaz et qui est devenu inerte parce qu'il a absorbé l'humidité, recouvre son pouvoir absorbant, si on le chauffe suffisamment pour lui faire perdre cette humidité.

On peut utiliser les propriétés hygroscopiques du chlorure de calcium dans l'économie domestique, en plaçant dans les caves 1 ou 2 kilos de chlorure de calcium, qui, absorbant l'humidité, contrarient la germination des graines et des légumes.

Chlorure de magnésium $MgCl^2$. — Le chlorure de magnésium existe dans les eaux de la mer, dans celles d'un grand nombre de sources, et dans les dépôts de Stassfurt, à l'état de carnalite, KCl, $MgCl^2$, $6\,H^2O$.

On l'obtient à l'état hydraté, fondu ou anhydre. A l'état hydraté, on l'obtient soit en dissolvant de la magnésie blanche dans l'acide chlorhydrique et évaporant lentement la dissolution, soit en concentrant les eaux-mères du traitement de la carnalite jusqu'à $d = 1,40$ du liquide bouillant, puis laissant refroidir ; il se présente en une masse cristalline, qu'on enfûte sous cette forme et qu'on emploie directement. En concentrant la dissolution jusqu'à $d = 1,43$ à $1,44$, la masse obtenue par refroidissement est cireuse : c'est l'état dit fondu, mais le sel dit fondu ne diffère de l'état ordinaire que par environ la moitié d'une molécule d'eau en moins. Le chlorure de magnésium anhydre peut s'obtenir en chauffant dans un courant d'acide chlorhydrique le sel hydraté.

Le chlorure de magnésium est un sel fort déliquescent. On l'emploie dans les apprêts pour rendre et maintenir l'apprêt humide.

Le chlorure de magnésium employé à l'encollage présente l'inconvénient de se dissocier parfois en donnant de l'acide chlorhydrique qui nuit à la fibre ou produit des taches de rouille au contact du fer ; *Dupré* (br. all., 1895) obvie à cet inconvénient en ajoutant du borax.

Lorsqu'on chauffe le sel hydraté pour le déshydrater, il se dégage HCl par une réaction inverse de celle qui permet de le préparer. Si l'on continue à chauffer, le dégagement de HCl est accompagné de la formation d'un oxychlorure de magnésium, qui porté au rouge sombre donne du chlore. Ceci explique pourquoi l'on ne peut pas préparer le sel anhydre directement en chauffant le sel hydraté, et pourquoi, lorsqu'on distille l'eau de mer sur les navires pour avoir de la boisson, il faut éviter de pousser cette distillation au delà d'un certain degré de concentration de l'eau de mer, sans quoi le chlorure de magnésium qui y est renfermé se décomposerait avec production de HCl. Les réactions de décomposition en HCl ou Cl ont fait la base des procédés *Weldon, Péchiney, Schlœsing* pour la préparation du chlore.

La production de Stassfurt en chlorure de magnésium varie entre 100 000 et 200 000 tonnes par année. La consommation reste bien en deçà, puisque l'application la plus importante, celle de l'apprêt des filés de coton pour le tissage, n'en absorbe que 6 à 10 000 tonnes. Les autres applications sont les suivantes :

Epuration des eaux résiduelles des sucreries, des amidonneries, des teintureries : on emploie dans ce but un mélange de 1 partie chlorure de magnésium pour 5 parties chaux ;

Epuration du gaz d'éclairage pour absorber l'ammoniaque, le chlorure de magnésium comme de nombreux chlorures donnant avec l'ammoniaque un composé double ;

Epuration des eaux savonneuses, avec récupération des acides gras ;

Carbonisation de la laine, *Frank* ;

Fabrication de ciments : un mélange de chlorure et d'oxyde de magnésium donne un ciment très dur que l'on utilise pour agglomérer les meules d'émeri.

Le chlorure de magnésium attaque les métaux. Mais avec 2 pour 100 de borax et 10 de glycérine, *Dupré* (br. all., 1895) s'en sert comme liquide de presses hydrauliques. La glycérine a pour but d'empêcher la congélation.

En thérapeutique, c'est un purgatif doux, qui se trouve dans certaines eaux minérales.

Chlorure d'aluminium Al^2Cl^6.

— Il se prépare par l'action du chlore sur l'aluminium métallique ou sur un mélange d'alumine et de charbon. C'est une masse cristalline, transparente, souvent rendue jaunâtre par la présence d'un peu de fer, volatile sans fusion, très déliquescente et très avide d'eau. A l'air humide il répand d'épaisses fumées irritantes. En se dissolvant dans l'eau, il dégage 102 calories. On obtient plus aisément cette dissolution en dissolvant de l'alumine gélatineuse dans l'acide chlorhydrique.

Le chlorure d'aluminium est très employé en chimie organique pour effectuer des synthèses, *Fordos* et *Gélis, Friedel* et *Grafts*. La dissolution sert pour l'épaillage des laines. Comme il absorbe le toluène, *Haller* l'a proposé pour purifier la benzine.

Le chlorure d'aluminium est la base d'un désinfectant, le *chloralum*, employé en Angleterre à l'état liquide et à l'état solide, et dont voici la composition moyenne :

	Chloralum liquide	Chloralum solide
Chlorure d'aluminium...........	15	55 à 15
Chlorure de calcium............	2	67 à 0
Alumine......................		0 à 15
Sulfate de sodium		33 à 25
Silicate d'aluminium...........		0 à 20
Eau.........................	83	0 à 25

On l'obtient industriellement en mélangeant du sulfate d'aluminium et du chlorure de calcium, résidus probablement d'autres fabrications. Le chloralum aurait à peu près la même puissance désinfectante que le sulfate de fer.

Chlorure de zinc ZnCl². — Produit dans l'action de HCl sur le zinc, c'est un solide blanc à l'état anhydre, *beurre de zinc*, extrêmement avide d'eau, très déliquescent. Il fond vers 250°, se volatilise vers 680°. Il est soluble dans l'eau et dans l'alcool. A l'état hydraté, il perd par la chaleur toute son eau sans se décomposer. Sa déliquescence le rend difficile à manier.

Le chlorure de zinc est très caustique, et il est souvent employé en cette qualité. C'est un des caustiques les plus commodes par sa sûreté d'action. Il est surtout employé sous forme de *pâte de Canquoin,* dans la proportion de 1 partie de chlorure de zinc pour 2 à 4 parties de farine de froment. Voici la formule que le Codex donne pour cette préparation : 32 grammes chlorure de zinc, 8 grammes oxyde de zinc, 24 grammes farine de froment séchée à 100°, 4 grammes eau distillée. On dissout à froid le chlorure de zinc dans l'eau, on ajoute l'oxyde de zinc et la farine mélangés au préalable, on fait une pâte que l'on piste dans un mortier. On étend cette pâte d'une épaisseur d'environ 10 centimètres, on divise, on sèche à l'étuve en élevant graduellement la température de 50° à 100°. Cette pâte doit être conservée dans des flacons bien bouchés contenant de la chaux vive.

P. Carles (J. de pharm., 1894) conseille de ne faire les solutions de chlorure de zinc pour la chirurgie qu'avec de l'eau distillée et de ne les filtrer qu'après dilution totale et complet refroidissement, si l'on veut éviter la formation de louches dus à la production d'oxychlorure.

Sa dissolution constitue un bon désinfectant. C'est le désinfectant anglais répandu sous le nom de *Sir William Burnett's Fluid* ou de *Drew's Desinfectant*. La solution à un demi sert pour les injections cadavériques.

On s'en sert avec avantage pour injecter les bois et assurer leur conservation. On prend une solution de d = 1,008 pour les arbres secs, de d = 1,01 pour les arbres verts, de d = 1,015 pour les traverses de chemins de fer hongrois. Une traverse en chêne en absorbe 4 à 8 kilos à l'état frais, et 8 à 12 kilos à l'état sec.

Elle est employée pour décaper les surfaces métalliques que l'on veut souder à l'étain. Le *sel à souder* est une combinaison de chlorure de zinc et de sel ammoniac répondant à la formule : $Cl^2Zn + 2NH^4Cl$. L'*eau à souder* se prépare en dissolvant 20 grammes de zinc dans de l'acide chlorhydrique concentré et ajoutant 20 grammes de sel ammoniac.

On emploie encore le chlorure de zinc pour préparer d'autres composés zinciques, dans la fabrication de quelques couleurs, enfin, pour éviter le farinage dans l'art du mouleur.

Le chlorure de zinc est très avide d'eau, et, mis en contact avec certaines substances organiques, il les modifie. Aussi peut-on remplacer l'acide sulfurique par une solution concentrée de chlorure de zinc pour l'épuration des huiles à brûler, pour la saponification des graisses, pour la transformation de la garance en garancine, pour la préparation de l'éther ordinaire, pour la production du papier parchemin, *T. Taylor* (br. all., 1859), pour obtenir des effets de mercerisage sur coton, et des effets de crêpage sur tissus de laine par impression, *E. Grandmougin* (Bull. de Mulhouse, 1898). On l'a proposé également pour remplacer le nitrate de mercure dans l'opération du secrétage des peaux : inoffensif pour les ouvriers, moins coûteux, réellement efficace, il aurait encore l'avantage de convenir bien mieux pour le secrétage en pâte, car il ne colore pas les peaux blanches.

Le chlorure de zinc a la propriété de durcir les corps pulvérulents avec lesquels il est mélangé. On l'utilise pour obtenir une sorte de marbre artificiel extrêmement dur, *Sorel*. Ces mélanges se composent de chlorure de zinc, d'oxyde de zinc ou de sulfate de baryum, comme substances pulvérulentes, et il est utile d'y ajouter de la fécule.

Sorel propose également une *peinture à l'oxychlorure de zinc* obtenue en mélangeant une solution de chlorure de zinc à 58°Bé, une solution de carbonate de sodium à 2 pour 100 et du blanc de zinc. Cette peinture couvrirait aussi bien que la peinture à l'huile et coûterait moitié moins.

L'*oxychlorure de zinc ZnOCl* a servi comme mastic dentaire. Il a l'inconvénient de gonfler beaucoup à la solidification et de risquer de faire éclater les dents.

Chlorure de fer, chlorure ferrique Fe^2Cl^6. — Il se produit par l'action directe du chlore sur le fer. Anhydre, il est en tablettes brillantes, rouges-noires; il est soluble dans l'eau, dans l'alcool et dans l'éther; il est déliquescent; sa saveur est celle de l'encre; il s'altère au contact de l'air. La solution de chlorure ferrique se prépare plus aisément en faisant passer un courant de chlore dans une solution neutre de chlorure ferreux obtenu en dissolvant du fer dans l'acide chlorhydrique.

Le chlorure ferrique a la propriété de coaguler immédiatement le sang ; aussi l'emploie-t-on dans le traitement des anévrismes et des varices ; c'est l'agent hémostatique le plus puissant que la thérapeutique emploie pour l'usage interne. On donne 1 gramme par jour en solution très étendue pour combattre les hémorragies.

La teinture de chlorure ferrique est également employée pour l'usage interne.

La solution officinale de chlorure ferrique a pour d. 1,26 et renferme 26 pour 100 de chlorure ferrique anhydre. En l'étendant de un quart, un demi, un, deux d'eau, on obtient des solutions de d. 1,21 ; 1,06 ; 1,11 ; 1,07. La solution à 45°Bé sert en applications au pinceau sur végétations, chancres, cancroïdes. La solution à 30°Bé est la solution normale du Codex ; elle sert à cautériser les pellicules gangreneuses ou couenneuses, et, en applications de boulettes de charpie, à arrêter les hémorragies.

Le perchlorure de fer à un millième peut faire avorter le coryza aigu, *Smester* (1898), si on procède dès les premiers symptômes à un grand lavage des fosses nasales avec 1 à 2 litres de cette solution.

Chlorure de nickel NiCl². — Il est jaune à l'état anhydre, vert à l'état hydraté ou en dissolution.

Chlorure de cobalt CoCl². — Il est bleu à l'état anhydre, rose à l'état hydraté ou en dissolution.

Ces changements de coloration se produisent aisément, soit en humectant, soit en chauffant légèrement. Ils sont appliqués pour *encres sympathiques* et pour *fleurs* ou *poupées baromètres*.

En écrivant sur une feuille de papier avec une encre formée par une dissolution au dixième de chlorure de cobalt, et un peu de glycérine, les caractères restent invisibles, mais ils apparaissent en bleu si on chauffe le papier. Ils apparaîtraient en jaune, si on avait pris du chlorure de nickel, en vert, avec un mélange des deux chlorures.

Le chlorure de cobalt ajouté à une lessive de potasse concentrée, jusqu'à consistance sirupeuse, la bleute, *André* (1897).

Bichlorure d'étain SnCl². — Chlorure stanneux ou *sel d'étain*. Il se produit lorsqu'on dissout l'étain dans l'acide chlorhydrique. Cristaux transparents répondant à la composition $SnCl^2 + 2 H^2O$, à saveur astringente, à réaction acide. Il est facilement soluble dans l'eau, mais cette dissolution se décompose rapidement, à moins que l'on n'ait ajouté de l'acide chlorhydrique, ou de l'acide tartrique.

Le sel d'étain est un réducteur pour un très grand nombre de composés oxygénés ou chlorurés ; il ramène les sels ferriques, les sels cuivriques, les sels mercuriques, à leur minimum d'oxydation ; il réduit l'indigo et un grand nombre de matières colorantes. C'est la source des applications nombreuses qu'il reçoit dans les ateliers de teinture, comme rongeant ou enlevage. Il sert aussi comme mordant dans la teinture à la cochenille et comme matière d'avivage dans la teinture à la garance.

Sa dissolution dans l'eau aiguisée d'acide chlorhydrique a été proposée comme agent de secretage.

On peut étamer le laiton ou le maillechort directement, au moyen d'une solution convenable de chlorure stanneux. Dans ce but, *Clodius* propose, soit une solution de chlorure stanneux à 1 pour 1000 d'eau avec 10 de bitartrate de potasse, ou à 2 pour 1000 d'eau avec 20 de pyrophosphate de soude; ou mieux le moyen d'un bain renfermant pour 1000 d'eau, un peu de chlorure stanneux et 6 parties 6 d'alun, 6 parties 6 de sel, 3 parties 3 de bitartrate de potasse.

Tétrachlorure d'étain SnCl⁴. — C'est le chlorure stannique. A l'état anhydre, on le prépare en traitant l'étain par le chlore. Liquide incolore, il répand à l'air d'abondantes fumées blanches, à cause de son avidité pour l'eau.

A l'état hydraté, c'est l'*oxymuriate d'étain*; il répond à la composition $SnCl^4 + 5 H^2O$. On l'obtient en dissolvant l'étain dans l'eau régale, ou en faisant passer un courant de chlore dans le chlorure stanneux.

Il est soluble dans l'eau additionnée d'acide chlorhydrique, mais il est décomposé par l'eau pure. Il donne avec les chlorures alcalins des chlorures doubles ou chlorostannates.

Le chlorure stannique, comme le chlorure stanneux, sert en teinture, soit pour fixer les couleurs, soit pour les aviver. Un mélange de chlorure stanneux et de chlorure stannique donne avec le chlorure d'or une laque très importante connue sous le nom de *pourpre de Cassius*. Nous allons étudier ces mordants d'étain et ce pourpre de Cassius.

Mordants d'étain. — Le chlorure stanneux, le chlorure stannique, ou des mélanges variables de ces deux chlorures ont été très employés par les teinturiers et le sont encore fréquemment, bien que la diminution de la teinture à la cochenille ait restreint l'emploi du chlorure stanneux et aussi celui des compositions d'étain.

Le chlorure stanneux ou sel d'étain est employé pour l'avivage du rouge turc, pour celui des couleurs aux bois jaunes, pour fixer les couleurs acides, pour obtenir des réserves sur coton. Sur laine, il fut autrefois un mordant de la teinture à la cochenille, aux nerpruns indigènes ou étrangers; il servit aussi pour l'avivage du bleu de Prusse, etc.; mais aujourd'hui il n'est guère plus usité. La teinture de la soie en emploie au contraire d'énormes quantités pour les noirs au cachou chargés.

La charge de la soie emploie aussi le chlorure stannique. On passe plusieurs fois la soie dans un bain froid de chlorure stannique, puis dans un bain froid de carbonate de soude, chaque bain étant suivi d'un lavage.

A la place du chlorure stanneux ou du chlorure stannique, les teinturiers emploient le plus souvent des compositions particulières, préparées suivant des recettes spéciales à chaque atelier et qui portent selon leur composition et leurs emplois des noms différents, comme dissolutions d'étain, compositions d'étain, oxymuriates d'étain, physiques rouge et violette, spirits, etc. On les prépare en faisant agir sur de l'étain les acides chlorhydrique, azotique, sulfurique, seuls ou mélangés, avec addition d'acide oxalique, d'acide tartrique, d'acétate de plomb, de chlorhydrate d'ammoniaque, de sel marin, etc. Quand on fait agir l'acide azotique, il faut ménager cette action en ajoutant l'étain lentement et en refroidissant le vase avec de l'eau, sinon, au lieu d'avoir l'oxyde soluble, on a l'oxyde insoluble. Ces compositions, fort complexes et variables, ont perdu leur importance depuis la vulgarisation des matières colorantes artificielles.

Voici quelques recettes de ces compositions : I d'après *Pelouze,* II d'après *Chevreul,* III d'après *Dumas.*

	I	II	III	IV
Etain.............................	1	10	2,375	1
Acide chlorhydrique...				2 à 5
Acide nitrique à 35°Bé..............	8	80	15 litres	2 à 4
Chlorhydrate d'ammoniaque.........	1	10		
Chlorure de sodium...............			0,750	
Eau.............................	2		15 litres	q. s.

Pourpre de Cassius. — Cette préparation a été découverte par *Cassius,* de Leyde, en 1683 ; elle se produit par une foule de procédés différents ; mais on l'obtient généralement en mélangeant une solution mixte de chlorure stanneux et de chlorure stannique par parties égales avec une solution de chlorure d'or. Il se produit un précipité floconneux d'un beau pourpre qui renferme de l'étain et de l'or, et qui est employé dans la dorure sur porcelaine, dans la peinture sur verre et sur porcelaine.

Chlorures d'antimoine SbCl³ et SbCl⁵. — Lorsqu'on traite le sulfure de Sb par HCl, il se dégage H^2S, et il reste du chlorure d'antimoine $SbCl^3$, ou *beurre d'antimoine,* masse cristalline, transparente, incolore, qui fond à 73° et bout à 230°. C'est un corps très caustique, et employé souvent à ce titre en médecine, et on emploie pour cela la solution concentrée. Très avide d'humidité, très déliquescent, il se dissout dans l'eau chargée de HCl, mais il est décomposé par l'eau pure, avec formation d'un précipité blanc d'oxychlorure, $SbOCl$, employé quelquefois comme vomitif sous le nom de *poudre d'algaroth* ou *poudre émétique.*

Les caustiques au beurre d'antimoine ont une action très énergique, mais ils provoquent des douleurs très vives. Ils sont principalement employés en médecine vétérinaire, comme pâte caustique contre le crapaud : mélange de chlorure d'antimoine et d'acide chlorhydrique, et comme lotion contre le piétin : solution au dixième avec addition d'acide chlorhydrique.

Le perchlorure d'antimoine SbCl⁵ sert pour effectuer des réactions en chimie organique.

Chlorure de plomb Pb²Cl.

— Poudre blanche très peu soluble dans l'eau, car il se dissout dans 33 parties à 100°. Il se prépare en chauffant la litharge avec de l'acide chlorhydrique. Il fond à 500° et se prend, par refroidissement, en une masse ayant l'apparence de la corne : *plomb corné*.

Le chlorure de plomb se combine à l'oxyde de plomb en différentes proportions pour donner des couleurs minérales constituées par différents oxychlorures de plomb et qui ont été autrefois employées sous le nom de *jaune de Cassel, jaune de Turner, jaune minéral*.

Si l'on fait bouillir une solution de chlorure de plomb avec égal volume d'eau de chaux, il se produit un chlorure de plomb basique $PbCl^2, Pb(OH)^2$, *céruse de Pattinson*, que celui-ci a proposé pour remplacer la céruse.

Chlorure de bismuth BiCl³.

— Corps très déliquescent, que l'on nomma *beurre de bismuth*, soluble dans l'eau chargée de HCl. L'eau pure le décompose en oxychlorure de bismuth, $BiOCl + H^2O$, ou *blanc de perle*.

Chlorures de cuivre Cu²Cl² et CuCl².

— Le chlorure cuivreux, poudre blanche insoluble dans l'eau pure, se dissout dans l'acide chlorhydrique et dans l'ammoniaque. Ces solutions bleuissent rapidement à l'air en attirant l'oxygène ; elles ont la propriété d'absorber rapidement certains gaz, tels que l'oxyde de carbone, l'acétylène, aussi on les emploie fréquemment dans l'analyse des gaz.

Le chlorure cuivrique, beaux cristaux verts, est très soluble dans l'eau et dans l'alcool. Il donne avec le sel ammoniac un chlorure double, dont la solution est employée en médecine sous le nom de *liqueur de Kœchlin*.

Chlorure mercureux Hg²Cl².

— C'est le *calomel*. On le prépare en traitant du sulfate mercureux par du chlorure de sodium ; on obtient ainsi le précipité blanc. Comme il peut renfermer des traces de chlorure mercurique, on le lave avec grand soin, et, pour l'obtenir en poudre impalpable, on le vaporise et on fait arriver dans une grande chambre les vapeurs qui se condensent : on obtient ainsi le *calomel à la vapeur*, qu'on prépare également en volatilisant ensemble 4 parties de chlorure mercurique et 3 parties de mercure pur.

Le calomel est blanc, mais il se décompose à la lumière, aussi faut-il le conserver dans des vases opaques.

Le calomel est insoluble dans l'eau. A 100° il ne se dissout que dans 12 000 fois son poids d'eau. Il est insoluble dans l'alcool, l'éther.

Le précipité blanc est en poudre fine, très dense et amorphe. Le calomel est en poudre qui révèle au microscope une forme cristalline. La d. = 6,56 ; il n'a ni odeur ni saveur ; il se volatilise entre 440° et 500°.

L'activité du calomel est en rapport avec son état de division ; on n'emploie presque pas le précipité blanc.

Le calomel est décomposé par les chlorures alcalins en mercure et en chlorure mercurique ou sublimé corrosif qui est toxique. Aussi, lorsqu'on prend du calomel, faut-il éviter qu'il ne se trouve dans l'estomac en même temps que du sel, sinon on s'exposerait à des accidents graves.

Le calomel est très usité comme purgatif à la dose de 0 gr. 05 à 1 gramme et comme vermifuge à la même dose. Il est également usité dans le traitement des maladies de la peau, des affections scrofuleuses et syphilitiques ; on le donne dans ce cas à petites doses répétées, qui agissent comme dépuratif et non comme purgatif. Le purgatif est pris dans une cuillère d'eau sucrée ; son effet se produit au bout de deux à trois heures ; il se prolonge souvent ; mais l'effet manque aussi quelquefois. Comme le calomel n'a pas de goût, les enfants délicats l'acceptent sans peine, et il a porté longtemps, pour ce motif, le nom de mercure doux. Le calomel est encore employé, mélangé au sucre pulvérisé, en collyre sec contre les conjonctivites. On se sert de pommades ou de glycérolés au calomel pour faire disparaître les taches de lait répandu qui suivent les couches.

Chlorure mercurique HgCl^2. — C'est le *sublimé corrosif*. Il était déjà connu au VIIIe siècle ; on l'obtient en décomposant le sulfate mercurique par le chlorure de sodium. L'opération est très insalubre.

Ce corps est un poison extrêmement énergique, à la dose de 1 à 2 décigrammes. Sa saveur est très désagréable. Il est soluble dans l'eau : 100 parties d'eau dissolvent 6 parties 1/2 à 10°, 7 parties 4 à 20°, 54 parties à 100°. Il est plus aisément soluble dans l'alcool ou dans l'éther ; aussi ajoute-t-on fréquemment un peu d'alcool pour faciliter sa dissolution dans l'eau. Il se dissout dans 2 parties 1/2 d'alcool froid, 1 partie 1/2 d'alcool bouillant, 3 parties d'éther. Il est très soluble à chaud dans l'acide chlorhydrique. Le sublimé corrosif officinal pur doit se dissoudre entièrement dans 5 parties d'éther, s'il ne renferme pas de calomel.

La solution de sublimé corrosif donne un précipité avec la solution d'albumine, et de l'eau albumineuse préparée avec des blancs d'œufs est l'antidote employé dans les cas d'empoisonnement. Le précipité blanc d'albumine et de sublimé se dissout dans l'albumine en excès ou dans le sublimé corrosif ; aussi les médecins associent souvent le sublimé corrosif à des matières albuminoïdes, telles que le blanc d'œuf, la mie de pain, le gluten frais, la farine, le lait, les émulsions d'amandes. Il en résulte de véritables combinaisons du sublimé avec ces matières, combinaisons insolubles dans l'eau pure, mais qui se dissolvent néanmoins dans l'économie, à la faveur des chlorures. De telles combinaisons, on le comprend, sont moins actives que le sublimé corrosif pur, et les médecins ont remarqué depuis longtemps qu'on peut *dulcifier* ce dernier en l'associant aux matières dont il s'agit, *Wurtz*.

Le chlorure mercurique donne avec les chlorures alcalins des chlorures doubles cristallisables, entre autres le chloromercurate d'ammonium employé longtemps en médecine sous le nom de *sel de science* ou *de sagesse, sel Alembroth*, HgCl², 2 NH⁴Cl + H²O. La *chloramidine*, HgNH²Cl, s'obtient par action de l'ammoniaque.

Le chlorure mercurique est un antiseptique extrêmement puissant ; on en fait un usage journalier sous forme de dissolution au millième, ou *liqueur de Van Swieten :* 1 partie sublimé, 900 parties eau distillée, 100 parties alcool, dans les Ecoles de médecine, pour rendre imputrescibles les pièces anatomiques. On se sert couramment dans l'antisepsie domestique d'une solution au 1/2 millième, 1 gramme pour 2 litres, et on facilite la dissolution du sublimé en ajoutant 5 grammes d'acide tartrique par litre.

On emploie le sublimé corrosif à l'intérieur à la dose de 5 milligrammes à 5 centigrammes par jour ; on le prend dans de l'eau sucrée ou dans du lait, en ayant soin d'absorber un grand volume du véhicule afin de diluer le plus possible l'action toxique du médicament. En vue de cette utilisation, on peut employer la liqueur de Van Swieten ; une cuillère à café représente 1 centigramme.

La liqueur de Van Swieten additionnée de 5 parties d'eau distillée de roses et d'un quart de partie d'hydrate de chloral constitue une bonne lotion contre les pellicules.

L'eau phagédénique des vétérinaires est constituée par de l'eau de chaux renfermant 3 gr. 20 de sublimé corrosif par litre.

Le sublimé corrosif a été conseillé pour combattre le black-rot de la vigne. Mais les produits de la fermentation des raisins ainsi traités aux bouillies mercurielles renferment des quantités minimes de mercure, *L. Vignon* et *J. Perraud* (C. R., 1899), et *Berthelot* regarde cet emploi comme périlleux.

La conservation des solutions de sublimé étendues au millième est augmentée, d'après *L. Vignon* (J. de pharm., 1894), soit par l'addition d'un mélange de 10 parties chlorure de sodium et 20 parties chlorure d'ammonium par 1 gramme sublimé et 1 litre d'eau, soit par celle d'acide chlorhydrique : 1 centimètre cube à 22°Bé.

Chlorure d'argent AgCl. — Le chlorure d'argent se produit le plus aisément lorsqu'on verse de l'acide chlorhydrique ou une solution d'un chlorure dans une solution d'azotate d'argent. Il se forme alors un précipité blanc, caillebotté, qui se rassemble rapidement dans les liqueurs acides, qui est insoluble dans l'eau et dans l'acide azotique, et se dissout rapidement dans l'ammoniaque et dans l'hyposulfite de soude. La formation de ce précipité est caractéristique aussi bien des chlorures que des sels d'argent.

Le chlorure d'argent est un peu soluble dans les chlorures alcalins ; il est également un peu soluble dans l'acide chlorhydrique concentré.

Le chlorure d'argent devient violet sous l'action de la lumière, par suite d'une décomposition partielle ; et il ne se dissout plus entièrement dans l'ammoniaque ou dans l'hyposulfite de sodium. Ainsi le chlorure non décomposé se dissout dans l'hyposulfite de sodium, le chlorure décomposé par la lumière ne se dissout plus. Cet ensemble de propriétés forme la base de la photographie.

Le chlorure d'argent sec se combine directement avec le gaz ammoniac sec ; le produit qui résulte renferme près de 18 pour 100 de son poids d'ammoniaque, et il est facilement dissocié par la chaleur. Cette propriété est utilisée pour effectuer la liquéfaction du gaz ammoniac.

Le chlorure d'argent est réduit par le fer, le zinc, surtout en présence d'acide. Il se forme également de l'argent réduit lorsqu'on le fond avec les alcalis caustiques ou carbonatés, surtout si l'on ajoute du sucre et si l'on opère à chaud. Cette réaction est utilisée pour retirer l'argent des vieux bains des ateliers de photographie ou des laboratoires.

Le chlorure d'argent est principalement employé en photographie pour préparer les papiers sensibles.

Le chlorure d'argent sert également pour argenter. L'argenture à froid, au frotté, se fait avec un mélange de 2 parties de chlorure d'argent, 2 parties de chlorure de sodium, 2 parties de carbonate de potassium, et 0,75 de craie ; on fait une petite pâte avec de l'eau, on décape bien la surface à argenter, puis on frotte à l'aide d'un bouchon avec la pâte, jusqu'à ce que l'argenture se produise. L'argenture par voie humide se fait au bouillon, avec une solution de 1 partie de chlorure d'argent, 4 parties de tartre et 4 parties de chlorure de sodium.

L'argenture galvanique peut se faire également en saturant de chlorure d'argent une solution de cyanure de potassium.

Mais au chlorure d'argent on préfère aujourd'hui l'azotate d'argent pour l'argenture à froid, le cyanure d'argent pour l'argenture galvanique.

On donne aux verres une teinte jaune durable en les recouvrant soit d'un mélange de chlorure d'argent et d'argile, soit d'un mélange de 4 parties nitrate d'argent et 30 parties métaphosphate de sodium.

Chlorure d'or AuCl³. — Le perchlorure d'or ou chlorure aurique se produit en dissolvant l'or dans le chlore ou dans l'eau régale. Anhydre, c'est une masse brune, déliquescente et soluble dans l'eau. Cette dissolution donne par évaporation lente, en présence d'acide chlorhydrique, des cristaux jaunes. Le chlorure d'or est également soluble dans l'alcool et dans l'éther ; l'éther l'enlève à une solution aqueuse. La teinture éthérée de chlorure d'or porte le nom d'*or potable*, et est employée en médecine.

La solution de chlorure d'or tache la peau en violet. Elle est décomposée par la lumière. Elle est réduite par un très grand nombre de corps : le phosphore, l'acide sulfureux, l'acide oxalique, le sulfate ferreux, la plupart des métaux : il se précipite de l'or métallique à l'état pulvérulent.

Le chlorure d'or donne avec les chlorures alcalins des chlorures doubles, tels que le chlorure d'or et de potassium, le chlorure d'or et de sodium ou *sel d'or*, qui sont employés en photographie pour le virage des épreuves sur papier.

Le chlorure d'or donne avec les chlorures d'étain un composé très précieux : le *pourpre de Cassius*, que nous avons vu aux chlorures d'étain.

Le chlorure d'or est employé pour dorer. On dore à froid avec de l'*or en chiffons ;* celui-ci s'obtient en trempant dans une dissolution de chlorure d'or un chiffon de linge, le desséchant et le brûlant. L'or en chiffons est étendu à l'aide d'un bouchon sur la surface bien décapée que l'on veut dorer. On *dore au trempé*, en plongeant l'objet au bouillon dans une solution étendue de chlorure d'or, additionnée d'un carbonate alcalin ou mieux de pyrophosphate de sodium. On dore par voie galvanique avec une dissolution mixte de cyanure de potassium et de chlorure d'or.

Le chlorure d'or sert enfin comme réactif pour dorer les matières organiques contenues dans les eaux potables.

Chlorure de platine $PtCl^4$.

— Produit de l'action de l'eau régale (2 p. $HCl + 1$ p. NO^3H) sur le platine ; il cristallise en aiguilles rouge brun de chlorure hydraté, qui perdent leur eau si on les chauffe, et la masse brun rouge est très déliquescente. C'est un corps très soluble dans l'eau, en jaune ou orangé, suivant la concentration, très soluble également dans l'alcool et dans l'éther.

Il donne des chlorures doubles ou chloroplatinates avec les chlorures alcalins. Le chlorure double de K et de Pt, jaune cristallin, est presque insoluble dans l'eau froide et dans l'alcool ; le chlorure double de Na et de Pt, orangé, est soluble dans l'eau et dans l'alcool. Leur production permet en analyse de distinguer les sels de K et ceux de Na. Le chlorure double de Am et de Pt, jaune cristallin, est peu soluble dans l'eau froide, presque insoluble dans l'alcool. Ces chlorures doubles laissent par calcination un dépôt de Pt métallique.

En dehors de son usage comme réactif des sels de K, pour leur distinction d'avec les sels de Na, le bichlorure de Pt sert pour le platinage, et pour préparer le noir de platine et l'éponge de platine. En effet, le chlorure de platine est facilement réduit, par exemple, en présence d'un carbonate alcalin, de l'alcool, du sucre, des formiates ou du formol. Il se produit alors un précipité de métal très divisé : *noir de platine.*

L'*éponge de platine* se prépare en imbibant une éponge de bichlorure de platine et en calcinant cette éponge.

Le chlorure de platine constitue une encre pour écrire en relief sur le zinc, *Boettger*, soit chlorure de platine 1, gomme arabique 1, eau 10 parties. Les caractères tracés avec cette encre noircissent aussitôt et sont inattaquables par les acides étendus.

Des manchons pour becs incandescents sont fabriqués par *Meugers, Hurwitz* et *Franke* (1897), en imprégnant avec une solution de chlorure de platine 2 grammes, chlorure de palladium 0 gr. 82, oxyde d'argent 0 gr. 008, eau 10 cc., éventuellement nitrate de cérium ou de thorium 2 grammes.

COMPOSÉS OXYGÉNÉS DU CHLORE

Les composés oxygénés du chlore sont :

l'acide hypochloreux........................ ClOH.
l'acide chloreux........................... ClO²H.
l'acide chlorique .... ClO³H.
l'acide perchlorique....................... ClO⁴H.

Tous ces composés sont endothermiques, c'est-à-dire qu'ils se forment avec absorption de chaleur. Aussi ne peuvent-ils se produire directement que si une réaction étrangère fournit les calories nécessaires, et se décomposent-ils facilement par la chaleur. Cette facilité de décomposition en fait d'énergiques oxydants. Une brusque élévation de température les décompose tous avec explosion en oxygène et en chlore : aussi constituent-ils de puissants explosifs.

Le plus stable de ces composés est l'acide perchlorique, le plus oxygéné d'entre eux, au contraire de ce qui a lieu pour les combinaisons oxygénées de l'azote. Leur décomposition tend donc d'abord vers la production de ce composé.

Nous n'avons à nous occuper ici que de l'acide hypochloreux et de l'acide chlorique.

Acide hypochloreux ClOH et hypochlorites ou chlorures décolorants et désinfectants du commerce. — L'acide hypochloreux se produit chaque fois que le chlore agit à froid sur un oxyde basique, par exemple la potasse, la soude, la chaux : l'acide hypochloreux ainsi formé s'unit à la base pour donner un hypochlorite et en même temps un chlorure : $Cl + 2 KOH = ClOK + KCl + H^2O$.

L'acide hypochloreux se prépare en faisant agir du chlore sur de l'oxyde de mercure. Il est fort soluble dans l'eau qui en dissout environ 200 fois son volume. Ce corps est extrêmement instable ; il se décompose en oxygène et en chlore sous l'action d'un très grand nombre de corps : c'est donc un oxydant et un décolorant très énergique. Il oxyde directement tous les métalloïdes ; il transforme rapidement le sulfure de plomb qui est noir en sulfate qui est blanc. Il décolore un grand nombre de matières colorantes, l'indigo, l'alizarine, etc. Sa dissolution est d'un usage continuel dans les laboratoires comme oxydant, mais il faut la conserver à l'abri de la lumière solaire qui la décompose, comme elle le fait pour l'eau de chlore.

L'acide hypochloreux est très employé dans l'industrie sous forme d'*hypochlorites commerciaux* ou chlorures de potasse, de soude, de chaux, de magnésie. Ces *chlorures commerciaux* s'obtiennent industriellement en faisant agir le chlore à froid sur une solution étendue de la base hydratée, si la base est soluble dans l'eau, ou sur un lait étendu, si elle est insoluble. Ce sont donc des mélanges d'hypochlorite et de chlorure, avec un excès de la base. L'industrie des chlorures commerciaux est intimement liée à la grande industrie de la soude comme moyen d'utiliser l'acide chlorhydrique produit dans celle-ci.

Les principaux chlorures commerciaux, chlorures décolorants et désinfectants du commerce sont ceux de potasse ou eau de Javelle, de soude ou eau de Labarraque, de chaux ou Berthollet, de magnésie ou eau de Ramsay ou de Grouvelle, d'alumine ou eau de Wilson, de zinc ou eau de Warrentrapp.

Le *chlorure de potasse* ou *eau de Javelle* est dû à *Berthollet,* qui songea le premier à faire absorber le chlore par une solution de potasse et à l'appliquer sous cette forme au blanchiment des toiles. Elle est colorée en rose par la présence d'un sel de manganèse.

Le *chlorure de soude* ou *eau de Labarraque* constitue aujourd'hui ce qu'on appelle eau de Javelle dans la pratique commerciale... Elle est d'un usage constant pour la désinfection et pour les petits blanchiments.

Le *chlorure de chaux* est le plus important de tous les chlorures commerciaux. Il se prépare directement, en faisant passer un courant de chlore sur de la chaux éteinte, étendue en couches de 10 à 15 centimètres. Le courant de chlore doit être très lent, afin d'éviter une élévation de la température qui entraînerait la formation de chlorate. Le chlorure de chaux ainsi produit est emmagasiné sans retard dans des tonneaux doublés de papier fort et garnis de plâtre.

Ce produit se présente sous la forme d'un corps blanc, pulvérulent, amorphe, répandant une faible odeur de chlore : c'est le *chlorure solide*.

Le chlorure de chaux renferme de l'hypochlorite de calcium $CaOCl^2$, de l'eau H^2O, de la chaux CaO. D'après *H. Ditz,* 1898, il y aurait formation du composé intermédiaire $CaO, CaOCl^2$ qui donne par décomposition $CaCl^2$. Il se conserve mieux lorsqu'on met un excès de chaux.

Il se dissout dans l'eau en donnant un liquide limpide, marquant 9° à 10°Bé, qui constitue le *chlorure liquide,* et en laissant un résidu blanc, qui n'est autre que de l'hydrate de chaux. Le chlorure liquide se prépare aussi directement en faisant arriver un courant de chlore dans un lait de chaux.

Le chlorure de chaux, comme les autres chlorures commerciaux, se transforme par la chaleur en chlorate. Il se décompose, sous l'action des acides les plus faibles, en acide hypochloreux, qui est le corps agissant ; cette décomposition a lieu même sous l'action de l'acide carbonique de l'air, aussi faut-il conserver le chlorure de chaux à l'abri de l'air.

Le chlorure de chaux et les autres chlorures commerciaux remplacent presque entièrement le chlore dans ses applications, aussi la consommation que l'industrie en fait est-elle considérable.

Les chlorures commerciaux doivent leur action au chlore que l'acide carbonique de l'air déplace (*d'Arcet* et *Gaultier de Claubry*), et la préférence que le commerce leur a donnée sur la solution de chlore à ce que leur transport est plus facile, leur odeur moins suffocante, leur conservation plus longue, leur action plus lente,et plus continue.

Ils servent aux mêmes usages que le chlore. On les emploie comme décolorants ou eaux à détacher et comme désinfectants.

Dès 1789 l'eau de Javelle (Javelle est un village près de Paris) servait déjà pour le blanchiment. *Berthollet* rendit sa préparation publique. *Descroizilles* indiqua celle du chlorure de chaux. *Tennant* l'introduisit en Angleterre, où *Mac-Kintosh* le préparait en grand en 1798 sous le nom de poudre de Tennant, de Knox, de blanchiment.

On utilise les chlorures commerciaux pour blanchir les vieilles estampes, enlever les taches d'encre, faire les enlevages sur rouge turc.

Les chlorures sont utilisés en arrosements ou en lotions *(Chevallier)* pour l'assainissement des assommoirs, des ateliers, des égouts, des écuries, des étables, des halles, des hôpitaux, des latrines, des lazarets, des mines, des puits, des vaisseaux, des salles de dissection, de spectacle ou des appartements nouvellement peints, en cas d'embaumement ou d'exhumation, dans tous les lieux et dans toutes les circonstances où se produisent des phénomènes de putréfaction.

En 1793, *Percy* employa l'eau de Javelle contre la pourriture d'hôpital; en 1807, *Masuyer,* de Strasbourg, pour désinfecter l'air, préconisa le chlorure de chaux.

En 1875, *Thénard* fit cesser une épidémie qui sévissait en Hollande en prescrivant de se laver les mains, matin et soir, avec une solution légère de chlorure. On sait d'ailleurs que l'établissement d'une fabrique de chlore fait disparaître les fièvres intermittentes.

En 1822, *Labarraque,* pharmacien de Paris, l'indiqua pour combattre la putréfaction dans l'art du boyaudier. L'eau qui porte son nom est préconisée pour combattre l'asphyxie par l'hydrogène sulfuré, et la phtisie *(Gannal).*

Enfin les chlorures servent à enlever l'odeur de l'eau-de-vie de grains, à conserver les œufs (solution à $\frac{1}{30}$).

L'eau de Labarraque sert encore à distinguer les taches arsenicales des taches antimoniales.

Le chlorure de magnésie a l'avantage, pour le blanchiment des tissus légers, de ne pas agir en même temps par son alcali caustique, comme le font les chlorures de potasse, de soude et même celui de chaux.

Mais c'est le *chlorure de chaux* dont les emplois sont le plus fréquents. C'est lui qui ordinairement sert à préparer l'eau de Javelle, les liquides désinfectants, les liqueurs de blanchiment.

Pour préparer l'*eau de Javelle,* on dissout d'une part 10 kilos de chlorure de chaux dans 120 litres d'eau, et on filtre ; on dissout d'autre part 20 kilos de carbonate de sodium, cristaux de soude (ou 12 kilos de carbonate de potassium) dans 40 litres d'eau chaude, et on verse le liquide tiède dans la première dissolution : l'eau de Javelle (hypochlorite) se produit immédiatement par double décomposition. $(ClO)^2Ca + CO^3Na^2 = 2\ ClONa + CO^3Ca$.

En décomposant le chlorure de chaux par un acide et en faisant barboter le gaz produit dans une dissolution de soude, on obtient un composé recommandé sous le nom de *chlorozone* pour le blanchiment des toiles fines, par *de Brochocki*.

Le chlorure de chaux liquide officinal du Codex se prépare en dissolvant 100 grammes de chlorure de chaux sec dans 4 500 grammes d'eau ; il contient deux fois son volume de chlore. C'est une solution à $\frac{1}{45}$. L'eau chlorurée à 1 pour 100 est employée dans le pansement des plaies comme antiseptique et cicatrisant.

Le chlorure de chaux est l'un des désinfectants les plus efficaces. Si l'on représente par 100 son pouvoir désinfectant, celui de la chaux hydratée est 86, de l'alun 80, du sulfate ferreux 76, du chloralum 74.

C'est surtout comme agent de blanchiment que le chlorure de chaux est employé dans l'industrie. Son action est aussi puissante que celle du chlore qui a servi à le préparer. Le chlorure de chaux sert au blanchiment de toutes les matières textiles d'origine végétale. On fait suivre le chlorage d'un passage en acide, pour développer et presser l'action du chlorure, et pour détruire toute trace de chlore. Le chlorure de chaux sert ainsi pour le *blanchiment* du lin, de la toile, du chanvre, du coton, du jute, de la pâte à papier.

Bien que ne convenant pas au blanchiment des matières d'origine animale, parce qu'ils les jaunissent, le chlorure de chaux et les autres chlorures servent cependant au *chlorage de la laine*, opération qui précède l'impression des tissus de laine et qui rend plus grand le fixage des couleurs. Le bain de chlorage doit être très faible et très court.

L'hypochlorite de sodium donne à la laine l'éclat et le toucher de la soie : brillantage ou mercerisage de la laine, *Clad et Cie* (br. fr., 1895).

Chlorométrie. — Les chlorures commerciaux n'agissant que par le chlore actif qu'ils contiennent, et le rendement en chlore actif pouvant varier de 38 à 40 (la quantité de chaux de 43 à 46, celle de l'eau de 11 à 15), il est indispensable, dans la pratique, de pouvoir déterminer rapidement la quantité de chlore actif qu'un chlorure renferme, c'est-à-dire la quantité de chlore qu'il peut dégager. Les méthodes proposées dans ce but sont très nombreuses ; elles se rattachent toutes à l'analyse volumétrique.

La méthode la plus employée est celle dite de *Gay-Lussac*. Elle repose sur la transformation de l'acide arsénieux en acide arsénique, par suite de l'oxydation indirecte due au chlore du chlorure commercial lorsque ce chlore agit en présence de l'eau. La fin de l'oxydation est indiquée par un témoin, par exemple, quelques gouttes d'indigo qui se décolore à son tour dès que tout l'acide arsénieux est oxydé.

La première opération à faire est la préparation de la dissolution de chlorure de chaux.

Quel que soit le procédé, on la prépare comme il suit :

On broie finement avec un peu d'eau 10 grammes de chlorure, pris en différents points de la masse. On ajoute peu à peu de l'eau, on fait tomber la bouillie dans un flacon jaugé d'un litre. On broie le résidu avec de l'eau, on verse le tout dans le flacon qu'on finit de remplir avec de l'eau. On agite chaque fois avant de s'en servir, pour plus d'exactitude. 1 centimètre cube de cette solution renferme donc 0 gr. 01 de chlorure.

D'après *Frésénius*, une solution de chlorure de chaux donna 22,6 pour 100 de chlorure pour la partie liquide ; 25 pour le mélange restant ; 24,5 après agitation.

On exprime le résultat des essais chlorométriques de diverses manières.

Dans la science pure, on caractérise un chlorure d'après la quantité en centièmes de chlore libre qu'il peut fournir.

Dans le commerce, on le taxe d'après son degré : le degré français ou de *Gay-Lussac* indique combien 1 kilo de chlorure donne de litres de Cl à 0° et 760^{mm} ; le degré anglais, employé aussi en Allemagne, en Russie et en Amérique, indique la quantité de chlore actif contenu dans 100 parties de chlorure. C'est la richesse centésimale en chlore actif.

L'hypochlorite pur marquerait 164° français ; le chlorure du commerce marque de 100° à 115°.

Il est facile de passer de l'un à l'autre, puisque le litre de chlore pèse 3 gr. 17763. Donc, le degré français multiplié par 0,318 donne la richesse centésimale, et le degré anglais divisé par ce même nombre donne le volume du chlore.

Gay-Lussac a donné une table indiquant la conversion des degrés anglais et des degrés français.

Blanchiment du coton et des fibres végétales. — Lorsque le blanchiment du coton et des autres fibres végétales : chanvre, lin, ramie, jute, s'effectue au moyen des chlorures décolorants, il comporte généralement deux opérations successives :

1° un dégraissage, qui a pour but d'enlever les impuretés. Ce dégraissage s'opère généralement par un lessivage alcalin, soit à la chaux, soit au carbonate de soude. Avec la chaux, il faut avoir soin que le coton se trouve le moins possible en contact avec l'air. On tend maintenant à employer pour ce lessivage la soude caustique, procédés *H. Kœchlin, Mather-Thompson*.

2° le blanchiment proprement dit, qui a pour but de détruire la matière colorante brune. Il s'effectue presque toujours au moyen du chlorure de chaux ; celui-ci doit être dissous avec soin et ne pas former de mattons compacts. Le composant utile du chlorure de chaux est l'acide hypochloreux, qui se décompose en ses éléments : chlore et oxygène, sous l'action des acides les plus faibles ; le chlore et l'oxygène ainsi libérés concourent tous deux au blanchiment.

Le passage en chaux et celui en chlorure de chaux sont suivis d'un passage en eau acidulée pour enlever toute la chaux. L'acide chlorhydrique a sur l'acide sulfurique l'avantage de donner avec la chaux un composé soluble, le chlorure de calcium.

Au lieu de laisser le chlorure de chaux se décomposer de lui-même sous l'action de l'acide carbonique de l'air, on a proposé d'activer cette décomposition au moyen de solutions d'acide carbonique, procédé *Mather-Thompson,* ou d'un acide organique faible comme l'acide acétique, procédé *Lunge,* soit qu'on les ajoute au bain de chlore, soit qu'on les fasse servir à la suite.

Le blanchiment du coton filé se fait sur les cannettes mêmes de filature ou sous forme d'écheveaux. Il n'a lieu que pour le coton destiné à la vente en blanc ou pour celui destiné à recevoir hors de la teinture des nuances claires.

Le blanchiment en cannettes a lieu au moyen d'appareils spéciaux, *C. Delescluse* (br. fr., 1891, 1896).

Voici comment le teinturier blanchit ses écheveaux de coton. Il commence à les faire bouillir une à deux heures avec un mélange de soude du commerce et d'un peu de savon de résine, soit 8 à 10 kilos de soude du commerce et 1 à 2 kilos de savon de résine par 100 kilos de coton. On rince bien, puis on entre dans le bain de chlorure de chaux, ou parfois d'eau de Javelle, marquant 1/2 à 1º Bé. On y laisse le coton de 20 à 30 minutes, on rince, on passe encore dans une eau froide contenant de l'acide chlorhydrique, 5 kilos par 100 kilos du bain, et on rince soigneusement. Quelquefois on passe en bain alcalin pour neutraliser l'acide, et on rince encore. — Lorsqu'on veut obtenir du coton blanchi destiné à être vendu dans cet état au commerce, sans passer par la teinture, on répète ces opérations deux ou même trois fois, ou bien on fait subir un lessivage et un chlorurage plus concentrés et plus prolongés; puis on donne un savonnage avec outremer pour azurer le fil.

Le blanchiment des tissus de coton, calicots, etc., est plus difficile, parce qu'il doit être bien plus complet, que le tissu doive être vendu blanchi, ou qu'il doive passer par l'impression, et parce que le tissu écru renferme des impuretés amenées par le tissage.

Ce blanchiment comprend en principe un lavage à la suite du grillage, un lessivage à la chaux suivi d'un passage en acide chlorhydrique, un lessivage en carbonate de soude ou en soude caustique, un passage en chlore suivi d'un passage en acide, le tout terminé par un rinçage à fond.

Le lessivage se fait, avec circulation continue du liquide, dans des appareils à basse pression, ou dans des appareils à haute pression, telles les chaudières *Pendleburg-Barlow*(1) avec réchauffeur *Scheurer-Rott et Cie*

___

(1) Voir l'étude de Burnat, dans le *Bulletin de la Société industrielle de Mulhouse,* 1868, sur la conduite de ces appareils.

(Bull. de Mulhouse, 1893), l'appareil continu du système *Mather-Thompson*. Le tissu est traité soit au large, soit en cordes ou boyaux.

Lorsqu'il s'agit de tissus destinés à l'impression, le tissu à blanchir est marqué, cousu en boyau pièce par pièce, grillé, trempé vingt-quatre heures dans l'eau chaude, lessivé ou débouilli en lait de chaux à 5 pour 100, à 50 kilos de chaux vive pour 10 000 mètres de tissu ; ce premier traitement alcalin se fait à froid dans une cuve à roulettes. Après un repos de quelques heures, le tissu est soumis à une longue ébullition pour permettre la saponification complète, dans des chaudières à ciel ouvert, à basse pression 3/4 d'atmosphère, dix-huit heures, ou à haute pression 2 atmosphères 1/2, six heures. Les chaudières à basse pression portent le nom de chaudières à lessiver ; parmi celles à haute pression, nous avons déjà cité l'appareil de Barlow. Le tissu, d'apparence jaunâtre, est alors lavé, au foulon, au clapot, ou à la roue ; puis il est passé en acide, au clapot, lavé, lessivé en carbonate de soude ou en savon de colophane : ce second traitement alcalin se fait comme le premier, avec 5 à 6 pour 100 de soude calcinée et 1 à 2 pour 100 de colophane ; le tissu est lavé, puis chloruré à froid en solution de chaux à 1/4 ou 1° Bé, au clapot ou dans des cuves, lavé, acidulé en acide étendu à 1° Bé, lavé, parfois passé en antichlore, lavé à fond, séché. Telle est la série des opérations nécessitées pour l'obtention d'un blanc destiné à l'impression. Pour les tissus qui doivent rester blancs, on ne lessive pas au savon de colophane, et on azure après le blanchiment. Pour les tissus destinés à la teinture en rouge turc, on ne grille pas, on lessive à la soude caustique et on ne passe pas en chlorure de chaux.

D'après *Ed. Schwartz*, les opérations successives pour le blanchiment du coton étaient les suivantes en 1835 :

1. — Dégommage à l'eau,
2. — Lessive de chaux,
3 et 4. — Deux lessives de soude caustique,
5. — Exposition à l'air ou chlorage, puis acidage en acide sulfurique,
6. — Une lessive de soude caustique,
7. — Exposition à l'air ou chlorage,
8. — Une lessive de soude caustique,
9. — Chlorage et acidage en acide sulfurique,
10. — Eau chaude ou lavage.

A. *Scheurer* (Bull. de Mulhouse, 1898) dit « que l'introduction de l'acide chlorhydrique dans l'industrie du blanchiment du lin, pour éviter les affaiblissements, fut due à *Gréau* aîné. L'emploi de l'acide chlorhydrique dans le blanchiment du coton, pour éliminer les sels de chaux sous une forme soluble, a été inauguré par *Aug. Scheurer-Rott*. L'acidage après lessive de chaux est dû aussi à *Aug. Scheurer-Rott*. La substitution du sel de soude à la soude caustique vint d'Amérique. La suppression du chlorage entre les lessives est due à *Ed. Schwartz*. La théorie du blanchiment au sel de soude est l'œuvre d'*Aug. Scheurer-Rott,* ainsi que la méthode de 1837 qui en dérive et qui se résume en :

1. — Lessivage de chaux,
2. — Acidage en acide chlorhydrique,
3 et 4. — Deux lessives en sel de soude,
5. — Acidage (bientôt supprimé),
6. — Chlore faible,
7. — Acidage en acide chlorhydrique.

« Cette méthode n'a pas varié dans ses traits essentiels ; son introduction est le fait le plus considérable qui se soit produit dans l'industrie du blanchiment, parce qu'il marque et l'apparition du premier procédé réel de blanchiment, et la première intervention de la science dans ces opérations. Cette méthode est encore appliquée dans tous les établissements qui blanchissent au sel de soude. L'adjonction de la colophane et celle des appareils sous pression ont permis de réduire à une le nombre des lessives, et de réaliser des économies de temps ; mais la succession des opérations est restée la même. »

Le procédé *Mather-Thompson,* dont nous avons déjà parlé, se caractérise 1° par l'emploi de la soude caustique pour le lessivage du début et pour le lessivage en chaudière ; 2° par le passage en acide carbonique à la suite du chlorurage ; 3° par l'emploi de wagonnets-cages en treillis de fer galvanisé pour introduire le tissu dans une chaudière-vaporiseur spéciale. Les opérations successives sont : I, pour le dégraissage : le cousage des pièces et leur marquage ; le débouillage en solution chaude de soude caustique au lavage ; le bouillissage en solution de soude caustique à 1° 1/2 à 3° Baumé dans la chaudière-vaporiseur pendant cinq heures et sous une pression de 1/4 d'atmosphère ; un lavage à l'eau chaude ; un rinçage à l'eau froide. II, pour le blanchiment : un rinçage à l'eau chaude ; un chlore ; un passage dans la chambre à acide carbonique ; un lavage ; un passage en carbonate de soude ; un lavage ; un chlore ; un passage en acide carbonique ; un lavage ; un passage en acide chlorhydrique ; un lavage.

L'emploi de la soude caustique pour dégraisser le coton n'est pas une nouveauté : depuis longtemps déjà on s'en servait avec succès pour dégraisser le coton filé. Mais de grandes difficultés s'opposaient à son emploi dans le blanchiment des tissus de coton sous pression, car elle ne réalisait pas le blanchiment d'une façon aussi efficace que la chaux, elle coûtait plus cher et produisait fréquemment des taches. *H. Kœchlin* le premier a proposé de faire subir un vaporisage au tissu imprégné de soude caustique. Ce fut l'idée mère du procédé *Mather-Thompson.*

Il est indispensable de passer finalement en bain d'acide chlorhydrique. En effet, l'acide carbonique donne avec le chlorure de chaux du carbonate de chaux qui se dépose sur la fibre et que l'acide chlorhydrique a pour but d'enlever.

Il n'y a pas seulement que les chlorures décolorants ou hypochlorites commerciaux qui fournissent du chlore sous l'action des acides ; les chlorures alcalins ordinaires en fournissent également sous l'influence du courant électrique, ainsi que nous l'avons vu en étudiant la préparation du chlore. Le chlore résultant de cette décomposition se rend à l'électrode négative, et sa production peut servir à blanchir les tissus végétaux, la pâte à papier, etc. Cette préparation de chlore est réalisée le plus souvent dans des appareils spéciaux placés en dehors des cuves de blanchiment, tels que l'appareil *Hermite* (br. fr., 1884, 1886, 1889) pour l'électrolyse du chlorure de magnésium, l'appareil *C. Kelner* (br. fr., 1890, 1894) pour celle du chlorure de sodium, etc. Les liquides qui sortent de ces appareils sont employés directement au lieu de la solution de chlorure de chaux. *Hutcheson* et *Dobbie* (br. anglais, 1882) mouillent le tissu avec le chlorure et le font passer entre des rouleaux mis en relation avec une source électrique.

Le blanchiment du lin se fait par des procédés identiques à ceux employés pour le coton, mais il est plus difficile et plus lent. Pour les toiles fines, on remplace avantageusement le chlorure de chaux par ceux de soude ou de magnésie.

Acide chlorique ClO^3H et Chlorates.

— L'acide chlorique se produit, en même temps que le peroxyde de chlore ClO^2, lorsqu'on fait agir un acide, sulfurique, hydrofluosilicique, sur un chlorate. C'est un corps doué d'un pouvoir oxydant des plus énergiques et se décomposant facilement avec explosion. Une expérience curieuse montre combien les propriétés oxydantes de ce corps se manifestent avec aisance et intensité. Si l'on met dans un verre à pied, de l'eau, un bâton de phosphore et une quantité de chlorate de potasse supérieure à celle qui peut se dissoudre, si alors on fait arriver, par un entonnoir à long tube, de l'acide sulfurique concentré, on voit, au moment où l'acide arrive sur le chlorate, se produire une réaction énergique, accompagnée de vives lueurs dues à la combustion du phosphore. L'expérience doit se faire avec de grandes précautions lorsqu'on se sert de phosphore ordinaire ; il vaut mieux employer le phosphore rouge.

L'acide chlorique, d'ailleurs, enflamme l'alcool, le papier.

L'acide chlorique est l'acide des *chlorates*. Ces sels sont généralement incolores, tous solubles dans l'eau, sauf celui de potassium qui est peu soluble à froid. Ils perdent au rouge leur oxygène et laissent un chlorure ou un oxyde : application à la préparation de l'oxygène ; ils fusent sur les charbons ardents, plus vivement même que les azotates : application aux poudres chloratées. Ce sont tous des agents oxydants énergiques et des explosifs puissants. Mélangés avec le soufre ou le sulfure d'antimoine, ils détonent par le simple choc, surtout s'il y a en présence une trace d'acide nitrique.

Les plus employés sont ceux de potassium, de sodium, d'ammonium et de baryum.

Le chlorate de potasse s'est préparé d'abord en faisant agir un courant de chlore à chaud sur une solution concentrée de potasse. Ensuite, on s'est basé sur la double décomposition qui se produit lorsqu'on met en présence du chlorate de potassium et soit du chlorate de calcium, obtenu en faisant bouillir du chlorure de chaux, soit du chlorate de magnésium obtenu directement, *Muspratt et Eschellmann* (br. angl., 1883, exploité à Salindres). Le chlorate de potassium cristallise pendant le refroidissement, à cause de sa faible solubilité à froid. Le chlorure de calcium (ou de magnésium) reste dans les eaux-mères $(ClO^3)^2Ca + 2 KCl = 2 ClO^3K + CaCl^2$, et il y a de ce fait une réelle perte de chlore. Pour obvier à cette perte, *K. Baeyer* (br. all., 1895) a proposé d'employer l'oxyde de zinc à la place de la chaux ou de la magnésie, parce que le chlorure de zinc résiduaire est utilisable comme désinfectant. Mais tous ces procédés ont disparu devant la préparation électrolytique, et on prépare aujourd'hui presque exclusivement le chlorate de potasse par l'électrolyse à chaud (50° à 60°) d'une solution de chlorure de potassium ; il se produit du chlorate et de l'hydrogène : $KCl + 3 H^2O = ClO^3K + 3 H^2$. Entre autres procédés, nous citerons celui de *Gall* et de *Montlaur*, et celui de *Hoepfner*. Le procédé *Gall* et de *Montlaur* fut exploité d'abord à Villers-sur-Hermes, 1889, dans l'usine de la Société des produits antiseptiques, puis à Wallorbes, 1891. Le procédé *Hoepfner*, 1884, commença a fonctionner en 1890 dans l'usine de la Griesheim Fabrik. D'après *F. Oettel*, 1896, la préparation électrolytique des chlorates nécessite que l'hypochlorite d'abord produit soit isolé de la cathode afin d'échapper a la réduction, et que l'alcali caustique produit ne passe de — à + que lorsque l'hypochlorite est transformé en chlorate.

Dans la plupart des procédés électrolytiques ayant pour objet la production de la potasse, de la soude et des chlorates alcalins, on obtient généralement des lessives d'une concentration relativement faible (7° à 15° Bé). *P. Kienlen* (Mon. scient., 1898) a étudié les differents modes d'évaporation, avec le concours de l'électricité, par feu direct, par chauffage indirect, sous pression réduite, et il donne la préférence aux appareils basés sur le dernier mode avec multiple utilisation de la chaleur : appareils *Cail, S. Pick, Yaryan, L. Kaufmann*.

Le chlorate de soude se prépare également par électrolyse, ou par double décomposition entre un sel de soude : bitartrate en présence d'acide hydrofluosilicique, carbonate, sulfate : *Gamble, Péchiney* (1881. Cf *Grossmann*, in J. of S. of chem. Ind., 1896).

Le chlorate de baryte se prépare en faisant agir le chlorure de baryum sur un chlorate alcalin.

Le *chlorate de potasse* cristallise en petites lamelles anhydres. Il est inaltérable à l'air. Il est peu soluble dans l'eau froide, puisque 100 grammes n'en dissolvent que 3 gr. 35 à 0° ; plus soluble dans l'eau bouillante : 100 grammes d'eau en dissolvent 60 gr. 24 à 104°8.

Sous l'action de la chaleur, ce composé commence à fondre vers 370°, puis il se décompose, d'abord en perchlorate (1) et en chlorure, puis en oxygène et en chlorure : $4 ClO^3K = 3 ClO^4K + KCl$; et $ClO^3K = 3 O + KCl$. C'est la base d'un procédé aisé de préparation de l'oxygène, et des propriétés oxydantes du chlorate. Cette décomposition est facilitée par la présence d'autres oxydes, comme ceux de manganèse, de nickel, de cobalt, de cuivre, de fer, et même par la présence de simples corps pulvérulents, comme le verre, le kaolin.

Cette facilité avec laquelle le chlorate abandonne l'oxygène le rend un oxydant extrêmement énergique. Il fuse sur les charbons ardents. Il détone en présence du soufre, du charbon, et donne avec ces combustibles, ou tous autres appropriés, des explosifs doués de propriétés brisantes, à cause de la rapidité avec laquelle les gaz se produisent dans sa décomposition. Le chlorate de potasse est un corps dangereux à manier à cause de ces propriétés, et de nombreux accidents se produisent encore lorsque des personnes imprudentes le pilent dans un mortier ou le mélangent sans précautions avec des substances combustibles, comme le soufre, ou même en présence d'une simple trace de ces substances. Un mélange à parties égales de chlorate et de soufre constitue une amorce fulminante ; si on en place une petite quantité dans un morceau de papier sur une enclume, il suffit de frapper avec un marteau pour qu'il se produise une forte explosion : cette expérience serait dangereuse si on opérait sur plus de 1 gramme de mélange.

L'acide chlorhydrique décompose le chlorate avec dégagement de chlore. Le pouvoir chlorurant de ce mélange est utilisé dans l'analyse chimique. Le dégagement d'oxygène sous l'action seule de la chaleur est également utilisé dans l'analyse organique.

L'acide sulfurique concentré donne à froid du peroxyde de chlore, corps qui détone par une faible élévation de température ou même au contact d'un corps combustible, résine, sucre, etc. Aussi ne faut-il verser l'acide que peu à peu.

Le chlorate de potasse possède une action physiologique très spéciale, qui en fait un médicament précieux. Il active la salivation, et c'est le spécifique des stomatites ; aussi dans tout traitement mercuriel emploiera-t-on le chlorate de potasse à la dose de 2 à 5 grammes par jour, aussi bien comme remède préventif que comme curatif. Il ne faut d'ailleurs pas en abuser, car s'il est sédatif et diurétique, il n'en a pas moins une mauvaise action sur les reins qu'il endolorit, et est d'ailleurs toxique. C'est pour les maux de gorge, principalement au début, un bon astringent. On ordonne soit des gargarismes : chlorate de potasse 5 grammes, eau distillée 250 grammes, sirop de mûres 50 grammes ; soit des tablettes, tablettes roses de Regnault : chlorate de potasse porphyrisé 100 grammes, sucre pulvérisé 900 grammes, gomme adragante 10 grammes, eau aromatisée

---

(1) Le perchlorate de potassium est blanc, cristallin, peu soluble dans l'eau, insoluble dans l'alcool. Sa formation est caractéristique des sels de potassium.

au baume de Tolu 90 grammes. On fera des tablettes du poids de 1 gramme, dont chacune contient 0 gr. 10 de chlorate. Dans cette préparation, il faut avoir le plus grand soin de ne jamais pulvériser le chlorate en présence du sucre, comme de ne *jamais* mélanger *à sec* les deux poudres ensemble, sinon on s'expose à des explosions terribles. Il est sage aussi de ne faire la préparation qu'avec des quantités réduites. Des accidents de combustion spontanée se sont même produits avec certaines pastilles au chlorate.

Les propriétés oxydantes du chlorate de potasse, et plus souvent du chlorate de soude, trouvent leur application en teinture et surtout en impression pour la production du noir d'aniline au chlorate, et pour faire des enlevages ou rongeants.

Mais elles la trouvent surtout dans la préparation d'explosifs : amorces, poudres d'artifices, pétards, poudres brisantes, et dans celle d'allumettes.

Poudres et explosifs aux chlorates. — Le chlorate de potassium perd son oxygène plus facilement que le nitre ; il était donc naturel que *Berthollet,* qui le découvrit, le proposât dès 1788 pour la préparation de poudres, par mélange de chlorate de potasse, de charbon et de soufre. Mais ces mélanges s'enflamment par simple choc, et les premiers essais de fabrication conduisirent à de véritables désastres. Dès le premier essai de fabrication à la poudrière d'Essonnes, le directeur ayant frappé avec le bout de sa canne le bord d'un mortier qui renfermait une petite quantité du mélange, une explosion épouvantable se produisit ; elle tua six des sept personnes présentes, et *Berthollet* seul survécut. Le second essai eut lieu à la raffinerie des salpêtres de Paris, quelques mois après, mais les premiers kilos de produit préparé firent explosion par le simple frottement dans le tamis de grenage. La question fut reprise en 1800 par *de Cossigny,* qui indiqua comme les meilleures proportions chlorate de potassium 6 parties, charbon 1 partie, soufre 1 partie. Les poudres au chlorate sont des poudres fulminantes extrêmement brisantes. *Augendre* a indiqué une formule qui est connue sous le nom de *poudre blanche d'Augendre* et qui renferme : chlorate de potassium 49 parties, prussiate de potasse 28 parties, sucre 23 parties. Les poudres au chlorate s'enflamment et brûlent rapidement ; elles ne conviennent pas pour armes à feu, mais elles seraient excellentes comme poudres brisantes, si elles n'étaient pas aussi sensibles au choc. On a tâché de remédier à cette sensibilité en enrobant le chlorate dans un excipient approprié, par exemple la *poudre Himly* : chlorate de potasse 45, nitre 35, goudron de houille 20 parties ; le goudron est dissous dans la benzine, on ajoute le chlorate et le nitre, puis on évapore la benzine. De même, pour empêcher le charbon de provoquer par friction l'inflammation spontanée de son mélange avec le chlorate, *A von Stubenrauch* (br. all., 1896) l'adoucit au sortir de la calcination et encore chaud, avec du goudron neutralisé et désulfuré, de la vaseline, de la paraffine, etc. Ex. : chlorate de potasse 80 parties, charbon 5,5 à 7,5, goudron 12 à 14, carbonate de chaux 1,5 à 1 partie.

Comme poudres au chlorate, citons encore la *poudre des mineurs de Michalewsky :* chlorate de potassium 50, bioxyde de manganèse 5, son 45 ; la *poudre Comet :* chlorate 75, résine 25 ; la *poudre Carlson* (1897) : perchlorate d'ammoniaque 47, et charbon de bois 6, ou sucre de canne 14 parties 2, ou dinitrobenzol 16 parties 8.

Dans les explosifs chloratés, on se sert de chlorate comme comburant, mais comme combustibles, au lieu du soufre et du charbon, on peut prendre des dérivés nitrés : nitrocarbures (nitrobenzines, nitronaphtalines) ; nitrophénols (acide picrique) ; nitroamines (nitroaniline, nitrodiphénylamine) ; ou des dérivés azoïques : azobenzol, azoxybenzine, amidoazobenzol, diamidoazobenzol, oxyazobenzol ; ou des combinaisons mixtes : picronitronaphtaline, picrates des dérivés azoïques, *Street* (br. fr., 1897).

Pour rendre plus stables les explosifs chloratés, et permettre leur fabrication sans danger exagéré, *Street* (br. fr., 1897) rend liquide l'élément combustible, de préférence formé de deux nitro, en les dissolvant à chaud dans une huile qui intervient elle-même comme combustible dans la poudre, et qui apporte autour de chaque grain de chlorate une gaine visqueuse. Les dérivés nitrés et les corps azoïques, que l'on peut introduire à titre de combustibles dans les explosifs chloratés, sont en effet insolubles à froid et à chaud dans les huiles minérales, insolubles à froid dans les huiles végétales, mais solubles à chaud. C'est ainsi que la binitronaphtaline, qui demande 100 fois son poids d'huile de ricin à la température ordinaire, n'en demande plus que 20 fois à 100°, que 1 partie 6 à 125°, et devient miscible en toutes proportions à 170°-180°. On trouvera au sujet de ces solubilités de nombreux détails dans le brevet même de *Street.* Comme d'ailleurs le soufre est soluble dans les huiles, il y a là un moyen d'introduire le soufre dans les explosifs chloratés. Un bon explosif renfermera 80-65 pour 100 chlorate alcalin, 10-20 pour 100 dissolution huileuse d'un nitro à parties égales, 10-15 pour 100 amidon ou charbon ; ou, plus simplement, 80-70 parties chlorate et 20-30 parties dissolution huileuse.

Les *amorces pour jouets* d'enfants sont formées de chlorate de potasse et de phosphore. On les fabrique en déposant avec un appareil particulier sur des feuilles de papier des gouttes d'un mélange d'eau gommeuse, de phosphore et de chlorate de potasse ; on sèche ensuite les papiers, puis on les découpe en petits morceaux chargés chacun d'une parcelle de matière fulminante. Il faut avoir soin d'opérer le mélange de chlorate et de phosphore en plein air et en petite quantité à la fois, de mouiller légèrement les feuilles d'amorces avant de les découper, et surtout d'éviter d'avoir, soit à la manipulation, soit au séchage, des quantités un peu fortes de ces feuilles, en sorte que, si une inflammation ou une explosion se produit, elle ne se généralise pas. Ces amorces sont tellement sensibles au choc qu'elles peuvent éclater même si l'on marche seulement sur elles. L'explosion formidable qui détruisit en 1873, à Paris, une fabrique de ces amorces et causa de nombreuses morts montre combien cette industrie est dangereuse.

Les poudres chloratées ont parfois été divisées en poudres fulminantes ou au soufre, et poudres brisantes ou au charbon.

Les feux de Bengale sont souvent constitués par des mélanges de chlorate de potasse, de soufre et d'un azotate destiné à la coloration. Mais ces feux sont exposés à s'enflammer, surtout si le soufre est du soufre en fleurs, ou si l'azotate est humide.

Allumettes au chlorate. — Le chlorate de potasse a été la base des premières allumettes chimiques. Voici ce qu'en dit *Jagnaux* dans son Histoire de la chimie, I, pp. 639, 640 : « L'invention des *briquets chimiques*, que l'on fabriquait à Vienne dès 1812, constitue une phase intéressante de l'histoire des allumettes. C'étaient tout simplement des tiges de bois dont une extrémité était enduite de soufre et recouverte d'un mélange de chlorate de potasse et de sucre ordinaire (coloré avec du cinabre) qui, en détonant lorsqu'on les trempait dans l'acide sulfurique concentré, produisait l'inflammation de la couche de soufre sous-jacente, inflammation qui se communiquait ensuite au bois. On se servait pour cet usage de petits vases de verre qui renfermaient de l'amiante imbibée d'acide sulfurique. L'auteur de la découverte de ces briquets qui, jusqu'en 1844, furent les seuls en usage en Europe, est *Chancel*, préparateur de *Thénard*.

« En 1830, on vendait en Angleterre, sous le nom de *Prometheans*, des préparations, dont le principe était le même. Dans un rouleau de papier mince, analogue à une cigarette, se trouvait un mélange de chlorate de potasse et de sucre ; le rouleau contenait, en outre, un petit tube en verre fermé aux deux bouts et renfermant de l'acide sulfurique. Lorsqu'on écrasait le tube de verre entre deux corps durs, l'acide sulfurique arrivait au contact de la masse inflammable et en déterminait l'inflammation. L'écrasement se faisait, en général, à l'aide d'une pierre que l'on achetait avec la préparation. Mais les *Prometheans* coûtaient cher, aussi leur usage ne se répandit-il pas beaucoup.

« Les premières véritables allumettes à friction apparurent en 1832 sous le nom de *briquets à la Congrève ;* elles renfermaient sur une couche de soufre un enduit composé de une partie de chlorate de potasse et de deux parties de sulfure d'antimoine, fixé à l'aide de colle ou de gomme arabique. Pour les enflammer, on les faisait passer entre deux feuilles de papier de verre, que l'on pressait entre les doigts. Elles n'étaient guère commodes, car souvent la préparation se détachait du petit morceau de bois et détonait entre les feuilles de papier sans allumer le bois.

« On ne sait pas au juste le nom de celui qui eut le premier l'idée de substituer le phosphore au sulfure d'antimoine. D'après les recherches de *Nicklès,* il est certain que le phosphore fut employé à Paris dès 1805 pour confectionner des briquets. *Derepas,* en 1809, chercha à diminuer la grande inflammabilité du phosphore en le mélangeant avec de la magnésie, qui avait pour but de le diviser. On prétend aussi que *Derosnes* serait le premier qui, en 1816, aurait préparé des allumettes phosphoriques à friction.

« Quoi qu'il en soit, les allumettes phosphoriques apparurent, vers 1833, dans différents pays. *Preshel*, de Vienne, fabriqua, en 1833, des allumettes phosphoriques. *Moldenhauer*, de Darmstadt, fabriqua aussi des allumettes vers la même époque. En Allemagne, on considère *Kammerer* comme l'auteur de la découverte des allumettes phosphoriques. En Angleterre, on attribue cette invention à *John Walker*.

« Les pâtes inflammables alors employées se composaient essentiellement de chlorate de potasse et de phosphore ; elles étaient donc excessivement inflammables, et leur transport présentait certains dangers ; en outre, elles donnaient lieu, au moment de leur inflammation, à une sorte d'explosion qui avait pour effet de projeter au loin la pâte en combustion. Aussi leur usage et leur fabrication furent-ils interdits dans certaines contrées de l'Allemagne. En 1835, le chlorate de potasse fut partiellement remplacé, par *Trévany*, par un mélange de minium et de peroxyde de manganèse. *Preshel*, en 1837, le remplaça entièrement par le peroxyde de plomb brun, et *Boettger*, par un mélange de minium et de salpêtre, ou par un mélange de peroxyde et d'azotate de plomb.

« Pour obtenir du feu avec une allumette chimique, il suffit de la frotter sur une surface sèche quelconque ; le frottement produit assez de chaleur pour enflammer le phosphore, qui, à son tour, enflamme le soufre, lequel allume le bois. »

C'est à *Charles Sauria*, médecin dans le Jura, que l'on doit, en France, la découverte des allumettes chimiques. Depuis 1806 on connaissait des allumettes au chlorate de potasse que l'on enflammait en les plongeant dans l'acide sulfurique concentré. En 1830, *Sauria*, encore élève au collège de l'Arc, à Dôle, fut vivement frappé par une expérience du professeur sur la détonation qui se produit lorsqu'on fait éprouver un choc à un mélange de chlorate de potasse et de soufre. Des essais nombreux, effectués dans sa chambre d'étudiant, le conduisirent, en 1831, à la découverte parfaite d'*allumettes brûlant toutes seules,* c'est-à-dire des *allumettes chimiques.* Ces allumettes étaient constituées par un mélange de soufre, de chlorate de potasse et de phosphore, que *Sauria* faisait adhérer au bois à l'aide de gomme arabique. Ces allumettes furent bientôt fabriquées en différents pays. Presqu'à la même époque, en 1832, *Fr. Kammerer*, autrichien, parvint à réaliser, pendant le temps d'une détention politique, une invention similaire. Le bioxyde de plomb fut substitué au chlorate de potasse trop violent par *R. Boettger*. C'est au même savant qu'on doit, en 1848, la substitution du phosphore rouge au phosphore ordinaire, indiqué pour la première fois par *Em. Kopp*, en 1844. Lire sur *Sauria* un article intéressant de *Cabanès* in Revue scientifique, 1899.

Voici quelques recettes pour pâtes d'allumettes sans phosphore.

Recette indiquée par le traité de chimie de *Troost* : chlorate de potasse 28 parties, bioxyde de plomb 18 parties, chromate de potassium 8 parties, sulfure d'antimoine 7 parties, verre pilé 12 parties, gomme 8 parties, eau 36 parties.

Pâte d'amorce destinée à la fabrication des allumettes *Hartbaub* (br. fr., 1897) : chlorate de soude 75 parties, sulfate de cuivre 6 parties, gomme 10 parties, gomme adragante 6 parties, eau 100 parties. Le bain de paraffine est formé avec : térébenthine 20 parties, résine damar 20 parties, huile de lin 5 parties, paraffine 100 parties.

Pâte des allumettes *Hjerpe* et *Poltzer* : chlorate de potasse 4 à 6 parties, bichromate de potasse 2 parties, oxyde de fer 2 parties, colle 3 parties.

L'enduit du frottoir : sulfure d'antimoine 20 parties, bichromate de potasse 2 à 4 parties, oxyde de manganèse, fer ou plomb, 4 à 6 parties, poudre de verre 2 parties, colle 2 à 3 parties.

CHAPITRE IV

BROME ET COMPOSÉS

Brome Br. — Le brome (P.a. $= 80$) découvert par *Balard* en 1826, s'extrait des eaux-mères des marais salants, après extraction des sels potassiques, sodiques ou magnésiens, ou des eaux-mères des soudes de varechs, après précipitation de l'iode. Il y existe à l'état de bromures de potassium et de magnésium ; on traite par un courant de chlore qui déplace le brome, ou à chaud par un mélange d'acide sulfurique et de bioxyde de manganèse ; la réaction est la même que pour la préparation du chlore. Aujourd'hui, on extrait la plus grande partie du brome européen des eaux-mères provenant du traitement des sels de Stassfurt. La France, où le brome a été découvert, et qui possède dans les marais salants de la Camargue un vrai minerai de brome, est pourtant devenue la tributaire de l'étranger.

Le brome est un liquide rouge foncé. Il bout à 63°, mais il possède, même à la température ordinaire, une tension de vapeur très grande ; aussi émet-il des vapeurs à toute température. Ces vapeurs ont une odeur repoussante, d'où son nom : Βρῶμος, fétide ; elles sont très irritantes.

Le brome est très caustique ; il tache la peau en jaune, il la désorganise et produit une inflammation. Une goutte de brome déposée dans le bec d'un oiseau le tue aussitôt. Aux doses les plus faibles, il provoque la toux.

Il est peu soluble dans l'eau : 100 parties d'eau dissolvent 3 parties 226 à 15°. Il est soluble en rouge dans l'acide bromhydrique, l'acide sulfhydrique, le sulfure de carbone, l'alcool, l'éther, le chloroforme, auxquels il communique sa couleur. Sa dissolution aqueuse est facilitée par la présence d'un bromure alcalin.

Les propriétés du brome sont analogues à celles du chlore. Il se combine à tous les métalloïdes : le phosphore, l'arsenic, l'antimoine, brûlent dans sa vapeur comme dans un flacon de chlore ; il a même plus d'affinité que celui-ci pour l'oxygène ; mais il est déplacé par le chlore de ses combinaisons avec l'hydrogène et avec les métaux, les chlorures se formant avec un dégagement de chaleur plus considérable que les bromures.

Son action sur les matières organiques est énergique. Il détruit la peau, les muqueuses, les matières colorantes, le caoutchouc, le liège. Cette vivacité d'action fait qu'on doit le conserver sous une couche d'acide sulfurique. Pour éviter son maniement toujours dangereux, on le fait absorber par de la terre à infusoires, qui en absorbe 25 pour 100 : on obtient ainsi ce qu'on appelle le *brome solide*. On en retire le brome par simple distillation.

Le brome sert à préparer les bromures, bromures minéraux, comme ceux de potassium et de sodium, et bromures de radicaux alcooliques, comme ceux de méthyle, d'éthyle, d'amyle, etc., utilisés dans la fabrication des matières colorantes artificielles, éosine, bleu Hoffmann, alizarine artificielle au début. Il sert à préparer un grand nombre de composés organiques.

En thérapeutique, il a été préconisé comme caustique contre le curare, *Alvaro Reynoso ;* contre le croup ; comme antiseptique contre la rage. Ses préparations sont ordonnées dans les maladies scrofuleuses et pseudo-membraneuses, et comme calmants, mais elles affaiblissent le système nerveux.

C'est un désinfectant puissant. On se sert pour cette application de brome solide, le plus souvent sous forme de bâtons.

On peut aussi l'employer, au lieu de chlore, pour préparer les ferri-cyanures, *Reichardt* (1869), et les permanganates. Dans les laboratoires, on s'en sert pour rechercher les phénols.

Le brome, *J. Kœthe* (1897), en solution aqueuse à 5 ou 7,5 pour 100, permet de brillanter la laine et de lui donner l'éclat et le toucher soyeux. Le brome a l'avantage sur le chlore, que l'on emploie aussi dans le même but, de ne pas jaunir la laine. On traite celle-ci une demi-heure à deux heures entre 30° et 35°, puis on passe en bain alcalin et en bain acide. *Lecomte* et *Déprés* traitent la laine pendant deux heures (br. fr., 1897).

Bromures. — Les bromures sont presque identiques par leurs propriétés et leur préparation aux chlorures. Ils sont moins solubles dans l'eau ; ceux d'argent, de sous-oxyde de mercure et de plomb sont tout à fait insolubles.

On les caractérise facilement en mettant le brome en liberté au moyen d'une solution de chlore. Il faut éviter de mettre un excès de chlore qui redissoudrait le brome en se combinant avec lui. Quant au brome mis en liberté, on le reconnaîtra à la coloration jaune qu'il donne au sulfure de carbone et au chloroforme. L'azotate d'argent donne un précipité blanc jaunâtre devenant gris à la lumière, insoluble dans l'acide azotique étendu, un peu soluble dans l'ammoniaque, mais moins que le chlorure d'argent, soluble dans le cyanure de potassium.

Bromure de potassium KBr. — Il se prépare par action directe du brome sur la potasse caustique. Il cristallise en cubes incolores. Il est très soluble dans l'eau, peu soluble dans l'alcool. Sa saveur est salée, avec un arrière-goût amer. Les marais salants de la Camargue, etc., en renferment une proportion notable.

C'est un sédatif extrêmement employé en médecine à la dose journalière de 1 gramme, ou en sirop : sirop sédatif de bromure de potassium à l'écorce d'oranges amères.

Bromure de sodium NaBr. — Il a la même saveur que le sel ordinaire; il est parfois ordonné comme sédatif à la place du bromure de potassium. On l'emploie également à la dose de 1 à 2 grammes pour combattre les nausées consécutives à l'usage du chloroforme. Le bromure de potassium est indiqué dans toute irritation du système nerveux ou du système circulatoire. Il commence par agir sur les centres nerveux; il ralentit ensuite les mouvements du cœur et de la circulation; en même temps, il augmente la sécrétion de la salive, produit l'anesthésie du pharynx et diminue les excitations génésiques.

L'*hypobromite de potassium* $BrOK$ est employé en photographie.

L'*hypobromite de sodium* $BrONa$ permet de distinguer l'a-naphtol, avec lequel il donne une coloration et même un précipité violet salé, du b-naphtol, coloration jaune, puis verdâtre, revenant au jaune, *E. Léger* (Journal de pharmacie, 1897). C'est aussi le réactif de l'urée.

CHAPITRE V

IODE ET COMPOSÉS

Iode Io. — L'iode (P.a. = 127) fut trouvé accidentellement en 1811 par *Courtois*, salpêtrier de Paris, dans les eaux-mères des cendres de varechs. *Gay-Lussac*, en 1813, donna l'étude complète de ses propriétés. Il existe a l'état de combinaison avec le potassium, le sodium et le magnésium, dans les eaux de la mer, dans le salpêtre du Chili et dans les phosphorites.

L'iode s'extrait surtout des cendres de varechs, parfois aussi du salpêtre du Chili, ou des phosphorites, par des procédés analogues à ceux usités pour le chlore et le brome. Les centres de cette production sont Glasgow et la Bretagne.

Le produit de l'incinération des varechs constitue le kelp, cendres ou soude de varechs. Il renferme des chlorures, des sulfates, des carbonates, de l'iodure, du bromure et du sulfure de potassium. La lessive du kelp laisse déposer par cristallisations successives les chlorures et les sulfates ; puis les eaux-mères sont traitées pour iode par l'acide sulfurique et le bioxyde de manganèse (Pr. *Wollaston*, en Écosse), ou par un courant de chlore (Pr. *Barruel-Cournerie*, en France). Il faut arrêter l'action du chlore dès que tout l'iodure a été décomposé ; sans quoi, on aurait des vapeurs de brome. L'iode formé distille et se sublime, à moins qu'on ne le dissolve dans de la benzine qui le cède ensuite à une lessive alcaline (Pr. *Moride*). Une tonne de kelp donne environ 4 kilos d'iode.

Comme l'incinération des varechs à l'air libre entraîne la perte d'une grande quantité d'iode, *Stanford* (1862) a proposé de les distiller en vase clos avec de la vapeur d'eau surchauffée. En Vendée et en Bretagne, on se sert pour cela du four mobile de Moride, 1864. Le résidu de la distillation se nomme *charbon de varechs ;* il constitue un excellent désinfectant. Ce charbon, après refroidissement, est traité pour sels de potasse et pour iode, comme on l'a fait avec la cendre de varechs. La production du charbon de varechs est accompagnée de celle d'une foule de composés utilisables : gaz d'éclairage, acide acétique, ammoniaque, huile minérale, paraffine.

L'iode commercial se purifie par sublimation, à 110°-120° ; on a ainsi l'*iode bi-sublimé*. C'est un corps solide, bleu acier, d'une odeur âcre. Il fond vers 107°, bout vers 175°. Ses vapeurs sont fort irritantes ; elles sont violettes, d'où le nom donné par *Gay-Lussac* à ce corps (du mot grec ἰώδης, violet). Cette couleur se constate facilement en jetant quelques particules d'iode dans un ballon chauffé ou même sur une plaque chaude.

L'iode est peu soluble dans l'eau, qui n'en dissout que $\dfrac{1}{5\,500}$ à 10° ; mais il est très soluble dans l'alcool, en brun foncé ; dans le sulfure de carbone, le chloroforme et la benzine, en rouge violacé ; dans l'éther, les iodures alcalins, en brun jaunâtre. Il est encore soluble dans l'acide iodhydrique, l'acide sulfureux, les hyposulfites. La *teinture d'iode* est une dissolution de 1 partie d'iode pour 12 parties d'alcool à 90°. Cette teinture au douzième est une solution a peu près saturée. En Angleterre, on ajoute de l'iodure de potassium pour faciliter la dissolution de l'iode. Dans le même but, *Viallet* propose de faire la teinture d'iode avec 30 parties iode, 10 cc. éther à 56° et 300 cc alcool à 90°. La dissolution d'iode dans l'iodure de potassium porte le nom d'*iodure de potassium ioduré*, ou de *solution d'iode caustique;* celle-ci renferme 1 partie iode, 1 partie iodure de potassium, 2 parties eau. Comme la teinture alcoolique s'altère à la longue avec formation d'éther iodhydrique, *J. Casthelaz* a proposé d'ajouter pour la préserver $\dfrac{1}{130}$ d'iodate de potassium.

L'iode a les mêmes affinités générales que le chlore, le brome, etc., et son action sur les matières organiques, auxquelles il enlève de l'hydrogène, est puissante.

Son action chimique est identique a celle du chlore et du brome. Il a plus d'affinité pour l'oxygène, mais moins pour l'hydrogène et pour les métaux. Aussi, si ses composés oxygénés sont moins nombreux et plus stables que ceux du chlore et du brome, et s'il déplace le chlore des chlorates, le chlore et le brome de leur côté le déplacent dans les iodures.

L'iode ne se combine avec l'hydrogène que sous l'influence de la chaleur et de la mousse de platine. Le phosphore, l'arsenic, l'antimoine, le potassium, brûlent dans sa vapeur. L'or se dissout lorsqu'on le chauffe avec de l'iode en présence d'eau dans un tube scellé, *Nicklès.*

L'iode décompose l'hydrogène sulfuré en donnant du soufre et de l'acide sulfhydrique. Il se dissout dans l'ammoniaque, dans la potasse, en donnant un iodure. C'est un oxydant peu énergique. Il joue cependant ce rôle en présence de l'acide sulfureux et de l'acide arsénieux humides. Il donne de l'acide iodique avec l'acide nitrique concentré. Il tache la peau en jaune mais d'une manière passagère, car sa vaporisation ne tarde pas. Il agit sur beaucoup de matières organiques en s'y combinant ou en se substituant à l'hydrogène.

La réaction la plus remarquable que l'iode présente est la coloration bleue qu'il donne avec l'empois d'amidon. Elle est due à la formation d'un iodure d'amidon bleu, et elle est tellement sensible qu'elle permet de constater la présence d'un millionième d'iode libre.

L'iode est une substance irritante. Ses vapeurs provoquent des crachements de sang. Il corrode la peau lorsque son action se prolonge. Il enflamme les muqueuses et les séreuses. Son absorption à l'intérieur produit d'abord une excitation générale ; des doses répétées finissent par causer l'état maladif de l'*iodisme chronique,* caractérisé surtout par un amaigrissement rapide et par une irritabilité excessive. En conséquence de ses propriétés, l'iode est employé en médecine à l'extérieur comme révulsif et à l'intérieur comme excitant du système nerveux.

Comme excitant extérieur, on se sert principalement de la teinture d'iode, ou de la solution d'iode caustique dont nous avons parlé plus haut, et de coton iodé.

Pour préparer le *coton iodé* (Journal de pharmacie, 1877), on dessèche complètement à l'étuve du coton cardé. On lui mélange, aussi uniformément que possible, 8 pour 100 d'iode finement pulvérisé, on introduit ce mélange dans un flacon à émeri à large ouverture, on a soin de le maintenir ouvert quelques minutes au bain-marie à la température environ de 95°, afin de chasser l'air, on ferme le flacon et on le maintient deux heures au-dessus de 100°. On ne doit rouvrir le flacon que lorsqu'il est refroidi. L'iode s'est vaporisé, puis condensé sur le coton. On conserve le coton iodé dans des vases fermant bien. Le coton iodé agit par l'iode qu'il restitue peu à peu.

Des badigeonnages à la teinture d'iode, effectués sur la peau, ou des applications de coton iodé, sont fort efficaces au début des rhumes de poitrine, des laryngites, des congestions pulmonaires. Les taches jaunes que produit l'iode sur la peau ne sont que passagères : elles disparaissent rapidement par l'évaporation spontanée de l'iode ; elles disparaîtront presque aussitôt si on frotte avec un peu de carbonate alcalin. Mais des applications répétées de teinture d'iode corrodent la peau. Ces applications se font à l'aide d'un petit pinceau. A la suite, on nettoie le pinceau dont on s'est servi, en le lavant à l'eau, puis en le laissant tremper dans un petit verre d'eau avec de la poudre d'amidon ou de fécule ; sans cette précaution, l'iode qui reste désagrège les poils du pinceau.

Les applications extérieures d'iode sont encore utilisées dans un grand nombre d'engorgements froids. En injections intérieures, la teinture d'iode étendue d'eau est employée dans le traitement des abcès froids.

Pris à l'intérieur, l'iode est l'un des agents les plus actifs de la thérapeutique moderne ; il est utile, par ses propriétés excitantes, dans un grand nombre de cas, principalement dans le goitre, *Coindet* de Genève ; les affections scrofuleuses ou syphilitiques. On le prend, le plus souvent, sous forme d'iodure alcalin.

On emploie cependant la teinture d'iode à l'intérieur, comme excitant, sous forme d'huile de foie de morue iodée ou de vin iodotannique : 40 gouttes de teinture par litre d'huile. La teinture sert aussi à l'intérieur pour injections dans les cavités closes, où elle détermine l'inflammation des membranes séreuses et leur adhésion consécutive, par exemple, dans le traitement de l'hydrocèle, *Velpeau.* En 1853, *Brainard* a préconisé l'emploi de l'iode pur pour arrêter les effets du curare.

L'iode favorise la sécrétion du suc gastrique et active l'appétit et la digestion, tout en modérant la nutrition même. C'est un dépuratif excellent. On l'emploie libre à la dose de 5 à 10 centigrammes dans un verre d'eau iodurée renfermant 10 à 20 centigrammes d'iodure de potassium, ou le plus souvent additionné(1 à 2 grammes d'iode par litre ou kilo du produit) aux vins, à l'huile, aux sirops, aux albumines. Ces préparations perdent assez rapidement leur iode libre, qui passe en combinaison.

Enfin, les iodures de plomb, de mercure étant insolubles, l'iode joue un rôle important dans le traitement des empoisonnements aigus et chroniques par les sels de plomb, de mercure, etc., puisqu'il met le métal sous une forme insoluble et inactive.

Comme l'iode décompose immédiatement l'acide sulfhydrique H^2S en lui prenant son hydrogène, et en précipitant le soufre, on peut se servir d'une solution d'iode dans un iodure alcalin comme moyen sulfhydrométrique, *Dupasquier* (1840). Il a été proposé, en 1870, par *Schermann* pour enlever au fer ou à l'acier son soufre et son phosphore.

L'iode est le réactif de l'amidon : nous avons vu qu'il donne avec l'amidon à l'état d'empois une coloration bleue due à la production d'un *iodure d'amidon* bleu ; elle disparaît à 100° pour reparaître par le refroidissement. La présence d'alun, des sulfates alcalins et de celui de magnésium en atténue la sensibilité. Mais cette dernière est habituellement telle qu'elle permet de constater un millionième d'iode libre. Il faut que l'iode soit libre. Si l'on ajoute de l'empois à une dissolution d'iodure alcalin, il ne se produit rien. Mais une goutte de chlore amène la coloration bleue. Un excès de chlore la fait disparaître, car l'eau est décomposée, et il se forme de l'acide iodique et de l'acide chlorhydrique. L'acide sulfureux en réduisant l'acide iodique fait reparaître cette coloration, mais elle disparaît de nouveau avec un excès de cet acide, car l'eau est décomposée, et on obtient de l'acide iodhydrique et de l'acide sulfurique. Cette réaction est également applicable pour rechercher l'iode, ou pour rechercher l'amidon. Dans le premier cas, si l'on est en présence d'un iodure, il faut commencer par mettre en liberté l'iode, en faisant agir du chlore ou de l'acide azotique. Un excès de chlore, en donnant naissance à du chlorure d'iode, ferait disparaître la coloration.

L'iode sert à préparer les iodures minéraux : iodures de potassium, de sodium, de fer, de mercure ; les iodures alcooliques : de méthyle, d'éthyle, etc., et un certain nombre de composés organiques, l'iodoforme, les couleurs à l'iode, des éosines, l'iodol, les aristols, etc.

Iodures. — Les iodures solubles se préparent par l'action de l'iode sur le métal, l'oxyde, le carbonate ; les iodures insolubles, par double décomposition.

Les iodures des métaux pesants présentent les couleurs les plus vives ; l'iodure de plomb est jaune, celui de thallium également jaune, l'iodure mercurique est du plus beau rouge, l'iodure de palladium est noir. Sont seuls solubles dans l'eau les iodures alcalins ; ceux de thallium, d'argent, de palladium sont tout à fait insolubles. Les solutions aqueuses d'iodures alcalins dissolvent de grandes quantités d'iode qu'on peut leur enlever au moyen du sulfure de carbone.

Tous les iodures sont décomposés par le chlore et le brome qui se substituent à l'iode et le mettent en liberté. On sait qu'un excès de chlore redissout cet iode. L'iode ainsi mis en liberté est caractérisé facilement, comme on l'a vu, lorsque nous en avons parlé, soit par les couleurs de ses dissolutions, dans le sulfure de carbone, le chloroforme, soit par ses propriétés chimiques, en particulier la coloration bleue qu'il donne avec l'amidon.

Les iodures solubles sont caractérisés immédiatement en ce qu'ils donnent avec les sels de thallium, de plomb un précipité jaune, avec le chlorure mercurique un précipité rouge, soluble dans l'iodure de potassium, avec l'azotate d'argent un précipité blanc jaunâtre, insoluble dans l'acide azotique comme dans l'ammoniaque qui le rend blanc, avec les sels de palladium un précipité brun noir, insoluble à froid dans l'acide chlorhydrique et dans l'acide azotique étendus, soluble dans les iodures alcalins.

Les iodures insolubles fondus avec le carbonate de potasse sodé sont transformés en alcalins solubles.

Les iodures se combinent facilement entre eux pour donner des iodures doubles très solubles ; c'est ce qui explique pourquoi l'iodure mercurique est soluble dans l'iodure de potassium.

Les iodures organiques sont généralement plus stables que les iodures métalliques.

Acide iodhydrique HI. — L'acide iodhydrique, ou iodure d'hydrogène, se prépare en décomposant l'eau par l'iode (en présence du phosphore qui fixe l'O). Très soluble dans l'eau, il est facilement décomposable par la chaleur, par le chlore et le brome, par les métaux, par les agents oxydants.

Ce corps est employé pour préparer certains iodures. *Berthelot* l'a préconisé en chimie organique comme source d'hydrogène naissant, pour réduire certains composés oxygénés, fixer l'hydrogène sur certains autres pour les saturer, ou même se fixer directement sur certains hydrocarbures. Pour cela, il emploie une solution de $d = 2$ (67 pour 100 de gaz) et à une température de 200°.

Iodure de potassium KI. — Il existe dans l'eau de la mer, dans les varechs. On le prépare surtout en ajoutant de l'iode à la potasse caustique, et en calcinant au rouge pour détruire l'iodate. On reprend par l'eau, et on fait cristalliser par refroidissement.

C'est un corps anhydre ; il fond au rouge sans décomposition. Il se dissout dans environ les 2/3 de son poids d'eau à 15°, dans la moitié de son poids d'eau à 100°, dans 6 fois son poids d'alcool. La solution aqueuse dissout l'iode en brun. Sa saveur est amère.

L'iodure de potassium est un médicament précieux ; il sert en médecine, comme fondant, dans le goitre ; comme reconstituant, dans les affections scrofuleuses (voir *Applications de l'iode*) ; comme antidote, dans les empoisonnements par le plomb. Il guérit le goitre, quand ce dernier est dû, non pas à une dégénérescence, mais à une simple hypertrophie du corps thyroïde ; il empêche surtout cette affection de se manifester ou de prendre un développement. C'est un puissant désassimilateur ; c'est à ce titre qu'il réussit dans la période tertiaire de la syphilis et dans les empoisonnements chroniques par le plomb ou le mercure, *Melsens*. Dans ce dernier cas, il est administré après la cessation des symptômes aigus. Le malade en prend 1 gramme par jour, par doses croissantes de 1 gramme jusqu'à 6, 8, 10, 12 ou 15 grammes, puis à doses décroissantes jusqu'a la dose initiale, service de *Jacobs* (1877). Mieux le malade supporte l'iodure, plus vite il est guéri.

L'iodure de potassium est le dépuratif par excellence, il active les sécrétions de la salive et du suc gastrique, accroît l'appétit. Son usage a pourtant quelques inconvénients ; il procure une tendance à la diarrhée, aux congestions ; il diminue la sécrétion du lait ; il occasionne aussi parfois, à la longue, une cachexie spéciale que l'on a nommée iodisme chronique. L'iodure de potassium se donne à la dose de 50 centigrammes à 2 grammes par jour dans les affections scrofuleuses ; la dose est portée jusqu'à 5 grammes dans les affections syphilitiques. On le prend dans de l'eau, du thé, du café, de la tisane, ou sous forme de sirop. Comme fondant, on emploie aussi la pommade. Le Codex indique pour le *sirop d'iodure de potassium :* 25 grammes iodure de potassium, 25 grammes eau distillée, 950 grammes sirop d'écorces d'oranges amères ; 10 grammes de sirop renferment 25 centigrammes d'iodure. La *pommade d'iodure de potassium* renferme : 10 grammes iodure, 10 grammes eau, 80 grammes axonge ; pour la pommade d'iodure de potassium iodurée, on ajoute 2 grammes iode.

Iodure de sodium NaI. — L'iodure de sodium se présente en cristaux cubiques, déliquescents, solubles dans l'eau et dans l'alcool. Il est moins toxique et mieux toléré par l'estomac que l'iodure de potassium, mais il s'altère plus facilement à l'air.

Iodure d'ammonium NH⁴I. — Ce corps se présente en cristaux cubiques, déliquescents, altérables à l'air, solubles dans l'eau et dans l'alcool. Il est employé en thérapeutique. Son action est plus vive que celle des iodures alcalins. Il a été utilisé également en photographie.

Iodure de fer FeI. — L'iodure ferreux, ou protoiodure de fer, se prépare en soumettant à l'ébullition un mélange d'eau, de limaille de fer et d'iode. C'est un corps cristallisant difficilement. Il présente la saveur de l'encre ; est soluble dans l'eau ; s'oxyde rapidement à l'air.

Il est souvent employé en médecine comme reconstituant par son fer, et comme dépuratif par son iode. On l'administre de préférence sous forme de pilules, qui le garantissent le mieux contre l'action oxydante de l'air; ou sous forme de sirop.

Le *sirop d'iodure de fer* se prépare, d'après le Codex, avec 4 grammes 25 iode, 2 grammes limaille de fer, 10 grammes eau distillée, 785 grammes sirop de gomme et 200 grammes sirop de fleurs d'oranger. On met la limaille de fer dans un petit ballon en verre, avec l'eau distillée, on ajoute l'iode par petites portions en agitant chaque fois, on continue d'agiter doucement jusqu'à ce que la solution ait acquis la couleur verte propre aux protosels de fer. On filtre alors le mélange dans un flacon, on lave le filtre avec un peu d'eau distillée. Ajouter les sirops, mélanger et conserver à l'abri de l'air. 90 grammes de ce sirop représentent 10 centigrammes d'iodure de fer.

La meilleure formule de pilules est celle de *Blancard*. Elles renferment 4 grammes iode, 2 grammes limaille de fer, 6 grammes eau distillée, 5 grammes miel blanc. On trouvera les détails de cette préparation dans le Codex.

Iodure de plomb PbI. — Lorsqu'on verse une solution d'un iodure alcalin dans une solution d'un sel de plomb, il se forme un beau précipité jaune d'iodure de plomb. Très peu soluble dans l'eau froide, soluble dans près de 200 parties d'eau bouillante.

Iodures de mercure Hg²I² et HgI². — L'*iodure mercureux* Hg²I², préparé en combinant directement l'iode : 13 parties, avec du mercure : 20 parties en excès, est une poudre verdâtre, insoluble dans l'eau et dans l'alcool. L'iodure de potassium le convertit en iodure mercurique et en mercure. Il s'altère sous l'action de la lumière.

L'*iodure mercurique* HgI² se prépare par double décomposition du chlorure mercurique ou sublimé corrosif et de l'iodure de potassium. On l'obtient à l'état de pureté en mélangeant les solutions des deux sels réagissant dans le rapport approché de leurs poids moléculaires, soit 8 de sublimé pour 10 d'iodure (exactement 135,5 de chlorure mercurique pour 166 d'iodure de potassium), avec un très léger excès d'iodure de potassium. Si l'on verse la première solution dans la seconde, soit le sublimé corrosif dans l'iodure de potassium, le précipité rouge d'iodure mercurique apparaît un instant, il se redissout aussitôt dans l'excès d'iodure de potassium, mais réapparaît à la fin et est d'un beau rouge. Si l'on verse l'iodure de potassium dans le sublimé, il se forme d'abord un précipité rouge pâle d'iodochlorure mercurique, et ce n'est qu'ensuite, par l'addition d'iodure de potassium, que l'iodure mercurique apparaît avec sa belle couleur rouge écarlate. C'est un corps très peu soluble dans l'eau, très soluble à chaud dans la solution d'iodure alcalin, et la solution saturée laisse déposer a froid de beaux cristaux rouges. Ces cristaux fondent en un liquide jaune, qui se prend par le refroidissement en une masse jaune, et celle-ci présente le plus curieux phénomène de dimorphisme, puisqu'il suffit de la toucher avec un cristal rouge ou de la frotter avec un corps dur pour la faire revenir du jaune au rouge.

C'est un fait non moins curieux pour les non-initiés que de voir le chimiste faire apparaître et disparaître successivement le beau précipité rouge d'iodure mercurique dans un même verre d'eau paraissant pure (solution de sublimé) en y versant d'un autre verre d'eau paraissant également pure (solution d'iodure alcalin). Ce qui s'explique pour les autres qui savent que l'iodure mercurique, insoluble dans l'eau ou dans une dissolution de sublimé, est au contraire soluble en présence d'un iodure alcalin, par suite de la formation d'iodure double, soluble dans l'eau.

Les iodures de mercure sont très employés en médecine, pour traiter les maladies syphilitiques et scrofuleuses. L'iodure mercureux est principalement employé sous forme de pilules à la dose de 2 à 10 centigrammes par jour; on l'associe à l'opium, pour faciliter la tolérance par l'estomac. L'iodure mercurique s'emploie, en pilules ou en pommade, à la dose de 5 à 20 milligrammes par jour; son action est plus énergique que celle du premier. On emploie aussi souvent l'iodure double de mercure et de potassium, associé à l'extrait de quinquina, sous forme de sirop ou de pilules.

Iodure d'argent. — Son altérabilité sous l'action de la lumière a été utilisée dans la daguerréotypie.

* *

L'*acide iodique* IO^3H est le réactif de la morphine, *Lefort*.

L'*acide hyperiodique* IO^4H est le réactif des sels de sodium, parce qu'il donne un précipité cristallin d'hyperiodate de sodium, à peine soluble dans l'eau, soluble dans l'acide azotique.

L'*iodate de potassium* IO^4K est toxique, et sa production dans l'organisme est regardée comme étant la cause de l'iodisme.

CHAPITRE VI

OXYGÈNE ET COMPOSÉS

Oxygène O. — L'oxygène (poids atomique = 16) est peut-être le corps le plus répandu dans la nature terrestre. On le trouve mélangé à l'azote dans l'*air*, en dissolution dans l'*eau* qui n'est elle-même qu'une combinaison d'oxygène et d'hydrogène, en combinaison dans un grand nombre d'oxydes, de sels, de composés dits organiques. Parmi ces oxydes, celui de silicium ou silice constitue le sable, et ses combinaisons avec l'alumine ou silicates d'alumine forment les argiles.

Les végétaux dégagent une grande quantité d'oxygène dans leur respiration diurne.

L'oxygène donne naissance à deux corps extrêmement importants par leurs applications, l'ozone et l'eau oxygénée.

Nous étudierons successivement dans ce chapitre l'oxygène, l'ozone, l'air, l'eau, l'eau oxygénée, les oxydes.

Préparation de l'oxygène. — L'importance de ce corps nous oblige à nous arrêter un peu sur les moyens de l'obtenir.

C'est de l'air, de l'eau, des oxydes facilement décomposables que l'on pensera tout d'abord à retirer l'oxygène. La décomposition de ces corps est en réalité la base des divers procédés de préparation de l'oxygène.

L'air est un mélange d'oxygène et d'azote, mais on ne connaît pas de corps capable d'absorber uniquement l'azote, et de laisser l'oxygène libre. On ne peut donc retirer celui-ci de l'air qu'en absorbant l'oxygène qui y est contenu au moyen d'une substance qui soit capable de le restituer ensuite aisément. *Boussingault* fait passer l'air sur du protoxyde de baryum porté au rouge sombre; entre 500° et 600°, le protoxyde BaO absorbe l'oxygène de l'air, se transforme en bioxyde BaO^2, et celui-ci porté à son tour au rouge vif, vers 800°, repasse à l'état de protoxyde en abandonnant l'oxygène qu'il avait absorbé. Les équations chimiques suivantes représentent les deux phases de l'opération : $BaO + O = BaO^2$, et $BaO^2 = O + BaO$. L'inconvénient de ce procédé, c'est qu'au bout de quinze à seize opérations, le protoxyde s'est désagrégé et ne peut plus absorber d'oxygène. *Gondolo* prétend qu'en ajoutant à la masse de la magnésie, de l'oxyde de cuivre ou du manganate de potasse, il est arrivé jusqu'à cent opérations.

Le procédé Boussingault, modifié par *Brin*, est celui suivi par la Brin

Oxygen Cy de Manchester. Le perfectionnement des frères Brin consiste à employer de la baryte pure, et à extraire l'oxygène du bioxyde par l'emploi du vide. Dans ces conditions, la baryte conserve sa propriété d'absorption.

En opérant d'une manière analogue, *Lavoisier* absorba l'oxygène de l'air au moyen de mercure bouillant, puis, isolant cet oxygène en calcinant vers 500° la chaux mercurielle formée ou oxyde rouge de mercure, il démontra le premier avec clarté, en 1773, que l'air est formé par le mélange de deux gaz : l'air vital et l'air irrespirable.

On pourrait encore se servir d'un grand nombre d'autres substances capables d'absorber l'oxygène de l'air dans des circonstances données, puis de le rendre si on les met dans d'autres circonstances. L'étain, le plomb, le cuivre, donnent lieu à ces phénomènes successifs.

Le procédé de *Tessié du Mothay* et *Maréchal*, 1867, consiste à diriger un courant d'air sur un mélange de soude et de bioxyde de manganèse chauffé. Il se produit de l'eau et du manganate de soude. On dirige ensuite un courant de vapeur d'eau à 450° ; le manganate est décomposé en bioxyde de manganèse et en hydrate de soude, et il se dégage de l'oxygène. Mais ce procédé a un grave inconvénient. La soude fond et se rassemble à la partie inférieure des appareils. De plus, elle absorbe tout l'acide carbonique de l'air, et se trouve bientôt hors d'usage.

Mallet a proposé de porter à 100° du chlorure cuivreux avec 15 à 20 pour 100 d'eau, au sein d'un fort courant d'air. Au bout de quatre à cinq heures, il s'est formé de l'oxychlorure, qu'il suffit de porter au rouge sombre pour lui faire abandonner tout son oxygène, avec régénération du chlorure. On obtient avec 100 kilos de ce dernier, 3 mètres cubes de gaz.

Un procédé tout autre repose sur la liquéfaction de l'air et la différence existant entre les points d'ébullition de l'azote liquide, — 193°, et de l'oxygène liquide, — 182°. On voit que l'azote liquide est plus volatil que l'oxygène liquide, et si l'on laisse s'évaporer de l'air liquide, cet air s'enrichit en oxygène. C'est là une source toute nouvelle d'oxygène. Ce procédé est bien plus pratique jusqu'ici que les deux suivants.

Mallet proposait de retirer l'oxygène de l'air en se basant sur ce que l'oxygène est plus soluble dans l'eau que l'azote. En faisant absorber à l'eau de l'air sous pression, puis le faisant se dégager, il arrivait, à la huitième opération, à avoir de l'oxygène presque pur.

Graham a constaté il y a longtemps que la dialyse de l'air à travers une lame de caoutchouc fournit de l'oxygène. Cette propriété a inspiré *A. de Villepigue* (br. fr., 1896) dans sa proposition de retirer l'oxygène de l'air en se basant sur la différence de diffusion que l'oxygène et l'azote présentent à travers une membrane poreuse.

On retire l'oxygène de l'eau en décomposant celle-ci par un courant électrique. L'oxygène produit se rend au pôle +, puisque l'oxygène est, dans les idées de *Berzélius,* le corps le plus électronégatif. Le procédé revient encore trop cher pour être passé dans la pratique industrielle.

On peut retirer l'oxygène de tous les corps très oxygénés. Les oxydes de formule M^2O^2, ou bioxydes, comme l'eau oxygénée H^2O^2, les bioxydes alcalins K^2O^2, Na^2O^2, le bioxyde de baryum BaO^2, le bioxyde de manganèse MnO^2, le bioxyde de plomb PbO^2, semblent des substances en état de pléthore par rapport à l'oxygène, et elles cèdent facilement la moitié de cet oxygène si on les chauffe même modérément, ou si on les traite par un acide qui puisse s'unir avec l'oxyde basique résultant. Il en est de même d'autres oxydes au maximum d'oxydation, comme le minium Pb^3O^4, l'oxyde cuivrique CuO, l'oxyde mercurique HgO.

Enfin, d'autres composés fort oxygénés sont également susceptibles de fournir de l'oxygène aisément. Tels sont les chlorates, qu'il suffit de chauffer légèrement, de préférence en présence d'une petite quantité de bioxyde de manganèse ou d'oxyde cuivrique qui facilite la réaction ; cette décomposition peut même s'affirmer trop violemment, ce qui n'étonnera pas après ce que nous avons dit des chlorates. Tel est l'acide sulfurique SO^4H^2, que la chaleur dissocie en oxygène et acide sulfureux ; on absorbe ce dernier par une dissolution alcaline et on dessèche l'oxygène. Tels sont encore les azotates, les permanganates, les chromates. Enfin la décomposition de quelques oxydes peu stables fournit également de l'oxygène.

Donnons quelques détails sur ces divers procédés.

Quand on se sert de bioxyde de manganèse, il suffit de le chauffer dans une cornue de grès ou de fer pour obtenir de grandes quantités d'oxygène revenant à bon marché. Il reste de l'oxyde salin : $3\,MnO^2 = O^2 + Mn^3O^4$. Comme le bioxyde est toujours mêlé de carbonates et d'azotates, on obtient en même temps des impuretés : azote, eau, acide carbonique. 100 grammes de bioxyde devraient donner théoriquement 8 litres et demi d'oxygène, mais ne donnent qu'environ 6 litres.

Scheele prépara le premier l'oxygène par l'action de la chaleur sur le bioxyde de manganèse en présence d'acide sulfurique concentré. Il se produit de l'oxygène et du sulfate de manganèse : $2\,MnO^2 + 2\,SO^4H^2 = O^2 + 2\,SO^4Mn + 2\,H^2O$. Mais le rendement est très faible, car il n'y a que les hydrates de bioxyde qui répondent à cette réaction, car seuls ils sont aisément attaqués par l'acide.

Carlevais a proposé de porter le bioxyde de manganèse au rouge avec 4 parties de sable. On obtient de l'oxygène, et du silicate de protoxyde de manganèse.

La chaleur décompose très aisément le chlorate de potasse en donnant de l'oxygène ; c'est là un procédé excellent pour l'avoir pur. 50 grammes de ce corps peuvent fournir 20 litres de gaz. Il reste du chlorure de potassium : $2\,ClO^3K = 3\,O^2 + 2\,KCl$. Mais comme il se produit, dans le premier moment de la réaction, du perchlorate de potasse : $2\,ClO^3K = O^2 + ClO^4K + KCl$, et que ce perchlorate ne cède son oxygène qu'à une température assez élevée, on aurait de grandes difficultés à obtenir le rendement maximum, si on n'avait découvert qu'une chaleur modérée suffit pour atteindre ce but, pourvu qu'on ait le soin d'ajouter au chlorate de potasse de l'oxyde de cuivre, du sesquioxyde de fer, du bioxyde ou, mieux encore, 1/8 d'oxyde salin (oxyde brun) de manganèse exempt d'azotates et de carbonates. On croit que l'action de ces oxydes est due à une suroxydation et à une réduction continues. L'oxygène est moins pur que si l'on employait le chlorate seul.

Il faut éviter de chauffer trop fortement le chlorate, sinon on aurait une décomposition brusque de toute la masse qui ferait éclater l'appareil.

Balmain a proposé, en 1842, de décomposer le permanganate de potasse ou encore le bichromate par l'acide sulfurique. Une chaleur modérée suffit pour avoir du gaz que l'on purifie par un lait de chaux. Ce procédé est surtout employé pour les oxydations en chimie organique. Il se produit en même temps du sulfate de chrome, du sulfate de potasse et de l'eau.

C'est à *H. S° Claire Deville* et *Debray* qu'on doit le mode de préparation par l'acide sulfurique. On remplit de fragments de brique une cornue tubulée en grès. On la porte au rouge, et on y fait couler goutte à goutte à l'aide d'un tube en platine, de l'acide sulfurique, que la chaleur décompose en acide sulfureux, en eau et en oxygène. Les gaz passent dans un serpentin où se condense l'acide entraîné, puis dans un flacon rempli de pierre ponce sur laquelle tombe une pluie d'eau qui dissout l'acide sulfureux. Ainsi purifié, l'oxygène revient bon marché. 2 kilos 436 d'acide, de d = 1,827, donnent 240 litres d'oxygène. Remarquons que cet oxygène, ainsi enlevé à l'acide sulfurique, est au fond emprunté à l'air même, puisque c'est l'oxygène de l'air qui contribue à produire l'acide sulfurique.

On doit à *Boettger* un mode de préparation de l'oxygène par l'action d'acide azotique de d = 1,064 sur un mélange de bioxydes de baryum et de plomb. Le gaz obtenu est tout à fait exempt d'ozone.

Il se produit encore de l'oxygène 1° dans la décomposition de l'azotate de soude brut à une chaleur de 700°, *Deville* : on opère dans des bouteilles en fer, et pour un kilo de matière première on a 90 litres d'oxygène et 30 litres d'azote avec un peu de protoxyde d'azote et de vapeurs nitreuses; le résidu consiste en azotite de sodium; 2° dans la décomposition du manganate de soude par un courant de vapeur d'eau surchauffée.

Enfin, *Deville* a indiqué qu'en chauffant au rouge du chlorure de chaux avec de petites quantités d'hydrate de cobalt, on obtient pour un kilo de chlorure 132 grammes 2, soit 92 litres 4, d'oxygène et un peu de chlore.

Fleitmann emploie une solution saturée de chlorure de chaux à laquelle on a ajouté 1/2 pour 100 de sesquioxyde de cobalt. Il suffit de verser dans la liqueur quelques gouttes d'un sel de cobalt pour obtenir cet oxyde dont l'action est plus forte que celle de l'oxyde de cuivre, du sesquioxyde de fer, *Boettger*. Ce peroxyde de cobalt se suroxyde et se réduit successivement tant qu'il reste de l'hypochlorite. *Winkler* fait passer simplement un courant de chlore dans un ballon tiède qui contient un lait de chaux et du sesquioxyde de cobalt. On lave le gaz en lui faisant traverser de l'eau de chaux. On peut aussi chauffer une dissolution de chlorure de chaux à laquelle on a ajouté un peu de chlorure de cobalt.

Propriétés et applications. — L'oxygène est un gaz incolore, inodore, sans saveur. Sa densité est 1,1052 ; il pèse donc environ 16 fois plus que l'hydrogène. Il est peu soluble dans l'eau, qui n'en dissout que les 49 millièmes de son volume à 0°; il faut donc environ 20 litres d'eau pour dissoudre 1 litre d'oxygène. Il est un peu plus soluble dans l'alcool. L'argent fondu, la litharge fondue, le caoutchouc même à froid l'absorbent ; cette absorption de l'oxygène par l'argent fondu est la cause du phénomène connu sous le nom de *rochage,* ou projection de l'argent lors de son refroidissement. L'oxygène longtemps a résisté aux moyens de liquéfaction ; *Cailletet,* 1877, parvint à le liquéfier à — 29° et sous une pression de 300 atmosphères, en causant une détente brusque de la pression, ce qui abaissait la température à — 200°. *R. Pictet* l'a obtenu à l'état liquide, à — 140° et 320 atmosphères ; il a trouvé que la densité du liquide était très voisine de celle de l'eau, comme *Dumas* l'avait prévu par des considérations théoriques. *Wroblewski* et *Olszewski* l'ont également obtenu liquide. Ce liquide bout à — 182° à l'air libre; sa vaporisation rapide dans le vide abaisse la température à — 200°.

L'oxygène gazeux, lorsqu'il est soumis à l'action des effluves électriques, se condense et absorbe de la chaleur ; il devient alors l'*ozone,* qui n'est que de l'oxygène plus actif et que nous étudierons plus loin.

L'oxygène n'est pas combustible, mais c'est le corps le plus favorable pour les combustions. Ce qui revient à dire que c'est le corps le plus comburant. Il rallume instantanément et avec explosion une allumette ou une bougie présentant encore quelques points en ignition ; cette réaction est caractéristique, mais l'oxygène la partage avec le protoxyde d'azote. Le charbon, le soufre, le phosphore, le fer, le cuivre, brûlent dans l'oxygène avec un éclat incomparable et un dégagement de chaleur très grand. Aussi l'oxygène se combine-t-il directement à la plupart des corps simples.

Nous avons déjà vu l'affinité si vive qui existe entre l'hydrogène et l'oxygène ; l'hydrogène brûle dans l'oxygène, avec une grande chaleur de combustion et en donnant de l'eau.

Le phosphore l'absorbe lentement à froid, rapidement à chaud; sa combinaison, ainsi que celle du soufre, se fait avec production de lumière même sous l'eau. Le charbon une fois allumé brûle avec un vif éclat dans une atmosphère d'oxygène. L'oxygène et l'hydrogène donnent un mélange détonant, et la réaction est caractéristique.

Avec les métaux l'oxygène forme des oxydes d'autant plus acides (1) qu'une quantité plus grande d'oxygène s'est unie au métal. Mais il se produit toujours au moins une combinaison basique.

Cette union se fait à froid en présence de l'eau. Le fer et le magnésium en spirale brûlent avec un grand éclat dans un flacon d'oxygène, si on a eu soin de les chauffer à l'avance. Le fer réduit s'y enflamme spontané-

(1) C'est parce que Lavoisier, voyant l'oxygène produire des acides en se combinant avec le soufre, le phosphore, le charbon, crut que tous les acides devaient en contenir, qu'il lui donna son nom d'oxygène, de deux mots grecs qui signifient : j'engendre les acides.

ment. Une feuille d'aluminium battu chauffée dans un fort courant d'oxygène disparaît tout à coup avec une sorte d'explosion. Un tube de zinc mince rempli de tournure de zinc brûle avec une flamme verte magnifique et une foule d'étincelles.

L'affinité de l'oxygène pour les métaux a pour mesure la facilité de réduction des oxydes formés, et la quantité de calorique dégagée dans le phénomène.

Etudions de plus près cette action de l'oxygène sur les métaux. Celle de l'air est identique, sauf l'intensité. Voyons l'oxygène à l'état sec, puis en présence d'eau.

L'oxygène sec oxyde à la température ordinaire le potassium et le fer pyrophorique, et à température élevée tous les métaux, sauf ceux dits pour ce motif précieux.

Cette oxydation se fait souvent avec dégagement de chaleur et de lumière. Tel le zinc chauffé dans un creuset ouvert.

Elle varie avec l'état de division du métal. Citons les expériences du fer pyrophorique qui s'enflamme même à l'air, alors qu'une lame de fer demande à être chauffée pour s'oxyder dans l'oxygène pur, et de la pluie d'antimoine fondu.

Elle varie encore avec le plus ou moins de fusibilité ou de volatilité de l'oxyde formé, conditions qui assurent le contact permanent avec le métal.

L'oxygène humide à la température ordinaire n'oxyde que les métaux décomposant l'eau à froid. Mais il oxyde tous les métaux, sauf les nobles, en présence d'un acide capable de saturer l'oxyde qui se forme, même si l'acide est très faible et très dilué comme l'acide carbonique de l'air.

L'altération du métal est superficielle, si l'oxyde formé, comme ceux de zinc, de plomb, de cuivre, est imperméable. C'est à cela que nous devons la conservation des bronzes de Phidias, de Praxitèle.

L'altération est profonde, si l'oxyde est poreux, comme celui de fer. Aussi les objets en fer sont-ils détruits par un long séjour à l'air.

Le fer décompose l'eau de l'atmosphère en présence de l'acide carbonique. Il se produit du carbonate ferreux, qui se résout à l'air en hydrate ferrique et en acide carbonique. Il se produit aussi de l'hydrogène, qui se dégage, ou donne naissance à de l'ammoniaque. Déceler cette dernière dans une tache de rouille, ne prouve donc pas qu'elle provient de sang versé.

L'absorption de l'oxygène par certains métaux est facilitée, disons-nous, par l'intervention des acides. C'est ce que prouve la formation de sulfate de cuivre par exposition à l'air de tournure de cuivre humectée d'acide sulfurique faible, sans action dans les conditions ordinaires. On admet parfois que l'oxygène se porte sur le cuivre à cause de l'affinité que possède l'acide sulfurique pour l'oxyde de cuivre. Mais ce dernier n'existe pas encore. Et certains chimistes préfèrent tenir compte de l'affinité de l'oxygène pour l'hydrogène des acides. Le cuivre, incapable de se substituer à l'hydrogène en vertu de son affinité propre, exige l'intervention de celle de l'oxygène pour l'hydrogène.

Comment prévenir cette oxydation des métaux? En les recouvrant d'une couche de peinture, de vernis, d'un émail, ou d'un autre métal moins oxydable.

Ainsi on recouvre le fer d'étain (étamage, fer-blanc), de zinc (fer galvanisé), de nickel (fer nickelé), de plomb pour les tôles des toits, de cuivre par voie galvanoplastique pour les fontes.

Il faut prendre garde dans cette opération qu'il ne se forme pas de couple. Si dans le fer-blanc il y avait discontinuité de la couche de surface, entre le fer + et l'étain —, le fer s'oxyderait. Aussi faut-il éviter de clouer les plaques. La même condition n'existe pas pour le fer galvanisé, ou le fer est — et où c'est le zinc qui est +, lequel ne s'oxyde d'ailleurs que superficiellement.

En vertu de ce principe, *Davy* proposait d'appliquer, pour le protéger, sur certaines parties du doublage des navires, des plaques de zinc, qui accaparent toute l'oxydation.

L'oxygène réagit également avec énergie sur un grand nombre de corps composés, de préférence sur ceux qui renferment de l'hydrogène. Aussi l'oxygène donne des mélanges détonants avec le phosphure d'hydrogène, les carbures d'hydrogène, les vapeurs d'alcool ou celles d'éther. Il s'unit à froid au bioxyde d'azote, à l'hydrosulfite de soude, au chlorure cuivreux en solution ammoniacale, aux hydrates ferreux et manganeux. Il enflamme le sulfure de potassium, le cacodyle, le zinc-éthyle ; il est absorbé à froid par l'acide pyrogallique en présence des alcalis. Il rend blanche la flamme fuligineuse de l'essence de térébenthine.

Enfin il oxyde directement une foule de composés organiques, huiles, matières colorantes, etc. Il rend ainsi les huiles siccatives.

Le phénomène de la fixation de l'oxygène sur un corps quelconque, simple ou composé, porte le nom d'*oxydation*. Toute oxydation est une combustion vive ou lente. Il n'y a que la température qui varie ; et si cette dernière vient à se produire rapidement et que la masse à échauffer ne soit pas excessive, l'oxydation pourra se faire avec dégagement de chaleur. Il y a combustion vive dans ce cas. Et il y aura aussi incandescence s'il existe en même temps quelque substance solide susceptible d'être portée au rouge. L'incandescence des substances solides est la cause des luminosités des flammes. La flamme de l'hydrogène n'est pas éclairante par elle-même ; nous avons vu, page 114, comment on la rend lumineuse, en introduisant dans cette flamme sans éclat des substances solides qu'elle rend incandescentes. La flamme du soufre brûlant dans l'oxygène est bleu pâle, parce qu'elle accompagne la production d'un gaz, l'acide sulfureux ; au contraire, celle du phosphore est éclatante, parce qu'elle accompagne la production d'un corps solide, l'acide phosphorique.

L'oxydation se produit souvent par l'intermédiaire d'agents dits catalytiques ou par celui d'êtres organisés, comme dans les fermentations. Mais on se sert habituellement comme moyen d'oxydation, d'un mélange susceptible de dégager de l'oxygène. Par exemple, le mélange d'acide sulfurique et de bichromate ou de permanganate de potasse, celui d'acide sulfurique et de bioxyde de manganèse, l'acide chromique libre, sont des oxydants très énergiques. Le mélange d'acide sulfurique et de manganate de potasse suffit pour transformer l'acide chlorhydrique en acide hypochloreux et pour désorganiser le papier.

Il y a lieu de distinguer les oxydants directs qui abandonnent leur oxygène aux corps comburants, des oxydants indirects qui décomposent l'eau et mettent ainsi de l'oxygène en liberté. Nous avons déjà constaté que le chlore est un oxydant indirect.

.*.

Il n'y a pas de corps plus important que l'oxygène, puisque, ainsi que *Lavoisier* l'a démontré, et ainsi que nous le verrons d'une façon plus approfondie en étudiant l'air, l'oxygène est l'agent actif et le principe de la respiration animale, de la respiration végétale, de la combustion dans nos foyers, et par conséquent de la chaleur et de la lumière artificielles, des diverses oxydations, de l'acétification, du rancissement des corps gras, de l'altération des couleurs, de la production de certaines d'entre elles. On se figure la lumière qui éclaira la chimie quand *Lavoisier* établit la théorie du *principe oxygène* sur les ruines du système de Stahl.

L'oxygène intervient dans la préparation de l'acide sulfureux par l'oxydation du soufre, dans celle de l'acide sulfurique par l'oxydation de l'acide sulfureux, dans la préparation d'un grand nombre d'oxydes : blanc de zinc, massicot, minium, acide arsénieux et acide arsénique, etc.

Il intervient encore dans la production de la rouille, du vert-de-gris, dans l'apparition de certaines couleurs, comme celles de l'indigo, du tournesol, etc. La transformation de l'indigo blanc ou incolore en indigo bleu ou insoluble par le simple contact de l'air est un fait de pure oxydation ; il porte dans l'industrie le nom de verdissage. L'oxygène concourt également à la formation des rouilles au fer, des bistres au manganèse sur coton, au développement des matières colorantes de certains bois de teinture : hématéine du campêche, brésiléine du bois rouge ; à la production des bruns au cachou sur laine et sur coton ; à celle du noir d'aniline.

Il concourt aussi au blanchiment des fibres dans le traitement par le chlorure de chaux et par l'eau oxygénée : l'oxydation, ici, détruit les principes colorants. On lui attribue d'ailleurs le principal rôle dans l'altération des teintures à l'air et à la lumière.

C'est habituellement à l'air que le teinturier recourt pour se procurer l'oxygène dont il a besoin. Parfois pourtant le teinturier produit directement lui-même l'oxygène utile ; et, sans compter l'eau oxygénée dont l'oxygène sert au blanchiment, et le chlorure de chaux dont l'oxygène sert concurremment avec le chlore à blanchir le coton, les principaux mélanges oxydants employés sont ceux de l'acide sulfurique et d'un chlorate, d'un bichromate ou d'un permanganate, comme c'est le cas pour la production des bruns au cachou, des noirs d'aniline.

Il sert dans les analyses organiques pour la combustion de la fin ; il sert également dans l'analyse des gaz et pour celle des combustibles.

Les laboratoires de recherches physiologiques en font une assez grande consommation.

Un certain nombre d'applications de l'oxygène dans l'industrie et dans la pratique médicale nécessite d'avoir à sa disposition une réserve de ce gaz. Autrefois, on se servait de gazomètres à cuvette ou de gazomètres aspirateurs. Aujourd'hui, on emploie pour petites quantités des sacs à gaz en caoutchouc ou en toile-caoutchouc, ou des bouteilles en fer de 8 à 15 litres renfermant le gaz sous une pression de 120 atmosphères ; et pour grandes quantités des tubes cylindriques en acier, chargés à cette haute pression de 120 atmosphères et dont la contenance varie de 200 à 3 000 litres de gaz. C'est sous cette forme que l'oxygène est actuellement livré au commerce par les usines productrices. Ces cylindres sont hémisphériques à une extrémité. Ils portent à l'autre extrémité un col allongé, dans l'intérieur duquel est vissé ou soudé un robinet à haute pression. Ils sont d'ailleurs munis d'un régulateur de pression, pour assurer l'écoulement régulier du gaz, quelle que soit la pression dans l'intérieur du tube. La pression de l'écoulement est ordinairement une atmosphère et demie. Ces tubes subissent une épreuve à la presse hydraulique, à la pression d'environ 250 atmosphères ; leur emploi ne présente pas de danger. Aussi leur transport a-t-il été autorisé par chemin de fer (à certaines conditions de sûreté, bien entendu. Voir page 81). On doit veiller naturellement à ce qu'ils ne soient pas exposés à des élévations trop prononcées de température, comme ce serait le cas si on les exposait sur un quai à l'action directe des rayons solaires par les jours les plus chauds de l'été.

L'oxygène industriel trouve une application importante pour produire la lumière oxyhydrique, comme pour obtenir des températures élevées. L'oxygène s'emploie également en vue d'obtenir les huiles siccatives ou de purifier le gaz d'éclairage. On l'utilise conjointement avec le chlore pour blanchir. Les industries de la verrerie, de la distillerie, de la vinaigrerie, de la brasserie en font également un usage spécial. Enfin, les médecins l'utilisent dans plusieurs circonstances.

La *lumière oxyhydrique*, dont il a déjà été question page 114, porte aussi le nom de *Drummond*, du nom de son inventeur, officier de la marine anglaise. Elle consiste à faire arriver autour d'une flamme d'hydrogène un jet d'oxygène pur, et à interposer dans la flamme extrêmement chaude ainsi obtenue un fragment de chaux ; la chaux est portée à l'incandescence, et l'on a ainsi un foyer lumineux d'un éclat intense. On peut remplacer l'hydrogène par du gaz d'éclairage, *Galy-Cazalat*, 1834 ; ou par du gaz à l'eau ; ou par de l'air carburé ; ou par la flamme d'une forte lampe à alcool, ou même par celle d'une simple lampe à huile ; ou encore par de l'éther, *J.-A. Zahm* (Soc. d'Enc., 1891). On peut, d'autre part, remplacer la chaux par la magnésie, *Curlevaris*, à laquelle *Pellin* donne la forme lenticulaire, ou par des paniers formés avec les oxydes des métaux rares, thorium, zirconium, cérium, didyme, lanthane, erbium, yttrium, iridium, platine. *Welsbach* emploie ces divers oxydes, en particulier ceux de zirconium, thorium, lanthane, didyme. *Clamond* emploie la magnésie et l'oxyde de zirconium, mais la durée du panier est faible. *Lewis* emploie le platine ou le platine iridié. *Sellon* emploie une simple toile métallique. *Auer* emploie les oxydes des métaux précieux et le gaz d'éclairage sans apport d'oxygène ; nous reverrons son procédé qui l'emporte en force et en résultat sur les autres. La lumière oxyhydrique, ou oxycalcique, ou oxyoléique, a eu une grande vogue, et elle rend encore de grands services, lorsqu'on ne dispose pas de la lumière électrique, dans les appareils à projections lumineuses que le professeur, le savant, le voyageur, le vulgarisateur, le conférencier utilisent si souvent aujourd'hui pour présenter à leur auditoire des vues, des préparations microscopiques, des plans de machines, des souvenirs de voyages. La lumière oxyhydrique est encore en honneur dans certains théâtres pour obtenir des effets de foyers lumineux, de fontaines lumineuses (1), d'éclairs, d'arc-en-ciel, de nuages, de soleil levant, de lune, de vagues, de danses loïfullériennes. Elle est utilisée couramment pour les projections des pellicules cinématographiques. Les essais que l'on a faits pour l'appliquer à l'éclairage des chantiers, à celui des phares (*G. Gurney* et *Faraday,* puis *Em. Rousseau* en 1849), à l'éclairage public n'ont pas eu de suite. En ce qui concerne la dernière application, nous ne pouvons pas omettre les expériences publiques de *Tessié du Mothay* et *Maréchal* à Paris, en 1868, sur la place de l'Hôtel-de-Ville, en 1869, aux Tuileries. Le succès qui n'a pas suivi leurs efforts est acquis aujourd'hui au système Auer, que l'on voit briller en un grand nombre d'endroits à Paris et en province.

Le chauffage oxyhydrique a rendu également de grands services pour la fonte des métaux précieux, pour les soudures autogènes du plomb, etc. Mais son importance diminue beaucoup avec la vulgarisation du four électrique.

On a proposé de remplacer la chaux et l'oxyde de fer, employés communément pour l'épuration du gaz d'éclairage, par de l'oxygène (2) ; mais l'addition d'oxygène à notre gaz d'éclairage nous rendrait soucieux.

L'oxydation directe des huiles siccatives par un courant d'oxygène, à une température de 200°, donnerait des résultats parfaits, d'après *Villon,* pour la fabrication des vernis, pour celle des encres d'imprimerie, comme pour celle des cuirs ou des toiles vernis. L'huile est cuite avec un courant d'oxygène, en présence de tournure de plomb ; elle ne dépose pas, ne fait pas de déchet, et peut s'employer sans retard.

Des applications plus spéciales sont celles réalisées en verrerie pour épurer le verre fondu dans les creusets, ou pour souffler les verres à base

---

(1) La première idée des fontaines lumineuses remonte au physicien *Colladon,* de Genève, 1841. Elles ont été vulgarisées en Angleterre par *Bolton,* 1884, 1887, 1888 ; et, en France, par *Bechmann,* à l'Exposition de 1889.

(2) *Les emplois......, de l'oxygène,* par A.-M. Villon, p. 49.

de plomb sans les ternir, en distillerie pour aérer les levures et oxygéner les moûts, en vinaigrerie pour faciliter l'acétification qui n'est qu'une oxydation, en brasserie pour aérer les bières sans crainte d'y introduire les ferments de l'air.

L'oxygène est le principe même de la respiration; il ne pouvait donc manquer d'exciter les plus grandes espérances au point de vue médical. A peine fut-il découvert et isolé que l'oxygène fut proposé pour ranimer les asphyxiés, guérir la phtisie, combattre les fièvres.

L'oxygène constitue un précieux remède contre les asphyxies, quelle que soit la cause de l'asphyxie, submersion dans l'eau, inhalation de gaz irrespirables, accidents dus au chloroforme et aux autres anesthésiques. Les postes de secours, ceux de pompiers doivent donc posséder dans leur matériel des petits récipients ou des sacs d'oxygène.

L'oxygène est également un remède employé avec efficacité par les personnes atteintes d'oppression, quelle qu'en soit également la cause.

L'oxygène sert aussi de véhicule à d'autres médicaments dans le traitement des maladies de poitrine : créosote, acide phénique, acide fluorhydrique, éther, chloral, etc. Le gaz oxygène se charge du médicament en traversant un barboteur ou une simple ampoule.

La solution d'oxygène jouit de propriétés antiseptiques assez marquées pour qu'on l'ait appliquée, avec succès, dans le traitement des ulcères et des inflammations de muqueuses. On la prépare comme l'eau de Seltz artificielle.

Sous le nom d'*eau oxygénée* (1), elle constitue un léger stimulant en même temps qu'un puissant antiseptique. On la mêle avantageusement à un ou deux dixièmes d'acide carbonique. Le vin oxygéné, à 4 ou 5 volumes d'oxygène, le lait oxygéné, à 2 ou 4 volumes d'oxygène, ont été également conseillés à toutes les personnes atteintes d'affaiblissement et d'anémie.

L'air enrichi en oxygène par l'évaporation de l'azote a été essayé à la fabrication du chlore par le procédé *Deacon* à l'usine de la Rhenania, près Aachen. Une machine Linde de 130 chevaux produisant 70 litres d'air enrichi par heure a été mise en service. Les essais n'ont pas donné de résultat économique.

L'air enrichi en oxygène a été utilisé également dans la fabrication de l'acier par le procédé *Siemens-Martin.*

L'air enrichi en oxygène est employé pour renouveler l'air des bateaux sous-marins.

L'oxygène liquide a été appliqué à réaliser la combustion du charbon en présence de la chaux, et à produire directement le carbure de calcium, sans se servir du four électrique, *Borchers* à Neheim près Aachen. Le procédé paraît pouvoir être économique (2).

---

(1) Qu'il ne faut pas confondre avec l'eau oxygénée véritable.

(2) Sur les applications industrielles de l'oxygène, voir un article de Thorne, in J. of S. of chemical Industry, 1889, pp. 83-88.

Ozone O³. — L'on a dit que, du jour où l'ozone pourrait être produit industriellement, ses applications se multiplieraient par centaines. Nous sommes à la veille de voir ce pronostic se réaliser.

L'ozone, en effet, est en quelque sorte de l'oxygène élevé à une puissance triple ; sa molécule correspond à trois molécules d'oxygène. C'est de l'oxygène condensé, *Becquerel et Frémy, Marignac, Andrews* et *Tait, de Babo, Soret ;* il est formé par la condensation en 2 volumes de 3 volumes d'oxygène ; il fournit donc en se décomposant une fois et demie son volume d'oxygène. Il possède par conséquent une puissance d'oxydation en quelque sorte quintessenciée.

L'ozone se produit avec absorption de chaleur, — 61 calories 66 pour 100 grammes d'ozone produit, *Berthelot.* Sa production nécessite donc l'intervention d'une énergie étrangère, électricité, chaleur, dégagement de calories dans une réaction simultanée, etc.

L'énergie la plus efficace pour produire de l'ozone est l'énergie électrique. L'électrolyse de l'eau, le passage de l'étincelle électrique dans une atmosphère gazeuse où l'oxygène préexiste, amènent la production de petites quantités d'ozone.

Mais ce sont les décharges électriques à forte tension sous forme silencieuse, ou d'effluves électriques, ou de pluie de feu, qui réalisent le plus aisément la transformation allotropique de l'oxygène en ozone. On doit la connaissance de ce fait à *Andrews* et *Tait.* En principe, il suffit de soumettre une atmosphère ou un courant d'oxygène ou d'air à des effluves de haute tension pour obtenir de l'ozone ou de l'air ozonisé. *Berthelot, A. Houzeau* ont indiqué des appareils de laboratoire ; *Siemens et Halske, M. Otto, Marmier* et *Abraham* ont combiné des appareils industriels. L'effluve est produite au moyen d'une bobine de Ruhmkorff ou d'un transformateur à haute tension.

Le rendement en ozone, d'après *M. Otto,* est proportionnel au nombre de périodes du courant alternatif employé pour actionner l'ozoneur. *M. Otto* a pu arriver à 15 pour 100 du rendement théorique. Les tubes de Berthelot, de Houzeau, ne donnent que 2 pour 100 du rendement théorique ; un cheval-heure doit pouvoir produire théoriquement 1030 grammes d'ozone, ce qui correspond à un rendement quotidien de 24720 grammes. Avec les appareils industriels les plus récents, l'ozone peut être fabriqué en grandes quantités et par un traitement continu. On peut obtenir de 100 grammes minima jusqu'à 2000 grammes par cheval-vapeur.

La cause essentielle des mauvais rendements dans la production de l'ozone, dit *M. Otto* (Act. chim., 1898), provient de l'échauffement considérable que subissent les appareils en marche ; cet échauffement était dû, d'une part, au débit exagéré qu'on imposait aux appareils, d'autre part, au mauvais choix des diélectriques imposés dans leur construction.

La chaleur même provoquée par l'effluve, le défaut de résistance suffisante offerte par les diélectriques qui amènent si fréquemment, par leur rupture, la formation d'arcs électriques et la disparition de l'effluve, voilà les deux grands défauts des anciens ozoneurs. Avec eux, impossible d'arriver à une génération d'ozone régulière et suffisante, comme celle que l'on obtient maintenant.

L'ancien appareil producteur d'ozone de *M. Otto* a été employé par la Société anglo-française de parfums artificiels à Courbevoie. Il est constitué (Mon. scient., 1898) par une plaque d'ardoise maintenue sur une table à l'aide de supports isolants. Cette plaque est recouverte d'une feuille d'aluminium de 2 millimètres d'épaisseur. Au centre est percé un trou dans lequel on produit l'aspiration d'ozone.

Sur la plaque d'aluminium à une distance de 2 millimètres, est posée une glace de verre de 7 à 8 millimètres d'épaisseur, argentée et étamée sur la face opposée à celle qui regarde la plaque d'aluminium. Si l'on met en communication avec les deux pôles d'un transformateur produisant un courant alternatif, d'une part, la plaque d'aluminium, d'autre part, la partie argentée de la glace de verre, l'effluve jaillit dans l'espace compris entre la plaque d'aluminium et la lame de verre, et l'on recueille l'ozone formé en faisant une aspiration par le trou situé au centre de l'appareil. Chaque appareil industriel a 1 mètre carré de surface d'effluve. Il y a 60 appareils semblables montés en série. Un transformateur Swinburne actionne chaque série de 10 appareils à la tension de 12 000 volts. Le courant alternatif qui actionne ce transformateur est à la tension de 100 volts et vient d'un alternateur qui donne 80 périodes par seconde. L'énergie totale dépensée pour actionner les six séries correspond à 300 ampères à la tension de 100 volts, soit environ 30 000 watts.

Avant d'actionner l'appareil à ozone, le courant passe à travers un condensateur de 40 centimètres carrés de surface, formé d'une lame de verre étamée sur ses deux faces, et se décharge ensuite dans l'appareil à l'aide d'un circuit ouvert, en produisant une étincelle très bruyante qui indique que la décharge est oscillatoire.

Les 60 appareils sont réunis à un collecteur d'ozone, qui le dirige dans des appareils barboteurs où se produisent les réactions d'oxydation. On produit dans tout le système une aspiration énergique à l'aide d'un éjecteur de vapeur.

Cet appareil a été remplacé par un autre beaucoup plus perfectionné que nous décrirons plus loin.

Dans l'appareil *Marmier* et *Abraham,* la génération de l'ozone se fait au moyen d'un déflagrateur et d'un ozoneur. L'étincelle jaillit dans le déflagrateur entre les tiges métalliques, de façon à maintenir la constance du potentiel entre les pôles de l'ozoneur. Celui-ci est constitué par une succession d'électrodes métalliques à surfaces planes ; sur ces surfaces s'appliquent exactement des glaces, et dans l'intervalle des glaces circule le courant d'air à ozoniser. Les électrodes de rang pair sont reliées à l'un des pôles du transformateur ; celles de rang impair à l'autre pôle. L'effluve jaillit avec sa belle couleur violette entre les glaces dans l'intervalle même où passe le courant d'air, dont l'oxygène se transforme peu à peu en ozone. Comme l'ozone se détruit par l'élévation de la température, la réfrigération des électrodes est rendue nécessaire, et elle est réalisée par un courant d'eau ; pour éviter les coupe-circuits, la colonne d'eau réfrigérante est coupée par des appareils à gouttes.

Dans les nouveaux appareils de *M. Otto* (br. fr., 1898), les électrodes sont constituées par des plaques-circulaires armées de pointes (de façon à réaliser sur les pointes le maximum de tension), faisant vis-à-vis à la surface plane des plaques voisines. L'effluve jaillit entre les pointes et les surfaces planes. Le diélectrique a disparu ; on s'est contenté de recouvrir toutes les surfaces d'une couche de peinture, qui prévient l'oxydation. Si l'effluve tend à se changer en étincelles ou en arcs, tout danger est écarté par le mouvement des électrodes. Dans un autre appareil du même inventeur, l'une des électrodes est constituée par une hélice métallique à arêtes coupantes, à spires très rapprochées, et l'autre électrode est tout simplement constituée par la paroi même du cylindre métallique dans lequel l'hélice tourne. L'axe de l'hélice est légèrement excentré par rapport à celui du cylindre, et, pour éviter les courts-circuits, l'hélice est formée de plusieurs parties distinctes.

Nous avons vu fonctionner ces ingénieux appareils dans l'usine de l'inventeur, à la Compagnie française de l'ozone ; nous ne croyons pas nous avancer trop en disant que peu d'usines au monde sont à même aujourd'hui de produire de l'ozone dans les mêmes conditions de rendement industriel. Le spectacle des effluves, examiné par les regards en verre des appareils, est tout simplement magique, et, malgré la tension élevée du courant générateur qui dépassait 20 000 volts, nous avons pu nous appuyer contre le revêtement en bois de l'appareil ozoneur, à quelques centimètres d'une force mystérieuse qui non seulement nous eût foudroyé, si nous avions eu avec elle le moindre contact, mais encore nous eût transformé en une véritable torche flamboyante.

Que deviennent, à côté de cette méthode de préparation de l'ozone, méthode la seule pratique au point de vue industriel, les procédés à proprement parler chimiques ? Il faut cependant les mentionner. L'oxydation lente de certaines substances, telles le phosphore à l'air humide, *Schönbein,* la décomposition de certains corps très oxygénés, comme les bioxydes, en particulier le bioxyde de baryum, comme les bichromates, les permanganates, par l'action de l'acide sulfurique s'exerçant à température peu élevée sont des sources d'ozone. Mais l'ozone ainsi produit ne l'est qu'en quantité restreinte, et ses propriétés ne sont pas les mêmes que lorsqu'il dérive de l'action électrique. En particulier, l'ozone électrique est inoffensif à respirer, tandis que, produit par l'oxydation du phosphore, il amène un ralentissement de la circulation. C'est ce qui a pu faire dire à *P. Thénard* (C. R., 1876) que l'ozone, loin d'être bénin, est au contraire un des poisons les plus énergiques dont soient dotés nos laboratoires. Mais *D. Labbé* et *Oudin* (C. R., 1891) ont montré que les accidents qui se sont produits provinrent de ce que l'ozone préparé par voie chimique est

toujours impur, mélangé parfois à des composés d'une toxicité très
grande, par exemple l'acide phosphoreux. Lorsqu'on le prépare par l'action des effluves sur l'oxygène, il n'est jamais dangereux à respirer. La
dose thérapeutique que ces expérimentateurs ont fixée est de 11 à 12 centièmes de milligramme par litre d'air. Ils ont constaté aussi que l'ozone agit
sur le microbe de la tuberculose qui est l'un des plus résistants aux
germicides, et que le courant d'ozone transporte une buée du métal qui
sert d'électrode.

Propriétés de l'ozone. — L'ozone n'a pas encore été obtenu à l'état pur ;
il est toujours mélangé à un excès d'oxygène ou d'air, selon que l'on fait
agir pour sa préparation l'effluve électrique sur de l'oxygène pur ou sur de
l'air atmosphérique. C'est un gaz bleu ciel, mais qui paraît incolore sous
une faible epaisseur. Sa d. = 1,656. Il a été liquéfié à — 105° et sous une
pression de 125 atmosphères dans l'appareil Cailletet, par *Hautefeuille* et
Chappuis; l'ozone liquide présente une coloration bleu indigo et bout à
— 106° sous la pression atmosphérique.

L'ozone est soluble dans l'eau ; treize fois plus environ que l'oxygène,
d'après *Mailfert.* Cette solution possède l'odeur et les propriétés oxydantes
de l'ozone. Mais, d'après *M. Otto,* il serait impossible de dissoudre l'ozone
dans l'eau, puisque l'eau mise en contact avec l'ozone n'en montre pas les
réactions caractéristiques.

Les solutions de sels de quinine absorbent l'ozone en assez grande
quantité pour que *E. Langheld,* 1897, ait proposé d'utiliser cette propriété.

L'odeur de l'ozone est caractéristique; on ne peut la comparer à aucune
autre. Peut-être rappelle-t-elle de loin celle de la marée. Cette odeur est
assez prononcée pour qu'une proportion de un millionième d'ozone suffise
à la communiquer à l'air d'une manière sensible. Cette propriété a valu à
l'ozone son nom qui dérive d'un mot grec, signifiant *je sens.*

L'ozone est décomposé par la chaleur, à 250°, lorsque l'ozone est sec,
dès 100°, si l'ozone est humide.

L'ozone n'est, avons-nous dit, que de l'oxygène condensé. Il possède un
pouvoir oxydant porté à un degré bien supérieur à celui de l'oxygène pur ;
c'est l'oxydant le plus énergique que l'on connaisse.

Il oxyde même à froid les métaux. Sec, il oxyde le mercure, ainsi que
l'iode. En présence de l'humidité, il oxyde non seulement les métaux facilement oxydables, comme le fer, le zinc, le plomb, mais également l'étain,
l'arsenic, l'antimoine, et même les métaux difficilement oxydables, comme
l'argent, le mercure. Les globules du mercure placés dans une atmosphère
ozonisée perdent leur brillant et s'aplatissent.

L'ozone oxyde rapidement le soufre à une température de 65°-70° et
le transforme en acide sulfurique ; il transforme par oxydation le phosphore en acide phosphorique, l'arsenic et l'acide arsénieux en acide arsénique, l'acide sulfureux et l'acide sulfhydrique en acide sulfurique, le

peroxyde d'azote en acide nitrique, l'ammoniaque en acide nitreux. Il agit même sur l'azote en présence des bases et le transforme en acide nitrique.

Il porte au maximum le degré minimum d'oxydation des sels de chrome, de manganèse, de fer, de nickel, de cobalt, de plomb, de mercure, d'argent. L'oxydation par l'ozone des sels manganeux est accompagnée de la formation d'un précipité brun d'hydrate de peroxyde. Si l'on trace sur du papier des caractères avec une solution incolore de sulfate manganeux, ces caractères, complètement invisibles après la dessiccation, brunissent rapidement dans une atmosphère ozonée.

L'ozone décompose les hydracides et les sels halogènes en mettant le radical en liberté et en s'unissant à l'hydrogène. Il décompose par une réaction analogue l'iodure de potassium, avec mise de l'iode en liberté. Il oxyde directement les chlorures, les bromures et les iodures alcalins.

Il convertit les ferrocyanures ou prussiates jaunes en ferricyanures ou prussiates rouges.

L'ozone est décomposé sans limites dès qu'on le met en présence de charbon en poudre, d'argent, d'oxyde noir de cuivre et des peroxydes de manganèse et de plomb. Il se produit une série d'alternatives d'oxydation et de réduction de ces substances qui semblent agir par simple contact et dont l'action peut ainsi se prolonger indéfiniment.

On aurait plus vite fait de citer les corps qui peuvent échapper à l'oxydation par l'ozone que d'énumérer les cas d'oxydation. L'action exercée par l'ozone sur les composés du carbone ou composés dits organiques est particulièrement importante.

Toutes les matières organiques subissent son empire. Leur oxydation est rendue plus aisée par la présence des alcalis.

Les hydrocarbures donnent une aldéhyde et un acide, *M. Otto ;* de même les alcools. Les phénols seuls sont peu attaqués. Les amines donnent des quinones et des composés azoïques.

L'oxydation des matières organiques va souvent jusqu'à la destruction. Un grand nombre de matières colorantes sont décolorées, telles celles de l'indigo, du tournesol. La matière colorante du gaïac bleuit au contraire.

L'ozone attaque vivement le caoutchouc ; il attaque aussi le liège en présence d'humidité. On ne peut donc employer ni le caoutchouc, ni le liège dans les appareils à ozone.

Il transforme l'amidon en dextrines, solubilise la gélatine, attaque les sucres et le tannin en présence des alcalis avec formation d'acide formique et d'acide carbonique.

L'eau chargée de matières organiques, le lait, l'urine, le benzène, le thiophène, donnent avec l'ozone des phénomènes de phosphorescence, sur lesquels *M. Otto,* 1898, s'appuie pour expliquer la phosphorescence des eaux de la mer.

Le chlorure et l'iodure d'azote, la nitroglycérine, l'acétylène, détonent spontanément lorsqu'on les introduit dans une atmosphère ozonée, *Jouglet.*

L'ozone transforme les dérivés phénoliques à fonction C^3H^5 en aldéhyde correspondante, principalement dans la forme allylique (*Trillat, Mon. scient.*, 1898); l'ozone devient ainsi agent de production de parfums artificiels. La réaction s'opère mieux en grand qu'en petit. L'ozone a pu ainsi transformer par oxydation l'iso-eugénol en vanilline, avec un rendement de 21,37 pour 100, *M. Otto*; l'anéthol en aldéhyde anisique ou essence d'aubépine, l'iso-safrol en héliotropine.

Une propriété très remarquable est celle que présente l'essence de térébenthine (et aussi celles d'amandes amères, de lavandes) de se charger d'ozone, si on l'expose quelque temps au soleil, puis qu'on l'agite vivement avec de l'air. L'essence de térébenthine ainsi ozonée est un oxydant puissant, puisqu'elle oxyde les iodures, l'indigo bleu, les sels ferreux, l'acide sulfureux. Elle finit par s'oxyder elle-même.

Les réactions de l'ozone sur la teinture de tournesol, sur celle de gaïac, sur l'iodure de potassium, sur l'acide arsénieux servent à le caractériser.

L'ozone détruit les images photographiques lorsqu'elles ne sont pas encore développées; mais la plaque photographique continue à être impressionnable. Il y a peut-être là la base d'une utilisation par l'industrie photographique pour tirer parti des épreuves non réussies et non encore développées.

Dans toutes ces réactions oxydantes, l'ozone peut réagir par sa molécule entière, comme c'est le cas de son action sur le chlorure stanneux ou sur l'essence de térébenthine. Mais il réagit le plus souvent par le tiers seulement de sa molécule, et un volume d'ozone en se décomposant donne un volume d'oxygène ordinaire qui devient libre et un demi-volume d'oxygène actif qui entre dans la réaction.

Chose singulière, l'ozone exerce dans quelques cas une action réductrice. Il réduit l'eau oxygénée, le bioxyde de baryum en dégageant de l'oxygène ordinaire. Ces réactions sont figurées par les équations suivantes : $O^3 + H^2O^2 = 2O^2 + H^2O$; ou $O^2.O + H^2O.O = 2O^2 + H^2O$.

Applications de l'ozone. — L'ozone est un oxydant, un décolorant, un antiseptique de premier ordre.

1

Des propriétés oxydantes de l'ozone dérivent de nombreuses applications.

Énumérons d'abord, comme résultant directement de quelques-unes des propriétés indiquées plus haut : des procédés industriels pour la préparation de l'acide sulfurique, de l'acide arsénique, des permanganates, du bioxyde de plomb, des parfums artificiels et en particulier de la vanilline artificielle (voir le chapitre : Essences, et le chapitre : Aldéhydes); pour la fabrication des huiles siccatives, des dégras; pour la préparation des dextrines et la transformation des amidons en amidons solubles, dextrines, léiogomme, kristalligum, procédé *Siemens*; pour la transformation des albumines en peptones, *Gorup Besanez ;* pour la préparation de l'iodoforme, *M. Otto,* en traitant par l'ozone les eaux mères des varechs en présence d'alcool.

On a proposé également d'appliquer ces propriétés oxydantes à l'épuration directe du gaz d'éclairage ; à la fabrication de certains colorants, comme le violet de Paris à partir du chlorhydrate de diméthylaniline, *Villon ;* comme le vert malachite, le vert brillant, la safranine, le bleu méthylène, la galloflavine ; à la production directe sur fibres textiles d'autres colorants, comme le noir d'aniline. Les leucobases sont transformées en matières colorantes.

Une application qui mérite de retenir davantage notre attention, c'est l'emploi de l'ozone pour l'amélioration des alcools et des vins, ou pour les vieillir artificiellement.

D'abord, l'ozone a été employé dans le but d'enlever aux whisky de grains leur odeur empyreumatique : un simple contact d'une vingtaine de minutes suffit à remplir ce but. *Wideman* montait, dès 1869, une usine à Boston pour exploiter ce procédé.

L'ozone est couramment employé pour vieillir les alcools, les eaux-de-vie, les vins, les liqueurs de table. On sait que le vieillissement des alcools et des vins a pour objet de leur communiquer des qualités spéciales en les laissant vieillir en fûts pendant une durée de temps plus ou moins prolongée. Ce procédé est coûteux, puisqu'il immobilise le capital quelquefois pendant des années et qu'il entraîne comme conséquence de sa durée une perte du liquide par évaporation, laquelle perte peut atteindre le douzième du volume total pour les alcools les plus vieux. Durant le vieillissement des alcools, il se produit une oxydation des produits âcres préexistant dans le liquide, et l'alcool, dépouillé de ces produits, gagne en finesse et en goût. Le vieillissement n'est donc qu'une oxydation lente. Pourquoi ne la produirait-on pas artificiellement? s'est-on dit. Et, dans ce cas, quelle matière conviendrait mieux que l'oxygène ozonisé? On en fait passer un courant dans l'alcool jusqu'à ce que celui-ci en ait absorbé 50 litres par hectolitre, et ensuite on laisse en repos deux mois. Le vieillissement est obtenu.

On peut aussi procéder par courtes ozonisations successives. On procède aussi parfois par traitement mixte, c'est-à-dire que l'on ajoute à de l'alcool fort traité à l'ozone des eaux-de-vie faibles vieillies sur bois.

Villon (1) recommande le procédé suivant pour obtenir des fins bois de dix ans en trois ou quatre mois : Oxydation de l'eau-de-vie marquant 67°-68° alcoométriques à raison de 20 grammes d'oxygène par litre ; repos de trois jours; collage à la magnésie à raison de 80 grammes par hectolitre ; repos de huit jours ; seconde oxydation à l'ozone à raison de 20 grammes d'oxygène par hectolitre; préparation de petites-eaux vieilles par ozonisation lente, cinq minutes de courant ozonisé tous les jours

(1) Op. cit.

pendant cinq mois, puis mise en fût deux mois; mélange de l'eau-de-vie ozonée avec les petites-eaux dans la proportion d'un quart de petites-eaux pour trois quarts d'eau-de-vie; repos de trois jours; troisième oxydation à l'ozone; repos de trois jours; filtration à la chausse, conservation de deux mois en fût; soutirage.

Le traitement des vins par l'ozone est également intéressant, en ce qu'il les vieillit en les adoucissant. On opère dans les tonneaux même, en deux ou trois fois.

Le vieillissement artificiel des bois de lutherie, c'est-à-dire destinés à la fabrication des instruments de musique, s'effectue par l'ozone depuis 1881 à Stettin. Ce vieillissement augmente la sonorité, et, grâce à l'ozone, le résultat est obtenu rapidement.

II

Les propriétés oxydantes de l'ozone sont peut-être destinées à le rendre dans l'avenir l'agent par excellence du blanchiment industriel. En effet, c'est l'oxygène qui intervient dans le blanchiment, et il est logique que l'ozone, cet oxygène condensé, soit employé dans la pratique.

Les effets de blanchiment attribués au chlore seraient même dus à la formation de l'ozone, A. *Boillot* (C. R., 1875). Voici comment : l'ozone employé directement agit comme agent d'oxydation, en s'emparant de l'hydrogène de la substance avec laquelle il est en contact; il en résulte un effet de décoloration, si cette substance est colorée. En faisant agir le chlore sur une matière végétale ou animale, ce corps décompose une certaine quantité d'eau pour s'emparer de son hydrogène et former de l'acide chlorhydrique; l'oxygène provenant de cette réaction est transformé en ozone qui, à son tour, s'empare de l'hydrogène de la matière soumise à l'épreuve, laquelle perd sa couleur si elle en a une. Soit que l'ozone agisse directement tout formé, soit que ce corps résulte de l'action du chlore, l'explication des effets observés est, au fond, la même : c'est l'ozone qui agit comme agent oxydant et décolorant.

L'ozone semble tout spécialement indiqué pour le blanchiment de l'ivoire, des os, des plumes, de la cire, de la gomme laque, que pendant longtemps on a blanchis en laissant exposés au soleil dans une atmosphère saturée de vapeurs d'essence de térébenthine. Les corps gras, les huiles, les jus sucrés, les amidons, l'albumine du sang sont également blanchis lorsqu'on les fait traverser par un courant d'oxygène ozonisé ou d'air ozonisé.

Lorsqu'il s'agit de blanchir des jus sucrés, on peut l'employer en même temps que le noir animal. Les premiers essais ont été faits à la raffinerie Martineau a Londres, 1846.

L'usine *Verley* à Noyon traite les jus concentrés à 20°Bé par de l'air ozonisé à 2-3 milligrammes d'ozone par litre d'air; à froid. On sulfite, on neutralise par la baryte. (Voir Mon. scient., 1899, p. 740.) Les jus ozonisés débarrassés de la matière organique non sucre sont décolorés et se cuisent plus facilement. Le cristallisé obtenu est plus abondant, neutre et sans goût. Il y a là une voie ouverte à l'abolition de la raffinerie.

Le blanchiment des amidons est principalement indiqué dans le procédé *Siemens* et *Halske* (br. fr., 1893).

Pour le blanchiment de l'albumine, *Kingzett* et *Zingler* opèrent en chauffant à 150° un mélange de sang et de térébenthine ; puis ils agitent avec de l'air ozonisé.

La pâte à papier a été blanchie très efficacement par un courant d'air ozonisé, et ce mode de traitement dispense d'avoir à songer à éliminer les traces résiduaires du chlore par un traitement en antichlore.

Siemens et *Halske* paraissent avoir été des premiers à appliquer l'ozone au blanchiment des tissus. Leur procédé, mis en application pour les fils et les tissus de lin à leur usine de Greifenberg en Silésie, repose sur l'action successive de l'ozone et d'un chlorure décolorant. Les opérations successives comprennent une immersion dans un savon de résine ammoniaqué, une ozonisation de cinq à six heures, un passage de dix heures en bain faible de chlorure de chaux.

Dans ces diverses applications, on peut admettre que 40 grammes d'ozone, renfermant 20 grammes d'oxygène actif, équivalent au point de vue pratique à 1 kilo d'eau oxygénée du commerce.

L'ozone est parfois employé pour le blanchiment sous forme de térébenthine ozonisée ou oxydée. Quand on ozonise la térébenthine, elle répand d'abondantes fumées blanches, dont l'odeur rappelle celle de la menthe poivrée. La térébenthine ainsi ozonisée est un agent d'oxydation puissant ; elle décolore l'indigo, oxyde et solidifie les huiles siccatives. Elle peut servir dans le blanchiment de la toile, du liège, et dans le blanchissage du linge.

L'*ozonine* est un liquide clair qu'on obtient en exposant deux jours au soleil la gelée qui résulte de l'action de l'eau oxygenée sur l'essence de térébenthine en présence d'alcali caustique. La dissolution dans l'eau à 1 pour 1000 est très efficace comme agent de blanchiment du bois, de la paille, du liège, du papier, des savons.

III

Les propriétés bactéricides de l'ozone ont été signalées très nettement par *Chappuis* (Bull. Soc. Chim., 1881) ; il a démontré que les germes en suspension dans l'air ne se développent plus dans les bouillons de culture lorsqu'ils ont été soumis à un courant d'air ozoné.

D'après *H. Sontag*, 1890, il faut 14 milligrammes d'ozone par litre pour tuer en vingt-quatre heures les spores du charbon ; d'après *de Christmas*, 1 centimètre cube par litre d'air arrête le développement des germes du charbon, de la fièvre typhoïde, de la diphtérie, des staphylocoques pyogènes, des spores d'Aspergillus niger. Mais l'ozone perd toute valeur de désinfectant si sa proportion descend au-dessous de 0 volume 5 par litre d'air, bien qu'alors l'air soit fortement odorant et difficilement respirable. *Ohlmuller,* 1893, a constaté que l'action désinfectante s'exerçait mieux en présence de l'humidité.

L'application la plus importante que l'on ait faite de ces propriétés bactéricides est la stérilisation des eaux par l'ozone. La question a trop d'importance pour ne pas la développer.

. *.

Stérilisation des eaux par l'ozone. — L'utilisation de l'ozone pour la stérilisation de l'eau semble avoir été proposée d'abord par *Seguy G.* Mais c'est *Fröhlich,* 1891, à Berlin, qui préconisa cette application avec insistance, comme rapide, efficace, bon marché et sans trace, en présentant à la Société électrotechnique les appareils Siemens et Halske. *Ohlmüller,* 1893, étudia l'ozone obtenu avec ces appareils et s'efforça de fixer son pouvoir germicide et son efficacité pour la stérilisation des eaux potables. D'après ses recherches, l'action stérilisante de l'ozone sur l'eau ne s'exerce qu'à la condition que l'eau ne renferme pas, à côté des germes, une quantité notable de matière organique ; sinon, l'ozone commence à épuiser son action destructive sur la matière organique végétale ou animale. Il faut donc, pour stériliser une eau pratiquement par l'ozone, que le titre de cette eau en permanganate ne dépasse pas certaines limites. Au contraire, le nombre des bactéries que l'eau renferme n'a pour ainsi dire pas d'influence sur la quantité d'ozone nécessaire à la stérilisation, et l'eau, pourvu qu'elle soit pauvre en matières organiques dissoutes, demande la même quantité d'ozone, qu'elle contienne par centimètre cube des millions de microbes ou seulement des centaines.

A la suite des recherches de *Ohlmüller,* le hollandais *Tindal* créa une Compagnie générale pour la fabrication de l'ozone, et établit une usine d'essais pour la stérilisation des eaux à Oudshoorm près Leyde. En employant des tensions non plus de 4 000 volts, mais de 50 000 volts et au-dessus, grâce aux appareils de son collaborateur *Schneller,* où la distance entre les électrodes put être portée de 3 millimètres à 10 centimètres, il obtint des rendements en ozone très augmentés et des résultats de stérilisation très appréciables, puisque, d'après *Van Ermengen,* 1895, l'eau du Vieux Rhin, soumise à ce traitement, était devenue bonne, alors qu'elle n'était pas potable avant le traitement. Le système a été appliqué aussi à Blankenberghe et à Saint-Maur près Paris. Au point de vue industriel, le système ne répondit pas aux espérances qu'il avait fait naître, à cause des courts-circuits nombreux qui brûlaient les appareils.

Marmier et *Abraham* (C. R., 1899) ont repris l'étude de la question à l'aide de leurs appareils décrits plus haut. Leur système a été expérimenté avec succès en 1898 à l'usine élévatoire des sources d'Emmerin qui alimente la ville de Lille.

La stérilisation de l'eau y était obtenue par la circulation méthodique de l'ozone et de l'eau dans une colonne en maçonnerie. Le débit de la colonne était de 35 mètres cubes à l'heure. Les résultats obtenus sont consignés dans les conclusions d'une Commission(1) désignée par la Municipalité de Lille pour contrôler les expériences. Voici ces conclusions :

1° Le procédé de stérilisation des eaux d'alimentation par l'ozone, basé sur l'emploi des appareils ozoneurs et de la colonne de stérilisation de MM. Marmier et Abraham, est d'une efficacité incontestable, et cette efficacité est supérieure à celle de tous les procédés de stérilisation actuellement connus, susceptibles d'être appliqués à de grandes quantités d'eau;

2° La disposition très simple de ces appareils, leur robustesse, la constance de leur débit et la régularité de leur fonctionnement donnent toutes les garanties que l'on est en droit d'exiger d'appareils vraiment industriels ;

3° Tous les microbes pathogènes ou saprophytes que l'on rencontre dans les eaux étudiées sont parfaitement détruits par le passage de ces eaux dans la colonne ozonatrice. Seuls quelques germes de Bacillus subtilis résistent. On compte environ un germe appartenant à cette espèce par 15 centimètres cubes d'eau traitée avec une concentration d'ozone égale à 6 milligrammes par litre d'air. Avec une concentration de 9 milligrammes, le nombre des germes de Bacillus subtilis, revivifiables par la culture en bouillon, s'abaisse à moins de 1 pour 25 centimètres cubes d'eau traitée. Il importe d'observer que le Bacillus subtilis (microbe du foin) est tout à fait inoffensif pour l'homme et pour les animaux ; et d'ailleurs les germes de ce microbe résistent à la plupart des moyens de destruction, tels que le chauffage à la vapeur sous pression à 110°. Il n'est donc pas utile d'exiger sa disparition complète des eaux destinées à la consommation, et l'on peut considérer comme très suffisante la stérilisation obtenue par l'air ozonisé avec une concentration de 5 à 6 milligrammes par litre, dans les conditions où se placent MM. Marmier et Abraham ;

4° L'ozonisation de l'eau n'apporte dans celle-ci aucun élément étranger, préjudiciable à la santé des personnes appelées à en faire usage. Au contraire, par suite de la non-augmentation de la teneur en nitrates, et de la diminution considérable de la teneur en matières organiques, les eaux soumises au traitement par l'ozone sont moins sujettes aux pollutions ultérieures et sont, par suite, beaucoup moins altérables. Enfin, l'ozone n'étant autre chose qu'un état moléculaire particulier de l'oxygène, l'emploi de ce corps présente l'avantage d'aérer énergiquement l'eau et de la rendre plus saine et plus agréable pour la consommation, sans lui enlever aucun de ses éléments minéraux utiles.

Un fait intéressant à noter au cours de ces expériences, c'est que l'eau s'est trouvée relativement plus pauvre en germes un, deux ou même quatre jours après le traitement à l'ozone, que si on l'analyse très peu de temps

(1) Cette Commission comprenait MM. Roux et Calmette pour le contrôle bactériologique ; MM. Buisine et Bouriez pour le contrôle chimique.

après la prise d'échantillons. Les quelques germes de Bacillus subtilis qui échappaient à l'action de l'ozone pendant le passage à la colonne sont détruits ultérieurement, même si l'eau stérilisée ne renferme plus d'ozone.

« Puisque l'eau ozonée est d'autant plus pauvre en germes que les ensemencements sont effectués plus longtemps après le prélèvement des échantillons, la Commission a conclu de ses recherches spéciales que, si le plus grand nombre des germes contenus dans l'eau est détruit pendant le passage à la colonne, la presque totalité de ceux qui échappent à cette phase de l'opération succombe après quelques minutes dans les réservoirs où s'accumule l'eau sortant des appareils. L'eau ozonée, bien qu'elle ne renferme déjà plus de traces d'ozone quelques minutes après sa sortie des appareils, ne permet plus dans son sein la pullulation des germes de Bacillus subtilis qui ont pu échapper à la stérilisation. »

La Compagnie française de l'ozone, dans son usine d'Auteuil établie en 1898, a réalisé aussi pratiquement la stérilisation de l'eau. Les générateurs d'ozone du système *Otto* qu'elle emploie ont l'avantage d'être entièrement métalliques, de ne pas présenter de diélectriques en verre si fragiles et de pouvoir augmenter indéfiniment leurs dimensions.

La difficulté de ce mode de stérilisation, c'est de mettre l'eau en contact intime par toutes ses molécules avec l'ozone. Assurer la pénétration de l'ozone dans toute une masse d'eau, voilà le point délicat. On tâche généralement de le réaliser, en faisant circuler en sens inverse, dans une colonne à cascades, le courant d'ozone et celui de l'eau impure.

L'action stérilisante et épuratrice de l'ozone est tellement marquée qu'une eau, souillée par des infiltrations de fosses d'aisances, peut être rendue entièrement inoffensive par un traitement assez prolongé à l'ozone. Ce ne sont pas seulement les eaux potables qui peuvent être traitées par le procédé à l'ozone en vue de leur utilisation à l'alimentation, mais les eaux résiduaires les plus impures et les plus souillées peuvent être rendues inodores et saines, *Andreoli*, 1898, par l'action destructive que l'ozone exerce sur les bactéries : 1 gramme d'ozone suffit à purifier 80 litres d'eau moyennement souillée ; et par l'action que l'ozone exerce sur les matières organiques.

Cette action épuratrice est accompagnée d'une luminosité de l'eau, sorte de phosphorescence due à l'oxydation énergique de la matière organique, *M. Otto*.

* *

Il semble que le pouvoir antiseptique et désinfectant très puissant possédé par l'ozone, celui-ci l'exerce constamment dans l'atmosphère, car l'on a pu y constater sa présence aussi bien par déterminations ozométriques ou ozonoscopiques à l'aide des réactions caractéristiques que par voie spectroscopique. On a cru constater qu'il disparaissait lors des épidémies ; et même, d'après *Wolf* (C. R. Ac. de médecine, XL), une inflexion rapide de la courbe de l'ozone atmosphérique est suivie d'une augmentation considérable de la mortalité. *Girerd* (C. R. Ac. de médecine, 1891) a constaté également l'influence de l'ozone atmosphérique sur les fièvres des pays tropicaux.

De là, à l'employer dans la pratique de l'hygiène, il n'y avait qu'un pas.

L'ozone est-il dangereux à respirer ? Faut-il admettre avec certains auteurs que, même respiré à faible dose, il provoque l'inflammation des muqueuses des voies respiratoires ? Nous avons peine à l'admettre de l'ozone électrique, n'offrant aucune trace d'acide nitreux ou d'acide phosphoreux, lorsqu'on le respire non pas dans un espace clos, mais à l'air libre et dilué dans cet air. *Labbé* et *Oudin* (C. R., 1891) déclarent que dans ces conditions ils n'ont jamais observé le moindre accident. Les mêmes expérimentateurs ont observé qu'en soumettant aux inhalations d'ozone, à la dose thérapeutique de 11 à 12 centigrammes par litre d'air, des malades cachectiques et des enfants, il y a toujours une augmentation d'oxyhémoglobine du sang, au bout de dix à quinze minutes d'inhalation, lorsque le taux de l'oxyhémoglobine se trouve avant l'inhalation être en dessous de la normale. L'augmentation atteint 1 pour 100.

L'emploi de l'air ozonisé a été conseillé pour combattre l'anémie, les affections du pharynx et du larynx, la phtisie pulmonaire.

L'ozone a été proposé dès 1862, *Delahousse*, pour désinfecter les salles d'hôpitaux. On l'emploiera utilement pour désinfecter les chambres de malades atteints d'épidémies, et tous les endroits susceptibles de devenir des causes d'infections : abattoirs, écuries, wagons à bestiaux, cales de navires, fabriques d'engrais, entrepôts de chiffons, d'os, etc., tonneaux de brasseurs. On l'emploiera également pour assainir les lieux de réunion, les salles d'école, etc., les magnaneries destinées à l'éducation des vers à soie. Un appareil domestique a été combiné par la Compagnie française de l'ozone pour faciliter son emploi dans l'hygiène privée (1).

Il est à signaler cependant que les animaux de petite taille n'aiment guère l'ozone, et ils meurent, dit-on, en peu de temps, dans une atmosphère qui en renferme 10 pour 100.

La térébenthine oxydée est la base du désinfectant dénommé *Sanitas* de Kingzett.

Ce qui a été dit du pouvoir antiseptique et des propriétés germicides de l'ozone, montre que l'ozone doit être un excellent agent conservateur. En effet, il prévient ou arrête les fermentations les plus actives, même à dose faible. Il trouve, à cet égard, des applications variées en sucrerie pour la conservation des jus au sortir des presses ou des appareils diffuseurs, en brasserie pour conserver les bières et les vins après fermentation, dans l'industrie textile pour conserver les apprêts. Il présente, en

(1) La *poudre ozogène* de *Lender*, de Berlin, composée de permanganate de potasse 5 parties, bioxyde de manganèse 4 parties, acide oxalique 4 parties, mélange à humecter au moment de l'emploi, ne paraît pas mériter de retenir l'attention.

outre, sur la plupart des autres agents conservateurs, l'avantage particulièrement utile de n'introduire aucune substance étrangère dans les matières soumises à son action.

La dernière des applications de l'ozone à signaler ici est l'emploi qui lui a été attribué, à titre d'antifermentescible, dans la fabrication des vins, des alcools, des bières. Cette fabrication tend à se faire de plus en plus par voie de fermentations spéciales et obligées (1) avec des cultures de ferments ou des levures sélectionnées. Mais ce mode de fabrication nécessite évidemment que les moûts de raisin, de malt, de sucre, soient stérilisés au préalable, afin que d'autres fermentations ne puissent se développer et que seul le ferment introduit se développe. L'emploi de l'ozone pour cette stérilisation préalable est intéressant, en ce qu'il est efficace, puisqu'il empêche toute fermentation secondaire, et qu'il n'introduit dans les liquides aucun produit étranger.

Bibliographie. — Des documents bibliographiques assez nombreux sont indiqués dans l'Ozone de *Scoutteten* (1857), dans les Recherches sur l'ozone de *M. Otto* (1897), à l'article Ozone du Dictionnaire méthodique de bibliographie des industries tinctoriales de *Jules Garçon*. Outre l'ouvrage de *Villon* déjà cité, une étude sur l'ozone a été publiée par *Andréoli* (1897); elle avait paru d'abord dans le Génie civil. Une bibliographie générale de l'ozone a d'ailleurs été publiée sous le titre : Index to the literature of ozone, 1785-1879, par *A. Leeds* (1880), à New-York, avec un supplément pour la période 1879-1883 (1884). Enfin citons la conférence faite par *M. Otto* en novembre 1899 à la Société des Ingénieurs civils.

AIR

Il n'est pas de question plus importante en chimie que de connaître quelle est la nature de l'air, puisque c'est la substance la plus indispensable à notre vie et à celle de tout être respirant. Aussi ce problème a-t-il passionné tous les penseurs depuis les siècles les plus éloignés du nôtre. Nous consacrerons une étude sommaire à l'histoire des recherches qui ont été faites pour élucider ce problème, et lorsque nous aurons établi la nature de l'air atmosphérique, nous verrons ce que sont ses propriétés, et ensuite nous explorerons longuement ses principales applications.

Nature de l'air atmosphérique. — C'est au français *Lavoisier* que l'on doit la connaissance précise de la nature de l'air atmosphérique.

On savait depuis longtemps (2) que les métaux gagnent du poids lors-

---

(1) *Georges Jacquemin* est le principal promoteur en France des fermentations avec levures cultivées pour les vins.

(2) Les idées des anciens philosophes sur l'air sont récapitulées brièvement dans l'article de *Ph. Berthelot*, in La Grande Encyclopédie.

qu'on les calcine à l'air et qu'ils se changent en chaux. Dans cet ordre de notions, la première expérience précise est attribuée à *Eck* de Sulzbach, 1489; il constata, en calcinant du mercure argenté à l'air, que le métal augmentait de poids, « parce que, dit-il, un esprit s'unit au métal, et ce qui le prouve, c'est que le cinabre artificiel ainsi produit, s'il est soumis à la distillation, dégage un esprit. »

J. Rey, 1630, explique aussi que l'étain et le plomb augmentent de poids quand on les calcine, en ce que « le surcroît de poids vient de l'air ». *Rey* considérait l'air comme pesant, et cédant à la calcination une partie de son poids au métal calciné; mais, pour lui, c'était l'*air en entier qui s'unissait* au métal.

Plus tard, *Mayow*, 1669, supposa la présence dans l'air d'un *esprit nitro-aérien*, auquel il attribue la combustion de la flamme. *Boyle* y supposa également la présence d'une *substance vitale*, qui était seule propre à entretenir la flamme. Au siècle suivant, 1727, *Hales*, anglais, s'efforça d'analyser l'air, mais il le crut mélangé à des substances étrangères; il étudia aussi avec beaucoup d'ardeur les phénomènes de la végétation.

Priestley répéta les expériences précédentes et en fit un grand nombre de nouvelles, qu'il relate dans ses Observations des différentes espèces d'air, 1771, mais dont il ne sut pas tirer les conséquences. *Baumé*, 1773, prétendait qu'il n'y avait qu'une seule espèce d'air; mais heureusement il ne fut suivi par personne dans cette opinion.

C'est à *Lavoisier* que l'on doit d'avoir démontré nettement que l'air est composé de gaz différents.

A la fin d'octobre 1772, ainsi que le prouve une note déposée par lui le 1er novembre 1772 à l'Académie des sciences, et lue le 5 mai 1773, *Lavoisier* vérifiait que « le soufre en brûlant, loin de perdre de son poids, en acquiert au contraire...; il en est de même du phosphore : cette augmentation de poids vient d'une quantité prodigieuse d'air qui se fixe pendant la combustion. Cette découverte que j'ai constatée par des expériences que je regarde comme décisives, m'a fait penser que ce qui s'observait dans les combustions du soufre et du phosphore, pouvait bien avoir lieu à l'égard de tous les corps qui acquièrent du poids par la combustion et la calcination. Je me suis persuadé que l'augmentation de poids des chaux métalliques tenait à la même cause. L'expérience a pleinement confirmé mes conjectures; j'ai fait la réduction de la litharge dans des vaisseaux fermés, et j'ai observé qu'il se dégageait, au moment du passage de la chaux en métal, une quantité considérable d'air..... Cette découverte me paraît une des plus intéressantes de celles qui aient été faites depuis Stahl. »

Bientôt *Lavoisier* concluait de nouvelles expériences faites à la fin de 1773 sur le plomb et l'étain chauffés en vase clos (Mémoire sur la calcination de l'étain dans les vaisseaux fermés et sur la cause de l'augmentation de poids qu'acquiert le métal pendant cette opération, 1774), qu' « une portion de l'air est susceptible de se combiner avec des substances métalliques pour former des chaux, tandis qu'une autre portion se refuse constamment à cette combinaison. L'air n'est donc point un être simple ; c'est un mélange de la portion salubre qui se combine avec les métaux pendant leur calcination et d'une mofette incapable d'entretenir la respiration des animaux et l'inflammation des corps. » En novembre 1774, *Lavoisier* constatait que l'étain absorbe en vase clos un volume d'air égal à celui qui pénètre dans la cornue lorsqu'on la débouche (Mémoire sur la nature du principe qui se combine avec les métaux pendant leur calcination et qui en augmente le poids, 1775); il en conclut qu'une partie seulement de l'air peut calciner les métaux, et par conséquent que l'air n'est pas un corps simple. Pour faire rendre au métal la portion salubre absorbée, *Lavoisier* s'adressa successivement au phosphore, à la litharge, à l'étain, au fer, enfin au mercure. Il refit, en 1777, ses expériences en se servant de phosphore, puis de chaux mercurielle ou précipité per se ; il reconstitua également l'air en mélangeant la portion salubre et la mofette. Il donna plus tard le nom d'oxygène à la première, et *Guyton Morveau* celui d'azote à la mofette.

Lavoisier a donc, dès 1773, démontré nettement et publiquement que l'air est formé par le mélange de deux gaz différents, l'oxygène et l'azote. Les faits qui l'ont mené à ces conclusions d'une importance hors ligne ne lui appartiennent pas en propre, mais, comme il le dit expressément, « les mêmes faits m'ont conduit à des conséquences diamétralement opposées ; j'espère que si l'on me reproche d'avoir emprunté des preuves des ouvrages de ce célèbre physicien *(Priestley),* on ne me contestera pas au moins la propriété des conséquences. » En effet, les mêmes résultats que ceux de *Lavoisier* furent expérimentés à la même époque par *Bayen,* 1774, qui constate que les métaux puisent dans l'air le principe qui les calcine, en augmentant de poids ; par *Priestley,* 1773 et 1774, qui, de son côté, constate que l'air est diminué par la combustion des chaux, la respiration des animaux, la calcination des métaux, la combustion du foie de soufre, de la poudre à canon, de l'essence de térébenthine, du fer, la putréfaction des substances animales ou végétales ; par *Scheele,* enfin, 1779, qui analyse l'air et le trouve composé pour les 9/33 d'air déphlogistiqué ou d'air pur. Mais tous ces savants interprètent leurs expériences comme des preuves de l'existence du phlogistique de Stahl, lequel serait mis en liberté par le fait de la combustion (et dont le départ coïncidait avec une augmentation de poids du métal calciné !!). *Lavoisier,* tout au contraire, soutient que le métal en se calcinant à l'air absorbe une partie de l'air, et que celui-ci est un être complexe. Il en extrayait la partie salubre, qu'il nommait bientôt oxygène, et basait sur les propriétés de ce corps une théorie de la combustion, une explication de la formation des chaux métalliques, une théorie de la respiration, une méthode d'analyse des substances organiques, qui, après plus d'un siècle, dominent encore et inspirent la science chimique.

L'analyse de l'air fut reprise plus d'une fois. *Cavendish,* au cours d'expériences remarquables par leur précision, trouva : 79 v. 16 de N et 20 v. 84 de O ; *Gay-Lussac et Humbold* avec l'eudiomètre de *Volta* obtinrent 21 v. d'oxygène; *Séguin* et *Lavoisier,* puis *Berthollet* par la méthode au phosphore obtinrent des résultats voisins ; plus tard, *Dumas et Boussingault*, 1841, employant une méthode par poids, basée sur la calcination d'un métal, obtinrent 23 parties pondérales 16 de O et 76 parties 87 de N.

Un problème non moins important à résoudre que celui de la composition de l'air consiste à savoir si cette composition reste constante.

Elle est pratiquement constante, ainsi que l'ont montré les recherches effectuées par *Gay-Lussac* sur de l'air recueilli à 6 500 m. lors de sa célèbre ascension aérostatique du 16 septembre 1804, par *Boussingault* dans ses voyages dans les Andes, par *Bravais et Martin,* 1881, dans les montagnes de l'Oberland (Suisse), par *Regnault,* 1847, qui analysa de l'air puisé en un grand nombre d'endroits des deux hémisphères au moyen de tubes spéciaux, par *Bunsen* à Marlbourg, par *Frankland* aux environs de Chamounix, par *Brünner* à Genève et au Faulhorn, par *Stas* à Bruxelles. L'air puisé par *Gay-Lussac* lors de son ascension à une hauteur de 7 000 mètres, celui puisé par *Brünner* au sommet du Faulhorn à une altitude de 1 950, celui que les autres analystes ont puisé dans nos plaines, présentent exactement la même composition en oxygène et en azote.

Si la proportion de l'oxygène reste constante dans l'air atmosphérique, malgré les causes nombreuses de déperdition (voir p. 208), cela tient à ce que le monde végétal le restitue continuellement.

Cette constance de composition pourrait faire croire que l'oxygène et l'azote existent dans l'air atmosphérique à l'état de combinaison. Il n'en est rien, et l'air n'est constitué que par un simple mélange de ses constituants essentiels. On en a de nombreuses preuves. D'abord, les volumes gazeux qui entrent dans des combinaisons sont toujours en rapport simple, ainsi que *Gay-Lussac* l'a démontré, or le rapport 21 à 79 s'éloigne beaucoup trop des rapports simples que l'on trouve dans toutes les combinaisons gazeuses. Ensuite l'air se comporte comme un mélange lorsqu'il se dissout dans l'eau, car chacun de ses éléments se dissout proportionnellement à son coefficient propre de solubilité et à sa force élastique dans le mélange ; et comme l'oxygène est plus soluble dans l'eau que l'azote, il en résulte que l'air dissous dans l'eau est plus riche en oxygène que l'air atmosphérique. Il renferme 33 volumes 76 pour 100 au lieu des 21 volumes que contient l'air atmosphérique. En outre, le pouvoir réfringent, la chaleur spécifique, le point de liquéfaction de l'air atmosphérique correspondent à un mélange, et ne peuvent pas être des constantes d'un composé fixe.

Argon. — Le fait que l'azote extrait de l'air atmosphérique possède une densité plus forte que l'azote tiré de ses combinaisons, ammoniaque ou autre, a conduit *Lord Rayleigh,* 1882, et *Ramsay,* 1884, à penser que l'azote extrait de l'air devait renfermer une petite quantité d'un gaz plus lourd que lui. Ce fait avait été entrevu par *Cavendish* dès 1784, en combinant l'azote de l'air et l'oxygène sous l'action d'étincelles électriques. *Ramsay*, 1894, a montré très nettement cet accroissement de densité de l'azote de l'air si on le fait passer sur du magnésium au rouge. *Lord Rayleigh et Ramsay* ont reconnu nettement, en 1894, l'existence dans l'air d'un troisième élément, qui accompagne constamment l'oxygène et l'azote, et ils l'ont nommé *argon,* qui signifie inactif, à cause de son inertie chimique. L'argon est un gaz incolore, inodore, sans saveur, vingt fois plus lourd que l'hydrogène. Il a été liquéfié à — 187°. Il est deux fois et demie plus soluble dans l'eau que l'azote. On le sépare de l'azote atmosphérique par le procédé dû originairement à *Cavendish* ou par celui de *Ramsay.*

L'argon est accompagné dans l'air, en quantités extrêmement minimes, de néon, de crypton, de métargon et de xénon.

Vapeur d'eau et acide carbonique dans l'air. — En dehors de l'oxygène, de l'azote et de l'argon, l'air renferme d'autres substances, et la proportion de celles-ci est variable.

La vapeur d'eau et l'acide carbonique s'y rencontrent constamment.

D'abord, une certaine quantité d'eau s'y trouve à l'état de vapeur ; la proportion en est très variable suivant la température et les saisons.

C'est cette vapeur d'eau qui se dépose sous forme de buée sur les parois froides, qui fait fondre les substances dites pour ce motif déliquescentes, telles que le sel ordinaire. C'est encore la vapeur d'eau, lorsqu'elle est contenue en grande quantité dans l'air, qui gonfle les matières organiques, le bois, les cordes, etc. ; le mouvement du capuchon de l'hygromètre connu sous le nom de Père capucin est dû au gonflement d'une petite corde par l'humidité et au raccourcissement qui en résulte. C'est aussi l'humidité de l'air qui fait passer du bleu au rouge les fleurs baromètres au chlorure de cobalt (voir p. 144). C'est elle qui forme les brouillards à l'état vésiculaire ; c'est elle enfin qui, s'élevant dans les airs, se condense dans les régions supérieures de l'atmosphère et répand sur la terre les pluies vivifiantes.

La quantité de vapeur d'eau contenue dans l'air n'est pas constante : elle varie avec différentes circonstances, en particulier avec la pression et avec la température. D'ailleurs, la capacité de l'air pour l'humidité n'est pas infinie ; elle a une limite qui porte le nom de saturation. La proportion de vapeur d'eau que l'air est capable de contenir dépend de la température : elle augmente quand la température s'élève, elle diminue lorsque la température s'abaisse. Par exemple, un mètre cube d'air est capable de renfermer 5 grammes de vapeur d'eau à 0°, 9 grammes à 10°, 17 grammes à 20°, 82 grammes à 50°, en chiffres ronds. Tant que l'air n'est pas saturé d'humidité, il permettra l'évaporation puisqu'il peut absorber de nouvelles quantités d'eau. Mais une fois saturé, il ne peut plus rien absorber. Si la température s'abaisse, il est obligé d'abandonner une partie de son humidité, qui repasse à l'état liquide et se condense. Au contraire, si la température vient à s'élever, l'air redevient capable d'absorber une nouvelle quantité de vapeur d'eau. De l'air saturé à 10°, s'il est amené à 0° ou à 50°, perd dans le premier cas 4 grammes (9 moins 5) de vapeur d'eau qui se condense, et peut dans le second cas absorber à nouveau 73 grammes (82 moins 9).

Ces considérations ont une importance énorme, aussi bien pour l'explication des phénomènes météorologiques, la rosée, la pluie, que pour la conduite des opérations de séchage dans l'industrie. En effet, il ne suffit pas de dire que l'air dessèche d'autant mieux qu'il contient déjà moins de vapeur d'eau, puisque de l'air renfermant 9 grammes de vapeur d'eau par mètre cube dessèche dans la perfection à 50° et ne produit rien à 10°; il faut, pour être précis, dire que l'air dessèche d'autant mieux qu'il est plus éloigné de son point de saturation. Le point de saturation, qu'on appelle encore point de rosée, est donc une notion fort importante, puisque c'est de l'éloignement au point de saturation que dépend le pouvoir de sèche de l'air ambiant, ou, si l'on veut, la rapidité avec laquelle l'air absorbe l'humidité, et conséquemment dessèche les objets voisins. Ce serait à tort que l'on considérerait seulement la question de température, puisqu'un air fort chaud peut ne pas sécher du tout, et ne produire aucun effet, s'il est déjà surchargé d'humidité, tandis qu'un air froid, s'il est en même temps sec, amènera la sèche jusqu'à dessiccation.

On se rend compte aisément de la quantité d'eau contenue dans l'air atmosphérique, ou dans l'atmosphère close d'un atelier ou d'un séchoir, au moyen des hygromètres. Les industriels emploieront de préférence un psychromètre, tandis que le chimiste recourt plus volontiers à l'hygromètre chimique.

L'acide carbonique existe aussi constamment dans l'air atmosphérique, dans tous les lieux et à toutes les altitudes. La respiration des animaux et des végétaux, la combustion du charbon, la décomposition des matières organiques, les émissions volcaniques, celles des sources gazeuses, sont l'origine de son dégagement. Les volcans en vomissent de véritables torrents; c'est ainsi que le Cotopaxi, volcan des Cordillères des Andes, produit en un seul jour, d'après *Boussingault*, plus d'acide carbonique que n'en produiraient dix populations égales à celle de Paris en 1840; or, il y a aujourd'hui plus de trois cents volcans en activité. Le dosage de l'acide carbonique dans l'air a été l'objet des recherches de *Saussure, Boussingault, Schlœsing, Reiset, Albert Levy, Muntz* et *Aubin*. Toutes ces expériences ont montré que l'air renferme une proportion sensiblement constante d'acide carbonique dû au rôle de la végétation découvert par *Priestley*, 1771. Les végétaux, sous l'influence de la lumière et par l'intermédiaire de la chlorophylle, décomposent l'acide carbonique de l'air et fixent le carbone dans leur cellule.

En somme, il s'établit une sorte de compensation par circulus, qui maintient la quantité d'acide carbonique et d'oxygène à peu près constante dans l'atmosphère, et voici ce qu'à ce sujet ont écrit *Dumas et Boussingault* (en 1841) :

« Si nous pouvions mettre l'atmosphère entière dans un ballon et suspendre celui-ci au plateau d'une balance, il faudrait pour lui faire équilibre, dans le plateau opposé, 581 000 cubes de cuivre de 1 kilomètre de côté. Supposons maintenant, avec *B. Prévost*, que chaque homme consomme 1 kilogramme d'oxygène par jour, qu'il y ait mille millions d'hommes sur la terre, et que, par l'effet de la respiration des animaux et la putréfaction des matières organiques, cette consommation attribuée aux hommes soit quadruplée. Supposons de plus que l'oxygène dégagé par les plantes vienne seulement compenser l'effet des causes d'absorption d'oxygène oubliées dans notre estimation ; ce sera mettre bien haut, à coup sûr, les chances d'altération de l'air. Eh bien! dans cette hypothèse exagérée, au bout d'un siècle, tout le genre humain et trois fois son équivalent n'auraient absorbé qu'une quantité d'oxygène égale à 15 ou 16 cubes de cuivre de 1 kilomètre de côté, tandis que l'air en renferme près de 134 000. Ainsi prétendre qu'en y employant tous leurs efforts, les animaux qui peuplent la surface de la terre pourraient en un siècle souiller l'air qu'ils respirent, au point de lui ôter la huit millième partie de l'oxygène que la nature y a déposé, c'est faire une supposition infiniment supérieure à la réalité! »

L'acide carbonique de l'air joue donc un rôle de première importance dans l'économie du monde vivant. Produit des diverses combustions, et aussi de la respiration qui n'est qu'une combustion lente, rejeté ainsi par les animaux, il est repris par les végétaux, qui s'en nourrissent, le décomposent, en retiennent le carbone, en dégagent une partie de l'oxygène ; l'acide carbonique sert à l'élaboration de cette matière organique, manifestation et condition de la vie à la surface de la terre. « La vie apparaît entre ces deux grands phénomènes : décomposition de l'acide carbonique par les végétaux, et production de l'acide carbonique par la destruction de la matière organique. Leur corrélation et leur succession perpétuelles assurent la transmission et la durée de la vie sur la terre. Tel est l'ordre admirable de la nature(1). »

L'acide carbonique est constamment présent dans l'air atmosphérique ; et l'eau de chaux se trouble toujours lorsqu'on la met en contact avec l'air. Sa proportion varie un peu, entre 4 et 6 dix millièmes en volume. Elle augmente dans les lieux habités ; elle est plus grande dans l'atmosphère des villes ; elle est plus forte la nuit que le jour, à cause de la respiration diurne des plantes qui en exhale. Elle diminue à la surface des lacs, de la mer, et après la pluie.

Une partie de l'acide carbonique atmosphérique échappe à la circulation végétale ; elle se dissout dans les eaux et est ensuite fixée par certains animaux dans les coquilles sous forme de carbonates, qui plus tard se déposent au fond des océans et constituent des roches nouvelles.

(1) *Wurtz*, in Traité de chimie médicale.

Impuretés de l'air. — On rencontre encore dans l'air un certain nombre d'autres substances, en quantité très petite, dont la présence est le résultat des actions chimiques qui s'exercent à la surface de la terre ou dans son sein.

. L'ozone y a été caractérisé par *Houzeau;* nous avons vu (p. 201) le rôle hygiénique qui est attribué à l'ozone atmosphérique.

L'ammoniaque y existe constamment à l'état de carbonate, de nitrate, de nitrite. Sa proportion a été déterminée par *Boussingault, Georges Ville, Schlœsing;* elle est d'environ 22 billionièmes en poids.

Certains carbures d'hydrogène, en particulier le gaz des marais, s'y trouvent également.

Auprès des endroits habités, l'acide sulfhydrique ne manque jamais, et c'est à sa présence qu'il faut attribuer le noircissement des objets en argent ou en plomb, le noircissement des peintures à la céruse, le jaunissement des papiers chargés en sel de plomb.

L'acide sulfureux se rencontre dans l'air des grandes cités industrielles. Le séjour dans certaines villes est, par suite de sa présence, nuisible aux organes des chanteurs, et il occasionne nombre d'extinctions de voix dans les écoles de jeunes filles.

L'air renferme des myriades de poussières ténues, soit minérales, soit organiques, que le plus petit rayon de lumière nous fait voir toujours en mouvement.

D'après *Miquel,* les poussières minérales sont excessivement abondantes en tout temps dans l'intérieur des habitations; les spores cryptogamiques âgées sont très fréquentes; les jeunes sont très rares.

Les poussières minérales sont principalement formées de chlorure de sodium, de sulfate de sodium caractérisé par *Gernez,* etc.

Les poussières organiques consistent en débris végétaux, en miasmes, en odeurs, en microorganismes végétaux ou animaux.

L'existence de germes organisés végétaux ou animaux dans l'air atmosphérique a été démontrée par les expériences de *Pouchet* et de *Pasteur,* et celui-ci a montré, en 1862, qu'ils sont la cause des phénomènes de fermentation, de putréfaction et de moisissures. L'air renferme deux espèces de corpuscules organisés : des spores ou moisissures, qui sont aérobies, et des bactéries, qui sont anaérobies. Parmi les dernières, il existe certainement dans l'air des germes pathogènes, capables de transmettre certaines maladies, telles que le microbe de la tuberculose. C'est pourquoi les hygiénistes recommandent de ne jamais laisser les crachats des tuberculeux se dessécher, car leur poussière risque de transmettre ce mal affreux ; il faut les détruire par le feu ou les antiseptiser énergiquement.

Les expériences de *Pasteur* sur les microorganismes de l'air ont démontré le non-fondé de la fameuse théorie de la génération spontanée ; et elles ont eu les conséquences les plus grandes. Nous les étudierons à propos des ferments et des fermentations. Nous nous bornerons à rappeler ici le fait constaté par *Pasteur,* que l'air renferme d'autant moins de germes organisés que l'on est dans un lieu plus élevé.

Propriétés de l'air atmosphérique. — L'air est donc un mélange d'oxygène et d'azote, avec un peu d'argon : .

	en poids	en volumes
oxygène	23,2	21,00
azote	75,5	78,06
argon	1,3	0,94
	100,00	100,00

et une quantité, variable, de vapeur d'eau, et à peu près constante, d'acide carbonique. Ce mélange est transparent et incolore sous une petite épaisseur, bleuâtre sous une très grande épaisseur. Sa densité par rapport à l'eau est $\dfrac{1,293}{1000}$, c'est-à-dire $\dfrac{1}{773}$; cette densité est prise pour unité de densité des gaz et des vapeurs. 1 litre d'air, pris à 0° et à 760 millimètres de pression, pèse 1 gramme 2932, *Regnault*. L'air est soluble dans l'eau.

L'air est fort compressible et élastique, comme le sont d'ailleurs tous les gaz.

Les propriétés chimiques de l'air sont les mêmes que celles de l'oxygène (voir p. 183), à la différence seule qu'elles sont moins intenses. L'oxygène de l'air est comme dilué dans l'azote, ainsi que le vin dans l'eau.

L'air agit en outre par son azote qui intervient directement dans la végétation, *G. Ville*, 1849-1853 ; *Berthelot*, 1873-1886. Il agit par sa vapeur d'eau, par son acide carbonique, par ses germes organisés. Sa vapeur d'eau est indispensable à la vie organique, qu'elle se manifeste chez les plantes ou chez les animaux. Son acide carbonique sert à la nutrition des végétaux. Ses germes organisés sont l'origine des fermentations, et par conséquent de la décomposition des matières organiques.

Air liquide. — L'air a été liquéfié par *Cailletet*, 1877, puis par *Wroblewski*, 1894. Il bout à partir de — 192°.

L'air liquide a déjà reçu plusieurs emplois, et la facilité de sa fabrication au moyen des machines *Linde* lui prépare un avenir prochain.

Ces machines donnent 400 à 500 centimètres cubes d'air à 50 pour 100 d'oxygène par cheval-heure.

L'une des principales applications industrielles de l'air liquide est l'extraction de l'oxygène. L'azote est plus volatil que l'oxygène, et il se dégage le premier de l'air liquide, qui est un simple mélange ; il reste alors l'oxygène seul.

Nous avons déjà vu, p. 180, comment on peut utiliser l'ébullition de l'air liquide pour obtenir de l'oxygène, ou tout au moins de l'air très riche en oxygène.

On l'a proposé pour combattre la température élevée des mines profondes, et pour augmenter leur teneur trop faible en oxygène.

Pour conserver l'air liquide, on se sert de récipients aussi imperméables que possible à la chaleur. Dans ce but, les récipients sont formés de deux vases concentriques, et l'on fait dans l'intervalle le vide complet. On emploie aussi des vases en verre argenté dont le pouvoir émissif et l'absorbant sont très faibles. On y conserve l'air liquide pendant deux semaines.

L'air liquide ne brûle pas la peau, lorsqu'on le verse sur elle, parce qu'il prend l'état sphéroïdal. Si la peau se mouille, il se produit une brûlure, mais une brûlure superficielle, parce qu'il se produit une couche protectrice de glace.

Le refroidissement dû à l'évaporation de l'air liquide pourrait servir en frigothérapie, cette méthode récente de thérapeutique qui a pour objet de soumettre l'organisme à une perte momentanée de son calorique afin de le forcer à une stimulation de l'organisme général et des échanges nutritifs.

On l'a conseillé aussi pour guérir l'érysipèle et le cancer.

En industrie, on l'utilise pour obtenir des combustions vives ; on fond ainsi l'acier dans le vide, ce qui évite les soufflures.

L'air liquide donne 800 fois son volume de gaz. Il possède donc un pouvoir moteur très grand, que *Tripler*, en Amérique, utilise dans des machines spéciales. On prône aussi son emploi comme source de force de projection ; il est certain qu'avec lui, on éviterait l'échauffement des canons et des culasses, puisque son retour à l'état gazeux s'opère avec un refroidissement intense.

Un mélange d'air liquide et de charbon pulvérisé possède un pouvoir explosif comparable à celui de la dynamite, et son explosion se fait naître de la même façon. Pour préparer la cartouche explosive, on mélange l'air liquide à du charbon de bois pulvérisé, on ajoute le tiers du poids de coton, on dispose le mélange dans une cartouche de papier que l'on place dans le trou de mine. L'explosif ne conserve ses propriétés intégrales qu'une dizaine de minutes, il présente donc une grande sécurité de ce fait, puisque, si la cartouche rate, il n'y a plus d'explosion à craindre. Il est bon marché. Il ne peut pas être dérobé et servir à des attentats criminels. On l'emploie au percement du Simplon.

L'*oxyliquid*, explosif breveté par la Société *Linde*, 1897, est constitué par le mélange d'oxygène liquide avec des substances combustibles comme le soufre, le charbon de bois, le pétrole. La poudre de charbon a été reconnue meilleure que les autres ingrédients ; la ouate, qu'on ajoute, a pour but d'empêcher une partie du liquide d'être projetée au début de l'explosion. Les cartouches sont faites à l'avance avec du papier très épais et chargées de la poudre de charbon et de la ouate. On ne verse l'air ou l'oxygène liquide qu'au moment de les utiliser, par le moyen d'un petit tube en papier qui pénètre jusqu'au fond de la cartouche ; celle-ci est munie d'une capsule de fulminate de mercure pour actionner l'explosion. La cartouche conserve son pouvoir explosif de cinq à quinze minutes ; au bout d'une demi-heure au maximum, elle devient inoffensive par suite de l'évaporation entière de l'air liquide. Ces cartouches coûtent dix fois moins cher que les cartouches de dynamite, à égalité d'effet explosif.

Applications de l'air atmosphérique. — Les applications de l'air découlent essentiellement de la présence soit de l'oxygène, soit de l'azote, soit de l'acide carbonique dans l'atmosphère, ou de sa propriété d'être un fluide compressible.

C'est parce que l'air renferme de l'oxygène qu'il est le principe de la respiration animale. C'est parce qu'il renferme de l'acide carbonique et de l'azote qu'il est le principe de la respiration et de la nutrition des végétaux. C'est parce qu'il représente un fluide éminemment compressible qu'il a pu être utilisé comme source de force motrice.

.

Respiration des animaux. — C'est à *Lavoisier,* 1777, que l'on doit d'avoir établi avec netteté ce qu'est la respiration des animaux. Ses recherches sur la combustion, qu'il démontra n'être qu'une combinaison du corps combustible avec une partie de l'air, l'amenèrent d'abord, ainsi que nous l'avons vu, à déterminer la composition de l'air, et à définir la combustion : une simple oxydation. Ces recherches l'amenaient bientôt à assimiler la respiration animale à une véritable combustion lente, parce qu'elle donne naissance à une absorption d'oxygène et à un dégagement d'acide carbonique, comme le fait la combustion du carbone dans nos foyers domestiques.

La respiration est donc une combustion lente. Le sang se charge d'oxygène aux dépens de l'air, lors de son passage dans les poumons; ainsi chargé d'oxygène et transformé en sang artériel d'une belle couleur rouge pourpre, il parvient au cœur dont le rôle est de le lancer, par les mille réseaux de plus en plus ténus du système artériel, dans toutes les parties de l'organisme. Là, l'oxygène du sang brûle le carbone de la matière organique, et se transforme en acide carbonique; cette combustion est la source de la chaleur animale. Le sang chargé d'acide carbonique et devenu plus sombre reparcourt l'organisme, mais en sens inverse, et revient aux poumons se débarrasser de son acide carbonique et se charger à nouveau d'oxygène.

Normalement, ce cycle est accompli environ deux à trois fois par minute, avec environ soixante-dix contractions du cœur (130 à la naissance, 60 à la vieillesse). La circulation se fait-elle plus rapidement, on voit tout de suite, d'après ce qui précède, que la combustion sera rendue plus énergique, et par conséquent la température du corps doit s'élever, l'état général devient fébrile.

La chaleur physiologique, qui résulte de cette combustion de carbone dans les tissus animaux, a une conséquence très grande : elle est l'origine du travail musculaire. *Joule* en a émis l'idée, *Meyer* l'a développée, *Hirn* et *Béclard* l'ont démontrée. Quand un animal respirant produit un travail extérieur, la quantité de chaleur dégagée dans l'organisme diminue; la chaleur physiologique décroît donc en proportion du travail musculaire accompli. Quand la main de l'homme soulève un poids, un thermomètre sensible appliqué sur le bras baissé de plusieurs divisions ; il monte au contraire, si elle s'abaisse. Si la main n'est pas chargée, le thermomètre n'accuse aucune variation. Le travail musculaire s'effectue donc aux dépens d'une partie de la chaleur produite dans l'organisme animal. S'il y a excitation de dégagement calorique lors d'un exercice violent ou prolongé, cela tient simplement à ce que, pendant cet exercice, la respiration s'est activée, la quantité d'oxygène absorbée a augmenté ; la chaleur physiologique peut ainsi quintupler, en tant que nombre de calories produites.

Les échanges gazeux, absorption de l'oxygène, exhalation de l'acide carbonique, se font chez les êtres supérieurs au moyen d'organes spéciaux : les poumons. L'ensemble des alvéoles pulmonaires représente, chez l'homme, une surface de 200 mètres carrés, dont les trois quarts sont représentés par des capillaires contenant une nappe mince de sang, dont on évalue le volume à 2 litres (sur un volume total d'environ 6 litres). Nous faisons 13 à 14 inspirations par minute, soit 20 000 en 24 heures, et comme chaque inspiration amène dans les poumons environ un demi-litre d'air (maximum : quatre à cinq litres), nous introduisons dans nos poumons au moins 10 000 litres d'air en 24 heures, et conséquemment 2 000 litres d'oxygène. A l'expiration, le maximum de ce que nous pouvons chasser au dehors des poumons est d'environ 3 litres et demi. Ces différentes données servent à établir la *capacité respiratoire* de chaque personne : on la détermine au moyen de l'instrument spécial nommé le spiromètre.

L'action de l'air s'exerce donc essentiellement dans la respiration par l'oxygène qu'il renferme. Elle dépend de plusieurs facteurs, en particulier de la température, du degré de pureté et de la pression atmosphérique.

La pression de l'air a une influence très grande sur l'acte respiratoire. La diminution de pression est la cause qui rend le temps lourd au moment des orages, et qui amène les accidents connus dans les ascensions de montagnes et dans les ascensions aérostatiques. *Paul Bert* a expliqué le mal des montagnes en ce que la tension de l'oxygène dans le sang se trouve diminuée et qu'il y a une réelle menace d'asphyxie. — L'augmentation de pression amène des accidents non moins graves, bien qu'on puisse, en prenant certaines précautions, travailler dans le scaphandre et dans la cloche à plongeur sous une pression allant jusqu'à 4 à 5 atmosphères. *Regnault* a pu faire vivre des animaux quelque temps dans des atmosphères enrichies en oxygène, mais sous la pression ordinaire. Sous une pression supérieure, *Paul Bert* a démontré que l'oxygène devient un poison convulsif, et mortel à 3 atmosphères et demie.

La pureté de l'air libre a une influence encore plus marquée sur la respiration animale : nous allons en voir les diverses manifestations.

1° La proportion de la vapeur d'eau renfermée dans l'atmosphère, c'est-à-dire l'état hygrométrique de l'air ($\frac{p}{P}$ ou $\frac{f}{F}$), est un facteur non négligeable dans l'évaluation de la salubrité et de l'état sanitaire. Le degré d'humidité ou de sécheresse de l'air exerce une influence très marquée sur la respiration et sur la santé générale.

2° La proportion de l'acide carbonique est en moyenne de 2,9 à 3 pour dix mille volumes. Les variations à l'air libre ne descendent guère au-dessous de 2,5 en plein centre de végétation active, et ne s'élèvent guère au delà de 3,5 en plein Paris. La proportion augmente par les brouillards ; elle a atteint dans ce cas 6,7 à Manchester, ville si industrielle, où la moyenne dans les rues est de 4, *Angus Smith*. Ces variations restent inoffensives à l'air libre.

3° Les éléments gazeux que l'air libre renferme accidentellement sont eux aussi inoffensifs d'ordinaire. Cependant la présence de l'acide sulfhydrique, de l'acide sulfureux, des acides sulfurique et chlorhydrique occasionne de très grands inconvénients, jusqu'à devenir parfois l'objet de réglementations sévères. Les usines qui dégagent ces divers gaz ne peuvent être établies que loin des habitations ; leur influence se manifeste tout autour d'elles, comme on le voit à la végétation souffrante.

4° Les quantités d'ammoniaque, d'acide nitrique, d'hydrocarbures que l'air libre peut renfermer sont trop minimes pour exercer une action sur la respiration.

5° Les poussières inertes, qui existent en particulier dans l'atmosphère des grandes villes, n'ont pas d'influence bien déterminée. La proportion de charbon et de suie atteint pourtant 44 milligrammes par mètre cube dans l'air de *Leeds*, et on évalue au deux centième du combustible total la proportion du charbon que les foyers domestiques et industriels envoient dans l'atmosphère. Le problème de la *fumivorité* est à l'actualité pour les grandes villes. Les principales solutions qu'on lui a proposées se rattachent à une préparation préalable du charbon, à sa transformation en coke ou en gaz, à l'emploi de foyers ou de grilles spéciaux, à une combustion rendue complète par injection d'air chaud dans les gaz brûlés.

6° Il en est autrement des poussières organiques, miasmes ou germes, qui circulent continuellement dans l'air atmosphérique. En dehors des poussières minérales qui sont les plus abondantes (4 à 6 milligrammes par mètre cube), et des poussières organiques de nature inerte, débris cellulosiques, grains d'amidon, etc. (1 à 3 milligrammes par mètre. cube), l'air renferme des myriades de corpuscules organisés, grains de pollen qui vont féconder les végétaux, spores de cryptogames qui développent les moisissures, bactéries ou microbes qui provoquent les fermentations et les maladies. D'après *Miquel*, à l'air libre les poussières minérales sont abondantes l'été par les temps secs et l'hiver en tout temps; les grains de pollen sont fréquents l'été, très rares l'hiver ; les spores cryptogamiques jeunes sont nombreuses l'été en temps humide, rares en temps sec, rares l'hiver en temps humide, nulles en temps sec ; les vieilles sont fréquentes été et hiver en temps sec, rares en temps humide. Les spores cryptogamiques les plus fréquentes sont celles des penicellium et des aspergillus. Leur nombre est plus grand l'été que l'hiver.

par la chaleur que par le froid. Au parc de Montsouris, à Paris, ce nombre est en moyenne de 30 000 par mètre cube, avec maxima de 200 000 et minima de 1 000. Le nombre des bactéries est également plus élevé l'été que l'hiver ; il croît avec la chaleur, et surtout à la chaleur humide. Au parc de Montsouris, à Paris, d'après *P. Miquel*, il a varié de 115 à 170 l'automne, de 115 à 50 l'hiver, de 550 à 75 le printemps, de 135 à 75 l'été, par mètre cube d'air. La sécheresse continue restreint leur nombre ; l'humidité subite produit un résultat analogue, en ce sens qu'une chute de pluie ou de neige balaye l'atmosphère. Le nombre moyen des microbes aériens peut être estimé à 100 par mètre cube, pour l'air de Montsouris, se divisant en micrococcus : 68, bacilles : 23, bactériens : 8, vibrions : 1.

Le nombre des bactéries circulant dans l'air libre semble croître avec l'énergie des maladies épidémiques. Il décroît considérablement à mesure que l'on se transporte à des altitudes plus élevées : le tableau suivant, dû aux recherches de *Miquel*, en fait foi :

Nombre de bactéries trouvées par mètre cube d'air puisé :

Entre 2 000 et 4 000 mètres........................ 0
A 560 mètres, sur le lac de Thoune................. 0 8
      »   au voisinage d'un hôtel.............. 2 5
      »   dans une chambre d'hôtel........... 60
Au parc de Montsouris............................ 760
Dans une rue de Paris (rue de Rivoli)............. 5 500

C'est à ces germes ainsi voyageant dans l'air que l'on doit le développement des diverses fermentations et celui de nombre de maladies.

* *
*

L'air devient particulièrement impur, lorsqu'il n'est pas renouvelé après avoir servi à la respiration d'un plus ou moins grand nombre de personnes. La respiration n'est normale qu'à l'air libre. Dans l'*air confiné*, il n'en est plus ainsi, et l'air devient rapidement impropre à la respiration, par suite de la diminution dans la proportion de l'oxygène, de l'augmentation dans celle de l'acide carbonique, de l'accumulation dans l'atmosphère de résidus pulmonaires véritablement toxiques, ou d'éléments accidentels dangereux : oxyde de carbone, acide sulfhydrique, gaz méthane.

La proportion moyenne de l'oxygène dans l'air est de 20 volumes 96 sur 100 ; c'est le nombre que *Regnault* a trouvé à Paris sur 100 analyses. Le séjour devient mauvais lorsque la proportion est de 20 volumes 5 ; il est difficile lorsqu'elle descend à 17 volumes, comme dans les mines ; la respiration est peu gênée, mais les mineurs trouvent l'air faible, *F. Leblanc*. Avec 10 volumes, soit une diminution de moitié, l'asphyxie se produit, et l'être humain tombe rapidement en syncope. Les phénomènes sont en tout semblables à ceux qui se produisent lorsque la pression de l'air diminue ; raréfaction de l'oxygène, diminution de la pression atmosphérique, ce sont deux causes qui produisent les mêmes effets sur la respiration.

La proportion moyenne de l'acide carbonique dans l'air libre est de 3 dix millièmes en volume. L'air confiné, par contre, se charge rapidement d'acide carbonique, si plusieurs personnes se trouvent dans le local. Voici quelques données extraites des tableaux de *F. Leblanc*, de *A. Smith*, et d'autres expérimentateurs :

	pour 1 000 d'air
Dortoir mansardé d'hôpital..................	8
Salle d'école primaire à Paris................	8 70
Amphithéâtre de chimie à la Sorbonne :	
avant la leçon...................	6 50
après la leçon...................	10 30
Écurie ventilée...........................	2 20
» fermée........................	10 00
Salle de théâtre :	
au parterre.....................	2 30
aux loges élevées................	4 30
Tunnel du Métropolitain de Londres..........	14 25
Mines anglaises...........................	78 5

Ces résultats ne sont pas étonnants, puisque la respiration humaine brûle environ 12 grammes de charbon par heure, et exhale par conséquent 44 grammes d'acide carbonique, soit 22 litres. Aussi l'air des appartements, des écoles, des théâtres, des cafés, de tous les lieux de réunion est toujours chargé en acide carbonique, si on ne le renouvelle pas constamment. Jusqu'à 7 dix millièmes, on peut le regarder comme inoffensif ; au-dessus de 10 dix millièmes, il faut le considérer comme insalubre. Surchargé à 25 pour 100, il n'entretient plus la combustion et devient impropre à la respiration des petits oiseaux ; à 30 pour 100, à celle des mammifères. Une surcharge en acide carbonique est toujours accompagnée d'un abaissement de la tension en oxygène ; il en résulte une respiration amoindrie, et si elle se répète d'une façon prolongée, elle entraîne fatalement l'anémie et la pâleur. Dans une enceinte limitée, la composition de l'air devient rapidement la même en tous les points, par suite des transports dus à la diffusion. L'atmosphère des mines ou des carrières se surcharge parfois d'acide carbonique jusqu'à entraîner l'extinction des lampes et l'impossibilité de vivre. C'est ce qui est arrivé récemment dans une importante ardoisière de la région de Fumay ; on y a obvié en injectant dans toutes les fissures un lait de chaux à 7° Bé.

Les éléments gazeux que l'air confiné renferme accidentellement peuvent nuire à la respiration jusqu'à provoquer l'asphyxie ou l'empoisonnement. C'est le cas avec l'acide sulfhydrique des fosses d'aisances, avec l'oxyde de carbone des poêles mobiles ou des foyers à charbon de bois sans cheminée d'évacuation, avec les hydrocarbures gazeux qui se dégagent dans les mines de houille, avec l'acide carbonique des fours à chaux,

Beaucoup d'industries dégagent des éléments gazeux nuisibles et sont classées pour ce motif au nombre des établissements insalubres(1). Tels sont, en particulier, les fabriques d'acides, d'outremer, de chlorures, de sulfates, de nitrates, de cyanures, de superphosphates, les ateliers d'affinage des métaux précieux ou de dérochage des autres métaux par les acides, les usines de grillage de minerais sulfureux, les fonderies de cuivre et de ses alliages, les ateliers de blanchiment par le chlore ou par l'acide sulfureux, d'épaillage, d'étamage, les salles où fonctionnent des machines à faire le froid par l'ammoniaque ou par l'acide sulfureux, etc.

Les poussières même inertes, d'origine minérale ou organique, ne sont pas sans nuire considérablement aux fonctions respiratoires, dès qu'elles deviennent abondantes. Tel est le cas des ateliers où l'on broie le plâtre, la chaux, les pouzzolanes, les ciments, les matières colorantes, les écorces à tan. A plus forte raison, si la trituration s'exerce sur des composés vénéneux, comme ceux de cuivre, de plomb. L'emploi d'un masque respirateur devient parfois nécessaire (2).

L'air devient particulièrement nuisible lorsqu'il renferme des germes organisés ou des miasmes, susceptibles de pénétrer à l'inspiration dans les voies respiratoires et de provoquer l'infection. Un certain nombre de maladies contagieuses se développent par cette voie, et, pour les éviter, l'on ne peut trop veiller à désinfecter les locaux occupés par les malades, et à empêcher le transport des germes de contagion.

Une cause d'insalubrité de l'air confiné que l'analyse ne décèle pas, mais qui se révèle par une odeur prononcée, c'est l'abondance des résidus miasmatiques rejetés par l'appareil respiratoire. Des faits concluants ont montré leur rôle. Les animaux périssent dans une atmosphère non renouvelée, même si on restitue l'oxygène absorbé et si on élimine l'acide carbonique expiré, *Gavarret*. Au cours des guerres anglaises dans l'Hindoustan, 146 prisonniers ayant été renfermés dans une chambre dont l'air n'était renouvelé que par deux petites fenêtres donnant sur une galerie, 123 d'entre eux moururent empoisonnés en quelques heures par les miasmes respiratoires.

Il est donc indispensable de renouveler fréquemment l'air destiné à la respiration, dans le but multiple de fournir de nouvelles quantités d'oxygène et d'éloigner l'acide carbonique et les exhalaisons produites. La quantité d'oxygène nécessaire à la respiration quotidienne de l'homme est d'environ 850 litres, ce qui équivaut à 10 000 litres d'air. Mais, en tenant compte des diverses causes d'altération de l'air d'un appartement, exha-

---

(1) Voir p. 54 et suiv.

(2) Voir le Compte rendu du concours ouvert en 1894 par l'Association des industriels de France contre les accidents du travail [pour la création d'un bon type de masque respirateur contre les poussières.

laison d'acide carbonique respiratoire, combustion dans les foyers de chaleur et de lumière, on évalue de 6 à 10 mètres cubes d'air par heure le volume d'air nécessaire à chaque personne pour que sa respiration ne soit pas gênée, et à 60 mètres cubes celui qu'on injecte dans les salles d'hôpitaux par heure et par lit. Telles sont les bases qui doivent régler les conditions d'une bonne ventilation dans les locaux habités. La ventilation est trop souvent négligée dans les climats froids, au grand détriment de la santé. Le fait suivant en montre l'importance hors ligne. La mortalité des enfants était devenue énorme à la Maternité de Dublin : 2 944 morts sur 7 650 enfants, en quatre ans. Par l'emploi de ventilateurs convenables, elle fut réduite à 279 pendant l'année.

Les conséquences pratiques de tout ce qui vient d'être dit sur la respiration sont très nombreuses ; elles se dégagent aisément. Fournir de l'air pur à l'être qui respire, voilà le principe qui domine toute l'hygiène de la respiration. Pour cela, ventiler continuellement ; ventiler, même la nuit, surtout la nuit, en évitant bien entendu d'occasionner des refroidissements. Vivre de préférence dans les lieux élevés ; à partir de 2 000 mètres, il n'y a plus de phtisie pulmonaire, cette affreuse maladie qui compte à son passif le cinquième des cas de mort en France. Changer d'air et gagner les lieux élevés, lorsqu'on se trouve atteint par l'anémie, la chlorose, la phtisie, ou dans tous les cas de convalescence. Enfin, détruire les germes de contagion par l'emploi de désinfectants appropriés, solution de permanganate au millième, solution de sulfate de cuivre au deux centième ou au vingtième : en particulier, ne pas laisser se répandre dans l'atmosphère la poussière des crachats de tuberculeux, voilà quelques-uns des développements pratiques du principe posé plus haut.

.•.

Respiration et nutrition des végétaux. — Par son oxygène, l'air est l'agent actif de la respiration des animaux. Par son acide carbonique et son azote, il est également l'agent de la respiration et de la nutrition des végétaux.

.•.

I. — Tandis que les animaux absorbent l'oxygène de l'air pour s'en nourrir et dégagent de l'acide carbonique, les plantes au contraire se nourrissent de l'acide carbonique renfermé dans l'air et dégagent de l'oxygène. L'acide carbonique, rejeté par les animaux, est ainsi repris par les végétaux. Cette grande vérité, l'une des plus belles découvertes de la science, a été conquise au siècle dernier par les efforts de plusieurs observateurs ; elle explique pourquoi la composition de l'air reste constante. *Priestley* le premier, 1777, constata la propriété qu'ont les plantes de purifier l'air. *Bonnet* observa que les feuilles se recouvrent dans l'eau de petites bulles de gaz, que *Priestley* reconnut être de l'oxygène ; *Percival* et *Sennebier* démontrèrent la nécessité de la présence de l'acide carbonique dans l'eau pour que le phénomène se produise. *Th. de Saussure* prouva, par des expériences décisives, que les plantes décomposent l'acide carbonique et fixent le carbone. *Boussingault* a démontré, enfin, qu'outre l'oxygène, les feuilles exhalent de petites quantités d'azote, d'oxyde de carbone et de protocarbure d'hydrogène.

La décomposition de l'acide carbonique par les végétaux s'effectue, sous l'influence de la radiation solaire, par la matière verte ou chlorophylle des plantes ; c'est ce que *Claude Bernard* appelle la fonction chlorophyllienne des végétaux. La chlorophylle décompose l'acide carbonique, et fixe le carbone tout en dégageant de l'oxygène ; elle effectue la synthèse des hydrates de carbone et réalise l'assimilation de celui-ci par la plante. L'intensité des travaux produits par cette fonction dépend de l'intensité de la radiation solaire et de sa nature, de la pression extérieure que possède l'acide carbonique dans l'atmosphère, de la température, de la nature même de la plante. Le rapport entre la somme de l'acide carbonique absorbé et de celui fixé et la somme de l'oxygène émis et de celui fixé est très voisin de l'unité.

En dehors de cette absorption d'acide carbonique atmosphérique, les plantes absorbent encore d'une façon continue et par toutes les portions de leur corps l'oxygène du milieu dans lequel elles poussent. En même temps que la nutrition par l'acide carbonique, il y a donc une véritable respiration végétale, analogue à la respiration animale. L'oxygène ainsi absorbé se fixe, en les oxydant, sur les divers principes constitutifs du protoplasma. La plante émet aussi d'une façon continue et par toutes les portions de son corps de l'acide carbonique, produit par la décomposition des matériaux du protoplasma. L'intensité de cette respiration végétale dépend de la radiation lumineuse, de la température, de l'état hygrométrique de l'air, de la nature de la plante, de son âge, de la qualité de ses membres. Elle est moindre pour les feuilles des plantes grasses ; plus prononcée pour les feuilles persistantes ; maximum pour les feuilles caduques. Le rapport entre le volume de l'oxygène absorbé et celui de l'acide carbonique émis est constant, et se rapproche souvent de l'unité. Mais cette respiration des végétaux est un phénomène d'ordre bien moins important que leur absorption d'acide carbonique.

La nutrition et la respiration des végétaux sont réglées par le principe général que la consommation règle l'absorption et la production règle l'émission.

* *

II. — Les végétaux renferment un poids de carbone égal à la moitié de leur poids sec ; ce carbone provient de l'acide carbonique atmosphérique. Ils renferment de l'oxygène, dont nous venons de voir la source principale. Ils renferment de l'eau, le cinquième du poids sec, le tiers du poids vif, et cette eau qu'ils reçoivent également de l'air atmosphérique, soit directement, soit par la voie indirecte des pluies, est une nouvelle source pour eux de leur oxygène, et presque la seule source des quelques centièmes d'hydrogène qui entrent dans leur constitution. Enfin, ils renferment 1 à 3 centièmes d'azote ; cet azote, ils le puisent encore dans l'atmosphère.

« Les êtres vivants sont formés par des gaz condensés, tirés de l'atmosphère terrestre : oxygène, azote, hydrogène et composés du carbone. C'est (1) l'acide carbonique de l'air qui leur fournit le carbone, élément dominant de toute constitution organique ; fixé d'abord par les végétaux, il passe de là dans les animaux. Quant à l'hydrogène, l'eau, empruntée tant à l'atmosphère qu'au sol terrestre, l'apporte en abondance aux êtres vivants..... L'oxygène, d'autre part, entre dans les organismes vivants sous une triple forme : oxygène libre, oxygène combiné dans l'eau, oxygène combiné dans l'acide carbonique ; dans les trois cas, l'atmosphère en est toujours la source fondamentale.

« Reste l'azote, ce lien des autres éléments, cet ingrédient essentiel des principes immédiats qui concourent à la génération des plantes et des animaux, aussi bien qu'à la reproduction incessante de leurs tissus et au développement de leurs énergies vitales. L'azote ne saurait être fourni que par l'atmosphère..... S'il est vrai que les animaux soient constitués surtout par des principes azotés, il n'est pas moins vrai qu'ils ne les fabriquent pas eux-mêmes de toutes pièces. Les carnivores empruntent l'azote à la chair des herbivores dont ils se nourrissent, et les herbivores à leur tour le prennent aux végétaux. C'est donc à ceux-ci qu'il convient de remonter, pour chercher l'origine première de l'azote des êtres vivants et les mécanismes généraux de sa fixation.... Nulle question n'est donc plus intéressante en agriculture que celle de l'origine de l'azote des végétaux, source eux-mêmes de la formation des tissus animaux.... Comme une portion de leur azote retourne sans cesse à l'état élémentaire, il faut qu'il existe des actions inverses, capables de fixer l'azote libre qui se trouve dans l'atmosphère(2). »

Ces lignes introductives nous serviront à faire pressentir l'importance énorme pour l'agriculture de la question : azote. Pendant longtemps, on a cru que l'azote libre de l'atmosphère ne jouait aucun rôle, ni en végétation, ni en agriculture. Nous savons aujourd'hui qu'il en est tout autrement ; les végétaux puisent dans l'air une faible partie de leur azote sous forme d'acide nitrique et d'ammoniaque, mais ils prennent la plus grande partie sous forme d'azote libre ; et cet élément, considéré depuis *Lavoisier* comme inerte et sans valeur active, est au contraire l'un des agents indispensables à la vie végétale et à la vie animale sur notre terre. Cette vérité, entrevue par *Boussingault* dès 1838, puis méconnue par lui, présentée et défendue avec ardeur par *Georges Ville*, combattue avec non moins d'ardeur par

---

(1) Ainsi que nous l'avons vu en étudiant la respiration des animaux, la respiration et la nutrition des végétaux.

(2) *Berthelot*, in Chimie végétale et agricole, 1899.

les autres chimistes, reprise de nouveau et expliquée par *Berthelot, Hell-riegel* et *Willfarth, Winogradsky, Bréal* et *Prazmowski*, doit être aujourd'hui acceptée par tous. Elle a des conséquences pratiques incalculables, que *Georges Ville* a fait ressortir nettement. En effet, le principal problème de l'agriculture est la déperdition de l'azote. On y obvie par l'emploi d'engrais azotés, qui sont presque tous empruntés aux réserves naturelles du sol, que ces engrais soient des nitrates, ou qu'ils soient des sels ammoniacaux obtenus par la destruction des débris animaux ou par la distillation de la houille. L'agriculture intensive use donc ses réserves. Combien il serait plus intéressant de prendre directement l'engrais azoté à l'atmosphère elle-même, comme on le fait déjà par l'enfouissement de fourrages verts, riches en azote (assolement sidéral de *Georges Ville*).

Résumons les travaux qui ont eu pour objet l'assimilation de l'azote atmosphérique par les végétaux.

La première observation du fait de l'absorption de l'azote par certaines plantes est due à *Priestley*, 1779, et à *Ingenhousz*. Mais *Th. de Saussure* combattit cette opinion, et attribua l'origine de l'azote végétal à l'ammoniaque des engrais et de l'air. *Boussingault*, 1838, expérimentant sur le trèfle et le pois, soutint de nouveau l'idée que l'azote de l'air pouvait s'assimiler aux plantes pendant le cours de la végétation. *Liebig*, 1839-1840, le combattit et adopta l'opinion de *Th. de Saussure*. De nouvelles expériences de *Boussingault*, 1851-1855, lui firent abandonner sa première idée et conclure avec force qu'il n'y avait pas fixation de l'azote; il se rangea à l'opinion de *Th. de Saussure* et de *Liebig*. Ces nouvelles recherches de *Boussingault* avaient été excitées par les travaux de *G. Ville*, commencés en 1849 et poursuivis jusqu'en 1855.

Pour résoudre la question de savoir sous quelle forme les plantes absorbaient l'azote de l'air, *G. Ville* détermina d'abord la quantité d'ammoniaque qu'un volume d'air contient. Puis, il fit passer un volume d'air égal dans l'intérieur d'une cloche, après y avoir enfermé des plantes semées dans du sable calciné. Si les plantes accusent un excédent d'azote (en tenant compte, bien entendu, non seulement de l'azote ammoniacal, mais encore de l'azote des semences et de celui des poussières), on sera bien forcé, dit-il, de le rapporter à l'azote lui-même de l'air, puisque toutes les autres sources auront été exclues. C'est précisément ce qui eut lieu, et c'est ce qui démontre que l'azote de l'air sert directement à la nutrition des plantes.

Les résultats des expériences de *G. Ville* furent les suivants. Dans une atmosphère stagnante, la quantité d'azote d'une récolte ne représente au plus que l'azote des semences. Mais, en opérant le développement des semences dans une cage vitrée où l'air, privé d'ammoniaque, se renouvelle lentement après avoir reçu 2 volumes de gaz acide carbonique pour 98 d'air, le résultat diffère tout à fait du précédent, puisque, dans le premier cas, le poids de la semence est à celui de la récolte séchée comme 1 est à 1,5 ou 3,1, tandis que, dans le second cas, il peut être 1 à 40 et plus.

La proportion d'ammoniaque contenu dans l'air, en moyenne 23 grammes par 1 million de kilos d'air, est incapable de produire les excédents constatés.

Une commission nommée par l'Académie des sciences en 1854 conclut en faveur de la thèse de *G. Ville* contre la thèse contraire soutenue par *Boussingault*.

L'azote de l'air ne demeure donc pas inerte dans les phénomènes de la nutrition végétale. En croyant longtemps le contraire, « on n'avait pas réfléchi suffisamment, dit *Dumas,* à la facilité avec laquelle l'azote dissous contracte au contraire des combinaisons énergiques; on n'avait pas songé non plus aux circonstances qui se présentent dans le pâturage des hautes montagnes, où chaque année on extrait tant d'azote pour l'engrais des bestiaux et la production du laitage, et où néanmoins l'azote ne peut guère parvenir que par l'air atmosphérique lui-même. »

« La faculté d'assimiler l'azote de l'air, dit *G. Ville,* plus particulière à certaines espèces végétales comme les légumineuses, est une loi d'ordre supérieur. Elle a pour fonction de compenser la perte incessante d'azote que la respiration animale fait subir au capital disponible de matières azotées ; elle rétablit l'équilibre troublé par la perte de même nature que la décomposition des matières organiques occasionne : elle est le pivot sur lequel roulent toutes les combinaisons d'assolement, en ce sens que certaines plantes ramènent aux engrais l'azote que d'autres leur ont pris. Entre les végétaux qui, à l'exemple du froment, tirent de préférence l'azote du sol, et ceux qui le puisent dans l'air et sur lesquels les nitrates et les sels ammoniacaux exercent un effet à peu près nul, sinon nuisible, comme il arrive pour le trèfle, il faut placer ceux qui occupent un rang intermédiaire,..... dont la récolte accuse en fin de compte un excédent considérable d'azote..... Tout le secret de la bonne culture consiste donc à faire alterner les plantes qui puisent l'azote dans l'air avec celles qui ont besoin de le trouver dans le sol à l'état de nitre et de sels ammoniacaux, et à réserver pour ces dernières tout ce qu'on peut se procurer de composés azotés. »

Les travaux les plus considérables, qui aient été faits ensuite sur cette question de l'assimilation de l'azote atmosphérique par les végétaux, sont ceux de *Berthelot.* Ils l'amenèrent à élucider le mécanisme de cette fixation, en particulier le rôle de la terre. Les résultats acquis par les expériences effectuées depuis 1883 à la Station d'essais de Meudon sont les suivants.

« Les terrains argileux étudiés (sables argileux du terrain de Paris et kaolins bruts employés dans la fabrication des porcelaines de Sèvres) ont la propriété de fixer lentement l'azote atmosphérique. Cette aptitude est indépendante de la nitrification, aussi bien que de la condensation de l'ammoniaque atmosphérique ; elle est attribuable à l'action de certains organismes vivants. Elle n'est pas manifeste en hiver: mais elle s'exerce surtout pendant la saison d'activité de la végétation. Une température de 100° l'anéantit.... . La terre végétale fixe continuellement l'azote atmosphérique libre; même en dehors de toute végétation supérieure, ou proprement dite..... La fixation de l'azote libre de l'atmosphère s'opère par la terre végétale. La terre et ses microbes sont les intermédiaires principaux de la fixation de l'azote libre..... Cette fixation a lieu sous la forme de composés organiques complexes, composés amidés insolubles lentement décomposables par les acides et par les alcalis et comparables aux corps albuminoïdes et à leurs dérivés, qui paraissent appartenir aux tissus de certains microbes contenus dans le sol, et non sous forme d'ammoniaque ou d'acide azotique. La proportion de l'eau joue un rôle considérable; elle ne doit pas surpasser 12 à 15 pour 100 du poids de la terre, du moins dans un sol exempt de végétaux. La fixation de l'azote par la terre est corrélative de la présence de l'oxygène, aussi bien que la nitrification. La température la plus convenable pour cette fixation est celle de l'été de nos climats..... Il y a une limitation à cette fixation de l'azote par la terre..... Le sol intervient avec le concours de la végétation, celui des racines spécialement, dans l'accumulation de l'azote observée depuis longtemps pendant la culture de certaines légumineuses..... La luzerne a donné les gains d'azote les plus forts de tous... même au delà de 700 kilos par hectare calculé..... jusqu'à 16 fois la dose de l'azote initial..... La fixation de l'azote n'a pas lieu par une oxydation purement chimique de l'acide humique; elle a lieu sous l'influence de microorganismes. Il existe d'ailleurs des microorganismes d'espèces fort diverses, exemptes de chlorophylle, aptes à fixer l'azote : spécialement certaines bactéries du sol. » (1893.)

Winogradsky, 1893, a isolé un bacille qui détermine la fixation de l'azote, même dans des milieux qui en étaient primitivement exempts, en produisant la destruction des principes hydrocarbonés qui lui servent d'aliments.

D'après *Berthelot*, 1876-1877, l'azote libre est absorbé directement à la température ordinaire par les composés organiques sous l'influence de l'effluve électrique, même aux tensions les plus faibles, même sous l'influence de l'électricité atmosphérique normale. Cette absorption engendre des produits azotés condensés, de l'ordre des principes albuminoïdes et des principes humiques..... Est très vraisemblable aussi une action propre de l'électricité atmosphérique pour activer la fixation de l'azote, à la fois sur la terre et dans le cours de la végétation..... L'azote entre aussi en combinaison, dès la température ordinaire, dans le cours d'un grand nombre d'oxydations lentes.

En résumé, dit *Berthelot*, il y a un rapprochement fort remarquable entre les fixations d'oxygène déterminées soit par les réactions chimiques pures, soit par l'électricité, soit enfin par certains microorganismes, et les fixations d'azote déterminées pareillement sous ces trois ordres d'influences..... Les microbes fixateurs d'azote, agissant sous des poids extrêmement petits pour provoquer l'entrée en combinaison progressive de poids d'azote très considérables, opéreraient par un procédé purement chimique, en fabriquant des principes (comparables aux ferments solubles) susceptibles de s'unir d'abord à l'azote de l'air, puis de le transmettre soit aux corps contenus dans la terre végétale, soit aux matières hydrocarbonées, telles que le sucre ou l'acide tartrique, réputées propres à servir d'aliments aux microorganismes.

Hellriegel et *Willfahrt* ont établi également que la fixation de l'azote par les plantes dépend, dans le cas des légumineuses, de l'activité de microorganismes pullulant à la surface du sol, mais particulièrement dans les nodules des racines de ces légumineuses ; ils ont trouvé que celles de ces plantes dont les radicules sont le plus parsemées de nodules à microorganismes ont le moins besoin d'engrais azotés, puisqu'elles peuvent tirer leur provision d'azote de l'atmosphère même par l'intermédiaire de ces microorganismes. *Bréal* et *Prazmowski* ont confirmé le rôle de ces microbes et leur mode de vie par symbiose.

Leur action n'est d'ailleurs pas la seule qui permette aux plantes de s'approprier l'azote gazeux. Certaines plantes absorbent l'azote sans le concours des microbes. Les résultats acquis par *Berthelot* montrent d'ailleurs que les moyens de fixer l'azote sont multiples.

⁎

Ainsi l'azote de l'air n'est pas dans l'atmosphère une substance passive ne servant qu'à diluer l'oxygène, dans le but de modérer son action oxydante et son rôle dans la respiration. C'est un corps actif, nécessaire, comme l'acide carbonique, à la nutrition des végétaux, et par conséquent indispensable pour assurer le développement du monde animal qui dépend du monde végétal.

Si l'on se place au point de vue plus spécial de la culture du sol, l'on peut dire aujourd'hui, avec *G. Ville,* que l'une des premières conditions, l'un des secrets d'une bonne culture est de tirer de l'air le plus d'azote possible, puisque l'air le fournit sans frais. De ce que les légumineuses, comme le trèfle, puisent de préférence l'azote dans l'air atmosphérique à l'état gazeux, on peut utiliser cette propriété pour enrichir le sol en azote par l'enfouissement en vert de légumineuses développées. Les plantes, telles que les céréales, qui ont besoin de recevoir l'azote par le moyen des engrais, sont mises ainsi indirectement en possession de l'azote atmosphérique.

Si les réserves naturelles en nitrates et en produits ammoniacaux venaient à être épuisées, il n'y aurait guère plus d'autre moyen que celui-là pour le leur procurer, à moins que l'avenir ne réserve la solution de cet intéressant problème : la transformation industrielle de l'azote atmosphérique en acide nitrique.

⁎

Air comprimé. — L'air est un fluide éminemment compressible, comme le sont d'ailleurs tous les gaz. Le briquet à air, les coussins et sacs à air sont fondés sur cette propriété.

C'est principalement comme source de force motrice que l'air comprimé est utilisé. Les nombreuses applications qu'il reçoit journellement dans cet ordre d'idées donnent un intérêt particulier à leur historique. Cédons sur ce sujet la parole à un auteur récent (1).

« L'emploi de l'air comprimé sous sa forme la plus élémentaire, c'est-à-dire dans une cloche renversée et plongée sous l'eau, était connu dès le VI° siècle avant Jésus-Christ. On lit dans Aristote : « On procure aux « plongeurs la faculté de respirer en faisant descendre dans l'eau une cuve « d'airain. Elle ne se remplit pas d'eau et conserve l'air si on l'enfonce en la « maintenant verticale. Mais si on l'incline l'eau y pénètre. » Il est question évidemment dans ce passage d'une cloche à plongeur. — *Ctésibius*, l'inventeur des pompes, découvrit que l'air était compressible, et son disciple *Héron*, d'Alexandrie, mathématicien grec, écrivit un traité sur ce sujet. En 1538, *Charles-Quint* fit descendre devant lui dans le Tage deux Grecs au moyen d'une cloche à plongeur. Depuis, jusqu'à *Papin*, la question ne fit pour ainsi dire aucun progrès. *Papin* proposa l'emploi de l'air comprimé pour la mise en mouvement des machines. En 1726, dans une patente prise en Angleterre, *Rowe* proposa d'élever l'eau par ce moyen à 35 mètres de hauteur. — En 1757, *Wilkinson*, dans une patente anglaise, indique l'emploi de l'air comprimé pour souffler les fourneaux avec une série de récipients et une colonne d'eau pour opérer la compression. En 1810, *Brunel* propose une sorte de mouvement perpétuel basé sur l'emploi de l'air comprimé. En 1824, *Vallance* inventa le chemin atmosphérique. En 1838, *Bompas,* dans une spécification provisoire, anglaise, prétend faire mouvoir les locomotives par l'air comprimé, et, la même année, l'éminent ingénieur dont le nom est attaché au percement du Gothard, *M. Colladon*, propose à *Brunel* d'employer l'air comprimé dans le tunnel sous la Tamise. — En 1829, *Mann* indique la possibilité de faire marcher les machines fixes et locomotives par de l'air comprimé dans une série de pompes de diamètres successivement réduits pour aller jusqu'à 64 atmosphères. Il est à noter que c'est là l'origine du système de compression successive ou à étagement. En 1836, apparaît le réservoir ajouté aux appareils de compression, et, en 1841, *von Rathen* propose de nouveau l'emploi de l'air comprimé pour faire marcher les locomotives. En 1844, *Caligny* emploie le bélier hydraulique pour la compression de l'air, et, la même année, *Parsey* patente l'application de l'air comprimé à la mise en mouvement des voitures. En 1847, *von Rathen* introduit l'emploi de l'eau pour absorber la chaleur développée par la compression. Vers 1850, *Andraud,* qui consacra sa vie pour ainsi dire à la solution du problème des applications de l'air comprimé, essaya sur le chemin de fer de Versailles, rive gauche, une locomotive à air comprimé. L'imperfection des moyens mis en œuvre, et notamment la pression relativement faible à laquelle l'air était employé, fit échouer cette tentative bien que le projet fût sérieuse-

---

(1) *Paul Charpentier*, Appareils à air comprimé in La Grande Encyclopédie.

ment étudié. *Andraud* s'était, en traitant la question, placé à un point de vue très élevé : « Il faut, disait-il, qu'on arrive à ce point, que chacun « puisse avoir des forces en magasin comme on a des chevaux à l'écurie, « pour le travail du lendemain. Il s'établira en lieu convenable des réser-« voirs à poste fixe, où chacun viendra avec son vase vide puiser de la force « moyennant une faible rétribution. La force deviendra marchandise qu'on « fabriquera et que l'on vendra. » Cette manière de voir, qui n'eut pas de suite industrielle il y a trente ans, pourrait bien, dans un avenir prochain, recevoir une solution analogue à celle entrevue par *Andraud*. Nous verrons, en effet, que déjà l'air comprimé transporte pour ainsi dire à domicile les dépêches et l'heure.

« En 1852, *M. Colladon* patente l'application de l'air comprimé à la mise en mouvement des perforatrices pour le percement des tunnels, une des plus importantes applications de cet agent moteur. En 1853, *Sommeiller* invente les compresseurs hydrauliques, ou plutôt l'emploi des grandes masses d'eau en mouvement en actionnant un piston mobile. Vers la même époque, *M. Julienne* imaginait d'appliquer à la compression de l'air le principe de la presse hydraulique ou, suivant l'expression en usage, *le piston d'eau;* il arriva par ce procédé à des pressions beaucoup plus élevées que celles auxquelles *Andraud* s'était arrêté ; il en profita pour faire de nouveaux essais de locomotion avec une voiture mécanique chargée à 20 atmosphères. Ces expériences n'aboutirent à aucune application pratique, ce qu'il faut attribuer moins à l'insuffisance des résultats obtenus qu'à ce que le système ne présentant aucun avantage ni pour les chemins de fer, ni pour les transports sur route de terre, ne pouvait pas attirer l'attention. Il n'en est plus de même aujourd'hui ; l'extension qu'a prise, à l'étranger, puis en France, dans ces dernières années, l'emploi des voies ferrées sur les routes ordinaires, à l'intérieur ou aux abords des villes, a ouvert à la locomotion par l'air comprimé un champ d'application qui semble lui convenir spécialement. En 1853, *Anderson* patente l'injection d'eau froide dans le cylindre des pompes de compression. La même année, *Piatti* propose l'emploi de l'air comprimé pour faire mouvoir les perforatrices du tunnel du mont Cenis, et, l'année suivante, *Parsey* réalise un progrès considérable en mettant les soupapes sur les fonds des cylindres. — En 1861, des perforatrices mues par l'air comprimé fonctionnent au mont Cenis. En 1863, *Stewart et Kershan* font un cylindre horizontal rempli d'eau et relié à deux réservoirs d'air verticaux dans lesquels l'air est comprimé alternativement. En 1864, *Coughlin* reprend la question de la compression par étagement en ajoutant des réservoirs intermédiaires pour régulariser la pression. En 1866, on employa au tunnel de Hoosac des compresseurs à cylindres horizontaux, et, l'année suivante, on leur substitua des pompes verticales. En 1867, *Douve* construisit aux États-Unis un compresseur horizontal à simple effet avec les soupapes d'aspiration dans le piston, et les soupapes de compression occupant toute la surface du fond du cylindre avec des ressorts pour les maintenir. —

En 1869, *Marchant* proposa l'emploi de l'air comprimé avec de l'eau, dans le but de produire de la vapeur et de réchauffer l'air. En 1873, *Sturgeon* produisit un compresseur à grande vitesse avec cylindre à air et à vapeur, un de chaque côté d'un réservoir, avec un arbre coudé et un volant. Les manivelles étaient calées à angle droit pour que le plus grand effet de la vapeur eût lieu au moment de la pression maxima de l'air dans le cylindre de compression. En 1874, *W. Johnston,* de Philadelphie, proposa d'employer une série de cylindres concentriques tournant sur un axe fixe, et ayant leur moitié inférieure pleine d'eau, la surface de l'eau agissant à la façon du piston d'une pompe ; ce système était employé avec étagements des pressions. Tel est l'ensemble des travaux d'où sont sorties les applications actuelles de l'air comprimé. Les inventions qui se sont fait jour depuis ont trait surtout aux perfectionnements apportés dans la construction des compresseurs. »

Quand on comprime de l'air, il y a en même temps production de chaleur : le dégagement de calories est suffisant pour enflammer de l'amadou, du sulfure de carbone, dans le briquet à air. C'est là un exemple probant de la transformation du travail en chaleur. Lorsqu'au contraire, on détend de l'air comprimé, il y a dépense ou absorption de chaleur qui se transforme inversement en travail ; par conséquent, la détente de l'air comprimé entraîne son refroidissement. Cette détente est utilisée pour la production du froid, dans plusieurs systèmes ; c'est ainsi qu'à la Bourse du Commerce de Paris on fabrique de la glace par le moyen d'un échappement d'air froid.

Toute machine à air comprimé renferme deux organismes principaux : l'organisme compresseur ou machine à comprimer l'air, et l'organisme moteur ou machine à air, reliés entre eux par une canalisation plus ou moins longue. Toute machine à air comprimé est d'ailleurs réversible.

Comme le travail effectué en pleine pression n'est qu'une partie du travail total, ainsi que le montre le tableau suivant (1),

Pressions.	Travail en détente.	Travail en pleine pression.	Travail total.
2 atm.	1963	5167	7130
3 »	4474	6882	11356
4 »	6510	7750	14260
5 »	8313	8267	16580
6 »	9867	8608	18475
7 »	11184	8854	20038
8 »	12380	9042	21422

on cherche presque toujours à utiliser la détente, en empêchant l'air de s'échauffer dans le compresseur et de se refroidir dans la machine à air.

1° Compresseurs. — Dans les compresseurs, il se produit nécessaire-

---

(1) Emprunté, ainsi que les suivants, à l'étude citée de *P. Charpentier.*

ment un échauffement de l'air soumis à la compression. Cette production de calories n'augmente que momentanément le volume de l'air, attendu qu'il se refroidit dans son trajet jusqu'à la machine à air ; elle présente l'inconvénient de détruire, avant que la température atteigne 100°, les matières de graissage, ce qui entraîne du grippement et de la fatigue ; aussi cherche-t-on à combattre l'échauffement en injectant de l'eau froide ; on arrive à maintenir la température au-dessous de 80°.

Colladon (br. fr., 1871) opère ce refroidissement sur l'enveloppe de la pompe à air et sur ses différentes pièces, et il l'achève en injectant à l'intérieur une petite quantité d'eau à l'état pulvérulent ; il a pu comprimer l'air jusqu'à la pression élevée de 14 atmosphères sans échauffement notable.

Les principaux compresseurs sont ou à soufflets, comme le soufflet ordinaire, le soufflet à double vent qui donne un courant continu, le soufflet de forges, les pompes Fayol des appareaux de sauvetage, certaines machines soufflantes employées dans les aciéries pour cubilots et fourneaux de fusion ; ou à déplacements d'eau, comme les trompes d'eau des établissements de métallurgie ; ou à pistons métalliques, comme les machines de compression, les pompes à air, la pompe des fusils à vent, les machines soufflantes horizontales ou verticales employées pour les hauts-fourneaux, les fourneaux d'affinage, les cubilots Bessemer ; ou à pistons hydrauliques, comme la fontaine de *Héron,* certaines machines d'épuisement des eaux des mines.

Les tableaux suivants donnent les résultats théoriques lorsqu'on comprime jusqu'à 8 atmosphères 1 mètre cube d'air pris à une température de 20° et à une pression d'une atmosphère. Le premier se rapporte aux compressions effectuées à température constante, et le second aux compressions avec accroissement de température.

I

Pressions.	Volumes.	Travail (kilogrammètres).
1 atm.	1 mètre cube.	»
2 »	0,500	7130
3 »	0,333	11356
4 »	0,250	14260
5 »	0,200	16380
6 »	0,167	18475
7 »	0,143	20038
8 »	0,125	21422

II

Pressions.	Températures.	Volumes.	Travail.
1 atm.	20°	1,000	»
2 »	85,5	0,612	7932

Pressions.	Températures.	Volumes.	Travail.
3 »	130,4	0,459	13360
4 »	165,6	0,374	17737
5 »	195,3	0,320	21209
6 »	220,5	0,281	24310
7 »	243,2	0,252	27048
8 »	263,6	0,229	29518

2° Machines à air. — Dans les machines à air, l'air se détend en effectuant son effort moteur ; il se produit conséquemment un abaissement de température, d'autant plus prononcé que la pression initiale était plus grande et que la détente a été plus forte. Comme l'air renferme toujours de la vapeur d'eau, cette vapeur se condense, parfois même avec génération de neige ou de glace, ce qui entraîne de grands embarras.

On y obvie en empêchant ce refroidissement ; dans ce but, on utilise le plus souvent des cylindres étagés avec réservoir intermédiaire où l'on réchauffe l'air.

On obtient ainsi jusqu'à 20 pour 100 d'augmentation du rendement utile. Au lieu de chauffer l'air comprimé avant de l'introduire dans la machine à air, on peut le réchauffer au cours même de sa détente en injectant dans l'espace où il se détend de la vapeur ou de l'eau chaude pulvérisée.

Les tableaux suivants donnent les résultats théoriques lorsqu'on détend complètement et ramène à 20° 1 mètre cube d'air pris à une pression égale à 5 atmosphères. Le premier se rapporte aux détentes effectuées à température constante de 20°, et le second aux détentes avec abaissement de la température.

I

Pressions.	Détente à température constante. Volumes.
5 atm.	0mc200
4 »	0 250
3 »	0 333
2 »	0 500
1 »	1 000
0,526	

II

Pressions.	Détente avec refroidissement. Températures.	Volumes.
5 atm.	20°	0mc200
4 »	1,60	0 234
3 »	20,40	0 287
2 »	48,70	0 383
1 »	89,50	0 626
0,526	120,80	1 000

Les applications de l'air comprimé sont extrêmement nombreuses. Il est surtout employé à l'état dynamique, comme agent de mouvement ; le plus souvent, dans le but de mettre en mouvement soit des liquides, soit des pistons. C'est l'un des meilleurs intermédiaires pour transporter la force à distance, même à de longues distances ; on peut évaluer à 25 centimes le prix du cheval-heure transmis à 1 kilomètre, lorsque les compresseurs sont actionnés par la vapeur ; ce prix s'abaisse considérablement lorsqu'on dispose de chutes d'eau naturelles. Le transport de la force par l'air comprimé a pour lui des avantages très grands : l'ouverture d'un simple robinet suffit à mettre les machines réceptrices en jeu ; il n'y a aucun dégagement nuisible, au contraire, l'air dégagé contribue à l'aérage des ateliers ; les chances d'explosion sont presque nulles. Aussi la Cie *Victor Popp,* qui s'est établie à Paris en 1879 pour fournir la force motrice aux petits ateliers, a-t-elle rencontré le succès. Également l'emploi de l'air comprimé a facilité dans une proportion très grande le travail dans les mines et le percement des tunnels.

La plus ancienne application de l'air comprimé est la fontaine de *Héron* (120 ans avant notre ère). Le principe de cet appareil se trouve encore appliqué dans certaines machines d'épuisement des mines à étages successifs.

L'élévation des liquides par l'air comprimé est devenue d'un usage journalier dans les fabriques de produits chimiques, les sucreries, les brasseries, les caves à vin, etc. Les appareils combinés dans ce but se rattachent à la classe des monte-liquides ou monte-jus ; ils consistent en de simples réservoirs où le liquide se trouve refoulé par l'action de l'air comprimé dans des tuyaux de distribution. Les réservoirs-élévateurs d'eau à air comprimé sont fort utiles à la campagne, parce qu'ils peuvent se placer en tous endroits, suppriment les réservoirs en élévation et constituent une réserve d'eau sous pression que l'on peut utiliser à tout moment. L'air comprimé sert encore à actionner les éjecteurs, à amorcer les siphons pour transvaser les liquides corrosifs, etc.

C'est pour l'action refoulante qu'il exerce sur le liquide environnant que l'air comprimé est utilisé dans les cloches à plongeur et dans les différentes sortes de caissons de fondations sous l'eau ou en terrains mobiles ou perméables. L'idée première des travaux effectués dans les caissons à air comprimé revient au français *Triger.* Le travail est généralement bien supporté par les ouvriers, à condition de prendre des précautions, en particulier de porter des vêtements de laine et de ne pas passer brusquement de l'extérieur dans l'intérieur à pression élevée, ou inversement. Les ouvriers entrent et sortent en passant par des écluses à air, et ont soin de séjourner quelque temps dans le compartiment intermédiaire. Les ouvriers à tempérament sanguin supportent le moins aisément les travaux dans l'air comprimé.

Comme agent moteur, agissant sur piston, l'air comprimé reçoit de très nombreuses applications pour actionner des machines d'épuisement ou d'extraction ; des locomotives où la chaudière est remplacée par un réservoir d'air comprimé, tel le système *Ribour ;* des tramways, tels les tramways système *Mékarski* en service à Nantes, à Nogent, à Paris ; des perforatrices ; des monte-charges ; des freins à air comprimé, 1869, tel le frein *Westinghouse,* dont l'action, puissante, instantanée, automatique, suffit à arrêter, sans secousse, les trains express en 200 mètres, les omnibus en 100 mètres, et avec secousse dans un espace moitié moindre ; les télégraphes pneumatiques, installés aujourd'hui dans toutes les grandes capitales, et dont le premier essai, réalisé à Londres en 1854, inspira celui de Paris en 1865 ; des systèmes d'horloges pneumatiques, où une seule horloge centrale distribue chaque minute l'heure aux autres horloges ; des aéromoteurs, etc.

Dans toutes ces applications, il est bon d'intercaler un régulateur de vitesse entre le compresseur d'air et la machine utilisatrice. Ce régulateur consiste le plus souvent en un simple réservoir cylindrique avec piston mobile que l'on charge de poids.

L'emploi de l'air comprimé pour actionner les perforatrices est d'une importance toute spéciale ; car grâce à lui, le travail souterrain se fait avec une rapidité et une hygiène meilleures. Aussi tend-on à multiplier dans les mines de houille les haveuses à air comprimé, et le percement des tunnels, depuis une trentaine d'années, n'emploie plus d'autre méthode. Le tunnel du Saint-Gothard a été tout entier percé de cette façon. Elle a l'avantage d'assurer en même temps un aérage suffisant aux besoins des ouvriers, à l'éclairage, à la ventilation, au balayage des gaz résiduaires et des restes d'explosions, tout en facilitant l'enlèvement des déblais, au moyen de locomotives comprimées.

Déjà, lors du percement du mont Cenis, on avait eu recours presque au début à des béliers à air comprimé. Mais leur résistance fut insuffisante. Des compresseurs d'air installés en 1861 permirent d'envoyer, toutes les vingt-quatre heures, dans les deux ateliers de percement 120 000 mètres cubes à la pression de 7 atmosphères, et l'on put porter jusqu'à 1 635 mètres en une seule année, 1870, l'avancement du front de taille. — Mais ce fut le percement du Saint-Gothard qui consacra le plein succès de l'air comprimé. Grâce aux compresseurs système *Colladon,* mis en fonctionnement de 1873 à 1881, on obtint une puissance double avec une dépense d'un tiers et un emplacement des installations réduit au sixième. Le tunnel du mont Cenis, d'une longueur de 12 233 mètres, avait demandé treize ans et demi pour un enlèvement de 700 000 mètres cubes ; le tunnel du Saint-Gothard, d'une longueur de 14 920 mètres, pour un enlèvement de 800 000 mètres cubes, fut achevé en sept ans et demi.

L'air comprimé est encore utilisé en vue de la liquéfaction des gaz, du soufflage des verres, du lancement des projectiles, comme dans les fusils à vent, dont la première idée appartient à *Gutter,* de Nürnberg. 1560, comme dans certains appareils de sauvetage. Des insufflations d'air comprimé, chaud ou froid, jouent un rôle principal dans plusieurs opérations métallurgiques, en particulier le traitement des minerais dans les hauts-fourneaux, l'affinage de la fonte dans les convertisseurs Bessemer. La pression de l'insufflation est d'environ une demi-atmosphère.

Enfin l'air comprimé a été proposé en thérapeutique, 1835-1838, par *Gunod*, de Paris, *Pravaz*, de Lyon, *Tabarié*, de Montpellier. Des bains d'air comprimé de deux heures contribuent à augmenter la capacité thoracique, par suite du refoulement des viscères intestinaux, et par conséquent l'amplitude des mouvements respiratoires. On l'a proposé aussi pour faciliter les inhalations de médicaments.

On l'a proposé encore comme moyen de conservation des substances alimentaires.

*
* *

Air chaud. — Lorsqu'on chauffe de l'air, il se dilate, augmente de volume et diminue de densité. Il tend donc à s'élever, et en même temps à exercer une pression sur les parois qui le contiennent. De plus, son pouvoir dessiccateur et ses propriétés oxydantes sont augmentés dans une proportion très grande.

La diminution de densité de l'air chauffé a reçu une application d'un intérêt passionnant, lorsque les frères *Montgolfier* s'en sont servis pour s'élever dans les airs à l'aide de leur *montgolfière* cubant 800 mètres. Cette ascension aérostatique, la première en date, eut lieu à Annonay le 5 juin 1783. Jacques-Étienne et Joseph-Michel Montgolfier la répétèrent à Versailles, devant la cour, avec une montgolfière cubant 2 000 mètres. Entre temps, comme nous l'avons indiqué p. 112, Charles et Robert avaient fait à Paris une première ascension avec un ballon gonflé à l'hydrogène.

La même diminution de densité de l'air chauffé reçoit une application journalière dans l'explication des faits qui se passent dans le *tirage des cheminées* industrielles et domestiques et dans le fonctionnement des divers *calorifères à air chaud* (1). Parmi ces derniers, nous devons une mention particulière aux appareils industriels en terre réfractaire : appareils *Cowper*, 1857, à briques empilées, appareils *Whitwell* à cloisons-serpentins, fours-gazogènes *Siemens,* où le chauffage se fait méthodiquement par une circulation en sens inverse des gaz chauffant et de l'air froid.

L'augmentation de pression de l'air chauffé a reçu une application importante dans les *moteurs à air chaud.* Ceux-ci conviennent à la petite industrie, parce que pour 1 ou 2 chevaux de force ils offrent une grande facilité de mise en marche, sous un faible poids, avec un emplacement restreint, et sans crainte d'accidents. Mais ils ont contre eux la perte de chaleur qui se produit fatalement lorsqu'on ramène le volume dilaté au volume primitif, et l'attaque rapide des surfaces métalliques par l'air chauffé à partir

(1) Depuis les hypocaustes des Romains, les kangs des Chinois, les calorifères russes, jusqu'aux calorifères récents, à circulation d'air pur ou d'air brûlé dans des tuyaux de chauffage.

de 250°. Comme le coefficient de dilatation de l'air est d'environ $\frac{1}{273}$ ou 0,00367 d'après *Regnault* (*Gay-Lussac* avait trouvé d'abord 0,00375), il en résulte que l'air chauffé à 273° occupe un volume double, ou, si l'on s'oppose à l'accroissement de volume, il possède une pression double. L'on voit donc que les moteurs à air chaud ne semblent pas appelés à un grand avenir pour les grandes puissances, parce que celles-ci nécessiteraient des machines exceptionnellement vastes; mais pour les petites puissances, leur principe séduit a priori, puisqu'il dispense de toute la dépense de chaleur nécessaire pour transformer les liquides en vapeurs dans les moteurs à vapeur. Quant à la perte de chaleur due à la phase des opérations ayant pour but de ramener l'air au volume primitif, on peut la compenser au moyen des régénérateurs de *Stirling,* qui consistent en un système de toiles métalliques ou de plaques métalliques perforées, à travers lesquelles on fait d'abord passer l'air ayant servi, puis l'air nouveau introduit dans la machine; ces régénérateurs ne sont donc que des récupérateurs de chaleur. On peut d'ailleurs utiliser l'air chaud d'échappement pour le chauffage. L'idée première des machines à air chaud appartient aux frères *Montgolfier* avec leur bélier à feu. Mais la première machine est celle de *Stirling,* (br. angl., 1827), perfectionnée par *Ericsson* (br. angl., 1833). Citons encore les machines *Pascal* 1855, *Wilcox* 1860, *Belou* 1860, *Burdin et Bourget, Laubereau, Rider, J. Hock.*

L'augmentation du pouvoir dessiccateur de l'air chauffé reçoit une application journalière dans les différents procédés de *séchage à air chaud.*

Le séchage n'est pas autre chose qu'une évaporation effectuée dans des conditions spéciales. Or la vitesse d'évaporation, et par conséquent la vitesse de séchage dépend, entre autres facteurs, de la surface d'évaporation, du renouvellement de l'air au-dessus de cette surface, de la quantité de vapeur d'eau préexistant dans l'atmosphère, de la température qui accroît le pouvoir de sèche de l'air, de la direction du vent, etc. Suivant les observations de Montsouris, la valeur moyenne d'une journée d'évaporation est de 3 millimètres 66 pour avril, 3 mm. 90 pour mai, 4 mm. 03 pour juin, 3 mm. 90 pour juillet, 3 mm. 58 pour août, 2 mm. 50 pour septembre, 1 mm. 58 pour octobre. A Montsouris, le pouvoir desséchant des différents vents est indiqué par le tableau suivant pour les différentes saisons :

	Pouvoir desséchant le plus grand.	Pouvoir desséchant le moindre.
Hiver.............	NO à SO	E à S (1)
Printemps.........	N à E	NO à SO
Été..............	N à E (2)	O à S
Automne.........	N à NE	E à S

(1) Minimum de la période 1873 à 1888 : 0 mm. 80 par un vent de SE.

(2) Maximum : 5 mm. 47 par un vent de NE.

Le mode de séchage le plus simple est le séchage à l'air libre. Mais il exige un espace suffisant, et il dépend de facteurs essentiellement variables, comme le sont l'humidité de l'air, sa température, son état d'agitation; il devient tout à fait insuffisant en temps humide. L'intérêt que les industriels ont à pouvoir sécher en tout temps les a amenés à adopter généralement des moyens de séchage artificiel plus rapides(1).

Le moyen le plus simple à première vue pour augmenter l'effet utile de l'air consiste à activer par une ventilation sagement ménagée le passage de l'air à travers le séchoir. Faire passer un volume d'air deux fois, trois fois plus grand, revient à doubler, à tripler son pouvoir dessiccateur; si l'air stationne, au contraire, il se sature rapidement d'humidité et son action est nulle. Le moyen reste inefficace par les jours fort humides.

Un second moyen, non encore employé à notre connaissance, mais reposant sur une idée ingénieuse, consisterait à enlever à l'air, avant son entrée dans le séchoir, la plus grande partie de sa vapeur d'eau. Sécher ainsi l'air lui-même reviendrait à augmenter d'autant son pouvoir dessiccateur. Il suffirait de faire passer l'air, avant son entrée au séchoir, dans une chambre ou dans une caisse en bois, où on le mettrait en contact avec des substances hygrométriques; puis un ventilateur l'amènerait au séchoir.

Un autre moyen bien autrement pratique consiste à chauffer l'air. La chaleur ainsi ajoutée a pour effet : 1° d'augmenter la capacité de l'air pour l'humidité en reculant son point de saturation, par conséquent d'accroître son pouvoir dessiccateur; 2° de remplacer les quantités de chaleur absorbées par le fait de l'évaporation. C'est le moyen le plus employé. Le chauffage de l'air se fait soit extérieurement, soit dans le séchoir même. Pour chauffer l'air extérieurement, on peut, dans certains cas, se servir avec avantage de la chaleur perdue des foyers. Généralement, on chauffe par l'intermédiaire de la vapeur, circulant dans une série de tuyaux. L'arrivée de l'air échauffé doit être au haut du séchoir, et non pas en bas, ainsi que trop souvent on la dispose à tort. En effet, l'air chaud pèse moins que l'air froid, parce que la chaleur, en dilatant l'air, lui fait occuper un volume plus grand, et par conséquent un même espace contient moins de molécules gazeuses à chaud qu'à froid; donc, l'air chaud tend à s'élever au-dessus de l'air froid. Si l'arrivée de l'air est placée en bas, l'air chaud tendant à gagner le haut par le chemin le plus court, il se produit fatalement un courant d'air très nuisible à la régularité du séchage. La bouche d'arrivée sera mise par conséquent en haut. Mais, par contre, la bouche de sortie doit se trouver en bas du séchoir. Si elle était en haut, ainsi que l'arrivée, l'air sortirait immédiatement sans traverser le séchoir. D'autre part, dans le phénomène de l'évaporation ou du séchage, la vapeur d'eau ne se produit pas toute seule; pour amener la transformation de l'état liquide en état gazeux, il faut un certain travail sous forme de chaleur fournie. Cette chaleur, nécessaire à sa vaporisation, l'eau l'emprunte aux corps voisins, à

(1) *Jules Garçon*, in La Pratique du Teinturier, tom. II, p. 294 et suiv.

l'air ambiant : et si l'air circule assez progressivement, sa perte de chaleur devient sensible ; il se contracte, il s'alourdit, il tombe. Il s'écoule donc naturellement par une sortie placée au bas du séchoir.....

Pour chauffer l'air à l'intérieur des séchoirs, autrefois on se servait de calorifères, mais le chauffage à la vapeur est aujourd'hui presque seul employé. Le séchage le plus économique sera obtenu, en veillant à ce que l'air, au sortir du séchoir, soit le plus saturé possible de vapeur d'eau.

Enfin l'augmentation des propriétés oxydantes de l'air chauffé est appliquée couramment dans les machines à oxyder des ateliers de vaporisage. On doit y rattacher les essais faits pour insuffler de l'air chaud dans les convertisseurs Bessemer ; ces essais, 1874, usine de Settwig-Silésie, n'ont pas été concluants, parce que les appareils se sont trouvés abîmés.

On doit surtout y rattacher le perfectionnement si important introduit dans les hauts-fourneaux par l'insufflation d'air chauffé à 600°-800°. En alimentant les tuyères avec de l'air chauffé au lieu d'air froid, non seulement on évite la dilatation de l'air introduit, mais surtout on produit dans l'ouvrage un foyer de chaleur plus intense, une combustion plus vite, et il en résulte une fusion plus rapide, une réduction du minerai mieux localisée et plus énergique. L'idée en appartient à J. *Neilson* (br. angl., 1828) ; dès 1835, toutes les usines d'Ecosse la mettaient en pratique.

Autres applications de l'air. — En dehors des applications de première ligne, que nous venons de voir avec quelques détails, nous devons encore signaler plusieurs autres applications que reçoit notre *air atmosphérique*.

La régularité de sa dilatation a conduit à l'employer comme matière première de régulateurs de température et de thermomètres à gaz.

D'autre part, les propriétés dynamiques de l'air en mouvement sont utilisées constamment pour la navigation, comme dans les moulins à vent.

Bibliographie. — Consulter les articles : Atmosphère, Respiration dans le Dictionnaire des sciences médicales de *A. Dechambre,* et les articles : Air, Respiration dans le Nouveau Dictionnaire de médecine et de chirurgie pratiques de *Jaccoud ;* ces articles sont accompagnés d'excellentes bibliographies. Consulter aussi l'article : Air dans le Dictionnaire de chimie de *Wurtz,* tome I et 2e supplément, l'article : Air dans La Grande Encyclopédie, p. 1007 à 1055. *Ramsay,* The gases of the atmosphere, the history of their discovery, 1898, in-8, London. *H. de Varigny,* Air and Life, 1896, nr 1071 des Smithsonian miscellaneous collections. *Miquel P.,* Les organismes vivants de l'atmosphère.

EAU

Connaître la nature de l'eau est un problème qui a passionné les intelligences pendant des siècles. L'eau est, en effet, indispensable à la vie sur la terre, presque au même titre que l'air est nécessaire à tout être respirant.

Nous résumerons donc, comme nous l'avons fait pour l'air, les principales recherches qui ont éclairé la nature d'une substance aussi importante. Puis, nous verrons ses propriétés, ses applications, et nous terminerons par l'étude essentiellement pratique des procédés chimiques employés pour la purifier.

Nature de l'eau. — Pendant longtemps, l'eau a été considérée comme un élément. *Van Helmont, Boyle, Borrichuis, Boerhaave, Geoffroi* 1738, *Margraff* crurent qu'on pouvait la convertir en un autre élément : la terre, en la faisant bouillir simplement ; *Le Roy,* 1767, supposa que la terre y préexiste ; *Lavoisier,* 1770, montra que l'eau ne se change pas en terre, mais attaque les parois du vase qui la contient, car ayant fait bouillir de l'eau pendant plus de cent jours dans un pélican, sorte de vase à col recourbé, il trouva que le résidu terreux de l'eau était précisément égal à la perte de poids du pélican.

Cavendish en 1766, *Priestley* en 1774, observèrent les explosions du mélange détonant que forme l'air inflammable (hydrogène) avec l'air ordinaire ou avec l'air déphlogistiqué (oxygène). *Volta,* 1778, annonça que l'hydrogène pour brûler absorbe la moitié de son volume d'oxygène, mais il ne parla pas du résultat obtenu.

Scheele en 1776 semble avoir été le premier à chercher ce qui se produit lorsqu'on brûle l'air inflammable. Il trouva que c'était du calorique, et non de l'acide aérien (acide carbonique).

Macquer et *Sigaud de Lafond,* 1776, en plaçant une soucoupe de porcelaine sur la flamme du gaz inflammable, la trouvèrent « mouillée de gouttelettes assez sensibles d'une liqueur blanche comme de l'eau, et qui nous a paru en effet n'être que de l'eau pure. » Mais *Macquer* ne soupçonna pas l'importance de ce fait et continua à enseigner que l'eau était un élément.

Lavoisier et Bucquet, septembre 1777, vérifièrent que « le résultat de la combustion de l'air inflammable et de l'air atmosphérique n'était pas de l'air fixe » (acide carbonique). *Lavoisier et Gengembre* vérifièrent, hiver 1781-1782, qu'il ne se produisait pas de corps acide.

Priestley, Warltire 1781, constatèrent qu'il se produit de l'humidité. Ce fait fut connu de *Cavendish,* et celui-ci, dans l'été 1781, établit formellement qu'en faisant détoner un mélange d'air inflammable et d'air ordinaire ou d'air déphlogistiqué, on obtient comme résultat de l'eau pure. *Cavendish* ne communiqua ses expériences qu'en 1784. Un autre savant anglais, *Watt*, 1783, mis au courant également des recherches de *Priestley*, arriva au même résultat que *Cavendish*, et trouva que l'eau était le résultat de la combustion de l'air inflammable. C'est donc à *Cavendish* et à *Watt* que l'on doit la notion bien établie que l'hydrogène en brûlant produit de l'eau. Mais, imbus tous deux de la théorie du phlogistique, ils ne surent ni l'un ni l'autre en faire jaillir la vérité plus complète.

C'est à *Lavoisier* que revient la gloire d'avoir établi d'une façon décisive tant par voie synthétique que par voie analytique que l'eau est formée d'hydrogène et d'oxygène, et que le poids de l'eau est égal à la somme des poids de l'hydrogène et de l'oxygène qui se sont unis.

Lavoisier avait été très surpris, lors de ses expériences avec *Bucquet* 1777 et avec *Gengemble* 1781, que l'air inflammable, en brûlant, ne donnât ni air fixe (acide carbonique), ni acide vitriolique, ni acide sulfureux. Il résolut de recommencer ces expériences plus en grand, au moyen de deux caisses remplies, l'une d'hydrogène, l'autre d'oxygène. « Ce fut le 24 juin 1783, raconte-t-il, que nous fîmes l'expérience, M. *de Laplace* et moi, en présence de MM. *Le Roi, de Vandermonde,* de plusieurs autres académiciens, et de M. *Blagden*, aujourd'hui secrétaire de la Société Royale de Londres. Ce dernier nous apprit que M. *Cavendish* avait déjà essayé, à Londres, de brûler de l'air inflammable dans des vaisseaux fermés, et qu'il avait obtenu une quantité d'eau très sensible..... Dès les premiers instants, nous vîmes les parois de la cloche s'obscurcir et se couvrir de vapeurs, bientôt elles se rassemblèrent en gouttes..... Cette eau soumise à toutes les épreuves parut aussi pure que l'eau distillée..... Comme l'expérience dont je viens de donner les détails avait acquis beaucoup de publicité, nous en rendîmes compte dès le lendemain 25 à l'Académie, et nous ne balançâmes pas à en conclure que l'eau n'est point une substance simple, et qu'elle est composée poids pour poids d'air inflammable et d'air vital. Nous ignorions alors que M. *Monge* s'occupât du même objet, et nous ne l'apprîmes que quelques jours après, par une lettre qu'il adressa à M. *Vandermonde* et que ce dernier lut à l'Académie ; il y rendait compte d'une expérience du même genre et qui lui a donné un résultat tout semblable. L'appareil de M. *Monge* est extrêmement ingénieux ; il a apporté infiniment de soin à déterminer la pesanteur spécifique des deux airs ; il a opéré sans perte, de sorte que son expérience est beaucoup plus concluante que la nôtre, et ne laisse rien à désirer : le résultat qu'il a obtenu a été de l'eau pure, dont le poids s'est trouvé, à très peu de chose près, égal à celui des deux airs. »

Lavoisier et Meusnier (1) refirent la même expérience dans l'hiver 1783 ; puis, en 1784, ils réalisèrent l'analyse de l'eau en faisant passer de la vapeur d'eau sur du fer chauffé au rouge ou sur du charbon. Ils obtinrent encore les mêmes résultats.

En février 1785, *Lavoisier* et *Meusnier* refirent la synthèse de l'eau, en

_____

(1) Le général Meusnier mourut au siège de Mayence, 1793.

présence d'un grand nombre de savants et d'une Commission déléguée par l'Académie ; ils trouvèrent que l'eau était composée de 85 grains d'oxygène et 15 grains d'hydrogène.

Lefèvre de Gineau répéta l'expérience en 1788 ; il la fit en public, le Journal de Paris l'annonça, et elle dura douze jours. La composition trouvée fut : 84,8 d'oxygène et 15,2 d'hydrogène.

Enfin *Fourcroy et Vauquelin* la répétèrent encore en 1790, et trouvèrent en volumes : 1 d'oxygène et 2,069 d'hydrogène ; en poids : 84,9594 d'oxygène et 15,0400 d'hydrogène. Cette expérience fit cesser les objections que les idées de *Cavendish* et de *Lavoisier* avaient soulevées jusqu'alors ; les 384 grammes 82 d'eau que l'expérience leur fournit sont encore conservés, dit-on, au Muséum d'histoire naturelle.

L'analyse de l'eau par le courant de la pile a été élucidée, après *G. Pearson* 1797, *Nicholson et Carlisle* le 30 avril 1800, *Cruiskhanks*, par le grand savant *Davy*, 1806. Le mémoire de *Davy* fut couronné en 1807 par notre Académie des sciences, bien qu'à ce moment la France et l'Angleterre fussent en pleine guerre.

L'an précédent 1805, *Gay-Lussac et Humbold* avaient réalisé la synthèse eudiométrique de l'eau, et étaient arrivés aux nombres précis de 100 v. d'oxygène et 200 v. d'hydrogène.

La synthèse en poids, dont l'initiative appartient à *Berzélius et Dulong,* 1820 (ils trouvèrent 88,9 parties d'oxygène et 11 parties d'hydrogène), fut effectuée avec une précision remarquable par *Dumas, 1843. Dumas* trouva 88,888 d'oxygène et 11,112 d'hydrogène, c'est-à-dire les nombres eux-mêmes que la théorie indique.

La découverte de la composition de l'eau a été, sans contredit, l'une des plus considérables par les résultats qui en découlèrent. « La découverte de la production de l'eau pendant la combustion du gaz hydrogène, dit le grand chimiste suédois *Berzélius,* appartient en commun à *Priestley* et à *Cavendish,* tandis que la découverte d'après laquelle l'eau est un corps composé, un oxyde d'hydrogène, est due à *Lavoisier.* Il est assez singulier qu'on ait attribué à *Cavendish* tout l'honneur de cette découverte par la raison que plusieurs de ses expériences avaient été connues de *Lavoisier.* Mais il existe entre la part que chacun de ces physiciens a eue à cette découverte, la même différence qu'entre la découverte des circonstances dans lesquelles un corps prend naissance, et la détermination de la composition chimique de ce corps. »

La composition de l'eau se détermine par l'analyse et par la synthèse.

Analyse de l'eau. — L'analyse de l'eau se fait en décomposant l'eau par le fer chauffé au rouge ou par la pile.

1° Décomposition de l'eau par le fer chauffé au rouge.

Lavoisier, qui donna cette méthode et l'expérimenta avec *Meusnier* 1783, mesurait le volume de l'hydrogène produit et en déduisait son poids. Mais la détermination des volumes étant peu précise à cette époque, de même que celle des densités, et la dessiccation des gaz peu perfectionnée, la densité trouvée pour l'hydrogène était trop forte et celle de l'oxygène trop faible. On avait ainsi deux erreurs qui s'additionnaient.

2° Décomposition de l'eau par la pile.

L'électrolyse de l'eau fut réalisée pour la première fois dans le voltamètre le 30 avril 1800 par *Carlisle* et *Nicholson*. Cette électrolyse n'est réalisable qu'en liqueur acide. L'acide sulfurique est décomposé en H^2 qui se rend au pôle négatif, et en SO^3+O qui se rend au pôle positif où SO^3 se recombine avec H^2O. En réalité, c'est l'eau d'hydratation qui est seule décomposée.

Il y a de nombreuses causes d'erreur dues à la production d'eau oxygénée, à la différence de solubilité des deux gaz, à la polarisation des électrodes, et à la difficulté des corrections.

Synthèse de l'eau. — La synthèse de l'eau se fait soit, comme *Lavoisier et Meusnier,* dans un ballon, soit par voie eudiométrique, soit par une méthode dite des poids.

1° *Lavoisier et Meusnier* faisaient arriver dans un ballon rempli d'oxygène un courant d'hydrogène et l'enflammaient au moyen d'étincelles. Ils obtinrent ainsi 5 onces 4 scrupules d'eau, représentant juste la somme des poids de l'hydrogène et de l'oxygène employés. Ils trouvèrent ainsi que l'eau était composée en volumes de 12 parties et en poids de 86,9 d'oxygène, en volumes de 22,9 et en poids de 13,1 d'hydrogène. *Fourcroy,* dans sa célèbre expérience, trouva 85,662 d'oxygène et 14,338 d'hydrogène

2° Synthèse par voie eudiométrique.

L'eudiomètre fut imaginé par *Volta* en 1778. *Gay-Lussac et de Humboldt* s'en servirent en 1805 pour faire la synthèse de l'eau. Ce fut le point de départ des célèbres lois de *Gay-Lussac. Bunsen, Regnault* répétèrent ces expériences.

Si l'on fait passer une étincelle dans un mélange de 100 volumes d'hydrogène et de 100 volumes d'oxygène, il reste 50 volumes d'un gaz absorbable par le phosphore, c'est-à-dire d'oxygène.

L'eau est donc formée de 2 volumes d'hydrogène et de 1 volume d'oxygène condensés en 2 volumes.

De la composition en volumes, on peut déduire celle en poids.

$$
\begin{array}{lllll}
2 \text{ v. H} = 0,0692.2 & 0,1384 & 2 & 1 \\
1 \text{ v. O} \quad 1,1056 & 1,1056 & 16 & 8 \\
\hline
\quad\quad 1,244 = 0,622.2
\end{array}
$$

En effet, p étant le poids de l'unité de volume de l'air, on a :

$$2.0,0692 \text{ p.} + 1,1056 \text{ p.} = \text{x.} \, 0,622 \text{ p.}, \text{ d'où } x = p.$$

Pour avoir la composition centésimale, puisque 1,24 d'eau renferme 0,138 d'hydrogène, on posera la proportion :

$$\frac{1,24}{0,138} = \frac{100}{y} \; ; \; \text{d'où } \begin{array}{l} y = 11,12 \\ x = 88,88 \end{array} \quad \begin{array}{r} 1 \\ 8 \\ \hline 9 \end{array}$$
$$ 100,00$$

Dumas a trouvé expérimentalement les chiffres 11,112 et 88,888 par la méthode suivante.

3° Synthèse en poids.

Cette méthode, indiquée par *Berzélius et Dulong*, fut appliquée en 1843 par *Dumas* dans un travail classique.

Elle consiste à faire passer un courant d'hydrogène sec et pur sur de l'oxyde de cuivre chauffé, puis à recueillir l'eau produite.

L'hydrogène, produit par l'action de l'acide sulfurique sur le zinc, se purifie en passant dans des tubes en U remplis de pierre ponce imprégnée d'azotate de plomb, de sulfate d'argent, de potasse caustique. Il est desséché par de l'acide phosphorique que contiennent deux tubes plongés dans la glace ; et après son passage dans un tube témoin, il arrive dans un ballon A où se trouve l'oxyde de cuivre chauffé par une lampe à l'alcool. L'eau produite est recueillie dans un second ballon B, puis les gaz finissent d'abandonner leur eau en passant dans des tubes C remplis d'acide phosphorique. L'appareil se termine par un petit tube témoin dont l'extrémité débouche dans un vase plein d'eau.

A est pesé vide, mais B et C pleins d'air ; aussi faut-il après l'opération y faire passer un courant d'air sec pour avoir des résultats comparables.

*
* *

La nature de l'eau se trouve ainsi établie formellement, et par l'analyse et par la synthèse. L'eau est une combinaison d'hydrogène et d'oxygène, dans le rapport en volumes de 1 à 2, et en poids de 1 à 9. On trouve le même résultat, soit qu'on analyse l'eau en la décomposant par le fer au rouge ou par un courant électrique, soit qu'on réunisse par synthèse les deux gaz hydrogène et oxygène directement dans un ballon ou dans l'eudiomètre électrique, ou indirectement au moyen de l'oxyde de cuivre. On conclut de ces expériences que la formule de l'eau en équivalents est HO, et celle en volumes H^2O. On présente parfois la dernière sous la forme : $H - O - H$, ou $\genfrac{}{}{0pt}{}{H}{H} \!\! > O$, ou $H - OH$; OH étant le radical hypothétique oxhydryle ou hydroxyle, l'eau devient ainsi de l'hydrure d'oxhydryle.

L'eau se prépare donc par l'union directe de l'hydrogène et de l'oxygène. Elle se produit encore dans la réduction des combinaisons oxygénées par l'hydrogène, et dans l'action des combinaisons hydrogénées sur les combinaisons oxygénées.

Etat naturel de l'eau. — L'eau se rencontre dans la nature partout où se manifestent la vie végétale et la vie animale. Sa présence est, en effet, l'une des conditions indispensables à la vie. L'eau forme environ les huit à neuf dixièmes des organes végétaux jeunes et les trois quarts des organes souples animaux. On a trouvé jusqu'à 95 pour 100 d'eau dans des tiges très jeunes de cactus. Les troncs des grands arbres renferment la moitié de leur poids d'eau au moment de l'abatage. Le corps humain en renferme environ 10 onzièmes de son poids.

Dans la nature, l'eau se rencontre sous ses trois états physiques : état gazeux, dans les vapeurs invisibles qui s'élèvent du sol ou des amas d'eau, et forment ensuite les vésicules des brouillards et des nuages ; état liquide, dans la rosée, dans la pluie, dans les sources, dans les rivières superficielles et les cours d'eau souterrains, dans les lacs et les mers ; état solide, sous forme de neige, de givre, de grêle, de glace.

L'eau naturelle résulte de la condensation des vapeurs d'eau contenues dans l'atmosphère.

Les eaux de pluies ainsi formées sont absorbées en grande partie par le sol, y forment des rivières souterraines et donnent naissance aux sources ; celles-ci, aux différents cours d'eau.

Les eaux de pluies sont très pures, cependant celles des premières ondées renferment des poussières minérales ou organiques, qu'elles enlèvent à l'atmosphère.

Au contraire, les eaux qui courent à la surface du sol ou dans son intérieur : eaux de sources, eaux de puits, eaux de rivières, sont presque toujours chargées d'une quantité décelable de substances minérales qu'elles ont enlevées au sol. Il n'y a que certaines eaux de pays montagneux qui soient tout à fait pures, les autres sont toutes impures. Les eaux qui sortent des terrains de sédiment sont les plus chargées. Les eaux de puits sont habituellement calcaires. Les eaux de rivières sont souvent troubles à cause de l'argile et des organismes végétaux et animaux qu'elles entraînent en suspension.

La proportion de substances minérales contenues dans l'eau d'un fleuve est très variable : le tableau suivant en fait foi.

ANALYSES D'EAUX DE RIVIÈRES (PAR MÈTRE CUBE ET EN GRAMMES) (1).

Fleuves.	Résidu fixe.	Chaux.	Magnésie.	Acide carbonique Combiné.	Libre.
Seine en amont de Paris.........	254,4	73,9	4,8	101,8	16,2
Rhône à Genève...............	182	45,3	2,7	50,8	8,4
Loire à Orléans...............	134,6	19,2	1,7	41,5	1,8
Garonne à Toulouse...........	136,7	25,8	0,9	44,8	17
Doubs	225,1	76,4	9,8	116,2	17,8
Elbe près de Hambourg.........	126,9	27,9	1,1	44,7	

(1) On trouve, en outre, de l'alumine, de l'oxyde de fer, des acides sulfurique, chlorhydrique et silicique combinés, de la potasse et de la soude combinées.

Fleuves.	Résidu fixe.	Chaux.	Magnésie.	Acide carbonique Combiné.	Libre.
Danube près de Vienne	141,4	34,3	7	60,9	
Tamise en amont de Londres	304	76,6	4,4	90,6	0,46
Tamise en aval de Londres.......	399,8	90,5	5,7	123,2	71,6
Rhin à Strasbourg	231,7	58,6	1,4	84,9	7,6
Lys à Tourcoing	449,9	113,2	15,3	124,3	
Forage de Lille	635,2	129	5,1	122,4	

Les substances minérales dissoutes sont habituellement les sulfates, les chlorures et les bicarbonates de chaux et de magnésie.

Les eaux qui n'en renferment qu'une proportion minime sont dites *douces* par comparaison avec celles qui en renferment une plus grande quantité et qui sont dites *dures* ou *crues*.

Les eaux dures se divisent en eaux séléniteuses : celles dont le résidu en sulfate de chaux est supérieur à 6 décigrammes par litre, et en eaux incrustantes ou calcaires : celles qui renferment du carbonate de chaux dissous à la faveur de l'acide carbonique libre. Les eaux incrustantes donnent un dépôt par l'ébullition, et cet effet est dû principalement à la présence du bicarbonate de chaux. Le carbonate de chaux est insoluble dans l'eau, et il ne s'y dissout qu'à la faveur d'un excès d'acide carbonique en se transformant en bicarbonate ; quand on fait bouillir l'eau, on chasse cet excès, le bicarbonate soluble repasse à l'état de carbonate insoluble, et celui-ci se dépose en incrustations sur les parois. C'est le même phénomène qui se produit avec l'eau des sources pétrifiantes, sauf que l'acide carbonique s'y trouve en très grand excès et qu'il s'échappe de lui-même à l'air sans avoir besoin du secours de la chaleur ; la formation des stalactites est due à une cause analogue.

On reconnaît qu'une eau est dure lorsque dans la pratique domestique elle cuit mal les légumes, dissout difficilement le savon et laisse un dépôt d'incrustations par l'ébullition.

On distingue parfois la dureté temporaire et la dureté permanente ; la première, due à la présence des bicarbonates, disparaît par l'ébullition ; la deuxième, à celle des sulfates et des chlorures, n'est pas modifiée par l'ébullition.

Les eaux naturelles se divisent en eaux météoriques : celles qui proviennent de la condensation directe des vapeurs atmosphériques, pluie, rosée, brouillard, et en eaux telluriques : celles qui séjournent ou coulent à la surface de la terre, eaux de sources, de rivières, de puits, de lacs. Les premières ne renferment qu'une petite quantité de substances en dissolution. Les dernières en contiennent une quantité variable ; lorsqu'elles ont dissous dans la terre des substances qui peuvent agir sur l'économie animale, on les désigne sous le nom d'eaux minérales. L'eau de la mer est une sorte d'eau minérale.

Eaux de pluies. — L'eau de la pluie n'est pas absolument pure, car elle entraine avec elle tout ce qu'elle rencontre dans l'air atmosphérique. Elle dissout au passage les gaz de l'atmosphère, azote, oxygène, acide carbonique ; la quantité des gaz dissous dépend de la solubilité de chaque gaz, de sa proportion dans l'air, de la température, de la pression. Toutes choses égales, cette quantité est d'autant plus grande que la température de l'eau de pluie est plus basse et que la pression atmosphérique est plus élevée.

L'eau de pluie, et particulièrement celle des premières ondées, entraîne sur le sol avec elle les matières solides qui flottaient dans l'atmosphère, et dont quelques-unes : chlorures, sulfates, nitrates de sodium, de calcium, d'ammonium, sont dissoutes par la pluie ; d'autres matières : poussières siliceuses et argileuses, suies, débris végétaux et animaux, microorganismes, sont entraînées mécaniquement.

La présence des derniers est cause que l'eau de pluie se corrompt si vite.

Les eaux de neiges, de brouillards, de rosées, de gelées blanches entraînent avec elles les mêmes substances que les eaux de pluies.

La somme des matières solides renfermées dans l'eau de pluie atteint normalement 30 à 36 grammes par mètre cube. La proportion de chlorure de sodium augmente beaucoup dans le voisinage du littoral, par les vents de la mer. *Is. Pierre* a trouvé qu'un hectare de terre peut recevoir dans ces conditions, par an, 59 kilos de chlorures, dont 44 de chlorure de sodium, 23 kilos de sulfates, 26 kilos de chaux.

Les eaux de pluies renferment constamment de l'ammoniaque et de l'acide nitrique. Les premières évaluations quantitatives ont été faites en 1846 à Rothamsted. En 1851, *Barral* dosa l'ammoniaque et l'acide nitrique des pluies recueillies à l'Observatoire de Paris durant quelques mois consécutifs. En 1852, *Boussingault* dosa l'ammoniaque de la pluie recueillie à Liebfrauenberg, en Alsace. De 1853 à 1854, on trouve une série de déterminations faites à Rothamsted. *Isidore Pierre* étudia, en 1851, les pluies de Caen; *Bineau,* en 1852 et 1853, les pluies tombées à Lyon et dans la campagne; *Pouriau,* 1852-1853, les pluies de la Saulsaie (Ain), etc.; *Bobierre,* 1863, les pluies de Nantes; *Robinet,* 1863, les pluies de Paris ; *Martin,* celles de Marseille; *Filhol,* celles de Toulouse, etc. Mais toutes ces recherches ne sont poursuivies que pendant un petit nombre de mois; l'Observatoire de Montsouris, au contraire, a pu accumuler vingt années consécutives de recherches, qui ont fourni des résultats fort instructifs.

La quantité d'ammoniaque contenue dans la pluie varie de 0 milligramme 8 par litre à la campagne jusqu'à 4 milligrammes et plus à la ville. A Montsouris, la moyenne annuelle pour la période 1876 à 1895 a été de 2 milligrammes par litre, et de 1 086 milligrammes par mètre carré de surface mouillée. Cette quantité est très variable : la moyenne annuelle a varié en vingt ans de 1 milligramme 2 en 1879 à 3 milligrammes 2 en 1893. Elle augmente l'hiver ; l'eau de neige contient jusqu'à 17 milligrammes par litre, l'eau de rosée 1 à 6 milligrammes, et l'eau de condensation des brouillards atteint 137 milligrammes 85, *Boussingault*. La dernière bleuit aisément le papier rouge de tournesol.

L'azote nitrique au contraire est en plus grande quantité l'été que l'hiver ; sa proportion devient notable dans les pluies orageuses des pays tropicaux. A Montsouris, la moyenne annuelle pour la période 1876 à 1895 a été de 0 milligramme 7 par litre, et de 394 milligrammes par mètre carré de surface mouillée.

Il résulte des expériences de Montsouris que les pluies amènent annuellement, sur un hectare du parc, un poids d'azote ammoniacal égal à 10 kilos 860 et un poids d'azote nitrique égal à 3 kilos 940, soit un total de 14 kilos 800 d'azote. L'azote total, par hectare, varie de pays à pays, entre 2 kilos et 23 kilos 420 ; la moyenne générale est 11 kilos. Cette moyenne varie d'ailleurs, chaque année, dans le même lieu ; elle a oscillé, à Montsouris, entre 12 kilos en 1880 et 1890 et 20 kilos 500 en 1893. Le poids d'azote total est toujours plus élevé durant la saison froide, à cause de la plus grande quantité d'azote ammoniacal.

Le tableau suivant indique les quantités, en milligrammes, d'azote total trouvées par litre d'eau de pluie dans diverses stations de France et d'étranger :

Stations.	Dates.	Azote total.
Observatoire de Paris	1850	8,1
»	1850	4,6
Liebfrauenberg........................	1850	0,4 (1)
Observatoire de Marseille..............	1850	2,6
Observatoire de Lyon	1850	3,9
»	1850	5,8
Fort La Motte, Lyon...................	1850	1,2
La Saulsaie	1850	2,5 (1)
»	1850	2,6 (1)
Oullins...............................	1850	0,7 (1)
La Saulsaie	1850	4,3
Toulouse (campagne)...................	1850	1,0
Toulouse (ville)......................	1850	3,8 (1)
Observatoire de Nantes................	1860	1,6 (1)
Écluse de Nantes......................	1860	4,9 (1)
École de Grand-Jouan. Novembre........	1860	1,7 (1)
Chémeré. Janvier.....................	1860	1,8 (1)
Montsouris (moyenne de vingt années)....	1876-1895	2,7

(1) Azote ammoniacal seul.

Stations.	Dates.	Hauteur d'eau tombée. mm.	Azote total.	Azote total par hectare. en kilos.
Kuschen	1864-1865	⸳ 296,3	0,70	2,080
»	1865-1866	442,5	0,60	2,800
Insterburg (Allemagne)..	1864-1865	688,75	0,85	6,150
» » ..	1865-1866	594,75	1,25	7,630
Dahme (Allemagne)	1865	427,25	1,72	7,460
Regenwalde (Allemagne).	1864-1865	587,00	2,83	16,900
» » .	1865-1866	482,75	2,36	11,630
» » .	1866-1867	634,25	2,84	18,410
Proskau	1864-1865	445,25	4,94	23,420
Florence (Italie)	1870	913,75	1,61	14,960
» »	1871	1062,00	1,73	11,080
» »	1872	1270,50	1,08	14,010
Vallombrosa	1872	1995,75	0,47	11,630
Rothamsted (Angleterre).	1853-1854	725,4	0,86	6,240
» » .	1855	729,2	1,00	7,290
» » .	1856	680,4	1,30	8,850
Montsouris (moyenne des vingt années 1876-1895).........		546,0	2,70	14,800

Le fait que l'eau de pluie entraîne avec elle de l'ammoniaque et de l'acide nitrique a une importance très grande pour la vie végétale, car la pluie apporte chaque année aux végétaux 6 kilos d'azote par hectare sous cette double forme. Sans doute, cet apport est grandement insuffisant, et nous avons vu que l'azote libre joue un rôle bien plus considérable encore; il se peut d'ailleurs que cet azote libre soit amené dans le sol par la pluie même, au moins en partie.

L'eau de pluie est recueillie avec les plus grands soins dans certaines localités où il pleut rarement, et où il n'y a aucune source. Tout le monde connaît les citernes d'Aden.

Les eaux de pluies sont fournies presque uniquement par les nimbus, nuages sombres très étendus. Une partie de l'eau tombée retourne aussitôt à l'état de vapeur dans l'atmosphère ; une autre partie coule à la surface et va grossir les ruisseaux; la dernière partie s'infiltre dans le sol et donne naissance aux sources, et par conséquent aux ruisseaux, aux rivières, aux fleuves. Ceux-ci se déversent dans leur réservoir commun, la mer, dont le développement recouvre les trois quarts de la surface du globe terrestre.

La chaleur solaire transforme constamment une partie de ces eaux en vapeurs qui retournent dans l'atmosphère, et engendrent à leur tour des nimbus pluvieux. Cette cause générale produit quelques manifestations d'un caractère plus spécial, qui contribuent à alimenter les nuages ; tels sont les courants d'air ascendants au-dessus des îles (et au-dessus de certaines vallées), auxquels il faut attribuer les amas de nuages que les navigateurs observent de loin au-dessus de ces îles. Les nuages pluvieux se produisent encore lorsqu'un vent froid arrive dans un air humide, qu'un vent chaud et humide arrive dans un air froid, que des vents humides viennent frapper le relief d'un continent ou les pics glacés d'une montagne.

La quantité de pluie varie avec la latitude. Elle diminue à mesure que l'on s'éloigne de l'équateur. Un grand nombre de circonstances locales viennent d'ailleurs modifier ce principe, comme le montrent les deux tableaux suivants :

I

	Latitude.	Pluie annuelle en millimètres.
Bombay..............	18°56	2350,0
La Havane............	23°09	2320,7
Madère..............	32°27	757,0
Tunis	41°38	1257,8
Apennin (Sud)........	37° à 43°	930,0
Apennin (Nord).......	45° à 47°	1336,9
Vallée du Rhône......	43° à 47°	781,9
France mér...........	43° à 47°	656,8
Allemagne...........	45° à 54°	678,0
Angleterre	50° à 56°	784,0
Scandinavie..........	55° à 62°	478,0
Bergen..............	60°	2250,0
Russie..............	55° à 60°	403,9

II

	Jours de pluie par an.	Moyenne journalière en millimètres.
Angleterre : Ouest......	159,5	5,9
» : Est........	148,7	4,5
France : Ouest........	139,7	5,4
» : Sud..........	91,2	8,9
Italie : Nord	104,2	9,8
France : Nord	144,9	4,7
Scandinavie	133,2	3,6
Russie	90,9	3,6

Les régions où les moyennes de pluie sont les plus élevées sont aussi celles où l'on observe des pluies exceptionnelles et qui sont le plus exposées aux ravages des inondations. La pluie la plus étonnante a été observée à Gênes le 25 octobre 1822 : 812 millimètres en une seule pluie, plus de ce qui tombe à Paris en une année.

Sous le climat de Paris, d'après les observations faites à Montsouris, il tombe en moyenne 550 à 560 millimètres d'eau par an. Ces pluies se répartissent sur environ 150 jours par an. On recueille un peu moins d'eau à Passy qu'aux Buttes-Chaumont ou qu'en dehors de la ville. La pluie la plus forte à Paris a été celle du 9 septembre 1865, qui, de midi 45 à 3 heures, a donné 51 millimètres 9 d'eau au pluviomètre de l'Observatoire. A Versailles, le 25 juillet 1847, on a recueilli 103 millimètres 5 d'eau en vingt-quatre heures. Des averses aussi violentes sont rares à Paris. On peut estimer, d'après les observations faites depuis un demi-siècle, que le maximum des averses à Paris est 2 millimètres par minute pendant 30 minutes ; ce qui équivaut à 0 mm. 333 par seconde et par hectare. Cependant il se produit parfois des averses de courte durée, 5 à 10 minutes, qui donnent des hauteurs d'eau de 0 mm. 500 par seconde et par hectare. Le temps d'écoulement d'une pluie à l'égout est de trois fois à sept fois celui de la chute. La pluie tombe un peu plus fréquemment l'été dans la soirée et l'hiver dans la matinée. La hauteur d'eau s'élève pendant la saison chaude. La courbe des hauteurs journalières est d'ailleurs très régulière ; elle monte rapidement de février à juin, pour s'abaisser lentement de juin en février, avec un ressaut brusque en octobre qui correspond au maximum absolu. L'allure générale de cette courbe est la même pour la France d'après les observations faites à Montsouris, et pour l'Angleterre d'après celles de *Lawes* et *Gilbert*.

Voici quelques données sur la pluie à Paris (1) :

I. — EXTRÊMES DE PLUIE A PARIS DE 1805 A 1898.

	Années.	Maxima.	Années.	Minima.
Janvier	1881	83,2	1840	0,0
Février	1837	74,1	1887	1,8
Mars	1888	87,7	1854	1,1
Avril	1848	98,0	1893	0,3
Mai	1856	117,5	1880	3,6
Juin	1854	170,7	1870	2,4
Juillet	1829	126,2	1825	1,4
Août	1850	148,1	1861	8,9
Septembre	1840	114,1	1895	0,0
Octobre	1892	149,8	-1809	1,8
Novembre	1872	128,1	1890	5,8
Décembre	1810	104,3	1830	2,3

(1) D'après les indications du pluviomètre de la terrasse de l'Observatoire astronomique jusqu'en 1873 ; d'après celles de Montsouris, ensuite.

II. — MOYENNES MENSUELLES DE PLUIE A PARIS DE 1805 A 1892.

Janvier	42	millimètres	0
Février	37	»	0
Mars	32	»	0
Avril	37	»	0
Mai	43	»	5
Juin	51	»	0
Juillet	55	»	0
Août	56	»	5
Septembre	56	»	0
Octobre	55	»	0
Novembre	52	»	0
Décembre	48	»	0
Total annuel	565	millimètres	0

III. — MOYENNES PÉRIODIQUES PAR MOIS DE PLUIE A PARIS (1).

Observatoire de Paris :

	1805-1838. mm.	1839-1872. mm.
Janvier	32,4	37,9
Février	32,9	26,1
Mars	33,2	32,4
Avril	36,5	39,4
Mai	50,4	48,6
Juin	47,6	52,7
Juillet	47,0	53,7
Août	46,1	48,3
Septembre	48,0	51,4
Octobre	43,1	48,5
Novembre	43,9	42,4
Décembre	39,6	34,0
Moyenne annuelle	500,7	515,4

Observatoire de Montsouris :

		Maximum.	
	1873-1897.	Pluie. mm.	Années.
Janvier	35,6	89,3	1690
Février	30,7	115,3	1711
Mars	38,2	88,0	1781
Avril	40,5	115,3	1712
Mai	40,9	117,5	1856

(1) Les mesures de 1689 à 1805 ont présenté quelques lacunes.

	1873-1897.	Maximum.	
		Pluie. mm.	Années.
Juin	59,7	170,7	1854
Juillet................	54,1	137,3	1713
Août...................	51,0	174,5	1784
Septembre............	49,6	149,0	1696
Octobre	50,9	166,8	1896
Novembre	46,6	128,1	1872
Décembre	47,2	136,8	1740
Moyenne annuelle..	550,7		

IV. — MOYENNES MENSUELLES DU NOMBRE DES JOURS DE PLUIE ET DE LA HAUTEUR MAXIMUM D'EAU RECUEILLIE EN VINGT-QUATRE HEURES, POUR LA PÉRIODE 1873-1893.

	Jours de pluie.	Hauteur maximum de pluie. mm.
Janvier	19	18,5
Février.........	17	19,1
Mars...........	16	19,5
Avril	15	25,8
Mai............	16	42,3
Juin	16	50,0
Juillet	16	22,9
Août..........	15	29,6
Septembre	14	23,8
Octobre........	18	53,9
Novembre......	19	31,3
Décembre......	19	39,5
Année...	200	53,9

V. — INTENSITÉ DE QUELQUES GRANDES PLUIES : MONTSOURIS (PÉRIODE 1873-1893).

	Durée de la pluie. h. m.	Hauteurs de pluie		Produit par seconde et par hectare. m^c.
		observées. mm.	par heure. mm.	
1873. 17 avril	1,30	16,8	11,20	0,0311
1887. 30 juillet......	1,50	22,9	12,49	0,0346
1889. 26 mai	0,25	42,3	101,52	0,2820
» 9 juin........	0,06	9,0	90,00	0,2500
1891. 3 septembre..	0,08	20,7	155,25	0,4312
1892. 13 juillet......	0,25	7,2	17,20	0,0478

Toutes ces données sont fort intéressantes pour l'agriculture. Elle a grand avantage à connaître non seulement la quantité de pluie tombée en un endroit, mais encore le nombre des jours de pluie par saison et par mois pour régler convenablement le genre et le mode des cultures.

La direction du vent a une influence marquée sur la pluie; cette influence dépend de la situation géographique. Les vents humides du sud-ouest amènent la pluie pour la France, parce qu'ils viennent frapper des régions plus froides et en relief. Pour la Chine, au contraire, ce sont les vents de l'est qui entraînent la pluie.

La quantité de pluie tombée en un endroit se mesure au moyen des pluviomètres. Ces mesures sont fort utiles, parce qu'elles permettent aux bureaux météorologiques de prévoir les crues des fleuves et les inondations pour un bassin donné.

Parfois la pluie tombe sans qu'il y ait de nuages. C'est le cas du serein, pluie fine qui arrive par le refroidissement de l'air après le coucher du soleil. D'autres fois la pluie est accompagnée de substances variées, cendres volcaniques, comme lors de l'éruption du Vésuve de 79 qui détruisit les trois villes florissantes de Herculanum, Pompéi, Stabies, établies aux pieds du mont, ou de l'éruption du Krakatoa de 1883 qui fit 30 000 victimes et projeta de toutes parts les débris d'une montagne de 800 mètres; poussières de pollens rouges ou jaunes, et souvent elles causent un grand effroi aux populations.

A la pluie, se rattache la neige, et au serein, la rosée et le givre.

La neige est de la pluie gelée. Elle tombe quand les nimbus se forment dans un air très froid : elle ne tombe d'ailleurs en France que par un froid relativement modéré, puisque les vents très froids sont des vents secs venant de l'est. Les formes cristallines que la neige présente sont d'autant plus régulières qu'elle s'est produite par un air plus calme et plus sec. La neige fond souvent avant d'atteindre la terre, et l'on peut voir le même nuage donner de la pluie en plaine et de la neige sur la montagne voisine. La proportion de neige qui tombe à Paris est le vingtième, à Saint-Pétersbourg le huitième de la quantité d'eau totale. Parfois la neige est rouge, par suite de la présence d'un petit champignon, l'uredo nivealis de *Fr. Bauer,* ou d'une poussière minérale. Le rôle de la neige est extrêmement important ; comme elle est conducteur très mauvais du calorique, elle préserve contre les morsures des froids violents les végétaux qu'elle recouvre.

Sous le climat de Paris, la couche de neige n'atteint ordinairement que de 0 m. 06 à 0 m. 12 ; mais, dans les grands hivers, l'épaisseur peut, comme en décembre 1879, atteindre 0 m. 40. La densité de la neige varie de 0,120 à 0,150; elle est plus grande par les tourmentes ou à la fin d'une longue chute en temps calme. — Il grêle fort peu et le diamètre des grêlons est petit, 10 à 20 millimètres, quelquefois 25, très rarement au-dessus.

La rosée est due à une condensation de la vapeur d'eau atmosphérique qui s'effectue par les nuits calmes et sereines sur la surface extérieure des corps exposés au refroidissement nocturne, lorsque ces corps possèdent un grand pouvoir émissif. Le givre et la gelée blanche sont dus à une rosée survenue lorsque la température est en dessous de 0°.

Le nombre des jours de neige à Montsouris est en moyenne (1888-1895) de 21,8 ; celui des jours de brouillards, 26,4 ; de brumes élevées, 63,4 ; de gelées blanches, 31,1 ; de grêle ou grésil, 13 par an.

Eaux de rivières. — Les eaux de rivières sont généralement plus pures que celles de sources. Elles renferment une proportion d'acide carbonique assez forte, puisque, d'après *Peligot,* 1 litre d'eau de Seine, recueillie en janvier, a laissé dégager à l'ébullition 22 centimètres cubes 6 d'acide carbonique, 21,4 d'azote et 10,1 d'oxygène. A la même époque, 1 litre d'eau de pluie fournissait les quantités respectives de 0,5; 15,1 ; et 7,4. L'eau des régions élevées est d'ailleurs moins aérée. Les rivières qui traversent des villes perdent en oxygène et gagnent en acide carbonique.

Les eaux des rivières et des fleuves sont souvent troubles, surtout à la suite de pluies orageuses. Leur trouble est en rapport avec le volume des eaux coulantes, la rapidité et la longueur du cours, la nature du sol, la violence des pluies. On estime que le Gange charrie ainsi 860 000 mètres cubes par heure, soit le deux centième de son volume ; le Nil, 5 070 mètres cubes, soit le cent vingtième de son volume ; le Rhône, 21 millions de mètres cubes par an, le Danube 60 millions, la Seine un deux millième de son poids. Le rôle que ces limons jouent le long du cours et à l'embouchure des fleuves est fort important.

En dehors des matières insolubles, les eaux de fleuves renferment des matières salines en dissolution. Le poids du résidu par litre se détermine à 100° sur double filtre. Il est de 35 milligrammes pour la Loire à Firminy, 107 pour le Rhône à Lyon, 116 pour la Moselle à Metz, 137 pour la Garonne à Toulouse, 141 pour la Saône à Lyon, 178 pour la Seine avant sa jonction avec la Marne, 180 pour la Marne, 230 pour le Doubs à Besançon, 232 pour le Rhin à Strasbourg, 294 pour l'Escaut à Cambrai, 308 pour la Deûle avant Lille, 397 pour la Tamise à Greenwich, 576 pour le Tibre à Rome.

Les matières salines qui se rencontrent en dissolution dans l'eau des fleuves sont des sels de chaux : bicarbonate, sulfate, et quelquefois azotate, phosphate, chlorure ; des traces de sels alcalins et de sels magnésiens. La proportion de ces matières varie avec l'intensité des pluies, l'époque de la fonte des neiges ; généralement, elle est très faible, et l'eau des rivières et des fleuves est une eau douce.

Les matières organiques, qui s'y rencontrent, corrompent l'eau en se putréfiant et en décomposant les sulfates; elles lui enlèvent de l'oxygène.

Les eaux des rivières, qui traversent les grandes villes ou bien longent des usines, se chargent de matières organiques putrescibles, de microorganismes parfois dangereux, de résidus divers.

* *

Une étude plus complète d'un cours d'eau spécial permettra d'approfondir diverses questions. Nous choisirons le cours de la Seine.

La température des eaux de la Seine est, en moyenne annuelle 12° 2 à 12° 7, de 2° supérieure à celle de l'air. Elle descend à 0° pendant les grands froids ; elle peut atteindre 23° à 25° l'été, rarement 27°. On a coutume de se baigner lorsque la température de l'eau atteint ou dépasse 20° ; ce qui est arrivé 77 fois en 1892, 76 fois en 1893, 46 fois en 1894, 87 fois en 1895. La congélation de la Seine, à Paris, se produit généralement à la suite de deux journées consécutives durant lesquelles la température moyenne de l'air devient inférieure à — 6° ; ces jours étant précédés eux-mêmes d'une période froide, au cours de laquelle le charriage des glaçons serait devenu assez abondant. Les congélations les plus importantes du fleuve, depuis le xviiie siècle (tout en remarquant qu'au cours du grand hiver de 1709 la Seine n'avait pas gelé à Paris), ont été : 1776 ; 1784 ; 1788-89, prise du 26 novembre 88 au 20 janvier 89 ; 1794-95 ; 1798-99, prise du 29 décembre 98 au 19 janvier 99 ; 1803 en janvier ; 1812 en décembre ; 1820 en janvier ; 1821 ; 1823 ; 1829 ; 1830 ; 1838 ; 1840 en décembre ; 1854 en janvier ; 1859, 2 jours en décembre ; 1864-65, 10 jours de décembre à janvier ; 1868, 11 jours en janvier ; 1871, 5 jours en décembre ; 1879-80, 25 jours du 9 décembre 79 au 2 janvier 80 ; 1890-91, charriage abondant pendant 20 jours avec embâcles par endroits ; 1892-93 et 1895.

La plus forte crue de la Seine a été celle du 27 février 1658 qui aurait atteint la cote de 8 m. 87 à l'échelle du Pont de la Tournelle. On signale aussi comme grande crue celle du 17 mars 1876 : 6 m. 69 à l'étiage du Pont d'Austerlitz (altitude du zéro de l'échelle : 26 m. 24). Or, à 2 m. 64, l'eau du fleuve affleure les berges ; à 3 m. 76, elle atteint les caves de Bercy aval et à 4 m. 22 celles amont, et c'est à partir de 6 m. 14 que les crues deviennent désastreuses. A 3 m. 50, les bateaux à voyageurs interrompent leur service ; à 7 m. 50, le niveau du sol de Grenelle est atteint ; à 8 m., celui de la place de l'Hôtel de Ville. La montée de la Seine à Paris (Pont d'Austerlitz) se calcule de plusieurs manières, mais on peut obtenir un résultat approché en prenant le double de la moyenne des montées observées sur les sept rivières suivantes : Yonne à Clamecy, Consin à Avallon, Armançon à Aisy, Marne à Chaumont et à Saint-Dizier, Aire à Vraincourt, Grand-Morin à Pommeuse (près Coulommiers). Cette méthode ne peut s'appliquer que lorsque la Seine est étale ou en hausse.

Les eaux sont descendues en 1719 à 0 m. 14, et la navigation fut totalement interrompue.

Les périodes de crues, celles de sécheresse amènent des changements notables dans la composition moyenne des eaux des rivières, et ces variations sont encore amplifiées si la rivière traverse une ville.

La composition moyenne de l'eau de Seine est donnée par l'analyse suivante (1) :

(1) Extraite de l'Annuaire de l'Observatoire de Montsouris, ainsi qu'un certain nombre de nos renseignements sur les eaux de pluies et sur les eaux de sources.

COMPOSITION MOYENNE DES EAUX DE LA SEINE A IVRY ET A CHAILLOT.

	Ivry.	Chaillot.
	mg.	mg.
Acide carbonique total...........	153,3	164,2
Matière organique en oxygène....	3,4	3,2
Carbonates alcalino - terreux en acide carbonique..............	79,1	82,7
Degré hydrotimétrique total......	18°,4	20,8
»　　　après ébullition.	5,8	5,9
	mg.	mg.
Acide carbonique demi-combiné..	74,6	77,1
Acide sulfurique	11,0	17,2
Acide azotique..................	7,5	7,5
Chlore.................... ...	7,1	7,1
Silice	6,2	7,6
Chaux	101,3	105,4
Magnésie......................	5,0	8,6
Fer et alumine.................	1,1	0,9
Potassium.....................	3,6	4,3
Sodium	5,0	5,2
	222,4	240,9
Résidu sec à 180°......	251,1	270,0
Matière volatile	41,7	»

« Le degré hydrotimétrique va en augmentant sans cesse de Monte-reau : 16° 2, à Mantes : 21° 9. Les poids de la chaux, des carbonates alca-lino-terreux, du chlore suivent la même marche que le degré hydrotimé-trique, et l'on constate, comme pour le degré hydrotimétrique, un minimum relatif à Neuilly et un maximum absolu à Argenteuil.

« La matière organique, peu variable du barrage de Varennes à Corbeil, s'élève brusquement au barrage d'Évry et surtout à Choisy-le-Roi ; il y a là une cause d'infection manifeste qu'on retrouve à chaque analyse et qui est tellement puissante que relativement l'eau est plus pure à sa sortie de Paris. Brusquement, la matière organique, à peu près constante de Suresnes au pont de Saint-Ouen, s'élève et atteint son maximum à Argen-teuil. A Mantes, nous retrouvons à peu près le même poids (3 mg. 0, au lieu de 3 mg. 3) qu'à la sortie de Paris, mais la Seine est loin d'avoir retrouvé la pureté qu'elle possédait avant Corbeil).

« L'oxygène dissous est en assez forte proportion en amont de Corbeil, puis il descend graduellement. La traversée de Paris n'a diminué son poids que de 1 mg. (9 mg., au lieu de 10 mg., à Choisy-le-Roi). L'oxygène diminue sans cesse, sauf à Neuilly, où l'on constate un relèvement qui s'accorde exactement avec le minimum observé pour la matière organique ; puis la baisse s'accentue jusqu'à Bougival. L'oxygène remonte alors, mais lentement, et à Mantes l'eau n'a pas encore repris la proportion qu'elle renfermait au sortir de Paris.

« Le poids de résidu sec à 180° fournit des remarques absolument pareilles ; il s'élève de 209 mg. (Montereau) à 278 mg. (Argenteuil).

« Ces premiers résultats indiquent que la Seine est une eau essentiellement potable.

« La colonne relative à la matière organique doit inspirer des craintes sur la pureté de l'eau de la Seine, puisque le Comité consultatif d'hygiène déclare une eau *suspecte* quand elle contient de 3 mg. à 4 mg. de matière organique par litre, et *mauvaise* quand elle contient plus de 4 mg. De Saint-Ouen à Argenteuil, l'eau de la Seine est *mauvaise,* et, s'il est vrai que la matière organique diminue entre Argenteuil et Poissy, l'eau de la Seine à Poissy et même à Mantes doit être encore tenue pour suspecte.

« Cette pollution de la Seine, qui se manifeste si visiblement à partir du pont de Saint-Ouen, comme il était du reste bien facile de le prévoir (déversement dans la Seine des eaux d'égout), a plusieurs centres secondaires. Tandis que nous trouvons 1 mg. 9 de matière organique en amont de Corbeil, nous trouvons 2 mg. 8 à Évry et 3 mg. 3 à Choisy-le-Roi ; il y a là, nous l'avons dit déjà, car ces résultats sont constatés à chaque prise d'échantillon en Seine, une cause considérable de pollution, telle que la Seine est relativement pure après Paris. Après Paris, la pollution augmente et présente un maximum au barrage de Suresnes.

« Immédiatement après Suresnes, l'eau s'améliore jusqu'à Asnières et, brusquement, est souillée près de Saint-Ouen par le déversement des eaux d'égout. »

Le tableau suivant donne la comparaison de cinq stations établies sur la Seine à

		Ivry.	Pt d'Austerlitz.	Chaillot.	Suresnes.	Argenteuil.
Déduit des analyses de quinzaine.	Degré hydrotimétrique total......	18°,9	19°,4	20°,7	20°,7	22°,4
	» après ébullition.	5,3	5,6	6,0	6,5	8,1
		mg.	mg.	mg.	mg.	mg.
	Matière organique en oxygène...	2,7	2,8	2,5	3,2	4,6
	Carbon^{ates} alcalino-terreux en chaux.	101,0	103,0	108,0	105,0	108,0
	» en acide carbonique.	79,0	81,0	85,0	83,0	85,0
	Résidu sec à 180°...............	247,0	253,0	266,0	272,0	296,0
	Oxygène dissous immédiat.......	10,7	10,6	9,9	8,0	5,8
	» après 48 heures .	9,1	8,6	7,6	4,8	2,2
	» à 100° C.........	15	19	23	40	62
	Acide azotique.................	8,5	8,5	8,1	7,7	6,6
	Chlore.......................	7,0	7,0	7,0	8,0	13,0
	Chaux.......................	101,0	102,0	106,0	108,0	113,0

La teneur des eaux de fleuves en bactéries par centimètre cube est devenue une notion des plus importantes. Pour la Seine, la moyenne annuelle (1895) est indiquée par le tableau suivant pour divers points de son parcours :

Lieux des prélèvements.	Richesse en bactéries par centimètre cube.
Barrage de Varennes............	59 750
Barrage de Champagne..........	44 900
Pont de Melun.................	41 490
Barrage Ducoudray	49 875
Barrage d'Évry................	82 295
Choisy-le-Roi.................	47 200
Pont National................	77 940
Pont Royal...................	158 750
Point-du-Jour................	300 875
Pont de Sèvres...............	123 125
Suresnes.....................	136 875
Neuilly......................	144 125
Asnières.....................	163 125
Saint-Ouen...................	1 016 000
Saint-Denis (rive droite).........	2 418 750
Saint-Denis (rive gauche)........	1 283 000
Epinay (rive droite)............	2 813 300
Epinay (rive gauche)............	1 500 000
Amont de Bezons..............	2 885 250
Bougival.....................	2 060 000
Pont de Conflans	414 875
Pont de l'Oise................	56 875
Meulan-Mézy.................	274 750
Mantes	272 500

« En considérant les moyennes annuelles des tableaux qui précèdent, on voit que l'eau de la Seine, relativement chargée de bactéries au barrage de Varennes, va en se purifiant jusqu'au pont de Melun. L'eau commence à se réinfecter au barrage Ducoudray et surtout au barrage d'Évry, situé en aval de Corbeil. Ensuite, l'eau de la Seine, relativement plus pure à Choisy-le-Roi, se charge de bactéries d'une façon croissante jusqu'à la sortie de Paris. Généralement, après Paris, les bactéries de l'eau de la Seine décroissent jusqu'au pont de Neuilly, puis augmentent considérablement à partir d'Asnières. On sait que c'est après le pont d'Asnieres que se déverse encore en Seine une notable partie des eaux d'égout de la ville de Paris ; aussi, voit-on les eaux du fleuve s'enrichir rapidement en microbes, en montrer plus de 1 000 000 à Saint-Ouen, plus de 2 000 000 à Saint-Denis, près de 3 000 000 à Épinay. La Seine est alors au comble de son infection. Près d'Argenteuil, on compte très souvent une moyenne de 3 à 5 000 000 de bactéries par centimètre cube ; à Bougival, une moyenne de 2 à 3 000 000 et d'un demi-million au pont de Conflans. L'Oise, beaucoup moins chargée de germes que la Seine, apporte à ce point des eaux considérablement plus pures, et l'on remarque que, sous l'influence de cette rivière et aussi des causes de purification qui s'observent dans les eaux courantes, le chiffre des bactéries descend assez bas à Meulan-Mézy et à Mantes.

« Si, maintenant, on considère séparément le résultat des analyses effectuées durant la saison chaude (mai et août), et la saison froide (mars et novembre), de nouveaux faits intéressants viennent frapper les yeux du lecteur.

MOYENNES SAISONNIÈRES DE BACTÉRIES DANS L'EAU DE SEINE.

Saisons.	à Ivry. Année normale.	à Austerlitz. Année normale.	à Chaillot. Année normale.
Hiver.............	99 585	143 595	274 170
Printemps.........	55 680	76 990	161 700
Été..............	29 255	67 450	415 070
Automne,.........	75 135	112 120	231 865
Moyenne annuelle.	64 915	100 040	270 700

« En été, les eaux de la Seine, habituellement assez pures avant leur entrée dans Paris et aussi après le pont de l'Oise à Meulan-Mézy et à Mantes, offrent une impureté excessive à partir de Saint-Ouen jusqu'à Bougival et même jusqu'à Conflans. Cette teneur élevée en bactéries est due à l'action de la température, qui augmente le chiffre des microbes des eaux d'égout, et favorise les fermentations des matières putrides accumulées dans le lit du fleuve par les collecteurs qui s'y déversent depuis de nombreuses années.

« En hiver, au contraire, quand la température est basse, ces fermentations cessent ou sont très peu actives ; et, bien que les eaux du fleuve, par suite des crues, soient plus impures qu'en été à leur entrée à Paris, on voit la teneur des eaux de la Seine en bactéries s'égaliser et offrir des différences beaucoup moins sensibles. Quand on voit l'eau du fleuve présenter à Argenteuil 6 000 000 à 8 000 000 de bactéries par centimètre cube, et seulement 20 à 30 000 à Mantes, on ne peut nier que l'oxygénation, l'action de la lumière et du mouvement ne soient pas des causes puissantes de purification des eaux des fleuves. »

Eaux de sources. — La nature des eaux de sources varie selon le terrain d'où elles proviennent. Celles venant de terrains granitiques renferment à peine quelques silicates, et des traces de chlorures et de carbonates. Celles venant de terrains sédimentaires renferment, mais en plus grande quantité, les substances que nous avons vues être en dissolution dans les eaux de rivières. Celles qui traversent des terrains gypseux, anthraciteux, pyriteux, s'y chargent de sulfate de calcium, de sulfate de fer, etc.

Lorsque les eaux, ainsi minéralisées aux dépens des terrains qu'elles ont traversés, renferment une proportion de carbonate de chaux atteignant 0 gramme 3 par litre, elles sont dites dures ou crues ou incrustantes. Si la proportion de sulfate de calcium atteint 0 gramme 6, elles sont dites séléniteuses.

M. Schlœsing distingue entre les eaux de sources : « les vraies sources, celles qui ne débitent que des eaux parfaitement filtrées et épurées par leur trajet dans le sol ; les fausses sources qui ne sont que des issues par lesquelles réapparaissent au jour des rivières qui se sont perdues, en partie ou en totalité, dans des terrains très perméables, et qui ont gardé plus ou moins leurs souillures, malgré leur voyage souterrain ; les sources suspectes dont les eaux quoique fraîches, limpides et pures en apparence peuvent être mélangées d'eaux de rivières ou de ruissellement venues par quelque voie qui les ont affranchies de l'épuration. »

D'après *M. Schlœsing*, c'est le titre nitrique qui permet de caractériser ces eaux ; la vraie source a un titre qui s'écarte peu de la moyenne.

La population parisienne, après avoir bu pendant de longues années l'eau de la Seine, exige aujourd'hui des eaux de sources, qui sont en effet plus claires et plus fraîches que les eaux de fleuves. Elle reçoit les eaux de trois sources (1). La Vanne, amenée à Paris depuis 1874, est emmagasinée dans de vastes réservoirs à Montsouris et fournit 110 000 mètres cubes par jour. La Dhuis, amenée à Paris depuis 1865, est emmagasinée dans le réservoir de Saint-Fargeau à Ménilmontant et fournit 19 000 mètres cubes par jour. Les eaux de la Vigne et de Verneuil, dites eaux de l'Avre, amenées en 1893 et emmagasinées dans les réservoirs de Saint-Cloud et de Villejust à Passy, fournissent 75 000 mètres cubes par jour. En dehors de ces sources, des prises d'eau situées sur la Seine, la Marne, l'Oise (Choisy-le-Roi, Alfortville, Port-à-l'Anglais, pont de Sèvres, Suresnes, pont de Neuilly, Saint-Denis, — Neuilly-sur-Marne, — Méry-sur-Oise) assurent la consommation des habitants de la banlieue. A Paris, les eaux du canal de l'Ourcq (120 000 m. c.), de la Marne (Saint-Maur, 90 000 m. c.), de la Seine (Ivry), servent aux services publics, et en cas de sécheresse sont reversées dans les canalisations destinées à l'alimentation de la population. Il est intéressant de comparer ces différentes eaux,

1° comme composition chimique (2), que l'on comparera également avec celle de la Seine, donnée p. 254 :

_____

(1) Les eaux de la Vanne et de la Dhuis ont été amenées par *Belgrand*. Celles de l'Avre ont été captées en 1887 et mises en service le 1 avril 1893. On parle d'amener celles du Loing, et même de recourir aux eaux du lac de Neufchâtel.

(2) L'eau étant prise aux réservoirs de Paris, à la bâche d'arrivée.

I

	Vanne.	Dhuis.	Avre.
Degré hydrotimétrique total	20°,4	23°,0	16°,4
» après ébullition.	4,5	6,6	6,1
	mg.	mg.	mg.
Matière organique en oxygène........	0,7	1,1	0,9
Carbonates alcalino-terreux en chaux..	112,0	118,0	82,0
» en acide carbonique.	88,0	92,7	64,0
Résidu sec à 180°	253,0	282,0	232,0
Matière volatile.....................	47,0	56,0	53,0
Oxygène dissous immédiat............	11,0	10,9	11,6
» après 48 heures	9,9	·9,7	9,8
» à 100° C.............	10	11	15
Acide azotique	10,0	11,2	10,8
Chlore.............................	5,0	7,0	12,0
Chaux.............................	112,0	108,0	86,0
	mg.	mg.	mg.
Acide carbonique demi-combiné.......	82,3	87,9	51,0
Acide sulfurique....................	2,8	11,8	5,6
Acide azotique.....................	10,7	11,5	9,8
Chlore.............................	5,4	7,4	12,0
Silice..............................	8,9	11,6	15,4
Chaux.............................	114,7	114,3	83,0
Magnésie...........................	2,1	14,4	4,1
Fer et alumine.....................	0,7	1,2	1,1
Potassium..........................	1,4	1,3	1,9
Sodium............................	4,2	6,5	6,9
Total	232,2	267,9	190,8
Résidu sec à 180°	247,9	283,7	»

I *bis* (MOYENNE DE 9 ANNÉES).

	Sources (Vanne, Avre et Dhuis).	Seine.
Degré hydrotimétrique total	20°,0	19°,7
» après ébullition ..	5,7	5,6
	mg.	mg.
Chaux totale	102,0	103,0
Carbonates alcalino-terreux en chaux....	104,0	104,0
Matière organique	0,9	2,7
Azote nitrique.......................	2,8	2,2
Chlore..............................	8,0	7,0
Oxygène dissous immédiat	11,2	10,4
» après 48 heures........	9,8	8,4
» à 100° C.............	12	19
Résidu sec à 180°.....................	256,0	255,0
Matière volatile......................	52,0	48,0

II

	Ourcq.	Marne.
Degré hydrotimétrique total :	35°,1	23°,6
» après ébullition	12,3	7,0
	mg.	mg.
Matière organique en oxygène.............	2,4	1,7
Carbonates alcalino-terreux en chaux......	152,0	116,0
» en acide carbonique.	119,0	91,0
Résidu à 180°........................	420,0	294,0
Oxygène dissous immédiat...............	10,3	10,6
» après 48 heures	8,6	9,2
» à 100° C................	16	14
Acide azotique	8,5	8,5
Chlore................................	10,0	6,0
Chaux................................	142,0	109,0
	mg.	mg.
Acide carbonique demi-combiné..........	108,8	87,4
Acide sulfurique......................	60,8	21,4
Acide azotique	8,3	8,6
Chlore	11,1	5,8
Silice	11,8	7,3
Chaux................................	143,6	115,1
Magnésie	34,0	13,9
Fer et alumine........................	1,0	1,1
Potassium	1,2	1,8
Sodium...............................	6,7	5,4
Total	387,3	267,8
Résidu à 180°........	412,0	290,1

2° comme richesse en bactéries, en moyennes saisonnières, que l'on comparera à celle de la Seine, figurée dans le tableau p. 257 :

MOYENNES SAISONNIÈRES DE BACTÉRIES PAR CENTIMÈTRE CUBE.

I

Saisons.	Vanne. Réservoir. Année normale.	Dhuis. Réservoir. Année normale.	Avre. Réservoir. Année normale.
Hiver...............	1 840	6 565	3 185
Printemps	940	1 910	1 115
Été.................	720	1 045	1 935
Automne............	940	6 680	1 490
Moyenne annuelle.	1 110	4 050	1 930

II

Saisons.	Eau de l'Ourcq. Année normale.	Eau de la Marne. Année normale.
Hiver....................	127 620	157 860
Printemps	58 530	45 600
Été....................	23 135	22 870
Automne...............	100 480	119 335
Moyenne annuelle.	77 440	86 415

Au point de vue chimique, l'eau de la Seine et les eaux de sources n'offrent pas des différences bien fortes, puisque nous y trouvons même poids de chaux, de carbonates alcalino-terreux, de chlore, de résidu sec, sauf en ce qui concerne la matière organique; on constate, dans les eaux de la Seine, un poids triple de matière organique et un coefficient d'altérabilité plus élevé, 19 au lieu de 12. Les eaux de la Seine sont plus magnésiennes que l'eau de la Vanne, mais beaucoup moins que l'eau de la Dhuis. Au point de vue bactériologique, la différence est énorme.

Eaux de puits. — Les eaux des puits sont ordinairement chargées de matières minérales, habituellement de calcaire. Elles renferment d'autant moins de matières organiques qu'elles se trouvent éloignées des habitations. Leur composition varie avec la saison.

L'eau des puits de Paris est une eau séléniteuse et calcaire, essentiellement crue.

PUITS DE L'ÉCOLE MILITAIRE A PARIS (d'après *Payen et Poinsot*).

Sulfate de chaux.....................	1,3321
» de magnésie..................	0,5314
Carbonate de chaux..................	0,0898
Chlorure de magnésium..............	0,0598
» de sodium..................	0,0944
Acide silicique......................	traces.
Matières organiques.................	traces.
Par litre........	2,1475

L'eau du puits artésien de Grenelle est au contraire la plus pure de toutes celles qui alimentent la ville de Paris. Légèrement ferrugineuse, elle exhale, à son point d'émergence, une très légère odeur sulfureuse, que l'on attribue aux traces d'hyposulfite.

PUITS ARTÉSIEN DE GRENELLE (d'après *Péligot*).

Température	28°
Acide carbonique, environ............	5cc
Azote. environ.....................	17
Oxygène..........................	6

		gr.
Carbonate de chaux		0,0580
» de magnésie		0,0165
» de potasse		0,0206
» ferreux		0,0032
Sulfate de soude		0,0162
Hyposulfite de soude		0,0091
Chlorure de sodium		0,0091
Silice		0,0091
Par litre		0,1428

Eau de la mer. — L'eau de la mer est une eau riche en chlorures et en sulfates, principalement en chlorure de sodium, en chlorures de potassium et de magnésium, en sulfates de magnésium et de potassium : c'est donc une eau chlorosulfatée (1). Elle doit sa saveur amère aux sels de magnésium. Elle renferme en outre des bromures et un peu d'iodures. Les cendres des fucus renferment des traces de métaux. Sa composition n'est pas constante, ainsi qu'on le voit par les deux tableaux suivants, extraits des travaux de *Forchhammer*.

I. — COMPOSÉS DIVERS POUR 1000 GRAMMES D'EAU.

Composés.	Océan.	Méditerranée.
Chlorure de sodium	25,10	27,22
» de potassium	0,50	0,70
» de magnésium	3,50	6,14
Sulfate de magnésie	5,78	7,02
» de chaux	0,15	0,15
Carbonate de magnésie	0,18	0,19
» de chaux	0,02	0,01
» de potasse	0,23	0,21
Iodure, bromure	traces.	traces.
Matières organiques	traces.	traces.
Eau et perte	964,54	958,36
	1000,00	1000,00

II. — RÉSIDU TOTAL POUR 1000 GRAMMES D'EAU.

	Solides contenus en 1000 parties.
Océan Atlantique	36,169
	35,976
	35,556
Détroit de Davis et baie de Baffin	33,167

(1) Cf p. 136.

	Solides contenus en 1000 parties.
Océan Atlantique	{ 36,472
	{ 35,038
Entre l'Afrique et les îles de l'océan Indien	33,868
Entre les îles de l'océan Indien et les îles Aleutiques.	33,506
Entre les îles Aleutiques et les îles de la Société..	35,219
Courant patagonien d'eau froide................	33,966
Mer antarctique.............................	28,563
Mer du Nord................................	32,806
Sund et Cattégat.............................	15,126
Mer Baltique	4,807
Mer Méditerranée............................	37,5
Mer Noire...................................	15,894

Eaux minérales. — Les eaux minérales sont celles qui exercent une action sur l'économie animale, en vertu de leur haute température et des substances gazeuses ou salines qu'elles renferment. On les classe d'après leur action thérapeutique ou d'après leur composition chimique.

Les eaux minérales ont une composition très variable. On y trouve des gaz : acide carbonique, acide sulfhydrique ; des sulfures : sulfures de sodium, de calcium ; des carbonates : bicarbonates de sodium, de calcium, de fer ; des chlorures : chlorures de sodium, de magnésium ; de l'acide silicique ; de l'acide arsénique ; de l'acide borique ; des composés du sodium, du potassium, moins fréquents que ceux du sodium, du calcium, du magnésium, du fer, du lithium, du césium et du rubidium, découverts dans les eaux de Dürckheim, de l'aluminium. On y trouve aussi des traces de métaux pesants. Une même eau renferme des combinaisons différentes, ce qui rend impossible une classification absolue.

Parmi les principes qui se rencontrent plus rarement, citons : l'acide sulfurique libre, jusqu'à 4 grammes 289 dans la célèbre eau acide de Tuscarora, au Canada ; l'acide borique libre dans les lagoni de la Toscane et les lacs du Thibet ; le sulfate d'alumine : Auteuil, Passy ; l'acide silicique, jusqu'à 0 gramme 5 dans les geysers d'Islande ; la lithine : Carlsbad, Marienbad, Vichy, Plombières, Soultzmatt.

Nous diviserons les eaux minérales en eaux acidules gazeuses, eaux sulfureuses, eaux alcalines ou bicarbonatées, eaux salines : chlorurées ou sulfatées, eaux ferrugineuses, eaux faiblement minéralisées.

Les *eaux acidules gazeuses* : Saint-Galmier (Loire), Soultzmatt (Haut-Rhin), Pougues (Nièvre), Seltz (Nassau), Carlsbad (Bavière), ont comme élément dominant l'acide carbonique, mais elles renferment toujours des bicarbonates. Ce sont des eaux froides, à saveur aigrelette qui se perd facilement à l'air. Elles peuvent renfermer jusqu'à leur volume de gaz acide carbonique. L'acide carbonique assure la dissolution des carbonates de sodium, de calcium, ou d'un silicate. Ces eaux excitent la nutrition, sont diurétiques, résolvent les engorgements chroniques. Leur usage prolongé produit quelquefois des effets stupéfiants.

EAU DE SELTZ (d'après *O. Henry*).

Température.......	17°,5
Densité	1,0034
	gr.
Acide carbonique libre	1,035
Bicarbonate de soude..................	0,979
» de chaux...................	0,551
» de magnésie...............	0,209
» de strontiane..............	traces.
» de fer.....................	0,030
Chlorure de sodium	2,040
» de potassium..................	0,001
Sulfate de soude	0,150
Phosphate de soude	0,040
Silice et alumine	0,050
Bromure alcalin, crénate de chaux et de soude, matières organiques	traces.
Total........	5,105
Total des matériaux fixes........	4,070

EAU DE SOULTZMATT (ALSACE) (d'après *Béchamp*).

Température........................	10° à 11°,5
Densité.............................	1,00183
	gr.
Acide carbonique libre................	1,946
Bicarbonate de soude..................	0,957
» de lithine................	0,020
» de chaux	0,431
» de magnésie	0,313
Sulfate de potasse	0,148
» de soude (anhydre).............	0,023
Chlorure de sodium...................	0,071
Borate de soude (anhydre)..............	0,065
Acide silicique......................	0,063
Acide phosphorique...................	⎫
Alumine.............................	⎬
Peroxyde de fer	⎭
Total........	4,037
Total des matériaux fixes........	2,091

Les *eaux sulfureuses* renferment du sulfure et du chlorure de sodium : Amélie-les-Bains (Pyrénées-Orientales), Aix (Savoie), Bagnols (Lozère), Barèges (Hautes-Pyrénées), Cauterets (Hautes-Pyrénées), Eaux-Chaudes (Basses-Pyrénées), Luchon (Haute-Garonne), Saint-Honoré (Nièvre), Le Vernet (Pyrénées-Orientales) ; les eaux thermales des Pyrénées ; en général, ou du sulfure de calcium : Enghien (Seine-et-Oise), Allevard (Vosges), Viterbe (Tarn), Pierrefonds (Oise) ; ou du sulfure de calcium et du sulfure de sodium en parties égales : Eaux-Bonnes (Basses-Pyrénées), Saint-Gervais (Savoie) ; ou de l'acide sulfhydrique libre : Aix en Savoie, Uriage en Isère, Bagnols en Lozère, Schinznach en Suisse. Le dégagement d'acide sulfhydrique provient de la décomposition des sulfures par l'acide carbonique. Toutes les eaux sulfureuses laissent d'ailleurs de l'acide sulfhydrique se dégager à l'air. Leurs sulfures proviennent de la réduction des sulfates par les matières organiques. Cette réduction se produit même à la température ordinaire, et peut s'effectuer accidentellement : Enghien près Paris, Sande-Fjord en Norvège ; c'est-à-dire que des sources sulfatées peuvent devenir sulfureuses en se rapprochant de la surface du sol lorsqu'elles viennent à rencontrer des matières organiques. Les eaux sulfureuses accidentelles sont ordinairement froides. Au contraire, les eaux sulfureuses naturelles sont thermales le plus souvent. Les eaux sulfureuses ne laissent qu'un faible résidu, 25 à 35 centigrammes par litre. Elles semblent renfermer le plus souvent leur soufre à l'état de monosulfure de sodium, 5 milligrammes à 78 par litre d'eau, pour les eaux des Pyrénées ; celles-ci renferment en outre de la silice, du chlorure, du carbonate et du silicate de sodium, et des matières organiques sulfurées et azotées : la barégine et la glairine. Certaines eaux, comme celles de Luchon, se décomposent dès qu'elles viennent en contact avec l'air ; il se forme un véritable lait de soufre.

EAUX DE BAGNÈRES DE LUCHON (d'après *Filhol*) (1).

Composés pour 1000 grammes d'eau.	Source Bayen.	Source de la grotte supérieure.
Température	68°	58°
	gr.	gr.
Sulfure de sodium	0,0777	0,0314
» de fer.	traces.	0,0027
» de manganèse	traces.	0,0013
Chlorure de sodium	0,0829	0,0723
Sulfate de potasse.	traces.	0,0059
» de soude	traces.	0,0682
» de chaux	traces.	»

(1) Il y a dans chacune de ces sources des traces de sulfure de cuivre, d'iodure de sodium, d'hyposulfite de soude, de phosphate et d'acide sulfhydrique.

Composés pour 1000 grammes d'eau.	Source Bayen.	Source de la grotte supérieure.
Silicate de soude................	traces.	0,0094
» de chaux	0,0290	0,0376
» de magnésie............	traces.	0,0057
» d'alumine...............	traces.	0,0109
Carbonate de soude	traces.	traces.
Silice libre	0,0444	0,0103
Matière organique..............	non dosée.	non dosée.
	0,2270	0,2559

EAUX DU VERNET (d'après *Bouis*).

Composés pour 1000 grammes d'eau.	Source Mercader. gr.	Source Riuhangs. gr.
Sulfure de sodium...............	0,0413	0,0412
Sulfate de soude	0,0183	0,0280
» de chaux...............		
Carbonate de chaux	0,0050	0,0060
» de magnésie...........		
» de soude.............	0,1050	0,0640
» de potasse............	0,0093	0,0030
Chlorure de sodium	0,0131	0,0090
Acide silicique.................	0,0490	0,0509
Alumine et oxyde de fer..........	0,0100	traces.
Glairine.......................	0,0140	0,0200
	0,2670	0,2112

EAUX SULFUREUSES D'AIX-LA-CHAPELLE (d'après *J. Liebig*).

Composés pour 1000 grammes d'eau.	Source de l'Empereur.	Source Cornélius.
Température....................	55°	45°,4
	gr.	gr.
Chlorure de sodium	2,63940	2,46510
Bromure de sodium..............	0,00360	0,00360
Iodure de sodium	0,00031	0,00048
Sulfure de sodium...............	0,01950	0,00544
Carbonate de soude	0,65040	0,49701
Sulfate de soude	0,28272	0,28664
» de potasse	0,15445	0,10663
Carbonate de magnésie	0,15851	0,13178
» de chaux..............	0,05147	0,02493
» ferreux...............	0,00955	0,00597
Silice.........................	0,06611	0,05971
Matière organique...............	0,07517	0,09279

Composés pour 1000 grammes d'eau.	Source de l'Empereur.	Source Cornélius.
Carbonate de lithine...............	0,00029	0,00029
» de strontiane	0,00022	0,00019
» de manganèse..........		
Phosphate d'alumine..............		
Fluorure de calcium	en quantités impondérables.	
Ammoniaque...................		
Somme des matériaux fixes...	4,10190	3,73056

EAU D'URIAGE (d'après *V. Gerdy*).

Température	26°
Hydrogène sulfuré libre	0^{lit},10990 (?)
Acide carbonique..............	indéterminé.
	gr.
Chlorure de sodium...........	7,23617
Iodure de calcium	0,00114
Carbonate de chaux...........	0,20510
Sulfate de magnésie...........	1,42956
» de chaux..............	1,24560
» de soude..............	1,01161
Acide silicique................	indéterminé.
	11,12918

EAU D'AIX EN SAVOIE (d'après *J. Bonjean*).

Composés pour 1000 grammes d'eau.	Eau de soufre.
Température	45°
	gr.
Acide sulfurique libre	0,04140
» carbonique	0,02578
Azote.......................	0,03204
Sulfate de soude..............	0,09602
» de chaux..............	0,01600
» de magnésie...........	0,03527
» d'alumine..............	0,05480
Chlorure de sodium...........	0,00792
» de magnésium	0,01721
Carbonate de chaux...........	0,14850
» de magnésie.........	0,02587
» de strontiane........	traces.
» de fer..............	0,00886
Phosphate de chaux..	0,00249
Sulfate de fer.................	traces.
Iodure.....................	0,00004
Glairine....................	indéterminée.
Perte......................	0,04200
Total..........	0,04300

. Les eaux sulfureuses sodiques possèdent une action altérante efficace dans toutes les affections chroniques des diverses muqueuses, voies respiratoires, etc. Les eaux sulfureuses calciques sont également bonnes dans les affections cutanées, et conviennent aux personnes débiles. Les eaux sulfhydriques augmentent les sécrétions intestinales et la diurèse et diminuent les expectorations.

Les *eaux alcalines* ou *eaux bicarbonatées* renferment comme élément dominant un bicarbonate soit de soude : Chaudes-Aigues (Hautes-Pyrénées), Vals (Ardèche), Vichy (Allier), Soultzmatt (Haut-Rhin) ; soit de chaux : Alet, Pougues, Saint-Galmier ; soit de magnésie : Sulzbach (Alsace) ; soit un mélange de bicarbonates entre eux : Mont-Dore, La Bourboule, Pontgibaud (Puy-de-Dôme) ; ou avec des chlorures : Royat, Saint-Nectaire (Puy-de-Dôme), Ems (Nassau) ; ou avec des sulfates et des chlorures : Châtel-Guyon, Carlsbad, Marienbad (Bohème) ; soit enfin un silicate de soude : Plombières (Vosges). Ces eaux ont une réaction alcaline qui se manifeste par leur saveur particulière. Elles perdent à l'air leur acide carbonique libre.

Les eaux bicarbonatées sont antiacides et réagissent sur les sécrétions gastro-intestinales. Celles à base de soude sont altérantes, excitantes et résolutives ; utiles dans la gastralgie, les manifestations goutteuses, arthritiques et calculeuses. Celles à base de chaux sont diurétiques et laxatives, parfois reconstituantes. Celles à bases multiples sont reconstituantes ; de même, lorsque l'action du bicarbonate est balancée par l'influence réparatrice des chlorures et du fer.

ι   EAUX DE VICHY (d'après *Bouquet*).

Composés pour 1000 grammes d'eau.	Source de la Grande Grille.	Source de l'Hôpital.	Source des Célestins.
Température......................	41°,8	30°,8	»
	gr.	gr.	gr.
Acide carbonique libre...............	0,908	1,067	1,049
Bicarbonate de soude	4,883	5,029	5,103
» de potasse...............	0,352	0,440	0,315
» de magnésie	0,303	0,200	0,328
» de strontiane	0,003	0,005	0,005
» de chaux................	0,434	0,570	0,462
» de protoxyde de fer.......	0,004	0,004	0,004
» de protoxyde de manganèse.	traces.	traces.	traces.
Sulfate de soude....................	0,291	0,291	0,291
Phosphate de soude	0,130	0,046	0,091
Arséniate de soude	0,002	0,002	0,002
Borate de soude....................	traces.	traces.	traces.
Chlorure de sodium..................	0,534	0,518	0,534
Silice	0,070	0,050	0,060
Matière organique bitumineuse........	traces.	traces.	traces.
Somme des matériaux contenus dans un litre......................	7,914	8,222	8,244

EAUX DE PLOMBIÈRES (d'après *Julier et Lefort*).

Composés pour 1000 grammes d'eau.	Source de Vauquelin.
	gr.
Acide carbonique libre	0,00688
Acide silicique........................	0,02155
Sulfate de soude......................	0,13564
» d'ammoniaque..................	traces.
Arséniate de soude....................	traces.
Silicate de soude (SiO^3, NaO).............	0,12863
» de lithine.....................	traces.
» d'alumine....................	traces.
Bicarbonate de soude	0,02288
» de potasse................	0.01673
» de chaux	0,02778
» de magnésie	traces.
Chlorure de sodium...................	0,01044
Fluorure de calcium...................	traces.
Oxydes de fer et de manganèse (?).......	traces.
Matière organique azotée..............	indiquée.
	0,37053

EAUX D'EMS (d'après *Fresénius*).

Composés pour 1000 grammes d'eau.	Source Fursten-Brunnen.	Nouvelle Source.
Température.........................	35°,25	47°,5
Densité	1,00312	1,00314
	gr.	gr.
Bicarbonate de soude	2,03167	2,09252
Chlorure de sodium	0,98450	0,94894
Sulfate de potasse...................	0,03925	0,05684
» de soude	0,00219	0,00141
Bicarbonate de chaux...............	0,23254	0,23319
» de magnésie..............	0,19997	0,21089
» de fer	0,00265	0,00311
» de manganèse............	0,00078	0,00156
» de strontiane et de baryte ..	0,00028	0,00034
Phosphate d'alumine	0,00044	0,00142
Silice	0,04919	0,04925
Carbonate de lithine.................	traces.	traces.
Iodure de sodium	faible trace.	faible trace.
Bromure de sodium	trace douteuse.	trace douteuse.
Total des principes fixes	3,54346	3,59847
Acide carbonique libre..............	0,90202	0,79283
Total de tous les principes	4,44548	4,39130

Lorsqu'une eau bicarbonatée renferme une forte proportion de carbonate calcaire, etc., ou de silicate, et que l'acide carbonique se dégage, il se forme des dépôts boueux des carbonates et des silicates insolubles, accompagnés de silice, d'alumine, d'oxyde de fer, de sulfure, etc. Ces boues sont également utilisées, principalement contre les rhumatismes chroniques. Telles sont les boues noires de Saint-Amand, celles de Viterbe ; leur composition est la suivante :

BOUES DE SAINT-AMAND (d'après *E. Pallas*).

Température	25°
Eau	55,000
Acide carbonique	0,010
» sulfhydrique	0,033
» silicique	30,400
Soufre	0,200
Carbonate de chaux	1,569
» de magnésie	0,568
» de fer	1,450
Matière extractive	1,220
» azotée	6,805
Perte	2,745
	100,000

BOUE SULFUREUSE DE VITERBE (d'après *Poggiale*).

Soufre	22,732
Sulfate de chaux	0,113
Carbonate de chaux	0,087
Chlorure de calcium	0,006
Carbonate de fer	0,237
Silice et silicates	55,768
Matière organique	21,037
	100,000

BOUE FERRUGINEUSE DE VITERBE (d'après *Poggiale*).

Sulfate de chaux	3,274
Chlorure de calcium et de magnésium	0,403
Carbonate de fer	20,693
» de chaux	70,682
Alumine	1,057
Silice	2,720
Matière organique	1,031
Acide arsénique	0,140
	100,000

Les *eaux salines* sont 1° des eaux chlorurées à base de chlorure de sodium : Bains (Vosges), Bourbon-l'Archambault (Allier), Bourbon-Lancy (Saône-et-Loire), Bourbonne (Haute-Marne), Châtel-Guyon (Puy-de-Dôme), Salins, Salies en Béarn; Baden en Bade, Dürckheim, Kissingen, Kreuznach (Prusse rhénane), Niederbronn (Alsace), Wiesbaden (Nassau); l'eau de Salies renferme jusqu'à 216 grammes de NaCl par litre; l'eau-mère de Kreuznach renferme des iodures ou des bromures; — ou des eaux chloro-carbonatées : La Bourboule, Saint-Nectaire, Bourbon-l'Archambault, les premières avec une proportion notable d'arsenic; — ou des eaux chloro-sulfatées : Brides, Gervais, Bourbonne-les-Bains (Haute-Marne), Kissingen (Bavière); les dernières peuvent devenir accidentellement sulfureuses si elles traversent des terrains chargés de matières organiques : Aix-la-Chapelle. Certaines de ces eaux sont très chargées en acide carbonique. D'autres renferment du fer, de l'arsenic, des iodures. Elles sont indiquées contre la scrofule et contre les congestions des viscères abdominaux et du cerveau; beaucoup sont purgatives : Niederbronn, Kissingen.

EAU DE NIEDERBRONN.

1 litre renferme :

	cc.
Azote...............................	17,66
Acide carbonique	10,66

	gr.
Chlorure de sodium	3,0886
» de potassium...................	0,1320
» de calcium.....................	0,7944
» de magnésium	0,3117
» de lithium....................	0,0043
» d'ammonium...................	traces.
Bromure de sodium.....................	0,0107
Iodure de sodium......................	0,0741
Carbonate de chaux....................	0,1790
» de magnésie..................	0,0065
» de fer......................	0,0103
Silicate de fer (?) avec traces de manganèse.	0,0150
Silice.................................	0,0010
Alumine	traces.
Total...........	4,6276

EAUX DE KISSINGEN (d'après *Liebig*).

Composés pour 1000 grammes d'eau.	Source Rakoczy.	Source Pandur.
Température....................	11°	10°
Densité........................	1,0073	1,0066

Composés pour 1000 grammes d'eau.	Source Rakoczy.	Source Pandur.
	gr.	gr.
Chlorure de sodium...............	5,8220	5,5207
» de potassium...........	0,2869	0,2414
» de magnésium..........	0,3038	0,2116
» de lithium..............	0,2002	0,0168
Bromure de sodium..............	0,0084	0,0071
Carbonate de chaux.............	1,0609	1,0149
» de fer................	0,0316	0,0265
» de magnésie..........	0,0170	0,0448
Sulfate de magnésie.............	0,5869	0,5977
» de chaux................	0,3894	0,3005
Azotate de soude................	0,0093	0,0036
Phosphate de chaux.............	0,0056	0,0053
Acide silicique	0,0129	0,0041
Iodure de sodium	traces.	traces.
Sulfate de strontium.............	»	»
Fluorure de calcium.............	»	»
Phosphate d'alumine	»	»
Carbonate de manganèse.........	»	»
Borate de sodium...............	»	»
Total des principes fixes......	8,7349	7,9950
Acide carbonique libre.......	1,6321	1,8737
Ammoniaque...............	0,0009	0,0038
Total général..	10,3679	9,8745

2° des eaux sulfatées qui renferment du sulfate de sodium : Carlsbad, Marienbad (Bohême); ou du sulfate de magnésium : Epsom en Angleterre; Birmenstorf, Sedlitz, Saidschütz. Pullna (Bohême), sont également très purgatives. Celles qui renferment du sulfate de calcium sont plutôt laxatives : Bagnères de Bigorre, Encausse.

3° des eaux bromoiodurées : Salins (Béarn), Saxon en Valais, elle renferme de l'iode libre, Kreuznach (Prusse rhénane).

L'eau la plus chargée en bromure de magnésium est celle de la mer Morte ou lac Asphaltite. Les riches Romains en faisaient venir pour s'y baigner. La proportion d'éléments salins qu'elle renferme est tellement élevée que la sonde ramène des cristaux de sel marin entremêlés avec l'argile du fond.

EAU DE LA MER MORTE.

Composés pour 1000 grammes d'eau.	D'après L. Gmelin.	D'après Boussingault.
Densité.................... .	1,212	1,194
	gr.	gr.
Chlorure de magnésium.......	117,734	107,288
» de sodium...........	70,777	64,964

Composés pour 1000 grammes d'eau.	D'après *L. Gmelin*.	D'après *Boussingault*.
	gr.	gr.
Chlorure de calcium	32,141	35,592
» de potassium	16,738	16,110
Bromure de magnésium.......	4,293	3,306
Sulfate de chaux	0,527	0,424
Sel ammoniac...............	0,075	0,013
Chlorure de manganèse.......	2,117	
» d'aluminium........	0,896	traces.
Nitrates	traces.	
Iodures		traces.
Total des matériaux fixes.	245,398	227,697
Eau	754,602	772,303
	1000,000	1000,000

EAU DE CARLSBAD (d'après *Berzelius*).

Composés contenus dans 1000 grammes d'eau.	Source Sprudel.
Température.........................	58° R. = 73° C
Densité.............................	1,0045
	gr.
Sulfate de soude sec..................	2,58713
Carbonate de soude sec...............	1,26237
Chlorure de sodium..................	1,03852
Carbonate de chaux..................	0,30860
Magnésie...........................	0,17834
Silice..............................	0,07515
Peroxyde de fer.....................	0,00362
Oxyde de manganèse.................	0,00084
» de strontium..................	0,00096
Fluorure de calcium.................	0,00320
Phosphate de chaux.................	0,00022
» d'alumine avec excès de base.	0,00032
Total des principes fixes....	5,45927
Gaz acide carbonique libre.	0,78800
Total général...	6,24727

EAU DE MARIENBAD.

Composés contenus dans 1000 grammes d'eau.	Source Kreutzbrunnen.	Source Ferdinandsbrunnen.
Température......................	12°	9°
Densité..........................	1,0072	1,0080
	gr.	gr.
Sulfate de soude	4,7564	5,0476
» de potasse	0,0650	0,0425

Composés contenus dans 1000 grammes d'eau.	Source Kreutzbrunnen. gr.	Source Ferdinandsbrunnen. gr.
Chlorure de sodium	1,4539	2,0048
Carbonate de soude	1,1542	1,2890
» de lithine	0,0063	0,0090
» de chaux	0,6036	0,5447
» de strontiane	0,0017	0,0008
» de magnésie	0,4636	0,4550
» d'oxyde de fer	0,0453	0,0614
» d'oxyde de manganèse	0,0050	0,0138
Phosphate d'alumine	0,0071	0,0019
» de chaux	0,0024	0,0020
Acide silicique	0,0885	0,0965
Matière extractive, brome, fluor	traces.	traces.
Total des principes fixes	8,6530	9,5710
Acide carbonique libre et combiné..	1,8305	2,9723
Total général	10,4835	12,5433

EAUX PURGATIVES

Composés pour 1000 grammes d'eau.	de Sedlitz. gr.	de Saidschutz. gr.	de Pullna. gr.
Acide carbonique	0,45	0,1245	0,8069
Sulfate de magnésie	20,81	10,9592	12,1209
» de soude	5,18	6,4940	16,1200
» de potasse	0,57	0,5334	0,6245
» de lithine	»	»	0,0004
» de chaux	0,83	1,3122	0,3385
» de strontiane	»	»	0,0028
» de baryte	»	»	0,0001
Chlorure de magnésium	0,138	0,6492	2,2606
Carbonate de magnésie	0,036	0,1389	0,8339
» de chaux	0,76	»	0,1003
» de strontiane	0,008	»	»
Silice libre et combinée			
Carbonate de fer	0,007	0,2825	0,0229
Alumine et oxyde de manganèse			
Carbonate de manganèse	»	»	0,0026
Crénate de magnésie	»	0,2778	»
Phosphate de potasse	»	»	0,0132
Iodure et bromure	»	traces.	»
Total des sels	26,369	20,6472	32,4407

Les *eaux ferrugineuses* renferment du fer, à l'état de bicarbonate (4 à 9 centigrammes par litre), parfois de crénate ou de sulfate. La plupart se troublent à l'air et donnent un dépôt ocreux : Auteuil, Bussang (Vosges), Cusset (Ain), Contrexéville (Vosges), Châtel-Guyon (Puy-de-Dôme), Forges-les-Eaux (Seine-Inférieure), Luxeuil (Haute-Saône), Orezza (Corse), Orriol, Passy, Provins (Seine-et-Marne), Pyrmont (Westphalie), Pougues, Royat, Saint-Nectaire (Puy-de-Dôme), Vic-sur-Cère (Cantal), Vichy ; Hambourg, Marienbad (Bohême), Spa (Belgique), Sulzbach (Haut-Rhin), Schwalbach (Nassau). Les plus nombreuses sont bicarbonatées; la saveur atramentaire des composés du fer s'y trouve avantageusement masquée par la présence de l'acide carbonique ; celui-ci est en quantité d'autant plus grande que l'eau est plus froide. Les eaux ferrugineuses se conservent d'autant mieux et agissent plus efficacement que le carbonate ferreux se trouve en présence d'un bicarbonate alcalin : Soultzbach, Vichy (source des Célestins). Presque toutes renferment de l'arsenic et un peu de manganèse. Beaucoup renferment du crénate de fer : Forges, Bussang; mais très peu du sulfate ferreux : Auteuil, Passy, Cransac (Aveyron), en même temps que de l'alumine. Les eaux sulfatées sont moins aisément supportées que les eaux carbonatées ou crénatées ; la proportion de fer est d'ailleurs élevée : 0 gramme 220 de sulfate ferreux par litre pour l'eau d'Auteuil, et 0 gramme 750 de sulfate ferroso-ferrique pour celle de Cransac. Les eaux ferrugineuses sont reconstituantes, mais constipent.

EAU D'OREZZA (d'après *Poggiale*).

		lit.
Acide carbonique libre et combiné.......		1,248
Air..................................		0,011
		gr.
Carbonate de fer.......................		0,128
»	de manganèse, cobalt (?)......	traces.
»	de chaux...................	0,602
»	de magnésie...............	0,074
»	de lithine	indéterminé.
Acide silicique........................		0,004
Sulfate de chaux.......................		0,021
Chlorure alcalin		0,006
Alumine...............................		
Acide arsénique........................		traces.
Fluorure de calcium....................		
Matière organique......................		indéterminée.
Total...............		0,849

EAU DE SOULTZBACH (d'après *Oppermann*).

Température........................	10°,5
Acide carbonique	1lit,789

		gr.
Carbonate de soude		0,6505
» de chaux		0,4848
» de magnésie		0,1767
» de lithine		0,0049
» de fer		0,0232
Silice		0,0567
Sulfate de potasse		0,1147
» de soude		0,0093
Chlorure de sodium		0,1343
Alumine		0,0062
Acide phosphorique		
» borique		traces.
» arsénique		
Total des matériaux fixes		1,6613

EAUX DE FORGES (d'après *O. Henry*).

Composés pour 1000 grammes d'eau.	Source Royale.
Acide carbonique	0^{lit},250

	gr.
Crénate ferreux	0,0670
» manganeux	traces.
Bicarbonate de magnésie	0,0934
Crénate alcalin	0,0020
Alumine	0,0340
Sel ammoniacal (carbonate ?)	traces.
Sulfate de chaux	0,0240
» de soude	0,0100
Chlorure de sodium	0,0170
» de magnésium	0,0080
Azotate de magnésie	traces.
Matière organique	indéterminée.
	0,2554

Les *eaux faiblement minéralisées* : Chaudes-Aigues (Cantal), Évian (Vosges), Évaux-Luxeuil (Haute-Saône), Mont-Dore (Puy-de-Dôme), Néris (Allier), Plombières (Vosges), sont reconstituantes et sédatives. Générale- lement, elles sont un peu laxatives, sauf Évian. Mont-Dore et Plombières renferment un peu d'arsenic ; elles produisent parfois une éruption spéci- fique. Leur température est très variable : 82° Chaudes-Aigues, 78° Olette (Pyrénées-Orientales), 40° à 70° Plombières, 52° La Bourboule, Néris, 45° Mont-Dore (source La Madelaine), 11° Évian. Ces eaux chaudes sont dis- tribuées à domicile dans plusieurs localités et servent aux usages domes- tiques. Certaines eaux de la Nouvelle-Zélande, celles d'Arigino au Japon, celles des geysers d'Islande sont à 100° ou même au-dessus.

Les eaux minérales perdent une partie de leurs propriétés par le transport ; les eaux froides non gazeuses, les eaux alcalines bicarbonatées, les eaux salines chlorurées et sulfatées, sont celles qui supportent le mieux ce transport.

Le commerce de ces eaux est régi par une série nombreuse d'ordonnances, de lois, de décrets, dont les principaux sont : l'ordonnance royale du 18 juin 1823, le décret du 8 mars 1848, la loi du 14 juillet 1856, les décrets des 8 septembre 1856, 28 janvier et 13 février 1860, la loi du 12 février 1883, le décret du 11 avril 1888.

Les *eaux minérales artificielles* se rencontrent assez fréquemment dans le commerce. Voici quelques formules indiquées par *Soubeyran :*

1° *Eau gazeuse, genre Seltz.*

Eau chargée d'acide carbonique à 5 volumes.

2° *Eau gazeuse, genre Saint-Galmier, etc.*

	gr.
Chlorure de calcium...................	0,33
» de magnésium................	0,27
» de sodium	1,10
Carbonate de soude cristallisé...........	0,90
Eau gazeuse.........................	650,00

3° *Eau gazeuse, genre Vals et Vichy.*

	gr.
Carbonate de soude	3,12
» de potasse..................	0,23
Sulfate de magnésie...................	0,35
Chlorure de sodium	0,08
Eau gazeuse.........................	650,00

4° *Eau ferrugineuse.*

	gr.
Tartrate ferrico-potassique..............	0,15
Eau gazeuse	650,00

5° *Eau purgative, genre Sedlitz.*

	gr.
Sulfate de magnésie	30
Eau gazeuse.........................	650

Nous verrons d'autres formules en parlant de l'acide carbonique et du bicarbonate de soude.

* *

Les eaux minérales s'emploient en boissons et en bains. Elles donnent lieu encore à l'application de bains de gaz, de douches, d'inhalations, d'aspirations, d'irrigations, de bains de boues, de bains d'eaux-mères. On nomme *eaux-mères* les liquides riches en éléments salins divers, qui résultent de l'évaporation des eaux chlorurées lorsqu'on en a retiré du sel ordinaire pour le commerce ; on ajoute ces eaux-mères aux eaux trop légèrement minéralisées. Des eaux-mères de sources minérales sont ainsi exploitées à Salins du Jura, à Salies du Béarn, à Montmorot, à Kreuznach, à Nauheim, à Kissingen, à Elmen, à Sassendorf, à Bex en Suisse. On exploite également les eaux-mères des marais salants. L'eau de Salies renferme par litre 216 grammes de chlorure de sodium ; elle fournit une eau-mère riche en bromures et en iodures alcalins. L'eau-mère des salines de Kreuznach renferme pour 1000, *Osann,* 205 parties de chlorure de calcium, 7 parties 85 de chlorure de sodium, 5 parties de chlorure de magnésium, 2 parties 25 de chlorure de potassium, 8 parties 7 de bromure de sodium et 2 parties 6 de bromure de magnésium. L'eau-mère de Nauheim renferme 6 à 7 parties pour 1000 de bromure de magnésium. Aussi toutes ces eaux-mères sont-elles très efficaces dans le traitement des affections scrofuleuses.

Les eaux minérales sont encore exploitées, ainsi qu'on le voit d'après ce qui précède, pour la préparation du produit salin qui prédomine. L'eau de Salies fournit du sel ordinaire ; l'eau d'Epsom, celle de Sedlitz, celle de Pullna, du sulfate de magnésium ou sel d'Epsom, de Sedlitz, de Pullna ; l'eau de Vichy, du bicarbonate de soude ou sel de Vichy ; l'eau de Carlsbad, du sulfate de soude ou sel de Carlsbad.

Propriétés de l'eau. — L'eau est, à la température ordinaire, un liquide incolore. Sous une grande masse, elle présente une coloration bleu verdâtre. A l'état de pureté, elle est inodore et sans saveur.

L'eau présente un point singulier, vers 4°, pour sa densité. De 0° à 4°, elle se contracte, et acquiert, à la valeur admise de 4°, un maximum de densité. Cette densité a été prise comme unité de densité des corps liquides et des corps solides. A 0°, la densité de l'eau est : 0,999 863 ; à 10° : 0,999 747 ; à 20° : 0,998 259 ; à 50° : 0,988 093. Le maximum de densité avait été fixé par *Lefèvre-Gineau* à 4° 44, et c'est cette valeur, un peu trop forte, qui a servi dans la détermination du gramme. L'unité de poids adoptée dans le système métrique représente donc un poids un peu trop faible. Il est à regretter qu'on n'ait pas choisi une température plus aisée à déterminer, par exemple celle de la glace fondante.

1° *Congélation de l'eau.*

L'eau se solidifie à une température constante qui a été prise comme point limite 0 de la graduation centigrade et de la graduation Réaumur pour les thermomètres à tiges. Cette solidification est accompagnée d'une absorption de chaleur égale à 79 calories 25 et d'une augmentation de volume assez notable.

L'augmentation de volume qui accompagne le passage de l'eau de l'état liquide à l'état solide est un fait exceptionnel. Elle entraîne des conséquences fort importantes. C'est parce que l'eau augmente de volume en se solidifiant qu'elle brise les vases qui la renferment et dont les parois ne sont pas assez résistantes pour subir l'effort développé. C'est par suite de cet accroissement de volume que la glace surnage à la surface de la partie restée liquide. Si la glace était plus lourde que l'eau, elle gagnerait les régions inférieures des fleuves et des lacs, et comme l'eau est très mauvaise conductrice de la chaleur, la glace ainsi coulée à fond échapperait presque entièrement à toute fusion ultérieure. Qu'adviendrait-il de la vie aquatique dans ces conditions ?

L'énergie développée par la dilatation de la glace au moment de sa formation brise tous les obstacles qui lui sont opposés. Son effet a été évalué à plus de 1 000 atmosphères (1).

« Des canons de fer très épais, remplis d'eau et exposés à la gelée, éclatent en plusieurs endroits. Des membres de la célèbre Académie del Cimento de Florence virent crever de la même manière une boule de cuivre si épaisse que *Muschenbroeck* évalua à 13 860 kilos l'effort nécessaire pour la rompre.

« Le physicien anglais *Williams* exposa à plusieurs degrés au-dessous de zéro une bombe remplie d'eau, après en avoir fermé solidement l'orifice au moyen d'un tampon de bois. Au moment de la congélation, ce tampon fut lancé avec force à une grande distance, et l'on vit apparaître un bourrelet de glace en dehors de l'orifice. Lorsque l'eau qui s'infiltre dans les fissures des rochers vient à se congeler, elle fend quelquefois en plusieurs éclats des masses énormes de pierre, et le proverbe : *il gèle à pierre fendre,* exprime un fait physique réel.

« Ces effets prodigieux expliquent les dégradations qu'éprouvent les pierres de taille, les tuyaux de conduite des eaux et les corps de pompe, la fraction des vases à col étroit, l'altération des matières organiques par les fortes gelées. On sait que les fruits, les viandes gelés, deviennent mous, flasques et faciles à se putréfier, lorsqu'ils sont dégelés. On conçoit très bien encore les ravages que produit la gelée sur les végétaux au moment où ils sont gorgés de sève.

« Il importe de se prémunir contre ces graves inconvénients de la gelée : ainsi, il ne faut pas oublier de vider les vases de verre, les fontaines de grès à l'approche des froids rigoureux ; il faut soustraire les tuyaux de conduite au contact de l'air, en les entourant de corps peu conducteurs de la chaleur, tels que sable ou charbon. Lorsqu'on établit des conduites d'eau avec des tuyaux de plomb, il faut choisir de préférence ceux qui

(1) G. *Girardin*, Leçons de Chimie élémentaire appliquée aux arts industriels.

sont tirés à la filière, parce qu'ils ont le grand avantage, sur les tuyaux soudés, de se dilater également et de pouvoir céder sans rompre à l'effort qui s'exerce sur eux. »

L'eau présente le phénomène singulier de la surfusion, c'est-à-dire qu'elle peut rester liquide en dessous de 0°, lorsqu'on la soumet à un abaissement de température mené très lentement, et à l'abri de toute agitation. *Fahrenheit* a pu maintenir liquide de l'eau privée d'air jusqu'à — 12°; *Gay-Lussac* sur de l'eau recouverte d'huile, *Despretz* sur de l'eau renfermée dans des tubes thermométriques, *Dufour* sur de l'eau maintenue en suspension sous forme de gouttelettes dans un liquide de même densité, ont pu réaliser le même phénomène. On attribue la sensation de froid intense que produisent certains brouillards hivernaux à ce que les vésicules d'eau s'y trouveraient en phénomène de surfusion à une température inférieure à 0°.

Le point de congélation de l'eau peut d'ailleurs être abaissé notablement par l'action d'une pression élevée ; jusqu'à — 18°, d'après *Mousson*. Cet abaissement permet d'expliquer la plasticité de la glace et son regel ; il est la base de la théorie des glaciers de *Tyndall*.

Le point de congélation de l'eau est également abaissé lorsque le liquide renferme des substances en dissolution. Une solution saturée de chlorure de calcium est encore liquide à — 40°. L'eau de mer ne gèle qu'à — 1° 9. L'eau renfermant 75 parties de chlorure de sodium pour 1000 grammes d'eau ne gèle qu'à 4° 3.

La glace émet des vapeurs à toute température. Aussi la glace disparaît-elle peu à peu à l'air libre, et des linges humides finissent-ils par se sécher complètement à l'air, même par des températures inférieures à 0°.

La glace est mauvaise conductrice du calorique. Aussi la neige possède une influence bienfaisante pour protéger les végétaux de son revêtement contre les morsures des froids violents. Dans les régions hyperboréennes, les habitants et les explorateurs trouvent un abri suffisant en recouvrant leurs demeures de neige durcie.

L'eau, en se solidifiant, peut prendre la forme cristalline. C'est ce qu'on observe aisément sur les flocons de neige, qui sont ordinairement formés par un assemblage de prismes hexagonaux fort allongés, groupés en étoiles variées et élégantes autour d'un centre. On a observé plusieurs centaines de formes différentes, toutes merveilleuses ; pour cela, on recueille la neige sur du drap noir. On peut aussi souffler des bulles de savon dans un air très froid. La densité de la neige varie entre 0,330 et 0,125.

2° *Évaporation de l'eau.*

L'eau émet continuellement des vapeurs à l'air ordinaire. Ces vapeurs sont invisibles ; leur production constitue le phénomène de l'évaporation, et se décèle par la disparition de l'eau liquide. L'évaporation est accompagnée d'une absorption de chaleur, laquelle est enlevée au corps lui-même, qui par conséquent se refroidit. Le refroidissement est d'autant plus sensible que le liquide est plus volatil et que la vitesse d'évaporation est plus grande ; il explique l'impression de froid que nous ressentons lorsqu'une partie du corps, la main par exemple, se trouve exposée à l'air ; il explique pourquoi un thermomètre mouillé marque toujours une température plus basse qu'un thermomètre sec, pourquoi l'eau peut se refroidir jusqu'à se congeler lorsqu'on la fait évaporer rapidement, par exemple sous le récipient de la machine pneumatique : expérience de *Leslie,* appareil *Carré* à fabriquer la glace ; il explique le fonctionnement des alcarazas, vases en terre poreuse qui permettent, dans les pays chauds, d'avoir toujours de l'eau fraîche, le rôle de la sueur qui empêche le corps de s'échauffer à l'excès. L'intensité de ce refroidissement dépend des mêmes facteurs que la vitesse d'évaporation, c'est-à-dire, qu'en dehors de la nature du liquide soumis à l'évaporation, elle dépend de la surface d'évaporation, de la quantité de vapeur préexistant au-dessus de cette surface, du renouvellement de l'air qui se sature et rend moindre la différence entre la tension maxima F et la tension actuelle f de la vapeur préexistant au-dessus de ladite surface d'évaporation, de la pression atmosphérique, de la température du liquide et de celle de l'atmosphère qui augmentent la valeur de F. *Dalton* a donné une formule empirique : $\dfrac{BS\,(F\text{-}f)}{H}$, qui permet de l'évaluer aisément, et qui reçoit de nombreuses applications. On voit que, dans le vide, cette vitesse d'évaporation devient instantanée, et la vapeur se produit instantanément. Le froid produit par l'évaporation de l'eau dans des circonstances de vide relatif peut suffire à congeler la portion de liquide non encore évaporée. C'est l'expérience de *Leslie ;* il mettait sous le récipient de la machine pneumatique, sur un disque de liège, un vase rempli d'eau ; à côté se trouve une soucoupe avec de l'acide sulfurique pour absorber les vapeurs produites. En faisant le vide, l'évaporation est activée, et l'on finit par voir l'eau du vase se congeler, si l'expérience a été conduite avec soins. Cette expérience est aussi le principe des machines *Carré* à faire la glace.

Cet appareil est une machine pneumatique spéciale, utilisée dans les laboratoires de chimie. Elle réalise en grand l'expérience de *Leslie.* Une pompe à air fait le vide dans un tube rigide qui à l'aide d'un bouchon en caoutchouc peut être adapté à n'importe quelle carafe. Les vapeurs produites traversent un cylindre en plomb contenant de l'acide sulfurique. Un obturateur en verre, fixé simplement avec du suif, permet d'enlever l'acide lorsqu'il est devenu inactif. Il suffit de le chauffer à 110° pour qu'il reprenne ses propriétés absorbantes. — On voit tout de suite quel est le fonctionnement de cet appareil. La pompe fait le vide, l'eau de la carafe s'évapore d'autant plus rapidement que le vide est plus grand, les vapeurs d'eau sont absorbées par l'acide sulfurique, l'eau se refroidit et finit par se congeler.

3° *Ebullition de l'eau.*

La vaporisation de l'eau prend le nom d'ébullition lorsqu'elle s'effectue rapidement et dans la masse entière liquide. La température d'ébullition de l'eau, effectuée sous une pression de 1 atmosphère, a été prise comme point limite 100 de la graduation centigrade, comme point limite 80 de la graduation Réaumur, et comme point limite 212 de la graduation Fahrenheit.

L'ébullition de l'eau mérite une description spéciale. Lorsqu'on chauffe de l'eau, elle commence à se dilater, et son évaporation augmente à mesure que la température s'élève. On voit bientôt de petites bulles gazeuses traverser le liquide : ce sont des bulles d'air en dissolution qui sont chassées par la chaleur. Puis, on entend un murmure ; c'est l'*eau* qui *chante,* et son murmure est dû à la condensation des premières bulles de vapeur. Puis, les couches d'eau en contact avec les parois deviennent assez chaudes pour que des bulles de vapeur s'y forment ; ces bulles montent à travers le liquide plus froid, en diminuant de volume, et même s'y condensent et disparaissent, figurant ainsi des apparences de cônes droits, jusqu'à ce que, toute la masse d'eau s'étant échauffée jusqu'au point d'ébullition, les bulles de vapeur formées sur le fond augmentent de volume en traversant l'eau, figurant ainsi des cônes renversés, et viennent finalement crever à la surface.

Le phénomène est facile à suivre dans tous ses détails, si l'on fait bouillir de l'eau dans un ballon de verre.

On explique aujourd'hui que l'ébullition n'est qu'une évaporation rapide à la surface interne de chaque bulle gazeuse contenue dans la masse liquide.

En effet, l'eau privée d'air n'entre plus en ébullition ; elle subit un phénomène différent : la surchauffe. *Deluc* a pu porter jusqu'à 137° de l'eau privée d'air, sans qu'elle bouillît ; *Dufour* a porté jusqu'à 175° des gouttelettes d'eau privée d'air tenues en suspension dans un liquide de même densité. *Donny* avait confirmé le résultat de *Deluc,* en se servant d'un marteau d'eau. Enfin, *Gernez* a établi définitivement l'explication actuellement adoptée de l'ébullition. De l'eau privée d'air ne bout plus ; mais l'ébullition se produit aussitôt qu'on introduit des bulles gazeuses dans le liquide surchauffé, soit qu'on y mette quelques fils de platine qui retiennent des bulles d'air, soit qu'en y faisant passer un courant électrique, comme *Dufour,* on fasse naître un dégagement de bulles aux deux électrodes, soit que, comme *Gernez,* on introduise directement une bulle d'air ou de gaz au moyen d'une petite cloche de verre portée à l'extrémité d'une baguette. Dans tous ces cas, l'on voit l'ébullition se produire dans la région où il existe des bulles gazeuses, et partout ailleurs la masse du liquide surchauffé rester tranquille.

L'eau est dite surchauffée quand elle reste liquide au-dessus de son point d'ébullition. Cette surchauffe se produit si l'on augmente la pression à la surface de l'eau, si l'on prive le liquide de toute bulle gazeuse, si l'on fait dissoudre dans l'eau certaines substances solides, si l'on fait intervenir des forces spéciales, telles que celles qui entrent en jeu lorsque l'eau prend l'état sphéroïdal. Ce dernier cas se réalise lorsque l'eau est contenue dans une enceinte à température très élevée ; il prend le nom de caléfaction si l'eau se trouve placée sur une surface très chaude ; par exemple, l'eau entre en caléfaction sur une lame de cuivre chauffée à 142°. La température de l'eau dans cet état reste inférieure au point d'ébullition, à cause de l'évaporation rapide qui se produit tout autour des globules sphéroïdaux. Ce fait permet d'expliquer l'incombustibilité momentanée des tissus vivants lorsqu'ils sont mouillés ; on peut avec la main mouillée couper un jet de fonte fondue ou un jet de plomb liquide, mais il faut aller vite.

L'eau entre régulièrement en ébullition, dès que la tension de sa vapeur est égale à la pression qui s'exerce à la surface du liquide. Sous la pression d'une atmosphère et à l'altitude 0 (niveau de la mer), l'ébullition se fait à une température qui a été choisie comme point limite 100 de la graduation thermométrique centigrade, et qui est la température normale d'ébullition de l'eau. Ce point d'ébullition, constante physique caractéristique de la nature des corps, n'est constant que dans les mêmes conditions de pression, de présence de bulles gazeuses, d'absence de substances solides dissoutes, et l'ébullition n'est régulière qu'à la condition d'abord que l'eau ne renferme pas de substances solides dissoutes ; en second lieu, qu'il y ait au contraire dans la masse liquide des bulles de gaz dissoutes ; en troisième lieu, que la pression à la surface du liquide soit normale.

Le point d'ébullition de l'eau s'élève quand la pression augmente, puisque, pour que l'ébullition commence à se produire, la tension de vapeur du liquide doit égaler la pression que le liquide supporte. Ceci veut dire que, si l'eau bout à 100° sous une pression de 1 atmosphère, la tension de sa vapeur (1) vaut 1 atmosphère, soit 760 millimètres de mercure ou 10 mètres 33 d'eau, ou 1 kilo 33 grammes par centimètre carré. Si la pression à la surface devient supérieure à 1 atmosphère, ce qui arrive évidemment si on fait se produire la vapeur dans un vase hermétiquement clos, les premières vapeurs produites exercent leur force élastique sur l'eau, l'ébullition est retardée d'autant plus que la pression est plus élevée, et la température du liquide peut monter bien au-dessus de 100°. La marmite ou digesteur de *Papin*, 1681, est basée sur ce retard. La température peut devenir assez élevée pour y fondre du plomb, *Musschenbroeck*, ce qui suppose au moins 325°. L'eau dans ces conditions possède une force dissolvante considérable. « Les os s'y ramollissent, la gélatine qu'ils contiennent est dissoute, et l'on prépare ainsi du bouillon

---

(1) Les mots tension, force élastique maxima, pression de la vapeur d'eau sont pris ici dans un sens équivalent.

de gélatine. On a pu même extraire de la gélatine d'os fossiles, et, il y a une cinquantaine d'années, on a servi sur la table du préfet du Nord de la gélatine extraite d'os de mastodontes et d'autres grands mammifères fossiles, c'est-à-dire morts depuis plus de 6 000 ans (1). » *Papin* destinait d'ailleurs sa marmite plus particulièrement à la cuisson rapide des légumes et de la viande. Les *marmites autoclaves* étaient basées sur le même principe, mais les accidents qu'elles ont occasionnés entre des mains inexpérimentées les ont fait abandonner.

La corrélation qui existe entre la température de l'eau et la tension de la vapeur qu'elle émet à cette température est fournie par le tableau suivant, extrait des déterminations de *Regnault* :

Température de la vapeur saturée.	Tension	
	en millimètres.	en atmosphères.
0°	4,60	0,006
10	9,16	0,012
20	17,39	0,023
30	31,55	0,042
40	54,91	0,072
50	91,98	0,121
60	148,79	0,196
70	233,09	0,306
80	354,64	0,466
90	525,45	0,691
100	760,00	1,000
100,1	762,73	»
100,2	765,46	»
100,3	768,20	»
100,4	771,95	»
100,5	773,71	»
100,6	776,48	»
100,7	779,26	»
100,8	782,04	»
100,9	784,83	»
101	787,63	»
102	816,01	»
103	845,00	1,110
104	875,41	1,150
105	906,00	1,200
106	938,31	1,230
107	971,14	1,270
108	1004,91	1,320
109	1039,65	1,360
110	1075,37	1,445

(1) *Daguin*, Traité de physique.

Température de la vapeur saturée.	Tension	
	en millimètres.	en atmosphères.
120	1491,28	1,962
130	2030,28	2,671
140	2717,63	3,576
150	3581,23	4,712
160	4651,62	6,120
170	5961,66	7,844
180	7546,39	9,929
190	9442,70	12,425
200	11688,96	15,380
210	14324,80	18,848
220	17390,36	22,882
230	20926,40	27,535

Inversement, le point d'ébullition de l'eau s'abaisse lorsque la pression qui s'exerce à la surface diminue. De nombreuses expériences dues à *Leslie*, à *Franklin* mettent ce fait en évidence. Sous le récipient de la machine pneumatique, l'ébullition peut se produire à la température ordinaire, dès que l'air est suffisamment raréfié; les bulles de vapeur prennent naissance dans la partie supérieure du liquide. *Fahrenheit*, *Grafft* avaient déjà remarqué que la température d'ébullition diminue quand le baromètre baisse. Par conséquent également, sur les montagnes élevées, l'ébullition doit se faire bien au-dessous de 100°; *Amontons* le constata le premier, puis *Cassini* sur le Canigou, *Montesquieu* sur le Pic du Midi. Le tableau suivant donne quelques résultats expérimentaux :

	Altitude.	Température d'ébullition.
Niveau de la mer............	0	100°
Paris à l'Observatoire	65	99,7
Moscou	300	99
Plombières.................	421	98,5
Madrid....................	608	97,8
Mont-Dore.................	1040	96,5
Barèges...................	1269	95,6
Saint-Gothard (hospice)......	2075	92,8
Quito	2908	90,1
Métairie d'Antisana.........	4101	86,3

On peut appliquer la corrélation qui existe entre la pression atmosphérique et la température d'ébullition de l'eau, à la détermination des altitudes ; la méthode revient à substituer une observation thermométrique à une lecture barométrique. Cette méthode, indiquée pour la première fois par *Fahrenheit et Cavallo,* exige de grands soins pour donner quelque précision, car à une variation de 10 mètres en altitude ne correspond qu'une variation de $\frac{1}{27}$ de degré thermométrique dans le point d'ébullition de l'eau; la hauteur barométrique varie de 1 millimètre. Pour l'appliquer, *J. Wollaston* fit construire des thermomètres de trois en trois degrés dont la tige présentait un développement de 15 centimètres. Le *thermomètre hypsométrique* de *Regnault* est plus commode. La pression de l'air une fois obtenue par l'observation du point d'ébullition de l'eau (voir les tables de tension de la vapeur d'eau de *Regnault*), on en déduit l'altitude au moyen de la formule connue de *Laplace*. *Forbes* a proposé l'expression directe entre la différence des altitudes et la différence des points d'ébullition : h = m (t' — t). Quand on ne tient pas à une grande précision, on peut prendre : m = 294, *Soret*.

La présence ou l'absence de substances gazeuses dissoutes agit d'une façon essentielle sur le phénomène de l'ébullition. La régularité du phénomène n'est assurée qu'en présence de bulles gazeuses dissoutes ; si elles font défaut, il n'y a plus ébullition, il y a surchauffe.

La présence ou l'absence de substances solides dissoutes agit également d'une façon essentielle, car l'ébullition de l'eau est toujours retardée dès qu'elle renferme en dissolution d'autres substances. Le retard est d'autant plus marqué que la dissolution est plus riche en substances solides dissoutes. De l'eau renfermant 10, 20, 30, 40 pour 100 de sel ordinaire bout aux températures de 101°5, 103°5, 105°5, 108°. Les bouillottes de chemins de fer sont ordinairement chargées avec des dissolutions de chlorure de calcium ou d'acétate de soude, et sont ainsi chauffées à une température supérieure à 100°; il y a un réel emmagasinement de calorique.

Voici quelques données expérimentales dues à *Legrand* :

Substances en dissolution.	Poids de sel pour 1000 d'eau.	Point d'ébullition.
Chlorate de potassium	615	104°,2
Chlorure de baryum	601	104,4
Carbonate de soude	485	104,6
Phosphate de soude	1126	106,6
Chlorure de potassium	594	108,3
Chlorure de sodium	412	108,4
Chlorhydrate d'ammoniaque	889	114,2
Tartrate neutre de potassium	2962	114,7
Chlorure de strontium	1175	117,8
Nitrate de sodium	2248	121
Acétate de soude	2090	124
Carbonate de potasse	2050	135
Nitrate de chaux	3620	151
Acétate de potasse	7982	169
Chlorure de calcium	3250	179,5
Nitrate d'ammoniaque	sans limite.	180

La tension de la vapeur d'eau reste la même, quelle que soit la richesse de la dissolution; elle égale toujours la tension de la vapeur d'eau pure à la même température.

Si, au lieu de substances solides, ce sont des liquides que l'eau renferme en dissolution, la température d'ébullition du liquide est généralement inférieure au point d'ébullition du liquide le moins volatil.

Tous ces principes de l'ébullition de l'eau reçoivent des applications fréquentes dans les opérations de distillation et dans la conduite des chaudières à vapeur.

Enfin, l'ébullition de l'eau dépend encore de la nature des vases qui la renferment, probablement à cause des bulles gazeuses qui s'attachent plus ou moins aux parois. *Gay-Lussac* a constaté que l'eau bout à 1° de différence dans un vase en verre et dans un vase en cuivre.

L'ébullition de l'eau, comme tout autre mode de vaporisation, est accompagnée d'une variation de volume et d'une absorption de chaleur dont nous allons parler.

Quant à la rapidité de l'ébullition, elle dépend de circonstances d'espèces, intensité du foyer calorifique, grandeur de la surface de chauffe, nature et épaisseur des vases qui renferment l'eau.

4° *Vaporisation générale de l'eau.*

L'évaporation, l'ébullition ne sont que des modes particuliers du passage de l'état liquide à l'état gazeux ou vaporisation de l'eau. Cette vaporisation est soumise aux principes généraux suivants.

L'eau introduite dans le vide fournit instantanément de la vapeur, et cette vapeur, si la quantité du liquide générateur est suffisante, atteint instantanément une tension maxima. La tension maxima ou force élastique de la vapeur d'eau ne peut être augmentée ni par une diminution de volume, ni par une augmentation de pression, qui n'ont d'autre effet que de condenser une partie de la vapeur et de la ramener à l'état de liquide. La tension maxima dépend de la température; une élévation de température l'augmente, ainsi que nous l'avons déjà vu en étudiant l'ébullition de l'eau. Le changement d'état de l'eau en vapeur se fait avec absorption d'une quantité de chaleur, quantité constante et caractéristique de la nature de l'eau; on la nomme : chaleur latente de vaporisation. Le passage de l'état liquide à l'état gazeux se fait encore avec une augmentation considérable de volume.

Voilà ce qui se passe lorsque la vapeur d'eau se produit en présence d'un excès de liquide; on la dit alors saturante ou saturée. Si au contraire la vapeur n'est pas saturante, elle ne suit plus les mêmes lois; elle obéit aux lois des gaz, loi de *Mariotte* et loi de *Gay-Lussac,* pourvu qu'elle soit suffisamment éloignée de son point de condensation ou de saturation. C'est-à-dire qu'elle occupe des volumes différents lorsque la pression varie; que ces volumes varient en raison inverse de la pression, si la température reste constante, conformément à la loi de *Mariotte* $VH = V'H'$; que ces volumes varient proportionnellement aux binômes de dilatation cubique, si la température ne reste pas la même, conformément à l'équation des gaz parfaits $\dfrac{VH}{1+at} = \dfrac{V'H'}{1+at'}$; et enfin que le coefficient de dilatation est le même pour la vapeur que pour les gaz, conformément à la loi de *Gay-Lussac;* sa valeur est 0,00367.

Une vapeur non saturée peut être amenée à l'état de saturation par les mêmes moyens que l'on ramène partiellement une vapeur saturante à l'état liquide, c'est-à-dire en la comprimant ou en abaissant sa température. C'est ainsi que la vapeur de l'air humide se condense sur les parois froides, et que par un abaissement de température la vapeur d'eau, qui est incolore, se précipite à l'état vésiculaire et devient visible sous forme de vapeur blanche ou de brouillard.

Quand la vapeur ne se produit plus dans le vide, mais dans une enceinte remplie d'un autre gaz, d'air par exemple, elle suit absolument les mêmes lois, à la rapidité près, c'est-à-dire qu'elle se forme plus ou moins lentement et atteint plus ou moins vite l'état de saturation et sa tension maxima.

Lorsqu'on produit la vaporisation par voie d'ébullition, qui est le mode le plus fréquent, la vapeur non seulement est saturée, mais encore emporte souvent avec elle de grandes quantités d'eau entraînée. On transforme la vapeur saturante en vapeur non saturée, et par conséquent en gaz, en la surchauffant, ce qui augmente la tension maxima qu'elle doit avoir; le même effet se produit si on augmente le volume qu'elle occupe, ou si on diminue la pression à laquelle elle est soumise.

Les tensions maxima de la vapeur d'eau correspondant aux différentes températures ont été déterminées par *Dalton* et *Regnault* pour les températures comprises entre 0° et 100°, par *Dalton, Dulong* et *Arago,* 1829, *Regnault,* 1843, pour les températures supérieures à 100°. Le principe de la méthode de détermination entre 0° et 100° est que la tension de la vapeur égale la différence des hauteurs du mercure dans le baromètre et dans le tube à vapeur. Le principe de la méthode de détermination au-dessus de 100° est que la tension de la vapeur d'eau bouillante égale la pression exercée à sa surface; il suffit donc d'une observation thermométrique et d'une observation manométrique. Les déterminations de *Dulong* et *Arago,* et celles de *Regnault,* présentent un intérêt théorique et un intérêt historique très grands. Comme ils se servaient d'un manomètre à air comprimé, ils ont été amenés à vérifier la loi de *Mariotte.* Les déterminations de *Dulong* et *Arago* sont celles d'une Commission de l'Académie des sciences de Paris, dont *Dulong* était l'âme et dont *Arago* fut le rapporteur, nommée en 1829 pour répondre à une demande du Gouvernement faite dans l'intention d'établir les bases d'une réglementation de l'emploi des chaudières à vapeur. Elles furent effectuées dans la tour du lycée Henri IV à Paris, et poussées jusqu'à 24 atmosphères correspondant à 224°. Celles de *Regnault* furent effectuées dans une tour du Collège de

France, et poussées jusqu'à 28 atmosphères. Le travail de *Regnault* est remarquable par son étendue, la perfection des appareils et l'exactitude des méthodes employées. Aussi sont-ce les valeurs des tensions fournies par ses tables que l'on emploie le plus souvent. Nous avons déjà donné, p. 284, un extrait relatif aux tensions entre 0° et 230° de 10° en 10°. Nous donnons un autre extrait dans le tableau suivant. Les valeurs des tables de *Regnault* ont été calculées, sur ses résultats expérimentaux, au moyen d'une formule d'interpolation due à *Biot* et adoptée par *Regnault* : Log F = a + bx^t + cf$^{t^2}$.

Température de la vapeur saturée.	Tension	
	en millimètres.	en atmosphères.
65°	190	0,25
81	380	0,50
92	570	0,75
100	760	1
112,2	1140	1,5
121,4	1520	2
128,8	1900	2,5
135,1	2280	3
140,5	2660	3,5
145,4	3040	4
149,06	3420	4,5
153,08	3800	5
160,2	4560	6
166,5	5320	7
172,1	6080	8
177,1	6840	9
181,6	7600	10
200,48	11400	15
214,7	15200	20
226,3	19000	25
236,2	38000	30

Il nous reste à voir les deux principaux phénomènes qui accompagnent la vaporisation de l'eau : 1° une absorption très notable de chaleur; 2° une augmentation très considérable de volume.

1° Absorption de chaleur.

L'eau n'a pas seulement été prise comme unité des densités des corps solides et des corps liquides, mais encore comme unité des chaleurs spécifiques, c'est-à-dire des quantités de chaleur absorbées ou dégagées dans les phénomènes thermiques.

Cette unité est la *calorie,* que l'on définit parfois : la quantité de chaleur nécessaire pour élever de 1° 1 kilo d'eau. C'est la calorie moyenne dont la définition est tirée de l'expression fondamentale en calorimétrie : $Q = PC\ (t' - t)$, pour $Q = 1$, $P = 1$, $t' - t = 1$. On définira plutôt la calorie : la quantité de chaleur nécessaire pour porter de 0° à 1° 1 kilo d'eau ; c'est la calorie-unité.

L'eau possède une capacité calorifique plus grande que celle de n'importe quel autre corps. La chaleur spécifique du fer n'est que 0 calorie 113, celle du laiton 0 calorie 093, celle de l'argent 0 calorie 057, celle du verre 0 calorie 197, celle du mercure 0 calorie 033, celle de l'alcool à 36° 0 calorie 672, celle de l'air 0 calorie 237. C'est donc à juste titre que l'on demandera à l'eau de servir d'intermédiaire pour transporter ou enlever les quantités de chaleur ; l'eau chaude chauffe vite, l'eau froide refroidit vite.

La calorie est également l'unité choisie pour évaluer les quantités de chaleur absorbées dans les passages à l'état liquide et à l'état gazeux ou dégagées dans les changements d'état inverses. La glace absorbe pour fondre 79 calories 25, ce qui revient à dire que, si l'on mêle ensemble 1 kilo de glace à 0° et 1 kilo d'eau à 79° 25, on obtiendra après fusion de la glace 2 kilos d'eau à 0°. Cette valeur, vue pour la première fois par *Black*, est l'une des plus grandes parmi les chaleurs latentes de fusion.

A son tour, l'eau au moment de sa vaporisation absorbe pour prendre l'état gazéiforme une quantité de chaleur très grande. S'il faut à 1 kilo d'eau 100 calories pour passer de la température 0° à la température 100°, il faut à ce kilo d'eau, chauffée à 100°, 537 autres calories pour se transformer en vapeur présentant la même température. La chaleur ainsi fournie est utilisée tout entière à produire le changement d'état. Lorsque, par un phénomène inverse, la vapeur d'eau se condense, elle dégage et rend les 537 calories qu'elle avait absorbées, et elle les dégage en chauffant les corps voisins. C'est ce dégagement de chaleur qui est le principe du chauffage à la vapeur.

La chaleur latente de vaporisation de l'eau a été également découverte par *Black*. Sa valeur est de 537 calories à 100°, avons-nous dit, mais il y a lieu de distinguer les chaleurs totales de vaporisation de l'eau depuis 0° et les chaleurs latentes de vaporisation : la chaleur totale de vaporisation de l'eau à 100° est de 637 calories ; elle représente la somme des calories nécessaires d'une part pour élever l'eau de 0° à 100°, d'autre part pour transformer l'eau en vapeur à cette température.

Lorsque la vaporisation se produit sous différentes pressions, ou, ce qui revient au même, à différentes températures, la chaleur totale de vaporisation de l'eau croit avec la température, tandis que la chaleur de vaporisation diminue lorsque la température augmente. Ce résultat, contraire aux lois énoncées jadis par *Wott* et par *Southern*, découle avec évidence des résultats d'expériences précises exécutées par *Regnault*. On s'en rendra compte par le tableau suivant extrait des mémoires de *Regnault* :

Températures.	Chaleurs latentes de vaporisation.	Chaleurs totales de vaporisation.
100°	537	637
110	530	640
115	526,6	641,6
120	523,1	643,1
125	519,6	644,6
130	516,1	646,1
135	512,6	647,6
140	509,2	649,2
145	505,7	650,7
150	502,2	652,2

La chaleur de volatilisation de l'eau est encore la plus forte qui soit possédée par les liquides, puisque celle de l'éther à 38° est de 91 calories 1, celle de l'alcool méthylique à 66° 5 est de 263 calories 8, celle de l'alcool ordinaire à 78° est de 208 calories 9. C'est un avantage quand il s'agit de transport du calorique.

2° Augmentation de volume.

La densité de la vapeur d'eau par rapport à l'air égale 0,622. 1 litre de vapeur d'eau pèse donc 0,622. 1,293 = 0 gramme 804, soit à très peu de chose près les $\frac{5}{8}$ du poids de l'air. Comme l'air pèse par rapport à l'eau $\frac{1,293}{1000}$, il en résulte que la densité de la vapeur d'eau par rapport à l'eau est à peu près $\frac{5}{8} \cdot \frac{1,293}{1000} = 0,00804$. Or les densités sont en raison inverse des volumes. 1 kilo d'eau fournit 1 kilo de vapeur, mais ce kilo de vapeur pesant 1243 fois moins (1) que l'eau doit occuper un volume 1 243 fois plus grand, c'est-à-dire que 1 litre d'eau fournit au moins 1 243 litres de vapeur. Si l'on tient compte de la dilatation, ce volume de 1 243 litres ramené à la température 0°, qui est la température normale de mesure des volumes, représente 1 700 litres (2). 1 litre d'eau à 100° fournit donc 1 700 litres de vapeur à 100° mesurés à la température normale de 0°. L'on a dans cet accroissement de volume considérable, qui accompagne le changement d'état lors de la transformation de l'eau liquide en vapeurs gazeuses, une explication de la force motrice énorme que la vapeur d'eau possède.

*

La vapeur d'eau repasse à l'état liquide, autrement dit se condense, par action isolée ou simultanée du refroidissement ou de l'augmentation

(1) Le rapport $\frac{0,804}{1000}$ égale $\frac{1}{1243}$.

(2) Le calcul se fait en s'appuyant sur la relation : $v = V (1 + \alpha t)$.

de pression (une diminution de volume est équivalente). Le refroidissement s'opère souvent au moyen d'un courant d'eau froide, comme dans les réfrigérants système *Liebig*, ou dans les machines à vapeur à condensation.

* *

Nous aurons fini les propriétés physiques de l'eau en disant que c'est l'un des liquides les moins bons conducteurs de la chaleur et de l'électricité, et que c'est le dissolvant le plus général.

L'eau est très mauvaise conductrice de la chaleur ; les expériences de *Despretz* l'ont établi définitivement. Si l'on chauffe la partie supérieure d'un vase renfermant de l'eau, ses portions inférieures restent à une température beaucoup en dessous. L'eau ne s'échauffe guère que si on la chauffe inférieurement, par suite des mouvements qui se produisent dans son intérieur, ascension des portions chaudes et moins denses, descente des portions froides et plus denses. Ces courants s'observent aisément si on chauffe de l'eau avec de la sciure de bois, dans un vase en verre.

L'eau est également très mauvaise conductrice de l'électricité, au point qu'il est difficile de décomposer par le courant électrique de l'eau pure. Pour accomplir l'électrolyse de l'eau, on est obligé de lui ajouter des substances acides ou salines qui lui donnent de la conductibilité électrique.

Par contre, l'eau est le grand dissolvant de la nature. Nous étudierons au long cette propriété remarquable.

Pouvoir dissolvant de l'eau. — L'une des propriétés physiques les plus remarquables de l'eau et les plus importantes par les nombreuses applications qui en découlent, c'est le pouvoir dissolvant qu'elle possède à l'égard des gaz, des liquides et des solides. Remarquons dès maintenant que ce pouvoir dissolvant ne s'étend pas aux substances grasses, ni en général aux substances organiques très oxygénées.

1° *Dissolution des gaz.*

La solubilité des gaz dans l'eau dépend de la nature du gaz, de sa pression au-dessus de l'eau, de la température.

Tous les gaz n'ont pas le même coefficient de solubilité dans l'eau. 1 litre d'eau dissout

à 0°.	à 15°.	
20 cc.	18 cc.	d'hydrogène.
50 cc.	35 cc.	d'oxygène.
24 cc.	18 cc.	d'azote.
500 litres		d'acide chlorhydrique.
420 litres		d'acide iodhydrique.
4 l. 37	3 l. 23	d'acide sulfhydrique.
80 litres	50 litres	d'acide sulfureux.
1049 litres	727 litres	d'ammoniaque.
1 l. 797	1 litre	d'acide carbonique.

L'eau, qui séjourne à l'air, dissout chacun des éléments, oxygène, azote, acide carbonique, suivant son coefficient propre de solubilité ou d'absorption. Il en résulte que l'air dissous dans l'eau n'a pas la même composition que l'air atmosphérique ; il est plus riche en oxygène, au grand bénéfice de la vie aquatique (Cf p. 206). *Priestley* l'a constaté le premier. L'air dissous renferme près de 34 pour 100 d'oxygène, tandis que l'air atmosphérique n'en renferme que 21 volumes.

La solubilité des gaz dans l'eau croît avec leur pression au-dessus de l'eau. Lorsqu'on veut dissoudre de grandes quantités d'un gaz dans l'eau, il n'y a donc qu'à comprimer fortement ce gaz au-dessus de l'eau. C'est ainsi que l'on opère dans la fabrication des eaux gazeuses. Par contre, un abaissement de pression diminue la proportion de gaz dissous. *Boussingault* a constaté que l'eau des montagnes est moins riche en air dissous que l'eau des plaines.

Si l'eau se trouve en présence d'un mélange de gaz, son action dissolvante dépend des proportions relatives des gaz dans le mélange. C'est ainsi que l'air dissous dans l'eau renferme l'azote et l'oxygène dans le rapport à peu près constant de 2 à 1.

La solubilité des gaz dans l'eau diminue lorsque la température augmente. Presque tout l'air dissous dans l'eau se dégage quelques instants avant l'ébullition, et l'on peut le recueillir sur la cuve à mercure. Par le soleil d'été, les eaux tranquilles et peu profondes perdent une partie de l'air dissous, et l'on voit les poissons venir à la surface humer des parcelles de l'air qui leur manque dans l'eau.

L'eau déjà chargée de substances salines en dissolution a moins de facilité à dissoudre les gaz.

2° *Dissolution des liquides.*

La plupart des liquides sont plus solubles dans l'eau à chaud qu'à froid. Cependant quelques-uns le sont davantage à froid qu'à chaud ; ce sont le brome, le sulfure de carbone, l'alcool amylique, le menthol, le thymol, l'éther, le chloroforme, les essences de menthe, de thym, de cédrat, de romarin, de bergamotte, de lavande, de géranium, de marjolaine. Ce fait trouve son application dans la préparation des eaux distillées alcooliques.

La dissolution des liquides dans l'eau s'accompagne le plus souvent d'une variation de température. Le mélange à parties égales d'alcool et d'eau s'opère avec une variation de 7° 3, *Bussy et Buignet,* et en même temps avec une contraction de volume.

Le point d'ébullition de ces solutions est intermédiaire entre celui de l'eau et celui du liquide dissous ; il se rapproche davantage du dernier à mesure que la solution devient plus riche. Des appareils nommés Ebullioscopes basés sur ce principe permettent de déterminer la richesse des solutions, d'après le point d'ébullition ; ils sont principalement usités en alcoométrie.

3° *Dissolution des solides.*

La dissolution des solides dans l'eau représente un mode particulier de passage à l'état liquide, sans intervention de la chaleur. Les lois du phénomène sont les suivantes.

Le pouvoir dissolvant dépend de la nature du solide et de la température. La dissolution est accompagnée, comme la fusion, d'une absorption constante de chaleur.

Pour une quantité fixe d'eau, il y a généralement une limite de la dissolution ; on la nomme saturation.

La mesure du pouvoir dissolvant de l'eau pour les solides se fait en préparant d'abord une solution saturée. Pour cela, on n'a qu'à laisser quelque temps, dans un matras, un excès de la substance à dissoudre avec une quantité déterminée d'eau. Puis, on prend un poids P de la solution saturée ainsi préparée, on l'évapore à sec, on pèse le résidu P', et le rapport $\dfrac{P'}{P-P'}$, est ce qu'on est convenu d'appeler le pouvoir dissolvant.

*

Ce pouvoir dissolvant varie d'abord avec la nature des corps solides.

En ce qui concerne la constitution chimique des substances solides, il est facile d'établir quelques généralités concernant leur solubilité dans l'eau.

Les acides anhydres et les acides hydratés sont généralement solubles dans l'eau.

Les bases alcalines et alcalino-terreuses sont solubles dans l'eau. La chaux n'est que peu soluble. Tous les autres oxydes métalliques sont insolubles dans l'eau, à l'état anhydre.

D'une façon résumée, on peut dire :

Sont solubles dans l'eau les acides, les bases alcalines et alcalino-terreuses, les sels alcalins, les chlorures, bromures et iodures, sauf ceux d'argent, de plomb, de mercure au minimum, les chlorates, les nitrates, les sulfates, sauf les sulfates alcalino-terreux et ceux d'argent, de plomb, de mercure au minimum. Sont encore insolubles dans l'eau les phosphates, arsénites et arséniates, borates, silicates et carbonates, sauf ceux des métaux alcalins.

Parmi les sels à acides minéraux :

Les fluorures alcalins, ceux d'aluminium et de chrome, de fer, d'argent, de bismuth, d'étain, d'antimoine sont solubles ; ceux de zinc, de nickel, de cobalt le sont très peu.

Les chlorures sont tous solubles, à l'exception du chlorure d'argent, du chlorure de plomb, du chlorure mercureux. Le chlorure de plomb est un peu soluble dans l'eau froide. Les chlorures de bismuth, d'antimoine sont difficilement solubles ; les basiques sont entièrement insolubles. Les chlorures doubles de platine et de potassium ou d'ammonium sont difficilement solubles.

Les chlorates sont tous solubles sans exception.

Les bromures sont tous solubles, à l'exception du bromure d'argent et du bromure mercureux. Le bromure de plomb n'est qu'un peu soluble; ceux de bismuth et d'antimoine sont difficilement solubles.

Les iodures sont tous solubles, sauf ceux d'argent, de mercure, de bismuth, d'or, de platine. Ceux de plomb et d'antimoine sont difficilement solubles.

Les sulfures alcalins et les sulfures alcalino-terreux sont seuls solubles. Le sulfure de calcium est difficilement soluble, le sulfure d'antimoine et de calcium également.

Les sulfites à base alcaline sont seuls facilement solubles dans l'eau. Les autres se dissolvent dans l'eau chargée d'acide sulfureux.

Les sulfates sont généralement solubles; celui de calcium ne l'est qu'un peu ; les sulfates de chrome, d'argent, de mercure au minimum le sont difficilement. Ceux de baryum, strontium, plomb, antimoine sont insolubles. Les sulfates doubles sont en général solubles. Les aluns sont solubles.

Les azotates neutres sont tous solubles. L'azotate basique de bismuth est insoluble.

Les phosphates sont insolubles dans l'eau ; les phosphates alcalins sont seuls solubles. Le phosphate d'antimoine est difficilement soluble. Le phosphate ammoniaco-magnésien est insoluble.

Les arsénites et les arséniates sont insolubles, sauf les alcalins qui se dissolvent.

Les silicates sont insolubles, sauf les alcalins qui se dissolvent.

Les borates sont insolubles, sauf les alcalins. Ceux de magnésium et de cadmium sont difficilement solubles.

Les carbonates sont également insolubles, sauf les alcalins. Les carbonates insolubles se dissolvent dans l'eau chargée d'acide carbonique.

Les cyanures, ferrocyanures et ferricyanures des métaux alcalins et des métaux alcalino-terreux sont solubles. Ceux de baryum sont difficilement solubles. Le cyanure mercurique, les cyanures d'or, de platine, le ferricyanure ferrique sont solubles ; le ferricyanure de plomb est difficilement soluble.

Les chromates alcalins, ceux de magnésium, zinc, manganèse, fer au maximum, cuivre sont solubles ; ceux de strontium, calcium, mercure au maximum le sont difficilement.

Parmi les sels à acides organiques :

Les formiates sont tous solubles; celui de plomb l'est difficilement.

Les acétates sont tous solubles ; le mercureux l'est difficilement.

Les oxalates alcalins, celui de platine et celui d'étain sont seuls solubles. Ceux de chrome et de manganèse sont difficilement solubles. Les autres sont insolubles.

Les succinates des métaux alcalins, de magnésium, de manganèse, de nickel, de cadmium sont solubles. Les alcalino-terreux, ceux d'aluminium, de zinc, de cobalt, de fer, de mercure, de cuivre sont difficilement solubles.

Les tartrates alcalins, ceux de chrome, de cobalt, de fer, de cuivre sont solubles ; ceux de magnésium, de manganèse, de fer au minimum, de cadmium le sont difficilement. Le borotartrate de potassium est soluble. Le tartrate double d'antimoine et de potassium est soluble.

Les citrates alcalins, ceux de magnésium, d'aluminium, de chrome, de nickel, de cobalt, de fer, de cuivre sont solubles ; ceux de calcium, de zinc, de mercure au maximum le sont difficilement.

Les benzoates sont solubles, sauf ceux de fer au maximum, de plomb, de mercure, de cuivre ; ceux d'argent et de mercure au maximum le sont difficilement.

D'une façon générale, tous les sels dits acides, bisulfates, bicarbonates, bichromates, bioxalates, bitartrates, sont solubles. Les sels dits basiques sont au contraire insolubles ; pourtant les acétates basiques sont souvent solubles : plomb, cuivre.

Si nous classons les sels, non plus d'après les acides, mais d'après les bases, nous avons pour les sels du :

potassium, tous solubles.

sodium, tous solubles.

ammonium, tous solubles.

calcium, généralement solubles. Le fluorure, les phosphates, arsénites et arséniates, silicates, borates, carbonates, oxalates, tartrates, sont insolubles ; le chromate, le citrate, le succinate, sont difficilement solubles ; le sulfate est un peu soluble.

baryum, comme pour le calcium, sauf que le sulfure, le sulfate, le chromate, le citrate, sont tout à fait insolubles ; le cyanure est difficilement soluble.

strontium, comme pour le calcium, sauf que le sulfure, le sulfate, le citrate, sont tout à fait insolubles.

magnésium, généralement solubles. Comme pour le calcium, sauf le sulfate, le chromate, le citrate, le succinate, solubles ; le borate, le tartrate, difficilement solubles.

aluminium, solubles pour les sels à acides halogénés, à acides organiques, le chlorate, le sulfate, l'azotate ; les autres insolubles.

chrome, comme pour l'aluminium, sauf le cyanure, insoluble, et l'oxalate, difficilement soluble.

zinc, comme pour l'aluminium, sauf le fluorure, le succinate, le citrate, difficilement solubles ; le cyanure, le tartrate, insolubles.

manganèse, comme pour l'aluminium, sauf le tartrate, difficilement soluble ; le fluorure, le citrate, insolubles.

nickel, comme pour l'aluminium, sauf le fluorure, difficilement soluble ;
le chromate, le tartrate, insolubles.

cobalt, comme pour le nickel, sauf le tartrate, soluble ; le succinate, difficilement soluble.

fer, comme pour l'aluminium ; le succinate ferrique, le benzoate ferrique,
sont tout à fait insolubles.

argent, généralement insolubles ; le fluorure, le chlorate, le nitrate, le
formiate, l'acétate, sont solubles ; le benzoate l'est difficilement.

plomb, comme pour l'argent, sauf le chlorure, le bromure, un peu solubles ;
l'iodure, le formiate, difficilement solubles ; le fluorure, le benzoate,
insolubles.

cuivre, comme pour l'argent, sauf les chlorure, bromure, iodure, le chromate, le tartrate, le citrate, solubles ; le succinate, difficilement soluble ;
le fluorure, le benzoate, insolubles.

mercure, comme pour l'argent, sauf le fluorure au minimum, le benzoate,
insolubles ; l'acétate, difficilement soluble ; et pour les sels au maximum, le fluorure, le citrate, difficilement solubles ; les chlorure, bromure et cyanure, le sulfate, solubles.

bismuth, généralement insolubles ; le fluorure, le chlorate, le sulfate, le
nitrate, le formiate, l'acétate, solubles ; le chlorure, le bromure, difficilement solubles.

étain, comme pour le bismuth, sauf l'iodure, soluble.

antimoine, comme pour le bismuth, mais moins facilement solubles.

cadmium, comme pour le zinc, sauf le borate, le tartrate, difficilement
solubles ; le citrate, insoluble.

or ; chlorure, bromure, cyanure, solubles.

platine, comme pour l'or ; sulfate, nitrate, oxalate, solubles.

Ces données trouvent une application constante dans le travail du
laboratoire pour reconnaître les corps.

* *

Le pouvoir dissolvant varie ensuite avec la température.

Les substances solides sont généralement d'autant plus solubles dans
l'eau que la température est plus élevée. C'est le contraire de ce qui arrive
pour les gaz. Il est important de représenter le phénomène par des courbes
construites en portant sur l'axe des abscisses ou des x les degrés de température et sur l'axe des ordonnées ou des y les quantités de substances
solubles dans 100 parties d'eau, ainsi que l'a fait *Gay-Lussac*. Les courbes
ainsi obtenues sont régulières et droites lorsque la solubilité croît proportionnellement à la température, par exemple, le chlorure de potassium,
ou lorsque la solubilité est presque indépendante de la température, par
exemple, le chlorure de sodium ; la courbe du chlorure de sodium reste
presque parallèle à l'axe des x. Les courbes de solubilité sont infléchies et
tendent vers la parabole lorsque la solubilité croît plus vite que la tempé-

rature, par exemple, celles du sulfate de cuivre, des nitrates de potassium, de sodium. Ces courbes présentent des points brusques d'inflexion ou points singuliers ou maxima de solubilité, par exemple, pour le sulfate de sodium, dont la solubilité augmente jusqu'à 32°-33° pour diminuer ensuite. On explique ces points singuliers par des changements de constitution : à 32°-33°, le sulfate de soude se combinerait avec une quantité variable d'eau de cristallisation, et ce ne serait plus, par conséquent, le même corps qui se dissout.

Certaines substances voient exceptionnellement leur dissolubilité diminuer par une élévation de température, tels les sucrate, citrate, etc., de chaux; une solution de butyrate de chaux se prend en masse lorsqu'on la porte à l'ébullition.

* * *

Enfin, la dissolution se fait toujours avec absorption de chaleur. *Rudorf* a étudié les variations de température pour un grand nombre de solutions salines. Mais le résultat décelé par le thermomètre n'est pas nécessairement un abaissement de température, car en même temps que le phénomène physique de la dissolution qui absorbe de la chaleur, il y a une action chimique qui en dégage, et, selon que le phénomène physique de la dissolution l'emporte sur l'action d'ordre chimique concomitante ou lui est inférieur, il y a abaissement ou élévation de température. Si on mélange 1 partie d'acide sulfurique et 4 parties de glace, la température s'abaisse de 20° environ; mais si l'on met 4 parties d'acide sulfurique avec 1 partie de glace, la température s'élève de 60° et au delà. Ces considérations vont trouver leur application dans l'étude des mélanges réfrigérants.

Mélanges réfrigérants ou frigorifiques. — Un mélange réfrigérant est formé de plusieurs substances dont l'une au moins est solide, et peut se liquéfier par dissolution dans le liquide en présence ou peut former par combinaison des composés liquides. Le principe sur lequel il repose est l'absorption de chaleur par l'acte de la dissolution. Il faut donc, pour que le mélange réfrigérant soit le plus actif possible, que le phénomène physique l'emporte le plus possible sur la combinaison chimique. Il faut encore que le solide soit pulvérisé afin de faciliter le contact et la dissolution, que les substances soient amenées à la plus basse température, et que le mélange soit préservé de la chaleur extérieure.

Les principaux mélanges réfrigérants à base d'eau comme dissolvant sont les suivants. Lorsqu'on emploie l'eau sous forme de neige, ou de glace en fragments, au froid de la dissolution s'ajoute celui dû à la fusion de la neige. Dans ce cas, l'abaissement de température maximum correspond au point où la dissolution commence à se solidifier; il faut donc employer les proportions qui correspondent à des dissolutions saturées.

			Chute de température.
	4 parties d'eau, et		
4	Nitrate d'ammoniaque.............		25°
1	Chlorhydrate d'ammoniaque........		15
1	Chlorure de potassium.............		12
1	Acétate de sodium................		11
1	Sulfate de sodium................		8

	4 parties de neige, et		
4	Chlorure de sodium..............		18°
2	»	»	20
1,3	»	»	21,3
1,2	»	de potassium...........	11
1	»	d'ammonium...........	15,5
6	»	de calcium	45
2	Nitrate d'ammonium		17
2	»	de sodium...............	18
4	Acide chlorhydrique.............		35
2	»	sulfurique................	33

Ces mélanges sont employés pour produire la liquéfaction des gaz et des vapeurs et la congélation de certains liquides. On les utilise dans l'économie domestique au moyen des sorbetières ou glacières. En saupoudrant de sel la neige qui obstrue les rails des tramways, on provoque la fonte de la neige et on procure le moyen de marcher pendant l'hiver. Mais le liquide qui en résulte est considérablement refroidi.

4° Retour des corps dissous à l'état solide.

Le corps dissous n'est maintenu à l'état liquide que par la présence du dissolvant-eau ; il revient à l'état solide, généralement en *cristallisant* (1), 1° lorsqu'on évapore le dissolvant, 2° si l'on refroidit une solution saturée, 3° si l'on fait cesser un état de sursaturation.

Il y a *sursaturation* (2) lorsqu'une dissolution contient, sans déposer de cristaux, plus de matière dissoute que dans l'état de saturation. Ainsi des solutions aqueuses d'acétate de soude, de sulfate, de carbonate de soude, d'alun peuvent être amenées, sans cristalliser, bien au-dessous de la température à laquelle elles sont saturées. On obtient les dissolutions sursaturées en refroidissant lentement, et à l'abri de la pénétration de l'air (par exemple, dans des ballons à col étroit), au-dessous de la température de saturation, une solution saturée.

(1) Les corps qui en cristallisant fixent de l'eau de cristallisation subissent la fusion aqueuse avant la fusion ignée, c'est-à-dire qu'ils se dissolvent d'abord dans leur eau de cristallisation. Ce n'est qu'après l'évaporation de celle-ci qu'ils fondent.

(2) Elle a été étudiée par *Lœwel*, et d'une façon toute particulière par *Gernez*.

Cet état d'équilibre instable, tout à fait comparable à la surfusion, cesse par des actions mécaniques, par le refroidissement poussé assez loin, ou par l'introduction d'une parcelle cristalline de la substance dissoute ou d'une substance isomorphe. La température remonte alors subitement au point de saturation. Avec l'acétate de soude, la chaleur dégagée suffit pour faire bouillir de l'éther contenu dans un petit tube. L'air n'agit jamais, comme l'a démontré *Gernez,* qu'en amenant dans la solution des particules du sel contenues dans l'atmosphère. L'influence de ces parcelles est tellement sensible qu'on en a déduit un moyen d'analyse qualitative.

Ce retour à l'état solide se fait le plus souvent avec augmentation de volume. On a appliqué celle du sulfate de soude à la reconnaissance des pierres gélives, en les imprégnant d'une dissolution de sulfate de soude, *Brard.*

Les dissolutions salines se congèlent à une température plus basse que celle de l'eau, et pendant sa durée, les sels se séparent de l'eau. La première glace qui se forme est donc de l'eau pure. Cette propriété est utilisée dans les pays du Nord pour extraire le sel marin.

E. Finot et A. Bertrand ont déterminé quel degré de concentration (degré Baumé) doivent marquer les solutions salines bouillantes pour former de beaux cristaux pendant le refroidissement. Nous donnons un extrait fort résumé de leur travail :

Acétate de plomb	42° Baumé.
Acide borique.	6
» oxalique	12
» tartrique.	35
Alun de potasse	20
Arséniate de sodium	36
Borate de sodium.	24
Bromure de potassium	40
» de sodium.	35
Carbonate de sodium	28
Chlorate de potassium	22
» de sodium.	43
Chlorure stanneux.	75
» ferreux.	50
» de magnésium	35
» de potassium.	25
Chromate de sodium	43
» acide de potassium.	38
Citrate de sodium.	36
Hyposulfite de sodium.	53
Iodure de potassium	60
Lactate de calcium.	8
Manganate (Per) de potassium	25

Nitrate d'ammonium............   29° Baumé.

»   de potassium.............   28

»   de plomb   50

»   de sodium...............   40

»   de zinc   55

Oxalate d'ammonium   5

Phosphate de sodium   20

Prussiate jaune..................   38

Sulfate d'ammonium.............   28

»   de sodium   30

»   de potassium.............   15

»   acide de potassium   35

»   d'aluminium   25

»   de magnésium   40

»   de manganèse............   44

»   de cuivre   30

»   de zinc   45

»   ferreux.................   31-32

Sulfite de sodium...............   25

Sulfocyanure d'ammoniaque......   18

Tartrate d'ammoniaque   25

»   de potassium...........   38

Tungstate de sodium............   45

En été, il est nécessaire de pousser l'évaporation préalable de sorte que la liqueur bouillante marque 1° de plus à l'aréomètre.

En faisant passer lentement, tantôt dans un sens, tantôt dans l'autre, la liqueur mère sur les cristaux, et en ayant soin de la saturer et de la chauffer avant chaque passage dans le cristallisoir, *L. Wulff* (br. all., 1896) obtient de beaux cristaux de sucre candi, de sulfate de cuivre, d'alun, de borax, d'acide citrique, de fuchsine, etc.

5° *Évaluation de la concentration des différentes dissolutions et de la richesse des solutions saturées.*

Le tableau suivant indique la richesse des principales solutions aqueuses à la température de 15°. Les solutions saturées sont marquées (s).

	Degré Baumé.	Densité.		Pourcentage.
Acide fluosilicique	8°	1,06	7	en H^2SiFl^4.
....	19	1,15	18,5	—
...................(s)	34	1,31	34	—
Acide chlorhydrique.....	20	1,16	32	en HCl.
....	22	1,18	36	—
....	24	1,20	40	—
....	40	1,38		

	Degré Baumé.	Densité.		Pourcentage.
Acide bromhydrique.....	48	1,50		en HBr.
...................(s)	63,5	1,78	82	—
Acide iodhydrique.......	30	1,26	27	en HI.
....	49	1,51	43	—
....	60	1,71		
...................(s)		2,0	67	—
Acide sulfureux.........	8,5	1,06	20	en SO².
Acide sulfurique	60	1,710	78	en SO⁴H².
....	65,5	1,831	93,9	—
...................(s)	66	1,842	99,5	—
Acide nitrique	22	1,180	29,2	en NO³H.
....	24	1,20	32	—
....	36	1,33	52	—
....	40	1,38	62	—
....	42	1,41	68	—
...................(s)	50	1,53	100	—
Acide nitrique fumant ...	48	1,50		
....	50	1,53		
....	51	1,54		
Acide arsénique.........	46	1,46	50	en AsO³H³.
Acide formique	20	1,16	70	en CH²O².
...................(s)	26	1,22	100	
Acide acétique.........		1,05		
...................(s)	8	1,0553	100	en C²H⁴O².
Acide oxalique (s)	4,5	1,032	12,6	en A, 2 Ag.
Ammoniaque..........	22	0,925	20	en NH³.
....	24	0,910	25	—
....	26	0,900	29	—
....	28	0,890	34	—
....	30	0,875		
...................(s)	34	0,855		
Alcool	38,5=36C.0,835		90	en degrés centésimaux.
....	42 =39C.0,818		95	—
Alcool absolu..........		0,795	100	—
Éther................	56			
....	62	0,730		
....	65	0,722		
Éther absolu	66			
Glycérine	28	1,23	85	en C³H⁸O³.
....	30	1,25	93	
Potasse caustique	5	1,041	5	en KOH.
....	11	1,083	10	—
....	27	1,230	25	—
....	64	1,790	70	—

		Degré Baumé.	Densité.		Pourcentage.
Soude caustique		8	1,058	5	en NaOH.
		15	1,115	10	—
		31,5	1,279	25	—
		62	1,748	70	—
Chlorure de potassium	(s)	21	1,172	24,9	en KCl.
» de sodium	(s)	24,5	1,204	26	en NaCl.
» d'ammonium	(s)	10	1,076	26,3	en AmCl.
» de baryum	(s)	32	1,282	25,97	en $BaCl^2$.
» de calcium	(s)	42	1,411	40,46	en $CaCl^2$.
» d'aluminium	(s)	51,5	1,553	41,13	en Al^2Cl^6.
» d'antimoine		38	1,350		
» de fer		30	1,26		
		45	1,46		
» d'étain		16	1,123	20	en $SnCl^4$, 5 Ag.
Sulfate de potassium	(s)	11	1,083	9,92	en SO^4K^2.
» de sodium	(s)	14,5	1,111	11,95	en SO^4Na^2.
					en SO^4Na^2, 10 Ag.
» de magnésium	(s)	32,5	1,288	27,10	
				25,25	en SO^4Mg.
				51,72	en SO^4Mg, 7 Ag.
Bisulfite de chaux		8	1,058		
» de soude		30	1,262		
Nitrate de potassium	(s)	18	1,143	21,07	en NO^3K.
Carbonate de potass^m	(s)	52,5	1,570	52,07	en CO^3K^2.
» de sodium	(s)	19	1,153	14,35	en CO^3Na^2.
Silicate de soude		35	1,320	38,71	en CO^3Na^2, 10 Ag.

Le degré de concentration des différentes solutions aqueuses et la richesse des solutions saturées se déterminent comme on l'a vu p. 294 pour la mesure du pouvoir dissolvant de l'eau.

Dans le commerce, les dissolutions aqueuses se vendent d'après cette richesse. Leur prix varie avec le pourcentage plus ou moins élevé. Ce pourcentage se détermine la plupart du temps empiriquement par une mesure aréométrique. Aux indications de l'aréomètre correspondent des densités fixes.

La détermination de la force ou de la richesse, par suite de la valeur des solutions acides, celle des solutions alcalines, celle des liqueurs alcooliques, portent les noms spéciaux d'*acidimétrie*, d'*alcalimétrie* et d'*alcoométrie*.

En dehors de la méthode physique par aréomètres, le pourcentage peut également se déterminer par des méthodes chimiques.

Iº Méthodes physiques de détermination de la richesse des solutions aqueuses.

La méthode la plus usuelle repose sur l'emploi des aréomètres à poids constants et à volumes variables, en particulier du pèse-sels *Baumé*. En Angleterre et en Amérique, on se sert principalement de l'aréomètre *Twaddle*. Pour les liquides alcooliques, en France, on emploie presque uniquement l'alcoomètre centésimal de *Gay-Lussac,* gradué directement de 5 en 5 degrés dans des mélanges d'alcool et d'eau de composition connue; en Angleterre, l'hydromètre de *Sykes,* aréomètre à poids et à volume variables. L'alcoomètre de *Tralles* donne la richesse alcoolique en volume et diffère très peu de l'alcoomètre centésimal.

La détermination de nombreux points limites pour la graduation de l'alcoomètre centésimal est rendue nécessaire par le fait que les mélanges d'eau et d'alcool subissent une contraction : le volume du mélange est inférieur à la somme des volumes composants. On ne pourrait donc pas le graduer en se bornant à déterminer deux points limites, comme *Baumé* l'a fait pour ses aréomètres, à diviser l'intervalle compris en parties aliquotes et à prolonger la graduation au delà des points limites.

Baumé a indiqué une double graduation pour son aréomètre, selon qu'il est destiné à servir pour les liquides plus lourds que l'eau : pèse-sels, pèse-acides, ou pour les liquides moins lourds : pèse-éthers. Le pèse-sels se gradue en marquant $0°$ dans l'eau et $15°$ dans une solution renfermant 15 parties de sel marin pour 85 parties d'eau. Cette solution type a une densité égale à 1,111. Le pèse-éthers se gradue en marquant $10°$ dans l'eau et $0°$ dans une solution à 10 pour 100 de sel.

Quand l'aréomètre est destiné à peser des liquides spéciaux, vins, laits, solutions tanniques, urines, etc., on se borne à le graduer pour le voisinage des densités normales de ces liquides, ce qui permet de répartir un nombre de degrés restreint sur toute la tige et d'avoir ainsi un appareil plus sensible.

L'alcoomètre centésimal a été rendu exclusivement obligatoire en France; lois du 27 juillet 1881 et du 28 juillet 1883. Il est soumis à une vérification officielle et à un règlement de construction. En particulier, le volume de la carène doit être tel que la tige cylindrique qui porte la graduation s'enfonce au moins de 3 millimètres par degré.

Ces différents aréomètres ne donnent, sauf l'alcoomètre centésimal, que des indications empiriques, et non la densité. On peut cependant la déduire par un calcul simple d'une indication aréométrique. Soit en effet un pèse-sels *Baumé* gradué comme nous l'avons indiqué plus haut et marquant une division n dans le liquide expérimenté. Pour connaître la densité correspondant à cette division n quelconque, il suffit de remarquer que le poids de l'aréomètre reste toujours le même, et qu'en flottant, il déplace, d'après le célèbre principe posé par *Archimède,* un poids de liquide précisément égal à son poids personnel. Ce poids reste le même, quelle que soit la densité du liquide déplacé; le volume seul de celui-ci, et par conséquent le volume immergé de l'aréomètre varie. Dans des liquides différents, nous avons $P = vd = v'd'$; ou pour les trois cas de l'affleurement dans l'eau pure, au degré 15 et au degré n, nous obtenons le système de deux équations à deux inconnues (1) :

$$P = V_0 = (V_0 - 15\,v_0)\,1,111 = (V_0 - n\,v_0)\,d$$

d'où l'on tire la valeur de d :

$$d = \frac{15.1,111}{(15-n)\,1,111 + n} = \frac{16,665}{16,665 - 0,111\,n}.$$

$$\text{ou} \qquad d = \frac{1}{1 - 0,00666\,n}.$$

En donnant à n les valeurs comprises entre 0 et 70, nous trouvons les densités correspondantes aux degrés Baumé de 0° à 70°.

Dans le cas des pèse-éthers, pour les liquides moins denses que l'eau, un calcul analogue (2) conduit à l'expression :

$$x = \frac{1,073}{1 + 0,0073\,n}.$$

L'aréomètre *Twaddle* donne la densité par une déduction encore plus simple, puisqu'on a entre ses degrés n et les densités d la relation :

$$d = \frac{n + 1000}{1000}.$$

Le zéro Twaddle est le même que le zéro Baumé; le 75° Tw. correspond au 40° B. ; le 100° Tw. au 49° B. 1° Tw. vaut donc $\frac{8}{15}$ de degré Bé.

Tous les aréomètres qui portent des indications de densités, inscrites isolément ou inscrites par correspondance avec les degrés aréométriques, reçoivent le nom de *densimètres*. Le plus simple des densimètres consiste en un tube régulier gradué en centimètres cubes. On le leste avec du mercure pour qu'il puisse flotter debout dans la solution. Si le 0 de la graduation est au bas de ce tube, et s'il affleure à la division N dans l'eau pure, on aura, pour résoudre le problème des densités correspondantes à une division quelconque n, la relation : $P = N = nd$, d'où $d = \frac{N}{n}$. On peut encore simplifier le calcul, en prenant $N = 100$: c'est alors le *volumètre* de *Gay-Lussac*.

On évalue quelquefois la richesse des solutions aqueuses en se basant sur des déterminations de constantes physiques autres que la densité.

(1) en prenant comme inconnue auxiliaire le rapport $\frac{v_0}{V_0}$.

(2) Ces calculs nous sont personnels. Mais la solution que nous proposons nous semble la plus simple.

C'est ainsi qu'on peut recourir au point de fusion, par exemple pour l'acide phénique, qui fond de 35° à 40°. L'acide phénique absolu fond seulement à 42°.

On peut recourir encore au point d'ébullition, puisque nous avons vu qu'une solution bout à une température d'autant plus élevée qu'elle est plus riche en substances solides dissoutes, et d'autant moins élevée qu'elle est plus riche en substances volatiles.

L'alcool aqueux à

90	75	20	degrés centésimaux

bout à des températures respectives de

77 5	78 7	87 5	degrés de température,

et la vapeur au-dessus du liquide présente une richesse de

92	90	71	degrés centésimaux.

La solution aqueuse de l'acide acétique se prend par congélation à des températures de plus en plus retardées à mesure que la solution se concentre, jusqu'à ce qu'on arrive à l'acide acétique au maximum de concentration qui cristallise à 16°7.

Point de solidification.	Proportion d'eau.
— 0°2	15 pour 100
4,3	10 »
9,4	5 »
16,7	0 »

Lorsqu'on parle d'une solution à n pour 100, on est convenu aujourd'hui d'entendre par là à n parties du produit dissous pour 100 parties de la solution. Mais il n'en a pas toujours été ainsi, et parfois encore certaines personnes entendent n parties du produit dissous pour 100 parties d'eau. Les deux expressions ne sont pas du tout équivalentes, ainsi que le montre le tableau de correspondance suivant. Nous conseillons donc de toujours faire suivre le pour 100 des mots « de la solution » ou « d'eau ».

n pour 100 de la solution.		x pour 100 d'eau.
5	correspondent à	5,3
10	—	11,1
15	—	17,3
20	—	25
25	—	33,3
30	—	43
35	—	54
40	—	67
45	—	82
50	—	100

n pour 100 de la solution.		x pour 100 d'eau.
55	correspondent à	122
60	—	130
65	—	185,7
70	—	225
75	—	300
80	—	400
85	—	566,6
90	—	900
95	—	1900

D'une façon générale, on a la relation :

$$\frac{n}{100-n} = \frac{x}{100}, \quad \text{d'où} \quad x = \frac{100\,n}{100-n}.$$

Un problème qui se pose souvent est celui de la dilution des solutions. Comment peut-on amener une solution aqueuse de concentration connue, dont la densité ou la richesse centésimale est donnée, à une densité ou à une richesse différentes, en admettant, bien entendu, que la dilution n'entraîne pas de variation dans le volume du mélange? La solution du problème est aisée.

Voici d'abord la solution générale. Soit v le volume (et par conséquent le poids) de l'eau à ajouter au volume V de la solution aqueuse, pour l'amener de la densité D à la densité D'. On a évidemment égalité entre les poids des composants vd + VD et le poids du mélange (V + v) D'; d'où l'on tire :

$$v = \frac{V\,(D-D')}{D'-d}.$$

Si V = 1 litre, comme d densité de l'eau = 1, on a la relation plus simple :

$$v = \frac{D-D'}{D'-1}.$$

En ce qui concerne les solutions d'alcool, la relation $p = v \dfrac{d}{D}$ permet de connaître la proportion d'alcool en poids n, si l'on connaît la proportion en volume, les densités d de l'alcool pur et D du mélange; et la relation $v = 100\left(\dfrac{n}{n'}\ d'-d\right)$ donne la quantité d'eau à ajouter à un alcool de degré n et de densité d, pour l'amener au degré n' correspondant à une densité d'.

IIº Méthode chimique de détermination de la richesse des solutions aqueuses.

La méthode chimique est moins rapide, mais elle donne des résultats plus précis. On la nomme aussi méthode volumétrique et méthode par saturation.

La méthode volumétrique, appliquée à l'acidimétrie et à l'alcalimétrie, consiste essentiellement à neutraliser un certain volume de la liqueur acide par une dissolution alcaline titrée, ou inversement, en présence d'un réactif coloré dont le changement de coloration donne le point de saturation.

Les solutions alcalines titrées dont on se sert pour l'acidimétrie sont celles des alcalis caustiques ou carbonatés. Elles sont dites *normales,* si elles contiennent par litre un équivalent moléculaire du corps alcalin, soit 56 grammes 10 de potasse caustique, 40 grammes de soude caustique, 69 grammes de carbonate de potassium anhydre ou 53 grammes de carbonate de sodium anhydre. Elles sont dites *décimes,* si elles contiennent une proportion dix fois moindre que les solutions normales.

Les liqueurs acides titrées sont les solutions d'acide chlorhydrique à 36 grammes 5 d'acide gazeux par litre, d'acide sulfurique à 40 grammes d'acide anhydre par litre, d'acide oxalique à 63 grammes d'acide cristallisé par litre. On peut y doser l'acide chlorhydrique à l'état de chlorure d'argent, l'acide sulfurique à l'état de sulfate de baryte, l'acide oxalique à l'état d'oxalate de chaux.

Les indicateurs les plus employés en volumétrie sont le tournesol qui rougit par les solutions acides et bleuit par les solutions alcalines ; le violet de Paris ou violet de méthylaniline (n° 145 de Poirrier), en solution aqueuse au millième, qui vire au bleu-vert par les acides minéraux puissants, même en liqueur étendue, et n'est pas affecté par les acides organiques ; la phénolphtaléine, en solution alcoolique au trentième, qui se colore en violet par les alcalis en excès ; l'orangé de diméthylaniline (n° 2 de Poirrier), en solution au millième, qui vire au rouge par les acides minéraux seuls ; le bleu soluble (CLB de Poirrier), en solution au cinq centième, qui rougit par les alcalis libres et reste bleu avec les alcalis carbonatés ou les sels à acides faibles ; le campêche qui est jaune avec les acides et violet avec les alcalis ; l'indigo en solution d'acide sulfurique.

Les instruments sont fort simples, et se bornent, en dehors de la balance et des ballons jaugés de 1 litre nécessaires pour préparer les liqueurs titrées, à de petits vases à précipiter A en verre de Bohème mince, une pipette de 10 cc. et une burette graduée en dixièmes de centimètres cubes, celle de *Mohr* préférablement.

Voici la marche opératoire à suivre. Avec une pipette on prélève 10 centimètres cubes de la solution à essayer, on les verse dans le vase A. On ajoute le nombre de gouttes de l'indicateur nécessaires pour avoir une coloration nette. Le vase A est posé sur une feuille de papier blanc au-dessous de la burette remplie de la liqueur titrée convenant à l'essai, et on fait couler celle-ci goutte à goutte dans la solution en A, jusqu'à ce que la couleur soit redevenue caractéristique, ce que l'on constatera plus aisément si l'on place à côté du vase A un autre vase B contenant le même nombre de gouttes de l'indicateur et un volume d'eau égal approximativement au volume de la solution renfermée dans A.

Le nombre de dixièmes de centimètres cubes de la liqueur titrée employée pour rendre la solution neutre à l'indicateur donne directement la quantité pour 100 d'acide ou d'alcali réellement contenue dans cette solution.

D'autres solutions titrées sont encore utilisées en analyse. Par exemple, l'arsénite de sodium en chlorométrie (voir p. 155); le chlorure de baryum à 4 grammes 781 par litre pour doser les carbonates, les oxalates, les sulfates, le plâtrage des vins; le bichromate de potassium à 41 grammes 92 pour le fer; le permanganate de potassium à 31 grammes 62 pour le fer, les nitrites, les tannins; l'hyposulfite de sodium à 24 grammes 8 pour les iodures; l'iodure de potassium à 18 grammes et 12 grammes 7 d'iode en sulfhydrométrie; le sulfocyanure d'ammonium pour les chlorures; le molybdate d'ammonium ou le chlorhydrate ammoniaco-magnésien pour les phosphates; le sulfate de cuivre pour les glucoses. Et inversement.

Enfin d'autres moyens d'ordre chimique peuvent être employés dans le but d'évaluer la richesse des solutions aqueuses. C'est ainsi que les solutions d'eau oxygénée s'évaluent d'après le volume (10 volumes, 12 volumes) d'oxygène qu'elles fournissent; les solutions de carbonates, d'après le dégagement d'acide carbonique qui se produit sous l'action d'un acide dans un appareil à perte de poids.

*
* *

L'eau, en tant qu'agent de dissolution, joue un rôle immense dans la nature et dans les arts humains. Elle est la condition de la vie des êtres animés; elle leur fournit la plus grande partie de la chaux et des substances minérales qu'ils s'assimilent. Elle est, pour une multitude de réactions chimiques, la condition indispensable de leur production. La limonade sèche, mélange de bicarbonate de soude et d'acide citrique, ne donne lieu à aucun phénomène tant que le mélange reste sec; dès qu'on le verse dans l'eau, pour obtenir la soda-water, il se manifeste une vive effervescence due à un dégagement d'acide carbonique, chassé par l'acide citrique. Une foule de réactions nécessitent pour s'accomplir la présence de l'eau. Les réactions chimiques qui s'accomplissent dans le sein des êtres organisés du monde végétal comme du monde animal « s'accomplissent toutes, dit *Wurtz*, en présence de l'eau. C'est la sève qui porte aux végétaux les éléments de la nutrition. Les parties du végétal qui sont gorgées de sucs, les parties molles, telles que feuilles, fleurs, bourgeons, sont aussi celles où les réactions chimiques sont le plus actives.

« Les tissus solides de l'économie animale sont baignés par des humeurs. La vie se retire de ceux qui sont parfaitement secs. On connaît le curieux phénomène que présentent à cet égard ces infusoires (rotifères, anguillules, tardigrades) qui vivent dans les gouttières de nos toits, dans la mousse, etc. La chaleur du soleil les dessèche en été, et les transforme en une poussière inerte, inanimée. L'humidité les ressuscite ; en gonflant leurs organes desséchés mais non détruits, l'eau leur rend le mouvement et la vie. »

Propriétés chimiques de l'eau. — L'eau pure est un corps neutre à tous les réactifs.

L'eau est décomposée en ses éléments par la chaleur et par l'électricité.

On a cru pendant longtemps que la chaleur seule ne décompose pas l'eau, au moins en dessous de 2 000°, sa température de formation. *Grove* a trouvé le premier qu'elle se décompose faiblement à la haute température du platine rougi. *H. Sᵉ Claire Deville* a démontré que la vapeur d'eau subit une décomposition partielle et limitée vers 1 000° ; ce fut le premier cas de *dissociation*.

Le courant électrique décompose l'eau. Nous l'avons vu, p. 240, en étudiant l'analyse de l'eau par la méthode électrique. L'oxygène se rend au pôle + et l'hydrogène au pôle —, dans le rapport de 1 volume d'oxygène pour 2 volumes d'hydrogène. 1 kilo d'eau fournit 889 grammes d'oxygène et 111 grammes d'hydrogène ; 1 litre d'eau fournit donc 618 litres d'oxygène et 1 236 litres d'hydrogène. La décomposition électrolytique de l'eau fournit actuellement le mètre cube d'oxygène et les deux mètres cubes d'hydrogène au prix d'environ 1 fr. 65 ; ce prix ne peut que s'abaisser encore et le procédé devenir tout à fait industriel.

Lorsqu'on laisse se réunir l'oxygène et l'hydrogène ainsi produits, on obtient le mélange tonnant dont nous avons vu les propriétés p. 113.

Ce mélange tonnant d'hydrogène et d'oxygène a été employé comme explosif de mines. Pour cela, on renferme dans un tube en acier de 18 cm. 22 grammes 5 d'eau et 2 grammes de soude. Au moyen de fils et d'électrodes, on décompose l'eau en faisant passer pendant quarante heures un courant de 8 à 10 volts et de 1 ampère ; les gaz de la décomposition se trouvent soumis à la pression de 450 atmosphères. La cartouche ainsi préparée est mise dans le trou de mine ; on excite l'explosion au moyen d'une étincelle d'induction.

L'eau est décomposée par presque tous les corps simples, les métalloïdes s'emparent de préférence de son hydrogène et les métaux de son oxygène. Le chlore donne de l'acide chlorhydrique. Le carbone fournit au rouge sombre un mélange d'oxyde de carbone et d'hydrogène, qui trouve une application directe sous le nom de *gaz à l'eau*, et une application indirecte dans les hauts-fourneaux. Les métaux alcalins et alcalino-terreux décomposent l'eau dès la température ordinaire ; le magnésium et le manganèse au-dessus de 50° ; l'aluminium la décompose à peine ; mais le fer, le zinc, le nickel, le cobalt, le vanadium, le chrome, le cadmium, l'indium, l'uranium, la décomposent au rouge sombre ou à froid en présence des acides : application à la préparation de l'hydrogène, voir p. 111. Le tungstène, le molybdène, l'étain, l'antimoine, décomposent l'eau au rouge vif, ou à 100° en présence des alcalis avec lesquels l'oxyde acide produit puisse se combiner. Le cuivre, le plomb, le bismuth, ne la décomposent qu'au rouge blanc ; ils n'ont pas d'action même à 100° en présence des acides. Enfin le mercure, le palladium, le rhodium, le ruthénium, l'argent, l'or, le platine et l'iridium n'ont aucune action à aucune température.

L'action exercée par les métaux sur l'eau est la base d'une classification artificielle des corps métalliques établie par *Thénard*.

Vis-à-vis des corps composés, l'eau est le type des oxydes indifférents, oxyde d'hydrogène, remplissant une fonction basique avec les oxydes acides, tels que l'anhydride sulfurique, une fonction acide avec les oxydes basiques, tels que la chaux vive, la potasse anhydre. L'eau entre dans ces cas en combinaison, avec le dégagement de chaleur due à la formation des hydrates. — Elle entre d'ailleurs dans la composition de nombreux sels comme *eau de constitution* : tel le gypse ou pierre à plâtre, $SO^4Ca, 2 H^2O$. Elle fait passer à l'état hydraté les sels anhydres, et donne des sels hydratés doués de propriétés nouvelles. Ce changement de propriétés se manifeste par un changement de coloration ; les sels de nickel passent du jaune au vert, ceux de cobalt du bleu au rose.— Elle intervient encore, en tant que condition essentielle de certaines formes cristallines, comme *eau de cristallisation ;* c'est ainsi que les sulfates de fer au minimum, de zinc, de nickel, de cobalt, de magnésium, de manganèse, cristallisent avec 7 molécules d'eau, le sulfate de cuivre avec 5, le sulfate d'aluminium avec 8, celui de sodium avec 10, tous les aluns avec 24, le carbonate de sodium avec 10, le borate avec 10, le prussiate jaune avec 2. L'eau de cristallisation varie avec la température ; une élévation de température suffisante, après avoir fait subir au sel la fusion aqueuse, lui enlève son eau de cristallisation ; parfois même le sel peut la perdre à la température ordinaire, il est dit alors *efflorescent :* nitrate de potassium ; si au contraire il attire l'humidité, il est dit *déliquescent :* carbonate de potasse. — Enfin l'eau intervient en véritable agent dans un grand nombre de réactions chimiques, sans subir de changement, ou en subissant une réelle décomposition, comme c'est le cas dans son action sur les chlorures de phosphore, d'antimoine. Elle décompose les sels à acide faible ou à base faible, telle son action sur le nitrate de bismuth pour produire le sous-nitrate, sur l'acétate de plomb pour produire des acétates basiques : eau blanche. L'action de l'eau est aidée par une température élevée ; c'est ainsi qu'elle décompose le carbonate de baryum au rouge. Elle intervient par son hydrogène, par son oxygène ou par sa molécule entière dans un grand nombre de réactions organiques.

Applications de l'eau. — L'eau reçoit d'innombrables usages économiques, agricoles, industriels. Nous avons énuméré les principaux tout en étudiant ses propriétés. L'eau est indispensable à la vie ; elle constitue en outre l'un des meilleurs agents thérapeutiques sous forme de bains ou de douches. A l'état liquide ou à l'état de glace, c'est un **réfrigérant**

puissant. A l'état liquide ou à l'état de vapeur, elle sert à transporter soit le calorique, soit la force motrice. L'industrie l'utilise constamment comme agent de dissolution et comme agent de lavage. Transformée par le charbon, elle fournit le gaz à l'eau. Enfin, c'est l'agent de transport par excellence, car la pensée de Pascal est restée bien juste, qui disait il y a deux siècles et demi : « Les fleuves sont des chemins qui marchent. »

On se sert de la vapeur d'eau avec efficacité pour éteindre les incendies.

L'eau, étant un fluide peu compressible, transmet aisément les pressions ; c'est le principe des moteurs hydrauliques, de systèmes d'ascenseurs, etc. Cette faible compressibilité est encore appliquée dans les chemins de fer à patins.

L'eau, en mouvement dans les cours d'eau, dans les chutes naturelles ou artificielles, dans les vagues maritimes, forme, par son poids, par sa masse, par son moment d'inertie, une réserve de force immense. L'énergie latente qui s'y trouve représente une partie du travail que la force solaire a accomplie antérieurement pour vaporiser l'eau et l'élever sous forme de nuages. L'une des utilisations les plus récentes et les plus considérables de la force motrice qui réside dans l'eau en mouvement est celle des chutes du Niagara. En octobre 1899, la Compagnie du Niagara vendait déjà 60 000 chevaux environ à des fabriques de papier de bois, de soude, de chlorure de chaux, de graphite, de carborundum, d'aluminium, de plomb électrolytique, de chlorate de potassium, de carbure de calcium établies sur les rives du fleuve, et 15 000 chevaux transportés à Buffalo à une distance de 25-30 kilomètres pour les services publics de l'éclairage et des tramways. Le courant produit est un courant alternatif monophasé à 2 200 volts, et le cheval-an se paie 100 francs, pris à l'Usine du Niagara.

**

Nous exposerons sommairement les points suivants : Eaux potables, Eau distillée, Glace, Gaz à l'eau, Chauffage par l'eau chaude et par la vapeur d'eau, Chaudières à vapeur, Épuration des eaux potables, Eaux industrielles, Épuration des eaux industrielles, Eaux résiduaires, Analyse des eaux, Détermination de la proportion d'eau, Bibliographie.

Eaux potables. — Les qualités d'une bonne eau potable sont d'être aérée, fraîche, limpide, sans odeur, d'une saveur faible mais agréable, ni fade, ni salée, ni douceâtre ; elle doit contenir une légère proportion de matières minérales ; elle doit dissoudre le savon sans grumeaux, cuire les légumes en les ramollissant ; elle ne doit pas contenir de matières organiques et surtout de matières organisées.

L'eau de boisson n'est légère à l'estomac qu'autant qu'elle est suffisamment aérée. Aussi les eaux de distillation, celles provenant de la fonte des glaciers sont-elles lourdes et indigestes, et l'on doit prendre soin d'aérer l'eau bouillie ou l'eau distillée qu'on destine à l'alimentation.

La température la plus convenable à une eau potable est celle de 8° à 15°.

La saveur d'une bonne eau potable est due aux substances minérales qu'elle renferme en dissolution.

Le carbonate de chaux est la plus importante, car « la présence de très petites quantités de bicarbonate calcaire dans les eaux qui doivent servir de boisson peut être considérée comme une bonne condition au point de vue hygiénique. L'organisation a besoin de sels calcaires pour le développement et pour la nutrition du système osseux. Il en perd journellement une certaine quantité par les urines : ces pertes ont besoin d'être réparées, et cette réparation se fait incessamment par les sels calcaires que les aliments et les boissons doivent nécessairement renfermer. On peut citer à l'appui de cette proposition la curieuse observation que M. Boussingault a faite sur le développement du système osseux d'un jeune cochon. Ayant déterminé avec soin d'une part la proportion de chaux contenue dans l'eau et dans les aliments que recevait cet animal, et de l'autre la quantité de chaux qui était rejetée par ses déjections, M. Boussingault a constaté qu'en trois mois il avait pris à l'eau seule 350 grammes de carbonate de chaux(1). » Le carbonate de chaux est très peu soluble dans l'eau ; mais il s'y dissout dès que de l'acide carbonique libre se trouve en présence, parce qu'il se forme un bicarbonate soluble. Sa proportion dans une bonne eau potable ne doit pas dépasser $\frac{1}{2}$ gramme par litre ; sinon, l'eau devient lourde et indigeste ; on ne la boit que si on ne peut pas faire autrement. Au-dessus de cette proportion, l'eau se trouble lorsqu'on la fait bouillir, parce qu'il se dégage de l'acide carbonique et qu'une partie du carbonate de chaux se dépose.

Le phosphate de chaux existe souvent en petites quantités dissoutes aussi à la faveur de l'acide carbonique libre. « C'est un élément plus utile encore que le bicarbonate ; car il est très répandu dans l'organisme et entre surtout pour une forte part dans la constitution du système osseux. Nous pensons que ce sel doit exister en faible quantité dans beaucoup d'eaux douces ; car on le rencontre dans beaucoup de terrains, et si on ne l'a pas signalé plus fréquemment dans les eaux, cela tient sans doute aux difficultés que l'on éprouve à en] découvrir et à en doser de faibles traces (1). »

Le sulfate de calcium existe en dissolution dans un grand nombre d'eaux de sources ou de puits. 1 litre d'eau peut en dissoudre 2 grammes environ à 15°. Au-dessous de 15 à 20 centigrammes par litre, les eaux contenant du sulfate de chaux peuvent être employées sans inconvénient ; au-dessus de 25 centigrammes, elles rentrent dans la catégorie des eaux dures séléniteuses et doivent être rejetées. Il en est de même des eaux qui renferment une proportion non négligeable de chlorure de calcium.

Le nitrate de calcium se rencontre dans les eaux voisines de matières animales en putréfaction ; sa présence décèle une eau de mauvaise qualité.

Presque toutes les eaux calcaires renferment en même temps des sels

(1) Wurtz, op. cit.

magnésiens, chlorure, sulfate, carbonate. La présence de la magnésie entraîne les mêmes inconvénients que celle de la chaux. Lorsque la proportion de ces sels dépasse 20 centigrammes par litre, l'eau devient légèrement laxative.

La présence de quelques milligrammes par litre de sels de potasse et de soude peut être considérée comme plutôt hygiénique que contraire à la santé ; elle contribue à donner à l'eau une saveur agréable et à fournir à l'économie l'alcali qui lui est nécessaire. Mais une eau franchement saumâtre est aussi désagréable à boire que malsaine pour la santé.

Les eaux contiennent quelquefois des substances métalliques, en particulier du plomb lorsqu'elles ont parcouru des conduites en plomb neuf. Dans ce cas, il se forme assez vite un enduit insoluble protecteur, qui empêche les eaux de se charger d'une quantité nocive d'un composé soluble de plomb.

Toutes les eaux renferment des matières organiques, qu'elles rencontrent dans le sol qui en est constamment imprégné. Dès que la proportion dépasse 10 milligrammes par litre, l'eau devient mauvaise, car la matière organique la corrompt en se décomposant, lui donne une odeur et une saveur desagréables, produit des sulfures en réduisant les sulfates, enfin absorbe tout l'oxygène dissous.

La contamination des eaux par les matières organiques d'origine végétale est évidente dans le cas des étangs. Aussi faut-il avoir soin de les curer fréquemment.

Quand les matières organiques sont d'origine animale, la contamination de l'eau est encore plus pernicieuse. « Les eaux des puits creusés près des habitations ou des égouts des grandes villes renferment souvent une proportion notable de matières organiques. Dans ce cas, il faut les rejeter de la consommation. Les cours d'eau eux-mêmes en sont quelquefois infectés par le fait de l'économie et de l'activité humaines. Les égouts des villes et un grand nombre d'usines, parmi lesquelles nous citerons principalement les fabriques d'amidon et de sucre, les distilleries de betteraves et de grains, les établissements de teinture, versent incessamment dans les rivières, dans les canaux, dans les fossés, des eaux impures. Ces eaux tiennent en dissolution des matières organiques putrescibles, et elles sont chargées de débris insolubles de même nature qui y sont suspendus et qui, en s'accumulant sur les bords ou au fond, deviennent des foyers de fermentation putride. Parmi les moyens qui ont été employés pour remédier à ces inconvénients, ou du moins pour les atténuer, nous citerons les bassins d'épuration, où les eaux troubles séjournent et laissent déposer les impuretés qu'elles tiennent en suspension avant de s'écouler dans les cours d'eau. On a recommandé de traiter ces eaux par la chaux, qui les clarifie promptement et qui entraîne même, à l'état de combinaison insoluble, une partie des matières organiques qu'elles tiennent en dissolution (1). »

(1) *Wurtz*, op. cit.

Lorsque l'eau destinée à l'alimentation est conservée dans des citernes, il est bon de filtrer l'eau avant de la recueillir. Il est bon aussi, *Marchand,* d'éviter tout accès de la lumière ; la privation de la lumière est un obstacle à la vie de la matière organique. Des citernes bien établies peuvent conserver l'eau presque indéfiniment ; on a découvert, en creusant les fondations de l'église d'Alger, une mosaïque qui recouvrait une citerne où il y avait 1 mètre 50 d'eau parfaitement conservée.

Les microorganismes qu'une eau peut renfermer offrent une importance hors ligne. Une eau est d'autant plus potable qu'elle renferme moins de microbes. L'eau de source est privée des germes que l'air lui apporte ensuite, mais elle peut se trouver contaminée par des infiltrations de matières organiques. *P. Miquel* a trouvé les nombres suivants de microorganismes renfermés par centimètre cube d'eau de pluie 4, de la Vanne 120, de la Seine à Choisy 300, de la Seine à Saint-Denis 200 000, de trempage avant lessivage dans un lavoir parisien 26 000 000. Ce sont surtout les microbes pathogènes dont il faut redouter la présence dans nos eaux de boisson. Le rôle de l'eau comme véhicule de la fièvre typhoïde est aujourd'hui démontré d'une façon absolue, et les épidémies de fièvre typhoïde coïncident avec l'augmentation du nombre des bacilles d'Eberth dans les eaux destinées à l'alimentation.

Les eaux potables les plus pures sont celles des rivières, sauf le cas de contamination lors de leur passage près des grandes villes. Les eaux de sources sont plus fraîches et plus limpides, mais celles qui sortent des terrains cristallisés ou eaux de roche manquent d'air, et celles qui émergent des terrains de dépôts se chargent d'éléments minéralisateurs, et deviennent vite dures, et même crues ou incrustantes. Les eaux de puits artésiens sont généralement limpides et peu minéralisées, mais elles manquent d'air et ont toujours une température supérieure à celle de la surface. Les eaux de puits ordinaires sont la plupart du temps calcaires ou séléniteuses. Les eaux de mares, d'étangs et autres eaux dormantes ont le plus souvent une odeur malsaine qui provient de la décomposition de matières organiques, et sont toujours douteuses. Les eaux de sources destinées à l'alimentation publique sont captées à la source même.

Eau distillée. — L'eau la plus pure est celle que l'on obtient par distillation. Mais l'eau distillée n'est pas une eau potable. On ne peut s'en servir pour la boisson qu'après l'avoir aérée.

Pour avoir de l'eau distillée, on peut se servir d'une cornue en verre communiquant avec un récipient refroidi, ou d'un alambic à cucurbite et serpentin. On rejettera les premières portions de l'eau condensée, qui peuvent renfermer des particules par entraînement, et on ne recueillera pas le dernier quart, qui renferme souvent des traces d'acide chlorhydrique.

Voici les prescriptions que le Codex indique pour la préparation de l'eau distillée :

« Distillez dans un alambic en maintenant une ébullition modérée. Essayez de temps en temps le produit avec les réactifs indiqués ci-après, et ne commencez à le recueillir qu'à partir du moment où il est sans action sur eux. Arrêtez l'opération lorsqu'il ne reste dans la cucurbite que le quart de la quantité d'eau qui y a été introduite. L'eau distillée ne doit pas modifier la couleur du papier de tournesol rouge ou bleu. Les azotates d'argent et de baryte, l'oxalate d'ammoniaque, le bichlorure de mercure, ne doivent y produire aucun trouble. Il est bon, ajoute le Codex, d'additionner préalablement l'eau à distiller de 10 centigrammes de sulfate d'alumine, par litre, et de ne pas recueillir les premiers litres pour éviter la présence de l'ammoniaque. »

Rien ne semble plus simple que la distillation de l'eau, et cependant, pour obtenir de l'eau absolument pure, l'opération devient fort difficile. Il faut d'abord éviter de chauffer trop brusquement, pour que l'ébullition se fasse sans tumulte, et que des gouttelettes d'eau impure ne soient pas entraînées mécaniquement. Il faut munir la partie supérieure de la chaudière de plusieurs cloisons susceptibles d'arrêter les projections ; il faut rejeter le premier dixième de l'eau condensée, qui renferme de l'ammoniaque et des corps plus volatils que l'eau qui ont pu être entraînés avec les premières vapeurs. On recueillera à part les trois dixièmes environ de l'eau qui se condensera ensuite ; c'est la portion la plus pure. On peut remplir la chaudière plusieurs fois, mais à condition de fractionner également le produit de la condensation ; on n'opérera le remplissage que cinq ou six fois, sinon les impuretés se concentreraient dans l'eau traitée, et on serait exposé à les voir se décomposer. Enfin, lorsqu'on veut avoir de l'eau chimiquement pure, il est bon de commencer par épurer l'eau que l'on veut distiller ; en particulier, on la débarrassera des matières organiques en lui ajoutant un peu de permanganate de potasse.

Les précautions indiquées pour obtenir de l'eau pure par la distillation sont encore plus nécessaires lorsqu'on distille de l'eau de mer, si chargée en matières minérales (1).

La préparation d'eau potable à partir de l'eau de mer au moyen de la distillation est aujourd'hui adoptée sur tous les vaisseaux faisant de longs trajets ; elle permet de ne pas embarquer les nombreux tonneaux d'eau douce nécessaires au cours du voyage. C'est J.-B. Porta qui le premier a indiqué que l'eau de la mer pouvait fournir de l'eau douce par distillation. L'anglais Hauton, dès 1670, le français Gauthier, en 1717, sont parmi les premiers qui ont indiqué des appareils. Les appareils dus à Clément, Desormes, Herauden, Davier, Peyre et Rocher ont été successivement mis en service et perfectionnés ; les derniers sont encore en usage aujourd'hui dans les steamers, parce qu'on y utilise la chaleur perdue des cuisines pour produire la distillation de l'eau de mer ; une ouverture ménagée dans les parois du vaisseau met en communication directe le

(1) Cf p. 262.

serpentin avec l'eau du dehors, en sorte que la réfrigération et la condensation peuvent s'opérer automatiquement. L'eau ainsi obtenue sert directement aux usages domestiques ; mais pour la boire, on doit l'aérer auparavant, ce que l'on fait soit en l'abandonnant une quinzaine de jours au contact de l'air, soit en la battant pendant plusieurs heures avec des balais de bouleau, ou à l'aide d'un moulinet. On la rend moins insipide en lui ajoutant une quantité très minime de bicarbonate de chaux et de sel ordinaire ; par exemple, par 1000 litres d'eau destinée à la boisson, un litre d'eau chargée de carbonate de chaux rendu soluble par un excès d'acide carbonique.

Glace. — La glace n'est pas seulement une substance d'un emploi journalier, principalement l'été, pour rafraîchir les boissons et conserver les denrées alimentaires, les viandes expédiées de loin, les poissons au cours de longues pêches ; elle est encore d'un usage fréquent dans plusieurs industries ; par exemple dans la fabrication de la bière, pour refroidir les liqueurs fermentées, dans la teinture en couleurs azoïques développées directement sur les fibres, pour empêcher la température de s'élever et prévenir la décomposition trop rapide des composés diazo, etc. La glace est un réfrigérant très précieux, à cause de la haute valeur de sa chaleur de fusion ; il faut, en effet, 80 calories pour fondre 1 kilo de glace, c'est-à-dire autant de chaleur qu'il serait nécessaire pour faire baisser de 1° la température de 80 kilos d'eau.

C'est la nature qui est notre grande pourvoyeuse de glace. En France, nous recevons la glace, sous forme de blocs immenses, par nombreuses expéditions venant de la Suisse, de la Norvège, du Canada ; la Norvège, le Canada en fournissent au monde entier, et particulièrement aux Indes. Ces blocs, qui atteignent le cube d'un mètre (soit mille kilos, une tonne), ne fondent que peu à peu, même par les chaleurs estivales de nos climats, si l'on a soin de les renfermer dans quelque enveloppe isolante. — Nous récoltons également chaque hiver, si le froid est suffisant, la glace de nos rivières et de nos étangs, et nous la conservons dans des *glacières* isolantes. Pour établir une bonne glacière, il faut se prémunir contre toute cause d'entrée de chaleur, soit par conduction, soit par rayonnement. En conséquence, la glacière sera construite en bois, à doubles parois avec interposition d'un matelas d'air, ou d'une matière peu conductrice, papier, bourre animale, etc.; elle sera mise au-dessus du sol avec une conduite d'écoulement pour les eaux de fusion, mais cette conduite doit être munie d'un siphon, afin d'empêcher l'arrivée intempestive de l'air par son intermédiaire. La tour de bois à doubles parois ainsi constituée peut être cylindrique ou cubique ; mais on la noiera dans un revêtement de terre sèche, et on la recouvrira d'un chapiteau en bois, surmonté d'une couche épaisse de chaume. Une entrée sera ménagée au nord, avec double porte et appentis-auvent en chaume. Enfin quelques arbres touffus protégeront toute la masse de leurs frondaisons ombreuses.

La glace naturelle fait souvent défaut en été, et le problème de sa production industrielle à un prix rémunérateur s'est posé très vite. Il est résolu aujourd'hui, puisqu'on fabrique de la glace à moins de un centime le kilo. Il est facilement compréhensible que, si l'on recourt à des mélanges réfrigérants (1), le prix de la glace obtenue est bien plus élevé ; le prix de 1 centime le kilo doit s'entendre de la glace fabriquée en grand. Les mélanges réfrigérants ne s'emploient que pour obtenir de petites quantités de glace, comme celles que l'on a en vue dans l'économie domestique, et pour cette obtention spéciale, on pourra recourir à la simple dissolution de l'azotate d'ammoniaque dans l'eau, puisque la régénération du sel à dissoudre se fait très aisément en chauffant la solution produite.

Par contre, la fabrication de la glace en grand s'effectue au moyen de puissantes machines, dites machines frigorifiques. Les unes utilisent le froid produit par la détente de l'air comprimé et déjà refroidi, systèmes *J. Gorrie, Windhausen* 1869, *Giffard* 1873, *Bell et Coleman, Hall et Lightfoot.* Les autres utilisent le froid produit par l'évaporation d'un gaz ou d'une vapeur plus ou moins liquéfiable ; elles reproduisent en grand l'expérience célèbre de *Leslie.*

Les machines à fabriquer la glace par détente d'air comprimé sont simples, mais leur rendement n'est pas économique ; une partie de l'effet utile est absorbée par la chaleur qui se développe lors de la compression. De plus, la chaleur spécifique de l'air est faible, puisqu'elle atteint à peine $\frac{1}{4}$ de calorie. Enfin, le froid produit au moment de la détente provoque la congélation de la vapeur d'eau qui se trouve renfermée dans l'air, et le fonctionnement de la machine est rendu difficile.

Les machines à fabriquer la glace par vaporisation d'un liquide aisément volatil utilisent l'éther : *Faraday, Shaw, Harrisson ;* l'ammoniaque : *Carré* 1857-1864, *Mignon et Rouart, Linde, Fixary ;* l'acide sulfureux anhydre : *Raoul Pictet ;* le chlorure de méthyle : *C. Vincent ;* l'éther méthylique : *Ch. Tellier ;* l'acide carbonique liquide : *Windhausen.* Le tableau suivant donne la comparaison des constantes utiles pour ces différents corps :

	Point d'ébullition.	Chaleur latente de vaporisation (en calories).	Tension du liquide à 0 (en atmosphères).
Ether..................	+ 34,5	91	
Ammoniaque..........	— 33,5	514	4,2
Anhydride sulfureux....	— 8		1,4
Anhydride carbonique...	— 79		35,5
Chlorure de méthyle....	— 23		2,5
Ether méthylique	— 21		2,5

Si la glace se forme rapidement, elle conserve un aspect opaque, laiteux,

(1) Tels que ceux mentionnés pp. 298 et 299.

parce qu'elle garde emprisonné dans toute sa masse en bulles très petites l'air qui se dégageait. La glace fabriquée lentement est entièrement transparente, parce que les bulles d'air ont eu le temps de se dégager ou possèdent un volume notable.

L'usage de la glace pour boissons demande quelques précautions. La plus importante est de ne pas absorber de glace préparée avec des eaux suspectes, attendu que le froid n'a pas d'action sur les microbes pathogènes.

Gaz à l'eau. — La décomposition de l'eau par le charbon incandescent fournit un mélange de gaz combustibles, connu sous le nom de *gaz à l'eau*. Sa préparation revient à gazéifier le coke. *Gingembre*, 1816, semble s'en être préoccupé le premier ; *Selligne et Jobard* montèrent en 1834 une usine à Paris, *Le Prince* en établit une à Liège ; *Ebelmen*, 1838, étudia la question ; *Gillard*, 1846, fit des essais publics à Paris. La ville de Narbonne fut éclairée un moment par ce moyen. En Angleterre, en Amérique, plusieurs applications ont été accompagnées de succès. Elles se sont multipliées en Amérique, où l'on a construit des centaines d'usines, tandis que, dans nos pays, l'extension a été limitée par le prix élevé des huiles minérales nécessaires à la carburation du gaz à l'eau.

Le gaz à l'eau est donc l'un des produits de la décomposition de la vapeur d'eau par le charbon incandescent. On obtient, dans cette réaction, un mélange en volumes à peu près égaux d'hydrogène et d'oxyde de carbone, qui est ce que les Américains nomment le gaz bleu, parce qu'il brûle avec une flamme bleue peu éclairante.

La composition moyenne en poids (avant purification) du gaz à l'eau est la suivante :

hydrocarbures........................	8 à	10
hydrogène............................	56 à	62
oxyde de carbone.....................	8 à	16
acide carbonique.....................	13 à	18
azote................................	2 à	21

Comme ce mélange n'est pas éclairant, pour lui donner un pouvoir éclairant, on le carbure, c'est-à-dire qu'on l'enrichit de vapeurs d'hydrocarbures en le portant à une température élevée. La substance carburante la plus employée n'est autre que le pétrole, brut ou raffiné ; on peut aussi, vu son faible prix actuel, prendre de la benzine. Cette carburation se fait en lui ajoutant dès qu'il est engendré, au sortir du générateur à coke, un peu d'essence minérale, et en le faisant traverser un surchauffeur, puis un épurateur d'acide carbonique. Le gaz à l'eau ainsi carburé offre une odeur à peu près analogue à celle du gaz d'éclairage, et possède, d'après *E.-H. Earnshaw* (J. of Franklin Inst. 1899), la composition centésimale moyenne suivante, que nous comparerons à celle du gaz d'éclairage :

	Gaz à l'eau.	Gaz de houille.
Hydrogène....................	32,4	47,04
Méthane.......................	13,9	36,02
Oxyde de carbone.............	30,7	8,04
Hydrocarbures lourds..........	12,8	4,25
Benzine en vapeur.............	0,6	0,50
Paraffines	2,4	0,00
Oxygène.......................	0,7	0,39
Azote.........................	3,8	2,16
Acide carbonique..............	2,7	1,60

D'après *H. Strache,* le gaz à l'eau donne au bec Auer une flamme plus blanche que celle produite par le gaz de houille, et quatre à cinq fois plus intense. Son mélange avec l'air ne devient inflammable qu'en présence de 11 pour 100 de gaz; tandis qu'il suffit de 6 pour 100 de gaz de houille pour amener les explosions.

Des expériences de *Strache,* nous extrayons les données comparatives suivantes :

		Pouvoir éclairant en bougies Hefiner.	Gaz consommé mc.	CO^2 par heure mc.	calories par heure.
				Par 1000 bougies	
Gaz à l'eau	bec Auer	100	1,50	0,585	3 750
Gaz de houille	bec Papillon........	17	8,24	4,367	41 200
	bec Argand.........	25	8,00	4,240	40 000
•	bec Auer..........	50	2,20	1,166	11 000
Acétylène.....................		220	0,63	1,260	7 540
Lumière électrique.	Lampe à incandescence.	16	3,12		2 590
	Lampe à arc ..	400	0,83		689

La proportion d'oxyde de carbone qu'il renferme le rend au moins cinq à six fois plus toxique que le gaz d'éclairage ordinaire, et il a sur lui le désavantage de ne pas se signaler par une odeur caractéristique ; aussi, lorsqu'on veut l'appliquer aux usages domestiques, doit-on prendre de grandes précautions, se servir d'appareils parfaitement étanches, avec dispositifs de contrôle, et mener au loin les produits de la combustion. On a proposé de lui communiquer l'odeur du mercaptan, de la carbylamine, *H. Strache,* etc.

Le gaz à l'eau non carburé, c'est-à-dire composé presque de volumes égaux d'hydrogène et d'oxyde de carbone, convient au chauffage industriel, parce qu'il est très facilement combustible et que sa chaleur de combustion est élevée.

Chauffage par l'eau chaude. — L'eau possède un pouvoir calorifique très considérable, puisque sa chaleur spécifique, qui a été prise comme unité des chaleurs spécifiques, est 56 fois plus grande que celle du verre, 10 fois supérieure à celle du fer, du cuivre, du laiton, 18 fois supérieure à celle de l'argent, 30 fois supérieure à celle même du mercure, et si on la compare à celle de l'air, le principal agent de conduction de chaleur, elle est encore 4 fois plus grande(1). 1 kilo d'eau porté de 0° à 100° absorbe 100 calories, 1 kilo d'air n'en absorbe que 24 dans les mêmes circonstances. L'eau chaude constitue donc un excellent réservoir de chaleur, et un excellent moyen de transporter cette chaleur à distance. Le chauffage par l'eau chaude est d'ailleurs propre, facile à régler, et très hygiénique, parce qu'il fournit une température plus uniforme et charge moins l'air des appartements de produits altérés que le chauffage par l'air chaud.

Les appareils qui réalisent ce mode de chauffage sont à basse pression ou à haute pression. Dans les premiers, les conduites de la distribution sont de grand diamètre ; elles se terminent à leur partie supérieure par une ouverture libre. Sur le parcours de la distribution, on peut placer quelques poêles à eau chaude, avec circulation d'air intérieur. — Dans le chauffage à eau chaude à haute pression, les conduites sont hermétiquement fermées. Comme la température de l'eau est fort élevée, on se sert d'un diamètre restreint pour les tuyaux. Ce mode de chauffage est plus économique que celui à basse pression, mais il expose à des accidents et nécessite plus de précautions.

Chauffage par la vapeur. — Il est basé sur le dégagement de chaleur effectué au cours de la condensation de la vapeur d'eau. On a vu, p. 291, qu'un kilo de vapeur à 100°, en revenant à l'état liquide à la même température, dégage 537 calories, c'est-à-dire autant de calories que 5 kilos 37 d'eau qui passeraient de la température 100° à la température 0°. Chauffer à la vapeur revient à utiliser indirectement la chaleur du combustible qui a servi à produire la vapeur. Sans doute, au cours des transformations multiples que subit l'eau, il se perd du calorique, mais ces pertes disparaissent vis-à-vis d'autres avantages. En particulier, la vapeur circule avec facilité dans des conduites de diamètre restreint. Puis, il faut remarquer que le kilo de vapeur produite à 100° n'emmagasine pas seulement 537, mais bien 637 calories, dont 537 sont immédiatement utilisables, mais dont les 100 dernières se mettent en réserve dans le kilo d'eau condensée. Le chauffage par la vapeur constitue le mode de chauffage le plus commode et le plus économique pour les grands chauffages industriels. Indiqué par *Cooke* en 1745, il fut utilisé pour la première fois par *Watt* en 1783.

Une installation de chauffage à la vapeur comprend la chaudière à vapeur, le système de distribution, les poêles à vapeur pour l'utilisation.

Nous donnerons plus loin quelques détails sur les chaudières à vapeur.

(1) Cf p. 290.

⁎

En ce qui concerne les conduites de distribution, il faut distinguer le cas où la vapeur est prise directement à la chaudière, et celui où l'on utilise la vapeur de dégagement.

Quand on prend directement la vapeur à la chaudière, le système de tuyaux à vapeur doit être fermé, afin d'empêcher la pression de descendre dans la chaudière. Le métal des tuyaux de condensation est noirci et dépoli, pour que la quantité de chaleur transmise soit maximum. Cette quantité dépend de la nature du métal, de la température de la vapeur intérieure, de celle de l'air extérieur et surtout du diamètre du tuyau. Les petits tuyaux ont plus d'effet que les grands, particulièrement si l'on a de la vapeur à haute pression, mais même avec de la vapeur à la pression barométrique. Il y a donc avantage à se servir de tuyaux assez petits, qui de plus rendent le chauffage plus régulier, la purge de l'air intérieur plus aisée, et qu'enfin on peut prendre en fer forgé, ce qui permet de les raccorder facilement en vissant. Leur diamètre ne doit pas cependant s'abaisser au-dessous d'une certaine limite, sinon les frottements de la vapeur deviennent excessifs. Le meilleur diamètre est celui de 0 m. 05 à 0 m. 06. Ces remarques se rapportent aux tuyaux lisses. Les tuyaux en fonte à ailettes en tôle sont souvent employés, parce que cette disposition augmente beaucoup la surface de chauffe ; elle la triple environ pour un diamètre de 0 m. 25, sans compter la circulation de l'air qui s'opère entre les lames des ailettes. Ces tuyaux se font généralement de 0 m. 06, 0 m. 10 et 0 m. 25 de diamètre intérieur avec un écartement d'ailettes de 0 m. 02 à 0 m. 04.

Quand on utilise d'abord la vapeur à la machine avant de s'en servir pour le chauffage, le système de tuyaux à vapeur doit communiquer librement avec l'air extérieur. Les tuyaux de condensation, plus larges afin que la vapeur s'y meuve sans difficulté, sont en fonte. On leur donne une pente de 0 m. 01 par mètre pour que l'eau de condensation puisse s'écouler ; on les munit de purgeurs convenables ou de retours d'eau condensée (1).

⁎

Les appareils de chauffage ou poêles à vapeur appartiennent généralement à deux systèmes différents, celui des poêles à vapeur proprement dits, qui renferment de l'eau chauffée par la condensation de la vapeur, et celui des tuyaux à ailettes ou à nervures circulaires ; le dernier se vulgarise pour le chauffage des grands édifices.

Des systèmes mixtes permettent de combiner ensemble le chauffage par l'eau chaude et le chauffage par la vapeur.

⁎

(1) *Jules Garçon*, La Pratique du teinturier, chez Gauthier-Villars.

Chaudières à vapeur. — Les appareils générateurs de vapeur ou chaudières à vapeur sont aujourd'hui très nombreux. On peut les diviser en chaudières à foyer extérieur et en chaudières à foyer intérieur.

Les chaudières à foyer extérieur sont à un seul corps ou à bouilleurs. Les chaudières d'Alsace, remarquables pour la stabilité de leur fonctionnement, sont à trois bouilleurs.

Les chaudières à foyer intérieur ont comme type la machine Cornwall, modifiée par Galloway. Dans le type Cornwall, deux tubes à foyer sont placés dans la chaudière ; dans le type Galloway, les deux tubes sont réunis par des tubulures après l'autel. Ces chaudières se font avec ou sans bouilleurs ; horizontales, verticales, ou obliques.

Une classe particulière de chaudières, à foyer intérieur, ce sont les chaudières multi-tubulaires, dont l'idée première, celle du tube à fumée, est due à Marc Séguin, 1827. Elles présentent une grande surface de chauffe, et produisent une très grande quantité de vapeur en peu de temps[1]. Mais les incrustations s'y produisent plus aisément, et elles fonctionnent d'une façon moins stable. Elles peuvent être à flamme directe, ou a retour de flamme ; elles peuvent être semi-tubulaires avec deux bouilleurs et une chaudière tubulaire, à faisceaux tubulaires amovibles, à foyer amovible, etc. A cette classe se rattachent les chaudières Farcot, Belleville, Root, de Nœyer, Hermann et Cohen dont le foyer est à alimentation continue, Babcock et Wilcox, Howard, Hanrez, etc.

Une classe toute spéciale de générateurs de vapeur est celle des chaudières à vaporisation instantanée, tels les générateurs du système Serpolet, où une petite quantité d'eau est forcée par une pompe dans un tube en cuivre de diamètre très réduit, chauffé par un foyer, et où cette eau se trouve vaporisée aussitôt.

A certaines chaudières à vapeur sont adjoints, soit des réchauffeurs, tubes bouilleurs dans lesquels l'eau d'alimentation circule avant d'arriver à la chaudière et se trouve chauffée par contact avec les gaz de la combustion : systèmes Farcot, Eyscher et Whis ; soit des économiseurs, qui représentent des réchauffeurs multi-tubulaires.

Les machines motrices, qui sont mises en mouvement par la vapeur provenant de ces chaudières, peuvent être à condensation ou sans condensation.

L'industriel qui se sert de chaudières à vapeur, doit contrôler avec soin leur production pour arriver à établir leur rendement, c'est-à-dire la quantité de vapeur produite par kilo de combustible, et le prix du kilo de vapeur. Dans ce but, il déterminera le poids de la vapeur produite en jaugeant son eau d'alimentation et en ayant soin de déduire l'eau de vidange, et il pèsera sa houille.

1 kilo de houille moyenne développe 7 500 calories, et 1 kilo d'eau pour se réduire en vapeur à la température de 100° réclame 637 calories.

---

[1] On admet 100 kilos de vapeur en une heure par mètre carré de surface de chauffe.

Il en résulte que 1 kilo de houille moyenne pourrait produire théoriquement 11 kilos 770 de vapeur. Mais dans la pratique une partie du charbon échappe à la combustion en tombant de la grille, le foyer perd de la chaleur par rayonnement, les différentes parties du fourneau en perdent par rayonnement et par conductibilité, les gaz qui s'échappent par la cheminée emportent avec eux une notable partie du calorique, et toutes ces causes font qu'on est loin d'atteindre la limite de 11 kilos 770. Sous des générateurs cylindriques avec ou sans bouilleurs, on n'obtient en moyenne de 1 kilo de houille que 6 à 7 kilos de vapeur à la pression de 5 atmosphères, à condition que ces chaudières soient très bien établies. Sous les meilleures chaudières tubulaires, on va jusqu'à 8 kilos, et même 8 kilos 500, quand la pression de la vapeur est faible et qu'on chauffe au préalable l'eau d'alimentation.

Mais les dispositions qui permettent de consommer peu de charbon exigent des installations considérables, de grands générateurs, des réchauffeurs, etc. Aussi, dans bien des circonstances, une installation plus simple est-elle la meilleure. En outre, dans l'évaluation du prix de la vapeur, il faut tenir grand compte de la qualité de cette vapeur. En effet, si l'on regarde comme vapeur la quantité d'eau entraînée (ou primage), des chaudières très défectueuses pourront paraître à première vue économiques. Si la vapeur devait servir uniquement au chauffage, cet entraînement aurait moins d'inconvénient ; mais lorsqu'elle est utilisée en même temps dans des machines motrices, l'entraînement d'eau diminue le pouvoir moteur de la vapeur, cause une perte de chaleur, et expose à des coups d'eau dans les cylindres. On consommera moins de vapeur par cheval-heure à mesure que sa qualité deviendra meilleure, c'est-à-dire qu'elle sera plus sèche, pourvu que l'on emploie des machines qui l'utilisent bien dans chaque cas. C'est pourquoi la surchauffe ou séchage de la vapeur, étudiée tout particulièrement par Hirn, est-elle aujourd'hui entrée dans l'application industrielle. Les principaux sécheurs sont ceux de Péclet, Kœrting, de Nœyer, Ehlers, A. Blondel.

Il est moins difficile de chauffer la vapeur que de déterminer d'une façon précise la quantité d'eau entraînée. Hirn a proposé une méthode calorimétrique qui est fort délicate. Vinçotte a conseillé d'analyser comparativement l'eau d'alimentation et l'eau de condensation ; cette dernière est d'autant plus pure qu'elle renferme moins d'eau entraînée.

* *

Pour distribuer la vapeur, on emploie des tuyaux en cuivre rouge, en fer étiré, ou en fonte. Le cuivre et le fer étiré conviennent pour tuyaux de faible diamètre, en vue de transporter la vapeur sous pression. On les fera en métal poli, au contraire de ce qui a lieu pour le chauffage, de sorte que la quantité de chaleur transmise soit minimum. Ces tuyaux ont l'avantage de pouvoir se cintrer avec facilité. Leur longueur est de 4 à 5 mètres. Leur diamètre doit être déterminé avec un grand soin. Trop grand, il augmente les frais d'achat et multiplie les surfaces de refroidissement, par suite les pertes de chaleur par rayonnement et les condensations. Trop petit, il tend à arrêter la circulation de la vapeur par suite du frottement, et l'on est alors obligé de maintenir dans le générateur une pression parfois exagérée. La vitesse du transport de la vapeur le plus généralement adoptée est de 20 mètres. Les tuyaux en fonte sont réservés principalement au transport de la vapeur à faible pression ou de la vapeur d'échappement; ils ont l'inconvénient de nécessiter des pièces spéciales pour les coudes et les tubulures. Ils ont généralement 2 à 3 mètres de longueur.

Ces tuyaux se raccordent le plus souvent au moyen d'un joint à collet ou d'un joint à emboîtement. L'étanchéité des joints à collet s'obtiendra par l'interposition d'un mastic de minium ou de fonte, d'une rondelle en caoutchouc vulcanisé, en amiante, en amiante caoutchouté, parfois même en étoupe suifée, ou en plomb qu'on recouvre au mastic de minium; l'étanchéité s'obtient parfois par le contact direct de deux surfaces de bronze, ou au moyen d'une bague en cuivre rouge dont les extrémités pénètrent dans deux rainures circulaires, et sur lesquelles on opère le serrage. Les tuyaux en fer peuvent encore être vissés ou réunis à l'aide de manchons.

Les tuyaux pour le transport de la vapeur seront entourés d'une matière isolante en vue d'empêcher les pertes de chaleur et les condensations. Cette matière peut être du liège, de la paille, etc. L'un des meilleurs isolants que je connaisse consiste en un manchon de bourre blanche serrée avec une bande de calicot noirci. L'industriel ne peut trop veiller à prendre cette précaution, car le mètre carré de surface exposée à l'air peut condenser à l'heure jusqu'à 4 à 5 kilos de vapeur. En empêchant la perte de chaleur au moyen d'une enveloppe convenable, l'industriel peut réduire cette condensation à 0 kilo 500, réaliser par le fait une économie de combustible très notable, et diminuer d'autant la chute de pression due aux condensations.

Les conduites de vapeur sont soumises à des variations de température assez grandes, selon qu'elles sont ou ne sont pas en service. Et comme ces variations de température amènent des dilatations notables (par exemple pour 1 mètre de cuivre courant, près de 2 millimètres de variation de longueur par variation de température de 100°), il est absolument nécessaire de permettre à cette dilatation de se produire librement. Sinon, la force considérable que la dilatation développe causera fatalement des ruptures et tous les accidents qui s'ensuivent. On compensera cette dilatation en intercalant aux endroits convenables des parties cintrées, ou en faisant reposer les tuyaux sur des roulettes, ou parfois même au moyen de compensateurs de dilatation à presse-étoupes ou à rotules.

Les conduites de vapeur qui prennent directement la vapeur à la chaudière doivent être fermées, si l'on veut que la pression dans le générateur conserve sa valeur. Elles doivent être munies de manomètres pour mesurer cette pression.

Comme il existe toujours des points où il se produit une condensation d'eau, l'eau condensée est recueillie pour servir soit d'eau chaude, soit d'eau d'alimentation. Un très grand nombre de dispositifs, parfois très ingénieux, ont été proposés dans le but de débarrasser les conduites de vapeur des eaux de condensation, tout en empêchant la vapeur de s'échapper. La solution du problème n'a pas toujours été obtenue en pratique, car il ne faut pas seulement que le fonctionnement du purgeur-extracteur soit théoriquement exact, il faut encore que l'appareil soit robuste, facile à régler, et qu'il puisse supporter un long abandon à lui-même. Parmi les meilleurs systèmes, citons ceux de Péclet, A. Blondel, Kœrting, Geneste et Herscher, Prost, le ballon allemand.

On doit encore établir, à l'entrée de la canalisation, des régulateurs de pression de vapeur, de façon à rendre la pression dans les conduites indé-pendante des variations qui peuvent survenir dans le générateur de vapeur. Cette précaution est particulièrement indispensable lorsque les chaudières à vapeur sont à vaporisation rapide et à pression très élevée. Les régulateurs de pression de vapeur portent aussi le nom de déten-deurs ; ils ont encore pour but d'empécher la pression dans les conduites de s'élever au delà d'une limite donnée ; on les nomme alors souffleurs ou reniflards, et ils constituent de réelles soupapes de sûreté. Parmi les premiers, citons les systèmes Geneste et Herscher, Belleville, A. Blondel, Jules Grouvelle.

***

La vapeur d'eau, ainsi produite dans un générateur quelconque, sert pour le chauffage ; elle reçoit une application encore plus importante pour la production de la force motrice, et ses utilisations deviennent innom-brables dans l'industrie pour la mise en mouvement de mécanismes variés, dans les transports par chemins de fer, par vaisseaux. Comme uti-lisations spécialisées, citons les injecteurs à vapeur, les pulsomètres, les automobiles Stanley, etc.

L'injecteur *Giffard*, découvert en 1858 et adopté par toutes les compa-gnies de chemins de fer quelques années après, valut à son inventeur la célébrité et la fortune. Citons encore les systèmes Friedmann, Kœrting, Manlove.

Le premier pulsomètre est celui de l'américain Hall ; il constitua l'une des curiosités de l'Exposition de 1878. Je citerai encore les pulsomètres Cuau, Klein, Kœrting, Boivin, Ritter, Segothal, et le pulsateur Bretonnière avec diaphragme en caoutchouc entre la vapeur et l'eau.

Purification des eaux potables. — Puisqu'il n'y a presque jamais d'eau parfaite pour son utilisation en boissons, il est bon et il peut même devenir indispensable de soumettre l'eau à un traitement purificateur, avant son emploi.

On s'efforcera tout d'abord d'avoir l'eau aussi pure que possible, en la captant le plus près de sa source, avant toute cause de contamination. Les eaux de sources étant souvent contaminées elles-mêmes par des mardelles-entonnoirs, ou des mardelles-bétoirs, les boittout de la campagne, formant égouts pour les endroits supérieurs ou les plateaux de naissance, il faut étancher ces gouffres d'absorption ou les remplir de matières filtrantes.

Purification par filtration. — Lorsqu'on recourt, pour la consommation, à des eaux de rivières, elles sont le plus souvent troubles, et la filtration est le mode de purification le plus employé. Cette filtration s'effectue à travers des lits de sable, de charbon de bois, ou à travers une cloison poreuse.

La filtration sur sable est installée pour l'alimentation de plusieurs grandes villes, en Angleterre pour Londres, en Allemagne pour Berlin, etc.

Voici comment Brard (in Bull. de la S. des Ingénieurs civils, 1899) en dégage les principes essentiels :

« Les principes admis par tous ceux qui se sont occupés de la purification des eaux par le sable sont les suivants, en observant que le repos des eaux a une importance capitale au point de vue de la purification et qu'il est nécessaire de placer des bassins de repos en tête des appareils de filtration :

1º Laisser reposer aussi longtemps que possible les eaux avant la filtration.

2º Filtrer aussi lentement que possible.

3º Employer des couches de sables mélangés aussi épaisses que possible ; je dis sables mélangés parce que le vide dans du sable fin est le même que dans du sable gros, ainsi que l'indiquent les expériences de M. Dutoit, et que ce vide diminue à tel point quand les sables sont mélangés, que le sable de Juvisy, véritable sable d'entrepreneur, ne contient que 26 pour 100 de vide, tandis que chaque élément pris en masse en contient 39 pour 100. La perfection d'un filtre tient à son minimum de vide.

4º Renouveler fréquemment la matière filtrante et surtout la couche de limon qui se dépose sur le sable. L'influence de cette couche a été démontrée expérimentalement, et il est prouvé que tant que cette couche n'est pas formée, la purification de l'eau est insuffisante.

5º On attribue, aujourd'hui, une telle importance à ces faits, que lorsqu'on remet un filtre en route, après nettoyage, on y abandonne l'eau pendant douze heures ; au bout de ce temps, on commence à le faire fonctionner avec une grande lenteur. Il est de plus recommandé d'évacuer au dehors, pendant un certain temps, les eaux de filtration, jusqu'à ce que le régime normal soit établi.

6º Le limon et le sable ne donnent pas de bons résultats, mais leur action combinée est décisive ; elle est augmentée, si le sable contient une notable proportion de poussière de coke.

7° La couche de limon n'arrête pas tous les microbes, mais le sable mélangé, c'est-à-dire avec le minimum de vide, joue un rôle très actif. Donc avec les résultats sérieux, excellents au point de vue de l'arrêt des microbes, mais incomplets au point de vue de la matière organique, insignifiants dans le cas d'eaux troubles, et en présence des difficultés que l'on éprouve, tant à Neuilly-sur-Marne qu'à Saint-Maur, qu'à Choisy-le-Roi, pour obtenir une constance dans la qualité de la filtration, l'ozonisation peut s'établir si on vient à ozoniser 110 000 mètres cubes par jour. »

Les filtres à sable présentent souvent des renards qui détruisent la bonne marche de la filtration. C'est l'un de leurs principaux écueils.

Le commencement et la fin de chaque période de filtrage sont des moments particulièrement dangereux ; car au commencement le filtre n'a pas encore acquis toute son efficacité, et à la fin le limon qui se dépose constitue un véritable nid à microbes, si on ne le renouvelle pas assez fréquemment.

Un modèle d'organisation pour la filtration lente des eaux d'un fleuve est l'installation à Albany d'une filtration des eaux de l'Hudson. Les eaux du fleuve passent d'abord dans un bassin de dépôt, à 113 mètres sur 183. Puis elles traversent des filtres souterrains ; il en existe huit, ayant 36 mètres sur 78, et une capacité de filtrage de 8 000 mètres cubes par jour ; ils sont recouverts de terre gazonnée pour les préserver de l'échauffement. Chacun de ces filtres présente quatre lits de filtrage. Le lit supérieur est formé de sable de rivière bien lavé, sur une épaisseur de 1 mètre 22 centimètres ; un second lit de gravier fin, dont les fragments ont de 5 à 10 millimètres, sur une épaisseur de 65 millimètres ; un troisième lit de gravier moyen, ayant de 10 à 20 millimètres, sur une épaisseur de 50 millimètres ; enfin, un dernier lit de gravier plus gros, de 25 à 50 millimètres, placé autour des drains d'écoulement. Cette installation donne 99 pour 100 de réduction dans le taux bactériologique.

* *

L'alimentation en eau potable de la banlieue parisienne se fait au moyen d'eaux de rivières ; celles-ci sont purifiées par une filtration sur le sable, mais la filtration est précédée d'un traitement par le procédé particulier dû à Anderson et Ogston (1).

(1) Un concours fut ouvert en juillet 1894 par la ville de Paris pour l'invention du meilleur procédé d'épuration ou de stérilisation des eaux de rivières. Sur 148 dossiers qui furent soumis, 106 furent écartés comme insuffisants.

Les 42 dossiers restants ont été l'objet d'un examen approfondi ; ils indiquent des procédés très divers qui peuvent être ainsi groupés :

Procédés physiques : chaleur 8
Procédés mécaniques (sable, charbon, cellulose, amiante, pâtes céramiques et porcelaine, force centrifuge)....... 18

                                                    A reporter 26

Le procédé Anderson consiste essentiellement à précipiter les matières organiques par agitation avec l'éponge de fer métallique. Le traitement au fer est suivi d'un filtrage au sable.

Il ressort des expériences faites par le service du laboratoire de l'Observatoire de Montsouris, que le procédé Anderson ne modifie en rien le degré hydrotimétrique d'une eau, sa teneur en chaux, en magnésie, son résidu sec. La filtration a deux résultats chimiques : elle diminue la quantité de matière organique dissoute, ce qui est favorable, mais elle diminue aussi, quoique assez faiblement, le poids de l'oxygène dissous. Dans les essais préliminaires, la perte de matière organique a été de 27 pour 100 en 1893, de 34 pour 100 en 1894 et de 29 pour 100 en 1895. La diminution d'oxygène dissous a été de 24 pour 100 en 1893, de 16 pour 100 en 1894 et de 22 pour 100 en 1895. Ces résultats moyens ont déterminé l'Administration à traiter avec la Compagnie Anderson, et, depuis le 1er janvier 1896, des bassins d'épuration sont installés pour les eaux de la Seine à Choisy-le-Roi, et pour les eaux de la Marne à Neuilly et à Nogent. Le traitement revient à la Compagnie générale des eaux au prix de 0 fr. 015 le mètre cube d'eau épurée.

On peut considérer une eau comme d'autant meilleure pour la boisson qu'elle contient moins de matières organiques. A ce point de vue, le procédé Anderson, et la filtration sur le sable qui le suit, diminuent de un sixième à un tiers la proportion des matières organiques : en 1897, la réduction des matières organiques a été 28 pour 100 à Choisy et à Nogent ; et ils éliminent presque radicalement les microbes : en 1897, la différence moyenne entre le nombre de microbes contenus dans un centimètre cube d'eau brute et le nombre de microbes contenus dans un centimètre cube d'eau épurée a été 33 945—1150 pour Choisy-le-Roi, 21 885—1265 pour Neuilly-sur-Marne, 45 045—2110 pour Nogent-sur-Marne. Ces résultats se rapportent à la saison sèche ; en saison pluvieuse, les eaux sont troubles, chargées de matières, et les résultats de leur traitement sont beaucoup moins bons.

* *

Parmi les appareils de filtration plus appropriés aux petites consommations d'eau, je citerai les filtres Maignen, qui sont formés de tissu d'amiante, imputrescible et inattaquable, enveloppant du noir animal. Le

---

Des essais pratiques furent entrepris sur 29 procédés, pendant plusieurs mois, à l'usine municipale des eaux du quai d'Austerlitz, où les concurrents avaient eux-mêmes disposé leurs appareils et indiqué le moment où ils pouvaient être mis en expérience. La même eau était donnée à tous, eau de Seine prélevée sur la conduite de refoulement de l'usine d'Austerlitz. Le procédé Anderson fut adopté, à la suite de ces essais. Il est appliqué également à Anvers.

filtrage s'opère de l'extérieur à l'intérieur; les matières solides s'arrêtent à la surface, et il est plus facile de les enlever par nettoyages avec un jet d'eau.

Mais, ainsi que le remarque le rapport de M. Martin sur les procédés examinés à la suite du concours de Paris de 1894, il n'existe pas, parmi ces divers procédés, un seul qui satisfasse à la fois à l'ensemble des conditions considérées comme nécessaires pour la filtration des eaux de rivières destinées à la boisson. Le seul procédé qui paraisse actuellement applicable à la filtration en grand de tout ou partie de l'eau d'alimentation consiste dans l'épuration par le sable, avec ou sans addition de procédés d'oxydation des matières organiques à l'aide de réactifs inoffensifs, avec ou sans addition de bassins de décantation. Et ce procédé d'épuration par le sable, avec ou sans addition de procédés d'oxydation des matières organiques, qui paraît jusqu'ici le seul qu'on puisse utiliser pour la filtration de grandes masses d'eau, doit encore être l'objet de la surveillance la plus active.

Lorsque, dans une agglomération limitée, l'eau est suspecte ou manifestement souillée, il faut, quand elle doit servir comme eau de boisson, la faire préalablement bouillir et la maintenir aérée à l'abri des poussières atmosphériques. Il convient, en pareil cas, de proscrire tous procédés de filtration ou d'épuration jusqu'ici connus (1).

*
* *

Purification par ébullition. — Une ébullition suffisamment prolongée détruit radicalement les matières organisées et débarrasse même de l'excès des sels incrustants; mais elle a l'inconvénient de disperser en même temps l'air. Pour les consommations limitées, par exemple, dans les casernes, les établissements d'instruction, etc., on obtient d'excellents résultats en surchauffant dans un autoclave à une température de 115°; par ce moyen, l'eau conserve l'air et la proportion de sels qui lui est utile. Des appareils récents permettent de réaliser cette surchauffe d'une façon continue.

*
* *

Épuration chimique. — La purification au moyen d'agents chimiques, suivie ou non d'une filtration, porte plus spécialement le nom d'épuration. Les agents les plus recommandés sont le carbonate de soude, le permanganate de potasse, le peroxyde de chlore, l'ozone.

Des eaux dures à l'excès peuvent être rendues sinon tout à fait potables, du moins propres à la cuisson des aliments, en leur ajoutant un léger excès de carbonate de soude. Nous verrons plus loin, en étudiant l'Épuration des eaux industrielles, le principe de ce traitement.

Le permanganate de potasse stérilise l'eau en détruisant la matière

(1) Annuaire de l'Observatoire de Montsouris.

organique. Une addition de 1 décigramme par litre suffit dans la plupart des eaux. Il se forme un peu de bistre de manganèse (oxyde salin). Le permanganate est absolument inoffensif. Mais il reste un peu d'alcali dans l'eau, il y a perte de l'oxygène dissous, et la coloration n'est pas agréable. L'action du permanganate de potasse sur les matières organiques des eaux a été indiquée dès 1859 par *Schrotter,* comme base d'un procédé de mesure, mais c'est en 1893 que *Mlle C. Schipiloff* l'a proposée comme base d'un procédé d'épuration chimique des eaux potables. Il serait employé maintenant d'une façon courante en Algérie par le service médical militaire. La dose de permanganate est de 5 à 10 centigrammes par litre d'eau. On ajoute toujours un léger excès de permanganate, de façon à ce que l'eau, jaunie par la réduction du permanganate, devienne faiblement rose dès que cette réduction est terminée. L'excès de permanganate est à son tour neutralisé par un peu de braise pulvérisée, de sucre ou d'eau-de-vie.

Le peroxyde de chlore ClO^2 a été proposé par *Beugé* pour la stérilisation des eaux potables. C'est une substance antiseptique des plus puissantes, et son effet est comparable à celui de l'ozone. (Voir Rev. gén. des sciences, 1898, p. 938.)

Nous avons déjà étudié longuement, p. 199 et suiv., la question, mise à l'actualité, de la stérilisation des eaux par l'ozone. Nous avons étudié en particulier les procédés industriels de Siemens et Halske, Abraham et Marmier, M. Otto. Nous ajouterons les quelques détails suivants.

Des expériences faites à Berlin ont montré que « l'eau du lac de Tégel, qui sert à l'alimentation de la ville de Berlin, aurait exigé au laboratoire 2 à 3 milligrammes d'ozone actif pour 200 centimètres cubes d'eau dans un cas, et 3 à 4 milligrammes pour 500 centimètres cubes dans un autre cas, c'est-à-dire, respectivement 11,5 grammes, 6 grammes et 8 grammes par mètre cube d'eau. Des eaux d'égouts filtrées par la méthode Dibbin, eaux d'égouts sans doute pauvres en matières organiques mais riches en germes, ont employé 3,5 milligrammes d'ozone pour 100 centimètres cubes, soit 3,5 grammes d'ozone par mètre cube d'eau. Un établissement de stérilisation créé par Siemens et Halske a traité par jour 80 mètres cubes d'eau de la Sprée, déjà grossièrement épurée, que l'on faisait descendre dans une tour remplie de cailloux à travers lesquels s'élevait de l'air ozonisé. Pour cela, les appareils ont débité 60 grammes d'ozone par heure. Les germes dans l'eau ont été réduits de 99 pour 100 et la matière organique diminuée, on ne dit pas de combien. Si la marche a été de douze heures par jour, ce serait 720 grammes pour 80 mètres cubes d'eau, ou 9 grammes par mètre cube. Il est observé qu'une grande partie de l'ozone (70 pour 100) se perdait sans produire d'action, et l'on estime que s'il avait été utilisé en totalité, la stérilisation eût exigé seulement 1 ou 2 grammes d'ozone par mètre cube, selon l'impureté de l'eau traitée. Cette condition théorique ne pouvant évidemment pas être réalisée effectivement, on serait conduit à des chiffres bien supérieurs (1). »

(1) D'après P. Arbel et R. Soreau, in Bull. de la S. des Ingénieurs civils, 1899, p. 733.

La *Société anonyme de Genève* (laboratoire Sauter, br. fr., 1898) stérilise l'eau potable au moyen de l'eau oxygénée et de l'oxygène ozonisé, qu'on fait se produire dans l'eau même par l'action d'un sel alcalin acide sur un peroxyde alcalin. On ajoute du permanganate, et on neutralise l'excès de permanganate par une addition d'hyposulfite, et l'excès de sel acide par un bicarbonate.

D'après *Otto,* l'eau peut être stérilisée d'une façon complète et absolue à l'aide de l'ozone; mais pour arriver à ce résultat, il faut, d'une part, employer de l'ozone assez concentré, d'autre part, prolonger pendant un certain temps la durée de contact du liquide et du gaz. Les espèces microbiennes pathogènes les plus dangereuses sont celles qui succombent les premières et qu'on ne peut revivifier dans les bouillons de culture. —Les eaux soumises à l'ozonisation perdent leurs propriétés nocives, mais leur goût est inaltéré, et leurs qualités minérales et digestives sont conservées.

*
* *

Ce que nous venons de dire pour la purification des eaux potables s'applique à un traitement central et général. Lorsqu'il s'agit pour un particulier de se procurer chez soi de l'eau aussi potable que possible, la question devient un peu différente : mais pour la résoudre, il suffit de se reporter à ce que nous avons déjà dit des qualités de l'eau potable. — Une bonne eau potable doit être fraîche, afin de calmer la soif; on se procure de l'eau fraîche en la prenant directement à la source ou au puits, ou en la renfermant dans un alcaraza ou dans une margoulette, ou en plongeant le vase qui contient l'eau dans de la glace, dans un mélange réfrigérant, ou simplement dans un mélange de sable et de sel que l'on mouille. — Une bonne eau potable doit être douce et aérée, afin de ne pas charger l'estomac; d'ailleurs toute eau dure convient d'autant moins à la boisson, à la cuisson des aliments et à la dissolution du savon qu'elle est plus dure; pour adoucir une eau dure à l'excès, on lui ajoute une petite quantité de chaux pure et de carbonate de soude, soit 10 centigrammes de chaux et 5 centigrammes de carbonate de soude par litre d'eau à adoucir; et après avoir bien remué, on filtre. — Enfin, une bonne eau potable ne doit contenir aucun détritus, ni aucun germe morbide; on se met à l'abri des germes nocifs en faisant bouillir l'eau, ou en la filtrant soit sur du sable : fontaine à filtre des ménages; soit sur du charbon animal et de l'amiante : filtres *Maignen;* soit à travers une paroi de porcelaine dégourdie : filtre *Chamberland.* — Faire bouillir l'eau est le procédé de tous le plus sûr, mais il faut laisser ensuite l'eau bien s'aérer avant de la boire. Filtrer l'eau n'assure sa purification qu'à la condition que le milieu filtrant soit efficace et qu'on le renouvelle fréquemment; les bougies en porcelaine elles-mêmes seront nettoyées et passées à l'eau bouillante au moins chaque semaine, dans le but de détruire les germes qui se logent dans la paroi, sinon leur effet devient plus nuisible qu'utile.

Eaux industrielles. — La qualité des eaux employées joue un rôle considérable dans toutes les industries, en général, et un rôle prépondérant dans certaines d'entre elles, en particulier dans celles où l'on traite les savons, les matières textiles, les cuirs et peaux.

Industries en général.

Les eaux dures sont la cause de dépôts ou incrustations dans les chaudières productrices de vapeur ou dans les organes des machines. Ces dépôts d'incrustations sont non seulement nuisibles en diminuant la conductibilité et en amenant une dépense plus considérable de combustible, mais encore dangereux, car la tôle est exposée à des coups de feu qui restreignent sa résistance, d'où des ruptures, ou même à une surchauffe, d'où des explosions. On a tenté de remédier à ces inconvénients par l'emploi d'antiincrustants ou désincrustants. Ils sont presque tous inefficaces, ou bien ils corrodent les garnitures. Les principaux antiincrustants proposés sont ou des matières insolubles comme la limaille de fer, la sciure de bois, le verre pilé, les rognures de fer-blanc, de tôle ; ou des substances donnant des dissolutions visqueuses : pommes de terre, mélasses, glucose, pâte de lichen ; ou des matières susceptibles d'empêcher le dépôt de s'attacher : carbonate et tannate de soude, chlorure de baryum. Leur action doit être aidée parfois de celle d'un débourbeur mécanique (1).

Les incrustations dues au sulfate de chaux, c'est-à-dire aux eaux séléniteuses, sont beaucoup plus adhérentes que celles dues au carbonate de chaux, c'est-à-dire aux eaux calcaires.

Industries tinctoriales et textiles.

Les eaux dures sont souvent fort nuisibles dans les industries tinctoriales et textiles.

D'abord les eaux calcaires et les eaux séléniteuses sont toujours nuisibles, lorsqu'on les emploie pour dissoudre le savon. Elles commencent, en effet, par décomposer une quantité de savon en rapport avec la quantité de chaux (et de magnésie) qu'elles renferment. Un kilo de chaux anhydre décompose 15 kilos 500 de savon à 30 pour 100 d'eau, et chaque mètre cube d'une eau marquant 10° hydrotimétriques (voir pour l'hydrotimétrie : Questions analytiques), fait perdre par conséquent un kilo de savon. Le savon est précipité à l'état de savon de chaux, et si des fibres sont en présence, il s'en dépose sur la fibre. La production de ce savon est fort nuisible pour la laine et la soie : il est difficile à éliminer, il laisse à la laine un toucher mauvais, il est la cause de taches et d'irrégularités en teinture et peut occasionner à la longue une odeur désagréable; enfin, les

---

(1) Comme exemple de mélange antiincrustant, voici une recette brevetée par *Cauchois* (br. fr., 1897) : chlorure de baryum 20, hyposulfite de soude 10, borax 10, sucre candi 20, glycérine à 15°Bé 20, décoction de lichen 20.

blancs sont exposés à être ternis et tachés. Les eaux calcaires ou séléniteuses ne conviennent donc ni pour dissoudre le savon, ni pour rincer sur
bain de savon.

« Le rinçage des soies sur savon, dit Persoz, doit toujours se faire avec
une eau corrigée. Car les savons sont décomposés en partie par les solutions salines qui existent dans l'eau, et il se précipite sur la fibre à l'état
poisseux un mélange d'acides gras et de savons insolubles à base de
chaux et de magnésie. Les soies ainsi rincées, puis séchées, donnent au
secouage une poussière blanchâtre et n'ont jamais le même brillant que
les soies rincées à l'eau corrigée. »

Les eaux calcaires ne conviennent pas généralement pour la préparation des dissolutions de colorants, principalement quand il s'agit de
couleurs d'alizarine, céruléine, bleu d'alizarine, etc., ni pour la cochenille,
ni pour la plupart des matières colorantes artificielles, en particulier les
couleurs basiques, fuchsine, auramine, bleu Victoria, vert malachite,
violet méthyle, etc. Elles ne conviennent pas non plus pour l'extraction
des matières colorantes : tannins, cachou, etc., enfin, dans tous les cas où
la teinture repose sur la formation de laques claires. Dans ces circonstances, par suite de la formation de laques où la chaux entre comme
partie constituante, il se forme des grumeaux sombres et poisseux qui
occasionnent fatalement des taches.

Pour le même motif, et dans le cas desdites matières colorantes, elles
assombrissent les teintures, ou les font virer vers d'autres nuances, si on
les emploie pour monter le bain de teinture, ou pour rincer en nuances
vives et délicates, ou pour fouler, ou pour aviver, le rouge turc par
exemple. C'est parce qu'elles assombrissent les teintures que beaucoup de
teinturiers, après avoir monté leur bain, commencent par y passer des lots
de matières destinées à des teintures foncées ; ils appellent cela : faire le
bain, et ce n'est qu'ensuite qu'ils entrent pour les couleurs franches.

Elles ne conviennent pas à la préparation de certains bains de mordançage, car elles précipitent les sels d'alumine, de fer, etc., réduisent les
bichromates à l'état de chromates moins actifs, neutralisent une partie du
tartre qui est un sel acide ; elles occasionnent une perte de ces produits.

Quand elles contiennent des combinaisons de fer naturelles ou accidentelles, le fer est précipité au blanchiment par le carbonate de soude et
cause des taches. Il rabat les couleurs en teinture, de sorte qu'il serait
tout à fait impossible d'avoir des couleurs franches, lors même qu'il
n'existerait qu'une très petite quantité de fer dans le bain de mordançage
ou dans celui de teinture. Cet effet, particulièrement sensible avec les
couleurs à mordant, l'est beaucoup moins avec les différentes matières
colorantes acides.

Enfin, quand les eaux renferment des matières en suspension, elles
s'opposent également à l'obtention de couleurs franches et particulièrement à l'obtention de beaux blancs.

Cependant il y a quelques cas où la présence de combinaisons calcaires ou magnésiennes est utile, par exemple dans la teinture avec l'alizarine sur mordant d'alumine ou de fer, avec le campêche, avec la gaude ; après mordançage en sel d'alumine, de fer, d'étain pour fixer le mordant, surtout quand il s'agit de soie chargée; pour rincer sur soie alunée. Les eaux ferrugineuses, de leur côté, conviennent pour couleurs rabattues. Mais ce ne sont là que des cas tout à fait particuliers.

En thèse générale, les eaux calcaires sont nuisibles, comme nous l'avons vu. Non seulement le producteur de vapeur a intérêt à avoir des eaux douces, mais encore le teinturier dans la plupart des cas, l'imprimeur sur tissus, l'apprêteur, ainsi que le peigneur de laines. L'emploi des eaux calcaires au désuintage rend le dégraissage plus difficile; et leur emploi au dégraissage et au lissage après ensimage, en dehors de la perte de savon, empoisse les fibres par suite de la formation de grumeaux de savons calcaires, et est l'origine de nombreuses difficultés en teinture (irrégularités, taches) et en apprêt (piqûres, odeur). Comptons en outre la perte de mordants et celle de matières colorantes par les sels de chaux et de magnésie(1).

Industries du tannage.

Les eaux dures sont également nuisibles dans les industries du tannage.

Parmi les différentes substances qui rendent les eaux dures, les bicarbonates sont les plus nuisibles dans la préparation des extraits et dans la fabrication du cuir. Ils nuisent et par leurs bases et par leur acide carbonique.

Les bases, chaux et magnésie, ont beaucoup d'inconvénients ; elles neutralisent les acides organiques, contrarient le rôle qu'ils jouent dans le gonflement de la peau : opération, qui, dans l'esprit des tanneurs de ce jour, doit précéder le tannage, afin de faciliter l'absorption des matières tannantes ; elles absorbent une partie du tannin en se combinant avec lui, et cette combinaison, noircissant à l'air, produit des taches sur le cuir ; celui-ci a mauvaise couleur et mauvais grain.

L'acide carbonique convertit en craie la chaux restée dans les peaux épilées à la chaux : les peaux tombent et n'absorbent pas aussi bien le tannin.

Par conséquent, l'eau qui contient une proportion élevée de carbonates, ne convient ni à la préparation des extraits, ni au tannage. Elle n'est pas bonne pour le reverdissage, et si elle n'a pas d'influence dans le pelanage où elle se trouve en présence d'un excès de chaux qui la corrige et la rend douce, comme nous allons le voir en étudiant l'épuration des eaux industrielles, elle en a une très mauvaise au dégorgement; elle ralentit le gonflement des cuirs ; enfin, si on l'emploie pour la préparation des jus et des extraits dans les fosses à tan, non seulement elle fait perdre

(1) *Jules Garçon*, La Pratique du teinturier, t. II.

une quantité de tannin qui n'est pas du tout négligeable, mais encore elle nuit à la qualité du cuir.

Cependant, *Eitner* a constaté dans ses expériences que, si les peaux sont préparées à l'épilage, non pas au moyen de la chaux, mais par l'échauffe, les bicarbonates semblent exercer une influence heureuse sur le gonflement subséquent de la peau, de même que les sulfates ; les chlorures, au contraire, ont une action tout à fait défavorable, et, en quantité suffisante, ils rendraient le cuir plat, lâche, mince, de petite fibre. Mais ce sont là des recherches de laboratoire, qui ne peuvent pas beaucoup influer sur la pratique industrielle. Si nous nous plaçons au point de vue spécial de la préparation des extraits tanniques et des jus, nous avons vu que les carbonates neutralisent par leurs bases une quantité proportionnelle d'acide tannique, à moins, devons-nous ajouter, qu'il ne se trouve en même temps dans la liqueur une quantité suffisante d'acides, lactique, acétique, etc. ; dans ce cas, la chaux se laisse saturer par ces acides, de préférence à l'acide tannique. C'est ce qui se produit par exemple avec les jus aigres. Quant au sulfate de chaux, il n'a pas d'action sur le tannin.

En dehors des eaux bicarbonatées, les eaux boueuses sont aussi fort nuisibles ; elles neutralisent les tannins, font tomber la peau, la tachent, lui donnent une mauvaise couleur, et, par les organismes de la fermentation qu'elles contiennent quelquefois, elles sont susceptibles d'apporter un grand dommage.

L'eau des rivières est ordinairement moins chargée de matières minérales que l'eau des puits ; cependant les tanneurs se servent de préférence de celle-ci, parce que sa température est plus uniforme, et que, de plus, l'eau des rivières étant souvent boueuse, surtout après leur passage dans les villes ou au moment des grandes eaux, il y a là un inconvénient à ne pas mépriser.

En résumé, les bicarbonates constituent le seul élément presque constant dont le tanneur ait à tenir compte pour la fabrication du cuir, et l'eau d'une tannerie sera d'autant meilleure qu'elle sera moins dure. On a cru à faux, pendant longtemps, que certaines eaux avaient des qualités spéciales pour le tannage : c'est une erreur. Toute eau douce convient également aux opérations des tanneries, si elle n'est pas chargée de matières organiques, et toute eau dure peut être rendue convenable par une épuration appropriée.

Il faut remarquer cependant que, pour la préparation des cuirs forts, on peut se servir sans danger d'une eau dont la dureté serait nuisible en molleterie.

La dureté temporaire, celle qui est due aux bicarbonates, est donc la seule à envisager par le tanneur pour sa fabrication. La dureté permanente, celle qui est due aux sulfates et aux chlorures, ne l'intéresse qu'indirectement pour l'alimentation de ses chaudières, le sulfate de chaux contribuant dans certains cas à la formation des incrustations.

Quant aux impuretés accidentelles, comme les sels de fer, elles ne sont pas moins nuisibles dans les industries du tannage que dans celles de la teinture, car elles peuvent empêcher l'obtention d'un produit blanc, plus aisé à placer dans le commerce.

Industries diverses.

Dans la panification, les eaux chargées d'infiltrations organiques peuvent produire de graves accidents, puisque l'intérieur du pain n'atteint jamais à la cuisson une température suffisante pour annihiler tous les ferments nocifs.

La préparation du malt en brasserie et le mouillage de l'orge sont contrariés lorsqu'on se sert d'une eau chargée de matières organiques, et facilités au contraire avec une eau douce qui fait gonfler le grain plus rapidement. Mais il ne faut pas que l'eau soit trop adoucie, sinon elle enlève du phosphate au grain.

Les chlorures et surtout les azotates nuisent en sucrerie, parce qu'ils empêchent la cristallisation d'une portion du sucre.

La préparation de la colle se fait mieux et donne un produit plus soluble lorsqu'on se sert d'eau douce, et non d'eau dure.

Les matières en suspension qui se trouvent dans l'eau passent avec l'amidon dans le tamisage de ce dernier ; aussi une eau trouble ne convient pas à la préparation de l'amidon, pas plus qu'une eau chargée de ferments qui font se produire des acides et donnent à l'amidon une odeur désagréable.

La présence du fer dans l'eau, si nuisible pour les industries du blanchiment, de la teinture, de l'impression, du tannage, ne l'est pas moins dans la fabrication du papier.

Épuration des eaux industrielles. — Si les eaux dures ou troubles sont si nuisibles dans l'industrie, en général, il faut combattre leurs effets nocifs. On n'a pas manqué de s'y efforcer.

Certaines villes n'ont même pas reculé devant de très gros sacrifices pour mettre à la disposition des industriels des eaux meilleures ; telles, en France, Saint-Étienne, le groupe de Roubaix-Tourcoing, qui a dépensé cinq millions ; en Belgique, Verviers, qui a dépensé dix millions.

Dans les ateliers industriels, on a corrigé l'eau de tout temps par des moyens un peu empiriques. C'est ainsi que, dans les ateliers de teinture, les teinturiers qui n'ont pas d'eau douce corrigent leurs eaux dans chaque cuve isolée par certaines pratiques, soit qu'ils ajoutent de l'alun, du tartre, du carbonate de soude, ou du savon, et, qu'après avoir porté au bouillon, ils écument; soit qu'ils ajoutent un peu d'acide sulfurique ou chlorhydrique, procédé qui peut être avantageux pour certaines teintures, mais serait nuisible pour d'autres, et en tous cas n'empêcherait pas la précipitation du savon; soit qu'ils neutralisent la chaux en ajoutant au bain de teinture 1 litre à 2 litres d'acide acétique à 7° Bé par 1000 litres d'eau, suivant la plus ou moins grande dureté de celle-ci. Pour les nuances

claires, quelques teinturiers vont même jusqu'à faire bouillir dans le
bain, avant d'y ajouter le colorant, de la laine destinée à des teintures
foncées ; c'est-à-dire qu'ils font le bain, comme nous l'avons vu p. 334, ce
qui représente un procédé bien arriéré.

Avec toutes ces substances, le teinturier n'opère que d'une façon
empirique, sans s'occuper de dosages rigoureux, sans savoir s'il reste en
deçà de la limite voulue, ou s'il la dépasse.

Pour corriger l'eau destinée au décreusage des soies, voici comment
on opère à la Condition publique de Paris(1). On commence par introduire
dans l'une des chaudières la quantité d'eau voulue, puis on ajoute à froid,
d'une solution de soude caustique de concentration déterminée, un volume
un peu inférieur à celui qui serait nécessaire pour corriger l'eau exactement. Ce réactif sature l'acide carbonique libre du liquide et ramène à
l'état de carbonates neutres les bicarbonates de chaux et de magnésie ;
mais, au moment de sa formation, le carbonate de soude décompose les
sulfates et chlorures à bases terreuses et provoque de ce chef la précipitation de nouvelles portions de chaux et de magnésie. Le liquide prend
donc un aspect trouble laiteux, et, lorsqu'on vient à chauffer le bain, il se
produit à la surface, vers 70°, une écume légère plus ou moins épaisse et
consistante, qu'il est facile d'enlever avec une raquette en toile grossière
ou en mousseline, avant que l'eau soit entrée en ébullition. Passé ce
moment, le précipité changerait d'état, deviendrait grenu et pulvérulent
et ne se maintiendrait plus à la surface du bain, mais resterait en suspension dans le liquide. Dès lors on ne pourrait plus l'enlever à la raquette.

Pour achever la correction de l'eau, on y ajoute une très petite quantité de savon. Cette fois, l'ébullition est très favorable pour provoquer le
rassemblement du précipité à l'état d'écume. On l'entretient donc pendant
quelques instants, en enlevant les pellicules qui se forment successivement
à la surface du bain. Ainsi purifiée, l'eau est parfaitement propre au
décreusage.

*　*

L'épuration des eaux doit être poursuivie par des moyens rationnels et
méthodiques.

Les moyens physiques sont généralement impuissants à permettre
cette épuration d'une façon absolue et bien pratique.

La filtration à travers le sable, le gravier, le charbon de bois, les
éponges, l'amiante, les tontisses de laine, une cloison poreuse, ou au
moyen de filtres-presses, ne peut jamais que séparer les matières en suspension, et n'a pas d'action sur les matières dissoutes. La filtration dans
ces circonstances n'est donc utilisable que si les premières sont seules en
.jeu. — La filtration sur le noir animal absorbe bien les substances minérales, mais elle entraînerait des frais énormes, pour les industries qui
ont à traiter de grands volumes d'eau.

(1) D'après *Persoz*, in Essai des Matières textiles, 1899.

La congélation n'est pas applicable industriellement, pas plus que la distillation.

L'ébullition préalable précipite les bicarbonates, et même le sulfate de chaux si elle s'effectue à une température suffisamment élevée; elle détruit d'ailleurs les matières organiques. Elle force la moitié de l'acide carbonique des bicarbonates à se dégager; la chaux et la magnésie se déposent à l'état de carbonates. Mais il faut pour cela chauffer l'eau au moins à 100°, et il y a une dépense très forte dans le cas où l'industrie n'a pas besoin d'eau chaude. Quant au sulfate de chaux, il ne se dépose que vers 140°-150°, la dépense de chauffage devient énorme.

On peut utiliser les eaux, provenant de la condensation des vapeurs de la machine productrice de travail, à l'alimentation même des chaudières. Mais ce n'est qu'une partie de la dépense d'eau à faire qui se trouve ainsi couverte. Si l'on a besoin d'eau en dehors de l'alimentation de la chaudière à vapeur, la réserve ainsi ménagée se trouvera très insuffisante. Et comme ces vapeurs entraînent toujours avec elles des traces de graisses ou de mastic, on serait obligé, dans bien des industries, de soumettre les eaux de condensation, avant de les utiliser, à un dégraissage, par exemple au moyen de filtres à éponges ou d'épurateurs à chicanes de cloisons perforées.

Il y a un moyen beaucoup plus commode d'épurer les eaux industrielles; c'est celui qui repose sur l'emploi de substances chimiques. Ce mode d'épuration est le seul à conseiller.

Épuration chimique (1). — Les substances qui ont été proposées jusqu'à ce jour pour réaliser la correction et l'épuration chimiques des eaux sont nombreuses. Pour remplir leur objet, elles doivent être efficaces, c'est-à-dire éliminer aussi bien les sulfates (dureté permanente) que les carbonates (dureté transitoire) de chaux et de magnésie, ne pas coûter trop cher et ne pas introduire dans l'eau épurée de nouvelles substances nuisibles en teinture.

L'acide chlorhydrique transforme les carbonates en chlorures, mais le chlorure de calcium précipite tout aussi bien le savon que le carbonate; l'acide chlorhydrique n'a pas d'action sur les sulfates de chaux et de magnésie qui lui échappent. L'acide sulfurique précipite les carbonates à l'état de sulfates; mais les sulfates préexistants restent en solution. Cependant ce procédé direct mérite quelque attention dans les industries où la dureté temporaire due aux bicarbonates serait très élevée, et serait seule nuisible. L'emploi de ces acides est d'ailleurs délicat, par crainte d'en introduire un excès nuisible. On a proposé d'employer un mélange d'acide chlorhydrique et de carbonate de baryte, celui-ci destiné à neutraliser l'acide en excès et à précipiter les sulfates de chaux et de magnésie. Mais ce précipité se forme très lentement; il est difficile à éliminer, à

_____

(1) Jules Garçon, op. cit., t. II, p. 18 et suiv.

cause de sa ténuité et de son pouvoir adhérent; enfin le réactif coûte cher. On peut adresser le même reproche au procédé basé sur l'emploi du carbonate de baryte seul, *Wurtz*, de la baryte caustique, de la magnésie hydratée, *Bohling et Heyne;* ces deux dernières substances ont en outre le grave inconvénient de laisser en dissolution dans l'eau la chaux à laquelle elles se sont substituées.

Les oxalates alcalins conviendraient merveilleusement, puisqu'ils précipitent en même temps et la base des carbonates et celle des sulfates; celui de baryum éliminerait en outre l'acide sulfurique des sulfates. Mais ils coûtent trop cher.

Le chlorure de calcium, *Kuhlmann,* a les mêmes inconvénients que l'acide chlorhydrique.

Le carbonate de soude, *Thénard, Kuhlmann* 1840, *Runge* 1846, *Fresenius* 1856, employé seul n'a d'influence que sur le sulfate de chaux, c'est-à-dire sur la dureté permanente, la moins utile à attaquer. Ce procédé est coûteux; il demande une certaine précision, car l'excès de carbonate de soude agirait ultérieurement; des sels de soude restent dans l'eau et sont susceptibles de nuire plus tard. Le silicate de soude a été également proposé, 1856, *Van den Corput.* Le *holland compound* de *Buffet et Worsmann* est un mélange de silicate et de carbonate de soude. Le silicate de soude ou celui de potasse précipiterait la totalité de la chaux et de la magnésie à l'état de silicate insoluble, mais le prix serait coûteux.

La chaux est la substance la plus communément employée; elle possède l'avantage de ne pas coûter cher et de n'introduire aucun sel en dissolution.

Lorsqu'on ajoute une dissolution (ou eau) de chaux (1) à de l'eau contenant des bicarbonates, la chaux se combine avec l'acide en excès, et tout se précipite à l'état de carbonate neutre, aussi bien la chaux qui existait auparavant à l'état de bicarbonate que celle que l'on a ajoutée.

Les réactions se passent comme suit : Bicarbonate plus chaux donnent carbonate de chaux plus eau, ou en notation chimique : $(CO^3)^2 CaH^2 + Ca(OH)^2 = 2\,CO^3Ca + 2\,H^2O$. Les carbonates se déposent.

Ce procédé, dû à *Thomas Henry,* de Manchester, mais qui porte le nom du Dr *Clark,* 1841, est couramment employé aujourd'hui lorsqu'il ne s'agit que d'éliminer les bicarbonates nuisibles. Il a l'inconvénient de ne pas agir sur les sulfates de chaux et de magnésie. Mais en ajoutant, à l'eau de chaux, du carbonate de soude ou de la soude caustique, on précipite aussi le sulfate de chaux, et c'est là le procédé rationnel par excellence, qui repose sur l'emploi de deux substances, l'une la chaux précipitant les bicarbonates nuisibles sans introduire aucun sel en dissolution, l'autre le carbonate de soude précipitant les sulfates nuisibles en n'introduisant que du sulfate de soude sans action sur le savon et sur les teintures.

La méthode du Dr *E. de Haen,* basée sur l'emploi d'un mélange de

_____

(1) Il ne faut pas prendre le lait de chaux qui introduirait de la chaux en excès.

chaux et de chlorure de baryum, est très employée en Allemagne pour les eaux d'alimentation des chaudières. Il se forme du sulfate de baryte qui se précipite et du chlorure de calcium sans action sur les tôles. Il ne faut pas qu'il puisse se former du chlorure de magnésium qui attaquerait la tôle. Comme le chlorure de calcium résultant précipite aussi le savon, ce procédé convient moins pour les eaux des teinturiers.

Enfin, la précipitation des matières organiques ou des matières en suspension qui peuvent se trouver dans l'eau s'effectuera, pour les matières organiques, en ajoutant des sels de fer ou du permanganate de potasse, pour les matières en suspension, en laissant reposer, ou en filtrant, ou en ajoutant de l'argile ou de l'alun. C'est le motif pour lequel le produit dont on se sert pour l'épuration de certaines eaux est formé d'un mélange de chaux, de carbonate de soude et d'alun.

Épuration au moyen d'un mélange de chaux et de carbonate de soude. — Ce procédé est celui qui est le plus employé et je viens d'en expliquer les avantages. Il a un inconvénient, fort sérieux en pratique : le précipité formé de carbonate de chaux se dépose avec une grande lenteur ; il faut au moins vingt-quatre heures pour que tout le précipité soit déposé. On hâte ce dépôt en mettant d'abord toute la quantité de chaux en présence des trois quarts d'eau à traiter et n'ajoutant le dernier quart qu'après que la plus grande partie du précipité s'est déposée.

Pour effectuer ce dépôt, et quand on peut disposer d'un vaste terrain, le plus simple est d'établir deux ou trois grands bassins, fonctionnant alternativement, l'un contenant l'eau épurée et se vidant, l'autre renfermant le mélange de l'eau à épurer et du réactif et étant laissé en repos un ou deux jours jusqu'à dépôt complet du précipité.

Le plus simple de ces dispositifs est le suivant. Deux citernes sont remplies à tour de rôle, au moyen de vannes, de l'eau à épurer. Une cuve placée entre ces deux citernes renferme le réactif. Lorsque l'eau d'une des citernes a été traitée et s'est clarifiée par repos, on y puise l'eau, par l'intermédiaire de tuyaux à flotteurs, de façon à la prendre toujours à la surface. Pendant ce temps, on traite une nouvelle quantité d'eau dans la seconde citerne.

Lorsqu'on dispose d'un espace suffisant, les réservoirs d'eau peuvent prendre des proportions assez grandes, et renfermer de 20 mètres cubes à 50 mètres cubes d'eau.

Dans l'appareil Porter and Sons, un premier réservoir est destiné à la préparation des réactifs ; un second sert dans sa première partie de mélangeur, et dans la seconde de filtre : le liquide y subit la filtration sur des cloisons formées de nattes en fibre de coco recouvertes d'un tissu serré de coton. L'eau épurée se rend dans un dernier réservoir où on la puise pour l'usage.

Un système très digne d'intérêt est celui de Archbutt et Deeley, construit par la maison Mather et Platt, de Manchester. Un réservoir en fonte est divisé en deux compartiments A et B, servant chacun leur tour, de manière à ménager toujours une réserve d'eau épurée. Le réactif est préparé dans un petit réservoir spécial. Un injecteur à vapeur fait arriver l'eau à traiter, en même temps que le réactif, dans l'un des compartiments A ou B ; le courant violent, qui est ainsi déterminé, assure le mélange énergique de tout le liquide dès son arrivée dans le réservoir.

Le dépôt de carbonate de chaux se forme très vite ; il est enlevé successivement par des ouvertures de vidange, mais il faut toujours en laisser dans le réservoir une quantité nécessaire pour assurer la formation d'un précipité rapide, lors de l'opération subséquente. L'eau épurée renferme en solution une petite quantité de chaux ou de magnésie. Afin d'éviter les inconvénients que ce faible résidu présente dans des cas spéciaux, l'eau rencontre à sa sortie un courant de gaz acide carbonique qui transforme la chaux en bicarbonate, lequel offre moins d'inconvénients.

*
* *

En France, lorsque la quantité d'eau est assez importante pour couvrir les premiers frais d'établissement, et que l'espace se trouve limité, on emploie le plus souvent des appareils de volume réduit et à circulation continue, où le précipité est amené à se déposer par un artifice quelconque. La filtration seule sur laines, ou éponges, etc., a été proposée, mais n'est guère passée dans la pratique française, car dans les appareils les filtres s'encrassent trop vite et leur nettoyage entraîne de grandes difficultés et de gros ennuis. La nécessité de ce nettoyage a mis également obstacle jusqu'à ce jour à l'emploi des filtres-presses pour le filtrage des eaux, malgré tous les avantages qu'ils présenteraient d'autre part.

Laissant de côté la filtration seule, au moins dans les conditions actuelles, les inventeurs ont cherché à réaliser une *décantation continue*. C'est là le principe qui a inspiré un certain nombre d'appareils vulgarisés parmi les industriels français.

Le principe de ces appareils à décantation continue consiste à hâter le dépôt du carbonate de chaux précipité, en disposant dans l'appareil décanteur de nombreux diaphragmes de façon à le fractionner en une série de tranches minces, à multiplier ainsi les surfaces de contact et à rapprocher les lieux de dépôt des particules solides. Le dépôt se fait donc en un espace de temps qui dépend du nombre de cloisons et de leur disposition. Il faut, bien entendu, que les diaphragmes soient agencés de telle sorte que ce dépôt ne soit jamais repris par l'eau et qu'on puisse l'évacuer aisément. L'eau circule dans ces appareils de bas en haut et s'écoule épurée par le haut.

Ces appareils à décantation continue peuvent d'ailleurs être rectangulaires ou cylindriques, verticaux ou horizontaux, à préparation manuelle ou automatique du réactif. Ils comprennent généralement trois parties :

1° Une ou plusieurs boîtes à réactif, avec *distributeur ;*

2° Une *chambre à réaction,* où le réactif agit sur l'eau et où se forme le précipité de carbonate de chaux ;

3° Un *décanteur,* où s'effectue la séparation du précipité et de l'eau épurée.

Fort utilement pour le consommateur, sont adjoints le plus souvent à la boîte à réactif un distributeur et un mélangeur automatiques de façon que la surveillance et la main-d'œuvre soient réduites au minimum.

Les principaux systèmes basés sur la décantation continue sont par ordre chronologique le système Gaillet et Huet (1882), le système Maignen (1884), le système Howalson (1885), le système Desrumaux (1888), et enfin le système Dervaux (1888) et le système Marié-Davy (1888) (1).

Bien qu'aucun d'entre eux ne soit absolument parfait, les résultats pratiques qui découlent de leurs services sont cependant assez importants pour fixer l'attention de tous les industriels.

Je dois faire remarquer, enfin, que pour diverses causes, entre autres probablement une question de masse relative entre les substances qui réagissent mutuellement, aucun système ne permet d'obtenir de l'eau absolument épurée. Une eau marquant 30° hydrotimétriques pourra être ramenée à 6° ou 5°, mais généralement pas au-dessous. En particulier, quand l'eau renferme des sels de magnésie, que les réactions épuratrices transforment en carbonate, comme celui-ci est soluble dans l'eau à froid, le titre de l'eau épurée reste relativement élevé. Même en l'absence de sels magnésiens, la solubilité du carbonate de chaux, c'est-à-dire du précipité lui-même, empêche de descendre au-dessous de 3° à 4°. Il appartient au teinturier de se rendre compte si sa consommation d'eau journalière et le degré de purification auquel il peut atteindre sont assez importants pour couvrir des frais de premier établissement toujours un peu élevés. Quant au prix du réactif, qui ne dépasse guère quelques centimes par mètre cube d'eau à épurer, on peut n'en tenir qu'un moindre compte, sans cependant le négliger.

Est à noter l'emploi des réactifs en poudre dans l'épurateur Maignen.

Une remarque importante à faire ici est de ne pas laisser l'eau épurée en contact avec les précipités d'épuration, car la dureté peut réapparaître.

* *

Les industriels ont donc le choix entre deux méthodes générales différentes.

La première de ces méthodes consiste à traiter l'eau par le réactif dans des bassins appropriés, à laisser la réaction se produire, à laisser aussi le dépôt se former et à décanter directement et rapidement.

La seconde de ces méthodes consiste à réaliser une décantation continue ; la préparation des réactifs peut se faire automatiquement, et la

---

(1) Les dates indiquées sont celles des premiers brevets. La plupart de ces systèmes ont été l'objet d'améliorations subséquentes.

séparation du précipité par décantation s'effectue avec ou sans filtrations consécutives.

Le travail intermittent dans des réservoirs appropriés avec une préparation directe du réactif me parait propre à fournir d'excellents résultats, mais il réclame de l'attention et exige un emplacement en surface assez considérable. Ces motifs ont amené en France l'extension des appareils à décantation continue et à travail automatique. Les industriels qui s'en servent doivent avoir soin de vérifier souvent les résultats et de contrôler le titrage de l'eau épurée en même temps que celui de l'eau à épurer. Ce contrôle est indispensable si l'on veut se tenir à l'abri de toute illusion.

Eaux résiduaires. — La purification des eaux résiduaires porte sur les eaux d'égout et eaux vannes, d'une part, sur les eaux de vidanges des usines, d'autre part. Elle peut être réalisée par voie physique ou par voie chimique.

La filtration, ou l'irrigation, convient si les eaux renferment des matières en suspension et si elles ne contiennent pas en même temps des matières grasses qui s'opposeraient à la filtration ou à toute irrigation efficace.

La purification par voie chimique peut s'opérer suivant deux méthodes générales. Dans la première, on mélange ensemble toutes les eaux de vidanges dans de grands réservoirs communs, et on les laisse réagir mutuellement ; elles déposent ainsi la plus grande partie de leurs matériaux. Dans la seconde méthode, on traite les eaux de vidanges par des agents appropriés. Ces agents sont la chaux, 2 à 5 grammes par litre dans le procédé *Hoffmann et White,* ou le calcaire pour neutraliser les eaux acides ; des mélanges de chaux et d'alun, ou de sulfate de potassium, ou de sulfate ferreux ; les sels d'alumine et de fer, *Le Châtelier;* l'argile bleue, 7 à 10 grammes par litre dans le procédé de *De Mollins ;* le perchlorure de fer, *Koene, Ganning;* le sulfate ferrique provenant des pyrites, *Buisine.* Tous ces agents débarrassent les eaux des matières organiques qu'elles renferment. Les sels d'alumine agissent par l'hydrate d'alumine qui se produit. *Maxwell Lyte* a conseillé l'emploi de la réaction de l'aluminate de soude sur le sulfate d'alumine.

On recourt aussi à la purification électrolytique, par exemple, par le procédé *Hermite,* 1891. La base de ce procédé consiste dans l'électrolyse d'une dissolution d'un chlorure alcalin ou alcalino-terreux ; il se produit une décomposition simultanée du chlorure et de l'eau, et il se forme au pôle positif un composé oxygéné du chlore très instable, doué d'un grand pouvoir d'oxydation, partant de désinfection et de purification, et au pôle négatif un oxyde qui a le pouvoir de précipiter certaines matières organiques. On obtient donc par la voie de l'électrolyse un liquide possédant les propriétés suivantes : de détruire complètement les matières organiques résultant de la putréfaction, et aussi les gaz, tel l'hydrogène sulfuré, etc. ; de précipiter certaines matières organiques telles que les substances albuminoïdes; en conséquence, le liquide électrolytique réalise la clarification de l'eau. Les chlorures les plus avantageux pour l'obtention d'un liquide électrolytique destiné à la purification des eaux sont le chlorure de magnésium, l'eau de mer, le chlorure de sodium, le chlorure de calcium, le chlorure d'aluminium, le chlorure de fer. Ce procédé de purification électrolytique peut s'appliquer de deux façons, soit par action directe, soit par action indirecte. Par action directe, on mélange la proportion voulue de chlorure avec les eaux à traiter, dans un appareil électrolyseur, et on fait alors passer le courant électrique qui décompose le chlorure dissous. Par action indirecte, on fait entrer dans l'électrolyseur une dissolution du chlorure, on fait passer le courant électrique, et ce n'est que lorsque la dissolution ainsi électrolysée est arrivée au titre que l'on veut en composés chlorés clarifiants qu'on la mélange avec les liquides à clarifier.

L'agitation des eaux impures en présence d'éponge de fer, comme dans le procédé Anderson, peut aussi être utilisée pour le traitement des eaux de vidanges.

Après ces quelques notions générales, nous verrons successivement le traitement des eaux d'égout et celui des eaux résiduaires industrielles.

Eaux d'égout. — Les eaux d'égout présentent fatalement un caractère d'impureté très prononcé. C'est ainsi qu'à Paris l'eau des grands collecteurs contient 2 kilos 300 à 3 kilos 600 de matières étrangères, dont une moitié est formée de détritus solides en suspension et dont une deuxième moitié est composée de matières propres à former des engrais, soit par mètre cube 38 à 50 grammes de potasse, 43 à 150 grammes d'azote et 17 à 30 grammes d'acide phosphorique.

On voit d'après ces chiffres combien il est intéressant de ne pas mêler aux eaux des rivières des quantités prodigieuses de matières putrescibles, qui sont, d'autre part, une source de richesse pour la culture maraîchère, et de restituer au sol l'azote, l'acide phosphorique et la potasse, qui seraient irrémédiablement perdus pour la société humaine, si on jette les eaux d'égout au fleuve qui les transporte dans l'immensité de la mer.

La purification des eaux d'égout est très complexe et très difficile, à cause du volume énorme des eaux à traiter et de la variété des matériaux qu'elles renferment. Les divers procédés employés pour cette purification peuvent se ramener aux suivants : la filtration, la désinfection, la précipitation, l'irrigation. La filtration sur lits de sable, d'argile, de charbon de bois, d'éponges est montrée insuffisante.

La désinfection par le chlorure de chaux, par le phénate de chaux ne produit que des effets momentanés, *Frankland et Wanklyn*, à moins qu'on emploie des doses élevées de désinfectants, ce qui rend alors le procédé trop coûteux. La désinfection par le phénate de chaux a été appliquée à Londres, 1858-1860. L'électrolyse de l'eau a été également proposée.

· La précipitation s'effectue spontanément, si on fait circuler lentement les eaux dans des bassins de dépôt, comme à Birmingham ; mais la précipitation dans ces conditions n'est que partielle. Pour précipiter d'une façon plus complète les matières albuminoïdes et l'acide phosphorique, on a proposé de recourir à un grand nombre de substances diverses, la chaux, le chlorure ferrique, un mélange de phénate de chaux et de sulfite de magnésium, un mélange de chaux 100, goudron 15, chlorure de magnésium 15, *Suvern ;* un mélange de sulfates d'alumine et de fer, *Le Châtelier*. Le dépôt produit sert d'engrais. Quelle que soit la matière essayée, les eaux traitées renferment toujours une notable partie d'impuretés qui échappe à la précipitation.

L'irrigation permet de récupérer directement au profit de l'agriculture les matières fertilisantes renfermées dans les eaux d'égout. La méthode semble la plus pratique pour les grandes villes, et elle est appliquée aujourd'hui à Berlin, à Breslau, à Freiburg, en Russie, en Belgique, à Paris, etc. La capacité moyenne d'absorption d'un sol convenable est évaluée à 40 000 mètres cubes d'eau par hectare. L'irrigation offre cependant de grands inconvénients. Il n'est pas toujours aisé de trouver à proximité des grandes villes les surfaces nécessaires à son application, et le terrain, trop réduit, se trouve exposé à ne plus absorber les eaux, ou à les filtrer insuffisamment ; les eaux, dans ce cas, sont rendues plus ou moins purifiées au fleuve voisin, et le traitement devient illusoire. La nappe d'eau souterraine peut être viciée par les infiltrations, au grand détriment des 'ocalités voisines ; le niveau de cette nappe est relevée. C'est ce qui s'est produit à Pierrelaye et à Triel près Paris, où, en outre, les eaux des puits et des sources se sont trouvées contaminées au point que l'on est obligé de fournir aux habitants de l'eau potable.

Eaux d'égout de Paris. — Le traitement des eaux d'égout par l'irrigation est généralisé actuellement à Paris. Voici quelques renseignements puisés à ce sujet dans l'Annuaire de Montsouris :

« Les eaux ménagères, ainsi qu'une partie des matières des fosses, sont amenées par les égouts dans trois collecteurs qui déversent leurs eaux dans la Seine, en aval de Paris. Deux de ces collecteurs, celui de la rive gauche et celui de la rive droite des quais, débouchent à Clichy et donnent 300000 mètres cubes par jour. Le troisième collecteur, dit *départemental,* recueille les eaux des quartiers hauts de Paris, et vient déboucher à Saint-Denis, avec un débit journalier de 50000 mètres cubes.

En 1867, la ville de Paris commença des essais sur l'épuration des eaux d'égout par l'action d'un sol perméable et de la végétation, épuration devant avoir comme conséquence la désinfection des eaux de la Seine en aval des points où débouchent les collecteurs à Clichy et à Saint-Denis, et l'enrichissement des terrains irrigués. Ces expériences ont continué jusqu'à ce jour dans la presqu'île de Gennevilliers. Le mode d'épuration par l'épandage, avec utilisation agricole, a été adopté et réglementé par la loi (1); et la ville de Paris a été obligée de terminer avant le 10 juillet 1899 les travaux nécessaires pour assurer l'épandage de la totalité de ses eaux d'égout, à l'exclusion de tout déversement direct en Seine. Cet épandage a lieu en ce moment sur trois points : à Gennevilliers, depuis 1867, dans la boucle formée par la Seine entre Clichy et Argenteuil ; à Achères, depuis 1895, dans une partie des terrains domaniaux de la presqu'île de Saint-Germain concédés à la ville (loi du 4 avril 1889) ; à Méry et Triel, depuis 1899.

La ville de Paris a pris possession, le 1er mars 1894, des terrains domaniaux d'Achères. Les eaux d'égout y sont amenées par un aqueduc principal qui a son origine à l'usine municipale de Clichy, au débouché en Seine du collecteur. Cet aqueduc franchit deux fois le fleuve, traverse les territoires d'Asnières, Colombes, Argenteuil, Cormeilles, la Frette et Herblay, et aboutit au chemin du Val-d'Herblay. C'est à cet endroit que se détache une branche spéciale pénétrant dans le parc agricole d'Achères, après avoir traversé la Seine en siphon. Les épandages ont commencé à Achères le 15 juillet 1895, avec un cube variant de 30000 mètres cubes à 50000 mètres cubes par jour. Ces eaux sont utilisées, dans le parc d'Achères, pour la grande culture agricole; elles sont, en outre, répandues sur des terrains laissés en nature de bois ou qui ont été plantés en arbres de diverses essences. Des drains renvoient au fleuve l'eau d'égout purifiée par le sol.

Au 1er janvier 1898, la moitié du débit des collecteurs parisiens était envoyée sur les champs d'épuration de Gennevilliers et d'Achères (1500 hectares). L'autre moitié a été envoyée, à partir de juillet 1899, sur les champs d'épuration de Méry et de Triel (2500 hectares).

Les analyses des eaux de collecteurs et des eaux de drains, faites par le service du laboratoire de chimie de l'Observatoire de Montsouris, ont fourni les résultats suivants en moyenne annuelle pour neuf années consécutives :

ANALYSE D'EAUX D'ÉGOUT.

		Eaux d'égout.		Eaux de drainage.
		Collecteur d'Asnières.	Collecteur de St-Ouen.	Gennevilliers.
Degré hydrotimétrique {	total..........	38	50	61
	après ébullition.	16	27	33
		mg.	mg.	mg.
Chaux {	totale.....................	180	227	312
	Carbonates alcalino-terreux......	164	204	175
Chlore............................		61	92	74
Matière organique, en oxygène..........		39,1	56,6	1,6
Acide sulfurique......................		115	204	227
Résidu sec à 180°.....................		595	914	1008
Azote {	nitrique.....................	4,1	3,5	18,9
	ammoniacal...................	18,7	23,5	»
	organique....................	5,4	6,3	»

(1) 4 avril 1889, 10 juillet 1894.

L'eau des collecteurs donne des résultats annuels assez peu différents les uns des autres, et par conséquent les moyennes déduites de neuf années d'analyses non interrompues peuvent être considérées comme fournissant des résultats moyens très précis.

L'eau du collecteur de Saint-Ouen est beaucoup plus souillée que l'eau du collecteur de Clichy, sous tous les rapports. Sa composition même varie dans de plus grandes limites d'un mois à l'autre : le chlore, en particulier, présente des sauts brusques, indiquant nettement la présence éminemment variable des matières animales en décomposition.

Les poids d'azote total (ammoniacal, nitrique, organique) varient assez peu : la moyenne est de 28 milligrammes par litre dans le collecteur d'Asnières et de 35 milligrammes dans le collecteur de Saint-Ouen. Ces nombres sont notablement inférieurs à ceux trouvés par M. Schlœsing (53 milligrammes).

On obtient, comme résidu sec, 595 milligrammes dans le collecteur d'Asnières et 914 milligrammes dans celui de Saint-Ouen. Ces nombres diffèrent beaucoup de ceux trouvés à l'École des Ponts et Chaussées (1622 milligrammes) et a fortiori de ceux donnés par M. Schlœsing (2075 milligrammes). Ces différences très sensibles s'expliquent cependant, puisque les prises ont été faites certainement en des points variables des collecteurs. Nos prises sont faites toujours aux mêmes points, aux débouchés des collecteurs, et l'on peut aemettre que dans le parcours l'eau se débarrasse en grande partie des matières qu'elle tient en suspension.

On a trouvé dans les eaux d'égout des poids extrêmement faibles d'acide phosphorique. Cependant divers observateurs, M. Durand-Claye par exemple, indiquent des poids moyens de 18 milligrammes d'acide phosphorique par litre. La question est assez intéressante, car le volume des eaux d'égout est assez considérable pour qu'un poids même très faible par litre corresponde à un apport non négligeable pour les sols irrigués. Nous avons repris la question en traitant un grand volume d'eau et non plus seulement les quelques litres sur lesquels nous opérions ; nous avons cherché l'acide phosphorique tout à la fois dans le liquide filtré et dans les matières en suspension restées sur le filtre. Nous avons obtenu par litre :

Liquide filtré............................ 2 mg. 2
Dépôt.................................... 25 mg. 5

Ce qui rend les comparaisons assez difficiles pour les eaux d'égout, c'est, d'une part, la transformation de l'urée en carbonate d'ammoniaque et, d'autre part, la nitrification qui s'opère dans ces eaux et transforme les sels ammoniacaux en nitrates. On ne saurait effectuer les analyses avec trop de rapidité.

Les eaux de drainage issues des eaux d'égout sont devenues plus calcaires ; leur degré hydrotimétrique est plus élevé ; elles renferment plus de matières minérales fixes ou volatiles. Mais les eaux d'égout, en traversant le sol, perdent presque complètement leur matière organique et voient leurs sels ammoniacaux complètement transformés en nitrates. Ces eaux de drainage sont en général claires, sans goût appréciable, aussi pauvres en matières organiques que les eaux de Seine en amont de Paris ; mais elles ont enlevé au sol une notable quantité de sels de chaux, et de ce fait ne peuvent être utilement employées au savonnage ou à la cuisson des légumes. Le chlore des eaux d'égout se retrouve exactement dans les eaux de drainage.

Parmi les objections faites jadis au système d'épuration des eaux d'égout par le sol, on insistait sur les difficultés de la filtration pendant l'hiver et, en admettant que cette filtration pût être faite, sur la transformation des matières ammoniacales apportées par les collecteurs. Il n'était pas sans intérêt de rechercher si la nitrification subit quelque ralentissement durant les mois froids. Dans un très intéressant volume publié en 1895 à Boston et donnant les résultats des expériences sur l'épuration des eaux d'égout faites à Lawrence (état de Massachussets), on constate que durant l'hiver la nitrification est beaucoup plus faible qu'en été. « Pendant les six mois d'hiver de 1894, par une température moyenne inférieure à — 6°, la moyenne de l'azote des nitrates a été de 1120, tandis que pendant les six mois d'été (t = 18°), la moyenne de l'azote est montée à 2120. Il n'est pas douteux que le froid paralyse l'activité des ferments nitrique et nitreux. » — A Gennevilliers (où les variations de température entre l'été et l'hiver sont moins étendues qu'à Lawrence), les résultats des dosages d'azote nitrique, mois par mois, de 1887 à 1895 pour chacun des quatre drains, ainsi que le total des azotes ammoniacal et nitrique du collecteur d'Asnières, démontrent que la purification par le sol est aussi active en hiver qu'en été. L'augmentation de l'azote pendant les mois chauds dans les eaux des collecteurs et dans celles des drains est extrêmement faible. »

La teneur microbienne des eaux d'égout et des eaux de drainage est une donnée trop importante pour que je ne l'indique pas. La richesse moyenne par mois et par saisons des eaux d'égout en bactéries est la suivante :

RICHESSES MOYENNES DES EAUX D'ÉGOUT EN BACTÉRIES.

Mois.	Moyenne mensuelle.	Saisons.	Moyenne saisonnière.
Janvier..............	10 000 000	Hiver......	18 836 000
Février..............	24 260 000		
Mars................	22 250 000		
Avril...............	16 090 000	Printemps..	18 585 000
Mai.................	22 680 000		
Juin................	16 985 000		
Juillet.............	30 325 000	Été........	28 230 000
Août...............	30 905 000		
Septembre..........	23 465 000		
Octobre	16 225 000	Automne...	13 895 000
Novembre	8 835 000		
Décembre...........	16 625 000		
Moyenne annuelle ..	19 885 000		19 885 000

Il existe une assez faible différence entre la teneur microbienne des eaux d'égout des deux collecteurs de Saint-Ouen et de Clichy. Comme toujours, c'est en été que s'observe la quantité maximum de bactéries dans les eaux d'égout, ce qui explique la plus grande impureté en été des eaux de la Seine en aval de Paris, qu'en hiver. Quoi qu'il en soit de l'impureté de ces eaux, il faut signaler leur purification rapide par le sol, ainsi que l'établissent les analyses des eaux des quatre drains de la presqu'île de Gennevilliers.

RICHESSES MOYENNES EN BACTÉRIES D'UN DRAIN DE GENNEVILLIERS EN 1895.

Mois.	
Janvier......................	18 400
Février......................	(244 800) (1)
Mars.........................	39 600
Avril........................	
Mai..........................	2 400
Juin.........................	3 200
Juillet......................	3 300
Août.........................	1 100
Septembre....................	4 475
Octobre......................	50
Novembre.....................	14 150
Décembre.....................	20 100
Moyenne annuelle.....	10 675
Année moyenne.......	11 850

Eaux résiduaires industrielles. — Un très grand nombre d'industries jettent en dehors de l'usine des eaux impures, chargées de matières résiduaires, que l'on a avantage soit à récupérer, pour motif d'économie, soit à précipiter et éliminer, pour motif de salubrité. Il en est ainsi des eaux rejetées par les ateliers ou établissements suivants : lavages de laines, rouissages de lins, teintureries, tannages, blanchisseries, fabriques de chlorures décolorants, sucreries, papeteries, brasseries et fabriques de levures, fabriques d'amidons, de margarines, d'huiles, de colles, d'extraits, de produits chimiques : chlorures, sulfures, sulfates, acides, produits photographiques ; vinaigreries, fabriques d'explosifs, usines à gaz et à acétylène, traitement des goudrons, laveries de charbons et d'anthracites. Les eaux chargées d'huiles ; de sels métalliques, en particulier ceux du cuivre, du plomb, du zinc, du fer, de l'arsenic ; d'huiles minérales ; d'infiltrations d'usines à gaz doivent être purifiées avant d'être déversées dans les cours d'eau, sinon on s'expose à des poursuites pour contraventions aux règlements de police.

Les traitements généraux les plus employés sont d'abord la précipi-

(1) Drain noyé.

tation spontanée dans des bassins de décantation, et ensuite la précipitation par des composés chimiques, qui sont le plus souvent la chaux, l'alun, le sulfate d'alumine, le sulfate de fer, le perchlorure de fer, le sulfate de zinc, l'aluminate de soude, le *calferal* mélange de charbon et de sulfates de fer et d'alumine.

« Les eaux savonneuses sont traitées pour récupérer les acides gras. Ce traitement s'effectue de préférence par la chaux, ou le chlorure de calcium, ou un mélange de chaux et d'un sulfate dont le choix dépend du prix au lieu d'utilisation. Il n'est rémunérateur que si les eaux sont relativement pures et concentrées et ne contiennent que des matières grasses : tel est le cas des eaux de lissage des laines, de dégraissage des draps ; ces eaux, traitées pour acides gras, peuvent donner un bénéfice.

Les eaux de dégraissage des peignages, au contraire, sont fort impures, et leur traitement n'est pas rémunérateur, car souvent le prix de la main-d'œuvre et celui du réactif dépassent de beaucoup la valeur des résidus utilisables. Mais le peigneur de laine n'en est pas moins forcé parfois de le subir, afin de ne pas infecter la rivière où il déverse ses eaux. C'est ainsi qu'en France la pollution de la rivière l'Espierre de Roubaix a forcé l'Administration à se préoccuper de son épuration, par suite de réclamations diplomatiques de la part de la Belgique. En Allemagne, beaucoup de municipalités ont imposé l'épuration des eaux résiduaires à un grand nombre de peignages. Le traitement des eaux de peignages est toujours précédé d'un séjour dans des bassins de décantation de 25 mètres cubes environ, disposés au moins en séries de deux pour permettre un travail continu. Les matières boueuses et les savons lourds s'y déposent en partie ; et le dépôt fournit par calcination du gaz d'éclairage, mais la flamme de ce gaz a l'inconvénient d'être très fuligineuse. La liqueur est ensuite traitée par de l'acide sulfurique ou de l'acide chlorhydrique en excès, qui sépare les matières grasses ; l'acide qui reste en excès est neutralisé par la chaux. Les acides gras mis en liberté viennent surnager ; on les recueille, on les presse à chaud ; le résidu sert d'engrais, tandis que la graisse, qui porte le nom de *suintine,* est saponifiée par un alcali et sert à la fabrication de savons communs, ou à celle des graisses de voitures, des dégras, etc. On ne peut pas songer à épuiser les tourteaux du résidu ou des dépôts par des hydrocarbures liquides dans le but d'en retirer les matières grasses, parce que la valeur commerciale des dernières est trop minime. — Lorsqu'on traite les eaux grasses par du chlorure de calcium, il se précipite un savon calcaire. On le décompose par de l'acide chlorhydrique. La matière grasse est mise en liberté : on la recueille ; le chlorure de calcium se trouve en même temps régénéré. Une insufflation d'air est utile pour accélérer le dépôt des précipités.

Les eaux de vidanges des ateliers de teinture n'offrent pas seulement la récupération des acides gras des savons. Le carbonate de potasse du suint, l'indigo des dépôts de cuves, l'étain du bichlorure d'étain employé pour la charge des soies, les résidus mêmes de bains de chromates, peuvent être l'objet de traitements particuliers. Il est nécessaire de faire subir ces traitements aux liquides des bains avant de les mélanger à d'autres.

Le carbonate de potasse, qui se trouve naturellement dans le suint, est très utilement récupéré lorsqu'on ne le fait pas servir, comme en Angleterre, au dégraissage ultérieur de la laine. La laine renferme 15 à 20 pour 100 de son poids de suint, dont le quart consiste en carbonate de potasse. Lorsqu'on songe que, dans les peignages du centre industriel de Roubaix, on lave plus d'un million de kilogrammes de laine brute par jour, on voit la source énorme de potasse que le suint représente. Les travaux les plus remarquables sur sa composition sont ceux de Vauquelin, Chevreul, Evrard (1847), Hartman, Märcher et Schulze, Havrez, Maumené et Rogelet (1859), Ulbricht et Reich, Buisine (1887). Ce sont encore les indications données par Maumené et Rogelet qui sont mises en pratique aujourd'hui pour extraire le carbonate de potasse. On commence par évaporer les eaux de lavage de la laine en suint jusqu'à siccité ; le résidu est chauffé dans des cornues à gaz, et le gaz dégagé peut servir à l'éclairage. Le résidu charbonneux de la calcination, ou suint brut, est lavé à l'eau, et donne un carbonate de potasse brut, à 70-80 pour 100 de carbonate pur, représentant 5 pour 100 du salin.

En Allemagne et en Belgique, on évapore les lessives sur des fours à réverbères. M. Havrez a proposé de mélanger le suint desséché avec poids égal de matière animale et de le chauffer, pour en obtenir un mélange de carbonate et de prussiate jaune de potasse.

La perte d'indigo dans les dépôts des cuves se produit lorsque l'indigo a été imparfaitement broyé, et qu'il résiste à l'action des agents dissolvants, ou lorsque la cuve est mal conduite. En traitant le dépôt par l'acide chlorhydrique en excès, on rend solubles la chaux et l'oxyde de fer ; le résidu est recueilli et lavé sur une toile. C'est dans ce résidu que se trouve l'indigo inutilisé, et on l'en retire en le dissolvant, par exemple, au moyen d'hydrosulfite de soude. Mais si l'indigo a été broyé avec soin et si la cuve a été bien conduite, la proportion de l'indigo qui se trouve dans le dépôt ne dépassera pas 4 pour 100 de l'indigo employé, et, dans ces conditions, il est parfois plus avantageux de le négliger que d'essayer de le récupérer.

Tout autre est le cas de l'étain des bains de bichlorure, dont on se sert en grande quantité pour la charge de la soie. On sait que les soies, au sortir du bain de bichlorure, sont pressées ou essorées, puis lavées à grande eau. Dans ce lavage, le bichlorure est décomposé ; une certaine quantité d'oxyde d'étain se fixe sur la soie, mais le reste se perd dans le bain. Pour le recueillir et l'utiliser à nouveau, on rassemble les eaux de lavage, on les sature avec de la chaux en les agitant ; l'oxyde d'étain se précipite, on le recueille sur des filtres en toile. La pâte ainsi obtenue contient habituellement 15 pour 100 d'oxyde d'étain et peut servir, soit directement pour régénérer du bichlorure en redissolvant l'oxyde dans l'acide chlorhydrique, soit après dessiccation pour être transformée en étain métallique. C'est M. Martinon qui a introduit ce procédé dans la maison Bonnet, Ramel, Savigny, Giraud et Cie de Lyon, et la quantité d'étain retiré annuellement dépasse 10 000 kilos.

La récupération du chrome dans les bains de mordançage au bichromate ou aux sels de chrome n'est pas encore complètement résolue, industriellement parlant. Le problème mérite d'autant plus d'inspirer des recherches définitives que les quantités de chrome qui se perdent ainsi sont loin d'être négligeables. La solution est peut-être dans une meilleure direction du mordançage au bichromate, réduisant au minimum la perte de chrome. La question se résoudrait, dans ce cas, à des indications pratiques pour la conduite de l'opération(1). »

Questions analytiques. — Nous traiterons ici deux questions, à cause de l'intérêt général qu'elles présentent en chimie pratique. D'abord, les moyens à employer pour analyser les eaux industrielles ou les eaux d'alimentation; ensuite, ceux à employer pour déterminer la proportion d'eau contenue dans une substance donnée.

L'analyse chimique des eaux permet de résoudre un grand nombre de questions fort intéressantes. D'abord la connaissance de la composition des eaux de pluie donne, dans une certaine mesure, la connaissance de la composition de l'air atmosphérique que la pluie a sillonné avant de parvenir sur le sol. On en déduit, comme nous l'avons vu p. 245, la quantité totale d'azote que la pluie fournit au sol, et cette notion est des plus utiles à l'agriculteur. L'étude des eaux de puits, si elle est poursuivie périodiquement, indique les variations de composition que la nappe souterraine peut subir. Celle des eaux destinées à l'alimentation fait connaître la composition chimique de ces eaux, c'est-à-dire leur coefficient de pureté, et, en second lieu, leur valeur comme eau potable. La pureté, soit chimique, soit microbiologique, et la potabilité au point de vue de la cuisson des légumes et de la dissolution du savon, sont deux choses qui ne s'excluent pas, mais qui ne concordent pas toujours ; c'est-à-dire qu'une eau peut avoir un degré hydrotimétrique faible et être cependant mauvaise, puisqu'elle fait mourir les poissons, telle la Seine après la traversée de Paris. De même une eau très bicarbonatée peut être meilleure qu'une eau moins chargée en chaux, mais dont la chaux sera à l'état de sulfate. C'est sous le bénéfice de ces réserves(2) qu'il convient de citer les chiffres limites du tableau que le Comité consultatif d'hygiène de France a fait dresser.

(1) ex *Jules Garçon*, La Pratique du Teinturier, t. II, pp. 64-66.
(2) extraites de l'Annuaire cité.

	Très pure.	Potable.	Suspecte.	Mauvaise.
Degré hydrotimétrique total.	5° à 15°	15° à 30°	au-dessus de 30°	au-dessus de 100°
Degré hydrotimétrique après ébullition..............	2° à 5°	5° à 12°	12° à 18°	au-dessus de 20°
Matière organique (par litre).	moins de 1 mg.	moins de 2 mg.	de 3 mg. à 4 mg.	plus de 4 mg.
Chlore (par litre) sauf au bord de la mer..............	moins de 15 mg.	moins de 40 mg.	50 mg. à 100 mg.	plus de 100 mg.
Acide sulfurique..........	2 mg. à 5 mg.	5 mg. à 30 mg.	au-dessus de 30 mg.	au-dessus de 50 mg.

L'analyse chimique des eaux permet encore de suivre l'influence des divers procédés d'épuration soit des eaux destinées aux usages industriels, soit des eaux d'égouts urbains.

I. — Analyse des eaux industrielles et des eaux d'alimentation.

L'analyse d'une eau peut être qualitative ou quantitative.

1° Analyse qualitative et quantitative rapide au point de vue des applications industrielles.

« Pour mettre en pratique (1) la méthode d'épuration de l'eau par correction chimique, il faut connaître la quantité de réactif à employer par mètre cube d'eau à corriger. Mettre une quantité insuffisante du réactif, c'est se donner toutes les peines pour n'obtenir qu'une partie des résultats; mettre trop de réactif, et surtout trop de chaux, c'est détruire d'une main le travail qu'on fait de l'autre, et, dans le cas d'alimentation de chaudières, favoriser la naissance des incrustations.

La proportion de réactif à employer dépend de la nature de l'eau à corriger et peut être déterminée scientifiquement ou empiriquement. Scientifiquement, on la déduira de ce que l'eau contient par litre en bicarbonates, chlorures et sulfates. Empiriquement, il suffira de déterminer, au moyen d'essais hydrotimétriques, la dose de réactif qui corrige le mieux l'eau; mais, dans le cas où le réactif se compose en tout ou en partie de chaux, il faudra s'assurer, au moyen du papier rouge de tournesol ou mieux de la phénolphtaléine, qu'il n'y en a pas un excès.

Il sera toujours bon de faire précéder l'analyse exacte d'une eau, ou la détermination de son degré hydrotimétrique, d'une analyse industrielle au point de vue général.

Nous avons déjà vu qu'une eau, pour être bonne aux différents usages de l'industrie, ne doit pas donner par l'ébullition un dépôt trop considérable; elle ne doit pas non plus produire trop de grumeaux avec l'eau de savon, sinon il y a un excès de sels de chaux et de magnésie.

Quelques réactions extrêmement simples permettront de se rendre compte d'une façon approximative de l'existence ou de l'absence de

---

(1) ex *Jules Garçon*, La Pratique du teinturier, t. II, pp. 54-56. (Gauthier-Villars, Paris.)

matières salines. C'est ainsi que, en versant quelques gouttes d'oxalate d'ammoniaque dans l'eau, on a un précipité blanc, insoluble dans l'acide acétique, mais soluble dans l'acide azotique étendu, lorsqu'il existe dans cette eau des sels de chaux. S'il existe des sels de magnésie, on aura un précipité blanc avec quelques gouttes de phosphate de soude et chlorhydrate d'ammoniaque. Les carbonates donneront un dégagement de petites bulles gazeuses, lorsqu'on versera quelques gouttes d'un acide concentré sur le résidu sec. Les bicarbonates colorent en rouge la teinture jaune alcoolique de bois de campêche ; l'eau qui renferme des bicarbonates en dissolution se troublera par l'ébullition, parce que celle-ci fait se dégager de l'acide carbonique, et les bicarbonates se transforment en carbonates insolubles. Les chlorures donneront avec le nitrate d'argent un précipité blanc caillebotté qui noircit tout de suite à la lumière ; il est insoluble dans l'acide nitrique, mais soluble dans l'ammoniaque. Enfin les sulfates donneront avec le nitrate de baryum un précipité blanc et lourd. S'il y a du fer, l'addition de quelques gouttes de prussiate jaune de potasse produira une coloration bleue ou verte. Quelques tubes d'essai, quelques flacons de réactifs suffiront à ce petit travail préalable.

Mais il importe de connaître d'une façon un peu précise la proportion même des substances qui se trouvent dans l'eau, tout au moins en ce qui concerne les bicarbonates, les chlorures et les sulfates.

On déterminera d'abord le résidu total que l'eau fournit par son évaporation, en évaporant 100 centimètres cubes d'eau dans une capsule de platine, au bain-marie, desséchant à l'étuve à 100° et pesant le résidu. Comme ce résidu est presque toujours déliquescent, il est nécessaire de faire cette pesée rapidement.

La proportion de matières en suspension se détermine en filtrant deux litres de l'eau sur un filtre taré. L'augmentation de poids du filtre donne cette proportion.

Voyons maintenant comment on peut doser, d'une façon assez précise pour notre but, la chaux et la magnésie, d'une part, les carbonates, les chlorures et les sulfates, d'autre part.

Pour doser la chaux, on ajoute à 100 centimètres cubes d'eau (rendue légèrement ammoniacale) de l'oxalate d'ammoniaque ; la chaux se précipite à l'état d'oxalate. Pour favoriser cette précipitation et la rendre bien complète, il faut tenir le liquide au moins tiède et attendre quelques heures. On recueille le précipité, on le lave, on le calcine, puis on le traite par quelques gouttes d'acide sulfurique et on calcine de nouveau. Le résidu consiste en sulfate de chaux ; il est pesé. 136 parties de sulfate de chaux représentent 56 parties de chaux.

La magnésie se dosera dans la liqueur filtrée provenant de la détermination précédente. Pour cela on concentre par évaporation jusqu'à ce que le volume du liquide soit réduit de moitié. On ajoute une goutte de solution concentrée d'acide citrique, puis, après refroidissement, un excès d'ammoniaque et 10 centimètres cubes d'une solution de phosphate de soude. On laisse douze heures et on filtre. Le précipité, qui consiste en phosphate ammoniaco-magnésien, est lavé sur le filtre avec un mélange de 1 partie d'ammoniaque concentrée et de 6 parties d'eau. Puis on sèche et on calcine séparément le filtre et le précipité. 222 parties de Mg^2 $P^2 O^7$ représentent 40 parties de magnésie anhydre MgO.

Pour doser l'acide carbonique combiné des carbonates, il suffit de titrer 500 centimètres cubes d'eau avec l'acide déci-normal, en se servant de méthyl-orange comme indicateur. Chaque centimètre cube de l'acide déci-normal employé représente 2 milligrammes 2 d'acide carbonique.

Le dosage de l'acide carbonique en excès des bicarbonates (acide carbonique libre) est très important, puisque la quantité de chaux qui entre dans les réactifs d'épuration en vue de transformer les bicarbonates en carbonates dépend de ce dosage. Pour l'effectuer, on ajoute, à 100 centimètres cubes d'eau, 3 centimètres cubes d'une solution concentrée de chlorure de baryum, 2 centimètres cubes de chlorhydrate d'ammoniaque et 45 centimètres cubes d'une solution de baryte de force connue. On ferme le flacon, on secoue et on laisse reposer un jour. On prend alors 50 centimètres cubes, soit un tiers, du liquide clair et on le titre avec l'acide nitrique déci-normal ; le nombre de centimètres cubes trouvés est multiplié par 3. Le produit est soustrait du nombre de centimètres cubes que par une expérience antérieure on a trouvés nécessaires pour neutraliser les 45 centimètres cubes de la solution de baryte. Soit a le résultat final. Chacun de ces centimètres cubes a correspond à 2 milligrammes 2 d'acide carbonique libre.

Les chlorures se dosent au moyen de l'azotate d'argent avec le chromate de potasse comme indicateur. On prend 100 centimètres cubes de l'eau, on ajoute une goutte ou deux d'une solution de chromate neutre de potasse, puis on ajoute d'une solution d'azotate d'argent 4 grammes 788 par litre jusqu'à ce que la couleur vire du jaune à l'orange. Chaque centimètre cube de la solution d'argent déci-normal employé correspond à 3 milligrammes de chlore.

Quant aux sulfates, pour les doser, on acidule 1 litre de l'eau avec de l'acide chlorhydrique ; on réduit par évaporation le volume à 100 centimètres cubes, et l'on ajoute un faible excès de chlorure de baryum : il se précipite du sulfate de baryum, qu'on sèche, calcine et pèse. 233 parties du sulfate de baryum représentent 80 parties d'acide sulfurique anhydre.

2° Détermination du degré hydrotimétrique de l'eau.

La détermination du *degré hydrotimétrique* de l'eau, ou *degré de dureté* de l'eau, se fait d'après une méthode dont le principe, dû à l'anglais *Clark,* repose sur la décomposition d'une solution alcoolique titrée de savon (1). Cette dissolution donne une mousse persistante avec les eaux douces ; si l'eau, au contraire, contient des sels de chaux, ou de magnésie, ou de fer, etc., la mousse ne deviendra persistante qu'après

(1) ex *Jules Garçon,* La Pratique du teinturier, t. II, pp. 57-64. (Gauthier-Villars, Paris.)

qu'on aura ajouté assez de savon pour neutraliser la chaux, la magnésie, etc. Le degré de dureté de l'eau est proportionnel à la quantité de savon ainsi ajoutée pour arriver à la mousse persistante. Il est très facile de le convertir en sels calcaires par l'application des équivalents chimiques, et, conséquemment, il est très facile aussi de connaître la quantité de chaux à ajouter pour neutraliser les sels calcaires et épurer convenablement l'eau. Le matériel nécessaire pour cette détermination est des plus simples : une burette graduée spéciale ; un flacon gradué de 40 centimètres cubes ; une liqueur titrée à 0 gr. 25 de chlorure de calcium sec ou 0 gr. 59 d'azotate de baryte par litre de dissolution ; une liqueur de savon préparée avec 100 grammes de savon de Marseille sec, 1 600 grammes d'alcool à 90° pour un litre d'eau ; enfin, une solution d'oxalate d'ammoniaque au soixantième. L'eau à essayer ne doit pas marquer plus de 25° de dureté ; si elle dépasse, il faut l'étendre d'eau distillée dans un rapport déterminé.

La burette est graduée de telle façon que 2 cc. 4 = 23 divisions. Le degré 0 de la graduation est placé à la seconde division, le volume ainsi réservé contenant la quantité de liqueur nécessaire pour faire mousser 40 centimètres cubes d'eau distillée ; les vingt-deux divisions suivantes correspondent par conséquent à 0,01 de chlorure de calcium dissous dans l'eau distillée. Ce qui fait que 1° de savon = 0 gr. 00045 de chlorure par 40 centimètres cubes d'eau, ou 0 gr. 0114 par litre.

Le flacon est divisé en 10, 20, 30, 40 centimètres cubes.

L'analyse de l'eau comprend les déterminations suivantes :

a. — On commence par vérifier la liqueur de savon, et on l'amène par dilution à ce que 40 centimètres cubes de la solution de chlorure de calcium, agités dans le flacon avec 23 divisions de la burette, donnent une mousse d'un demi-centimètre de haut persistant au moins cinq minutes.

b. — On détermine ensuite le degré de l'eau à analyser, ce qui donne l'action totale de l'acide carbonique, des sels de chaux et de magnésie (dureté temporaire).

c. — On détermine ensuite le degré de l'eau additionnée pour 50 centimètres cubes de 2 centimètres cubes de la solution d'oxalate d'ammonium filtrée. On opère toujours sur 40 centimètres cubes. On a ainsi l'action de l'acide carbonique et des sels de magnésie.

d. — On détermine encore le degré de l'eau maintenue à l'ébullition pendant une demi-heure, puis ramenée au volume primitif par une addition d'eau distillée et filtrée. En retranchant 3° du nombre de degrés trouvés (à cause du carbonate resté dissous), on a les sels de magnésie et de chaux autres que le carbonate (dureté permanente).

e. — On détermine enfin le degré de l'eau après l'avoir maintenue à l'ébullition pendant une demi-heure, ramenée au volume primitif, filtrée, additionnée de 2 centimètres cubes d'oxalate d'ammoniaque, laissée en repos un quart d'heure et filtrée. On a ainsi les sels de magnésie et, par différence avec d, les sels de chaux solubles ; par différence avec c, l'acide carbonique. Le carbonate de chaux est représenté par b — c + e — d.

On aura soin de déterminer à l'avance le degré hydrotimétrique de l'eau distillée que l'on emploie, car il atteint souvent 1°. Il faudra le déduire des résultats trouvés. On aura soin également de conserver les liqueurs dans des flacons bien bouchés et de les vérifier de temps à autre.

On peut se servir aussi de la méthode hydrotimétrique pour doser les chlorures et les sulfates par mesures de volumes, au lieu d'effectuer ce dosage par pesées.

Boutron et Boudet ont beaucoup perfectionné la méthode hydrotimétrique. Ils classent, d'après leur méthode, les eaux naturelles en trois classes : celles de 0° à 30° sont bonnes ; celles qui marquent plus de 30° présentent avec une intensité pernicieuse les inconvénients multiples que l'on a fait ressortir. Au-dessus de 60°, elles deviennent impropres à tous usages.

Le degré hydrotimétrique français ainsi déterminé correspond à 0 gr. 0114 de chlorure de calcium par litre. Il représente à peu près en centigrammes le poids de sels terreux que l'eau contient. Il indique directement la quantité de savon qu'elle neutralise, soit 0 gr. 1 par degré par litre. Le degré de dureté anglais indique le nombre de grains (0 gr. 0648) de carbonate de chaux contenus dans un gallon d'eau (4 litres 54346) ; il correspond à 0,0143 de carbonate de chaux par litre. Le degré de dureté allemand correspond à 1 centigramme de chaux par litre. 1° français vaut 0° 7 anglais ou 0° 56 allemand. »

* *
*

Voici le degré hydrotimétrique correspondant à quelques eaux :

DEGRÉ HYDROTIMÉTRIQUE MARQUÉ PAR DIFFÉRENTES EAUX.

Eaux.	Degré hydrotimétrique.
Eau distillée (Boutron et Boudet).....................	0°
» du Gier, à Saint-Chamond	1,5 à 2
» de l'Allier, à Moulins (Boutron et Boudet)	3,5
» de pluie, à Paris.............................	3,5
» de la Dordogne, à Libourne (Boutron et Boudet) ...	4,5
» de la Garonne, à Toulouse.....................	5
» de la Loire, à Tours et à Nantes..................	5,5
» de la Néva, à Saint-Pétersbourg (Robinet)........	6
» d'Édimbourg................................	7
» de Newcastle................................	7
» du puits de Grenelle (Belgrand)	9 à 11,7
» du puits artésien de Passy......................	10 à 11
» de l'Avre...................................	11
» du Rhin....................................	12,5
» de l'Ill....................................	13 à 14
» du Rhône, à Lyon	13,5
» de l'Yonne.................................	15

Eaux.	Degré hydrotimétrique.
Eau de la Seine, au pont d'Ivry......................	15 à 17
» de la Saône	15
» de Londres	15 à 23
» de Manchester..............................	16,8
» de Liverpool	16,8 à 21
» de sources de la vallée de la Vanne..............	17 à 20
» de la Seine, à Rouen	18
» de la Marne, à Charenton.......................	19 à 23
» de la Clyde, à Glascow	21
» de l'Oise, à Pontoise..........................	21
» de la Dhuis, au réservoir de Ménilmontant(Belgrand).	20,5
» de la Seine, à Chaillot (1855)....................	23
» d'Arcueil, à Paris (Boutron et Boudet)............	28
» du Tibre.......................................	29
» du canal de l'Ourcq...........................	30
» d'Arcueil, aux sources de Rungis (Belgrand).......	33 à 42
» des puits de Berlin (Robinet)...................	36 à 41
» de puits des Prés-Saint-Gervais.................	72
» de puits de Belleville..........................	128
» des sources de la Dhuis (Belgrand)	22 à 23

*
* *

Considérations de M. Albert Lévy. — L'importance de la méthode hydrotimétrique pour l'analyse des eaux industrielles, les différences de résultats obtenus souvent pour une même eau par des chimistes différents, lorsqu'ils ne sont pas suffisamment exercés, nous incitent à reproduire une grande partie des réflexions de Albert Lévy sur cette méthode (1).

« La méthode hydrotimétrique permet, par une suite logique d'opérations, d'évaluer :

1º Le degré de dureté d'une eau, en admettant, avec le Dr Clarke, que la dureté d'une eau est proportionnelle à la quantité de sels terreux qu'elle contient ;

2º Le poids des sels de chaux en dissolution ;

3º Le poids de carbonate de chaux dissous ;

4º Le poids de sulfate de chaux dissous ;

5º Le poids des sels de magnésie ;

6º Le poids d'acide carbonique dissous.

Cette méthode, appliquée par un chimiste insuffisamment exercé ou non prévenu, ne donne que de grossières approximations. Le mérite apparent de la méthode consiste dans sa prétendue rapidité ; mais cette rapidité entraîne à de graves erreurs si l'on ne prend pas les précautions que nous indiquons plus loin.

(1) In Annuaire de Montsouris, 1894, pp. 324-340.

Le principe de la méthode est le suivant : on verse dans un volume déterminé d'eau une dissolution alcoolique de savon jusqu'au moment où les sels de chaux et de magnésie contenus dans l'eau sont complètement décomposés et neutralisés. La fin de l'opération est indiquée par la présence d'une mousse persistante qui surnage après agitation du liquide. Une eau sera d'autant moins calcaire qu'elle exigera une moins grande quantité de savon pour produire la mousse caractéristique. On peut donc avec une même liqueur de savon, quelconque d'ailleurs, comparer les eaux entre elles; mais, pour que les observations des divers opérateurs puissent être utilement comparées, il a fallu choisir une liqueur type. MM. Boutron et Boudet préparent leur liqueur de la manière suivante :

	gramm.
Savon blanc de Marseille ou mieux savon amygdalin bien sec..	100
Alcool à 90°..	1 600

On dissout le savon dans l'alcool eu chauffant jusqu'à l'ébullition ; on filtre pour séparer les sels et les matières étrangères insolubles dans l'alcool, que le savon peut contenir, et l'on ajoute à la dissolution filtrée :

Eau distillée pure...	1 000
	2 700

Un chimiste, M. Courtonne, propose de remplacer la formule de Boutron et Boudet par la suivante :
Dans un ballon de 1 litre de capacité on verse :

	cent. cubes.
Huile d'olives ou huile d'amandes douces, 28 grammes, exactement pesés, ou.....................................	30
Soude, à 36°...	10
Alcool, à 90°-95°..	10

Après quelques minutes de chauffage au bain-marie bouillant le savon est formé. On ajoute alors 800 ou 900 centimètres cubes d'alcool à 60° ; on agite quelques instants pour dissoudre le savon, puis on filtre dans un ballon jaugé de 1 litre, dont on complète le volume, après refroidissement, avec de l'alcool à 60°.

La liqueur ainsi préparée, dit M. Courtonne, ne change pas de titre avec le temps. Si ce titre était un peu supérieur ou un peu inférieur à 22°, il serait facile de le corriger, soit en augmentant la quantité d'huile, soit par addition d'eau.

La liqueur hydrotimétrique ainsi faite, on prépare une dissolution normale de chlorure de calcium, obtenue en dissolvant 0 gr. 25 de chlorure de calcium fondu et sec dans un litre d'eau distillée. Cette liqueur normale est vérifiée en dosant par l'oxalate d'ammoniaque la chaux qu'elle renferme ; elle doit donner 126 milligrammes de chaux par litre.

On admet, avec MM. Boutron et Boudet, que cette dissolution normale correspond à 22° hydrotimétriques, et, comme l'on opère sur 40 centimètres cubes de liqueur contenant 10 milligrammes de chlorure de calcium, on en conclut que 1 degré hydrotimétrique correspond à $\dfrac{10 \text{ mg.}}{22}$ = 0 mg. 455 de chlorure de calcium, soit à $\dfrac{10 \text{ mg. } 25}{22}$ = 11 mg. 4 de chlorure de calcium, quand on traduit pour 1 litre les résultats obtenus avec 40 centimètres cubes de liquide.

Cette convention, absolument arbitraire d'ailleurs, doit être adoptée par tous les observateurs, afin que leurs résultats, exprimés en degrés, soient comparables.

La lecture faite, et nous dirons tout à l'heure quelles précautions il convient de prendre, on rangera les eaux analysées dans l'une des quatre catégories suivantes, établies par le Comité consultatif d'hygiène de France :

Eau très pure..............	de 5° à 15°
Eau potable..............	de 15° à 30°
Eau suspecte	au-dessus de 30°
Eau mauvaise.............	» 100°

La méthode hydrotimétrique ne peut avoir la prétention de se substituer aux méthodes rigoureuses de l'analyse chimique; elle peut cependant fournir assez rapidement quelques utiles indications de comparaison.

C'est ainsi que, suivant Boutron et Boudet, il serait possible, par une suite d'opérations assez simples, d'obtenir :

1° Le poids de la chaux totale provenant des sels de chaux en dissolution ;

2° Le poids de chaux à l'état de carbonate ;

3° Le poids de chaux à l'état de sulfate ;

4° Le poids de magnésie correspondant aux sels de magnésie ;

5° Le poids d'acide carbonique dissous.

Il suffirait de faire les quatre titrages suivants :

A. Titrage de l'eau à l'état naturel ;

B. Titrage de l'eau après précipitation de la chaux au moyen de l'oxalate d'ammoniaque ;

C. Titrage de l'eau après avoir éliminé, par l'ébullition, l'acide carbonique et le carbonate de chaux ;

D. Titrage de l'eau ayant bouilli et dans laquelle on a, en outre, précipité la chaux restante avec l'oxalate d'ammoniaque.

On aura, de cette façon, exprimé en degrés hydrotimétriques :

Les sels de chaux.............	A — B
Les sels de magnésie........	D
Le sulfate de chaux..........	C — D
Le carbonate de chaux	A — B — (C — D)
L'acide carbonique...........	B — D

Ces lectures, exprimées en degrés hydrotimétriques, seront transformées en poids à l'aide du tableau suivant.

Un degré hydrotimétrique équivaut, pour 1 litre d'eau, à :

		mg.		
Chlorure de calcium	....	11,4		
Chaux	....	5,7		
Carbonate de chaux	....	10,3		
Sulfate de chaux	....	14,0		mg.
Magnésie	....	4,2	ou	3,6
Chlorure de magnésium	....	9,2		
Carbonate de magnésie	....	8,8	ou	7,6
Sulfate de magnésie	....	12,5	ou	10,8
Chlorure de sodium	....	12,0		
Sulfate de soude	....	14,6		
Acide sulfurique anhydre	....	8,2		
Chlore	....	7,3		
Savon à 50 pour 100 d'eau	......	106,1		
Acide carbonique gazeux	....	9,9	(5 c. c.)	

Les premiers nombres relatifs aux sels de magnésie sont les poids, équivalent pour équivalent, correspondant à 11 milligrammes 4 de chlorure de calcium. D'après Wanklyn, Chapmann et Courtonne, à 1 équivalent de chlorure ne correspondraient que les $\frac{87}{100}$ de l'équivalent du sulfate de magnésie ; ce seraient donc les seconds nombres qu'il conviendrait de prendre.

Indiquons maintenant comment on doit faire les lectures et contre quelles erreurs il faut se mettre en garde.

Boutron et Boudet versaient le liquide à analyser dans un flacon spécial de 100 centimètres cubes environ, jaugé de 10 centimètres cubes en 10 centimètres cubes. Je préfère verser le liquide à l'aide d'une pipette jaugée, ce qui me donne une bien plus grande exactitude et me permet de prendre un flacon quelconque.

Boutron et Boudet enfermaient la liqueur de savon dans une burette de Gay-Lussac, difficile à manier, et qui exige une assez grande habileté de l'opérateur, dont les deux mains se trouvent occupées à la fois. Je me sers d'une burette de Mohr, fixée sur un support et dont le diamètre intérieur est très petit, afin que les lectures soient obtenues avec une grande précision. On évite aussi, par ce moyen, la dilatation de l'alcool produite par la chaleur de la main.

Ceci posé, la liqueur de savon affleurant au zéro de la burette, on la verse dans le liquide à analyser, jusqu'à formation d'une mousse persistante.

Quand l'eau à analyser est très calcaire, la liqueur de savon produit des grumeaux qui ne permettent pas d'obtenir une mousse caractéristique.

Dans ce cas, si l'on a primitivement opéré sur 40 centimètres cubes d'eau, il faut n'opérer que sur la moitié, étendue à 40 centimètres cubes avec de l'eau distillée. Il peut même arriver qu'on soit obligé de réduire encore le volume du liquide à analyser à 10 centimètres cubes ou 5 centimètres cubes. Pour certains puits parisiens, je ne puis opérer que sur 2 centimètres cubes d'eau. Dans ce cas, il est nécessaire de tenir compte du volume d'eau distillée, employé pour compléter les 40 centimètres cubes de liquide.

Première cause d'erreur. — L'eau distillée n'a jamais un titre hydrotimétrique nul. On déterminera directement la correction qu'il faut faire subir aux lectures, suivant le volume d'eau distillée ajouté au liquide à analyser.

Deuxième cause d'erreur. — La lecture varie suivant la plus ou moins grande rapidité avec laquelle on verse la liqueur hydrotimétrique.

. Le repère de mousse peut varier de 0,10 à 0,30, suivant qu'on verse la liqueur hydrotimétrique plus ou moins rapidement ; c'est-à-dire que la détermination peut varier de plus de deux degrés quand on opère sur 40 centimètres cubes d'eau et de plus de seize degrés quand on n'opère que sur 5 centimètres cubes. C'est là certainement une des causes des divergences qu'on observe en comparant les résultats obtenus par deux opérateurs différents sur une même eau.

En conséquence, je verse toujours la liqueur de savon de la même manière : par 5 gouttes au début, par 4 gouttes quand la saturation est presque obtenue, par gouttes enfin au moment où l'opération va être terminée.

Troisième cause d'erreur. — Avec certaines eaux on observe une mousse qui peut persister assez longtemps et laisser croire par conséquent que l'opération est terminée. Cette mousse n'est cependant qu'une fausse mousse, qui disparaît brusquement après un temps plus ou moins long. Ce phénomène s'observe toujours avec l'eau de l'Ourcq ; très fréquemment avec l'eau de la Dhuis. Avec quelque habitude, on distingue assez bien la fausse mousse de la vraie ; en tous cas, une mousse obtenue, il convient d'attendre quelques minutes en imprimant au liquide un violent mouvement de rotation autour de l'axe du flacon. Nous parvenons le plus souvent à faire disparaître instantanément la fausse mousse en versant dans le liquide une goutte d'ammoniaque au demi ; on attend une ou deux minutes et on recommence l'agitation.

Quatrième cause d'erreur. — Au moment où apparaît la mousse persistante, on a certainement dépassé la saturation des sels calcaires ; il faut retrancher de la lecture les quelques gouttes versées en trop. Boutron et Boudet affirmaient que cette correction était constante et toujours égale à une division de leur burette. Il n'en est rien, puisqu'elle dépend de l'épaisseur de la mousse à laquelle s'arrête un opérateur, et qu'elle dépend aussi du titre de la liqueur de savon.

Chaque opérateur déterminera donc sa correction de mousse.

En tenant compte de toutes ces corrections, on peut obtenir des résultats très précis. Il est bien entendu que ces corrections changeront chaque fois qu'on prendra une nouvelle liqueur de savon ou une nouvelle eau distillée. Il conviendra d'avoir un flacon d'eau distillée exclusivement réservé aux dosages hydrotimétriques. Nous recommandons surtout de diluer les liqueurs de manière à verser toujours un volume sensiblement le même de liqueur de savon.

Cinquième cause d'erreur. — Un grand nombre d'opérateurs se servent sans examen de la liqueur hydrotimétrique qu'ils ont achetée toute faite, ou même qu'ils ont préparée. C'est une faute grave. Il faut titrer, et fréquemment, la liqueur de savon dont on se sert. J'opère de la manière suivante :

Je fais une lecture hydrotimétrique avec 40 centimètres cubes de la liqueur normale de chlorure de calcium (250 milligrammes par litre). Il semblerait naturel d'exprimer que la lecture obtenue correspond à 22° et d'en tirer la valeur en degré d'une division.

Mais la liqueur de chlorure de calcium peut n'avoir pas été exactement préparée. Le chlorure pris chez le marchand peut être impur. Même si on l'a purifié au laboratoire, il faut vérifier son degré de siccité ou mieux vérifier la liqueur normale qu'on a préparée. Dans ce but, on titre la chaux du chlorure de calcium par le procédé chimique connu. Le calcium est précipité par l'oxalate d'ammoniaque à l'état d'oxalate de chaux, filtré, lavé, et l'on pèse cette chaux à l'état de carbonate. Une liqueur exacte doit fournir 0 gr. 126 de chaux par litre.

Si la liqueur est exacte, on fera la lecture hydrotimétrique A correspondant à 40 centimètres cubes de liqueur, puis on précipitera la chaux par un excès d'oxalate d'ammoniaque, et l'on fera une seconde lecture B après cette précipitation.

Les liqueurs de savon fournies par les fabricants de produits chimiques peuvent faire varier la valeur d'une division de 0°,9 à 1°,2, soit d'un tiers ! !

Si la liqueur normale de chlorure de calcium n'était pas absolument exacte, elle servirait néanmoins au titrage de la liqueur de savon, à la condition qu'on ait dosé avec soin sa teneur en chaux.

Dans l'opération précédente, nous n'avons pas eu à tenir compte de la correction de mousse, parce que nous n'avions besoin que de la différence de deux lectures.

La seconde lecture, celle que nous avons appelée B, est faite, après précipitation par l'oxalate d'ammoniaque, sur le liquide filtré. La lecture n'est pas commode ; et, comme on obtient en général un nombre assez faible, l'erreur relative peut être élevée. La différence A — B multipliée par 5 mg. 7 donne le poids total de chaux ; les résultats sont très suffisamment exacts.

La troisième lecture, lecture C, s'obtient en titrant 40 centimètres cubes de l'eau soumise au préalable à une ébullition prolongée. Il est nécessaire de faire subir à la lecture correspondant à l'eau bouillie une correction en raison de la solubilité du carbonate de chaux dans l'eau. Boutron et Boudet conseillent de retrancher 3° du chiffre observé ; ces trois degrés correspondent à un poids de 30 mg. 9 de carbonate de chaux ou à 17 mg. 1 de chaux.

Dans la liqueur qui a bouilli, nous versons, après filtration, un léger excès d'oxalate d'ammoniaque. La chaux des sulfates et du carbonate dissous est précipitée et le titrage hydrotimétrique du liquide (lecture D) filtré indique la proportion des sels de magnésie. Cette quatrième lecture est difficile ; la mousse ne se réunit pas bien et l'erreur relative qu'on peut commettre est assez forte. D'ailleurs le degré lu peut être trop faible s'il y a eu, durant l'ébullition, un précipité de carbonate de magnésie non redissous à froid. Donc, les sels de magnésie sont mal déterminés ; le poids d'acide carbonique, qui dépend de la différence B — D, n'a aucune valeur. »

3° *Analyse quantitative rapide.*

L'analyse chimique complète d'une eau est une opération longue et méticuleuse. On peut la soumettre à un examen rapide, en se bornant, comme on le fait à l'Observatoire de Montsouris pour le plus grand nombre des échantillons examinés, aux éléments suivants : Oxygène dissous dans l'eau, Chlore, Matière organique, Résidu fixe et matière volatile, Azote nitrique, Chaux, Carbonates alcalino-terreux, Degré hydrotimétrique (1).

« *Oxygène dissous dans l'eau.* — La présence en plus ou moins grande quantité d'oxygène en dissolution dans une eau peut donner d'utiles indications sur la quantité de matières organiques que cette eau tient en dissolution ou en suspension. Cet oxygène ne provient pas seulement de l'air dissous dans l'eau, mais aussi du produit de la nutrition des algues qui vivent dans l'eau.

A 0°, 1 litre d'eau peut dissoudre 41 centimètres cubes 140 de gaz oxygène. Si cet oxygène est emprunté à l'air atmosphérique, comme sa pression n'est que les 0,21 de la pression totale, le volume dissous n'est plus que 41,140 × 0,21 = 8,64 centimètres cubes d'oxygène à la pression extérieure. Si la pression est 760 mm. et la température zéro, le poids d'oxygène dissous par litre d'eau sera 1 mg. 43 × 8,64 = 12 mg. 36.

La manière qui paraît la plus naturelle de doser l'oxygène dissous dans une eau consiste à recueillir tous les gaz dissous et l'on détermine séparément chacun d'eux. Ce procédé est long et exige l'emploi de la pompe à mercure (2). Il consiste à recueillir, dans une éprouvette gra-

---

(1) Extrait de l'Annuaire de l'Observatoire de Montsouris, 1894, p. 310 à 327.
(2) Le détail en est donné dans l'Annuaire de Montsouris, 1894, p. 276.

duée, les gaz qui se dégagent lorsqu'on fait le vide, et à lire les volumes v_1, v_2 et v_3, total, après avoir introduit quelques pastilles de potasse caustique pour absorber CO^2, et après avoir introduit quelques centimètres cubes d'une dissolution d'acide pyrogallique pour absorber O. La différence $v_2 - v_3$ donne l'oxygène. Ce volume, ramené à 0° et à 760 mm., exprimé en centimètres cubes et multiplié par le poids 1 mg. 430 du centimètre cube d'oxygène, donne le poids de l'oxygène renfermé dans l'eau.

Pour doser rapidement l'oxygène dissous dans une eau, *Schutzenberger et Gérardin* ont utilisé la propriété réductrice de l'hydrosulfite de soude. Si, à de l'eau contenant de l'oxygène dissous et colorée en bleu par du bleu Coupier ou du carmin d'indigo, on ajoute peu à peu une solution étendue d'hydrosulfite, le réducteur porte d'abord son action sur l'oxygène dissous et n'agit, comme décolorant sur le bleu, que lorsqu'il a absorbé cet oxygène.

Albert Lévy utilise l'oxydation du sulfate ferreux. On verse, dans l'eau rendue alcaline avec de la potasse, un volume déterminé de sulfate de protoxyde de fer ammoniacal. Il se forme du sulfate de potasse ; l'oxyde de fer se précipite et, en présence de l'oxygène dissous, se transforme partiellement en sesquioxyde. La réaction est instantanée. La quantité de sesquioxyde formé ou, ce qui revient au même, la quantité de protoxyde de fer restant, indique le poids d'oxygène dissous dans l'eau. Pour évaluer le poids de sesquioxyde formé, on sature la potasse par un excès d'acide : les deux oxydes de fer, le protoxyde non transformé et le sesquioxyde repassent à l'état de sulfates, et l'on dose, à l'aide du permanganate de potasse, l'oxyde de fer resté à l'état de protoxyde. Ces opérations doivent évidemment être faites à l'abri de l'air, dans une pipette à robinet. »

Le détail de l'opération se trouve exposé, Annuaire de Montsouris, 1894, pp. 312-318. Comme la teneur en oxygène d'une eau dépend de la température, de la pression, de l'éclairement du ciel, il faut veiller à faire les analyses dans les mêmes conditions.

Chlore. — On le dose, dans l'eau concentrée par évaporation, au moyen du nitrate d'argent, à 16 grammes 997 par litre ; chaque centimètre cube sature 3 milligrammes 546 de chlore. La fin de la réaction est indiquée par la coloration rouge brun du chromate. On vérifie le titre du nitrate au moyen d'une solution titrée de chlorure de sodium, à 29 grammes 24 par litre.

Matière organique. — La méthode préconisée par *Albert Lévy* est recommandée aussi par le Comité consultatif d'hygiène. Elle consiste à brûler cette matière organique par le permanganate de potasse alcalin et bouillant, par une ébullition durant 10 minutes suivie d'un refroidissement instantané. On donne, sous le nom de *matière organique*, le poids d'oxygène, emprunté au permanganate, qui a servi à cette combustion. On trouvera le procédé opératoire, op. cit., pp. 288-294 (1).

Le dépôt d'oxyde de manganèse jaune brun est redissous dans le sulfate ferreux ammoniacal; puis on ajoute une solution titrée de permanganate jusqu'à teinte rose sensible. On recommence la même opération à blanc avec de l'eau pure. On en déduit le poids d'oxygène emprunté au permanganate par la matière organique dissoute dans l'eau.

La méthode est d'ailleurs une méthode de comparaison plus que de précision; mais la comparaison est fort utile, car, joint au degré hydrotimétrique, le taux de matières organiques permet de caractériser une eau.

Résidu sec. — On évapore presque à siccité 200 centimètres cubes d'eau dans une capsule de platine chauffée au bain-marie, puis on place la capsule dans une étuve à 180°. Après douze heures de séjour, la capsule est refroidie dans un dessiccateur à acide sulfurique, et pesée.

Matière volatile. — Le résidu sec est chauffé peu à peu, dans un four à moufle, jusqu'au rouge sombre; puis, après refroidissement dans le dessiccateur, on pèse la capsule.

Azote nitrique. — On le dose volumétriquement à l'aide du sulfate de fer ammoniacal.

Chaux. — La chaux est dosée par l'oxalate d'ammoniaque.

Carbonates alcalino-terreux. — On les dose par titrage à l'acide sulfurique, en présence de cochenille.

4° Analyse quantitative complète (2).

Voici l'exposé résumé de la marche indiquée par *Albert Lévy* (3), plus spécialement pour l'analyse des eaux destinées à l'alimentation.

L'analyse chimique complète d'une eau ne peut se faire que dans un laboratoire bien outillé, par des chimistes soigneux et exercés. Cette analyse est longue et délicate; elle ne permet de traiter dans un temps donné qu'un petit nombre d'échantillons.

(1) L'unité adoptée par les divers chimistes varie beaucoup, ce qui fait naître une apparente discordance entre leurs résultats. Notre unité est le milligramme d'oxygène absorbé par la matière organique d'un litre d'eau; les Allemands multiplient ce nombre par 5. D'autres chimistes prennent pour unité le milligramme de caméléon qui fournit l'oxygène. Cette unité est près de 4 fois plus petite que la nôtre, en sorte que les chiffres correspondants sont près de 4 fois plus grands que les nôtres. Enfin, d'autres chimistes expriment leurs nombres en milligrammes d'acide oxalique absorbant un poids d'oxygène égal à celui qui a brûlé la matière organique de l'eau; leurs résultats sont donc près de 8 fois plus forts que les nôtres. 1, 5, 4 et 8 sont donc les principaux facteurs adoptés. (Note de l'Annuaire.)

(2) L'analyse des eaux minérales exige une méthode absolument générale. Nous renvoyons aux ouvrages spéciaux.

(3) Annuaire de Montsouris, 1894, p. 273 et suiv. On comparera avec les méthodes proposées par le Comité consultatif d'hygiène de France, et par le laboratoire municipal de Paris.

La prise de l'échantillon est dès le début fort délicate. On ne se servira pas de bouteilles de grès, qui peuvent modifier la dureté ; mais on se servira de bouteilles de verre, de deux litres, munies d'un bouchon de verre ou d'un bouchon neuf en liège paraffiné, que l'on lavera bien dans l'eau où l'on puise l'échantillon. On remplira plusieurs fois la bouteille avant de conserver l'échantillon. La bouteille remplie une dernière fois, on laissera tomber lentement le bouchon de verre, qui déplacera un même volume d'eau et donnera une fermeture hermétique. Le flacon sera entièrement plein d'eau et ne contiendra pas la plus petite bulle d'air.

L'analyse chimique complète porte d'abord sur le dosage des gaz dissous ou comprimés.

Acide carbonique libre, Oxygène, Azote. — Les volumes v_1, v_2, v_3, déterminés comme on l'a vu p. 366, donnent par différence $v_2 — v_3$ l'oxygène, $v_4 — v_2$ l'acide carbonique, v_3 l'azote. Ramenés à 0° et 760 mm., exprimés en centimètres cubes et multipliés par les poids 1 mg. 430, 1 mg. 977, 1 mg. 256 du centimètre cube d'oxygène, d'acide carbonique et d'azote, ils donnent les poids des différents gaz libres contenus dans l'eau. On vérifie l'acide carbonique par un dosage au chlorure de baryum.

Acide carbonique demi-combiné. — On chasse par ébullition l'acide carbonique libre et l'acide demi-combiné, puis on dose l'acide des carbonates par de l'acide sulfurique ; soit **v** le volume recueilli. On aura pour le volume d'acide carbonique libre : $v_4 — v_2 =$ volume total — 2 v_4.

Acide sulfurique. — On le dose par le chlorure de baryum.

Acide phosphorique. — On le dose par le molybdate d'ammoniaque, puis par le chlorure de magnésium ammoniacal.

Chlore, Matière organique, Résidu sec, Matière volatile. — Comme dans l'analyse rapide indiquée plus haut.

Azote.

L'azote ammoniacal est chassé par ébullition en liqueur alcaline, reçu dans de l'acide sulfurique, et celui-ci est titré jusqu'au virage au rouge violet de la cochenille colorée en jaune par l'acide. On peut aussi le doser par le réactif de Nessler.

L'azote organique est dosé par le procédé Kjeldahl.

L'azote nitreux est dosé par le procédé *Tiemann et Preusse.*

L'azote nitrique est dosé en volumes par le procédé Schlœsing, à l'état de bioxyde d'azote, quand l'eau renferme des nitrates en assez forte proportion : eaux de drainage. Sinon, on le dose par le procédé de Pelouze. On peut aussi employer le procédé *Grandval et Lajoux,* basé sur la formation de picrate d'ammoniaque.

Silice, Fer et Alumine, Chaux, Magnésie, Alcalis. — Sont dosés, successivement : la silice après évaporation à sec et traitement par HCl ; le fer et l'alumine sont précipités par NH^3 ; la chaux l'est par l'oxalate d'ammoniaque ; la magnésie par le phosphate d'ammoniaque ; les alcalis par le chlorure de platine.

Plomb. — Enfin, le plomb doit souvent être recherché, par barbotage d'un courant lent de H^2S. Le service de Montsouris n'en a jamais trouvé dans les eaux de Paris.

« *Calcul des analyses.* — L'analyse complète étant terminée, on a obtenu les poids des différents acides et des bases. Il n'est pas facile de déterminer la nature des sels qui se trouvaient primitivement dans l'eau. Quelques chimistes proposent d'opérer ainsi qu'il suit : Le chlore est uni au potassium et au sodium, et, s'il en reste, on l'unit au calcium. L'acide sulfurique est combiné à la chaux, l'acide azotique à l'ammoniaque, et, s'il reste de cet acide, on le combine à la chaux, si toute cette base n'est pas saturée par le chlore, auquel cas on prend la magnésie. Si la silice n'est pas libre, on l'unit à la chaux. Enfin, on transforme la chaux et la magnésie qui restent en carbonates neutres. »

5° Analyse des eaux d'alimentation.

L'examen des propriétés physiques fournira d'abord d'utiles indications ; aussi faudra-t-il noter la couleur, l'odeur, la saveur et la limpidité de l'eau, ainsi que sa réaction au papier de tournesol sensible ; on devra noter également s'il ne se forme pas de dépôt après un repos prolongé, puis laisser une bouteille pleine bouchée pendant quelques jours et constater si l'eau n'a pas acquis d'odeur. Les eaux bleues sont les plus pures, les eaux blanches indiquent la présence de matières organiques. L'examen de la couleur se fait dans un tube métallique fermé par deux disques de verre, et que l'on observe comparativement avec un tube témoin rempli d'eau distillée.

Toute eau dégageant une odeur sulfureuse (au bain-marie après agitation) doit être rejetée, car cette odeur dénote une putréfaction de matières organiques.

Il est de rigueur de constater avant tout l'absence de souillures d'origine végétale ou animale.

Une saveur croupie indique un excès de matières organiques ; une saveur terreuse, un excès de sels de chaux.

Enfin, rappelons qu'une bonne eau potable ne doit pas laisser un résidu supérieur à 6 décigrammes par litre, ne doit pas former de grumeaux avec l'eau de savon, ne doit que brunir faiblement le chlorure d'or à l'ébullition, et ne doit pas décolorer le permanganate de potasse en solution acide.

Après ces essais préliminaires, on procédera à une analyse chimique complète, puis à une analyse microbiologique.

La teneur en chlore et en azote de différentes sources donnera des indications utiles sur le degré de potabilité. Les limites de cette teneur varient avec chaque endroit.

6° *Analyse micrographique des eaux.*

Nous nous contenterons également de résumer la méthode par fractionnement, telle qu'elle est exposée par *Miquel* (1).

« L'analyse des eaux par la méthode de fractionnement comporte deux opérations : la dilution et la distribution de l'eau diluée.

1° Dilution. — Quel que soit le procédé employé, il faut s'assurer par un essai préalable de la teneur approximative de l'eau en microbes ; il faut, en un mot, savoir si l'eau à doser doit être diluée au centième, au millième, ou à un titre plus élevé, de façon à ne produire que 15 ou 20 cas d'altération sur 100 conserves mises en expérience. La limpidité de l'eau, qui doit être consultée quelquefois, est fort trompeuse : une eau claire peut renfermer 1 000 000 de microbes par centimètre cube et une eau louche à peine 1 000.

Cet essai se pratique ainsi : l'eau parvenue au laboratoire est distribuée sous le volume d'une goutte dans 4 à 5 conserves, puis diluée au centième, et ensemencée dans une dizaine de conserves, toujours à la dose d'une goutte ; on fait encore une deuxième dilution au millième et une troisième au millionième, si l'on a des raisons pour croire l'eau fort impure : les conserves ensemencées sont placées a l'étuve vers 30 à 35° ; au bout de vingt-quatre heures, l'examen des conserves montre entre quelles limites doit être effectuée la dilution. Si le bouillon ensemencé au centième de goutte est altéré, et si le bouillon ensemencé au millième de goutte n'est pas altéré ou l'est partiellement, les dilutions de l'eau seront faites au millième ou au-dessus, en se rappelant qu'au bout de vingt-quatre heures le chiffre des bactéries visiblement écloses atteint à peine le quart de celles qui se développent plus tard sous l'influence d'une incubation prolongée pendant quinze jours.

Pendant toute la durée de l'essai préalable, l'échantillon de l'eau à analyser doit être maintenu constamment vers 0°, dans un appareil réfrigérant à glace fondante, afin d'immobiliser les espèces bactériennes.

2° Distribution. — L'eau diluée au titre voulu est distribuée dans 36 conserves de bouillon de bœuf neutralisé, savoir : à la dose d'une goutte dans 18 conserves et a la dose de deux gouttes dans 18 autres conserves.

Une expérience identique et de contrôle est pratiquée immédiatement

---

(1) Op. cit., p. 527 et suiv. Nous y renvoyons pour plus amples détails de la pratique. Nous renvoyons également aux méthodes suivies au laboratoire municipal de Paris, et à celles en usage au Comité consultatif d'hygiène publique de France.

avec de l'eau diluée au même titre, ou mieux à un titre deux fois plus
élevé; puis les 72 conserves de bouillon sont placées à l'étuve à 30°-35°
pendant une période de temps minimum de quinze jours, et l'on procède,
au bout de ce temps, à la numération des bactéries, en négligeant de
faire entrer en ligne de compte, dans les calculs, les séries de 18 conserves
qui présentent plus de 20 à 30 pour 100 de cas d'altération. La richesse
en microbes de l'eau considérée est déduite de la moyenne des résultats
fournis par la première et la seconde expérience.

Pour diluer les eaux, on emploie des matras d'une capacité variant de
10 centimètres cubes à 2 litres, à capuchon rodé, à fermeture hermétique
et à cheminée garnie d'une bourre de coton ordinaire. Les matras, à demi
pleins d'un volume connu d'eau distillée, sont stérilisés à l'autoclave
pendant plus d'une heure, à la température de 110° ; on doit avoir ainsi
à l'avance une série de matras de toutes dimensions renfermant un excipient purgé de germes.

L'eau à analyser doit être toujours vivement agitée avant la dilution,
puis prélevée avec des pipettes jaugées et flambées, stérilisées pendant
une heure dans un bain d'air porté à 200°, et conservées à l'abri de toute
contamination.

Pour le fractionnement goutte à goutte de l'eau diluée, on emploie des
pipettes graduées au trait, munies d'une bourre et stérilisées en bloc au
nombre de 100 à 200 dans un vase à précipiter, où elles plongent la pointe
en bas, perdue dans une forte couche de laine de verre. Au moment de s'en
servir, on les passe rapidement à la flamme, afin de brûler les poussières
extérieures.

Comme conserves, on emploie les petits flacons de 15 centimètres cubes
de de Freudenreich, à moitié pleins de bouillon de bœuf stérilisé, et disposés au nombre de 36 dans deux boîtes cloisonnées. Un aide prend successivement chaque flacon, le flambe et l'ouvre; l'expérimentateur laisse
tomber suivant les cas une, deux ou trois gouttes, l'aide le referme et
le remet en place, ainsi de suite jusqu'à la fin.

Le fractionnement de l'eau dans 72 conserves demande environ quinze
minutes, les dilutions cinq minutes ; on peut donc, en vingt minutes, pratiquer une analyse d'eau par le procédé qui vient d'être décrit.

La méthode est longue et coûteuse à appliquer. Dans le fractionnement,
une ou deux gouttes d'eau peuvent contenir plusieurs germes, et les
chiffres obtenus se montrer trop faibles.

3° Méthode par la gélatine. — Le procédé d'analyse micrographique
des eaux par les gelées est basé sur un principe différent. L'eau à doser
est répartie par fractions de centimètre cube sur de la gélatine fondue,
qui, une fois solidifiée, laisse apercevoir, au bout de quelques jours, un
nombre plus ou moins considérable d'îlots disparates ou colonies, que
l'on considère comme représentant le nombre de germes ensemencés.

C'est la méthode dite de Koch; elle est simple et très élégante; elle
rend surtout de réels services quand il importe de séparer les microbes

les uns d'avec les autres ; elle permet, dans une certaine mesure, le triage rapide des organismes contenus dans les eaux ; mais, quoi qu'on en dise, elle se prête plus mal à la numération rigoureuse des bactéries de l'air, du sol et des eaux.

La gélatine, liquéfiée à une douce chaleur, 30°-36°, reçoit avec une pipette graduée, exempte de germes, un volume connu de l'eau à doser en bactéries ; on mélange doucement les deux liquides, afin d'éviter la formation de bulles d'air persistantes, et l'on répand sans retard le tout sur des plaques flambées où la solidification ne tarde pas à se produire.

Ces plaques sont placées à l'abri des poussières, dans un milieu chargé d'humidité, ce qui prévient leur dessiccation ; les germes éclosent et se multiplient dans les jours qui suivent ; enfin, l'expérience jugée terminée, on compte, à l'œil nu ou à la loupe, en se servant de plaques quadrillées, le nombre de colonies visibles ; d'où l'on déduit la richesse de l'eau en bactéries.

Voici comment Albert Lévy procède. Dans des verres coniques de 5 cm. de diamètre à la base sur 5 cm. de hauteur, à col étroit, muni d'un capuchon rodé et tubulé, on introduit 15 grammes de gélatine très limpide, nutritifiée par de la peptone. Ces vases sont stérilisés à l'autoclave à 110°.

Quelques instants avant de pratiquer l'analyse, on liquéfie la gélatine en plaçant le vase conique dans une étuve Gay-Lussac chauffée vers 35° ; la gelée fondue, l'eau à doser est introduite dans le vase avec les précautions d'usage ; on mélange le tout en penchant le liquide dans plusieurs sens, puis la fiole conique est placée sur une caisse de cuivre bien dressée, dans l'intérieur de laquelle circule un courant d'eau froide, s'il est nécessaire ; la gelée prise, la fiole est exposée à l'étuve vers 20°-22°, et l'on observe toutes les vingt-quatre heures, en notant, à chaque fois, le chiffre des colonies développées, jusqu'au jour, malheureusement trop rapproché, où un ou plusieurs des îlots envahissants ou liquéfiants ont anéanti le *substratum* solide et avec lui le semis collectif des microbes. On supprime finalement au bout d'une attente de quinze jours. Et avant ce temps, la gélatine est souvent liquéfiée, à moins qu'on ne la maintienne à une température assez basse, mais, dans ce cas, les colonies ne se développent pas assez vite. Aussi *Albert Lévy* conclut-il que la méthode du fractionnement dans le bouillon constitue le procédé d'analyse le plus exact. Puis vient ensuite la méthode de fractionnement dans les gelées ; bien loin enfin, la méthode des cultures collectives sur plaques. »

* *

La numération des colonies dans un bouillon de culture ou sur une gélatine nutritive fournit le nombre des bactéries que l'eau renfermait. Ce premier point acquis, il reste a déterminer la nature de ces colonies, par cultures spéciales, afin de connaître si l'eau renferme des microorganismes

pathogènes, comme le bacillus d'Eberth ou typhique, le bacterium coli
commune, les b. fluorescens et termo de la putréfaction. Toute eau qui en
renferme doit être impitoyablement rejetée.

. * .

« A côté de ces procédés, il en existe d'autres dont l'exactitude est
moindre au point de vue qualitatif et quantitatif, mais qui possèdent une
valeur comparative suffisamment approchée ; n'oublions pas d'ailleurs
que, en l'état actuel de la science, les analyses micrographiques, conduites
même avec le plus grand soin, donnent des chiffres inférieurs à la réalité
et toujours subordonnés au pouvoir nutritif des terrains employés aux
cultures.

Le bouillon de bœuf, ou son succédané encore plus sensible, le
bouillon de peptone artificiel (peptone Chapoteau 20 grammes, gélatine
2 grammes, sel marin 5 grammes, cendres de bois tamisées 0 gr. 50, eau
ordinaire 1 000 centimètres cubes), ne sont pas les milieux les plus favorables à la multiplication et surtout à l'éclosion des bactéries ; il existe
toute une classe de liquides (jus de viande, sucs végétaux), stérilisés par
filtration à froid, qui possèdent la précieuse faculté de déceler un nombre
de bactéries deux à trois fois plus élevé que les bouillons précités.

Les gelées végétales de lichen, les mucilages de semences de coing,
de gomme adragante nutritifiée, sont encore des milieux plus [impropres
au développement des bactéries que les bouillons, mais ils présentent
quelques avantages incontestables pour les analyses comparatives des
bactéries et l'enregistrement des variations de ces organismes de l'air et
des eaux.

La méthode rapide des plaques de gelées de Koch trouverait ici
naturellement sa place, si la gélatine ne présentait pas, à un degré si
regrettable, le défaut d'être fluidifiée en quelques jours. Les gelées de
lichen se liquéfient avec infiniment plus de difficultés, et les mucilages de
graines de coing et de gomme adragante ne fondent pas du tout.

La gélose présenterait de nombreuses qualités si elle possédait la
propriété de gonfler rapidement en absorbant l'eau que la dessiccation lui
fait perdre.

Enfin les gelées et les mucilages végétaux se colorent plus difficilement à l'indigo que les gélatines d'origine animale, ce qui permet de
teindre en bleu foncé, sur un fond à peu près incolore, la plupart des
colonies que ces terrains peuvent nourrir. »

. * .

La détermination des espèces anaérobies présente des difficultés spéciales. « Pour cultiver les êtres anaérobies, on a vanté de nombreux
procédés, ayant tous évidemment pour objet de soustraire les microorganismes et leurs semences à l'action de l'oxygène gazeux. *Pasteur* a
employé à cet effet des vases entièrement pleins de liquides fermentes-

cibles stérilisés, dont la tubulure effilée et recourbée en col de cygne plongeait dans du mercure purgé de germes. *Buchner* a conseillé d'absorber l'oxygène gazeux dans l'enceinte même de la culture au moyen de pyrogallates alcalins. *Roux* a pensé, avec raison, que les organismes aérobies pouvaient se charger de cette absorption laissée par Buchner au soin des substances chimiques oxydables. Le vide peut être de même employé avec succès et, à son défaut, les gaz inertes, tels que l'azote, l'hydrogène purs conduits dans les milieux de culture pour balayer d'abord l'oxygène gazeux et ensuite pour les entourer d'une atmosphère inactive. D'autres ont employé à tort l'acide carbonique gazeux et le gaz d'éclairage qui, s'ils ne s'opposent pas à la vie de plusieurs microbes anaérobies, frappent de mort ou paralysent le développement d'un grand nombre d'espèces. De tous ces procédés, la méthode employée tout d'abord par Pasteur est celle qui semble donner les résultats les plus satisfaisants, car il est plus facile de chasser l'air dissous dans les substances nutritives ou adhérentes aux vases par la chaleur que par les pompes à vide, dont le fonctionnement n'est pas toujours parfait. Pour avoir un milieu propice aux anaérobies, il suffit donc de chasser complètement l'oxygène de l'air, et, cela fait, de s'opposer à ce qu'il puisse revenir en contact avec le milieu nutritif.

« On arrive aisément à obtenir des bouillons, des gélatines, des géloses absolument privés d'air en les recouvrant avant leur stérilisation d'une forte couche d'un mélange de paraffine et de vaseline : vaseline 98, paraffine 2. On peut aussi ajouter, à cette composition, quelques centièmes de cire vierge, ce qui augmente l'infusibilité du mélange qui ne fond pas encore à la température de 40°. Pour les cultures à haute température, on se servira avec avantage du mélange suivant, rétractable, il est vrai, dans la partie centrale de la surface supérieure, mais très adhérent au verre et infusible à 50° : vaseline 90, cire blanche 8, paraffine 2. Ces compositions sont imperméables à l'air ; elles sont assez plastiques pour prendre, à la température ordinaire, la forme des vases sous l'influence de la pression atmosphérique ; elles permettent de plus aux liquides de se dilater sans cesser d'adhérer aux parois des vases de verre ; par conséquent, elles ne laissent jamais échapper la moindre goutte de liquide inclus. Par mesure extrême de précaution, on peut d'ailleurs, si l'on veut, verser, au-dessus des couches solides, une seconde couche de mercure de plusieurs centimètres de hauteur.

« L'espèce développée à l'abri de l'air dans les cultures liquides, on va à sa recherche soit au moyen de pipettes à pointes très fines en traversant de part en part la couche isolante, ou, si c'est une colonie formée dans les gelées, on peut, au moyen de tubes de verre flambés à paroi mince, enlever la couche isolante dans la direction de la colonie ; ce tube creuse pour ainsi dire une sorte de puits jusqu'au substratum solide dans lequel on dirige un fil de platine pour prélever quelques parcelles de la colonie à la manière habituelle.

« L'eau de la Vanne, choisie comme exemple, renferme très peu d'organismes anaérobiens, de 2 à 10 par centimètre cube, alors qu'elle montre en moyenne 1 250 bactéries sous le même volume. Les eaux de rivières devront être diluées au millième, et l'on ajoutera 1 centimètre cube de cette dilution dans les milieux tenus à l'abri de l'air. L'eau d'égout sera diluée à 1 : 10 000, etc. »

* * *

En résumé, les analyses effectuées sur les plaques de gélatine donnent des facteurs toujours trop faibles, si l'on ne peut attendre le développement des microbes pendant au moins une période de temps de quinze à vingt jours.

* * *

Au point de vue micrographique, les eaux peuvent être classées en quatre catégories. 1° Celles qui renferment de 100 à 1 000 bactéries par mètre cube : ce sont les eaux pures. 2° De 1 000 à 2 000 bactéries : ce sont des eaux médiocres, mais encore potables, pourvu qu'elles ne renferment pas de microbes pathogènes. 3° Celles qui renferment de 10 000 à 100 000 bactéries : ce sont des eaux impures, et suspectes pour la boisson. 4° 100 000 bactéries et au delà par centimètre cube : ce sont des eaux très impures, dangereuses et qu'il faut supprimer immédiatement.

Les eaux de sources présentent des recrudescences de bactéries coïncidant avec les fortes chutes d'eau de pluie. Ces coïncidences seraient dues à une contamination par les eaux de pluie qui laveraient la surface du sol, et pénétreraient dans les couches souterraines, incomplètement épurées par la filtration à travers la terre, le sable ou l'humus. La température des eaux semble diminuer la teneur en bactéries. Dans les eaux des fleuves, le chiffre des bactéries s'atténue considérablement en été; il passe ordinairement par un minimum, entre les mois d'août et de septembre, à l'époque où la température extérieure et la température des eaux de rivières sont les plus élevées. Les eaux de puits ont des richesses en bactéries très variables, ce qui tient aux causes locales d'infection. Enfin, les eaux d'égout, comme on peut le prévoir, ont été trouvées d'une impureté excessive : ce n'est pas par milliers, mais par millions que les bactéries s'y comptent par centimètre cube. L'impureté des eaux sales des grands collecteurs de Paris va croissant d'année en année ; la moyenne normale étant de 16 000 000, on trouve pour l'année 1892 une richesse de 21 000 000 de bactéries par centimètre cube, soit 5 000 000 de plus que la moyenne générale. Mais elles sont purifiées rapidement par le sol, et les eaux des drains des champs d'épandage ne renferment plus qu'un nombre limité de bactéries. Ces résultats ressortent clairement des tableaux que nous avons publiés pp. 347, 349 et 350.

7° *Analyse en vue de l'épuration industrielle.*

Léo Vignon et Meunier (C. R., 1899) ont indiqué récemment une méthode d'analyse rapide et exacte des eaux industrielles, dans le but de
déterminer les données nécessaires à un traitement d'épuration chimique.
Voici le texte intégral de leur mémoire :

« On sait que l'eau, en industrie, peut être épurée chimiquement :

1° Dans des réservoirs spéciaux par la chaux et le carbonate de soude,
suivant les équations : $Ca\,(OH)^2 + CO^2 = CO^3\,Ca + H^2\,O$; et $Ca\,Cl^2$ [ou
$SO^4\,Ca$] $+ CO^3\,Na^2 = CO^3\,Ca + (Na\,Cl)^2$ [ou $SO^4\,Na^2$].

2° Dans les chaudières a vapeur, par l'addition de $CO^3\,Na^2$ rendant
l'eau très faiblement alcaline, amenant le dégagement de l'acide carbonique
libre ou à demi combiné, et la précipitation de la chaux à l'état de carbonate.

Nous avons l'honneur de communiquer à l'Académie une méthode
analytique qui permet de déterminer rapidement, et avec exactitude, les
éléments de l'épuration : (*a*) par dosage de l'acide carbonique, (*b*) par la
mesure directe de la quantité de carbonate de sodium à employer.

Cette méthode a comme point de départ les recherches de l'un de nous,
concernant les propriétés de la phénolphtaléine employée comme indicateur coloré. Elle a été rendue plus rapide et plus précise par l'emploi
d'alcool pour insolubiliser le carbonate de chaux. Elle comporte deux
parties :

1° Dosage de l'acide carbonique libre ou à demi combiné.

Principe. — L'acide carbonique libre, ou à demi combiné, possède la
propriété de décolorer la liqueur rouge formée par le mélange d'eau de
chaux et de solution alcoolique de phénolphtaléine ; cette action est très
rapide dans une solution renfermant 50 pour 100 d'alcool éthylique, le
carbonate de chaux se précipitant immédiatement dans ce milieu.

Réactifs. — a. Solution d'eau de chaux saturée, renfermant à la température de 15°, 1 gr. 8 de $Ca\,(OH)^2$ par litre ; cette solution peut être titrée
par l'acide sulfurique $\frac{1}{5}$ normal.

b. Solution alcoolique neutre, de 5 grammes de phénolphtaléine dans
100 centimètres cubes d'alcool à 93°. Après une heure de digestion, la
liqueur est filtrée.

c. Alcool éthylique 90°-93°, neutre, ayant bouilli immédiatement avant
l'emploi.

Mode opératoire. — 1° Dans une éprouvette de verre cylindrique,
graduée, de 100 centimètres cubes, bouchée à l'émeri, introduire 50 centimètres cubes d'eau distillée, récemment bouillie dans une capsule de
nickel, compléter le volume à 100 centimètres cubes avec de l'alcool à 93°

récemment bouilli (ballon de verre), refroidir l'éprouvette extérieurement par un courant d'eau, ajouter 10 gouttes de la solution alcoolique de phénolphtaléine. Verser ensuite, dans l'éprouvette, au moyen d'une burette divisée en dixièmes de centimètre cube, de l'eau de chaux saturée, jusqu'à coloration rouge : il faut 1 centimètre cube. On a ainsi un type coloré.

2° Dans une deuxième éprouvette, semblable à la précédente (même diamètre), introduire 50 centimètres cubes de l'eau à analyser, compléter le volume à 100 centimètres cubes avec de l'alcool à 90°-93° préalablement bouilli et refroidi, ajouter 10 gouttes de la solution de phénolphtaléine ; puis verser dans l'éprouvette, à l'aide de la burette, et en agitant de temps en temps, de la solution d'eau de chaux jusqu'à coloration rouge persistante, identique à celle du type.

Soit n le nombre de centimètres cubes d'eau de chaux employés (déduction faite de 1 centimètre cube du type). Le volume d'acide carbonique contenu dans un litre d'eau examinée sera en centimètres cubes (ou en litres par mètre cube d'eau) :

$$\text{Vol. } CO^2 = \frac{n \times 1,8 \times 22 \times 1000}{50 \times 37 \times 1,9774} = \frac{n \times 1,8}{50} \times 0,3 = n \times 10,8.$$

2° Dosage du carbonate de sodium nécessaire à la transformation des chlorures et sulfates.

Principe. — a. Les chlorures et sulfates de calcium et de magnésium, dissous dans l'eau sont intégralement et rapidement transformés en carbonates par l'action d'une solution de carbonate de sodium, si l'on a préalablement additionné l'eau de son volume d'alcool.

b. La phénolphtaléine n'est pas colorée par les sulfates et chlorures de calcium et de magnésium dans les conditions précédentes, mais le carbonate de soude la colore.

Réactifs. — a. Une solution de carbonate de sodium à 1 gramme par litre, cette solution étant préparée avec de l'eau distillée bouillie.

b. Une solution de phénolphtaléine, comme précédemment.

c. De l'alcool à 93°, neutre et récemment bouilli.

Mode opératoire. — 1° On préparera un type coloré, en introduisant dans une éprouvette cylindrique de 100 centimètres cubes, graduée, bouchée à l'émeri : 50 centimètres cubes eau distillée bouillie, complétant à 100 centimètres cubes avec de l'alcool bouilli, refroidissant, additionnant de 10 gouttes de solution alcoolique de phénolphtaléine, et 3 centimètres cubes de la solution de carbonate de soude. On obtient ainsi un type suffisamment coloré.

2° Dans une capsule de nickel, on fera bouillir, pendant cinq minutes, 50 centimètres cubes de l'eau à analyser ; on verse ensuite l'eau bouillie dans une éprouvette semblable à celle du type ; on rince la capsule avec de l'eau distillée que l'on fait bouillir et l'on complète le volume à 50 centimètres cubes avec cette eau ; on ajoute 50 centimètres cubes d'alcool récemment bouilli, on refroidit l'éprouvette, puis l'on ajoute 10 gouttes de la solution de phénolphtaléine ; on verse alors la solution titrée de carbonate de soude, à l'aide de la burette graduée, en agitant de manière à amener la coloration à être identique à celle du type.

Soit n le nombre de centimètres cubes de la liqueur de carbonate de soude employés (déduction faite des 3 centimètres cubes du type). La quantité de carbonate de soude nécessaire pour la transformation intégrale des chlorures et sulfates sera, en grammes, pour un litre d'eau :

$$Q = \frac{n}{50} = 0 \text{ gr. } 02 \times n.$$

3° **Calculs.**

Il faut distinguer deux cas :

1. **Épuration par la chaux et le carbonate de soude dans un réservoir séparé.** — On emploiera 2 gr. 51 CaO (préalablement éteinte et mise en lait tamisé) pour un litre CO^3, et la quantité de carbonate de sodium indiquée directement par l'analyse.

Les quantités de réactifs ainsi fixées sont théoriques ; ce sont celles qui correspondent aux réactions intégrales de l'épuration. Mais, dans la pratique, ces réactions ne s'accomplissent pas complètement ; il y a lieu de diminuer les quantités par tâtonnements, suivant les conditions dans lesquelles se pratique l'épuration (température, durée du contact des réactifs et de l'eau, etc.). Ces conditions étant variables, elles doivent être prises en considération pour chaque cas particulier. Finalement, 50 centimètres cubes de l'eau épurée, au moment de son emploi, ne devront pas se colorer, ou très faiblement, à l'ébullition, par l'addition de 10 gouttes de la solution alcoolique de phénolphtaléine.

2. **Emploi de l'eau dans les chaudières à vapeur.** — La réaction est ici intégrale, tant à cause de la température à laquelle se trouve portée l'eau que par suite de la concentration qu'elle subit.

Il faudra employer 4 gr. 76 de $CO^3 Na^2$ pour un litre de CO^2. Cette quantité se régénérant constamment devra être employée une fois pour toutes, sans être renouvelée, et pour le volume moyen de l'eau de la chaudière :
$(CO^3 H)^2 Ca + CO^3 Na^2 = (CO^3 H Na)^2 + CO^3 Ca = CO^3 Na^2 + H^2 O + CO^2 + CO^3 Ca.$

Pour les chlorures et sulfates, on prendra la quantité de carbonate de soude indiquée directement par l'analyse ; comme ce carbonate de soude est détruit, il y a lieu de l'employer proportionnellement au volume d'eau total introduit dans la chaudière à vapeur. »

II. — Détermination de la proportion d'eau contenue dans une substance donnée.

Nous nous bornerons ici à étudier trois questions spéciales : la dessiccation des substances dans le laboratoire, le dosage de l'eau renfermée dans une substance donnée, la détermination de l'état hygrométrique de l'air.

A. — La dessiccation s'effectue habituellement dans les laboratoires en séchant la substance à une température suffisante dans une étuve à vapeur, à air chaud, à bain d'huile ou de solution saline, ordinairement munie d'un régulateur automatique de température.

La dessiccation à l'étuve se fait parfois à l'aide d'un courant d'air sec si la substance est difficile à sécher ou si l'on veut se hâter. La dessiccation se fait dans le vide, ou dans une atmosphère artificielle à basse pression, si la substance est altérable. Lorsque la substance perd facilement son humidité, on peut se contenter de la dessécher dans des appareils dessiccateurs à acide sulfurique ou à chlorure de calcium. La dessiccation se fait au contraire à l'étuve, pour les substances qui ne perdent leur eau que lentement, et qui sont exposées à se décomposer à une température élevée. Les substances particulièrement altérables ou avides d'humidité sont séchées à l'étuve, puis emprisonnées entre deux verres de montre tarés, et transportées dans un dessiccateur jusqu'à complet refroidissement. Au contraire, les substances qui ne subissent pas de changement aux températures élevées sont placées dans un creuset, chauffées directement sur une lampe, mises à refroidir dans le dessiccateur et finalement pesées à froid.

Les substances solides soumises à la dessiccation doivent être réduites d'abord en poudre fine ; les substances visqueuses sont mélangées intimement avec une matière inerte, par exemple, du sable pur, que l'on aura débarrassé de toute trace d'humidité en le chauffant au rouge, et que l'on conserve dans un flacon hermétiquement fermé.

Certaines substances perdent leur humidité par simple exposition à l'air, par exemple : le sulfate de soude, le carbonate de soude cristallisé ; d'autres s'effleurissent même à l'air sec, tels le sulfate de magnésie, le sel de Seignette ; d'autres perdent leur humidité à 100°, tel le tartrate de chaux ; et beaucoup sans subir aucun changement, tels le sucre, l'acide tartrique ; d'autres substances ne perdent leur humidité à 100° que d'une façon incomplète ou très lentement, et souvent elles se décomposent au rouge, comme le savon ; enfin, certaines substances, comme les sulfates de potassium et de baryum, perdent leur humidité au rouge sans éprouver aucun changement. La façon dont on procédera à la dessiccation dépend évidemment de la manière dont la substance se comporte lorsque la température s'élève.

B. — Le dosage de l'humidité dans les substances s'effectue habituellement en évaluant la quantité d'eau que la substance perd lorsqu'on la dessèche. Le dosage de l'eau revient donc à estimer une perte de poids. Pour que le dosage soit juste, il faut avoir soin d'examiner après la pesée si la substance remise dans les conditions premières de la dessiccation ne perd plus de poids. Les pesées ne doivent avoir lieu qu'après avoir laissé la substance refroidir dans un dessiccateur à acide sulfurique. — En certains cas exceptionnels, on pèse directement l'eau éliminée, et pour cela, à l'aide d'un aspirateur, on fait passer les vapeurs d'eau, soit dans un appareil condensateur, soit dans des tubes remplis d'une matière absorbante. Au lieu de se servir d'un aspirateur, on peut chauffer la substance analysée avec du carbonate de plomb ; l'acide carbonique mis en liberté entraîne avec lui les vapeurs d'eau.

Voici quelques détails pour le traitement de substances spéciales. — Dans les combustibles, le dosage de l'humidité peut s'effectuer de différentes manières. On peut dessécher sept jours dans un dessiccateur à acide sulfurique, ou quatre heures au bain-marie à 97°, ou vingt-quatre heures à l'étuve à 110°. On peut aussi doser par pesée directe dans des tubes à chlorure de calcium absorbant la vapeur d'eau. — Les argiles sont chauffées dans un creuset de platine, à 120°, jusqu'à ce qu'elles ne présentent plus de perte de poids. — La poudre noire est chauffée avec précaution jusqu'à ce que sa fusion commence. — La gélatine est desséchée le plus rapidement possible sans dépasser 20°. — Le savon est séché à 110° sous forme d'écailles très minces. — Pour doser l'eau dans les betteraves, on coupe de minces disques, que l'on porte à 80°, puis à 100°.

Pour certaines substances, on suit des procédés très particuliers. C'est ainsi que l'on peut s'emparer de l'eau par l'alcool concentré. Par exemple, l'amidon, qui renferme plus de 11,4 pour 100 d'eau, cède aisément l'excès d'eau qui dépasse cette proportion à de l'alcool à 90° centésimaux, *Scheibler*. — L'eau peut encore se doser dans l'amidon d'après le volume de la fécule hydratée qui se forme lorsqu'on ajoute un excès d'eau, *Bloch*. — L'eau dans les savons peut se doser en précipitant le savon même par un salage ; la différence des poids donne l'eau.

Enfin, dans les solutions, le dosage de l'eau revient à une détermination de densités ; voir p. 301 à 309.

Le dosage de l'humidité prend une importance considérable en matière de conditionnement, surtout pour celui des soies. Dès 1750, à Turin, et 1780, à Lyon, on conditionna les marchandises pour voir si elles étaient dans de bonnes conditions, et si elles ne renfermaient pas une proportion exagérée d'humidité. La première Condition officielle fut établie à Lyon en 1805. Aujourd'hui, il en existe dans tous les grands centres de l'industrie textile. — Le conditionnement de la soie, et celui des autres matières textiles, s'opère en desséchant la matière dans des étuves appropriées. Comme les matières textiles renferment naturellement une certaine proportion d'humidité, la loi a fixé des taux de reprise. Celui pour la soie est 11 pour 100 (séchage de 110° à 120°) ; celui pour la laine est 17 (séchage à 110°). Les industriels du Nord admettent 18 1/4 pour le taux de reprise de la laine. Le taux des blousses est 10 pour 100. — Le Congrès international de Turin de 1873 a établi les taux de reprise suivants : Soie 11, Laine peignée 18 1/4, Laine filée 17, Coton 8 1/2, Lin 12, Chanvre 12, Étoupes filées 12 1/2, Jute et phormium 13 3/4.

C. — La détermination de la vapeur d'eau contenue dans l'air atmosphérique est un problème intéressant. On peut le considérer à plusieurs points de vue. D'abord on peut se proposer de déterminer directement le poids de la vapeur d'eau contenue dans un volume donné d'air ; ce poids est fourni par l'expression :

$$p = \frac{V}{1 + at}\ 1{,}293.\ 0{,}622\ \frac{f}{760},$$

où V représente le volume de l'air et f la tension actuelle de la vapeur d'eau. Ensuite, on peut se borner à rechercher la tension actuelle de la vapeur d'eau f, puisque cette tension actuelle est proportionnelle au poids de la vapeur d'eau contenue dans l'atmosphère.

Le plus souvent, on cherche à déterminer l'*état hygrométrique* E (ou fraction de saturation). L'état hygrométrique est, par définition, le rapport qui existe entre la quantité p de vapeur d'eau contenue dans l'air et la quantité P que l'air contiendrait s'il était saturé, $E = \frac{p}{P}$. C'est, ainsi qu'un calcul très simple le montre, le rapport qui existe entre la tension actuelle f et la tension maxima F de la vapeur d'eau à la température donnée, $E = \frac{f}{F}$ (1). L'état hygrométrique varie de 0, sécheresse extrême, pour f = 0, à 1, humidité extrême, pour f = F. L'état d'humidité de l'air dépend de son éloignement du point de saturation, et non de la quantité absolue de la vapeur d'eau qu'il contient.

Jamin a proposé de remplacer la considération de E, qui dépend non seulement de p, mais encore de la pression atmosphérique et de la température, par celle de la *Richesse hygrométrique* R, ou rapport du poids de la vapeur d'eau à celui de l'air sec contenu dans un même volume, $R = \frac{f}{H-f}$

La détermination de l'état hygrométrique s'effectue au moyen des hygromètres ; ces instruments donnent généralement la valeur de f, et celle de F se trouve dans les tables.

Dans l'hygromètre à cheveu de *Saussure,* les variations de longueur d'un cheveu enroulé sur une poulie, ou mieux fixé à un bras de levier, sont amplifiées au moyen d'une aiguille. Cet hygromètre est un instrument empirique. Ses indications, ou degrés hygrométriques, varient avec de nombreuses influences, l'origine du cheveu, sa finesse, sa couleur, son mode de dégraissage, etc. ; elles ne sont pas proportionnelles à l'état hygrométrique. Aussi est-on obligé pour chaque appareil, après l'avoir

(1) On a, en effet, $E = \dfrac{p}{P} = \dfrac{\dfrac{V}{1 + at}\ 1{,}293.\ 0{,}622\ \dfrac{f}{760}}{\dfrac{V}{1 + at}\ 1{,}293.\ 0{,}622\ \dfrac{F}{760}} = \dfrac{f}{F}$.

Les valeurs de F ont été déterminées avec précision par Regnault (cf p. 288) et se trouvent dans tous les recueils de tables.

gradué arbitrairement par la méthode de Saussure en partageant en cent parties égales l'espace compris entre les points extrêmes de sécheresse et d'humidité absolues, de construire une courbe ou d'établir des tables hygrométriques par l'une des méthodes indiquées par *Saussure, Dulong, Gay-Lussac, Melloni, Regnault*. La méthode de *Regnault* consiste à renfermer l'hygromètre sous une cloche avec différents mélanges d'acide sulfurique et d'eau dont on connaît les tensions. On en déduit les états hygrométriques correspondant aux divers degrés de l'hygromètre. Entre des mains expérimentées, cet hygromètre fournit de bons résultats.

Dans l'hygromètre chimique dû à *Brünner*, l'augmentation de poids de tubes d'absorption en U à ponce sulfurique donne le poids de la vapeur d'eau. C'est l'instrument le plus rigoureux.

Les hygromètres de condensation, tels ceux de *Daniell*, de *Regnault*, d'*Alluard*, reposent sur un principe tout différent : on cherche la température de rosée t' inférieure à la température t de l'observation, pour laquelle t' la tension actuelle f de la vapeur d'eau devient tension maxima F' dont la valeur est donnée par les tables de Regnault.

Enfin, on peut se servir encore du psychromètre (ce mot dérivé du grec signifie : qui mesure la fraîcheur)(1). « C'est un instrument composé de deux thermomètres à mercure fixés sur une même planchette. L'un de ces thermomètres n'offre rien de particulier ; le réservoir du second est entouré d'une petite bande de mousseline ou de gaze, dont l'extrémité plonge dans un petit tube où l'on verse de l'eau. L'eau se répand par capillarité sur toute la bande, elle s'évapore, et en s'évaporant elle refroidit le réservoir du thermomètre. Le thermomètre mouillé marque donc une température plus basse que le thermomètre sec ; et comme cette évaporation est d'autant plus prononcée que l'air ambiant est moins saturé, la différence des degrés lus sur les deux thermomètres représente le pouvoir dessiccateur de l'air, à l'instant de l'observation. Cette différence de température n'est nulle, et les deux thermomètres ne marchent d'accord que dans un seul cas : lorsque l'air ambiant est saturé d'humidité. Elle est, au contraire, maxima lorsque l'air est complètement dépourvu de vapeur d'eau. Voici donc un instrument dont les indications sont proportionnelles à la quantité de vapeur d'eau contenue dans l'air qui l'entoure. C'est donc un hygromètre, mais un hygromètre qui conviendra mieux que tout autre dans la pratique des ateliers et des séchoirs, puisqu'il mesure directement la force d'évaporation, et qu'il est lui-même un objet qui sèche. Tout le monde d'ailleurs peut construire soi-même un psychromètre. Il suffit pour cela d'une planchette en bois, de deux thermomètres sensibles, d'un morceau de gaze et d'un petit tube rempli d'eau qu'on fait communiquer avec la gaze au moyen d'une mèche de coton.

Deux précautions indispensables à prendre : d'abord, ne pas laisser le

---

(1) Ce qui suit est extrait de *Jules Garçon*, La Pratique du teinturier, t. II, p. 290 à 293. (Paris, Gauthier-Villars.)

petit réservoir à eau se vider ; ensuite, pour que les observations soient comparables entre elles, les faire en se servant du psychromètre comme d'une fronde et relever les températures au moment où l'écart est devenu constant.

L'usage du psychromètre a un seul inconvénient : il nécessite le calcul d'une table psychrométrique, et les nombres de cette table varient avec le psychromètre et avec la place qu'il occupe. On a proposé différentes formules pour calculer ces nombres. Dans la table qui suit et qui a été calculée par l'auteur, les nombres représentent les quantités de vapeur d'eau contenues dans l'atmosphère sous une pression barométrique égale à 760, à des températures extérieures comprises entre 2°, 5° et 50°, et pour des différences du thermomètre sec et du thermomètre mouillé de 1° à 7°. Les nombres sont rapportés à un état de saturation égal à 100, et à un état de sécheresse absolue égal à 0. Ils ont été calculés d'après la formule d'August : $\dfrac{f}{t} = \dfrac{F}{t'} \times \dfrac{A(t-t')}{610 - t'}$ H, où l'on a fait A égal à 0.480, qui est une valeur moyenne. On est obligé de déterminer A pour chaque cas particulier.

TABLE PSYCHROMÉTRIQUE (1).

Température de l'air ou du thermomètre sec.	Différence de température entre les deux thermomètres.							
	0	1	2	3	4	5	6	7
2° 5								
5		82	67					
7,5		84	68	53	39			
10		85	71	58	44	32	19	7
12,5		87	72	62	50	38	27	16
15		88	76	65	54	43	33	23
17,5		89	78	68	58	48	39	29
20		90	80	70	61	52	43	35
22,5		90,5	81	72	63	55	47	39
25		91	82	74	66	58	50	43
27,5	100	91,5	83	75	68	60	53	46
30		92	84	76	69	62	56	49
32,5		92,4	85	78	71	64	58	52
35		92,7	86	79	72	66	60	54
37,5		93	86,5	80	73	68	62	56
40		93,4	87	81	74	69	63	58
42,5		93,6	87,5	81,6	75	70	65	60
45		93,8	88	82,2	76	71	66	61
47,5		94	88,4	82,8	77	72	67	62
50		94,4	88,7	83,3	78	73	68	63

(1) On trouvera dans l'Annuaire de l'Observatoire de Montsouris d'autres tables psychrométriques.

Je crois intéressant de joindre à cette première table une seconde table donnant en grammes le poids de l'eau contenue par mètre cube d'air saturé.

TABLE HYGROMÉTRIQUE DE 0° A 50°.

Température de l'air.	Poids		Poids de l'eau contenue
	de 1 mc. d'air sec. kg.	de 1 mc. d'air saturé. kg.	dans 1 mc. d'air saturé. gr.
0	1,293	1,290	4,892
2,5	1,281	1,278	5,796
5	1,269	1,266	6,788
7,5	1,258	1,253	7,969
10	1,247	1,242	9,335
12,5	1,236	1,230	10,372
15	1,225	1,218	12,812
17,5	1,212	1,206	14,790
20	1,204	1,194	17,240
22,5	1,194	1,182	19,943
25	1,184	1,170	22,990
27,5	1,179	1,159	26,371
30	1,165	1,146	30,273
32,5	1,155	1,134	34,585
35	1,146	1.122	39,495
37,5	1,138	1,109	44,370
40	1,127	1,097	51,003
42,5	1,119	1,084	57,680
45	1,110	1,070	65,260
47,5	1,101	1,057	73,445
50	1,092	1,043	82,670

Dans les enceintes où la température doit rester constante, de même que la proportion d'humidité contenue dans l'atmosphère, par exemple dans les appareils de vaporisage et d'oxydation, il suffira de déterminer une fois pour toutes la différence de degrés des deux thermomètres du psychromètre qui correspond à cette proportion. Un simple coup d'œil jeté de temps à autre sur l'appareil permettra de se rendre compte aussitôt si le jet de vapeur d'eau fourni par vaporisation ou pulvérisation est suffisant, ou s'il pèche par excès ou par défaut. »

Bibliographie choisie de l'Eau. — Nous classerons nos indications bibliographiques sous les divisions : Documents généraux, Ouvrages, Mémoires.

I. DOCUMENTS GÉNÉRAUX.

Article : Eau (hygiène) de *Jules Arnould* dans le Dictionnaire Encyclopédique des sciences médicales, t. XXXI, pp. 445-569, avec une bibliographie étendue ; ibidem, articles : Eaux mères, Eaux minérales naturelles et artificielles. — Articles : Eaux potables, Eaux minérales (chimie, thérapeutique), dans le Nouveau Dictionnaire de médecine et de chirurgie pratique de *Jaccoud*. — Bibliography of the composition of water, by *T.-C. Warington*. In Chemical News, t. LXXIII, p. 537 et suiv. — Bibliography of the solution, by *Nicol*. In Reports of the British Association for the advancement of science and industry, 1887, pp. 57-59; 1888, p. 54; 1889, pp. 53-54. — Articles : Waters, Mineral Waters, Potable Waters, de l'excellente A select bibliography of chemistry, de *H.-C. Bolton*, 1893 et 1898, Washington. — Articles : Water, dans l'incomparable Index-Catalogue of the library of the surgeon general's Office, United States army, de *J.-S. Billing*. 17 v. in-4, 1886-1896. Washington. — Articles bibliographiques : Eau et eaux, Eaux (analyse), Eaux (épuration), Eaux résiduaires, dans le Dictionnaire méthodique de bibliographie de *Jules Garçon*, t. II, 1900, pp. 506-543.

II. Ouvrages.

Les ouvrages choisis indiqués ci-dessous se rapportent aux différentes questions que nous avons traitées, et en particulier aux questions d'épuration.

1862. *Boutron et Boudet*. — Hydrotimétrie. Nouvelle méthode pour déterminer les proportions des matières minérales en dissolution dans les eaux de sources et de rivières. 1887, 8e éd. Paris.

1865. Mémoires sur les eaux potables. In Mémoires de la Société centrale d'agriculture de France.

1866 et suiv. Water-analysis. Reports of the rivers pollution Commission. London.

1879. *Possart (P.)*. — Die Verwerthung des Abfallwassers aus den Tuckfabriken, Spinnereien und Wollwaschereien. Berlin.

1880. *Fischer (F.)*. — Die chemische Technologie des Wassers, in Neue Folge de : Bolley's Handbuch der chemischen Technologie.

1882. London water Supply. Reports (1882 et suiv.). London.

1882. *Gaillet et Huet*. — Épuration des eaux de vidanges des fabriques. Lille.

1886. *Cochenhausen (E. von)*. — Die Reinigung des Wassers mit... Verwendung in der Textilindustrie (Dissertation) ; in-4, 35 S. Chemnitz.

1887. *Vassart (H.)*. — Des eaux et des savons au point de vue industriel ; in-8, 84 pp. Roubaix, 3 fr. 50.

1888. *Jurisch (R.-W.)*. — Die Verunreinigung der Gewässer. Berlin, 10 Mark.

1889. *Gerson (G.-H.)*. — Die Verunreinigung der Wasserläufe durch die Abflusswässer aus Städten und Fabriken und ihre Reinigung. Fig. Berlin.

1889. *Anderson*. — Le purificateur rotatif des eaux (brevet), 30 pp.

1891. *Fischer* (*F.*). — Das Wasser, seine Verwendung, Reinigung und Beurtheilung (1 Aufl. in Bolley's Technologie). 2 Aufl., 590 S. Berlin, 8 Mark.

1891. *Mollins* (*J. de*). — Les eaux d'égout industrielles et ménagères; in-8. Liège, 3 fr.

1893. *Wagner* (*R. von*). — Handbuch der chemischen Technologie, 14 Aufl. Leipzig. 3e éd. française en 1879, 2e éd. anglaise en 1894. Éditions russe en 1892, hollandaise en 1862, italienne (2e éd.) en 1889. Voir le chapitre De l'eau.

1893. *Gaillet* (*P.*). — Appareils pour l'épuration et la clarification des eaux industrielles ; in-f., 56 pp., 43 fig. — *cf* in *Bulletin de la Société industrielle de Rouen*, r. de *E. Blondel*, XII, 362-386.

1893. *Delhotel* (*E.*). — Traité de l'épuration des eaux naturelles et industrielles ; in-8, 147 fig. Paris, 13 fr.

1894. *Maignen* (*P.-A.*). — L'eau purifiée par le filtrage ; in-8, 57 pp.

1894. *Martin* (*A.-J.*). — Rapport général sur le concours d'épuration ouvert par la ville de Paris.

New system of softening and purifying hard water for manufacturing purposes and for use in steam boilers protected by letters patent to *L. Archbutt and R.-M. Deeley*, manufacturers Mather and Platt ; in-8, 14 pp., 1 pl. Manchester.

1894 et suiv. Annuaire de l'Observatoire de Montsouris. — Analyse chimique des eaux, *Albert Lévy*, 1894, pp. 273-348 ; Analyse micrographique de l'eau, *Miquel*, 1894, pp. 527-648.

1894. *Frankland* (*W.*). — Microorganisms in water.

1895. *Tiemann* (*F.*) *und Gärtner* (*A.*). — Handbuch der Untersuchung und Beurtheilung der Wässer. 4 Aufl. Braunschweig.

1896. *Wanklyn* (*J.*) *and Chapman* (*E.*) — Water-analysis. 10e edition.

1897. *Weyl* (*Th.*). — Flussverunreinigung, Klärung der Abwässer, Selbstreinigung der Flüsse. Iena.

1897. *Rideal* (*S.*). — Water and its purification. London.

1898. *Lauber* (*E.*). — Das Wasser in der Färberei sowie die Reinigung zur Kesselspeisung und der Abwässer. Leipzig, 1 Mark 50.

1899. *Geitel* (*M.*). — Das Wassergas und seiner Verwendung in der. Technik, 3 Aufl. Berlin.

1899. *Kœnig* (*K.-J.*). — Die Verunreinigung der Gewässer deren schädliche Folgen, sowie die Reinigung der Trinkwasser und Schmutzwasser; 2 Bande, 156 Fig. 7 Tafeln. Berlin, 26 Mark. [l'un des ouvrages les plus utiles à consulter.]

1900. *Zune et Bonjean*. — Traité d'analyse micrographique et microbiologique des eaux potables. 2e éd. Paris, 10 fr. [avec les Procédés d'analyse en usage au Comité consultatif d'hygiène publique de France ; et une Bibliographie.]

III. Mémoires.

Ces Mémoires choisis, publiés dans différentes revues périodiques, se rapportent tous aux questions d'Épuration des Eaux industrielles et des Eaux résiduaires (1).

Annales de Chimie.

XXXVIII. Eaux sures des amidonniers. Vauquelin, 248-270.

Annales d'Hygiène Publique.

3ᵉ s., XXXI, 1894. La purification des eaux [par le permanganate de potasse]. F. Coreil, 46-52.

3ᵉ s., XXXIV, 1895. De la purification des eaux d'alimentation. Dupont, 49-53.

Annales de la Société des Sciences industrielles de Lyon.

1888. Épuration des eaux industrielles. G. Lordereau, 363-380, fig.

Berichte der deutschen chemischen Gesellschaft.

1878. Ueber Conservirung von Trinkwasser. Hugo Schiff, 1328-1329.

1881. Zerzetsbarkeit des Wassers durch metallisches Eisen. E. Ramann, 1433-1434.

1888. Ueber den Einfluss einiger Wasserfilter auf die Zusammensetzung des Wassers. A.-J.-C. Snyders, 1683-1691.

Bulletin de la Société chimique de Paris.

1895. Le filtrage dans l'épuration chimique des eaux. E. Delhotel, 286-293.

Bulletin de la Société d'Encouragement pour l'Industrie nationale.

1830. Note relative à la clarification de l'eau du Nil et, en général, à l'épuration des eaux contenant des substances terreuses en suspension. Félix d'Arcet, 423-427, pl.

1869. Purification des eaux d'égout. Péligot, 251-252.

Eaux des égouts de Paris. Durand-Claye, 560-563.

Purification des eaux d'usines. Gérardin, 734-736 ; 1870, 374-376.

1870. Application des eaux d'égout à l'agriculture. Durand-Claye, 668-671.

1871. Note sur l'épuration des eaux d'égout. Le Châtelier, 347-374.

1878. Traitement des eaux grasses et leur purification par l'emploi d'une dissolution aqueuse de chaux avec appareil automatique. F. Hetet et Risbec, 343-352, 4 fig.

1892. Épurateur des eaux, système Howatson. Rapport de Hirsch, 57-61, 2 fig.

Rapport sur le nouveau système d'épurateur économique des eaux

(1) Extrait de plusieurs titres du t. I de notre Dictionnaire méthodique de Bibliographie des industries tinctoriales et des industries annexes, 3 v. grand in-8 raisin (1900), auquel nous renvoyons pour plus de détails. Paris, chez Gauthier-Villars : prix, 100 fr.

d'alimentation des chaudières à vapeur, de A. Gibault. De Combe-rousse, 490-496, 2 fig.

1895. Nouveau procédé pour l'épuration d'un grand nombre de substances organiques et en particulier des sucres, des alcools et des eaux potables [par le permanganate de potasse]. E. Maumene, 225-238.

Bulletin de la Société scientifique et industrielle de Marseille.

1893. Filtration des eaux industrielles. P. Dubian, 252-264, 8 pl.
1894. Communication sur quelques procédés d'épuration et de stérilisation des eaux d'alimentation. G. Michel, 265-286. 1 pl.

Bulletin de la Société industrielle de Mulhouse.

1858. Nouveau mode de filtrage des eaux. Iw. Schlumberger, 268-269.
1863. Emploi du savon dans les eaux chargees de bicarbonate de chaux. Wagner, 272-273
1877. Purification des eaux. Prud'homme, Walter-Meunier et A. Dollfus, rapport sur un mémoire de Bérenger et Stingl, 665-684.
1884. Procede d'épuration d'eau de Sulzer frères. H. Walter-Meunier, 230-232, pl.
1887. Filtres de sable de la papeterie de l'ile Napoléon et moyens à employer pour obtenir des eaux claires. Ern. Zuber, 191-198, pl.
Épuration des eaux sales provenant du lavage des laines brutes. Jungck, 423-432.

Bulletin de la Société industrielle du Nord de la France. .

1874, n° 9. Sur l'utilisation des eaux industrielles et ménagères des villes de Roubaix et Tourcoing. A. Ladureau, 69-75.
1880. Épuration des eaux vannes industrielles de Roubaix, Tourcoing. La question de l'Espierre. J. de Mollins, 505-529; 1881, 183-200.
1881. Épuration des eaux vannes des peignages de laine. J. de Mollins, 203-214; 1889, 383-391.
1884. Épuration des eaux d'alimentation des chaudières à vapeur. Rapport de Delebecque, 235-248, 3 fig.
1885. Épurateur d'eau, de Gaillet et Huet. Rapport, 104-111.
1890. Les eaux d'égout industrielles et ménagères. J. de Mollins.
1891. Épurateur Desrumaux. Rapport, 29-31.

Bulletin de la Société industrielle de Reims.

T. X. Installation des bassins pour l'épuration des eaux, usine Poirrier, Mortier et Muller à Reims. Poirrier ainé, 435-453, pl.

Bulletin de la Société industrielle de Rouen.

1885. Système d'epuration des eaux industrielles, de Gaillet et Huet. Rapport d'Ém. Blondel, 30-37.
1895. Sur la stérilisation en grande masse de l'eau par le filtre siliceux. H. Courtonne, 328-330.

Bulletin technologique de la Société des anciens Élèves d'Écoles d'Arts et Métiers.

1893. Épuration des eaux industrielles de Durand. L. Braun, 485, 6 fig. et pl.

1895. Note sur le traitement des eaux industrielles et domestiques par le système Howatson. A. Langumier, 378-412, 2 pl.

1896. Appareils destinés à enlever les matières grasses contenues dans les eaux d'alimentation des machines à condensation par surface. R. Asselin, 1405-1421.

Chemical News.

T. I. On the proposed deodorisation of the river Thames by means of perchloride of iron [with arsenic]. W. Odling, 255-256. *cf* H. Letheby, 266-267. T. II, 100-101, 111-113, 149-150.

T. XVIII. Purification of sewage. Frankland, 218-220.

T. XXXIV. On some effects produced by the addition of sulphate of alumina in the treatment of sewage. A. Mc Donald Graham, 197-198.

T. LI. Report on the purification of drinking-water by alum. P. Austen, 241-244. T. LIV, 45-46.

T. LII. Clark's process for purifying water. R. Prosser, 300-301.

T. LV. Softening magnesian waters. Warren, 308. T. LVI, A. Wanklyn, 11-12 ; T. Warren, 22.

T. LXII. The pollution of streams by paper works. J.-C. Thresh, 68-70.

T. LXVIII. A simple method of sterilising water for domestic purposes [by chloride of iron]. Fr. Watt, 178.

Comptes rendus hebdomadaires des séances de l'Académie des sciences.

T. II, 1836. Extraction de la matière grasse contenue dans les eaux savonneuses qui ont servi au lavage. Dumas, 522.

T. III, 1836. Eau de savon provenant du lavage des laines, employée comme engrais. Nicod, 126.

T. XXII, 1846. Sur un procédé de saponification pour les eaux grasses provenant du lavage des laines en suint, et sur l'emploi du produit qu'on en obtient. Pagnon-Vuatrin. 496-497.

T. LXI, 1865. Action clarifiante de l'alun sur les eaux bourbeuses. Jennet, 598-599.

T. LXV, 1867. De l'emploi du sous-sulfate d'alumine pour constater la présence et évaluer la proportion de certaines matières organiques dans les eaux. F. Bellamy, 799-800.

T. LXIX, 1869. Élimination de la chaux des eaux naturelles, au moyen de l'acide oxalique. E. Monier, 835-836, et remarque du Secrétaire perpétuel, 836.

T. LXX, 1870. Sur la précipitation des limons par des solutions salines très étendues. Ch. Schlœsing, 1345-1348.

T. XCVI, 1883. Traitement des eaux provenant du lavage des laines en

suint. Delattre, 1480-1482; remarque de Ant. Pinot, 1686; réclamation
de Gaillet et Huet, T. XCVII, 77. — *cf* in *Bulletin de la Société d'Encouragement*, 1886, 76-85, 2 fig. ; rapport de A. Girard, 70-75. *cf* 31.

T. CXII, 1891. Épuration des eaux industrielles et des eaux d'égout. A. et
P. Buisine, 875-877.

T. CXV, 1892. Épuration des eaux d'égout par le sulfate ferrique. A. et
P. Buisine, 661-664. — Aussi in *Bulletin de la Société chimique*,
3ᵉ s., VII, 763-767 ; 1893, 542-545 ; in *Bulletin de la Société d'Encouragement*, 1893, 309-317, et rapport de Z. Roussin, 307-308 ; in
Bulletin de la Société du Nord, 1892, 297-316. *cf* 1893, 5.

T. CXX, 1895. Procédé chimique d'épuration des eaux. F. Bordas et Ch Girard, 689-691.

T. CXXIII, 1896. Sur le tassement des argiles au sein des eaux J. Thoulet,
765-767.

Description des brevets d'invention pris sous le bénéfice de la loi de 1791.

T. XIII. Méthode d'épurer les eaux au moyen d'une fontaine souterraine
garnie d'un filtre. Soller, 235-237, pl.

T. LXV. Procédé de clarification des eaux. A. Lentaigne, 149.

T. LXXIII. Procédé servant à extraire les corps gras des eaux savonneuses.
163-164.

T. LXXXII. Procédé de traitement des eaux grasses et savonneuses provenant du travail des laines, et l'extraction des matières qu'elles
renferment. V. Tribouillet, 106-107.

T. LXXXIII. Extraction de quatre produits différents des eaux de savon
jusqu'ici perdues. Alex. Beaulard, 3-5.

Description des brevets d'invention pris sous le bénéfice de la loi de 1844.

T. V. Traitement des eaux savonneuses du lavage des laines. Evrard,
132-135.

T. X. Traitement des eaux renfermant du suint ou du savon. Jeanneney,
182.

T. XVI. Traitement des eaux des chaudières à vapeur. Lelong-Burnet, 8.
cf 292.

T. XVIII. Procédé destiné à extraire des eaux de lavage de la soie la matière propre à faire du gaz d'éclairage. Jeanneney, 14-15.

T. XXVIII. Moyen d'utiliser les eaux de savon ayant servi dans les arts et
dont l'industrie ne trouve plus l'emploi. Péchoin, 395-396.
Procédé de décomposition des eaux savonneuses des ateliers de teinture
sur soie pour en retirer la matière grasse. Tabourin et Lembert, 429.

T. XXXII. Nouveau savon obtenu en utilisant les eaux de lessivage et
dégraissage des laines, et tous les corps graisseux résidus de quelques industries. Armand, 409.

T. XXXIV. Procédé d'extraction des huiles des eaux savonneuses. Houzeau-
Duval, 294.

T. XL. Procédé propre à utiliser d'une manière salubre, pour en faire de la graisse, etc., les eaux grasses et savonneuses provenant du lavage des laines en suint, des laines filées, des draps et autres étoffes de laine. Le Paige, 358-359.

T. XLIII. Procédé prompt et économique servant à purifier les eaux calcaires devant servir soit au lavage ou dégraissage des lainages destinés à être peignés, soit au blanchissage du linge de ménage. Thierry-Mieg, 341-343.

T. XLIV. Système de filtrage et de clarification des eaux et autres liquides. Jolly, 194-195, pl.

T. XLVII. Traitement des eaux savonneuses pour en extraire les produits utiles. Rosenthal, 221.

T. L. Moyen de traiter les eaux graisseuses provenant du lavage des laines. Schaeffer, 320.

T. LII. Procédé d'extraction des corps gras des eaux provenant du lavage des laines, au moyen du sulfate de zinc et de l'acide arsénieux. Balagué, 309-310.

T. LIV. Nouveau moyen d'utiliser les eaux savonneuses des teinturiers sur soies. Tabourin et Lembert, 143.

T. LVI. Système d'extraction des corps gras des eaux de lavage des laines, etc. Chaudet, 304.

T. LIX. Extraction des huiles provenant des eaux savonneuses des laines. Muiron, 337.

T. LX. Traitement des eaux savonneuses, dans le but de transformer les acides gras en composés solides. Gaultier de Claubry, 140-142. Décomposition des eaux savonneuses et séparation de la matière grasse qu'elles contiennent. Picard, 325-326.

T. LXIII. Dépuration des eaux douces et salées. Asselin, 228-230.

T. LXX. Procédé de désinfection et de clarification des eaux chargées de matières grasses et infectes, etc. Sebbe, 123.

T. LXXI. Extraction des corps gras des eaux savonneuses, etc. Dupuy, Simon et Gauny, 321-322.

T. LXXV. Traitement de l'eau provenant de la première opération, faite à chaud, du lavage des laines en suint, afin d'en retirer divers sels de potasse et du gaz d'éclairage. Bousquet, 241-242.

T. LXXXIII (1). Mode de filtrage et de désinfection des eaux de dégrais. Belleville et Martin, 5.

T. LXXXIX. Système d'extraction de la graisse des eaux savonneuses ou grasses. Lange, 12-13.

T. XCIII. Perfectionnement à la purification et à l'adoucissement de l'eau. Servaas de Jong, 26-27.

_____

(1) A partir de ce tome, tous les articles cités se trouvent dans le fascicule des Produits chimiques, sauf indications contraires.

T. XCVII. Procédé d'épuration des eaux industrielles et ménagères et de celles provenant des égouts. Houzeau, 15-16, 19-20.

Nouvelle Série.

T. I. Procédé de revivification et de récupération des potasses et des soudes, ainsi que des composés organiques contenus dans les savons ayant préalablement servi au débouillissage, au dessuintage et au décreusage des ligneux, des substances textiles, des laines et des soies. Tessié du Motay, 2-4 (mat. col.).

Mode de traitement des vinasses de mélasses, des eaux de suint et généralement des lessives alcalines soumises à l'évaporation par le contact des gaz chauds. Billet, 19-20.

T. III. Mode d'utilisation des eaux résidus du lavage et du lissage dans les peigneries de laines. Maruk, 3-4 (huiles).

T. VI. Nouveau procédé d'extraction de la matière grasse et de la potasse des laines en suint et autres. Daudenart et Verbert, 2-5.

T. X. Perfectionnements aux fours à évaporer et incinérer les lessives alcalines, les mélasses, les vinasses, etc. Rabot, 12.

Nouveau procédé chimique de preparation et de purification des eaux. Bérenger et Stingl, 17-18.

Appareil destiné a l'épuration hydrotimétrique de l'eau, dit épurateur hydrotimetrique multitubulaire. Le Tellier, 36-37.

Déchaulateur continu des eaux avant leur emploi industriel et économique. Henry, 57-59, pl.

T. XIV. Nouveau moyen de clarifier, d'épurer et de purifier les eaux de toute nature ainsi que les matières fécales. Knab, 3-6, pl.

Emploi de dissolutions tanniques, au traitement des matières fécales, des eaux vannes et des eaux d'égout. Tannereau. 17.

T. XVIII. Procédé d'épuration des eaux industrielles et de celles provenant des égouts des villes. Houzeau, Devédeix et Holden, 58.

Moyen d'extraction des savons, matières grasses contenues dans les eaux provenant du lavage des laines. Knab et Fournier, 58-59.

T. XXII. Ensemble de procédés relatifs au lavage des laines, à l'extraction des matières contenues dans les eaux provenant de ce travail et dans celles provenant du decreusage des soies. Tribouillet, 7-9, pl.

Épuration et traitement des eaux vannes au moyen du phosphate d'alumine. Coquerel, 37-38.

T. XXVI. Extraction de l'ammoniaque... par evaporation et incinération des vinasses... eaux de suint et lessives de soude des papeteries. Farinaux et Leviandier, 55, pl.

T. XXX. Distillation en vases clos des vinasses... et des eaux de suint concentrées, pour en extraire les salins et les produits azotés. Laine et Leviandier, 26-27, pl.

Transformation des oxalates insolubles en solubles propres à l'epuration des eaux. Asselin, 10-11.

T. XXX. Perfectionnement aux méthodes employées pour diminuer le degré de dureté des eaux naturelles. Leblanc, 22

T. XXXVIII. Procédé et appareils d'épuration des eaux industrielles, et plus spécialement de celles ayant servi au lavage et au dégraissage de la laine et de celles provenant des égouts des villes. Houzeau, Devédeix et Holden, 53.

Traitement des magmas provenant des eaux du lavage des laines, pour en retirer directement et à l'état de pureté les principes utiles qu'ils renferment. Violette, Buisine et Vinchon, 15-19 (corps gras).

T. XLII. Perfectionnements aux appareils servant à l'épuration des eaux industrielles au moyen de réactifs, et notamment de celles des féculeries et amidonneries. Hardelay et Maréchal, 12-13. pl.

T. LIV. Perfectionnement aux appareils destinés au traitement automatique et continu des eaux calcaires. Cuinières, 37-40, pl.

T. LVIII Nouveau procédé fonctionnant mécaniquement et d'une manière continue, pour l'épuration des eaux de vidange des fabriques, ainsi que de toutes les eaux mélangées de matières de densités différentes. Hignette, 60, pl.

Appareil de décantation pour la clarification et l'épuration des liquides et des eaux industrielles. Boone et Nory, 36-37, pl.

T. LXII. Procédé d'épurer les eaux impures de toute provenance, en particulier les eaux s'écoulant des établissements industriels, les eaux d'égout et des vidanges, et autres. Wohanka et Kocian, 3.

Méthode et appareil pour soumettre l'eau contenant des impuretés a l'action combinée de l'électrolyse et de la filtration. Webster, 98-99.

T. LXVI. Perfectionnement aux appareils destinés à purifier et à filtrer l'eau. Jewell, 9-13. pl.

Épurateur-décanteur, pour l'épuration des eaux. Dervaux, 25-30, pl.

Appareil d'épuration et de décantation. Desrumaux, 53-56, pl.

Nouvel appareil d'épuration des eaux, dit filtre en étoffe peluchée. Marie-Davy, 100-101, pl.

T. LXX. Perfectionnement à la clarification et la purification des eaux vannes et autres eaux impures de même nature. The Barry Patent Manure Company, 119-120

Procédé d'épuration des eaux de fabriques, des sucreries, fabriques de cellulose et d'amidon, tanneries, etc. Ullmann, 154-155, pl.

Appareil de décantation pour la séparation automatique des matières solides tenues en suspension dans les liquides. Gaillet et Huet, 1-7, pl.

Appareil épurateur-décanteur Dervaux pour l'épuration des eaux. Dervaux, 9-12, pl

Appareil d'épuration et de décantation. Desrumaux, 12-15, pl.

Procédé perfectionné pour désinfecter et purifier toutes les eaux corrompues en général. Wellheim, 47-48.

T. LXX. Perfectionnement aux appareils de purification de l'eau. The Water Softening Company, 133, pl.

Perfectionnement a la construction des filtres et leurs alimentateurs de réactifs. Hyatt, 144-148.

T. LXXIV. Appareil d'épuration et de décantation. Desrumaux, 1 3, pl.

Perfectionnement aux appareils épurateurs d'eau. Howatson, 32-34, pl.

T. LXXVIII. Procédé de purification des eaux par électrolyse au moyen d'anodes en fer. Maiche, 126.

Procédé économique pour l'épuration des eaux savonneuses et récupération du savon et des acides gras qu'elles renferment. Scott et Hennebutte, 9-12, pl. (corps gras).

Appareil d'épuration et de décantation. Desrumaux, 1, pl.

Système perfectionné d'appareils pour la préparation continue d'eau de chaux, etc., et pour l'épuration et la décantation des eaux. Jensen et Busch, 31-33, pl.

Procédé et appareils destinés au traitement des eaux potables. Gaillet, 43, pl.

Appareil clarificateur Dervaux pour eaux et autres liquides. Dervaux, 48-52, pl.

Perfectionnement aux appareils pour la purification de l'eau. The Revolving purifier Company, 33-35 [trois brevets sont décrits], pl.

Appareil épurateur des eaux industrielles et domestiques. Compagnie française d'épuration des eaux industrielles et domestiques, 55, pl.

Nouvel appareil dit le sélénimètre et application générale qui en fait l'objet. Prat, 74-79, pl.

Préparateur hydrateur-tamiseur de lait de chaux. Lacouture, 79, pl.

Nouveau procédé pour l'épuration industrielle des eaux. Maiche, 117-118.

T. LXXXII. Nouveau procédé d'épuration industrielle des eaux. Maiche, 78 80, pl.

Perfectionnement aux procédés et appareils d'épuration des liquides. Cooper, 104-106, pl.

Système perfectionné d'appareil d'épuration des eaux industrielles. Bolikowski, 34-35, pl.

T. LXXXVI. Procédé de désinfection des eaux d'égout, des fosses d'aisances, des eaux stagnantes, des cales de navires, etc., et dispositifs qui s'y rattachent. Hermite, Paterson et Cooper, 1-2, pl.

Procédé de production d'un corps contenant du chlorure ferrique pour le traitement des eaux ménagères, eaux d'égout et autres eaux sales. Burghardt, 61-62.

Perfectionnement aux appareils et procédés destinés à l'épuration et à la clarification des eaux. Gaillet, 39 47, pl.

Perfectionnement aux appareils d'épuration des eaux industrielles et domestiques. Howatson et Cie, 49-50, pl.

Procédé pour obtenir une boue épaisse au sortir des appareils clarificateurs d'eaux résiduelles à cloches, à siphon ou à fossé. Bede, 87-88, pl.

Dingler's polytechnisches Journal.

Bd XV, 1824. Ueber eine Vorrichtung zur Reinigung des Wassers. H. Paul, 152-155, Ab.

Bd CCII, 1871. Ueber das Weichmachen des Wassers mit Kalk. J. Stingl, 364-368. Bd CCVI, 1872, 304-312. Bd CCIX, 1873, 175-186. *cf* Bd CCXIX, 1876, 342-345.

Bd CCX, 1873. Ueber die Verwerthung städtischer Abfallstoffe. F. Fischer, 120-150.

Bd CCXI, 1874. Verunreinigung eines Brunnens durch die Abfalle einer Gasanstalt. F. Fischer, 139-141.

Ueber die Verunreinigung der Flusse durch Industrie und städtische Abfallstoffe und die Mittel dagegen. F. Fischer, 200-227, 4 fig.

Bd CCXV, 1875. Fetthaltiges Condensationswasser als Kesselspeisewasser und dessen Reinigung. J. Stingl, 115-121, Ab.

Bd CCXVI, 1875. Ueber die Abfallwässer in den Tuchfabriken. E. Schwamborn, 517-525, Ab.

Bd CCXIX, 1876. Ueber die Entgypsung des Wassers durch oxalsäuren Barit. F. Anthon, 546-547.

Bd CCXXIII. 1877. Die Reinigung der Abgangswässer aus Zuckerfabriken. W. Richn, 402-409, Ab.

Bd CCXXV, 1877. Ueber die beste Benutzung des Abflusswässers aus Kartoffelstärkefabriken. 394-396.

Bd CCXXVI, 1877. Ueber die Reinigung des Kesselspeisewassers, nach C. de Haen's und C. Bohlig's Verfahren. F. Fischer, 94-100.

Bd CCLI, 1884. Verwerthung der Abwässer aus Wollwaschereien. 230-231.

Bd CCLIII, 1884. Ueber die Reinigung gewerblicher Abwässer. 84-86.

Bd CCLXII, 1886. Apparate zum Klären von Abwassern und zur Verwerthung menschlicher Abfallstoffe. 118-127, Ab.

Bd CCLXIII, 1887. Liernur's Anlage zur Behandlung städtischer Abwässer. 140-143, Ab.

Bd CCLXXII, 1889. Zur Frage der Abwasserreinigung. 273-282.

Bd CCLXXV, 1890. Ueber das Reinigen des Speisewassers fur Dampfkessel. 364 373, 3 fig. ; 412-420 und 549-556, 6 fig. Bd CCLXXXVI, 1892, 172-177, 5 fig. Bd CCXCIX, 1896, 206-210 und 227-232, 15 fig.

Bd CCXCVI, 1895. Kesselwasserreiniger, von Nuss Morgenstern. 64-65, 1 fig.

Bd CCXCVIII, 1895. Oelabscheider fur Condenswasser. Glafey, 278-279, Ab.

Journal of the chemical Society.

1881. On the oxidation of organic matter in water by filtration through various media ; and on the reduction of nitrates by sewage, spongy iron, and other agents. F. Hatton, 258-276.

Journal of the Franklin Institute.

T. CXXIX, 1890. The purification of water by means of metallic iron. E. Devonshire, 449-461.

T. CXXXIX, 1895. Water purification. R. Hering, 135-144 and 215-224.

Journal de Pharmacie.

3ᵉ s., t. XXV, 1854. Recherches sur les eaux potables. Boutron et F. Boudet, 401-415 ; XXVI, 16-24 et 104-117.

3ᵉ s., t. XLIII, 1863 Discussion sur les eaux potables. Boudet (ex Ac. de Méd.), 282-305, 363-381, 453-469.

5ᵉ s., t. XXIV, 1891. Épuration et stérilisation des eaux de boisson. A. Riche, 105-118.

5ᵉ s., t XXVII, 1893. Expériences sur le filtre Chamberland. E. Guinochet. 399-405, fig., 484-489.

Journal für praktische Chemie.

Bd CXVI, 1873. Verunreinigung eines Brunnens durch die Abfälle einer Gasanstalt. F. Fischer, 123-126.

Journal of the Society of chemical Industry.

1883. Examination of the chemical composition of steamraising waters and of the incrustations formed from such, with notes on the action of the more common materials employed as « anti-incrustators » and of the various processes for softening water for steam purposes. W.-I. Macadam. 12-21.

1884. On the disposal of sewage sludge. C.-C. Hutchinson, 41-51, 2 fig.

The Porter-Clark process. J.-H. Porter, 51-55, 2 fig.

On the filtration of the potable water. S.-H. Johnson, 127-132. cf 201.

1885. The proposed rivers pollution bill. 93 and 98-103. cf 157-160 and 165-169, and 1886, 157-158

On the refuse waters of chemical works and other factories. Wallace, 724-728.

New aspects of filtration and other methods of water treatment ; the gelatine process of water examination. P.-F. Frankland, 698-709.

1886. Filtration and water softening. P.-A. Maignen, 223-226, 2 fig.

The purification of water. A.-G. Salomon and W. de Vere Mathew, 261-267.

On recent improvements in the treatment of water for technical purposes. W. Mac Nab and G.-H. Beckett, 267-273, fig.

A system for the natural purification of water for domestic use, and for softening and otherwise treating water for trade purposes. W.-H. Hartland, 644-650.

1887. River pollutions by trade liquids. W.-H. Hartland, 358-362, 1 fig.

1890. On river pollution and the purification of sewage by electricity and other methods. J.-C. Bell, 1101-1107.

1891. The treatment of hard water. L. Archbutt and R.-M. Deeley, 511-519, 1 fig.
1892. The purification of sewage by precipitation. J. Barrow, 4-5.
The cost of some of the processes of sewage treatment. H. Grimshaw, 5-11.
On the aluminoferric process of sewage treatment. G. Sisson, 321.
1894. Comparative results of some modern systems of sewage treatment. W. Naylor, 608-610.
1895. The Hermitte process of sewage treatment. E. Roscoë and J. Lunt, 224-234.

Journal of the Society for the encouragement of Arts.

T. IV. On means available... for the supply of water free from hardness and from organic impurity. Clark, 429-440. *cf* 507.
On the purification of polluted streams. F. Crace Calvert, 505-507.
T. XIII. The pollution of rivers by bleaching, dyeing, printing, etc. John Thom, 56-57.
River pollution, with special reference to the work of the late commission. W. Thorp, 382-391.
Alum shale as an economical means of purifying town sewage. S.-W. Rich, 570-578.
River pollution, with special reference to the impure water supply of towns. J. Hogg, 579-592, 3 fig.
T. XXVI. The purification of water. G. Bischof, 486-493.
T. XXXIII. The rivers pollution bill. J.-W. Willis-Bund, 467-477.
T. XXXV. On the purification of water by agitation with iron and by sand filtration. W. Anderson, 29-37, 267-276.

Mémoires de la Société des Ingénieurs civils.

1861. Épuration des eaux d'alimentation des machines. Chavès, 281-291, pl. *cf* 329.
1862. Appareil purificateur d'eau de M. Wagner. Tronquoy, 48-49.
1873. Épuration des eaux d'alimentation des générateurs de P. Champion et Pellet. De Maslaing, 692-693.
1879. Mode d'épuration préalable des eaux industrielles par les oxalates. Asselin, 114-118.
1882, 2° partie. Épuration des eaux d'alimentation des chaudières. De Derschau, 115-120.
1883, 1re partie. Épuration des eaux des appareils à vapeur. P. Closson, 771-775.
1884, 1re partie. Note sur la magnésie au point de vue de l'épuration des eaux. Chancerel, 422-433, fig.
1890, 2° partie. Épuration préalable de l'eau d'alimentation des locomotives au chemin de fer du Nord. Carcenal et Derennes, 611-631. *cf* 556-561.

1891, 1ʳᵉ partie. Épuration des eaux par le procédé Anderson à Boulogne-sur-Seine. H.-E. Pettit, 731-733.

Mémoires de la Société libre d'émulation de la Seine-Inférieure.

1884-1885, 2ᵉ partie. Note sur l'épuration des eaux industrielles. Eugène Coindet, 261-278.

Mittheilungen des technologischen Gewerbe-Museums in Wien.

1892. Untersuchung des Ablaufwassers eines Wassergas-Scrubbers. J. Klaudy, 290-292.

Moniteur scientifique.

1874. De l'altération des cours d'eau par les impuretés des fabriques et des villes. Moyens d'y remédier. F. Fischer, 449-464, 3 fig.

Portefeuille des machines.

1887. Appareils pour l'épuration et la clarification des eaux, système Paul Gaillet. Col. 84-88, pl. 25.

1890. Appareils d'épuration et de filtration des eaux, système Pullen. A. Roussel, col. 187, 191, 7 fig.

1893. Épuration des eaux destinées à l'alimentation des générateurs, de Delhotel et Moride. 124-128, 4 fig.

1894. Traitement des eaux par la chaux. 69-71, pl.

Réchauffeur-épurateur d'eau, système F. Chevalet. 110-112, 2 fig.

Épurateur d'eau d'alimentation, système Durand et Cⁱᵉ. 181-182 pl.

Proceedings of the royal Society of London.

T. XXXVIII. The removal of micro-organisms from water. P. Frankland, 379-393.

T. XLIX. Contributions to the chemical bacteriology of sewage. H. Roscoé and J. Lunt, 455-457.

Proceedings of the royal Institution of Great Britain.

T. VII, 1875. On river pollution. E. Frankland, 370-377.

Publication industrielle.

T. XII. Purification et adoucissement des eaux. Buff et F. Versmann, 59 61.

T. XXX. Épuration des eaux industrielles, procédés et appareils de Gaillet et Huet. 389-412, pl. 34.

T. XXXII. Procédé d'épuration des eaux au moyen de la double filtration. Dʳ Gerson, 534-549, pl. 46.

Reports of the british Association.

1839. On the supply and purification of water. T. Spencer, 83-85 (trans.).

1866. On the purification of terrestrial drinking waters with neutral sulphite of alumina. A. Bird, 33-34 (trans.).

1880. On a new mode for the purification of sewage. P. Spence, 534-535.

1885. On the use of sodium or other soluble aluminates for softening and purifying hard and impure water, and deodorising and precipitating sewage, waste water from factories, etc. F.-M. Lyte, 984-985.

1889. On the purification of sewage and water contaminated with organic matter by electrolysis. W. Webster, 745-746.

Verhandlugen des Vereins zur Beförderung des Gewerbfleisses.

1865. Ueber die Zusammensetzung eines Kesselstein products und uber den Einfluss des Fettgehalts der Speisewasser. R. Weber, 148-157.

1876. Ueber die Abfallwasser in den Tuchfabriken. E. Schwamborn, 58-66.

1892. Ueber Filtration von Wasser zur Versorgung von Stadten. Hr.-B. Piefke, 257-265.

Zeitschrift fur angewandte Chemie.

1889. Zur Reinigung von Abwässer. 122-127 und 152-162, fig.

Die Bedeutung der Abwasserfrage für die chemische Industrie. F. Fischer, 595-600.

1890. Zur Untersuchung der Abwasser. J. König, 88-89.

Zur Untersuchung und Beurtheilung von Abwasser. H. Schreib, 101-103.

Resultate der Abwasserreinigung auf der Stärkefabrik Salzuflen. H. Schreib, 167-173.

Zur Reinigung von Abwasser H. Schreib, 542-545.

1892. Die Reinigung des Dampfkesselspeisewassers. R. Jones, 474-478 ; 1894, 75-79, 102-106.

Zur Reinigung von Dampfkesselspeisewasser. H. Schreib, 514-517.

1893. Ueber einen Nachtheil des Dervaux's Kesselreinigungsapparates mit Reinigung des Wassers im Kessel und Schlammfänger. A.-S. Thomas, 535-536.

Abwasser. Gebek, 91-97, 531-534.

1894. Reinigung von Zuckerfabriks Abwässern. Ed. Donath, 713-714.

EAU OXYGÉNÉE

Eau oxygénée H^2O^2. — L'eau oxygénée, ou *peroxyde d'hydrogène*, fut découverte en 1811 par *Thénard*, qui a donné sa composition. Il a trouvé que l'eau oxygénée fournit, en se décomposant, un poids d'oxygène égal à celui qui reste dans l'eau provenant de la décomposition.

L'eau oxygénée est donc le corps le plus riche en oxygène, puisqu'elle renferme, en poids, 94,12 pour 100 d'oxygène total.

Elle ne peut se produire par action directe de l'oxygène sur l'eau, qu'à la condition qu'une énergie étrangère intervienne dans la réaction. En effet, l'eau oxygénée se forme avec absorption de chaleur : $H^2O + O = 21$ calories 5 ; elle doit donc emprunter à une réaction étrangère la quantité de chaleur nécessaire à sa formation.

Dans la pratique, l'eau oxygénée se prépare en faisant réagir à froid un acide énergique, soit l'acide chlorhydrique, l'acide sulfurique ou l'acide fluorhydrique, ou même l'acide fluosilicique, l'acide phosphorique, sur du bioxyde de baryum : $BaO^2 + 2\ HCl = H^2O^2 + BaCl^2$. L'avantage des derniers acides est de donner un composé de baryum insoluble, et de mener à l'eau oxygénée par un simple filtrage. L'eau oxygénée ainsi obtenue dans l'industrie titre de 10 à 30 volumes, mais elle renferme toutes les impuretés qui préexistaient soit dans l'acide employé, soit dans le bioxyde de baryum. On la purifie en précipitant les impuretés par la baryte, filtrant, puis acidulant. — Pour obtenir l'eau oxygénée chimiquement pure, on se débarrasse des traces de chlore et de baryum en versant dans la liqueur un peu de sulfate d'argent. On peut aussi décomposer l'hydrate de bioxyde de baryum par un courant rapide d'acide carbonique.

Les appareils qui servent à la préparation de l'eau oxygénée doivent être en bois ou en plomb, et être maintenus au-dessous de 15°.

Le moyen le plus économique de préparer l'eau oxygénée d'après *Sunder* (Bull. de Mulhouse, 1897) consiste à ajouter par petites quantités du bioxyde de sodium à de l'acide sulfurique étendu et refroidi, en ayant soin d'aller jusqu'à la réaction alcaline.

L'eau oxygénée se produit encore, mais en très petites quantités, dans toutes les oxydations lentes à l'air humide, *Schonbein*, dans la combustion de l'hydrogène, du gaz d'éclairage, dans la décomposition électrolytique de l'eau autour du pôle positif, lorsqu'on électrolyse l'eau à basse température ; enfin, toutes les fois que l'ozone se trouve détruit par un autre corps en présence de l'eau. Elle se rencontre partout où il y a oxydation, *Wurster, M. Traube, A. Bach*, parce qu'il se formerait des peroxydes ensuite décomposés.

La préparation industrielle à l'aide d'acide sulfurique a l'avantage de fournir comme résidu du blanc fixe utilisable.

L'eau oxygénée peut être concentrée jusqu'à 130 volumes, en la refroidissant à — 21° au moyen du froid produit par l'évaporation d'un liquide très volatil, comme le chlorure de méthyle, et en enlevant successivement les cristaux de glace qui se forment. Elle peut être concentrée à un degré encore supérieur, et même jusqu'à 250 volumes, si on l'évapore dans le vide à une température de 30°-60°, en présence d'acide sulfurique qui absorbe les vapeurs d'eau ordinaire.

L'eau oxygénée se décompose très facilement en eau et en oxygène, en dégageant les 21,5 calories nécessitées par sa formation. L'eau oxygénée concentrée se décompose rapidement même à la température de 20°. On la rend plus stable en l'étendant d'eau et en l'acidulant ; dans ces conditions, elle ne se décompose que faiblement au-dessous de 50°, et sa décomposition reste incomplète même à 100°. On lui ajoute efficacement 2 à 3 pour 100 d'alcool, *Sunder ;* ce serait le meilleur moyen de la conserver, en ayant soin en même temps de la placer dans un local frais et obscur. *Zinno* (Bull. de Mulhouse, 1895) a proposé d'ajouter de la naphtaline cristallisée et pure ; la dose de 1 gramme par litre d'eau oxygénée à 3 pour 100 suffit pour une conservation indéfinie, même à la température de 40°, sans que la naphtaline soit modifiée. Les recherches de *C. Schoen* ont vérifié en partie cette action conservatrice.

La valeur commerciale de l'eau oxygénée dépend du volume d'oxygène actif qu'elle peut dégager en se décomposant. On la titre en décomposant un volume connu, soit par du bioxyde de manganèse dans un tube gradué sur la cuve à mercure, et en lisant le volume d'oxygène dégagé, soit mieux par une dissolution titrée de permanganate, que l'on verse jusqu'à ce que la coloration persiste, et en déduisant du volume de permanganate ajouté le volume d'oxygène actif.

L'eau oxygénée livrée à l'industrie renferme 3 pour 100 d'eau oxygénée pure, et dégage douze fois son volume d'oxygène actif. Son prix est devenu fort abordable.

Propriétés. — L'eau oxygénée pure est un liquide incolore, inodore, d'une saveur métallique désagréable. Elle a une consistance sirupeuse en solution au maximum de concentration ; sa d. égale alors 1,452, elle renferme 475 volumes d'O ; elle produit sur la peau une sensation de brûlure, et la blanchit. Elle excite la salivation.

L'eau oxygénée est soluble dans l'éther. Sa tension de vapeur est légèrement inférieure à celle de l'eau, ce qui permet de la concentrer dans le vide par refroidissement ou par évaporation.

L'eau oxygénée est un corps extrêmement instable, qui perd très facilement la moitié de son oxygène total pour se convertir en eau. Par action de la chaleur, elle se décompose partiellement à 20°, et totalement, avec effervescence active à 100°, lorsqu'elle est concentrée. Étendue de 10 à 15 volumes d'eau, elle ne commence à se décomposer que vers 50°. Très étendue, on peut la faire bouillir quelque temps. Les alcalis aident cette décomposition, les acides la contrarient.

L'eau oxygénée a une réaction légèrement acide ; elle décolore le rouge de tournesol. Au point de vue de la fonction, c'est un corps singulier, qui ne joue ni le rôle d'un acide, ni celui d'une base.

* *

La principale propriété de l'eau oxygénée est de se décomposer facilement, au contact d'un très grand nombre de corps. Ceux-ci tantôt restent inaltérés, tantôt sont oxydés, tantôt sont décomposés.

1° La décomposition par simple contact, sans que les corps agissant subissent apparemment la moindre action, s'effectue rapidement et avec effervescence, lorsque l'eau oxygénée se trouve en présence de corps pulvérulents, comme le charbon, l'or, l'argent, le platine, le palladium, le plomb, l'osmium, l'iridium, le rhodium, le bismuth, le bioxyde de manganèse, l'oxyde ferrique. Ces corps semblent agir par l'air occlus, *Gernez*. Cette décomposition se produit également au contact de l'urée, de la fibrine, de la gélatine; il ne peut donc pas en subsister dans la respiration, bien qu'il s'en produise une petite quantité. La caséine, l'albumine du sang n'ont pas d'action.

2º L'eau oxygénée se décompose au contact d'autres corps qu'elle oxyde énergiquement. C'est ainsi qu'elle oxyde le sélénium, l'arsenic, les métaux alcalins, le magnésium, le molybdène, le tungstène, le thallium ; qu'elle convertit au maximum d'oxydation un grand nombre d'oxydes, tels les oxydes alcalino-terreux, ceux de cuivre, de nickel, de cobalt; qu'elle précipite l'iode de l'acide iodhydrique, le soufre de l'acide sulfhydrique; qu'elle transforme le sulfure de plomb noir en sulfate blanc ; l'acide chromique rouge en acide perchromique bleu, *Brodie*. En somme, presque tous les corps qui sont susceptibles d'être suroxydés ont grande tendance à l'être, lorsqu'on les met en présence d'eau oxygénée.

3º L'eau oxygénée, dans certains cas spéciaux et très curieux, fait éprouver, en se décomposant, une véritable réduction aux substances réagissant. Elle provoque la décomposition du bioxyde d'argent, avec production d'argent réduit ; la décomposition du permanganate de potasse (en liqueur légèrement acidifiée), avec production d'oxygène qui provient à la fois de l'eau oxygénée et du permanganate : $MnO^4K + H^2O^2 + SO^4H^2 = O + SO^4Mn + SO^4K^2 + H^2O$ (1).

L'eau oxygénée n'a pas d'action sur le soufre, le tellure, l'antimoine, l'étain, l'oxyde de chrome, l'alumine, la silice.

* *

Les réactions les plus sensibles qui caractérisent la présence de l'eau oxygénée sont : 1º la coloration bleue que donne une solution étendue d'acide chromique à 1 pour 100, *Brodie ;* si cette coloration est faible, on l'enlèvera au liquide en l'agitant avec un peu d'éther ; cette coloration ne persiste pas, il y a ensuite décoloration et dégagement d'oxygène ; 2º la coloration bleue qui se produit, en présence d'eau oxygénée, avec une dissolution d'iodure de potassium additionnée d'empois d'amidon et de quelques gouttes d'une solution de sulfate ferreux ; cette réaction est assez sensible pour déceler 1 millionième d'eau oxygénée ; 3º la coloration bleue que donne la teinture de gaïac mélangée de globules sanguins et d'une trace de sulfate ferreux, *Schönbein ;* 4º la formation du bleu de Prusse dans une solution étendue de prussiate rouge additionnée d'un sel ferrique, *Weltzien ;* 5º la décoloration rapide d'une solution étendue de permanganate de potasse en présence de l'acide sulfurique, *Brodie, Schönbein ;* 6º la coloration jaune brun du sulfate titanique, ou la coloration rouge brun du sulfate hypovanadique, *A. Bach ;* 7º la coloration rose plus ou moins violacée que donne un mélange de bichromate de potasse, d'aniline et d'acide oxalique.

(1) Équation symbolique.

Applications. — L'importance de l'eau oxygénée s'accroît d'année en année. C'est, en effet, le corps le plus riche en oxygène, et comme elle cède aisément la moitié de cet oxygène à l'état naissant, c'est-à-dire dans un état d'activité chimique très énergique, elle jouit de propriétés oxydantes et décolorantes des plus remarquables.

Blanchiment des fibres animales, laine, soie, etc. — L'eau oxygénée est le meilleur agent de blanchiment connu ; elle détruit la matière colorante elle-même et ne se contente pas de la transformer en combinaisons incolores, parfois bien instables, comme le sont celles fournies par l'acide sulfureux. Lorsqu'on blanchit la laine à l'eau oxygénée, le blanc obtenu est plus stable, plus pur, et la laine reste plus douce, l'unisson en teinture est aussi plus facile à avoir.

L'eau oxygénée doit être préférée à l'acide sulfureux pour le blanchiment des fibres animales, quand il s'agit de détruire réellement la matière colorante. Les bains de blanchiment doivent être aussi courts que possible, c'est-à-dire, renfermer la quantité d'eau épurée suffisante pour que la laine soit au large sans l'être trop, et être maintenus alcalins par l'ammoniaque ou le silicate de soude alcalin. Le blanchiment doit se faire dans des cuves en bois ou en grès, à l'abri de tout métal autre que le plomb. Le bain se monte à 30° avec 1 partie d'eau oxygénée, 4 à 5 parties d'eau pure et 5 pour 100 de l'eau oxygénée en silicate de soude alcalin. La laine, parfaitement dégraissée et humectée, y est plongée deux à trois heures jusqu'à blanc voulu, égouttée et séchée. Il est économique de recueillir toutes les eaux. On reconnaît que le bain est inactif quand il ne décolore plus le permanganate. — On peut aussi monter le bain avec, par chaque kilo de laine, eau oxygénée à 10 volumes 1 litre à 2 litres, ammoniaque 50 grammes à 100 grammes. On chauffe à 40°-50°.

Voici, d'ailleurs, des instructions développées, indiquées par la Compagnie française de produits oxygénés pour le blanchiment par l'eau oxygénée de la laine brute lavée :

« La laine est, au préalable, parfaitement lavée et dégraissée par les moyens en usage.

On prépare alors un bain d'eau oxygénée dans des cuves de bois ou de grès, à l'abri de tout métal autre que le plomb. Le bain comprend : 1 partie eau oxygénée, 4 à 5 parties eau pure, 5 pour 100 de l'eau oxygénée en silicate de soude alcalin, soit 10 litres, 50 litres, 500 grammes. Le bain est maintenu à une température de 30° au moyen d'un courant de vapeur ou d'un serpentin en plomb à circulation de vapeur.

On plonge alors la laine bien dégraissée, de façon à ce qu'elle mouille bien ; on remue et on retourne au bout d'un quart d'heure environ, afin de bien renouveler les surfaces de contact, et pour que toutes les parties en suspension soient également atteintes par le liquide décolorant.

On arrive ainsi au blanchiment au bout de deux à trois heures suivant la richesse du bain.

Quand on a obtenu le blanc désiré, on retire la laine en la laissant bien égoutter sur des claies, au-dessus du bain par exemple, afin d'éviter des pertes, on la presse au besoin, et on la plonge dans un deuxième bac contenant de l'eau pure, légèrement avivée par l'acide sulfurique. On recueillera ainsi dans ce bac. tout l'oxygène contenu dans la laine que l'on essorera ensuite, lavera à grande eau et fera sécher.

Dans le bain, on met une nouvelle quantité de laine préparée que l'on traite de la même façon, et on continue ainsi jusqu'à entier épuisement de ce bain. Si le bain est laissé tel qu'il a été préparé primitivement, les opérations augmenteront de durée jusqu'à la dernière. On vérifie que le bain est épuisé en en mettant quelques gouttes dans un verre, et ajoutant un peu de permanganate de potasse en solution : le réactif est décoloré tant que le bain est actif. Autrement, on peut avoir un bain dans des conditions toujours égales en le renforçant après toutes les opérations. On ajouterait alors, chaque fois, quelques litres d'eau oxygénée, et la proportion 5 pour 100 de silicate alcalin, et on laisserait les derniers bains sans addition, afin d'arriver à un épuisement complet. — Le deuxième bac ayant recueilli à chaque opération l'eau oxygénée emportée par la laine, servira à préparer le bain suivant. Et le premier bac servira à son tour pour le premier lavage. On recueillera de même l'eau provenant de l'essoreuse (si on emploie cet appareil), et toutes ces diverses eaux de lavage serviront successivement au lieu d'eau ordinaire qui affaiblit grandement la force du bain. »

D'après *H. Kœchlin* (Agenda du Chimiste, 1889), on imprègne la laine d'eau oxygénée mélangée du quart de son volume de silicate de soude à 20° B., et d'eau suivant le degré de son blanchiment que l'on veut atteindre : par exemple, en diluant avec son volume d'eau on obtient un blanc aussi pur que sur coton. Mais le commerce n'en veut pas et exige que la laine conserve un ton légèrement jaunâtre. On prendra par exemple : eau oxygénée à 12 volumes, 1 litre ; silicate de soude à 20° B., un quart de litre ; eau, 3 à 10 litres. On y passe le tissu, on laisse les pièces enroulées pendant vingt-quatre heures, on lave, on exprime et on passe en bisulfite de soude étendu de 1 à 10 volumes d'eau, suivant que l'on veut plus ou moins blanc. On laisse enroulé pendant vingt-quatre heures, on lave et on sèche.

On blanchit aujourd'hui par l'eau oxygénée une partie notable de la laine peignée, et presque la totalité de la soie tussah.

. . .

Le blanchiment de la soie tussah, après s'être fait quelque temps au bioxyde de baryum, s'opère aujourd'hui complètement à l'eau oxygénée qui garde au fil toute sa solidité et son brillant. On met le tussah, après cuite, dans un bain contenant 2 litres d'eau oxygénée à 10 volumes et rendu alcalin par le silicate de soude : le bain doit conserver tout le temps une réaction alcaline. On entre la soie, on chauffe le bain d'abord à 60°, puis à 80°-90° ; et on fait aller et venir la soie de temps à autre, en réchauffant, si l'on veut, le bain. Le blanchiment s'achève au bout de douze à quinze heures ; il ne reste plus qu'a laver et donner un savon bouillant. — La soie tussah est traitée d'abord à chaud avec de l'acide chlorhydrique étendu, puis au bouillon avec une solution de carbonate de soude à 30 grammes par litre ; enfin on la met trois jours dans de l'eau oxygénée à 10 parties d'eau, avec addition de 1/4 partie de silicate de soude à 60° B. On finit en chauffant à 90°, deux heures.

On emploiera aussi avec avantage l'eau oxygénée pour le blanchiment des tissus soie et coton, pour celui des chappes et bourrettes, enfin pour celui des fils destinés à être tissés avec de la dorure ou de l'argenture.

H. Kœchlin a indiqué que la magnésie donne de meilleurs résultats que l'ammoniaque ; on obtient un bon blanc en faisant bouillir la soie sauvage pendant cinq à six heures avec un mélange de savon, de magnésie calcinée et d'eau oxygénée.

Blanchiment du coton. — D'après *H. Kœchlin,* on passe à froid le tissu en acide sulfurique à 2° B. ; laisser en tas jusqu'au lendemain ; laver, et maintenir pendant six heures au bouillon avec : eau, 1000 litres ; soude caustique sèche à 72 pour 100, 10 kilos ; savon, 30 kilos ; eau oxygénée à 12 volumes, 50 litres ; magnésie calcinée, 8 kilos ; pour cinq pièces de 100 mètres. Ensuite on lave, on passe à l'acide, on lave et on sèche. Le blanc ainsi obtenu est plus beau que par l'ancien procédé, mais il coûte encore trop cher, vu le prix élevé de l'eau oxygénée. Cependant il peut être employé dans le cas où l'on est très pressé d'avoir la marchandise.

Blanchiments divers. — L'eau oxygénée étant l'agent de blanchiment type, n'est pas seulement employée industriellement dans le blanchiment de la soie tussah, de la laine peignée, de certains cotons, elle est encore employée dans de nombreux autres cas. Elle a été appliquée tout d'abord au blanchiment des plumes d'autruche, *Viol et Duflot.* — Elle est utilisée à titre de décolorant dans la préparation des cheveux blancs avec des cheveux blonds, ou dans la transformation de cheveux bruns en blond ardent ou en roux ; les cheveux seront dégraissés d'abord au moyen de sulfure de carbone, d'éther ou de carbonate d'ammoniaque ; le traitement des cheveux à l'eau oxygénée est une question assez délicate qui nécessite de réelles précautions. — On se sert beaucoup aussi d'eau oxygénée pour blanchir les tissus soie et coton. — Enfin, l'eau oxygénée est employée dans le traitement d'objets très variés, la nacre, le corozzo, l'ivoire, les os, le coco, la paille, le bois, la corne, l'écaille, les crins, l'écume de mer, les éponges, les cires, les huiles. Il suffit de mettre en contact pendant un temps assez prolongé pour que l'effet de décoloration se produise.

Autres applications. — En dehors de ses applications au blanchiment, qui sont les plus importantes, l'eau oxygénée reçoit encore un grand nombre d'usages.

Dans les laboratoires, elle sert à caractériser la fibrine, à doser les chromates, les permanganates. On l'utilise pour la préparation des bi-oxydes, et particulièrement du bioxyde de baryum pur.

A titre d'oxydant, on peut s'en servir à améliorer ou vieillir les liquides alcooliques, *Moller* (br. fr., 1897), comme nous l'avons vu pour l'ozone, p. 196.

On doit à *Thénard* l'indication de son utilité pour restaurer les vieux tableaux et faire disparaître la couche de sulfure de plomb qui s'est formée à la surface de la peinture et la noircit. En effet, le carbonate de plomb ou blanc de plomb de la peinture donne, par l'action des traces d'acide sulfhydrique qui existe toujours dans l'atmosphère des lieux habités, du sulfure de plomb, lequel est noir, et comme l'eau oxygénée oxyde directe-ment ce sulfure de plomb et le transforme en sulfate de plomb, lequel est blanc, il suffit de passer à la surface des vieux tableaux de l'eau oxygénée étendue pour redonner leur vivacité aux couleurs éteintes par le temps.

Une dernière application de l'eau oxygénée à noter ici, ce sont les services qu'elle rend comme antiseptique. Elle est, en effet, à la dose de 4 centigrammes par litre, un antiseptique d'une efficacité générale et d'une innocuité remarquable. L'*oxygénol*, l'*ozogénol* sont des solutions antisep-tiques à base d'eau oxygénée. On s'en sert aussi dans l'art dentaire, et contre les maladies de la peau.

OXYDES

L'oxygène forme avec un grand nombre de corps simples métalliques et autres des composés nommés *oxydes*. On peut considérer les oxydes métalloïdiques, les oxydes métalliques et les oxydes organiques ; nous ne parlerons ici que des oxydes métalliques.

On rencontre dans la nature un très grand nombre d'oxydes à l'état anhydre ou hydraté, à l'état amorphe ou cristallisé, à l'état isolé ou de combinaisons salines. Sous la forme oxyde simple, la silice anhydre constitue le sable, le silex ; répandue un peu partout et combinée avec l'alumine, elle forme l'argile commune. On trouve dans la nature le corindon Al^2O^3, la bauxite $Al^2O^4.Fe^2O^3.2\ H^2O$, la pyrolusite MnO^2, l'hé-matite rouge Fe^2O^3, la limonite brune $Fe^2O^3,\frac{3}{2}H^2O$, la magnétite Fe^3O^4, la cassitérite SnO^2, le cuprite Cu^2O, le rutile TiO^2. Enfin, on rencontre partout l'eau, combinaison oxygénée de l'hydrogène, en vapeur, en liquide, en glace.

La composition des oxydes dépend de l'atomicité du métal, la proportion de l'oxygène qui se combine avec le métal variant suivant son atomicité. On a ainsi des monoxydes, des bioxydes, des sesquioxydes, des trioxydes et même des tétroxydes ; on distingue aussi des protoxydes, des sousoxydes, des peroxydes.

On divise encore les oxydes en *oxydes basiques :* ce sont de tous les plus nombreux, tels la potasse, la soude, la chaux et tous les oxydes métalliques que les alchimistes nommaient chaux ou terres ; et en *oxydes acides,* tels l'acide chromique, l'acide manganique, l'acide permanganique, l'acide tungstique, l'acide vanadique, auxquels on peut rattacher les oxydes acides de l'antimoine et de l'arsenic. La combinaison des oxydes basiques avec des oxydes acides donne des *oxydes salins,* véritables sels à acide métallique. Enfin, il y a lieu de distinguer encore les *oxydes indifférents,* qui peuvent jouer indifféremment le rôle d'un oxyde basique ou d'un oxyde acide, comme l'oxyde de zinc, l'oxyde de plomb, et les *oxydes singuliers,* ainsi nommés par Dumas et que Berzélius a nommés suroxydes ou peroxydes, qui ne se combinent jamais ni avec des acides ni avec des bases, comme les bioxydes alcalins ou alcalino-terreux, le bioxyde de manganèse.

Lorsqu'un métal forme plusieurs oxydes, on remarque que la fonction basique de l'oxyde disparaît à mesure que la quantité d'oxygène augmente ; la fonction acide tend au contraire à s'affirmer. Les oxydes de chrome, ceux de manganèse en sont un exemple frappant.

On prépare les oxydes métalliques par oxydation directe du métal à l'air ou de son sulfure, par oxydation indirecte sous l'action de l'acide nitrique ou d'un autre oxydant, par décomposition d'un sel, soit d'un carbonate, d'un azotate, d'un acétate, etc., sous l'action de la chaleur, soit d'une dissolution saline sous l'action d'une base énergique. Le dernier mode convient spécialement à la préparation des hydrates. — Les oxydes s'obtiennent à l'état cristallisé lorsqu'on chauffe au rouge une dissolution de l'oxyde dans l'acide borique, *Ebelmen,* ou lorsqu'on fait réagir très lentement dans un espace chauffé fortement les substances à l'état de vapeur, *H. Deville et Caron, Hautefeuille.*

Propriétés. — Tous les oxydes sont solides à la température ordinaire ; ce sont des corps généralement ternes, mauvais conducteurs de la chaleur et de l'électricité, plus lourds que l'eau mais moins lourds que le métal générateur. La plupart sont blancs ; l'oxyde ferrique est rouge brique, l'oxyde de chrome est vert, l'oxyde salin de plomb est rouge orange, l'oxyde de cuivre est noir ; l'oxyde de mercure présente la singularité curieuse d'être jaune lorsqu'on le produit par voie humide, et d'être rouge orangé lorsqu'on le produit par voie sèche ; le dernier passe au brun foncé, si on le chauffe à 400°, et redevient rouge par refroidissement.

Presque tous les oxydes sont très difficilement fusibles ; seul l'oxyde de plomb fond facilement ; et quelques rares autres sont volatils : oxyde d'antimoine, oxyde d'osmium.

Les oxydes alcalins sont très solubles dans l'eau, les oxydes alcalino-terreux le sont encore assez, quoique la chaux ne le soit que faiblement. L'oxyde de plomb, l'oxyde de magnésium, l'oxyde d'argent, sont un peu solubles, tous les autres sont insolubles. Ces observations ne se rapportent qu'aux oxydes anhydres.

L'action de la chaleur sur les oxydes est l'une des bases de la classification des métaux de *Thénard ;* les oxydes de la dernière section, mercure, argent, or, platine, sont seuls décomposables par la chaleur et réduits à l'état métallique. Les autres oxydes sont irréductibles par la chaleur. Cependant les bioxydes de potassium, de baryum, de manganèse, de plomb, de cuivre, sont réduits partiellement et ramenés à un état d'oxydation inférieur : il se produit de l'oxygène et l'oxyde même qui aurait pris naissance dans l'oxydation directe du métal.

L'électricité décompose tous les oxydes : le métal se rend à la cathode, et l'oxygène à l'anode. Ce fait a été découvert pour la première fois par *Davy,* 1807, pour la potasse, et l'amena à isoler le potassium.

Les corps simples décomposent d'une manière générale les oxydes, si leur combinaison avec l'oxygène ou avec le métal produit un dégagement de chaleur supérieur à celui qui a accompagné la formation de l'oxyde.

L'hydrogène, en conséquence, réduit tous les oxydes dont la chaleur de formation est inférieure à celle de la vapeur d'eau, c'est-à-dire, les oxydes des quatre dernières sections de la classification de Thénard. L'hydrogène réduit l'oxyde de cuivre, et cette réduction a été mise à profit pour la synthèse de l'eau (1) ; l'hydrogène réduit le sesquioxyde de fer, et le fer réduit par l'hydrogène est employé en thérapeutique. Les oxydes des trois premières sections sont irréductibles par l'hydrogène, même avec l'aide de la chaleur.

Le chlore sec décompose presque tous les oxydes et donne un chlorure à une température suffisamment élevée ; l'alumine et les oxydes analogues échappent seuls à cette réaction, et leur décomposition par le chlore ne se fait qu'en présence du carbone. Le chlore humide (le chlore agissant sur une dissolution) donne, avec les oxydes alcalins et alcalino-terreux, soit un chlorure et un hypochlorite, si la solution est étendue ou si l'on empêche la température de s'élever : base de la préparation des chlorures décolorants du commerce (2), soit un chlorure et un chlorate, si la solution est concentrée ou si la réaction se fait avec l'aide de la chaleur : base des anciens procédés de préparation des chlorates (3).

Par action de l'oxygène, certains oxydes au minimum passent rapidement au maximum d'oxydation : tels les oxydes manganeux, ferreux.

(1) Voir page 241.
(2) Voir page 152.
(3) Voir page 144.

Le soufre décompose, par voie sèche, tous les oxydes, sauf ceux d'aluminium et de chrome ; il donne un sulfure et un sulfate, ou de l'acide sulfureux si le sulfate est décomposable. Par voie humide, il donne un polysulfure et un hyposulfite avec les oxydes alcalins et alcalino-terreux.

Le phosphore agit d'une manière identique à celle du soufre, mais son action s'exerce plus facilement à température peu élevée.

L'action du carbone est particulièrement intéressante à noter, attendu qu'elle est la base de la chimie des principaux traitements métallurgiques. Tous les oxydes sont réduits à une température suffisamment élevée. On a le métal, et soit de l'acide carbonique si l'oxyde est facilement réductible et s'il cède aisément son oxygène ; exemple, l'oxyde de cuivre ; soit de l'oxyde de carbone si l'oxyde est difficilement réductible et s'il cède avec peine son oxygène ; exemple, l'oxyde de zinc. Cette réduction nécessite parfois l'intervention d'une température très élevée, comme c'est le cas pour les oxydes de potassium, de sodium, de manganèse, de chrome, et particulièrement pour les oxydes alcalino-terreux, pour la magnésie et pour l'alumine, qui ne peuvent être réduits qu'à la température élevée du four électrique. La réduction des oxydes réfractaires par le charbon grâce au four électrique semble avoir été réalisée pour la première fois en 1885 par *Borchers* (Z. für Elektrochemie, 1895).

Les métaux réduisent les oxydes des sections supérieures ; les métaux alcalins réduisent tous les oxydes sauf l'alumine et ses analogues.

Les oxydes anhydres se combinent avec l'eau et forment des *hydrates* en dégageant une grande quantité de chaleur. Cette hydratation se produit directement avec les oxydes anhydres, alcalins ou alcalino-terreux ; c'est ainsi qu'on éteint la chaux vive.

Les acides donnent des sels, et libèrent en même temps une ou plusieurs molécules d'eau.

***

Les oxydes métalliques que nous verrons ici sont :

l'eau....................................	H_2O
l'eau oxygénée............................	H_2O_2
la potasse caustique......................	KOH
la soude caustique........................	$NaOH$
le bioxyde de sodium......................	Na_2O_2
la chaux..................................	CaO
la baryte.................................	BaO
le bioxyde de baryum......................	BaO_2
la magnésie...............................	MgO
l'oxyde de zinc...........................	ZnO
l'oxyde ferrique..........................	Fe_2O_3
l'oxyde magnétique de fer.................	Fe_3O_4
le bioxyde de manganèse...................	MnO_2

l'acide permanganique....................	MnO^4H
l'oxyde de chrome.......................	Cr^2O^4
l'acide chromique.......................	CrO^4H^2
l'alumine...............................	Al^2O^3
le bioxyde d'étain	SnO^2
le protoxyde de plomb...................	PbO
le bioxyde de plomb.....................	PbO^2
l'oxyde salin de plomb..................	Pb^3O^4
l'oxyde cuivreux.......................	Cu^2O
l'oxyde cuivrique......................	CuO
le protoxyde d'argent...................	Ag^2O
l'oxyde aurique........................	Au^2O^3
l'oxyde de thorium.....................	$ThoO^2$

et leurs hydrates.

Eau H^2O. — Nous l'avons étudiée page 237 à 399.

Eau oxygénée H^2O^2. — Nous l'avons étudiée page 399 à 406.

Potasse caustique KOH. — L'*hydrate de potassium, KOH* = 56, ou *potasse caustique,* se prépare en décomposant du carbonate de potassium à chaud par de la chaux ; on obtient ainsi la *potasse à la chaux,* que l'on purifie en la dissolvant dans l'alcool et en évaporant le dissolvant : *potasse à l'alcool.*

La potasse caustique est un corps solide, blanc, opaque, à cassure cristalline, de $d = 2.1$. Il fond au rouge sang, il se volatilise au rouge blanc.

Elle est très soluble dans l'eau ; elle est déliquescente à l'air, aussi pour l'empêcher d'attirer l'humidité, faut-il la conserver dans des vases hermétiquement fermés. Sa dissolution dans l'eau se fait avec dégagement de chaleur. Elle est soluble dans l'alcool, et comme l'alcool ne dissout pas les composés calcaires et potassiques qui constituent les impuretés de la potasse à la chaux, on a là un moyen facile de purification.

La potasse, même en dissolution étendue, est un caustique énergique. Elle ramollit et détruit la peau, d'où son emploi en chirurgie pour établir des cautères ; la *pierre à cautères* est simplement de la potasse à la chaux qu'on a coulée dans une lingotière en fonte et qu'on a laissée se solidifier sous forme de lingot. La potasse caustique perfore et traverse les membranes muqueuses avec rapidité ; il est toujours dangereux de la transvaser en aspirant avec la bouche dans les pipettes, car si elle pénètre dans l'estomac, celui-ci est rapidement perforé.

La potasse caustique est l'alcali par excellence ; elle jouit de la fonction alcaline au plus haut degré, elle verdit le sirop de violettes, rougit le bleu de tournesol, la phénolphtaléine, s'unit aux acides en dégageant de la chaleur. Elle absorbe facilement l'acide carbonique de l'air, pour se transformer en carbonate ; aussi faut-il la conserver à l'abri même de l'air sec. Elle décompose les dissolutions salines, dont l'oxyde peut se précipiter à l'état insoluble. Comme à l'état concentré elle enlève l'acide carbonique du carbonate de chaux, il est essentiel, dans la préparation de la potasse caustique, de dissoudre le carbonate de potassium dans une grande quantité d'eau.

La potasse déplace, dans les combinaisons salines, les bases volatiles, comme l'ammoniaque, ou insolubles, comme un grand nombre d'oxydes métalliques. Aussi l'emploie-t-on généralement dans les laboratoires pour précipiter les oxydes insolubles. Elle ne précipite la baryte dans les sels de baryum, la strontiane dans les sels de strontium, la chaux dans les sels de calcium, que lorsque les dissolutions de ces sels sont très concentrées. La potasse précipite l'hydrate de magnésie des dissolutions magnésiennes ; l'ébullition favorise cette précipitation. Elle donne, dans les dissolutions des sels d'aluminium, un précipité volumineux d'hydrate d'alumine, soluble dans un excès de potasse et dans l'acide chlorhydrique. Elle donne, dans les dissolutions vertes ou violettes des sels de chrome, un précipité vert bleu d'hydrate de chrome, soluble dans un excès de potasse en un liquide vert émeraude, et reprécipité de nouveau par l'ébullition ou par addition d'un sel ammoniacal. Dans les dissolutions des sels de zinc, la potasse précipite de l'hydrate d'oxyde de zinc, blanc gélatineux, très soluble dans un excès de potasse ou dans les sels ammoniacaux. Avec les sels manganeux, la potasse précipite de l'hydrate de protoxyde de manganèse, blanc, brunissant rapidement à l'air par suroxydation ; avec les sels manganiques, elle donne un précipité volumineux d'hydrate manganique, brun foncé, insoluble dans un excès de réactif. La potasse précipite de l'hydrate d'oxyde de nickel, vert clair, insoluble dans un excès de réactif, avec les dissolutions de sels de nickel. Dans les dissolutions de sels de cobalt, elle donne un précipité bleu de sel basique, insoluble dans la potasse, qui verdit à l'air en absorbant de l'oxygène, et se change par l'ébullition en hydrate de protoxyde rouge. Avec les sels ferreux, elle précipite de l'hydrate de protoxyde de fer, blanc, qui s'oxyde rapidement en passant au vert sale, puis au brun ; avec les sels ferriques, elle donne un précipité volumineux d'hydrate de peroxyde, brun rouge, insoluble dans un excès du précipitant ; les acides organiques fixes, le sucre, contrarient la réaction lorsqu'ils sont en quantité suffisante. La potasse précipite de l'oxyde d'argent, brun, insoluble dans un excès du précipitant, très soluble dans l'ammoniaque ; elle précipite du protoxyde de mercure noir, avec les sels mercureux, et du bioxyde jaune, avec les sels mercuriques. Dans les dissolutions de sels de plomb, elle donne un précipité de sel basique blanc, soluble dans un excès de potasse. Avec les sels cuivreux, elle commence par donner un précipité blanc d'un sel double, puis un précipité jaune brun de l'hydrate cuivreux ; avec les sels cuivriques, elle fournit un précipité volumineux bleu d'hydrate cuivrique, que la chaleur fait passer au noir en le déshydratant partiellement. La potasse précipite également de l'hydrate d'oxyde de bismuth, blanc, de l'hydrate d'oxyde de cadmium, blanc, dans les solutions métalliques correspondantes ; elle donne un volumineux précipité d'hydrate d'oxyde d'étain dans les sels de protoxyde d'étain, et ce précipité se dissout dans un excès de potasse ; elle donne, dans les sels d'antimoine, un volumineux précipité blanc d'oxyde d'antimoine, soluble également dans un excès de potasse.

Les sels de potassium que la potasse forme par combinaison avec les acides sont tous solubles dans l'eau. Ils ne sont colorés que si l'acide est lui-même coloré. Leurs réactions caractéristiques sont de donner, en solution neutre ou acide, avec le chlorure de platine un précipité de chloro-platinate de potassium, jaune, cristallin (octaédrique), insoluble dans l'alcool ; — avec l'acide tartrique, en solution neutre ou alcaline, du tartrate acide de potasse, blanc, cristallin ; ce précipité se forme plus aisément si l'on remue le liquide avec une baguette de verre ; — avec l'acide perchlorique, un précipité de perchlorate, blanc, insoluble dans l'alcool ; — avec l'acide picrique, un précipité de picrate, jaune, insoluble dans l'alcool, et explosible ; — enfin, de colorer en bleu violet la flamme de l'alcool, et de donner un spectre caractérisé par une raie rouge et par une raie bleue.

La potasse caustique est employée dans les industries tinctoriales pour alcaliniser et solubiliser les phénols ; on l'utilise également pour fixer sur le coton les oxydes de fer et de manganèse, pour solubiliser les oxydes d'aluminium et d'étain, ainsi que certaines matières colorantes : l'indigo blanc, le rocou, l'annatto.

La potasse caustique joue un rôle important dans le dégraissage ou le blanchiment des fibres textiles et dans la fabrication des savons mous. On emploie souvent pour ces objets les *lessives caustiques* elles-mêmes, obtenues en caustifiant le carbonate de potasse par la chaux au bouillon, jusqu'à ce que la liqueur claire ne fasse plus effervescence avec les acides ; on filtre et on concentre rapidement à l'abri de l'air jusqu'à 36° B. : on a ainsi la lessive des savonniers.

La lessive caustique à 10° B. constitue l'*eau seconde* des peintres ; elle est employée pour enlever les vieilles peintures à l'huile sur les boiseries, les vitres. Etendue encore d'eau, elle sert à nettoyer les peintures des murailles et des boiseries. L'eau seconde préparée à la potasse est préférable à celle préparée avec la soude, parce qu'elle nettoie mieux et attaque moins les pinceaux.

Dans un grand nombre d'applications industrielles, la soude remplace la potasse parce qu'elle est plus économique.

Soude caustique NaOH. — L'*hydrate de sodium, NaOH* = 40, ou *soude caustique* (1), est l'image très voisine de la potasse caustique. La

---

(1) Il ne faut pas oublier que la soude du commerce est un carbonate de soude impur.

préparation et les propriétés indiquées pour la potasse conviennent à la soude, à la seule exception près, pour ainsi dire, que, tandis que la potasse donne à l'air un carbonate de potasse déliquescent, la soude donne un carbonate de soude solide.

Lorsqu'on prépare la soude caustique en traitant des solutions suffisamment chargées de carbonate de sodium par de la chaux, le carbonate de calcium qui se forme par la réaction : $CO^3Na^2 + Ca(OH)^2 = 2 NaOH + CO^3Ca$, sert fréquemment, après avoir été mélangé avec du plâtre, pour préparer la *craie d'écolier*.

On prépare aussi les soudes caustiques en oxydant le sulfure de sodium.

Enfin nous avons déjà parlé des procédés de préparation électrolytique qui fournissent en même temps du chlore. Le brevet *Hargreaves*, propriété actuelle de la Patent Electrolytic Company, a été repris pour la France par la Compagnie de Saint-Gobain.

Un procédé particulier dû à *K. Johnson* (br. suédois, 1897) consiste à traiter le phosphate de calcium acide en solution par le sulfate d'ammonium, puis le sulfate d'ammonium résultant par le nitrate de sodium ; on sépare par cristallisation du nitrate d'ammonium. Le phosphate d'ammonium et de sodium qui reste dans les liqueurs mères est bouilli avec de la chaux, et donne de l'ammoniaque, de la soude caustique et du sulfate tricalcique.

La soude est vendue dans le commerce sous forme solide, à 60, 64, 70, 74 ou 77 d'oxyde anhydre, ou en solution à 38° B., soit 33 pour 100 de soude caustique. Les blocs de soude caustique renferment ordinairement de 70 à 76 pour 100 de soude ; le produit varie d'ailleurs en composition dans un même bloc, car la soude se sépare en portions de concentration différente pendant le passage de l'état de fusion à l'état solide, et cette composition dépend de la quantité d'eau présente en dehors de l'eau d'hydratation. D'après *J. Watson*, les portions provenant des côtés du bloc sont les plus faibles, celles du centre les plus concentrées en soude, la différence peut aller à 1,3 pour 100 de soude ; elle est en moyenne de 0,70. Cette différence est d'autant plus grande que la concentration de la soude caustique est plus faible ; c'est-à-dire, qu'il y a davantage d'autres sels présents, tels que le sulfate, le chlorure, etc.

La soude caustique produite à partir du procédé Solvay est plus pure que celle produite à partir du procédé Leblanc. *K. Jurisch* (in Z. für angew. Ch., 1898) l'attribue à ce que, pour ramener au même prix, on ajoute du sel marin et on arrête la caustification avant terme. La chaux employée pour cette caustification renferme toujours un peu de manganèse, la soude se trouve toujours un peu colorée en vert par du manganate de soude, et, pour détruire cette coloration, on ajoute du soufre. La portion centrale des blocs est généralement grise, et renferme 10 fois plus d'impuretés que la portion extérieure, souvent d'un beau blanc.

Les blocs de soude caustique fondus portent dans le commerce le nom de *pierre de soude* ou *pierre de savon*.

Voici la composition de certains de ces blocs d'après *G. Davis* :

	Soude dite à 60.	Soude dite à 70.
Hydrate de sodium	75,246	89,600
Chlorure de sodium	17,400	2,319
Sulfate de sodium	4,398	3,419
Carbonate de sodium	2,536	2,481
Silicate de sodium	0,297	0,304
Sulfure de sodium	0,027	0,025
Aluminate de sodium	traces.	traces.
	99,904	99,748

Comme la fabrication de la soude à l'état solide n'a qu'un seul but : rendre le produit plus facilement transportable, il en résulte que l'acheteur paie une coûteuse concentration de soude caustique, et il est plus économique aux consommateurs de préparer eux-mêmes leurs lessives caustiques, puisqu'ils n'emploient la soude caustique qu'à l'état de dissolution et que le fabricant de soude caustique l'obtient primitivement aussi à l'état de dissolution.

« Pour préparer soi-même la lessive caustique, il suffit de faire dissoudre le carbonate de soude dans l'eau jusqu'à ce que la dissolution marque le degré Baumé convenable, d'y ajouter la proportion de chaux équivalente à la soude employée, en tenant compte des degrés de pureté de la soude et de la chaux, de chauffer à feu nu le récipient qui contient la dissolution, ou mieux encore, de chauffer le liquide, en y faisant barboter de la vapeur par un petit tuyau plongeur, jusqu'à ce que la température atteigne 100 degrés centigrades, le liquide étant maintenu en agitation pendant un temps suffisamment long. Si la lessive caustique ainsi obtenue n'a pas le degré voulu, on peut l'étendre par addition d'eau, car il est mieux de la préparer d'abord à un degré un peu trop élevé. Pour vérifier si la caustification est complète, on essaie un échantillon du liquide clarifié avec un acide faible, il ne doit pas se produire d'effervescence.

La chaux employée s'est carbonatée et s'est déposée au fond du récipient. On la lave avec l'eau qui doit servir à une nouvelle dissolution, de façon à éviter toute perte de soude dans le dépôt. Ce précipité de chaux carbonatée pouvant arriver à devenir un peu encombrant, on a songé à le régénérer, c'est-à-dire à le calciner et le transformer ainsi en chaux, qui peut servir ensuite à une nouvelle caustification. De cette façon, la même chaux peut servir indéfiniment. Plusieurs procédés peuvent être étudiés à cet effet ; un des plus économiques est évidemment celui qui utilise, pour la calcination du carbonate de chaux, la flamme directe du foyer même qui chauffe la lessive de soude. Toute la chaleur est ainsi utilisée, et la régénération de la chaux ne coûte qu'un peu de main-d'œuvre en plus (1). »

(1) Instruction de la maison Solvay.

La soude caustique est d'ailleurs très soluble dans l'eau, puisque 100 parties d'eau dissolvent 60 de soude caustique à la température ordinaire.

La soude caustique est une base essentiellement salifiable ; ses sels offrent en général les mêmes caractères que les sels correspondants du potassium : ils sont tous solubles dans l'eau. Ils se distinguent des sels de potassium et se caractérisent par les réactions suivantes, en ce qu'ils colorent la flamme de l'alcool en un jaune intense : la flamme de la soude fait paraître incolore le bichromate de potasse jaune, et blanc le biiodure de mercure rouge ; en ce qu'ils donnent un spectre n'offrant qu'une ligne jaune correspondant à la raie D : la production de ce spectre est si sensible que les traces de chlorure de sodium qui se trouvent toujours dans l'air atmosphérique suffisent à faire apparaître la raie caractéristique ; enfin, en ce qu'ils donnent avec une solution neutre de biméta-antimoniate de potasse un précipité blanc cristallin d'antimoniate de soude : ce précipité se produit rapidement en solution concentrée, si l'on frotte la paroi du vase avec une baguette de verre. Les sels de sodium ne donnent rien avec l'acide tartrique, avec le chlorure de platine, avec le chlorure d'aluminium.

Applications. — La soude caustique a toutes les mêmes applications que la potasse caustique : elle est plus souvent employée, car elle coûte moins cher. On s'en sert dans les laboratoires principalement pour précipiter les oxydes insolubles, dans l'industrie pour préparer le silicate de soude, le phénol, l'alizarine, la résorcine. La soude caustique reçoit des applications importantes dans le traitement et la purification des huiles minérales, des pétroles, des paraffines, comme dans l'épuration de certaines huiles végétales, huile de coton, etc. C'est l'une des matières premières indispensables à la fabrication des savons durs, que nous verrons en étudiant les *corps gras*. On emploie de grandes quantités de soude caustique pour préparer la pâte de bois, ou cellulose de bois, dans les fabriques de papier, les alcali-celluloses de *Cross et Bevan,* et par conséquent les viscoses et les viscoïdes qui en dérivent, le cachou de Laval de *Croissant et Bretonnière* 1873.

Dans les ateliers de teinture, la soude caustique sert à fixer sur coton les oxydes de fer et de manganèse, à dissoudre les oxydes d'aluminium et d'étain, les naphtols, et certaines matières colorantes, comme l'alizarine, le rocou, etc.

La soude caustique reçoit un grand nombre d'applications de détail, dont nous citerons ici les deux suivantes.

Une lessive à 2 pour 100 d'eau est conseillée par *Blarez*, 1897, pour reconnaître les falsifications des titres. Les falsificateurs, après avoir gratté l'impression, mettent sur l'emplacement un vernis à base de sandaraque, puis impriment les nouveaux chiffres. Mais ceux-ci, superposés au papier, s'enlèvent plus aisément par la lessive que les anciens.

Payen a indiqué le premier qu'on peut se servir de soude caustique pour conserver le poli du fer et de l'acier, soit en le maintenant dans une dissolution à 2 pour 1000, soit en le recouvrant d'une couche de gomme adragante additionnée de soude caustique.

* *

En dehors des applications les plus importantes que nous avons déjà signalées, soit pour l'épuration des huiles, soit pour la préparation de la pâte de cellulose, soit pour la fabrication des savons durs, applications que nous verrons plus en détail lorsque nous étudierons les pétroles, la cellulose, les corps gras, la soude caustique reçoit encore deux applications très importantes, que nous allons exposer ici, dans le blanchiment des matières textiles végétales et dans le mercerisage.

Blanchiment des matières textiles végétales. — La soude caustique employée seule pour le blanchiment permet d'en restreindre la durée et d'obtenir plus aisément les blancs parfaits, que si l'on traite par le carbonate de soude. Ce traitement se fait dès le début des opérations du blanchiment, c'est le lessivage classique ; il a pour but d'enlever toutes traces de matières grasses ; il est précédé habituellement, lorsqu'on blanchit des tissus de coton ordinaires, d'un lessivage à la chaux avec acidulage ; il est suivi, bien entendu, d'un chlorurage. L'emploi de la soude caustique seule a été préconisé par *Mather-Thompson, Thyss et Herzig, Bentz,* etc.

Voici, à titre d'exemple, comment on traite les écheveaux de coton : on donne un lessivage à l'ébullition de six heures dans une chaudière renfermant par 1000 kilos de coton 1 350 litres d'eau et 200 litres de soude caustique à 20° B. On donne un trempage à l'eau de trois quarts d'heure, puis on lave. On donne ensuite un chlorurage de deux heures dans une solution de chlorure de chaux à 2° B., on lave une demi-heure. On donne un acidulage d'une demi-heure dans de l'eau étendue d'acide sulfurique marquant 1° B., on lave une demi-heure. On donne un lavage à fond, on azure, on essore et on sèche.

* *

L'action ménagée de la soude caustique sur les matières textiles végétales produit un dégraissage parfait. Plus prolongée, elle mène au mercerisage ; mais elle ne fait pas disparaître la fibre.

Au contraire, les fibres d'origine animale, comme la laine et le coton, se dissolvent complètement dans une solution concentrée de soude caustique.

La soude caustique peut donc servir à distinguer entre elles les fibres animales et les fibres végétales. Elle peut servir, en outre, à les séparer dans un tissu mélangé. Une application très intéressante de cette propriété a été la création des broderies genre Saint-Gal ; la broderie en coton est fabriquée sur une étamine très légère de soie comme fond, et il suffit de traiter le tissu par une solution de soude caustique pour faire disparaître le fond : la broderie seule reste.

*_**

La soude caustique attaque la laine ; en solution concentrée et chaude, elle la dissout rapidement, ce qui permet de recouvrer aisément l'indigo qui existe dans les chiffons de laine teints en bleu de cuve ; en solution étendue et froide, elle exercerait une action nuisible qui empêche de se servir de soude caustique dans le dégraissage des laines. La dissolution de la laine dans la soude donne l'acide lanuginique. Cependant l'action de la soude sur la laine n'est pas si énergique qu'on le croyait autrefois, puisque *H. Kœchlin* a pu exposer en 1889 des tissus de laine imprimés en soude, et qui s'étaient teints avec intensité aux endroits imprimés. *Buntrock, Kertesz* ont étudié cette action ; elle reçoit son application dans le mercerisage des tissus mi-laine.

Au contraire, si la soude caustique concentrée dissout rapidement la fibre de la soie, surtout à chaud, une dissolution étendue de soude caustique ne dissout que la séricine, partie principale du grès, sans attaquer la fibroïne. Aussi l'a-t-on proposée comme agent de dégommage.

Cependant cet emploi semble altérer un peu le brillant. La *Badische Anilin und Soda Fabrik* évite cet inconvénient en ajoutant de la glucose (br. all., 1898), et recommande ce procédé de dégommage pour le traitement des tissus soie et coton.

*_**

Coton hydrophile. — Le dégraissage à la soude caustique est particulièrement intéressant pour préparer le *coton hydrophile.* C'est en traitant le coton par une lessive alcaline chaude, et en répétant ce lessivage au milieu des opérations du blanchiment, que l'on obtient l'hydrophilie de la fibre du coton.

Voici d'ailleurs à ce sujet comment *Fr. Slocum,* dès 1881, indiquait la manière de procéder (1) :

On fait bouillir du coton cardé de bonne qualité dans une solution de soude caustique à 5 pour 100, pendant une demi-heure, de manière à saturer le coton avec la solution, et à saponifier exactement les corps gras qu'il peut renfermer. On soumet ensuite le coton à un lavage soigné, dans le but d'enlever toute la soude et tout le savon formé ; enfin on chasse l'excédent d'eau par une expression, et on plonge le coton ainsi essoré dans une solution de chlorure de chaux à 5 pour 100, pendant une vingtaine de minutes. On lave successivement à grande eau, à l'eau acidulée avec de l'acide chlorhydrique, à l'eau simple. On fait de nouveau bouillir le coton avec la solution de soude caustique, et on lave à l'eau, à l'eau

(1) In The Pharmacist.

acidulée, enfin à grande eau. On presse le coton bien lavé et on le dessèche rapidement.

Le but de ces différents traitements est le suivant. D'abord, celui de l'ébullition avec la solution alcaline est d'enlever toute matière grasse ; celui du lavage à l'eau, d'enlever le savon, et de prévenir la formation d'un savon de chaux pendant le blanchiment consécutif; celui du traitement en eau acidulée, après le blanchiment, est de faciliter le départ de la chaux. Le second traitement par l'alcali caustique rend le coton complètement absorbant en le dépouillant des dernières traces de matière grasse. La perte sur un traitement de 360 grammes a été de 9,35 pour 100.

Des indications bien semblables sont renfermées dans le procédé breveté par *C. Manuel* (br. fr., 1899) pour l'hydrophilie de la fibre de coton par les lessives alcalines. On se sert de lessives alcalines bouillantes, contenant de 4 à 6 kilos de soude caustique à 38° B. pour 100 kilos de coton ; on met ensuite la fibre de coton dans un bain de chlorure de chaux, on la passe dans un bain contenant 2 à 3 kilos d'acide sulfurique à 66° B., puis dans une lessive bouillante renfermant de la soude caustique, enfin on donne un rinçage à l'eau acidulée avec de l'acide chlorhydrique.

Voici comment *F. Gay* (Journal de Pharmacie, 1892) expose l'essai du coton hydrophile, qu'on appelle aussi coton absorbant, ou coton chirurgical :

« Les caractères que doivent présenter les cotons absorbants, tiennent, d'une part, à la qualité première de la ouate employée dans leur fabrication et, d'autre part, à leur pouvoir absorbant et à leur pureté.

La qualité première n'est pas indifférente : un produit à longues fibres soyeuses forme des nappes élastiques, absorbant mieux les liquides et, surtout, pesant moins sur les plaies qu'un produit constitué par des effilochés ou des déchets de cardage, à fibres courtes, à texture sans homogénéité. La qualité première est appréciée par l'examen des nappes au point de vue de leur homogénéité, de la ténacité et de la longueur des fibres.

La pureté et le pouvoir absorbant sont déterminés au moyen de la couleur, du toucher, de la ténacité des fibres, de l'examen chimique et d'essais spéciaux concernant la combustion, la précipitation, l'absorption.

Couleur. — La couleur doit être parfaitement blanche. Les nappes de coton cardé à couleur jaunâtre concordent en général avec un faible pouvoir absorbant ; celles à teinte rosée dénotent parfois la présence d'impuretés.

Toucher. — Au point de vue du toucher, on distingue les cotons craquants et ceux qui ne le sont pas. La sensation de craquement, qu'on perçoit lorsqu'on presse entre les doigts certaines ouates, est, à tort, considérée dans le commerce comme un indice de bonne qualité. Elle est due à l'introduction dans le coton d'une petite quantité d'acides gras, qui en augmente la blancheur. On peut admettre un tel produit, malgré son odeur de bougie, pourvu qu'il soit pourvu de toutes les autres qualités exigées, et à la condition que la teneur en acides gras ne dépasse pas 1 pour 100. Mais les cotons non craquants sont préférables, parce qu'on peut mieux les juger à leur couleur et à leur toucher naturels. Leur toucher est un peu rude ou à peine doux ; les produits à toucher doux présentent ce caractère d'autant plus accentué qu'ils sont moins hydrophiles ; ils se rapprochent du coton ordinaire qui est très doux.

Homogénéité. — On étale la nappe et on l'examine en lumière transmise. La texture doit se montrer homogène. Les cotons d'origine inférieure présentent des ombres et des nœuds plus ou moins abondants ; leurs fils sont comme fixés et plus irrégulièrement enchevêtrés.

Ténacité. — On saisit une mèche de coton entre le pouce et l'index des deux mains, celles-ci étant appliquées l'une contre l'autre, à poings fermés, on opère une traction lente et progressive, les deux poings s'arc-boutant à la base l'un contre l'autre : la mèche doit opposer une assez forte résistance à la rupture. Les cotons inférieurs sont rompus aisément. Cet essai acquiert de la précision par l'habitude et la comparaison.

Longueur de soie. — Dans l'essai précédent, les deux moitiés séparées de la mèche s'effilent en fibres plus ou moins allongées ; on continue à opérer la division sur l'une des moitiés jusqu'à ce qu'à la suite de répartitions successives, la mèche, posée sur un fond noir, apparaisse manifestement avec une longueur correspondant à celle des fibres elles-mêmes.

La longueur des filaments varie, dans les divers cotons du commerce, de 1 centimètre à 5 centimètres. On distingue, sous ce rapport, les cotons longue soie et les cotons courte soie. Les cotons hydrophiles appartiennent généralement à la dernière catégorie ; la longueur des soies n'y dépasse guère 3 centimètres ; ils sont d'autant meilleurs qu'elle s'approche davantage de cette limite.

Combustion. — Une mèche de coton est allumée par son extrémité ; elle doit s'enflammer instantanément sur toute sa surface. On l'éteint aussitôt ; la surface brûlée apparaît toute blanche. Les cotons insuffisamment dégraissés ne s'enflamment que progressivement et leur surface noircit.

Pouvoir absorbant. — La qualité hygroscopique, sur laquelle l'essai précédent fournit une indication préliminaire, est directement appréciée au moyen de deux opérations : l'une donnant la mesure de la rapidité avec laquelle le coton absorbe les liquides, l'autre servant à évaluer la quantité de liquide qu'il est capable de retenir entre ses filaments.

Une mèche de ouate est déposée à la surface de l'eau contenue dans un vase ; elle doit plonger instantanément et se précipiter au fond du vase. La précipitation est instantanée, rapide, lente ou nulle, selon le degré de purification par la soude caustique ; elle est nulle notamment avec le coton naturel qui flotte sur l'eau longtemps avant de s'y enfoncer.

Découpez, d'autre part, une plaque de coton pesant 5 grammes, imbibez-la en la plongeant, sans la presser, dans l'eau distillée ; après cinq minutes de macération, retirez-la en la repliant sur elle-même, et, sans l'exprimer, égouttez-la sur les doigts ouverts en la faisant lentement passer d'une main sur l'autre ; lorsqu'elle ne laisse plus écouler d'eau, pesez-la et divisez le poids par 5. Le nombre obtenu exprime le rapport du poids du coton sec au poids du coton imbibé ; il constituera le coefficient d'absorption de la ouate. Ce coefficient ne doit pas être inférieur à 18. Tout coton à coefficient inférieur peut être considéré comme insuffisant au point de vue chirurgical.

Examen chimique. — Il a pour but de corroborer les données précédentes. Il comprend trois opérations principales.

Imbibez 5 grammes de coton avec de l'eau distillée et laissez en contact quelques heures. Retirez-le en l'exprimant. L'eau de macération doit être absolument neutre. Analysée qualitativement, elle laisse parfois apercevoir quelques traces de chlorures et de sulfates, dont la présence n'offre pas d'inconvénients, pourvu qu'il n'y en ait que des traces ; évaporée, elle ne laisse pas de résidu sensible.

Déterminez, en second lieu, le poids des cendres de la manière suivante. Pesez 10 grammes de coton séché a l'étuve à 100°. Chauffez sur une lampe à alcool à petite flamme une capsule de platine de 25 à 30 centimètres cubes, et introduisez dans celle-ci le coton par petites mèches ; attendez qu'une mèche soit complètement incinérée pour ajouter la suivante. Lorsque tout est réduit en cendres blanches, versez dans la capsule quelques gouttes d'eau et séchez à l'étuve à 100°, puis calcinez de nouveau légèrement sur la lampe à alcool. Laissez refroidir dans un dessiccateur et pesez.

Les précautions indiquées sont nécessitées par l'extrème légèreté du coton, la facilité avec laquelle les particules charbonneuses sont entraînées par le courant d'air chaud qui s'élève de la capsule ; l'emploi de la lampe à alcool évite la volatilisation des chlorures ; le traitement par l'eau a pour but de détacher la croûte saline qui pourrait englober quelques particules charbonneuses dont on assure ainsi la parfaite combustion.

Le poids des cendres atteint à peine 1 gramme pour 1000 avec les cotons préparés dans les meilleures conditions, et ne doit pas dépasser en tout cas 1 gramme 5. Le coton brut donne jusqu'à 15 grammes et plus de cendres pour 1000.

L'analyse qualitative des cendres n'est utile que lorsque leur poids est trop élevé. On y trouve principalement de la chaux provenant du carbonate de chaux détruit par la calcination, du carbonate de potasse (ces deux corps leur communiquent une réaction alcaline), des chlorures et parfois des sulfates. La proportion normale de chaux, de chlorures et de sulfates y est accrue, lorsque, dans la fabrication, les rinçages et lavages de coton ont été faits avec des eaux à degré hydrotimétrique élevé, lorsque les rinçages postérieurs aux traitements par le chlorure de chaux, l'acide sulfurique, l'acide chlorhydrique ont été insuffisants.

On peut d'ailleurs doser les acides gras en épuisant 20 grammes de ouate dans un percolateur au moyen de l'éther et évaporant à 30°. L'extrait ne doit pas dépasser 0,03 avec le coton absorbant normal. Cet essai n'a d'ailleurs d'intérêt qu'avec les cotons craquants, dans lesquels on ne doit pas tolérer plus de 1 pour 100 d'extrait.

En résumé, un bon coton absorbant présente les caractères suivants : couleur blanche, toucher un peu rude, pas craquant ; est homogène, tenace, formé de fibres longues ; s'enflamme instantanément à la surface et ne noircit pas en brûlant ; précipite instantanément dans l'eau ; coefficient d'absorption au moins égal à 18 ; réaction neutre ; cendres au plus 1,50 pour 1000 ; ne contenant pas autre chose que des carbonates, chlorures, sulfates de potasse et de chaux.

Le coton absorbant, pour répondre complètement aux desiderata des chirurgiens, devrait en outre être aseptique. Il est loin de répondre à cette condition particulière de pureté ; il ne peut en être autrement étant données les circonstances ordinaires de sa fabrication. Mais il est facile de le priver de germes, au moment de l'emploi, en le chauffant dans une étuve sèche à 130°. Les bons cotons ne sont pas altérés par une telle élévation de température. »

On se sert du coton hydrophile pour panser les plaies et pour préparer les différents cotons médicinaux ou antiseptiques, tels que : le coton iodé, le coton au sublimé, le coton phéniqué, le coton salolé.

Mercerisage. — L'action de la soude caustique sur les fibres de coton a permis de produire des effets nombreux soit de crêpage, soit de brillant soyeux artificiel. Ces effets se rattachent au procédé appelé du nom de son inventeur : Mercerisage.

Le *mercerisage* consiste à traiter le coton par une solution de soude caustique ; le coton est modifié dans sa structure intime et il en devient plus apte à recevoir la teinture ; en même temps, si l'action de l'alcali a été suffisante, il se contracte en s'épaississant. L'augmentation d'affinité du coton pour la matière colorante est très considérable ; elle n'a guère reçu d'application pendant longtemps, à cause du prix du traitement. Il en a été autrement du retrait du coton, bien que les applications qu'on en ait faites ne se soient dessinées qu'une trentaine d'années après la découverte de Mercer. Ces applications ont inspiré les brevets pris par Depoully, Garnier et Voland, il y a une dizaine d'années, pour leurs tissus bosselés, et les brevets plus récents pris par Graissot, Buhler, Jaquet, Depoully, H. Lowe, Meunier, Wurttembergische Catunmanufaktur, Thomas et Prévost, Prier et Dehan, Seyfert, Compagnie parisienne de couleurs d'aniline, P. Dosne, etc., etc.

Nous donnerons d'abord le texte des brevets les plus importants ; ce sont ceux de Mercer, de Garnier et Depoully, de Lowe, de Thomas et Prévost. Nous verrons ensuite quelles sont les propriétés acquises par le coton ainsi transformé. Nous étudierons enfin les applications du mercerisage au crépage et à la similisation. Nous aurons ainsi une étude assez complète du mercerisage.

1° Brevets principaux.

Voici le texte du brevet primitif de Mercer (1). Quoique bien âgé, puisqu'il date de 1851, il n'en est pas moins intéressant.

« Brevet d'invention de quinze ans, en date du 5 mars 1851, délivré au sieur *Mercer,* de Manchester (Angleterre), pour des perfectionnements dans l'impression et la teinture.

Ces perfectionnements s'appliquent au coton, au fil, à l'herbe dite *herbe de Chine* (ramie), au chanvre de l'Hindoustan (jute) et autres fibres végétales, soit avant qu'on en fasse du fil, soit après qu'on les a filés ou convertis en tissus.

On soumet les fibres, quel que soit leur état, à l'action de la soude ou de la potasse caustiques.

Voici quel est le mode adopté pour traiter un tissu composé, en totalité ou partiellement, d'une fibre végétale quelconque, et qui a été blanchi.

On passe le tissu séché dans une machine à matelasser chargée de soude ou de potasse caustiques à 70° de l'hydromètre de Twaddle (2), à la température de 15° C. ou environ, et sans faire sécher le tissu ; on le lave, on le purifie de l'alcali employé, ou bien on fait passer le tissu entre une série de cylindres, dans une citerne chargée de soude caustique ou de potasse caustique de 30° à 60° de l'hydromètre de Twaddle (3) à la température de 15° environ, les deux derniers cylindres étant ajustes de manière qu'ils expriment l'excédent de la solution alcaline et la fassent retomber dans la citerne.

Ensuite, le tissu passe par des cylindres placés dans une série de citernes chargées, au commencement de l'opération, d'eau seulement, de

---

(1) Mercer John (1791-1866), imprimeur en calicots et chimiste, naquit à Dean en Angleterre. On lui doit la fixation de l'orangé d'antimoine sur coton, des perfectionnements au mode d'application du chromate de plomb, de l'indigo, de certains composés de manganèse Associé de la maison Fort Bros, il y acquit la fortune. A partir de 1848 où la maison fut liquidée, il s'occupa de recherches industrielles. Il étudia d'abord l'action de la soude caustique, du chlorure de zinc, de l'acide sulfurique sur les fibres végétales, et ces recherches, poursuivies avec R. Hargreaves, le menèrent à la préparation du papier parchemin, breveté en 1850, et à la découverte du procédé de mercerisage, breveté en 1851. On lui doit, en outre, des applications de la propriété réductrice que la lumière exerce sur les persels de fer, les enlevages sur indigo du prussiate jaune et à la potasse, l'emploi des arséniates pour le dégommage, le traitement de la laine par un oxydant faible avant l'impression, la production de l'huile sulfatée pour rouge-turc, la solubilité de la cellulose dans les dissolutions de cuivre ammoniacales.

(2) 38° B.

(3) 20° B. à 34° B.

manière qu'à la dernière citerne la solution alcaline soit presque chassée
du tissu.

Lorsque le tissu a passé par la machine ou par les citernes, on le lave
de nouveau, on le passe dans de l'acide sulfurique étendu d'eau, puis on
le lave encore.

Lorsque le tissu contient de la soie ou de la laine, il est convenable
que la solution alcaline ne dépasse pas en force 40° de Twaddle (1), et que
la température ne soit pas plus élevée que 7° C. ou environ, de manière à
préserver la fibre animale de l'action destructive de l'alcali.

Lorsque l'on traite un tissu gris ou non blanchi, composé des matières
fibreuses dont on a parlé plus haut, on fait d'abord bouillir le tissu dans
de l'eau, puis on enlève la plus forte partie de l'eau au moyen de presseurs ou hydro-extracteurs et l'on fait passer le tissu dans une solution,
en procédant comme on l'a décrit plus haut.

On traite de la même manière les fils blanchis ou non; mais, après
qu'ils ont passé par la citerne contenant l'alcali, on les fait passer soit
entre des presseurs ou au travers d'un trou pratiqué dans une plaque en
métal, pour enlever l'alcali; puis ensuite, on les passe par les citernes
d'eau, on les nettoie et on les lave.

Lorsqu'on opère sur le fil de chaîne ou fil en echeveaux, on le plonge
dans la solution alcaline, on l'en retire et on le tord, ainsi qu'on le fait
communément; puis ensuite, on le lave dans de l'acide étendu d'eau et
dans de l'eau.

Quand on traite une fibre végétale quelconque, à l'état brut ou avant
qu'on l'ait manufacturée, on la fait d'abord bouillir dans de l'eau, puis on
la dégage de la plus grande partie de son eau au moyen de l'hydro-
extracteur et on la plonge dans la solution alcaline.

On enlève ensuite l'alcali au moyen de l'hydro-extracteur, ou bien on
fait sortir l'alcali au moyen d'une presse ; et ensuite, on enlève la totalité
de l'alcali par un traitement par l'acide et l'eau, ainsi qu'on l'a décrit
plus haut.

Lorsque le tissu a été soumis à l'action de la soude caustique ou de
la potasse caustique dans une machine à matelasser, ou par immersion
ou de toute autre manière, puis purifié de l'alcali par le nettoyage et le
lavage, conformément à l'invention, on trouvera que le tissu a subi dans
ses propriétés les changements suivants :

1° Le tissu s'est rétréci dans sa largeur et réduit dans sa longueur ;
mais il est devenu plus épais et plus serré, de manière que, par l'action
chimique de la soude caustique ou de la potasse caustique, on produit
sur les fibres et sur les tissus des effets en quelque sorte analogues à ceux
produits sur les lainages par les procédés du foulage et l'action du
moulin.

(1) 25° B.

2° Il a pris plus de force et de fermeté, chaque fibre végétale étant devenue capable de résister à une plus grande force avant de pouvoir être rompue.

3° Il est devenu plus pesant qu'avant d'avoir subi l'action de l'alcali, si, dans ce cas, on le pèse à la température de 15° C. ou au-dessous.

4° Il est devenu, pendant son immersion dans l'eau, plus transparent, et, si c'est un tissu d'une contexture plus fine, il paraîtra à la main comme de la peau mouillée ou de la vessie.

5° Il a acquis au plus haut degré la propriété de recevoir, par l'impression ou par la teinture, toutes les couleurs.

Les effets de ce traitement sur les fibres végétales, dans un de leurs états quelconques précédant leur fabrication en un tissu, seront facilement compris, en se reportant aux effets produits sur le tissu composé de fibres de cette nature ; et, lorsqu'on opère sur un tissu composé en partie de laine, de soie ou d'autres fibres animales qui ne se rétrécissent pas et en réglant convenablement la force de l'alcali et la température, on produit les effets ci-dessus mentionnés sur les fibres végétales, sans nuire en aucune sorte aux fibres animales. »

Dans un certificat d'addition, en date du 15 juillet 1851, l'inventeur indique l'emploi de l'acide sulfurique étendu et du chlorure de zinc, qui agissent comme la potasse et la soude.

En résumé, l'inventeur revendique le fait de soumettre des fibres à l'action d'un alcali caustique ou d'un acide en vue de produire tout ou partie des effets nouveaux auxquels il a été fait allusion plus haut, les fibres végétales se trouvant à un état quelconque de leur préparation et se trouvant seules ou mélangées à des fibres animales, l'alcali pouvant être remplacé par un acide étendu ou par du chlorure de zinc, et enfin le mode de réaliser cette action pouvant être l'une des méthodes employées pour la teinture ou l'impression : foulardage, impression, immersion, etc.

* *

« Brevet n° 157 508, du 10 septembre 1883, délivré à MM. *Garnier et Depoully,* pour un procédé de gaufrage pratique et perfectionné des tissus de coton, lin et autres fibres textiles végétales, et pour le produit nouveau qui en résulte (1).

..... Nous avons eu l'idée d'appliquer la propriété qu'ont les solutions alcalines concentrées de contracter et de rendre élastiques les fibres végétales.

En effet, les tissus végétaux subissent, par leur immersion dans les solutions alcalines, un retrait notable tant en largeur qu'en longueur ; ils ont acquis plus de force, sans pour cela être détériorés et sans que l'étoffe ait perdu sa physionomie et son caractère original. MM. Persoz et Mercer

_____

(1) Un brevet anglais a été pris en 1884 par MM. Paul et Charles Depoully et la Société C. Garnier et Fr. Voland.

ont, les premiers, remarqué ces propriétés; ils les ont même proposées
pour rendre plus facile la teinture des fibres végétales. La mercerisation,
ou passage en alcalis concentrés, a, en effet, pour résultat de faciliter la
fixation des colorants sur les fibres. Les lessives alcalines que nous
employons doivent être concentrées. Nous ne pouvons donner des proportions fixes, car ces proportions varient évidemment suivant la nature
des matières textiles végétales, suivant la grosseur des fils, etc. La concentration peut aller jusqu'à 30° et même 36° de densité pour la solution
de soude caustique. Le temps de l'immersion peut varier également.....

(Certificat d'addition, en date du 24 mars 1884.) ..... Nous revendiquons
l'application des mêmes procédés aux tissus composés de fibres végétales
combinées avec des fils de matières animales, soie, laine, etc..... Pour ne
pas altérer les parties animales pendant leur passage dans les solutions
alcalines concentrées, il convient d'abaisser, pendant toutes les saisons
de l'année, la température des bains de lessives alcalines et de la rapprocher le plus possible de 0°; dans ces conditions, ni la soie ni la laine
ne sont attaquées en menant l'opération assez vivement et en arrêtant
l'action par un prompt rinçage. »

« Brevet n° 160 664, du 3 mars 1884, délivré à MM. *Depoully,* pour un
produit industriel dit tissus bosselés, consistant en des tissus d'un genre
nouveau, dont la surface présente un aspect bosselé obtenu par la contraction partielle des fils qui les composent.

..... Pour les tissus fabriqués avec deux matières différentes, une
végétale et l'autre animale, nous les soumettons à l'action de dissolutions
alcalines concentrées. Sous l'influence de ces agents, les fibres végétales
du coton subissent un retrait qui peut aller jusqu'à dépasser 50 pour 100
de la longueur primitive. Il est facile de comprendre que, pendant que
toutes les parties composées des fils de coton auront subi le retrait causé
par l'action chimique, les fils de soie, qui sont insensibles à cette action,
se replient sur eux-mêmes, se recroquevillent, pour ainsi dire, et forment
des aspérités à la surface du tissu qui produisent l'effet de bosselé que
nous cherchons à obtenir..... Pour les tissus qui sont composés d'une
seule et même matière, nous appliquons, soit par impression, soit autrement, une substance qui agit comme réserve et forme des dispositions de
lignes ou de dessins que nous pouvons varier à notre volonté..... Nous
soumettons l'étoffe à l'action des solutions alcalines concentrées ; puis
nous enlevons la réserve par les dissolvants convenables; les parties qui
n'auront pas été protégées par la réserve auront subi la contraction moléculaire due à l'action chimique; les parties protégées auront conservé
leurs dimensions primitives, et, enclavées qu'elles sont dans les parties
contractées, elles formeront des aspérités qui, dans ce cas encore, donneront le bosselage cherché..... Les lessives caustiques de soude ont, en
général, de 15° à 32° B. selon la contraction plus ou moins grande que
nous voulons avoir. L'opération peut être exécutée vivement, l'action étant

très prompte ; nous passons l'étoffe tendue ou non tendue dans un bain alcalin, puis nous la faisons passer immédiatement dans une barque de rinçage à l'eau courante, et aussi, au besoin, dans une eau légèrement acide pour empêcher toute cause d'altération ultérieure.

(Certificat en date du 17 novembre 1885.) Dans le traitement des tissus mixtes par les alcalis caustiques, c'est-à-dire des tissus composés de matières végétales et de matières animales, nous avons trouvé que, pour obtenir une action complète sans nuire à la solidité des tissus, et pour éviter l'altération des parties animales, il convenait d'abaisser la température des lessives alcalines et de la rapprocher autant que possible de 0°, ce qui permet de faire durer le temps de l'immersion jusqu'à cinq et même dix minutes. Nous avions déjà indiqué l'usage des lessives à température basse pour les tissus mixtes dans le brevet 157 508....., et nous en faisons une application utile pour obtenir plus sûrement nos effets de bosselés. »

*
* *

« Brevet d'invention de quinze années, n° 210 246, déposé le 16 décembre 1890, pour un procédé de traitement des fibres en cellulose, telles que le coton et le lin, par M. *H.-Arthur Lowe* (1).

La présente invention porte sur un nouveau procédé de traitement des matières fibreuses en cellulose, telles que le coton et le lin, et au moyen duquel on en améliore l'aspect, on en augmente la force et on en accroît d'une manière économique la puissance d'assimilation pour les matières colorantes et la teinture. Dans ce procédé, les matières sont imprégnées d'une forte solution d'un hydrate alcalin et de préférence d'hydrate de soude qui se combine avec la cellulose constituant lesdites matières et produit une substance élastique, transparente, mais en même temps, dans le cas des filés ou des étoffes tissées, il s'opère un grand rétrécissement, et je fais disparaître ce rétrécissement en maintenant les matières mécaniquement tendues, pendant qu'elles sont soumises à l'action et au traitement par l'hydrate de soude, mais nécessairement avant que le tissu ait perdu la souplesse élastique dans laquelle il se trouve temporairement. L'état de souplesse se produit seulement lorsque la combinaison de la soda-cellulose est détruite.

Pour réaliser le procédé, les matières sont immergées dans un bain contenant une solution concentrée d'hydrate de soude ou de potasse, ayant une densité de 25° à 75° Twaddle (2), pendant un temps variant de une à quinze minutes, suivant la contexture des matières et la densité de la solution. Dans les conditions ordinaires, j'ai reconnu qu'un bain à 50°

---

(1) Les brevets anglais originaux sont ceux du 17 décembre 1889, n° 20 314, et du 21 mars 1890, n° 4 452. Le dernier est le brevet complet, et son texte diffère un peu de celui du brevet français ; il revendique l'application aux fils en bobines, dont ne parle pas le brevet français.

(2) 16° à 40° Baumé.

Twaddle et à la température de 60° Fahrenheit (1) correspondant à une durée d'immersion des matières égale à deu   minutes, fournira de bons résultats. L'action de la soude sur la fibre modifie la cellulose qu'elle contient et oblige cette fibre à se contracter considérablement, et, bien que toute trace d'hydrate de soude puisse être éliminée par des lavages subséquents, la modification et le resserrement de la fibre subsistent.

Les matières, après avoir été sorties de ce bain et pendant toute la durée du reste du traitement, se trouvent dans un état de grande souplesse et d'élasticité, et leur rétrécissement peut être entièrement regagné en les tendant soit pendant toute la durée du bain et en les maintenant dans cet état de tension jusqu'à ce qu'elles aient subi les opérations de lavage, après quoi elles restent fixées, soit seulement pendant lesdites opérations de lavage destinées à enlever la soude, soit enfin après que les lavages sont terminés, mais avant que les matières soient séchées ou commencent à devenir stables. J'ai reconnu que, pour le traitement des fils en écheveaux, il était préférable d'appliquer l'opération de la tension pendant toute la durée du traitement, que, pour le traitement des toiles fortes et des fils de chaîne, il sera meilleur d'appliquer la tension pendant que s'effectue l'opération de lavage, et que, pour les toiles et fils ordinaires, la tension doit être employée de préférence après que la combinaison susindiquée a été complètement détruite par le lavage, mais avant que leur arrivée à l'état fixe se soit produite à la suite d'un étendage ou d'un séchage à la chaleur.

Après que les matières ont été retirées du bain sodique, elles sont complètement imbibées et rincées dans l'eau, de préférence chaude. Cette opération de lavage est conduite de façon à faire disparaître la combinaison avec la soude et à enlever cette soude sous forme d'hydrate de soude au moyen de la plus faible quantité possible d'eau de lavage.

Pour atteindre ce résultat, un certain nombre de filets d'eau chaude peuvent être dirigés sur le tissu, ou bien il peut être lavé dans des auges ou baquets renfermant un volume d'eau minimum et en aidant l'opération par la succion, la pression ou la compression mécanique. L'action de l'eau sur la fibre a pour effet de diluer l'agent chimique et de dissocier sa combinaison chimique avec la cellulose, en même temps que la cellulose est ramenée à son état préalable qui avait été modifié. Les fibres se trouvent dans un état convenable pour permettre de rattraper au moyen d'une tension convenable le rétrécissement qui s'était produit, et cela sans modifier en aucune façon les résultats produits sur la fibre par le bain sodique, en ce qui concerne soit son aspect définitif, soit son aptitude à recevoir la teinture ou l'impression ; et, ainsi qu'on le voit au microscope, la forme originelle en spirale de la fibre de cellulose est devenue droite et cylindrique et à parois épaisses.

(1) 30° Baumé et 15° C.

La fibre ainsi traitée ne renferme plus de soude, et les dernières traces de cette substance peuvent être neutralisées au moyen d'une solution acide étendue.

L'hydrate de soude qui a été éliminé du composé sodique de la manière décrite ci-dessus, est dans un état tel qu'il peut être régénéré. La solution est concentrée au moyen d'un évaporateur à triple effet ou de tout autre appareil évaporateur jusqu'à un point suffisant pour marquer environ 70° à 80° Twaddle (1), et renvoyée ensuite dans le bain dont la densité et la force peuvent ainsi être maintenues constantes et qui peut alors être capable de reproduire les mêmes effets sur une nouvelle quantité de matières.

Si l'on reconnaît que cette solution de soude obtenue par la décomposition du composé de cellulose contient des impuretés provenant ou extraites des fibres, elle pourra, lorsque cela sera nécessaire, être filtrée ou purifiée avant d'être introduite de nouveau dans le cours des opérations.

De cette façon, on réalise ainsi une triple opération combinée consistant dans le traitement de la cellulose par l'hydrate de soude, l'application d'une tension aux tissus ou fils en cellulose pendant qu'ils se trouvent dans un certain état de souplesse et avant qu'ils reprennent l'état rigide, et la séparation de l'hydrate de soude avec la cellulose, sa récupération du liquide de lavage et son retour dans le bain où il est prêt à réagir de nouveau sur la cellulose. Les matières peuvent être traitées par ce procédé sous la forme de longues pièces de tissus ou de fils en écheveaux ou après ourdissage ; les longues pièces de tissus ou les fils ourdis sont traités d'une manière continue, ils sont passés lentement dans le bain, puis entre les rouleaux ou presses qui enlèvent la plus grande partie du liquide qu'ils contiennent, et ensuite ils sont passés dans les bassins de lavage ainsi qu'il a été expliqué ci-dessus ; la décomposition de la combinaison est effectuée au moyen de la plus faible quantité possible de liquide, et pendant l'opération du lavage ou celle qui lui succède, les matières sont tendues au moyen d'un mécanisme convenable tel que ceux employés actuellement pour les tissus qu'on veut élargir.

Les fils sous forme d'écheveaux peuvent être traités sur des appareils tels que ceux actuellement en usage pour la teinture des écheveaux, ou sur d'autres appareils semblables qui peuvent être disposés et construits de manière à répondre aux divers buts qui seront déterminés par la durée de l'immersion requise, par l'emploi d'une quantité minimum de l'agent décomposant et par la récupération et la régénération subséquentes de la soude éliminée par ledit agent. Toutefois, dans le cas où le fil est en écheveaux, il est désirable de le maintenir tendu pendant toutes les opérations et jusqu'à ce que les fibres aient cessé d'être extensibles et aient pris l'état rigide.

_____

(1) 38° à 42° Baumé.

Les matières modifiées possèdent les avantages suivants : elles sont considérablement plus fortes, elles ont une plus grande capacité d'absorption de la moiteur naturelle, elles ont un aspect plus régulièrement serré et luisant, et en même temps la propriété d'atteindre une nuance plus foncée avec l'emploi d'une même quantité de teinture, et d'atteindre une vigueur et une qualité de couleur qu'il n'était pas jusqu'à présent possible d'obtenir au moyen de certaines teintures, les couleurs ainsi obtenues par la teinture étant plus résistantes aux actions destructives chimiques et actiniques.

La tension n'altère aucune de ces propriétés qui doivent être attribuées à l'action de la soude sur le tissu, tandis qu'en même temps elle évite toutes pertes de longueur ; l'épaississement, ou l'augmentation de grosseur des fibres, se trouve diminué, et cela d'autant plus que ces fibres sont elles-mêmes plus fines qu'elles ne l'étaient dans le tissu avant le traitement. Les pièces peuvent ensuite, si on le désire, être terminées par l'une quelconque des méthodes ordinaires, suivant leurs dimensions ; on peut employer le kaolin ou toute autre matière en vue du remplissage et de la charge en poids actuellement en usage pour terminer les matières textiles de certains genres ; enfin elles peuvent être soumises au battage ou au calandrage de la façon ordinaire.

En résumé, je revendique :

1° Le procédé de traitement des matières fibreuses en cellulose, qui consiste a les soumettre à l'action d'une forte solution d'un hydrate alcalin, de préférence de l'hydrate de soude, et à tendre les fils ainsi alcalinisés pendant ou à la suite de ce traitement avant que ces fibres soient devenues rigides, et cela dans le but de prévenir ou de réduire le rétrécissement de ces matières, le tout de la façon et dans le but qui ont été complètement expliqués ci-dessus ;

2° La triple opération consistant à traiter les fibres en cellulose avec une forte solution d'hydrate de soude, à tendre les produits fabriqués avec ces fibres en cellulose pendant qu'ils se trouvent dans un état de souplesse et avant qu'ils deviennent rigides en vue d'en réduire ou d'en prévenir le rétrécissement, et enfin à séparer à l'état d'hydrate de soude la soude contenue dans la cellulose, à la régénérer des liquides qui ont servi au lavage, et à la renvoyer de nouveau dans le bain sodique pour la faire agir de nouveau sur la cellulose, ainsi qu'il a été complètement décrit ci-dessus. »

« Brevet n° 259 625, du 11 septembre 1896, decerné à MM. *Thomas et Prévost*, de Crefeld, pour un procédé permettant de donner aux fibres végétales, soit en flottes, soit en pièces, l'aspect brillant de la soie.

Le procédé consiste, en principe, à traiter les fibres végétales préalablement à l'aide de solutions alcalines ou acides concentrées (mercerisage) et à les lustrer en ramenant par un moyen mécanique ces fibres végétales à leur longueur primitive et même au delà, et à fixer ce lustrage en neutralisant complètement l'action basique ou acide du mercerisage.

Par l'action du mercerisage, les fibres végétales subissent une modification chimique à la suite du traitement alcalin ou acide, et se contractent plus ou moins selon le degré de concentration des solutions employées.

En opérant à la température voulue, les solutions alcalines ou acides doivent être très concentrées, ce qui rend la manipulation difficile et augmente le prix de revient ; afin d'y remédier, nous avons imaginé d'opérer à une température aussi basse que possible, ce qui permet d'obtenir avec des solutions faibles les mêmes résultats qu'avec des solutions concentrées. Ainsi, en opérant à — 10° C., une solution alcaline de 10° B. donne le même résultat qu'une solution de 15° B. à 16° C.

Nous nous réservons d'opérer à toute température en augmentant le degré de concentration à mesure que cette température s'élève.

Les fibres végétales mercerisées sont soumises à l'action des matières colorantes de manière à recevoir la teinte voulue.

Pendant le mercerisage, les fibres subissent un retrait assez considérable ; mais elles acquièrent une grande élasticité, de sorte qu'elles peuvent être ramenées par un moyen mécanique quelconque à leur longueur primitive et même dépasser cette dernière.

Nous nous réservons de produire cette traction par tout moyen convenable ; nous employerons de préférence le dispositif suivant...... ......
Dans ces conditions, les fibres végétales sont placées sur chaque groupe de cylindres supérieurs et inférieurs, de telle sorte qu'en refoulant de l'eau par une pompe, elles sont soumises à un effet de traction et reprennent leur longueur primitive par suite de l'élasticité qu'elles ont acquise par le mercerisage et même la dépassent. En même temps que ces fibres sont soumises à cette traction, qui est conservée jusqu'à la fin de l'opération, des arbres leur communiquent un mouvement de rotation, ce qui constitue le lustrage, tous les points de leur longueur subissent ainsi la même action. Cette opération a pour effet de donner le lustrage à ces fibres végétales qui possèdent alors l'aspect brillant de la soie.

Afin de fixer ce lustrage, nous *neutralisons* complètement ensuite l'action acide ou basique du mercerisage. Ce n'est qu'après de longs et derniers essais que nous avons faits que nous avons eu la certitude qu'il n'était pas possible d'avoir un résultat régulier sans cette neutralisation complète sur la machine.

A cet effet, les fibres végétales une fois lustrées sont lavées avec une solution acide ou basique étendue d'eau suivant que le mercerisage a été fait en solution alcaline ou acide. Ce lavage peut être néanmoins simplement effectué avec de l'eau. On reconnaît la fin de l'opération au toucher qui doit être neutre, c'est-à-dire que les fibres végétales ne doivent pas être trop douces (ce qui indique un excès de bases), ni craquantes (ce qui prouverait un excès d'acides).

Il est bien entendu que notre procédé est applicable aux fibres végétales en flottes, en pièces, etc., et nous nous réservons de le modifier dans ses détails suivant les différentes applications.

En résumé, nous revendiquons par la présente demande, comme notre propriété entière et exclusive : 1° le procédé permettant de donner aux fibres végétales l'aspect brillant de la soie et caractérisé par la combinaison des trois opérations suivantes : a le mercerisage de ces fibres, b leur lustrage, c la fixation de ce lustrage par la neutralisation complète sur la machine ; 2° la disposition spéciale de l'appareil permettant d'effectuer le lustrage...

Le tout ainsi qu'il a été décidé ci-dessus, en principe, dans le but spécifié en référence au dessin spécimen ci-annexé.

(Certificat d'addition, du 28 décembre 1896.) Dans notre brevet principal, nous avons décrit et revendiqué un procédé permettant de donner aux fibres végétales l'aspect brillant de la soie et caractérisé par la combinaison des trois opérations suivantes : le mercerisage des fibres, leur lustrage, et la fixation de ce lustrage.

L'opération du lustrage, qui consiste à étirer les fibres entre deux ou plusieurs rouleaux animés d'un mouvement de rotation en même temps qu'elles sont soumises à l'action d'une certaine chaleur, donne des résultats bien supérieurs à ceux obtenus par un simple étirage.

Afin de rehausser l'éclat soyeux des fibres, nous avons imaginé de les soumettre à une forte pression en même temps qu'elles sont lustrées et étirées, lorsqu'elles sont encore imprégnées du liquide de mercerisation.

Le même résultat peut encore être obtenu en exerçant cette pression lorsque les fibres sont déjà lustrées, étirées, lavées et même teintes, mais avant que ces dernières soient séchées.

Nous nous réservons d'employer tout système de machines approprié permettant d'exercer une pression convenable sur les fibres à traiter.

Cette opération complémentaire permet d'obtenir aussi, en exerçant la pression à la place voulue, des cannelures, des dessins de tout genre dont on pourra varier les effets, et nous nous réservons de l'approprier sur les fibres végétales en flottes, en pièces, etc., et, dans ce dernier cas, soit sur toute la surface, soit sur certaines places seulement pendant ou après le vernissage, mais avant que les fibres soient séchées.

Dans notre brevet précédent, nous avons spécifié que les fibres, après leur lustrage et étirage, étaient lavées et passées ensuite à la teinture. Des expériences nous ont montré que le lustrage et l'étirage pouvaient être effectués en dernière opération, avant, toutefois, que les fibres ne soient séchées.

Nous avons également mentionné que l'action du mercerisage est d'autant plus vive que l'opération s'effectue à une température basse. Ainsi une solution de soude caustique à 10°-15° B. ne mercerisera pas à la température ordinaire ; au contraire, si on abaisse la température à 0° C. et même au-dessous, le mercerisage des fibres s'effectue rapidement ; les fibres ainsi traitées peuvent être aussi lustrées, lavées, étirées à toute température. La mercerisation peut même être opérée avec de la liqueur à cette basse température.

Dans notre procédé, le lavage peut être précédé d'un séchage ; dans ce cas, les fibres, après avoir été mercerisées, sont étirées sur des appareils spéciaux et sont séchées dans cet état, puis sont lavées à la manière ordinaire.

Nous nous réservons d'approprier notre procédé à toutes les fibres végétales, quelles que soient les préparations que ces fibres aient pu subir préalablement, par exemple, à des fibres végétales qui auraient été traitées par de l'acide nitrique fort, ou autre.

Nous avons spécifié que les fibres devaient être lavées de préférence à l'état tendu ; cependant, dans certains cas, on peut les laver à l'état non tendu et même plus tard les lustrer à nouveau.

Nous nous réservons en outre d'obtenir des effets mats et brillants, en réservant certaines places, de manière à empêcher en neutralisant le mercerisage soit avant, pendant ou après l'opération, au moyen de produits appropriés, par exemple de l'albumine, de la gomme, etc., ou des acides, acide acétique, acide tartrique, acide chlorhydrique, etc., alun, sulfate d'alumine, acétate d'alumine ou autres sels, et d'employer à cet effet tout dispositif de machine convenable.

En résumé, nous revendiquons par la présente demande, comme notre propriété entière et exclusive : 1º le perfectionnement que nous avons apporté au procédé qui a fait l'objet de notre brevet principal dans le but de rehausser l'éclat soyeux des fibres ; 2º les variantes et mises en pratique de notre procédé...

(Certificat d'addition, du 8 mai 1897.) Dans notre brevet principal et dans le certificat d'addition qui l'a suivi, nous avons décrit et revendiqué un procédé permettant de donner aux fibres végétales l'aspect de la soie et caractérisé particulièrement par la combinaison des trois opérations suivantes : le mercerisage des fibres, leur lustrage, et la fixation de ce lustrage.

La présente demande de certificat d'addition est relative à un perfectionnement apporté au procédé qui a fait l'objet de notre brevet principal, dans le but d'augmenter l'aspect brillant des fibres végétales et de leur donner un certain apprêt.

Dans notre brevet principal, nous avons décrit que les fibres végétales subissaient pendant le mercerisage un retrait considérable et qu'elles étaient ramenées par un moyen mécanique à leur longueur primitive et même au delà ; notre perfectionnement consiste, en principe, à éviter ce retrait, en tendant fortement les fibres végétales avant de les soumettre à l'action des solutions alcalines ou acides concentrées.

Dans ces conditions, les fibres sont d'abord fortement tendues sur

une machine disposée de manière à leur imprimer, en outre, un mouvement circulaire, ce qui constitue l'opération connue sous le nom de lustrage. A cet état, les fibres sont soumises successivement au mercerisage
et au lavage. L'on peut aussi laver, si on le désire, après avoir détendu
la fibre.

Nous nous réservons également de soumettre ces fibres ainsi traitées
à une très forte pression, dans le but de rehausser encore leur éclat
soyeux.

Ainsi que nous l'avons déjà spécifié, le lavage peut être précédé d'un
séchage ; les fibres sont alors séchées à l'état tendu, puis lavées ensuite à
la manière ordinaire.

Nous avons, en outre, remarqué que, si l'on mercerise des fibres végétales préalablement blanchies, même au chlore, ces fibres prennent un
apprêt qui ne disparaît et n'est altéré ni par l'eau bouillante, ni par la
teinture, les acides, le savon, la soude, etc.

En outre, le coton ainsi traité acquiert une plus grande résistance et
prend un plus bel aspect ; de ce fait, il peut recevoir de nombreuses
applications.

En résumé, nous revendiquons par la présente demande, comme notre
propriété entière et exclusive, le perfectionnement que nous avons apporté
au procédé qui a fait l'objet de notre brevet principal, perfectionnement
consistant : 1° à merceriser les fibres végétales à l'état fortement tendu,
tel que celui auquel on les soumet dans l'opération ordinaire du lustrage ;
2° à merceriser des fibres préalablement blanchies, ainsi qu'il a été décrit
ci-dessus, en principe, dans le but spécifié. »

2° Propriétés du coton mercerisé.

C'est *Mercer* qui le premier observa qu'en filtrant de la soude caustique
à travers du coton, la fibre de ce dernier se contracte, s'épaissit, se fortifie,
tout en acquérant de la transparence. Il découvrit en même temps que
l'action des solutions alcalines s'exerce plus activement à froid qu'à chaud
dans le sens spécifié ; enfin, que le coton mercerisé se teint mieux que le
coton ordinaire. Tous ces points se trouvent expressément indiqués dans
le brevet pris par Mercer en 1851 et que nous avons rapporté p. 422.
On trouvera dans les transactions des Reports of the british Association
for the advancement of science and arts, 1851, p. 51, un résumé de
la communication même faite par Mercer : On a new method of con-
tracting the fibre of calico and of obtaining on the calico thus prepared
colour of much brilliancy. L. Playfair, dans les Proceedings of the royal
Institution of the Great Britain, t. I, 1852, pp. 134-135, présente le fait
de la contraction du coton par les alcalis découvert par Mercer comme
l'une des trois grandes découvertes opérées en chimie à l'Exposition
de 1851. Mercer reçut à cette Exposition une récompense justement mé-
ritée. Il faut remarquer cependant que le fait de la contraction du coton

par l'action d'une solution alcaline se trouve déjà indiqué dans le traité de l'Impression des tissus de Persoz, et que celui-ci, dans son Cours au Conservatoire des Arts et Metiers, a fait observer que « nos pères le connaissaient de longtemps. Leurs toiles étaient blanches, mais réduites d'un cinquième (1). »

La fibre du coton mercerisé a complètement changé de propriétés. Au point de vue microtechnique, sur le porte-objet du microscope, elle perd la forme de canal cylindrique aplati et tordu que présente le coton ordinaire, pour acquérir celle d'un cylindre aux parois épaisses et dont le canal central est devenu à peine visible. La longueur diminue dans une proportion qui peut aller de 6 à 30 pour 100. La résistance augmente de 30 à 100 pour 100. L'affinité pour les matières colorantes est extrêmement accrue, et on le constate aisément en teignant dans un même bain du coton mercerisé et du coton ordinaire.

En résumé, le coton mercerisé est plus épais, rétracté dans le sens de sa longueur, transparent, bien plus résistant. Son affinité pour les matières colorantes est beaucoup plus grande que celle du coton ordinaire. L'action de mercerisage est d'autant plus aisée à se produire que la température d'action de la soude caustique est plus basse.

L'action mercerisante de la soude caustique est très rapide. *Mercer* avait déjà constaté qu'une minute suffit pour qu'elle soit entière. *Buntrock* a trouvé que cette action n'existe plus après deux minutes.

L'influence de la concentration de la lessive, celle de la durée, celle de la température, ont été étudiées par *Albert Scheurer* (Bull. de Mulhouse, 1895). Voici les conclusions de son travail :

« Les concentrations de la soude caustique, supérieures à celles que donne le mélange 750 grammes soude 38° Bé plus 250 grammes eau, n'ont pas une action sensible dans les limites de nos expériences. — Au bout d'une minute, l'action est terminée, quelles que soient la température et la concentration. — Jusqu'à 50° C. et avec la solution 750 grammes de soude 38° Bé plus 250 grammes eau, ou avec des dissolutions plus concentrées, l'action de la température sur le résultat final n'est pas mesurable et reste très douteuse. Au contraire, avec la concentration 500 grammes soude caustique 38° Bé plus 500 grammes eau, l'action de la température se manifeste nettement : le retrait du tissu qui, dans la solution froide, était de 86 à 87 pour 100, n'est plus, à 50° C., que de 92 à 93 pour 100 ; à 90°, de 93 à 95 pour 100. Ces expériences vérifient que les lessives de soude caustique mercerisent moins le coton quand elles sont chaudes que quand elles sont froides, et elles font voir que le phénomène ne s'étend pas aux lessives concentrées sans s'atténuer beaucoup, ou même sans disparaître. — Sous l'influence de la soude caustique et jusqu'à un état de dilution voisin de 500 grammes soude 38° Bé plus 500 grammes eau, le raccourcissement de la fibre oscille autour de 15 pour 100. —

(1) La Coloration industrielle, IV, 1860, p 175

L'accroissement de résistance se montre en général de 20 pour 100, sauf dans l'essai fait avec la soude étendue de son poids d'eau. Ce fait indique que l'action sur la fibre n'est pas complète dans cette solution. — L'allongement du tissu non traité sous la charge de rupture est de 20 pour 100. Une fois mercerisé, le tissu ne peut être ramené à sa longueur primitive, l'extension maximum qu'on peut lui donner restant inférieure à 110, contre 120. — En ce qui concerne l'élasticité, 85 centimètres de tissu mercerisé ont été allongés à 108 centimètres, qui est la longueur au moment de la rupture ; l'élasticité est donc de 27 pour 100, tandis qu'elle n'est que de 20 pour 100 dans le coton ordinaire. »

L'action mercerisante n'est plus la même si l'on emploie une solution alcoolique de soude caustique à la place de la solution aqueuse. La solution alcoolique de soude caustique à 10 pour 100 n'altère nullement le coton ; mais l'action de contraction, d'épaississement et de renforcement par mercerisage se manifeste dès que la fibre est exposée à l'air, et avec une intensité plus grande que si l'on mercerise en se servant de la lessive habituelle.

Il y a d'ailleurs une différence marquée dans les propriétés du coton mercerisé, suivant qu'il l'a été par différents procédés. C'est ainsi que, d'après Buntrock, le coton mercerisé ordinaire gagne en solidité 68 pour 100, tandis que le similisé du procédé Thomas et Prévost ne gagne que 35 pour 100. L'élasticité du coton mercerisé décroît beaucoup dans les procédés avec tension. Le retrait du coton mercerisé ordinaire est d'environ 20 pour 100 ; étiré à sec, il regagne 5 à 7 pour 100 ; étiré à mouillé, il regagne la totalité de sa perte.

L'épaississement, et l'augmentation de force qui en résulte pour la fibre mercerisée, ont été, peu de temps après l'invention de Mercer, le point de départ de certaines applications fort utiles. Le coton mercerisé fut presque aussitôt utilisé par les imprimeurs en tissus(1) pour doubliers de machines, attendu que les doubliers en tissu mercerisé supportent bien mieux les efforts de la machine que tous autres. *J.-J. Sachs* (br. anglais, 1880) a proposé de fabriquer les rouleaux destinés à l'impression ou aux apprêts au moyen de cylindres formés de tissus à mailles larges dressés sous forme de rouleaux ; on mercerise ces rouleaux pour leur donner de la résistance, puis on fait se déposer électrolytiquement un métal dans les interstices du tissu. *Garnier et Depoully* (br. français, 1883) ont breveté l'application des doubliers en tissu mercerisé pour le gaufrage des tissus.....

<center>. . .</center>

..... Pour empêcher, dit l'énoncé du brevet, la face du tissu qui est en contact avec le cylindre métallique de prendre un lustrage, on ne peut pas se servir, pour le protéger contre ce cylindre, d'un doublier en tissus

(1) F. Crace-Calvert: On progress in dyeing and calico-printing since 1851 : In J. of the S. of arts, X, pp. 169-180.

de coton ou autres fibres végétales, car ils ne pouvaient supporter la
chaleur et la forte pression qui sont nécessaires pour le gaufrage, et
étaient, par suite, dès les premiers passages, coupés et hachés. Le papier,
sous l'action de la chaleur et de la pression, a le grave inconvénient de se
déchirer et de se coller sur l'étoffe..... Les tissus de coton et autres fibres
végétales, traités par les solutions alcalines concentrées, se contractent et
deviennent élastiques..... L'application de ce procédé permet donc d'obtenir,
avec un tissu ordinaire de coton ou autres fibres végétales, un doublier
servant d'intermédiaire entre l'étoffe et le cylindre métallique.

On a utilisé depuis longtemps le mercerisage pour renforcer les cotons
a tricoter.

* *

L'application du mercerisage à la teinture a été indiquée par Mercer,
comme nous l'avons vu ; le coton mercerisé a beaucoup plus d'affinité
pour les matières colorantes que le coton qui n'a pas été traité par les
alcalis ; c'est ainsi que *Green* (Revue des matières colorantes, 1898) a constaté qu'après un mercerisage d'une heure en solution de soude caustique
à 20° Bé, le coton que l'on teint en rouge de para-nitraniline prend une
teinte plus nourrie, même dans une solution moitié moins riche. Les
Farbwerke de Hœchst ont publié sur ce point spécial un carnet d'échantillons très probant. D'ailleurs, il suffit pour s'en rendre compte de teindre
dans le même bain des échantillons de coton mercerisé et des échantillons
de coton ordinaire : la teinture des premiers est toujours plus pleine. La
découverte de Mercer excita, a son début, un intérêt si puissant qu'un
industriel français lui aurait offert d'acheter son brevet la jolie somme de
deux millions. Mais le retrait considérable que subit le coton ainsi traité
fut un obstacle au succès, jusqu'à ce que des efforts eussent été tentés
pour empêcher ce retrait, et que le brevet Thomas et Prévost eût ramené
l'attention universelle sur le mercerisage. Il faut ajouter aussi que le coton
mercerisé nécessite l'emploi de colorants qui résistent aux alcalis, si l'on
mercerise après teinture. Tous les colorants substantifs répondent bien à
ce desideratum ; mais ils étaient loin d'être connus du temps de Mercer.
Aujourd'hui on les emploie couramment à la suite d'un traitement à la
soude caustique ; on teint également avec avantage sur tissu mercerisé
l'indigo, le rouge-turc, le noir d'aniline ; avec ce dernier, l'économie de
drogues est du tiers. Pour que les teintes soient bien unies, il faut que le
mercerisage soit régulier sur toute la surface du tissu ; le traitement à la
soude caustique ne dure d'ailleurs que quelques minutes, et il peut indifféremment précéder ou suivre la teinture. Il faut, d'ailleurs, distinguer
entre les différentes sortes de coton mercerisé ; c'est le mercerisé ordinaire, par un procédé sans tension, qui offre la plus grande affinité pour
les matières colorantes ; le similisé du procédé Thomas et Prévost perd
son brillant à la teinture ; celui du procédé Dollfus-Mieg et Cⁱᵉ se teint au
contraire très bien.

C'est par une véritable mercerisation que les *Farbenfabriken d'Elberfeld* (br. all., 1896) produisent des nuances plus solides, plus nourries ou très foncées avec leur brun noir catigène, le cachou de Laval, le noir Vidal, le noir solide, le vert italien ; on teint à froid, de six à dix heures, dans un bain renfermant 300 kilos de soude caustique pour 1 000 kilos de coton. Le procédé semble général pour toutes les matières colorantes sulfurées.

Le mercerisage permet d'obtenir des effets de chinage en clair et en foncé sur le même tissu, puisque les parties mercerisées prennent plus de couleur que les parties non mercerisées.

Si l'on teint avec des couleurs de benzidine, des couleurs basiques, des couleurs diamine, un tissu que l'on a mercerisé par places en imprimant de la soude caustique, on obtient des effets à deux teintes, l'une plus foncée sur les places imprimées, l'autre plus claire sur le reste du tissu, *Farbenfabriken d'Elberfeld* (br. all., 1897). L'impression se fait avec une couleur formée de : gomme adragante à 65 pour 100, 2 kilos 5 ; léiogomme, 0 kilo 500 ; soude caustique à 40° Bé, 3 kilos, *Manufacture lyonnaise*. Il faut teindre le plus vite possible.

**

Des applications du mercerisage encore plus importantes se rapportent à la fabrication de tissus crépés ou bouillonnés et à celle de la fibre similisée.

3° Applications du mercerisage au crépage.

La contraction que le coton subit par le mercerisage fut longtemps un obstacle à la vulgarisation de ce traitement, attendu que les tissus se vendent au métrage. Mais cette contraction est devenue, elle-même, une trentaine d'années après la découverte de Mercer, la base de procédés extrêmement intéressants pour la fabrication de tissus gaufrés, puis de tissus crépons. Les brevets pris dans ce but par *Depoully* (br. fr., 1883, 1884) ne sont que des extensions du brevet original de Mercer ; et il en est de même, à de rares exceptions près, de tous les brevets pris ensuite dans la même voie. La production de tissus bosselés de *Depoully* (1) fut mise en application par *Garnier et Voland ;* elle repose, ainsi que nous l'avons vu dans le brevet même p. 424, sur la contraction qu'une imprégnation en soude caustique fait subir au coton. On obtient d'ailleurs des effets très variés, selon que l'on imprime sur le tissu de la soude caustique epaisse par places, c'est-à-dire que l'on mercerise par places, en points, en rayures etroites ou en bandes plus larges ; ou selon que l'on imprime des réserves ou des gommes, et qu'on mercerise ensuite le tissu au large. Les effets varient encore si l'on opère sur des tissus tout coton, ou si l'on a affaire à des tissus mélangés mi-laine, etc. Le mode par réserves doit être préféré au mode par impression de soude caustique, attendu qu'avec le dernier,

---

(1) Les brevets Depoully ont été déclarés nuls en Angleterre sur l'antériorité Mercer, comme les brevets Thomas et Prevost devaient l'être plus tard sur l'antériorité Lowe.

la composition de la couleur est souvent variable, les doubliers se mercerisant aussi par places nuisent à la régularité des impressions, enfin la couleur extrêmement caustique cause des ennuis dans son maniement.

Au procédé par impression de soude, se rattache le procédé *Jacquet*, de la maison Schæffer et Cie ; on traite par places les étoffes de coton avec la dissolution de soude ; les places ainsi imprégnées se rétrécissent, ce qui fait créper les endroits non imprégnés ; on obtient ainsi des étoffes partiellement crépées. Si l'on ajoute une matière colorante à la dissolution de soude épaissie, on obtient des effets diversement colorés. On peut les varier avec des impressions de poudres métalliques.

Au mode par réserves, se rattachent les procédés de *Heilmann et Cie* (br. all., 1895) reposant sur l'emploi de réserves à la gomme, de *A. Meunier et Cie* qui emploient des réserves gommeuses solubles, de *Wallach et Schoen* (br. all., 1897) qui se servent d'une réserve formaldéhyde-gélatine. Après l'impression des réserves, le tissu est soumis tout entier au mercerisage, mais celui-ci ne s'effectue que sur les parties non protégées. Un lavage ultérieur enlève en même temps la réserve et l'excès d'agent de mercerisage.

La *Wurttembergische Cattunmanufactur* (br. all., 1895) obtient des dessins crépés en blanc ou en couleur, en imprégnant les tissus ou fils d'une solution alcaline caustique, additionnée d'agents susceptibles de neutraliser l'alcali caustique avant que l'action astringente de la solution alcaline caustique ait eu lieu aux endroits imprimés. On peut aussi ajouter : à l'agent neutralisant, les oxydes solubles ou du tannin que l'on teint ensuite, ou de l'indigo, ou des couleurs substantives, en vue de produire des effets de crépés colorés sur fond blanc ou de couleur ; à l'alcali caustique, des oxydes solubles dans l'alcali qu'on teint en vue de produire des effets de crépé blanc sur fond coloré ; à l'agent neutralisant, du ferro-cyanure de potassium, ou des chromates ou des acides pour l'indigo, en vue de produire des effets de crépé blanc sur fond de couleur ; à l'agent neutralisant, des agents réducteurs pour les couleurs azoïques et les couleurs substantives, en vue de produire des effets de crépé blanc sur fond de couleur.

Keittinger (br. fr., cf celui de *Dosne*, p. 443) ont basé sur le mercerisage un procédé d'obtention d'effets de gaufrage moirés et chatoyants, en superposant aux rayures d'un tissu végétal des bandes analogues mercerisées.

Un mode particulier de gaufrage par mercerisage est indiqué par *Knoop*. En imprimant de la soude caustique, à 30°-40° Bé, épaissie, sur des velours de coton, puis séchant, enfin brossant, les fibres qui ont subi l'action se cassent, et on a ainsi des effets de gaufrage.

4° Applications du mercerisage à la similisation.

Le mercerisage est actuellement le procédé le plus pratique pour donner à la fibre du coton un aspect plus ou moins brillant. Cette application si intéressante n'existe pas dans le brevet de Mercer ; elle est simplement indiquée dans le brevet Lowe ; elle a été industrialisée par Thomas et Prévost.

Thomas et Prévost (br. all., 1896), ainsi que l'indique le brevet que nous avons relaté p. 429, et dans le but tout particulier de neutraliser la contraction occasionnée par le mercerisage, imaginèrent de soumettre les fibres mercerisées à un étirage prononcé, avant que ces fibres soient séchées et aient pris un retrait définitif. Ils constatèrent avec surprise que cet étirage donnait à la fibre un éclat brillant, et que ce brillant est augmenté si on presse la fibre. Ils vérifièrent aussi (1) que la solution d'alcali caustique s'emploie avec avantage à froid, et que le mercerisage s'effectue le mieux à basse température. Le procédé Thomas et Prévost a donc pour base une simple opération de mercerisage effectuée sur les fils ou les tissus à l'état tendu ; dans cette condition, l'effet de contraction dû au mercerisage ne peut pas se produire ; le coton prend un aspect soyeux, qui se prononce si l'on soumet ensuite la fibre à une forte pression, soit au moment du lustrage ou de l'étirage, soit à la suite, mais toujours à l'état humide.

H.-A. Lowe (br. angl., 1889, 1890), dont nous avons également relaté le brevet p. 426, avait déjà indiqué antérieurement ce fait que la contraction du coton mercerisé peut être détruite par une tension, un étirage, un lustrage donné à la fibre avant qu'elle ait séché, et il avait même noté que la fibre prend alors un aspect brillant, a glossy appearance. Il avait pris un brevet français ; par défaut de paiement des annuités, ses brevets étaient tombés dans le domaine public. On a pu opposer cette déchéance au brevet primitif de Thomas et Prévost (2), et, en conséquence, sa nullité a été prononcée par le Patentamt de Berlin. Mais on doit reconnaître que Thomas et Prévost, en brevetant à nouveau ce procédé avec un outillage spécial, ignorant très probablement le brevet H.-A. Lowe, inconnu alors de tous, ont mis sur le marché un produit, nommé d'abord silber appret, puis coton similisé, qui imite d'une façon assez approchée les fils de chappe, et que, si les inventeurs n'avaient pas méconnu le brevet Lowe, ils auraient mieux réussi à s'assurer le fruit de leurs recherches.

Le brevet Thomas et Prévost fut pris dans presque tous les pays ; il fut appliqué d'abord par Mommer et Cⁱᵉ, qui fusionnèrent ce procédé avec un autre procédé mécanique qui leur était personnel (pression de rouleaux à multiples facettes d'angles différents). Le succès du coton similisé donna l'essor à une envolée prodigieuse de brevets variés, dont le plus grand nombre ne répètent au fond que des indications déjà renfermées dans les

(1) Comme Mercer l'avait fait dans son brevet de 1851.

(2) C'est H.-A. Lowe lui-même qui a demandé l'annulation du brevet anglais de Thomas et Prévost : cette annulation fut prononcée en 1898, malgré le retrait de la demande de Lowe « en tant que la mercerisation s'effectue à l'état tendu à l'aide des alcalis. » La même année, le brevet allemand a été annulé à Berlin.

brevets types de Mercer et de Lowe (1). C'est pourquoi nous avons tenu à présenter le texte intégral des brevets primitifs.

De Zebrowski immerge plusieurs fois le coton, à la température de 22°, dans un bain renfermant 1 partie de soude caustique et 3 parties de chaux, jusqu'à ce que la fibre ait pris toute sa transparence ; puis on la passe dans un bain acidulé à l'acide sulfurique. — *Al. Wyser* (br. fr., 1896) amène le fil préparé à la lessive de soude encore à l'état humide, sur un tendeur, et le soumet sur la machine à une tension et à un arrosage pour enlever l'excès de liquide et assurer la régularité du brillant. — *Bernhardt* (br. fr., 1897) soumet le tissu, au moment de la mercerisation, à un calandrage énergique. — *E. Crépy* (br. fr., 1897) mercerise le fil tendu sur un tendeur ordinaire, en suivant les indications de Mercer. — *C. Seyfert* mercerise aussi à l'état tendu, mais rince et sèche le fil non tendu. — *C. Ahnert* (br. russe et br. fr., 1897) passe le coton en savon a 40° Bé, puis en soude caustique à 30°-40° Bé, deux heures et demie à trois heures à 30°-40° C, puis en eau de lavage, en eau acidulée à 2° Bé, en eau de rinçage ; le traitement se donne à l'état non tendu. — *Vanoutryve* (br. fr., 1897) vaporise le tissu mercerisé. — *Bonbon* (br. fr., 1898) mercerise sous tension, mais n'imprègne qu'avec la quantité strictement nécessaire de lessive (2).

La neutralisation de la soude après le mercerisage s'effectue habituellement en eau acidulée avec de l'acide chlorhydrique ou avec de l'acide sulfurique. On a proposé l'acide carbonique pour saturer l'alcali : *David* (br. fr., 1897 et 1898), *Schade von Westrum* (br. fr., 1898).

Le mercerisage effectué sous tension a l'inconvénient de nuire à l'élasticité du fil ; et s'il donne au coton le brillant soyeux, il ne lui donne pas le toucher de la soie. Pour communiquer ce toucher craquant au coton similisé, on l'imprègne d'acide tartrique ou d'acide sébacique, mais le toucher craquant n'est obtenu que momentanément et fait bientôt place à un toucher gras.

* * *

Le mercerisage à l'état de tension entraîne l'emploi de machines compliquées et coûteuses, quoique bien combinées, comme le sont celles de

---

(1) Antérieurement au brevet Lowe, *Aubert* (br. fr., 1882) avait combiné tout un procédé complexe pour traiter les fibres végétales et les transformer en fils et tissus ayant l'apparence de la soie. Les bases de ce procédé consistent à dégraisser la fibre végétale en soude caustique, ce qui la mercerisait, puis à la blanchir en chlorure de chaux, à la pyroxyler en bain d'acide nitrique, à la tanner en tannin. Ce procédé mériterait peut-être quelque attention. — Bien antérieurement à Aubert, puisque son brevet a été pris sous le régime de la loi de 1791 (Voir Desc. des Inventions, t. IX, p. 329), *Rommeu* avait combiné des moyens de donner au lin, au chanvre et à leurs étoupes l'apparence de la soie, au moyen des opérations du lessivage, etc. Ce fut peut-être le premier précurseur du mercerisage.

(2) D'autres brevets recourent à des substances mercerisantes différant des alcalis caustiques : les acides, le chlorure de chaux, le chlorure de zinc, ont été proposés soit par *Mercer* lui-même, comme on a pu le voir dans son brevet, soit par *Depuilly et Garnier* ; *Lightoller et Longshaw* (br. anglais, 1887) avec l'acide sulfurique, le chlorure de zinc : *Thomas et Prevost* (br. 1896) avec l'acide sulfurique à l'état tendu ; *Prier et Dehan* (br. fr., 1895), *Schuehle* (br. fr., 1897) avec les sulfures alcalins.

Thomas et Prévost, Haubold, David (br. fr., 1898). Les frais considérables qu'amènent l'achat et le fonctionnement de ces machines, l'impossibilité d'y traiter les tissus de qualité inférieure et peu résistants, ont poussé les inventeurs à chercher des moyens qui évitent directement le rétrécissement et la contraction opérés par le mercerisage.

La *Compagnie parisienne de couleurs d'aniline* (br. fr., 1897) mercerise, sans employer la tension, en soude caustique à 27° Bé, neutralise l'effet de l'alcali dans un bain faiblement acide, enfin lave bien. Le tissu s'est rétréci. Il est porté alors sur une des rames à tendre et à sécher qui se trouvent dans toutes les usines, soit à l'état encore humide, soit, s'il a été séché, après avoir été humecté de nouveau, et le tissu perd son retrait.

Le procédé *Dollfus-Mieg et Cie* (br. fr., 1897) se rapproche beaucoup du précédent ; il a été employé avec succès pour le fil. Dollfus-Mieg et Cie (br. fr., 1897) mercerisent le coton à l'état non tendu, le sèchent, puis humectent ce coton mercerisé avec de la vapeur, ou le mouillent avec un liquide quelconque, enfin ils l'étirent. Le coton revient à sa longueur primitive et prend l'éclat soyeux.

J. Kleinewefers Sohn (br. fr., 1897) mercerise le coton dans un simple tambour essoreur. Le coton n'est pas tendu, mais il semble que l'essorage produit un effet analogue à la tension. Les écheveaux de coton sont disposés sur un tambour perforé, à travers les parois duquel une force centrifuge chasse la lessive, puis l'eau de rinçage, et enfin l'air de séchage.

Un grand nombre de substances ont été ajoutées au bain de mercerisage, dans le but d'empêcher cette contraction. Plusieurs de celles qui ont été proposées semblent réellement la diminuer.

En opérant le mercerisage avec un mélange de soude caustique et de silicate de soude, *Farbwerke de Höchst* (br. all., 1897), puis séchant sans tension, le coton n'éprouve pas de retrait, et possède l'éclat soyeux. On foule dans une solution de 100 parties soude caustique à 28° Bé, 10 parties silicate de soude à 41° Bé ; on exprime, on rince, on passe à l'acide sulfurique faible, on lave à fond, on sèche à l'étendoir.

En additionnant la soude caustique d'éther, d'alcools, d'essences, d'hydrocarbures, de sulfocyanure, la *S. A. de blanchiment, teinture et impression* (br. fr., 1897) mercerise sans tendre, et la contraction due au mercerisage serait diminuée, soit de 25 à 4 pour 100, en employant 5 parties d'ether par 1 partie de soude. On propose aussi 95 litres lessive de soude à 20°-40° Bé, 1 litre et demi éther sulfurique, 1 litre à un demi-litre sulfocyanure d'ammonium fondu. — *L. Bonneville* (br. fr., 1897) opère également le mercerisage en présence d'un corps gras ou huileux. — *Pinel* (br. fr., 1897) emploie une solution alcoolique de soude au lieu de la lessive. — Les *Farbenfabriken d'Elberfeld* (br. fr., 1897) opèrent en présence de glycérine ; le bain est formé avec 2 parties soude caustique à 38° Bé et 1 partie glycérine. On peut aussi passer successivement en glycérine, puis en soude.

Le coton longue soie, coton Sea-Island, coton égyptien, coton Jumel, prend bien le mercerisage ; le coton courte soie le prend très imparfaitement. La méconnaissance de ce fait a causé bien des déboires pour les différentes applications du coton mercerisé. Le brevet additionnel Thomas et Prévost, du 18 mars 1898, qui reste seul non annulé, recommande pour le mercerisage d'employer du coton à longues fibres et filé serré. Voici, à ce sujet, l'opinion du Comité de chimie de la Société industrielle de Mulhouse, séance du 12 juillet 1899 : « Le comite étudie la question, soulevée dans la dernière séance par M. F. Weber et examinée depuis par la commission nommée à cet effet, sur la mercerisation du coton ; les membres présents sont d'accord pour admettre que les brevets Thomas et Prévost, brevet principal et brevet additionnel, ne constituent aucune nouveauté par rapport aux procédés déjà publiés ou brevetés. Le fait d'exercer une forte tension sur le tissu mercerisé n'implique, en aucun cas, une nouveauté, car, dans les brevets et publications antérieurs, la tension est indiquée sans aucun degré de limite et les qualités extérieures de la fibre de coton mercerisée avec tension ont été reconnues et décrites. En outre, de tout temps on a utilisé de préférence les cotons d'Egypte pour obtenir des tissus à apprêts brillants : il était donc naturel de donner la préférence à ces derniers, à l'exclusion des autres qualités de coton, pour produire les articles destinés à imiter la soie. »

Voici les conclusions données pour la pratique du mercerisage par *Ch. Gassmann* (Moniteur scient., 1899) :

1º Le similisage, d'après les données des deux premiers brevets de Lowe, est dans le domaine public ;

2º Des brevets Thomas et Prévost, comme procédé, il n'y a que celui qui préconise le lustrage simultané qui ne soit pas autorisé ;

3º Plus l'action s'opposant au rétrécissement est grande et plus l'agent mercerisant est violent dans sa manière d'agir, plus le brillant se manifestera ;

4º Le brillant n'est complet que lorsque la tension se manifeste pendant l'action de l'alcali sur la fibre ;

5º La durée de l'action et les précautions mécaniques pendant le mercerisage sont sans influence prédominante sur le résultat final ;

6º Après similisage, la longueur ne doit avoir subi aucune atteinte ; au contraire, on doit trouver un gain de 3-5 pour 100 ;

7º La soude caustique à 10º Bé est sans action ; le maximum d'action est obtenu avec de l'alcali à 35º Bé.

Ajoutons que le mercerisage des fils et des tissus doit toujours être précédé d'un dégraissage soigné. La précaution est principalement indispensable quand il s'agit de coton en écheveaux, sinon on s'exposerait à ce que les matières grasses produisissent des réserves; les places ainsi réservées ne se merceriseraient pas, et se rompraient ensuite sous la tension.

D'après *V. Herbig* (Dyer, 1900), la fibre de coton, mercerisé sans étirage, qu'il soit à longue ou à courte soie, à torsion forte ou faible, acquiert moins de brillant que le fil non mercerisé. Mais s'il est mercerisé, même sous une légère tension, le brillant est plus grand. — Le fil de coton à longue ou a courte soie ne prend de brillant que si la tension est assez forte pour ramener le fil à sa longueur primitive. — Un étirage dépassant la longueur primitive n'est pas associé forcément à une augmentation du brillant. — Une notable différence s'observe entre la force d'étirage nécessaire pour le coton mercerisé à l'état non tendu, puis tendu dans la lessive, et la force d'étirage nécessaire pour maintenir le coton à sa longueur primitive durant le mercerisage ; puisque dans le dernier cas un tiers à un quart de la force suffit pour produire le brillant soyeux. — L'étirage des fils nécessite seulement une très petite tension quand on mercerise sans torsion, si l'étirage est produit pendant le rinçage ; le meilleur moment pour l'étirage est celui de la conversion de la soda-cellulose en hydrocellulose. — Si le rinçage est terminé, deux fois plus de force est nécessaire pour ramener les fils à leur longueur primitive que lorsqu'ils sont encore dans la lessive ; les fils ainsi traités se rétractent après le séchage, et sont inférieurs en brillant. — La force nécessaire pour l'étirage des fils mercerisés dépend de la torsion, et elle est en proportion du degré de torsion. — La production du brillant soyeux ne dépend pas de l'importance de l'étirage ; les fils à torsion faible peuvent être brillants. — La production du brillant soyeux est indépendante si la fibre est à longue ou à courte soie ; car le coton américain à courte soie, même avec une torsion très faible, peut acquérir un brillant soyeux. — La production du brillant soyeux dépend de la finesse des fibres, et du brillant naturel comme dans le coton Sea-Island et égyptien ; car plus la fibre est fine, plus grand est le nombre des rubannements, plus les fibres s'enroulent étroitement ensemble dans le fil, et plus grande est la résistance des fibres, plus grande aussi est la force nécessaire pour l'étirage des matières mercerisées.

* *

Des applications intéressantes ont été faites de la similisation.

La *Compagnie parisienne de couleurs d'aniline* obtient des effets brillants sur coton ou sur lin par places localisées, en imprimant à ces places de la soude caustique épaissie (br. fr., 1897), additionnée ou non de matières colorantes, ou en réservant par places l'action mercerisante exercée sur toute la surface du tissu, et en empêchant en même temps la contraction rétrécissante par une tension appropriée. Au lieu d'obtenir des rétrécis et des crépons, on a des effets soyeux localisés.

L'une des applications les plus intéressantes est celle due à *P. Dosne* (br. italien, 1896). Son procédé consiste à imprimer sur un tissu de coton des bandes avec la soude caustique dans la direction de la chaîne, puis à remuer constamment le rouleau pendant l'impression : on a ainsi des effets de moiré et de chatoiement remarquables. On peut imprimer aussi des réserves, et passer ensuite en bain de lessive. On obtient des effets mats sur fond brillant.

. ⁎ .

L'action de la soude caustique sur le coton n'a pas été la seule à attirer l'attention.

L'action sur le jute a été brevetée par *Mullier et Monnet* (br. fr., 1893). Ils font agir la soude caustique en solution concentrée à 36°-40° Bé. On lave, on passe en acide acétique, on lave à fond. La fibre du jute subit une transformation qui lui donne toutes les apparences de la laine. Le retrait atteint un cinquième. Dans le commerce, ce produit porte le nom de *jute lanifié*.

L'action sur la laine a fait l'objet de quelques remarques antérieures.

Bibliographie du Mercerisage. — Sur le mercerisage et ses différentes applications : crépage, similisation de la soie, teinture des fibres mercerisées, on consultera avec fruit les documents suivants, en dehors des brevets que nous avons donnés in extenso ou analysés :

Die Mercerisation der Baumwolle mit specieller Berucksichtigung der in-und ausländischen Patente. Berlin, 1898, 54 Fig., 5 Mk. von *P. Gardner*.

Die kunstliche Seide, ibre Herstellung, Eigenschaften und Verwendung. Unter besonderer Berücksichtigung der Patent-Literatur. Berlin, 1900, 25 Fig. und 2 Pl., 7 Mk. von *C. Suvern*.

Dans la *Farber-Zeitung* du Dʳ Lehne : Heutige Lage der Mercerisir-Patente in Deutschland ; von *Alb. Römer*, 1899. Cf 1898, S. 197, 6 Fig. *Lange*.

La *Färber-Zeitung* à Berlin, la *Revue des matières colorantes* à Paris, ont publié depuis 1896 d'excellents et nombreux articles sur ce sujet. Nous signalons en particulier dans la Revue des matières colorantes en 1898, pp. 88, 160, 208, 219 à 223 étude de divers procédés ; en 1897, p. 228 ; en 1899, pp. 73-78, 174-175, 187, 194-195, 267, 268, 381-387 et 423-424.

Le *Moniteur scientifique* du Dʳ Quesneville a publié deux articles très intéressants sur la question du mercerisage, de *Ch. Gassmann ;* 1898, Le mercerisage des fibres textiles, pp. 111-116 ; 1899, Progrès réalisés dans la technologie chimique des fibres textiles, pp. 94-114 et 169.

Citons encore l'étude générale de *Thiele Edm..* sur les Seidenimitationen, publiée en 1897 dans la Z. für angewandte Chemie.

En ce qui concerne les propriétés du coton mercerisé, *Albert Scheurer* a publié, dans le Bulletin de la Société industrielle de Mulhouse, une Etude sur l'action de l'eau, de l'air, de la soude et de différents acides sur le coton, 1888, pp. 361-365, et une Étude des changements de propriétés physiques communiquées à la fibre de coton par l'action de la soude caustique, 1895, pp. 125-128. Citons les articles de *E. Hanausek* sur le coton mercerisé in Dingler's polytechnisches Journal, t. CCCVI, p. 19, fig. (traduit dans la Revue des matières colorantes, 1898, p. 115); de *A. Fraenkel* et *P. Friedlaender*, Untersuchungen über die mercerised Baumwolle, 1898, p. 326 (traduit dans la Revue des matières colorantes, 1898, pp. 373-374).

Les Fabriques de matières colorantes artificielles ont donné des instructions pour la teinture des articles mercerisés, accompagnées de nombreux échantillons. Nous citerons parmi elles : de l'Actien-Gesellschaft für Anilin-Fabrikation, 1899, Substantive Farben auf merceresirter Baumwolle, 36 Mn ; des Farbenfabriken in Elberfeld, 1897, Die Anwendung der Benzidinfarben in Mercerisationsverfahren ; Zweifarbige Effecte mit Benzidinfarbstoffe auf mit Natronlauge bedruckten oder behandelten Geweben ; des Farbwerke in Hœchst, 1898, Janusfarben auf mercerisirten Baumvollstoffen ; etc. ; de L. Cassella und Cᵒ, 1897, Diaminfarben auf mit Natronlauge vorgedrucktem Gewebe gefärbt und geätzt ; Diaminfarben auf mit Natronlauge vorgedrucktem Baumwollgarn, 8 Mn ; 1898, Diaminfarben auf Wollstoffen mit Effecten aus mercerisister Baumwolle, 40 Mn ; de la Manufacture lyonnaise de matières colorantes, 1898, Couleurs diamine teintes sur coton en flottes imprimé avec de la soude caustique, 8 éch. ; Couleurs diamine sur tissus de coton mercerisé pour doublures, 36 éch. ; Couleurs diamine sur tissus de laine avec effets de coton mercerisé, 40 éch.; 1899, Teintures sur tissus mi-laine mercerisés (imitation des tissus crépon tout laine), 16 éch.

Bioxyde de sodium Na^2O^2.

— Le *bioxyde de potassium* K^2O^2 et le *bioxyde de sodium* Na^2O^2 sont des réactifs très utiles pour produire des oxydations rapides dans l'analyse quantitative.

Le bioxyde de sodium se prépare directement en oxydant le sodium par un courant d'air dans des appareils en aluminium portés à une température de 300°. Sa fabrication industrielle date de l'époque rapprochée, où le sodium est devenu inutile à la préparation de l'aluminium, par suite de l'importance qu'ont prise les procédés électrique et électrolytique dans la métallurgie de ce métal, et comme l'Aluminium 'Cy voulait utiliser son sodium, elle a pensé à le convertir en bioxyde et à le proposer comme agent de blanchiment presque général.

Le bioxyde ou peroxyde de sodium est, en effet, une image du bioxyde d'hydrogène ou eau oxygénée. Comme lui, il cède facilement la moitié de son oxygène total, à l'état d'oxygène éminemment actif et décolorant. Il a sur l'eau oxygénée l'avantage de coûter moins cher de transport et de se conserver plus facilement. Il a l'inconvénient de rendre les bains trop alcalins par la production de soude caustique.

Le peroxyde de sodium se présente sous forme d'une poudre fine, d'un aspect un peu jaunâtre. Cette poudre se dissout dans l'eau avec une élévation notable de température ; elle se décompose en donnant de l'eau oxygénée et de la soude caustique. Il faut donc conserver le peroxyde de sodium à l'abri de l'humidité ; il est très hygrométrique, et si on l'expose à l'air, il gagne, en vingt-quatre heures, jusqu'à 20 pour 100 de son poids, même si l'on ne renouvelle pas les surfaces d'hydratation. La production d'alcali caustique qui accompagne sa décomposition empêche de l'appliquer directement dans tous les cas où la présence de l'alcali est nuisible.

Le peroxyde de sodium est livré au commerce dans des boîtes hermétiquement fermées, pour que le produit ne s'imprègne pas de l'humidité et de l'acide carbonique de l'air. Si à l'usage on ne vide pas complètement la boîte, il faut avoir soin de bien la refermer. Le peroxyde en poudre ne doit jamais être laissé en contact avec des substances combustibles, tissus, etc., car il risque de les échauffer au point qu'elles peuvent prendre feu.

Le peroxyde de sodium est un agent de blanchiment excellent, par l'oxygène à l'état naissant que sa décomposition met en liberté : le blanchiment ainsi obtenu est d'un beau blanc, sans odeur, et la manipulation est sans inconvénient.

Pour préparer le bain de blanchiment avec le peroxyde, quelques prescriptions spéciales sont nécessaires à observer. D'abord, on doit toujours dissoudre le peroxyde dans de l'eau froide ou refroidie, et pour éviter une réaction trop violente qui pourrait se manifester comme une véritable explosion, avec bouillonnements et sifflements, on ne mettra le peroxyde dans l'eau que par petites portions, lentement et en remuant constamment. Ensuite, on ne travaillera que dans des appareils en bois, en terre ou en plomb, la présence de tout autre métal que le plomb amenant la décomposition rapide du bioxyde. Enfin, on pourrait penser que, puisque le bioxyde se décompose en soude caustique et en eau oxygénée au contact de l'eau, il suffit de dissoudre le bioxyde dans celle-ci pour préparer le bain de blanchiment. Mais il n'en est pas ainsi, parce que la forte alcalinité de la dissolution, qui résulte de la formation de la soude caustique, amène une décomposition trop rapide du bioxyde, et le bain perd son efficacité ; dans ce cas, en effet, le dégagement d'oxygène est trop rapide pour exercer un effet suffisant sur les matières à blanchir. Mais il faut cependant que le bain conserve une réaction alcaline, pour que le blanchiment puisse se faire. Il faut donc (d'après les instructions de Kœnigswater et Ebell, concessionnaires des procédés de l'Aluminium Cy) une alcalinité très faible. Plus on rend le bain de blanchiment alcalin, plus l'oxygène se dégage rapidement et rend le blanchiment hâtif. Plus on chauffe aussi, plus on active la réaction, au point même qu'elle peut prendre un caractère violent, et que le bain peut se décomposer complètement en bouillonnant et en dégageant de fortes quantités de gaz, ce qui le rend totalement inefficace. Il faut donc toujours bien observer que plus le bain est chaud, moins il doit être alcalin. Un bain neutre peut même être chauffé jusqu'à l'ébullition sans avoir à craindre une perte trop sensible.

Pour réduire au minimum l'effet de la soude caustique, il faut la neutraliser dans le bain au fur et à mesure que le bioxyde de sodium, qui l'engendre, se décompose. Les procédés suivis généralement dans ce but reposent sur l'emploi du sulfate de magnésie ou sur celui de l'acide sulfurique.

Préparation d'un bain de blanchiment avec le sulfate de magnésie.

Dans 95 litres d'eau, on dissout 3 kilos de sulfate de magnésie cristallisé et 1 kilo de peroxyde de sodium (1). On obtient alors un liquide laiteux, troublé par la magnésie précipitée, qui peut être employé comme bain de blanchiment pour des matières peu délicates. Le bain possède une réaction assez alcaline, à cause de sa teneur en magnésie, et il est avantageux d'ajouter 1 kilo 250 d'acide sulfurique à 66° Bé, non seulement afin de neutraliser l'excès de magnésie, mais encore pour décomposer le peroxyde de magnésium qui se forme, et qui pourrait être perdu pour le blanchiment. La teinte laiteuse disparaît presque complètement; le bain ainsi préparé a un effet très sûr et surpasse très souvent celui que nous allons décrire ensuite.

Préparation d'un bain de blanchiment avec l'acide sulfurique.

On mélange 100 litres d'eau froide avec 1 kilo 350 d'acide sulfurique à 66° Bé, dans lesquels on a dissout 1 kilo de peroxyde de sodium. Si le bain réagit d'une façon très faiblement alcaline, il est prêt à l'usage ; mais le plus souvent, sa réaction est un peu acide, et il faut d'abord le neutraliser et le rendre faiblement alcalin en y ajoutant lentement un peu plus de peroxyde de sodium, ou, ce qui vaut mieux, en y versant de l'ammoniaque liquide goutte à goutte, ou une dissolution de silicate de soude.

On emploie aussi quelquefois le bain suivant, spécialement pour le blanchiment de la laine. Dans 98 litres d'eau, on verse 800 grammes d'acide sulfurique à 66° Bé. On y dissout ensuite 300 grammes de phosphate d'ammoniaque. Dans ce liquide, on dissout 350 grammes de peroxyde de sodium.

Pour le blanchiment de la paille, on obtient d'excellents résultats en prenant, au lieu d'acide sulfurique, de l'acide oxalique cristallisé (1 kilo 600 pour 1 kilo de peroxyde de sodium). On peut encore employer, pour économiser sur l'acide oxalique, un mélange d'acides sulfurique et oxalique : par exemple, 800 grammes d'acide sulfurique à 66° Bé et 500 grammes d'acide oxalique par kilo de peroxyde de sodium.

(1) Ces proportions correspondent à peu près à l'équation $SO^4Mg,7\,Aq + Na^2O^2 = SO^4Na^2 + MgO^2$.

Avant de se servir du bain de blanchiment, il faut l'examiner au sujet de son alcalinité et le rendre faiblement alcalin. On constate cette alcalinité en y trempant du papier de tournesol. Un bain tout à fait neutre n'altère ni le papier bleu ni le rouge. Avec un peu de pratique et d'observation, on peut constater, d'une façon assez précise, la force du bain et les changements de son alcalinité ou de son acidité, à l'intensité de la couleur du tournesol et à la rapidité plus ou moins grande du changement de couleur.

Blanchiment. — Une fois le bain de blanchiment préparé, on y met la matière à blanchir lavée, bien nettoyée et dégraissée comme d'ordinaire ; on tâche de ne pas trop la comprimer de façon à ce qu'elle soit bien imbibée et couverte de liquide ; comme la plupart des marchandises montent à la surface du bain par suite de l'oxygène naissant, il faut les retenir dans le bain par des choses lourdes. Puis on chauffe le bain à la température voulue, qui peut être entre 30° et 80° C. suivant la nature des matières à blanchir. Il est pratique et même nécessaire de remuer et de tourner, de temps en temps, la matière à blanchir pendant l'opération, afin d'exposer également toutes les parties à l'effet du bain. — La durée du blanchiment dépend de la nature de la matière à blanchir, de la force, de l'alcalinité, de la température du bain, ainsi que de l'effet que l'on veut obtenir. Elle peut varier de une demi-heure à dix heures. — L'effet désiré étant obtenu, on retire la marchandise du bain, on la met pendant un quart d'heure (tout au plus) dans une solution d'acide sulfurique (un quart de kilo à un demi-kilo d'acide sulfurique concentré pour 100 litres d'eau) et on la lave ensuite dans de l'eau pure jusqu'à élimination complète de l'acide. — On laisse ensuite égoutter la marchandise ; puis on la teint au besoin. Si non, il faut la sécher au grand air ou dans des séchoirs bien ventilés. Le séchage se fait d'autant mieux que la ventilation est plus forte ; sans ventilation suffisante, le blanc est souvent jauni.

Les bains renforcés jusqu'à 6 pour 100 de bioxyde de sodium sont préparés de la même manière.

On azure à la suite du blanchiment avec un peu de bleu d'indigo, de bleu d'aniline, de violet methyle, etc. Il ne faut employer qu'une partie minime de la quantité de pigment nécessaire dans d'autres méthodes, pour que la matière n'ait pas un aspect trop bleuâtre. On peut ajouter la couleur directement au bain acidulé.

On pourra raviver les bains de blanchiment, jusqu'à ce qu'ils soient trop remplis d'impuretés, après quoi on les jette. Si l'on veut interrompre le blanchiment, et conserver le bain pour s'en servir plus tard, on le rend faiblement acide en y ajoutant un peu d'acide sulfurique ; on peut alors le conserver assez longtemps et sans perte et le rendre prêt à l'usage en le rendant un peu alcalin.

Les matières à blanchir doivent être toujours bien nettoyées, bien lavées et dégraissées de la manière ordinaire avant de procéder au blanchiment ; un nettoyage insuffisant augmenterait de beaucoup la quantité de peroxyde de sodium à employer.

**

Coton. — Tissé ou non, il est facilement et très vite blanchi à l'aide du peroxyde de sodium. Des bains faibles de 1 pour 100 sont suffisants. Le blanchiment se fait très vite même à la température ordinaire ou un peu plus élevée. Certaines marchandises se blanchissent si vite, qu'il suffit de les faire pénétrer complètement par le liquide de blanchiment chaud et de les passer ensuite au centrifuge pour obtenir un blanc pur. A une température de 30° à 40° C., le blanchiment est terminé en 1-3 heures. Il faut, en peroxyde de sodium, 1 pour 100 environ de la marchandise à blanchir.

Toiles. — Pour le blanchiment du lin, on n'emploie que des bains faibles à une température de 40°-50° ; la quantité de bioxyde de sodium à employer est d'environ 1 pour 100 de la toile à blanchir.

Laine. — On peut la blanchir dans des bains préparés au sulfate de magnésie avec 2 à 3 pour 100 pendant quatre à cinq heures, sans chauffer le bain au delà de 50° C. La proportion de bioxyde de sodium est de 2-3 kilos pour 100 kilos de laine. Un traitement ultérieur à l'acide acétique ou à l'acide sulfurique étendu est bon pour enlever toute trace de magnésie.

Soie. — On blanchit excellemment au bioxyde de sodium toutes les espèces de soie. La fibre ne souffre aucunement et ne perd ni de son éclat, ni de sa solidité, ni de son élasticité. Il faut se servir de bains forts, de 4-6 pour 100 et même davantage. On montera jusqu'à 80°. Le blanchiment dure environ de quatre à huit heures et exige en bioxyde de sodium 3-5 pour 100 de la marchandise à blanchir. Un bon traitement préliminaire est indispensable pour bien enlever toute trace de savon.

Paille et tresses de paille. — On les blanchit aisément à l'aide du bioxyde de sodium. Pour la paille, le bain de blanchiment sera préparé avec de l'acide oxalique. La température convenant le mieux est de 30°-40° ; on n'emploie que des bains faibles de 1 pour 100. La durée du blanchiment est de deux à quatre heures. Après avoir obtenu l'effet voulu, on met la marchandise dans une solution de 1/4 à 1/2 pour 100 d'acide tartrique ou d'acide oxalique, et on la traite ensuite comme à l'ordinaire.

Cire. — Le blanchiment de la cire est très difficile, vu que sa constitution empêche le liquide blanchissant de pénétrer partout. C'est pourquoi il est indispensable de purifier préalablement la cire en la fondant dans l'eau ou, si possible, en la filtrant, et de la mettre dans le bain par particules aussi petites que possible, soit après l'avoir fondue en rubans, soit après l'avoir réduite en poudre. Le bain est de 2 à 3 pour 100 : on y laisse la cire pendant quelques heures en remuant souvent et en maintenant la température à 30°-40° ; puis, on élève la température jusqu'à ce que la cire fonde, en remuant sans cesse pendant une à deux heures. On enlève la cire, on la laisse refroidir et on répète l'opération plusieurs fois jusqu'à ce qu'on ait obtenu l'effet désiré. Il faut, en bioxyde de sodium, au moins 5 pour 100 de la quantité de cire.

Matières diverses. — Le jute, la filasse, les copeaux de bois, les crins, les soies de porc, les cornes, l'ivoire, les os, les éponges, les cheveux, les plumes d'autruche, etc., peuvent être blanchis plus ou moins facilement à l'aide du bioxyde de sodium. On s'en tiendra aux indications générales données ci-dessus. Le traitement des plumes d'autruche, celui des cheveux sont particulièrement intéressants.

D'après *W. Spindler* (br. all., 1898), en ajoutant au bain de blanchiment un alcool ou un aldéhyde miscible à l'eau, le blanchiment est meilleur et la fibre mieux ménagée que sans cette addition.

Chaux anhydre CaO et chaux éteinte CaO²H². — La chaux se trouve dans la nature à l'état de carbonate et de sulfate. On l'extrait industriellement de son carbonate en le décomposant par la chaleur dans des fours à chaux à marche intermittente ou continue. La *chaux vive, CaO =* 56, ainsi obtenue, ou *chaux anhydre,* est un corps blanc, amorphe, réfractaire, indécomposable par la chaleur, très caustique, très avide d'eau qu'elle absorbe en augmentant de volume (foisonnant), puis en se délitant : on obtient ainsi la *chaux hydratée* ou *chaux éteinte CaO²H²*, un peu soluble dans l'eau : *eau de chaux*. Le *lait de chaux* est une bouillie de chaux éteinte avec une petite quantité d'eau. L'eau de chaux bleuit le papier de tournesol et absorbe l'acide carbonique de l'air. La chaux hydratée ne perd son eau par la calcination qu'à une température de 470° ; la perte est nulle à 300°. Exposée à l'air, elle se délite, en absorbant l'humidité et l'acide carbonique de l'atmosphère ; elle perd ensuite son humidité.

La chaux ne fond qu'à la température de l'arc électrique. La chaux vive fond vers 1600°-1650°.

Reprenons en détail les propriétés les plus importantes de la chaux.

D'abord la nature du calcaire qui est soumis à la calcination pour produire la chaux influe considérablement sur les qualités du produit, et selon que le calcaire est plus ou moins pur, renferme tels ou tels éléments accessoires, on obtient diverses sortes de chaux commerciales. — La calcination des pierres à chaux les plus pures fournit la *chaux grasse,* qui est ordinairement très blanche, s'échauffe beaucoup et augmente jusqu'à deux fois et demie de volume lorsqu'on l'éteint avec l'eau, et donne avec une petite quantité de celle-ci une pâte grasse et liante. La chaux grasse se dissout presque complètement dans l'acide chlorhydrique. — Au contraire, la calcination de pierres à chaux renfermant, en dehors du carbonate de calcium, des carbonates de magnésium et de fer en proportion assez grande, fournit la *chaux maigre,* qui est grise, s'échauffe peu et augmente peu de volume lorsqu'on l'éteint, donne avec l'eau une pâte courte et peu liante, enfin laisse un résidu prononcé lors du traitement avec l'acide chlorhydrique. C'est à la présence de la magnésie qu'est dû cet effet. Une teneur en magnésie de 10 pour 100 suffit pour rendre la chaux maigre ; une teneur de 25 pour 100 rend la chaux impropre aux usages commerciaux. — Enfin, lorsque le calcaire renferme de l'argile dans la proportion de 10 à 30 pour 100, sa calcination fournit la *chaux hydraulique*, qui a la propriété de faire prise sous l'eau, qui est jaune, s'échauffe très peu et n'augmente pas de volume lorsqu'on l'éteint, forme avec l'eau une pâte courte durcissant à peine à l'air. La chaux est d'autant plus hydraulique que la proportion d'alumine qu'elle contient est plus prononcée. Les chaux hydrauliques acquièrent en quelques jours sous l'eau une solidité si grande que si on les brise par des chocs violents leur cassure est écailleuse. On peut d'ailleurs communiquer à toute chaux la propriété de l'hydraulicité, *Vicat* (1), 1812, en ajoutant à la pierre à chaux, lors de sa calcination, une quantité suffisante d'argile : soit 1 partie d'argile de Vanves pour 4 parties de craie de Meudon. — Lorsque la pierre à chaux renferme de 30 à 60 pour 100 d'argile, sa calcination fournit le *ciment*, qui ne s'échauffe ni foisonne lorsqu'on veut l'éteindre avec de l'eau, mais qui mélangé avec celle-ci se solidifie presque instantanément au contact de l'air et fait également prise très prompte et très solide sous l'eau. Les calcaires naturels qui fournissent le ciment sont ceux de Portland en Angleterre, exploités dès 1796 par Parker et Wyatts, ceux de Boulogne-sur-Seine, de Pouilly, de Vassy en France, etc.

La température nécessaire pour cuire la pierre à chaux, c'est-à-dire pour opérer la dissociation du carbonate de calcium sous la pression atmosphérique, est théoriquement de 812°. Dans la pratique, il faut atteindre 925° pour expulser complètement l'acide carbonique, *H. Le Châtelier*.

La chaux vive CaO, mise au contact de l'eau, se transforme en chaux hydratée ou chaux éteinte CaO^{2}H^2. L'élévation de température peut atteindre 400° au thermomètre. La température maxima d'extinction de la chaux vive est 486°, attendu que la chaleur spécifique de CaO^{2}H^2 est 0,323 et que la formation de 1 gramme dégage 151 calories. Dans la pratique des faits, le dégagement de chaleur suffit souvent à enflammer les matières combustibles, le bois, la paille. Ce dégagement de chaleur explique que la chaux vive a pu occasionner des incendies dont nous citerons quelques cas typiques (2).

En 1801, dans la Haute-Saône, une grange fut incendiée parce qu'un dépôt de chaux vive avait été placé contre une cloison de bois qui en faisait partie. - Vers 1829, un voiturier transportant de la chaux, recouverte

(1) Vicat ne prit pas de brevet et donna libéralement au public une découverte dont l'exploitation lui aurait procuré une immense fortune. La première fabrique de chaux hydraulique fut établie en 1818 au Bas-Meudon par Brian et de Saint-Léger.

(2) Voir *Tabanes de Grandsaignes*, Étude scientifique et juridique sur les combustions spontanées réelles ou supposées, 1898, pp. 30-32.

de paille, provenant de Cœuvres (canton de Vic-sur-Aisne), une pluie d'orage survint, la chaux s'échauffa et mit le feu a la paille qui communiqua l'incendie à la voiture. - En 1834 et 1839, un bateau et un navire chargés de barriques de chaux vive où l'eau avait pénétré furent brûlés. - Des tonneaux de chaux vive étaient déposés dans une grange ; leur contenu fut atteint par de l'urine de chevaux ; les tonneaux s'échauffèrent suffisamment pour que des feuilles sèches qui se trouvaient dans la grange prissent feu. - Vers 1813, à Celle (Hanovre), des tonneaux de chaux vive placés sur le sol d'une grange avaient, à côté et au-dessus d'eux, des approvisionnements de foin et de paille. Par un orage, la pluie vint inonder la grange ; la chaux s'échauffa, le fourrage prit feu et la grange fut incendiée. - Une maison de paysans ayant brûlé, on reconnut que l'incendie venait de la cave qui avait été inondée par l'eau et où se trouvait un tonneau de chaux vive, entouré de matières combustibles qui avaient pris feu par suite de l'échauffement. - A la fin du mois d'octobre 1896, par suite d'une crue subite de la Vienne, l'eau de cette rivière débordée pénétra dans plusieurs propriétés, notamment dans des établissements de fabricants de papiers de la commune de Saint-Brice (Haute-Vienne). Dans la nuit du 28 au 29 octobre, chez MM. Lavalade et Barotte, le contenu de deux wagons de chaux, déposé dans un magasin en briques, avec cloisons en planches, fut atteint par l'eau et s'échauffa jusqu'au point de produire un incendie. Chez MM. Rigaud frères et Boulan, une certaine quantité de chaux, également mouillée par l'eau, occasionna un accident semblable. - En 1889, le yacht « Johanna » avait chargé à Kiel 170 tonnes de charbon de terre et 125 sacs de chaux vive. Comme il prenait la mer, le 18 janvier, l'eau pénétra dans l'intérieur et la chaux s'échauffa tellement qu'elle mit le feu au charbon. - Le 11 mai 1897, le sloop « Hirondelle » chargé de chaux et de paille à destination de Jersey, ayant touché une roche près de Saint-Malo et s'étant fait une voie d'eau, la chaux entra en ébullition et mit le feu à la paille qui brûla entièrement. Les hommes eurent a peine le temps de s'échapper.

L'augmentation du volume ou foisonnement de la chaux grasse peut être de trois fois le volume de la pierre à chaux, dans le cas des meilleures chaux grasses.

La chaux hydratée est soluble dans l'eau, mais faiblement puisqu'un litre d'eau ne dissout que 1 gramme 385 de chaux hydratée à 0°, 1 gramme 303 à 15° et 0 gramme 578 à 100°. La meilleure façon de préparer une solution saturée, c'est-à-dire l'eau de chaux, consiste à filtrer un lait de chaux, bouillie blanche obtenue en délayant de la chaux éteinte dans l'eau ; on peut aussi laisser déposer le lait de chaux et décanter la partie limpide. 1 partie de chaux vive se dissout dans 778 parties d'eau à 15° et dans 1270 parties à 100°, *Dalton;* et, d'après *Herzfeld,* 1897, à 15° dans 776 parties d'eau, à 20° dans 813 parties, à 50° dans 1044 parties, à 80° dans 1482 parties. On voit que la chaux est moins soluble a chaud qu'a froid. Une dissolution de chaux saturée à 0° laisse déposer par l'ébullition des petits cristaux d'hydrate de chaux, *Phillips*. L'eau de chaux présente une réaction alcaline au papier réactif; elle se recouvre d'une pellicule blanchâtre de carbonate de calcium, lorsqu'on la laisse au contact de l'air; aussi faut-il la conserver dans des flacons pleins et bien bouchés.

La chaux est une base alcaline assez puissante, et elle donne avec les acides des sels de calcium, dont les propriétés générales sont voisines de celles des sels de baryum et de strontium. C'est le type des bases alcalino-terreuses.

Les sels de calcium sont généralement insolubles dans l'eau. Le sulfate est peu soluble; les phosphates, le carbonate, le silicate, l'oxalate sont insolubles (1). Le chlorure, le nitrate sont solubles dans l'alcool absolu et sont déliquescents. Les sels de calcium solubles se caractérisent par le précipité blanc, volumineux, amorphe, décomposable par les acides, de carbonate de calcium qu'ils donnent avec les carbonates alcalins; par un précipité blanc de phosphate avec le phosphate de soude; par un précipité blanc de sulfate en liqueurs concentrées avec un sulfate alcalin ou l'acide sulfurique; par un précipité blanc, pulvérulent en solution concentrée ou chaude, cristallisé sous forme naviculaire en solution étendue ou froide, d'oxalate de calcium, avec l'oxalate d'ammoniaque; par la coloration rouge jaunâtre communiquée à la flamme de l'alcool, enfin par un spectre formé essentiellement d'une raie verte, d'une raie orangée brillante, d'une raie indigo et de plusieurs autres raies vertes et orangées.

Applications de la chaux. — La chaux caustique sert à la préparation des bases alcalines, potasse caustique et soude caustique, avec les carbonates alcalins.

La chaux éteinte a un grand nombre d'applications. A titre de base, que l'on se procure aisément et à bon marché, elle sert à la préparation du gaz ammoniac, à celle du chlorure décolorant. Dans la fabrication des savons et des bougies, elle est employée pour caustifier les carbonates alcalins. On l'applique encore à la transformation de la cryolite en sulfate d'aluminium.

L'épuration des eaux industrielles l'utilise journellement, comme nous l'avons indiqué p. 339.

Il en est de même de l'épuration du gaz d'éclairage, où l'emploi du lait de chaux, introduit par *Clegg*, 1805, et seul appliqué pendant plus de dix ans, a pour résultat d'absorber l'acide sulfhydrique, l'acide carbonique, une petite partie de l'ammoniaque. Aujourd'hui, on se sert dans ce but, non plus d'un lait de chaux, mais de chaux éteinte, que l'on pulvérise, et que l'on mélange avec de la sciure de bois, de la paille hachée, du tan épuisé; on humecte ce mélange et on en dispose, dans les appareils épurateurs, quatre ou cinq couches de 20 centimètres chacune, sur des claies superposées.

(1) Voir p. 296.

La chaux des épurateurs contient, après épuration, du sulfhydrate de calcium en quantité assez forte pour être employée directement à l'épilage des peaux de tannerie. Elle devient inerte comme matière d'épuration, lorsqu'elle a été longtemps en service, mais on peut lui rendre son pouvoir absorbant et la revivifier en la pulvérisant et en insufflant dans la masse un courant d'air énergique. D'après *S. Carpenter*, 1899, l'air, au contraire, ne doit pas pénétrer dans les épurateurs a chaux du gaz d'éclairage, car il nuit à l'action épurante de la chaux, qu'il tend à transformer en sulfure, tandis que la chaux doit passer à l'état de sulfhydrate, si l'on veut qu'elle puisse absorber le sulfure de carbone.

Toutes les applications qui précèdent se rattachent à la fonction alcaline de la chaux. De la même fonction dépendent l'utilisation de la chaux dans le montage de certaines cuves à l'indigo pour rendre le bain alcalin et dissoudre l'indigo blanc, son utilisation dans le blanchiment des fibres végétales et dans la défécation des jus sucrés, enfin son utilisation comme matière scorifiante dans certains traitements métallurgiques.

Blanchiment des fibres végétales. — Le lessivage à la chaux est la première des opérations que subissent les toiles de coton et de lin, lors de leur blanchiment. Il se donne avec 5 pour 100 de chaux du poids de la toile. Il a pour objet de décomposer les matières grasses, résineuses et cireuses, et de former des savons insolubles, qui sont ensuite décomposés et éliminés par un lavage en bain acide et par un second lessivage en bain alcalin. L'emploi de la chaux repose sur le bas prix de cette substance et sur l'action plus énergique qu'avec les alcalis caustiques exercée par elle sur les matières résineuses. Cependant, pour motif de simplification, cet emploi a disparu dans certains procédés récents.

Défécation des jus sucrés. — La chaux donne avec les sucres des sucrates, et ces sucrates sont moins sensibles aux influences de la fermentation que les sucres. Aussi, dans l'extraction du sucre, traite-t-on dès le début les jus sucrés par de la chaux, 0 gramme 4 à 0 gramme 8 de chaux par litre de jus, afin de transformer les jus en sucrates et de pouvoir les conserver plus aisément quelque temps. Lorsqu'est arrivé le moment de les traiter pour en extraire le sucre, on les carbonate par un courant d'acide carbonique, la chaux se précipite à l'état de carbonate de calcium insoluble, et les jus sucrés subissent la suite du traitement.

Le chaulage des jus sucrés se fait en France avec un lait de chaux ; en Allemagne et en Autriche, l'emploi de la chaux sèche est très répandu. Il semble plus logique de suivre la seconde méthode. *L. Beaudet* conseille d'employer même la chaux anhydre, sous forme de poudre, afin de ne pas avoir à réchauffer les jus (Deuxième Congrès de Chimie, I, pp. 65-70).

**

La chaux, en vertu de son caractère de substance réfractaire aux hautes températures, est souvent employée pour servir de bâton lumineux par incandescence dans les appareils de projection, ou comme matière première pour la construction de creusets et de fourneaux.

La facilité avec laquelle la chaux absorbe l'humidité de l'air est appliquée à dessécher l'intérieur des cages de balances, des vitrines, etc. Il ne faut pas oublier que la chaux perd peu à peu son action, par hydratation et carbonatation, et elle doit être remplacée asseε fréquemment.

La chaux est la base de l'un des amendements agricoles les plus pratiqués, et l'on nomme chaulage l'opération qui consiste à la répandre sur les terrains, soit qu'on la sème à la volée, soit qu'on la mélange au fumier. La théorie du chaulage est encore peu connue, malgré les recherches de *Boussingault, Thénard, Dehérain.*

D'après *Ch.-E. Guignet et Em. David* (Comptes Rendus, 1899), l'eau de chaux est utilisée avec profit pour préparer les laines destinées à la teinture. Voici le texte de leur note : « Au cours de ses longs travaux sur la teinture, notre illustre maître Chevreul constata que la laine épuisée par l'action successive de tous les dissolvants qui peuvent lui enlever quelque chose, sans en altérer la structure, ne se teint pas mieux que la laine simplement dégraissée au carbonate de soude, comme on l'emploie dans la plupart des ateliers. Mais il constata en même temps un résultat fort inattendu : soumise à l'action de l'eau de chaux, à froid et à l'abri de l'air, la laine prend une aptitude extraordinaire pour la teinture. Nous avons étudié en détail ce procédé, qui est entré dans la pratique des Gobelins et qui peut passer aisément dans l'industrie, car les couleurs artificielles teignant directement la laine dans un bain acide ou, comme l'on dit dans l'industrie, les couleurs qui montent à l'acide, teignent beaucoup mieux la laine passée à la chaux que la laine ordinaire. — Voici la manière d'opérer : Nous employons (au plus) 5 pour 100 du poids de la laine, sous forme de chaux vive, blanchie et pure, soit 50 grammes de chaux pour 10 kilos de laine en écheveaux. La chaux est éteinte avec les précautions ordinaires, puis délayée dans 2 hectolitres d'eau contenus dans une cuve profonde. On laisse déposer les impuretés contenues dans la chaux et l'on introduit les écheveaux suspendus à des bâtons par des cordes, de façon que la laine soit bien plongée, à l'abri de l'air. On remue de temps en temps, en changeant les points de contact avec les cordes. Au bout de quarante-huit heures, on retire et on lave à grande eau. Les mordants s'emploient comme d'ordinaire : l'acide du mordant suffit pour neutraliser les minimes quantités de chaux que la laine peut retenir malgré les lavages. Mais, quand il s'agit des couleurs directes, on passe la laine dans l'eau acidulée par l'acide chlorhydrique et on lave à grande eau.

Ce procédé n'offre qu'un inconvénient : c'est de donner à la laine une légère teinte orangée, équivalant à celle que prend à la longue la laine la mieux blanchie, par l'exposition à l'air et à la lumière. »

* *

La chaux est un excellent désinfectant. A ce titre, l'eau de chaux est employée en médecine. A l'intérieur, on la prescrit à la dose de 50 à 100 grammes étendue dans 500 grammes d'eau, contre certaines diarrhées ; on l'emploie en lotions externes pour combattre le muguet, certains ulcères.

Voici les prescriptions du Codex pour la préparation de l'eau de chaux médicinale : Prenez une certaine quantité d'eau de chaux hydratée, que vous mettrez dans un flacon de capacité convenable, avec 30 à 40 fois son poids d'eau, afin de dissoudre la potasse que la chaux peut contenir. Laissez reposer la liqueur. Décantez et remplacez cette première quantité d'eau par une quantité d'eau distillée 100 fois plus grande que celle de la chaux ; laissez en contact pendant quelques heures en ayant soin d'agiter de temps en temps. Le liquide filtré constitue l'eau de chaux. Elle renferme, par litre à +15°, 1 gramme 285 de chaux caustique en solution. On doit la conserver dans des flacons bouchés et laisser dans le vase un excès de chaux non dissoute. On filtre au moment du besoin. Pour débarrasser l'eau de chaux des traces de chlorure qu'elle peut contenir, il faut continuer les lavages jusqu'à ce qu'elle ne précipite plus par la solution acide d'azotate d'argent.

L'eau de chaux est employée pour conserver les œufs : il suffit de les y immerger. Mais par ce traitement les œufs prennent un goût désagréable, et le procédé à l'eau de chaux est bien inférieur à celui au silicate de soude. On a proposé, après avoir immergé les œufs dans l'eau de chaux, de les tremper dans la crème de tartre ; il se forme une couche protectrice de cristaux de tartrate de chaux. D'après *Calvert*, 1873, ce procédé n'empêcherait pas la production du penicillum glaucum.

En matière médicale, la chaux entre aussi dans la composition du liniment oléo-calcaire, formé de eau de chaux 8 parties et huile d'amandes douces 1 partie. Le mélange intime de ces deux substances constitue un bon emplâtre contre les brûlures.

* *

Épilage. — A la qualité de caustique que la chaux possède, il faut rattacher son application pour l'épilage des peaux de tannerie. L'épilage a pour but de débarrasser les peaux destinées au tannage, des poils et de l'épiderme ; c'est l'une des opérations dont l'ensemble constitue le travail de rivière. La chaux est la matière épilatoire qui répond le mieux aux desiderata du travail : la matière épilatoire par excellence serait celle qui déchausserait le poil et désagrégerait l'épiderme sans agir sur le derme, qui agirait rapidement dans ce sens, coûterait peu de chose et s'éliminerait aisément jusqu'à la dernière trace avant le tannage. La chaux est la matière épilatoire la plus employée, bien qu'elle présente quelques défauts. La chaux possède une action caustique très vive sur les tissus animaux : elle les gonfle, les attendrit, les désagrège et finit par les dissoudre. Cette action croît avec la température.

La faible solubilité de la chaux permet d'opérer en présence d'un excès de chaux. Il n'importe pas beaucoup de se servir d'une espèce de chaux plutôt que d'une autre, pourvu qu'elle soit libre de toute trace de fer. Les chaux grasses conviennent cependant un peu mieux que les chaux maigres, qui contiennent de la magnésie, corps presque neutre au point de vue de l'épilage.

L'emploi de la chaux comme matière épilatoire a donc l'avantage d'être facilement réglable ; les questions de temps et de température sont les seules à envisager. De plus, elle contribue à empêcher la putréfaction ; enfin, elle enlève la graisse, mais elle donne avec elle un savon insoluble.

Mais elle a l'inconvénient de causer une perte de poids, de rendre difficile la purge de chaux absolue, ce qui ne manque pas de gravité au point de vue de la rapidité et de la perfection du tannage. En dernier lieu, elle rend la peau fort rude, ce qui nécessite, dans certains cas, l'usage de confits subséquents.

Lorsqu'on ajoute à la chaux du carbonate de potasse ou de soude, on augmente l'action, puisqu'il se forme de la potasse ou de la soude caustique. La durée de l'opération est diminuée, la peau est mieux gonflée, la graisse est mieux tirée. Certaines tanneries emploient les cendres de leur tannée, ce qui revient au même.

La chaux d'épuration du gaz d'éclairage contient en outre du sulfure de calcium, qui contribue à l'épilage, et elle est employée telle quelle.

Pour purger les peaux de toute trace de chaux, on a proposé depuis longtemps l'acide sulfurique, qui a même été breveté ensuite sous le nom de purgine. *Hauff* (br. fr., 1898) a breveté l'emploi de l'acide crésotique, de l'acide oxynaphtoïque, de l'acide salicylique et de leurs sels solubles.

.˙.

L'emploi le plus important de la chaux se trouve dans la préparation des différents mortiers.

Mortiers. — Les mortiers sont des mélanges de chaux éteintes et de sables. Ils durcissent peu à peu, et acquièrent une très grande dureté, par suite de la transformation de la chaux en carbonate dans les mortiers ordinaires, en silicate double de calcium et d'aluminium dans les mortiers hydrauliques. Le sable a pour principal rôle de combler les interstices dus au retrait de la chaux, lorsque la dernière se solidifie, et la chaux contracte en même temps une grande adhérence pour les grains de sable. — On nomme *bétons* le mélange des mortiers hydrauliques avec des cailloux. Les bétons sont utilisés constamment pour établir des bases de fondations en terrain humide, pour asseoir des piles de ponts, pour fabriquer les blocs destinés à la construction des digues maritimes, etc.

Les mortiers hydrauliques sont souvent constitués par des mélanges de chaux grasses et de matières argileuses cuites, pouzzolanes (pour le *ciment romain*), scories de hauts-fourneaux, débris de tuiles, briques et poteries, trass volcaniques.

Le ciment Victoria ou ciment de pouzzolane est formé par le mélange de chaux éteintes en poudres et de scories pulvérisées très fin. Il prend lentement à l'eau, mais acquiert une assez grande dureté ; il a l'inconvénient de ne pas tenir à la gelée, et de se fendiller en desséchant.

Lorsque la chaux est destinée à la préparation des mortiers, la meilleure façon de procéder à son extinction consiste à l'éteindre avec trois fois son poids d'eau, puis on l'étend avec une nouvelle quantité d'eau, et on la fait tomber dans une fosse creusée dans la terre et que l'on nomme fosse à chaux. La chaux y devient peu à peu plus grasse, par hydratation de ses parties les plus intérieures et parce que l'eau élimine les sels alcalins qu'elle renferme toujours, *Kuhlmann et Vogel*, 1840, et qui sans cela produisent des efflorescences à la surface des murailles.

Baryte BaO²H². — Le *protoxyde de baryum hydraté BaO²H²* ou *baryte caustique* se prépare à partir du sulfate ou du carbonate de baryum naturels. Il résulte de l'hydratation de la *baryte anhydre BaO,* qui se produit dans la calcination du nitrate de baryum.

La baryte anhydre BaO est une masse spongieuse, grisâtre, friable, très lourde puisque sa densité = 4, d'une saveur âcre, difficile à fondre, indécomposable par la chaleur. Son affinité pour l'eau est telle que si l'on verse un peu d'eau sur un fragment de baryte anhydre, il se produit un sifflement analogue à celui que produirait un fer rouge que l'on plonge dans l'eau.

La baryte anhydre s'unit directement à l'oxygène, à la température du rouge sombre, pour donner du bioxyde de baryum ; cette réaction a été proposée par *Boussingault* en vue d'extraire l'oxygène de l'air. La baryte anhydre s'unit aux acides avec une intensité telle que si l'on verse de l'acide sulfurique sur un fragment de baryte anhydre, ce fragment devient incandescent.

La baryte hydratée BaO²H² est une substance fusible, mais indécomposable par la chaleur. Elle cristallise avec 8 molécules d'eau. Elle est soluble dans 20 parties d'eau à froid et 2 parties d'eau bouillante, la solution limpide porte le nom d'*eau de baryte.* Cette dissolution possède une réaction alcaline ; elle absorbe, comme l'eau de chaux, l'acide carbonique de l'air, et donne un carbonate de baryum insoluble. Les combinaisons salines que la baryte donne avec les acides sont généralement insolubles dans l'eau, mais solubles dans l'acide chlorhydrique étendu, sauf le sulfate et le fluosilicate. Le chlorure, le nitrate sont insolubles dans l'alcool ; ils ne sont pas déliquescents à l'air. Le chlorure, le nitrate sont également insolubles dans l'acide chlorhydrique et dans l'acide nitrique, aussi les solutions concentrées des sels de baryum précipitent-elles par ces acides. Les sels de baryum se caractérisent surtout par le précipité qu'ils donnent, même en liqueur très étendue, avec l'acide sulfurique ou les sulfates solubles, et en particulier avec le sulfate de calcium : il se précipite du sulfate de baryum SO^4Ba, blanc, pulvérulent, lourd, insoluble dans les alcalis; par la coloration vert jaune de la flamme de l'alcool ; enfin, par un spectre renfermant trois raies vertes et une raie orangée caractéristiques. Les sels de baryum précipitent en blanc avec l'acide fluosilicique, le phosphate de sodium, les carbonates alcalins, l'oxalate d'ammoniaque, et en jaune clair avec le chromate de potasse.

La baryte est employée, comme la chaux, pour l'épuration des jus sucrés, pour extraire le sucre des mélasses, pour préparer différents acides organiques. L'hydrate de baryte est proposé, *Lencauchez* (S. des Ingénieurs civils, 1898), pour durcir les pierres calcaires. Une solution d'hydrate barytique, posée sur les pierres ou enduits, y pénètre lentement par capillarité, et passe à l'état de carbonate ou de sulfate, dur, inaltérable, d'une insolubilité absolue.

Bioxyde de baryum BaO^2. — Le bioxyde de baryum, qu'on prépare en faisant passer un courant d'air sur le protoxyde, a pris une grande importance, parce qu'il donne, sous l'action de certains acides étendus, *l'eau oxygénée*. Le bioxyde de baryum est une masse spongieuse, présentant l'aspect de la baryte, mais s'en distinguant parce qu'au contact de l'eau il se borne à se déliter. sans produire d'effervescence. C'est un corps qui cède aisément son oxygène, soit au rouge sombre : appliqué à la préparation de l'oxygène dans le procédé *Boussingault ;* soit par une faible élévation de température, en présence de poussier de charbon : appliqué en pyrotechnie ; soit au contact des acides. Il est employé, au lieu d'eau oxygénée, pour préparer des bains de blanchiment. On l'a proposé, *Ranson,* pour produire le sucre raffiné en sucrerie.

Dans le procédé de blanchiment *Jacobsen frères,* de Berlin, on prépare le bain de blanchiment en ajoutant du bioxyde de baryum à une dissolution de silicate alcalin, de chlorhydrate d'ammoniaque, de borate alcalin ou de sels à acides gras. On y laisse la matière, soit le coton, un ou deux jours.

Magnésie MgO. — La *magnésie anhydre* se prépare en calcinant l'hydrocarbonate, d'où son nom de *magnésie calcinée.* C'est une poudre blanche, très légère ; comme elle ne fond qu'à la température de l'arc électrique, elle sert, à l'état comprimé, à la fabrication de crayons et bâtons pour les lampes de projection, de briques et de creusets réfractaires. Elle est si peu soluble dans l'eau, que 10 litres d'eau n'en dissolvent que 1 à 2 grammes (selon la température) ; cette dissolution présente cependant une légère réaction alcaline.

La densité de la magnésie calcinée va de 2,3 à 3,7 selon qu'elle a été préparée à une température moins ou plus elevée.

La *magnésie hydratée* MgO^2H^2 se produit lorsqu'on traite un sel de magnésium par une autre base. Elle perd son eau d'hydratation au rouge.

La magnésie est une base énergique ; les sels de magnésium, qu'elle donne avec les acides, sont généralement solubles dans l'eau, sauf le phosphate, le carbonate. Ils possèdent une saveur amère très désagréable. Ils se décomposent généralement à la température du rouge faible. Ils précipitent de l'hydrate de magnésie, en un précipité blanc, volumineux, avec l'ammoniaque, et les bases alcalines ou alcalino-terreuses ; du carbonate basique, en un précipité blanc, avec les carbonates alcalins ; du phosphate ammoniaco-magnésien, même avec des dissolutions très étendues, en un précipité blanc, cristallin, avec le phosphate de soude, en présence de sel ammoniac et d'ammoniaque ; la dernière réaction est caractéristique, et le précipité est facilité si l'on agite avec une baguette de verre. Les sels de magnésium ne donnent rien avec l'acide sulfurique, l'acide fluosilicique, l'acide chromique ; ils ne colorent pas la flamme. Une autre réaction caractéristique est la coloration rouge brique que produit un iodite alcalin.

La magnésie sert dans l'épuration des jus sucrés et dans l'épuration des eaux industrielles.

A. *Schrœder* (br. all., 1894) emploie un mélange de magnésie et de carbonate de soude pour l'épuration des eaux.

Mais son principal emploi est en médecine, où, sous le nom de *magnésie calcinée,* elle sert à combattre les aigreurs de l'estomac, à la dose de 3 décigrammes à 1 gramme ; à combattre les empoisonnements par les acides qu'elle neutralise, et dont elle est le meilleur antidote, particulièrement pour l'acide arsénieux, *Bussy,* 1846, avec lequel elle donne un arsénite insoluble, à la dose de 20 à 50 grammes ; enfin, comme purgatif doux, à la dose de 8 à 15 grammes. Pour tous ces usages, il faut n'employer que de la magnésie la plus légère possible, c'est-à-dire calcinée à la température la moins élevée, parce qu'elle se dissout plus facilement dans l'eau que la magnésie fortement calcinée. L'efficacité de la magnésie contre les acides est augmentée par l'association du sucre, sauf dans le cas de l'acide arsénieux ; les meilleures proportions sont : magnésie 1, sucre 2, eau 10.

Oxyde de zinc ZnO. — L'oxyde de zinc se prépare industriellement en chauffant le zinc (ou ses minerais) au contact de l'air ; l'oxyde se dépose dans des conduits ou dans des caisses. Les parties les plus lourdes se déposent les premières et forment le *blanc de zinc ;* les parties les plus ténues se portent plus loin et forment le *blanc de neige.*

L'oxyde de zinc est d'un beau blanc : le blanc jaunit quand on chauffe, mais il reprend sa pureté en refroidissant ; des traces de fer le rendent jaunâtre.

L'oxyde de zinc est sans saveur. Il est pour ainsi dire insoluble dans l'eau, puisque 1 litre d'eau n'en dissout qu'un milligramme, *Bineau*. Il est infusible, indécomposable par la chaleur. Le charbon le réduit en donnant du zinc et de l'oxyde de carbone : base de la préparation métallurgique du zinc.

L'oxyde de zinc est le type des oxydes indifférents. Avec les acides, il donne aisément des sels ; mais il se dissout également dans les alcalis pour donner des zincates. Les sels de zinc sont généralement solubles dans l'eau, et présentent alors une réaction acide au papier de tournesol. Ils se caractérisent par un précipité blanc de sulfure de zinc avec l'acide sulfhydrique en solution neutre, avec le sulfhydrate d'ammoniaque ; par un précipité blanc d'oxyde hydraté de zinc, soluble dans les acides, ou dans un excès d'alcali, avec les alcalis ; par un dépôt jaune à chaud, blanc en refroidissant d'oxyde de zinc, sur le charbon, à la flamme de réduction, en présence de carbonate de soude ; par une coloration d'un beau vert sur le charbon, avec le nitrate de cobalt, due à la production du vert de *Rinmann,* ou vert de zinc.

L'oxyde de zinc sert à la préparation de ce vert de Rinmann.

En médecine, il reçoit diverses applications, comme antispasmodique, et dans le traitement des maladies des yeux et des affections de la peau. Il faut avoir soin de n'utiliser que l'oxyde de zinc provenant de l'oxydation du zinc, et non celui résultant de l'oxydation directe des minerais *(tuthie, cadmie),* qui renferme trop souvent de l'arsenic.

Comme antispasmodique, il est préconisé contre toutes les névroses, en particulier contre l'épilepsie, l'hystérie, la coqueluche, les affections convulsives, particulièrement celles des enfants. Il n'agit qu'à la longue. On le donne à la dose de 2 décigrammes à 1 gramme 5 par jour.

Comme antiophtalmique, il est utile à titre de résolutif pour traiter les opacités de la cornée.

Dans les affections de la peau, on peut employer contre l'eczéma, l'impetigo, l'acné, les manifestations herpétiques, soit un mélange sec formé de 1 partie oxyde de zinc et 15 parties amidon, soit une pommade formée de 1 partie oxyde de zinc et 10 parties graisse.

Mais la grande application de l'oxyde de zinc dérive de sa couleur. Le blanc de zinc remplace le blanc de plomb ou céruse dans beaucoup de peintures à l'huile, *Courtois* 1779, *Leclaire* 1849, parce que, s'il coûte un peu plus cher, il a l'avantage sur lui de couvrir aussi bien, de ne pas noircir aux émanations de l'hydrogène sulfuré, et de ne présenter aucun inconvénient pour la santé des ouvriers ; mais il ne résiste pas aussi bien aux intempéries de l'air. Voici, au sujet de cette application, quelques données communiquées par la Société des Fonderies de zinc de la Vieille-Montagne.

Peintures au blanc de zinc. — Le blanc de zinc remplace la céruse dans tous ses emplois ; il peut donc recevoir toutes les préparations de ce dernier produit, être employé à l'huile, à l'essence, au vernis et à la détrempe. En outre, il peut être employé seul pour la peinture au silicate.

Le blanc de zinc est plus léger que la céruse ; sa densité est de 5,40, tandis que celle de la céruse est de 6,57 ; à poids égal, son volume étant plus grand, il couvre une surface plus étendue et n'exige pas un plus grand nombre de couches de peinture. En effet, pour obtenir une peinture à la céruse prête à être employée, il faut 500 grammes de céruse en poudre, et 250 grammes d'huile : total 750 grammes de peinture, couvrant une surface de 5 mètres carrés à une couche, ce qui représente l'emploi de 1 kilo pour couvrir 6 mètres carrés 66 ou de 0 kilo 150 pour 1 mètre carré. Par contre, pour obtenir une peinture au blanc de zinc, prête à être employée et tenue un peu plus épaisse que celle à la céruse, il faut 500 grammes de blanc de zinc en poudre, et 300 grammes d'huile : total 800 grammes de peinture, couvrant une surface de 7 mètres carrés à une couche, ce qui représente l'emploi de 1 kilo pour couvrir 8 mètres carrés 75 ou de 0 kilo 114 pour 1 mètre carré. Il en résulte que, pour couvrir un mètre carré, il faut employer moins de blanc de zinc que de céruse, ce qui compense la différence de valeur existant entre les deux produits. Pour obtenir l'égalité de nuance, il est nécessaire de tenir les teintes au blanc de zinc un peu plus épaisses, comme cela est indiqué plus haut, que celles à la céruse. — Il faut se servir de brosses à soies longues et douces et les manier avec légèreté pour bien étendre la peinture et arriver ainsi à couvrir aussi bien qu'avec la céruse.

Ce n'est pas seulement la quantité d'huile entrant dans la composition d'une teinte qui exerce une influence sensible sur ses qualités couvrantes, il faut encore tenir compte de la nuance, car plus une peinture se rapproche du blanc absolu, moins elle couvre, et si on la teinte, elle couvrira d'autant mieux qu'elle sera d'une couleur s'éloignant du blanc. Dans les travaux à deux couches, il est préférable de donner la première couche de fond avec du blanc de zinc teinté avec du noir pour obtenir un gris perle clair, et de donner la deuxième couche avec du blanc de zinc pur ou légèrement teinté suivant les besoins ; en procédant de cette manière, on sera certain d'obtenir un fond aussi bien couvert que s'il avait reçu deux couches de céruse.

Plus une peinture contient d'huile, plus sa solidité est assurée ; or, de tous les produits employés en peinture, le blanc de zinc est celui qui, à cause de sa faible densité relative, absorbe le plus d'huile, 85 pour 100 de son poids, tandis que la céruse n'en absorbe que 40 pour 100 environ ; on est donc autorisé à dire que la supériorité de la peinture au blanc de zinc sur celle à la céruse est incontestable sous le rapport de l'adhérence et de la solidité à l'air et à l'action des lessivages.

La peinture au blanc de zinc présente d'ailleurs sur celle à la céruse de nombreux avantages, qui justifient l'importance toujours croissante de son application. Elle est, en effet, beaucoup plus facile à employer, plus fraîche de ton, plus durable, et, par suite, plus économique. — Elle ne jaunit pas à l'air sous l'influence des gaz sulfureux et ammoniacaux qui se produisent dans certaines usines, qui se dégagent des fumiers, des matières en décomposition, des fosses d'aisances, des gaz d'éclairage, et qui existent ainsi toujours dans l'air en plus ou moins grande quantité. — Elle n'a aucune action nuisible sur la santé des ouvriers qui l'emploient ni sur celle des personnes qui habitent des appartements nouvellement peints, le blanc de zinc n'étant pas vénéneux comme la céruse. Aussi l'emploi du blanc de zinc s'impose pour les établissements de bains, les cuisines, les laboratoires, les pharmacies, les cafés, les casinos, les salles de spectacle, les hospices, les amphithéâtres, les écoles, les chambres à coucher, les cabinets d'aisances, etc., à l'intérieur comme à l'extérieur. — Pour les travaux de peinture de la marine, il est parfaitement reconnu que le blanc de zinc offre à la mer une durée plus grande que la céruse. Le service maritime des ponts et chaussées le fait employer pour la peinture des phares et les ouvrages des ports. Le ministère de la guerre, par une circulaire en date de 1888, en a autorisé l'emploi en remplacement de la céruse, pour la peinture du matériel de l'artillerie, et plusieurs compagnies de chemins de fer l'emploient pour la peinture des wagons et une partie de celle des bâtiments. De son côté, la commission des logements insalubres de la ville de Paris, par une décision datant de 1891, en impose l'emploi pour toutes les peintures qu'elle fait exécuter.

Voici la classification des différents types d'oxydes de zinc fabriqués par la Société de la Vieille-Montagne : blanc de neige, blanc n° 1, blanc n° 2, gris pierre, spécialement utilisé pour la fabrication de l'oxychlorure de zinc (ciment métallique), gris ardoise, mélange d'oxyde de zinc et de zinc métallique. Ces divers produits sont livrés au commerce en poudre ou broyés.

Le blanc de zinc peut se falsifier, comme la céruse, soit avec le sulfate de baryum, soit avec le sulfate de chaux ou plâtre, soit avec le blanc de Meudon ou la craie (carbonate de chaux), soit enfin avec le kaolin (terre à porcelaine), mais moins avec ce dernier produit en raison de son prix assez élevé.

La falsification du blanc de zinc est très facile à reconnaître ; on peut la constater avant et même après l'exécution des travaux. — Pour analyser sommairement du blanc de zinc en poudre, on en prend une pincée qu'on met dans un verre d'eau ordinaire contenant environ un verre à liqueur d'acide sulfurique du commerce ; on remue le mélange : si le produit est pur, il se dissout complètement et l'eau devient limpide ; si, au contraire, cette eau reste légèrement laiteuse, ou s'il y a le moindre résidu au fond du verre, on peut être certain que le blanc analysé contient au moins une des substances indiquées ci-dessus comme étant le plus com-

munément employées pour le falsifier, et par conséquent qu'il n'est pas
pur. — Lorsqu'il s'agit d'un travail fait, on gratte la peinture sur une
petite surface, on calcine la poudre ainsi obtenue pour faire disparaître
toute trace d'huile, on la lave à l'eau tiède, puis on traite le dépôt recueilli
après le lavage absolument comme nous venons de l'indiquer pour le
blanc en poudre.

Le blanc de zinc ne peut pas être mêlé simplement aux huiles grasses
siccatives, comme on le fait d'ordinaire dans la peinture, car il sèche trop
lentement. On doit le délayer dans l'huile, à laquelle on ajoute 3 pour 100
d'huile de lin, préalablement chauffée à 200°, pendant huit heures, avec
du bioxyde de manganèse en poudre. Ou bien, on doit l'additionner de
siccatif en poudre, soit 2 à 3 pour 100 d'un mélange de : oxyde de zinc 3,
sulfate de zinc 2, sulfate de manganèse 2, acétate de manganèse 2.

Si l'on délaye l'oxyde de zinc dans une solution concentrée de chlorure
de zinc à 58° Bé, additionnée d'un peu de carbonate de soude, il se forme
de l'*oxychlorure de zinc* (1), qui peut être appliqué directement à la peinture sans huile, *Sorel*, couvre bien, sèche vite, coûte moins et résiste
aussi bien que la céruse à l'extérieur.

L'oxyde de zinc mélangé avec le chlorure et une matière inerte comme
le sable, le sulfate de baryum, etc., donne une masse plastique qui durcit
rapidement, et est utilisable comme ciment pour les dents, ou comme ciment
métallique pour raccorder les pierres ensemble.

Oxydes ferriques Fe^2O^3 et $Fe^2O^3\ \dfrac{3}{2}\ H^2O$. — *L'oxyde ferrique*

anhydre Fe^2O^3 est très répandu dans la nature. C'est l'un des constituants
des dépôts argileux d'*ocre rouge ;* il prend le nom d'*hématite rouge* ou
sanguine, lorsque la structure tend à devenir fibreuse. Il est quelquefois
cristallisé, et porte alors le nom de *fer oligiste* ou fer spéculaire. Tous ces
minerais laissent au frottement un trait rouge. Le *colcothar* est le même
oxyde préparé artificiellement en calcinant du sulfate ferreux.

L'*oxyde ferrique hydraté 2 Fe^2O^3 3 H^2O* est également très répandu
dans la nature. En masses brunes, il forme les dépôts limoneux de la
limonite, ou mine des marais, ou *hématite brune.*

L'oxyde ferrique naturel, sous sa forme anhydre ou sous sa forme
hydratée, est l'un des minerais de fer les plus importants. Il est réduit par
le charbon à une température élevée.

L'hydrate ferrique se produit lorsqu'on décompose un sel ferrique par
une base, ammoniaque ou bicarbonate de potasse. Il se précipite de l'hydrate ferrique à l'état gélatineux, de couleur rouille. Le même composé se
forme spontanément lorsqu'on abandonne du fer à l'état humide. Il est
insoluble dans les eaux, mais se dissout aisément dans les acides. Au
rouge sombre, il perd toute son eau, puis devient subitement incandescent,

(1) Voir p. 143.

et à partir de ce moment, il ne se dissout plus que très difficilement dans les acides. Au rouge blanc, il se transforme en oxyde magnétique. — De même, par une ébullition prolongée, il passe du jaune au rouge brique, perd une partie de son eau, et devient difficilement soluble dans les acides. — Par contre, on obtient une forme soluble en dialysant le chlorure ferrique, *Graham,* ou en ajoutant de l'acide acétique à l'hydrate modifié par l'ébullition.

En dehors de leurs emplois comme minerais de fer, l'ocre rouge, le colcothar, l'hématite brune sont des couleurs pigmentaires fréquemment employées dans les peintures grossières et dans la décoration des porcelaines et des émaux. L'hématite fibreuse (1), le colcothar servent à polir les métaux.

Le colcothar est en effet une substance très dure. On ne s'en sert pas seulement pour polir les métaux, l'acier, l'argent, mais encore pour polir le verre et les glaces.

Le colcothar a été ainsi nommé par *Basile Valentin ;* il porte dans le commerce les noms de *Rouge de Paris, Rouge d'Angleterre, Rouge de Prusse.*

Pour brunir les métaux, on allie souvent l'oxyde de fer à d'autres composés. Comme exemple, j'indiquerai la Sans-Rivale de *Sedaine* (1895) pour nettoyer l'or et l'argent : 15 parties oxyde de fer, 5 parties craie, 5 parties carbonate de magnésie, 15 parties terre pourrie, 10 parties huile de pieds de bœuf, 10 parties alcool.

La *pâte à rasoir* est du colcothar très fin incorporé à du suif. On prépare ce colcothar spécial en calcinant au rouge vif un mélange de 1 partie sulfate ferreux et 3 parties sel marin. On lave le produit de la calcination plusieurs fois, et la poudre est porphyrisée avec de l'émeri.

Le *mastic des fontainiers* est préparé en délayant du colcothar dans un mélange de résine et de suif en fusion.

Ce sont les oxydes de fer qui donnent aux différentes argiles colorées ou ocres employées dans la peinture leurs colorations variées : ocre rouge ou sanguine, ocre jaune, terre d'Ombre, terre de Sienne.

L'hydrate de fer récemment précipité est un bon antidote contre les acides et surtout contre l'arsenic.

Sa production par action des alcalis sur un sel ferrique est le principe des différents procédés suivis dans les ateliers de teinture pour obtenir sur la fibre du coton des couleurs chamois et rouilles ; elles sont très solides à la lumière et aux alcalis, mais elles ont l'inconvénient d'être attaquées par les acides, ce qui leur a fait perdre beaucoup de leur impor-

---

(1) Girardin rapporte que, quand le fer oolithique ou fer en grains est en boules creuses au centre et contient un noyau mobile, il prend le nom de pierres d'aigle ou d'œtites, que les anciens portaient comme amulettes, parce qu'ils leur attribuaient la vertu d'écarter les voleurs et de favoriser l'accouchement. Il est vrai qu'il fallait que ces boules eussent été trouvées dans le nid d'un aigle !

tance devant les qualités de colorants artificiels. Pour les obtenir, on passe en bain de rouil (nitrate de fer) à 4° Bé, additionné de glycérine pour empêcher le sel ferrique de se dissocier ; puis on passe en bain de soude ou d'ammoniaque à 1° Bé, et la base précipite l'oxyde de fer qui est la couleur.

Le sesquioxyde de fer sert encore à colorer les verres en rouge.

Sels ferriques et sels ferreux. — L'*oxyde ferrique* est une base, et donne avec les acides des sels de couleur blanche lorsqu'ils sont neutres, de couleur jaune ou rouge brun lorsqu'ils sont basiques ; les dissolutions aqueuses sont brun jaune. L'acide sulfhydrique, en solution alcaline, précipite tout le fer à l'état de sulfure noir ; les bases précipitent de l'hydrate ferrique ; le prussiate jaune donne un précipité de bleu de Prusse, même dans les dissolutions étendues ; le sulfocyanure de potassium produit, dans les solutions acides, une coloration rouge de sang très intense, due à la formation d'un sulfocyanure de fer très soluble.

Il existe un autre oxyde de fer, l'*oxyde ferreux* FeO^1H^2, possédant également la fonction basique ; il donne avec les acides les sels ferreux, qui sont blancs à l'état anhydre, et verts à l'état hydraté ou en dissolution. Les dissolutions aqueuses se transforment en sels de peroxydes par absorption de l'oxygène, par conséquent si on les abandonne à l'air, et par l'action du chlore ou de l'acide nitrique à l'ébullition. Les dissolutions aqueuses rougissent le tournesol. L'acide sulfhydrique, dans les solutions alcalines, précipite tout le fer à l'état de sulfure noir, insoluble dans les alcalis, soluble dans les acides. Les bases, potasse, ammoniaque précipitent le protoxyde de fer hydraté FeO^2H^2, blanc au début, mais passant rapidement à l'air, par oxydation spontanée, au vert sale, puis au brun. Le prussiate jaune donne un précipité blanc bleuâtre, bleuissant rapidement à l'air, et se transformant instantanément en bleu de Prusse par addition de chlore ou d'acide nitrique. Le prussiate rouge donne un précipité bleu intense, bleu de *Turnbull*. Le sulfocyanure ne donne aucune coloration dans les solutions exemptes de trace de sels ferriques.

Les sels ferreux et les sels ferriques donnent au chalumeau, avec le borax ou avec le phosphate, dans la flamme d'oxydation une perle jaune à rouge à chaud, incolore à jaune par refroidissement, et dans la flamme de réduction une perle vert bouteille. Sur un morceau de charbon, ils donnent par réduction une poudre noire, que l'aimant attire.

Oxyde magnétique de fer Fe^3O^4. — La *pierre d'aimant* est simplement de l'*oxyde magnétique de fer* Fe^3O^4. Il s'en trouve, en Suède et en Norvège, des montagnes entières, et comme il est souvent très pur, c'est un minerai de fer de première qualité, donnant les fers et les aciers les meilleurs. On peut le produire en brûlant du fer à l'air, tel l'*oxyde des battitures* qui se détachent du fer rouge lorsqu'on le martèle sur l'enclume, ou bien encore en décomposant l'eau par le fer au rouge. L'oxyde magnétique est noir, d'où son nom d'*oxyde noir de fer*. Il est attirable à l'aimant. Il est réduit par le charbon et par l'hydrogène. A l'état naturel, il constitue l'aimant naturel. Ce serait un pâtre crétois, nommé Magnès, qui aurait le premier trouvé la pierre d'aimant, en sentant le fer de sa houlette s'attacher au sol ; de son nom, dérivent celui de magnès donné par les Grecs et les Romains à l'aimant, et celui de magnétisme donné par les contemporains à la partie de la science qui étudie les propriétés des aimants.

Bioxyde de manganèse MnO². — Les oxydes de manganèse forment une série régulière dont les termes sont très nombreux : le protoxyde MnO, le sesquioxyde Mn²O³, l'oxyde salin Mn³O⁴, le bioxyde MnO², l'acide manganique MnO⁴H², l'acide permanganique MnO⁴H. On voit dans cette série la fonction acide s'affirmer à mesure que la proportion d'oxygène augmente.

Le *bioxyde de manganèse MnO²* est l'oxyde de manganèse le plus important au point de vue technique. Il se trouve à l'état naturel plus ou moins mélangé d'hydrates et de carbonates : le bioxyde naturel porte le nom de *pyrolusite*. C'est la source des manganèses du commerce ; leurs applications sont très nombreuses. On les essaie au point de vue de leur pureté et de leur contenance en bioxyde, en les traitant par l'acide chlorhydrique et en dosant le chlore produit à l'état d'hypochlorite, *Gay-Lussac, 1824*. 3 grammes 980 de bioxyde pur doivent produire 1 litre de chlore qui, dissous dans la potasse étendue à 1 litre, doit donner un chlorure décolorant marquant 100° (en degrés chlorométriques).

Le bioxyde de manganèse est de couleur noirâtre. C'est un corps complètement insoluble. Il est doué de propriétés oxydantes très énergiques, car il cède son oxygène assez facilement, soit par une élévation de température, soit par l'action des acides. L'oxygène ainsi produit à l'état naissant peut réagir à son tour sur les corps en présence. Ces données trouvent leur application comme procédés de préparation de l'oxygène d'une part, du chlore d'autre part, ainsi que des chlorures décolorants, ou des corps élémentaires analogues au chlore, c'est-à-dire du brome et de l'iode.

En verrerie, le bioxyde de manganèse sert par son oxygène, sous le nom de *savon des verriers*, à blanchir la pâte de verre lorsqu'elle est souillée de matières charbonneuses. Le bioxyde de manganèse est ramené à l'état de protoxyde incolore. — Si l'on augmente la dose de bioxyde, la pâte de verre prend une belle teinte violette ; avec 1 pour 100 de bioxyde, la teinte est violet foncé. On colore de même les émaux en violet, et certaines poteries ou grès en brun.

Le même bioxyde sert à colorer et marbrer les savons, à préparer les aciers au manganèse.

Périnet (Bull. S. d'Enc., 1818) a proposé l'oxyde noir de manganèse en excès pour désinfecter l'eau.

Comme source d'oxygène, il est employé pour rendre les huiles siccatives, dans la fabrication des vernis.

Le bioxyde de manganèse est utilisé pour préparer les autres composés de manganèse, le chlorure manganeux $MnCl^2$ en le traitant par l'acide chlorhydrique, le sulfate manganeux $MuSO^4$ en le traitant par l'acide sulfurique, le manganate de potassium MnO^4K^2 en le calcinant avec trois fois son poids de nitre, le permanganate de potassium MnO^4K en le calcinant avec un mélange de chlorate de potassium et de potasse caustique à poids égaux au sien.

L'hydrate manganeux, résultant de l'action des alcalis sur les sels manganeux, est transformé par oxydation en hydrate manganique brun ; fixé sur la fibre, il joue le rôle d'un agent oxydant dans certains cas de teinture, et donne naissance à des bruns très solides qui vont jusqu'au noir, par son action sur les amines aromatiques, les sels d'aniline, de naphtylamine, etc.

*   *
*

Les oxydes basiques de manganèse donnent avec les acides deux séries de sels, les sels manganeux et les sels manganiques.

Les premiers sont les plus employés. Ils sont incolores ou rose pâle. Leurs dissolutions aqueuses sont neutres aux papiers réactifs. Elles précipitent avec le sulfhydrate d'ammoniaque du sulfure manganeux, blanc jaunâtre en solution très étendue, couleur chair en solution concentrée : il brunit à l'air, et est très soluble dans les acides. Au chalumeau, la perle de borax ou de phosphate est, dans la flamme oxydante, d'un beau rouge violacé.

Acide permanganique MnO^4H.

— C'est l'acide des permanganates. Le *permanganate de potassium MnO^4K*, qui est le plus employé, se dissout aisément dans l'eau avec une riche coloration pourpre violet ; les alcalis le ramènent à l'état de manganate qui est vert, et comme le dernier se décompose très aisément, et même spontanément à l'air, en donnant de l'acide permanganique, sa dissolution passe successivement du vert au rouge par l'action de l'air ou des acides saturés d'oxygène, et elle est ramenée du rouge au vert par l'action des corps réducteurs. Ce qui a valu au manganate de potassium le nom de *caméléon vert,* et au permanganate celui de *caméléon rouge*.

Le permanganate de potassium est un oxydant des plus puissants, parce qu'il cède son oxygène avec une grande aisance, comme le font d'ailleurs toutes les substances très oxygénées. Il cède cet oxygène aux réducteurs et aux matières organiques. Il oxyde l'acide sulfureux, le sulfate ferreux, tous les sels métalliques au minimum. Il suffit de déposer une goutte de la solution sur du papier pour voir apparaître une tache brune d'hydrate manganique. De nombreuses applications dérivent de cette propriété.

D'abord, il est employé dans le dosage de plusieurs substances, comme le tannin par exemple, l'acide sulfureux, le sulfate de fer, l'acide oxalique, ou dans le dosage des matières organiques, que l'on rencontre soit dans les airs, soit dans les eaux, ainsi que nous l'avons vu p. 365 et suiv.

Etant détruit par la matière organique, le permanganate de potassium constitue un excellent agent de désinfection, ou d'antisepsie, ou d'épuration des eaux.

Nous avons vu, p. 330, son application directe à l'épuration des eaux potables. — *Tixier* (J. de pharmacie, 1899) recommande l'emploi des permanganates d'aluminium et de baryum, le premier pour les eaux calcaires, un mélange des deux pour les eaux séléniteuses. L'épuration est réalisée au point de vue biologique et au point de vue chimique, sans introduire d'alcali libre, comme c'est le cas avec les permanganates de potassium, de calcium.

Comme agents antiseptiques, le permanganate de potassium et les autres permanganates joignent à une efficacité hors ligne une innocuité très grande, puisqu'ils ne sont pas toxiques. Aussi emploie-t-on aujourd'hui couramment pour l'antisepsie intérieure en gynécologie, la dissolution aqueuse de permanganate de potassium à un demi pour 1000 ; il n'y a aucun inconvénient a ce que la dose soit plus forte. Le seul ennui que présente l'emploi du permanganate en antisepsie est la production, lorsqu'il se réduit, d'un oxyde de manganèse de couleur bistre, qui possède une solidité hors ligne, et qu'on ne peut enlever que difficilement, par exemple avec le sel d'étain.

Le désinfectant connu sous le nom de *Condy's liquid* est une simple dissolution de permanganate de sodium ; celui de *Khune* est un mélange de permanganate de sodium et de sulfate ferreux.

Le permanganate de potasse a l'avantage de ne présenter aucune odeur, de ne donner après son action que des produits inoffensifs, et d'être inoffensif en solution étendue.

Préterre, 1869, préconise la solution au centième pour désinfecter l'haleine.

Le permanganate de potassium est une source puissante d'oxygène. En le décomposant par la vapeur d'eau à 120°, on met en liberté une partie de l'oxygène qu'il renferme, et *Tessié du Motay* (br. fr.) a basé sur cette réaction un mode de production industrielle de l'oxygène.

Comme agent d'oxydation, il a reçu d'intéressantes applications dans le blanchiment du coton et dans différentes teintures.

Le blanchiment du coton au permanganate de potasse s'effectue en passant successivement le coton bien débouilli en bain de permanganate de potasse, puis en bain d'acide sulfureux ou d'acide sulfurique. Le premier bain renferme, pour 10 kilos de coton, eau 200 litres, permanganate 50 grammes, acide sulfurique 15 grammes ; et le second bain est une simple dissolution d'acide sulfurique à 5° Bé.

Le permanganate de potassium a été employé en solution comme teinture pour cheveux, le traitement au permanganate étant suivi d'un traitement à l'eau oxygénée pour teintures fauves, d'un traitement au tannin pour teintures foncées. Les teintures pour cheveux au permanganate ont eu le plus de succès, et semblent inoffensives, sauf dans certains cas d'oxydation trop prononcée du tannin.

Le permanganate de potassium sert, en solution concentrée, sous le nom de caméléon, à teindre directement les bois. C'est l'agent d'oxydation employé dans l'un des bons procédés d'obtention du noir d'aniline sur coton. Sur coton également, les teinturiers et les imprimeurs l'emploient quelquefois pour produire un léger pied de bistre : pour cela, on se contente de passer le coton a tiède dans une dissolution faible de permanganate à 1° Bé, puis après avoir tordu on passe en un léger bain de chlorure de chaux, enfin on lave.

Oxyde de chrome Cr^2O^3. — Le *sesquioxyde de chrome anhydre* Cr^2O^3 s'obtient en réduisant les chromates, ou en calcinant du chromate d'ammoniaque. C'est un corps coloré en vert, qui sert dans les arts comme matière colorante, par exemple pour la peinture sur porcelaine et la coloration du verre. Il est infusible aux températures ordinaires de nos fourneaux, et sa dureté est assez grande pour rayer le quartz. Une fois calciné, il ne se dissout plus que difficilement dans les acides.

Le *sesquioxyde de chrome hydraté Cr^2O^3 2 H^2O* est également employé comme couleur verte. Par le procédé *Guignet* (br. fr., 1858), on l'obtient en calcinant un mélange de bichromate alcalin, 1 partie, et d'acide borique, 3 parties. Cet hydrate, d'une belle couleur verte, persistante a la lumière, est complètement insoluble dans l'eau et dans les acides. Le *vert Guignet,* le *vert émeraude de Pannetier,* dont le mode de préparation est resté secret, et les autres *verts de chrome, vert d'Arnaudon, vert Mathieu-Plessy* obtenu en réduisant les chromates par le sucre, *vert d'herbe de Salvétat, vert Casalli,* etc., sont très employés, à cause de leur inaltérabilité à la lumière, à l'eau et aux acides, et de leur complète innocuité en comparaison des verts arsenicaux, pour la peinture à l'huile et dans la fabrication des toiles peintes et des papiers peints. Le *vert nature* est un mélange de vert de chrome et d'acide picrique, substitué aux verts arsenicaux dans la fabrication des fleurs artificielles et des papiers peints.

L'oxyde de chrome obtenu d'après les différents procédés a bien la même composition chimique, mais il n'a pas les mêmes propriétés physiques, comme vivacité de couleur et comme état de division. Celui obtenu en calcinant l'hydrate forme une masse amorphe, dure, d'un vert terne ; celui obtenu au moyen de l'oxychlorure forme des cristaux vert foncé presque noirs et assez durs pour rayer le verre ; celui obtenu en calcinant le chromate de mercure forme une poudre vert foncé très fine ; celui obtenu par le procédé *H. Schæffer,* 1890 (Bull. de Mulhouse, 1893), en réduisant le bichromate par la glycérine qui ne laisse pas de résidu insoluble difficile à éliminer par le lavage, est en poudre excessivement fine.

Les dissolutions alcalines d'oxyde de chrome ont été proposées comme mordants dans l'impression sur coton, *H. Kœchlin,* 1885 ; *H. Schmid* a perfectionné l'emploi. Ces dissolutions entraînent celles d'autres oxydes métalliques, fer, cuivre, etc., *Prudhomme* (Soc. chim., 1872).

II. Schmid (Chemiker-Ztg, 1885) a proposé un chromite alcalin comme mordant. Pour le préparer, l'alun de chrome est précipité par le sel de soude, et l'hydrate de chrome est lavé, puis dissous dans la soude caustique. L'application de ce mordant est restreinte par les difficultés du travail en milieu alcalin.

Les sels de sesquioxyde de chrome ont une couleur verte ou violette. Ils donnent, avec les bases, un précipité vert bleu d'oxyde hydraté, soluble dans un excès de base. Par ébullition avec l'oxyde puce de plomb, par fusion avec un nitrate alcalin, ils donnent un chromate alcalin jaune. Les perles au chalumeau sont vert jaune faible à chaud, vert émeraude à froid, qu'elles soient obtenues dans la flamme d'oxydation ou dans celle de réduction.

C'est le chrome qui colore le saphir bleu. Celui-ci se produit dans les mêmes circonstances que le rubis ; la seule différence entre ces deux corps est dans les proportions de la matière colorante ainsi que dans l'état d'oxydation du chrome. *A. Duboin* (C. R., 1898) a obtenu de très beaux verres bleus en les colorant par le chromate de potasse et l'oxyde de chrome.

Acide chromique CrO^3 et chromates. — *L'acide chromique anhydre* CrO^3 s'obtient en décomposant le bichromate de potassium par l'acide sulfurique ; « pour cela, on ajoute peu à peu à une solution saturée à froid de bichromate de potasse 1 fois 5 son volume d'acide sulfurique ; on laisse reposer le mélange dans un vase couvert, pendant vingt-quatre heures. L'acide chromique, mis en liberté, se sépare en cristaux. On les recueille sur un entonnoir dont on a bouché le bec avec une mèche d'amiante. On les laisse égoutter, puis on les redissout dans la plus petite quantité possible d'eau tiède, et on laisse refroidir. On sépare les cristaux de l'eau mère et on les fait sécher, sous une cloche, sur des plaques de porcelaine dégourdie. » Ces cristaux sont des aiguilles prismatiques d'un beau rouge foncé, très déliquescentes, très solubles dans l'eau et dans l'alcool. C'est un caustique énergique, mais son emploi en médecine et en chirurgie dentaire a causé plusieurs accidents. L'acide chromique se décompose aisément en oxygène et en sesquioxyde de chrome ; cette décomposition est mise à profit d'une part pour préparer l'oxyde de chrome, comme nous venons de le voir, d'autre part pour produire des phénomènes d'oxydation. L'acide sulfureux, l'alcool, certains hydrocarbures, etc., sont oxydés directement à froid par l'acide chromique anhydre ou par un mélange de bichromate et d'acide sulfurique. Avec l'alcool absolu et l'éther, l'action est tellement énergique que ces liquides s'enflamment.

L'acide chromique hydraté n'a pas encore été isolé; sa formule serait CrO^4H^2. Mais on connaît de nombreux sels neutres ou acides, qui en dérivent; ce sont les *chromates* et les *bichromates*. Ces sels sont tous jaunes ou rouges, généralement insolubles dans l'eau. Les chromates alcalins sont jaunes, fixes; les bichromates sont rouges; leurs dissolutions aqueuses présentent les mêmes colorations même avec une très faible proportion de substance dissoute. Elles donnent un précipité blanc jaunâtre avec le chlorure de baryum, jaune avec l'acétate de plomb, pourpre foncé avec le nitrate d'argent. Elles sont réduites avec formation d'oxyde jaunâtre par l'acide chlorhydrique concentré, par le sulfhydrate d'ammoniaque à l'ébullition, par l'acide sulfureux, par l'alcool en présence d'acide chlorhydrique étendu, par le zinc, par les acides tartrique et oxalique à chaud. Une dissolution acide très étendue d'eau oxygénée se colore en beau bleu; la coloration peut être absorbée par l'éther; cette réaction est sensible au 40 millième.

.*.

Le *chromate neutre* ou *chromate jaune de potassium* CrO^4K^2 se prépare le plus aisément en saturant une solution de bichromate par du carbonate de potassium, et en évaporant. Il cristallise anhydre en prismes jaune citron. Il est soluble dans 1 partie 6 d'eau bouillante et seulement dans 2 parties d'eau à 15°; il possède un pouvoir de coloration intense. Il est très vénéneux. Sa saveur est amère et désagréable. Il a été employé comme conservateur, mais à tort. Son principal usage est la préparation du jaune de chrome ou chromate de plomb.

Le chromate neutre se transforme en bichromate sous l'action de l'acide sulfurique ou de l'acide nitrique.

Le *bichromate de potassium* $Cr^2O^7K^2$ (68,14 pour 100 de CrO^3) se prépare en traitant le minerai de chrome ou fer chromé par du nitre fondu, ou mieux par du carbonate de potassium en présence de l'air. Ce corps cristallise anhydre en cristaux d'un beau rouge orangé, inaltérables à l'air, solubles dans 9 fois leur poids d'eau à 15°, plus solubles dans l'eau bouillante, très vénéneux et caustiques : il produit parfois des ulcérations; celles-ci sont fréquentes dans les usines où l'on fabrique les chromates[1]. La chaleur le décompose avec formation de chromate neutre, de sesquioxyde de chrome et d'oxygène: $Cr^2O^7K^2 = 2\ CrO^4K^2 + Cr^2O^3 + O^3$, réaction qui n'est pas seulement appliquée pour préparer les verts de chrome; *Balmain,* 1842, l'a proposée pour obtenir rapidement de grandes quantités de gaz oxygène très pur. Le bichromate se décompose également lorsqu'on le chauffe avec l'acide sulfurique en donnant de l'oxygène et du sulfate double de potassium et de chrome, ou alun de chrome, suivant la réaction : $Cr^2O^7K^2 +$

---

(1) Consulter sur ce point : Delpech A. Mémoire sur les accidents auxquels sont soumis les ouvriers employés à la fabrication des chromates (1876). — Mosqueron. Accidents développés chez les ouvriers teinturiers par l'emploi du bichromate de potasse (1880).

$4 SO^4H^2 = SO^4K^2 (SO^4)^3 Cr^2 + Aq + O^3$; ce mélange de bichromate et d'acide sulfurique constitue l'un des réactifs d'oxydation les plus énergiques.

Le *bichromate de soude anhydre* $Cr^2O^7Na^2$ cristallise en petits cristaux avec 2 Aq. C'est un corps très déliquescent; celui du commerce renferme 7 à 15 pour 100 d'eau normalement. Il se dissout à 15° dans un peu moins que son poids d'eau. Il est près de dix fois plus soluble dans l'eau que le bichromate de potassium. Il est plus riche en chrome, dépose plus d'oxyde de chrome dans ses applications et coûte moins que le sel de potasse correspondant.

Le *bichromate d'ammoniaque* $Cr^2O^7Am^2$ renferme 80 pour 100 d'oxyde de chrome, alors que le bichromate de potassium en contient 68 pour 100.

Applications générales des chromates. — Les bichromates de potassium, de sodium et d'ammonium ont les mêmes applications générales.

Ils servent d'abord à préparer les chromates métalliques, lesquels sont employés comme couleurs pigmentaires. — Le *chromate de baryum* CrO^4Ba, ou *jaune d'outremer*, de couleur jaune citron, sert dans la teinture en détrempe, dans la fabrication des papiers peints; on en a falsifié le chromate de plomb; il en est de même du *chromate de calcium*, de couleur jaune paille, ou du chromate double de calcium et de potassium ou *jaune de Steilbuhl.* — Le *chromate de zinc*, ou *jaune bouton d'or*, a été proposé par *Leclaire et Barruel* pour remplacer le jaune de chrome dans la peinture à l'huile. — Le *chromate d'argent*, ou *rouge pourpre*, est employé pour la peinture en miniature. — Le *chromate mercureux*, jaune orangé, sert par calcination à préparer le vert de chrome utilisé dans les fabriques de porcelaine. — Le *chromate mercurique*, ou *rouge pourpre* du commerce, est utilisé pour la peinture des décors. — Le *chromate ferrique* est le *jaune de sidérine.* — Les *chromates de plomb*, neutres ou basiques, constituent les *jaunes* et les *oranges de chrome*, et méritent quelques détails. — Rien n'est plus facile que d'obtenir tous ces chromates, qui sont insolubles; il suffit de verser une solution de chromate ou de bichromate de potassium dans la dissolution d'un sel métallique approprié.

Jaunes et oranges de chrome. — Les différents chromates de plomb constituent des couleurs très intéressantes : le *jaune de chrome*, ou chromate neutre de plomb, qui se prépare en précipitant un sel de plomb, sulfate ou acétate, par un chromate neutre alcalin ; l'*orange de chrome*, ou chromate basique de plomb, ou carmin de chrome, qui se prépare en précipitant par un chromate du sous-acétate de plomb, ou en traitant le jaune de chrome à chaud par une lessive de chaux ou par une solution de soude caustique ; enfin, le *rouge de chrome*, ou *vermillon de chrome* : on le prépare avec le jaune de chrome qu'on fond avec du salpêtre ou qu'on fait bouillir avec un excès de soude caustique. Les différents jaunes et oranges de chrome sont des couleurs éclatantes, très solides à la lumière, d'un emploi courant dans les ateliers de carrosserie, de peintres en bâtiments, de papiers peints, de tissus imprimés ; mais elles ont l'inconvénient de noircir par les traces d'hydrogène sulfuré. Les différents chromates de plomb entrent d'ailleurs dans la composition de plusieurs mélanges : le *jaune de Cologne* est formé de chromate de plomb 25, sulfate de plomb 15, sulfate de chaux 60. Le *jaune de chrome jonquille* est l'orange de chrome mélangé à du carbonate de plomb. Le *cinabre vert* est une association de chromate de plomb et de bleu de Prusse.

Comme source d'oxygène, les bichromates sont employés pour préparer ce corps, ou reçoivent des applications en pyrotechnie.

Ed. Alen (br. suédois, 1891) a breveté l'addition du bichromate de potasse au lait pour empêcher sa coagulation. 0 gr. 25 de bichromate empêchent cette coagulation pendant une quinzaine de jours. Il faut, d'après *Froidevaux* (J. de pharmacie, 1896), une dose minima de 0 gr. 2 de chromate neutre par litre pour empêcher la coagulation. Ce mode de conservation ne peut être utilisé que dans la pratique analytique, et non dans l'économie domestique.

D'après une étude de *Laujorrois* (C. R., 1877) sur les propriétés antiseptiques du bichromate de potasse, l'addition de 1/100 de bichromate dans l'eau ordinaire permet d'y faire séjourner sans décomposition, même à l'air libre, toutes les productions du règne organique. Le bichromate pourrait rendre de grands services dans les embaumements et les préparations anatomiques.

Les bichromates ont la propriété très remarquable de former avec l'albumine et la gélatine des composés insolubles, lorsque leur production s'opère sous l'action des rayons solaires. Cette propriété est appliquée d'abord dans la peinture à la colle, pour la rendre solide aux intempéries atmosphériques ; si par exemple on veut déposer sur un vitrage une couleur à l'eau qui tienne, il suffit d'ajouter à la couleur liquide, qui peut être un simple lait de chaux, une petite quantité de colle de poisson et de bichromate. — Mais une application plus importante est le procédé de gravure héliographique indiqué par *Poitevin*, 1855 ; une plaque photographique recouverte d'une couche de gélatine chromatée voit ses parties ensoleillées gonfler et s'insolubiliser ; elles peuvent alors retenir une encre grasse et servir à reporter un dessin ou une reproduction quelconque.

Cette propriété d'insolubiliser la gélatine a reçu une application très remarquable dans le tannage des peaux au chrome.

Tannage au chrome. — Le cuir tanné au chrome possède une très grande résistance à l'humidité et convient particulièrement pour courroies et pour semelles.

Le procédé pour tannage au chrome de *Heinzerling* repose sur l'emploi d'une solution de chromate de chrome à 1/4 ou 1/2 pour 100, en enrichissant le bain jusqu'à la fin du traitement qui peut durer deux mois pour les cuirs les plus forts. On passe ensuite en solution de chlorure de chrome ou d'un hyposulfite d'aluminium, de chrome, ou de zinc, pour donner aux cuirs de la couleur et du poids. — Le procédé *Schultz* (br. américain) passe d'abord en solution de bichromate additionnée d'acide chlorhydrique, puis en bain d'hyposulfite ou de sulfite. Il se produit par réduction de l'oxyde de chrome. — Le procédé de tannage au chrome et au fer, *Deltombe et Marter* (br. fr., 1897), fait séjourner les peaux deux à quatre semaines dans une cuve de 500 litres d'eau pour 100 kilos de peau avec 3 kilos bichromate, 4 kilos sulfate de fer, 1 kilo borax, un demi-kilo bisulfite. — Le procédé dit « instantané » de *Kornacher*, adopté par quelques maisons allemandes et suédoises, consiste à travailler d'abord avec des jus faibles, puis à tanner avec du chrome et de l'alun.

**

Mais c'est en teinture et en impression que les bichromates sont surtout employés, soit comme agents de production des jaunes et des oranges de chrome, soit comme agents oxydants, soit comme mordants.

Applications des bichromates en teinture et en impression.

I. Production des jaunes et des oranges de chrome sur la fibre végétale.

Le jaune de chrome a été employé pour la première fois dans la fabrique de papiers *Zuber*, 1818, à Rixheim. *Lassaigne*, 1819, proposa d'appliquer les réactions génératrices de ce pigment dans la teinture et dans l'impression du coton ; la première application fut faite chez *Nicolas Kœchlin et frères* à Mulhouse, 1820. *W. Crum* réalisa le premier l'orange chrome. *Mercer* fit les premiers enlevages sur indigo.

Le principe de la teinture en jaune de chrome repose sur la production du précipité jaune qui se forme lorsqu'on mélange une solution d'un sel de plomb et une solution d'un chromate alcalin. Pour produire ce jaune sur la fibre, on passe celle-ci successivement dans les deux solutions, soit d'abord dans un bain d'acétate ou de pyrolignite de plomb, puis dans un bain de bichromate de potasse. 1er bain : acétate neutre de plomb de 1° à 8° B. ; on y passe le coton à tiède, et l'on dégorge ensuite sans rincer. On peut aussi fixer l'oxyde de plomb en passant dans une eau de chaux ou dans une eau ammoniacale. 2e bain : bichromate de potasse à 5 pour 100 ; on y passe le coton à tiède, puis on rince.

La couleur teinte est d'autant plus nourrie que la quantité de plomb fixé par le premier bain est plus considérable. En ajoutant de l'acide sulfurique au bain de bichromate, le jaune s'éclaircit ; en traitant après teinture par de la potasse ou en employant un acétate plus ou moins basique à la place de l'acétate neutre, le jaune vire à l'orange. Au contraire, avec du chromate neutre, le jaune obtenu est clair.

La charge du fil par cette teinture peut aller jusqu'à 40 pour 100. La couleur est l'une des plus solides à la lumière, au savon et aux acides. Elle vire à l'orange par les alcalis et brunit par l'hydrogène sulfuré ; elle a, en outre, le grave inconvénient d'être vénéneuse.

L'orange de chrome s'obtient comme le jaune de chrome, en employant pour le premier bain un acétate basique de plomb, ou sous-acétate, au lieu de l'acétate neutre. Plus souvent, on commence par produire sur la fibre un jaune de chrome, puis on passe en eau de chaux, bien claire, au bouillon, jusqu'à complet développement de l'orange désiré.

Storck et de Coninck (Bull. de Mulhouse, 1877) produisent en impression les jaunes de chrome en vaporisant une couleur avec chlorate de chrome et acétate de plomb.

II. Oxydations par les bichromates.

Comme oxydants, les bichromates sont d'un usage courant pour obtenir sur coton les couleurs conversion, le noir d'aniline, pour fixer les bruns au cachou, les colorants directs.

C'est *Leykauf*, 1832, de Nuremberg, qui semble avoir fait les premiers pas dans cette nouvelle voie d'applications.

Le cachou se fixe directement sur le coton, et il est encore fort employé parce qu'il fournit des teintes solides. On fonce les teintes et on les rend encore plus solides, si l'on passe après teinture en bain tiède de bichromate à 1-2 pour 1000.

Le bichromate est l'agent d'oxydation le plus employé par les teinturiers pour convertir les sels d'aniline en noir d'aniline. Le noir d'aniline obtenu par teinture seule est généralement sensible aux acides, ce qu'on exprime dans les ateliers en disant qu'il verdit. Pour le rendre inverdissable, *Kœchlin frères* ont les premiers indiqué qu'il suffisait de repasser après teinture en bain acide de bichromate à 1 gramme par litre à la température de 80°.

On emploie beaucoup le bichromate pour fixer les colorants directs, les couleurs diamine, etc., après teinture. Sans cette fixation, les teintes obtenues sont peu solides. Au contraire, le traitement après teinture en bain de bichromate augmente dans certains cas la solidité à la lumière et au lavage, les blancs sont moins tachés. La nuance est souvent modifiée en même temps. Avec le noir jais diamine SS, les teintes deviennent très solides au lavage et à la lumière, la nuance ne change pas ; avec le noir jais diamine OO, la nuance change un peu ; avec le bleu noir diamine B, le noir oxydamine N, et les bruns diamine M, B, la solidité au lavage est bien améliorée. — On traite souvent par le bichromate additionné de sulfate de cuivre ; à ce traitement se prêtent la chrysamine G, l'orangé toluylène G, le noir bleu Colombia G, et plusieurs marques de noirs Zambèze, de noirs chromanile et de bruns chromanile.

On augmente considérablement la solidité des couleurs développées au chrome, en ajoutant au bichromate oxydant un réducteur, de préférence l'acide lactique additionné d'acide sulfurique, pendant le développement, *Farbwerke in Hœchst.*

III. Enlevages aux bichromates.

Le bichromate est un rongeant pour bleus de cuve et pour rouge turc.

IV. Les bichromates mordants en teinture et en impression.

Le rôle du bichromate de potassium comme mordant véritable pour fixer les matières colorantes polygénétiques sur les fibres date de 1839, époque où *K. Kôler,* de Leeds, l'indiqua. *Camille Kœchlin* a vulgarisé ces différentes applications, et en a donné un historique et une étude très approfondis, 1855.

Sur coton, le bichromate est le mordant employé pour obtenir des noirs au campêche, dits noirs au chrome ; ces noirs sont plus solides que les noirs au fer, et conviennent pour le coton brut destiné à des mélanges pour draperie. On peut mordancer en bichromate et teindre en campêche, ou bien procéder inversement, ou encore teindre en un seul bain, par exemple avec : bichromate 1 kilo 5, acide chlorhydrique 3 kilos, extrait de campêche à 2° Bé.

Pour fixer l'oxyde de chrome sur le coton, *Lallement* (br. fr., 1896) imprègne de chromate, en présence de glucose qui le réduit, puis passe en solution de sulfure de sodium.

Sur laine, le bichromate est l'un des meilleurs mordants que le teinturier ait à sa disposition. Il est employé principalement pour teindre en noirs, bleus et gris au campêche, pour teindre avec les couleurs d'alizarine ; pour développer en bleus et en noirs les rouges aux chromotropes, pour fixer les bruns au cachou.

Le mordançage au chrome se fait dans une solution renfermant : bichromate de potasse 3 pour 100 du poids de la laine, tartre $2 \frac{1}{2}$, eau 3 000, une heure trente à deux heures au bouillon (pour la laine peignée près du bouillon) ; on lave ensuite soigneusement, et l'on passe en teinture.

La laine prend une coloration jaune, puis vert sale, due à la réduction du chromate en oxyde de chrome. Il est avantageux de la laisser reposer quelques heures pour l'unisson, mais il faut éviter de laisser la laine mordancée exposée à l'action de la lumière qui produirait une réduction et un mordançage supplémentaires, et par conséquent des inégalités en teinture ; aussi en attendant la teinture faut-il avoir soin de recouvrir la laine d'une toile préservatrice. — Pour les teintes foncées, il est utile de renforcer le mordant à la fin de la teinture, en ajoutant $\frac{1}{2}$ pour 100 de bichromate de potasse et en continuant de faire bouillir pendant trente minutes.

On a proposé de remplacer le tartre par l'acide oxalique, l'acide sulfurique (1 pour 3 du bichromate), l'acide chlorhydrique, le sulfate de soude, l'acide lactique ; soit, par exemple : bichromate 3 pour 100, acide oxalique 1 à 2 pour 100 ; ou : bichromate 2 pour 100, acide lactique 2 pour 100. Autrefois, on se servait beaucoup d'acide sulfurique, mais l'acide oxalique ménage mieux la laine. Ces additions semblent augmenter le pouvoir du mordant et donnent lieu à des teintures plus nourries. L'acide lactique particulièrement économise la matière colorante et rend la teinture unie. Le mordançage avec l'acide lactique doit, d'après *Bœhringer* (br. all., 1896), amener la réduction complète de l'acide chromique en oxyde de chrome, de façon que la laine prend une couleur vert pur, et les teintes obtenues sont plus claires et plus solides. Pour que le bichromate soit ainsi complètement utilisé, les proportions à employer sont : bichromate de potasse 1,350, acide lactique 2,650, acide sulfurique 0,900, eau 2 000.

L'usage du bichromate laisse beaucoup à désirer, car une partie des 3 pour 100 habituellement employés ne se fixe pas sur la laine ; il n'y a guère que le tiers du mordant fixé, et le bain ne s'épuisant pas, le bichromate s'y accumule en quantités inconnues. En dehors des dangers qui peuvent en résulter pour la fibre, on se trouve dans l'ignorance sur la quantité que contient le bain de mordançage, et sur celle qu'il faut ajouter pour les passes suivantes. Lorsqu'on emploie, comme c'est le cas ordinairement, 2 à 3 pour 100 de bichromate avec de l'acide sulfurique, *Hummel* a démontré que la moitié seule du bichromate est fixée. Si l'on emploie 1 à 1,500 pour 100 de bichromate avec 3 à 4 pour 100 d'acide chlorhydrique, tout le bichromate serait fixé et le bain épuisé.

Au lieu d'employer du tartre pour réduire le bichromate, et fixer l'oxyde de chrome, *Knecht* a proposé de traiter après chromage par une solution à 5 pour 100 de bisulfite de soude tiède de densité = 1,3. On a proposé aussi le sulfure de sodium, de façon a réduire plus rapidement l'acide chromique. Knecht a obtenu de bons résultats par le bisulfite avec le campêche, le bleu d'alizarine, la céruléine et la galléine. *Scurati-Mauzoni* propose d'ajouter au bain de bichromate 2,5 pour 100 du bichromate de trithionate de soude.

Dans le bain de teinture, il s'opère une double décomposition, donnant lieu à un dépôt d'oxyde de chrome sur la fibre, puis à la formation d'une laque colorée entre cet oxyde de chrome et la matière colorante : ces laques peuvent d'ailleurs être produites directement par action mutuelle de leurs composants et en dehors de la présence de la fibre.

L'addition d'acide sulfurique, d'acide oxalique ou d'acide lactique au bain de bichromate, 1 partie pour 3 de bichromate, augmente le pouvoir du mordant. et donne lieu à des teintures plus nourries. Elle peut être laissée de côté, comme on le fait souvent en Angleterre. Celle de tartre, 2,5 pour 100, aurait moins d'effet.

La quantité de mordant absorbée par la laine varie avec le degré de concentration. Elle est proportionnelle à la durée et à la température du mordançage. Pour ce qui regarde le degré de concentration, la proportion à employer est de 3 pour 100 du poids de la laine, et il faut éviter de la dépasser. 4 pour 100, d'après *Jarmain,* donne déjà des teintures inégales ; 12 pour 100 empêche toute teinture, et une proportion supérieure, en présence de l'acide sulfurique, détruit la fibre.

La quantité du bichromate fixé sur la laine avec une solution à 3 pour 100 est de 1/3, soit 1 pour 100 du poids de la laine : elle est de 1/2, 1/3, 1/4, 1/6 quand on emploie 1, 3, 6, 12 pour 100 de bichromate. Elle est de 2/5, 1/3 pour 3 et 6 pour 100 avec addition de 1 et 2 pour 100 d'acide sulfurique, *Kay et Bastow.* Il n'y a donc que le tiers du mordant de fixé, si l'on mordance, comme c'est l'habitude, avec 3 pour 100 ; et la meilleure façon de monter les bains de mordançage serait de n'ajouter au bain précédent, pour nouveau mordançage, que juste la quantité de sel équivalente à celle absorbée par la laine, avec la quantité d'acide sulfurique suffisante pour reconvertir en bichromate le chromate qui s'est formé, *E. Knecht.* On éviterait ainsi de perdre une grande quantité de bichromate, comme cela arrive dans la plupart des ateliers. (J. of the S. of Dyers, 1896.)

Les noirs au campêche se font sur laine soit sur mordant de fer, soit sur mordant de chrome. Les derniers, dits noirs au chrome, se font sur mordançage préalable au bichromate de potasse (1,5 à 3 pour 100) seul ou additionné de tartre (2,5 pour 100); on lave soigneusement et l'on teint une heure à une heure trente, de 80° à 95°, en bain de campêche (15 à 80 pour 100). Le noir bleuté ainsi obtenu devient noir-noir, si l'on ajoute au bain de teinture du sumac et une matière colorante jaune. Les noirs-noirs sont fixés en passant en un bain de bruniture à 3 pour 100 de sulfate ferreux à froid, ou de $\frac{1}{2}$ pour 100 au maximum de bichromate à 80° : la bruniture est indispensable pour empêcher le dégorgement du filé. La bruniture au fer augmente la solidité à la lumière.

Les noirs engalles sont des noirs au chrome, 1,5 à 2 pour 100, sans acide sulfurique. Après mordançage, on laisse en tas une nuit, on rince et l'on teint.

On peut employer le bichromate seul, ou additionné de tartre (8 pour 100), ou d'acide sulfurique (au maximum le tiers du bichromate), ou mieux d'un mélange de tartre (5 pour 100) et d'acide sulfurique, ou d'acide tartrique (4 à 5 pour 100) ou d'acide lactique (1 à 5 pour 100), ou d'acide oxalique ; les acides organiques réduisent le bichromate en oxyde vert. On ne doit ajouter de la craie que si l'on a mordancé en bichromate et tartre. Le tartre est fort utile pour conserver à la laine son toucher doux.

Les noirs au chrome sont plus solides aux acides que les noirs au fer, mais ils verdissent sous l'action de la lumière. Ils ont pris une grande extension à cause de leur économie.

Voici les indications que la *Badische Anilin und Sodafabrik* donne pour le mordançage de la laine aux bichromates : « La laine se charge d'oxyde de chrome par simple passage en solution de sels de chrome. Au lieu de bichromate de potasse, on peut se servir avec le même succès de bichromate de soude qui revient meilleur marché, mais qui présente l'inconvénient d'absorber l'humidité de l'air et de ne pouvoir par conséquent être conservé dans des locaux humides.

Le mordançage de la laine aux bichromates de potasse ou de soude repose sur les réactions suivantes. Par ébullition du bain renfermant du bichromate, la laine absorbe une certaine quantité d'acide chromique et s'y combine, tandis qu'il reste dans le bain du chromate neutre de potasse. Si l'on ajoute au bain un acide minéral ou un sel acide, c'est-à-dire une substance susceptible de mettre en liberté l'acide chromique du chromate neutre, la quantité d'acide chromique qui se porte sur la laine en est sensiblement augmentée. Parmi les substances de cette espèce, il convient de mentionner en première ligne l'acide sulfurique et le bisulfate de soude. Sous l'influence de l'ébullition, l'acide chromique absorbé par la laine agit sur les impuretés que renferme cette dernière, il agit peut-être aussi sur certaines substances constitutives de la laine, et il en résulte qu'une partie de l'acide chromique, se réduisant, passe à l'état d'oxyde de chrome, lequel à son tour se combine à l'acide chromique non réduit et forme du chromate de chrome ; c'est donc sous la forme de chromate de chrome qu'en dernière analyse le chrome se trouve fixé sur la laine par le mordançage au bichromate de potasse et à l'acide sulfurique ou au bisulfate de soude.

Or, les laques d'alizarine et de chrome sont des combinaisons de couleurs d'alizarine et d'oxyde de chrome exclusivement, d'où l'on conclut qu'au cours de la teinture l'acide chromique du chromate de chrome se transforme à son tour par réduction en oxyde de chrome.

Cette réduction ne pouvant, dès lors, avoir lieu qu'aux dépens du colorant, on constate effectivement que sur la laine mordancée, certaines couleurs d'alizarine particulièrement sensibles à l'action des oxydants, entre autres à celle de l'acide chromique, fournissent des résultats de teinture moins satisfaisants que sur les autres mordants.

Afin d'empêcher cette action nuisible de l'acide chromique, et dans le but de fixer la totalité du chrome sous forme d'oxyde de chrome, on ajoute au bain de mordançage certaines substances organiques, aux dépens desquelles l'acide chromique se réduit totalement au cours de l'ébullition. Une des substances le plus fréquemment employées à cet effet est le tartre (bitartrate de potasse), qui d'ailleurs s'emploie depuis fort longtemps dans le même but dans la teinture au campêche. L'acide tartrique renfermé dans le tartre transforme facilement par réduction l'acide chromique en oxyde de chrome.

Parmi les autres substances exerçant cette même action réductrice, il convient de mentionner l'acide tartrique. Vu son prix élevé, ce produit n'est guère d'un emploi avantageux, tandis que l'acide oxalique, qui revient meilleur marché que le tartre, s'emploie frequemment.

Récemment, on a recommandé comme agent réducteur pour le mordançage au chrome l'acide lactique, dont l'effet est tout aussi avantageux que celui du tartre. La réduction est même plus rapide par l'acide lactique que par le tartre, en sorte qu'il est nécessaire d'opérer avec précaution, sous peine d'obtenir un mordançage, et par suite des teintes mal unies et mal tranchées. L'acide lactique a été préconisé par *C.-H. Bœhringer fils*, de Nieder-Ingelheim, qui a élaboré un procédé perfectionné de mordançage permettant de réduire et de fixer sur la laine la totalité de l'acide chromique renfermé dans le bichromate. Le procédé en question est basé sur l'emploi de quantités convenables de bichromate (1,35), d'acide sulfurique (1) et d'acide lactique (2,65 d'acide a 50 pour 100), l'acide sulfurique ayant pour effet de mettre en liberté l'acide chromique, lequel à son tour est réduit par l'acide lactique. Plus récemment, la même maison a recommandé sous la dénomination de *lactoline* le lactate acide de potasse, qui agit exactement de la même manière que le tartre et qui peut avantageusement le remplacer pour le mordançage.

On rencontre d'ailleurs en droguerie de nombreux succédanés des drogues indiquées ci-dessus, mais ils sont en général moins actifs et beaucoup trop chers eu égard à leur valeur effective; nous mentionnons au nombre de ces succédanés : la *rédarine*, la *tartarine*, le *substitut de tartre*, le *sel pour laine*, la *véradine*, la *crémaline*. Tous ces produits sont des mélanges en proportions variées d'acide oxalique, de sel de Glauber, de bisulfate de soude, de sulfate de magnésie, etc., et il y a tout lieu de considérer comme illusoire l'avantage du prix qu'ils offrent à première vue.

Le mode de mordançage le plus repandu reste encore le mordançage au bichromate de potasse et au tartre. Ce mordançage se fait en général au moyen de 3 pour 100 de bichromate de potasse et 2,5 pour 100 de tartre. — Pour certaines couleurs d'alizarine, on prendra pour tons foncés 4 pour 100 de bichromate de potasse, 3 pour 100 de tartre (mordant fort); tandis que, pour teintes claires, il suffira d'employer 1 pour 100 de bichromate de potasse et 1 pour 100 de tartre (mordant faible). »

Le mordant au bichromate et à l'acide sulfurique renfermera 3 à 4 pour 100 bichromate de potasse, 1 à 1,5 pour 100 acide sulfurique à 66° Bé. Il ne peut servir comme mordant faible pour nuances claires.

Le mordant au bichromate et à l'acide oxalique renfermera 1 à 4 pour 100 bichromate de potasse, $\frac{1}{2}$ à 1 1/2 pour 100 acide oxalique.

Le mordant au bichromate, à l'acide lactique et à l'acide sulfurique renfermera 1,5 bichromate de potasse, 3 acide lactique, 1,5 acide sulfurique à 66° Bé.

Le bichromate sert encore à chromater après teinture pour fixer le colorant qui a échappé à la teinture et empêcher la malunisson.

Le mordançage au bichromate précède souvent la teinture ; dans quelques cas il la suit ; parfois, les deux opérations s'effectuent en même temps, dans le même bain : c'est la teinture en un seul bain.

Sur soie, le bichromate de potasse est employé en bain oxydant pour fixer les marrons chargés et grands teints au cachou, et en bain de mordant pour produire les noirs au campêche chromatés.

Alumine anhydre Al^2O^3 et Alumine hydratée $Al^2O^3 3 H^2O$.
— L'alumine existe dans la nature à l'état anhydre et à l'état hydraté. L'alumine anhydre pure se présente généralement en cristaux incolores : *corindon,* ou colorés en rouge feu : *rubis* oriental, en bleu : *saphir,* en jaune citron : *topaze,* en noir par de l'oxyde de fer : *émeri.* Le *rubis spinelle* ou *rubis balais* est une combinaison d'alumine et de magnésie que l'on rencontre à Ceylan. La *bauxite* est de l'alumine hydratée mélangée à du sesquioxyde de fer. Le corindon est remarquable par sa dureté. Le corindon et ses variétés transparentes : rubis, saphir, topaze, sont des pierres précieuses fort recherchées en bijouterie et en joaillerie ; elles viennent, comme valeur, aussitôt après le diamant. L'émeri, à cause de sa dureté, sert à polir le verre (bouchons à l'émeri), les glaces, les cristaux, les pierres précieuses et les aciers fins. La bauxite est employée comme matière première pour la préparation de l'alumine et de l'alun.

Le corindon se rencontre principalement dans les Indes et au Thibet. L'émeri est très abondant dans l'île de Naxos et aux Indes. En 1861, on a trouvé à Saint-Eble (Haute-Loire) un saphir pesant 34 grammes et dont la valeur a été estimée plus d'un million.

L'alumine existe dans la nature, en combinaisons très fréquentes avec la silice, dans les feldspaths et dans les argiles.

L'*alumine anhydre Al²O³* s'obtient, dans les laboratoires, en calcinant de l'alun ammoniacal ou de l'alumine hydratée. C'est une poudre blanche, inerte à la plupart des agents. Lorsqu'elle a été fortement calcinée, elle est infusible aux feux de forge les plus violents ; elle communique cette infusibilité aux terres alumineuses, qui sont employées pour la fabrication de briques, fourneaux, creusets, etc., réfractaires.

Plusieurs savants sont arrivés à reproduire artificiellement les différentes variétés d'alumine cristallisée, en évaporant lentement à haute température des dissolutions d'alumine dans l'acide borique fondu, *Ebelmen ;* ou en faisant réagir l'acide borique en vapeur sur des fluorures métalliques, *H. Deville et Caron ;* ou en faisant réagir le fluorure de baryum sur l'alumine, *Fremy.*

L'alumine anhydre est insoluble dans l'eau si elle a été fortement calcinée, difficilement soluble dans les alcalis et dans les acides. Elle est indécomposable par la chaleur, donne avec le chlore, en présence du carbone, du chlorure d'aluminium ; elle n'est réduite par le charbon qu'à la température du four électrique. — *J. Richards* (J. of the Franklin Institute, 1895) a étudié au point de vue thermochimique la réduction de l'alumine. Elle nécessite une température très élevée, aussi le nombre des agents capables d'opérer directement sur l'alumine pour réaliser cette réduction est fort restreint. La chaleur absorbée pour la décomposition de l'alumine dépasse 392 000 calories. Le sodium n'agit pas. L'hydrogène agit vers 1770°, l'acétylène vers 1870°, le carbone commence à agir vers 2000° C. Le chlore, en présence du carbone, agit au rouge vif. Le fluorure et le sulfure sont bien plus aisément réduits par les métaux alcalins et alcalino-terreux. Aussi sont-ce ces deux corps qui, avant le développement des applications électriques, servaient exclusivement à la préparation de l'aluminium.

L'*alumine hydratée* $Al^2O^3.3\ H^2O$, ou $Al^2(OH)^6$, se prépare en décomposant l'alun (voie humide) par le carbonate d'ammoniaque, ou la bauxite (voie sèche) par le carbonate de sodium, ou un aluminate par un carbonate, ou en précipitant l'une de ses combinaisons solubles par la potasse, la soude, l'ammoniaque. Lorsqu'on précipite l'alun par le carbonate d'ammoniaque, il se forme, par la réaction $(SO^4)^3K^2Al^2 + 3(CO^3Am)^2 + 3\ H^2O = Al^2(OH)^6 + SO^4K^2 + 3\ SO^4Am^2 + 3\ CO^2$, un précipité gélatineux : on filtre, on lave à l'eau bouillante, on sèche. L'alumine hydratée ainsi préparée est le type des oxydes indifférents, car elle possède la fonction acide vis-à-vis des bases et la fonction basique vis-à-vis des acides. Elle se dissout dans les acides, sauf l'acide sulfhydrique, l'acide carbonique qui la précipitent; elle se dissout dans les bases, en donnant des aluminates. Comme base, elle se combine aisément avec le principe acide des matières colorantes phénoliques, soit naturelles, comme l'alizarine de la garance, l'hémateine du campêche, la brésiléine des bois rouges, la santaline du santal, la carmine de la cochenille, la moréine du bois jaune, la fustine du fustet, la quercétine du quercitron, la lutéoline de la gaude, la rhamnine des nerpruns ; soit artificielles, comme les couleurs d'alizarine et d'anthracène, les galléines, la galloflavine, la dioxine, la gallocyanine, le bleu gallamine, la gambine, etc. Ces composés d'alumine et de matière colorante sont des laques colorées ; plusieurs sont employées sous ce nom, laque de garance, laque de carmin, laque de céruleine, etc., dans la peinture, dans la coloration ou l'impression des papiers ; elles sont la base des applications nombreuses que la teinture et l'impression ont faites des combinaisons de l'alumine à titre de mordants.

L'alumine sert à la préparation des sels d'alumine.

Sels d'alumine. — Les sels d'alumine sont incolores. Les sels solubles ont une saveur douçâtre, puis astringente ; ils rougissent le tournesol, et perdent leur acide au rouge. Ils précipitent de l'hydrate avec la potasse, la soude, l'ammoniaque, les carbonates alcalins ; le précipité se redissout dans un excès de potasse ou de soude. Cette précipitation est empêchée par les sels organiques. Sur le charbon au rouge, avec une goutte de nitrate de cobalt, ils donnent une coloration bleu foncé.

L'*aluminate de soude* $Al^2O^4Na^2$ se prépare en traitant par une solution de soude caustique soit de la bauxite ou de la cryolithe (minerais d'alumine), soit une quantité équivalente d'alumine hydratée, soit du sulfate d'alumine. Il est bon qu'il y ait un léger excès d'alcali.

L'aluminate de soude est employé comme matière de collage dans la fabrication du papier, comme mordant dans la teinture et l'impression du coton, enfin, dans la fabrication des savons, des laques colorées. Son emploi en teinture repose sur ce fait qu'il est aisément décomposé par l'acide carbonique, le bicarbonate de soude, le sel ammoniac, les sels de zinc, l'acide acétique et les acétates : l'alumine est ainsi mise en liberté. Il présente l'avantage en impression de pouvoir être séché à température relativement élevée, et de ne pas donner lieu à des taches de rouille, mais il a l'inconvénient de ne pas pouvoir être associé aux mordants acides. C'est *Macquer et Haussmann*, 1819, qui ont appelé les premiers l'attention sur lui.

L'aluminate de soude est encore employé pour durcir les pierres et pour fabriquer des pierres artificielles.

L'aluminate de soude produit des enlevages sur tannin, *A. Romann*, 1897.

L'*aluminate de baryte* a été proposé en 1893 par *Asselin* pour l'épuration des eaux.

Les aluminates naturels insolubles forment les spinelles. Le rubis spinelle est de l'aluminate de magnésium.

Les *hypoaluminates* servent a charger les fibres.

Bioxyde d'étain SnO^2. — Les oxydes d'étain sont nombreux ; on connaît l'oxyde stanneux anhydre SnO, noir, brun, ou rouge, et l'oxyde stanneux hydraté SnO^2H^2, l'oxyde stannique anhydre SnO^2 et l'oxyde stannique hydraté SnO^3H^2, le dernier sous deux formes polymériques : acide stannique ordinaire, acide métastannique.

La solution dans la soude caustique de l'oxyde stanneux sert à précipiter l'or et l'argent des bains galvaniques au bouillon.

L'*acide stannique anhydre,* ou *bioxyde d'étain SnO^2*, forme le seul minerai d'étain exploité, la *cassitérite*. Il existe en abondance en Angleterre, dans les îles Sorlingues, dans les Indes, à Malacca, dans le Yunnan, en Saxe. Il s'obtient en brûlant l'étain à l'air.

L'acide stannique ordinaire s'obtient en précipitant le chlorure stannique par un carbonate alcalin, et l'acide métastannique en traitant l'étain par l'acide nitrique concentré. Ces deux acides se dissolvent dans la potasse pour donner respectivement un stannate ou un métastannate. Les stannates, chauffés seuls, se transforment en métastannates avec séparation d'alcali ; les métastannates, chauffés avec un excès d'alcali, redonnent les stannates. L'acide stannique est soluble dans l'acide chlorhydrique, l'acide métastannique ne l'est pas.

Les sels de protoxyde et de bioxyde d'étain sont incolores. Les sels solubles neutres rougissent le tournesol. Les sels stanneux se transforment partiellement à l'air en sels stanniques. Avec l'acide sulfhydrique et le sulfhydrate d'ammoniaque, les sels stanneux donnent un précipité brun foncé de protosulfure hydraté, et les sels stanniques, un précipité jaune de sulfure stannique hydraté. Les alcalis et leurs carbonates précipitent de l'hydrate stanneux, ou de l'hydrate stannique. Les sels stanneux donnent avec le chlorure d'or, en présence de l'acide chlorhydrique, un précipité ou une coloration caractéristique de pourpre de Cassius (1) brune à pourpre, suivant la coexistence de traces de sel stannique. Sur le charbon, avec un peu de soude, à la flamme réductrice du chalumeau, les composés d'étain fournissent des grains ductiles d'étain métallique.

Applications. — Le bioxyde d'étain entre dans la composition des émaux, des couleurs pour peinture sur verre; il sert à rendre opaque l'espèce de verre nommée *émail.* L'émail se prépare en chauffant à l'air un mélange de 15 à 18 parties d'étain et de 100 parties de plomb; on obtient un stannate de plomb qui est fritté avec une masse de verre.

Le stannate double de calcium et de chrome, préparé en chauffant ensemble 100 parties bioxyde d'étain, 3 à 4 chromate de potassium, 34 carbonate de calcium, et éventuellement 5 silice et 1 alumine, est employé sous le nom de *pink-colour* dans la décoration des faïences.

Le *stannate de sodium* SnO^3Na^2, *preparing salt* des Anglais (sel d'apprêt), se fabrique en fondant ensemble de la soude caustique, du nitrate de soude et de l'étain, ou par divers autres procédés, qui reviennent tous à oxyder l'étain et à le dissoudre dans l'alcali caustique. Récemment préparé, il se dissout entièrement dans l'eau. Il est employé pour mordancer le coton dans la teinture des matières colorantes azoïques, le coton et la laine avant l'impression en couleurs-vapeur, et pour charger certaines soies. On lui ajoute quelquefois, pour le mordançage, de l'arséniate ou du tungstate de soude. Ce mordançage se fait en manœuvrant d'abord dans une solution de stannate de soude, puis en passant dans un bain d'alun ou d'acide sulfurique, qui précipite l'oxyde d'étain sur la fibre. Pour le coton, le bain de mordant est à 3° ou 5° Bé; pour la laine, à 8° Bé.

Le protoxyde d'étain en solution bouillante d'alcali caustique étame rapidement le cuivre, le laiton, le fer. Au contraire, le bioxyde d'étain en solution sodique ne précipite pas d'étain sur le cuivre; donc il est impropre à l'étamage, mais par contre cette réaction peut servir à détamer le cuivre, sans attaquer ce métal, *C. Méhu* (J. de pharmacie, 1879). Une solution étendue de soude caustique, additionnée de 1 à 2 pour 100 de permanganate de potasse, détame le fer et le cuivre à une température un peu en dessous de son point d'ébullition. On peut remplacer le permanganate par 5 pour 100 de bichromate quand il s'agit de détamer le fer.

(1) Voir p. 116.

Guéroult a substitué partiellement l'acide métastannique à la potée d'étain ordinaire pour le polissage du cristal, 1891. Depuis ce temps, les accidents saturnins ont disparu. Le produit substitué renferme 20 pour 100 de plomb au lieu de 62 pour 100.

Le *stannate de cuivre* est une couleur employée sous le nom de *vert de Gentèle.*

Oxydes d'antimoine.

— Si l'on traite le chlorure d'antimoine par du carbonate de sodium, on obtient un précipité blanc d'oxyde antimonique Sb^2O^3, employé comme pigment. Il se transforme aisément par oxydation en acide antimonique. On connaît plusieurs hydrates correspondant à celui-ci, l'acide métaantimonique, l'acide pyroantimonique. Le *métaantimoniate de potasse* SbO^3K forme l'*antimoine diaphorétique* des pharmaciens ; il est utilisé pour colorer les verres en jaune topaze. L'*antimoniate de plomb* forme le *jaune de Naples,* couleur jaune orangé très solide, qui sert à colorer les verres et comme peinture à l'huile.

Protoxyde de plomb PbO.

— Les oxydes de plomb se préparent par oxydation directe à l'air aidée par la chaleur. Le *protoxyde de plomb PbO* ainsi obtenu est sous forme d'une poudre jaune, si la température ne dépasse pas le rouge sombre, et il porte alors le nom de *massicot ;* il est en lamelles jaune orangé à rouge, si la température atteint le rouge, et il porte alors le nom de *litharge* jaune ou d'argent, *litharge* rouge ou d'or. Le massicot s'obtient encore en calcinant le nitrate ou le carbonate de plomb, et la litharge est le résidu de la coupellation métallurgique des plombs argentifères. Le mot *litharge* signifie : pierre d'argent. La couleur est d'autant plus rouge que le refroidissement du produit s'effectue plus lentement.

Le protoxyde de plomb est un peu soluble dans l'eau. Il fond au rouge, et peut alors absorber de l'oxygène, qu'il dégage en se refroidissant. Il se transforme en miniums par oxydation à l'air, à température élevee. Il se combine au chlorure de plomb et donne des oxychlorures jaunes. L'hydrogène, le carbone, le réduisent aisément. Il se combine avec les acides, à froid avec l'acide nitrique, l'acide acétique, l'acide carbonique de l'air, l'acide silicique ; il donne avec ce dernier un silicate fusible ou verre cristal : il attaque en conséquence et perce les creusets dans lesquels on le chauffe. C'est un oxyde indifférent, et il se dissout dans la potasse et la soude caustiques, à froid, en donnant des plombites.

La réduction du protoxyde de plomb par le charbon est si aisée, que si l'on brûle une carte recouverte pour son glaçage d'une petite quantité de cet oxyde, on voit se produire des petits globules de plomb métallique.

Le protoxyde de plomb donne avec les acides des sels, la plupart incolores. Les sels solubles sont très vénéneux ; ils possèdent une saveur d'abord sucrée, puis styptique. Leurs réactions caractéristiques sont de précipiter un sulfure noir avec l'acide sulfhydrique et le sulfhydrate d'ammoniaque, un sel basique blanc avec les alcalis caustiques, un carbonate basique blanc avec le carbonate de sodium, un chlorure blanc, soluble dans une grande quantité d'eau chaude, avec l'acide chlorhydrique et les chlorures solubles, un sulfate blanc, lourd, avec l'acide sulfurique et les sulfates solubles, un iodure jaune avec l'iodure de potassium, un chromate jaune avec le chromate de potassium, et enfin de donner, sur le charbon, en présence de soude, à la flamme de réduction, des globules de plomb réduit, malléables, en même temps que le charbon se couvre d'un enduit jaune de protoxyde.

Le massicot n'a pas d'autre emploi que de servir à la préparation des miniums.

La litharge sert à préparer les autres composés du plomb, miniums, nitrate, céruse, oléate. Elle a été employée comme couleur jaune ; aujourd'hui, elle est remplacée par le chromate ; mais elle entre cependant dans la composition de plusieurs oxychlorures jaunes (1), encore utilisés comme couleurs. Le protoxyde de plomb est employé couramment, dans la verrerie, pour fabriquer les verres plombiques ou cristaux, flint-glass et strass, silicates doubles de potassium et de plomb ; il sert pour le vernissage des poteries ; c'est le fondant utilise dans la peinture sur verre et sur porcelaine. On l'emploie encore pour rendre siccatives les huiles de lin. Le plombite de soude est employé de son côté pour préparer le stannate de soude, pour teindre la corne en noir, pour obtenir des irisations sur le laiton et le bronze.

La litharge est d'un emploi courant en pharmacie pour préparer l'acétate basique de plomb et l'emplâtre simple : litharge 1, graisse de porc 1, huile d'olives 1, eau 2, qui est la base des autres emplâtres, en particulier de l'emplâtre diachylon, employé pour le sparadrap.

Bioxyde de plomb PbO^2. — Il se prépare en traitant le minium par l'acide nitrique étendu ; il se forme du nitrate de plomb qui entre en solution, et il reste du peroxyde de plomb, sous forme d'une poudre brune ; cette couleur lui a fait donner le nom d'*oxyde puce de plomb*. Le bioxyde de plomb, comme tous les peroxydes, cède facilement son oxygène, sous l'action de la chaleur, et des acides ; c'est un oxydant des plus énergiques, qui enflamme le soufre, absorbe l'acide sulfureux, donne avec l'acide chlorhydrique du chlore, comme le fait le bioxyde de manganèse. Il entre dans la composition de pâtes à allumettes et de frottoirs à allumettes, dans celle de plusieurs poudres.

Il donne avec les alcalis des plombates, car c'est un oxyde indifférent, comme le sont l'oxyde stannique, l'alumine. Le plombate de sodium est employé en impression pour produire le chromate de plomb ; le plombate

(1) Voir p. 147.

de calcium l'est en pyrotechnie. Ces qualités acides ont fait donner au bioxyde de plomb le nom d'*acide plombique*.

Oxyde salin de plomb Pb³O⁴. — Le *minium* se produit lorsqu'on oxyde du massicot. Sa couleur tend vers le rouge orangé d'autant plus que l'oxydation a été plus prononcée. Il représente une combinaison de protoxyde et de bioxyde, $2 PbO + PbO^2 = Pb^3O^4$, c'est pourquoi on le nomme oxyde salin. La céruse peut également être transformée en miniums, mais la litharge s'y prête mal ; aussi le grillage du massicot ou de la céruse doit-il se faire à température assez basse pour ne pas fondre l'oxyde de plomb, et transformer le massicot en litharge. Le meilleur minium est celui préparé avec la céruse ; c'est la *mine orange* ou *rouge de Paris*. Le minium est surtout employé, comme le protoxyde de plomb, dans la fabrication des divers verres à base de plomb, cristal, flint-glass, strass, comme pour le vernissage des poteries et l'émaillage des faïences ; son addition augmente la fusibilité des produits, leur limpidité, et la commodité de la taille.

Il entre dans la composition de mastics pour luter le verre, pour joindre les couvercles de chaudières et les tuyaux à vapeur. Le mastic au minium est formé de minium, de céruse et d'huile.

Comme couleur, il est employé dans la peinture à l'huile ; il a l'avantage de couvrir beaucoup, comme tous les composés plombiques ; mais il a l'inconvénient de noircir par les émanations sulfhydriques et d'être toxique. Il est surtout employé, à cause de sa belle couleur rouge, pour colorer les papiers, les cires, etc.

Oxyde cuivreux Cu²O. — Il existe dans la nature en octaèdres réguliers rouges, la *cuprite*. On le prépare en réduisant l'acétate de cuivre par le sucre interverti. Il sert à colorer les verres en rouge rubis. Il forme les battitures de cuivre, qui se détachent du métal lorsqu'on le bat après l'avoir chauffé au rouge à l'air.

Oxyde cuivrique CuO. — A l'état anhydre, on le produit en calcinant du cuivre à l'air, ou en calcinant du nitrate de cuivre. C'est une poudre noire, d'où le nom d'*oxyde noir de cuivre ;* elle donne sous l'action de la chaleur, vers 1000°, la moitié de son oxygène. L'hydrogène, le charbon, le réduisent avec production de cuivre métallique. Il sert, comme source d'oxygène, dans les analyses organiques ; il sert encore à colorer les verres en vert.

L'*oxyde cuivrique hydraté CuO²H²* se produit lorsqu'on traite un sel cuivrique par un alcali. Cet hydrate est bleu ; il est soluble dans l'ammoniaque, en donnant la *liqueur de Schweitzer* et l'*eau céleste ;* la première est une solution ammoniacale d'un oxyde cupro-ammonique ; la seconde est une solution ammoniacale d'un sel cupro-ammonique.

L'hydrate cuivrique est une base. Les sels cuivriques, qu'elle donne avec les acides, sont blancs à l'état anhydre, bleus ou verts à l'état hydraté ou de dissolution. Leurs réactions caractéristiques sont de précipiter un sulfure noir avec l'acide sulfhydrique et le sulfhydrate d'ammoniaque, un hydrate bleu clair, volumineux, avec la potasse et la soude, un sel basique bleu verdâtre avec l'ammoniaque : ce sel basique se dissout très aisément dans un excès d'ammoniaque, avec une coloration bleu azur (eau céleste) due à la formation d'un sel de cuivre ammoniacal ; un ferrocyanure brun rouge avec le prussiate ; de donner un dépôt rouge de cuivre métallique sur le fer métallique ; de donner sur le charbon, en présence de soude, à la flamme réductrice du chalumeau, un dépôt rouge de cuivre réduit, sans aucun enduit ; enfin, de donner une perle au borax ou au sel de phosphore dans la flamme de réduction : verte à chaud, bleue à froid ; dans la flamme d'oxydation : incolore à chaud, rouge à froid.

L'hydrate de cuivre forme la base de plusieurs couleurs très belles, bleu et vert de Brême, cendres bleues artificielles ou bleu à la chaux. Uni a différents acides, sulfurique, arsénique, stannique, silicique, acétique, il donne d'autres couleurs, que nous verrons à leur place.

Le *bleu de Brême* est de l'hydrate cuivrique préparé à partir de l'oxychlorure de cuivre ; il est employé comme couleur à l'aquarelle et à la colle, ou pour préparer la couleur à l'huile dite *vert de Brême*, qui est un simple savon de cuivre vert.

Le *bleu à la chaux*, ou *cendres bleues artificielles*, se prépare en précipitant une solution de sulfate de cuivre par un lait de chaux, en présence de chlorure d'ammonium. C'est un mélange d'hydrate de cuivre et de sulfate de calcium, employé comme couleur à l'eau ; le bleu obtenu est plus pur qu'avec le bleu de Brême. Il ne convient pas à la peinture à l'huile.

* *

La liqueur de Schweitzer a la propriété très curieuse de dissoudre la cellulose. Elle permet donc soit de la caractériser, soit de la séparer dans les mélanges, par exemple dans les tissus mixtes de fibres animales et de fibres végétales.

La solution ammoniacale d'oxyde de cuivre a été proposée pour imperméabiliser la surface d'envers des tissus tout soie et mi-soie, tandis que l'endroit reçoit une couche d'acétate de zinc, *W. Boddinghaus* (br. all., 1894). — On peut passer d'abord le tissu en tannin à 2 pour 100, ou en ferrocyanure, *Breintenfeld* (br. all., 1893).

La dissolution de cellulose dans la liqueur ammoniacale d'oxyde de cuivre a reçu une application intéressante dans la préparation d'une soie artificielle, *H. Pauly* (br. all., 1897).

L'ammoniure de cuivre a été proposé pour imperméabiliser les tissus, cartons ou papiers, après teinture, *J. Zuurdeeg* (br. fr., 1895).

L'ammoniure de cuivre additionné de soude ou de potasse a été proposé par *Marot et Bonnet*, 1897, pour donner au coton le toucher du fil.

Oxydes divers. — L'*oxyde mercurique* HgO, *précipité per se*, s'obtient
en maintenant longtemps du mercure à sa température d'ébullition ($350°$)
au contact de l'air, ou en précipitant un sel mercurique par la potasse.
Préparé par voie sèche, il est rouge ; par voie humide, il est jaune. C'est
un corps anhydre, qui cède tout son oxygène vers $400°$. Cette propriété a
permis à Lavoisier de déterminer la proportion d'oxygène renfermée dans
l'air. L'oxyde mercurique est un oxydant très énergique. Il entre dans la
composition d'une pommade antiophtalmique.

Le *protoxyde d'argent* AgO se produit en faisant agir la potasse sur le
nitrate d'argent. Sous l'action d'une solution concentrée d'ammoniaque, il
donne du *fulminate d'argent,* corps pulvérulent qui détone, à l'état sec,
par le moindre choc ou par une faible élévation de température, avec une
violence extrême.

L'*oxyde de molybdène* MoO^3 possède la fonction acide, d'où son nom
d'acide molybdique. Le *molybdate d'ammonium* est le réactif de l'acide
phosphorique, à cause d'un précipité jaune caractéristique de phosphomolybdate d'ammonium qu'il donne avec les phosphates solubles.

L'*oxyde d'uranium* UO^3 sert à colorer les verres en jaune verdâtre, avec
une belle fluorescence verte.

L'*oxyde de nickel* NiO sert à colorer les verres et la porcelaine en jaune,
l'*oxyde de cobalt* CoO en bleu, l'*oxyde de titane* en jaune.

Les *safres,* ou oxydes de cobalt impurs obtenus par grillage des minerais, servent à préparer les diverses couleurs de cobalt.

A l'oxyde d'or se rattache l'*or fulminant,* qu'on obtient en faisant digérer
l'oxyde dans une solution concentrée d'ammoniaque. Ses propriétés sont
analogues à celles de l'argent fulminant.

L'*oxyde d'iridium* sert à colorer le verre en noir.

Oxyde de thorium. — L'oxyde de thorium forme presque exclusivement, avec un demi à deux pour 100 d'oxyde de cérium, la substance
des manchons à incandescence. On y ajoute parfois de l'oxyde de zirconium,
de lanthane, etc. Ces oxydes proviennent généralement de la décomposition des nitrates.

Les manchons *Auer von Welsbach,* qui ont eu une si grande vogue,
renferment 98 à 99 parties d'oxyde de thorium et 2 à 10 parties d'oxyde
de cérium. Pour les préparer, on se sert d'un tissu de mousseline, qu'on
imprègne d'une solution de nitrates ; on fait sécher, puis on brûle le tissu.
L'oxyde de thorium reste sous une forme volumineuse. Un manchon renferme environ 4 milligrammes d'oxyde de cérium. Il semble que l'éclat
soit dû à l'incandescence de ces parcelles disséminées dans la masse
d'oxyde de thorium. — On peut aussi préparer les manchons à incandescence en trempant du coton en écheveau dans une solution d'oxyde de

thorium ; on le tricote, on incinère le manchon, on retrempe dans une solution d'oxydes de zirconium et de lanthane, on laisse sécher, on flambe au chalumeau, *Compagnie continentale d'Incandescence.*

D'après *E. Hintz* (Z. f. ang. Chemie, 1898), l'adjonction de 1 pour 100 d'oxyde de néodyme augmente un peu le pouvoir éclairant; mais celle des oxydes de zirconium, de lanthane, d'yttrium ne le fait pas. Ces substances proviennent du nitrate de thorium. On doit éviter le plus possible la présence de la chaux, qui rend les manchons friables, et provient sans doute du tissu employé pour fabriquer les manchons.

Pour augmenter la durée des manchons, *J.-C. Steinbach* (br. angl., 1897) ajoute de la silice ; soit silice 25, oxyde de thorium 96, oxyde de cérium 4. — *A. Kieserwalter* (br. all., 1897) ajoute un silicate.

Les manchons *Denayrouze* (br. fr., 1898) sont imprégnés avec une solution de eau 100 parties, nitrate de magnésium 45 à 49, nitrate de zirconium 1-3, nitrate de chrome, au maximum un millième.

Edison a breveté : Pour filaments de haute résistance destinés à l'emploi de courants, à haute tension, Edison conseille de préparer une pâte avec sucre, asphalte et le tartrate d'oxyde de zirconium ou de thorium., La pâte est forcée à travers une petite ouverture. Le filament ainsi produit est séché, puis imprégné de charbon. — On peut aussi se servir d'un fil de coton comme matière première du filament. — *C. Auer* entoure le fil de platine des lampes électriques d'un étui d'oxyde de thorium qui le rend moins fusible.

CHAPITRE VII

SOUFRE ET COMPOSÉS

Soufre S. — Le *soufre S,* poids atomique = 32, est un corps très répandu dans la nature terrestre. On l'y trouve à l'état natif, à l'état de sulfures simples ou complexes et à l'état de sulfates. Les sulfures, les sulfoarséniures, les sulfoantimoniures métalliques, sont au nombre des minerais importants que la métallurgie traite ; les anciens chimistes croyaient même que le soufre entrait dans la composition des métaux, et pour eux tous les métaux étaient composés de soufre et de mercure. Le soufre existe encore dans certains silicates, tel que le lapis-lazzuli ou outremer naturel; le charbon de terre en renferme habituellement 1 pour 100. Enfin, certaines eaux minérales, dites eaux sulfureuses, doivent leurs propriétés thérapeutiques au soufre qu'elles contiennent. — Ce n'est pas seulement le règne minéral qui renferme du soufre ; le règne végétal et le règne animal présentent de nombreuses combinaisons sulfurées, dans les essences d'ail, de moutarde, de radis, etc. ; dans certaines matières albuminoïdes, dans la laine, les poils, les crins, les cheveux, les œufs, etc.

Nous étudierons dans ce chapitre successivement le soufre, l'acide sulfhydrique et les sulfures, l'acide sulfureux et les sulfites, l'acide sulfurique et les sulfates, les composés oxygénés du soufre. Nous consacrerons ensuite quelques mots au sélénium et au tellure.

⁎⁎

Préparation du soufre. — La plus grande partie du soufre employé dans l'industrie provient du soufre natif. On le rencontre soit sous forme de dépôts superficiels, ou solfatares, dans le voisinage des volcans éteints ou de ceux en activité, soit sous forme de filons plus ou moins profonds, ou solfares.

Dans les solfatares, le soufre résulte de l'action de l'oxygène ou de l'acide sulfureux sur l'acide sulfhydrique. Les principales sont celles de Pouzzoles, de la Guadeloupe (volcan de la Soufrière), de l'Etna.

Dans les solfares, ou soufrières, ou terres de soufre, le soufre est le résultat de la réduction des sulfates alcalino-terreux par les matières organiques. Les solfares les plus vastes sont celles de Sicile ou presque toute l'Europe vient s'approvisionner, d'Italie et d'Islande. Citons encore celles de la province de Murcie, de Radoboj en Croatie, de Czarkow en Pologne, de l'île de Chilo, de Bahava près de la mer Rouge, de Apt et de Florac en France, qui sont inexploitées ; enfin, celles du Borax-Lake aux États-Unis (État du Névada) et celle du Popocatepelt au Mexique. Dans ces divers dépôts, le soufre se trouve en cristaux, en masses globulaires, réniformes, stalactitiques, ou en masses compactes. Il est mêlé a de l'argile et à des matières bitumineuses, et contient souvent de l'arsenic et quelquefois du sélénium.

On sépare le soufre de la terre qui l'accompagne soit par fusion : procédé des calkeroni ou meules de soufre suivi en Sicile ; soit par distillation à feu nu dans des cornues de terre accouplées deux à deux ; soit par fusion à l'aide de la vapeur. Tels sont les traitements suivis sur place. Le procédé le plus avantageux et le plus universellement employé est celui des calkeroni. Ce procédé a eu son motif de création dans le mauvais état des routes et dans l'absence de bois et de charbon.

C'est à cause de la cherté du combustible que le procédé par distillation, plus rationnel sur place que celui par fusion, est beaucoup moins avantageux. On l'employait autrefois dans la solfatare de Pouzzoles, aujourd'hui abandonnée. La fusion par la vapeur d'eau, procédé dû à *Gill et Thomas*, 1868, a été essayée avec succès à Naples ; il donne un rendement double de celui des calkeroni (où une partie du soufre brûle pour fournir par sa combustion la chaleur nécessaire à la fusion de l'autre partie), mais il nécessite de transporter le minerai assez loin de son gîte. Le même inconvénient existe pour le procédé par distillation. Aussi est-ce le procédé des calkeroni qui est presque universellement employé.

On a essayé de retirer le soufre des minerais qui le contiennent à l'état natif, au moyen de dissolvants. *Ballard*, 1867, avait déjà recommandé le chlorure de sodium. *Condy*, *Bollmann*, 1867, ont conseillé le sulfure de carbone, ou l'essence de goudron de houille de d = 0,88. D'après les expériences de *Bagnoli*, 1868, l'application en grand de ce procédé ne serait pas avantageuse. *Ch. Dépérais*, 1868, essaya une solution de chlorure de calcium à 120° ; ce procédé a été mis en pratique par *Dubreuil*, 1881, avec de bons succès.

Le soufre se produit dans la décomposition de l'acide sulfhydrique par la chaleur, le chlore, l'iode, l'oxygène, l'acide sulfureux, l'acide nitrique, le perchlorure de fer (*Gossage*, 1862) ; dans celle du chlorure de soufre par l'eau, des polysulfures par les acides, des hyposulfites par la chaleur et par l'acide chlorhydrique, des bisulfures métalliques ou pyrites par la chaleur.

La réaction qui donne le soufre par la calcination de la pyrite, $3\,FeS^2 = 2\,S + Fe^3S^4$, est l'image parfaite de celle qui fournit l'oxygène par la calcination du bioxyde de manganèse. L'extraction du soufre des pyrites est surtout appliquée dans les centres industriels éloignés des dépôts de soufre natif, et en vue de la fabrication de l'acide sulfurique. La pyrite peut céder le quart de son poids de soufre, sans devenir impropre à la préparation du sulfate de fer ; on se contente généralement de lui prendre la moitié de ce qu'elle peut fournir, afin de ne pas être obligé de pousser le chauffage à une température qui entraînerait la fusion du résidu et la détérioration des fourneaux.

Le soufre se produit, disons-nous, dans la décomposition de l'acide sulfhydrique soit par la chaleur seule, soit par la chaleur en présence de l'oxygène de l'air : $H^2S + O = S + H^2O$, ou de l'acide sulfureux : $2 H^2S + SO^2 = 3 S + 2 H^2O$. Ce dernier procédé a été indiqué par *Dumas*, 1830. On commence par brûler de l'acide sulfhydrique, il se produit de l'acide sulfureux que l'on dirige dans une chambre humide avec 2 volumes d'acide sulfhydrique. Mais la formation simultanée d'acide pentathionique fait perdre la moitié du soufre. Ce procédé pourrait servir de base à l'extraction du soufre des sulfates de baryte et de chaux. On transformerait les sulfates en sulfures par calcination avec du charbon, on traiterait par l'acide chlorhydrique, et l'on aurait ainsi l'acide sulfhydrique.

Par des réactions analogues, on retire le soufre des marcs de soude, *Chance*, et des cendres de soude.

Le soufre obtenu par le traitement des soufres natifs n'est qu'un produit brut. Il renferme environ 90 pour 100 de soufre pur, et des impuretés qui sont du sable, de la craie, du charbon. Le soufre brut est soumis dans les pays où on l'importe, principalement en France, à un traitement distillatoire qui donne le *soufre raffiné*. L'appareil employé est dû à *Michel*, de Marseille, 1815 : il a été perfectionné par *Lamy*. Le raffinage du soufre occasionne une perte de 11 à 20 pour 100, due à la production d'acide sulfureux et à l'existence de fuites. On observe souvent aussi à l'entrée du conduit qui fait communiquer la chambre avec les cylindres de fusion des dépôts de soufre très pur dit *soufre candi*, causes par les coups de feu.

Selon que la chambre de distillation se trouve portée à une température inférieure ou supérieure à 112°, point de fusion du soufre, celui-ci se dépose en une couche ténue de *fleurs de soufre*, ou bien il fond et on le recueille dans une petite chaudière, où on le puise pour le verser dans des moules coniques en bois de sapin humide ; le soufre s'y solidifie et donne le *soufre en canons*.

La fleur de soufre est moins pure que le soufre en canons. Elle renferme de l'eau, de l'acide sulfureux, et jusqu'à 3 pour 100 d'acide sulfurique. Aussi possède-t-elle souvent une réaction acide. On la purifie par lavage à l'eau chaude jusqu'à disparition de toute action sur le papier bleu de tournesol.

Propriétés et applications du soufre..— Les propriétés physiques du soufre sont très singulières.

A la température ordinaire c'est un corps jaune citron, insipide et inodore; il devient incolore si on le refroidit à moins 50°; il développe une odeur d'ozone si on le frotte, et en même temps il s'électrise négativement. Sa densité = 2.03.

Le soufre est mauvais conducteur de la chaleur et de l'électricité; aussi, comme il possède une structure cristalline, fait-il entendre des craquements lorsqu'on le chauffe brusquement; la chaleur de la main suffit pour les produire. Le soufre est faiblement volatil à la température ordinaire.

Il est insoluble dans l'eau, peu soluble dans l'alcool, mais très soluble dans le sulfure de carbone, les sulfures alcalins, l'éther, le chloroforme, l'aniline, les huiles essentielles, le pétrole, les huiles lourdes de houille, la benzine. L'huile de lin en dissout 0,63 pour 100 à 25°, *Pohl,* 1870; le sulfure de carbone, 24 à 0°; 37,15 à 15°, *Cossa,* 1868; 94,57 à 38°; 146,21 à 48°5; 181,3 à 55°; la benzine, 0,96 à 26°; l'éther, 0,97 à 23°5; le chloroforme, 1,3 à 22°; l'aniline, 85,27 à 130°; l'huile de houille, de d = 0,82, 43 parties à 130°, *Pelouze,* 1869.

Le soufre est soluble dans les huiles de lin, etc., dans la proportion de 4 à 5 pour 100 à froid, dans les différents éthers sulfurés, tels que les sulfures de méthyle, d'éthyle, d'amyle, d'allyle, dans les graisses minérales : vaseline, paraffine, dans les éthers nitriques, nitrate d'amyle, dans la nitrobenzine, la nitronaphtaline.

Le soufre commence à fondre a 110°. A 120°, il présente l'apparence d'un liquide jaune clair et transparent. Si l'on continue à élever la température, il brunit et prend une viscosité telle qu'à 200° on peut renverser la capsule qui le contient. Au-dessus de 230°, il redevient fluide en absorbant une grande quantité de chaleur. A 440° (447°3 Regnault, 448°2 Becquerel), il bout et distille. Le soufre fondu à 120° sert, a cause de sa fluidité, à sceller le fer dans la pierre.

Pendant le refroidissement du soufre fondu, le thermomètre reste stationnaire vers 230°, 180° et 140°, ce qui indique bien des changements d'état. Le coefficient de dilatation du soufre liquide décroît jusqu'à 170°.

La densité de vapeur du soufre = 6,654 à 500°, *Dumas,* et 2,22 à 860°, *Troost et Hautefeuille.* Elle reste alors constante et correspond à 1 volume. *Naquet* suppose que le soufre de densité de vapeur 6,654 se trouve dans un état analogue à celui de l'ozone par rapport à l'oxygène.

Le soufre affecte divers états allotropiques. En voici le tableau :

Soufre { cristallin { octaédrique. / prismatique. } amorphe { soluble. / insoluble. / trempé. / bleu.

Le soufre est donc un corps dimorphe.

Le soufre octaédrique ou orthorhombique affecte la forme de prismes droits à base rectangle. C'est dans cet état, le plus stable de tous ceux du soufre, que l'on trouve le soufre natif. On l'obtient par l'évaporation spontanée d'une dissolution de soufre dans le sulfure de carbone, ou par le refroidissement en vase clos d'une dissolution identique saturée à 60°. Ce sont des cristaux transparents, jaune clair, inaltérables à l'air à la température ordinaire. Si on maintient le soufre octaédrique à une température de 110°, il se transforme en soufre prismatique. Il est soluble dans les dissolvants signalés plus haut.

Le soufre prismatique ou clinorhombique affecte la forme de prismes obliques à base rhombe. On l'obtient en refroidissant à 110° du soufre fondu et décantant la partie liquide. Il se dissout dans les mêmes dissolvants que le soufre octaédrique, et se transforme peu à peu en cette forme, surtout si on l'humecte de sulfure de carbone.

Le soufre octaédrique et le soufre prismatique ne diffèrent pas seulement par la forme cristalline. La densité varie de 2,07 à 1,97 ; la quantité de chaleur dégagée en brûlant passe de 2 200 calories à 3 300 ; le point de fusion passe également de 113° à 118°.

La différence de forme qu'affecte le soufre cristallisé est due à une simple question de température. Cela ressort des expériences suivantes : *Ch. Deville,* ayant dissous du soufre dans de la benzine et fermé à la lampe le tube qui contenait cette dissolution, vit se former des octaèdres à la température ordinaire et des prismes à celle de 100°. *Gernez* dissout du soufre dans de la benzine à 80°, et laisse refroidir à 15° de façon à avoir une solution sursaturée. Il observa que cette dissolution donne des octaèdres au contact d'un cristal octaédrique et des prismes au contact d'un cristal prismatique.

Le soufre octaédrique est la forme la plus stable, et c'est vers sa production que tend la décomposition des autres formes. Le soufre amorphe existe à l'état insoluble ou à l'état soluble. La forme insoluble s'extrait de la fleur de soufre qui en renferme jusqu'à 38 pour 100 ; la forme soluble se prépare par l'action des acides étendus sur les polysulfures.

Le soufre *mou,* soufre *trempé,* soufre *élastique,* s'obtient en versant dans de l'eau froide du soufre chauffé vers 230°. Aux températures inférieures, les produits sont différents selon le degré initial. Si le soufre n'a pas dépassé 150°, il est soluble, tandis qu'il devient insoluble si la température a atteint 170°, *Berthelot.* Le soufre mou redevient peu à peu dur et cassant. Si on le maintient pendant une heure à 100°, il se transforme brusquement en soufre prismatique avec une élévation subite de 100° à 170°. De tous les états du soufre, c'est le moins stable. Le soufre trempé obtenu après fusion à 230° présente une couleur ambrée, il est mou et élastique comme du caoutchouc ; on s'en sert parfois pour prendre des empreintes de médaille.

Le soufre se dissout aussi dans l'acide acétique concentré. Mais son meilleur dissolvant est le sulfure de carbone.

Propriétés chimiques du soufre. — Le soufre possède des affinités énergiques, et il se combine directement avec un grand nombre de corps simples. Il joue le rôle de comburant vis-à-vis la plupart d'entre eux, absolument comme le fait l'oxygène ; il est combustible vis-à-vis l'oxygène lui-même et les métalloïdes de la première famille.

Il donne directement avec le chlore du *protochlorure de soufre*, liquide jaune, fumant à l'air, d'une odeur irritante et fétide, bouillant à 139°, qui dissout abondamment le soufre et sert pour ce motif, mélangé avec le sulfure de carbone dans la proportion de 2 pour 100 de chlorure de soufre, à vulcaniser le caoutchouc ; et le *perchlorure de soufre*, liquide rouge foncé, fumant à l'air, bouillant à 64°. Le chlorure de soufre a été proposé pour extraire l'or et la platine de leurs minerais, *de Rigaud*, 1897.

Le soufre joue aussi le rôle de combustible vis-à-vis l'oxygène. Il brûle à 250° dans l'air ordinaire ; il brûle avec un grand éclat dans l'oxygène pur. Dans cette combustion, le soufre se transforme en acide sulfureux SO^2, que nous verrons plus loin.

À titre de combustible, le soufre joue facilement le rôle d'un réducteur ; c'est ainsi qu'il réduit l'acide nitrique, et se transforme en acide sulfurique ; il peut réduire à son tour l'acide sulfurique lui-même, en fournissant de l'acide sulfureux par réduction de l'acide sulfurique et par oxydation simultanée du soufre en action.

Le soufre, au contraire, joue le rôle de comburant vis-à-vis les autres métalloïdes et les métaux. Il se combine directement au carbone, pour produire du sulfure de carbone CS^2, composé très employé que nous étudierons en détail. Il se combine directement au phosphore. Sec, il est sans action sur les métaux à la température ordinaire ; mais si la température s'élève, il s'unit directement à presque tous, avec dégagement de chaleur et de lumière. Le fer, le cuivre, le plomb, brûlent avec incandescence dans la vapeur de soufre, comme ils le font dans l'oxygène. Un mélange très intime de zinc et de soufre (2 à 1) détone sous le choc ou prend feu au contact d'une allumette enflammée. Le résultat de cette combinaison est la production d'un sulfure métallique. Elle est souvent favorisée par la présence de l'humidité. La limaille de fer se combine même à froid avec le soufre très divisé (2 à 1) dès qu'on l'humecte d'eau, et la chaleur de la réaction suffit à amener une abondante production de vapeur d'eau : c'est l'expérience du *volcan de Lémery*.

Le soufre se dissout dans les solutions d'alcalis, de sulfures alcalins, de sulfosels. Avec les alcalis il donne un hyposulfite, un sulfhydrate et un polysulfure. Il s'unit également à un grand nombre de composés organiques, en donnant des combinaisons définies ou complexes.

Lorsque le soufre joue le rôle de comburant, il présente l'analogie la plus complète avec l'oxygène, qui est le comburant par excellence. Son

poids atomique, sa densité de vapeur égalent exactement le double des
valeurs correspondant à l'oxygène. Son mode de préparation à partir des
bisulfures est l'image de celui de l'oxygène à partir des bioxydes. Ses
propriétés sont identiques ; n'avons-nous pas vu les métaux brûler dans la
vapeur de soufre comme ils le font dans l'oxygène pur ? La structure des
combinaisons du soufre, leur préparation, leurs fonctions, leurs propriétés
générales, sont également analogues à celles des composés de l'oxygène,
comme le montrent les deux listes suivantes :

K^2S, KSH, CS^2, CS^3K^2,
K^2O, KOH, CO^2, CO^3K^2.

Usages du soufre. — Ils sont très nombreux, et on en consomme rien
qu'en France plus de 600 000 tonnes.

Le soufre brut sert à la préparation de l'acide sulfureux et de l'acide
sulfurique, ainsi que du sulfure de carbone, des divers sulfures, de l'or
mussif, des outremers, de la diélectrine, de combinaisons organiques
sulfurées.

Le soufre raffiné sert à la fabrication de la poudre, des mélanges
pyrotechniques, des allumettes.

Le soufre en fleurs est employé pour vulcaniser le caoutchouc, blanchir
la laine et la soie, éteindre les feux de cheminée, préparer des emplâtres
pour les maladies cutanées, prendre des empreintes de médaille, sceller
le fer dans la pierre.

C'est surtout pour le soufrage des vignes que la fleur de soufre est
employée. On utilise à cet effet plus de 25 pour 100 de la production totale
du soufre.

Enfin, le lait de soufre, préparé par action d'un acide sur un hyposulfite, est ordonné quelquefois comme laxatif à la dose de 6 à 8 grammes.

* *

Nous allons reprendre en détail ces diverses applications.

La préparation de l'acide sulfureux, celles de l'acide sulfurique, du
sulfure de carbone, des différents sulfures, des outremers, la vulcanisation
du caoutchouc, seront étudiées plus loin en détail.

La *diélectrine* est le résultat de la fusion du soufre avec la paraffine ;
cette substance constitue un bon isolant électrique.

La poudre ordinaire est un mélange de nitrate de potasse, de soufre
et de charbon. Nous l'étudierons également en détail à propos du premier
de ces corps. Le soufre y joue le rôle de combustible.

Il est également employé à titre de combustible pour les *allumettes
soufrées*. Mais l'odeur désagréable que celles-ci dégagent en brûlant et qui
est due à une production d'acide sulfureux, a amené le remplacement du
soufre par la paraffine. Au contraire, c'est la production même d'acide
sulfureux, qui est un énergique antiseptique, qui rend si efficace l'emploi

des *mèches soufrées* pour la désinfection des tonneaux, etc. Les allumettes et les mèches soufrées se préparent par simple trempage dans le soufre fondu.

La production de l'acide sulfureux dans la combustion du soufre reçoit encore d'autres applications. Le blanchiment de la laine, de la soie, de la paille, celui du houblon, en consomme des quantités notables. Le soufre a aussi été employé pour éteindre les feux de cheminée, mais comme il brûle difficilement dans l'air si la température n'est pas suffisante, on lui a substitué généralement le sulfure de carbone.

L'efficacité du soufre dans le traitement de la gale ou des maladies cutanées est connue depuis longtemps, puisqu'Albert Le Grand la signalait déjà. On l'emploie généralement mêlé a un alcali, c'est-à-dire sous forme de sulfure alcalin. Contre la gale, on fait aussi des fumigations de soufre. Ces fumigations servent également comme moyen de désinfection. On emploie aussi dans ce dernier but le soufre mélangé a d'autres substances désinfectantes, nitrates, bioxydes, chlorates. Il ne faut pas oublier que ces mélanges sont explosifs à sec.

Le soufre détruit certains cryptogames des végétaux, et dans ce but on en fait un grand usage pour combattre l'oïdium Tuckerii de la vigne. Son efficacité pour le soufrage des vignes est d'autant plus grande qu'il est plus finement divisé ; en dehors de la fleur de soufre, on utilise avec avantage le soufre précipité, et le soufre provenant de l'épuration du gaz d'éclairage.

L'application du soufre fondu au scellement du fer dans la pierre n'est pas heureuse, car la formation d'un sulfure de fer sous l'influence de l'humidité entraîne une dilatation du mastic, et fait éclater la pierre. Par contre, l'application à la prise d'empreintes de médailles, au moyen de moules creux en plâtre fin, donne de bons résultats.

P. Wohl et *C. Heinzerling* ont proposé (br. all. 1897) pour conserver les substances alimentaires, un bain de soufre additionné de quelques centièmes d'huile ou de paraffine, et chauffé vers 120°, c'est-à-dire un peu au-dessus du point de fusion.

Le soufre entre dans la composition d'un excellent lut pour joints de chaudières. Ce lut se solidifie en quelques heures. Il se compose de soufre 3 à 20, limaille de fer 100, sel ammoniac 3 à 5, eau pour faire une pâte.

Sulfure de carbone. — Le soufre s'unit au carbone à la température du rouge pour donner directement un bisulfure CS^2. Ce corps a été découvert en 1796 par *Lampadius*. Le premier appareil de production consiste simplement dans un tube de porcelaine où l'on chauffe au rouge du charbon de bois ; on y introduit par une extrémité de petits fragments de soufre, qui fondent d'abord, puis se volatilisent, et l'union avec le carbone s'effectue. Les vapeurs de sulfure de carbone ainsi produites sont conduites par un tube recourbé dans un flacon tubulaire entouré de glace. — On peut se servir aussi d'une cornue tubulée en terre ; le soufre est introduit par le tube. L'inconvénient de ce dispositif est que les cendres se rassemblent au fond de la cornue tout autour du tube et mettent obstacle à la continuité de la préparation. *Deiss,* 1848, combina un appareil à faux fond percé de trous, et c'est à lui que l'on doit la fabrication industrielle du sulfure de carbone (1).

Deiss ensuite (certificat d'addition du 4 août 1856 à son brevet d'application de 1855) combina un système de tubes étranglés pour l'introduction du soufre, dans lesquels les cartouches font tampon et qui permettent, sans interrompre le travail, d'introduire dans les cornues tout à la fois du soufre et du carbone, et sans dégagements de vapeurs. Les appareils Deiss ont été imités par *Péroncel,* puis perfectionnés par *Gérard.*

Le sulfure de carbone ainsi préparé est coloré en jaune par du soufre, dont il peut contenir en dissolution jusqu'à 12 pour 100 ; il possède une odeur extrêmement désagréable, qu'il doit probablement à la présence d'oxysulfure de carbone ; on le purifie par rectification. On lui enlève son odeur en le mettant en contact vingt-quatre heures avec $\frac{1}{2}$ pour cent de sublimé corrosif, *S. Cloez* 1865, ou avec de la tournure de cuivre, *Millon* 1874. Le simple contact suffit, sans agitation.

Le prix du sulfure de carbone s'abaissa rapidement dès la mise en pratique du procédé Deiss : en 1846, 50 à 60 francs le kilo ; en 1847, 30 à 40 francs le kilo ; en 1848, 10 à 2 francs le kilo ; en 1849, 2 francs à 0 fr. 50 le kilo.

Propriétés et applications du sulfure de carbone. — Le sulfure de carbone est un liquide incolore, très mobile, d'une odeur agréable lorsqu'il est bien pur ; mais en général il exhale l'odeur des choux fermentés ; il est plus lourd que l'eau ; sa densité $= 1,268$.

Il bout à 45°, sa densité de vapeur $= 2,64$. Sa tension de vaporisation même à la température ordinaire est assez forte, et dès 20° il émet une quantité notable de vapeur. La rapidité de sa vaporisation produit un refroidissement très grand qui peut aller jusqu'à—60°, si on la réalise dans le vide. A la température ordinaire, le froid produit par l'évaporation du sulfure de carbone est suffisant pour congeler aisément l'eau. Une feuille de papier buvard trempée dans une solution riche en sulfure de carbone et exposée aux rayons du soleil se recouvre rapidement d'une couche de givre. Si sur une planchette de bois on dépose quelques gouttes d'eau,

(1) Voici dans quelles circonstances il fut amené à s'occuper de cette question : « En 1846, en ma qualité de pharmacien, raconte-t-il, je fus chargé par M. Soubeiran d'un internat à l'hôpital Saint-Louis, à Paris. La vie du pharmacien laissant beaucoup de loisirs aux internes, j'ai cru devoir les utiliser en me livrant à des recherches de chimie industrielle. C'est rue des Récollets, n° 8, dans le voisinage de l'hôpital Saint-Louis, que je créais un laboratoire ; je fis des recherches pour trouver un procédé pratique de fabrication du CS4 qui, à cette époque, valait de 50 à 60 francs le kilo. »

puis une capsule métallique contenant un peu de sulfure de carbone, et qu'on effectue la vaporisation de ce dernier au moyen d'un soufflet, la capsule adhère bientôt au bois par suite de la congélation de l'eau.

Mais le sulfure de carbone ne se solidifie lui-même qu'à la température très basse de — 116°. Il sert à construire des thermomètres pour basses températures.

Le sulfure de carbone est un peu soluble dans l'eau, 2 grammes environ par litre à 0°; sa solubilité diminue avec la température. Il se mélange en toute proportion avec l'alcool, l'éther et les liquides analogues.

Il dissout l'iode, et la solution présente une coloration rose ; ce qui permet en analyse chimique de reprendre et de caractériser l'iode.

Il dissout le soufre. Cette dissolution permet de préparer par simple évaporation le soufre octaédrique. Elle est employée couramment pour la vulcanisation du caoutchouc.

Il dissout le phosphore. Cette dissolution porte le nom de feu liquide parce qu'elle sert à remplir des projectiles incendiaires, et aussi de feu *fénian* parce que les fénians irlandais s'en sont servis pour accomplir sans danger leurs méfaits criminels. En effet, si une substance combustible quelconque se trouve imprégnée de cette dissolution, elle prend feu peu de temps après parce que, le sulfure de carbone s'évaporant aisément à l'air, il reste sur la substance imprégnée un dépôt de phosphore extrêmement divisé qui ne tarde pas à s'enflammer spontanément. — Comme le sulfure de carbone ne dissout pas le phosphore rouge, il sert à séparer celui-ci de toute trace de phosphore ordinaire.

Le sulfure de carbone dissout le caoutchouc, la gutta-percha. Cette propriété est appliquée pour purifier ces corps, pour coller entre elles des feuilles de caoutchouc, ou pour préparer une colle dite *colle à la gutta,* qui est excellente pour souder cuir sur cuir, en cordonnerie ou dans la fabrication des courroies. Dans certains ateliers, on ajoute à la colle à la gutta un tas d'ingrédients nuisibles ou inutiles. La dissolution de caoutchouc est utilisée pour fixer sur le papier, les tissus, etc., des tontisses de laine, de la farine de moutarde (pour sinapismes *Rigollot*), etc.

Il dissout la cire ; le *vernis à la cire* a été proposé pour préparer le papier ciré, pour recouvrir de cire les objets en plâtre, etc.

Il dissout les matières grasses, les résines, les parfums, etc., et le bas prix auquel on peut se le procurer maintenant a étendu les applications du sulfure de carbone dans cette voie. Ce fut Deiss qui eut l'heureuse idée de l'appliquer à l'extraction industrielle des corps gras par une combinaison d'appareils qui permet la régénération intégrale du sulfure de carbone engagé dans les matières soumises à ce traitement.

Le principe des appareils Deiss est à noter : « Chaque fois, dit-il, qu'il s'agit d'extraire une matière par un dissolvant, il faut que le déplacement ait lieu de haut en bas toutes les fois que la densité du dissolvant est plus petite que la densité de la matière à dissoudre dans ce produit. »

Le premier brevet *Ed. Deiss,* pour un nouveau procédé d'extraction du sulfure des os, ainsi que pour le dégraissage des laines au moyen du sulfure de carbone, comme agent séparateur de toutes espèces de graisses ou de résines contenues sur ou dans n'importe quel corps, également l'extraction des huiles des graines oléagineuses, est du 13 novembre 1855. Des certificats d'addition successifs ont eu en vue, en 1856, la fabrication de la gélatine avec les os dégraissés ; en 1857, le dégraissage des draps, des laines en suint, des débourrages et des déchets de laines ; la méthode du déplacement de bas en haut du sulfure de carbone pour l'extraction des huiles des graines oléagineuses ; l'emploi de la vapeur d'eau chaude surchauffée à l'extérieur pour chasser le sulfure contenu dans les graines, sans mouiller celles-ci ; l'emploi de la machine pneumatique et d'un courant d'air chaud à travers les graines ; en 1857, le dégraissage des peaux ; le traitement des soies après le décrusage au savon ; en 1859, le séchage préalable des graines oléagineuses en poudre ; en 1860, la désulfuration des corps gras extraits par le sulfure de carbone, au moyen du traitement par un lait de chaux ; l'extraction des parfums, comme la maison Ferrand l'appliqua.

Les procédés d'extraction des corps gras et résineux au moyen du sulfure de carbone conduisent à des résultats économiques très satisfaisants dans plusieurs industries ; ils ont permis d'extraire, des résidus, tourteaux ou marcs industriels inutilisés auparavant, les graisses et les résines qui s'y trouvaient perdues. L'énumération sommaire de ces résidus comprend la glycérine goudronneuse, ou dépôt brun de la saponification sulfurique des acides gras, les cambouis des matières employées au graissage, les graisses de cuisine, les chiffons gras et les étoupes qui ont servi au nettoyage et au graissage des machines, les résidus de l'extraction de la cire, les sciures de bois après qu'elles ont servi au filtrage des huiles épurées, les dépôts boueux des huiles traitées à l'acide sulfurique, les tourteaux des graines oléagineuses, les pains de creton qui restent après pression des suifs bruts fondus, les détritus de cacao, les marcs d'olives, les os d'animaux, les laines goudronnées, les laines marquées, les déchets laineux des cardes. Le procédé de traitement de ces divers résidus graisseux par le sulfure de carbone permet de retirer une proportion de graisse bien supérieure à celle que l'on extrait par le procédé à l'eau chaude. Ce traitement est fort économique lorsqu'on récupère le sulfure de carbone. Mais les tourteaux ainsi traités ne peuvent plus servir à l'alimentation du bétail : ils ne peuvent être utilisés que pour l'engrais des terres.

Le pouvoir dissolvant que le sulfure de carbone possède à l'endroit des corps gras, graisses, huiles, etc., est appliqué en grand pour extraire les parfums des plantes ou pour dégraisser la laine brute.

Pour l'extraction des parfums végétaux, on emploie le sulfure bien purifié. L'évaporation lui fait abandonner la matière grasse et odorante dans le même état que si elle avait été obtenue par la pression.

Le *dégraissage de la laine brute* par le sulfure de carbone a été indiqué pour la première fois par *Fr. Deiss*, 1856. D'autres dissolvants neutres ont été proposés depuis, le toluène, la benzine, un mélange de benzine et d'oxychlorure de soufre, *Zebrowski*. Cette méthode de dégraissage à l'aide de liquides volatils et inflammables nécessite d'opérer en vase clos, de débarrasser ensuite la laine de toute trace du dissolvant, et de récupérer celui-ci le mieux possible. Un grand nombre d'appareils ont été brevetés dans ce but, depuis celui de Deiss, principalement à l'étranger (1). Ceux proposés en vue d'un travail continu sont dus aux anglais *Thomas*, 1871, *Singer et Judell*, 1888, *G. et A. Burnell*, 1888.

Le sulfure de carbone s'enflamme avec la plus grande facilité, aussi son transport et sa garde doivent-ils être accompagnés de précautions. Il brûle à l'air, avec une flamme bleu rougeâtre, en donnant de l'acide sulfureux et de l'acide carbonique : $CS^2 + 6O = 2SO^2 + CO^2$. Ces deux corps sont éminemment impropres à la combustion, aussi le sulfure de carbone est très efficace pour combattre les incendies qui se produisent dans les lieux clos, caves, cheminées, etc. La production de l'acide sulfureux, qui est un excellent antiseptique, fait de la combustion du sulfure de carbone un moyen général de désinfection assez fréquemment employé, et d'un usage plus rapide et plus aisé que celui du soufre seul.

Le sulfure de carbone ne brûle pas seulement dans l'air ou dans l'oxygène ; il brûle aussi dans les gaz très oxygénés. Sa vapeur mêlée à l'oxygène donne des mélanges détonnants, aussi faut-il le manier loin de toute flamme. Sa vapeur mêlée au bioxyde d'azote fournit une lumière éblouissante qui a été proposée pour les éclairages en photographie et dans les travaux publics la nuit.

Les métaux le décomposent en donnant un sulfure et du charbon. *Fremy* a obtenu par ce moyen plusieurs sulfures cristallisés.

Il jouit de propriétés acides, qui lui ont fait donner le nom d'*acide sulfocarbonique*. Nous avons constaté qu'il est l'image de l'acide carbonique, et il donne des sulfocarbonates analogues aux carbonates. Les *sulfocarbonates alcalins,* que l'on prépare directement en combinant les sulfures alcalins avec le sulfure de carbone, ont été employés avec succès contre le phylloxera des vignes, *Dumas*, 1872.

Le sulfure de carbone est d'ailleurs un antiseptique énergique (2). Même en solution aqueuse, il arrête les fermentations. Il est employé aussi avec succès contre le phylloxera ; le meilleur mode de l'utiliser dans ce but consiste à mouiller de sulfure de carbone les racines des ceps au moyen de pals injecteurs.

(1) On trouvera la description des principaux brevets pris jusqu'en 1891 dans une conférence faite à Bradfort par M. le professeur J.-J. Hummel (in The Journal of the Society of Dyers, 1891, Wool secouring with volatile liquids, pp. 1-19, 27 fig.

(2) Cf Berichte, 1876, pp. 707, 828, 1080.

Ce corps est un toxique. Ses vapeurs exercent une action nuisible sur la santé générale, et semblent amener l'affaiblissement de l'intelligence. On s'en sert parfois pour détruire les insectes nuisibles, teignes, charançons, etc., et pour détruire les rats dans leurs trous. On asperge aussi de sulfure de carbone les semences destinées aux sols où les insectes pullulent.

Outremers. — L'outremer est l'une des plus belles couleurs bleues. Au commencement de ce siècle, on la retirait encore du lapis-lazzuli ou pierre d'azur. Aujourd'hui, on se sert de l'outremer artificiel. Sa production artificielle fut constatée en 1814 par Tassaert dans un four à soude, à Saint-Gobain, puis par Kuhlmann dans un four à sulfate, à Lille. Vauquelin analysa ces produits fortuitement venus au jour, et jugea qu'ils ne différaient pas de l'outremer naturel, dont on connaissait la composition par les recherches de Clément et Desormes. Vauquelin en conclut « la possibilité d'imiter la nature dans la production de cette précieuse couleur », et la Société d'Encouragement pour l'Industrie nationale créa en 1824 un prix de 6 000 francs pour la fabrication d'un produit artificiel réunissant les qualités de celui qu'on retirait du lapis-lazzuli.

C'est à *J.-B. Guimet* que revint l'honneur de résoudre le problème, et, en juillet 1826, ainsi que le prouvent ses cahiers d'expériences, il découvrait l'outremer artificiel. Il commença à le livrer en 1827; le peintre Ingres fut l'un des premiers qui l'employa. Guimet publia sa découverte en 1828; la Société d'Encouragement lui décerna son prix la même année. De son côté, *Chr. Gmelin,* de Tübingen, arriva également à préparer de l'outremer artificiel, mais son procédé, découvert et publié en 1828, comportait plusieurs cuites, tandis que celui de J.-B. Guimet était en une seule cuite et présenta dès le début de l'importance industrielle.

L'outremer se prépare en calcinant ensemble un mélange de kaolin, carbonate de sodium, soufre et réducteur, par exemple : 100 parties de kaolin, 100 parties de soude, 60 parties de soufre et 12 parties de charbon. Il se produit un grand dégagement d'acide sulfureux. L'acide sulfureux et l'anhydride sulfurique semblent être les agents actifs du bleuissement de la masse; mais on peut employer d'autres agents, surtout les anhydrides acides, l'anhydride sulfurique, le gaz chlorhydrique sec, l'anhydride phosphorique, le chlore sec. Par SO^3 et HCl, le bleu se développe dans la masse avant le rouge vif; on fait se produire SO^3 dans la masse en y mélangeant du bisulfate de sodium. L'outremer au carbonate de sodium est l'outremer français; sa nuance est bleu pur. Il est d'ailleurs fabriqué actuellement aussi en Allemagne.

L'outremer retiré du creuset ou du four de calcination est lavé, et les eaux de lavage sont alcalines et chargées de polysulfures pour les outremers verts, neutres pour les bleus, acides et chargées d'alumine pour les roses et les blancs. On le dessèche, puis on le tamise. On peut obtenir des nuances claires ou foncées.

« L'outremer, dit *Em. Guimet,* est un produit obtenu par la combinaison du soufre, de la soude, de la silice et de l'alumine, produit caractérisé par son insolubilité dans l'eau et sa décomposition par les acides étendus. Cette décomposition est toujours accompagnée d'un dépôt de soufre et se manifeste par la décoloration du produit et le dégagement d'un acide du soufre, acide sulfhydrique ou acide sulfureux. » La coloration de l'outremer paraît due au soufre ; elle est différente suivant que l'outremer est moins ou plus oxydé, et passe du brun au vert, au bleu, au violet, au rose, au blanc, à mesure que la quantité d'oxygène absorbé augmente. « On obtient les différents outremers avec les mêmes proportions de silice, d'alumine, de soude et de soufre. Un même creuset oxydé inégalement peut présenter simultanément les six couleurs. Étant donné un outremer brun, on peut le faire tourner successivement au vert, au bleu, au violet, au rose et au blanc, rien qu'en l'oxydant peu à peu à la température rouge sombre. On peut de même faire descendre à l'outremer blanc toute la gamme de ces nuances jusqu'au brun, en désoxydant successivement les différents outremers obtenus. »

On a fait des outremers à base de potasse : ils sont tous blancs : à base de baryte : ils sont jaunes, verts et bleuâtres ; à base de chaux : ils sont blancs.

Th. Morel a obtenu des outremers au sélénium et au tellure. Les outremers au sélénium sont noir, brun, rouge vif, rose, blanc ; ceux au tellure sont jaune, vert, gris, blanc.

Plicque remplace les kaolins qui donnent ordinairement la silice et l'alumine par du silicoaluminate de soude ; il fait passer un courant d'acide sulfureux à 600°, et obtient un outremer bleu de formule 3 SiO^2, Al^2O^3, NaO, SO où la proportion de soufre est moitié de celle qui existe dans les outremers naturels et artificiels.

Ces expériences, d'après *Em. Guimet,* prouvent une fois de plus que les couleurs sont indépendantes de la silice, de l'alumine et même de la soude ; que c'est un métalloïde plus ou moins oxygéné qui les produit, probablement un sesquioxyde de soufre, et que les silicates alumineux et sodiques qui aident à leur constitution ne sont probablement que des véhicules, des fixatifs, des absorbants ou des mordants dont l'action ne se fait sentir qu'à des températures élevées.

L'outremer bleu présente une coloration bleu d'azur splendide qui en fait une substance très intéressante comme colorant pigmentaire ; elle a de plus l'avantage de n'être à aucun point attaquée par l'eau ou par les lessives alcalines, mais elle a par contre l'inconvénient d'être décolorée par les acides et même par les sels à réaction acide, tels que l'alun, le sulfate de zinc ; il se dégage en même temps de l'hydrogène sulfuré.

Les propriétés de l'outremer varient avec le mode de fabrication qui, lui, varie avec chaque usine.

L'outremer est la plus employée des couleurs bleues. Elle est utilisée comme couleur de peinture ou de badigeonnage ; elle sert beaucoup dans l'impression des tissus, la coloration du papier, l'imprimerie en couleurs, l'azurage. L'outremer vert est également utilisé comme couleur de badigeonnage.

Azurage ou passage au bleu. — Les blancs jaunes paraissent blanc pur si on couvre le jaune d'une couleur complémentaire prise dans la région du bleu et du violet. L'outremer est la couleur la plus employée pour obtenir ce résultat: on s'en sert pour azurer le linge, la toile, les pâtes à papier, les laits de chaux pour le badigeonnage, le blanc de baryte, l'amidon, les stéarines et paraffines, les sucres raffinés.

L'azurage du papier nécessite un outremer qui supporte l'action de l'alun employé dans le collage du papier ; pendant longtemps ou n'a pu faire du papier azuré qu'en collant le papier avec une quantité insuffisante d'alun, de façon à ne pas exercer d'action destructive sur l'outremer employé ultérieurement. Le desideratum a été résolu en 1862 par la fabrication *Deschamps frères*.

L'outremer *Deschamps frères*, résiste à l'alun et aux acides ; il est très employé dans la fabrication du papier, dans l'azurage du sucre raffiné ; l'outremer *Guimet* est très employé dans l'azurage du linge.

Lorsqu'on se sert de sucres azurés par l'outremer pour préparer la limonade commune du Codex, on constate parfois que la limonade présente une odeur particulière. *Balland,* in J. de pharmacie, 1877, attribue cette odeur à la décomposition lente de l'outremer par les acides du citron.

Production de l'outremer. — Il existe en ce moment quatre fabriques d'outremer en France (1).

La production française est d'environ trois millions et demi de kilos par an, dont la moitié est attribuable aux fabriques Deschamps, qui en exportent à l'étranger une proportion notable. Il existe onze fabriques en Allemagne, trois en Angleterre, deux en Belgique, deux aux Etats-Unis. Les quatre fabriques françaises sont syndiquées depuis peu.

Bibliographie de l'outremer. — La bibliographie la plus développée de l'outremer est celle qui est donnée dans notre Dictionnaire méthodique de bibliographie des Industries tinctoriales.

Vulcanisation du caoutchouc. — Le caoutchouc reste flexible même aux basses températures si on le combine avec du soufre : cette combinaison chimique du caoutchouc et du soufre porte le nom de *caoutchouc*

(1) L'usine Émile Guimet, la première, à Fleurieu-sur-Saône près Lyon, fondée en 1831 par J.-B. Guimet ; l'usine Deschamps frères, à Vieux-Jean-d'Heurs, et à Renesson, Meuse, maison fondée en 1856 ; l'usine F. Richter, à Lille ; l'usine L. Robolin, à Dijon.

vulcanisé; elle a été découverte par *Goodyear,* 1842, *Hancock et Lüdersdoff,* 1843. Dans le procédé Goodyear, on chauffait à 130°-140° du caoutchouc saupoudré de soufre. Dans le procédé Hancock, on plongeait des feuilles minces de caoutchouc dans du soufre fondu à 120°. Actuellement, on effectue la vulcanisation en plongeant le caoutchouc dans une dissolution de soufre, ou dans un mélange de sulfure de carbone et de chlorure de soufre, *Parkes,* 1846.

D'après *C. Weber* (1895, J. of S. of chemical Industry), de petites quantités d'iode semblent exercer une action favorable dans la vulcanisation du caoutchouc à chaud au moyen du soufre.

On a proposé aussi d'employer la benzine pour étendre le chlorure de soufre. Le liquide de vulcanisation se compose de benzine, bouillant entre 82° et 100°, 95 parties, et chlorure de soufre, 5 parties, *C. Dreyfuss* (br. all., 1895).

Dans la vulcanisation en autoclave, on enveloppe le caoutchouc de toiles qui sont assez vite mises hors d'usage par l'acide sulfurique qui se forme. *V. Giraud* (br. fr., 1898) propose de les préserver en les imprégnant avec un lait de chaux.

L'incorporation de 1 à 2 pour 100 de soufre conserve au caoutchouc toute son élasticité dans les limites de température — 20° à + 80°, tout en l'empêchant de devenir poisseux aux hautes températures, ou de durcir par le froid. Mais le caoutchouc vulcanisé perd la propriété de se souder à lui-même. Lorsque la proportion de soufre incorporé atteint 30 à 40 pour 100, on obtient le caoutchouc durci, dû également à *Goodyear,* 1852.

SULFURES

Les combinaisons du soufre avec les métaux, ou *sulfures,* présentent les plus grandes analogies avec les oxydes et se partagent en groupes analogues (1).

Un grand nombre se trouve à l'état naturel, et ils constituent les principaux minerais métallurgiques : tels sont le kermès ou oxysulfure d'antimoine $Sb^2O^2S^4$, l'orpiment As^2S^3 et le réalgar As^2S^2 ou sulfures d'arsenic, la pyrite jaune FeS^2, la blende ZnS, la galène PbS, l'argyrose Ag^2S, le cinabre HgS, la stibine Sb^2S^3, la bismuthine Bi^2S^3, la chalcosine Cu^2S, tous sulfures simples de fer, de zinc, de plomb, d'argent, de mercure, d'antimoine, de bismuth, de cuivre ; la chalcopyrite $Cu^2S Fe^2S^3$, la philipsite, sulfures doubles de fer et de cuivre; le mispickel, arséniosulfure de fer. — Le traitement métallurgique des sulfures consiste essentiellement à les griller sous l'action d'un courant d'air pour transformer leur soufre

(1) Voir p 407.

en acide sulfureux et leur métal en oxyde ; l'acide sulfureux est utilisé à la fabrication de l'acide sulfurique, et l'oxyde est réduit par du charbon pour donner le métal.

Les sulfures se préparent par combinaison directe du soufre et du métal, par réduction d'un sulfate, ou encore en faisant agir un sulfure, tel l'acide sulfhydrique, sur une solution métallique. Ils répondent généralement aux formules $\ddot{R}S$ ($\dot{R}^2S$) ou $\ddot{R}S^2$ ($\dot{R}^2S^2$).

Les sulfures naturels sont généralement cristallins, opaques, doués de l'éclat métallique. La pyrite est dorée, le cinabre rouge, la blende grise, les autres sulfures sont gris noirâtres. Préparés par voie humide, ils sont noirs ou bruns, sauf le sulfure de zinc blanc, celui de manganèse chair, de cadmium, d'étain jaunes, d'antimoine orangé, et ces colorations permettent de les caractériser à l'analyse. Il est à noter que la couleur peut varier avec le mode de préparation, puisque le sulfure de mercure préparé par voie humide est noir et par voie sèche est rouge : le sulfure d'antimoine naturel est gris métallique ; préparé artificiellement, il est rouge orangé.

Les sulfures alcalins et alcalino-terreux sont solubles dans l'eau ; tous les autres sont insolubles. C'est la base de la classification analytique des métaux.

Par l'action de la chaleur, ils fondent à une température généralement inférieure à celle du métal si elle est élevée. Quelques sulfures sont volatils, tels sont ceux d'arsenic, de mercure, de cadmium. Une chaleur suffisante leur fait perdre la totalité : or, platine, mercure, ou une partie de leur soufre : pyrite.

La production des sulfures métalliques est appliquée à la coloration, à la métallisation et au moirage de nombreuses matières : fils, tissus, métaux ; boutons, C. Franze (br. all., 1897).

L'oxygène et l'air décomposent les sulfures à une température suffisamment élevée, en donnant avec le soufre de l'acide sulfureux ; le métal passe à l'état d'oxyde, ou même de métal libre, si l'oxyde est décomposable par la chaleur : mercure. Ces réactions sont la base de nombreux traitements métallurgiques, grillage, etc.

Seuls, les sulfures alcalins et alcalino-terreux et celui de magnésium, lorsqu'on les calcine à l'air, se transforment en sulfates irréductibles. Les sulfures alcalins sont tellement avides d'oxygène, qu'à l'état sec et très divisé ils constituent des pyrophores qui s'enflamment spontanément à l'air.

Certains sulfures s'oxydent à la température ordinaire, lorsque l'air est humide, et c'est le cas de la pyrite, inaltérable à l'air sec, mais qui à l'air humide donne, à la température ordinaire, du sulfate ferreux. On trouvera dans ce fait l'explication des incendies qui se développent dans certaines houillères pyriteuses ou dans certaines cargaisons de houilles pyriteuses.

Les métaux décomposent les sulfures des autres métaux qui dégagent moins de chaleur dans leur sulfuration. L'ordre suivant lequel ils se déplacent est le suivant : cuivre, fer, étain, zinc, plomb, argent. Applications dans les traitements métallurgiques, où, par exemple, on se sert de fer pour déplacer le plomb de son sulfure.

Les acides concentrés, l'acide chlorhydrique particulièrement, agissent énergiquement sur tous les sulfures, sauf sur ceux des métaux précieux : il se produit un chlorure, et de l'acide sulfhydrique se dégage ; il y a de plus un dépôt de soufre avec les polysulfures.

L'acide nitrique concentré transforme par oxydation plusieurs sulfures en sulfates : plomb. Tous les sulfures fondus avec du carbonate de potassium en présence de nitrate de potassium donnent aussi des sulfates.

Tous les sulfures, par fusion avec la potasse, donnent des sulfures solubles.

On caractérise les sulfures par le dégagement d'acide sulfhydrique qu'ils donnent sous l'action d'un acide, par la coloration noire au papier plombique, à la lame d'argent, par la coloration violet-rouge intense au nitroprussiate de sodium en présence d'une goutte de soude.

En dehors de leur application générale comme minerais métalliques, les sulfures servent à la fabrication de l'acide sulfureux et partant de l'acide sulfurique, et à la préparation de l'acide sulfhydrique. Un certain nombre d'entre eux sont utilisés comme colorants.

.˙.

Les sulfures métalliques que nous verrons ici sont :

l'acide sulfhydrique............................	H^2S
le sulfure de potassium	K^2S
le sulfure de sodium...........................	Na^2S
le sulfure d'ammonium.........................	Am^2S
le sulfure de calcium..........................	CaS
le sulfure de baryum..........................	BaS
le sulfure de strontium........................	SrS
le sulfure de zinc.............................	ZnS
le sulfure de cadmium.........................	CdS
le monosulfure de fer..........................	FeS
le bisulfure de fer............................	FeS^2
le sulfure d'étain.............................	SnS^2
le bisulfure d'arsenic	As^2S^2
le trisulfure d'arsenic.........................	As^2S^3
le trisulfure d'antimoine	Sb^2S^3
le sulfure de plomb...........................	PbS
le sulfure cuivrique...........................	CuS
le sulfure de mercure.........................	HgS
le sulfure d'argent	Ag^2S

Acide sulfhydrique H²S. — L'*hydrogène sulfuré* ou *acide sulfhydrique H²S*, air puant de Ronelle, se produit dans la décomposition de toutes les matières organiques sulfurées, matières fécales, œufs, houille, etc. ; aussi le rencontre-t-on trop fréquemment partout où des matières organiques se trouvent exposées à la putréfaction. On le rencontre également en dissolution dans les eaux minérales dites sulfureuses, eaux thermales des Pyrénées, auxquelles sa présence donne l'odeur caractéristique d'œufs pourris. Il y résulte probablement de la réduction d'un sulfate par la matière organique. L'hydrogène sulfuré se produit encore par combinaison directe de ses éléments constituants. On le prépare en décomposant un sulfure par un acide, par exemple le sulfure de fer ou celui d'antimoine par l'acide chlorhydrique. Dans les laboratoires, on se sert pour cette préparation d'appareils à production continue, appareils de Kopp, Brugnatelli, Mohr, Pohl.

L'hydrogène sulfuré se dégage à l'état de résidu dans un grand nombre d'opérations industrielles. Parmi les méthodes proposées pour se débarrasser de ce gaz toxique (dont la combustion donne d'ailleurs un acide si nuisible), tout en utilisant le soufre, nous citerons d'abord celle qui consiste à brûler H²S avec de l'air et à envoyer les produits dans les chambres de plomb à acide sulfurique, mais l'introduction de l'air réduit trop le rendement en SO⁴H². *Claus* a proposé un four particulier (br. an., 1882) où H²S est brûlé par de l'air en minime quantité ; il se produit une élimination de soufre, que l'on recueille par volatilisation.

L'hydrogène sulfuré est un gaz incolore, d'une odeur pénétrante d'œufs pourris, liquéfiable à 0° sous 10 atmosphères de pression et à 10° sous 14 atmosphères. Il est soluble dans l'eau, qui en dissout 4 v. 37 à 0°, 3 v. 58 à 10°, 2 v. 90 à 20°. Cette dissolution se décompose à l'air ; elle se trouble et laisse déposer du soufre, aussi faut-il la préparer avec de l'eau bouillie. *Lepage*, 1867, augmente la stabilité de cette solution en ajoutant de la glycérine, soit 1 partie de glycérine pure pour 1 partie d'eau ; mais le pouvoir dissolvant est diminué de 1/3. La dissolution aqueuse jouit des mêmes propriétés que le gaz ; comme elle est assez pauvre, on préfère se servir d'un courant gazeux.

L'hydrogène sulfuré est l'un des poisons les plus actifs. Un animal meurt en quelques secondes lorsqu'on le plonge dans une atmosphère pure de ce gaz. On a voulu appliquer ce fait à la destruction des rats, en faisant pénétrer le tube à dégagement d'un appareil producteur de H²S dans le trou à rats, *Thénard*.

Même mélangé à une grande quantité d'air, ce gaz reste extrêmement toxique. D'après *Thénard et Dupuytren*, une proportion de 1/1500 suffit pour déterminer la mort d'un oiseau en quelques secondes, 1/800 fait périr un chien en quelques minutes, 1/200 amène la mort d'un cheval en une minute. Il est probable qu'il agit en altérant le globule sanguin et sulfurant le fer que le sang contient, car le sang devient noir.

L'hydrogène sulfuré, libre ou combiné à l'ammoniaque, est la partie dangereuse des gaz qui se dégagent des fosses d'aisances ; il s'y trouve mélangé à de l'air plus ou moins vicié dans sa composition. C'est lui qui fait tomber brusquement comme une masse les ouvriers assez imprudents pour descendre dans les fosses sans avoir suffisamment renouvelé l'air intérieur, aussi les ouvriers ont-ils donné le nom de *plomb* au gaz des fosses d'aisances.

L'acide sulfhydrique est un acide faible, et, en raison de sa fonction acide, il s'unit aux sulfures basiques pour donner des sulfhydrates analogues aux hydrates.

D'après *de Forcrand* (C. R., 1899), l'acide sulfhydrique H^2S est un véritable diphénol, thermiquement parlant, $H{\scriptstyle\diagup\atop\diagdown}{S\atop S}$, tandis que l'eau H^2O n'a pas une constitution symétrique, et sa formule est $H — OH$, ce qui conduit à la considérer comme l'homologue inférieur de l'alcool méthylique.

H^2S est un corps combustible, brûlant à l'air avec une flamme bleuâtre, et donnant par cette combustion de l'acide sulfureux et de l'eau : $H^2S + O^3 = SO^2 + H^2O$. Ses mélanges avec l'air sont détonants ; il peut être imprudent de jeter un corps enflammé dans les fosses d'aisances.

Les corps simples le décomposent ; les métalloïdes s'emparent de l'hydrogène, les métaux du soufre. L'action du chlore : $H^2S + Cl^2 = 2HCl + S$, est appliquée pour détruire ce gaz toxique, puisqu'il se produit de l'acide chlorhydrique et du soufre ; on désinfectera les fosses d'aisances en y jetant un chlorure decolorant, tel le chlorure de chaux ; et on fera respirer du chlore aux ouvriers frappes par le plomb ; mais comme le chlore est un poison irritant très dangereux pour les bronches, il faut procéder avec beaucoup de délicatesse ; le mieux est de mettre un peu de chlorure de chaux dans un linge fin, et d'approcher ce tampon du nez de la personne malade.

L'iode agit d'une façon analogue au chlore : $H^2S + I^2 = 2HI + S$. Applications à la préparation de l'acide iodhydrique HI, au dosage de l'acide sulfhydrique dans les eaux minérales sulfureuses par l'emploi d'une solution titrée d'iode : 127 grammes d'iode précipitent 16 grammes de soufre. L'iode ne décompose que l'acide sulfhydrique en solution ; il n'a pas d'action sur le gaz.

L'oxygène et l'air secs decomposent l'acide sulfhydrique à une température suffisante, ou au contact d'un corps enflammé. Il se produit une flamme bleuâtre, une détonation si les volumes sont dans le rapport de 3 d'O pour 2 de H^2S, un dégagement de chaleur peu considérable, de l'acide sulfureux, ou un dépôt de soufre si l'oxygène est en pénurie, et de la vapeur d'eau. Cette action de l'oxygène sur H^2S fait prévoir que l'acide sulfhydrique sera un réducteur énergique pour un grand nombre de corps oxydants ; il reduit l'acide sulfurique, l'acide chromique, les sels ferriques. Pour le dessécher, on ne peut donc recourir à l'acide sulfurique.

Son action réductrice reçoit surtout de nombreuses applications en chimie organique, pour réduire les composés nitrés en amines, par exemple la nitrobenzine, $C^6H^5 NO^2$, en phénylamine ou aniline, $C^6H^5 NH^2$.

L'oxygène et l'air humides donnent lieu à une oxydation lente avec formation d'eau et dépôt de soufre. En présence d'un corps poreux, comme les étoffes mouillées des salles de bain, *Dumas,* l'oxydation peut aller jusqu'à la formation d'acide sulfurique, qui ronge et désagrège l'étoffe.

Les métaux agissent en prenant le soufre et mettant l'hydrogène en liberté ; tels l'argent, le cuivre, le mercure, le plomb, l'étain, qui sont attaqués même à froid, et c'est la raison pour laquelle les objets en argent et ceux en cuivre se ternissent si rapidement à l'air ; c'est aussi la raison pour laquelle les objets en argent mis en contact avec des œufs noircissent presque aussitôt. L'or, le platine restent indemnes.

Les dissolutions métalliques donnent lieu pour la plupart, sous l'action de cet acide, à la formation de sulfures, presque tous insolubles. Cette propriété n'est pas seulement appliquée à la préparation des sulfures, mais encore et surtout à la caractérisation des solutions métalliques et à leur différenciation. Elle explique, le sulfure de plomb étant noir, pourquoi l'on voit noircir, sous l'action de traces d'acide sulfhydrique, le papier chargé avec des sels de plomb, les tableaux peints avec des couleurs à base d'oxyde de plomb, le fard falsifié avec du blanc de plomb, et pourquoi le papier à l'acétate de plomb est le papier réactif de l'acide sulfhydrique.

Caractérisation et différenciation des solutions métalliques. — Les conditions de la formation des sulfures, lorsqu'on fait agir un courant d'acide sulfhydrique sur une solution métallique, la production et la couleur des sulfures précipitables dans l'eau, leur solubilité ou leur insolubilité dans le sulfhydrate d'ammoniaque sont la base de la classification analytique des métaux, c'est-à-dire de leur caractérisation et de leur séparation dans le travail journalier des laboratoires.

En voici le tableau synoptique :

L'acide sulfhydrique, mis en présence d'une solution métallique, donne ou un sulfure soluble dans l'eau (pas de précipité ou partie liquide de la liqueur), ou un oxyde insoluble dans l'eau, ou un sulfure insoluble dans l'eau.

I. — Production d'un sulfure insoluble dans l'eau.

1° Le sulfure est également insoluble dans les acides étendus, par conséquent les solutions analysées précipitent par l'acide sulfhydrique, même en liqueurs acides.

1) Les sulfures sont solubles dans les sulfures alcalins avec lesquels ils donnent des sulfosels solubles : antimoine, arsenic, tungstène, molybdène, iridium, étain, or, platine.

2) Les sulfures sont insolubles dans les sulfures alcalins ; la solution précipite donc par l'acide sulfhydrique, que la liqueur soit neutre, acide ou

alcaline : argent, mercure, plomb, cuivre, bismuth, cadmium, palladium (Rh. Os. Rut.).

2° Le sulfure est soluble dans les acides étendus. Les sulfures sont insolubles dans les sulfures alcalins, en conséquence les solutions analysées précipitent par l'acide sulfhydrique en liqueur alcaline, faiblement en liqueur neutre, et pas du tout en liqueur acide : zinc, manganèse, nickel, cobalt, fer, uranium, vanadium (Tha. In.).

II. — Production d'un sulfure soluble dans l'eau ; en conséquence les solutions ne précipitent pas par l'acide sulfhydrique : métaux alcalins et alcalino-terreux, magnésium (Caes. Rub. Li.).

III. — Production d'un oxyde insoluble dans l'eau, en conséquence la solution métallique, traitée par l'acide sulfhydrique, ne peut pas être sulfurée par voie humide, mais elle donne un oxyde insoluble dans l'eau : aluminium, chrome (Gl. Tho. Zr. Yt. Er. Cer. La. Di. Ti. Ta. Nio.).

Sulfures de potassium. — On connaît cinq sulfures de potassium, K^2S, K^2S^2, K^2S^3, K^2S^4, K^2S^5.

Le *protosulfure de potassium* K^2S se prépare à l'état solide en calcinant le sulfate avec du charbon, et à l'état de dissolution en mélangeant ensemble parties moléculairement équivalentes d'une dissolution de potasse caustique et d'une dissolution de sulfhydrate de potassium, ce dernier obtenu en faisant passer jusqu'à refus un courant d'acide sulfhydrique dans une dissolution de potasse caustique.

Le protosulfure est incolore, très soluble dans l'eau et même déliquescent. Sa dissolution absorbe rapidement l'oxygène de l'air, et donne des sulfures supérieurs tout en se colorant en jaune. C'est une dissolution alcaline, qui dissout les sulfures acides d'étain, d'antimoine, d'or, en donnant des sels doubles solubles.

Le protosulfure impur obtenu en calcinant, à l'abri de l'air, un mélange intime de sulfate de potassium, 2 parties, et de noir de fumée, 1 partie, est tellement avide d'oxygène, grâce à son état de division extrême, qu'il s'enflamme spontanément si on le projette dans l'air, d'où son nom de *pyrophore de Gay-Lussac*.

Les sulfures supérieurs se préparent en chauffant le protosulfure avec du soufre.

Le *pentasulfure de potassium* K^2S^5 est employé en médecine sous le nom de *foie de soufre,* pour l'usage externe, et le plus souvent en bain. A petite dose, c'est un stimulant pour la peau et les organes de la respiration ; à dose forte, c'est un poison, qui agit localement comme un caustique, à l'instar, d'ailleurs, de tous les sulfures alcalins, et qui agit sur l'organisme général à la manière de l'hydrogène sulfuré. Tous les sulfures alcalins dégagent d'ailleurs ce gaz, si on les expose à l'air ou si on les traite par un acide même très étendu. Le foie de soufre se prépare en chauffant au rouge, dans un creuset couvert, parties égales de carbonate de potassium et de soufre.

Récemment préparé, le foie de soufre constitue une masse brun rouge. Exposé longtemps à l'air humide, il se convertit en hyposulfite et carbonate de potasse, en même temps que du soufre est mis en liberté. Il se dissout complètement dans 2 parties d'eau en formant une solution jaune foncé. Traitée par les acides, cette solution laisse dégager de l'hydrogène sulfuré et forme un lait de soufre.

Les sulfures alcalins sulfurent l'argent ; on s'en sert à chaud pour obtenir des effets de vieil argent. Si l'on veut produire des reliefs blancs sur fonds oxydés, on passe ensuite un tampon imbibé d'un cyanure alcalin.

On a proposé les sulfures alcalins pour épurer les résidus des fabriques de sucre, *Salzbergwerk Neu-Stassfurt* (br. fr., 1898).

Sulfures de sodium. — Le *monosulfure de sodium Na²S* se prépare comme celui de potassium. Il est moins altérable à l'air, et on s'en sert plus fréquemment soit pour préparer des eaux sulfureuses artificielles, soit en mélange avec la chaux pour préparer des épilatoires.

L'*eau de Barèges artificielle* se compose, *Anglada et Boudet,* de sulfure de sodium cristallisé 1, carbonate de sodium 1, sel ordinaire 1, eau privée d'air 5.

La *poudre dépilatoire de F. Boudet* se prépare en délayant avec un peu d'eau 1 partie sulfure de sodium, 2 parties 5 chaux vive, 2 parties 5 amidon ; on applique sur la peau une ou deux minutes.

Le sulfure de sodium à 65 pour 100 de sulfure, en présence de soufre, est très employé pour produire des colorants sulfurés : par exemple, avec l'alizarine, l'anthrapurpurine, la flavopurpurine, *Badische* (1897), des colorants noirs teignant le coton directement à froid ; avec le dinitrophénol *Manufacture Lyonnaise de matières colorantes,* un colorant noir ; avec un mélange d'hydroquinone et d'amidophénol, *noir Vidal ;* ou avec les acides amidonaphtolsulfoniques, *Compagnie Parisienne de couleurs d'aniline.*

Cachou de Laval. — En traitant à une haute température par le sulfure de sodium différentes matières organiques, le son de froment, l'humus des vieux chênes, la sciure de bois, les extraits de bois de teinture, etc., on obtient un produit noirâtre, friable, poreux, soluble dans l'eau, altérable à l'air en attirant l'humidité et en devenant insoluble, contenant du soufre, puisqu'il dégage du sulfure d'hydrogène par les acides. Il constitue une véritable matière tinctoriale, le *cachou de Laval* ou sulfure organique dû à *Croissant et Louis Bretonnière,* de Laval (br. fr., 1873) et fabriqué par la Société des matières colorantes de Saint-Denis.

Pour teindre le coton, il suffit de le plonger dans la dissolution tiède à 60° de la matière, 1 à 20 0/0, avec addition de sel marin 10 0/0, puis de l'exposer à l'air. La nuance obtenue dépend de la concentration du bain. On la fixe plus étroitement en passant ensuite en un bain de fixateur, d'acide, d'alcali, ou d'un sel donné. Les sels oxydants seuls produisent des modifications des couleurs, l'acide nitrique jaunit et avive, le bichromate également, les sulfates de fer et de cuivre donnent des gris, le permanganate de potasse des bistres. Enfin, on peut combiner aisément le cachou de Laval avec d'autres matières tinctoriales et obtenir ainsi les nuances les plus variées. Le campêche, le quercitron, le cachou s'ajoutent au bain de teinture et on passe ensuite en bain fixateur ; on peut aussi teindre d'abord en cachou de Laval, puis en seul bain avec ces matières colorantes secondaires, ce qui sera toujours le cas pour les couleurs d'aniline, brun, fuchsine, verts, bleus, violets. Il faut avoir soin que les cotons teints en cachou soient bien lavés. Plus aisément, on se contentera d'ajouter au bain de teinture de la chrysamine, de la benzoazurime ou une autre couleur directe. — Les teintures au cachou de Laval sont très solides à la lumière et aux acides, mais ne le sont pas au foulon ; aussi il n'est guère employé sur laine.

Dépilage aux sulfures de sodium. — Les sulfures alcalins, et principalement les sulfures de sodium, sont employés pour dépiler les peaux. Le monosulfure de sodium a été proposé dans ce but, dès 1838, par *Félix Boudet et Domminge* (br. fr., 1838) (1). *Eitner* a ramené l'attention sur son emploi. Son action est très énergique, et il est nécessaire de surveiller attentivement les dosages et de n'employer qu'un produit de composition connue. Par contre, s'il n'active pas la putréfaction, il ne l'empêche pas non plus.

Aux sulfures de sodium, se rattache l'*inoffensif Moret,* qui est une dissolution à 20° Bé de soude caustique et d'un monosulfure préparé par voie sèche.

Ce sont les monosulfures qui sont les plus actifs au point de vue du dépilage. Les polysulfures agissent encore, mais moins énergiquement. Les hyposulfites n'ont pas d'action.

Voici ce que dit *Eitner* de la préparation des peaux au sulfure de sodium. Elle se fait très rapidement et sans le moindre danger d'altération. Une peau de bœuf est épilée par ce moyen en quinze heures, et une peau de veau en quatre heures. On dissout 1 kilo de sulfure de sodium dans 2 litres d'eau, et on mélange avec 3 à 4 kilos de chaux éteinte de façon à obtenir une pâte ni trop épaisse, ni trop coulante. Un ouvrier étend une peau sur la table, le côté du poil au-dessus ; il verse du mélange ainsi préparé sur la ligne médiane de la peau, et un autre ouvrier l'étend à rebrousse-poil, d'une façon uniforme, avec une brosse à long manche. Puis la peau est repliée et laissée pendant quinze à vingt heures. Les poils sont alors réduits en une sorte de pâte, et la peau est prête à l'ébourrage. La peau peut être aussi suspendue dans une solution de sulfure de sodium

---

(1) Ce brevet revendique l'emploi des foies de soufre et des divers sulfures de sodium, de potassium, de calcium et de baryum, et des sulfhydrates de soude, potasse, chaux, baryte, mélangés ou non à la soude ou à la chaux. Cet emploi a été vulgarisé par *Gelis* (br. fr., 1869).

pendant vingt-quatre heures ou plus. Une solution assez faible détache le poil en l'affaiblissant, et si on ajoute de la chaux l'ébourrage est rapidement obtenu. Enfin, une troisième méthode consiste à appliquer la matière épilatoire du côté de la chair, et à laisser son action s'exercer à travers la peau. C'est la méthode bien connue des mégissiers sous le nom d'enchaussenage. — Il faut 100 à 200 grammes de sulfure de sodium par peau de bœuf fraîche et un peu plus par peau sèche. Après avoir reçu cette préparation, la peau est lavée soigneusement, afin que les mains des ouvriers soient épargnées pendant l'ébourrage. Les peaux préparées au sulfure de sodium sont très peu gonflées ; elles sont très différentes de celles pelanées à la chaux, mais ressemblent beaucoup à celles préparées à l'échauffe. Ce système ne convient qu'au cuir a semelles. Ses inconvénients sont la difficulté manuelle du travail, la dépense, la perte du poil, la nécessité d'un léger chaulage pour faciliter l'écharnage et d'un gonflement spécial pour permettre le tannage. Le tanneur a intérêt à préparer soi-même son sulfure de sodium. Pour cela, il met dans une chaudière en fer 3 kilos de chaux éteinte, 55 litres d'eau et 6 kilos de carbonate de soude cristallisé ; il fait bouillir le tout, ajoute 1 kilo de fleur de soufre et maintient l'ébullition jusqu'à ce que tout le soufre ait disparu. A ce moment, la liqueur a une belle couleur jaune d'or foncé ; elle doit être conservée à l'abri de l'air.

L'inconvénient du dépilage au sulfure de sodium est de donner des déchets qui fournissent des colles colorées. Il est bon de les traiter longtemps par la chaux, si l'on veut éviter cet inconvénient.

Sulfures d'ammonium. — Les différents sulfures d'ammonium se produisent dans la décomposition de toutes les matières organiques qui renferment du soufre, calcination de la houille, de la laine, etc., fermentation des matières résiduaires de l'organisme animal. Ce sont de violents poisons.

Le *sulfhydrate d'ammoniaque AmHS*, est presque aussi toxique que l'acide sulfhydrique. Il se prépare comme le sulfhydrate de potassium, ou en faisant passer un courant d'acide sulfhydrique dans une dissolution de gaz ammoniac, jusqu'a refus d'absorption.

En ajoutant à cette dissolution de sulfhydrate, une quantité d'ammoniaque égale à celle déjà employée pour la préparer, on obtient la dissolution de *sulfure d'ammonium Am²S*, d'un usage courant en chimie analytique. En effet, le sulfure d'ammonium est un sulfure basique qui se combine aux sulfures acides pour donner des sels doubles solubles. Il est employé soit pour précipiter les sulfures métalliques qui ne peuvent pas l'être par l'acide sulfhydrique (1) parce que les acides les dissolvent : fer, nickel, cobalt ; soit pour séparer ceux des sulfures produits en liqueurs acides, qu'il dissout : arsenic, antimoine, or, de ceux qu'il ne dissout pas : plomb,

(1) Voir p. 513.

cadmium ; soit pour précipiter des sels d'aluminium et de chrome les oxydes correspondants.

Sulfure de calcium. — Le *sulfure de calcium CaS* se prépare en calcinant du sulfate de calcium et du charbon. Il est employé comme matière épilatoire, et aussi contre la gale. — Le *sulfhydrate de sulfure de calcium CaH²S²* convient très bien comme substance épilatoire. Il agit aussi efficacement, mais avec moins d'énergie que les sulfures alcalins. On s'en sert aussi pour guérir les dartres légères.

La calcination d'un mélange de chaux, de soufre et d'amidon donne un sulfure de calcium impur, qui possède une phosphorescence vert jaunâtre.

Sulfure de baryum. — Le *sulfure de baryum BaS* provient de la réduction du sulfate par le charbon. Lorsqu'on réduit le sulfate naturel, le sulfure obtenu est phosphorescent : *phosphore de Bologne*. Le sulfure de baryum peut servir à préparer les autres composés du baryum : chlorure, oxyde, nitrate. Le sulfure de baryum pourrait rendre des services pour l'épilage des peaux. On peut l'utiliser à la préparation de l'acide sulfhydrique dans les laboratoires, *André Dubosc*, et *Rivage* a proposé un appareil dans ce but (Mon. scient., 1899).

Le *sulfhydrate de baryum* est proposé, *Langen* (br. all., 1896), pour désucrer les mélasses.

L'oxysulfhydrate de baryum sert à extraire le sucre des mélasses ; on traite ensuite par le gaz sulfureux pour désucrer, *L. Sternberg* (1897).

Sulfure de strontium. — Le sulfure de strontium est un corps qui présente les plus grandes analogies avec le sulfure de baryum. Sa propriété la plus remarquable est d'être phosphorescent dans l'obscurité si on l'a exposé auparavant à la lumière, et il semble communiquer cette propriété aux substances inertes au milieu desquelles on le répand. Cette fluorescence est de coloration vert bleu.

D'après *J.-R. Mourelo*, cette phosphorescence est liée étroitement aux procédés d'obtention et aux substances qui altèrent la pureté des corps employés ; il semble que la structure du sulfure s'en trouve modifiée. La plus grande intensité de phosphorescence est fournie par la méthode la plus compliquée de préparation, celle au carbonate de strontium, au carbonate de sodium,...... ; la moindre est fournie par le sulfure obtenu au moyen du sulfate et du noir de fumée. Une phosphorescence vert bleu est obtenue en faisant réagir l'acide sulfhydrique sur l'oxyde ; elle est plus verte si l'on fait agir le soufre, et encore davantage par le procédé de Verneuil.

Voici la marche, *J.-R. Mourelo* (C. R., 1897), pour préparer un sulfure de strontium très phosphorescent. On prend 285 grammes carbonate de strontium commercial, 62 grammes fleur de soufre, 4 grammes carbonate de soude cristallisé, 2 grammes 50 chlorure de sodium,

0 gramme 40 sous-nitrate de bismuth. On réduit le tout en poudre très fine, on la comprime dans un creuset en terre, on la recouvre d'une couche d'amidon en poudre grossière de 2 centimètres, on chauffe cinq heures au rouge vif, puis on laisse refroidir dix heures. L'agglomérat est phosphorescent au moindre rayon lumineux. La pulvérisation lui fait perdre ce pouvoir phosphorescent, mais on le lui rend en le chauffant cinq heures au rouge très vif avec de l'amidon. — Le sulfure de strontium n'est donc pas phosphorescent par lui-même ; il ne doit cette propriété qu'à la présence de certaines impuretés, telles le chlorure de sodium, le sulfate de strontium, l'oxyde et le sulfure de bismuth, *Mourelo* (C. R., 1898).

Sulfure de zinc ZnS. — Le sulfure de zinc naturel, ou *blende* (1), est l'un des principaux minerais de zinc ; il est coloré ordinairement en brun, mais parfois en jaune, en rouge, en vert ou en noir.

Grillé à l'air, il donne : $ZnS + 3O = SO^2 + ZnO$, de l'acide sulfureux employé dans la fabrication de l'acide sulfurique, et de l'oxyde de zinc d'où l'on extrait le zinc métallique.

Le sulfure de zinc artificiel, produit en faisant agir un sulfure soluble sur la dissolution d'un sel de zinc, est toujours blanc ; comme c'est le seul sulfure qui possède cette coloration, elle permet de caractériser la présence du zinc.

Le sulfure de zinc artificiel est employé dans la peinture. Le *lithopone* est du blanc minéral à base de sulfure de zinc, ou un mélange de sulfure de zinc et de sulfate de baryum obtenu en traitant du sulfate de zinc par du sulfure de baryum.

Sulfure de cadmium CdS. — Il se produit lorsqu'on fait agir l'acide sulfhydrique sur une solution d'un sel de cadmium. On obtient ainsi les *jaunes de cadmium* qui sont de très belles couleur jaunes utilisables dans la peinture, comme en teinture ou en impression, qui sont complètement inaltérables à l'air, mais qui ont l'inconvénient de coûter fort cher.

Sulfures de fer FeS et FeS². — Il existe deux sulfures de fer importants, le protosulfure et le bisulfure.

Le *protosulfure de fer FeS* est le sulfure artificiel ; on le prépare en chauffant ensemble, dans un creuset couvert, à la température du rouge, de la limaille de fer et du soufre, soit 3 parties de fer et 2 parties de soufre. On coule la masse fondue, et on obtient le sulfure en masses cassantes, d'un éclat métallique. Par action des acides, il donne de l'acide sulfhydrique : son emploi est presque uniquement la préparation de cet acide. — La production d'un protosulfure de fer hydraté impur accompagne l'expérience du volcan de Lémery, voir p. 497. — Le protosulfure de fer hydraté

---

(1) Du mot allemand blende, qui signifie : trompeur

est le meilleur antidote du sublimé corrosif, car il donne avec lui du chlorure ferreux et du sulfure de mercure, corps absolument inoffensif.

Le *bisulfure de fer FeS²*, ou *pyrite*, est le sulfure naturel; il est extrêmement répandu. Les dépôts les plus considérables sont à Thoneux en Belgique, Chessy, Alais en France, San-Domingo en Portugal. La pyrite existe sous deux formes : la pyrite jaune ou pyrite martiale, en cristaux cubiques très brillants et d'un bel éclat métallique, la pyrite blanche ou marcassite, en prismes rhomboïdaux droits. La densité va de 5 à 4,75. La pyrite blanche est plus altérable que la pyrite jaune ; toutes deux donnent une poussière gris noirâtre.

La pyrite calcinée en vase clos donne du soufre et laisse un sesquisulfure de fer Fe³S⁴, pulvérulent, qui se sulfatise rapidement à l'air.

Grillée à l'air, la pyrite jaune donne l'acide sulfureux nécessaire à la fabrication industrielle de l'acide sulfurique. Il reste soit de l'oxyde, soit un sulfure peu sulfuré. Cet oxyde sert comme minerai de fer dans la métallurgie.

La pyrite renferme presque toujours de l'arsenic, parfois de l'or, de l'argent, un peu de thallium et de sélénium.

Le grillage à l'air de la pyrite blanche donne le sulfate ferreux ou vitriol vert.

La pyrite donne des étincelles par le choc du briquet, d'où le nom de pyrite, dérivé du mot grec *pur* qui signifie feu, que les anciens lui donnèrent.

L'oxydation des pyrites à l'air se fait à la température ordinaire, elle est accompagnée d'un développement de chaleur notable. Comme il y a dans un grand nombre de sortes de houille accompagnement d'une certaine proportion de pyrite, l'oxydation de cette dernière au contact de l'air développe une chaleur suffisante pour occasionner, dans certains cas, l'inflammation spontanée de la houille, surtout si celle-ci est en menus fragments ou en poussière. C'est la cause à laquelle il faut attribuer certains cas d'incendies spontanés de mines, de dépôts, de cargaisons de houilles pyriteuses. Les dépôts de charbons des mines de Marles, de Commentry, en France, sont exposés à ces accidents, aussi a-t-on soin de ne donner aux dépôts qu'une épaisseur limitée afin de laisser l'échauffement se dissiper. En Allemagne, les compagnies d'assurances n'assurent que les dépôts présentant une épaisseur maxima de 2 mètres.

Sulfures d'étain. — Le *protosulfure d'étain SnS,* ou sulfure stanneux, est brun noir, insoluble dans l'eau et les monosulfures alcalins, soluble dans le sulfhydrate d'ammoniaque. — Le *bisulfure d'étain SnS²,* ou sulfure stannique, est jaune, soluble dans l'eau et les sulfures alcalins. Ce corps a servi, sous le nom d'*or mussif,* à métalliser les objets en plâtre pour les dorer, et les coussins de machines électriques pour développer leur pouvoir influent. L'or de bronze a remplacé l'or mussif pour la dorure, car il est plus beau.

Ces sulfures se préparent par voie sèche, directement, ou par voie humide, indirectement.

Sulfures d'arsenic. — Les composés du soufre et de l'arsenic les plus importants sont : le bisulfure, le trisulfure, le pentasulfure et l'oxysulfure.

Le *bisulfure d'arsenic* As^2S^2, ou *réalgar* des alchimistes, rubis d'arsenic des fabriques, existe dans la nature. On le prépare artificiellement en fondant l'arsenic 75 parties ou l'acide arsénieux 64 parties avec le soufre 32 parties. C'est un corps rouge orangé, dont on fait grand usage dans la peinture à l'huile ; malheureusement, la couleur est peu solide. L'arsenic rouge naturel est peu toxique ; les Chinois font avec le réalgar des vases où ils laissent séjourner du jus de citron qu'ils boivent comme purgatif ; l'arsenic rouge artificiel est au contraire rendu plus ou moins toxique, selon qu'il renferme plus ou moins de traces d'acide arsénieux. Le réalgar est employé en Chine comme matière d'ornementation dans les pagodes et pour vases et statues. Il possède une propriété importante, c'est de jouer vis-à-vis les nitrates, les chlorates, le rôle d'un combustible énergique, et de produire une flamme extrêmement éclairante ; il entre dans la composition de plusieurs préparations pyrotechniques, en particulier du *feu indien blanc* dont l'éclat est extraordinaire : nitrate de potassium 24, soufre 7, réalgar 2.

Le *trisulfure d'arsenic* As^2S^3 existe aussi dans la nature, et sa couleur d'un beau jaune lui a valu les noms d'arsenic jaune, d'orpiment *(auri pigmentum)*, d'orpin. On le prépare artificiellement en fondant de l'acide arsénieux avec du soufre, ou en traitant par un courant de gaz H^2S ou par une dissolution d'hyposulfite une dissolution d'acide arsénieux dans l'acide chlorhydrique. La proportion élevée d'acide arsénieux que l'orpiment artificiel renferme généralement en fait un corps très vénéneux. L'orpiment préparé par voie humide présente une belle couleur jaune, et il est employé dans la peinture à l'huile sous le nom de *jaune royal*. L'arsenic jaune naturel le plus estimé vient de Perse, il est jaune doré ; celui de Chine est jaune orangé.

L'orpiment constitue en mélange avec la chaux une pâte dépilatoire, le *rusma*, en grand honneur chez les Orientaux pour se rendre chauves sur le sommet de la tête ou enlever les poils du corps. Le rusma se prépare en délayant 1 partie orpiment et 8 parties chaux vive dans un mélange de blancs d'œufs et de lessive des savonniers. La pâte s'applique sur les parties à épiler ; on la laisse sécher lentement, puis on lave.

L'orpiment artificiel est d'un usage fréquent chez les mégissiers, sous le nom d'*orpin*, pour réaliser le débourrage des peaux de mouton. On emploie dans ce but une pâte faite d'orpin et de chaux vive. Ce procédé est très insalubre, mais c'est lui qui ménage le mieux la peau.

L'orpiment artificiel s'emploie en teinture, en qualité de réducteur, pour monter certaines cuves d'indigo à froid et pour obtenir certains bleus d'application. Sa production sur fibres, *Braconnot*, 1819, permet d'obtenir des jaunes brillants, mais peu solides aux alcalis et au savonnage, par conséquent réservés aux tissus d'ameublement. Comme l'orpiment est soluble dans l'ammoniaque, on peut se servir de cette solution pour le fixer directement en teinture ; la même solution est employée pour colorer le marbre.

Le trisulfure d'arsenic est un sulfure acide ; il se combine aux sulfures alcalins pour donner des sulfoarsénites ; le pentasulfure d'arsenic donne des sulfoarséniates.

Sulfures d'antimoine.

Sulfures d'antimoine. — Les composés du soufre et de l'antimoine les plus importants sont : le trisulfure, le pentasulfure et les oxysulfures.

Le *trisulfure d'antimoine* Sb^2S^3 constitue le minéral *stibine*, qui sert à l'extraction de l'antimoine ; c'est un corps noir très fusible et volatil. Il donne avec l'acide chlorhydrique concentré à une température peu élevée de l'acide sulfhydrique ; cette réaction est utilisée pour préparer le dernier. — Le sulfure d'antimoine artificiel préparé par l'action de l'acide sulfhydrique sur le chlorure d'antimoine en dissolution est rouge orangé ; la réaction est caractéristique de la présence de l'antimoine. Ce sulfure d'antimoine est insoluble dans l'ammoniaque, ce qui le distingue du sulfure d'arsenic. — Le sulfure naturel a été employé dans l'antiquité par les Hébreux, les Grecs et les Romains, comme matière de fard, pour bistrer le contour des yeux. C'est un sulfure acide, qui donne avec les sulfures alcalins, avec les sulfures d'argent, de cuivre, de plomb, des sulfo-antimonites solubles, et cette réaction permet d'extraire l'or de l'argent aurifère. Il entre dans la composition de mélanges pyrotechniques, comme le sulfure d'arsenic.

Le *pentasulfure d'antimoine* Sb^2S^5 s'obtient le mieux en décomposant par un courant d'acide chlorhydrique une dissolution de sulfo-antimoniate alcalin, et celui-ci se prépare en faisant bouillir ensemble du trisulfure d'antimoine, du soufre et de l'alcali. Le pentasulfure est un corps rouge orangé, qui cède facilement du soufre lorsqu'on le chauffe, et a reçu pour ce motif quelque usage dans la vulcanisation du caoutchouc. C'est un sulfure acide donnant des sulfosels ou sulfo-antimoniates. Le sulfo-antimoniate de sodium est employé en médecine sous le nom de *sel de Schlippe*, ou *soufre doré d'antimoine*.

On peut rattacher aux oxysulfures d'antimoine les préparations, de composition parfois variable, connues sous le nom de verre d'antimoine, de safran d'antimoine, de foie d'antimoine, de kermès minéral, de soufre doré d'antimoine, de vermillon d'antimoine. — Le *verre d'antimoine* se prépare en chauffant du trisulfure à l'air sans aller jusqu'à la fusion ; il est jaune brun. — Le *safran d'antimoine* s'obtient en fondant ensemble du sulfure d'antimoine et de l'oxyde d'antimoine ; il est jaune brun. — Les *foies d'antimoine* se préparent en calcinant du sulfure d'antimoine avec du carbonate de potasse; ils sont bruns. — Le *kermès minéral* peut se préparer par voie sèche, comme les foies. Mais il est préférable de suivre le procédé par voie humide de *Cluzel*. Il est brun foncé, inodore, insipide, insoluble dans l'eau. — Le *soufre doré d'antimoine* se prépare en traitant par l'acide chlorhydrique la liqueur froide d'où s'est déposé le kermès ; il est couleur feu.

Les oxysulfures d'antimoine sont employés en médecine comme purgatifs, expectorants et controstimulants. C'est le kermès qui est le plus utilisé, à la dose de 2 à 10 centigrammes, sous forme de pastilles, ou sous forme de looch ; il est très efficace au début ou à la fin de la bronchite et dans la pneumonie. Mais il faut veiller à ce que ces divers produits se trouvent bien sous forme insoluble, et ne renferment pas d'oxyde antimonique non combiné. Il faut se souvenir aussi que l'organisme ne s'habitue pas à l'antimoine comme il le fait pour l'arsenic, et que les composés d'antimoine solubles sont de véritables poisons. Les foies d'antimoine ne sont plus usités qu'en medecine vétérinaire.

Voici les prescriptions du Codex pharmaceutique au sujet du kermès minéral :

Le kermès employé en médecine doit être exclusivement préparé par le procédé *Cluzel*, afin d'avoir toujours un produit identique. C'est le kermès officinal par voie humide. On dissout dans une chaudière en fonte 1 280 grammes carbonate de soude cristallisé dans 12 litres 800 d'eau distillée ; on porte a l'ébullition. Ajoutez 60 grammes de sulfure d'antimoine pur finement pulvérisé, et agitez avec une spatule en bois. Lorsque le mélange aura bouilli pendant une heure environ, filtrez la solution bouillante et recevez le liquide dans des terrines en grès préalablement chauffées et plongeant dans de l'eau chaude. Laissez refroidir les liqueurs aussi lentement que possible. Après complet refroidissement, recueillez sur un filtre le précipité qui s'est déposé ; lavez-le sur le filtre même avec de l'eau froide, jusqu'à ce que l'eau de lavage s'écoule insipide. Faites sécher le kermès, dans une étuve modérément chauffée ; passez-le au tamis de soie n° 100 et conservez-le dans un flacon très sec, à l'abri de l'air et de la lumière. — Le kermès préparé par voie sèche est plus rouge, moins fin, moins velouté ; il est toujours arsenical. C'est le kermès des vétérinaires.

Les pastilles de kermès sont préparées avec kermès 5, sucre 450, gomme 40, eau de fleurs d'oranger, 40. Chaque tablette pèse 1 gramme et contient 1 centigramme de kermès.

Le *vermillon* ou *cinabre d'antimoine* se prépare, *Mathieu-Plessy*, en chauffant lentement vers 30°-35° une solution de chlorure d'antimoine avec de l'hyposulfite de sodium. Le précipité lavé et séché constitue une fine poudre d'un beau rouge carmin velouté. Il sert dans la peinture à l'eau et dans la peinture à l'huile.

Sulfure de plomb PbS. — Le sulfure de plomb se trouve dans la nature en très beaux cristaux cubiques doués d'un éclat métallique gris bleuâtre ; densité = 7,75. C'est le minerai de plomb le plus important ; on le réduit facilement soit par le charbon, soit par le fer. Les principaux gîtes se trouvent en Angleterre. Le sulfure de plomb naturel porte le nom de *galène ;* la galène est fréquemment argentifère.

Le sulfure de plomb est noir. Il se produit par l'action de l'acide sulfhydrique sur tous les composés de plomb, et sa production est la cause qui noircit les tableaux, les peintures, les papiers de nos logis. Il est fusible au rouge, et volatil au rouge blanc. Il est transformé par l'eau oxygénée en sulfate de plomb qui est blanc, d'où l'emploi de l'eau oxygénée pour la restauration des vieux tableaux. L'acide nitrique concentré le transforme également en sulfate. L'acide chlorhydrique concentré et chaud le transforme en chlorure. La fusibilité de la galène a amené à l'utiliser pour vernir les poteries communes : c'est l'*alquifou* des potiers. On applique l'alquifou pulvérisé sur la poterie et on cuit celle-ci. Le sulfure de plomb se transforme à la cuisson en un vernis silicaté jaune, qu'on peut colorer en vert ou en brun avec de l'oxyde de cuivre ou de manganèse. Ces vernis de plomb ont donné lieu à de nombreux empoisonnements ; on ne doit jamais mettre dans les poteries ainsi vernies des aliments renfermant des éléments acides, du vinaigre, etc. et le mieux est de ne pas s'en servir.

La formation du sulfure noir de plomb par action d'un sulfure soluble de sodium ou d'ammonium sur le plomb, ses oxydes comme la litharge, le minium, ses sels comme l'acétate, sont la base d'un certain nombre de préparations pour teindre les cheveux en noir. Hâtons-nous d'ajouter que toutes les préparations à base de plomb exposent à des inconvénients très graves : céphalalgies intenses, intoxication saturnine générale.

Voici quelques-unes de ces *teintures*. On s'est contenté parfois d'employer d'abord une solution de sulfhydrate de soude, puis de passer dans les cheveux un simple peigne de plomb. On utilise aussi une teinture à deux liquides ; premier flacon : solution d'acétate de plomb ou d'extrait de Saturne ; deuxième flacon : solution sulfureuse. La *poudre de Hahnemann* est composée de litharge 4 parties, chaux éteinte 2 parties, amidon en poudre 1 partie.

Sulfures de cuivre. — La nature nous offre de nombreux sulfures de cuivre qui constituent les minerais de cuivre les plus riches et les plus ordinaires : tels sont la *chalcosine* Cu^2S, la *chalcopyrite* ou *pyrite cuivreuse* $Cu^2SFe^2S^3$ qui est le minerai le plus important, la *phillipsite* ou *cuivre panaché*, le *panabase* ou *cuivre gris*. Beaucoup de ces minerais sont en même temps argentifères et constituent le cuivre gris.

Le *sulfure cuivreux* Cu^2S se prépare directement. Le *sulfure cuivrique* CuS s'obtient en faisant agir l'acide sulfhydrique sur les solutions salines du cuivre. C'est un corps noir, qui s'oxyde très rapidement à l'air humide et est employé comme oxydant dans l'impression du coton en noir d'aniline.

Sulfure de mercure.

— Le *sulfure de mercure* HgS constitue le cinabre naturel. C'est le principal minerai dont on extrait le mercure. Sa couleur est généralement rouge cochenille, quelquefois gris de plomb. Les filons naturels les plus puissants sont ceux d'Almaden en Espagne, d'Idria en Autriche, de New-Almaden en Californie. Le sulfure de mercure donne par grillage à l'air de l'acide sulfureux et du mercure : cette réaction est la base de la métallurgie du mercure.

Le sulfure de mercure peut se préparer artificiellement par un grand nombre de procédés. Autrefois, on chauffait ensemble du soufre et du mercure en vase clos ; on obtenait une poudre noire violacée, qui a été employée en médecine sous le nom d'*ethiops minéral*. C'est par la voie sèche également que les Chinois préparent le cinabre artificiel ; on le sublime ensuite et on obtient un produit d'un rouge cochenille qui constitue le *vermillon de Chine*. Aujourd'hui, on le prépare en France et en Allemagne par voie humide ; le vermillon de France est très estimé. La base du procédé consiste à faire agir sur le sulfure noir artificiel un polysulfure alcalin.

Le vermillon était employé dans l'antiquité pour colorer les statues. Aujourd'hui, on en fait un grand usage pour colorer les cires à cacheter et dans la peinture à l'huile ; malheureusement, il noircit peu à peu à l'air sous l'action de la lumière et des émanations sulfureuses. Il est souvent falsifié avec du minium, du chromate rouge de plomb, du réalgar, du colcothar, de la brique, de la résine de sang dragon, et quelquefois à l'aide de talc, de sulfate de baryum, de plâtre. Le cinabre pur se volatilise au rouge sans laisser aucun résidu, et comme c'est un sulfure acide il se dissout facilement dans le sulfure de sodium.

Sulfure d'argent Ag²S.

— Le sulfure d'argent naturel ou *argyrose*, ainsi que les sulfo-arséniures et sulfo-antimoniures, sont les principaux minerais d'argent. Il se produit par l'action directe de l'acide sulfhydrique sur les sels d'argent ou sur l'argent métallique ; et les objets en argent noircissent aisément dans l'atmosphère des lieux habités ou au contact des substances, comme les œufs, la moutarde, qui renferment du soufre. Au lieu de nettoyer les argenteries noircies avec de la craie ou du tripoli, il est mieux de les plonger quelques instants dans une dissolution de manganate de potasse, ou de les frotter avec un tampon imbibé d'ammoniaque pure, ou de les plonger dans une solution saturée et bouillante de potasse et de les toucher avec un morceau de zinc.

ANHYDRIDE SULFUREUX ET SULFITES

Acide sulfureux anhydre SO². — L'acide sulfureux, ou à plus proprement parler l'*anhydride sulfureux*, $SO^2 = 64$, est formé à parties égales en poids de soufre et d'oxygène. Il a été connu en même temps que le soufre, car il se produit chaque fois que le soufre, libre ou combiné, brûle à l'air, par exemple quand on brûle une allumette soufrée, qu'on enflamme l'acide sulfhydrique, qu'on grille des pyrites ou d'autres sulfures métalliques. Il se dégage en quantités des volcans en activité et des solfatares, et il rend l'atmosphère voisine irrespirable (1).

Pour le préparer, on suit trois méthodes :

1° Oxydation du soufre. — On peut brûler du soufre au contact de l'air : $S + 2O = SO^2$; griller des pyrites de fer, de cuivre : c'est le procédé employé pour se procurer SO^2 nécessaire à la fabrication de l'acide sulfurique ; griller le mélange de Laming des fabriques de gaz ; ou chauffer du soufre avec un oxyde. Le grillage complet des pyrites laisse du sesquioxyde de fer : $2FeS^2 + 11O = 4SO^2 + Fe^2O^3$.

2° Dissociation de l'acide sulfurique. — La décomposition par la chaleur de l'acide sulfurique donne, comme il a été indiqué pour la préparation de l'oxygène par le procédé Deville et Debray, p. 182, un mélange de gaz sulfureux et d'oxygène, et l'on fixe l'acide sulfureux en faisant passer les gaz dans une lessive alcaline.

3° Réduction de l'acide sulfurique. — On peut réduire l'acide sulfurique par un métal peu oxydable comme le cuivre ou le mercure : $2SO^4H^2 + Cu = SO^2 + SO^4Cu + 2H^2O$; ou par un métalloïde comme le carbone : $2SO^4H^2 + C = 2SO^2 + CO^2 + 2H^2O$. Avec un métal, on obtient en même temps du sulfate, avec le charbon de l'acide carbonique. Le procédé de réduction de l'acide sulfurique par le charbon de bois en fragments est surtout suivi pour avoir l'acide sulfureux anhydre en solution ; il se produit en même temps de l'acide carbonique, qui ne nuit pas aux réactions de l'acide sulfureux anhydre, et qui d'ailleurs dans une solution sursaturée est chassé en grande partie par l'acide sulfureux anhydre plus soluble. Le chauffage des cornues se fait au bain de sable.

Un procédé mixte, se rattachant en même temps à l'oxydation du soufre et à la réduction de l'acide sulfureux anhydre, consiste à chauffer avec du soufre soit de l'acide sulfurique, *Melsens*, soit un sulfate comme le sulfate ferreux, *Stolbe*. Les tubes de dégagement doivent être très larges, à cause du soufre entraîné.

Propriétés physiques. — L'anhydride sulfureux est un gaz incolore, d'une odeur piquante et suffocante, que chacun a pu constater en enflam-

(1) On lui attribue la mort de Pline le naturaliste, lors de l'éruption du Vésuve, le 24 août 79.

mant une allumette soufrée. Il provoque la toux. Il est impropre à la respiration. Sa présence dans l'atmosphère des cités industrielles serait très
préjudiciable aux organes vocaux, *Ladureau* (Bull. S. Ind. du Nord, 1882),
et causerait même de nombreux cas d'aphonie, momentanée parmi les
jeunes gens. Son action est également très nuisible pour les végétaux ;
aussi les calkeroni siciliens (voir p. 493) ne sont autorisés à s'établir que
dans les endroits incultes, et toutes les usines qui dégagent du gaz sulfureux sont rangées dans la première classe des établissements insalubres.

La densité de ce gaz est 2,264 ; le litre pèse donc 2 grammes 927.

L'anhydride sulfureux a été le second gaz dont la liquéfaction fut
réalisée ; le premier est l'ammoniaque. L'acide sulfureux se liquéfie
à — 10°, sous la pression ordinaire, ou à la température ordinaire sous la
pression de 3 atmosphères : c'est donc un gaz aisément liquéfiable. Sa
température critique est 156° ; sa pression critique 79 atmosphères. —
L'anhydride liquéfié est un liquide incolore, très fluide, d = 1,45, bouillant
à — 10°, se solidifiant à — 75°. Sa tension de vapeur est 1 atmosphère 405
à 0°, 3 atmosphères 176 à 20°, 4 atmosphères à 35° ; elle n'est pas très
élevée, aussi peut-on conserver aisément le liquide dans des vases à parois
épaisses, comme le sont les siphons ordinaires à eau de Seltz, et peut-on
le transporter aisément même dans les pays chauds. On l'expédie dans des
wagons-réservoirs d'une contenance de 10 000 kilos, ou dans des bombes
d'une contenance de 500 kilos. — L'évaporation de ce liquide produit un
froid considérable ; elle peut abaisser la température à — 60°, dans le vide
à — 68° ; elle amène aisément la congélation de l'eau, et même celle du
mercure. Si l'on projette un peu du liquide dans l'eau, une partie commence à s'y dissoudre, et la chaleur produite vaporise subitement le reste
et congèle l'eau. Le froid produit par l'évaporation de l'anhydride sulfureux liquide forcée par un courant d'air a été appliqué à la liquéfaction
des gaz, à celle du chlore, du cyanogène, du gaz ammoniac, *Bussy, Drion
et Lenoir.* Le froid dû à l'évaporation simple est utilisé dans les machines
Raoul Pictet à faire la glace. L'absorption de chaleur, c'est-à-dire la chaleur
latente de vaporisation, est d'environ 100 calories par kilo. — Ce liquide
est un dissolvant neutre, analogue au sulfure de carbone, pour un grand
nombre de corps. Il possède des propriétés lubrifiantes, qui permettent
de supprimer tout graissage dans les cylindres des machines fonctionnant
avec ce corps pour la production du froid.

L'acide sulfureux anhydre est très soluble dans l'eau, qui dissout, en
volumes, 79 parties 8 à 0°, 50 parties à 15°, 39 parties 4 à 20° ; il est encore
plus soluble dans l'alcool. La solution aqueuse se fait avec dégagement de
chaleur : + 8 calories 4. La solution commerciale renferme en poids
9 parties 5 du gaz. Il est soluble également dans la glycérine, et il se
dissout avec combinaison dans toutes les solutions alcalines.

Propriétés chimiques. — L'acide sulfureux anhydre est un acide énergique ; il donne avec les bases des *sulfites,* étudiés plus loin.

Il est incombustible et incomburant, dans les circonstances les plus générales ; il éteint les corps enflammés. Aussi s'en sert-on avec avantage pour éteindre les feux de cheminée, *Cadet de Vaux*, soit en faisant brûler un peu de soufre au bas de la cheminée, soit en y faisant déboucher le tube de caoutchouc d'un siphon à anhydride sulfureux liquéfié ; mais il faut avoir soin en même temps de fermer le tablier de la cheminée, et de tendre au devant un drap mouillé, pour empêcher l'accès de nouvelles quantités d'air. Aujourd'hui, on préfère employer le sulfure de carbone, qui produit en brûlant de l'acide sulfureux et de l'acide carbonique tous deux incombustibles. Les pompiers à Paris se servent de flacons renfermant 100 grammes de sulfure de carbone. L'extinction des feux de cheminée est presque instantanée.

C'est le plus stable des composés oxygénés du soufre. Il n'est réduit que par les corps simples qui, dans leur combinaison avec l'oxygène, ou l'oxygène et le soufre, dégagent plus de chaleur que le soufre. L'hydrogène naissant donne de l'acide sulfhydrique : $SO^2 + 6H = H^2S + 2H^2O$; de là l'indication de ne jamais introduire dans un appareil à produire l'hydrogène, et en particulier dans l'appareil de Marsh pour les recherches toxicologiques, de l'acide sulfurique renfermant de l'acide sulfureux ou des substances capables de réduire l'acide sulfurique, comme aussi de ne pas laisser la température s'élever, ce qui permettrait à l'hydrogène lui-même de réduire l'acide sulfurique et de donner naissance à l'anhydride sulfureux.

Le chlore donne de l'oxychlorure de soufre : SO^2Cl. où SO^2 joue le rôle d'un radical, le *sulfuryle*. En présence de l'eau, il se forme de l'acide sulfurique et de l'acide chlorhydrique. En vertu de cette réaction, l'acide sulfureux est très employé comme antichlore dans la fabrication du papier, pour détruire les dernières traces de chlore resté dans la pâte blanchie.

L'anhydride sulfureux donne avec le zinc de l'acide hydrosulfureux : SO^2H^2, avec l'acide sulfhydrique en présence d'eau chaude de l'acide pentathionique : $S^5O^6H^2$.

On ne connaît pas l'acide sulfureux hydraté, mais la composition des sulfites répond à un acide bibasique dont la formule serait SO^3H^2. On connaît plusieurs combinaisons hydratées définies du gaz sulfureux et de l'eau.

La propriété la plus saillante de l'acide sulfureux est son affinité pour l'oxygène. L'oxygène sec agit à température élevée ou sous l'influence de la mousse de platine pour donner de l'anhydride sulfurique SO^3, ou sous l'influence des effluves électriques pour donner de l'anhydride persulfurique SO^4. L'oxygène humide agit dès la température ordinaire, et donne lieu à la production d'acide sulfurique SO^4H^2. Aussi ne doit-on préparer la solution du gaz sulfureux qu'avec de l'eau privée d'air et récemment bouillie, et doit-on la conserver dans des flacons pleins et bien bouchés. C'est à cette production d'acide sulfurique par oxydation du gaz sulfureux sous l'influence de l'oxygène humide que l'on doit la présence constante de traces d'acide sulfurique dans l'atmosphère et dans l'eau de pluie des grandes villes où l'on brûle des houilles pyriteuses. L'acide sulfureux est si avide d'oxygène qu'il l'enlève aux composés oxygénés peu stables ; il les réduit à la température ordinaire, et ce pouvoir réducteur reçoit de très nombreuses applications ; le gaz sulfureux se transforme en même temps en acide sulfurique. Il réduit l'acide iodique, l'acide nitrique, l'acide arsenique, l'acide permanganique, le minium, les sels ferriques, les chromates, le chlorure d'or ; la réduction de l'acide nitrique est la réaction génératrice de l'acide sulfurique ordinaire : $2 NO^3H + SO^2 = SO^4H^2 + 2 NO^2$. Les réductions indiquées donnent respectivement lieu à la production d'iode, de peroxyde d'azote, d'acide arsénieux, de sel manganeux, de sulfate de plomb, de sels ferreux, de sels de sesquioxyde de chrome, d'or précipité.

Grâce à son pouvoir réducteur, l'acide sulfureux agit en les décolorant sur un grand nombre de matières colorantes. Dans la plupart des cas, cependant, l'action n'est pas réductrice et destructive ; l'acide sulfureux décolore la matière colorante en se combinant simplement avec elle, et en donnant des combinaisons incolores, mais instables, puisqu'on peut régénérer la couleur en chassant l'acide sulfureux par un acide plus énergique : on le constate aisément sur des roses ou des violettes blanchies par l'acide sulfureux. Les acides étendus, leurs vapeurs, celles du chlore, de l'ammoniaque, l'action seule de la chaleur, font réapparaître la couleur primitive ou la couleur due à l'action seule du nouvel agent. Les matières colorantes jaunes et vertes des végétaux échappent pour la plupart a l'action de l'acide sulfureux ; l'indigo, le carmin, le jaune de la soie ne semblent être décolorées qu'après l'action ultérieure des rayons solaires.

L'action décolorante que l'anhydride sulfureux exerce sur un grand nombre de matières colorantes est utilisée pour enlever les taches de fruit ou de vin ; il suffit de les mouiller, de faire brûler en dessous, à l'aide d'un cornet de papier, quelques allumettes soufrées, enfin de laver. Elle reçoit une application très importante dans le blanchiment des substances animales que le chlore colorerait en jaune : la laine, la soie, les plumes, les cordes de boyaux, la colle de poisson, la baudruche, la gomme adragante, sont blanchies par ce procédé, et on peut l'employer également pour la paille, l'osier, les éponges, etc. Les procédés de blanchiment à l'aide de l'acide sulfureux ont d'ailleurs perdu bien de leur importance devant les procédés à l'eau oxygénée.

Blanchiment des fibres animales. — L'anhydride sulfureux s'y emploie soit à l'état gazeux : c'est le procédé des soufroirs ; soit à l'état de dissolution : on prépare cette dissolution en montant une cuve avec du bisulfite de soude et de l'acide chlorhydrique ou sulfurique. Il est à noter que l'acide sulfureux n'agit pas en décomposant la matière colorante, mais en donnant avec elle une combinaison plus ou moins stable, et cette remarque explique pourquoi les fibres blanchies à l'acide sulfureux reprennent bientôt une teinte jaune ; on le constate aisément si l'on soumet la laine blanchie à plusieurs lavages en solutions alcalines.

Dans le soufroir, la laine bien dégraissée et lavée est suspendue, à l'état humide, sur des perches. Le soufroir est une simple chambre en briques, fermée par une cloison étanche. On y dispose dans un coin une terrine sur laquelle on met le soufre destiné à produire l'acide sulfureux, environ 6 a 8 pour 100 du poids de la laine, sans dépasser 130 grammes de soufre par mètre cube d'air. On enflamme le soufre à l'aide d'une tige de fer rougie, on ferme la porte, et on laisse la laine exposée à l'action du gaz sulfureux, une nuit pour le fil, une journée ou deux pour le tissu. On renouvelle le soufrage si le blanc n'est pas suffisant. Pour éliminer toute trace d'acide sulfureux, on passe dans un léger bain de soude, puis on lave à grande eau. Les tissus légers de laine sont parfois soufrés à la continue. Il est bon de chauffer le soufroir pour éviter toute condensation d'eau. Il est indispensable de recouvrir la laine d'un drap, destiné à la préserver de tout contact avec les gouttes d'eau de condensation qui renferment des traces d'acide sulfurique. Il est indispensable également de bien aérer le soufroir avant d'y rentrer.

En bain liquide, la laine est travaillée plusieurs heures dans une solution neutre d'acide sulfureux, ou dans une solution de bisulfite de soude à 50 grammes par litre additionnée d'une quantité équivalente d'acide chlorhydrique, ou mieux dans des solutions successives de bisulfite et d'acide chlorhydrique. La laine est ensuite lavée avec soin.

La soie cuite par dégommage, avec 25 pour 100 de perte de grès, en bain de savon dilué, à 30° ou 40°, fait à plusieurs reprises un séjour d'une demi-journée dans le soufroir.

On a proposé de faire agir l'acide sulfureux dans le soufroir, après y avoir effectué le vide, *Floquet et Bonnet* (br. fr., 1897), en y introduisant l'acide produit en dehors du soufroir.

Désinfection et conservation par l'acide sulfureux. — L'acide sulfureux est, en raison de sa qualité d'asphyxiant, de ses propriétés réductrices et de son grand pouvoir de diffusion, un agent puissant de désinfection.

Les fumigations d'acide sulfureux pour assainir les endroits infectés étaient connues des Romains ; au temps de Pline, les prêtres ordonnaient déjà de se servir du soufre enflammé dans le but de purifier les maisons. On s'est beaucoup servi du soufre pour assainir les lazarets, les étables, les cales de navires, les logis et les vêtements des malades, pour prévenir ou arrêter les maladies contagieuses et les épidémies, pour détruire les insectes nuisibles qui attaquent les blés, les plumes, les étoffes, qui pullulent dans les vieilles demeures, pour détruire les microbes et les parasites. Autrefois, on procédait en allumant du soufre au milieu de la pièce à assainir ; on calfeutrait bien toutes les ouvertures, et on ne rouvrait

que quelques jours après. Mais cette façon de procéder a été la cause de
nombreux incendies, lorsqu'on ne prenait pas la précaution de placer le
vase qui renfermait le soufre en combustion sur un plancher non susceptible de prendre feu au contact des parcelles de soufre en combustion.
Aussi est-il préférable de se servir d'acide sulfureux liquéfié. D'après des
expériences de désinfection faites, en 1884, par Pasteur, Roux et Dujardin-
Beaumetz, à l'hôpital Cochin, la dose nécessaire pour amener la stérilisation complète des bouillons de culture est de 750 grammes d'acide
sulfureux anhydre pour 20 à 25 mètres cubes de local à désinfecter.
L'acide sulfureux désinfecte les locaux des tuberculeux à la dose de
40 grammes de soufre brûlé par mètre cube du local, on ferme douze
heures, puis on aère vingt-quatre heures. — Les fumigations d'acide
sulfureux ont été en grand usage autrefois dans le traitement des maladies
de la peau : gale et dartres. L'idée première du traitement de la gale
revient à *Glauber,* 1659. Des boîtes en bois très simples et peu coûteuses
furent combinées ensuite par *d'Arcet,* et mises en usage dans tous les
hôpitaux ; la guérison d'une gale simple nécessitait dix fumigations à
5 centimes chacune ; il est impossible, dit Girardin, de guérir à meilleur
marché. Ce mode de traitement est abandonné aujourd'hui.

On désinfecte les tonneaux qui ont servi au transport des produits
alimentaires en faisant brûler à l'intérieur des mèches soufrées.

Le gaz sulfureux en fumigations, et les différentes solutions, aqueuse,
alcoolique, glycérinée, servent pour la conservation du houblon, des
légumes comprimés, de la viande, des jus sucrés.

En dehors des applications signalées jusqu'ici, et en particulier de
l'emploi de l'acide sulfureux comme désinfectant, ou comme agent de
blanchiment, nous signalerons encore les suivantes :

préparation des hyposulfites et des hydrosulfites, fabrication des
garances de *Kopp,* désagrégation des schistes alumineux destinés à la
fabrication de l'alun, extraction du cuivre de certains minerais, préparation
des moûts de pommes de terre et de maïs pour l'obtention de l'alcool,
précipitation de l'excès de chaux, ou de baryte, *Steinberg* (br. fr., 1897),
dans l'épuration des jus sucrés, préparation de la pâte à papier dite pâte
de bois ou pâte chimique ou cellulose sulfitée.

Pour toutes ses applications, l'anhydride sulfureux s'emploie à l'état
de gaz, ou de dissolution aqueuse, ou de liquide, ou de solution dans la
glycérine : *ascoline,* ou de sulfites dont la décomposition par un acide met
en liberté le gaz sulfureux.

Sulfites. — Ce sont les combinaisons données par l'acide sulfureux
avec les bases ; on connaît des sulfites neutres, des sulfites acides ou
bisulfites, enfin des anhydro-sulfites. Ils répondent à la formule SO^3M^2.
Ils sont incolores. Les sulfites alcalins et les bisulfites alcalins et alcalino-
terreux sont seuls facilement solubles dans l'eau ; les autres se dissolvent

dans l'eau chargée d'acide sulfureux, d'où l'ébullition les reprécipite. Tous les sulfites traités par l'acide sulfurique ou par l'acide chlorhydrique donnent de l'acide sulfureux, que l'on reconnaît à son odeur et à son incombustibilité. Tous les sulfites neutres donnent, avec le chlorure de baryum, un précipité blanc de sulfite de baryum, soluble dans l'acide chlorhydrique, ce qui le distingue du sulfate de baryum, qui est insoluble.

Le *sulfite de potassium* SO^3K^2 a été proposé pour réserves dans la teinture du noir d'aniline et dans les teintures à la glace, ainsi que pour ronger un grand nombre de matières colorantes basiques, par les *Farbenfabriken* d'Elberfeld.

Le *sulfite de sodium* SO^3Na^2, $10H^2O$, se prépare en faisant passer un courant de gaz sulfureux dans une solution de carbonate de sodium à froid ; on neutralise l'excès d'acide sulfureux en ajoutant du carbonate de sodium.

Le sulfite de soude, en solution à 25° Bé, a été employé en injections pour conserver les cadavres destinés aux dissections, *Sucquet*, 1846 ; il suffit d'injecter dans l'aorte 3 à 4 litres de cette solution. On s'en sert aussi comme antichlore, pour préparer les moûts de vins et d'alcools, enfin dans le blanchiment ainsi que nous l'avons vu p. 529.

A titre d'antichlore, une molécule de ce sel enlève une molécule de chlore ; il se forme de l'acide chlorhydrique et du sulfate de sodium. On emploie le sulfite mélangé avec du carbonate, de façon à neutraliser en même temps l'acide chlorhydrique formé. On élimine ensuite par un lavage le chlorure et le sulfate de sodium ainsi formés.

Lorsqu'on sature à chaud le carbonate de sodium par l'acide sulfureux, on obtient alors du *bisulfite de sodium* SO^3HNa, qui est employé comme antichlore, comme agent de blanchiment sous le nom de *leucogène,* pour conserver la bière, la viande, les jaunes d'œufs des mégissiers. Le bisulfite de soude est l'un des antiseptiques qui convient le mieux à la conservation des empois et apprêts pour tissus ; il suffit d'ajouter aux empois 1 pour 100 de bisulfite à 17° Bé pour les conserver inaltérés pendant un mois.

Le *bisulfite de baryum* $(SO^3)^2BaH^2$ est un bon antifermentescible, usité pour les jus sucrés à la dose de 60-100 grammes d'un lait préparé avec 1 kilo de produit et 20 litres d'eau pour 1000 litres de vesou, par litre de vesou ou jus de cannes à sucre.

Le *bisulfite de calcium* sert d'antichlore et pour préparer la pâte de cellulose. Il en est de même du *sulfite de magnésium, Erkmann*.

Les sulfites, les bisulfites et les hydrosulfites des métaux alcalins et alcalino-terreux, de l'aluminium, du zinc, sont utilisés dans le traitement des extraits tinctoriaux ou tannants, *L. Dufour* (br. fr., 1897).

Les bisulfites donnent, par impression et vaporisage, des effets crépons sur tissus de laine, *K.-K. Neunkirchner Druckfabrik A.-G.* (br. all., 1898).

Le bisulfite de chrome, suivi d'un passage en carbonate ou phosphate alcalin, sert à mordancer les matières végétales, *Badische Anilin und S. F.* (br. fr., 1898).

ACIDE SULFURIQUE

L'acide sulfurique est connu à l'état anhydre et à l'état hydraté. Il s'emploie industriellement sous trois formes :

l'acide sulfurique anhydre SO^3,
l'acide sulfurique ordinaire SO^4H^2,
l'acide sulfurique fumant $S^2O^7H^2$.

Acide sulfurique anhydre.— L'*acide sulfurique anhydre*, $SO^3 = 80$, s'obtient en grand par la combinaison directe de l'acide sulfureux et de l'oxygène. On le mélange, à 20, 30, 40, 45 pour 100 d'anhydre, avec l'acide sulfurique ordinaire, et on emploie ces mélanges pour préparer les dérivés sulfoconjugués, soit que ceux-ci interviennent comme termes de passage dans la fabrication de certains colorants : tels les acides anthraquinone mono et disulfoniques qui conduisent à l'alizarine pour violet et pour rouge ; soit qu'ils deviennent des colorants qui supportent les bains acides de la teinture sur laine : comme fuchsine acide, violets acides, verts acides, orangés ponceaux ; soit qu'ils deviennent des couleurs solubles dans l'eau, souvent désignées par S : comme bleus alcalins, bleus solubles, alizarine S.

L'anhydride sulfurique du commerce est un corps solide, blanc, cristallisé en longues aiguilles soyeuses, qui ressemblent à l'amiante ; il fond à 18° et bout vers 35°. L'anhydride pur, qui cristallise en prismes transparents, fond à 15° et bout à 46°. Il est tellement avide d'eau qu'il répand à l'air d'épaisses fumées, et lorsqu'on le projette dans l'eau il s'y combine avec un bruit strident. Il se dissout dans l'acide sulfurique en donnant les différents mélanges connus sous le nom d'acide sulfurique fumant.

A cause de son importance dans l'industrie si considérable des matières colorantes industrielles, à cause de l'importance que l'avenir lui réserve peut-être comme matière de préparation pour l'acide sulfurique ordinaire, nous entrerons dans quelques détails sur la préparation de l'acide sulfurique anhydre.

En dehors de la préparation par union directe de l'anhydride sulfurique et de l'oxygène sec, au contact de la mousse de platine, *Kuhlmann*, légèrement chauffée, ou de l'amiante platinée, ou sous l'action des étincelles électriques, on prépare encore l'anhydride soit en chauffant légèrement de l'acide fumant : l'anhydride se volatilise vers 35°, se sépare de l'hydrate qui ne bout qu'à 338°, et se condense dans un tube refroidi ; ou en calcinant du pyrosulfate de sodium obtenu en déshydratant du bisulfate par la chaleur.

La préparation de l'anhydride sulfurique, dit *R. Hasenclever* (Chemische Industrie, 1899) (1), est restée, jusqu'en 1870, le monopole exclusif de la maison David Starck, de Prague. A cette époque, l'anhydride se vendait de 2 fr. 50 à 3 fr. 50 le kilo. Dès que le procédé fut tombé dans le domaine public, la fabrication de l'anhydride sulfurique fut entreprise presque simultanément dans les usines suivantes : les Fiskalische Hütten, à Freiberg (Saxe), la maison Chapmann, Cassel et Cie, à Silvertown, près de Londres, la maison Jacob, à Kreuznach, la Chemische Fabrik Rhenama, à Aachen, la maison G. Carl Zimmer, à Mannheim, W. Rath, à Plettenberg, les fabriques de produits chimiques de Thann et Mulhouse, à Thann (Alsace), la Chemische Fabrik Einergraben, à Barmen.

En 1883, les Farbwerke Meister, Lucius et Brüning, à Hœchst-sur-Mein, achetèrent du Dr Jacob, de Kreuznach, son procédé, qu'elles perfectionnèrent considérablement. De même, en 1887, la Badische Anilin und Sodafabrik, à Ludwigshafen-sur-Rhin, acheta le brevet de Schrœder et Hänisch, qui lui permit de fabriquer une partie de l'acide fumant nécessaire à son industrie.

Les divers procédés employés par les usines ci-dessus pour la fabrication de l'anhydride sulfurique dérivent plus ou moins directement de la méthode indiquée en 1875 par *Winkler,* et publiée à cette époque dans le Dingler's Journal. Le travail en question avait pour titre : « Recherches sur la transformation de l'acide sulfureux en anhydride sulfurique par l'action de contact, et son application à la fabrication de l'acide sulfurique fumant, par le Dr Clemens Winkler, professeur à l'Ecole royale des mines de Freiberg. » Bien que d'autres chercheurs, comme Plattner et Philipps, eussent déjà indiqué l'emploi de substances de contact pour transformer l'anhydride sulfureux en anhydride sulfurique, aucun d'eux n'avait proposé de procédé industriel basé sur ce principe. Winkler prépare l'acide sulfureux en décomposant par la chaleur l'acide sulfurique ordinaire ; le mélange de $SO^2 + O + H^2O$ est dirigé dans de l'acide sulfurique concentré qui absorbe H^2O. Il reste $SO^2 + O$ que l'on fait passer sur l'amiante platinée. L'anhydride SO^3 ainsi préparé servait à préparer à leur tour, par mélange avec de l'acide sulfurique concentré, les divers acides sulfuriques fumants.

C'est en 1878 que Winkler fit breveter l'emploi de l'amiante platinée (brevet allemand, n° 4 566). La licence du brevet fut acquise aussitôt par la Chemische Fabrik Rhenama, à Aachen, les Fiskalische Hüttenwerke, à Freiberg, la Société de Saint-Gobain, Chauny et Cirey (1880) et la maison P.-K. Ouschkoff et Cie, à Moscou. En même temps la Badische Anilin und Sodafabrik perfectionnait rapidement le procédé, au point que les autres usines durent bientôt suspendre leur fabrication.

Le procédé breveté par les Farbwerke Meister, Lucius et Brüning est également basé sur la méthode de Winkler (brevet allemand, n° 10 458.

(1) Traduction du Moniteur scientifique.

du 5 janvier 1898). Si, de ce côté, les renseignements précis font défaut, il n'en reste pas moins vrai que la Badische Anilin und Sodafabrik produit de grandes quantités d'acide sulfurique par réaction en présence d'une masse de contact, et que, depuis 1888, elle n'a plus construit une seule chambre de plomb.

Le procédé de la B. A. und S. F. consiste à combiner SO^2 et O sur une substance de contact, mais en prenant la précaution de refroidir extérieurement, afin d'enlever la chaleur en excès, et de brûler le soufre entraîné dans SO^2. Nous donnerons en détail les deux brevets pris par elle, comme exemple typique de la différence qui existe entre l'expérience théorique de Kuhlmann, si facile à réaliser dans un laboratoire, et les soins et la sagacité nécessaires pour faire passer une découverte théorique dans le domaine de la pratique.

« Procédé de fabrication d'anhydride sulfurique par la Société Badische Anilin und Sodafabrik.

Brevets n° 280 647 à 280 649, du 17 août 1898 :

I. — Depuis plusieurs années nous possédons un procédé technique de fabrication d'anhydride sulfurique que nous n'avons exploité jusqu'ici qu'en Allemagne, tout en le tenant secret. Par crainte d'indiscrétion de la part d'employés infidèles, nous jugeons opportun de faire connaître au public notre procédé tel qu'il est maintenant pratiqué dans notre usine avec tous ses perfectionnements sous forme de la demande du brevet qui suit :

On sait que la combinaison de l'acide sulfureux avec l'oxygène, qui donne naissance à l'anhydride sulfurique, produit une grande quantité de chaleur (1).

La réaction entre l'acide sulfureux SO^2 et l'oxygène se produisant à une température élevée, il est nécessaire de chauffer préalablement le gaz ou le mélange des gaz, afin qu'ils puissent s'unir sous l'influence des substances catalytiques. Cette quantité de chaleur communiquée aux gaz avant la réaction est augmentée de la chaleur de combinaison, de sorte que la température peut, suivant la quantité d'acide sulfureux contenue dans les gaz, monter énormément, même jusqu'à l'incandescence.

Nous avons trouvé que cette accumulation de chaleur exerce une influence très nuisible dans la pratique de la fabrication de l'anhydride sulfurique.

Les préjudices qui en résultent sont de diverses natures : 1° les appareils en fer sont usés par l'oxydation avant le temps; 2° l'action de la substance catalytique est affaiblie; 3° la capacité de production des appareils s'en trouve amoindrie; 4° et avant tout, la réaction qui devait se produire dans un sens quantitatif est entravée. La marche défavorable

---

(1) Elle a été exactement mesurée par Heiss, Annales de Poggendorf, t. LVI, p. 471 (1842), et par Thomsen, Annales de Poggendorf, t. CL, p. 32 (1873), et s'exprime par l'équation : $SO^2 + O = SO^3 + 32.2$ cal.

de la réaction s'explique par le fait, par nous observé, que la décomposition inverse de SO^3 en SO^2 et O se produit à des températures très peu au-dessus de celle de la formation de SO^3. En même temps, la combinaison de SO^2 avec O s'effectue dans les premières parties de la masse catalytique, beaucoup plus rapidement que dans les parties suivantes, de sorte que l'appareil est surchauffé dès le début de l'opération. La réversion de la réaction augmente d'autant plus que l'appareil catalytique est surchauffé par l'excès de chaleur mentionné, c'est-à-dire que la quantité de gaz qui passe par l'appareil catalytique est plus grande ou que le gaz est plus concentré. Il s'ensuit que la combinaison plus avancée de l'acide sulfureux avec l'oxygène est empêchée d'avance, ou que l'anhydride sulfurique formé se décompose dans le sens inverse. Une partie de l'acide sulfureux quitte l'appareil sans être consommée et ne peut être utilisée que par de nouvelles dispositions, par exemple en la travaillant dans une chambre de plomb, ou en la transformant en bisulfite.

Or, nous avons inventé un procédé qui permet d'éviter les désavantages que nous venons de décrire, et qui consiste en ce que nous retirons à la masse et aux appareils catalytiques l'excès de chaleur nuisible. Nous le faisons par un refroidissement extérieur adapté au but et sous une forme réglable. Nous arrivons par cela à mettre l'appareil de contact dans un état de température indépendant, dans de vastes limites, de la quantité et de la concentration du gaz à travailler, et embrassant les températures les plus favorables à la formation complète de SO^3.

En conséquence, il nous est possible de monter le rendement en anhydride sulfurique, jusqu'à le rendre quantitatif, comme c'est le cas dans le procédé des chambres. En même temps, les appareils et la masse catalytique sont ménagés par la marche plus froide de la réaction, et leur pouvoir de production est augmenté d'une manière extraordinaire.

L'application du procédé peut être très variée et dépend surtout de la concentration des gaz à travailler.

En général, nous parvenons à refroidir l'appareil catalytique en nous servant d'un courant de gaz d'une intensité et d'une température réglables, par exemple d'un courant d'air ou de gaz à travailler. On peut y parvenir aussi d'une autre manière, par exemple par des bains liquides, notamment par des bains métalliques d'une température réglable.

Pour employer les gaz à travailler eux-mêmes au refroidissement de l'appareil catalytique, nous en faisons passer entièrement ou en partie le courant, dont la force totale est indépendante de cette fonction, dans un espace qui entoure le conduit catalytique ; là, il enlève à la masse catalytique la chaleur en excès. Les gaz qui quittent le milieu réfrigérant sont ensuite portés à la température la plus favorable à la marche de la réaction, avant d'être dirigés dans la masse de contact. A ce but, il est nécessaire, suivant leur concentration, de les refroidir ou de les chauffer.

Afin de pouvoir se servir durablement des appareils, et d'éviter l'inactivité de la masse catalytique, il peut être encore nécessaire de soumettre les gaz à travailler à une purification, afin de leur enlever non seulement les impuretés poussiéreuses, mais encore les combinaisons d'arsenic, de phosphore et de mercure qui y sont mélangées. (Suit la description des appareils).

II. — Dans une demande de brevet que nous avons déposée en même temps que celle-ci, nous avons décrit un traitement préparatoire des gaz sulfureux bruts, ayant pour objet la dépuration desdits gaz, et au moyen duquel nous sommes arrivés à rendre absolument intacts les appareils décrits dans une autre demande du même jour, ainsi que la substance catalytique. Nous avons en outre illustré le mode opératoire permettant d'obtenir un rendement le plus possible théorique.

Mais quand il s'agit de faire concourir notre procédé catalytique, non seulement pour l'acide sulfurique concentré, mais aussi pour l'acide dilué, il n'importe pas seulement de faire marcher la réaction aussi quantitativement que possible, mais d'éviter également tout ce qui pourrait rendre le procédé plus coûteux, en comparaison de celui des chambres de plomb.

Dans le cours de nos recherches, nous avons constaté que la formation d'anhydride sulfurique au moyen d'anhydride sulfureux et d'oxygène n'exige non seulement pas d'excès de pression, mais qu'elle peut marcher presque quantitativement sous la pression atmosphérique normale, et même sous une pression réduite, à condition que la substance catalytique soit disposée de façon à permettre aux gaz de passer par de grandes quantités de substance catalytique, avec une faible perte de pression seulement.

La disposition accoutumée de la substance catalytique, par exemple, de l'amiante platinée non tassée, ne le permet pas, vu l'entassement et la compression qu'elle subit par la compression continuelle unilatérale des gaz exigeant finalement une pression considérable uniquement pour la circulation des gaz à travers la substance catalytique.

En outre, nous avons trouvé qu'on peut atteindre d'une manière pratique le but proposé en disposant la substance catalytique en plusieurs couches minces séparées, de sorte que chaque couche forme un élément catalytique complet sur lequel la pression des éléments voisins n'exerce aucune influence. (Suit la description de l'appareil). Cette disposition des éléments catalytiques offre en outre l'avantage que les gaz, après avoir passé un élément, peuvent se mélanger de nouveau. En même temps, elle favorise utilement l'égalisation de la température entre les gaz passant par les éléments catalytiques, à des endroits différents, de manière que le refroidissement prescrit dans notre demande du même jour peut facilement produire son effet.

Pour ces motifs, notre invention diffère essentiellement d'une disposition qui a été décrite dans le brevet allemand, n° 52 000 (1).

(1) Voir Lunge, t. 1, 1893, p. 774.

L'effet technique de notre invention est facile à comprendre. La pression nécessaire à refouler ou à aspirer le mélange gazeux à travers la substance catalytique est réduite à une minime proportion. En opérant, par exemple, sur les gaz provenant du grillage de pyrite, la différence de pression avant et après la substance catalytique ne s'élève qu'à quelques centimètres de mercure, pour un effet qui correspond approximativement à celui de l'exemple concret donné dans notre brevet de même date. Par conséquent, la circulation des gaz à travers la substance catalytique peut s'effectuer au moyen d'appareils mécaniques d'un travail très économique. Puisque le procédé chimique marche même sous une pression réduite d'une façon presque quantitative, notre invention a rendu possible qu'on place la force motrice du courant gazeux derrière les appareils à absorption et les appareils catalytiques. Ceci est parfois avantageux, vu que la quantité de gaz à aspirer à cet endroit, par suite de la disposition d'un volume d'anhydride sulfureux et d'un demi-volume d'oxygène, a diminué de une demi-fois le volume du gaz sulfureux y contenu.

Il va sans dire que la décharge de pression des éléments catalytiques peut se faire d'autres manières, sans porter atteinte aux bases de notre invention..... De pareilles modifications tombent sous le coup de notre invention, dont le principe consiste à décharger la substance catalytique par suite de sa disposition en plusieurs couches minces, de la contre-pression des couches voisines, mais sans porter préjudice au refroidissement du tuyau de contact, ou sans permettre aux gaz de prendre un autre chemin que celui à travers la substance catalytique.

III. — Dans une demande de brevet que nous déposons en même temps que la présente, et concernant un procédé pour la préparation de l'acide sulfurique anhydre, nous avons mentionné que pour pouvoir se servir des appareils d'une manière continue, et pour éviter que la substance catalytique devienne inefficace, il peut être nécessaire de soumettre préalablement les gaz à convertir à une dépuration particulière. Cette nécessité se présente surtout quand on travaille avec les gaz qui proviennent du grillage des pyrites, etc. Dans notre brevet précité, nous n'avons ni décrit, ni revendiqué la manière dont doit s'effect_cr cette dépuration, vu que nous voulons en faire l'objet de la présente demande de brevet.

On sait que les minerais sulfurés contiennent différentes impuretés qui passent pendant le grillage dans le mélange des gaz contenant le bioxyde de soufre. Ces impuretés y sont à l'état libre respectivement sous forme d'oxydes, ou combinées à d'autres substances, à l'état de poussières ou de gaz.

Ces impuretés consistent principalement en fer, manganèse, cuivre, nickel, arsenic, antimoine, phosphore, mercure, plomb, zinc, bismuth, thallium et sélénium, etc., ou bien en combinaisons de ces éléments.

Une autre impureté très gênante, que nous n'avons pas encore énumérée, c'est l'anhydride sulfurique, qui se forme toujours en petite quantité pendant le grillage des minerais et même quand on brûle du soufre naturel pour produire l'acide sulfureux(1). L'humidité contenue dans les minerais, ainsi que dans l'air qui sert au grillage, fait que cet anhydre sulfurique se transforme immédiatement en acide sulfurique hydraté, dont l'inconvénient consiste à former, pendant le refroidissement, des vapeurs opaques difficiles à éliminer.

En étudiant avec soin les effets nuisibles de toutes ces impuretés sur le procédé catalytique, nous avons trouvé qu'ils se font sentir de différentes manières. En premier lieu, l'acide sulfurique concentré, dont nous avons parlé plus haut, corrode les parties des appareils formées de plomb et de fer, et dérange la partie mécanique chargée du transport des gaz. Les brouillards d'acide sulfurique hydraté et de soufre éventuellement non brûlé, mais sublimé, sont également très nuisibles par le fait qu'ils servent de porteurs à d'autres impuretés, influençant d'une manière très défavorable l'efficacité chimique de la substance catalytique.

D'autres impuretés et matières sublimées encore peuvent, à elles seules, souiller mécaniquement ou chimiquement la substance catalytique, et en amoindrir l'efficacité. Sous ce rapport, nous avons surtout reconnu comme très nuisibles les éléments arsenic, phosphore et mercure, ainsi que leurs combinaisons ; de minimes quantités en suffisent pour rendre presque complètement inefficaces des quantités disproportionnées du principe actif de la substance catalytique, c'est-à-dire du platine.

En outre, nous avons constaté qu'il faut absolument éliminer du mélange des gaz toutes les impuretés susnommées, telles que soufre, acide sulfurique, poussières de toutes sortes, arsenic, phosphore, mercure, etc., avant de pouvoir songer à obtenir une transformation presque quantitative de l'acide sulfureux en anhydride sulfurique, et sans renouveler la substance catalytique.

La dépuration absolue des gaz de toutes les impuretés étant extrêmement difficile, c'est une des causes principales pour lesquelles la préparation directe de l'anhydride au moyen des gaz de grillage n'a pas encore pu se substituer au procédé des chambres de plomb. Mais nos recherches nous ont fait trouver les moyens qui permettent avec certitude d'éliminer complètement ces impuretés. Notre procédé consiste à abandonner le chemin qui semblait s'imposer jusqu'ici comme le seul rationnel, c'est-à-dire à abandonner l'emploi immédiat des gaz de combustion, relativement secs et chauds et dépourvus de poussière.

Pour suivre cette idée, nous avons songé à procéder à une dépuration particulière, en partie chimique, en partie mécanique. Elle se compose des opérations suivantes : mélanger, traiter avec vapeur d'eau, refroidir peu à peu, laver avec de l'eau ou de l'acide sulfurique, en se servant d'essais particuliers permettant de suivre le cours de la dépuration, puis sécher de nouveau les gaz ainsi dépurés.

(1) Voir Lunge, t. I, 1893, p. 290 et suivantes V. 780.

Ci-après nous donnons une description de notre manière de procéder.

La condition la plus importante pour le lavage efficace des gaz provenant du grillage, est de produire la combustion parfaite du soufre ou d'autres matières oxydables ; autrement il serait énormément difficile de précipiter les matières formées, surtout le soufre sublimé qui, en apportant d'autres impuretés dans la masse catalytique, pourrait mettre en question le fonctionnement de notre procédé. Nous avons trouvé que le soufre se brûle totalement en mélangeant intimement les gaz provenant du grillage, quand ils sont encore à leur température de combustion. A cet effet, l'emploi exclusif des chambres à poussières en usage jusqu'ici ne suffit pas, surtout lorsqu'il s'agit de fours permettant, par exemple, de griller par jour plus de 5 à 10 000 kilos de pyrite. On peut effectuer le mélange et la combustion parfaite par des moyens mécaniques, le plus simplement par un courant de gaz insufflé dans la chambre contenant les gaz chauds à mélanger. Un tel courant de gaz peut être formé d'air ou des gaz du grillage eux-mêmes, mais le plus pratique est de se servir d'un courant de vapeur d'eau qui, comme on va le voir, a mission de remplir d'autres fonctions importantes au cours des opérations préparatoires du procédé.

De plus, nous avons trouvé que, pour pouvoir bien laver les gaz provenant du grillage, surtout de pyrites fortement arseniées, il est recommandable de ne pas les refroidir graduellement dans des réfrigérants appropriés. Par le fait que tous les gaz provenant du grillage de minerais sulfurés renferment de l'acide sulfurique concentré sous forme de vapeurs qui se condensent lors du refroidissement, le métal des réfrigérants, généralement construits en fer ou en plomb, est rapidement attaqué par cet acide chaud et concentré, ce qui conduit bientôt à la destruction des appareils.

La présence de l'acide sulfurique dans les gaz de grillage n'a pas seulement pour conséquence de diminuer la durée des appareils, mais peut produire deux autres inconvénients encore plus graves, susceptibles de mettre en question l'exécution du procédé catalytique.

Le premier de ces inconvénients, c'est que l'acide sulfurique concentré présente la particularité de former, avec l'arsenic et avec d'autres impuretés contenues dans les gaz, des croûtes dures et compactes qui, à l'instar des incrustations des chaudières à vapeur, se déposent sur les parois du réfrigérant en en bouchant bientôt toute la section.

De même, les tours servant à refroidir les gaz, à l'exemple des glovers dans le procédé des chambres de plomb, se bouchent également dans peu de temps, qu'ils soient arrosés avec de l'eau ou avec de l'acide sulfurique. La cause de ce fait que, dans le procédé des chambres de plomb, les glovers ne se bouchent pas si souvent repose, comme nous l'avons trouvé, dans la teneur de l'acide des glovers en acide nitrique et en nitrose, qui produisent la dissolution des incrustations dures. L'essence du procédé catalytique étant d'éliminer l'emploi d'acide nitrique, il est évident que les incrustations doivent être enlevées par un autre agent.

Le deuxième incṣnvénient, plus fâcheux encore, résulte de l'action de
l'acide sulfurique concentré, contenu dans les gaz, sur les métaux (plomb,
fer, etc.), donnant naissance en quantités minimes, mais suffisantes, à des
combinaisons hydrogénées des éléments étrangers, par exemple de l'arsenic
ou du phosphore. Ces impuretés gazeuses sont très difficiles à reconnaître
et à éliminer ; elles parviennent à s'introduire dans la substance catalytique
et la mettent lentement, mais sûrement, hors de service.

Tous les inconvénients précités disparaissent immédiatement en insufflant dans les gaz du grillage la quantité de vapeur d'eau nécessaire pour
former de l'acide sulfurique dilué, par exemple, de 10° à 40° Baumé. Au
lieu de croûtes dures, il se forme une boue facile à enlever. Délivré d'elle,
l'acide sulfurique dilué ne peut plus corroder les réfrigérants qui peuvent
être construits en plomb, de sorte que la formation de combinaisons
hydrogénées nuisibles est éliminée.

Après avoir traité au préalable, et refroidi les gaz du grillage de la
manière décrite, on les soumet à un procédé de lavage pour les épurer
définitivement et parfaitement de toutes les substances nuisibles. Ce
lavage est poursuivi aussi longtemps qu'un examen optique et chimique
fait constater la pureté suffisante des gaz.

C'est principalement d'un essai optique qu'on se sert pour constater
ce résultat d'une manière continue. Cet essai consiste à éclairer d'un côté
une couche de gaz, longue de plusieurs mètres, pendant que, de l'autre,
on examine la couche à travers la lumière; on ne doit plus apercevoir
alors aucune substance poussiéreuse ou nébuleuse.

Quand l'essai optique des gaz épurés a définitivement donné un résultat
favorable, il importe encore de faire la recherche des impuretés qui se
soustraient à cet essai, c'est-à-dire celle des impuretés gazeuses. En premier lieu, il faut citer, comme appartenant à cette catégorie, principalement l'hydrogène arsenié, éventuellement aussi l'hydrogène phosphoré et
les vapeurs mercurielles. Pour constater la présence de ces impuretés
gazéiformes, nous procédons par exemple de manière à envoyer pendant
un temps assez long, par exemple vingt-quatre heures, un courant partiel
du gaz épuré au travers d'un flacon laveur, chargé d'eau distillée, et à
examiner ensuite cette eau d'après les méthodes chimiques connues (par
exemple l'essai de Marsh). Des traces quelque peu considérables de ces
impuretés sont à la longue funestes au procédé catalytique. L'efficacité de
la substance catalytique diminue sûrement, sinon subitement, mais peu
à peu.

Par contre, la substance catalytique conserve, comme nous l'avons
trouvé, toute son efficacité pendant un temps indéfini, si l'on a soin de
remplir bien exactement les conditions que nous venons d'indiquer. Après
cet exposé, il est évidemment superflu de faire ressortir d'une façon particulière l'importance économique de notre invention pour le procédé
catalytique. C'est en elle que repose la clé d'un nouveau procédé à fabri-

quer l'acide sulfurique, équivalant pour le moins à l'ancien, celui des chambres de plomb, relativement à la préparation des acides faibles, et en tout cas de beaucoup supérieur pour les acides concentrés.

Le lavage des gaz se fait le plus pratiquement au moyen d'eau ou d'acide sulfurique, dans des appareils ou flacons laveurs, tours d'arrosage, placés à la suite les uns des autres. Tout l'acide sulfurique et les autres sublimés et matières qui constituent la poussière sont ainsi retenus. On recueille les liqueurs des réfrigérants et des appareils de lavage dans des caisses recouvertes à l'intérieur de plomb et ces produits sont employés tel quel ou transformés en acide concentré au moyen de l'anhydride obtenu par le procédé catalytique. Dans les sédiments, se trouvent tous les produits du grillage, volatils à une température élevée, ainsi que les parties fines des minerais sulfurés ou du soufre entraînées par le courant des gaz, tels que l'arsenic, le mercure, le sélénium, le thallium, etc. Ces produits sont susceptibles d'être mis à profit d'après les méthodes connues.

Après avoir effectué de la manière décrite la dépuration complète des gaz, il ne reste plus, avant de les faire entrer dans la fabrication d'anhydride, qu'à les sécher avec soin, si le lavage a eu lieu avec de l'eau ou avec de l'acide sulfurique dilué.

Le procédé décrit est également applicable au traitement préparatoire et à la dépuration d'autres gaz sulfureux non obtenus par le grillage, de provenance quelconque, qui contiennent des impuretés nuisibles, de la catégorie indiquée ci-dessus. »

Acide sulfurique ordinaire SO^4H^2.

— L'acide sulfurique ordinaire, $SO^4H^2 = 98$, est l'*acide sulfurique normal*. On le nomme aussi *huile de vitriol*, acide sulfurique anglais. Il existe dans la nature à l'état libre et surtout à l'état de sulfates. A l'état libre, on le rencontre dans certaines sources de l'Amérique, issues de terrains volcaniques, comme le Rio Vinagre qui en renferme 1 gramme 35 par litre, et, d'après les calculs de Boussingault, en jette chaque année à la mer plus de 15 millions de kilos. Il y provient de l'oxydation de l'acide sulfureux des volcans par l'air humide. On le rencontre en quantités notables dans les eaux de la source du Ruiz, de celle de Tuscarora, etc. L'eau de la mer dans la baie de Santorin est suffisamment acide pour que les navires doublés de cuivre vinssent s'y rendre dans le but de dépouiller leur carène de sa couche d'oxyde, de coquillages et d'algues marines. L'acide sulfurique existe enfin dans l'atmosphère des villes industrielles ; l'eau de pluie à Manchester en renferme jusqu'à 1 centigramme par litre, *Smith*.

L'acide sulfurique est l'un des corps les plus importants que l'industrie humaine ait produits à ce jour. C'est le plus employé de tous les acides; c'est l'un des plus énergiques et en même temps des moins coûteux. Son importance est telle que sa consommation sert en quelque sorte de mesure à l'industrie des nations.

Historique. — L'huile de soufre fut connue dès le x° siècle. *Lémery* perfectionna sa fabrication, par combustion du soufre en vase humide, en ajoutant au soufre un peu de salpêtre. Ce procédé fut importé en Angleterre et installé en grand dès 1740 par *Ward* à Richmond au moyen de grands ballons de verre, puis au moyen de chambres de plomb, 1746. Il revint en 1766 en France où l'anglais *Holker* établit une fabrique à Rouen, rue Pavée, au faubourg Saint-Sever. En 1774, *De la Folie* y réalisa le perfectionnement considérable d'injecter de la vapeur d'eau au cours de la combustion du soufre. En 1806, *Clément et Desormes* démontrent que l'oxydation de l'acide sulfureux s'effectue pour la plus grande partie aux dépens de l'air, ce qui permet de réduire considérablement la dépense de salpêtre, en faisant passer un courant d'air continu dans les chambres ; *Jean Holker* réalise, en 1810, la fabrication continue. En 1817, *Lonchamp* substitue le salpêtre du Chili au salpêtre ordinaire. En 1827, *Gay-Lussac* introduit un perfectionnement très grand, en faisant absorber les vapeurs nitreuses par l'acide sulfurique lui-même, dans des tours à coke qui portent son nom ; le premier appareil fut installé par lui en 1835 à Chauny. *Perret*, de Lyon, en 1832, substitua les pyrites au soufre, et la combustion des pyrites se généralisa à partir de 1838, époque où, le gouvernement napolitain ayant concédé le monopole du commerce d'exportation du soufre à une seule maison, le prix du soufre tripla immédiatement.

L'anglais *J. Glover* installa en 1861 la tour qui porte son nom ; l'idée première en paraît devoir être attribuée à *Cotelle*, de même que l'idée première de l'emploi des pyrites semble remonter à *Hill*, 1817.

La théorie de la formation de l'acide sulfurique a été étudiée pour la première fois par *Clément et Desormes*, 1806 ; une nouvelle théorie fut proposée par *Péligot*, 1844, elle fut contredite par *Weber* en 1866. Elle a été étudiée récemment par *Lunge et Sorel*.

Quant à la nature de cet acide, c'est à *Lavoisier* qu'on en doit la connaissance.

Production. — L'acide sulfurique ordinaire se produit à partir de l'acide sulfureux en l'oxydant au moyen d'un composé oxygéné de l'azote en présence d'air humide (1), avec formation intermédiaire d'acide nitrososulfurique SO^4HNO, qui constitue les cristaux des chambres de plomb.

Les équations qui rendent compte de cette formation, sont

d'après *Péligot*, 1844 (formules en équivalents) :

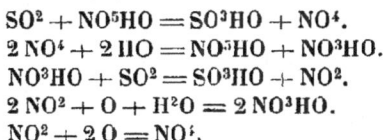

$$SO^2 + NO^5HO = SO^3HO + NO^4.$$
$$2\,NO^4 + 2\,HO = NO^5HO + NO^3HO.$$
$$NO^3HO + SO^2 = SO^3HO + NO^2.$$
$$2\,NO^2 + O + H^2O = 2\,NO^3HO.$$
$$NO^2 + 2\,O = NO^4.$$

(1) Il peut se produire aussi en ajoutant simplement de l'eau à l'acide sulfurique anhydre (Voir p. 532). Le grand desideratum est de l'extraire directement du sulfate de calcium ou gypse.

d'après *Lunge et Sorel* (formules en atomes):

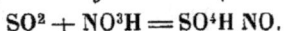

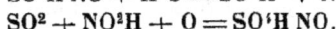

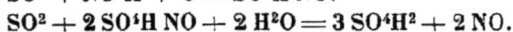

$$SO^2 + NO^3H = SO^4H\ NO.$$
$$SO^4H\ NO + H^2O = SO^4H^2 + NO^2H.$$
$$SO^2 + NO^2H + O = SO^4H\ NO.$$
$$SO^2 + 2\ SO^4H\ NO + 2\ H^2O = 3\ SO^4H^2 + 2\ NO.$$
$$2\ SO^2 + 2\ NO + 3\ O + H^2O = 2\ SO^4HNO.$$

L'on voit que l'acide nitrique et l'acide nitreux sont des agents intermédiaires ; ils se bornent à prendre à l'air son oxygène et à le fixer sur l'acide sulfureux. C'est l'oxygène de l'air qui fait les frais de l'oxydation. Théoriquement, la quantité du composé oxygéné de l'azote prise au début doit servir indéfiniment dans la réaction.

Dans la pratique, le gaz sulfureux provenait autrefois de la combustion du soufre. L'acide au soufre a presque disparu. Aujourd'hui on retire plus economiquement le gaz sulfureux du grillage des sulfures métalliques, et en particulier des pyrites de fer, voir pp. 519, 523 (1). Le composé oxygéné de l'azote employé est l'acide nitrique, qui décomposé par l'acide sulfureux, lors de la transformation de celui-ci en acide sulfurique, se régénère par l'oxygène de l'air et par la vapeur d'eau. Les réactions entre ces quatre corps, gaz sulfureux, acide nitrique, oxygène de l'air, vapeur d'eau, s'effectuent dans de grandes *chambres de plomb* à soudure autogène, d'une capacité de 4 000 à 6 000 mètres cubes. Au sortir de la chambre de plomb, les gaz qui ne se sont pas condensés passent dans un tambour de queue, dit *colonne de Gay-Lussac*, tour en plomb remplie de coke sur lequel coule un mince filet d'acide sulfurique à 62° Bé qui dissout les traces de composés nitrés et est renvoyé au sommet de la *tour de J. Glover*. Celle-ci est une tour en plomb, dont les parois sont garnies de briques siliceuses et dont l'intérieur est rempli de gros fragments de silex ou de coke ou de cylindres de poterie rugueuse ; la tour de Glover est placée avant l'entrée des gaz dans les chambres de plomb. Les gaz sulfureux, venant des fours à pyrites, la traversent de bas en haut, tandis que l'acide sulfurique condensé dans les chambres de plomb à 50°-52° Bé et l'acide sulfurique chargé de produits nitreux dans la colonne de Gay-Lussac la traversent, sous forme de pluie, de haut en bas. La tour de Glover utilise la chaleur des gaz sulfureux pour concentrer l'acide des chambres de 52 à 60° Bé, dénitrifie l'acide sulfurique nitreux venant de la colonne de Gay-Lussac, abaisse la température des gaz, les charge d'une partie de l'eau nécessaire aux réactions. Celle-ci est introduite dans les chambres de plomb sous forme de vapeur, ou sous forme d'eau pulvérisée, *Sprengel* (br. fr., 1874). Des essais faits à Saint-Gobain et à Thann ont montré que l'eau pulvérisée est moins bien utilisée que l'eau vaporisée. On cherche à remplacer partiellement, ou même totalement, les

(1) On emploie aussi les matières sulfurées provenant de l'épuration du gaz d'éclairage, et l'hydrogène sulfuré provenant des marcs ou résidus de soufre.

chambres de plomb par des tours à plaques*Lunge-Rohrmann;* leur place la plus avantageuse est au milieu ou dans la seconde moitié des chambres. (1)

Concentration. — L'acide sulfurique du commerce marque 52°, 60°, 66° Bé, selon qu'il contient 65 parties 5, 78 ou 100 pour 100 d'acide sulfurique monohydraté SO^4H^2.

L'acide recueilli sur le sol des chambres de plomb marque 50° à 52° Bé ; d $= 1,53$ à $1,56$; il renferme 62,5 à 65,5 de SO^4H^2 et le reste de H^2O.

L'acide marquant 60° Bé a été concentré soit par la tour de Glover, soit en chauffant dans une série de bassines de plomb peu profondes et très larges, disposées en cascade. Sa d $= 1,71$; il renferme 78 pour 100 de SO^4H^2 à 15° C.

La concentration à partir de 60° Bé ne peut plus se faire dans des bassines de plomb, car ce métal est attaqué par l'acide concentré à la température élevée où celui-ci bout.

La concentration de l'acide sulfurique jusqu'à 66° Bé (2), d $= 1,84$ se fait en distillant, le plus fréquemment dans des appareils coûteux en platine. On travaille à la continue avec des appareils à compartiments de façon à éviter le mélange de l'acide frais avec l'acide concentré. On refroidit le chapiteau au moyen d'un courant d'eau ; ce chapiteau, dans un grand nombre d'appareils, est en plomb, par mesure d'économie. L'acide concentré dissout un peu de platine, *Scheurer-Kestner,* 1875. L'acide même exempt de composés nitreux peut dissoudre de 1 à 10 grammes de platine par 1 000 kilos.

On peut distiller aussi dans de grandes cornues en verre chauffées au bain de sable ; ce procédé est très employé en Angleterre.

On concentre également par l'emploi de l'air chaud. Ce procédé est très rationnel. L'air est insufflé dans l'acide chauffé dans un récipient en platine. On a conseillé aussi l'emploi du vide au-dessus du récipient, *Kuhlmann,* 1844.

On concentre enfin par congélation et obtention du monohydrate cristallisé, *Lunge.*

La concentration de l'acide sulfurique jusqu'à 94-98 parties de monohydrate se fait en le distillant par fractions ou en l'évaporant. Mais les fumées blanches sont très difficiles à condenser, si un courant rapide d'air se produit à la surface. Il faut éviter tout contact de l'air atmosphérique ou des gaz du foyer avec les vapeurs que dégage cette évaporation, d'après *A.-N. Morris* (J. of the S. of chem. Ind., 1898).

Pour la concentration de l'acide sulfurique, on pourrait employer avantageusement des vases en fonte (1), car l'acide dissout peu ou pas la fonte quand il titre plus de 64° Bé. Mais il faut empêcher les « petites eaux » de distillation de se déposer sur la fonte qu'elles attaqueraient.

---

(1) Voir Mon. Scien. 1900, pp. 561-572, l'Industrie de l'Acide sulfurique, par M. L. Pierron.

(2) Voir Mon. scient., 1899, p. 841.

Cet inconvénient s'évite facilement si on chauffe la cornue complète, chapiteau compris, pour éviter la condensation, et si on conserve aux cornues de fonte un chapiteau en platine.

Voici un extrait du tableau dressé par *Bineau* qui donne la richesse en SO^4H^2 et en SO^3 correspondant aux différentes densités, à la température de 15°.

Degré aréométrique.	Densité.	Acide monohydraté SO^4H_2.	Acide anhydre.
5,0	1,360	5,4	4,5
10,0	1,075	10,9	8,9
15,0	1,116	16,3	13,3
20,0	1,161	22,4	18,3
25,0	1,209	28,3	23,1
30,0	1,262	34,8	28,4
35,0	1,320	41,6	34,0
36,0	1,332	43,0	35,1
37,0	1,345	44,3	36,2
38,0	1,357	45,5	37,2
39,0	1,370	46,9	38,3
40,0	1,383	48,4	39,5
41,0	1,397	49,9	40,7
42,0	1,410	51,2	41,8
43,0	1,424	52,5	42,9
44,0	1,438	54,0	44,1
45,0	1,453	55,4	45,2
46,0	1,468	56,9	46,4
47,0	1,483	58,2	47,5
48,0	1,498	59,6	48,7
49,0	1,514	61,1	50,0
50,0	1,530	62,6	51,1
51,0	1,546	63,9	52,2
52,0	1,563	65,4	53,4
53,0	1,580	66,9	54,6
54,0	1,597	68,4	55,8
55,0	1,615	70,0	57,1
56,0	1,634	71,6	58,4
57,0	1,652	73,2	59,7
58,0	1,671	74,7	61,0
59,0	1,691	76,3	62,3
60,0	1,711	78,0	63,6
61,0	1,732	79,8	65,1
62,0	1,753	81,7	66,7
63,0	1,774	83,9	68,5
64,0	1,796	86,3	70,4

65,0	1,819	89,5	73,0
65,5	1,830	91,8	74,9
65,8	1,837	₊ 94,5	77,1
66,0	1,842	100,0	81,6

J. Kolb a donné des tables analogues pour l'acide sulfurique ordinaire, et *A. Winkler* pour l'acide sulfurique fumant.

Purification. — L'acide sulfurique du commerce renferme 2 à 3 pour 100 d'impuretés, sulfate de plomb, sulfate de fer, produits nitreux, provenant de la fabrication, sélénium et arsenic à l'état d'acide arsénieux ou arsenic venant des pyrites, matières organiques réduites en charbon qui noircissent l'acide.

On reconnaît la présence du plomb au précipité de sulfure noir que l'acide donne, après avoir été étendu de son poids d'eau, par un courant d'hydrogène sulfuré ; celle des produits nitrés à la coloration rose ou rouille prise par un cristal de sulfate ferreux ; celle de l'arsenic à l'appareil de Marsh ; celle du sélénium au précipité de sélénium rouge qui se produit lorsqu'on sature d'acide sulfureux.

Lorsqu'on veut avoir de l'acide sulfurique pur, il est préférable de le préparer avec du gaz sulfureux provenant de la combustion du soufre. Si l'on veut purifier l'acide du commerce, on commencera par l'étendre de son poids d'eau ; on y fait passer un courant d'hydrogène sulfuré qui précipite Pb et As à l'état de sulfures ; après un repos de vingt-quatre heures pour laisser se déposer ces sulfures, on ajoute un peu de sulfate d'ammonium qui neutralise les produits nitrés à une douce chaleur. On distille ensuite l'acide dans une cornue de verre.

On peut précipiter l'arsenic au moyen du sulfure de baryum ou d'un hyposulfite, qui précipite l'arsenic à l'état de sulfure, ou en faisant passer un courant d'acide chlorhydrique gazeux, qui donne du chlorure d'arsenic facilement volatil à 134°.

Propriétés de l'acide sulfurique ordinaire. — L'acide sulfurique ordinaire à 66° Bé est un liquide incolore, inodore, oléagineux.

Cette consistance oléagineuse lui a valu autrefois son nom d'*huile de vitriol*. Elle est la cause aussi pour laquelle l'ébullition régulière de l'acide sulfurique est malaisée à réaliser. Les liquides à consistance d'huile ne dissolvent que difficilement l'air indispensable à une ébullition régulière(1), et leur vaporisation, au point d'ébullition, est accompagnée de soubresauts violents. On obvie à cet inconvénient, quand il s'agit de distiller l'acide sulfurique, en mettant dans la cornue des fils de platine ou des tessons de porcelaine qui introduisent des bulles d'air, et en chauffant très régulièrement la cornue au bain de sable ou au moyen d'une grille annulaire.

(1) Cf p. 286.

La densité de l'acide sulfurique ordinaire est 1,842 à 12°. Il bout à 325°. Il se congèle et cristallise à — 34°.

La possibilité de congeler l'acide sulfurique monohydraté à —34° permet de le préparer dans un grand état de pureté, *Marignac*. La congélation est la base de la meilleure méthode pour concentrer l'acide du commerce. L'acide ordinaire est au plus à 93-96 pour 100 de monohydraté ; par concentration dans les appareils de verre ou de platine, on obtient au maximum un acide à 97-98 pour 100 de monohydrate. Le refroidissement à —34° sépare le monohydrate a l'état cristallisé. Un refroidissement modéré de 0° a — 10° amène la cristallisation en grand du monohydrate, même au sein d'acides à 96-97 pour 100, si l'on favorise cette cristallisation en introduisant dans l'acide quelques cristaux de monohydrate, *Lunge*.

L'acide sulfurique normal, de formule SO^4H^2, bout à 338°. Les cristaux du véritable acide monohydraté fondent à + 10°5.

L'acide sulfurique ordinaire est extrêmement avide d'eau. L'acide à 66° peut absorber peu à peu jusqu'à quinze fois son poids d'eau, si on le laisse en contact avec une atmosphère humide. On s'en sert pour dessécher les gaz, en les faisant passer dans des tubes en U remplis de pierre ponce imbibée de l'acide, par exemple dans le cas de l'hygromètre chimique (1), ou pour dessécher des substances solides, en les renfermant sous une cloche où l'on place en même temps une capsule renfermant l'acide sulfurique. Cet acide est miscible à l'eau en toutes proportions.

L'acide sulfurique possède une saveur très piquante. A l'état concentré, ou moyennement étendu d'eau, c'est un caustique violent et un poison irritant des plus énergiques. Il caustifie les tissus, les enflamme ou les mortifie. C'est un corrosif, qui ingéré dans l'estomac produit des désordres inflammatoires, accompagnés de perforations dans le cas de l'acide concentré, et suivis d'une mort prompte à la suite de souffrances fort vives. — On combattra l'action de l'acide sulfurique, en le neutralisant au moyen de magnésie calcinée délayée dans de l'eau tiède ; en attendant, on peut gorger le malade d'eau albumineuse pour provoquer l'expulsion de l'acide.

Propriétés chimiques et applications. — L'acide sulfurique ordinaire est un acide extrêmement énergique ; même étendu de 1000 fois son poids d'eau, il rougit encore fortement le tournesol. C'est un acide bibasique, comme on le voit par sa formule SO^4H^2 (2). Il attaque presque tous les autres corps ; aussi ses applications sont-elles innombrables. Avec les corps simples, il donne en général de l'acide sulfureux ou de l'hydrogène et un oxyde ou un sulfate. Avec les bases, il donne un sulfate ; la formation du sulfate de baryum, corps blanc, dense, d'une grande insolu-

---

(1) Voir pp. 380, 382.
(2) Laquelle ne préjuge en rien le groupement des atomes.

bilité, constitue la réaction la plus caractéristique de la présence de
l'acide sulfurique. Avec les sels, il déplace tous les acides volatils de la
combinaison : il est cependant chassé à son tour au rouge par les acides
phosphorique, borique et silicique.

L'une des propriétés les plus remarquables de l'acide sulfurique est
son action sur l'eau. L'acide monohydraté se combine à l'eau avec un
dégagement de chaleur, + 17 calories, qui peut élever la température
jusqu'à 100°, et avec une contraction de volume, dont le maxima correspond à la combinaison $SO^4H^2 + 2H^2O$, point d'ébullition = 180°. La combinaison $SO^4H^2 + H^2O$ dégage 9 calories ; l'hydrate défini qui en résulte
porte le nom d'*acide sulfurique glacial*, point de fusion = 8°5, point d'ébullition = 220°. — Lorsque l'eau est sous forme solide, glace en fragments,
neige, etc., il se produit en même temps une fusion de l'eau solide, qui
absorbe de la chaleur comme toute fusion. Selon que le phénomène calorifique négatif de la fusion l'emporte ou non sur le phénomène positif de
la combinaison chimique, on peut avoir abaissement ou élevation de la
température. C'est ainsi que le mélange de 1 kilo d'acide avec 4 kilos de
glace abaisse la température de — 20°, et celui de 1 kilo d'acide avec un
quart de kilo de glace peut l'élever près de 100°. — Le dégagement de chaleur qui accompagne la combinaison de l'acide sulfurique et de l'eau
liquide nécessite de réelles précautions lorsqu'on mélange ces deux
corps ; il faut verser lentement l'acide dans l'eau en agitant, et non pas
verser l'eau dans l'acide, si l'on veut éviter des projections dangereuses,
causées par la vaporisation subite de l'eau — Nous avons déjà vu que l'acide
sulfurique, à cause de son affinité pour l'eau, est employé à titre d'agent
dessiccateur. Pour le même motif, il faut tenir soigneusement fermés les
flacons contenant l'acide sulfurique, sinon la vapeur d'eau qui se trouve
dans l'atmosphère est attirée par l'acide, et vient le diluer et en même
temps le charbonner par suite de la réduction des matières organiques
qu'elle entraîne avec elle. — L'acide sulfurique, en effet, est tellement
avide d'eau, qu'à l'état concentré, il enlève les éléments de l'eau aux
matières organiques comme le bois, le papier, formés de cellulose
$nC^{12}H^{20}O^{20}$ et représentant des hydrates de carbone ; la matière organique
se carbonise et se noircit. — Lorsque l'acide sulfurique agit à l'état étendu
sur le papier, il le transforme en une sorte de papier parchemin. Nous
avons trouvé, et nous pensons que nous sommes les premiers à indiquer
ce fait, que, dès le 15 mars 1839, un brevet français a été pris par
P. Gerle pour préparer du papier transparent au moyen de l'acide sulfurique.

C'est également parce qu'il enlève les éléments de l'eau que l'acide
sulfurique détruit les tissus organiques. La propriété qu'a l'acide sulfurique concentré de décomposer les matières organiques a été appliquée
par *Aimé Girard,* 1883, à la destruction des corps des animaux morts de
maladies contagieuses, ou, d'une façon plus générale, à la destruction de

toutes les matières animales impropres à la consommation. Le sirop sulfurique azoté qui résulte de cette dissolution est débarrassé des graisses
surnageantes et employé à la fabrication du superphosphate. Les germes
pathogènes sont absolument détruits. Ce procédé est passé dans la pratique industrielle ; des clos d'équarrissage, des fabriques d'engrais ont
adopté ce procédé à Roanne, Genève, Marseille, Grenoble, etc. ; et, comme
le dit *Lindet* (Bulletin de la Société d'Encouragement, 1898), l'utilisation
agricole des cadavres des animaux, le bénéfice de la fabrication, la pro-
preté du travail, l'absence d'odeur dégagée, d'eaux à évacuer, l'innocuité
microbiologique des produits fabriqués, sont autant de considérations qui
doivent fixer l'attention des industriels et des municipalités. *Flocart,* à
Genève, préfère, comme acide, celui à 66° Bé. Quand la densité est tombée
à 40°-42° Bé, l'acide ne dissout plus rien ; il y a donc avantage à prendre
un acide de haute concentration, de façon à avoir un engrais aussi riche
que possible en matière azotée. La quantité d'acide employé représente
à Genève, à Marseille 89 à 90 kilos par 100 kilos de viande ; celle de phosphate à ajouter ensuite a été de 170 kilos (pour une matière à 22-24 pour
100 d'acide phosphorique anhydre). La quantité d'azote ainsi introduite dans
les superphosphates a été dans ces conditions de 1,2 a 1,5 pour 100.

L'acide sulfurique est décomposé par la chaleur. Il se produit de l'acide
sulfureux, de l'oxygène et de l'eau. Cette décomposition a été appliquée
par *H. Sainte-Claire Deville et Debray,* voir p. 182, pour préparer l'oxygène, et par *Winkler* pour préparer l'anhydride sulfureux, voir p. 525.

Il est réduit par tous les corps simples qui dégagent beaucoup de
chaleur en se combinant avec l'oxygène.

L'hydrogène donne de l'eau et de l'acide sulfureux si l'acide sulfurique
est en excès, un dépôt de soufre si l'hydrogène est en excès, de l'hydrogène sulfuré si la température est modérée. Aussi faut-il refroidir lorsqu'on prépare de l'hydrogène par la réduction de l'acide sulfurique.
Voir p. 111.

Le soufre donne du gaz sulfureux ; application à la préparation industrielle de celui-ci. De même pour le carbone, voir p. 525.

Les métaux qui décomposent l'eau à froid, comme le fer, le zinc,
donnent de l'hydrogène à condition que l'acide soit étendu, et que l'on
empêche la température de s'élever, voir p. 111.

Le cuivre, l'argent, le mercure, donnent de l'acide sulfureux et un
sulfate avec l'acide concentré ; ils n'ont pas d'action sur l'acide étendu. Le
platine, l'or, l'iridium, n'ont pas d'action sur l'acide concentré ; application à l'affinage des métaux précieux pour les séparer des impuretés
métalliques.

Les applications de ce corps sont tellement nombreuses qu'on ne peut
ici que les indiquer sommairement. Son prix est peu élevé, et il coûte
même moins cher que le soufre qui a servi à le préparer.

Il est employé dans certains procédés de préparation d'une multitude
de corps simples ou de corps composés, oxygène, chlore, hydrogène,
phosphore, etc. ; acides volatils : chlorhydrique, sulfhydrique, nitrique,
carbonique ; acides organiques : citrique, tartrique ; sulfates de soude,
d'alumine, de fer, de cuivre, d'ammonium ; aluns, éther, etc. ; dans la
saponification des corps gras pour bougies ; dans l'épuration des huiles ;
pour la production des courants électriques dans la galvanoplastie et la
télégraphie ; pour la saccharification de la fécule et la préparation des
glucoses ; pour décaper à froid la tôle, le cuivre et l'argent ; pour affiner
à chaud les métaux précieux, or et argent, ou extraire l'argent des cuivres
argentifères ou l'or des monnaies d'argent mal affiné ; comme agent dessiccateur ; pour préparer les superphosphates ; pour préparer un grand
nombre de composés organiques en passant par des acides sulfoniques
intermédiaires ; pour déchauler les peaux après chaulage et épilage en
les plongeant dans l'acide sulfurique à 40° Bé ; pour donner au bois une
couleur rouge en injectant de l'acide d'autant plus concentré qu'on voudra une teinte plus foncée.

Le gonflement des peaux à l'acide sulfurique a été proposé pour la
première fois par *Macbride* de Dublin et *Séguin*. On emploie pour les cuirs
forts de l'acide à 1 pour 5 000 d'eau. Il a pour lui d'être rapide (48 heures),
de donner un gonflement très uniforme, de ne causer aucune perte de
substance comparable à celle occasionnée par l'usage de la chaux et des
jus aigres, mais tout cela peut-être un peu aux dépens de la qualité du produit fabriqué. Il est très suivi en Amérique. Il convient pour les grosses
peaux travaillées à la chaux, parce qu'il élimine en même temps les
dernières traces de chaux.

L'acide sulfurique monohydraté a été ajouté pendant longtemps à la
dose de 1 gramme par litre pour conserver les vins et leur rendre leur
limpidité première.

On peut employer directement l'acide à 52° Bé des chambres de plomb
pour préparer l'hydrogène, l'acide nitrique, les sulfates d'ammonium, de
fer, les aluns, les superphosphates agricoles, l'acide stéarique.

Il n'est pas d'industrie, pour ainsi dire, qui ne l'emploie couramment,
et l'acide sulfurique ordinaire est le véritable acide industriel. Si nous
nous bornons, par exemple, à considérer les industries tinctoriales, nous
verrons qu'en dehors de la préparation des mordants gras et du rouil, il
sert continuellement pour les acidulages ou vitriolages en solution à
1°-2° Bé après le chlorage, après la teinture en soie pour aviver les
nuances. Il sert pour épailler les laines, c'est-à-dire les débarrasser des
paillerons ou du coton qu'elles renferment, soit dans le but de régénérer
la laine des chiffons de mélangés laine et coton, soit dans celui de produire
des effets particuliers dans les tissus eux-mêmes laine et coton. Il est d'un
emploi continuel dans la teinture de la laine et de la soie : pour la dernière, on le mélange le plus souvent au savon : bain de savon coupé. Son

rôle est double : ou bien, il sert à faire monter la nuance indirectement, comme lorsqu'il s'agit des sulfonates, du carmin d'indigo, des orangés, des ponceaux ; ou bien, il assure l'uni de la teinture, et lorsqu'on n'a en vue que ce seul but, on l'emploie surtout avec le sulfate de soude qui le rend moins énergique. Dans certains cas de teinture de la laine sur alun, on l'ajoute à l'alun pour empêcher le bain de devenir alcalin. Enfin, l'acide sulfurique est encore employé pour obtenir certains jaunes ou oranges de chrome et le noir d'aniline sur coton, les bleus de Prusse et les grenats à l'orseille sur laine.

Acide sulfurique fumant ou acide pyrosulfurique $S^2O^7H^2$. —

L'acide sulfurique fumant était préparé autrefois en distillant le sulfate ferreux obtenu par grillage des pyrites. Cette fabrication était exécutée jadis à Nordhausen, d'où le nom d'*acide sulfurique de Saxe* ou de *Nordhausen* donné au produit ; elle a été poursuivie en Bohême ; le produit obtenu est variable en composition. On a préparé aussi l'acide sulfurique fumant aux environs de Paris en calcinant le bisulfate de sodium. Aujourd'hui l'acide sulfurique fumant se prépare en dissolvant l'anhydride sulfurique SO^3 dans l'acide sulfurique monohydraté S^4H^2 ; l'acide sulfurique fumant représente en effet la réunion des deux autres. C'est un liquide brunâtre, oléagineux, fumant à l'air, densité $= 1,86$; il se prend en masse cristalline à $0°$, les cristaux ne fondent plus ensuite qu'à $35°$. Il donne avec les bases des pyrosulfates. On s'en servait autrefois pour préparer l'acide sulfurique anhydre par simple distillation, voir p. 532. On l'a employé beaucoup aussi pour dissoudre l'indigo, attendu que son pouvoir dissolvant est deux fois supérieur à celui de l'acide ordinaire, et de plus il a le grand avantage de ne pas contenir de vapeurs nitreuses ; les composés d'indigo ainsi obtenus portent le nom de *sulfate d'indigo, carmin d'indigo, bleu de Saxe*. Il sert aussi à faire les essais d'indigo par voie de teinture. C'est ainsi que *Alb. Scheurer* (Bull. de Mulhouse, 1898) dose l'indigotine fixée sur les tissus en dissolvant le tissu dans l'acide sulfurique à $53°$ Bé à froid, et en faisant un essai colorimétrique.

L'acide sulfurique fumant est employé dans le traitement de l'ozokérite. *O. Amend et J. Macq* (br. am., 1898) l'utilisent pour l'épuration des huiles. Mais sa plus importante application consiste dans la préparation des acides sulfoniques aromatiques qui conduisent à différentes matières colorantes artificielles comme l'alizarine, les éosines, etc.

Combinaisons sulfoniques de l'indigo. — On connaît un acide mono et un acide disulfonique.

L'acide indigomonosulfonique $C^{16}H^9$ (SO^3H), ou acide *sulfopurpurique*, ou *extrait pourpre d'indigo* du commerce, s'obtient d'après le procédé suivant. L'indigo est agité avec un excès d'acide sulfurique à $66°$ (7 à 8 parties pour 1 d'indigo) jusqu'à ce que le mélange soit devenu vert olive ; on verse dans beaucoup d'eau, on filtre et on lave le précipité. L'acide est insoluble dans l'acide étendu, soluble dans l'eau : quand donc l'acide sulfurique a été éliminé par le lavage, l'acide se dissout. La solution est évaporée à sec. — C'est une poudre pourprée, soluble dans l'eau et dans l'alcool avec une coloration bleue, insoluble dans les acides minéraux étendus. Les sels de cet acide sont rouges à l'état solide, bleus en solution : ils sont peu solubles dans l'eau, plus facilement dans l'alcool.

L'acide indigodisulfonique $C^{16}H^8N^2O^2(SO^3H)^2$, ou *acide sulfindigotique,* ou *extrait acide du commerce,* ou *sulfate d'indigo,* se forme par l'action prolongée de l'acide sulfurique ordinaire à 60° sur l'indigo, surtout à chaud, ou par l'action de l'acide fumant. Pour l'isoler, on verse le produit de sulfonation dans l'eau : l'acide monosulfonique, s'il en existe encore, se précipite. Dans le liquide filtré, on introduit de la laine préalablement dégraissée et lavée ; celle-ci se teint en bleu intense. On continue la teinture avec de nouvelles portions de laine, tant que la solution donne encore avec l'acétate de baryum un précipité bleu. La laine est débarrassée de l'excès d'acide par lavage à l'eau, puis traitée au carbonate d'ammoniaque dilué qui en retire le colorant. La solution ammoniacale est précipitée par l'acétate de plomb, et le précipité suspendu dans l'eau est traité par l'hydrogène sulfuré : on filtre ; la solution, incolore ou jaunâtre, contient l'acide leukindigodisulfonique qui se réoxyde à l'air. On l'évapore à 50° et on obtient une masse bleu noirâtre qui est l'acide disulfonique.

L'acide indigodisulfonique est soluble dans l'eau ; il est absorbé par la laine, le charbon, etc., mais on peut l'en extraire par les carbonates alcalins ; les oxydants le transforment en acide isatinodisulfonique, et les réducteurs détruisent la matière colorante si leur action est prolongée. Ses sels sont peu solubles dans l'eau.

Le *sulfindigotate de soude* du commerce porte les noms d'*extrait neutre d'indigo,* ou *carmin d'indigo,* ou indigo soluble dans l'eau.

Les composés sulfoniques de l'indigo servent à teindre la laine en bleu. On teint directement avec les extraits acides ; on applique le carmin en ajoutant du sulfate de soude et de l'acide sulfurique.

COMPOSÉS OXYGÉNÉS DU SOUFRE

Les composés oxygénés du soufre sont nombreux ; ils dérivent tous de l'acide sulfureux, le plus stable d'entre eux. Ils sont tous bibasiques. En voici le tableau :

		Anhydrides (oxydes de S).
Acide hydrosulfureux	SO^2H^2	SO (thionyle).
Acide sulfureux (inconnu)	SO^3H^2	SO^2
Acide sulfurique	SO^4H^2	SO^3
Acide thiosulfurique (hyposulfureux)	$S^2O^3H^2$	

Acide pyrosulfurique	$S^2O^7H^2$	
Acide persulfurique	$S^2O^8H^2$	S^2O^7
Acides thioniques :		
dithionique	$S^2O^6H^2$	
(hyposulfurique)		
trithionique	$S^3O^6H^2$	
tétrathionique	$S^4O^6H^2$	
pentathionique	$S^5O^6H^2$	

L'acide sulfureux, l'acide sulfurique, l'acide pyrosulfurique, ont déjà été étudiés, pp. 525, 532 et 551. Il nous reste à voir l'acide hydrosulfureux, l'acide hyposulfureux, l'acide persulfurique, et les acides de la série thionique.

Acide hydrosulfureux SO^2H^2. — Il a été découvert par M. Schützenberger, 1874, dans l'action du zinc ou du fer sur l'acide sulfureux. On fait agir le zinc en copeaux sur une solution concentrée de bisulfite de sodium à froid et à l'abri de l'air. Il se forme de l'hydrosulfite de sodium mélangé à un sulfite double de sodium et de zinc. On précipite le dernier par l'alcool où il est insoluble.

On ne connaît pas l'acide hydrosulfureux à l'état libre. Si on ajoute à la solution d'hydrosulfite de sodium de l'acide sulfurique étendu, on obtient un liquide jaune orangé, doué d'un pouvoir décolorant énergique, et qui se décompose très vite en laissant déposer du soufre.

L'hydrosulfite de sodium possède un pouvoir réducteur considérable, car il est extrêmement avide d'oxygène. Ce pouvoir réducteur est égal à une fois et demie celui du gaz sulfureux qui lui a donné naissance. Il réduit instantanément à froid ou à tiède les sels de cuivre, de plomb, d'argent, de mercure. Il décolore le tournesol, l'indigo, parce qu'il réduit l'indigo bleu en indigo blanc.

Il sert à doser l'oxygène libre dissous dans les eaux courantes en présence d'un peu de bleu d'aniline, sur lequel l'hydrosulfite ne commence à agir que lorsqu'il ne trouve plus d'oxygène à absorber.

Les propriétés réductrices de l'hydrosulfite de sodium sont utilisées, A. *Dubosc* (S. de Rouen, 1898), pour le dosage de la fuchsine dans les vins colorés artificiellement, pour la décoloration des pâtes à papier provenant de chiffons de coton teints avec le noir d'aniline, pour la dénitration de la soie artificielle. Mais leur principale utilisation est celle indiquée par Schutzenberger lui-même, pour monter les cuves à l'indigo.

Montage des cuves d'indigo à l'hydrosulfite de soude. — On peut employer l'acide hydrosulfureux ou les divers hydrosulfites, comme l'indiquent *P. Schützenberger et F. de Lalande* (br. fr., 1871). Dans la pratique, on part le plus souvent du bisulfite de soude acide qu'on transforme en hydrosulfite neutre par une addition de chaux, afin d'avoir un composé moins altérable. Cet hydrosulfite neutre, mis en présence d'indigo broyé

et d'alcali, réduit l'indigo presque instantanément à la température de
50° à 60°, et si l'on a mis un excès d'alcali, l'indigo blanc se dissout dans
la liqueur alcaline. On a ainsi une dissolution d'indigo qu'il suffit d'ajouter
à la cuve de teinture.

Le montage de la cuve à l'hydrosulfite de soude comprend trois opérations successives : 1° la préparation de l'hydrosulfite de soude, 2° sa transformation en hydrosulfite neutre, 3° la préparation de la solution d'indigo
réduit.

On remplit un vase hermétiquement fermé de lamelles de zinc con-
tournées et bien décapées ; les lamelles sont préférables à la grenaille ou
à la poudre, parce qu'on les décape plus aisément. On remplit ensuite le
vase avec le bisulfite de soude à 32° Bé, bien saturé d'acide sulfureux et
exempt de sulfate de soude ; on laisse réagir à l'abri de l'air pendant une
heure en ayant soin, si l'on peut, de tourner plusieurs fois les vases ; on
obtient ainsi une dissolution d'hydrosulfite acide de soude à 35° Bé. Après
chaque opération, on vide le vase, on lave le zinc, on remplit le vase d'eau
pour empêcher le zinc de s'oxyder, et, lorsqu'on veut préparer une nouvelle quantité d'hydrosulfite, on vide à nouveau le vase, on décape le zinc
avec de l'eau acidulée à l'acide chlorhydrique, on le lave, on ajoute la
quantité de zinc nécessaire pour remplacer celle qui s'est dissoute dans
l'opération antérieure (30 à 45 grammes de zinc par kilogramme de bisulfite), et l'on remplit à nouveau avec la solution de bisulfite.

Comme l'hydrosulfite acide de soude se décompose très rapidement, on
le transforme en hydrosulfite neutre, qui est plus stable, en le traitant par
la chaux. On met dans un vase fermé 350 grammes de lait de chaux
(à 200 grammes de chaux vive par litre) et 1 kilo d'hydrosulfite acide ; on
agite fortement en refroidissant s'il y a lieu. Pour s'en servir, on presse
toute la masse, et l'on obtient un liquide à 23° Bé qui représente à peu de
chose près le poids de l'hydrosulfite acide et qui contient de l'hydrosulfite
neutre. On le conserve quelque temps en lui ajoutant un peu de lait de
chaux pour maintenir la liqueur alcaline, mais il vaut mieux le préparer
au fur et à mesure des besoins.

Cet hydrosulfite de soude, mis en présence d'indigo bleu broyé et d'une
certaine quantité d'alcali, réduit l'indigo presque instantanément en
indigo blanc, surtout si l'on chauffe vers 40°. Si l'alcali mis en présence
est en excès, l'indigo réduit se dissout ; s'il n'y avait que la quantité
d'alcali nécessaire pour saturer le bisulfite de soude provenant de l'oxydation de l'hydrosulfite, l'indigo serait précipité. On emploie dans la pratique,
pour 1 kilo d'indigo, 1 000 grammes à 1 300 grammes de lait de chaux
(à 200 grammes de chaux vive par litre) et 8 kilos à 10 kilos d'hydrosulfite.

Pour teindre, il suffit d'ajouter à la cuve de teinture la proportion
voulue de cette solution d'indigo réduit et de teindre aussitôt. L'eau de la
cuve a été privée d'oxygène par une addition d'hydrosulfite saturé. La
cuve doit toujours renfermer un excès d'hydrosulfite, être jaune et claire.

Si, par accident, elle avait verdi, il serait nécessaire d'y ajouter de l'hydrosulfite, et, au besoin, de l'alcali, et de la chauffer quelque temps à 75°. Pendant le travail l'alcalinité de la cuve augmente au point de gêner la teinture ; on y remédie en neutralisant partiellement l'alcali libre au moyen de l'acide chlorhydrique. — La cuve à l'hydrosulfite a de grands avantages : le travail est rapide pour arriver à une nuance donnée, on a besoin d'un moindre nombre de trempes de cuves que par les autres procédés, puisqu'on peut foncer en nuance dans la même cuve en ajoutant de nouvelles quantités de la solution d'indigo ; enfin la cuve est toujours claire, sans dépôt, et il n'y a aucune perte d'indigo.

L'acide hydrosulfureux et les hydrosulfites ont été proposés, soit par addition directe, soit par voie de production au sein des liqueurs à la méthode ordinaire ou électrolytiquement, pour épurer et décolorer les jus sucrés, *Urbain*, 1896.

L'hydrosulfite de zinc, ou mélange d'acide sulfureux et de zinc, sert à conserver les cadavres destinés aux dissections, *Robin*, 1865.

Un mélange de poudre de zinc et de bisulfite en présence d'acétine constitue la base d'enlevages sur indigo, *Badische anilinfabrik* (br. all.,1897).

Les hydrosulfites d'ammoniaque ont fait l'objet d'une etude récente de *M. Prudhomme* (Mon. sc., 1899).

Acide hyposulfureux et hyposulfites.

— L'*acide hyposulfureux* $S^2O^3H^2$, ou *acide thiosulfurique*, ou *acide sulfosulfurique*, n'est pas connu à l'état constant de liberté, parce qu'il se décompose au milieu de sa solution en soufre et en acide sulfureux ; c'est ce qui se produit lorsqu'on verse de l'acide dans une solution d'hyposulfite alcalin. On peut cependant en conserver plusieurs heures sans altération, quand on traite par un courant d'hydrogène sulfuré de l'hyposulfite de plomb en suspension dans l'eau froide.

Le meilleur procédé de préparation des hyposulfites ou thiosulfates est dû à *Vauquelin*. Il consiste à faire agir du soufre sur un sulfite :
$$SO^4Na^2 + S = S^2O^3Na^2.$$

Les hyposulfites alcalins sont solubles, les alcalino-terreux le sont moins, celui de Ba l'est très peu ; ceux des métaux lourds sont insolubles, blancs, et noircissent vite en donnant un sulfure. Les hyposulfites solubles dissolvent certains sels d'argent, de plomb, d'où leur emploi en photographie.

L'*hyposulfite de sodium* $S^2O^3Na^2$ 5 H^2O, découvert en 1802 par *Vauquelin*, se prépare en faisant bouillir du soufre avec une solution de sulfite de sodium. C'est un sel incolore, inodore, inaltérable à l'air, très soluble dans l'eau ; il cristallise facilement. Simplement chauffé, il fond dans son eau de cristallisation, puis se solidifie par refroidissement ; à une température elevée, il se décompose en sulfate de sodium et en pentasulfure de sodium ; cette propriété a été utilisée pour la fermeture des tubes détonants employés pour tirer des mines sous l'eau. Il est décomposé par les acides en acide sulfureux et en soufre. C'est un réducteur énergique qui sert comme antichlore, dans le blanchissage du linge, et dans la fabrication du papier où il élimine les traces de chlorure décolorant que des lavages à l'eau n'enlèveraient que très difficilement. C'est l'antidote de l'eau de Javelle.

L'hyposulfite de sodium dissout l'iode en grande quantité, et il est employé dans les procédés chlorométriques par voie iodométrique.

Il dissout un grand nombre de sels insolubles dans l'eau (voir *Field,* in J. of chem. Soc. XVI, p. 28), et en particulier certains sels d'argent, l'iodure, le chlorure, le bromure, en formant avec eux des sels doubles solubles. De là son utilisation dans les opérations photographiques, pour enlever l'excès de sel d'argent sensible qui n'a pas été réduit par la lumière. En mélange avec du sulfite de sodium, il dissout la malachite et la lazurite : cette propriété a été appliquée par *Stromeyer* à l'extraction hydrométallurgique du cuivre. Il sert à la préparation du vert d'aniline à l'aldéhyde et des cinabres de mercure et d'antimoine, au mordançage de la laine dans la teinture avec le vert méthyle. L'hyposulfite de sodium est en effet le principal mordant de soufre. *Lauth,* 1873, l'a indiqué pour le vert lumière. Le mordançage au soufre a été remplacé par le mordançage aux sulfures métalliques de zinc, *Balanche,* 1879, d antimoine, *Lussy,* de plomb, *Villon,* de cuivre, *Schmid,* produits sur la fibre par passages successifs dans un sel métallique, puis dans l'hyposulfite de sodium. Celui-ci sert encore pour l'application de certaines couleurs artificielles sur calicot : bleu méthylène, vert malachite, violet de Paris.

L'*hyposulfite d'aluminium* a été proposé, à l'état de mélange d'alun et d'hyposulfite de sodium, pour mordancer la soie dans la teinture en couleurs d'anthracène.

L'*hyposulfite de plomb* entre dans la préparation de certaines pâtes d'allumettes sans phosphore.

Acide persulfurique.

Acide persulfurique. — Il a été obtenu par Berthelot en 1878. Anhydre S^2O^7, on l'obtient par l'action de l'effluve électrique à forte tension sur un mélange $SO^2 + O$. A l'état dissous, on l'obtient par l'électrolyse de l'acide sulfurique concentré. Il se décompose rapidement de lui-même ; il se dédouble aisément en $SO^4H^2 + O$. Il oxyde à froid l'iodure de potassium. le sulfate ferreux, le chlorure stanneux, le chlorure manganeux. Il ne réduit pas les permanganates ni les chromates, ce qui le distingue de l'eau oxygénée : il peut coexister à côté de celle-ci. Il est sans action également sur l'acide arsénieux et sur l'acide oxalique.

Les *persulfates* s'obtiennent en électrolysant des sulfates additionnés d'acide sulfurique. Ils répondent à la formule SO^4M.

Le *persulfate d'ammoniaque* permet de séparer les iodures et les bromures, *Engel* (C. R., 1894). parce qu'il n'agit que sur les bromures. On l'emploie en photographie pour enlever l'excès d'hyposulfite de sodium, ou pour affaiblir les clichés.

Les persulfates sont employés dans l'impression pour ronger le naphtol sur tissus, *Compagnie parisienne de couleurs d'aniline* (br. fr., 1895).

SULFATES

L'acide sulfurique SO^4H^2 donne avec les bases des sels nommés *sulfates*.

Un grand nombre de sulfates se rencontrent à l'état naturel. Les principaux sont : la barytine SO^4Ba, la célestine SO^4Sr, le gypse ou pierre à plâtre $SO^4Ca\ 2\,H^2O$, le sulfate de magnésium SO^4Mg, l'alunite ou pierre à alun, la kiésérite $SO^4Mg\ H^2O$, la kaïnite $SO^4K^3\ SO^4Mg\ Cl^2Mg\ 6\,H^2O$.

Les sulfates sont neutres ou acides selon qu'ils répondent aux formules SO^4M^2 ou SO^4MH pour les métaux monovalents, SO^4M ou $(SO^4)^2MH^2$ pour les bivalents.

Ils se préparent 1° en faisant agir l'acide sulfurique sur le métal à froid : sulfate de zinc, ou à chaud : sulfates de cuivre, de mercure ; sur l'oxyde, sur le sulfure, ou sur un sel à acide volatil comme le carbonate ; 2° en grillant des sulfures naturels : sulfates de fer, de cuivre ; 3° par double décomposition : sulfates insolubles de baryum, de plomb, d'argent.

Propriétés. — Les sulfates sont des corps solides, presque tous incolores ou blancs. Ils sont généralement solubles lorsqu'ils sont neutres. Ceux d'argent, de sous-oxyde de mercure, de calcium, de strontium sont peu solubles, ceux de baryum, de plomb sont insolubles. Les sulfates basiques des métaux lourds sont insolubles dans l'eau, mais solubles dans les acides chlorhydrique et nitrique.

La chaleur décompose les sulfates métalliques à une température élevée ; ceux de calcium, de baryum, de magnésium, de plomb, le sont très difficilement. Elle est sans action sur les sulfates alcalins, qui se volatilisent au rouge blanc. Elle met en liberté la base, à moins que celle-ci ne soit réductible par la chaleur. Il se produit en outre avec les métaux précieux à température basse de l'oxygène, de l'acide sulfureux et de l'acide sulfurique, à température élevée de l'oxygène et de l'acide sulfureux comme avec les sulfates de zinc, de cuivre, de cadmium ; avec ceux de formule $(SO^3)^3M^2$, on n'obtient que de l'acide sulfurique.

L'action exercée par les corps simples est la même que celle qui se produirait dans les conditions identiques de température sur l'acide sulfurique et l'oxyde libres.

Les sulfates ne fusent pas sur le charbon, mais le charbon les décompose tous à une température élevée. Les sulfates alcalins et alcalino-terreux donnent un monosulfure très divisé et de l'acide carbonique ou de l'oxyde de carbone.

La réduction du sulfate de potassium par le charbon donne du mono-sulfure de potassium si divisé par l'excès de charbon qu'il s'enflamme spontanément quand on le projette dans l'air : *pyrophore de Gay-Lussac*.

La réduction du sulfate de baryum par le charbon donne du sulfure de baryum, matière de préparation pour tous les autres composés de baryum.

La réduction des sulfates alcalins par le charbon en présence de craie conduit aux carbonates alcalins : procédé *Leblanc*.

Les sulfates insolubles chauffés avec un mélange de charbon et de soude se transforment en sulfures alcalins.

Les sulfates insolubles, fondus avec un carbonate alcalin, se transforment en carbonates, sauf celui de plomb qui donne de l'oxyde.

Les sulfates alcalino-terreux et celui de plomb, mis en digestion avec un carbonate alcalin en solution concentrée, surtout à l'ébullition, donnent un sulfate alcalin.

Les acides chlorhydrique, sulfurique, nitrique, n'ont pas d'action. L'acide chlorhydrique sec décompose au rouge les sulfates alcalins et alcalino-terreux, *Boussingault ;* les acides phosphorique, silicique, borique, décomposent au rouge tous les sulfates.

Avec le chlorure de baryum $BaCl^2$, les sulfates solubles donnent un précipité de SO^4Ba, pulvérulent, blanc, lourd, insoluble dans l'acide nitrique. Il ne se dépose que très lentement dans les liquides très étendus. Pour neutraliser certaines influences, comme celle de l'acide citrique, on ajoute de l'acide chlorhydrique. Il ne faut pas oublier d'étendre suffisamment les liqueurs, car de même que le sulfate, le chlorure et l'azotate de baryum sont insolubles dans les acides concentrés.

Avec l'acétate de plomb, on obtient un précipité de SO^4Pb, blanc, lourd, peu soluble dans l'acide nitrique étendu, soluble dans l'acide chlorhydrique concentré bouillant.

Si l'on fond un sulfate avec de la soude sur le charbon à la flamme intérieure du chalumeau, on obtient du sulfure de sodium, qu'on reconnaît à l'odeur d'acide sulfhydrique qui se dégage quand on l'humecte avec une goutte d'acide, et à la tache noire qu'elle produit sur une lame d'argent (se forme aussi avec Se, Te).

Les matières organiques, en présence de sulfates, donnent de l'acide sulfhydrique. Ce qui se produit dans les eaux d'Enghien, *Chevreul,* et autres eaux sulfureuses.

La réaction avec le chlorure de baryum est caractéristique de la présence de l'acide sulfurique ou d'un sulfate.

**

Les sulfates métalliques que nous verrons ici sont :

le sulfate d'ammonium................. SO^4Am^2
le sulfate de potassium................. SO^4K^2
le sulfate de sodium.................... SO^4Na^2

le bisulfate de sodium.................... SO^4NaH
le sulfate de baryum.................... SO^4Ba
le sulfate de calcium.................... SO^4Ca
le sulfate de magnésium................. · SO^4Mg ·
le sulfate de zinc...................... SO^4Zn
le sulfate de cadmium................... SO^4Cd
le sulfate de nickel.................... SO^4Ni
les sulfates de fer.....................
le sulfate de manganèse................. SO^4Mn
le sulfate d'aluminium.................. $(SO^4)^3Al^2$
les aluns...................... $(SO^4)^3M'^2, SO^4M'^2, 24\ H^2O.$
le sulfate de plomb.................... SO^4Pb
le sulfate de cuivre.................... SO^4Cu

Sulfate d'ammonium SO^4Am^2. — Le procédé le plus employé pour sa préparation consiste à recueillir dans de l'acide sulfurique étendu l'ammoniaque produite industriellement. C'est un sel incolore, d'une saveur piquante, cristallisante en prismes, et soluble dans une fois son poids d'eau bouillante et deux fois son poids d'eau froide. La solution à 7 pour 100 sert pour incombustibiliser les tissus légers.

Il fond vers 150°, et se décompose à une température plus élevée.

Il est employé pour préparer les autres sels ammoniacaux. Il est surtout employé comme engrais azoté. Le sulfate d'ammoniaque à 95 renferme 20, 30 pour 100 d'azote.

Le sulfate d'ammoniaque précipite les sulfates doubles de nickel et d'ammoniaque de leur solution. Cette propriété a été mise à profit par *Urquhart* pour récupérer le nickel des bains de nickel hors d'usage.

Lhôte (C. R., 1873) a proposé pour sa fabrication l'emploi de déchets azotés.

Sulfate de potassium SO^4K^2. — Il s'extrait des mines de Stassfurt, où il existe à l'état de carnalite ou de kainite. Le raffinage des cendres de varech, l'exploitation des salins de betterave, le traitement des eaux mères des marais salants en fournissent également. Enfin, on en prépare aussi lorsqu'on fait agir l'acide sulfurique sur le chlorure ou sur le nitrate de potassium. C'est un sel anhydre, à saveur amère, cristallisant en prismes ; il fond à 105° ; il est soluble dans douze fois son poids d'eau à 0° et quatre fois à 100°, il est insoluble dans l'alcool. Il sert à préparer le carbonate et le bisulfate de potassium.

Le sulfate de potassium possède des propriétés purgatives, mais comme il est toxique à la dose minime de 30 grammes on a renoncé à son emploi. A la dose réduite de 5 grammes on l'a employé pour diminuer la sécrétion du lait.

Le *sulfate acide* ou *bisulfate de potassium SO⁴KH* se prépare en ajoutant de l'acide sulfurique au sulfate neutre, soit 5 kilos 632 d'acide sulfurique par 10 kilos de sulfate neutre. C'est un sel cristallisé en prismes incolores, très acide, très soluble dans l'eau ; on l'emploie pour monter le bain dans la teinture de la laine avec les couleurs acides.

En fondant ensemble du bisulfate de potassium et de l'acide borique, on obtient du sulfate *boropotassique,* sel acide, très soluble, employé comme antiseptique.

Sulfate de sodium SO⁴Na². — Le sulfate de sodium ou *sel de Glauber* s'obtient en majeure partie par décomposition du chlorure de sodium à l'aide de l'acide sulfurique : c'est le produit intermédiaire de la fabrication de la soude par le procédé Leblanc. Industriellement, on opère la réaction dans des fours à moufle ou plus aisément dans des fours mécaniques. *Hargreaves* fait réagir directement sur le chlorure de sodium, vers 600°, un mélange de gaz sulfureux, d'air et de vapeur d'eau ; ce procédé dispense de préparer l'acide sulfurique, mais il est difficile à conduire. L'exploitation des marais salants, celle de certains dépôts miniers, celle de plusieurs sources salées, en fournissent également.

C'est *Balard* qui, après vingt années de recherches, réalisa l'extraction des eaux de la mer du sulfate de sodium et des chlorure et sulfate de potassium. *Merle,* de Salindres, installa une exploitation industrielle en 1861 dans la Camargue, mais la découverte des dépôts de Stassfurt amena une dépréciation subite de 50 pour 100 sur les prix du chlorure de potassium, et vint diminuer l'importance de cette source.

Dans les dépôts miniers, il existe à l'état de thénardite ou de mirabélite (Reussine) SO⁴Na², de glaubérite SO⁴Na² SO⁴Ca. Presque toutes les sources et les lacs salés en renferment. Il existe dans un grand nombre d'eaux minérales, Carlsbad, Pullna, etc. En Algérie, le chott Chergui, dont la surface est de 120 000 hectares, donne une thénardite contenant 82 parties sulfate de sodium anhydre, 5 parties 6 sulfate de magnésium, 8 parties 6 chlorure de sodium pour 100.

Le sulfate de sodium cristallise en prismes volumineux et transparents, de saveur amère, de formule SO⁴Na² 10 H²O. Ces cristaux s'effleurissent rapidement à l'air en perdant toute leur eau de cristallisation, soit environ 56 pour 100 de leur poids. Lorsqu'on les chauffe, ils commencent par fondre dans l'eau de cristallisation ; puis, vers 850°, ils éprouvent la fusion ignée. Ils résistent ensuite aux températures plus élevées.

Il est très soluble dans l'eau. *Gay-Lussac* a déterminé cette solubilité, et il a trouvé, ainsi que l'indique le tableau suivant :

Températures.	Sel anhydre dissous	Sel cristallisé dissous
	dans 100 parties d'eau.	
0°	5,02	12,17
13,30	11,74	31,33

25,05	28,11	99,48
30,75	43,05	215,77
32,73	50,65	322,12
40,15	48,78	291,44
50,40	46,82	262,35
70,61	44,35	
103,17	42,65	

que cette solubilité suit une marche singulière, avec maximum à 32°7. D'après *Lœwel*, le sel qui est dissous de 0° à 33° cristallise hydraté, tandis que celui qui se trouve en dissolution de 33° à 100° cristallise anhydre : ce qui expliquerait, par une différence de compositions, la différence de solubilités.

Il est insoluble dans l'alcool.

Le sulfate de sodium est l'un des produits les plus importants de la grande industrie chimique, parce qu'il est la base de la préparation du carbonate par le procédé Leblanc. — Il sert à la fabrication du verre ordinaire, *Gehlen ;* à celle de l'outremer, du silicate et de l'aluminate de sodium. — Sa dissolution dans l'acide chlorhydrique amène un refroidissement assez prononcé pour qu'on l'ait utilisé dans certaines glacières de familles ; la proportion de 8 parties de sulfate de sodium et 5 parties d'acide chlorhydrique peut abaisser la température de 0° à — 18°. — Dans le Wurtemberg, on l'a donné longtemps au bétail, mêlé aux aliments, deux fois par semaine, à la dose d'environ 15 grammes. — Dans les ateliers de teinture, on l'utilise comme mordant auxiliaire avec les couleurs de benzidine et analogues, ou pour diminuer l'acidité des bains acidulés à l'acide sulfurique, avec les couleurs acides comme le carmin d'indigo ; il assure l'uni et empêche le feutrage, tout en permettant de monter en nuances sur toute la couleur mise au début. — C'est un purgatif très employé à la dose de 10 à 60 grammes, parce que son action est rapide, cesse assez vite, et n'amène, même après une administration prolongée, que rarement de l'irritation gastro-intestinale. On le rencontre parfois dans le commerce en petits cristaux imitant le sulfate de magnésium, sous le nom de sel d'Epsom de Lorraine.

Comme le sulfate de potassium, il peut se combiner avec l'acide sulfurique et forme un sulfate acide, ou *bisulfate de sodium* SO^4NaH, qui, pour certaines teintures de la laine, sert à rendre le bain acide.

Sulfate de baryum SO^4Ba.

— Le sulfate naturel, ou *barytine,* forme de grands gisements ; il sert à préparer le sulfure de baryum, matière première des autres composés du baryum. — Le sulfate artificiel, produit de l'action de l'acide sulfurique sur l'oxyde, le chlorure ou le nitrate, est une poudre blanche, amorphe, lourde, $d = 4,5$; très peu soluble dans l'eau et les acides, sauf dans l'acide sulfurique concentré. Nous avons vu que sa production est la réaction caractéristique de l'acide sulfurique et des sulfates. C'est le résidu industriel de la préparation de l'eau oxygénée.

Ce sulfate artificiel, dit *blanc fixe, blanc permanent, blanc de baryte,* s'emploie en quantités énormes dans la fabrication du papier comme matière de remplissage ou de glaçage, pour papier glacé, cartes, faux-cols en papier, papier écolier supérieur, etc. On le mélange à son poids d'oxyde de zinc pour la peinture à l'huile ; on l'emploie seul dans la peinture à la détrempe. On s'en sert dans l'apprêt des calicots. Enfin, on en fait des réservoirs.

D'après *Kuhlmann,* le meilleur blanc de baryte s'obtient avec une solution de chlorure de baryum à 24°-25° Bé que l'on précipite à froid avec de l'acide sulfurique à 30° Bé. Le précipité est lavé jusqu'à ce que l'eau de lavage ne présente plus de réaction acide. Il est livré au commerce sous forme de pâte à 30 d'eau pour 100 ou de pains séchés à l'air.

Sulfate de calcium SO⁴Ca.

— Le *sulfate de calcium hydraté SO⁴Ca 2Aq* naturel constitue le *gypse* et l'*albâtre.* Il est très abondant dans la nature. La France possède les dépôts les plus puissants de gypse ; ils se trouvent dans le terrain tertiaire des environs de Paris. C'est la *pierre à plâtre* ou *plâtre cru* du commerce ; il renferme toujours de 3 à 15 pour 100 de carbonate de chaux, d'argile et d'oxyde de fer. Le plâtre cru sert à préparer, par cuisson, le plâtre ordinaire, et il est d'un emploi courant, comme engrais, pour la culture des légumineuses fourragères. Plus il est fin, mieux il convient comme engrais. On le mêle ordinairement aux superphosphates de chaux (1). Le gypse cristallise en prismes, souvent maclés avec hémitropie, et ces maclées en s'arrondissant sur quelques-unes de leurs faces arrivent à la forme dite *fer de lance,* que l'on rencontre communément aux environs de Paris. Les cristaux de gypse s'enchevêtrent parfois d'une manière très irrégulière, et forment des masses demi-translucides, dont les principaux gîtes connus sont à Volterra dans la Toscane, et à Dammard près Lagny en France ; ces masses constituent l'*albâtre gypseux,* employé dans la sculpture pour faire des statuettes et des vases. Tous les cristaux de gypse se rayent facilement à l'ongle.

Le gypse est un peu soluble dans l'eau, mais très faiblement. 1 litre d'eau en dissout 1 gramme 90 à 0°, 2 grammes 14 à 38°, 1 gramme 75 seulement à 99° (en SO⁴Ca) ; il existe un maximum de solubilité vers 38°. Une dissolution faite à froid jusqu'à saturation se trouble donc si on la fait bouillir. Buckholz, Lecoq de Boisbaudran, Marignac, Poggiale, Church, H. Brazer, ont étudié cette solubilité ; elle est augmentée par la présence des chlorures et des nitrates, principalement par celle de l'acide chlorhydrique et du chlorhydrate d'ammoniaque.

(1) On raconte que *Franklin,* voulant montrer à ses compatriotes les bons effets du plâtre dans la culture, écrivit en gros caractères, sur un champ de luzerne aux environs de Washington, au moyen de poussière de plâtre : ceci a été plâtré ; et ces caractères se détachèrent nettement, au moment de la végétation.

Les eaux naturelles qui renferment une proportion notable de sulfate de chaux, soit plus de 6 décigrammes par litre, sont dites séléniteuses. Elles sont lourdes et indigestes en tant que boissons, conviennent mal à la cuisson des légumes et au savonnage, et si on les utilise dans les chaudières industrielles, elles donnent lieu à des incrustations dont le premier inconvénient est d'empêcher le calorique du foyer de se transmettre jusqu'à l'eau à vaporiser (Voir p. 333).

Voici quelques analyses d'incrustations séléniteuses de chaudières à vapeur, d'après Fischer :

	I	II	III	IV
SO^4Ca		49,98	90,44	50,44
$2\,SO^4Ca,\ H^2O$	50,75	29,73		30,30
$SO^4Ca,\ 2\,H^2O$ (gypse)			8,60	4,27
CO^3Ca	44,25	8,30		8,20
MgO^2H^2	1,19	3,83		4,36

Le plâtre est complètement insoluble dans l'alcool.

Le gypse $SO^4Ca, 2\,Aq$ perd son eau, 21 pour 100, par la calcination, et donne du sulfate de calcium anhydre SO^4Ca qui est le *plâtre* cuit. Cette calcination se fait dans les fours à plâtre.

Le plâtre cuit a la propriété de faire prise en une masse solide, si on le gâche avec son volume d'eau, parce qu'il reprend les deux molécules d'eau qu'il avait perdues lors de sa cuisson. Il est évident que pour qu'il fasse prise avec l'eau, le plâtre doit avoir été conservé à l'abri de toute absorption d'humidité ; sinon, il s'évente. Il faut également que la cuisson ait été suffisante, sans être poussée trop loin. Le gypse perd lentement à 90° et rapidement à 120° ses deux molécules d'eau. Si la température de cuisson ne dépasse pas 130°, le plâtre obtenu par déshydratation du gypse peut reprendre rapidement ses deux molécules, en dégageant une grande quantité de chaleur. Si la température atteint 160°, le plâtre ne reprend les deux molécules d'eau que lentement. Si la température a été jusqu'au rouge cerise, le plâtre est devenu inerte à s'hydrater. Au rouge blanc, le plâtre fond, et par refroidissement il se prend en une masse cristalline. Les fours à plâtre ne donnent évidemment du bon plâtre que dans les parties moyennement chauffées, mais la pratique a montré que le tout pulvérisé ensemble forme un bon plâtre, même avec 15 à 20 parties pour 100 de matières inertes.

La prise du plâtre avec l'eau est due à la formation d'une grande quantité de petits cristaux de sulfate hydraté, qui s'enchevêtrent les uns dans les autres, en une sorte de feutre, parce que la partie solide augmente de volume tandis que la partie liquide diminue. Cette solidification est appliquée pour obtenir des mortiers, ou pour effectuer le moulage des objets de décoration et l'empreinte des médailles.

Le gypse entre dans la composition de certaines couleurs de pastel et de certaines pâtes à porcelaine.

Le plâtre sert comme engrais dans les mêmes conditions que le gypse. Les gravats de démolition seront donc répandus avantageusement à la surface des terrains. Le plâtre est répandu dans les écuries ou sur les fumiers pour absorber l'ammoniaque. Le plâtre cru est employé comme matière de remplissage dans la fabrication du papier. On s'en sert aussi dans l'apprêt des tissus, ou bien on emploie un mélange de sulfate et d'aluminate de calcium, obtenu avec chaux 2, alun 4, eau 24.

Le plâtre sert à recouvrir le fond des tonneaux à huile, etc.

En chirurgie, on fait avec le plâtre des bandages inamovibles pour contenir les membres fracturés.

Le plâtre sec absorbe les corps gras, et on utilise cette propriété pour enlever les taches d'huile sur les vêtements ou les parquets, en les saupoudrant à plusieurs reprises de poudre de plâtre ; on l'utilise également pour dégraisser les chiffons en les faisant tourner dans un tambour avec du plâtre sec.

Moulage et prise d'empreintes. — On se sert dans ce but d'une bouillie claire faite avec plâtre 1 partie, eau 2 à 2 parties 5. Comme le durcissement s'effectue en une ou deux minutes, il faut employer la bouillie sans retard. C'est parce que ce durcissement s'effectue avec une augmentation de volume, que le plâtre convient à prendre les empreintes, puisqu'il pénètre dans tous les détails du moule. Pour prendre une empreinte, on enroule autour de l'objet une bande de papier huilé, de façon à former une espèce de boîte dont l'objet constitue le fond ; on y coule le plâtre, et dès que la solidification est complète, on démoule sans aucune difficulté. Cette première empreinte en plâtre obtenue, on peut s'en servir après huilage comme d'un nouveau moule, pour avoir une reproduction positive de l'objet primitif.

Si on enlève l'eau au plâtre moulé au moyen d'aspirateurs, on obtient un mortier d'une grande dureté, *Fr. Hasslacher* (br. all., 1897).

Durcissement du plâtre (1). — Le plâtre ne durcit pas seulement avec l'eau. En lui faisant prendre prise avec d'autres substances, on produit des mortiers de propriétés variées.

Une des molécules d'eau du gypse peut être remplacée par un sel. En gâchant du plâtre cru avec du sulfate, du carbonate, du silicate ou du -bitartrate de potassium, de l'alun, du sulfate de zinc, on obtient une solidification plus rapide qu'avec le plâtre cru ; le durcissement a lieu immédiatement avec le bitartrate.

Le plâtre gâché avec une dissolution de colle forte ou de gomme arabique durcit moins vite que s'il est gâché avec l'eau pure, mais le mortier obtenu est plus dur et il est susceptible de prendre un beau poli analogue à celui du marbre. On ajoute souvent un peu de sulfate de zinc à la disso-

(1) Voir Comptes-Rendus, t. C, p. 797.

lution de gélatine. Ce produit constitue le *stuc*. On peut colorer la pâte avec du noir de fumée, de l'indigo, du colcothar, du minium, etc., et avoir ainsi des marbres artificiels de différentes natures. On le polit, après solidification, d'abord à la pierre ponce, puis au tripoli. — Le *scaliogla* est un stuc préparé en gâchant un mélange de plâtre fin et de gypse avec une solution de colle forte. — Le durcissement des plâtres destinés à la dorure se fait le plus souvent avec les proportions suivantes d'après Reissig : colle de gélatine 10, eau 110, plâtre 100 à 120, craie 25 à 30, sulfate de potassium 0 partie 10 à 1 partie, ou alun de chrome 0 partie 25 à 0 partie 5.

Le stuc a été trouvé au XVIIe siècle par *Mathieu Damny*, génois établi à Paris.

Une sorte de stuc pour décoration extérieure est celui de *Beillon et Reynaud* (br. fr., 1896) : plâtre 66, pâte à papier 10, colle forte 6, alun 2, eau 16.

Le plâtre cuit trempé dans une solution d'alun à 12 pour 100, puis recuit jusqu'au rouge sombre, fournit une sorte de stuc, résistant mieux au séjour à l'air. Le *plâtre aluné* se solidifie aussi vite que le plâtre ordinaire ; on le gâche avec une solution d'alun. Les produits obtenus ont l'apparence et la solidité d'un beau marbre. La quantité d'alun absorbé est de 2 à 2,5 pour 100 de plâtre. Ces procédés sont dûs à *Keene*, 1839, *Savoie et Greenwood* (Bull. Soc. d'Enc. 1841). L'un des avantages du plâtre aluné est de ne faire prise que lentement.

Le plâtre gâché avec du borax, puis recuit, constitue le ciment de *Paros*.

Le plâtre gâché avec une solution de manganate de potassium fournit de belles pierres artificielles, *Kuhlmann*.

Le plâtre très cuit se gâche bien avec une solution de silicate alcalin, ou d'hydrofluosilicate de potassium.

Le plâtre se gâche encore avec une solution de sulfate de zinc à 8° Bé, *Sorel*.

Le plâtre obtenu par cuisson modérée d'un gypse renfermant un peu de carbonate de calcium et de magnésium et un peu de sable avec un millième de charbon constitue la *tripolithe*.

Le plâtre peut être transformé en une espèce de marbre artificiel en le chauffant pour expulser tout l'air et toute l'humidité, puis en l'exposant aux vapeurs ammoniacales, enfin en l'imprégnant d'une solution tiède d'alun ou de sulfate d'alumine, *Parker* (br. fr., 1897).

Le plâtre gâché avec un lait de chaux fournit un mortier hydraulique.

Le *ciment de Scott*, qui donne par prise avec l'eau une pierre artificielle très dure, se prépare en chauffant au rouge blanc un mélange de plâtre et de chaux caustique.

Les objets terminés en plâtre gâché à l'eau seule sont imbibés à sec avec de la stéarine ou de la paraffine dissoute dans l'éther de pétrole ; on frotte ensuite, et on obtient un beau poli façon albâtre. On colore souvent la stéarine ou la paraffine en y ajoutant un peu de gomme-gutte ou sang-dragon.

Les objets en plâtre stéariné ou paraffiné peuvent être lavés à l'eau, ce que ne souffriraient pas les objets en plâtre simple. Ceux-ci peuvent encore, pour pouvoir supporter l'action de l'eau, être plongés dans une solution de baryte ou d'un silicate, qui donne rapidement en agissant sur le plâtre, puis en se desséchant à l'air, une couche protectrice de carbonate ou de silicate de chaux ; on recouvre ensuite d'une couche de dissolution alcoolique de savon.

Sulfate de magnésium SO⁴Mg. — Ce sel cristallise à la température ordinaire avec 7 molécules d'eau, à 0° avec 12, au-dessus de 30° avec 6. Il existe dans les eaux de la mer, dans celles de certaines sources, Sedlitz et Pullna en Bohême, Epsom en Angleterre ; de là les noms qu'on lui a donnés de *sel de Sedlitz, sel d'Epsom, sel d'Angleterre*. On le retire de ces eaux par simple évaporation.

Les cristaux de sulfate de magnésium sont incolores et transparents. Ils possèdent une saveur désagréable, à la fois amère et salée. Ils sont très solubles dans l'eau ; 1 litre d'eau dissout 257 grammes 6 de ce sel à 0°, puis 4 grammes 75 environ pour chaque degré d'élévation, *Gay-Lussac ;* à 100°, 1 litre d'eau en dissout 725 grammes.

Soumis à l'action de la chaleur, il commence par fondre dans son eau de cristallisation, puis il en perd une partie ; à 132°, il retient encore 1 molécule, qu'il perd au-dessus de 210°. Il fond au rouge vif.

Ce sel donne avec les sulfates de potassium, d'ammonium, de zinc des sels doubles.

Le sulfate de magnésium est utilisé pour préparer la magnésie blanche par l'action du carbonate de sodium. Il est très employé comme purgatif à la dose de 15 à 30 grammes : c'est avec le sulfate de sodium le purgatif le meilleur et le plus fréquent ; il a le même avantage de pouvoir être administré longtemps sans occasionner d'inflammations. La préparation la plus usitée est l'eau de Sedlitz artificielle : sulfate de magnésium cristallisé 8, eau 625, acide carbonique 4 volumes. Le *sel de Cheltenham* renferme quantités égales de sulfate de magnésium, sulfate de sodium, chlorure de sodium ; il est employé à la dose de 40 grammes.

Sulfate de zinc SO⁴Zn. — Le sulfate de zinc, *vitriol blanc, couperose blanche*, constitue le résidu de la préparation de l'hydrogène et du fonctionnement des piles électriques ordinaires ; il se produit chaque fois qu'on fait agir l'acide sulfurique sur le zinc. On le prépare dans l'industrie en faisant griller le sulfure.

Ce sel cristallise avec 7 molécules d'eau, comme d'ailleurs les sulfates de magnésium, de fer. Ces cristaux sont incolores et s'effleurissent à l'air. Il perd une molécule d'eau à 30°, cinq autres à 100° en subissant la fusion aqueuse, et la dernière à 238°. Il se décompose au rouge.

Il se dissout dans deux fois son poids d'eau à 0°, et une seule fois à l'ébullition. Sa saveur est styptique et âcre.

Il donne des sulfates doubles avec les sulfates alcalins.

C'est un poison irritant, en quantité notable. A dose réduite, il a été employé autrefois comme vomitif, mais les accidents qu'il a occasionnés l'ont fait abandonner. La solution de 30 centigrammes dans 100 grammes d'eau est la base de nombreux collyres astringents, utiles dans les ophtalmies rebelles.

Il est employé dans les indienneries.

Pour ses usages en médecine et en impression, il doit être exempt de toute trace de fer ou de manganèse. Pour le purifier, on précipite le fer par un chlorure décolorant.

Le sulfate de zinc dissous dans de l'eau de gomme peut être employé pour produire un givre artificiel sur les étoffes ou les papiers.

La solution à 8° Bé est employée pour amener le durcissement du plâtre, en vue des scellements du fer dans la pierre.

Le sulfate de zinc sert dans la peinture à l'huile au blanc de zinc, pour rendre l'huile siccative.

Il sert à préparer, par précipitation avec le sulfure de baryum la *zinkolithe*, ou *blanc de zinc de Griffith*.

En mélangeant du sulfate de zinc avec des sulfates métalliques dont les oxydes colorent celui de zinc (tels sont Fe, Mn, Ni, Co), puis calcinant le tout avec du charbon, *W. Hampe* (br. all., 1897) obtient des couleurs minérales très solides.

Des solutions successives de sulfate de zinc, puis de chlorure de calcium ou de baryum sont utilisées pour incombustibiliser les bois, procédé *Thilmanz* (J. of the S. of chem. Ind., 1899).

Le sulfate de zinc est proposé par *H. Baumann et Bömer*, 1899, pour précipiter les albumoses; pour que la précipitation soit complète, il faut avoir soin d'ajouter $\frac{1}{50}$ d'acide sulfurique dilué au cinquième.

Enfin, la solution du sulfate de zinc constitue un très bon désinfectant (C. R., 1851, 1856).

Sulfate de cadmium SO^4Cd. — C'est un sel neutre, incolore, cristallisant avec 4 molécules d'eau, très soluble dans l'eau. Il est employé en teinture pour la production sur le coton du jaune de cadmium CdS. Il est employé en médecine aux mêmes usages et aux mêmes doses que le sulfate de zinc.

Le *sulfate de glucinium* a été étudié comme mordant par *Prudhomme* (Bull. de Mulhouse).

Sulfate de nickel SO^4Ni. — Le sulfate de nickel cristallise avec 7 molécules d'eau. Il sert à préparer le sulfate double de nickel et d'ammoniaque,employé dans le nickelage. *Roseleur* indique la formule suivante : sulfate double de nickel et d'ammoniaque 400 grammes, carbonate d'ammoniaque 300 grammes, eau distillée 10 litres.

Sulfates de fer. — Nous verrons ici le sulfate ferreux, le sulfate ferrique, les nitrosulfates.

Le sulfate de protoxyde de fer, *sulfate ferreux, vitriol vert, couperose verte,* est connu depuis longtemps. On l'obtient soit en dissolvant le fer dans l'acide sulfurique étendu à 20° Bé, puis faisant cristalliser, soit en oxydant à l'air humide les pyrites blanches, lessivant et faisant cristalliser, soit comme sous-produit de la fabrication de l'alun et du sulfate de cuivre. On utilise beaucoup pour sa préparation les déchets de fer et les différents résidus d'acides.

On purifie le sulfate ferreux du commerce en faisant bouillir la solution avec de la tournure de fer. Le fer décompose le sulfate de cuivre qui peut se trouver dans la solution, et réduit au minimum le sulfate ferrique qu'elle renferme toujours. On filtre ensuite, on abandonne au refroidissement après avoir additionné d'une petite quantité d'acide sulfurique pour empêcher le dépôt d'un sous-sel ferrique, et la liqueur laisse déposer de beaux cristaux vert bleuâtre. Les cristaux qui se déposent autour de bâtons mis dans la liqueur forment ce qu'on appelle les cristaux en grappes.

Le sulfate ferreux cristallise avec 7 molécules d'eau, soit 45 pour 100 d'eau. Ces cristaux sont vert émeraude et possèdent une saveur styptique et astringente. Ils se dissolvent dans 1 fois 4 leur poids d'eau à 15°, et dans le tiers de leur poids d'eau à 100°. Cette solution possède une réaction acide.

Exposés à l'air, les cristaux s'effleurissent, et en même temps leur surface jaunit par suite de la formation d'une couche de sulfate basique ferrique $(SO^4)^2OFe^2$. Pour empêcher cette action, il est bon de renfermer le vitriol vert dans un flacon où l'on verse en même temps une petite couche d'alcool, afin d'empêcher le contact avec l'air. — La solution de sulfate ferreux brunit rapidement à l'air ; aussi faut-il la préparer avec de l'eau privée d'air par l'ébullition et la conserver dans des flacons pleins et bien bouchés.

Il est insoluble dans l'alcool.

Par l'action de la chaleur, il perd 6 molécules d'eau à 100° et la septième vers 300°. Le sulfate ferreux anhydre est blanc. Il se décompose au rouge blanc, en donnant de l'acide sulfureux, de l'acide sulfurique anhydre ; il reste de l'oxyde ferrique ou colcothar.

Le sulfate ferreux est isomorphe des sulfates de magnésium, de zinc, de nickel, de cobalt, et, comme eux, il donne des sulfates doubles avec les sulfates alcalins.

La transformation du sulfate ferreux en sulfate ferrique s'opère rapidement par l'action du chlore, de l'acide nitrique, du bioxyde d'azote. Le sulfate ferreux se colore en rose ou en brun au contact du bioxyde d'azote ; cette coloration permet de reconnaître des traces de nitrate dans une liqueur, en y ajoutant de l'acide sulfurique et un cristal de sulfate ferreux.

Applications du sulfate ferreux. — Les deux principaux usages du sulfate ferreux sont son emploi en teinture et son utilisation comme désinfectant.

Il sert en outre à préparer l'acide sulfurique fumant, le colcothar, le bleu de Prusse, l'encre ordinaire.

Il est très employé pour le montage des cuves d'indigo à la couperose.

Le sulfate ferreux est encore utilisé pour purifier le gaz d'éclairage, pour extraire le cuivre, pour préparer l'or en poudre destiné à la dorure sur porcelaine.

En médecine, il entre surtout dans la préparation de poudres et de lotions toniques et astringentes. On le mêle au sucre et au miel pour empêcher son oxydation. Une bonne préparation est celle des pilules de Vallet de 2 décigrammes, faite avec sulfate de fer cristallisé pur 500 grammes, carbonate de sodium pur 580 grammes, miel 300 grammes, sirop de sucre q. s. La solution à 60 pour 1000 d'eau a été préconisée par Velpeau contre l'érysipèle.

La solution à 50 pour 1000 d'eau constitue l'un des meilleurs désinfectants ; elle rendra les plus grands services, au moment des chaleurs estivales ou par les temps d'épidémies, pour désinfecter les fosses d'aisances, les dépôts de fumier, les éviers domestiques, les égouts d'écoulement, etc. Elle fait disparaître immédiatement les mauvaises odeurs qui s'en dégagent. Comme le sulfate ferreux n'est pas toxique, et qu'au contraire il favorise la végétation, son emploi à titre de désinfectant n'entraîne aucun inconvénient. — A la place de la solution, on se sert parfois d'un mélange de sulfate ferreux et de charbon, qui constitue une excellente poudre désinfectante.

Le sulfate de fer est d'un grand usage en agriculture. On utilise le sulfate de fer neige, produit en très petits cristaux que l'on obtient en troublant, par insufflation d'air ou par agitation avec de petites raclettes, la cristallisation dans des réservoirs plats de petite profondeur. En viticulture, le sulfate de fer est bon contre le mildew, en mélange avec le soufre, la chaux et le sulfate de cuivre. En horticulture, on l'emploie à obtenir des fleurs roses pour hortensias. En agriculture, c'est peut-être le meilleur produit à employer pour se débarrasser des parasites végétaux : une solution à 25 pour 1000 tue les sauves, les ravenelles, les senés, les pissenlits, les plantains, les coucous, les mercuriales, les pâquerettes, les marguerites blanches, les carottes sauvages. Une solution à 40 pour 1000 détruit la mousse des pelouses.

Applications en teinture et en impression. — Le sulfate ferreux reçoit dans les ateliers de teinture et d'impression des emplois nombreux. C'est la base des rouilles au fer. C'est l'un des éléments des bleus de Prusse, des noirs au bois (avec le sulfate de cuivre, l'alun, les bichromates). C'est l'un des agents de réduction pour le montage des cuves à la couperose. C'est le mordant des matières colorantes nitrosées, vert de naphtol, dioxine, etc. C'est l'agent général de bruniture, pour le campêche, les bois jaunes, les substances tannifères.

Dans toutes ses applications aux industries tinctoriales, on ne doit pas prendre le vitriol vert qui provient du grillage des pyrites, parce qu'il renferme souvent de l'alumine.

Sur coton, le sulfate ferreux est employé pour produire les rouilles au fer, ou pour brunir après teinture, principalement quand la teinture s'est faite avec un bois à tannin ou avec une matière colorante artificielle fixée au tannin. On fixe le sulfate ferreux sur la fibre en travaillant à froid dans sa solution, après teinture ou fixation de tannin, car le sulfate ferreux lui-même est à peine absorbé par le coton.

Sur laine, son emploi comme mordant a diminué d'importance. Le mordançage s'effectue avec addition d'une quantité notable de tartre, indispensable pour ne pas avoir de précipité d'oxyde ferrique, et en montant *très lentement* à l'ébullition : il est coûteux. Souvent on se contente d'ajouter le sulfate ferreux, 5-8 pour 100 de la laine, au bain de teinture lui-même, lorsque la teinture a déjà commencé. Mais avec le camwood, le cachou, on opérera toujours en bain séparé.

Sur soie, il n'a servi que pour le noir anglais.

Emploi de la couperose pour le montage des cuves d'indigo. — Le sulfate ferreux a été employé bien avant l'hydrosulfite de soude, voir p. 553, pour amener la réduction de l'indigo bleu insoluble en indigo blanc soluble. L'indigo doit être finement pulvérisé. Le sulfate de fer doit ne contenir ni sulfate de cuivre qui ferait perdre de l'indigo en l'oxydant, ni sulfate ferrique, ni sulfate d'alumine qui utiliseraient une partie de la chaux et augmenteraient inutilement le dépôt ou pied des cuves. On peut le purifier en faisant bouillir sa solution avec quelques rognures de fer, le cuivre se précipite et le sulfate ferrique est réduit.

La manière de monter la cuve varie d'un atelier à l'autre. Il semble que la méthode la plus rationnelle serait de délayer l'indigo dans le lait de chaux préparé récemment et encore chaud, puis d'y ajouter, en remuant, la solution également chaude du sulfate ferreux ; on étend ensuite d'eau pour arriver au volume de la cuve. On brasse à plusieurs reprises, et lorsque la cuve a pris une couleur jaune olivâtre, la réduction est parfaite ; si la cuve est verdâtre, c'est que la réduction se fait mal : il faut ajouter de la couperose ; si la cuve est brunâtre, il faut ajouter de la chaux.

Une cuve neuve et en bon état doit présenter une fleurée, ou écume bleue, abondante, à reflets irisés, qui est due à une réoxydation de l'indigo à l'air. La cuve doit être claire, de couleur bière, et en la palliant, on doit y voir de nombreuses veines bleues.

La chaux est parfois remplacée en partie par de la soude, bien que la combinaison de l'indigo blanc avec la soude ne cède pas aussi facilement son indigo à la fibre que celle avec la chaux, et d'autre part la formation, à la surface des cuves à la chaux, d'une mince pellicule de carbonate de chaux est très avantageuse comme préservant la cuve de l'action oxydante de l'air. La chaux a l'avantage, en outre, de précipiter le brun d'indigo.

Avant teinture, on enlève la fleurée. La teinture se fait jusqu'à épuisement de la cuve, mais on peut aussi renourrir la cuve plusieurs fois, ce qu'on fera à la fin de chaque jour de travail.

Les dépôts ou pieds de cuve sont formés de sulfate de chaux, d'hydrate ferrique, de chaux, et d'indigo bleu insoluble. Pour recouvrer ce dernier et réduire la perte en indigo à 3 ou 4 pour 100, on traite les pieds par l'acide chlorhydrique concentré ou par un mélange réducteur de soude caustique et d'orpiment.

La cuve à la couperose est la plus ancienne, et encore la plus employée parce qu'elle est la moins coûteuse.

* * *

Le *sulfate ferrique* $(SO^4)^3Fe^2$ se prépare par action à chaud de l'acide nitrosulfurique sur une solution de 6 molécules de sulfate ferreux. On ajoute d'abord 3 molécules d'acide sulfurique, on chauffe, puis on ajoute 2 molécules d'acide nitrique qui joue le rôle d'oxydant. Si on ne prend que 1/2 molécule d'acide sulfurique, on obtient un sulfate basique soluble $(SO^4)^5Fe^4(OH)^2$, le *rouille* ou nitrate de fer des teinturiers. Enfin, si on n'emploie que de l'acide nitrique, on obtient des nitrosulfates de composition variable.

Le sulfate ferrique est ramené à l'état de sulfate ferreux, si on le fait bouillir avec de la limaille de fer.

Le sulfate ferrique, aussi neutre que possible, donne avec les matières organiques des composés très stables et imputrescibles. Aussi l'emploie-t-on pour épurer les eaux résiduaires et les eaux d'égout, ainsi que pour coaguler le sang dans les abattoirs et le transformer en engrais.

Pour l'application en teinture, on distingue entre le rouil sulfate et le rouil nitrate. Ils sont surtout employés dans la teinture de la soie.

La soie écrue est manœuvrée en bain tiède de carbonate de soude, lavée, chevillée, manœuvrée en bain de mordant à 10° Bé pendant une demi-heure à une heure, égouttée, chevillée, lavée, chevillée, manœuvrée une demi-heure en bain tiède de carbonate de soude pour enlever le sel acide formé, chevillée, lavée. On répète trois à quatre fois selon l'intensité de la teinture et de la charge que l'on veut avoir. La soie cuite est manœuvrée une demi-heure à une heure à froid en bain de mordant à 30° Bé, comprimée à la machine, lavée à l'eau froide, puis à l'eau chaude, et principalement avec de l'eau calcaire. Les opérations sont répétées sept à huit fois. La soie est ensuite manœuvrée à 100° en bain de savon bouilli : savon d'oléine 12 pour 100 du poids de la soie, carbonate de soude 2 pour 100 ; laver soigneusement. Au rouillage, la soie gagne en poids 4 à 25 pour 100 de son poids, c'est-à-dire jusqu'à 8 pour 100 du poids de la soie brute. Il ne faut pas oublier que la soie est attaquée à la longue par l'oxyde de fer produit, et qu'il ne faut pas la laisser mordancée sans la teindre.

Sulfate de manganèse SO^4Mn. — Le sulfate manganeux se prépare en faisant agir l'acide sulfurique sur le bioxyde de manganèse. Il cristallise avec 7 molécules d'eau entre 0° et 5°, avec 5 molécules entre 7° et 20°, avec 4 entre 20° et 30° ; ces cristaux sont roses, très solubles dans l'eau ; la solubilité présente un maximum vers 75°. Ce sel est employé en teinture pour produire les bistres au manganèse. Il sert à préparer des mèches à briquet, sans substance vénéneuse, à la place du chromate de plomb ; on imprègne les mèches de sulfate de manganèse et on les fait passer ensuite dans un bain de soude caustique.

Sulfate d'aluminium $(SO^4)^3Al^2$. — Le sulfate d'aluminium cristallisé a pour formule $(SO^4)^3Al^2$ $18\,H^2O$ et renferme : 15 pour 100 d'alumine : c'est l'alun calciné. Il peut se préparer en évaporant une dissolution d'alumine hydratée dans l'acide sulfurique. On le prépare industriellement en grillant les schistes alumineux ou les terres alumineuses, les kaolins, etc., ou mieux en traitant par l'acide sulfurique soit l'argile (silicate d'alumine), soit la cryolithe (fluorure double de sodium et d'aluminium), soit la bauxite (aluminate de fer), soit les scories des hauts-fourneaux. On obtient des sulfates plus ou moins basiques $(SO^4)^2(OH)^2Al^2$, $(SO^4)^{1\,1/2}(OH)^3$ Al^2, $(SO^4)(OH)^4Al^2$, en ajoutant à une solution de sulfate neutre une quantité plus ou moins grande de carbonate alcalin.

L'*alun cake* est le sulfate d'aluminium brut du commerce, renfermant la silice de l'argile qui a servi à le préparer.

Les cristaux de sulfate d'aluminium neutre sont efflorescents ; ils présentent un aspect nacré, une saveur astringente, une réaction acide aux papiers réactifs ; ils se dissolvent dans deux fois leur poids d'eau froide. Si on les chauffe, ils commencent par perdre leur eau de cristallisation, puis ils se décomposent au rouge en alumine et en acide sulfurique.

Le sulfate d'aluminium a les mêmes usages que l'alun ordinaire (voir plus loin). Il est employé pour l'encollage du papier, comme mordant en teinture et en impression, enfin en mégisserie. Pour cette dernière application, il ne doit pas renfermer la moindre trace d'acide libre. Il est encore employé pour préparer les autres composés d'aluminium.

Son application comme mordant nécessite une mention spéciale, car elle est plus économique que l'usage de l'alun. En effet, il contient une proportion centésimale plus grande d'alumine, d'où le nom d'*alun concentré* qu'il porte parfois dans le commerce ; mais pour cette application il ne doit pas contenir la moindre trace de fer, ce qui arrive trop fréquemment, et nuit beaucoup à la vivacité des couleurs teintes.

On débarrasse le sulfate d'aluminium de toute trace de fer, soit en précipitant le fer a l'état de peroxyde, ce qui est très long, soit par cristallisations successives et addition d'un sel de cuivre. Des procédés chimiques, celui dû à *W.-Th. Chadwick et Kynaston*, 1879, paraît donner les meilleurs résultats et est le plus usité notamment en Angleterre ; il repose sur l'emploi de l'acide arsénieux, qu'on ajoute à la bauxite avant de la traiter par l'acide sulfurique ; on précipite les dernières traces de fer au moyen de ferrocyanure de calcium.

Quelles sont les propriétés que doit posséder le sulfate d'aluminium pour répondre aux desiderata de son emploi en teinture et en impression ? *H. de Kéler et G. Lunge* ont étudié cette question (Z. für angew. Chemie, 1894). Sur treize échantillons commerciaux soumis aux recherches, tous ont présenté du fer, de l'acide sulfurique libre. La teneur en fer varia entre 0,0005 et 0,00524 pour 100 ; il s'y trouvait surtout à l'état ferrique ; la proportion était inférieure à celle de 0,01 maxima des teinturiers. Les résultats des expériences de teinture furent les suivants : Le sulfate d'alumine, employé pour rouge turc, ne doit pas contenir plus de 0,001 pour 100 de fer total ; en deçà de cette limite, le fer n'exerce pas d'action appréciable sur la couleur teinte ; au delà, l'action est nuisible, et cette influence devient très vite fort sensible. Le fer est plus nuisible à l'état ferrique que ferreux. La présence du zinc est également nuisible, mais il est fort rarement présent. — Au contraire, en impression, une teneur en fer jusqu'à 1 pour 100 n'exerce pas d'action, ce que les auteurs expliquent parce que la proportion de mordant dans l'impression est bien moindre que dans la teinture.

De leur côté, *Liechti et Suida* ont montré par leurs expériences que plus le sulfate d'aluminium employé est basique, plus il est facilement décomposé en chauffant ou en étendant d'eau, et plus l'alumine se dépose en grande quantité sur la fibre de coton.

Dans son application au mordançage du coton, le sulfate d'aluminium ne se fixe pas directement ; on est obligé de précipiter l'alumine sur la fibre, en passant, après imprégnation dans un premier bain de sulfate basique d'alumine, dans un second bain fixateur. Par mordançage direct, on n'aurait aucun résultat avec le sulfate neutre, parce qu'il est trop soluble et ne donne pas de sel basique insoluble même à l'ébullition ; on aurait de mauvais résultats avec les sulfates basiques, parce que l'acide mis en liberté attaquerait la fibre surtout au séchage. — Le fixateur à employer dépend de la nature de la matière colorante : ce peut être l'ammoniaque, l'arséniate, le phosphate ou le bicarbonate de soude, le silicate de soude à 50° Bé à 10 grammes par litre, le savon à 10 grammes par litre, l'acide sulforicinique, les huiles solubles, l'acide tannique, etc. Le degré de concentration, la température, la durée de l'action de l'agent fixateur doivent, être déterminés soigneusement. L'arséniate et le silicate de soude, le savon et les sulforicinates sont les meilleurs. Avec le bicarbonate de soude, on opérera comme il suit : on prépare une solution à 7° Bé contenant les proportions relatives de eau 1 litre, sulfate neutre d'alumine 200 grammes, bicarbonate de soude 31 grammes 82 ; on en imprègne le coton, on tord, on sèche à froid, on manœuvre dix minutes dans l'eau froide à 50 grammes d'ammoniaque du commerce par litre, on lave, on teint. Avec l'huile sulfatée, imprégner avec une solution aqueuse à 50-150 grammes par litre, tordre, sécher à l'étuve. Manœuvrer ensuite cinq minutes dans une solution de sulfate basique d'alumine à 7° Bé.

Le sulfate neutre convient mieux que les sulfates basiques au mordançage de la laine, car il se fixe plus lentement, plus également et plus profondément, et il ne nuit pas par son acidité.

* *

Le sulfate d'aluminium forme avec les sulfates alcalins des sels doubles, les aluns.

Aluns $(SO^4)^3M'^2$, SO^4M^2, $24H^2O$. — On nomme *aluns* les sulfates doubles répondant à la formule générale $(SO^4)^3M'^2$, SO^4M^2, $24H^2O$, où le métal M' peut être l'aluminium, le chrome, le fer, et le métal M le potassium, le sodium, l'ammonium, le rubidium, le thallium. On a ainsi des aluns d'alumine, de chrome ou de fer, aluns qui peuvent être potassiques, sodiques ou ammoniacaux. Tous les aluns sont des corps isomorphes cristallisant en cubes, pouvant coexister dans le même cristal, et ils possèdent les mêmes propriétés générales.

L'*alun ordinaire* est l'*alun d'alumine et de potasse*, $(SO^4)^3Al^2 SO^4K^2 24H^2O$. Il se prépare soit en traitant le sulfate d'aluminium préparé comme il a été dit plus haut par du sulfate ou du chlorure de potassium : on peut d'ailleurs ajouter directement un sel de potassium au mélange d'argile ou de schiste alumineux ou de bauxite et d'acide sulfurique qui sert à préparer le sulfate d'aluminium ; soit en traitant par l'acide sulfurique un minerai qui renferme tout ensemble de l'alumine et de la potasse, comme les feldspaths potassiques ou l'alunite qui est elle aussi un sulfate double de potasse et d'alumine. On peut partir aussi de la cryolithe (fluorure double). Les matières premières les plus importantes pour cette préparation sont les alunites ou pierres d'alun et la bauxite. Les alunites se rencontrent en Auvergne, à Madriac et au Mont-Dore, et en Italie, à la Tolfa. Le gisement de bauxite le plus riche en France est celui de Villeyrac dans l'Hérault.

L'alun préparé au moyen des schistes alumineux cristallise en octaèdres ; il renferme parfois des traces de fer. L'alun préparé avec l'alu-

nite de la campagne de Rome est plus pur ; il porte le nom d'alun de Rome
ou cubique. On peut d'ailleurs préparer de l'alun cubique en faisant cristalliser une solution d'alun ordinaire après addition d'un peu d'ammoniaque ou de carbonate de potassium, de façon que le précipité d'abord
formé se redissolve par l'agitation ; au refroidissement, la liqueur laisse
déposer des cristaux cubiques ordinairement opaques. Pour éliminer toute
trace de fer, on traite à l'ébullition avec un peu de carbonate de sodium
qui précipite le fer. Ou bien, on casse l'alun grossièrement et on l'arrose
avec un peu d'eau, qui entraîne d'abord le sulfate de fer plus soluble.

L'alun ordinaire est un corps solide, incolore, d'une saveur d'abord
sucrée, puis astringente. Il cristallise ou en octaèdres réguliers en solution
acide, ou en cubes ; les cristaux sont un peu efflorescents. Il est soluble
dans l'eau, beaucoup plus à chaud qu'à froid ; il se dissout dans onze fois
son poids d'eau à 10° et moins que le tiers à 100°. 100 grammes d'eau
dissolvent 9 grammes 52 à 10°, 13 grammes 13 à 20° et 357 grammes à 100°.
Ses solutions à 1, 2, 3, 4, 5 et 6 pour 100 de sel à la température de 17°5
marquent de 1° Bé à 5° Bé. Cette dissolution d'alun a une réaction légèrement acide, et elle détruit la couleur d'un grand nombre d'espèces
d'outremers.

L'alun est insoluble dans l'alcool. Il est soluble dans 2 parties 5 de
glycérine.

Sous l'action de la chaleur, l'alun commence par fondre dans son eau
de cristallisation vers 92°, et si on refroidit l'alun ainsi fondu, il conserve
l'aspect du verre : *alun de roche*. Au-dessus de 100°, l'alun perd peu à peu
son eau de cristallisation, tout en se boursouflant en une masse spongieuse : *alun calciné*, qui est de l'alun anhydre. Au-dessus du rouge
sombre, il finit par se décomposer en alumine, sulfate de potassium, acide
sulfureux, oxygène.

L'alun calciné se dissout peu à peu dans 25 fois son poids d'eau à 15°.

Calciné avec le tiers de son poids de charbon, il donne un mélange
très divisé de sulfures, de charbon et d'alumine, qui est susceptible de
s'enflammer spontanément si on le projette dans l'air : *pyrophore de
Homberg.*

* * *

L'alun de Rome, dit Girardin, a été, de tout temps, considéré par les
teinturiers comme le meilleur qu'on puisse employer pour les teintures
délicates, et cette opinion est fondée sur des faits de pratique bien constatés. On a cru d'abord que cette supériorité était due à ce qu'il est exempt
de sulfate de fer ou qu'il n'en renferme jamais que des traces. Mais la
véritable cause tient à ce que l'alun de Rome est bien plus riche en
alumine que l'alun ordinaire, puisque le sulfate d'alumine qui s'y trouve
est un sel tribasique, et non un sel monobasique comme dans l'alun
octaédrique.

Cet alun a, par suite, deux propriétés toutes spéciales : 1° sa forme
cristalline n'est plus l'octaèdre, mais le cubo-octaèdre, et même le cube
parfait ; 2° sa dissolution, chauffée au-dessus de + 40°, se trouble et laisse
déposer une poudre blanche micacée qui est du sulfate d'alumine tribasique ; par l'ébullition, elle se dépouille de tout l'excès d'hydrate d'alumine qui s'y trouve, et elle ne fournit plus, par la cristallisation, que de
l'alun octaédrique.

Ces caractères permettent de distinguer le véritable alun de Rome de
certains aluns de Paris qui n'ont de commun avec lui qu'une nuance rosée,
qu'on leur donne en les roulant dans une poussière formée de colcothar
et d'alun.

On peut communiquer à l'alun octaédrique ordinaire toutes les qualités
de l'alun de Rome, en faisant chauffer sa dissolution, opérée à + 30° ou 40°,
avec 0,03 de carbonate de soude sec ; on l'amène ainsi à l'état d'alun
cubique exempt de traces de fer. Les bons teinturiers sur coton et sur
soie se servent depuis longtemps de ce moyen conseillé par d'*Arcet*.

Les applications de l'alun ordinaire sont très nombreuses.

Les deux principales sont le mordançage en teinture et la mégisserie
en tannage. Nous les verrons avec détails.

L'alun a de nombreuses autres applications.

C'est un agent excellent pour la conservation des matières animales et
végétales. On emploie couramment, pour conserver les animaux morts,
une solution d'alun 2, nitre 1, chlorure de calcium 4, eau 16. L'alunage
des peaux et pelleteries, des petits animaux, des oiseaux est employé
fréquemment pour permettre leur conservation. L'alunage rend inaltérables
à l'air humide les capsules de gélatine, *P.-R. Valentine* (br. angl., 1897).
L'alun a été employé depuis longtemps comme agent de conservation. puisque, dès 1740, *Fuggot* (Ac. de Stockholm) communiquait le
moyen de préserver le bois de la pourriture en le faisant macérer dans
l'alun et le sulfate de fer. On rattachera à cette action de l'alun sur les
matières animales, le fait qu'en trempant les pieds nus à plusieurs reprises
dans une solution sursaturée d'alun, puis dans une solution sursaturée
d'alun et de sulfate de zinc, et en laissant sécher sans essuyer, l'on peut
arriver à marcher sur des lames de sabres.

Une solution d'alun réalise l'incombustibilité du bois et des tissus. Il
partage cette propriété avec de nombreux corps, les chlorures de sodium,
de calcium, de magnésium, d'ammonium, les phosphates, les borates, les
silicates, auxquels on le mélange dans les recettes pour incombustibiliser.
Pour le bois, on peut injecter la solution. L'eau saturée d'alun est bonne
pour éteindre les incendies.

L'alun cristallisé a même été employé par *Wiese* pour augmenter l'incombustibilité des coffres-forts.

Nous avons vu l'emploi de l'alun pour durcir les plâtres, p. 564.

La solution d'alun peut servir a imperméabiliser les tissus épais, bien que l'alun soit inférieur pour cet objet à l'acétate d'aluminium.

L'alun s'emploie pour empêcher la colle de se décomposer et de se ramollir dans le collage de la pâte à papier ; pour clarifier les eaux troubles, parce qu'il précipite les carbonates : ce moyen est usité depuis longtemps par les Chinois, et il a été employé dans les blanchisseries des environs de Paris pour éclaircir les eaux de la Seine troublées par les orages ; pour clarifier les suifs, parce qu'il précipite les débris des cellules graisseuses. Il a été proposé pour enlever les odeurs des graisses, *Culmann* (br. all., 1897); on traite par 2 à 4 pour 100 d'alun, puis on fait passer un courant de vapeur d'eau.

Pour mettre les bijoux en couleurs, on les passe au feu dans une composition de : alun 2, nitre 2, vitriol vert 2, eau 3 litres.

En médecine, l'alun ordinaire est utilisé comme astringent et l'alun calciné comme caustique. La solution d'alun est l'un des médicaments astringents les plus utiles. On l'emploie parfois à l'intérieur dans les diarrhées rebelles ou dans les hémorragies passives. En gargarismes, elle produit de très bons effets contre les maux de gorge au début, contre les angines rebelles, contre l'atonie des organes vocaux, contre les aphtes ; les lotions, les collyres, les injections servent aussi dans les ophtalmies rebelles, et dans tous les cas d'inflammations chroniques des muqueuses. Les lotions sont bonnes aussi pour calmer les douleurs des brûlures, des engelures. On fait aussi des insufflations d'alun ordinaire en cas d'angines, de gangrènes séniles, etc. ; ou des applications d'un mélange d'alun et de sabine pulvérisés sur les végétations. L'alun calciné est employé uniquement comme escharotique pour détruire les chairs fongueuses. Il ne faut pas oublier que l'alun, à forte dose, est toxique ; 30 grammes pris en une fois constituent la dose toxique.

Alunage en teinture. — L'alun est employé dans les industries tinctoriales à cause des *laques* qu'il donne, par son alumine, avec les matières colorantes, voir p. 483. Il sert dans le mordançage de toutes les fibres. Sur soie, ce mordançage porte plus spécialement le nom d'*alunage*. Sur laines, le mordançage à l'alun conduit a la production du rouge garance et du rouge d'alizarine ; il est employé aussi dans la teinture avec la cochenille, les bois jaunes, le campêche pour les noirs.

L'alun est plus souvent employé comme mordant d'alumine que le sulfate d'aluminium, bien qu'il renferme moins d'alumine à poids égal ; mais il est plus facile à purifier et il ne contient pas d'excès d'acide.

L'alun employé en teinture doit être absolument exempt de fer, c'est-à-dire ne donner aucun precipité avec le ferrocyanure ou le ferricyanure de potassium.

Pour le mordançage de la laine, le bain est monté à 6-10 pour 100 alun et 4-5 pour 100 tartre. On ajoute parfois à la solution d'alun une quantité d'alcali ou de carbonate alcalin suffisante pour donner lieu à la production d'un alun basique plus facile à précipiter sur la fibre. Sur soie, on commence par manœuvrer une demi-heure, puis on laisse reposer la nuit, et on lave dans une eau calcaire.

La théorie de l'alunage est la suivante. Il y a dissociation de l'alun et absorption de l'acide sulfurique, puis de l'alumine. Le bain d'alun devient à la longue alcalin ; et il se précipite de l'alumine, et les teintures au campêche sont plus bleutées. La quantité d'eau, la durée du bouillon, la quantité de laine, influent sur la composition du bain.

Sur laine, on mordance avec l'alun additionné de crème de tartre, et parfois d'un sel d'étain, pour obtenir le rouge militaire à la garance ou à l'alizarine, les bleus au campêche, bleu de roi, bleu d'enfer, employés comme pied de cuve ou comme remontage, certains noirs au campêche, les matières colorantes basiques. — Sur soie, on mordance en solution saturée d'alun, parfois additionné de sel d'étain, pour obtenir les rouges cochenille et les rouges alizarine, les jaunes à la gaude, les bleus au campêche, les violets à la galléine, certains noirs au campêche. — Sur coton, l'alun fournit surtout le rouge d'Andrinople à la garance ou à l'alizarine. Les travaux de Rosenstiehl ont montré que la laque colorée d'alumine et d'alizarine ne se produit convenablement au point de vue tinctorial et ne possède une suffisante solidité au lavage qu'en présence de combinaisons calciques. On rehausse son éclat par des passages en bains huileux.

Tannage à l'alun. — C'est l'une des divisions de la mégisserie. Les peaux de moutons, d'agneaux ou de chèvres, après un pelanage ou un enchaussenage à la chaux, sont dépilées, lavées, égalisées, écharnées, foulées, queursées, dégorgées, et enfin passées dans l'*étoffe,* qui est une dissolution d'alun et de sel marin. Les peaux en sont imprégnées à fond, abandonnées quelques jours, puis séchées, assouplies et étirées. C'est la mégisserie commune. — Dans la préparation du cuir de Hongrie, le tannage à l'alun se fait sans travail antérieur à la chaux, mais il est suivi d'un graissage au suif. — Enfin le travail des peaux de chevreaux, d'agneaux, de veaux même, pour gants et chaussures de luxe, se fait en général comme dans la mégisserie commune, mais l'étoffe est remplacée par une *nourriture,* qui se compose de farine pour gonfler, d'alun et de sel marin pour tanner, de jaunes d'œufs pour assouplir la peau en même temps. L'alunage des peaux se fait aujourd'hui presque uniquement au moyen de balanceuses ou cuves oscillantes.

L'étoffe se prépare en général avec alun 5, sel 2, eau 150. L'alun est transformé en chlorure d'aluminium, que la peau absorbe beaucoup mieux que l'alun. Le sel favorise de plus l'action de l'alun.

L'alun destiné à la mégisserie ne doit pas renfermer un excès d'acide, qui attaquerait la peau, ni du fer, qui la noircirait.

L'*alun de sodium (SO⁴)³Al² SO⁴Na² 24 H²O* se prépare comme l'alun ordinaire. Mais il est tellement soluble dans l'eau qu'on a difficulté à le séparer de l'eau-mère, et qu'on ne peut pas le purifier par cristallisation. Il perd d'ailleurs la propriété de cristalliser lorsque sa solution a été soumise à l'ébullition.

L'*alun d'ammonium (SO⁴)³Al² SO⁴Am² 24 H²O* est souvent usité à la place de l'alun ordinaire dans ses différents usages. Il est plus soluble dans l'eau, puisque 100 parties d'eau en dissolvent 5 parties 22 à 0°, 13,66 à 20°, 27 à 40°, 422 à 100°. Il sert, par calcination, à préparer l'alumine pure. A poids égal, il renferme plus d'alumine que l'alun potassique, et il est moins coûteux, aussi l'emploiera-t-on de préférence en teinture et en mégisserie.

L'*alun de chrome* ou sulfate double de chrome et de potasse *(SO⁴)³Cr² SO⁴K² 24 Aq* est l'un des sous-produits de la fabrication de plusieurs matières colorantes artificielles : alizarine, violet d'aniline, et de la production du courant électrique dans les piles au bichromate. On peut le préparer en faisant agir de l'acide sulfurique sur du bichromate de potasse, en présence d'un composé organique réducteur : alcool ou acide sulfureux. Sa lution est verte ou violette, et il cristallise en beaux octaèdres réguliers violets ; il est peu soluble dans l'eau. Il sert dans le mordançage de la laine avec addition de crème de tartre, pour remplacer le bichromate, et dépose sur la fibre deux fois plus d'oxyde de chrome. Il sert aussi dans l'imperméabilisation des tissus, dans la préparation des chromates ou dans le tannage au chrome.

L'*alun de fer (SO⁴)³Fe² SO⁴K² 24 Aq* n'est employé que comme mordant sur laine des couleurs d'anthracène, ou dans le tannage au fer.

Sulfate de plomb SO⁴Pb. — Il s'en forme une grande quantité, dans les ateliers de teinture, lorsqu'on prépare le mordant d'acétate d'aluminium, ou dans la fabrication de l'acide acétique pur. C'est une poudre blanche, insoluble dans l'eau, soluble dans l'acide sulfurique concentré, l'acide nitrique, et surtout dans l'acétate d'ammoniaque. Produit résiduaire sans valeur, on n'a pu encore économiquement le transformer en plomb ou en céruse.

Sulfate de cuivre SO⁴Cu. — Le sulfate de cuivre, *vitriol bleu, vitriol de Chypre, couperose bleue*, cristallise à la température ordinaire avec 5 molécules d'eau ; la formule des cristaux est donc SO⁴Cu 5H²O. Il s'obtient en traitant les eaux de cémentation des mines de cuivre, ou par grillage des pyrites cuivreuses, ou par sulfuration directe à la chaleur, puis oxydation à l'air des vieilles plaques de cuivre, ou par action directe du cuivre (tournures et planures) à chaud sur l'acide sulfurique concentré, surtout en présence d'un nitrate, *Savage* 1897, ou d'un acide organique, *Sorel* (br. fr., 1898). Il se produit très pur dans l'affinage des métaux précieux. L'action de l'acide sulfurique sur l'oxyde cuivrique ne demande que la moitié de la quantité d'acide nécessaire pour attaquer le cuivre métallique.

Le sulfate de cuivre du commerce, préparé par grillage des minerais sulfurés, renferme ordinairement du sulfate de fer ; on l'en débarrasse en le dissolvant dans l'eau, faisant bouillir la dissolution avec un peu d'acide nitrique pour peroxyder le fer, puis avec de l'hydrate ou du carbonate cuivrique qui déplace l'oxyde ferrique.

Il cristallise en gros cristaux bleus, s'effleurissant à l'air. Le sulfate neige s'obtient en troublant la cristallisation. Il est soluble dans 3 parties 32 d'eau à 4°, 2 parties 7 à 19°, 0 partie 55 à 100°, 0 partie 47 à 104°. La dissolution est d'un beau bleu ; elle présente une réaction acide au tournesol ; elle possède une saveur styptique et métallique très désagréable. Les cristaux formés à la température ordinaire sont de formule $SO^4Cu\ 5H^2O$; ils subissent la fusion aqueuse vers 100° ; au-dessus de cette température, ils perdent 4 molécules d'eau ; ils ne perdent la cinquième qu'au-dessus de 200°. Au rouge blanc, il se décompose en oxyde de cuivre, acide sulfureux et oxygène.

Le sulfate de cuivre anhydre SO^4Cu est blanc. Il se combine avec l'eau et redevient bleu.

Le sulfate de cuivre est insoluble dans l'alcool.

Le sulfate de cuivre s'unit au sulfate ferreux : *vitriol double* ou *mixte, vitriol de Salzbourg ;* au sulfate de zinc : *vitriol mixte de Chypre.*

Le sulfate de cuivre donne avec l'oxyde cuivrique hydraté, ou par précipitation incomplète avec les alcalis, des sulfates basiques verts. Il donne avec l'ammoniaque un sulfate ammoniacal d'un beau bleu.

Le sulfate de cuivre sert à préparer les couleurs pigmentaires dites couleurs de cuivre : cendres bleues artificielles, verts de Scheele et de Schweinfurth, verts de Brunswick et de Brême, etc.

Le sulfate de cuivre est un très bon désinfectant ; on emploie la solution à 50 pour 1000 d'eau. C'est aussi un excellent antiseptique. En agriculture, on l'emploie pour chauler les blés avant l'ensemencement, et pour combattre les maladies parasitaires des végétaux. *Bénédict Prévost* a constaté dès 1807 qu'il est excellent pour préserver les blés de la carie. — En viticulture, le mildew et le black-rot sont combattus victorieusement grâce à son emploi. On le mélange à la chaux, et ce mélange porte le nom de *bouillie bordelaise ;* elle est formée de 1 partie 5 sulfate de cuivre, 1 partie chaux, 100 parties eau contre le mildew, et 3 parties sulfate de cuivre, 2 parties chaux, 100 parties eau contre le black-rot. On utilise aussi contre le mildew la dissolution de l'eau céleste, préparée avec 1 sulfate de cuivre, 3 eau, 1 ammoniaque, et étendue à l'aide de 250 eau. Le traitement contre le mildew se répète trois fois, huit jours avant la floraison, cinq semaines après et en août. *Guillon et Gouirand* (C. R., 1898) ont étudié les conditions d'adhérence des bouillies cupriques. D'après eux, les bouillies sont d'autant plus adhérentes qu'elles se rapprochent davantage des points de neutralité. Elles se classent dans l'ordre suivant : 1° bouillie au savon ; 2° bouillie à 2 pour 100 de bicarbonate de soude ; 3° bouillie au carbonate de soude : 4° bouillie à la chaux et au carbonate de potasse, eau céleste, vert-de-gris ; 5° bouillie à la gélatine ; 6° bouillie à la mélasse ; 7° verdet neutre. A la bouillie bordelaise, *Perraud* (C. R., 1899) ajoute de la colophane, et *Campagne*, de l'essence de térébenthine. — Le sulfate de cuivre à 6 pour 100 à raison de 1 000 litres par hectare, le nitrate de cuivre encore plus efficacement à 2 litres de la dissolution de $d = 1,400$ par hectolitre, *Duclos* (Soc. nat. d'agr., 1897), détruisent rapidement le sénevé et la ravenelle, qui font le désespoir des cultivateurs en céréales. — La bouillie au sulfate de cuivre convient également à détruire les cryptogames des arbres. *Magny* donne la recette suivante : (1) sulfate de cuivre 1, eau 42 ; (2) chaux éteinte 2, eau 4 ; les solutions (1) et (2) sont mélangées, puis on ajoute : argile et suie $\frac{1}{2}$.

Le *sulfate de cuivre* est très employé pour le sulfatage des poteaux télégraphiques, des traverses de chemin de fer, etc. Pour les petites pièces, le sulfatage se fait en empilant les traverses, par exemple, dans un récipient résistant, et en injectant le liquide sous pression à l'aide d'une pompe. Pour les poteaux, on a utilisé au début la force ascensionnelle de la sève. On préfère aujourd'hui disposer un réservoir à une hauteur suffisante pour qu'il soit placé au-dessus de l'arbre maintenu debout.

En médecine, le sulfate de cuivre est un vomitif efficace contre le croup, à la dose de 1 décigramme. Il entre dans la composition de plusieurs collyres très usités contre les inflammations des paupières passées à l'état chronique. La *pierre divine* est formée de sulfate de cuivre 96, nitre 96, alun 96, camphre 4. Le collyre se prépare à la dose de 5 grammes sulfate de cuivre pour 1 litre eau.

Le sulfate de cuivre est décomposé par les courants électriques, de telle sorte que la molécule SO⁴Cu semble se scinder en deux parties, l'une SO⁴ qui se rend à l'anode, et l'autre Cu à la cathode. Le dépôt du cuivre métallique à la cathode est la base de la galvanoplastie. Si l'anode est constituée par une lame de cuivre, elle se dissout peu à peu dans la partie acide SO⁴ et maintient le bain au même degré de concentration. — Le dépôt électrolytique du cuivre sur un moule rendu conducteur permet de reproduire aisément les objets d'art, les planches stéréotypiques, et ce dépôt sur un métal oxydable à l'air le met à l'abri de la corrosion tout en lui donnant l'aspect du bronze : bronzage des candélabres de fonte. — La préparation électrométallurgique du cuivre et le raffinage électrolytique du cuivre reposent sur les mêmes principes que la galvanoplastie. La matte cuivreuse ou cuivre brut est introduite dans une dissolution de

sulfate de cuivre, et mise à l'anode ; par le passage du courant électrique,
elle se dissout peu à peu tandis que du cuivre pur se dépose sur la cathode,
et que les impuretés : soufre, plomb, or et argent. se précipitent ; fer et
zinc se dissolvent.

Si on prépare une dissolution de sulfate de cuivre à 10 de sel pour 100
d'eau, additionnée de 5 parties de glycérine d = 1,24, et qu'on précipite
l'oxyde de cuivre par la soude caustique jusqu'à très léger excès de réactif
pour redissoudre le précipité, cette solution a la propriété de dissoudre la
soie, et pas la laine ni le coton, *Lowe*, 1878.

Le sulfate de cuivre sert à colorer le marbre en bleu ; il est utile de
chauffer d'abord le marbre. Il est la base des encres à écrire sur le fer, sur
le zinc, sur le fer-blanc. — On s'en est servi pour colorer des substances
alimentaires, légumes conservés, huîtres, etc. ; pour blanchir des farines
avariées, etc. Ces colorations ont donné lieu à des accidents. L'ingestion
de 30 à 40 centigrammes de sulfate de cuivre peut être mortelle ; il y a
inflammation, et même corrosion du tube digestif.

Le sulfate de cuivre est une drogue fort employée dans les ateliers de
teinture et d'impression, comme oxydant, dans la teinture du coton, pour
certains noirs au campêche avec le sulfate de fer et les bichromates, pour
bruns au cachou ; comme mordant ou comme agent de bruniture, seul ou
avec le sulfate ferreux, dans la teinture de la laine, aux bois jaunes, au
campêche ; enfin, comme agent de bruniture, pour certains-noirs sur soie.
C'est un oxydant moins énergique que le bichromate, mais peut-être à
cause de cela même préférable dans beaucoup de cas de teinture. Il
augmente aussi la résistance à la lumière et au foulon d'un grand nombre
de couleurs. Cette dernière application est très fréquente en teinture avec
les colorants directs ou les couleurs produites par diazotation et développement, par exemple avec certaines marques de bleus diazos, parce que
le sulfate de cuivre fixe ces couleurs ; il ternit aussi les nuances, verdit
les bleus, et les *Farbenfabriken d'Elberfeld* ont les premiers fait connaître
cette propriété à propos des bleus de dianisidine, benzoazurines, etc. La
Manufacture Lyonnaise de matières colorantes, 1895, l'utilise pour fixer les
couleurs au décatissage ; si l'on passe les laines en bain de 3 à 4 pour 100
avant le décatissage, les couleurs sont rendues solides.

Il a été proposé par *Bonnet et Floquet* (br. fr., 1897) pour réaliser
l'azurage des matières textiles. Celles-ci, une fois blanchies, passent cinq
minutes dans une solution d'ammoniaque à 3° Bé, puis cinq minutes dans
une solution de sulfate de cuivre à 2 pour 100, avec 2 à 3 centimètres cubes
par litre d'une solution de violet de gentiane, puis repassent dans le bain
d'ammoniaque.

Le *sulfate de cuivre ammoniacal* est employé en pyrotechnie pour
colorer les feux en bleu.

.•.

Les sulfates de mercure sont employés, le *sulfate mercureux SO^{4}Hg^2* pour préparer le calomel, pour monter certaines piles électriques, le *sulfate mercurique SO^{4}Hg* pour préparer le sublimé corrosif et le *turbith minéral,* sulfate tribasique jaune.

Sélénium Se et Tellure Te.

— Ces deux corps présentent de grandes analogies avec le soufre, et se trouvent fréquemment réunis à lui. Le *sélénium Se,* découvert par *Berzélius* 1817, est un corps solide, qui possède une propriété physique extrêmement curieuse. A l'état métallique, si on l'expose à la lumière, il devient d'autant meilleur conducteur des courants électriques que la lumière est plus intense. On a fondé de grandes espérances sur cette propriété pour résoudre le problème de la vision à la distance ; elles n'ont pas encore été réalisées. Plusieurs appareils l'utilisent : tel le photophone de *Graham Bell.* — Le sélénium est employé depuis peu de temps dans l'industrie des verres colorés. Le sélénium seul donne un verre rose ; mélangé au cadmium, il donne un verre rouge orangé. — Ce serait l'*hydrogène sélénié SeH^2* qui communiquerait à la flamme de l'hydrogène la coloration bleu-violacé qu'elle prend subitement lorsqu'on l'écrase contre un corps froid, *Schlagdenhauffen* et *Pagel* (**C. R.,** 1899).

On rencontre dans la nature plusieurs séléniures et tullurures, en particulier le tellulure d'or.

*

CHAPITRE VIII

AZOTE ET COMPOSÉS

Ce chapitre comprendra l'étude de l'azote, de l'ammoniaque, des composés oxygénés de l'azote, de l'acide nitrique, des nitrates.

Azote Az ou Nitrogène N. — L'azote, N = 14, aer mephiticus de *Rutherford* qui le distingua, 1772, de l'acide carbonique, mofette atmosphérique de Lavoisier, a reçu les noms d'*azote* de Guyton et de *nitrogène* de Chaptal. Il se trouve dans l'air atmosphérique, dont il forme les quatre cinquièmes en volumes, à l'état de simple mélange avec l'oxygène et l'argon. A l'état de combinaison, il se trouve dans l'acide nitreux et le nitrate d'ammoniaque atmosphériques, dans les nitrates, les sels ammoniacaux, dans un grand nombre de substances végétales, en particulier les alcaloïdes, et de substances animales, en particulier les matières albuminoïdes.

Lorsqu'on absorbe l'oxygène de l'air, il reste de l'azote mêlé d'argon et d'impuretés dues au corps oxydable choisi ; ce peut être le phosphore, le cuivre ou le fer au rouge, les sulfures alcalins ou alcalino terreux, l'acide pyrogallique en présence de potasse, le cuivre en présence de l'ammoniaque ou de l'acide chlorhydrique. La décomposition des composés ammoniacaux, soit celle de l'ammoniaque par le chlore, soit celle du nitrite d'ammonium par la chaleur : $NO^2NH^4 = N^2 + 2H^2O$, soit celle du gaz ammoniac par l'oxyde de cuivre ou celle du chlorhydrate d'ammonium par l'hypobromite de sodium, fournissent de l'azote pur. L'azote extrait de l'air a une densité supérieure à celle de l'azote extrait de ses combinaisons, parce qu'il renferme une petite quantité d'argon.

L'azote est un gaz incolore, inodore, sans saveur ; d = 0,967, 1 litre pèse donc 1 gramme 250. Il est peu soluble dans l'eau, coefficient de solubilité à 0° = 0,024 ; il est un peu plus soluble dans l'alcool. Il a été liquéfié par *Cailletet* à — 10° sous une pression de 20 atmosphères ; le liquide bout à — 193° ; sa température critique est — 146°, sa pression critique 35 atmosphères. L'évaporation de l'azote liquéfié dans le vide amène sa solidification à — 204°.

L'azote ne possède que des affinités très peu énergiques ; il ne peut entrer en combinaison qu'en absorbant de la chaleur. Il ne se combine directement à la température ordinaire avec aucun corps. D'où son emploi pour constituer des atmosphères artificielles.

Il n'est ni combustible (1), ni comburant. Il n'entretient ni la combustion, ni la respiration. Il joue dans l'air le rôle de modérateur de l'oxygène.

Il s'unit au bore, au magnésium au rouge, ce qui permet d'isoler l'argon, qui est sans action.

Il se combine au carbone au rouge, en présence des alcalis, et donne des cyanures.

Il s'unit à l'oxygène dans toutes les combustions vives, sous l'influence des étincelles électriques, surtout en présence des alcalis ou de corps poreux, ou sous l'influence des effluves électriques. De nombreuses substances végétales l'absorbent également, sous l'influence de l'électricité à basse tension. Enfin, la terre végétale et les plantes l'absorbent, *Georges Ville,* par l'intermédiaire généralement de microorganismes, *Berthelot.* Ces actions jouent un rôle très grand dans la végétation, la nitrification, etc.

L'azote s'unit également à l'hydrogène, sous l'influence des étincelles électriques, pour donner le gaz ammoniac NH^3.

Les caractères de l'azote sont d'éteindre les corps en combustion, de ne pas troubler l'eau de chaux, et de ne se dissoudre dans aucun véhicule liquide.

Malgré ses propriétés en quelque sorte négatives, l'azote n'en est pas moins un corps très important. Dans l'air, où il se trouve mélangé a l'oxygène, il joue le rôle d'un modérateur, d'un diluant ; l'oxygène pur serait trop énergique, l'addition d'azote rend l'action de l'oxygène plus modérée, par un effet tout à fait comparable à celui qui se produit pour nos boissons, lorsque nous ajoutons de l'eau à l'alcool ou au vin. L'azote de l'air joue un rôle non moins important dans la vie végétale, car il est absorbé par les plantes, et passe des plantes aux herbivores, des herbivores aux carnivores, et se retrouve dans les matières albuminoïdes. Enfin, c'est encore l'azote de l'air qui est à la première phase des phénomènes de nitrification. La fabrication artificielle des cyanures emprunte aussi à l'air son azote.

**

L'azote se combine indirectement au chlore et à l'iode pour donner deux composés, le chlorure d'azote et l'iodure d'azote, qui sont doués de propriétés explosives extrêmes.

Le *chlorure d'azote NCl³* se produit lorsque le chlore en excès se trouve en contact avec de l'azote naissant. Il a été découvert par *Dulong*, 1811. On le voit aussi se produire lorsqu'on renverse une éprouvette remplie de gaz chlore sur une solution de sel ammoniac ; le chlore est absorbé, la solution monte dans l'éprouvette et l'on voit bientôt se former à la surface

---

(1) L'azote n'est pas combustible, parce que son point d'inflammation est plus élevé que la température de sa flamme.

du liquide une goutte huileuse et jaunâtre, qu'une légère secousse détache et fait tomber dans la soucoupe. Ce corps est l'un des plus dangereux que l'on puisse manier ; il détone avec une violence inouïe par le moindre choc ou au simple contact d'une foule de substances. La découverte de Dulong lui coûta un œil et un doigt. Un décigramme de ce corps, dit-il, produit dans l'air libre une explosion plus forte que celle d'un mousquet. Dulong en reprit l'étude l'année suivante : mais il fut blessé de nouveau dès la première expérience.

L'*iodure d'azote* NI^3 s'obtient aisément en faisant agir l'ammoniaque sur l'iode en poudre ou en solution alcoolique. On filtre, on lave la poudre brune à l'eau, on sèche sur des doubles de papier non collé. L'iodure d'azote est un explosif intangible, une fois qu'il est sec, car le moindre frottement, la moindre élévation de température le font détoner. Les acides chlorhydrique et sulfurique, l'eau bouillante le décomposent sans explosion. Le produit est souvent mélangé d'ammoniaque ou d'iode non combinés.

* * *

L'azote forme avec l'hydrogène plusieurs composés :

l'amidogène NH^2,
l'ammoniaque $NH^3 = NH^2.H$,
l'hydrazine $N^2H^4 = NH^2.NH^2$,
l'hydroxylamine $NH^3O = NH^2.OH$,
l'acide azothydrique N^2H.

L'*hydrazine N^2H^4*, découverte par *Curtius*, est un gaz très irritant, très soluble dans l'eau. La solution est un réducteur des plus énergiques, puisqu'elle réduit à froid le sulfate de cuivre, le nitrate d'argent, la liqueur de Fehling. Elle attaque le liège et le caoutchouc. Elle possède la fonction basique. Elle est le type d'un grand nombre de composés organiques, qui en dérivent par substitution. L'hydrazine dédoublée représente l'*amidogène*, radical existant dans les amines et les amides.

L'*hydroxylamine NH^3O* ou *oxyammoniaque*, découvert par *Lossen*, 1865, se produit lorsqu'on fait agir l'acide nitrique étendu sur l'étain. C'est un corps fusible à 33°, cristallisant en longues aiguilles, très soluble dans l'eau, très hygrométrique, détonant si on le chauffe brusquement, jouissant de propriétés basiques puissantes, et réducteur excellent pour toutes les solutions métalliques, sels de mercure, d'argent, d'or. Sa réaction caractéristique est de donner avec le sulfate de cuivre, en présence de la soude, un précipité jaune d'hydrate cuivreux.

L'*acide azothydrique N^2H*, découvert par *Curtius*, 1890, en décomposant l'azoture de sodium par l'acide sulfurique, est un gaz détonant, très soluble dans l'eau, mais très dangereux à manier. Sa solution concentrée au delà de 23 pour 100 se décompose avec explosion. Elle donne avec les nitrates de mercure et d'argent des azotures explosifs.

Ammoniaque. — Le *gaz ammoniac* NH^3, ou *esprit de sel ammoniac*, se produit dans la décomposition des matières organiques qui contiennent de l'azote comme les os, la chair ; dans leur fermentation spontanée comme celle de l'urine, du fumier : c'est le gaz des écuries à chevaux ; ou dans leur décomposition artificielle comme celle de la houille par la chaleur.

On l'extrait industriellement par distillation : appareils Mallet, Lunge, des eaux de purification du gaz d'éclairage qui en renferment 18 à 20 grammes par litre ; des eaux de dissolution lors de la fabrication du coke. On le retire encore par distillation des eaux vannes ou des vinasses de betteraves. Dans les laboratoires, on se contente de décomposer un sel ammoniacal, chlorure ou sulfate, par une base. habituellement la chaux : $2 NH^4Cl + 2 CaO = 2 NH^3 + CaCl^2 + CaO^2H^2$. Ce mode de préparation lui a valu le nom d'*esprit de sel ammoniac*.

Il se produit lorsqu'on fait agir l'hydrogène naissant sur un composé oxygéné de l'azote. Il se rencontre dans l'air, les eaux de pluie, le sol.

Une grande partie de l'ammoniaque produite industriellement est transformée aussitôt en sels ammoniacaux, sulfate, etc.

Si l'on projette dans l'eau de l'azoture de calcium N^2Ca^3, il se décompose et produit une grande quantité de gaz ammoniac, *Moissan* (C. R., 1898). Il y a peut-être là le principe d'une méthode qui permettrait de retirer l'ammoniaque de l'air.

Le gaz ammoniac est incolore ; il possède une odeur piquante et très irritante; il provoque le larmoiement, comme tout le monde a pu s'en assurer.

La teneur en gaz ammoniac dans l'air ne doit pas dépasser 5 pour 10 000, sinon on voit apparaître des phénomènes d'inflammation et des nausées.

La densité du gaz ammoniac $= 0,590$; 1 litre pèse 0 gramme 765. Il se liquéfie à $-40°$ sous la pression ordinaire, *Bussy*, 1821; à 10° sous une pression de six atmosphères et demie, *Faraday*. L'ammoniac liquide a pour densité 0,63 ; il bout à 33°5 ; sa température critique est 131 et sa pression critique est 113 atmosphères. Il se solidifie à $-75°$. Son évaporation est utilisée pour la production du froid, systèmes Linde, Osenbruck, Mertz, Kilbourn, de Lavergne, Perplett, Fixary, Wood et Richemond, Sterne, Sulzer frères, etc.

Il est très soluble dans l'eau. Cette solution est très riche, puisque l'eau dissout environ 800 à 1100 fois son volume de gaz ammoniac suivant que la température varie de 15° à 0°, soit 785 fois à 15° et 1047 à 0°. Cette dissolution se fait avec dégagement de chaleur ; $+ 21$ calories. La solution dégage tout son gaz, si on la chauffe, avant même la température de 70° ; elle dégage également tout son gaz dans le vide.

La grande solubilité du gaz ammoniac se démontre aisément en introduisant un morceau de glace dans une éprouvette remplie de ce gaz : la glace fond rapidement en absorbant le gaz ; ou en débouchant sur l'eau un flacon rempli de ce gaz : l'eau se précipite dans le flacon et le remplit complètement.

La solution du gaz ammoniac dans l'eau porte le nom d'*ammoniaque liquide* ou d'*alcali volatil*. Sa d = 0,835 à 35° Bé. Elle est seule employée dans l'industrie. Elle est généralement à 22° Bé ou à 28° Bé. Celle à 22° Bé renferme 21 pour 100 de gaz ammoniac. et celle à 28° Bé 34 pour 100.

Le gaz ammoniac est très soluble aussi dans l'alcool.

Le gaz ammoniac est absorbé par le charbon. qui en dissout à 0° 90 fois son volume, soit un dixième de son poids ; le gaz est abandonné dans le vide ou par la chaleur. Le gaz ammoniac est aussi absorbé par les chlorures, et l'on se sert du chlorure d'argent saturé de gaz ammoniac pour préparer de grandes quantités de ce gaz, en vue de sa liquéfaction.

Il est décomposé en ses éléments par la chaleur, les étincelles électriques, certains métaux au rouge.

Il n'est pas combustible à l'air, et il éteint les corps en combustion. Un jet d'ammoniac brûle cependant dans une atmosphère d'oxygène, de chlore, etc. Avec l'oxygène, il donne de l'acide nitrique, sous l'influence de l'état naissant, de la mousse de platine, *Kuhlmann*. Avec le chlore, il donne de l'azote, et soit du chlorhydrate d'ammoniaque, soit du chlorure d'azote. Avec le charbon, au rouge, il donne du cyanure d'ammonium. Il donne des amidures ou des azotures avec les métaux.

Le gaz ammoniac, de même sa solution, s'unit aux hydracides et aux oxacides hydratés, pour donner de véritables sels ammoniacaux, dans lesquels *Ampère*, puis *Berzélius,* ont supposé l'existence d'un radical hypothétique, l'*ammonium, Am* = NH^4, jouant le rôle d'un véritable métal. On connaît l'amalgame d'ammonium ou *ammoniure de mercure,* NH^{4}Hg. Les sels ammoniacaux peuvent être considérés comme des sels d'ammonium,

chlorhydrate d'ammoniaque NH^{3}HCl = AmCl,
sulfate d'ammoniaque SO^{4}H^2(NH^3)^2 = SO^{4}Am^2,
nitrate d'ammoniaque NO^{3}HNH^3 = NO^{3}Am,

analogues aux sels de potassium, de sodium. Tous les sels ammoniacaux sont solubles dans l'eau. Tous se décomposent, lorsqu'on les chauffe avec un alcali, potasse, soude ou chaux, et fournissent un dégagement de gaz ammoniac, facile à caractériser à son odeur, à la coloration bleue qu'il donne au papier rouge de tournesol, à la coloration brune qu'il donne au papier jaune de curcuma, aux fumées blanches qu'il produit lorsqu'on approche une baguette imprégnée d'acide chlorhydrique.

Cette dernière réaction est bien caractéristique. Les fumées blanches proviennent de la condensation du chlorhydrate d'ammoniaque formé. L'union des deux gaz incolores HCl et NH^3 donne ainsi naissance instantanément à un corps solide blanc. Il en serait de même avec l'acide carbonique.

Le gaz ammoniac a la propriété de s'unir à un grand nombre de chlorures, notamment à ceux de calcium, d'argent, de mercure.

La solution aqueuse de l'ammoniac ou ammoniaque jouit de propriétés basiques énergiques. Aussi est-elle employée couramment chaque fois qu'il s'agit de neutraliser un acide, pour rendre des liquides neutres, combattre les empoisonnements par les acides, enlever des taches acides. Elle bleuit immédiatement le tournesol rouge.

C'est l'alcali dont l'emploi se recommande le plus, question de prix à part, parce qu'on peut en mettre un excès sans craindre d'altérer les matières.

L'ammoniaque précipite de leurs solutions salines un grand nombre d'oxydes métalliques ; aussi est-elle l'un des réactifs les plus employés dans les laboratoires, soit pour précipiter les oxydes d'alumine, de chrome, de manganèse, de fer, de plomb, de bismuth, soit pour séparer les uns des autres les oxydes précipités, parce que ceux de zinc, de cadmium, de cuivre, d'argent sont solubles aisément dans un excès d'ammoniaque, tandis que les autres ne le sont pas ou ne le sont que difficilement. L'ammoniaque donne avec plusieurs oxydes métalliques des bases métalloammoniques ; nous avons déjà vu, p. 488, que l'eau céleste des pharmaciens (1), la liqueur de Schweitzer sont des solutions ammoniacales d'un sel ou d'un oxyde cuproammonique. Des bases analogues se produisent avec les oxydes de chrome, de nickel, de cobalt, de mercure, de palladium, de platine.

La précipitation de l'oxyde de plomb est appliquée en teinture pour le fixer sur les fibres.

L'ammoniaque liquide agit vis-à-vis la solution de chlore, d'une façon analogue à celle que nous avons vue lorsqu'il s'agit des gaz. Lorsqu'on mêle ensemble des solutions aqueuses d'ammoniaque et de chlore, il se produit de l'azote et du chlorhydrate d'ammoniaque : $4 NH^3 + 3 Cl = N + 3 NH^4Cl$. D'où l'explication des aspersions ammoniacales que l'on fait dans les fabriques de chlore pour combattre les effets nuisibles. Si le chlore est en excès, au lieu de se produire de l'azote, il peut se former du chlorure d'azote NCl^3. Dans la pratique des laboratoires, pour montrer cette décomposition de NH^3, on remplit un long tube d'une solution saturée de chlore jusqu'aux 9/10 de sa longueur, et on verse ensuite une solution saturée d'ammoniaque ; l'ammoniaque se trouve en excès, par suite de son pouvoir de dissolution si supérieur à celui du chlore, et il n'y a pas à craindre de voir se produire du chlorure d'azote. Lorsque le tube est rempli, on le bouche avec un doigt et on le renverse sur la cuve à eau. La solution

(1) Pourquoi l'ammoniaque, qui dans une dissolution aqueuse d'acétate de cuivre à 0 gramme 25 par litre donne une coloration bleue très perceptible, ne donne-t-elle rien dans une dissolution alcoolique (alcool à 55°) d'égale force ? Ainsi que Boussingault le constate, (J. de pharmacie, 1874) la saveur métallique, très désagréable en solution aqueuse, est nulle en solution alcoolique. Mystère ?

d'ammoniaque, plus légère que celle du chlore, traverse celle-ci en s'élevant dans le tube, et l'on voit se produire de nombreuses bulles de gaz : c'est l'azote, qui gagne le sommet. — L'action du chlore sur l'ammoniaque explique l'application de celle-ci comme antichlore, *Kolb* 1868.

L'ammoniaque est extrêmement caustique. A l'intérieur, elle provoque une irritation violente. A l'extérieur, sa solution concentrée produit sur la peau de la cuisson, une rubéfaction, enfin une véritable vésication. On l'emploie quelquefois comme révulsif. *L'eau sédative*, utile dans les migraines, est formée de : ammoniaque 100, eau 900, sel 20, camphre 2. On emploie l'ammoniaque comme caustique dans les cas de piqûres de guêpe, de morsures de vipère, etc.

Cette solution jouit de propriétés dissolvantes extrêmement précieuses, qui la rapprochent de l'eau. Elle dissout les gaz, d'où son emploi pour combattre l'ivresse, à la dose de quelques gouttes dans un verre d'eau, et pour combattre le météorisme des bestiaux, à la dose de 10 à 20 grammes dans une boisson mucilagineuse. Elle dissout les corps gras, d'où son emploi dans le dégraissage des fibres. Elle dissout un grand nombre de matières minérales, les chlorures d'argent et de mercure, un grand nombre d'oxydes, comme nous l'avons vu. Elle dissout certaines matières colorantes, comme le tournesol, l'orseille, le carmin de cochenille ; et elle avive leurs couleurs en teinture.

La dissolution dans l'ammoniaque des écailles des ablettes constituait l'*essence d'Orient* ou de perles et servait à la fabrication des perles fausses. Cette industrie parisienne occupait plus de deux cents ouvriers en 1850 ; son importance est aujourd'hui moindre.

L'ammoniaque a reçu une application importante dans certains appareils à produire le froid. Cette application repose sur la facile liquéfaction de l'ammoniaque, la grande chaleur de vaporisation du liquide obtenu, et la grande solubilité du gaz ammoniac dans l'eau. Les appareils E. Carré sont basés sur cette application, ainsi que les systèmes Rouart, Imbert, Pontifex, Wood, Vallicély (1).

L'ammoniaque sert à préparer les sels ammoniacaux, et on sait toute l'importance qu'ils ont prise pour la fabrication des soudes commerciales par le procédé à l'ammoniaque ou procédé Solvay.

Comme applications de détail, nous citerons encore l'animalisation du coton par amidage, *L. Vignon ;* la bruniture des bois d'ébénisterie au contact prolongé d'une atmosphère chargée de vapeurs ammoniacales. *Goettig* (br. all., 1894) a proposé de brunir la surface de l'aluminium en le plongeant une à trois heures dans de l'ammoniaque à 1 pour 100.

(1) Voir p. 318.

COMPOSÉS OXYGÉNÉS DE L'AZOTE

L'azote forme avec l'oxygène, par combinaison indirecte ou sous l'influence de l'électricité, des composés qui fournissent un moyen brillant de vérification pour les lois de Dalton et pour celles de Gay-Lussac :

	Anhydrides.	Acides.
le protoxyde d'azote	N^2O	
le bioxyde d'azote	NO	
l'acide azoteux	N^2O^3	NO^2H
le peroxyde d'azote	NO^2	
l'acide azotique	N^2O^5	NO^3H
l'acide perazotique	NO^3.	

Tous les composés oxygénés de l'azote sont endothermiques, c'est-à-dire qu'ils se produisent avec absorption de chaleur.

Tous sont décomposés par la chaleur. Le plus stable est le peroxyde d'azote qui résiste jusqu'au rouge. Ce qui explique pourquoi on le trouve parmi les produits de la décomposition de tous les autres.

Tous les corps combustibles avides d'oxygène, comme le soufre, le charbon en poudre, décomposent ces composés à la température ordinaire ou à une température peu élevée. Ils constituent donc des explosifs.

L'hydrogène donne à chaud de l'azote et de l'eau ; l'hydrogène à l'état naissant ou en présence de la mousse de platine donne de l'ammoniaque et de l'eau.

Protoxyde d'azote N^2O. — Ce gaz fut découvert par *Priestley* en 1774, mais ce fut *Berthollet* qui donna le procédé si commode de préparation à partir du nitrate d'ammonium ; il suffit de chauffer lentement du nitrate d'ammonium pur et sec pour obtenir le protoxyde d'azote : $NO^3NH^4 = N^2O + 2H^2O$. Il ne faut pas dépasser 300°, sinon la réaction devient explosive. Elle est accompagnée de la formation d'autres composés oxygénés de l'azote, aussi faut-il purifier le gaz produit, en le faisant passer dans une solution alcaline, qui retient les acides, puis dans une solution de sulfate ferreux, qui retient le bioxyde d'azote.

Le *protoxyde d'azote*, ou *oxyde azoteux*, est un gaz incolore, inodore, d'une saveur sucrée. Sa $d = 1,527$. Il est peu soluble dans l'eau ; 1 litre en dissout 1 litre 305 à 0°, et 0 litre 778 à 15°. Il a été liquéfié à 0° sous une pression de 30 atmosphères, *Faraday*, 1823. Sa température critique est 38°8, et sa pression critique 77 atmosphères 5. Ce liquide bout à — 87° sous la pression ordinaire ; il se solidifie à — 100°. Son évaporation à l'air libre produit un froid intense, qui permet d'obtenir la solidification de nombreux liquides. On accroît encore l'effet de réfrigération produit en ajoutant au protoxyde d'azote liquide de l'éther, de l'acide carbonique solide, ou du sulfure de carbone. Le mélange réfrigérant de protoxyde d'azote liquide, d'éther et d'acide carbonique sòlide a permis d'obtenir l'alcool sous forme sirupeuse ; il abaisse la température dans le vide à — 110° ; le mélange de protoxyde d'azote et de sulfure de carbone l'abaisse à — 140°.

Ce gaz provoque, lorsqu'on le respire, une ivresse particulière, puis la perte totale de la sensibilité, c'est-à-dire l'anesthésie. On l'utilise pour les opérations chirurgicales de petite durée : par exemple, l'enlèvement des dents. Les accidents occasionnés par son emploi sont dus à ce qu'on s'est servi d'un gaz impur : entre des mains habiles, il ne présente aucun danger. C'est *Davy* qui en 1799 découvrit ces propriétés physiologiques et lui donna le nom de *gaz hilarant,* parce que ses inhalations l'avaient plongé dans un état d'extase joyeuse. Ses expériences furent répétées en France chez *Fourcroy* par *Vauquelin, Thénard, Orfila, Proust.* Il produit parfois des sensations fort pénibles. Ces propriétés anesthésiques pressenties par *Davy,* utilisées pour la première fois en 1844 par *H. Wells,* dentiste anglais, pour l'extraction des dents, ne furent réellement appliquées qu'à partir de 1863. — Mais le protoxyde d'azote n'entretient pas la respiration, et il a l'inconvénient grave de provoquer l'asphyxie en même temps que l'anesthésie. *P. Bert,* 1879, a préconisé l'emploi du protoxyde d'azote sous pression, mélangé à un volume égal d'air.

Sa solution dans l'eau est employée sous le nom d'*eau oxyazotique* dans le traitement de la goutte et des rhumatismes, car, dit-on, il brûle les dépôts d'acide urique qui se forment aux articulations.

Au point de vue chimique, c'est un corps qui cède facilement son oxygène, pourvu que la température soit assez élevée pour le décomposer ; dans cette condition, la combustion est plus vive que dans l'air, ce qui n'étonne pas si l'on songe que le protoxyde d'azote renferme la moitié de son volume d'oxygène tandis que l'air n'en renferme qu'un cinquième de son volume. Le protoxyde d'azote rallume, comme l'oxygène pur, une allumette ou une bougie renfermant encore un point en ignition. Le soufre, le phosphore, le charbon, allumés, y brûlent avec une lumière éclatante. Avec l'hydrogène, à volume égal il forme un mélange détonant. Ces propriétés amèneraient à le confondre avec l'oxygène, mais il s'en distingue, parce que, à la température ordinaire, il n'est pas décomposé par les corps oxydables tels que le phosphore, ni par l'acide pyrogallique en présence de la potasse, et enfin qu'il ne donne pas de vapeurs rutilantes avec le bioxyde d'azote.

Le protoxyde d'azote liquéfié a été proposé par *A. Dubois,* 1897, comme comburant de l'acétylène, etc., dans les obus et les moteurs.

Bioxyde d'azote NO. — Le bioxyde d'azote, ou *oxyde azotique,* s'obtient en réduisant partiellement l'acide nitrique NO^3H, soit par un métal comme le cuivre ou le mercure, soit par un sel ferreux, de préférence le sulfate ferreux. C'est un gaz incolore, très peu soluble dans l'eau. Il donne avec l'oxygène des vapeurs rutilantes de peroxyde d'azote ; c'est là sa propriété caractéristique. Il cède son oxygène pourvu que la température soit assez élevée pour le décomposer, et dans ces conditions il brûle avec éclat l'hydrogène, le phosphore, le carbone. Il brûle également le sulfure de carbone, avec une flamme bleuâtre. Il est absorbé par les solutions des sels ferreux, *Péligot*, ce qui permet de le séparer de l'oxyde azoteux. Au contact de l'oxygène et de la vapeur d'eau, il donne avec l'acide sulfureux du sulfate acide de nitrosyle SO^4HNO, dont nous avons vu le rôle dans la formation de l'acide sulfurique. En qualité de nitrosyle NO, il joue le rôle d'un radical monovalent qu'on retrouve dans un certain nombre de composés, en particulier le chlorure de nitrosyle NOCl, et dans les corps dits *nitrosés*.

Acide nitreux et nitrites.

— L'acide nitreux existe à l'état anhydre et à l'état hydraté. La dissolution dans l'eau est bleue lorsqu'elle est concentrée, et se décompose par une très faible élévation de température ; elle est plus stable quand elle est étendue. Elle joue le rôle d'un oxydant vis-à-vis les corps avides d'oxygène, comme l'iodure de potassium, l'acide sulfureux, les sels ferreux ; elle joue le rôle d'un réducteur vis-à-vis les corps oxygénés facilement réductibles, comme l'acide chromique, le permanganate de potassium, les sels de mercure, d'or.

L'acide nitreux donne avec des bases des composés nommés *nitrites* qui répondent à la formule NO^2M. On les obtient en faisant arriver du bioxyde ou du peroxyde d'azote dans une solution alcaline ou sur du bioxyde de baryum ; ou en réduisant partiellement les nitrates par le plomb, ou le fer, *Taquet* (br. fr., 1898) ; ou par double décomposition entre le nitrite de baryum et les sulfates métalliques.

Tous les nitrites sont solubles dans l'eau, tous sont décomposés par les acides. Ils décolorent l'indigo, et réduisent les sels au maximum.

Les nitrites en solution acide ont reçu une application extrêmement intéressante, en chimie organique, pour préparer les composés diazoïques, tel l'acide diazosulfanilique, etc., soit en agissant sur les sels de monamines, soit en agissant sur un corps aromatique quelconque contenant le groupe amidogène NH^2. Ces composés diazoïques, en agissant à leur tour sur les amines ou les phénols, ont donné naissance à la classe si nombreuse des matières colorantes diazoïques.

Le *nitrite d'ammonium* solide, étudié par *Berthelot*, 1874, est blanc, cristallin, élastique ; il adhère singulièrement aux parois des vases. Il se décompose dès la température ordinaire. A 60°-70°, il demeure sans changement, puis détone avec violence ; il détone aussi par le choc. Sa décomposition lente fournit de l'azote et de l'eau, aussi ne faut-il pas le conserver en vases clos qui feraient explosion. Le nitrite d'ammonium en solution aqueuse se décompose également à froid, et lorsqu'on agite la solution, elle mousse comme du vin de Champagne. Avec l'aide de la chaleur, cette solution dégage aussitôt des torrents d'azote pur, sans perdre sa neutralité : appliqué à la préparation de l'azote.

Le *nitrite de sodium* NO^2Na est l'agent le plus usité de la diazotation dans la fabrication des colorants azoïques ou dans la production directe de ceux-ci sur les fibres. On le prépare (1) en réduisant vers 420°-450° par du plomb pur métallique : 28 parties, le salpêtre du Chili purifié : 10 parties, fondu dans des appareils en fonte. Le plomb doit être pur, car la présence d'autres métaux amène des décrépitations. Le nitrite en solution se purifie par une addition d'acide nitrique, puis la solution est amenée par concentration a 42° Bé, de façon à cristalliser ensuite par refroidissement ; les cristaux sont centrifugés, lavés, séchés.

Le nitrite de sodium possède une réaction neutre.

Le nitrite de sodium s'analyse au moyen d'une solution de permanganate de potassium, qu'il réduit et décolore. Si la solution renferme 9 grammes 594 de permanganate par litre, chaque centimètre cube équivaut à 1 centigramme de nitrite de sodium.

Le diazotage ou la diazotation, c'est-à-dire la formation d'un composé diazo, s'effectue en faisant agir l'acide nitreux sur le sel d'une base organique primaire. Les composés diazoïques ainsi obtenus sont remarquables par leur facilité à former des couleurs dites *azoïques,* ou à développement, lorsqu'ils réagissent sur les composés alcalins des phénols, sur les amines en solution acide, sur les acides amidés, etc. Le moyen dont on se sert pour développer l'acide nitreux nécessaire au diazotage repose sur l'emploi du nitrite de sodium dont on dégage l'acide nitreux en ajoutant un acide plus énergique ; ceux dont on se sert de préférence sont l'acide chlorhydrique et l'acide sulfurique ; les réactions se font molécule à molécule. Les proportions sont approximativement : nitrite de sodium, 3 à 4 pour 100 ; acide sulfurique, 5 à 6 pour 100, ou acide chlorhydrique, 7 à 8 pour 100. On opère autant que possible sans dépasser 15°, parce que la plupart des composés diazotés se décomposent rapidement à une température plus élevée. On opère en présence d'un excès d'acide pour faciliter la conservation du composé diazoïque qui est meilleure en présence d'un acide minéral libre. La réaction est instantanée, mais l'opération elle-même s'effectue en manœuvrant à froid pendant 20 à 25 minutes dans un bain contenant le nitrite de sodium dissous à l'avance et l'acide étendu d'eau ; ce bain se conserve. La diazotation se fait le mieux en deux phases. A la suite, on rince à l'eau froide légèrement acidulée, ou bien on essore à l'abri de tout contact métallique. — On est certain que la diazotation est

(1) Voir sur cette préparation A. Darbon, in Chemiker-Zeikung, 1899.

terminée, et par conséquent d'avoir un petit excès de nitrite de sodium, en trempant dans la liqueur une bande de papier amidoné à l'iodure de potassium. Il se colore rapidement sous l'action de l'acide nitreux, lorsque la diazotation est finie. L'opération se fait dans des cuves de bois et à l'abri de l'air libre et des rayons du soleil.

Le développement des couleurs sur fibre doit suivre le diazotage sans laisser aucune partie sécher, car le diazo est plus ou moins sensible à la lumière ; on manipule 20 ou 25 minutes à froid jusqu'à ce que la nuance ne change plus. On rince bien et l'on sèche. Ce bain peut servir continuellement et l'on y rajoute le liquide tordu. — Les principaux développeurs sont le *b*-naphtolate de sodium, les chlorhydrates d'éthyl-*b*-naphtylamine, et de *m*-phénylènediamine, la dioxynaphtaline S, le résorcinol, les chlorhydrates d'amidodiphénylamine et de toluylènediamine, l'acide amidonaphtolsulfonique (développeur pour bleu AN), la chrysoïdine. Les développeurs d'ailleurs peuvent se combiner ensemble pour obtenir des effets de nuances, lorsqu'ils sont de même nature, soit phénols, soit amines. — Le bain de développement peut précéder la fixation de la base et son diazotage. Dans ce cas, l'opération porte le nom de *préparation,* telle la préparation en *b*-naphtol. Mais les deux opérations doivent toujours se succéder sans intervalle. Cependant les préparations en *b*-naphtol peuvent se conserver quelque temps en leur ajoutant un peu d'oxyde d'antimoine et de la glycérine pour faciliter la dissolution de l'oxyde métallique.

Le *nitrite double de potassium et de cobalt* est proposé, *Beraud et Lautmann* (br. fr., 1895), pour teindre la laine en un beige très solide.

Peroxyde d'azote NO². — Il se produit lorsque l'azote et l'oxygène, ou le bioxyde d'azote et l'oxygène, s'unissent directement ; aussi lorsque les autres composés oxygénés de l'azote, en particulier l'acide nitrique ou les nitrates, se décomposent, par conséquent lorsqu'on fait agir l'acide nitrique sur les matières organiques, en particulier l'amidon. C'est un liquide jaunâtre à 0°, rouge brun à 20° ; il bout à 22° en donnant des *vapeurs rutilantes,* nom sous lequel on le désigne souvent. C'est le plus stable de tous les composés oxygénés de l'azote. C'est à tort qu'on l'a nommé *acide hypoazotique,* puisqu'il ne jouit pas de propriétés acides. Il joue quelquefois le rôle d'un radical monovalent, le *nitryle* ou azotile, et donne en cette qualité le *chlorure de nitryle* $NO^2Cl.$, d'un emploi général pour préparer les anhydrides des acides organiques monobasiques, et de nombreux dérivés *nitrés* des phénols et des amines aromatiques. C'est un oxydant très énergique, et les corps simples brûlent, à une température élevée, dans sa vapeur comme ils le font dans le bioxyde d'azote. L'eau et les bases donnent avec lui un mélange d'acide nitreux et d'acide nitrique ; l'acide sulfureux donne du sulfate de nitrosyle ; deux réactions qui trouvent leur application dans la fabrication de l'acide sulfurique.

Le peroxyde d'azote est d'ailleurs décomposé par tous les réducteurs. Il oxyde à froid les carbures d'hydrogène, rapidement l'essence de térébenthine, au contact d'une flamme l'essence de pétrole et le sulfure de carbone. Le mélange de peroxyde d'azote et de sulfure de carbone brûle avec une lumière très vive ; il fait explosion, avec une extrême violence, par la détonation d'une capsule de fulminate : *Panclastite*.

C'est un corps très caustique, dont les vapeurs enflamment et désorganisent les muqueuses et produisent rapidement la mort. Sa production rend dangereux le séjour dans les salles à piles de Bunsen, et insalubre l'art du graveur sur cuivre. Aussi est-il très dangereux de pénétrer sans précaution dans des magasins où l'acide nitrique a été répandu et provoque, en se décomposant, le dégagement des vapeurs rutilantes.

Il a été proposé comme désinfectant.

ACIDE NITRIQUE

L'acide nitrique existe à l'état anhydre et à l'état hydraté.

Anhydride azotique N^2O^5. — *Henri Sainte-Claire Deville*, 1850, l'a découvert en décomposant le nitrate d'argent par du chlore. On peut aussi déshydrater l'acide nitrique au moyen de l'anhydride phosphorique. Ce sont des cristaux, fondant à 30°, bouillant a 47°, se décomposant lentement à toute température et rapidement à 80°, quelquefois même avec explosion. Il est doué de propriétés oxydantes extrêmement énergiques.

Acide nitrique NO^3H. — L'acide nitrique, nommé aussi *acide azotique, esprit de nitre, eau-forte,* est un corps très important par ses applications. Il existe dans la nature à l'état de nitrates. Pour le préparer industriellement, on décompose le salpêtre ordinaire : nitrate de potassium, ou le salpêtre du Chili : nitrate de sodium, par l'acide sulfurique concentré, à poids égal. Il se dégage au début et à la fin de l'opération des vapeurs rutilantes. Dans l'industrie, on emploie l'acide sulfurique à 62° Bé, et le nitrate de sodium, moins coûteux, rendant davantage, mais moins pur que le nitrate de potassium. L'acide sulfurique chasse l'acide azotique : on recueille celui-ci en le condensant. L'acide du commerce marque 49°, 40°, 36°, 30° Bé, selon qu'il contient 100, 64, 54, 42 pour 100 d'acide pur NO^3H ; l'acide commercial est coloré en jaune par des vapeurs nitreuses, et il renferme des traces d'acide sulfurique et d'acide chlorhydrique. Les vapeurs rutilantes proviennent de la décomposition des premières portions d'acide nitrique mises en liberté et qui ne trouvent pas l'eau qui leur est nécessaire parce que l'acide sulfurique en excès la retient ; ou des dernières portions qui sont décomposées par la chaleur accrue ; on en débarrasse l'acide nitrique, en le chauffant à 80° et en y faisant passer un courant d'anhydride carbonique. Les traces d'acide chlorhydrique et d'acide sulfurique sont dues à la présence du chlorure dans le nitrate ou à l'entraînement du liquide ; on s'en débarrasse en distillant l'acide après avoir ajouté 2 centièmes de nitrate de plomb qui donne avec lesdites impuretés un chlorure et un sulfate de plomb insolubles. Lorsqu'on se sert d'acide sulfurique à 66° Bé, on obtient l'acide nitrique à 51° Bé ; lorsqu'au contraire on se sert d'acide sulfurique à 62° Bé, on obtient l'acide nitrique ordinaire à 36° Bé.

Depuis quelques années, on prépare l'acide nitrique pur, incolore, à titre élevé, par le procédé *Valentiner*. Le principe consiste à faire le vide dans tous les appareils, au moyen d'une pompe à air. On consultera sur ce procédé une étude de C. Francke (Z. für angew. Chemie, 1899) et une autre étude dans le Mémorial des poudres et salpêtres. Le procédé Valentiner est rapide, d'une installation économique, hygiénique, mais il donne des acides divers.

L'acide nitrique pur est un liquide incolore, très mobile, très corrosif. Il est fort dangereux de rester exposé à ses émanations, et si un flacon se brise, le mieux est d'absorber le liquide comme l'on peut en s'efforçant de ne pas respirer. Plusieurs personnes sont mortes à Paris en 1900 à la suite de la rupture d'un flacon rempli d'eau-forte. Girardin cite le cas suivant qui est typique. En 1863, un professeur d'Edimbourg, M. Stewart, laissa tomber par terre un flacon contenant de l'acide azotique fumant. En cherchant à recueillir sur le parquet le plus d'acide possible, lui et son aide furent exposés aux vapeurs délétères qui remplissaient le laboratoire, mais ils n'en éprouvèrent sur le moment aucune incommodité sérieuse. M. Stewart alla dîner sans soupçonner l'atteinte mortelle qu'il avait reçue. Au bout d'une heure ou deux, il commença à sentir de la difficulté dans la respiration ; malgré les soins du médecin, son état empira, et dix heures après l'accident il était mort ! L'aide tomba aussi malade et mourut le jour suivant.

Ses propriétés physiques dépendent de son état d'hydratation. Il y a lieu de distinguer principalement l'acide monohydraté et l'acide quadrihydraté.

L'acide monohydraté a pour densité 1,52 ; il marque 49° Bé, et renferme 14 d'eau pour 100 ; il bout à 86°, se solidifie à — 47°. Il fume à l'air humide.

L'acide quadrihydraté a pour densité 1,42 ; il marque 42°5 Bé et renferme 40 d'eau pour 100 ; il bout à 123° (?)

. * *

C'est un acide très énergique. Mais il est facilement décomposable par la lumière seule ou par la chaleur. Aussi faut-il le conserver à l'abri de la lumière.

Vis-à-vis les corps simples, il joue le rôle d'un oxydant très puissant ; seuls l'oxygène, le fluor, le chlore, le brome, l'azote n'ont pas d'action. Le soufre, le phosphore, le carbone s'oxydent vivement, au point que le carbone même devient incandescent. Parmi les métaux, tous sont attaqués par l'acide étendu, sauf l'or et le platine. Les métaux donnent, avec l'acide étendu de 2 volumes d'eau, un nitrate et du protoxyde d'azote : fer, ou du bioxyde : cuivre, mercure, argent. L'étain et l'antimoine donnent des acides. Le fer n'est pas attaqué par l'acide concentré, et même il perd la propriété d'être attaqué par l'acide étendu ; il devient *passif,* mais il reprend son activité dès qu'on le touche avec un morceau de cuivre.

L'acide nitrique oxyde un grand nombre de corps composés : acide chlorhydrique, acide sulfureux qu'il transforme en acide sulfurique, acide arsénieux.

Son action sur les composés organiques est des plus importantes : il les oxyde en y introduisant une ou plusieurs molécules de nitryle, et donne ainsi naissance à la nombreuse classe des dérivés *nitrés* de carbures, de phénols, d'amines, tels que la nitrobenzine, la nitroglycérine, l'acide picrique, les nitrocelluloses, corps doués de propriétés explosives puissantes. Avec les alcools, il donne des éthers nitriques également explosifs. On en fait un grand usage pour la préparation de ces principaux dérivés nitrés, dont plusieurs sont devenus la base des poudres modernes.

On se sert parfois, pour la préparation des dérivés nitrés, d'acide nitrique fumant, marquant 49° Bé, liquide rougi par la présence de vapeurs rutilantes, obtenu en traitant 2 parties de salpêtre par 1 partie d'acide sulfurique, ou d'acide nitrosulfurique, mélange d'acide nitrique et d'acide sulfurique.

Cette nitration est la base également de la préparation d'un certain nombre de matières colorantes, acide picrique, jaune Victoria, aurantia, jaune indien, citronine, orangé d'alizarine.

Cette action a été appliquée à la nitrification des fils et des tissus pour obtenir un brillant. *Scheulen* (1897) traite le coton par de l'acide à 40° Bé, la laine par de l'acide à 35° Bé, pendant trois minutes, sous une forte tension. puis les lave.

En agissant sur l'amidon, l'acide nitrique le transforme en dextrine. Le sucre, la cellulose, sont transformés en acide oxalique. Il se produit en même temps de grandes quantités de vapeurs nitreuses.

L'acide nitrique attaque presque toutes les matières organiques ; il décolore l'indigo. Il détruit le liège, le caoutchouc, qui sont par conséquent inaptes à le boucher. Il attaque et désorganise les tissus ; il tache la peau et les matières albuminoïdes en jaune d'une façon durable ; il colore également la laine et la soie en jaune, et cette propriété était autrefois utilisée dans la teinture de la soie, sous le nom de mandarinage. *Vignon et P. Sisley* ont constaté que l'acide nitrique pur ne colore pas la soie, qu'il faut que cet acide soit associé à l'acide nitreux pour que la coloration se produise. L'acide nitreux transforme la soie en dérivé nitrosé, que l'acide nitrique oxyde et transforme en dérivé nitré. La soie teinte en jaune par l'acide nitrique est donc de la soie nitrée. Cette coloration jaune est encore mise à profit pour distinguer les fibres animales et les fibres végétales.

L'acide nitrique sert à préparer de nombreux composés : l'acide sulfurique, les nitrates, en particulier le nitrate d'argent, et les rouilles des teinturiers, l'acide arsénique, les fulminates, l'acide oxalique.

Bien qu'à l'état concentré ce soit un violent poison, on l'a cependant employé en limonade très étendue, ou comme caustique pour détruire les verrues, mais ce dernier usage est dangereux parce qu'il amène des irritations.

On donne au bois la teinture de l'acajou, en injectant de l'acide nitrique, additionné pour les colorations brunes d'une solution très étendue d'iode.

On solidifie les filtres en papier en les trempant dans de l'acide nitrique de densité 1,42.

L'acide nitrique sert à dissoudre un grand nombre de métaux, l'argent pour la préparation du nitrate d'argent, le mercure pour le secrétage des poils destinés à la chapellerie, le cuivre pour la gravure à l'eau froide ; il sert à affiner l'or et l'argent, à derocher le cuivre et ses alliages, à attaquer les alliages, à essayer l'or et les monnaies.

La gravure à l'eau-forte emploie l'eau-forte simple qui marque 20° Bé et l'eau-forte double qui marque 36° Bé. La planche de cuivre est recouverte d'abord d'une couche de vernis à la cire, le dessin à reproduire est décalqué sur le vernis ; puis, avec une pointe fine, on creuse jusqu'au métal. On recouvre alors la plaque d'eau-forte et on la laisse mordre. Lorsque l'attaque est suffisante, on lave à l'eau et on enlève le vernis avec de l'essence de térébenthine.

L'or et le platine ne sont pas attaqués par l'acide nitrique, mais ils le sont par le mélange d'acide nitrique et d'acide chlorhydrique, auquel on a donné le nom d'*eau régale* à cause même de cette propriété de dissoudre l'or, le roi des métaux.

L'eau régale est un mélange d'acide nitrique libre ou d'un azotate et d'acide chlorhydrique, par exemple 1 partie d'acide nitrique à 35° Bé, et 4 parties d'acide chlorhydrique à 22° Bé. L'eau régale donne du chlore naissant, et par suite dissout l'or et le platine, ce que ne fait ni l'acide chlorhydrique, ni l'acide azotique.

L'action de l'eau régale est à la fois chlorurante par son chlore, oxydante par le chlore qui décompose l'eau et par l'acide hypoazotique. Elle sert à dissoudre l'or et le platine, à décomposer certains sulfures comme ceux de fer et de mercure.

NITRATES OU AZOTATES

Les nitrates sont rares à l'état naturel. Seuls le nitre ou salpêtre NO^3K et le salpêtre du Chili NO^3Na se rencontrent le premier en efflorescences, le second en masses épaisses.

Les nitrates répondent presque tous à la formule NO^3M dans le cas des métaux monovalents, $(NO^3)^2M$ dans le cas des métaux bivalents. Ce sont donc des sels neutres.

Ils se préparent en faisant agir l'acide nitrique sur le métal : nitrates de cuivre, mercure, argent ; sur l'oxyde : nitrate de plomb ; sur le sulfure : nitrate de baryum ; sur le carbonate : nitrate de calcium ; ou en faisant agir le nitrate de sodium sur un sel : nitrate de potassium.

Les nitrates neutres sont tous solubles dans l'eau ; les nitrates basiques sont généralement insolubles. Ceux de potassium, de sodium, de baryum, de plomb, d'argent, cristallisent à l'état anhydre ; les autres cristallisent à l'état hydraté, avec un nombre de molécules d'eau variable suivant la température.

Tous les nitrates sont décomposés par la chaleur, et donnent les différents composés oxygénés de l'azote. Les nitrates alcalins fondent d'abord, puis se décomposent au rouge en azotite, avec dégagement d'oxygène. Appliqué à la préparation des nitrites.

Les nitrates sont des oxydants extrêmement énergiques. Avec le soufre il se produit un sulfate, de l'acide sulfureux et de l'azote : $2NO^3K + 2S = 2N + SO^2 + SO^4K^2$. Avec le carbone il se produit de l'azote, de l'acide carbonique et un carbonate : $4NO^3K + 5C = 4N + 3CO^2 + 2CO^3K^2$. Tous les nitrates fusent quand on les projette sur le charbon incandescent. Un mélange en proportion convenable de soufre et de charbon avec un nitrate constitue la *poudre,* dont la combustion donne lieu à la production d'azote, d'acide carbonique et d'un sulfure.

Les acides plus fixes, tels que l'acide sulfurique, l'acide phosphorique, agissent sur les nitrates en mettant l'acide nitrique en liberté. C'est ainsi qu'on prépare celui-ci. L'acide chlorhydrique donne une eau régale.

On caractérise les nitrates en ce qu'ils fusent sur le charbon incandescent, qu'ils donnent de l'acide nitrique avec l'acide sulfurique à chaud, qu'ils donnent du bioxyde d'azote, produisant au contact de l'air des vapeurs rutilantes, lorsqu'on les chauffe avec l'acide sulfurique en présence de tournure de cuivre. On décèle des traces de nitrate par la coloration rose à brune que revêt un cristal de sulfate ferreux en présence d'acide sulfurique concentré.

Les nitrates métalliques que nous verrons ici sont :

le nitrate de potassium	NO^3K
le nitrate de sodium	NO^3Na
le nitrate d'ammonium	NO^3Am
le nitrate de baryum	$(NO^3)^2Ba$
le nitrate de strontium	$(NO^3)^2Sr$
le nitrate de fer	$(NO^3)^2Fe$
le sous-nitrate de bismuth	$(NO^3)^2BiOH$
le nitrate de plomb	$(NO^3)^2Pb$
le nitrate mercureux	$(NO^3)^2Hg^2$
le nitrate mercurique	$(NO^3)^2Hg$
le nitrate d'argent	NO^3Ag

Nitrate de potassium NO³K. — Le *nitrate* ou *azotate de potassium*, *nitre*, *salpêtre*, se rencontre sous forme d'efflorescences naturelles, principalement aux Indes et en Egypte. Il se produit partout où des matières organiques azotées se décomposent en présence de la potasse ; cette *nitrification* est naturelle dans certains pays ou dans certaines conditions spéciales ; elle est due à l'influence d'une bactérie spéciale, ainsi que l'ont démontré les travaux de *Schlœsing et A. Müntz,* 1880. Elle peut être réalisée artificiellement, dans les nitrières, comme c'est le cas en Egypte, en Suisse, en Suède, et dans ce dernier pays, chaque propriétaire devait autrefois donner à l'Etat une quantité déterminée de salpêtre.

Que la nitrification ait été produite naturellement ou artificiellement, la terre salpêtrée ou les décombres salpêtrés sont lessivés avec de l'eau, la solution est saturée de carbonate de potassium en vue de transformer les nitrates de calcium et de magnésium en celui de potassium, puis on évapore pour obtenir le salpêtre brut, enfin on raffine celui-ci afin d'éliminer les 20 pour 100 d'impuretés qu'il renferme : ces impuretés sont surtout des chlorures de potassium et de sodium, et leur élimination au raffinage est basée sur le fait qu'ils sont beaucoup moins solubles dans l'eau bouillante que le salpêtre.

L'importance du salpêtre a été grande pendant longtemps pour la préparation des poudres ordinaires. La régénération spontanée du salpêtre fut longtemps une question qui excita de nombreuses recherches. *Clouet* et *Lavoisier,* 1777, remarquèrent que certaines terres se salpêtrent très aisément, telles la craie de la Roche-Guyon et le tuffeau, sorte de calcaire de Saintonge, et que cette nitrification se produit même à l'écart de toute habitation et par conséquent de toute matière azotée. *Thouvenel,* 1782, remporta le prix sur soixante-six rivaux au concours que l'Académie avait institué en 1776 sur ce problème de la nitrification. D'après *Thouvenel,* le salpêtre ne peut se former que sous l'influence de l'air, de l'eau et d'une matière organique azotée. Une discussion importante s'éleva en 1823 entre *Gay-Lussac,* qui partageait l'opinion de *Thouvenel,* et *Longchamp,* qui s'appuyait sur les observations de *Lavoisier* et sur l'existence des nitrières naturelles. Il semble que les nitrates peuvent se produire par union directe de l'oxygène et de l'azote, comme Cavendish l'a démontré en 1784, ou par l'oxydation soit de l'ammoniaque, soit de matières organiques azotées. Dans ces derniers cas, la production du nitre s'accomplit, comme *Schlœsing* et *Müntz* l'ont démontré, par l'influence d'un ferment organisé qui détermine peu à peu cette oxydation. Ce ferment a été nommé *Micrococcus puncti formis ;* il est aérobie, aussi le terrain de nitrification doit-il être léger pour permettre à l'air de circuler ; il faut de plus que la nature du terrain soit calcaire ou feldspathique, pour fournir la chaux ou la potasse nécessaire. Dans la formation du salpêtre, le ferment nitreux, nitromonade de Winogradsky intervient généralement. Mais il faut tenir compte aussi de l'action de l'acide nitrique atmosphérique.

Le lessivage des matériaux salpêtrés et le raffinage du salpêtre obtenu par cristallisation constituèrent en France, pendant plusieurs siècles, une industrie très prospère. En 1540, un édit institua des salpêtriers commissionnés qui avaient tout pouvoir de fouille pour rechercher et extraire le salpêtre. La récolte du salpêtre en France se monta à 3 millions et demi de livres sous Louis XIII ; sous Louis XIV, elle descendait à moins de 2 millions de livres, parce qu'il en venait une grande quantité des Indes ; et Turgot en 1777 put restreindre le droit de fouille. Mais la récolte reprit un nouvel essor pendant la Révolution et l'Empire, et en l'an II, les citoyens furent invités à lessiver eux-mêmes les murs de leurs caves ; 60 ateliers à Paris, 6 000 répartis dans toute la France arrivèrent à récolter jusqu'à 16 millions de livres en un an. Cette récolte diminua de nouveau lorsqu'après la chute de Napoléon, le salpêtre des Indes fut importé de nouveau en France ; elle disparut complètement lorsque, par suite de l'affranchissement des colonies espagnoles, les dépôts d'azotate de soude du Chili furent exploités régulièrement, et que ce sel permit de préparer aisément le salpêtre. Les anciens salpêtriers ont complètement disparu en France depuis 1840. Pendant le siège de Paris de 1870, une commission reçut mission, sous la présidence de Berthelot, de rechercher si l'on pourrait se procurer du salpêtre dans l'enceinte assiégée ; les conclusions de ces recherches furent qu'en cas de nécessité, on pourrait recueillir en un mois plusieurs centaines de milliers de kilos par le lessivage des matériaux salpêtrés.

En dehors du salpêtre indien et du salpêtre des nitrières, il y a encore le salpêtre de conversion, obtenu en décomposant le nitrate de sodium par le chlorure de potassium : $NO^3Na + KCl = NO^3K + NaCl$, ou par le carbonate de potassium, ou par la potasse caustique.

Le nitrate de potassium cristallise en longs prismes ; il est anhydre et n'absorbe pas l'humidité de l'air. Il se dissout aisément dans l'eau, et sa solubilité augmente très rapidement avec la température, puisque 100 parties d'eau en dissolvent 13 parties 3 à 0°, 29 parties à 18°, 74 parties 6 à 43°, 236 parties à 97°, 246 parties à 100°. Cette grande solubilité à 100° est utilisée pour le raffiner, parce que la solubilité du chlorure de potassium reste au contraire à peu près constante. Il n'est pas soluble dans l'alcool.

Il fond vers 350°. Il se décompose ensuite en oxygène, azote et oxydes de potassium ; cette décomposition est facilitée par la présence du soufre et du carbone, que le nitre oxyde et dont la combustion facilite sa propre décomposition. Applications : les poudres noires.

Le nitrate de potassium est toxique à la dose de 15 à 30 grammes. A celle de 1 gramme, il est fréquemment employé comme diurétique. La pariétaire des murailles doit son action diurétique au nitre qu'elle renferme. La combustion du nitre est l'un des bons moyens employés pour calmer les crises d'asthmes, et une recette éprouvée dans ce but est la suivante : nitre 60 grammes, belladonne 60 centigrammes, stramoine 60 centigrammes, digitale 60 centigrammes, myrrhe 10 grammes. Le *papier antiasthmatique* est du papier non collé simplement trempé dans une solution de nitre, puis mis à sécher.

Le salpêtre est souvent employé dans l'industrie comme fondant ou oxydant, et l'on utilise dans ce but le *flux blanc* : salpêtre 1 et carbonate de potassium 1 ; le *flux noir* : salpêtre 1 et bitartrate de potassium 2.

Le nitre pourrait servir d'engrais, en même temps azoté et potassique, mais son prix élevé fait qu'on lui préfère habituellement pour ce but les nitrates de sodium et d'ammonium.

C'est la fabrication des poudres noires qui absorbe la plus grande quantité du salpêtre, bien que l'importance de ces produits ait considérablement diminué depuis la vulgarisation des explosifs nitrés.

Poudres noires. — Les proportions du mélange qui les constituent sont très variables, comme on le voit par le tableau suivant qui donne la composition des différentes poudres françaises :

	Salpêtre.	Soufre.	Charbon.
poudre à fusil	75	10	15
poudre à canon	75	10	15
poudre de chasse	78	10	12
poudre de mine	72	13	15
poudre brune (chocolat)	78	3	20

mais ce mélange est toujours formé de salpêtre, de soufre et de charbon, soit 75 parties du premier et 12 parties 5 des deux autres, soit encore 2 molécules de salpêtre, 1 molécule de soufre et 3 de charbon. Ce mélange prend feu vers 300°, ou par un choc, en particulier celui du fer sur le fer. La combustion s'effectue avec explosion même si l'élévation de température n'est communiquée qu'à une portion limitée de la masse ; dans ce cas, c'est le charbon qui commence à brûler et transmet la combustion aux autres constituants. Dans la combustion de la poudre, c'est le charbon et le soufre qui sont brûlés par l'oxygène du salpêtre ; la réaction est assez complexe et varie quelque peu, mais les principaux produits ultimes sont comme substances gazeuses : acide carbonique et azote, oxyde de carbone, hydrogène, acide sulfhydrique et oxygène ; et comme substances solides ou résidu : sulfate, carbonate et sulfure de potassium. Le volume des gaz produits, déjà 300 à 400 fois plus grand que celui de la poudre brûlée, reçoit une dilatation énorme à cause du dégagement de chaleur qui accompagne la réaction ; il y a là une source d'énergie considérable, et on l'utilise soit à briser une résistance, comme c'est le cas pour les mines, pour les obus, soit à projeter une masse, comme c'est le cas pour les armes à feu.

Une bonne poudre ne doit pas renfermer plus de 2 pour 100 d'humidité. Lorsqu'on enflamme un petit tas disposé sur une feuille de papier blanc, elle doit brûler sans enflammer le papier et sans laisser de taches noires ou jaunes. Elle doit présenter une teinte ardoise bien uniforme, aussi bien à l'œil nu qu'à la loupe.

Certaines formules de poudres renferment à la place du nitre divers autres nitrates : nitrate de sodium, nitrate d'ammonium, nitrate de baryum. (Voir ces composés). Certaines ne renferment pas de soufre ; telles la *poudre amide* : nitre 40, nitrate d'ammonium 38, charbon 22 ; la *poudre haloxyline* d'*Anders et Fehleisen* : nitre 75, charbon de bois 8 parties 33, sciure de bois 15, prussiate jaune 1 partie 67. D'autres enfin renferment au lieu de charbon de la sciure de bois, de la pulpe de bois : *pétralite* de *Prohaska* ; du lignite comme la *janite* de *A. Jahn :* nitre 70, lignite 18, soufre 12, acide picrique 0 partie 4, chlorate de potasse 0 partie 4, carbonate de potasse 0 partie 3 ; de la pulpe de bois et du noir de fumée : *carboazotine* de *A. Cahne ;* de l'amidon comme la *poudre ami-dogène* de *J. Gemperle :* nitre 73, soufre 10, charbon de bois 8, son ou amidon 8, sulfate de magnésie 1 ; de la houille comme la poudre de *Bell* (br. fr., 1898) : nitre 70 parties 2, houille 18, soufre 11 parties 8.

Certaines formules de poudres renferment le nitre mélangé à d'autres nitrates, ou à d'autres explosifs : chlorates, picrates et acide picrique, nitroglycérine, nitrocelluloses, autres composés nitrés. Telles sont, par exemple, la poudre au nitrate de potasse 53,55 et à l'acide picrique 46,45 ; la poudre au nitrate de potasse 66,80 et au dinitrobenzol 33,20 ; la poudre noire : nitrate de potassium 46,6, de sodium 26,5, charbon de bois 14,7 et soufre 9,2 ; la poudre de mine de *Küp* : nitrate de potassium 16, de sodium 8, soufre 9, charbon de bois 16.

On trouvera les recettes, où le nitre n'intervient pas comme composant principal, lorsque nous étudierons celui-ci, nitrate ou composé nitré. Le nitre figure ainsi dans la formule de certaines gélatine-dynamites, de la gélignite, de la potentite.

La fabrication de la poudre comprend les opérations suivantes : galetage ou trituration des composants pour la préparation des binaires, mouillage, trituration par meules et compression, grenage au moyen de tamis, lissage par rotation dans des tonnes à lisser, séchage, égalisage, assortissage, mise en sacs, boîtes ou barils (1). Les perfectionnements apportés à la poudre noire l'ont été surtout à sa préparation mécanique. Les premiers datent de la guerre de sécession aux Etats-Unis, 1860 ; le grenage et le lissage furent supprimés, et on se contentait de comprimer la poudre dans les cartouches, en lui ajoutant parfois des mucilages, *Dorémus ;* mais la poudre comprimée brûlait mal. Le major *Rodmann* la modifia avantageusement en lui donnant la forme de prismes : *poudre*

---

(1) La proportion des victimes est bien moins grande dans les poudreries nationales qu'on ne se le figurerait. Elle a été, par année et par 1000 ouvriers, de 3,63 pour la période 1820-1872, de 2,61 pour la période 1873-1883, de 0,41 pour la période 1884-1891. Elle était pour les dynamiteries privées de Paulilles, Ablon, Cugny, Matigne, de 16 pour la période 1879-1891. (Lettre ministérielle du 27 janvier 1892.)

prismatique, et en la perçant de trous de combustion, de sorte que sa combustion fût progressive.

La poudre ordinaire s'enflamme vers 300°. Il est utile de présenter ici un tableau comparatif des différents explosifs au point de vue de leur inflammation ou de leur détonation.

S'enflamment ou détonent

le fulminate de mercure	vers 200°
le mélange de chlorate de potassium et de soufre...	— 200°
le coton-poudre.................................	— 220°
le soufre s'enflamme.............................	— 246°
la nitroglycérine détone..........................	— 256°
le mélange de chlorate de potasse et de sulfure d'antimoine	— 280°
la poudre ordinaire de chasse.....................	— 288°
la poudre ordinaire à canon	— 295°
les picrates métalliques...........................	— 296°
le safran artificiel................................	— 313°
l'acide picrique et les picrates alcalins.............	— 336°

On peut ralentir encore et régler la combustion des poudres à canon granulées, en les recouvrant d'une mince couche d'une substance inexplosive, telle que la cire de carnauba, soit 1/2 pour 100, *Jones* (br. fr., 1899).

Le nitre fondu avec de l'acétate de sodium fait explosion vers 350°, *Violette,* 1872. Les proportions qui donnent le mélange le plus violent sont 10 parties nitre et 6 parties acétate de sodium.

Mélanges pyrotechniques. — Le nitre entre aussi dans la composition d'un grand nombre de feux employés en pyrotechnie. Les *feux d'artifice, feux de Bengale,* etc., sont des mélanges de nitre, ou d'autres nitrates, ou de poudre à canon, de limailles métalliques de fer, acier, cuivre, zinc, de sels minéraux, et de noir de fumée ou de résines combustibles. Voici quelques recettes (1) :

Feu de Bengale : nitre 32, soufre 8, antimoine 12, minium 11.

Feu jaune : nitre 62,8 ; soufre 23,6 ; nitrate de sodium 9,8 ; charbon de bois 3,8.

Feu blanc : poussier de poudre 15, soufre 20, sulfure d'antimoine 5.

Feu blanc indien : nitre 24, soufre 7, réalgar 2.

Fusée à la Congrève : nitre 46 parties 5, bitume, soufre, sulfure d'antimoine.

Les mélanges pyrotechniques qui doivent brûler rapidement et dégager une grande quantité de gaz afin d'enlever les fusées dans l'air, renferment de la poudre noire dans les proportions de la poudre à tirer, à l'état granulé si l'on veut une combustion subite, à l'état poussiéreux si l'on veut une combustion plus lente. — Lorsqu'on désire, en même temps qu'une

---

(1) En étudiant les autres nitrates, nous trouverons d'autres recettes.

combustion lente, un éclat très grand, on emploie une composition de 3 parties de nitre et 1 de soufre, à laquelle on ajoute 7 pour 100 de poussier de poudre. C'est la composition grise, qui est la base de tous les feux d'artifice. On lui ajoute, pour colorer la flamme, un sel qui ne soit ni volatil ni fusible à la température de combustion du mélange. Lorsqu'on veut rendre la composition incendiaire, on ajoute une résine.

D'autres mélanges pyrotechniques sont, au lieu de nitrate de potassium, à base soit de chlorate de potassium, soit de picrate d'ammonium (voir ces mots).

Il ne faut pas oublier que la préparation des mélanges pyrotechniques nécessite de grandes précautions. D'abord, pour que la combustion soit aisée, les matériaux doivent être séchés séparément, réduits en poudre très fine, mélangés intimement, conservés à l'abri de l'humidité ; ensuite, pour éviter tout accident d'explosion, il faut que les matériaux soient séchés avant d'être mélangés et non à l'état de mélange, et surtout qu'ils soient pulvérisés chacun à part. Le mélange se fait ensuite à la main.

Historique. — La connaissance de la poudre noire remonte à une époque très reculée. Le mélange de salpêtre, de soufre et de charbon a été connu des Chinois : ils s'en servaient pour artifices ; mais l'usage de la poudre comme matière balistique, c'est-à-dire matière capable de lancer des projectiles, n'a été connu que plus tard. Ce furent les Arabes qui l'introduisirent en Europe.

Le « liber ignium » de Marcus Gracchus (manuscrit latin de la Bibliothèque nationale, publié pour la première fois par Fr. Hoefer) donne la première description exacte de la poudre, de feux volants et de feux grégeois. Mais la poudre à canon ne parut que plus tard. En France, le premier document est un reçu, daté de 1338, d'un Guillaume de Moulin. Ce reçu constate qu'il a touché à Rouen un pot de fer à traire les garrots à feu, quarante-huit garrots (flèches) ferrés et empennés, une livre de salpêtre et deux livres de soufre pour « faire pouldre pour traire les dits garots. » Il ne mentionne pour faire cette poudre que deux substances, mais cela ne veut pas dire qu'à cette époque le mélange n'était composé que par elles, car le charbon se trouvant partout, on ne prenait pas la peine de l'emmagasiner. C'est très vraisemblablement un essai d'artillerie que Philippe de Valois voulait faire ; ce pot de fer était destiné à armer un des vaisseaux que ce prince envoya ravager les côtes d'Angleterre ; mais quel rôle joua-t-il dans cette guerre? on l'ignore complètement.

Du Cange rapporte un article du compte de Barthélemy de Dracke, trésorier des guerres en 1339, ainsi conçu : « A Henry de Vaumechon, pour avoir pouldres et autres choses nécessaires aux canons » qui avaient servi au siège de Puy-Guilhem, dans le Périgord.

Enfin, la même année, Edouard III vint assiéger Cambrai ; mais Philippe de Valois avait fait fabriquer, pour la défense de cette ville, dix canons, dont cinq en fer et cinq en métal, et la poudre nécessaire pour leur service, et contraignit les Anglais à lever le siège. On paya pour ces dix canons la somme de 25 livres 2 sous 6 deniers, et, d'après le prix du fer à cette époque, chacun d'eux ne devait pas peser plus de 46 livres.

Froissard rapporte qu'à l'attaque de la ville du Quesnoy en 1340, les Français furent obligés de « se retraire, car ceux du Quesnoy desclignèrent canons et bombardes qui jetoient gros carreaux. »

L'usage des canons était donc connu en France avant la bataille de Crécy, qui eut lieu en 1346 ; mais les Anglais, qui se servirent de ces engins avec avantage dans cette fatale journée, employèrent pour la première fois l'artillerie en rase campagne(1). »

Bibliographie des poudres. — Les Poudres nouvelles par E. Jungfleisch (J. de pharmacie, 1871). — Contributions récentes a l'étude des matières explosives par Marc Merle (Mon. scient., 1897). — Index to the literature of explosives, by Ch. E. Munroë, 1888 et 1893, Baltimore. — Dictionnaire des explosifs, de Cundill. Edition française, mise à jour par E. Désortiaux, 1893, Paris. — Geschichte der Explosivstoffe, von S. J. von Romocki, 1895, Berlin, 3 v. — Sur la force des matières explosives d'après la thermochimie, par M. Berthelot, 3e éd. 1883, Paris, 2 v. — Die Industrie der Explosivstoffe, von D. Guttmann, 1895. — Catechism of explosives, by Ch. E. Munroë, 1888. — Bibliography of guns, by W. Gerrare, 1896. — Explosifs nitrés, par G. Sanford, 1898. — Mémorial des poudres et des salpêtres, publié par les soins du service. 1er v. en 1882, 2e v. en 1889. Périodique depuis 1890.

Nitrate de sodium NO^{3}Na. — Le nitrate ou azotate de sodium, *salpêtre du Chili* ou *du Pérou, nitre cubique,* forme des gisements considérables sur la costa seca à l'occident de l'Amérique du Sud, en particulier dans la province de Tarapaca, au Pérou, et dans le désert d'Atacama, en Bolivie. Ces gisements s'étendent sur une longueur d'environ 250 kilomètres, sur une épaisseur de 1 mètre à 5 mètres, sous une couche d'argile à peu de distance du sol. Ces dépôts renferment de 48 à 75 nitrate de sodium, 40 à 20 chlorure de sodium, et des proportions variables de sulfate de sodium, de nitrate de potassium, de chlorure de magnésium, d'iodate de potassium. Ils sont formés de cristaux très petits. On purifie le salpêtre du Chili brut ou *caliche* en le lavant avec de l'eau saturée de nitrate de sodium, puis on le dissout dans l'eau et on le fait cristalliser. Ces cristaux sont inaltérables à l'air sec, mais déliquescents à l'air humide. Ils sont beaucoup plus solubles à chaud qu'à froid, puisque 100 parties d'eau en dissolvent 80 à 10°, 125 à 68° et 217 à 119°.

Le nitrate de sodium sert à préparer par action de l'acide sulfurique l'acide nitrique industriel, par action du chlorure ou du carbonate de potassium le nitrate de potassium, par réduction par action du plomb le nitrite de sodium.

(1) Jagnaux, Histoire de la Chimie.

Le nitrate de soude est un puissant agent d'oxydation, car en le chauffant avec des substances combustibles, il leur cède de son oxygène. On s'en sert surtout pour transformer en oxydes et en acides beaucoup de sulfures métalliques, en particulier le sulfure d'étain, celui d'antimoine et celui d'arsenic ; en outre il est très commode pour brûler promptement et complètement des substances organiques.

Le nitrate de sodium est employé, comme celui de potassium, dans la fabrication de la poudre noire et des autres explosifs. Le *pyronone* de *Reynaud* est formé de 52 parties 5 nitrate de sodium, 20 parties soufre, 27 parties 5 tan de chêne. Mais quoique moins cher que le nitre ordinaire, et plus riche en oxygène à poids égal, il a l'inconvénient d'être très hygroscopique, ce qui nécessite des précautions spéciales pour la conservation de la poudre où il intervient. Elle a cependant été employée pour le percement de l'isthme de Suez, mais on la fabriquait sur place, au fur et à mesure des besoins. On fabrique encore en Autriche plusieurs poudres à base de nitrate de sodium, l'*azotine* de A. Bercsey, la *diorrexine* de W. Pancera, l'*haloxyline* de Fehleisen, la poudre *O'Brien* (br. fr., 1899). — Par analogie avec les poudres au nitrate de potassium, nous avons celles au nitrate de sodium 72, acide picrique 28, ou nitrate de sodium et acide picrique parties égales. Il convient moins que le nitre ordinaire pour les mélanges pyrotechniques, car il est trop déliquescent. Il entre pourtant dans les feux de Bengale jaunes : nitrate de sodium 300, soufre 100, sulfure d'antimoine 20, charbon 1. — Un mélange de 80 nitrate de sodium et 20 mononitronaphtaline constitue l'un des explosifs *Favier* pour mines.

Le nitrate de sodium est encore employé dans la fabrication du verre, dans celle du minium, dans celle des charbons chimiques utilisés pour le chauffage des chaufferettes de wagon et formés de charbon, de mucilage et de nitrate de sodium, enfin comme agent de conservation des viandes.

* *
*

Mais son principal emploi est, à l'état de salpêtre du Chili, purifié par lessivage, et titrant 93 à 93,7 de nitrate pur (soit 15 à 15,5 d'azote), de servir d'engrais azoté. Les végétaux autres que les légumineuses puisent la plus grande partie de leur alimentation azotée dans les nitrates soit naturels, soit apportés à l'état d'engrais. Le nitrate de sodium se sème à la dose de 15 à 60 kilos d'azote à l'hectare, soit 100 a 400 kilos de sel. Cet engrais convient surtout aux cultures de printemps, plantes sarclées, betteraves, vigne.

Voici les indications données par *L. Grandeau* (1) pour l'emploi agricole du nitrate de sodium :

« Il convient de semer le nitrate de soude aussi uniformément que possible *en couverture,* au moment de la période d'activité de la végétation ; pour les céréales, à l'époque du tallage et de l'épiage. Le nitrate est

_____

(1) Revue agronomique du *Temps,* mars 1900.

la fumure azotée de printemps par excellence, les végétaux pouvant l'utiliser immédiatement. Pour assurer une bonne répartition du nitrate, si l'on ne fait pas usage de semoir à engrais, il convient de mélanger la quantité à épandre avec trois ou quatre fois son poids de terre fine, de plâtre ou de toute autre matière inerte. Le nitrate, qui se prend aisément en pelotes très dures lorsqu'il est en poudre fine, ne doit pas être moulu, mais seulement divisé grossièrement au pilon ou autrement. Il peut être mélangé pour l'épandage à d'autres engrais, scories, sels de potasse, mais non au superphosphate dont l'acidité occasionnerait des pertes d'azote par volatilisation.

Une excellente pratique consiste à fractionner la quantité de nitrate à épandre, 100 kilos par exemple à l'hectare, en deux ou trois lots qu'on sèmera à différentes périodes de la végétation active. On assure ainsi sa meilleure utilisation par les récoltes.

Pour les plantes sarclées, pommes de terre, betteraves, etc., on peut enfouir le nitrate soit totalement, soit partiellement avant la plantation. Si l'on a donné moitié seulement de la quantité à employer avant la plantation, on épandra l'autre moitié au moment du buttage en ayant soin d'éviter la projection du sel sur les jeunes feuilles, pour la raison donnée plus haut.

En terres fortes, argileuses, le nitrate concourt à maintenir un certain degré d'humidité dans le sol ; en terres légères, perméables, on a toujours à redouter l'entraînement du nitrate par les pluies abondantes. »

Le salpêtre du Chili a été importé pour la première fois en Europe en 1825. La consommation européenne dépasse aujourd'hui un million de tonnes ; c'est l'Allemagne qui vient en tête, puis la France.

La question des *engrais chimiques* devient d'autant plus pressante que, d'après W. Crookes, la récolte du blé sera dans deux siècles insuffisante à nourrir la race humaine, si on ne parvient pas à augmenter le rendement général. *Liebig* d'abord, *G. Ville* ensuite, avec une ardeur généreuse, mais véhémente, Lawes et Gilbert, Joulie, Grandeau, etc. etc., ont préconisé et éclairé leur emploi en agriculture. On peut admettre que 2 kilos 6 de nitrate de sodium (soit 0,410 d'azote), 1 kilo 2 de superphosphate à 15 pour 100 (soit 0,180 d'acide phosphorique, 1 kilo de chlorure de potassium (soit 0,490 de potasse), 1 kilo 7 de plâtre (soit 0,560 de chaux), au total 6 kilos 5 d'engrais renfermant 1 kilo 480 d'éléments fertilisants ont la même teneur que 100 kilos de fumier de ferme et peuvent lui être substitués. Dans la pratique, la chaux est souvent supprimée. Les légumineuses n'ont pas besoin d'azote puisqu'elles le prennent directement dans l'atmosphère. L'élément dominant de l'engrais sera l'azote pour les céréales, la potasse pour la pomme de terre, l'acide phosphorique pour le maïs. On ajoutera avec avantage au fumier de ferme, sur prairie de légumineuses, une proportion réduite d'engrais chimique, soit d'après Georges Ville : 100 kilos de superphosphate à 15°, 200 kilos chlorure de potassium, 400 kilos plâtre, ou d'après Grandeau : 1000 kilos phosphates, 500 kilos kaïnite. Voici quelques formules (1) :

		Céréales.		Betteraves.		Pommes de terre.	
	1	2	3	4	5	6	7
nitrate de sodium.........	400	390	200	300	250	300	250
chlorure de potassium.....	200	120		200		(k)	
sulfate d'ammonium	390			140			
sulfate de chaux..........	210			160		300	
superphosphate à 15°.....		690	600	400	400	400	400
kaïnite..................					400		400

Les formules d'engrais s'établissent soit en cherchant un engrais complet d'une terre stérile, G. Ville ; soit en restituant ce que la récolte a enlevé, compte fait de toutes les exigences, Joulie ; soit par analogie avec le fumier, Grandeau ; soit d'après les données des champs d'expériences. G. Ville.

Nitrate d'ammonium NO³Am. — On le prépare directement en neutralisant l'ammoniaque par l'acide nitrique étendu ; il cristallise de la dissolution concentrée par refroidissement. Ces cristaux ont une saveur fraîche et piquante. Ils se dissolvent dans leur poids d'eau en abaissant la température de 10° à — 15°, mais ce sel est peu employé pour produire une réfrigération à cause de son prix élevé.

Le nitrate d'ammonium fond vers 100°. Il se décompose vers 250° en eau et en protoxyde d'azote, et il sert à la préparation de celui-ci. Au rouge, il brûle avec éclat, d'où le nom de nitrum flammans qu'il avait autrefois.

Le nitrate d'ammonium est tellement hygroscopique qu'il tombe très vite en déliquescence lorsqu'on l'expose à l'air. Aussi n'a-t-il été d'abord que peu employé, comme substitut de nitre, dans la fabrication des explosifs. Cependant le nitrate d'ammoniaque se décompose totalement en eau et en azote, il ne laisse aucun résidu, aussi l'emploie-t-on en quantités considérables depuis une quinzaine d'années dans la fabrication des *explosifs de sûreté*, ainsi appelés parce qu'ils détonent sans amener l'inflammation du grisou, comme le fait la poudre ordinaire.

Parmi les poudres à base de nitrate d'ammonium, nous citerons la *poudre amide* de *Rottweil* à Hambourg : nitrate d'ammoniaque 38 parties, nitrate de potassium 40 parties, charbon 22 parties ; la *poudre ammoniacale* : nitrate d'ammonium 91, soufre 3, sciure de bois 6 ; la poudre au nitrate d'ammonium 69,4 et à l'acide picrique 30,6 ; la poudre au nitrate d'ammonium 72,3 et au ferrocyanure de potassium 27,7 ; l'explosif de

_____

(1) Quantités à l'hectare, correspondant à 60 000 kilos de fumier de ferme. Les formules 1, 4, 6, sont de G. Ville : 2, 3, 5, 7, de Grandeau. On consultera sur les engrais chimiques les ouvrages de G. Ville, Dehérain, Grandeau, Muntz, Joulie, etc.

sûreté de la *Westph. Sprengstoff A.-G.* (br. fr., 1897) : nitrate d'ammonium 100, nitrate de potassium 4,5, résine 5,5 ; la poudre de *Rudenberg* : nitrate de sodium 40, nitrate de potassium 30, sel de Seignette 6, soufre 12, charbon de bois 8, lignite 4.

Pour rendre explosives les poudres de sûreté, on ajoute au nitrate d'ammonium le moins possible d'un dérivé nitré, nitronaphtaline, nitroglycérine, nitrobenzol, etc., ou même on le remplace par un hydrocarbure, anthracène, phénanthrène ; mais comme la force de l'explosif est réduite, on ajoute chromate, permanganate, peroxyde. Tels sont l'explosif *Favier* : nitrate d'ammonium, binitronaphtaline ; la *sécurite* : nitrate d'ammonium 82,6, dinitrobenzol 17,4 ; la *roburite* : nitrate d'ammonium 82, binitrobenzol 16,7 ; la *carbonite* de la *Sprengstoff A.-G.* (br. fr., 1898), où, pour supprimer l'hygroscopicité de la poudre à base de nitrate d'ammonium, on a ajouté de la farine de seigle et de la laine collodionnée : nitrate 81, farine 6, laine 1, nitroglycérine 9, graphite 3 ; la poudre *Lindner* (br. fr., 1895), où l'on fond ensemble nitrate d'ammonium 93,5, naphtaline 5,5 ; puis on ajoute 1 à 3 chlorate de potassium ; la poudre *Defraiteur* (br. fr., 1899) : nitrate d'ammonium 80-93, nitrodextrine 7-20, résine 0-4 ; l'explosif de la *Castroper Sicherheitssprengstoff A.-G.* (br. all., 1895) : nitrate d'ammonium 90, anthracène 7, bioxyde de manganèse 3 ; l'explosif *Fahrm* (br. fr., 1898) : nitrate d'ammonium 86, nitroglycérine 5, chlorate de potasse 5, résine 4.

Le nitrate d'ammonium est aussi employé comme engrais azoté, mais son prix élevé le fait réserver à l'horticulture. L'engrais horticole du Dr *Jeannel* (C. R., 1872) est formé, pour 100 parties, de nitrate d'ammonium 40, nitrate de potassium 25, biphosphate d'ammonium 20, chlorhydrate d'ammonium 5, sulfate de chaux 6, sulfate de fer 4. On dissout 4 grammes par litre, et on donne 25 à 150 centilitres par semaine et par kilo aux pots de plantes d'ornement. *Muller,* 1897, propose, pour faciliter la croissance rapide des plantes en pots, l'engrais suivant : nitrate d'ammonium 35, nitrate de potassium 30, phosphate de potassium 25, sulfate d'ammonium 10 : pour hâter la floraison, le même, sauf le nitrate d'ammonium.

Nitrate de baryum $(NO^3)^2Ba$. — Il se prépare en faisant agir l'acide nitrique sur le sulfure ou le carbonate, ou en faisant réagir à chaud des solutions concentrées de nitrate de sodium et de chlorure de baryum. C'est un sel cristallisé en octaèdres réguliers, lourd, déliquescent. Il colore la flamme en vert, et il est employé en pyrotechnie pour obtenir des feux verts au nitre, au chlorate de potassium ou au picrate d'ammonium. Il entre aussi dans la composition de plusieurs explosifs, à base de nitrate, ou à base de coton-poudre comme la *tonite,* ou de nitroglycérine comme la *saxifragine* de Newton.

Voici quelques recettes pour feux verts. Nitrate de baryum 340, chlorate de potassium 200, soufre 100, sulfure d'antimoine 20, charbon fin 1.

Nitrate de baryum 52,3, chlorate de potassium 32,7, soufre 9,8, charbon 5,2. Nitrate de baryum 13, picrate d'ammonium 12. Pour avoir des feux non fumants, on mélange au nitrate de la gomme-laque, soit 17 pour 100 du mélange.

On obtient un feu de bengale à peu de fumée et sans odeur en mélangeant 67 nitrate de baryum, 25 picrate d'ammonium, 8 soufre, *Brugère* (J. de pharm., 1870). On obtient un feu d'artifice à pluie d'étincelles blanches, *Weiffenbach* (br. fr., 1897), avec 12 nitrate de baryum, 12 nitrate de potassium, 12 limaille d'aluminium, 2 soufre, 2 dextrine, 5 gomme.

Comme substitut du nitre ordinaire dans les explosifs, le nitrate de baryum a l'inconvénient de coûter cher et de fournir une poudre moins inflammable. Telle la poudre de *Neumeyer et Klein* : nitrate de baryum 76, nitrate de potassium 2, charbon de bois 22 ; l'explosif de la Soc. *Delattre* (br. fr., 1899) : nitrate de baryum 78, nitrate d'aniline 12, oxalate d'ammonium 10.

Enfin le nitrate de baryum sert à précipiter les colorants azoïques et à produire des laques colorées à base de baryte.

Nitrate de strontium $(NO^3)^2Sr$. — Il colore la flamme de l'alcool en rouge. Il colore d'ailleurs toutes les flammes en rouge, et cette propriété est la base de ses applications en pyrotechnie pour feux rouges ; c'est d'ailleurs là son seul emploi technique. Voici une recette de feu rouge : nitrate de strontium 40, soufre 13, chlorate de potassium 5, sulfure d'antimoine 4.

Sous-nitrate de bismuth $(NO^3)^2BiOH$. — Le bismuth se dissout facilement dans l'acide nitrique concentré. Le nitrate ainsi obtenu se décompose en présence d'une grande quantité d'eau, et fournit le *sousnitrate de bismuth*. Voici les prescriptions du Codex à l'égard de sa préparation :

Les proportions indiquées sont : acide nitrique officinal (de $d = 1,390$ à 15°, soit 54,5 d'acide anhydre par 100 d'acide) 460, eau distillée 440, bismuth purifié 200.

Introduisez le bismuth pulvérisé dans l'acide préalablement mélange avec la quantité d'eau prescrite, et laissez la dissolution se faire à froid en ne chauffant que vers la fin de l'opération. Quand le dégagement des vapeurs nitreuses a cessé et que la solution est complète, ajoutez de l'eau distillée jusqu'à commencement de précipité persistant. Filtrez et concentrez la liqueur jusqu'au deux tiers de son poids, ce qui correspond sensiblement à la pellicule : laissez cristalliser.

Lavez les cristaux ainsi obtenus avec de l'eau acidulée (1 partie d'acide pour 4 parties d'eau) ; faites-les égoutter et triturez-les avec 4 fois leur poids d'eau. Versez la bouillie ainsi obtenue dans 20 parties d'eau bouillante, en agitant vivement. Lavez le précipité recueilli sur une toile avec 5 parties d'eau distillée ; exprimez-le et séchez-le à une douce chaleur.

Le sous-nitrate de bismuth constitue une poudre d'un beau blanc; quand il est pur, il résiste à l'action de la lumière, mais il se colore promptement au contact de certaines matières organiques. Il noircit sous l'influence des émanations sulfhydriques. Il est insoluble dans l'eau à laquelle il communique une réaction acide ; entièrement soluble au contraire dans l'acide nitrique sans effervescence. Sa solution acide ne précipite ni par l'acide sulfurique dilué, ni par le nitrate d'argent, ni par le molybdate d'ammoniaque. Ce sel ne doit donner à l'appareil de Marsh ni anneau d'antimoine, ni anneau d'arsenic. 100 parties renferment 76.78 d'oxyde de bismuth, 17.42 d'acide azotique anhydre et 5.80 d'eau.

Le sous-nitrate de bismuth est une poudre blanche, insipide et inodore. Lorsqu'on la lave avec de l'eau bouillante, on obtient un sous-nitrate encore plus basique, employé comme *blanc de fard*. Le sous-nitrate lui-même est très usité en médecine comme antidiarrhéique, à la dose d'une cuillerée à café, soit 1 gramme, répétée trois fois par jour. Il exerce une action favorable sur les fonctions digestives.

Nitrate de plomb $(NO^3)^2Pb$. — Ce sel s'obtient en dissolvant la litharge dans l'acide nitrique. Par refroidissement de la solution saturée à chaud, on obtient des cristaux octaédriques réguliers, blancs, anhydres, solubles dans 1 partie 19 d'eau à 17° et dans 0 partie 7 à 100°, insolubles dans l'alcool, et dans l'eau additionnée d'acide nitrique. Ces cristaux décrépitent lorsqu'on les chauffe. A température élevée, ils donnent de l'oxygène, du peroxyde d'azote et de l'oxyde de plomb. Le nitrate de plomb est employé dans la teinture et l'impression du coton en jaune et en orange, mais moins que l'acétate.

Une expérience très jolie, indiquée par *Boettger,* 1844, consiste à laisser tomber un petit fragment bien compact de sel ammoniac dans une solution concentrée de nitrate de plomb ; il se forme des dendrites de chlorure de plomb, ayant l'apparence d'arbrisseaux et assez solides pour persister si on enlève la dissolution.

Nitrate mercureux $(NO^3)^2Hg^2$ et nitrate mercurique $(NO^3)^2Hg$. — Le nitrate mercureux s'obtient en faisant agir à froid l'acide nitrique étendu sur un excès de mercure. Il est peu soluble dans l'eau. Lavé longtemps à l'eau froide, il donne un sel basique jaune, le *turbith nitreux* des anciennes pharmacopées.

Le nitrate mercurique s'obtient en dissolvant le mercure, 100 parties, dans un excès d'acide nitrique, 200 parties à 35° Bé. Ces deux nitrates sont employés en médecine comme caustiques, le second sous le nom de nitrate acide de mercure. Il sert aussi à la préparation du fulminate de mercure. On vend parfois sa dissolution dans les campagnes pour argenter le cuivre, mais l'argenture apparente n'est que passagère et laisse le métal attaqué et oxydé.

Secrétage. — Le grand emploi du nitrate de mercure est dans l'industrie du secrétage. Pour rendre feutrables les poils lisses de lapin et de lièvre destinés à la chapellerie, on imbibe les peaux avec un secret composé de nitrate acide de mercure ; le secret pâle, qui contient par litre 40 grammes de mercure et 125 grammes d'acide nitrique à 36°, est réservé au traitement des peaux blanches ou peu teintées ; le secret jaune, 25 grammes de mercure, est destiné au traitement des peaux foncées et des peaux marbrées.

Le secrétage au mercure est l'une des industries les plus insalubres, non seulement pour les ouvriers secréteurs, mais encore pour tous ceux qui ont à manier les peaux : éjarreurs, brosseurs, coupeurs, ouvriers chapeliers eux-mêmes. *Courtonne* a proposé d'employer pour le secret des solutions chlorhydriques de chlorure de zinc, d'étain, au lieu de la solution de nitrate de mercure, de façon à éviter les redoutables accidents de l'intoxication nitreuse et de l'intoxication mercurielle.

Nitrate d'argent NO³Ag. — Il s'obtient en dissolvant l'argent dans l'acide nitrique à 35° Bé ; par refroidissement, la dissolution concentrée laisse déposer de larges lamelles incolores, qu'on purifie, pour les débarrasser de l'eau-mère interposée, par une seconde cristallisation. — Pour cette préparation, on emploie parfois l'argent monnayé qui renferme aussi du cuivre ; en calcinant au rouge sombre le mélange de nitrates obtenus, celui de cuivre se décompose seul et laisse un oxyde insoluble. Il suffit de reprendre la masse par l'eau pour dissoudre le nitrate d'argent.

Ce sel cristallise en tables pesantes, anhydres. Il se dissout dans son poids d'eau froide et dans la moitié de son poids d'eau bouillante. Il est soluble dans quatre fois son poids d'alcool. Il est soluble dans l'ammoniaque. Ses solutions sont très caustiques. C'est un toxique violent.

Par action de la chaleur, il fond vers 218° sans se décomposer ; au rouge vif, il se décompose en oxyde, peroxyde d'azote et argent métallique.

Par action de la lumière, il est réduit lentement ; il faut donc le conserver à l'abri de la lumière. Les matières organiques, la peau, amènent une réduction rapide. La peau est tachée en jaune, puis en noir ; on enlève ces taches à l'aide d'une solution d'hyposulfite de soude, ou mieux à l'aide d'une solution de cyanure, mais l'emploi de ce dernier est très dangereux, et l'existence d'une simple coupure suffit à produire des accidents mortels.

Le nitrate d'argent est un corps extrêmement important, dont les applications sont nombreuses en médecine, en photographie, ainsi que pour marquer le linge, pour teindre les cheveux, et surtout pour argenter le verre.

Le nitrate d'argent est un médicament précieux. A l'intérieur, à petite dose de 1 centigramme, il agit dans les maladies nerveuses, mais il a l'inconvénient d'occasionner au bout de peu de temps une coloration ardoise de la peau. À l'extérieur, sa solution très étendue est un excellent collyre dans les ophtalmies. Il est surtout employé comme caustique, à l'état solide ou à l'état de solution. Les crayons de *pierre infernale* représentent la forme solide ; pour les préparer, on fond le nitrate pur dans une capsule de porcelaine, et on le coule dans une lingotière. Ces crayons sont incolores, lorsqu'ils sont purs et récents ; ils se recouvrent bientôt d'une petite couche grisâtre d'argent réduit. Leur cassure est cristalline et rayonnée. Les crayons et la solution sont employés pour réprimer les chairs fongueuses, cautériser les mauvaises plaies, l'impetigo, toutes les muqueuses atteintes de phlegmasies chroniques, en particulier celles des yeux, de la gorge, des organes. Les cautérisations avec la solution à 2 de nitrate pour 100 d'eau, suivies d'un lavage à l'eau salée, sont le remède spécifique des ophtalmies purulentes. La solution au vingtième est employée pour modifier les surfaces atteintes d'herpès ou d'eczéma. La solution à 4 pour 1000 sert à quelques injections intérieures, celle à $\frac{1}{2}$ pour 1000 sert dans les catarrhes vésicaux.

La réduction du nitrate d'argent par la lumière a été signalée il y a déjà longtemps. Elle est la base de plusieurs procédés photographiques. On emploie en photographie des papiers ou des plaques sensibilisés au nitrate d'argent, et surtout à l'iodure d'argent, obtenu en passant successivement les plaques dans un bain d'iodure alcalin, puis dans un bain de nitrate d'argent. On peut sensibiliser le papier au moyen d'une solution de nitrate d'argent 5, acide tartrique 16, eau 100 ; puis, après un fort tirage, on fixe avec une solution de hyposulfite 5, bisulfite 1.5, eau 100. On vire au ton voulu.

On se sert aussi d'une solution de nitrate d'argent pour colorer le marbre en noir.

La réduction par les matières organiques reçoit plusieurs applications, soit pour marquer le linge, soit pour teindre les cheveux, soit pour argenter le verre.

L'*encre à marquer le linge* à base de nitrate d'argent est une simple dissolution épaissie avec de la gomme, par exemple : nitrate 10, eau 35, gomme 5. On ajoute un peu de suie ou d'encre de Chine pour que les caractères soient visibles. On les trace avec une plume d'oie, ou un timbre de caoutchouc, sur l'étoffe imbibée au préalable d'un peu de carbonate de sodium et repassée au fer chaud. On expose au soleil. Le nitrate se réduit au contact de la fibre, et les traits formés par l'argent réduit sont ineffaçables au savonnage.

La propriété qu'a le nitrate d'argent de colorer en noir les matières organiques, la peau, etc., est la base de l'application fréquente que reçoit ce nitrate dans la préparation de *teintures pour cheveux*. *Berzélius* l'indiquait déjà dans ce but, mais il faisait intervenir un corps gras destiné à empêcher l'action sur le cuir chevelu. On s'est servi de la solution seule, ou additionnée soit de nitrate de mercure, soit de nitrate de bismuth. L'emploi des teintures au nitrate d'argent expose aux accidents les plus graves, inflammations aiguës de la peau, etc. Le soufre contenu dans la substance du cheveu contribue aussi à la formation d'un sulfure d'argent noir.

L'*eau de Chine* renferme : nitrate d'argent 1 partie, chaux hydratée 4 parties. L'*eau d'Égypte* renferme : nitrate d'argent 1 partie, nitrate de bismuth 1 partie, sous-acétate de plomb 1 partie. L'*eau de Perse*, l'*eau africaine* sont également à base de nitrate d'argent. Leur emploi s'accompagne de celui d'une eau sulfureuse, généralement une dissolution de sulfhydrate de soude. La *pommade argentique* renferme : nitrate d'argent 1 partie, crème de tartre 1 partie, ammoniaque 2 parties, axonge 2 parties.

La réduction du nitrate d'argent par les matières organiques est enfin appliquée à l'argenture des glaces. L'argenture se fait à froid, ainsi que *Liebig* l'a le premier conseillé. Ce procédé d'*argenture* a remplacé celui par étamage au moyen d'un amalgame d'étain, qui était une opération très insalubre.

Pour argenter les glaces, on verse successivement sur la glace bien nettoyée et chauffée à 40°, une solution d'acide tartrique, puis une solution ammoniacale de nitrate d'argent. L'argent est réduit par action de l'acide tartrique ; il se dépose en une couche adhérente et brillante. Ce procédé, dû à *Petitjean*, a été perfectionné par *Lenoir*, qui fait agir sur la couche d'argent déposé une solution de cyanure double de potassium et de mercure, ce qui amène la formation d'un amalgame d'argent plus blanc et plus brillant. Pour argenter les miroirs de télescope, *Ad. Martin* emploie successivement une solution de nitrate d'argent, de nitrate d'ammonium, de potasse caustique, de sucre interverti ; il se forme un dépôt coloré qui passe finalement au blanc, et que l'on polit avec du tripoli très fin.

Le nitrate d'argent est réduit par un grand nombre de métaux. Une lame d'étain ou de cuivre se recouvre rapidement à son contact d'une belle végétation formée de petits cristaux d'argent réduit. Le mercure réduit de même le nitrate d'argent, et il se forme en quelques jours des houppes très légères : c'est l'*arbre de Diane* des alchimistes.

Le nitrate d'argent est le réactif des chlorures, car il donne avec eux du chlorure d'argent, précipité blanc, noircissant rapidement à la lumière, tout à fait insoluble dans l'eau, soluble dans l'ammoniaque. La réaction est extrêmement sensible. Elle fournit aussi un mode de dosage très précis de l'argent.

L'oxyde d'argent forme avec les acides des sels dont les uns sont solubles et les autres insolubles ; dès lors le nitrate d'argent, comme le chlorure de baryum, pourra servir à grouper les acides. La plupart des sels d'argent insolubles dans l'eau se dissolvent dans l'acide nitrique étendu sauf le chlorure, l'iodure, le bromure, le cyanure, le ferro-cyanure et le sulfure. Le nitrate d'argent offre un moyen précieux de distinguer et de séparer des autres acides les hydracides correspondants aux sels que nous venons d'énumérer. Comme beaucoup de sels d'argent insolubles dans l'eau ont une couleur propre : chromate, arséniate, ou se comportent d'une façon particulière avec d'autres réactifs ou sous l'action de la chaleur : formiate, le nitrate d'argent est important pour déterminer la nature spécifique de certains acides.

Plusieurs autres nitrates trouvent quelques applications limitées : le *nitrate ferrique* dans la teinture du coton comme matière colorante pour la production de buffles et comme mordant pour noirs ; le *nitrate d'aluminium* dans l'impression sur coton pour la production du rouge vapeur à l'alizarine ; le *nitrate de nickel ammoniacal* pour la teinture des cheveux, des poils et des plumes, *Kellogg* (br. fr., 1897), *Th.-C. Stearns* (br. angl. 1898) ; le *nitroacétate de nickel* pour l'impression ; le *nitrate de cobalt*, le *nitrate de cuivre* et celui *de mercure*, seul ou mélangé à chaud, pour noircir le fer et l'acier ; le *nitrate de cuivre* comme agent oxydant dans l'impression du coton pour oxyder des couleurs contenant du cachou, du campêche, et comme réserve pour bleu d'indigo ; le *nitrate de thorium* et celui de *cérum*, utilisés pour les manchons à incandescence.

CHAPITRE IX

PHOSPHORE ET COMPOSÉS

Phosphore P. — Le *phosphore*, $P = 31$, est l'un des corps les plus curieux, puisqu'il luit dans l'obscurité, d'où son nom qui vient de deux mots grecs, signifiant : je porte la lumière, et puisqu'il s'enflamme par le simple frottement.

Il existe dans la nature principalement à l'état de phosphate de calcium. « Du sol et des engrais, le phosphate de calcium, dissous dans l'eau, grâce a la présence de l'acide carbonique, passe dans les plantes, puis par celles-ci dans les animaux herbivores, qui le transmettent aux carnivores. On trouve du phosphore dans les os, le système nerveux, l'urine des divers animaux, et dans la laitance des poissons (1). »

Préparation. — On l'extrait des os par un procédé un peu compliqué. Les os renferment leur tiers de matière animale et les deux autres tiers de matière minérale. Si on les calcine à l'air libre, au contact de l'oxygène atmosphérique, la matière animale brûle et se dégage, et il reste la *cendre d'os*, poussière blanche, formée de 4 parties de phosphate tricalcique et 1 partie de carbonate de calcium. En traitant par l'acide sulfurique, on précipite la chaux à l'état de sulfate, et il reste du phosphate monocalcique. En calcinant, on le transforme en métaphosphate, et en réduisant celui-ci par le charbon, on obtient du phosphore. — On peut traiter directement les os par l'acide chlorhydrique, qui dissout le phosphate tricalcique, précipiter celui-ci par un lait de chaux a l'état de phosphate bicalcique, et transformer le dernier, par action de l'acide sulfurique, en acide phosphorique qu'on réduit par le charbon. Les principes de cette préparation ont été indiqués par *Scheele*.

Historique. — *Brandt* l'a découvert en 1669 à Hambourg en recherchant la pierre philosophale. *Kunckel* fit de vaines démarches auprès de lui pour connaître ce secret ; il apprit seulement que Brandt l'extrayait de l'urine, et il réussit à le découvrir à son tour ; il communiqua gratuitement son secret à Homberg *Boyle* de son côté, après de vaines démarches auprès de Kraft, associé de Brandt, parvint à le préparer. Ce corps aux propriétés merveilleuses porta longtemps le nom de phosphore de

(1) Troost, *Traité élémentaire de Chimie.*

Kunckel, et Lavoisier remarque justement que ce nom prouve que la reconnaissance se porte sur celui qui publie plutôt que sur celui qui trouve quand il fait mystère de sa découverte.

Propriétés physiques. — Le phosphore est un corps solide, mais très mou, car il est rayé par l'ongle. Pur, il est incolore ou ambré. Il a l'odeur de l'ail. Sa densité = 1,83.

Le phosphore fond à 44°2. Le liquide présente le phénomène de surfusion. Pour réaliser aisément cette surfusion, on fond le phosphore dans un petit tube d'essai, sous une couche d'eau additionnée d'un peu d'acide nitrique afin que l'air n'y pénètre pas. Ce tube est chauffé au bain-marie, par exemple en le fixant dans le bouchon d'un ballon rempli d'eau. On porte la température au-dessus de 44°, puis on laisse le ballon refroidir à l'abri de tout mouvement intérieur ou extérieur. Le phosphore peut rester liquide dans ces conditions jusqu'à 30°. Mais si on introduit une baguette de verre, la solidification se produit avec une telle rapidité que la baguette n'a pas le temps de s'enfoncer dans le liquide.

Le phosphore bout à 278°. Il se vaporise d'ailleurs à toute température, et sa vapeur est facilement entraînée par la vapeur d'eau.

Il est insoluble dans l'eau, un peu soluble dans l'alcool, l'éther, les essences, les corps gras ; il est très soluble dans le sulfure de carbone, le chlorure de soufre, le chlorure de phosphore, l'huile de pétrole, la benzine. La solution du phosphore dans le sulfure de carbone a été mise en usage par les Fénians irlandais pour causer de nombreux incendies. Cette dissolution s'évapore d'elle-même très vite et laisse du phosphore dans un état de division extrême : le phosphore s'enflamme alors spontanément. Si l'on badigeonne avec la solution de *feu fénian* des objets en bois, rien ne pourra les soustraire à l'incendie. Le feu fénian a été utilisé dans la guerre des Etats-Unis pour éclairer les approches des troupes. — La dissolution de phosphore dans le sulfure de carbone mêlé au chlorure de soufre se conserve bien en vase clos, mais s'enflamme avec violence si on y laisse tomber quelques gouttes d'ammoniaque. C'est le *feu lorrain* de *Nicklès*, 1869. Il faut avoir soin d'opérer en plein air, sur de petites quantités, et de verser l'ammoniaque à l'aide d'un long tube. Le nouveau feu lorrain de P. Guyot, 1871, est une dissolution de phosphore dans le sulfure de carbone additionné de bromure de soufre. Il s'enflamme une à deux minutes après une addition d'ammoniaque.

1 partie de sulfure de carbone dissout 18 parties de phosphore, *Vogtl.*

Le phosphore est un corps très toxique. Quelques centigrammes suffisent pour amener la mort de l'homme par l'excitation nerveuse qu'il produit. Cette excitation est parfois utilisée en médecine, mais son emploi exige une extrême réserve. Son antidote est l'essence de térébenthine, *Audaut* de Dax, 1868.

Le phosphore en toxicologie est décelé par son odeur. On le caractérise au moyen d'une méthode due à *Mitscherlich*, et basée sur la propriété qu'a le phosphore de passer à la distillation avec l'eau et sur la phosphorescence qu'il présente.

Les propriétés toxiques du phosphore sont utilisées dans la *pâte phosphorée* contre les rats. Cette pâte se prépare en chauffant au bain-marie 60 d'eau et 4 de phosphore : quand le phosphore est fondu, on laisse refroidir. On mélange alors avec du lard 50, de la farine 750, du sucre 50 et de l'eau.

Les vapeurs de phosphore respirées fréquemment amènent la nécrose des os, principalement de ceux de la face. Aussi l'industrie du phosphore ordinaire et celle des allumettes chimiques sont au nombre des plus insalubres.

Les brûlures occasionnées par le phosphore sont très douloureuses et rongent les chairs. On les traitera par un lait de magnésie.

Propriétés chimiques. — Le phosphore est un corps très oxydable.

Il s'oxyde lentement à l'air à la température ordinaire, et cette oxydation est accompagnée d'une lueur phosphorescente, qui a valu au phosphore son nom. Cette phosphorescence ne se produit plus si le phosphore est à l'air en présence d'une faible proportion de gaz éthylène ou de vapeurs d'essence de térébenthine, qui empêchent l'oxydation. Ni l'oxydation, ni par conséquent la phosphorescence ne se produisent dans l'oxygène pur au-dessous de 20°.

A la température ordinaire, le phosphore s'oxyde à l'air humide en donnant un mélange d'acide phosphoreux et d'acide phosphorique, auquel on a donné le nom d'*acide phosphatique*. En raison de cette union avec l'oxygène de l'air, le phosphore a été employé pour faire l'analyse de l'air. A une température plus élevée, le phosphore s'oxyde en dégageant une vive lumière et en donnant de l'acide phosphorique. Sa température d'inflammation est aux environs de 60°. C'est donc un corps très dangereux.

Dans l'oxygène pur, le phosphore ne s'oxyde pas au-dessous de 20°. Entre 20° et 30°, il donne de l'anhydride phosphoreux ; au-dessus de 30°, il brûle avec un grand éclat, en donnant de l'anhydride phosphorique et du phosphore rouge.

Le phosphore peut s'enflammer même sous l'eau, vers 50°, si on fait arriver sur lui de l'oxygène pur. L'expérience fut faite pour la première fois sur la Tamise par *Schmeiser ;* les Anglais voulurent chasser l'expérimentateur.

A cause de sa facilité à s'oxyder, le phosphore ne peut pas être conservé à l'air. On le conserve sous l'eau, et l'on aura soin de ne prendre que de l'eau privée d'air, et de remplir les flacons.

Le phosphore prend feu à l'air à la température ordinaire, si on le frotte. Cette propriété est le principe des allumettes phosphorées, mais elle a été en même temps la cause de nombreux accidents et de nombreux incendies. Il suffit qu'une allumette se trouve égarée à proximité de matériaux combustibles pour exciter un incendie si l'on marche sur elle, ou si un rat, attiré par son odeur, vient la grignoter.

En raison de cette grande affinité pour l'oxygène, le phosphore l'enlève aux corps oxygénés et jouit de propriétés réductrices énergiques. Il donne avec l'acide nitrique de l'acide phosphorique. Avec l'eau, en présence d'alcalis, il donne des hypophosphites alcalins, corps solubles dans l'eau. Enfin, il réduit un grand nombre de sels métalliques.

Phosphore rouge. — Le phosphore se présente sous deux états allotropiques, le phosphore ordinaire dont nous venons de voir les propriétés principales, et le phosphore rouge. Celui-ci se produit sous l'action d'une chaleur prolongée, au-dessus de 240°; comme l'a montré *Schrœtter* de Vienne, 1849 ; sa production est limitée par la réaction inverse. Elle accompagne un grand nombre de réactions du phosphore.

Les propriétés du phosphore rouge en font un corps très différent du phosphore ordinaire. Tandis que celui-ci est ambré, toxique, phosphorescent, possède une densité = 1,83, fond à 44°, se dissout dans le sulfure de carbone et dans les solutions alcalines faibles, s'oxyde rapidement à l'air ordinaire, s'enflamme à 60°, s'unit avec une violence souvent dangereuse aux corps simples,

le *phosphore rouge* est rouge ; il n'est ni vénéneux, ni phosphorescent ; sa d. varie de 1,96 à 2,34 ; il ne fond pas ; il est insoluble dans le sulfure de carbone et dans les solutions alcalines faibles, ce qui permet de le séparer aisément, lors de sa préparation, des parties de phosphore ordinaire non transformées ; il s'oxyde très lentement à l'air ; il ne s'enflamme qu'à 260°, et son emploi pour les allumettes chimiques est moins dangereux ; enfin, il s'unit sans violence aux corps simples, aussi se servira-t-on de phosphore rouge uniquement pour préparer les combinaisons du phosphore avec les corps simples. Le phosphore rouge n'a pas d'odeur. Il ne s'enflamme par frottement à l'air qu'à 300°, tandis que le phosphore ordinaire s'enflamme à 75°.

Combinaisons avec les corps simples. — Le phosphore se combine à tous les corps simples. Il s'unit au chlore, au brome, à l'iode avec un grand dégagement de chaleur et de lumière. Il donne avec le soufre des sulfures. Avec la plupart des métaux, il donne des phosphures.

Le phosphore s'unit au chlore pour donner le *trichlorure de phosphore* PCl^3, liquide incolore, qui dissout le phosphore, bout à 78°, et sert comme chlorurant en chimie organique ; et le *pentachlorure de phosphore* PCl^5 ou perchlorure, corps solide blanc jaunâtre, répandant à l'air des vapeurs très irritantes, qui sert à substituer le chlore à l'oxygène dans les composés organiques pour former des chlorures acides ou des dérivés chlorés, et par action de la vapeur d'eau ou des composés organiques oxygénés donne l'*oxychlorure de phosphore* $POCl^3$ ou *chlorure de phosphoryle*, découvert par *Wurtz*, 1847, liquide incolore, fumant à l'air, servant également pour réaliser la substitution du chlore à l'oxygène.

Les iodures de phosphore ou les bromures, ou un mélange d'iode ou de brome et de phosphore rouge, donnent, avec les alcools à chaud, les iodures ou les bromures des radicaux alcooliques. Ils servent également a réduire un grand nombre de composés organiques.

Le phosphore donne avec le soufre six sulfures dont le seul important pour ses applications est le *sesquisulfure de phosphore* P^4S^3, corps solide jaune, cristallisable ; $d = 2,1$: il fond à 142° en se colorant en rouge ; il bout à 380°. Il est soluble dans les chlorures de phosphore, le sulfure de carbone. C'est le moins altérable de tous les sulfures de phosphore. Il s'enflamme à l'air vers 100°. Il n'est pas oxydable, ni phosphorescent, même par friction.

La phosphorescence est d'ailleurs, comme les dégagements de fumée au phosphore blanc, un phénomène d'oxydation dont ne paraît pas susceptible le sesquisulfure de phosphore, corps tellement inaltérable qu'un échantillon a pu en être conservé à l'air libre par M. *Lemoine*, pendant quinze ans, sans trace sensible d'altération (Vallin). D'après une communication du Dr Courtois-Suffit, médecin des hôpitaux et médecin des manufactures d'allumettes de Pantin-Aubervilliers, à l'Académie de médecine, la toxicité du sesquisulfure par absorption directe est assez faible. On a pu donner des doses répétées de 3 centigrammes par jour à des cobayes sans que ceux-ci aient paru en souffrir, alors que l'ingestion de 3 milligrammes de phosphore blanc provoque une mort rapide des mêmes animaux. Il y a lieu de remarquer que la dose de 3 centigrammes pour un cobaye correspond a celle de 3 grammes 5 pour un adulte, c'est-à-dire au poids de sesquisulfure contenu dans 6 000 allumettes.

Le sesquisulfure de phosphore s'obtient par la combinaison du phosphore amorphe et du soufre ; on ne peut l'obtenir en partant du phosphore blanc. Ce dernier, en effet, pour se transformer en sa variété allotropique, le phosphore rouge, dégage une forte quantité de chaleur que Troost et Hautefeuille ont estimée à 19,2 calories. Dans la combinaison du phosphore amorphe et du soufre (qui sert à préparer le sesquisulfure), il se dégage une nouvelle quantité de chaleur ; celle-ci même est si considérable qu'on est obligé de prendre les plus grandes précautions au moment de la préparation, pour éviter les incendies. On ne voit donc pas comment le phosphore amorphe pourrait récupérer la quantité de chaleur nécessaire pour revenir à l'état de phosphore blanc, puisque, au contraire, il se dégage de la chaleur au moment de la réaction. Il est d'ailleurs impossible de préparer du sesquisulfure en combinant directement du phosphore blanc et du soufre : on obtient alors des sous-sulfures liquides qui n'ont aucun rapport avec le sesquisulfure.

Le sesquisulfure de phosphore sert à la fabrication des allumettes françaises marque S. C. Comme il ne peut se préparer qu'au moyen du phosphore rouge, il ne peut renfermer comme impuretés que du phosphore rouge non vénéneux et de l'eau. Il est peu volatil ; aussi ne constate-t-on ni odeur, ni fumée dans les ateliers où l'on fabrique ces allumettes.

Le phosphore s'unit aux métaux pour donner des *phosphures* métalliques. La plupart sont cassants et fusibles, aussi tâche-t-on de les éviter dans la production de la fonte. Les phosphures alcalins et alcalino-terreux donnent avec l'eau du phosphure d'hydrogène spontanément inflammable.

Le *phosphure de calcium* sert à déterminer l'inflammation de signaux maritimes éclairant lorsqu'ils viennent en contact avec l'eau. En ajoutant du carbure de calcium, on augmente l'éclat de la flamme, par suite du dégagement d'acetylène, *Comrie* (br. angl., 1895).

Le *phosphore de cuivre* se prépare en chauffant directement le cuivre et le phosphore en présence de charbon. On l'emploie pour obtenir des bronzes phosphorés.

Allumettes. — La plus grande partie du phosphore est employée pour fabriquer les allumettes chimiques, soit à l'état de phosphore ordinaire, soit après transformation en phosphore rouge ou en sulfure de phosphore.

C'est à *Charles Sauria,* médecin dans le Jura, que l'on doit la découverte des allumettes chimiques. Depuis 1806 on connaissait des allumettes au chlorate de potasse que l'on enflammait en les plongeant dans l'acide sulfurique concentré. En 1830, *Sauria,* encore élève au collège de l'Arc, à Dôle, fut vivement frappé par une expérience du professeur sur la détonation qui se produit lorsqu'on fait éprouver un choc à un mélange de chlorate de potasse et de soufre. Des essais nombreux, effectués dans sa chambre d'étudiant, le conduisirent, en 1831, à la découverte parfaite d'*allumettes brûlant toutes seules,* c'est-à-dire des *allumettes chimiques.* Ces allumettes étaient constituées par un mélange de soufre, de chlorate de potasse et de phosphore, que *Sauria* faisait adhérer au bois à l'aide de gomme arabique. Ces allumettes furent bientôt fabriquées en différents pays. Presqu'à la même époque, en 1832, *Fr. Kammerer,* autrichien, parvint à réaliser, pendant le temps d'une détention politique, une invention similaire. Le bioxyde de plomb fut substitué au chlorate de potasse trop violent par *R. Boettger.* C'est au même savant qu'on doit, en 1848, la substitution du phosphore rouge au phosphore ordinaire, indiquée pour la première fois par *Em. Kopp,* en 1844 (1).

Les allumettes en bois au phosphore ordinaire se fabriquent en trempant des bûchettes d'abord dans un bain de soufre à 125° ou dans un bain de paraffine ou d'acide stéarique, puis dans une pâte phosphorée demi-fluide composée de : phosphore ordinaire 25, colle 20, sable fin 20, ocre 5, couleur 1, eau 45 ; ou encore : phosphore ordinaire 3, gomme du

(1) Lire sur *Sauria* un article intéressant de *Cabanès,* in *Revue scientifique,* 1899.

Sénégal 2, bioxyde de plomb 2, sable 2, eau. Les allumettes sont ensuite séchées. Lorsque les allumettes, au lieu d'être soufrées, sont paraffinées, on ajoute un peu de chlorate à la pâte de phosphore, afin d'élever la température de combustion suffisamment pour enflammer la paraffine, et ensuite le bois. — Les allumettes-bougie n'ont pas besoin d'être soufrées, ou paraffinées. Mais la proportion de chlorate dans la pâte est augmentée, afin de les rendre plus facilement inflammables, et de ne pas être exposé à les briser par le frottement.

Les allumettes à phosphore rouge ou *allumettes suédoises* présentent l'avantage de ne pas être toxiques, de ne s'enflammer que sur un frottoir spécial, mais elles coûtent plus cher. La pâte de l'allumette est formée de : chlorate de potassium 10, sulfure d'antimoine 4, colle forte 2 ; et celle du frottoir de : phosphore rouge 10, sulfure d'antimoine 8, colle forte 5. Lorsqu'on veut éviter la nécessité du frottoir, la pâte doit renfermer du phosphore rouge et un corps comburant, comme les chlorates, les bioxydes ; mais ces allumettes sont d'un emploi dangereux.

Les allumettes au sulfure de phosphore, ou *allumettes S.C.,* du nom des deux ingénieurs français Sévène et Cahen qui les ont inventées, sont imprégnées avec la pâte suivante : sesquisulfure de phosphore 6, chlorate de potasse 24, blanc de zinc 6, ocre rouge 6, poudre de verre 6, colle 18, eau 34. Cette composition peut d'ailleurs varier légèrement suivant que la pâte est destinée aux allumettes soufrées ou paraffinées ou aux allumettes en cire. Les proportions indiquées par le br. fr. 1898 sont : 90 sulfure de phosphore, 200 chlorate, 110 ocre, 70 blanc de zinc, 140 verre en poudre, 100 colle forte, 290 eau.

Composés hydrogénés du phosphore. — *Boyle* remarqua dans ses travaux sur le phosphore la production d'un gaz spontanément inflammable. *Gengembre* l'obtint en 1783 en chauffant du phosphore avec une solution de potasse. *Davy* le prépara en décomposant l'acide phosphoreux par la potasse ; mais le gaz de Davy n'était plus spontanément inflammable à la température ordinaire. *Graham* supposa que la spontanéité d'inflammation était due à des impuretés ; *P. Thénard,* 1845, découvrit en effet qu'elle était due à des traces de phosphure d'hydrogène liquide. *Le Verrier,* 1835, découvrit un phosphure d'hydrogène solide.

Il existe donc trois composés hydrogénés du phosphore :

Le *phosphure d'hydrogène gazeux PH³,* qui est inflammable à 100°, ou le devient à la température ordinaire lorsque sa production s'accompagne de celle de vapeurs du phosphure liquide. Le phosphure gazeux spontanément inflammable ou gaz de Gengembre s'obtient par l'action du phosphore sur les alcalins. Il suffit de chauffer doucement dans un ballon un excès de phosphore avec une dissolution de potasse. On peut encore faire des boulettes avec de la chaux éteinte et un peu d'eau, et on introduit au centre un petit morceau de phosphore.

On l'obtient aussi par l'action de l'eau sur le phosphure de calcium.

Au contact de l'air, il s'enflamme spontanément à la température ordinaire en donnant de jolies couronnes de fumées blanches si l'air est calme : ces fumées blanches sont formées par de l'acide phosphorique ordinaire.

Le phosphure d'hydrogène gazeux est un gaz incolore, à l'odeur de poissons pourris, très toxique. C'est un corps très avide d'oxygène ; il y brûle avec une flamme éblouissante. L'oxygène donne avec lui un mélange qui détone par simple diminution de pression ; on n'a qu'à soulever de quelques décimètres le tube qui contient le mélange sur la cuve à mercure pour avoir une explosion.

C'est un réducteur énergique.

Il peut se combiner de toutes pièces, comme l'ammoniaque, aux hydracides, et donner des composés de phosphonium, analogues à ceux de l'ammonium. L'*iodure de phosphonium PH^{4}I*, que l'on produit par combinaison directe, sert à la préparation de dérivés organiques, les *phosphines*, analogues aux amines, d'où le nom de *phosphamine* donné à PH^3. Mais la fonction basique est bien moins prononcée dans le phosphure d'hydrogène que dans l'ammoniaque.

Il prend naissance dans la décomposition de toutes les matières organiques qui renferment du phosphore, par exemple la laitance des carpes. C'est à lui qu'on doit les feux follets, nommés autrefois feux ardents ou flambards. La première idée en est trouvée dans l'encyclopédie japonaise San-thsaï-thou-houï, où l'on lit que le feu follet naît du corps des hommes et des animaux morts. (Abel Rémusat.) Newton pensait que c'était des vapeurs lumineuses sans chaleur. Il n'en est pas ainsi. Elles résultent de la décomposition lente des matières animales au sein de la terre humide dans les marais et dans les cimetières. La multitude de feux follets que l'on trouvait dans les marais achérusiens près du fleuve Acheron dans l'Épire fut la source de la fable qui regardait le Tartare comme entouré par le Périphlégéton. Enfin, c'est au phosphure d'hydrogène gazeux que l'on attribue la phosphorescence des poissons morts.

Le *phosphure d'hydrogène liquide P^{2}H^4* brûle spontanément à l'air avec une flamme très brillante. Des traces de sa vapeur suffisent pour communiquer cette spontanéité d'inflammation à tous les gaz combustibles. La présence de l'acide chlorhydrique, de corps pulvérulents lui fait perdre cette propriété.

Le *phosphure d'hydrogène solide P^{4}H^2* est une poudre jaune insoluble qui se produit dans tous les cas où le phosphure gazeux perd sa spontanéité d'inflammation. Il détone lorsqu'on le chauffe avec certains chlorates et certains peroxydes.

Composés oxygénés du phosphore. — Le phosphore forme avec l'oxygène et l'hydrogène les anhydrides et les acides suivants :

	Acides.	Anhydrides.
acide hypophosphoreux	PO^2H^3	
acide phosphoreux	PO^3H^3	P^4O^6
acide phosphorique J	PO^4H^3	P^2O^5

On connaît en outre les

acide pyrophosphoreux	$P^2O^5H^4$	
acide hypophosphorique	$P^2O^6H^4$	P^2O^4

On connaît trois acides phosphoriques :

acide métaphosphorique	PO^3H
acide pyrophosphorique	$P^2O^7H^4$
acide orthophosphorique	PO^4H^3

L'acide hypophosphoreux est monobasique, c'est-à-dire qu'un seul de ses atomes de H typique peut être remplacé par un atome métallique. L'acide phosphoreux est bibasique, et l'acide orthophosphorique tribasique.

Il y a trois acides phosphoriques, qui diffèrent en ce que 1, 2 ou 3 atomes de H peuvent être remplacés par autant d'atomes basiques. La chaleur ne peut chasser l'eau de ces acides. C'est à Graham que l'on doit la découverte de leurs réactions caractéristiques.

Wurtz, 1846, a proposé pour ces trois acides des formules, dans lesquelles il regarde comme appartenant à un radical hypothétique les atomes d'hydrogène qui ne sont pas remplaçables par des métaux. Il se base sur ce que rien ne prouve que l'eau entre véritablement dans ces composés, et sur ce que les formules ainsi établies rendent mieux compte de la basicité du composé qu'elles représentent.

Acide orthophosphorique	$(PO)(OH)^3$.
— phosphoreux	$POH(OH)^2$.
— hypophosphoreux	$POH^2(OH)$.

Le dernier terme POH^3 aurait sans doute perdu la fonction acide.

Wurtz rattache l'acide hypophosphoreux au phosphure d'hydrogène, l'acide phosphoreux au trichlorure de phosphore, et l'acide orthophosphorique à l'oxychlorure de phosphore. L'acide hypophosphoreux serait le bihydrate, l'acide phosphoreux le trihydrate de phosphore ; enfin, l'acide orthophosphorique serait le trihydrate de phosphoryle dont l'oxychlorure de phosphore constitue le trichlorure. L'acide orthophosphorique serait le premier anhydride de l'acide phosphorique normal ou pentahydrate de phosphore et dériverait du pentachlorure.

L'acide métaphosphorique ne donne qu'une espèce de métaphosphates. L'acide pyrophosphorique donne deux espèces de pyrophosphates. L'acide orthophosphorique donne trois espèces de sels correspondant aux formules PO^4M^3, PO^4M^2H, PO^4MH^2. Ces acides se distinguent l'un de l'autre, parce que l'acide méta précipite en blanc le chlorure de baryum et le nitrate d'argent, et qu'il coagule une dissolution d'albumine ; l'acide pyro ne précipite pas le chlorure de baryum, précipite en blanc le nitrate d'argent, et ne coagule pas l'albumine ; l'acide ortho ne précipite pas le chlorure de baryum, précipite en jaune le nitrate d'argent, et ne coagule pas l'albumine.

* *

L'*acide hypophosphoreux, PO^2H^3* = PO^2H^2.H, est un acide monobasique. Il résulte de la décomposition de l'eau par le phosphore à chaud en présence des alcalis. C'est un réducteur énergique. Les sels qu'il fournit, ou *hypophosphites,* partagent cette propriété.

L'*acide phosphoreux, PO^3H^3* = PO^3H^2.H, est bibasique. Il se produit lorsqu'on oxyde le phosphore à froid, ou lorsqu'on décompose l'eau par le trichlorure de phosphore. C'est un réducteur énergique. Il en est de même des phosphites.

L'*anhydride phosphorique P^2O^5* s'obtient en faisant passer un courant d'air sec sur du phosphore enflammé. Il se forme des flocons blancs, très légers et très avides d'eau ; ils s'y dissolvent avec le bruissement d'un fer rouge. D'où son emploi pour dessécher les gaz aux températures où l'acide sulfurique serait décomposé, et son emploi pour préparer par déshydratation certains acides anhydres ou certains composés organiques, par exemple les nitriles. Cet anhydride donne, lorsqu'on le chauffe au rouge avec du charbon, le phosphore et de l'oxyde de carbone.

L'*acide métaphosphorique PO^3H* est monobasique. On l'obtient en hydratant l'anhydride a froid, en chauffant l'acide orthophosphorique au rouge, ou en calcinant au rouge le phosphate d'ammonium. C'est un corps vitreux, volatil au rouge, très soluble dans l'eau, avec laquelle il se combine en redonnant l'acide orthophosphorique. Il est employé pour dessécher les gaz. Les *métaphosphates,* préparés en calcinant les orthophosphates monométalliques, ne sont réduits par le charbon que partiellement.

L'*acide pyrophosphorique $P^2O^7H^4$* est bibasique, ou mieux tétrabasique. On l'obtient en chauffant longtemps à 200° l'acide orthophosphorique. Calciné, il donne de l'acide métaphosphorique ; avec l'eau, il redonne l'acide orthophosphorique. Les *pyrophosphates,* préparés en calcinant les orthophosphates bimétalliques, ou en chauffant l'acide orthophosphorique avec un oxyde, sont réductibles par le charbon.

Acide phosphorique ordinaire PO^4H^3. — C'est l'*acide orthophosphorique.* Il est tribasique.

Il se produit dans toutes les combinaisons vives du phosphore ou des composés de phosphore. — On l'obtient mélangé d'acide phosphoreux dans l'oxydation lente du phosphore à l'air humide. — On le prépare dans les laboratoires en oxydant le phosphore rouge à chaud par 15 fois son poids d'acide nitrique à 20° Bé : $3P + 5NO^3H + 2H^2O = 3PO^4H^3 + 5NO$. On n'ajoute le phosphore que petit à petit. Il se produit de l'acide orthophosphorique qui reste dans la cornue, et un peu de bioxyde d'azote qui entraîne de l'acide nitrique. Aussi a-t-on soin de recohober tant que le phosphore n'a pas disparu. A ce moment, on évapore dans une capsule de platine pour chasser tout l'acide nitrique et pour transformer l'acide phosphoreux qui se serait produit en acide orthophosphorique, en prenant la précaution de ne pas dépasser 188°. On aurait sans cela de l'acide pyrophosphorique. — L'acide orthophosphorique se produit par l'action de l'eau à chaud sur l'acide métaphosphorique, par calcination de l'acide hypophosphoreux ou de l'acide phosphoreux, ou par l'action de l'eau en excès sur le pentachlorure de phosphore.

On l'extrait dans l'industrie des os calcinés. On les dissout soit dans l'acide nitrique, soit dans l'acide chlorhydrique, et on précipite l'acide phosphorique par de l'acétate de plomb ou du chlorure de baryum. Le phosphate de plomb ou de baryum est mis a digérer avec de l'acide sulfurique, le précipité de sulfate sépare par filtration de la liqueur qui est une dissolution d'acide phosphorique.

L'acide phosphorique ordinaire, lorsqu'il est très concentré, est un sirop épais, inodore, très acide, de $d = 1,88$. Il cristallise avec 3 molécules d'eau lorsqu'on le soumet à l'évaporation au-dessus d'une couche d'acide sulfurique. Il est très soluble dans l'eau et très avide d'eau.

Sous l'action de la chaleur, il se transforme vers 213° en acide pyrophosphorique, et vers le rouge en acide métaphosphorique.

Il est réduit au rouge par le charbon; il se produit du phosphore.

C'est un composé des plus stables. Il déplace l'acide sulfurique et l'acide nitrique de leurs combinaisons.

Il est employé pour déshydrater toutes les fois qu'on doit le faire sans oxyder. Il sert aussi comme rongeant en impression, ou dans l'épaillage des tissus, ou pour précipiter l'excès de chaux et de baryte dans l'épuration des jus sucrés.

Phosphates. — L'acide orthophosphorique donne avec les bases trois espèces de sels :

des phosphates neutres ou phosphates trimétalliques, répondant à la formule PO^4M^3 ;

des phosphates bimétalliques, PO^4M^2H ;

des phosphates monométalliques, PO^4MH^2, improprement appelés phosphates acides.

Les phosphates que l'on rencontre à l'état naturel sont ordinairement des phosphates trimétalliques : l'apatite ou chaux phosphatée $(PO^4)^2Ca^3$, la turquoise $(PO^4)^2Al^3$ 5 H^2O, etc. Les phosphates naturels sont souvent accompagnés de fluorures et possèdent, la plupart, une composition très complexe. Le phosphate tricalcique existe aussi dans la matière osseuse des animaux. — Les superphosphates industriels sont des phosphates monométalliques.

Les phosphates trimétalliques alcalins sont seuls solubles dans l'eau ; tous les autres sont insolubles. Les phosphates trimétalliques ne sont pas décomposés par la chaleur ; les bimétalliques se transforment en pyrophosphates, et les monométalliques en métaphosphates.

Les phosphates métalliques donnent par fusion avec 3 parties d'un mélange de carbonate de sodium 3, nitre 1, silice 1, un phosphate alcalin.

Les réactions caractéristiques des orthophosphates sont de donner avec le chlorure de baryum un précipité blanc de phosphate tribarytique ou bibarytique ; avec le sulfate de magnésium additionné de sel ammoniac et d'ammoniaque, un précipité blanc grenu de phosphate ammoniaco-magnésien (PO^4) Mg Am, $6 H^2O$, soluble dans les acides, insoluble dans l'ammoniaque, ne se formant en liqueur étendue que par le temps ou le frottement ; avec le nitrate d'argent, un précipité jaune de phosphate d'argent PO^4Ag^3, soluble dans l'acide nitrique et dans l'ammoniaque ; avec le molybdate d'ammonium, en présence d'un excès d'acide nitrique, un précipité jaune cristallin, lent à froid, rapide à chaud, très soluble dans l'ammoniaque, de phosphomolybdate d'ammonium ; avec l'acétate d'urane, un précipité jaune, soluble dans les acides minéraux.

Les réactions avec le sulfate de magnésium et avec le molybdate d'ammonium sont caractéristiques de la présence de l'acide phosphorique ordinaire, et servent à le doser dans les engrais.

Nous ne verrons ici que les phosphates de soude, d'ammoniaque, de chaux, d'alumine.

Le *phosphate de soude* du commerce est le phosphate bisodique $PO^4Na^2H + 12H^2O$. Il se prépare en traitant le phosphate monocalcique par du carbonate de sodium. Sel cristallisé, soluble dans quatre parties d'eau froide, efflorescent à l'air. C'est le réactif des sels de magnésium. Il est employé en médecine comme purgatif à la dose de 30 grammes, ou comme tonifiant. Dans l'industrie tinctoriale, il sert à précipiter les mordants d'alumine, et comme mordant auxiliaire pour la teinture avec les colorants azoïques sur le coton.

Le *phosphate double de sodium et d'ammonium* $PO^4Na H Am + 4 H^2O$ se prépare en chauffant au bouillon du phosphate disodique 6 et du sel ammoniac 1 avec eau 15. Le phosphate double cristallise par refroidissement. Il est appelé *sel de phosphore*, et sert comme fondant dans les essais au chalumeau, parce qu'il se transforme par la chaleur en métaphosphate de sodium, corps très fusible. Les verres qu'il forme avec beaucoup de corps sont plus beaux et plus nettement colorés que ceux formés avec le borate.

Le *phosphate d'ammonium* du commerce est l'orthophosphate biammonique PO^4Am^2H. Il se prépare en traitant le phosphate monocalcique par l'ammoniaque. Sel cristallisé, soluble dans quatre parties d'eau froide. Il perd à l'air une partie de l'ammoniaque. Soumis à l'action de la chaleur, il donne d'abord du métaphosphate, et ensuite l'acide métaphosphorique. Il est employé pour neutraliser les sirops dans la fabrication du sucre, et pour incombustibiliser les tissus et les bois. D'après *Pepper*, il constituerait le meilleur procédé d'incombustibilisation.

Le *phosphate tricalcique* $(PO^4)^2Ca^3$ existe en grands amas dans la nature, en nodules dans les grès verts inférieurs et aussi à l'état d'apatites $3(PO^4)^2Ca^3$, $CaFl^2$. Il compose les quatre cinquièmes de la partie minérale des os. Il est insoluble dans l'eau froide ; il est soluble dans l'acide chlorhydrique et dans l'eau chargée de gaz carbonique.

L'eau bouillante lui fait perdre de l'acide phosphorique et le transforme en $3(PO^4)^2Ca^3 + Ca(OH)^2$..

L'acide sulfurique le transforme a froid en *phosphate monocalcique* $(PO^4)^2H^4Ca$. Celui-ci est soluble dans l'eau ; réduit par le charbon, il donne du phosphore ; il est assimilable par l'organisme et par les végétaux. C'est le *superphosphate* du commerce, si employé en agriculture comme engrais. Il sert, en outre, à préparer le phosphore, le phosphate de soude, ou comme matière d'apprêt.

La fabrication des superphosphates répand des odeurs très désagréables ; c'est aux fabriques de la banlieue que sont dues en majeure partie les odeurs dites de Paris. On doit veiller à assurer la condensation complète des vapeurs à chacune des phases de cette fabrication.

Un bon mastic métallique se prépare en prenant 2 parties d'os finement pulvérisés, 1 partie de goudron de houille et une petite quantité d'étoupe. On pétrit soigneusement ensemble et on mélange au marteau de manière à obtenir une masse homogène. Pour appliquer ce mastic on nettoie les surfaces métalliques, puis on les enduit de goudron de houille ; on laisse couler l'excès de goudron et on applique la matière comme un autre mastic. Après avoir chauffé les surfaces à réunir on serre les vis.

Le phosphate de chaux ou simplement la poudre d'os calciné est employé pour donner au verre l'apparence de l'opale.

L'*ivoire artificiel* de *Homan* (br. fr., 1898) est composé d'un mélange d'os, de phosphate de chaux et de colle soumis à une pression de 300 à 1000 atmosphères.

Enfin, le phosphate de chaux se dissout dans la glycérine pour donner du *glycérophosphate de chaux*, qui est devenu d'un emploi fréquent en thérapeutique, sous forme de poudre sucrée et granulée. D'après une étude de M. Guédras (Mon. scient., 1899), le glycérophosphate de chaux $(PO^4)Ca$. $C^3H^5(OH)^2$ est alcalin au tournesol et neutre à la phénolphtaléine. Mais les échantillons du commerce sont souvent additionnés d'acide organique, dans le but d'augmenter la solubilité, qui est faible, environ 4 pour 100 d'eau à 25°. Il est insoluble dans l'eau chaude et dans l'alcool. Il se prépare par union directe de l'acide phosphorique, de la glycérine et de la chaux. — Nous verrons les glycérophosphates en étudiant la glycérine.

Le *phosphate de fer* s'obtient par double décomposition entre le sulfate de fer et le pyrophosphate de soude. Il se dissout dans le citrate d'ammoniaque et dans le pyrophosphate de soude. C'est une bonne préparation ferrugineuse.

Le *phosphate de cobalt* est employé comme couleur violette, sous le nom de *violet de cobalt*, dans l'impression. Il en est de même du phosphate double d'alumine et de cobalt.

Le *phosphate d'alumine* hydraté naturel constitue la *turquoise*. Celle d'un beau bleu est employée en bijouterie ; la verte est d'un moindre prix.

Le *phosphate double d'ammoniaque et de cobalt* sert à préparer des couleurs par action d'autres sels métalliques ; on peut appliquer ces réactions à la teinture des fibres, *Baude* (br. fr., 1895).

Emploi du phosphate de chaux comme engrais. — Les sources auxquelles les agriculteurs peuvent demander l'acide phosphorique nécessaire pour fertiliser leurs terres épuisées sont nombreuses. Les plus importantes sont les dépôts de phosphates de chaux naturels.

Les phosphates de chaux existent en France en gisements extrêmement puissants ; la production totale est évaluée pour la France continentale à 500 000 tonnes. C'est Demolon qui découvrit le premier de nombreux gisements en France. Parmi les plus intéressants, on citera : les phosphates de l'Yonne, ceux de la Somme, de l'Aisne et de l'Oise. D'autres gisements naturels encore plus puissants sont ceux de Gafsa en Algérie, de Tebessa en Tunisie, ceux de l'Espagne, de la Floride, du Canada. On utilise aussi certains phosphates d'alumine.

Les phosphates de chaux naturels renferment du phosphate tricalcique, c'est-à-dire insoluble. On les utilise après les avoir solubilisés par l'acide sulfurique, c'est-à-dire transformés en *superphosphates* ou mélange de phosphate monocalcique et de sulfate de calcium. Si l'on sépare au filtre-presse le sulfate de calcium, l'évaporation de la solution donne du phosphate monocalcique sans mélange ou *superphosphate double*. La présence dans les superphosphates de phosphates d'alumine ou de fer occasionne le retour ou *rétrogradation* du phosphate monocalcique soluble en phosphate tricalcique insoluble.

Le mélange de phosphates de la Floride et de farine de poisson dégraissée constitue l'*ammonite*.

Le phosphate de calcium naturel existe aussi à l'état de *phosphorites*, à 25 pour 100 d'acide phosphorique, et de *coprolites*, ou excréments fossiles des sauriens, à 15-70 pour 100 d'acide phosphorique.

Le phosphate de calcium existe encore dans la poudre d'os, à 20-26 pour 100 de phosphate, dans le noir animal, dans le guano, à 10-70 pour 100 de phosphate, enfin dans les scories basiques de fontes phosphoreuses obtenues dans le procédé de déphosphoration de *Thomas et Gilchrist*, 1878, à 30-35 pour 100 de phosphate. Le phosphate de la cendre d'os, celui du guano doivent être solubilisés par traitement à l'acide sulfurique ; celui des scories basiques peut être simplement pulvérisé et semé.

La propriété fertilisante du phosphate de chaux a été constatée pour la première fois par *Faure, 1822* ; il remarqua un jour, en se promenant aux environs de Nantes, que les dépôts de noirs de raffinerie rendaient la végétation plus puissante. Il attribua cet effet d'abord à l'azote, puis plus justement à la substance minérale des os. Cette action bienfaisante fut confirmée par *Élie de Beaumont* 1834, *Liebig* 1840, et par les travaux de *Bobierre, Georges Ville, Joulie.* — Quant à l'industrie des phosphates en France, le premier gisement fut indiqué par Berthier en 1820, aux environs du Havre ; mais la première exploitation importante est celle de Demolon et Desailly, 1855, dans les Ardennes et la Meuse.

CHAPITRE X

ARSENIC, ANTIMOINE, BISMUTH
et leurs Composés

Arsenic. — L'*arsenic* (1), As $= 75$, existe dans la nature à l'état natif, mais on le rencontre plutôt à l'état de sulfures : réalgar As^2S^2, orpiment As^2S^3, et surtout à l'état d'arséniures : smaltine $CoAs^2$, nickeline $NiAs^2$, proustite $AgAs$; ou de sulfoarséniures : mispickel $FeAsS$, cobaltine $CoAsS$. Les pyrites de fer, certaines eaux minérales en renferment fréquemment. — Son nom vient d'un mot grec qui signifie mâle, parce que les alchimistes considéraient le monde minéral comme formé de deux principes, le principe actif ou arsenic et le principe passif ou cuivre. — Il s'extrait du mispickel ou arséniosulfure de fer ; en chauffant ce corps dans des cornues, l'arsenic volatilise et vient se déposer sur les parois froides.

C'est un corps solide, gris de fer, doué d'un éclat métallique, cassant. Sa $d = 5,7$. Ses vapeurs ont une odeur d'ail caractéristique. Il se sublime à 400° sans fondre ; ses vapeurs se condensent en petits cristaux rhomboédriques. Il brûle dans l'oxygène, le chlore, la vapeur de soufre avec une flamme verdâtre. Il donne des alliages avec les métaux.

Les sulfures d'arsenic ont été étudiés p. 520.

Il donne avec l'hydrogène de l'*arséniure d'hydrogène* AsH^3, poison extrêmement violent, dont la présence même à l'état de traces est fort dangereuse. Le chimiste Gehlen mourut pour en avoir absorbé quelques bulles. C'est un gaz qui se produit chaque fois qu'un composé chloruré ou oxygéné de l'arsenic se trouve en présence d'hydrogène à l'état naissant, et qui brûle à l'air en donnant un dépôt noir d'arsenic, si on refroidit la flamme en l'écrasant sur une paroi froide. Cette réaction est appliquée dans l'appareil de *Marsh* pour rechercher l'arsenic dans les cas d'empoisonnement. — Les chimistes experts ne doivent pas oublier, dans leurs recherches toxicologiques, qu'on a trouvé de l'arsenic dans les terres des cimetières, et que dans le corps suspect l'arsenic a pu s'introduire sous forme de médicaments arsenicaux ou de préparations renfermant des impuretés arsenicales.

(1) D'après une communication toute récente de *R. Fittica*, l'arsenic serait un composé de phosphore et d'azote. En chauffant du phosphore avec 10 fois son poids de nitrate d'ammonium, il aurait obtenu de l'arsenic. — Ces idées ont été combattues avec ardeur par *Nelting*, etc.

On ajoute 3 à 8 pour 1000 d'arsenic au plomb pour qu'il puisse se granuler dans la fabrication du plomb de chasse. A défaut d'arsenic, les grains sont allongés.

L'arsenic donne avec l'oxygène deux composés importants, l'acide arsénieux et l'acide arsénique.

Acide arsénieux As^2O^3. — Il se produit lorsque l'arsenic brûle à l'air. On prépare tout l'acide arsénieux du commerce par le grillage des arsénio-sulfures de nickel et de cobalt. Cette préparation forme l'industrie accessoire de la métallurgie de ces métaux, mais elle est extrêmement insalubre.

L'acide arsénieux, ou, à parler plus proprement, l'anhydride arsénieux, est ce que l'on nomme vulgairement *arsenic, fleurs d'arsenic, arsenic blanc, mort aux rats ;* c'est l'arsenic vulgaire.

C'est un corps solide blanc, qui se trouve sous deux formes : la forme vitreuse et la forme opaque ou cristalline. La forme vitreuse, trois fois plus soluble dans l'eau froide, s'obtient par le grillage des minerais d'arsenic. L'acide cristallisé se dissout dans 355 fois son poids d'eau à 15°, et l'acide amorphe ou la forme vitreuse dans 80 fois seulement. Ses vapeurs ont une odeur d'ail caractéristique. Il est volatil encore plus aisément que l'arsenic métallique.

Ses usages sont nombreux : en qualité de caustique, c'est lui qui convient le mieux à la cautérisation du nerf des dents cariées. Antiputride éminent, on s'en sert pour conserver les dépouilles des insectes, des petits animaux ; le *savon de Bécœur*, usité pour l'empaillage des animaux, n'est qu'une bouillie calcaire et savonneuse d'acide arsénieux.

En thérapeutique, c'est un bon antiasthmatique. Il est employé aussi comme fébrifuge et dans les affections cutanées rebelles. Il donne un joli teint et conserve l'embonpoint ; les jeunes filles de Styrie, de Transylvanie, finissent par absorber les très fortes doses de 10 centigrammes par jour. Il excite l'appétit. Il facilite la respiration. Certains montagnards, pour se donner du souffle, en absorbent aussi. On en donne également aux chevaux de luxe pour faire luire leur poil, aux chevaux de montagne et aux chevaux poussifs, de 2 à 15 centigrammes. La *liqueur de Fowler* se prépare avec acide arsénieux 5, carbonate de potassium 5, eau 500, alcool de mélisse 16, et se prescrit à la dose de cinq gouttes par jour. Il ne faut pas oublier que cette substance est un poison dangereux. On lui doit le plus grand nombre des empoisonnements criminels et aussi des empoisonnements accidentels, parce qu'on se le procure aisément, et qu'étant une poudre blanche sans odeur, il ressemble à la farine. On devrait le colorer. Son action vénéneuse est connue depuis longtemps ; ce fut la base de l'Aqua toffana. Elle est utilisée pour la mort aux rats, mélange de : graisse 32, farine 16, noix ou amandes pulvérisées 16, acide arsénieux 2, semences de fenouil 1, triturés dans un mortier chaud ; pour le papier tue-mouches, papier imprégné de sucre et d'arsenic blanc. Pris à dose assez élevée, il occasionne une violente irritation de l'estomac. Son antidote est la magnésie ou le peroxyde de fer hydraté. Il faut hâter l'administration du contre-poison, en gorger le malade (soit 200 grammes de safran de mars apéritif dans 1 ou 2 litres d'eau sucrée, lorsqu'on n'a pas à sa disposition d'hydrate ferrique), et provoquer en même temps les vomissements, car une fois le poison absorbé, rien ne peut empêcher son action, et le malade succombe fatalement si la dose est suffisante. Pris à dose très faible, il produit les effets thérapeutiques dont nous avons parlé, mais son emploi répété amène une tolérance de l'organisme, telle qu'il peut supporter au bout de quelque temps impunément des doses qui auraient été dangereuses au début. C'est à cette tolérance acquise qu'on attribue la tentative de suicide infructueuse du roi Mithridate. A dose faible trop longtemps absorbée, ou à dose moyenne, il produit un empoisonnement chronique, qui finit par occasionner des accidents redoutables. Aussi est-ce un corps dangereux, aussi bien pour les ouvriers qui fabriquent les produits où il entre comme matière première, ou qui appliquent ces produits, que pour les clients qui usent de ces produits. Des puits ont été empoisonnés par la filtration d'eaux chargées d'arsenic provenant de fabriques de papiers peints, de fabriques de fuchsine, etc., où l'acide arsénieux était employé comme matière première. De nombreuses personnes ont éprouvé des accidents graves, empoisonnements lents ou éruptions, pour avoir habité des chambres tendues de papiers arsenicaux, ou pour avoir porté des étoffes ou des cuirs arsenicaux (1). Aussi son emploi devrait-il être rejeté complètement des industries tinctoriales. —

Sa présence, même à l'état d'impureté, dans un produit commercial peut entraîner de grands dangers. Nous nous bornerons à citer comme exemple le développement d'une quasi-épidémie dans toute une région de l'Angleterre, 1900, parmi les buveurs d'une bière, préparée avec un glucose à la production duquel on avait employé un acide sulfurique arsenical (2).

L'acide arsénieux est l'un des poisons les plus violents que l'on connaisse. Les animaux inférieurs eux-mêmes succombent rapidement à son action. Les oiseaux seuls la supportent un peu mieux. Les végétaux périssent par son influence. Les mammifères éprouvent rapidement un empoisonnement mortel. 10 à 50 centigrammes suffisent pour donner la mort à un homme en 24 heures. L'empoisonnement peut se produire par absorption stomacale, ou par les muqueuses des voies respiratoires. La mort arrive par dépression du système nerveux.

Les inconvénients en thérapeutique de l'usage prolongé de l'arsenic dans le traitement des maladies cutanées ont amené à essayer l'usage de l'acide cacodylique As $(CH^3)^2O$ OH, qui renferme 54,3 pour 100 d'arsenic sous une forme organique très soluble, et n'est ni vénéneux, ni caustique.

(1) Liebig cite le port d'une visière verte, Girardin la succion par un enfant de la lustrine verte de son édredon.
(2) Cf sur le glucose arsenical, J. Clouet, Bul. de Rouen, 1877.

Il a produit d'excellents résultats sous forme d'injections sous-cutanées. La dissolution de l'acide arsénieux dans l'acide chlorhydrique sert à brunir le laiton.

L'acide arsénieux est employé à préparer les arsénites, les verts de Scheele et de Schweinfurt dont nous venons de voir les dangers qui accompagnent leurs applications, certaines matières colorantes artificielles comme la fuchsine, la liqueur arsénieuse utilisée en chlorométrie ; il est employé en verrerie pour blanchir le verre.

. * .

L'acide arsénieux forme avec les bases des *arsénites*. Les arsénites alcalins sont seuls solubles dans l'eau. Ils sont aussi toxiques que l'acide arsénieux ; l'arsénite de potassium forme la base de la liqueur de Fowler.

Les arsénites donnent avec l'acide sulfhydrique, en liqueur acide seulement, un précipité jaune serin de sulfure : avec le nitrate d'argent, un précipité jaune d'arsénite d'argent ; avec le sulfate de cuivre, un précipité vert-pomme de vert de Scheele.

L'arsénite de cuivre ou *vert de Scheele,* qui le fit connaître en 1778, s'obtient en mélangeant une dissolution de 6 parties de sulfate de cuivre avec une dissolution de 2 parties d'acide arsénieux et de 8 parties de carbonate de potassium, en agitant constamment ; on obtient un précipité vert clair ou vert-pomme, que les fabricants de couleurs et de papiers peints connaissent sous le nom de *vert de Scheele* ou *vert minéral.* C'est un arsénite de cuivre basique, mélangé d'hydrate d'oxyde de cuivre. Il est employé comme couleur, mais c'est un pigment qui s'altère assez facilement au contact de l'air, surtout dans les endroits humides, couvre peu, et est toxique.

Le vert de Scheele, mélangé au sulfate de cuivre, constitue les *cendres vertes ;* mélangé aux sulfates de baryum et de chaux, il constitue le *vert anglais ;* mélangé à de la céruse et à du carbonate de cuivre, il constitue le *vert minéral.*

Acide arsénique As^{2}O^5. — Il se prépare en faisant agir l'arsenic sur l'acide nitrique, en présence d'acide chlorhydrique. C'est un corps solide blanc, qui se dissout lentement dans l'eau en donnant plusieurs hydrates. C'est un violent poison. Il est employé pour fabriquer certaines couleurs artificielles. On le rencontre à l'état de sel de soude dans un grand nombre d'eaux minérales, en particulier celles de La Bourboule, aussi celles de Saint-Nectaire, du Mont-Dore, de Spa, de Vichy, de Plombières.

. * .

L'acide arsénique forme avec les bases des *arséniates.*

La plupart des arséniates sont insolubles dans l'eau ; les arséniates neutres alcalins sont seuls solubles. L'acide sulfhydrique ne précipite pas les dissolutions neutres ou alcalines ; dans les dissolutions acides, il réduit l'acide arsénique en acide arsénieux, puis précipite du sulfure jaune. Le sulfhydrate d'ammoniaque forme un sulfoarséniure d'ammonium, soluble, qui par addition d'un acide précipite du sulfure As^2S^5. Les arséniates donnent avec le sulfate de cuivre un précipité vert bleuâtre d'arséniate de cuivre, avec le nitrate d'argent un précipité rouge brique d'arséniate d'argent.

L'*arséniate de sodium* AsO^4HNa^2 sert dans les industries tinctoriales pour fixer l'alumine, pour réserves en impression, enfin pour dégommer. Très vénéneux, il ne doit être employé qu'avec de grandes précautions. On l'utilise cependant en médecine dans les fièvres, dans certaines affections cutanées, enfin comme substitut de l'arsénite de sodium. La solution à 10 pour 100 est employée pour conserver les peaux pendant les chaleurs ; on l'utilise au trempé ou bien on l'applique sur le côté chair.

La *liqueur de Pearson* est une dissolution de 1 gramme d'arséniate de soude cristallisé dans 550 grammes d'eau distillée ; on l'ordonne à la dose maxima de vingt gouttes par jour. Ce sel se prépare en saturant l'acide arsénique avec le carbonate de sodium. Il cristallise avec 12 molécules d'eau à 0°, et 8 à 20° ; ces cristaux s'effleurissent à l'air.

L'*arséniate de cuivre* fournit des couleurs plus belles que l'arsénite, mais encore plus dangereuses : le *vert de Vienne* ou *de Kirchberger,* le *vert de Mitis,* le *vert Paul Veronèse.*

Mais la plus belle, et en même temps la plus dangereuse de toutes les couleurs de cuivre, est l'arsénio-acétate de cuivre, si connu et qui fut si longtemps employé sous le nom de *vert de Schweinfurt.* Il se prépare en mélangeant ensemble des solutions bouillantes de vert-de-gris et d'acide arsénieux, ou de sulfate de cuivre et d'arsénite alcalin, et ajoutant de l'acide acétique. Il est insoluble dans l'eau, et complètement inaltérable à l'air comme à la lumière. Les nombreux accidents que son emploi a entraînés l'ont fait pour ainsi dire abandonner (1).

Antimoine. — L'*antimoine,* Sb = 120, existe dans la nature à l'état natif ; mais on le rencontre surtout à l'état de sulfures : stibine Sb^2S^3, d'où on l'extrait par simple grillage; d'antimoniures : argent rouge, miargyrite ; de sulfoantimoniures ou de sulfantimonio-arséniures : panabase ou cuivre gris. — Son nom lui vient de ce qu'on le rencontre rarement seul dans la nature. Une autre origine, plutôt plaisante que sérieuse, serait la suivante. *Basile Valentin,* qui sut le premier l'extraire de son sulfure, le regardait comme un remède à tous maux. Ayant vu des porcs acquérir un embonpoint extraordinaire pour avoir mangé le résidu d'une de ses opérations sur l'antimoine, il crut que ce métal pourrait rétablir la santé des moines de son monastère exténués par les jeûnes et les mortifications ; mais l'admi-

(1) On trouvera l'indication d'études intéressantes dans notre « Dictionnaire de Bibliographie », au Titre : Hygiène industrielle et professionnelle.

nistration de ce nouveau remède fut fatale aux religieux, qui périrent en grand nombre. De là serait venu le nom d'antimoine (1).

C'est un corps solide, blanc d'argent, très cassant. Sa d = 6,7. Il fond vers 430° : il se vaporise au rouge blanc, et cristallise par refroidissement en cristaux rhomboédriques analogues à ceux de l'arsenic.

Il ne s'oxyde à l'air qu'au rouge. Il brûle dans le chlore, dans la vapeur de soufre. Si après l'avoir fondu on le verse de haut sur une tablette, il rejaillit en une multitude de gouttelettes qui forment des gerbes d'étincelles, en s'oxydant et en se résolvant en une fumée très dangereuse à respirer, comme tous les autres composés volatils de l'antimoine et de l'arsenic.

Il s'unit aux métaux en formant des alliages définis ; il leur donne une grande dureté ; il est douze fois plus dur que le plomb. Les principaux alliages dans la composition desquels l'antimoine entre sont l'*alliage des caractères d'imprimerie* : plomb 80, antimoine 20 ; ou plomb 55, antimoine 25, étain 20 ; le *métal de la Reine* pour théières : étain 8, antimoine 1, plomb 1, bismuth 1 : le *métal anglais* : étain 88,5, antimoine 7, cuivre 3,5, bismuth 1 ; le *métal antifriction* pour coussinets : plomb 55, étain 40, antimoine 10 ; le métal pour clous de navire : étain 3, plomb 2, antimoine 1.

L'antimoine réduit, qui se précipite d'une solution de chlorure d'antimoine lorsqu'on y plonge une lame de zinc, constitue une poudre noire extrêmement fine qui est usitée, sous le nom de *noir de fer*, pour métalliser les objets en plâtre.

L'antimoine se dissout dans les acides chlorhydrique, sulfurique et nitrique à chaud. Il se dissout dans l'eau régale en donnant des chlorures.

Ses composés sont généralement analogues à ceux de l'arsenic, et ils sont également toxiques.

Les chlorures ont été étudiés p. 146, les sulfures, p. 521.

L'oxyde d'antimoine Sb^2O^3 ou anhydride antimonieux possède en même temps la fonction acide et la fonction basique. C'est la base de l'émétique.

L'acide antimonique est connu à l'état anhydre, corps blanc pigmentaire, et à l'état d'acide méta et d'acide pyro analogues aux acides phosphoriques correspondants. Le pyroantimoniate acide de sodium $Sb^2O^7H^2Na^2$ est insoluble dans les eaux ; on se sert du pyroantimoniate de potassium, plus connu sous le nom de bimétaantimoniate, pour précipiter les sels de sodium et les caractériser à côté des sels de potassium ; voir p. 486.

L'antimoniate de plomb forme le *jaune de Naples*, couleur jaune orangé très solide, qui sert à colorer les verres et dans la peinture à l'huile ; on le prépare en grillant un mélange d'acide antimonieux et de litharge. Le jaune d'antimoine ou *jaune minéral surfin* est un mélange d'antimoniate de plomb et d'oxychlorures de plomb et de bismuth, obtenu par *Mérimée*

_____

(1) Guardia, Chimie appliquée aux arts industriels, t. II.

en fondant ensemble de la litharge 16, du sel ammoniac 1 et de l'antimoniate de bismuth 0,125.

Bismuth. — Le *bismuth*, Bi $= 208$, existe à l'état libre dans la
nature, et on l'extrait de sa gangue par simple chauffage.

C'est un métal blanc jaunâtre. Sa d $= 9,85$. Il fond vers $265°$; il se
vaporise au rouge blanc. Il cristallise par refroidissement en donnant de
beaux cristaux rhomboédriques, qu'il est facile de mettre à nu en décantant, comme pour le soufre, la partie encore liquide. Ces cristaux présentent
une belle irisation due à une couche superficielle d'oxyde. Ce corps
possède la propriété assez rare d'augmenter de volume lorsqu'il se
solidifie ; il brise, comme le fait l'eau, les vases qui le renferment et dont
les parois ne savent pas supporter l'effort de la dilatation.

Il ne s'oxyde à l'air qu'à une température élevée. Il est attaqué très
lentement par les acides chlorhydrique et sulfurique ; il donne au contraire
très rapidement avec l'acide nitrique une dissolution de nitrate de
bismuth, dont un excès d'eau précipite le sous-nitrate.

Il est employé pour préparer le sous-nitrate de bismuth. Il sert à
lustrer la porcelaine.

Il entre dans la composition d'un certain nombre d'alliages, auxquels il
communique une grande fusibilité. Citons en particulier les *alliages dits
fusibles*, comme l'*alliage de Newton :* plomb 5, étain 3, bismuth 8, qui
fond à $94°5$; l'*alliage fusible d'Arcet :* plomb 1, étain 1, bismuth 2, qui
fond à $93°$; celui pour clichés : plomb 3, étain 2, bismuth 5, qui fond
à $91°6$; l'*alliage de Wood :* plomb 2, étain 2, bismuth 7, cadmium 2, qui
fond à $65°$.

CHAPITRE XI

BORE ET COMPOSÉS

Bore B. — Le *bore*, $B = 11$, découvert en 1808 par *Gay-Lussac et Thénard*, existe dans la nature sous forme d'acide borique et de borates. On l'obtient à l'état amorphe ou à l'état cristallisé en réduisant l'anhydride borique par un métal au rouge, soit le fer, *Gay-Lussac et Thénard*, le sodium, *H. Sainte-Claire Deville et Wöhler*, le magnésium, *Moissan*, l'aluminium, *H. Sainte-Claire Deville et Wohler*. Le dernier procédé donne du bore cristallisé, parce que le bore se dissout dans l'aluminium fondu en excès ; il se produit en même temps des borures d'aluminium et de carbone cristallisés. Le *borure de carbone* est noir, et a été reproduit isolément par *Moissan* au four électrique. Le bore se combine à presque tous les corps simples.

Le bore amorphe brûle dans l'oxygène vers 700°, en donnant de l'acide borique, et il absorbe l'azote au rouge, *H. Sainte-Claire Deville et Wöhler*, en donnant de l'*azoture de bore NB*. Le bore est donc l'un des rares corps qui peuvent se combiner directement aux deux éléments de l'air. L'azoture de bore ainsi produit est une poudre blanche, qui fondue avec un alcali caustique dégage de l'ammoniaque, avec un carbonate et du charbon donne un cyanure, *Moyse*. On obtient aussi l'azoture de bore en chauffant à 600° un mélange de borax 1 et sel ammoniac 2.

Le bore est un agent réducteur énergique.

Le bore cristallisé ou adamantin est une substance fort dure ; il raye le corindon et peut servir à polir le diamant. Il en est de même des carbures et des aluminocarbures de bore.

Acide borique BO³H³. — L'acide borique, découvert en 1702 par *Homberg*, se rencontre en dissolution dans les eaux de certains lacs d'Italie et des Indes, ou à l'état de borates. On le retire principalement dans la Toscane de l'eau des lagoni, petits bassins naturels ou artificiels, ménagés autour des suffioni ou jets de vapeurs volcaniques naturels ou résultant de trous de sonde, et qui volatilisent avec eux de l'acide borique(1). L'eau des lagoni, chauffée par la chaleur des jets gazeux,

---

(1) Dumas et Payen ont attribué la présence de l'acide borique dans les suffioni à l'action du sulfure de bore sur l'eau: Bolley, à l'action du chlorure d'ammonium sur les sels boraciques ; R. Wagner, Warington, Popp, à la décomposition de l'azoture de bore par l'eau : Becchi, à l'action de la vapeur sur le borate de calcium ; L. Dieulafait, à la réaction mutuelle des sels de bore et du chlorure de magnésium.

atteint jusqu'à près de 100°, et s'enrichit, par évaporation spontanée dans des bassins ou sur une nappe à ondulations, jusqu'à marquer 10° Bé. On la met alors cristalliser, et l'acide borique se dépose par le refroidissement en paillettes brillantes. Le procédé des lagoni présente plusieurs ennuis assez grands ; les terrains qui les entourent sont tellement friables, surtout à la suite des orages, qu'ils présentent des crevasses dangereuses ; de plus, l'acide sulfhydrique se dégage constamment avec abondance.

L'acide borique, obtenu des lagoni, renferme jusqu'à son quart de poids d'impuretés, qui consistent surtout en sulfates divers, d'ammonium, de calcium, de magnésium, alun. — On le purifie en le traitant par du carbonate de sodium qui le transforme en borate de sodium ; on purifie celui-ci par dissolutions et recristallisations successives, puis on le dissout dans deux fois et demie son poids d'eau bouillante, et on en fait sortir, par l'action de l'acide chlorhydrique jusqu'à virage au rouge du tournesol ou de l'orangé 2, l'acide borique ; celui-ci cristallise par refroidissement, et on le fait de nouveau dissoudre et recristalliser. — On peut traiter directement par l'acide chlorhydrique le borax ou les borates de calcium naturels.

L'acide borique se présente sous forme de lamelles brillantes, d'un éclat nacré, d'un toucher onctueux, d $=1,54$. Ces lamelles renferment 46 parties 6 d'eau pour 100.

Si on le chauffe, il commence par perdre une partie de son eau à 100° ; il devient anhydre au rouge sombre et subit la fusion ignée, puis il se volatilise lentement au rouge vif. L'acide borique fondu se prend par refroidissement en une masse vitreuse incolore, qui s'hydrate peu à peu a l'air et redonne l'acide borique hydraté.

L'acide borique est soluble dans l'eau et dans l'alcool. L'eau en dissout par litre 19 grammes 5 à 0°, 40 grammes a 20°, 168 grammes 2 à 95°, 291 grammes à 164° ; il est donc soluble dans environ 33 parties d'eau à 10°, 25 à 15°, 2 parties 9 à 100°. Sa courbe de solubilité est très régulière.

Ses dissolutions entraînent, lorsqu'on les distille, une partie de l'acide borique avec la vapeur du dissolvant. Cette propriété explique pourquoi les gaz des suffioni renferment de l'acide borique. En conséquence d'elle, il ne faut pas chauffer les liqueurs de dosage à une température au-dessus de la moyenne. L'acide borique est entraîné, dès 100°, dans un courant de vapeur d'eau.

L'alcool éthylique et surtout l'alcool méthylique dissolvent aisément l'acide borique, et brûlent avec une flamme verte caractéristique, par suite de la formation d'un éther borique. La présence d'un alcali, celle des acides phosphorique et tartrique empêchent cette coloration.

La solution d'acide borique colore la teinture de tournesol bleue à froid en rouge vineux, à chaud en rouge pelure d'oignon ; elle est sans

action sur l'orangé 2. Elle partage avec les alcalis la propriété de colorer
le papier de curcuma en brun, mais la coloration n'est apparente qu'à sec
et à froid ; et de colorer en bleu la teinture de campêche.

L'acide borique est un acide faible : aux températures ordinaires, il est
déplacé par un grand nombre d'acides de ses combinaisons avec les
bases ; mais à température élevée, il les déplace à son tour, même
l'acide sulfurique. C'est là un exemple typique de l'influence des circonstances sur les réactions chimiques.

Il est décomposé par le carbone, et donne du borure de carbone ; par
les métaux, et donne du bore ; par le soufre en présence de carbone, et
donne du sulfure de bore.

Applications. — Il est surtout employé pour préparer le borax. Il sert
également à préparer la crème de tartre soluble, le vert Guignet.

L'acide borique entre dans la composition de verres spéciaux ; il augmente leur fusibilité et leur éclat, et empêche la dévitrification. Il entre
dans la composition de flint-glass, dans celle de certains vernis pour
poteries.

On l'utilise pour décaper le fer et l'acier destinés à l'étamage, pour la
mise en couleur de l'or, et en mélange aux sels ammoniacaux pour rendre
les tissus et les bois incombustibles.

Il a servi à la reproduction artificielle de pierres précieuses. C'est
ainsi que *Ebelmen* a reproduit le rubis en dissolvant de l'albumine dans
de l'acide borique, puis en volatilisant celui-ci à haute température, et que
Deville et Caron ont reproduit les corindons et les saphirs en faisant agir
l'acide borique sur des fluorures métalliques.

Une application de détail est la suivante : on trempe les mèches des
bougies dans une solution étendue d'acide borique mêlée d'acide sulfurique, pour qu'elles se recourbent, puissent brûler en dehors de la flamme
et produire la vitrification de la cendre.

L'eau boriquée est une solution antiseptique assez utilisée pour les
différents soins hygiéniques et pour laver les plaies ; son efficacité semble
avoir été exagérée. Il ne faut pas oublier que l'acide borique est toxique,
et par conséquent l'eau boriquée ne peut être employée que pour l'usage
externe. L'*eau boriquée* se prépare en dissolvant 40 grammes d'acide
borique par litre d'eau, ce qui donne à 20° une solution saturée, d'après
ce que nous avons dit plus haut sur la solubilité de ce corps. Le meilleur
moyen de préparer l'eau boriquée est d'ailleurs de dissoudre à chaud un
excès d'acide borique, et comme il se redépose à froid de ces solutions
un peu plus riches à chaud, il n'y a aucun inconvénient de préparer l'eau
boriquée avec un excès d'acide borique. On se sert encore de *vaseline
boriquée* à 1 d'acide borique pour 9 de vaseline. — La toxicité du lait
boriqué à 0,5 pour 100 le rend dangereux ; des expériences relatées dans
« The lancet » ont montré que les jeunes chats nourris exclusivement avec
ce lait périssent en quelques semaines.

L'acide boro-sulfurique ou ses sels peut remplacer l'acide tartrique dans les cas de mordançage de la laine en bichromate ou en alumine pour teintures sur matières colorantes au mordant, *G. Eberlé* (br. all. 1897). On fera, par exemple, bouillir la laine pendant deux heures avec 3 0/0 de bichromate et 2 0/0 de borosulfate de soude, ou avec 6 0/0 d'alun et 4 0/0 de borosulfate.

Pour donner aux charbons et aux fils de charbon un plus grand pouvoir émissif, *P. Sliens* (br. angl. 1895) les imprègne d'acide borique en faisant bouillir les fils au sein d'une solution saturée, puis les calcinant, puis les saupoudrant d'acide borique et les carbonisant par le courant électrique. On peut aussi incorporer l'acide borique à une pâte de cellulose.

La durée du tannage serait réduite en faisant macérer les peaux dans des bains préliminaires d'acide borique, procédé économique *Evans* (br. angl., 1895). L'acide borique (ou le borax) se donne aux peaux après le chaulage ; l'immersion dure un à deux jours,

Les lavages à l'acide borique font disparaître les colorations jaunes dues à l'acide picrique.

Dodé, 1873, conseille l'acide borique pour graver le verre.

Borates. — Les borates naturels les plus communs sont : le borax ou tincal $Bo^4O^7Na^2$ 10 Aq, la boracite $2 B^8O^{15}Mg^3MgCl^2$, la boronatrocalcite ou tiza $B^4O^7Na^2,2 B^4O^7Ca$, 18 H^2O, les deux derniers très abondants au Pérou et aux Etats-Unis ; le biborate de calcium ou desmazurite (1).

Certaines eaux minérales, Vichy, etc., l'eau de la mer, renferment de petites quantités de borates.

Les borates alcalins sont seuls solubles dans l'eau ; la dissolution présente une réaction alcaline. Ils donnent des précipités avec presque toutes les solutions métalliques. Ils se caractérisent par la coloration vert jaunâtre qu'ils communiquent à la flamme de l'alcool, lorsqu'on ajoute au borate de l'acide sulfurique concentré en quantité suffisante.

Les borates métalliques sont généralement très fusibles, d'où leur application pour glaçures, emaux et couleurs vitrifiables.

Borate de soude $B^4O^7Na^2$ 10 H^2O. — C'est le *borax* (2). Il existe naturellement dans l'eau de certains lacs d'Asie, principalement proche le Thibet, ou de certains lacs des Etats-Unis comme le borax-lake qui en renferme 3 grammes 96 par litre. On le retire de ces eaux par simple évaporation ; le borax d'Asie porte le nom de *tinkal,* et celui d'Amérique de *borax du Névada.* On raffine le premier en Europe en le faisant cristalliser de nouveau et très lentement. — On prépare le borax artificiellement,

(1) Voir Historique de la production des dérivés boraciques, par E. Suilliot, in Revue de Chimie, 1899.

(2) Du mot arabe borak, qui signifie blanc

comme l'a indiqué Payen, en traitant à chaud par le carbonate de sodium, soit l'acide borique, soit un borate naturel, boracite, ou boronatrocalcite.

Le borax est très peu soluble dans l'eau froide : il se dissout dans 12 fois son poids d'eau froide, et 2 fois son poids d'eau bouillante. 100 grammes d'eau dissolvent 8 grammes 33. Il se dissout dans la glycérine à proportions égales. Il est insoluble dans l'alcool.

Soumis à l'action de la chaleur, il fond d'abord dans son eau de cristallisation, se boursoufle, perd cette eau, et enfin subit la fusion ignée : après refroidissement, il reste transparent.

Il existe dans le commerce sous deux formes cristallines : en gros cristaux prismatiques, $B^4O^7Na^2$ 10 H^2O, renfermant 47 d'eau pour 100, légèrement efflorescents dans l'air sec, d = 1,75 ; ou en cristaux octaédriques, $B^4O^7Na^2$ 5 H^2O, renfermant 30 d'eau, d = 1,84, obtenus en dissolvant les précédents dans l'eau bouillante jusqu'à ce que la solution marque 30° Bé (d = 1,26), et en laissant refroidir lentement : la cristallisation octaédrique se produit entre 70° et 56°, et il faut décanter l'eau mère tant que la température ne s'est pas abaissée au-dessous de 56°. Le borax prismatique devient opaque dans l'air sec en perdant la moitié de son eau d'hydratation, et reste transparent dans l'air humide, tandis que le borax octaédrique reste transparent dans l'air sec, et devient opaque dans l'air humide.

La dissolution aqueuse du borax présente une réaction alcaline, elle se comporte vis-à-vis des acides forts, en présence de l'orangé 2, comme le font les liqueurs alcalines. *Joly* conseille la dissolution de borax pour titrer les acides plutôt qu'une dissolution alcaline, parce que celle-ci attaque toujours un peu le verre des vases. L'alcalinité du borax l'a fait proposer comme substitut du savon dans le blanchissage, dans l'économie domestique ; pour le décreusage de la soie, pour la préparation des empois d'amidon et de différents apprêts, pour préparer des colles à la caséine ou des vernis à la gomme-laque : gomme 5, borax 1 ; enfin, en teinture, pour fixer les mordants d'alumine et de fer, comme véhicule de certaines matières colorantes, comme succédané du bain de bouse, et dans la teinture des azos et des colorants de la benzidine.

La plus grande quantité du borax est employée dans l'empesage du linge.

La facilité que présente le borax à fondre en fait un fondant souvent appliqué dans les essais de docimasie pour faciliter la réduction des oxydes métalliques ou dans plusieurs traitements métallurgiques.

Lorsque le borax est fondu, il donne un verre transparent par refroidissement. A l'état fondu, il dissout les oxydes métalliques, en formant un verre bleu avec ceux de cobalt, vert émeraude avec ceux de chrome et de nickel, vert bouteille ou jaune avec ceux de fer, violet ou bleu avec ceux de manganèse, jaune avec ceux d'antimoine, opale avec ceux d'étain, vert clair avec le bioxyde cuivrique, rouge pourpre avec l'oxyde cuivreux,

jaune serin avec l'oxyde d'uranium, ambré avec l'oxyde d'argent, rouge
ou rose avec l'oxyde d'or. Cette propriété fait du borax un réactif des
plus importants dans l'analyse au chalumeau. Voici comment on opère :
on fait une petite boucle à l'extrémité d'un fil de platine, on la fait rougir
à la flamme, on la plonge dans du borax pulvérisé et on la remet dans la
flamme ; il se forme une masse boursouflée, puis une perle incolore. Cette
perle est plongée dans la solution ou dans la poudre à analyser ; elle est
reportée dans la flamme, et on examine ce qui se passe. — Le borax
destiné aux essais de chalumeau se prépare en déshydratant du borax pur
dans un creuset de platine jusqu'à ce qu'il ne boursoufle plus ; puis on le
pulvérise, et on le conserve dans un flacon bien fermé.

La propriété qu'a le borax de dissoudre les oxydes métalliques reçoit
une autre application dans la soudure des métaux. Pour souder les
alliages d'or et d'argent, le cuivre et l'argent, la tôle et le fer, les pièces
bien décapées sont saupoudrées avec la soudure en limaille et le borax en
poudre, puis chauffées jusqu'à ce que la soudure commence à fondre. Le
borax, en dissolvant les oxydes, maintient les surfaces bien nettes. — Pour
la soudure des métaux, le borax octaédrique convient mieux parce qu'il
se boursouffle moins et se colle mieux aux surfaces à souder. — La
chrysocolla de Pline semble être tout simplement du borax. — Pour avoir
une bonne poudre à souder l'acier, on mélange ensemble 80 grammes de
borax, 10 grammes de poudre de fer et 10 grammes de chlorure de
sodium.

La même propriété reçoit des applications constantes en verrerie et en
céramique pour la préparation des glaçures, des émaux et des couleurs
vitrifiables. La grande fusibilité du borax joue d'ailleurs ici son rôle.
Voici quelques indications tout à fait sommaires à ce sujet : Le *strass*, qui
tire son nom de son inventeur *J. Strasser*, de Vienne, et qui forme la base
des pierres précieuses artificielles, est formé de borax, de sable, de
feldspath potassique et d'oxyde de plomb ; on le colore avec les différents
oxydes métalliques. Les fondants ou flux pour couleurs vitrifiables sont
composés de borax, sable et minium. Parmi les glaçures ou vernis, usitées
en céramique, celle des poteries communes est composée de borate de
calcium et de silicate de sodium ; celle pour grès porcelainique, de
borax et d'oxyde de plomb ; celle pour faïences, de borax, de sable, de
minium et de soude, auxquels on ajoute du cristal ; la glaçure de la porcelaine tendre anglaise est composée de borax, de silex, de craie et de
cornish stone. — Au lieu d'employer le borax, certains autres borates, la
borocalcite ou pandermite $2 B^2O^3, CaO. 6 H^2O$, la boracite $6 (B^2O^3. Mg^2O^3) +$
Cl^2Mg, sont utilisés directement pour préparer des frittes en céramique,
avec addition de bicarbonate de soude. La pandermite, que sa composition
constante et sa facilité de pulvérisation recommandent à l'usage, peut
s'employer directement pour certains verres, sans fritte. — L'*émail* blanc
est composé de borax, d'émail transparent, d'oxyde d'arsenic et de

cristal. L'émail beige est constitué avec borax anhydre 35, sable 100, minium 110, cristal 110, cendres d'étain 25.

Le borax entre aussi dans la composition des émaux diversement colorés pour émailler la fonte, tels les enduits *Godin*. L'émail incolore se prépare en fondant ensemble borax 40, sable 15, sel de soude anhydre 10, acide borique 10, oxyde de zinc 10 ; cet enduit ne renferme ni arsenic ni plomb. On le rend opaque en lui ajoutant 14 parties d'oxyde d'étain. On le rend noir avec un mélange de 2 oxyde de manganèse et 0 partie 6 oxyde de cobalt. On applique ces enduits, après les avoir bien pulvérisés, sur les objets en fonte, puis on porte ceux-ci à la température voulue(1).

Le borax jouit de propriétés antiseptiques assez prononcées, il est efficace pour empêcher la putréfaction ou pour conserver les matières alimentaires. Pour ce dernier objet on a employé quelque temps à Buenos-Ayres une solution de 8 borax, 3 nitre, 2 acide borique, 1 sel marin, pour 100 parties de viande ; la viande était trempée pendant un jour ; pour s'en servir ensuite on la mettait tremper dans l'eau froide. Le borax empêche la fermentation. *Jacquez* 1837, le préconisa pour conserver les matières animales. *Dumas* 1874 attira l'attention sur son rôle anti-fermentescible. *J.-B. Schnetzler* (1875, C. R.) recommande les solutions concentrées pour conserver les préparations anatomiques. En poudre, il conserve les peaux d'animaux. Schnetzler cite le cas d'un cadavre de cheval conservé à l'état frais quatre mois en plein été, dans une terre à borax.

Le borax possède aussi des propriétés caustiques et astringentes qui le font employer en gargarisme contre les aphtes, les angines, en collyre contre les conjonctivites, en lotion contre les dartres, les taches de rousseur, les engelures.

* *

Parmi les autres borates, le *borate d'ammonium*, préparé directement par action de l'acide borique sur l'ammoniaque, corps cristallisé, qui s'effleurit dans l'air sec, qui laisse un dépôt vitreux d'acide borique si on le chauffe au rouge, est, à cause de cette dernière propriété, employé pour rendre les tissus et les bois ininflammables. Le *borate de calcium* est un bon antiseptique. Les *borates de zinc et de manganèse* sont utilisés comme siccatifs dans la préparation des vernis. Le *borate de bismuth* peut servir de base pour émaux colorés, *Peyrusson*, 1897 : la base est préparée avec acide borique 10 à 60, oxyde de bismuth 20 à 38, silice 10 à 30.

Pour les embaumements, on peut employer le borax pulvérisé, ou des injections avec une solution à 6 pour 100 de borax, à 12 pour 100 de borate d'ammonium.

---

(1) On trouvera d'après Sprechaal 1900, dans le Moniteur scientifique 1900, des recettes types d'émaux diversement colorés pour tôle émaillée.

CHAPITRE XII

SILICIUM ET COMPOSÉS

Silicium Si. — Le silicium, Si = 28, s'obtient à l'état pur en réduisant ses composés par un métal. I! existe très fréquemment dans la nature à l'état de silice libre ou combinée. On le connaît sous forme amorphe de poudre brune, sous forme graphitoïde de lamelles, sous forme cristallisée d'octaèdres fusibles vers 1200°, d = 2,49, moins durs que le diamant.

Le silicium donne avec l'hydrogène naissant du *siliciure d'hydrogène SiH⁴*, gaz incolore, très combustible ; avec les métaux, des siliciures, ordinairement très cassants et facilement fusibles ; aussi faut-il éviter leur production en métallurgie, ou dans les analyses lorsqu'on se sert de creusets métalliques ; avec l'oxygène, de l'acide silicique ou silice.

Le silicium donne une série de composés organiques, analogues à ceux du carbone. Nous citerons le silicichloroforme $SiHCl^3$, l'anhydride siliciformique $Si^2O^3H^2$, l'acide silicioxalique $Si^2O^4H^2$.

Siliciures. — Les trois principaux siliciures sont le siliciure de carbone, le siliciure de fer et le siliciure de cuivre.

Ils se préparent lorsque la silice se trouve en présence du carbone ou d'un mélange de carbone et de métal à une haute température.

Le *carborundum* est du siliciure de carbone CSi cristallisé ; il a été découvert par *Achéson*, 1892. Dans le but d'obtenir du carbone cristallisé, Achéson faisait passer un courant électrique intense dans un mélange de charbon et d'argile, avec l'espoir que l'aluminium réduit dissoudrait le charbon et le laisserait déposer à froid. Mais il obtint des petits cristaux bleus excessivement durs, auxquels il donna le nom de carborundum parce qu'il les supposa composés de charbon et d'alumine, ou corindon, en anglais corundum. C'est, au contraire, un composé de charbon et de silicium, c'est-à-dire un carbure de silicium CSi ; le silicium, dans la découverte d'Achéson, était donné par les parois du four.

Schutzenberger produisit un carbure de silicium amorphe en chauffant fortement un mélange de charbon et de silice.

Aujourd'hui, on fabrique le carborundum en grande quantité, en employant un mélange de 34 parties de coke, 34 parties de sable, 10 parties de sciure de bois, 2 parties de sel. La réduction se fait au four électrique avec noyau de charbon. La Carborundum Company, dont le siège est aux États-Unis, prend l'énergie électrique aux chutes du Niagara. Après trenté-six heures de chauffe, le four est laissé refroidir pendant vingt-quatre heures, puis on l'ouvre, et on trouve autour du noyau en charbon conducteur de l'électricité de beaux cristaux de carborundum. La masse est désagrégée, les cristaux séparés au tamis, lavés à l'acide sulfurique pour éliminer le fer et l'alumine, chauffés à l'air pour brûler toute trace de carbone non combiné, lavés à l'acide fluorhydrique pour enlever la silice. Le produit brut renferme environ 1 pour 100 d'impuretés ; après lavage, il n'en renferme plus qu'environ 1/2 pour 1000.

Les cristaux de carborundum sont assez lourds : leur densité est 3,12. Ils sont complètement incombustibles et infusibles. Ils ne sont attaqués ni par l'acide chlorhydrique, ni par l'acide sulfurique, ni par l'acide fluorhydrique. Ils sont décomposés par le chlore ou par les alcalis caustiques à des températures élevées

Le carborundum présente une dureté très voisine de celle du diamant. C'est là sa propriété la plus précieuse et qui est l'objet de nombreuses utilisations. On s'en sert, à la place du diamant ou de la poudre de diamant, pour polir le diamant lui-même et les pierres précieuses, pour molettes à graver ou découper, pour papier ou toile à émeri de carborundum. Aussi son emploi est devenu très considérable. En 1897, l'usine en a fabriqué plus de 1 000 tonnes, et le prix s'est abaissé de 110 francs le kilo à l'origine, à 2 francs à la fin de 1897 (1).

Le *siliciure de fer*, ou *ferrosilicium*, se produit dans les hauts-fourneaux. C'est un corps très fusible, employé en métallurgie pour transformer les fontes blanches en fontes grises.

Le *siliciure de cuivre*, ou *cuprosilicium*, ou *bronze de silicium*, sert à préparer, par fusion, avec 300 fois son poids de cuivre, le cuivre silicié, qui est bon conducteur de l'électricité, et est employé pour fils télégraphiques et téléphoniques.

Acide silicique SiO². — L'acide silicique, ou *silice*, est une des substances les plus répandues, puisqu'elle forme le quartz ou cristal de roche SiO^2, le grès, le sable, l'opale SiO^4H^2O, les pierres meulières, les cailloux, et en grande partie l'argile qui est du silicate d'aluminium. Le monde minéral est d'ailleurs constitué en majeure partie par des silicates simples ou complexes, que nous verrons au paragraphe : Silicates.

État naturel. — Le *quartz* peut revêtir diverses colorations, suivant les traces d'oxydes métalliques en présence. Le quartz transparent porte le nom de quartz hyalin ; le violet, de quartz améthyste ; le brun, de quartz enfumé. La *calcédoine* est un mélange de quartz cristallin et de quartz amorphe ; la variété rouge s'appelle cornaline, la brune sardoine, la vert

(1) Extrait du Bull. de la Soc. des Ing. Civils.

pomme chrysoprase, etc. L'*agate* est une calcédoine en couches concentriques irrégulières de différentes couleurs, ayant souvent au centre du quartz cristallisé ; elle porte le nom d'*onyx*, lorsque ces couches sont régulières et de couleurs tranchées. L'*œil de chat* est une variété de quartz gris verdâtre pénétrée d'amiante ; et il présente un jeu de lumière spécial quand il est taillé en cabochon. L'*aventurine* est une autre variété, brun rougeâtre, à nombreuses fissures qui réfléchissent de tous côtés la lumière. — Le quartz est extrêmement répandu dans la nature. C'est l'un des éléments constitutifs des roches de cristallisation, granites, gneiss, micaschistes, quartzites, grès.

Les cristaux de quartz hyalin ou enfumé atteignent un mètre de longueur et cinquante centimètres de diamètre ; les plus beaux viennent de la Suisse, du Brésil, etc. Avec le cristal de roche, on fait des verres de lunettes, des thermomètres pour hautes températures, *Dufour ;* avec l'agate, des mortiers et des brunissoirs ; les autres variétés sont taillées pour la bijouterie.

Le *jaspe* est un quartz compact mêlé d'oxydes de fer ; il présente toutes les colorations. Il est opaque, même en lames minces, ce qui le distingue de la calcédoine.

La pierre de touche, de couleur noire, est un quartz amorphe mélangé de charbon, d'alumine, de chaux, d'oxyde de fer.

Le silex, ou cailloux, si fréquent en rognons répandus dans la craie, est de la silice mélangée d'alumine et d'oxyde de fer ; on en fait des chaussées, du béton. Possèdent la même composition les grès, qui servent à faire des pavés, des pierres meulières ; les sables plus ou moins purs, qui servent à faire des mortiers, des poteries, des verres, des émaux, des silicates solubles.

Toutes ces matières se rattachent à la silice anhydre.

L'*opale* est au contraire une silice hydratée. Elle renferme des traces d'oxydes métalliques, et présente toute la gamme des colorations ; telles l'opale hyalite ou transparente, l'opale de feu ou transparente et rouge ou jaune, l'opale noble ou translucide et d'un blanc laiteux avec des reflets irisés, l'hydrophane ou opale devenant transparente quand on la plonge dans l'eau. Le *tripoli* est une silice hydratée pulvérulente, et le *kieselguhr,* ou *terre à infusoires,* ou *diatomite,* est une variété terreuse ; elles proviennent toutes deux de dépôts d'infusoires. L'opale noble est employée en bijouterie ; le tripoli sert à polir les métaux. Le kieselguhr sert de matière absorbante, en particulier dans la fabrication des dynamites, et pour le transport de l'acide sulfurique ; il entre comme poudre inerte dans certaines préparations pharmaceutiques. En temps de famine, on a vu les paysans en absorber de grandes quantités.

La silice hydratée existe dans les eaux des rivières, où elle se trouve dissoute grâce à la présence de l'acide carbonique ; l'eau dissout par litre jusqu'à 6 décigrammes de silicate de chaux, *Paul Thénard*. L'eau chaude des geysers d'Islande en renferme une forte proportion ; aussi, les sources bouillantes de la Nouvelle-Zélande. Les bois fossiles ou pétrifiés sont constitués par la silice.

Enfin, on trouve encore de la silice dans les plantes ; c'est elle qui donne leur consistance aux tiges des graminées. D'après *Boussingault*, les feuilles de l'arbre américain, le chapparal, sont tellement siliceuses qu'on les emploie à polir les métaux.

Préparation. — La silice anhydre se produit lorsqu'on brûle le silicium au contact de l'oxygène. ou lorsqu'on calcine la silice hydratée.

La silice hydratée se prépare, sous forme de précipité gélatineux, lorsqu'on verse un acide dans un silicate soluble. Elle constitue, en cas de fractures, de bons appareils inamovibles.

A l'état cristallisé, la silice a été obtenue par *de Sénarmont, Daubrée, Friedel et Sarrasin, P. Hautefeuille*.

Propriétés. — La silice anhydre est une poudre blanche, insoluble dans l'eau et les acides, soluble dans les dissolutions alcalines bouillantes.

La silice cristallisée a pour d = 2,2 ; c'est un corps dur qui raye le verre. Elle ne se dissout que très lentement dans les solutions alcalines bouillantes.

La silice gélatineuse est un peu soluble dans l'eau, dans les acides étendus ; elle se dissout dans les dissolutions alcalines même à froid.

La silice est fusible à température très élevée.

Elle décompose au rouge les chlorures, sulfates, phosphates, carbonates, et chasse l'acide de la combinaison.

Elle est réduite par le charbon à la température de l'arc électrique, et donne du siliciure de carbone ou *carborundum*.

Elle n'est attaquée par les métalloïdes qu'en présence du carbone. Avec le chlore, elle donne du chlorure de silicium.

Elle est attaquée par les métaux, surtout en présence du carbone. Aussi faut-il éviter de chauffer des silicates avec du carbone dans des creusets métalliques. Le ferrosilicium, le cuprosilicium ont été vus, plus haut, comme siliciures.

La silice est attaquée par un seul acide, l'acide fluorhydrique. Cette action est la base de la gravure chimique sur verre.

La silice dissout les oxydes métalliques en donnant des silicates. C'est l'explication du soin que prend le forgeron, lorsqu'il veut souder deux barres de fer, de les saupoudrer de sable après les avoir chauffées au rouge ; le sable dissout l'oxyde de fer qui s'est formé et décape les surfaces à souder.

La silice donne avec l'acide tungstique un acide double, l'*acide silico-tungstique*, dont la solution à 5 pour 100 a été proposée par *G. Bertrand* comme réactif général des alcaloïdes, parce qu'il donne des sels très stables, bien définis, facilement décomposés à froid par l'ammoniaque ; ce qui permet d'isoler l'alcaloïde par précipitation ou dissolvant approprié. L'acide silicotungstique possède une très grande affinité pour les matières colorantes basiques ; la laque silicotungstique offre au savon une résistance supérieure à celle que l'on obtient avec l'acide tungstique seul, d'où possibilité de l'appliquer en impression, *Albert Scheurer* (Comité de Mulhouse, 1899).

La silice seule a d'ailleurs par elle-même de l'affinité pour les matières colorantes.

Les diverses espèces de silice naturelle sont utilisées pour poudres et pâtes à polir.

Silicates. — La silice forme des sels, les *silicates*, dont la composition se rattache soit à l'acide normal non isolé SiO^4H^4, soit à l'acide métasilicique SiO^3H^2, soit à des acides condensés $Si^2O^7H^6$, $Si^2O^5H^2$, $Si^3O^8H^4$, etc.

La composition d'un grand nombre de silicates est d'ailleurs encore incertaine.

État naturel. — Les silicates naturels sont très nombreux.

Les silicates anhydres les plus importants sont le zircon ou hyacinthe, silicate de zirconium ; l'andalousite et le disthène, silicates d'aluminium ; la wollastonite, silicate de calcium ; la rhodonite, silicate de manganèse ; les péridots ou chrysolithes des volcans, silicates de magnésium et de fer ; l'amphigène, silicate d'aluminium et de potassium ; l'albite, silicate d'aluminium et de sodium ; l'anorthite, silicate d'aluminium et de calcium ; l'oligoclase, silicate d'aluminium, de sodium et de calcium ; le labradorite, silicate d'aluminium, de calcium et de fer ; les émeraudes ou béryls, silicates d'aluminium et de glucinium ; la gadolinite, silicate d'yttrium, accompagné de cérium, de lanthane, etc., parfois de glucium ; les amphiboles, silicates de magnésium et de calcium, avec une faible proportion de fer, auxquelles se rattachent le *jade* ou néphrite, qui sert à faire des vases et des objets d'ornement, et l'*asbeste* ou *amiante*, en filaments soyeux, qui sert, comme matière première incombustible et inattaquable par le feu et par les acides, à fabriquer des papiers, des tissus ininflammables ; elle est encore utilisée pour rendre la flamme visible dans les appareils à gaz ; les pyroxènes, silicates de calcium et de magnésium, avec du fer.

Les silicates hydratés les plus importants sont les suivants. La magnesite ou *écume de mer* est un silicate de magnésium, employé pour la fabrication des pipes ; substance compacte, blanche, opaque, douce au toucher, elle happe à la langue ; c'est la *pierre de savon* du Maroc. La serpentine est un autre silicate de magnésium, accompagné souvent d'aluminium et de fer ; elle forme des roches entières dans les Pyrénées et dans les Apennins ; elle est employée pour marbres. Les *talcs* sont des silicates de magnésium, avec une petite quantité de fer et d'aluminium ; ils possèdent un éclat nacré, sont flexibles, mais non élastiques, sont rayés par l'ongle, ont un toucher très onctueux ; la *stéatite* ou *craie de Briançon*, employée dans la fabrication des pastels, pour l'apprêt des tissus, pour le dégraissage de la soie, comme crayon des tailleurs et comme savon des cordonniers, et la *pierre ollaire*, employée pour faire des vases et des calorifères, sont des variétés de talcs. La chrysocolle est un silicate de cuivre. La staurotide est un silicate d'aluminium, de magnésium et de fer. La calamine est un silicate de zinc ; il constitue l'un des principaux minerais de zinc de l'usine de la Vieille-Montagne. La cérite ou ochroïte est un silicate de cérium, accompagné de lanthane, de didyme. La garniérite, silicate hydraté de nickel et de magnésium, découvert par *Jules Garnier,* 1863, en Nouvelle-Calédonie, constitue le minerai de nickel le plus important. La thorite ou orangite est un silicate de thorium fort riche ; il se trouve en Norvège.

Des silicates plus complexes sont les suivants. La cordiérite ou dichroïte, silicate d'aluminium, de fer et de magnésium ; la variété de Ceylan, ou saphir d'eau, est employée en bijouterie. La jadéite est également un silicate d'aluminium, de fer et de magnésium. La wernérite est un silicate hydraté d'aluminium, de calcium, de sodium et de potassium. L'épidote est un silicate d'aluminium, de fer et de calcium. Les *grenats* sont des silicates d'aluminium, de fer, de chrome, de calcium et de manganèse. Les idocrases sont des silicates hydratés d'aluminium, de fer, de calcium et de magnésium.

Les *micas* sont des silicates hydratés d'aluminium, de fer, de magnésium, de potassium, de sodium, avec parfois du lithium. On les rencontre très fréquemment dans les granites, les gneiss, les micaschistes et les pegmatites. Les micas ont un éclat brillant ; ils sont facilement clivables, en feuilles flexibles et élastiques. Ils décrépitent sur la flamme, à cause de leur eau. On distingue les micas potassiques, blancs à bruns, ou muscovites ; les micas magnésiens, verts à bruns, les micas lithiens, violets, ou lépidolithes. Ils sont utilisés en grandes lames pour vitres, glaces d'appareils à chauffer ; en petites lames pour objets de tabletterie ; en poudres pour sécher l'encre ; en plaques perforées pour diaphragmes électrolytiques, *C. Hœpfner* (br. all., 1894). — Les chlorites se rapprochent des micas, ils sont verts, clivables en lames flexibles, mais non élastiques ; ce sont des silicates hydratés d'aluminium, de magnésium, de fer. Ils portent les noms de talc chlorite ou mica chlorite, serpentine d'Aker, mica triangulaire.

Les *tourmalines* sont des silico-boro-fluorures d'aluminium, de fer, de magnésium, de calcium, de sodium, de potassium ; les tourmalines rouges et les vertes du Brésil sont utilisées pour la bijouterie, les vertes du Brésil ont un emploi spécial dans la fabrication des instruments d'optique pour la polarisation.

Les *topazes* sont des silico-fluorures d'aluminium ; elles possèdent une très grande dureté. La topaze jaune du Brésil est la plus estimée pour les emplois en bijouterie. Après avoir été calcinée, elle prend une teinte rose ; c'est la topaze brûlée.

Les *outremers* ou *lapis-lazuli* sont des silicates hydratés d'aluminium, de fer, de sodium, de calcium, avec un peu de soufre. Ils sont employés pour objets d'ornement, mosaïques, etc. Dans la peinture comme couleurs bleues, ils ont été remplacés complètement par l'outremer artificiel ou outremer Guimet. (Voir p. 504 et suiv.)

Une autre classe nombreuse de silicates est celle qui comprend ceux provenant de l'altération des roches. Nous nous bornerons à dire quelques mots ici des feldspaths et des argiles.

Les *feldspaths orthoses* sont très répandus dans les granites, les pegmatites, les syénites et les gneiss, dont ils forment une des parties essentielles. Ce sont des silicates complexes d'aluminium, de potassium et de sodium. Ils sont employés dans la fabrication de la porcelaine et des émaux. Quelques variétés, comme la *pierre des amazones* ou orthose vert de l'Oural, la *pierre de lune,* sont employées en bijouterie. Le *pétrosilex,* la rétinite, la perlite, l'obsidienne, la *pierre ponce,* sont des variétés de feldspath riches en silice ; le pétrosilex forme une des parties essentielles des porphyres ; les ponces appartiennent aux terrains volcaniques.

La décomposition des roches feldspathiques amène la formation des argiles.

Les *argiles* sont des silicates hydratés d'aluminium, accompagnés occasionnellement de fer, de potassium, de sodium, de calcium, de magnésium. La présence du fer leur communique de la couleur et de la fusibilité, celle du magnésium de l'onctuosité, celle de la chaux de la fusibilité, celle du sable de l'âpreté, celle des bitumes de l'odeur. Densité = 1,7 à 2,7. On les divise en quatre groupes principaux :

1° les argiles plastiques ou *terres à poteries,* employées pour la fabrication des poteries et des porcelaines, en masses amorphes, onctueuses, happant fortement à la langue, donnant avec l'eau une pâte très plastique. Elles sont infusibles.

2° les *kaolins* ou *terres à porcelaine,* en masses friables. Les gisements les plus célèbres sont ceux de Saxe, de Chine, du Japon, et, en France, ceux de Saint-Yrieix, près Limoges. Le kaolin est l'argile la plus pure ; il provient de la décomposition du feldspath sous l'influence prolongée de l'eau. Il subit un retrait par la chaleur ; ce phénomène, dû à une déshydratation, est appliqué dans le pyromètre de Wedgwood. Les kaolins se rattachent aux argiles plastiques.

3° les argiles smectiques ou *terres à foulon,* ou *pierres à détacher,* employées pour le foulage des draps et le dégraissage des tissus, en masses amorphes, onctueuses, se délayant mal dans l'eau, absorbant facilement les corps gras. Elles sont plus ou moins fusibles. Elles servent dans plusieurs pays, à la place du savon, pour le nettoyage du linge de corps.

4° les argiles ferrugineuses, ou bols.

Aux argiles ferrugineuses se rattachent les *ocres* jaunes, rouges ou brunes, employées comme couleurs. La sanguine, ou *craie rouge* des menuisiers, doit sa coloration à de l'oxyde de fer anhydre ; les ocres jaunes, terres de montagne, etc., la doivent à de l'oxyde de fer hydraté ; les ocres jaunes donnent par calcination les ocres rouges du commerce, *rouge à polir, rouges de Nuremberg,* de Prusse, d'Angleterre, de Venise ; les *terres d'Ombre et de Sienne* doivent leur coloration brune à un mélange d'oxydes hydratés de fer et de manganèse.

Aux argiles se rapportent la smectite, le savon de montagne, la farine fossile.

Les marnes sont des argiles crayeuses ; elles font effervescence par les acides. On les utilise en agriculture pour le marnage des terres.

* *

Propriétés des silicates. — Les silicates alcalins sont seuls solubles dans l'eau. Leurs dissolutions sont décomposées par tous les acides, avec précipitation de silice qui disparaît entièrement si on ajoute de l'acide fluorhydrique et si on chauffe.

Les autres silicates sont tous insolubles dans l'eau. Les uns sont décomposés par les acides chlorhydrique ou nitrique, les autres résistent à leur action. Ils sont tous attaqués par les carbonates alcalins au rouge, et transformés en silicates alcalins ; ils sont tous décomposés par l'acide fluorhydrique. Enfin, ils donnent au chalumeau, avec le sel de phosphore, une perle renfermant un squelette de silice.

Les silicates alcalins dissolvent au rouge les oxydes métalliques.

Lorsqu'on fait tomber un cristal de sulfate de fer, de cuivre, etc., dans une solution faible d'un silicate, on voit bientôt se former des arborescences variées et d'un aspect agréable, *J. Faure.*

Le *silicate de potassium,* $Si^4O^6K^2$, a été connu de *Van Helmont,* 1640 ; c'est la *liqueur des cailloux* de *Glauber,* 1648 ; le *verre soluble* de *Fuchs,* 1825. On le prépare en faisant agir sur du sable quartzeux, 15 parties, soit l'alcali, soit le carbonate alcalin, 10 parties, à la température de fusion. Le silicate de potassium est soluble dans l'eau ; les dissolutions commerciales sont dites à 33° ou 66°, selon qu'elles renferment en poids 33 ou 66 parties de silicate solide sur 100 parties de la dissolution. Ces dissolutions sont décomposées par les acides même faibles, même l'acide carbonique de l'air, aussi faut-il les conserver dans des vases bien fermés et remplis.

Kuhlmann constata le premier que ces dissolutions ont la propriété de transformer les calcaires poreux en pierres résistantes : c'est la *silicatisation*. Elle est basée sur le fait que ces dissolutions, lorsqu'on les étend en couche mince, sèchent rapidement et forment, après évaporation, un enduit solide et continu ; il se produit en outre un silicate de calcium insoluble. Aujourd'hui on emploie de préférence pour la silicatisation des pierres les fluosilicates, en particulier le fluosilicate double d'aluminium et de fer : procédé de fluatation de *Kessler*. La silicatisation simple expose la pierre à se fendre et lui donne une patine peu agréable. Elle a été employée lors de la restauration de Notre-Dame de Paris. *Kuhlmann* lui-même a proposé le premier d'appliquer au-dessus de la couche de silicate une couche d'acide fluosilicique ; *Dalemagne* (br. fr., 1873) applique une couche d'acide phosphorique.

Fuchs dès 1820 appliqua la propriété qu'a le silicate de potasse de former, en séchant, un enduit vitreux, à rendre ininflammables les bois et les tissus. Pour cela, on applique sur la matière à protéger plusieurs couches de silicate, de concentration croissante. On ajoute au silicate des matières inertes comme l'argile, l'amiante, la craie, les cendres d'os, le verre, les scories ou le feldspath pulvérisés. Le bois silicatisé ne s'enflamme plus ; il se conserve mieux, car il est protégé contre les actions extérieures. Le procédé convient moins aux tissus, qui sont rendus trop raides par l'emploi même du silicate seul.

Les produits en cellulose, celluloïd, etc., pellicules pour photographie, bandes pour projections, sont avantageusement rendus incombustibles. *Agonowski* (br. fr., 1897) les recouvre d'un mélange de silicate de potasse et de glycérine.

Les propriétés adhésives du silicate de potassium en font une sorte de colle minérale, utilisée parfois pour réunir les fragments de corps brisés, coller la pierre, la porcelaine ; il ne faut pas que les objets soient destinés à renfermer de l'eau bouillante.

Les mêmes propriétés adhésives sont encore utilisées pour donner de la compacité aux corps poreux, et préparer par mélanges des pierres artificielles.

Les propriétés adhésives des dissolutions de silicate de potassium sont mises à profit en chirurgie pour obtenir des appareils inamovibles destinés à la contention des fractures. La première idée de cette application appartient à *Michel*, février 1865, de Cavaillon (voir J. de pharmacie, 1874). D'après Gaye (thèse de 1868), les appareils silicatés l'emportent de beaucoup sur les bandages plâtrés, dextrinés ou amidonnés, par leur légèreté, leur résistance à la déformation, et, sauf sur le plâtre, par leur vitesse de solidification ; aussi l'emploi du silicate de potasse est-il devenu général. On se sert d'une solution à 33° Bé, d = 1,283 ; une dissolution pure marquant 35° Bé est tellement visqueuse qu'elle cesse de couler à des températures inférieures à 20° ; celle qui reste liquide le doit à la présence du silicate de soude. Elle ne doit contenir ni alcali caustique, ni silicate de soude au delà de 1/20, qui exercerait une influence fâcheuse sur le pouvoir adhésif, ni silice non combinée qui donnerait en séchant une substance granuleuse dépourvue de cohésion. D'après Boissi et Barthelet, le meilleur produit chirurgical se prépare en fondant ensemble au rouge blanc pendant quatre heures 630 kilos de sable de Fontainebleau, blanc, fin et sec, et 330 kilos de carbonate de potassium purifié marquant 78° alcalimétriques.

Le silicate de potasse est employé dans le blanchiment à l'eau oxygénée, dans la teinture soit comme sel à bouser, soit comme fixateur des mordants métalliques, par exemple, *Gatty* (br. angl., 1897), pour fixer et rendre plus solides les couleurs teintes obtenues sur coton ou lin, après mordançage en fer ou en chrome. Il sert aussi à l'encollage des tissus de coton. Il est encore employé dans la fabrication du papier, et dans celle des savons. Enfin, la peinture murale s'en sert, dans le procédé de stéréochromie de *Fuchs*, perfectionné par Kaulbach, comme fond et comme fixateur de couleurs à l'eau.

Les silicates naturels renfermant de la potasse conduisent, lorsqu'on les traite par du chlorure de calcium, à l'obtention de chlorures alcalins ; on reprend ensuite le silicate double de calcium et d'aluminium qui se produit par de l'acide chlorhydrique.

. Le *silicate de sodium*, $Si^4O^9Na^2$, ou verre soluble de sodium, se prépare en fondant ensemble du sable quartzeux, 45 parties, et du carbonate de sodium calciné, 23 parties ; on ajoute utilement de la poudre de charbon de bois, qui active la fusion. On peut employer aussi le sulfate de sodium, la soude caustique, la poudre de silex pyromaque, le kieselguhr.

Le silicate de soude commercial à 33° Bé est moins visqueux que le silicate de potasse au même degré de concentration ; il a une réaction alcaline. Il ne peut pas servir pour bandages de chirurgie, car les bandes de coton, imprégnées avec ce silicate, puis séchées, ne restent raides que peu de temps ; elles se ramollissent à l'air en reprenant de l'humidité et n'adhèrent pas entre elles. Mais il a toutes les autres applications du silicate de potasse. Il est très employé par les teinturiers comme agent fixateur des mordants d'alumine sur coton ; pour cet emploi, il doit être bien exempt d'alcali caustique. Il est également employé pour le blanchiment à l'eau oxygénée, pour raffiner le pétrole, *J.-It. Miehler* 1898, et comme antiseptique (voir C. R., 1872).

Le silicate de soude est le meilleur agent de conservation pour les œufs. Voici le résultat d'expériences comparatives sur vingt moyens différents de conservation : les expériences ont porté sur quatre cents œufs frais, de densité intermédiaire entre 1,0784 et 1,0942, et les œufs soumis à l'expérience n'ont été ouverts que huit mois après. (Mon. scient., 1898.)

Nature du moyen	Proportion d'œufs bons.
1) eau salée	tous les œufs sont saturés de sel.
2) papier	20 pour 100
3) acide salicylique et glycérine (solution).....	20 —
4) sel	30 —
5) son....................................	30 —
6) acide salicylique et glycérine (enduit)......	30 —
7) paraffine (couche)......................	30 —
8) eau bouillante (15 secondes)	50 —
9) acide salicylique (solution)................	50 —
10) alun (solution).........................	50 —
11) silicate (enduit)........................	60 —
12) collodion (enduit).......................	60 —
13) vernis.................................	60 —
14) vernis mixte...........................	80 —
15) cendres de bois.........................	80 —
16) acide borique et silicate.................	80 —
17) manganate de potasse...................	80 —
18) vaseline (enduit)........................	100 —
19) eau de chaux...........................	100 —
20) silicate (solution)	100 —

L'emploi de la vaseline exige trop de temps ; celui de l'eau de chaux laisse aux œufs une odeur peu agréable ; celui du silicate n'a pas d'autre inconvénient que de communiquer aux œufs une fâcheuse propension à se briser lorsqu'on les met dans l'eau bouillante, ce qu'on peut éviter en les perçant avec une aiguille. — D'après Kressler, les œufs sont plongés (de force) dans une solution de silicate de soude à 10° Bé tiédie à 30° ; on les y laisse une dizaine de minutes.

Le mélange de silicate de potassium et de silicate de sodium porte le nom de *verre soluble double*. Il est plus fusible que ses deux composants.

Le *verre soluble fixateur* de *Fuchs* se prépare en fondant ensemble 3 parties de carbonate de sodium et 2 parties de poudre de quartz.

Un mélange de silicate de soude et de poudre d'os constitue une corne artificielle que l'on peut colorer, *Griessmayer*, 1897.

Pour le vernissage des poteries communes, *Constantin* (J. de pharmacie, 1874) propose un mélange de silicate de soude 100 parties à 50° Bé, minium 25 parties, silex 10 parties : ce vernis, d'après des recherches de *Salvétat*, s'est montré capable de résister au plus fort vinaigre ; ou mieux encore des mélanges 1° de silicate 100 parties, quartz 15 parties, craie de Meudon 15 parties, 2° silicate 100 parties, craie de Meudon 15 parties, borax 10 parties. Le numéro 2° est plus coûteux, mais est plus fusible et donne une glaçure plus brillante et plus dure.

Les silicates de chaux, les silicates d'alumine forment partie constitutive des ciments et mortiers (1), des verres, des poteries.

Le silicate de soude est un bon antiseptique.

Le silicate de fer constitue le résidu des fours à puddler ou à réchauffer. Après concassage, oxydation à l'air, et broyage, on s'en sert pour la peinture métallique.

Le silicate de cuivre était connu des anciens, *bleu égyptien*. On le prépare en fondant ensemble du sable 70, de l'oxyde de cuivre 15, de la craie 25 et du carbonate de sodium 6.

Le silicate de cobalt et de potassium est la couleur bleue connue sous le nom de *bleu d'azur smalt* ou *bleu de cobalt*; on la prépare en fondant ensemble de l'oxyde de cobalt ou safre, de la silice et de la potasse. C'est en définitive un verre de cobalt et de potasse. Le smalt était employé autrefois pour l'azurage; il sert encore comme couleur de verres et de poteries.

.˙.

Les silicates naturels et le sable trouvent leurs principales applications dans la fabrication des verres et dans celle des poteries, dans celle des pierres artificielles. Nous nous bornerons ici à donner quelques indications très sommaires.

Verrerie. — Les verres sont des silicates doubles, de potassium ou de sodium et de calcium ou de plomb. On les obtient en fondant ensemble du sable et des carbonates.

Les verres ordinaires comprennent : le *verre à vitres*, silicate double de sodium et de calcium, obtenu en fondant ensemble 10 parties sable, 3 carbonate de sodium, 4 carbonate de calcium ; le *verre à glaces*; le *verre à bouteilles*, obtenu avec du sable, du carbonate de sodium, de la craie, de l'argile ; le *verre de Bohême*, silicate de potassium et de calcium, peu fusible et peu altérable, obtenu avec quartz 13, carbonate de potassium 6, chaux vive 2 ; le *crown-glass*, silicate de potassium et de calcium, utilisé dans les instruments d'optique.

Les verres à base de plomb comprennent : le *cristal*, silicate de potassium et de plomb, obtenu avec sable 3, carbonate de potassium 1, minium 2 ; le *flint-glass*, obtenu avec minium 3 ; le *strass*, obtenu avec minium 4, et de l'acide borique, le plus lourd, le plus liquide et le plus réfringent de tous les verres servant à imiter le diamant et les pierres précieuses ; les *émaux*, ou cristaux rendus opaques par du bioxyde d'étain, du phosphate de calcium, et colorés au moyen d'oxydes métalliques.

Les objets en verre sont extrêmement fragiles, lorsqu'ils n'ont pas été *recuits*, c'est-à-dire réchauffés au rouge sombre et refroidis lentement. On

(1) Voir pp. 457 et 458.

leur fait parfois subir une *trempe,* ou refroidissement brusque de la masse entière, *La Bastie,* 1875, dans un bain de graisse.

Le *verre opale* est du verre blanc rendu laiteux par une addition de 20 pour 100 d'os calcinés (phosphate de calcium). Le *verre d'albâtre* est un verre incomplètement fondu. Le *verre craquelé* s'obtient par trempe dans l'eau froide. Le *verre irisé* est un verre recouvert d'une couche très mince d'or. On fabrique aussi des verres filigranés, des verres avec treillis métallique, des verres platinés qui permettent de voir sans être vu ; des verres à lustre métallique.

Les verres perdent leur transparence ou se dévitrifient, par une sorte de cristallisation, si on les maintient quelque temps fondus. Ils sont attaqués par l'eau froide, l'eau bouillante, les alcalis, l'air humide. Le dernier effet est sensible sur les vitres des vieux bâtiments. L'attaque par l'eau doit entrer en ligne de compte dans les analyses chimiques de haute précision.

Outre leurs applications connues de tous, les verres colorés puis pulvérisés ont été proposés dans la peinture comme couleurs inaltérables, *C. Schirm et O. Lessing,* 1896 ; la soie de verre sert comme matière filtrante, comme matière textile, pour pinceaux de verre inaltérables, destinés aux badigeonnages avec la teinture d'iode et les substances caustiques.

Documents bibliographiques. — Verre et verrerie, par Appert Léon et Henrivaux Jules, 1894. Le verre et le cristal, de Henrivaux, 1897. La verrerie à l'Exposition de 1900, de Léon Appert.

Industries céramiques. — Elles comprennent la fabrication, avec les argiles, des terres cuites, des produits réfractaires, des faïences, des grès, des porcelaines.

On ajoute à l'argile, pour combattre son retrait excessif, une substance dégraissante, ou ciment, et on la recouvre, avant la cuisson ou après une première cuisson, d'un enduit fusible ou couverte.

Les objets en *terres cuites* sont fabriqués avec de l'argile marneuse mêlée de sable ; les *poteries* communes avec des argiles ferrugineuses, de la marne et du sable ; les *faïences* avec de l'argile plastique et du quartz. La couverte est souvent à base de minium. Les poteries et les faïences conservent une pâte poreuse, et seraient perméables aux liquides, sans la couverte.

Les grès et les porcelaines sont au contraire imperméables, parce que la cuisson a été poussée au point d'amener un ramollissement de la pâte. — Les *grès* sont préparés avec des matériaux identiques à la porcelaine, mais moins purs ; aussi ne sont-ils pas translucides. On les cuit à une température très élevée, et on se contente, pour les vernir, de jeter dans le four du sel qui amène la formation d'un silicate de sodium et d'aluminium. — Les *porcelaines* sont préparées avec de l'argile pure ou kaolin, du sable qui diminue le retrait du feldspath, qui rend plus fusible et occasionne la translucidité. On leur donne un vernis ou *glaçure,* en les plongeant dans une bouillie claire ou *barbotine* de la couverte, formée par un mélange de quartz et de feldspath.

On distingue la porcelaine dure ou vraie, la meilleure ; la porcelaine tendre française ou Vieux-Sèvres ; la porcelaine anglaise.

On décore la porcelaine au moyen d'un émail fusible, coloré plus ou moins, selon que les couleurs s'obtiennent dans les fours à porcelaine eux-mêmes : *couleurs de grand feu,* ou dans des fours spéciaux : *couleurs de moufle.* On la décore encore avec des enduits métalliques.

Documents bibliographiques. — Traité des arts céramiques, de Brongniart. Traité des industries céramiques, de Boury, 1897. — Articles de Granger dans le Moniteur Scientifique, depuis 1898, la Revue générale de Chimie pure et appliquée de Jaubert, 1901. — Recherches sur les porcelaines chinoises par G. Vogt, in. Bull. de la Soc. d'Encouragement, 1900. — La fabrication et l'emploi de la céramique pour la décoration des édifices, de R. de Blottefière, in Bull. des Ingénieurs civils, 1900.

Fabrication de pierres artificielles. — Les pierres artificielles destinées à la construction se préparent en mélangeant des matières inertes avec une substance qui les soude. On introduit dans la masse une couleur solide, charbon pour le noir, ocres pour les bruns et jaunes, colcothar pour les rouges. Les matières de remplissage seront le sable, la craie, le marbre, le granit, l'argile, les déchets de briques, le cailloutis, les scories et laitiers, les cendres d'os ; les substances de soudage seront la chaux, les ciments, les silicates et fluosilicates, la magnésie, les oxydes de zinc et de plomb, le plâtre même, le brai, l'asphalte, la résine, etc.

Les pierres artificielles peuvent se préparer à froid ou à température élevée.

Le béton, voir p. 457, est une vraie pierre artificielle. On en forme des blocs, pouvant atteindre le poids de 100 tonnes et destinés aux constructions marines. Nous donnerons comme exemple ceux qui ont servi à établir le brise-lames du port de Bilbao, préparés à froid avec 1 ciment de Boulogne, 3 sable, 6 pierre cassée. On les emploie après les avoir laissés sécher trois mois à l'air, et on les manipule au moyen d'étriers en fer noyés dans la masse.

Des pierres artificielles se préparent en mélant de la magnésie 6 à 20 à des déchets de pierre 40, puis mélangeant avec une solution de chlorure de magnésium à 20° Bé, *Denner,* 1896. — Cf p. 141. . .

D'autres pierres bétonnées se préparent en ajoutant du sable, le plus pur possible, 1 mètre cube, à la quantité de chaux strictement nécessaire, soit chaux hydraulique 200 kilos, avec ou non addition de ciment à prise lente 50 kilos, *bétons Coignet,* 1855.

On a proposé d'ajouter un silicate alcalin à du sable, puis de comprimer fortement, et de plonger dans une solution de chlorure de calcium, *Ransome.*

Des pierres artificielles se préparent en mêlant du sable 200, du silicate alcalin sec 5, de la chaux hydraulique 50, ou du calcaire. Un granit artificiel se prépare avec 35 silicate de sodium à 42° Bé, sable fin 120, sable gros 180, calcaire 200.

On obtient un produit céramique en fondant du quartz, de l'argile et d'autres matières inertes comme du sulfate de baryte. — A Uccle, Belgique, on fabrique un grès artificiel en calcinant vers 165° et en vase clos un mélange de 80 p. sable et 20 p. chaux hydraulique ; on obtient ainsi un véritable silicate de chaux, qui durcit rapidement au contact de l'air.

Un nombre très grand de brevets d'invention sont pris chaque année pour la préparation de pierres artificielles ou de divers produits céramiques.

Les ciments et les mortiers sont de véritables pierres artificielles : voir p. 457 et 458. Ils sont constitués par un mélange de sable et de chaux, amenant la formation de silicates de chaux insolubles. Les ciments hydrauliques font prise sous l'eau ; ils renferment de l'alumine. Les ciments romains sont à prise rapide et renferment également de l'alumine. Les ciments de laitier ou de pouzzolane sont des ciments a prise lente.

D'après A. Ebbers (Engineering, 1898) l'addition de 1 à 10 pour 100 de scories de hauts fourneaux peut bonifier les ciments Portland, mais à condition que le ciment soit lui-même de bonne qualité, qu'il ait été cuit à haute température et qu'il soit broyé très finement. Les ciments de seconde qualité perdent de leur valeur si on les additionne de scories de hauts fourneaux, à moins que la scorie n'ait été désulfurée. Pour W. Michaelis (Engineering, 1898) la prise des ciments hydrauliques à base de chaux serait tout simplement un phénomène d'absorption d'eau. Le durcissement proviendrait de ce que l'hydrate de chaux s'unit avec la silice en l'attirant par un phénomène de l'attraction superficielle, analogue au phénomène de la teinture et du tannage comme Scherreal semble l'avoir indiqué ; et de ce que les composés formés par la chaux, avec l'alumine ou l'oxyde de fer, prennent une forme cristalline. Le Chatelier, 1887, a montré que le principal facteur du durcissement des ciments hydrauliques était le silicate tricalcique $3\ CaO, SiO^2$, et qu'un autre élément important devait être l'aluminate $3\ CaO, Al^2O^3$. Il a conclu que, dans un bon ciment, la proportion de chaux et de magnésie ne pouvait être inférieure au minimum correspondant à l'égalité : $\dfrac{CaO + MgO}{SiO^2 + Al^2O^3} = 3$, ni supérieure au maximum fourni par la formule : $\dfrac{CaO + MgO}{SiO^2 + Al^2O^3 + Fe^2O^3} = 3$, les symboles chimiques représentant, dans ces rapports, des nombres d'équivalents et non des poids. (Cf Annales des Mines, 1893).

Schott (Dingler's polytech. Journal, 1871) remplace l'alumine des ciments par l'oxyde de fer ; le ciment à l'oxyde de fer durcit très bien. Pour augmenter la durée de la prise et la résistance des ciments Portland.

Candlot ajoute du chlorure de calcium à l'eau du mortier, et Ackermann (Chem. Zeitung 1898) a expérimenté le chlorure de calcium ajouté à l'eau du mortier et le gypse ajouté au ciment sec ; le chlorure de calcium est la substance qui convient le mieux ; la meilleure solution à employer est celle à 1 pour 100, soit à 1 1/4 lorsqu'on se sert de chlorure de calcium commercial qui renferme habituellement 1/3 d'eau. *H. Stanger et B. Blount* (J. of S. of Chemical Industry, 1897), à la suite d'une mission donnée par la chambre de commerce de Londres, ont étudié l'influence de l'addition de substances étrangères au ciment Portland, et ont conclu que toute addition faite après la cuisson est une falsification, en particulier le ragstone qui est un caractère siliceux naturel du Comté de Kent et la scorie des hauts fourneaux doivent être absolument prohibés. Ils ne font d'exception que pour le gypse dont l'addition favorise la prise du ciment, mais dont la proportion ne doit pas dépasser 2 pour 100. Comme les ciments hydrauliques ont une composition surbasique par un excès de chaux non combiné, on a cherché à les bonifier en leur ajoutant des matériaux qui peuvent fournir au ciment une certaine quantité de silice gélatineuse. Les roches volcaniques Trass, Santorin, Pouzzolane, conviennent très heureusement, mais coûtent fort chères. La scorie des hauts fourneaux est employée avec faveur depuis quelque temps, mais elle a l'inconvénient de renfermer 1 à 3 pour 100 de sulfure de calcium, uniformément réparti dans toute la masse et qui est susceptible d'être décomposée par de l'eau chargée d'acide carbonique.

Voici quelques proportions de mortier de Pouzzolane ou de Trass : 1° Mortier allemand employé pour les travaux du port de Kiel : 2 vol. chaux grasse éteinte, 3 vol. trass, 7 vol. sable ; 2° Mortier ordinaire à la pouzzolane, 1 vol. de pouzzolane, de chaux et de sable ; 3° Mortier hydraulique de Hollande, 1 vol. chaux, 1 vol. trass. Des mortiers de seconde qualité s'obtiennent en augmentant la proportion de chaux et en ajoutant du sable.

On obtient un ciment résistant aux acides, en mélangeant poudre d'amiante et silicate, *J.-C. Rombach* (br. angl. 1897).

On trouvera tous les renseignements utiles sur les pierres artificielles, les bétons et les ciments dans : Chemische Technologie der Mörtelmaterialien, de Feichtinger. — Ciments et chaux hydrauliques de Candlot, Paris, 1897. — Etude spéciale des matériaux d'agrégation, de R. Féret, 1897.

CHAPITRE XIII

CARBONE

Carbone. — Le carbone, $C = 12$, se présente sous des formes très variées, les unes naturelles, comme le diamant et le graphite qui sont du carbone presque pur, comme les charbons de terre : anthracites, houilles, lignites, où le carbone est accompagné d'impuretés ; les autres artificielles, comme le charbon de sucre, le coke, le charbon des cornues, le charbon de bois, le noir de fumée, le noir animal.

Le carbone, quelle que soit sa variété, possède certaines propriétés constantes et caractéristiques. Il est solide, infusible aux plus hautes températures des fourneaux ; il ne fond qu'à la chaleur de l'arc électrique. Il ne se dissout que dans les métaux en fusion. Il brûle dans l'oxygène, et donne en se combinant à l'oxygène en excès de l'acide carbonique CO^2, c'est là sa réaction caractéristique. Si le carbone est en excès, il se forme de l'oxyde de carbone CO. La facilité de combustion des diverses variétés de carbone est en raison inverse de leur densité.

Des réactions guère moins importantes et appartenant à toutes les variétés de carbone sont les combinaisons du carbone avec le soufre, pour donner du sulfure de carbone ou acide sulfocarbonique, image voisine de l'acide carbonique (voir p. 499) ; avec l'azote ou l'ammoniaque, en présence des alcalis, pour donner du cyanogène et des cyanures (voir chap. xv) ; avec le silicium, à la température de l'arc électrique, pour donner le siliciure de carbone et le carborundum (voir p. 647) ; avec l'hydrogène, à l'arc voltaïque, pour donner l'acétylène, synthèse d'origine des divers hydrocarbures ; avec les métaux, pour donner des carbures comme la fonte de fer et l'acier (voir chap. xvi) ; avec l'eau au rouge, pour donner le mélange de gaz combustibles connu sous le nom de gaz à l'eau (voir p. 319) ; avec les oxydes, pour les réduire.

Le carbone est un réducteur très puissant, et l'action réductrice qu'il exerce sur les oxydes pour les amener à l'état de métal est la base de la métallurgie. Si l'oxyde est aisément réductible, à température peu élevée, ou ce qui revient au même, si sa formation a été accompagnée d'un faible dégagement de chaleur, la réduction est accompagnée d'une production d'acide carbonique ; dans le cas contraire, d'oxyde de carbone (voir p. 409). Les métaux mis en liberté peuvent se combiner au carbone pour donner des carbures ; c'est ainsi que l'on prépare le carbure de calcium. —

L'action réductrice exercée par le carbone sur les composés oxygénés est la base de la préparation du phosphore à partir de l'acide phosphorique (voir p. 648), de l'arsenic à partir de l'acide arsénieux, des poudres noires par mélange de carbone et de nitrates (voir p. 603).

Le carbone forme avec l'hydrogène une variété innombrable de composés hydrogénés, ou hydrocarbures, dont l'étude fera l'objet d'un chapitre spécial. Il forme avec le chlore des chlorures, qui seront étudiés comme produits ultimes de la chloruration des hydrocarbures.

Diamant. — Les diamants naturels se rencontrent surtout dans les terrains d'alluvion ; les gisements les plus célèbres sont ceux des Indes, du Brésil, de Bornéo, et enfin du Cap. Les mines de Golconde dans les Indes sont célèbres depuis longtemps; en 1622, elles occupaient déjà trente mille ouvriers ; elles ont fourni les diamants les plus purs et les plus estimés. Les mines des provinces de Minas-Géraès et de Bahia au Brésil fournissent des diamants un peu jaunes, de même que celles si riches de Kimberley, de Beers, au Cap (1). — On a trouvé du diamant dans certaines météorites, ce qui prouve qu'il existe dans d'autres globes que la terre.

Le diamant est du carbone pur. Sa nature a été longtemps inconnue. On crut d'abord qu'il se volatilisait par la chaleur, attendu qu'il disparaît lorsqu'on le chauffe fortement à l'air libre. *Lavoisier*, 1772, remarqua le premier qu'il brûle dans un ballon rempli d'oxygène en donnant de l'acide carbonique, comme le fait par ailleurs le charbon. *Davy*, 1814, montra que l'acide carbonique est le seul composé produit dans la combustion du diamant, et que par conséquent ce corps est du carbone pur.

Les diamants naturels sont toujours cristallisés, en octaèdres réguliers, ou en formes dérivées, comme le triakisoctaèdre. Ils sont souvent enveloppés d'une croûte terreuse, qu'on enlève par un simple lavage. Les cristaux présentent fréquemment des faces courbes, que l'on n'a pas encore su expliquer.

Les diamants naturels sont transparents, généralement incolores ou jaunâtres, mais parfois jaunes, roses, bleus, verts, ou même noirs, et alors ils sont souvent opaques.

Leur densité est élevée : 3,5 à 3,6. Ils possèdent une dureté telle qu'ils rayent tous les corps sans être rayés par aucun d'eux. Ils servent, à cause de cette dureté, à former des pivots pour l'horlogerie, des pointes d'outils pour percer ou graver les pierres précieuses et pour couper le verre. Le *diamant de nature* des vitriers est un diamant brut, monté avec de l'étain

(1) C'est de 1887 seulement que date la découverte du diamant dans la région du Cap. Il s'y trouve dans des cheminées verticales, associé aux mêmes minéraux qui l'accompagnent lorsqu'on le rencontre dans les gîtes d'alluvion. La formation de ces cheminées a donné lieu a différentes explications. L'hypothèse de Daubrée les attribue a des explosions de gaz venant des profondeurs de la terre, les cheminées étant ensuite remplies par des matériaux venant également de ces profondeurs. Cette hypothèse qui donne au diamant une origine interne, semble confirmée par les expériences de Moissan.

au bout d'un petit manche de bois, de manière à présenter en avant une
des arêtes courbes qui lui sont naturelles ; cette arête entre comme un coin
dans le trait produit par le frottement et en écarte les bords. Les *carbons,* ou
diamants noirs opaques du Brésil, et les *boorts,* ou diamants cristallisés
d'une dureté spéciale qui les fait rejeter de la taille, sont enchâssés à l'extrémité d'outils en acier, à la base d'anneaux, ou sur le pourtour de
roues, et ont reçu depuis quelque temps des applications nombreuses pour
percer les roches des tunnels, forer des trous de mine, scier les pierres,
tourner les porphyres. La poudre de diamant, ou *égrisée,* sert à polir et à
tailler le diamant et les pierres précieuses.

La grande dureté du diamant ne l'empêche pas d'être très fragile, ce
qui est dû à sa facilité de clivage.

Le diamant possède un pouvoir réfringent très grand. En multipliant
ses facettes de cristallisation naturelle par une taille convenable, on force
les rayons lumineux à subir dans l'intérieur du diamant des réflexions
totales, et on multiplie ainsi ses feux. La taille du diamant, telle qu'elle
existe aujourd'hui, remonte à *Louis de Berquem,* gentilhomme de
Bruges, 1746. On commence par débiter le diamant, ou le dégrossir en
utilisant ses clivages ; on lui donne ensuite sa forme approchée en le
brutant contre un autre diamant ; enfin on use successivement ses faces
contre une plate-forme d'acier recouverte d'égrisée et tournant rapidement. Cette industrie s'est concentrée à Amsterdam.

La taille diminue souvent de moitié le poids du diamant, mais double
ou triple sa valeur. L'unité de poids est le carat (1), qui correspond à
0 gramme 2055. Il n'y a aujourd'hui que deux sortes de taille. La taille en
roses, pour les diamants de peu d'épaisseur destinés à être montés sur
argent ou mieux sur platine, ménage en dessous du diamant une face
plane, et au-dessus une pyramide formant dôme à 6, 12, ou 24 facettes
triangulaires. La taille en *brillants,* plus estimée et dont la première
exécution fut inspirée par Mazarin, pour les diamants destinés à être
montés à jour, ménage à la partie supérieure du diamant une table
entourée d'une couronne oblique de 8 facettes en losanges et de 24 triangles,
et à la partie inférieure une culasse, sorte de pyramide allongée dont les
24 facettes correspondent à celles de la couronne.

Parmi les diamants célèbres, nous citerons les suivants. Le diamant
du rajah de Mattan à Bornéo pèse 367 carats. Le grand-mogol, trouvé
vers 1550, pesait 793 carats avant la taille, et pèse taillé 279 carats ; il est
estimé 10 millions de francs. L'orloff formait jadis un des yeux de l'idole
de Schéringan aux Indes ; il pèse 194 carats. Le régent ou pitt, acheté par
le duc d'Orléans, régent de France, à un nommé Pitt, pesait brut 410 carats ;
il pèse taillé 135 carats ; sa limpidité est parfaite ; il est estimé 8 millions.
Le florentin, qui appartint à Charles de Bourgogne et fut perdu par lui à

_____

(1) Fèves du huara africain, d'un poids à peu près constant, et utilisées par les indigènes
pour peser l'or.

la bataille de Morat, pèse 139 carats. L'étoile du Sud en pèse 125 (254) ; le
kohinor, pris par les Anglais à Lahore, 106 (186). Citons encore le grand
nizam 440, la table de Tavernier 242, le jehan ghir shah 115, le shah 86,
le nassuc 89, le piggot 82, le dresde anglais 76, l'eugénie 51, le dresde
vert 48, le hope bleu 44, le pacha d'Egypte 40, l'étoile polaire 40, le
sancy 34, le cumberland 32.

* * *

De très nombreux essais ont été faits pour obtenir le diamant par voie
artificielle. *H. Sainte-Claire Deville,* en laissant refroidir lentement de la
fonte de fer saturée de carbone n'obtint que le graphite cristallisé.
Moissan, 1893, a réussi à reproduire le diamant noir et le diamant transparent en fondant au four électrique, vers 3000°, de la fonte de fer, ou de
l'argent saturé de carbone, puis en la refroidissant brusquement dans du
plomb fondu. Les couches superficielles de la fonte ou de l'argent se soli-
difient brusquement et exercent une pression considérable pendant que la
masse repasse à l'état solide. Le culot solide renferme du graphite, du
carbone amorphe, et des cristaux très petits de diamant opaque noir et
de diamant transparent, précisément les mêmes variétés que celles isolées
par Moissan dans la terre bleue du Cap, et on dirait que la même marche
a été suivie pour produire le diamant par la nature et par le chimiste
dans le laboratoire. En consultant les mémoires originaux (in C. R.) on
appréciera les procédés minutieux suivis pour isoler du culot les différentes
variétés de carbone qui s'y trouvent et les caractériser.

Graphite. — Cette variété naturelle du carbone, ajoutée par
Mackenzie, 1800, au groupe des charbons, porte aussi le nom de *plombagine,* mine de plomb, à cause de sa couleur. Son nom de graphite, dérivé
d'un mot grec qui signifie écrire, vient de ce qu'elle laisse, par frottement
sur le papier, une tache grise adhérente. La plombagine a été employée
dès le moyen âge à la fabrication de crayons noirs, dits *capucines,* formés
de baguettes de plombagine qu'on enchâssait dans une gaine de bois.
Conté (br. fr., 1795) remplaça ces baguettes par une pâte formée avec de
la plombagine et de l'argile très divisées, additionnées d'un peu de
gomme. *Fichtemberg* ajouta à la plombagine un peu de sanguine et une
matière grasse ; le rôle de celle-ci est de fixer les traits sur le papier d'une
manière indélébile. Un mélange de plombagine et d'huile constitue une
encre à marquer le linge. Nurnberg, la patrie du crayon *Faber,* compte
vingt-six fabriques de crayons à la mine de plomb.
Le graphite forme des amas profonds dans les terrains primitifs. Les
gisements les plus riches sont ceux de Marinski, près Irkoustk, en Sibérie :
la découverte en est due à un français, *Alibert,* 1847 ; ceux de l'île
de Ceylan, dont les mines emploient 24000 personnes, et ceux des
Etats - Unis. La plombagine s'y trouve en masses feuilletées ou en

paillettes gris d'acier, onctueuses, ayant un éclat métallique, facilement rayables par l'ongle. Elle laisse sur les doigts, sur le papier des taches gris-noir. Sa d = 2,2. Le graphite naturel renferme 5 à 15 pour 100 d'impuretés.

Le graphite s'obtient artificiellement en abandonnant à un lent refroidissement des carbures métalliques saturés de carbone.

Il est bon conducteur de la chaleur et de l'électricité. On s'en sert pour rendre les moules d'empreinte bons conducteurs de l'électricité, en galvanoplastie, ou pour empêcher le moule d'adhérer au métal déposé électrolytiquement ; pour balais de moteurs électriques, pour électrodes en métallurgie.

La *mine de plomb* pulvérisée et délayée avec un peu d'huile est d'un usage journalier dans l'économie domestique pour préserver les objets en fer, en fonte, en tôle de la rouille et leur donner une couleur gris de plomb agréable à l'œil.

L'infusibilité du graphite est appliquée à la confection d'excellents creusets réfractaires, formés d'un mélange de graphite et d'argile, et utilisés dans les fonderies de cuivre. Le graphite sert encore à revêtir les moules des fondeurs.

Le mélange de plombagine avec 4 parties d'un corps gras est employé pour adoucir les frottements, lubrifier les pièces métalliques, former des composés antifrictions. La plombagine est employée seule pour les pièces en bois, qui se gonfleraient par les corps gras, ou pour lubrifier les pièces d'horlogerie.

Elle constitue le *plomb de mer* utilisé pour le vernissage du plomb de chasse, et le lissage de la poudre noire.

Le graphite sert encore à donner un ton et un toucher d'une douceur particulière aux chapeaux de feutre.

Acheson propose plusieurs méthodes, en particulier la décomposition des carbures métalliques, pour préparer le graphite (Franklin Inst., 1899).

Charbon de sucre.

— Le charbon de sucre est un charbon artificiel. Il s'obtient en brûlant le sucre en vase clos. C'est le plus pur des charbons artificiels.

Charbons de terre.

— Les charbons de terre sont au contraire des charbons très impurs. Ils proviennent de la décomposition des matières ligneuses.

On peut définir *charbon*, toute substance solide stratifiée, de couleur brune à noire, qui entre en combustion avec l'oxygène, sans que ses impuretés terreuses puissent l'empêcher d'être utilisée comme source de chaleur.

Le terme ultime de la décomposition des matières ligneuses est l'*anthracite*, ou *charbon de pierre*, dont le nom vient d'un mot grec, anthrax, qui signifie charbon. Les anthracites se trouvent dans les terrains antérieurs au terrain carbonifère. Leur densité varie de 1,3 à 1,75 ; ce sont donc des charbons denses ; ils sont noirs, opaques, à l'éclat métalloïdique, friables et secs au toucher. Ils renferment environ 90 pour 100 de carbone, ce qui en fait des combustibles supérieurs, mais très difficiles à allumer ; ils brûlent lentement et sans fumée. L'anthracite est le combustible des poêles à combustion lente. Il a l'inconvénient de crépiter au feu en petits fragments. On s'en sert encore comme réducteur dans la fabrication de la fonte. Les mines d'anthracite les plus importantes se trouvent en France dans l'Anjou, le Maine, le Forez, le Dauphiné, la Savoie, en Angleterre dans le pays de Galles, aux États Unis en Pensylvanie.

La *houille,* du mot saxon hulla, est aussi d'origine fort ancienne, quoique plus récente que l'anthracite. Elle est moins riche en carbone, moins serrée, et plus facilement combustible. Les gisements de houille sont très nombreux : on en rencontre un peu partout. Les plus importants sont en Angleterre, en Belgique, en France, en Allemagne, aux États-Unis, en Chine, en Indo-Chine, etc. Ces gisements se trouvent dans le terrain houiller à la base des terrains de sédiment, intercalés dans les assises de grès ou d'argile schisteuse. Les couches ont une épaisseur variant de quelques centimètres à plusieurs mètres. La houille est noire ; elle possède un éclat résineux ; elle est très fragile. Sa densité, varie de 1,25 à 1.35. Le mètre cube pèse environ 800 kilos. Elle renferme de 75 à 95 pour 100 de carbone, et plus ou moins de bitume. Elle brûle avec une flamme plus ou moins longue, en répandant une odeur bitumineuse.

Le *lignite, bois fossile* ou *bois bitumineux,* est de formation plus récente que la houille. Le lignite xyloïde conserve la forme des végétaux d'où il provient, d'où son nom de bois fossile ; lignite vient d'un mot latin, lignum, qui signifie bois. Le lignite compact est la forme parfaite. Le lignite se trouve à la base du terrain tertiaire de sédiment. Sa couleur est marron foncé. Sa densité varie de 0,50 à 1,25. C'est un combustible, brûlant avec une flamme longue semblable à celle des houilles maigres, donnant peu de chaleur, émettant une fumée et une odeur désagréables. Les lignites renferment de 56 à 74 pour 100 de carbone, et une forte proportion d'humidité, qu'on restreint en desséchant le lignite, ce qui donne un meilleur combustible.

Aux lignites se rattachent les *cendres pyriteuses, terre noire de Picardie* ou lignites pyriteux, utilisés pour la fabrication de l'alun et du sulfate ferreux ; la *terre de Cologne, terre de Cassel, terre d'Ombre,* lignite terreux de couleur noir rouge, employé comme combustible et comme couleur en peinture ; le *jais* ou *jayet,* noir, luisant, dont on fait des objets d'ornement polis, mais qui a l'inconvénient sur le jais artificiel d'être combustible et fragile.

La *tourbe* est d'origine contemporaine ; elle est formée par les végétaux des marais. Comme elle est spongieuse et renferme une forte proportion d'eau hygrométrique, elle brûle très lentement en dégageant peu de chaleur, à moins qu'on ne la dessèche et qu'on ne la comprime fortement; mais son prix est élevé par ce traitement. La tourbe jouit de propriétés absorbantes considérables, et on l'emploie comme litière d'écuries, comme absorbant de fosses, pour pansements antiseptiques, pour tissus absorbants dits de *béraudine*.

Applications de la houille au chauffage. — La houille en brûlant à l'air dégage une quantité de chaleur d'environ 7 500 calories par kilo de houille moyenne. Cette chaleur dégagée est utilisée à chauffer les corps, à vaporiser l'eau, etc. L'énergie que la houille nous présente sous forme de calories n'est autre que l'énergie calorifique du soleil qui a servi autrefois à la formation du bois ; on estime que chaque kilomètre carré peut fournir par an 1 000 tonnes de bois, à 4 000 calories au kilo ; nous retrouvons ces calories en puissance dans le charbon. La composition centésimale moyenne de la houille étant la suivante : carbone 80, oxygène 8, hydrogène 4, soufre 2, azote 1, eau 3, cendres 2, sa combustion complète exige 2 kilos 393, soit 1 mètre cube 673 d'oxygène ou 8 mètres cubes d'air. Dans la pratique, le cube d'air doit être doublé. Le cube de gaz provenant de la combustion, ou air brûlé, est d'environ 30 mètres cubes.

D'après la façon dont elles brûlent, les houilles se classent en *houilles grasses,* qui brûlent avec une flamme longue, fuligineuse, se boursouflent et s'agglutinent dans les foyers, et en *houilles maigres,* qui brûlent avec une flamme courte et ne s'agglutinent pas. On distingue les houilles grasses maréchales pour le travail de la forge, les houiles grasses et les houilles demi-grasses à coke, les houilles grasses à gaz, les houilles maigres flambantes pour chauffage industriel, les houilles maigres à courte flamme ou charbons maigres pour chauffage domestique.

L. Gruner, 1874, divise les houilles en cinq classes :

1 houilles sèches, à longue flamme ;
2 houilles grasses : à longue flamme : charbons à gaz ;
3   »   »   proprement dites : charbons de forge ;
4   »   »   à courte flamme : charbons à coke ;
5 houilles maigres anthraciteuses.

Ces cinq classes répondent à la composition suivante :

	1	2	3	4	5
carbone	75-80	80-85	84-89	88-91	90-93
hydrogène	5,5-4,5	5,8-5	5-5,5	5,5-4,5	4,5-4
oxygène	19,5-15	14-10	11-5,5	6,5-5,5	5,5-3,5
rapport $\frac{O}{H}$	$\frac{4}{3}$	$\frac{3}{2}$	$\frac{2}{1}$	1	1
coke fourni	50-60	60-68	68-74	74-82	82-90

Voici, d'autre part, la classification des charbons britanniques d'après leur teneur en carbone et en oxygène :

	Carbone.	Oxygène.
1 lignites	67	26
2 charbons bitumineux, à coke	73 à 90	6 à 19
3 charbons à vapeur, sans grande fumée	86 à 91	2 à 3
4 cannel ou candle coak, à flamme éclairante	63 à 80	6 à 9
5 anthracites	93 à 95	3

La houille renferme un grand nombre de substances étrangères : argile, schiste, calcaire, pyrites, gypse. Les houilles les plus impures sont lavées sur le carreau de la mine.

Agglomérés. — Les menus de charbon lavés sont utilisés, par mélange avec le brai, 10 à 14 pour 100, a la fabrication d'*agglomérés*, due à *Marsais*, de Givors. Dans cette fabrication, on fait entrer non seulement le poussier de houille, mais encore celui de charbon de bois, etc. Le *charbon de Paris*, de *Popelin-Ducarre*, se compose de poussier de charbon de bois, mélangé avec du goudron et moulé au moyen d'une machine ; il brûle lentement, et convient au chauffage des petits locaux, mais il donne beaucoup de cendres. D'autres agglomérés se préparent en mélangeant du poussier de charbon de bois avec un peu de salpêtre et de la matière amylacée : *pyrolithe;* du poussier de houille avec du brai, de l'asphalte, de l'argile, du plâtre : *briquettes* et *péras ;* du poussier de houille avec de l'eau, à mouler la brique et à la calciner de façon à avoir une sorte de coke moulé. Les agglomérés à l'argile donnent évidemment une proportion élevée de cendres. Le chauffage des wagons et des voitures au moyen de briquettes est très dangereux, si le dispositif adopté n'assure pas l'évacuation au dehors des produits de la combustion. De nombreux cas mortels ont amené, très justement, le préfet de police de Paris à l'interdire pour les voitures publiques, si cette évacuation n'est pas assurée.

Pouvoir calorifique. — La puissance calorifique des houilles en calories a été pendant longtemps calculée, d'après leur teneur en carbone, hydrogène, oxygène et soufre, par une formule due à *Dulong* (1). Mais les valeurs sont trop faibles de 500 à 800 calories, ainsi que l'a montré *Scheurer-Kestner*. On préfère la déterminer directement soit dans le calorimètre à eau, soit dans l'obus calorimétrique de *Mahler*. Le kilo de houille dégage 7500 à 8600 calories, selon qu'on a affaire à une houille maigre ou à une houille grasse. La teneur en eau, celle en cendres, celle en résidu de coke sont les notions les plus importantes à connaître, après

(1) La formule de Dulong repose sur l'analyse élémentaire des charbons :

$$P = \frac{8100\, C + 34200 \left(H - \frac{O}{8} \right) + 2500\, S}{100}$$

la façon dont la houille se conduit en vue de l'application spéciale à laquelle elle est destinée.

On suit encore parfois pour déterminer la puissance calorifique, un procédé, indiqué par *Berthier,* qui consiste à chauffer dans un creuset de terre 1 gramme de houille bien pulvérisée mêlée intimement à 50 grammes de litharge pulvérisée. La litharge est réduite par le charbon, et il se forme un culot de plomb dont le poids est proportionnel à celui du charbon ; ce poids en grammes, multiplié par 234, donne le nombre de calories fourni par la combustion de 1 kilo de houille. Le procédé manque de précision suffisante même pour les déterminations industrielles.

Chauffage industriel. — Le chauffage industriel a pour principal objet la production de la vapeur d'eau ; nous en avons exposé les principes et les principaux appareils, pp. 323, 324.

L'économie du chauffage industriel est une question complexe. Elle dépend de la conduite du feu par le chauffeur, de la disposition des grilles, de la quantité d'air qui passe sur le combustible, du degré auquel est amenée la combustion, de la récupération des quantités de chaleur entraînées par l'air brûlé dans la cheminée, et de la réduction au minima des pertes par conductibilité et par rayonnement.

En ce qui concerne la conduite du feu par le chauffeur [1], « le feu allumé, il faut l'entretenir, le charger. Pour cela, le chauffeur ouvre les portes du foyer : un coup d'œil rapide sur la grille l'instruit de l'état du feu. La flamme doit être claire et vive : une flamme fumeuse ou bien une tache noire dans le charbon incandescent serait l'indice d'une combustion incomplète ; une trouée dans le charbon témoignerait au contraire que l'air pénètre en excès sans toucher le combustible en ce point de la grille, en refroidissant par conséquent les carneaux sans produire d'effet utile. Un coup de ringard corrigera aussitôt ces inégalités de marche ; puis le chauffeur jettera le charbon par petites pelletées, l'étalant de son mieux sur une épaisseur de 10 centimètres au maximum sans étouffer le feu ; cela fait, les portes retombent [2]. » Mais pendant que les portes sont ouvertes, il a introduit fatalement de l'air froid malgré toute la rapidité qu'il a pu mettre à opérer, la température s'est abaissée rapidement, les gaz provenant de la décomposition du charbon ne brûlent plus et une épaisse fumée noire jaillit de la cheminée. Lorsque la grille redeviendra libre, l'air sera en excès. Le chauffeur est obligé d'intervenir au moyen du registre pour activer ou réduire le tirage. Il lui faut en plus nettoyer les grilles, pour les débarrasser des cendres, des scories et des mâchefers produits avec les sels de chaux. Le chauffeur n'arrive à gouverner convenablement son feu qu'au prix de minutieuses précautions. S'il est incapable ou négligent, la dépense en charbon peut s'accroître du tiers. La conduite

---

(1) Des renseignements pratiques seront trouvés dans le *Traité des Chaudières marines,* de M. J.-B. Girard.

(2) Witz. Conférences de physique appliquée, 1879.

du chauffage industriel devient particulièrement délicate quand il s'agit du chauffage de foyers pour les chaudières marines.

De grands progrès ont été réalisés en ce qui concerne la disposition des grilles, bien que trop souvent encore on se serve de grilles trop grandes. On emploie de préférence des barreaux dont la surface supérieure est plane et qui sont séparés par des prises d'air étroites ; on les incline, pour faciliter l'enlèvement des scories et rendre la production des gaz progressive : on les dispose en gradins, pour faciliter le passage de l'air ; on les accouple en batterie, pour que la fumée du foyer chargé soit brûlée par celle du foyer actif. On a employé encore des grilles sans fin.

Les grands foyers tendent à être accompagnés d'appareils automatiques pour la charge du charbon, sans qu'on soit obligé d'ouvrir les portes. On règle par une valve l'entrée de l'air dans le foyer. L'air est parfois chauffé à l'avance. Le tirage est activé par une injection de vapeur surchauffée, ou mieux par une soufflerie d'air, mode plus économique, mais nécessitant l'emploi de ventilateurs.

Le charbon est fourni à l'état de poudre pour assurer une combustion complète. Le tirage naturel est le résultat de la différence de densités entre l'air froid et l'air chaud. Il dépend donc de la température de chauffe, de la température de l'air extérieur, de sa densité, de son état hygrométrique, de la direction des vents régnants. On le règle généralement à la vitesse de 2 à 3 mètres par seconde.

Les pertes de calorique par conductibilité et par rayonnement sont réduites si l'on place le foyer dans l'intérieur même des appareils qui utilisent la chaleur produite, et si l'on évite les pertes dues au refroidissement en disposant le foyer dans une enceinte fermée et en l'entourant d'un massif dont on assemble les parties avec le plus grand soin, et où l'on ménage des chambres d'air formant matelas ou récupérateurs.

Voici à titre d'exemple, d'après *Scheurer-Kestner et Meunier-Dollfus*, comment se répartissent les 100 calories produites par la combustion complète du charbon, sous une chaudière à vapeur :

Utilisation par la chaudière		62
Pertes 1° par la cheminée	5,5	
2° par les scories	1,5	
3° par combustion incomplète	5,0	
4° par le noir de fumée	0,5	38
5° par la vapeur d'eau	2,5	
6° par le refroidissement des maçonneries.	23,0	

Des déterminations de *F. Fischer* 1885 donnent :

Utilisation pour l'évaporation	68 à 84
Pertes : résidus des foyers	1 à 4
gaz mal brûlés	1
enlèvement par la fumée..................	10 à 20
conductibilité et rayonnement	5 à 9

Le meilleur moyen de se rendre compte de la façon dont est conduite la combustion dans un foyer industriel consiste à doser l'acide carbonique, l'oxygène et l'oxyde de carbone dans les gaz de la combustion, par exemple au moyen de l'appareil de F. Fischer. Plus il y a d'acide carbonique, sans oxyde de carbone, meilleure est la marche du foyer.

***

Fumivorité. — Si tout le charbon était brûlé, la fumée serait invisible au faîte de la cheminée. Comme il se produit forcément de la fumée à un moment donné, on doit la brûler dans le foyer même ou dans les carneaux.

Au point de vue industriel, la fumivorité n'a pas l'importance qu'on supposerait. Des expériences de *Scheurer-Kestner* ont démontré que le maximum d'effet utile dans un foyer industriel est donné par un excès d'air de 33 pour 100, et *Combes* (Soc. d'Encouragement) a prouvé que la combustion de la fumée ne produit pas d'économie.

Mais se plaçant au point de vue hygiénique, l'administration des grandes villes a une tendance à exiger des foyers fumivores, puisqu'en principe la fumée peut être supprimée. Dès 1854, une ordonnance du préfet de police de Paris enjoignait d'employer des foyers fumivores ou des combustibles ne donnant pas de fumée ; cette ordonnance, renouvelée à plusieurs reprises, et la dernière fois le 28 juin 1898, n'a pas réussi à amener le résultat visé, pas plus que le Palmerston Act à Londres. Les cheminées ont continué à fumer, parce que, disent les malins, il n'est pas possible de faire du feu sans fumée ; la quantité des parcelles de carbone solide ainsi jetée dans l'atmosphère des grandes villes est évaluée pour Londres à 50 tonnes par jour, *Roberts,* ce qui représente une réelle valeur.

Nous avons déjà indiqué, p. 213, les principales solutions qui ont été proposées pour réaliser la fumivorité. — Le chauffage au charbon pulvérisé, dont nous parlons plus loin, est une solution. — L'emploi de foyers à grilles multiples, dont les unes sont destinées à brûler les fumées produites sur les autres, vient d'être signalé p. 672. Un dispositif très simple, fondé sur ce principe et indiqué par *A. Sabourain,* qui l'a installé à l'Hôtel des postes et télégraphes de Paris, suffit a brûler les trois quarts de la fumée produite auparavant. — Une autre solution consiste à brûler la fumée dans le foyer ou dans les carneaux, grâce à une injection d'air chaud. — Une solution toute différente intercepte la partie solide de la fumée au moyen d'écrans ou de grillages ; le dispositif récemment adopté à l'Institut clinique de Hall appartient à cette solution ; la cheminée d'adduction des fumées est contenue dans une enveloppe de maçonnerie et vient déboucher à la partie supérieure en se coudant à angle droit, de façon que l'air brûlé frappe contre les parois ; il paraît qu'on recueille chaque mois 150 hectolitres de poussier de charbon ainsi enlevé à la fumée. — Enfin, une solution radicale consiste à brûler dans le foyer d'utilisation, non plus de la houille, mais les gaz combustibles provenant d'une première combustion incomplète de houille dans un espace clos : gaz de gazogènes à coke, etc. (voir plus loin l'oxyde de carbone) ; gaz d'eau ; ou d'une distillation même de la houille : gaz d'éclairage.

Chauffage domestique. — Le problème du chauffage domestique revient à faire respirer de l'air non vicié dans une chambre chauffée avec un minimum de dépense.

Le moyen le plus aisé consiste à faire servir la chaleur d'un foyer au fonctionnement d'un calorifère à air chaud, à eau chaude ou à vapeur sous basse pression avec soupape de rentrée d'air. C'est un mode de chauffage constant, doux et propre.

Plus fréquemment, le foyer, au lieu d'actionner un calorifère, est placé dans une cheminée, ou dans un poêle, et chauffe directement l'air de l'appartement ou l'air amené de l'extérieur.

Le mode de chauffage par cheminées est très salubre. Le charbon y est brûlé dans une grille. Mais la cheminée est une grande gaspilleuse de calorique ; elle n'utilise qu'une faible partie de la chaleur dégagée, 10 à 13 centièmes, pour le chauffage de l'appartement, et presque toute la chaleur s'en va par la cheminée elle-même (1). On peut améliorer légèrement le rendement calorifique, en ménageant derrière la cheminée ou autour du foyer des chambres de chauffe avec bouches de chaleur dans la salle, ou en employant quelques systèmes particuliers : aérateurs Cordier, tropiques, thermophores Pillet, dont le principe consiste à disposer en contact avec le foyer des tubes qui communiquent par leurs deux extrémités avec la salle et y puisent de l'air qu'ils rendent à une température supérieure.

La chaleur est beaucoup mieux utilisée lorsqu'on place le foyer en dehors de la cheminée dans la salle elle-même : c'est le cas des poêles et des appareils nommés cheminées. Mais pour que leur emploi ne soit pas malsain, il est indispensable que le foyer soit entouré de briques réfractaires, de telle sorte qu'aucune portion des gaz nuisibles de la combustion ne puisse traverser les parties métalliques ; il faut ensuite que ces appareils soient mis en communication étanche par leur base avec la cheminée de la salle, et que le tirage ainsi que l'arrivée de l'air soient convenablement ménagés. On évitera les courants d'air en ménageant les canaux de prises d'air du poêle dans la muraille même. Les poêles sont en terre, en tôle ou en fonte, et les plus efficaces à circulation d'air. Ceux en terre, avec revêtements en porcelaine comme c'est le cas des poêles russes, sont les meilleurs à cause de leur chauffage doux, constant et hygiénique. Les poêles les plus hygiéniques sont ceux qui puisent leur air à l'extérieur. — Quant aux poêles à combustion lente, même s'ils ne sont pas mobiles, leur emploi, malgré l'économie qui en résulte, doit être formellement proscrit. Ils n'ont pas seulement donné lieu à de nombreux

_____

(1) Saint-Simon raconte qu'en 1709, au château de Versailles, des glaçons se formaient dans les verres des invités du duc de Villeroy pendant qu'ils causaient avec lui au coin de la cheminée.

cas d'empoisonnement aigu par suite de l'arrêt ou de l'interversion ino-
pinée de leur tirage ; mais encore, parce qu'ils donnent lieu fatalement à
un dégagement de gaz nocif, ils amènent par voie d'intoxication lente une
altération chronique de la santé qui se manifeste par des malaises, des
vertiges, de la pâleur, de l'anémie.

Chauffage au charbon pulvérisé. — La question de la prévention de la
fumée dans la production de la vapeur a amené depuis quelque temps
l'attention sur l'emploi du charbon pulvérisé pour le chauffage des chaudières. La Schweizerische Bauzeitung a donné une série d'articles constituant une revue très complète des tentatives faites à diverses époques,
jusqu'à présent, pour résoudre ce problème, et nous en donnons un
résumé succinct d'après le Bulletin de la Société des Ingénieurs civils.

Le charbon pulvérisé a fait l'objet de bien des essais depuis 1831, où
Henschel, à Cassel, employait un courant d'air chargé de poussier de
charbon pour le chauffage de fours à briques, pour le soudage et pour
d'autres opérations faites sur les métaux. Il y a près de quarante ans que
Putsch, en Angleterre, tenta d'employer le chauffage au poussier pour la
fabrication du verre ; et vers 1870, Crampton fit des essais pour appliquer
ce système aux opérations métallurgiques. Aux Etats-Unis, les essais de
Mac Auley, vers 1881, et de Hathaway, en 1886, sont bien connus; et dans
ces derniers temps, les expériences de Wegener et d'autres en Allemagne
et ailleurs ont vivement attiré l'attention.

Trois principes fondamentaux jouent un rôle dans l'emploi du charbon
pulvérisé comme combustible : 1° la chambre de combustion doit toujours
être maintenue à une température élevée; 2° le combustible pulvérulent
doit être introduit au centre du courant d'air qui lui sert de véhicule, et
ce courant ne doit pas être interrompu ; 3° enfin, les particules de charbon
doivent rester en suspension dans l'air jusqu'à leur combustion complète.

Cette dernière condition est d'une importance capitale, parce que si
une partie de la poudre de charbon s'échappe du courant gazeux et tombe
au fond de la chambre de combustion, elle se transforme en coke au lieu
d'éprouver une combustion complète.

Il est nécessaire d'établir une distinction entre le charbon pulvérisé et
le poussier ordinaire qui se produit naturellement dans la manutention
du combustible. La poudre qu'on emploie pour le chauffage est préparée
par un broyage de manière à passer dans un tamis présentant 900 mailles
par centimètre carré, et doit être absolument exempte de particules d'une
grosseur supérieure.

La première des conditions nécessite des dispositions spéciales lorsqu'on
emploie des chaudières à foyer intérieur, pour éviter que le voisinage des
parois à une température relativement basse n'empêche la combustion
complète du combustible en poudre. Il faut, dans ce cas, revêtir l'intérieur
du foyer de briques qui, prenant une température élevée, empêchent le
refroidissement de la flamme et jouent le rôle de volant de chaleur. La

présence de ces briques n'entraîne aucune perte de chaleur ; elles servent d'intermédiaire pour transmettre le calorique à la surface de chauffe effective. — La seconde condition exige, pour être remplie, une disposition convenable des appareils, et c'est surtout dans cette direction que s'est exercée l'ingéniosité des inventeurs. — La troisième condition dépend surtout du degré de finesse de la poudre de charbon, et c'est le coût de la préparation de cette poudre qui limite, en pratique et au point de vue commercial, l'emploi de ce système de chauffage.

Le foyer Wegener, dont on a beaucoup parlé, est caractérisé par l'application au charbon pulvérisé des méthodes qu'on emploie avec succès pour les huiles lourdes et les résidus de pétrole en Russie. Dans ce système, le charbon en poudre est mélangé à l'air par une sorte de blutoir à mouvement de rotation, et le mélange est lancé dans la chambre de combustion par un jet de vapeur. Une garniture réfractaire permet au foyer de conserver une température élevée, et, comme il atteint rapidement celle du rouge blanc, les inégalités inévitables dans le chauffage n'ont aucun inconvénient. Les cendres qui existent dans le combustible se fondent sous forme de scorie liquide qui s'écoule par une ouverture pratiquée à cet effet dans le foyer, et il ne se produit pas plus d'accumulation de poussière dans les carneaux qu'avec le mode ordinaire de chauffage.

Des essais faits au point de vue spécial de la fumivorité ont été exécutés en Allemagne. Ils n'ont pas donné de résultats extraordinaires comme vaporisation : on a obtenu de 8 à 9 kilos de vapeur par kilo de combustible, en moyenne ; mais on a obtenu une fumivorité complète dans tous les essais, toutes les fois qu'on s'est attaché à réaliser dans les foyers une surface suffisante de matière réfractaire pour prévenir le refroidissement de la flamme. On a éprouvé de sérieuses difficultés pour y arriver dans le cas des chaudières avec l'eau dans les tubes, et il a fallu établir une chambre de combustion entièrement séparée ne laissant pas la flamme toucher la surface des tubes.

L'emploi du combustible pulvérisé ne semble pas avoir un très grand intérêt au point de vue économique, puisque, d'une part, il n'accroît pas la vaporisation, et que, de l'autre, il implique une dépense pour la pulvérisation ; mais il constitue une solution intéressante du problème de la fumivorité, et peut être conseillé lorsqu'il existe des dispositions de police prohibant rigoureusement l'émission de fumée.

Renseignements statistiques. — La production totale du charbon dans le monde s'est élevée, en 1899, au chiffre de 662 820 000 tonnes. Cette production se répartit entre les grands pays producteurs de charbon dans les proportions suivantes : Grande-Bretagne, 202 055 000, soit 0,35 pour 100 ; Etats-Unis, 196 406 000, ou 30 pour 100 ; Allemagne, 131 000 000, ou 20 pour 100 ; ces trois pays représentent 80 pour 100 de la production totale de charbon du monde. Après vient l'Autriche-Hongrie avec 35 millions de tonnes, soit 5,3 pour 100 ; la France avec 32,5 millions, ou 4,8 pour 100 ;

la Belgique avec 22 millions, soit 3,3 pour 100 ; la Russie avec 13 millions, ou 2 pour 100 ; et enfin les autres pays avec 34 millions environ, soit près de 5 pour 100.

Les chiffres suivants indiquent l'augmentation qu'a prise la production houillère dans les divers pays depuis dix ans. Ils sont exprimés en mille tonnes :

Pays.	1899	1889	Augmentation pour 100.
Etats-Unis	218 000	85 383	255
Grande-Bretagne ...	212 000	176 917	120
Allemagne	110 000	67 342	165
France	32 500	23 832	136
Belgique	22 000	19 870	110,5
Autriche-Hongrie ..	12 500	9 930	125,5
Russie	11 900	6 197	192
Canada	4 100	2 658	153
Indes anglaises	4 250	1 946	217
Totaux	627 250	393 695	159

Le fait le plus saillant dans cette comparaison est l'énorme augmentation de production des Etats-Unis qui tiennent aujourd'hui la tête. La production de la Russie et celle des Indes sont également remarquables ; elles ont doublé depuis dix ans, bien qu'elles soient encore peu importantes au point de vue absolu.

Les prix du charbon sur le carreau de la mine varient, dans une large mesure, suivant les pays de production. Le minimum paraît avoir été atteint dans l'Inde anglaise, savoir 4 francs 50 par tonne, et le maximum dans la colonie du Cap avec 17 francs 80. Au Natal, le prix est moins élevé, 12 francs 50. Les Etats-Unis viennent immédiatement après l'Inde pour les bas prix, le charbon y revient en moyenne à 5 francs 75 à la mine. Si on considère les pays européens, c'est en Espagne qu'on trouve les prix les plus bas, 7 francs ; après viennent l'Autriche avec 7 francs 65, la Grande-Bretagne 8 francs 10, la Russie 8 francs 40, l'Allemagne 9 francs 20, la Belgique 10 francs 25, la France 10 francs 80.

Une des raisons pour lesquelles le charbon est très bon marché aux Etats-Unis est le taux élevé de la production par ouvrier, 450 tonnes par an. Ce taux est cependant inférieur à celui que donne un mineur dans les Nouvelles-Galles du Sud, 455 tonnes. Dans la Nouvelle-Zélande, 440 tonnes. Dans la Grande-Bretagne, on n'obtient guère plus de 297 tonnes. Dans la colonie du Cap, où l'on emploie principalement la main-d'œuvre indigène, le produit s'abaisse à 56 tonnes. Au Natal, où l'on a facilement des coolies, on obtient 156 tonnes. Dans l'Inde anglaise, l'ouvrier ne produit que 68 tonnes par an ; il faut donc que la main-d'œuvre y soit à un prix extrê-

mement réduit. Les productions annuelles sont de 271 tonnes pour le
mineur allemand et de 216 tonnes pour le mineur français (1).

La production des charbons a été en 1897 pour le monde entier de
574 532 600 tonnes métriques, avec un prix moyen sur le carreau de la
mine de 5 francs 67 à 10 francs 88 (2).

	Tonnes.	Prix moyen.
Grande-Bretagne...............	205 182 000	7 francs 25
Etats-Unis....................	181 500 000	5 » 67
Allemagne....................	91 000 000	8 » 90
France.......................	30 780 000	10 » 88
Belgique.....................	22 500 000	10 » 26
Hongrie......................	11 500 000	7 » 63
Russie.......................	11 000 000	
Espagne	1 940 000	
Autres.......................	19 130 600	
Total............	574 532 600	

La France, en 1897, a importé 10 437 000 tonnes de charbons étrangers,
elle a exporté 1 162 000 tonnes. La proportion des charbons importés par
rapport à sa consommation totale a été de 11,95 pour 100 en charbons
britanniques ; 10,39 en charbons belges ; 4,07 en charbons allemands. La
consommation par tête a été de 0 tonne 98 (non compris les lignites). Le
nombre des mines exploitées était en 1897 de deux cent quarante-trois ;
elles employaient 99 666 personnes au fond, et 140 598 personnes au jour.
La production par personne employée a été de 216 tonnes.

La production pour la France en charbons bitumineux a été de
28 709 000 tonnes pour 1897, et en anthracites de 1 628 000 tonnes.

La valeur totale de la production des charbons en 1897 est estimée
330 millions de francs.

La production des lignites a été de 460 000 tonnes, valant 3 907 000 francs
(soit une valeur moyenne sur le carreau des mines de 8 francs 48). Il y a
quarante-quatre mines exploitées.

En 1898, la production de la France a été de 32 356 000 tonnes de combustibles minéraux valant 363 millions de francs, au prix moyen de 11 fr. 22
la tonne sur le carreau ; soit 30 172 000 de houille, 1 654 000 d'anthracites
et 530 000 de lignites. Les deux tiers de cette production sont fournis par
les bassins du Nord et du Pas-de-Calais. La production de la France atteint
à peine la vingtième partie de celle du monde : 205 287 000 Grande-
Bretagne, 199 525 000 Etats-Unis, 35 939 000 Autriche-Hongrie (1897),
130 928 000 Allemagne, 22 088 000 Belgique. La France ne vient qu'au

_____

(1) Ces renseignements sont extraits de Engineering, 1900.
(2) Maxima : 12 francs 60 en Nouvelle-Zélande, au Natal, et 19 francs 59 au Cap.

cinquième rang. Sa consommation a été en 1898 de 43 295 000 tonnes
(6,6 pour cent industries minières ; 17,9 métallurgie ; 11,8 chemins de
fer). Elle a importé 11 917 000 tonnes et exporté 1 073 000 tonnes.

La production de la Grande-Bretagne, en tons de 1 016 kilos 048, a été
en 1870 de 110 431 192 tons, en 1880 de 146 969 409 tons, en 1890 de
181 614 288 tons ; en 1897 de 205 364 000 tonnes métriques dont 156 473 144
sont restées pour la consommation intérieure et les autres ont été expor-
tées. La consommation intérieure absorbe 3 dixièmes trois quarts pour
les industries houillères et métallurgiques, 2 dixièmes trois quarts pour
les industries manufacturières et les locomotives, 2 dixièmes et demi
pour les besoins domestiques, y compris la fourniture de l'eau et du gaz,
1 dixième est exporté.

Épuisement des mines de charbon. — Les mines de charbon ne peuvent
pas fournir leurs produits indéfiniment, parce que leur stock n'est pas
illimité. D'ailleurs, il n'y a pas à parler de l'épuisement réel des terrains
houillers, il suffit d'envisager l'épuisement commercial des bonnes qualités abordables aisément. La question du prix de revient domine tout.
Les mines deviendront moins exploitables ; déjà certains puits vont à une
profondeur de 900 à 1000 mètres, et la température y atteint 38°, c'est-à-
dire celle du corps humain. Les prix augmentent en conséquence. On ne
peut pas d'ailleurs aller trop bas, à cause du degré géothermique (qui
correspond à une distance verticale variant entre 15 et 50 mètres). La
limite d'approfondissement dépend de l'endurance à supporter la chaleur
terrestre, et de la possibilité de réduire par la ventilation la température
de l'air en contact avec les terrains profonds. L'épuisement des mines de
charbon est donc inévitable, et sa prévision a excité des recherches considérables, principalement en Angleterre (1). On évalue le stock de charbons
exploitables aisément en Grande-Bretagne à 15 milliards de tons (total :
81 milliards de tons).

E. Lozé en déduit qu'« entre 1950 et 1960 les conditions exceptionnellement
favorables faites par les houillères britanniques à la marine, à l'industrie
et au commerce du Royaume-Uni tendront à disparaître ; l'extraction de la
houille britannique entrera dans une période de stagnation et d'oscilla-
tions, après laquelle s'ouvrirait une période de décroissance. Les charbons britanniques exerceront encore une influence pour maintenir les
charbons exotiques importés à des prix peu élevés. Mais le monopole de
fait, assuré par la certitude d'un fret d'aller toujours disponible, au profit
de la flotte britannique, en une substance réalisable sur tous les points du
globe, aura une tendance à disparaître, puis il disparaîtra... Si l'influence
de la race britannique persiste, son axe, déplacé, abandonnera une île

(1) Voir l'ouvrage important de E. Lozé : Les charbons britanniques et leur épuisement,
2 volumes, 1900.

désormais dépouillée de ses principaux éléments vivificateurs : le fer et le charbon. »

Ces prévisions gardent un caractère hypothétique, en ce qui concerne les dates ; mais leur réalisation semble inévitable quelque jour. Lorsque le charbon britannique manquera à la puissance industrielle, le charbon américain, maître de terrains houillers trente-sept fois plus considérables, le remplacera sans doute ; il commence déjà à lutter dans les ports européens. Ensuite la puissance industrielle passera aux mains de ceux qui recourront plus directement aux forces naturelles.

On ne se fait pas à priori une idée juste de l'énorme quantité de houille brûlée dans les foyers des locomotives qui courent nuit et jour sur les rails, dans ceux des paquebots qui sillonnent les mers à toute vapeur, enfin dans les hauts-fourneaux qui preparent la matière première des locomotives et des steamers.

Sur les locomotives, la quantité de combustible dépensée par kilomètre est environ de 12 à 14 kilos. Les Compagnies françaises de chemins de fer ont en 1893 brûlé 3 782 850 tonnes de houille, c'est-à-dire une masse supérieure à celle de la grande pyramide d'Egypte qui a 137 mètres de hauteur et pour base un carré de 240 mètres de côté. Cette masse chargée sur wagons à raison de 10 tonnes par wagon formerait un train long de 2 600 kilomètres, la distance de Paris à Saint-Pétersbourg ; ce train, s'il marchait à la vitesse horaire de 30 kilomètres, mettrait 3 jours et demi à défiler sans s'arrêter devant le quai d'une station. On se demande ce qu'a bien pu être la dépense en 1900, l'année de l'Exposition ? celle de l'ensemble des chemins de fer du monde entier ? On peut l'évaluer à trente fois ce qu'est celle de la France.

Les grands paquebots transatlantiques qui font le service entre le Havre et New-York consomment 370 tonnes par jour, et pour une traversée maxima de sept jours emportent la provision de neuf jours, soit 3 100 tonnes. Le chargement d'un seul voyage nécessiterait pour amener le charbon par voie de fer 10 trains de 31 wagons chacun. Ces chiffres sont relatifs à *La Lorraine,* le dernier paquebot français mis en service. Le Kaiser Wilhelm der Grosse, du Lloyd allemand, consomme 500 tonnes de charbon par jour ; ses soutes emmagasinent 4 500 tonnes.

Les hauts fourneaux usent autant de charbon que les grands paquebots. Les 111 hauts fourneaux qui étaient en feu sur le sol français pendant l'exercice 1898, ont consommé 1 tonne 26 de coke par tonne de fonte produite et ils ont produit 2 534 000 tonnes de fonte. La S. A. de Marcinelle et Couillet vient de construire deux hauts fourneaux, les plus considérables en Europe, qui produisent par jour 160 tonnes de fonte. A l'usine Duquesne de la Carnegee steel Cy à Pittsburg, quatre hauts fourneaux donnent une production moyenne journalière de 572 tonnes de fonte, allant jusqu'à 690, avec une consommation de coke de 0 tonne **770** par tonne de fonte produit ; l'usine Duquesne, sur ces bases, absorberait chaque année *à elle seule 6 400 000 tonnes de charbon.* Les E. V. ont produit, en 1898, **11 963 000** tonnes de fonte.

Autres applications de la houille. — La houille n'est pas utilisée seulement pour le chauffage industriel ou domestique. Nous venons de voir que les réductions métallurgiques en emploient des quantités formidables, sous sa forme primitive ou sous la forme de coke qui en dérive. — Elle sert à préparer le gaz des gazogènes que nous étudierons à propos de l'oxyde de carbone, le gaz à l'eau que nous avons vu à l'eau, le gaz d'éclairage que nous verrons à la suite des hydrocarbures. — Le cannel coal ou candle coal anglais donne une flamme assez brillante pour éclairer directement, d'où son nom. On le sculpte encore pour ornements, — La distillation de la houille fournit un goudron, la benzine, la naphtaline, l'anthracène, de l'ammoniaque ; celle du boghead fournit de l'huile solaire, du gaz photogène, de la paraffine. — En faisant bouillir du charbon en poudre avec de la soude caustique, puis neutralisant par l'acide chlorhydrique, *Reisch* a préparé une sorte de tannin : la *pyrofuscine.*

Inflammation dite spontanée de la houille. — Le charbon de terre prend souvent feu spontanément dans la mine elle-même, soit par suite de l'oxydation des pyrites qu'il renferme, soit par suite de l'explosion des poussières. On sait que la poussière seule de matières combustibles, charbons, farines, etc., peut donner lieu à des explosions dangereuses, si elles sont excitées par une flamme vive. Les dépôts de charbons eux-mêmes peuvent prendre feu spontanément, comme nous l'avons déjà vu en parlant des pyrites. Ce cas dangereux se présente trop fréquemment au cours des transports maritimes (1).

Coke. — Le coke est de la houille carbonisée et épurée. C'est le résidu de sa calcination en vase clos. Il a sur la houille plusieurs avantages ; par suite du départ des matières bitumineuses, et de la plus grande partie des impuretés, spécialement du soufre, il brûle sans fumée et sans odeur, en donnant beaucoup moins de cendres, sans dégager d'acide sulfureux, sans former d'empâtements sur les grilles, et comme il est plus riche en carbone que la houille, il produit un chauffage plus énergique. Aussi le préfère-t-on à la houille pour le chauffage domestique, pour celui des voitures-locomotives à vapeur, et dans un grand nombre d'opérations métallurgiques, en particulier pour les hauts-fourneaux. Les demandes de coke pour les hauts-fourneaux ont dépassé si rapidement la production en cokes résiduaires des usines à gaz qu'il a fallu créer de tous côtés des fours destinés à fabriquer directement le coke, mais la production totale du coke reste encore très inférieure aux

(1) Consulter l'Étude scientifique et juridique sur les combustions spontanées par M. E. Tabariès de Grandsaignes, Paris, 1898.

besoins ; cette situation a amené le renchérissement général dans les dernières années des fers, des aciers, des métaux, et a contribué à celui des charbons.

Toutes les houilles ne sont pas aptes à donner du bon coke. On classe pour cette utilisation d'abord, les houilles sèches à longue flamme, puis la houille grasse flamboyante, types Newcastle et Mons, la houille trois quarts grasse ou maréchale, la houille demi grasse et quart grasse, types Cardiff et Charleroi, en dernier lieu les houilles maigres anthraciteuses.

En dehors de la production du coke dans les cornues d'usines à gaz, pour fabriquer le coke métallurgique, on carbonise la houille en meules recouvertes de terre mouillée, ou dans des fours fermés à récupération des sous-produits. Le rendement moyen est de 60 de coke pour 100 de houille. Plus la carbonisation s'effectue lentement (elle peut durer trois jours), plus le coke est compact et convient aux usages métallurgiques. Les systèmes de fours les plus employés sont ceux de Coppée et de Semet-Solvay.

La fabrication du coke donne lieu à une industrie secondaire très intéressante, celle de la récupération des sous-produits : goudron et ammoniaque, celle-ci formée directement avec 10 à 13 pour 100 de l'azote existant dans la houille. On les recueille dans des appareils de condensation.

En traitant des houilles à gaz et des houilles grasses, on obtient pour 100 parties de houille 62 à 75 de coke en morceaux, 4 à 1 de coke menu, 9 à 1 d'escarbilles, 2 3/4 à 3/5 de goudron et 0,8 à 1,1 de sulfate d'ammonium. Le goudron obtenu est très fluide ; il donne 58 pour 100 de produits distillés et 40 de brai. Les produits distillés comprennent environ benzine 1, naphtes 0,5 ; phénol 1,4 ; naphtaline 0,4; anthracène 0,95 ; les produits sont riches en anthracène. Dans les fours Semet-Solvay, on obtient avec des charbons renfermant 16 à 38 pour 100 de matières volatiles, par tonne de coke produit : 7 à 17 kilos de sulfate d'ammonium, 18 à 70 kilos de goudron et d'hydrocarbures, et du gaz de chauffage.

Le gaz des fours à coke ne possède que la moitié du pouvoir éclairant du gaz de houille. Il peut servir au chauffage.

Le coke au sortir des cornues ou des fours est éteint avec de l'eau. Il augmente d'environ 6 pour 100 de son poids.

Le coke est une substance gris-noir, très poreuse, conservant la forme de la houille qui a servi à le préparer ou prenant un aspect boursouflé. Il est moins lourd que la houille ; le mètre cube pèse 388 à 400 kilos en moyenne. Le coke des cornues est plus léger que celui des fours. Il absorbe l'humidité de l'air, 1 à 2,5 pour 100, et très facilement l'eau liquide, jusqu'à 50 pour 100. Il ne donne que 5 à 8 pour 100 de cendres, surtout s'il provient de houilles lavées.

Le coke brûle plus difficilement que la houille, et sans flamme ; on ne peut l'allumer qu'en lui procurant une forte chaleur, et on ne peut maintenir sa combustion qu'en le faisant brûler en masse ou en insufflant un courant d'air énergique.

En dehors de ses emplois pour le chauffage, pour la réduction des minerais, le coke oxydé par l'air fournit un gaz combustible ou gaz des gazogènes (voir oxyde de carbone), et oxydé par la vapeur d'eau il fournit le gaz à l'eau (voir p. 319).

Charbon des cornues. — Lorsqu'on calcine la houille en vase clos pour obtenir le gaz d'éclairage, les parois intérieures de la cornue se recouvrent d'une couche compacte d'un charbon gris, très dur, lourd, sonore, bon conducteur de la chaleur et de l'électricité ; c'est le *charbon des cornues*. Il provient de la décomposition d'hydrocarbures élevés, et l'épaisseur de la couche atteint jusqu'à 15 centimètres. Sa teneur en cendres est très minime ; il dégage en brûlant une chaleur fort élevée, et on l'utilise parfois comme combustible dans les laboratoires. Comme il est infusible, on s'en sert pour creusets, nacelles et tubes réfractaires, et comme il est bon conducteur de l'électricité, pour *crayons* dits *de graphite,* destinés à la production de l'arc électrique et préparés en faisant calciner un mélange de charbon des cornues, de noir de fumée et de goudron. Il sert enfin à constituer des plaques conductrices dans les piles électriques.

Charbon de bois. — C'est le résidu de la calcination du bois en vase clos. On le prépare en grand soit en calcinant du bois dans des cornues fermées, *Lebon* 1785, ce qui donne un rendement d'environ 27 à 30 pour 100 et permet de récupérer les produits volatils : gaz de bois, esprit de bois, acide pyroligneux, goudron de bois si employé par la marine ; soit en brûlant incomplètement le bois disposé en meules sur place au milieu des forêts, procédé qui ne donne qu'un rendement de 17 à 18 pour 100 et laisse perdre les produits volatils, mais est pourtant le plus économique. En Chine, on carbonise le bois dans des fours souterrains, et le rendement atteint 30 à 35 pour 100. — La calcination en vase clos n'est employée que pour les charbons de bois légers destinés à la poudrerie, ou lorsqu'on veut obtenir de l'esprit de bois et de l'acide pyroligneux.

Le charbon de bois est une substance noire, amorphe, dure, cassante, sonore ; il est mauvais conducteur de la chaleur et de l'électricité. Sa d. = 1,57 ; il surnage pourtant au début sur l'eau, à cause de l'air que ses pores renferment ; il ne tarde pas à s'imbiber d'eau, et il tombe alors au fond.

Sa dureté le rend propre au polissage des métaux, en particulier du cuivre et de ses alliages.

Les applications des différents charbons de bois sont très nombreuses. En première ligne, il faut placer leur emploi dans le chauffage domestique, dans le traitement réducteur de certains minerais métallurgiques, dans la fabrication de la poudre noire. Pour cette utilisation spéciale, on n'emploie que des charbons provenant de la carbonisation en cylindres de bois tendres dépouillés de leur écorce, parce qu'ils possèdent une inflammabilité rapide, qu'ils brûlent rapidement aussi, enfin que leur combustion ne laisse pas de résidus.

Les charbons légers provenant de la calcination du saule, du tremble, du coudrier, du tilleul, de la bourdaine sont employés sous le nom de *fusains* pour crayons destinés au dessin. On donne parfois du corps à ces baguettes en les trempant dans du suif ou de la cire fondus. Les noirs les plus beaux pour la peinture : *noirs de vigne, de pêche, de liège, d'Espagne, de Francfort, d'Allemagne,* sont des charbons de bois très légers.

Le poussier de charbon de bois sert à préparer des agglomérés, en particulier le *charbon de Paris* (voir p. 670).

Les propriétés du charbon de bois varient d'ailleurs avec la nature du bois qui a servi à le préparer, et avec les circonstances de température qui ont accompagné cette préparation. Une calcination modérée, un bois léger, donnent un charbon facile à s'enflammer, mauvais conducteur de la chaleur et de l'électricité, employé pour la fabrication de la poudre noire. Une calcination poussée très fortement donne un charbon dur, compact, conducteur de la chaleur et de l'électricité, ce qui fait employer la braise des boulangers dans les puits de paratonnerres pour assurer la communication avec le sol, et enfin difficile à s'enflammer. Une calcination exagérée donne un charbon friable, absorbant jusqu'à 10 pour 100 d'humidité. Une calcination insuffisante donne un charbon terne, roux, non sonore, non cassant, brûlant en répandant de la fumée : *fumerons.* Tous ces charbons dégagent en brûlant la même quantité de chaleur, mais, ceux provenant de bois durs produisent un échauffement supérieur, parce que le dégagement de chaleur est localisé dans un plus petit espace.

La propriété la plus importante du charbon de bois est le pouvoir absorbant qu'il possède pour les gaz, *Fontana.* Les gaz les plus solubles sont les plus facilement absorbés ; ils se dégagent de nouveau par la chaleur ou dans le vide. D'après *Th. de Saussure,* 1 volume de charbon de bois absorbe 90 volumes de gaz ammoniac, 85 de gaz chlorhydrique, 65 de gaz sulfureux, 55 de gaz sulfhydrique, 40 de protoxyde d'azote, 35 d'acide carbonique, ou de méthane, 9,42 d'oxyde de carbone, 9,25 d'oxygène, 7,05 d'azote et 1,75 d'hydrogène. Cette propriété a reçu de nombreuses applications. En chauffant du charbon saturé de chlore, d'acide sulfhydrique, de gaz ammoniac, de cyanogène dans une branche d'un tube recourbé et fermé, on réalise la liquéfaction du gaz dans l'autre branche.

Le charbon de bois est utilisé avec avantage pour assainir les atmosphères chargées de gaz irrespirables, puits, mines, fosses d'aisances. C'est un excellent désinfectant, signalé par le russe *Lowitz,* 1790, et très propre pour enlever les mauvaises odeurs aux eaux corrompues, aux matières organiques en putréfaction. *Salmon,* 1826, l'a appliqué à la désinfection des matières résiduaires, soit seul, soit mélangé à de l'argile sèche, à du plâtre, à la couperose. Le *noir animalisé,* qui constitue un engrais puissant, est le produit des fosses ainsi désinfecté.

Le charbon de bois est en même temps un excellent agent de conservation. Les Egyptiens s'en servaient pour l'embaumement des cadavres. Les *suaires carbonifères* de *Pichot et Malapert* sont constitués par une pâte de charbon de bois, de cellulose et d'éponge. On peut conserver longtemps des viandes, du gibier, du poisson en les enveloppant dans du charbon de bois pulvérisé. En mettant un fragment de charbon de bois, bien calciné et bien lavé, dans le bouillon pendant les chaleurs de l'été, on est sûr de l'empêcher de s'aigrir.

Le charbon de bois est, en vertu de ce pouvoir absorbant, l'un des meilleurs dentifrices connus ; les femmes bretonnes s'en servaient déjà au commencement de notre ère.

Il rend de très grands services dans le traitement des dyspepsies et pour désinfecter les voies digestives : *charbon de Belloc.*

Son pouvoir absorbant s'étend à un grand nombre de sels et de matières organiques. D'où son emploi dans les filtres à eaux potables.

Noir de fumée. — Le *noir de fumée* ou *noir de lampe* se produit dans toutes les combustions imparfaites des matières organiques. Il se prépare en faisant brûler des résines ou des huiles hydrocarburées peu coûteuses dans un récipient ouvert, avec la quantité d'air juste nécessaire pour entretenir une combustion accompagnée de la production maxima de fumée ; cette fumée est dirigée dans des chambres en briques ou dans des sacs en toile, où le noir se dépose. Le noir le plus fin et le plus pur se dépose dans les parties les plus eloignées. Il se prépare encore en faisant brûler les jets de gaz naturels sous un disque métallique horizontal, refroidi au-dessus par un courant d'eau et raclé en dessous d'une manière continue. Depuis quelque temps, on prépare un noir dit *noir à l'acétylène,* en faisant brûler l'acétylène dans les conditions de l'une des deux méthodes précédentes, ou mieux en le faisant exploder par l'étincelle électrique sous une pression de 2 à 4 atmosphères. Le noir à l'acétylène s'obtient instantanément et renferme 99,8 pour 100 de carbone pur ; 1 mètre cube d'acétylène produit 1 kilo de noir, *E. Hubou* (Société des Ingénieurs civils, 1900), soit 92,3 pour 100 du poids de l'acétylène. Les noirs de fumée, de lampe, de pétrole, de naphtaline, de goudron sont accompagnés au contraire de matières grasses dont on ne les sépare partiellement qu'en les calcinant dans un creuset fermé ; le rendement ne dépasse pas 20 à 25 pour 100. La *suie* est un noir de fumée très impur renfermant une proportion élevée de matières huileuses, résineuses et salines ; elle constitue un bon engrais et un insecticide efficace.

Les noirs de fumée purifiés ont une d. $= 1,76$. Ils brûlent dans l'oxygène vers 370°.

Ils sont employés, comme couleurs noires, pour la peinture en bâtiments, pour la préparation des encres lithographiques et typographiques, de l'encre de Chine, des vernis noirs, pour la fabrication des cuirs cirés et vernis, pour l'impression des tissus en gris-enlevage sur indigo et en gris-réserve sous noir d'aniline, etc., pour celle des gravures, pour la photographie au charbon. La fabrication des encres d'imprimerie en consomme de grandes quantités ; le tirage des journaux quotidiens offre un important débouché.

L'encre de Chine est fabriquée à Anhui. On la prépare en brûlant des huiles végétales mêlées à de la graisse de porc et à du vernis. Le noir de lampe ainsi obtenu est aggloméré en pâte avec de la gomme et additionné de musc et de camphre.

L'encre des anciens était un simple mélange de noir de fumée et d'un mucilage ou d'une huile.

Les encres au noir de fumée, additionnées d'encre ordinaire, de soude étendue, de savon, sont indélébiles. L'*encre indélébile de l'Académie* est de l'encre de Chine additionnée d'une solution de soude caustique à 1° 5 Bé. L'*encre indélébile Encausse* est de l'encre ordinaire additionnée de noir de fumée.

Le noir de lampe est réservé à la peinture fine, et à la préparation des crayons noirs pour le dessin préparés avec noir de lampe 1, argile 2.

Noir animal. — Le *noir animal, charbon d'os, noir d'ivoire,* se produit lorsqu'on calcine en vase clos des os (voir p. 618) ou d'autres matières animales. Le noir d'os est donc un charbon imprégné de carbonate et de phosphate de chaux ; il ne renferme que 10 à 12 pour 100 de carbone, provenant de la décomposition de l'osséine ; le charbon s'y trouve à un état de division extrême, et il jouit, avec le charbon de bois, *Lowitz,* 1798, de la propriété d'absorber les matières colorantes, *Figuier,* 1810. Le noir d'os, en poudre ou en grains, décolore rapidement les vins, les liquides tinctoriaux, les vinaigres, les sirops bruts, les cires, etc. Les pharmaciens s'en servent couramment. Mais son plus grand emploi est le filtrage des jus sucrés, avant leur évaporation, pour les décolorer. Le noir d'os préconisé par Figuier est entré dans la pratique courante des raffineries de sucre, en 1812, *Derosne.* L'emploi bien plus efficace du noir animal en grains est dû à *Dumont,* 1828. On restitue au noir animal son pouvoir décolorant en le *revivifiant* par un traitement à l'eau aiguisée d'acide chlorhydrique, suivi d'un lavage à l'eau, et d'une calcination.

Melsens, 1874, prépare des charbons décolorants artificiels, se rapprochant du charbon d'os, en imprégnant des matières ligneuses de phosphate calcaire dissous dans l'acide chlorhydrique, puis en calcinant.

Devant la vogue des vins blancs, on décolore souvent les vins rouges ou les moûts rouges. On y arrive par plusieurs procédés que *P. Petit* étudie (in Mon. scient., 1898). D'après lui, l'emploi de noir animal ne

grains et lavé à l'acide chlorhydrique opère une décoloration parfaite, mais
entraîne une légère perte de tannin et du bouquet spécifique ; le noir non
lavé ne fournit que de mauvais résultats. — L'emploi de l'albumine du
sang opère également la décoloration, mais rend la conservation du vin
plus difficile. — On a essayé de couvrir la couleur des vins rosés avec une
matière colorante verte ; c'est là une fraude justiciable des tribunaux. —
Le chauffage à 60° est un moyen contesté. — L'emploi de l'acide sulfureux ou des bisulfites nécessite une trop forte proportion. — Comme la
matière colorante du vin est oxydable, ainsi que l'indique Pasteur, et
qu'une fois oxydée elle se précipite, plusieurs industriels se sont servis
dans ce but d'eau oxygénée, de permanganate de potasse, de peroxyde
de sodium et même de bichromate ; la décoloration peut être obtenue par
ces moyens, mais le vin prend un goût de cuit peu agréable, et d'ailleurs,
surtout avec les derniers réactifs, le moindre excès est dangereux. Un
procédé moins violent consisterait dans l'oxydation par l'air même, par
l'intermédiaire d'une oxydase, *Bouffard et Semichon.* L'emploi simultané
du noir animal est préconisé par *Martinaud.*

Le noir d'ivoire est employé comme matière colorante, plus particulièrement pour la préparation des cirages. Le *cirage anglais,* qui se sèche
sous le frottement de la brosse, se prépare à l'état de pâte molle en mêlant
le noir avec de la mélasse, en ajoutant au noir poids égal d'eau dans
laquelle on a fait dissoudre du sulfate ferreux, puis également une dissolution de noix de galles additionnée d'huile de vitriol. Les proportions
sont :

	Cirage en pâte.	Cirage liquide.
noir d'ivoire	1	1
mélasse	1	1
eau	1	
sulfate ferreux	0,10	
eau	1	
noix de galles	0,12	
acide sulfurique	0,12	0,25
vinaigre		5,60
huile d'olives		0,40

CHAPITRE XIV

COMPOSÉS OXYGÉNÉS DU CARBONE

Nous étudierons dans ce chapitre l'oxyde de carbone, l'acide carbonique et les carbonates.

Oxyde de carbone CO. — Il prend naissance lorsqu'on brûle du charbon en excès par rapport à l'oxygène naissant : $C + O = CO$; lorsqu'on réduit par le charbon un oxyde difficilement réductible, tels que l'eau, l'acide carbonique, l'oxyde de zinc : $ZnO + C = CO + Zn$; lorsqu'on décompose l'acide oxalique, le ferrocyanure de potassium par l'acide sulfurique : $C^2O^4H^2 = CO + CO^2 + H^2O$.

C'est un gaz incolore et inodore. Il est un peu plus léger que l'air ; 1 litre pèse 1 gramme 250. Il a été liquéfié par *Wroblewski et Olszewski ;* ce liquide bout à —190° ; il se solidifie à —207° sous une pression réduite à un septième d'atmosphère. Il est très peu soluble dans l'eau, puisque le litre d'eau ne dissout que 35 centimètres cubes du gaz à 0°, et 23 à 15°. Il se dissout au rouge dans le fer, la fonte et l'acier, dans le chlorure cuivreux en solution ammoniacale ou chlorhydrique, *Leblanc ;* cette dernière propriété est mise à profit pour l'analyse des gaz.

L'oxyde de carbone est un corps neutre ; il n'a pas d'action sur la teinture de tournesol ou sur l'eau de chaux, ce qui le distingue de l'acide carbonique. Il se dissocie à haute température en carbone et acide carbonique.

Il s'unit directement à divers corps, en jouant le rôle d'un radical divalent, le *carbonyle*. Il donne avec le chlore de l'oxychlorure de carbone ou *chlorure de carbonyle,* $COCl^2$, *gaz phosgène ;* ce gaz incolore, d'une odeur suffocante, provoquant le larmoiement, a une densité très élevée : 3,399. Il donne directement aussi avec le soufre du *sulfure de carbonyle,* COS, gaz incolore, soluble dans l'eau ; avec le fer et avec le nickel réduits à basse température du *fer carbonyle,* Fe (CO)⁵, et du *nickel tétracarbonyle,* Ni (CO)⁴, liquide incolore, insoluble dans l'eau, bouillant à 46°, brûlant à l'air, et détonant si on le chauffe brusquement au-dessus de 70°. Cette réaction est utilisée pour débarrasser les minerais du nickel qu'ils renferment, ou pour nickeler les métaux. Il donne avec la potasse du formiate de potassium, *Berthelot.*

La propriété la plus caractéristique de l'oxyde de carbone est de s'unir à l'oxygène pour donner de l'acide carbonique, et de brûler à l'air avec une flamme bleuâtre très chaude, en se transformant en acide carbonique, lequel rougit la teinture de tournesol et trouble l'eau de chaux : $CO + O = CO^2$. Son mélange avec l'oxygène ou avec l'air est détonant ; l'inflammabilité du mélange avec l'air varie, d'après *H. Le Chatelier et Boudouard* (C. R., 1898), entre 16 et 75 ; elle diminue rapidement avec la pression. La suroxydation de l'oxyde de carbone est accompagnée d'un dégagement de chaleur très grand, ce qui fait de l'oxyde de carbone, d'une part, un agent de chauffage puissant, d'autre part, un réducteur énergique.

C'est surtout à la présence de l'oxyde de carbone que les gaz de gazogènes, le gaz à l'eau, les gaz des hauts-fourneaux doivent leur pouvoir de combustion, et en conséquence leur pouvoir calorifique. — Le *gaz des gazogènes* se prépare en faisant passer de l'air sur une haute colonne de coke chauffé au rouge ; l'acide carbonique produit près de la grille se transforme ensuite en oxyde de carbone, et le gaz au sortir du générateur est constitué essentiellement par un mélange d'oxyde de carbone et d'azote. Voici la composition d'un gaz sortant d'un gazogène Siemens : oxyde de carbone 20,6 ; hydrogène 15 ; azote 56 ; acide carbonique 8,6. Ce gaz sort du gazogène à une température de 1150° ; il est envoyé dans la chambre de combustion, d'ou le gaz brûlé sort à une température de 1400°, et passe ensuite dans le récupérateur, où sa température est abaissée jusqu'à 400°. Le gaz des gazogènes à coke, à anthracite ou à charbon de bois, est dit *gaz pauvre*, parce que sa puissance calorifique n'est que de 1300 calories en moyenne ; lorsqu'il est utilise pour les moteurs, on est obligé de le compresser à 6 ou 7 kilos pour rendre son allumage aisé. — On obtient un gaz d'une puissance calorifique plus grande, 3000 calories en moyenne, en faisant passer sur le charbon incandescent non plus de l'air, mais le produit de la distillation de matières solides ou liquides combustibles, en particulier du bois : *gaz Riché*. Le gaz ne renferme pas d'azote, il n'est pas éclairant, mais il peut s'allumer sans compression, et convient pour moteurs. — Les différents gazogènes peuvent être à marche continue ou discontinue, par soufflage ou par aspiration.

Si au lieu d'air on fait arriver sur le charbon porté au rouge de la vapeur d'eau, on obtient un mélange combustible d'oxyde de carbone, d'hydrogène, d'acide carbonique, qui constitue le *gaz à l'eau*, et que nous avons étudié p. 319. C'est ce mélange qui se produit lorsque les forgerons aspergent d'eau le charbon de la forge pour activer sa combustion.

L'oxyde de carbone forme encore la portion combustible principale des *gaz des hauts fourneaux*, mélange d'oxyde de carbone, d'hydrogène, d'azote et d'acide carbonique, c'est-à-dire mélange comparable au gaz des gazogènes ainsi qu'on pouvait le prévoir. Les gaz des hauts fourneaux sont des gaz pauvres, car leur puissance calorifique n'est que de 900 à 1 000 calories. Les vapeurs acides et les poussières qu'ils renferment ont été longtemps le principal obstacle à leur utilisation directe dans les moteurs. On les en débarrassa en les faisant passer successivement dans des chambres de dépôts, dans des laveurs à coke, et en donnant aux canalisations la section la plus large possible. On est arrivé par ces moyens à faire tomber la proportion de poussières de 100 grammes à 3 grammes par mètre cube, à l'usine Cockerill. Celle-ci a installé des moteurs à gaz pauvre pour utiliser directement les 2 000 chevaux dont les gaz de chacun de ses hauts fourneaux offrent la disponibilité par production journalière de 100 tonnes de fonte. En effet la production de gaz d'un haut fourneau est d'environ 4 500 mètres cubes par tonne de fonte journalière. Les six dixièmes sont utilisés à réchauffer l'air de la soufflerie. Les quatre autres dixièmes pour un haut fourneau de 100 tonnes représentent 2 000 chevaux ; il faut 4 mètres du gaz pour produire un cheval. Or, il en faut 22 mètres cubes si on les brûle sous la chaudière à vapeur. Il y avait donc avantage énorme à utiliser directement les gaz des hauts fourneaux dans les moteurs.

L'application des gaz des hauts fourneaux au chauffage de l'air, est très logique, puisque 28 grammes CO + 16 grammes O fournissent 68 calories, tandis que le même volume d'hydrogène ne fournirait que 59 calories. — Le premier emploi a été réalisé à Vierzon en 1812-13 par Aubertot ; les applications générales ont été poursuivies de 1840 à 1850 par Laurent et Thomas.

On peut les épurer en les faisant passer dans des flacons laveurs, qui retiennent l'acide carbonique, l'azote et les poussières, puis dans un condensateur, qui retient l'eau entraînée.

L'oxyde de carbone réduit avec aisance l'eau et la plupart des oxydes, en se transformant en acide carbonique. Les oxydes métalliques sont ramenés à l'état de métal ; cette réaction est l'une des bases principales des opérations métallurgiques, en particulier de la réduction des oxydes de fer dans les hauts-fourneaux : $Fe^2O^3 + 3CO = 2Fe + 3CO^2$.

Toxicité. — L'oxyde de carbone est un poison violent. *Félix Le Blanc* a démontré qu'un chien meurt empoisonné par ce gaz dans une atmosphère qui en renferme $\frac{1}{185}$. Un centième suffit pour faire périr un oiseau en deux minutes. *Claude Bernard* a donné l'explication du mécanisme de l'empoisonnement par ce gaz : l'hémoglobine du sang a la propriété de fixer l'oxyde de carbone avec plus d'énergie que l'oxygène, et l'oxyde de carbone déplace l'oxygène volume à volume tout en s'unissant à l'hémoglobine en une combinaison assez stable, qui rend l'hémoglobine inapte à absorber l'oxygène. Toute combustion respiratoire s'arrête rapidement. Pour combattre l'empoisonnement, il n'y a qu'une ressource, ventiler la place ou transporter la personne dans un air pur. Comme la tension de dissociation de cette combinaison est d'autant plus élevée qu'il y a moins d'oxyde de carbone dans l'air extérieur, si l'on transporte l'être empoisonné à l'air pur, on peut, même en cas de mort apparente, en maintenant longtemps la respiration par des procédés artificiels, ramener le moribond à la vie. Mais les globules du sang sont affectés, et la santé se ressent longtemps d'une anémie extrême. — Les animaux inférieurs tels que l'escargot supportent indéfiniment la présence de l'oxyde de carbone dans l'air, tandis que pour les mammifères l'oxyde de carbone est beaucoup plus toxique que l'acide carbonique. Il est d'autant plus redoutable qu'il n'a pas d'odeur, et que l'on est empoisonné sans avoir pu rien prévenir. L'empoisonnement par l'oxyde de carbone s'accompagne de maux de tête violents, de nausées, de pâleur de la face. C'est à un empoisonnement par l'oxyde de carbone qu'on doit attribuer principalement l'action des *vapeurs de charbon*, c'est-à-dire des gaz qui se dégagent du charbon brûlant à l'air. L'acide carbonique, qui s'y trouve également, n'a qu'un effet secondaire, puisque, d'après une expérience de *F. Le Blanc*, un chien périt dans une chambre fermée où l'on allume de la braise, avant qu'une bougie placée dans les mêmes conditions cesse de brûler.

Les propriétés toxiques de l'oxyde de carbone rendent très dangereux de se trouver dans un espace confiné où ce gaz peut s'amonceler. On doit prendre de sérieuses précautions quand on emploie des fourneaux à charbon de bois, ou qu'on diminue le tirage des poêles, ou qu'on utilise les poêles dits à combustion lente, ou qu'on se chauffe au moyen de chaufferettes à braise ou à briquettes, ou lorsqu'on éteint du charbon avec de l'eau, ou lorsqu'on se chauffe au moyen de poêles en fonte non doublés de briques réfractaires ou d'une enveloppe en tôle, car la fonte même au rouge sombre réduit le gaz carbonique de l'atmosphère voisine en oxyde de carbone, *H. Sainte-Claire Deville et Troost*.

Gréhant (C. R., 1897) a fait des recherches sur la production de ce gaz délétère par les poêles de corps de garde, les briquettes servant au chauffage des voitures, les fers à repasser à chauffage intérieur par charbon. Il a montré que dans les conditions normales la surface rouge d'un poêle de fonte est le siège d'une production d'oxyde de carbone par suite de la réduction de l'acide carbonique de l'air ; on peut d'ailleurs expulser au dehors la totalité de l'oxyde de carbone ainsi produit en fixant autour du poêle une enveloppe cylindrique de tôle munie d'une tubulure supérieure qui communique avec le dehors. Les briquettes ou charbons agglomérés dégagent de l'oxyde de carbone ; ceci a été démontré à l'évidence par *Gautier* et *Gréhant*. Cette production rend compte des accidents mortels qui se sont produits à plusieurs reprises dans les voitures de place à Paris : cochers endormis dans leur voiture et qui ne se réveillent plus, voyageurs ayant pris une voiture fermée et s'y endormant du sommeil éternel. On ne peut qu'approuver l'ordonnance de police qui exige que les chaufferettes de voiture chauffées avec des briquettes soient disposées de façon à ce que tous les produits de la combustion se dégagent au dehors. Les fers à repasser à chauffage intérieur par le charbon sont également dangereux, et les ouvriers qui les emploient doivent aérer les ateliers en vue d'éviter un empoisonnement partiel.

.•.

Poêles mobiles. — La plupart des procédés de chauffage modernes répandent de l'oxyde de carbone dans l'atmosphère voisine, parce qu'on règle le courant d'air sur la grille de façon à ralentir la combustion et à produire le maximum de chaleur avec le minimum de combustible, parce qu'on n'apporte pas assez de soins aux joints des tuyaux des calorifères domestiques à combustion ralentie, parce que les cloches en fonte des calorifères à air chaud laissent passer l'oxyde de carbone du foyer et sont d'ailleurs fréquemment fendues, parce que surtout les poêles mobiles à combustion lente sont répandus aujourd'hui partout. *Moissan* (Ac. de médecine, 1894) a trouvé dans les gaz de la combustion du poêle mobile qu'il analysait l'énorme proportion de 16 pour 100. On voit de suite le danger qu'une fermeture défectueuse du couvercle ou la plus petite fuite peut produire, et ce qu'il y a de beaucoup plus grave, dans un poêle à grande marche produisant ainsi des torrents d'oxyde de carbone, c'est que les produits de la combustion sont presque froids. C'est là le grand danger des poêles mobiles. A quelques mètres au-dessus d'eux, dans la cheminée, les gaz sont déjà froids. Le tirage est supprimé. Qu'il vienne un coup de vent, et les gaz contenus dans la cheminée tendent à rentrer dans l'appartement. La valve placée sur le tablier et le tablier lui-même ne forment point une fermeture pour des corps gazeux ; ils agissent surtout sur l'esprit et l'endorment dans une sécurité trompeuse. En réalité, au premier coup de vent, les gaz contenus dans le corps de la cheminée viennent souiller l'atmosphère de l'appartement, et ces gaz, dans le cas actuel, renferment l'énorme proportion de 16 pour 100 d'oxyde de carbone. D'autre part, on comprend que ces gaz refroidis emplissent tout le coffre de la cheminée et tendent à se déverser par toutes les fissures qu'ils rencontrent. De là vient l'empoisonnement, souvent suivi de mort, de personnes qui habitent les chambres des étages supérieurs. L'oxyde de carbone peut ainsi s'emmagasiner dans une chambre dépourvue de cheminée et où le médecin est tout surpris de le rencontrer.

En résumé, les produits de la combustion des poêles mobiles sont riches en oxyde de carbone, et le mélange gazeux ainsi formé, économiquement refroidi à la sortie de l'appareil, est plus lourd que l'air. Il tend donc, au lieu de s'élever, à redescendre dans les appartements, et il devient ainsi la cause la plus grave des empoisonnements par l'oxyde de carbone, empoisonnements qui se propagent jusqu'à une distance éloignée du poêle qui en est la cause. Les cas aigus frappent l'imagination. Mais le danger public et continu tient aux altérations chroniques de la santé qui se produisent lorsqu'on respire de l'oxyde de carbone, à faibles doses et d'une façon continue, dans un air contenant un millième ou un dix-millième de ce gaz.

Les recherches de Lancereaux, Boutmy, Dujardin-Beaumetz et de Saint-Martin, G. Pouchet, Vallin, Brouardel, etc., la discussion qui eut lieu en 1889 à l'Académie de médecine sur les poêles mobiles, ont fait l'objet d'un rapport fort intéressant de A. Chantemesse en 1890 au Comité consultatif d'hygiène publique. L'Académie de médecine a voté qu'il y a lieu de proscrire formellement l'emploi des appareils dits poêles économiques à faible tirage dans les chambres à coucher et dans les pièces adjacentes. Il faut éviter de faire usage des poêles mobiles. Dans tous les cas, le tirage d'un poêle à combustion lente doit être convenablement garanti par des tuyaux ou cheminées d'une section et d'une hauteur suffisantes, complètement étanches. Il est nécessaire de se tenir en garde contre les perturbations atmosphériques qui pourraient venir paralyser le tirage et même déterminer un refoulement des gaz à l'intérieur de la pièce. Tout poêle à combustion lente qui présente des bouches de chaleur devra être rejeté, car celles-ci suppriment l'utilité de la chambre de sûreté. Les orifices de chargement d'un poêle à combustion lente doivent être clos d'une façon hermétique, et il est nécessaire de ventiler largement le local, chaque fois qu'il vient d'être procédé à un chargement de combustible. L'emploi de cet appareil de chauffage est dangereux dans les pièces où des personnes se tiennent d'une façon permanente, et dont la ventilation n'est pas largement assurée par des orifices constamment et directement ouverts à l'air libre ; il doit être proscrit dans les crèches, les écoles et les lycées, etc.

* *

Gréhant a donné une méthode physique de dosage de l'oxyde de carbone dans l'atmosphère. Il le fait absorber par un animal, et le dose dans l'hémoglobine du sang. A. *Gautier* (C. R., 1898) a étudié l'action de plusieurs réactifs sur l'oxyde de carbone. L'acide iodique au dixième, indiqué par *Nicloux*, est réduit à 60-65°. Le permanganate de potasse au centième est réduit à froid. Le chlorure d'or est réduit très rapidement à froid. Le chlorure de palladium au millième, indiqué par *Potain* et *Drouin*, est réduit à froid, et cette dernière réaction permet de reconnaître la présence d'un millième d'oxyde de carbone dans l'air.

Acide carbonique CO^2. — L'acide carbonique, ou mieux l'anhydride carbonique, est constamment présent dans l'atmosphère : voir pp. 208 et 209. Nous y avons fait ressortir le rôle de première importance qu'il tient dans l'économie du monde vivant. On le rencontre à l'état libre dans certaines eaux minérales (voir pp. 263, 264) ; il s'en dégage de fissures du sol, comme dans la grotte du Chien, près Pouzzoles. Il entre dans la composition de nombreux carbonates naturels.

Nature et composition. — C'est l'acide crayeux de *Helmont* 1648. *Duhamel* constate, 1747, que la pierre calcaire de Courcelles, le marbre perdent de leur poids par la calcination. *Venel*, 1750, étudia l'eau de

Seltz préparée artificiellement ; il crut d'ailleurs qu'elle était simplement aérée. *Black,* 1755, distingua le premier l'air fixe de l'air ordinaire ; il constata la présence de l'air fixe dans les carbonates d'où les acides le chassent, et dans l'air atmosphérique. L'air fixe fut étudié par *Cavendish,* par *Priestley,* 1771. *Lavoisier,* en 1772, prouva que le diamant est détruit par le feu si on le calcine sous une cloche, et que l'air obtenu trouble l'eau de chaux. *Bergmann,* 1773-1774, l'étudie et le nomme air aérien. *Bucquet,* 1773, constate que l'air fixe est le même quel que soit le carbonate ou l'acide employé pour le préparer ; il vérifie qu'il précipite l'eau de chaux et diffère de l'air ordinaire. *Rouelle jeune* produit de l'eau de Seltz en dissolvant l'air fixe dans l'eau. Lavoisier répète les expériences de Black, de Cavendish. Le *duc de Chaulnes,* 1775, porte ses recherches, à l'imitation de Priestley, sur l'air fixe qui se dégage dans les cuves de brasserie ; il montre la possibilité de le transvaser. « Ce transvasement, dit-il, présente le spectacle extraordinaire de verser rien, quant à l'apparence optique, avec un bocal où il n'y a rien, en prenant même beaucoup de précautions pour ne pas répandre ; et de voir cependant, en peu de secondes, un animal périr dans ce même bocal, une lumière s'y éteindre, et un sel s'y cristalliser. » *Lavoisier,* 1776, démontre enfin qu'il est produit par la combustion du carbone dans l'oxygène. Sa composition exacte en centièmes fut établie en 1840 par *Dumas et Stas,* qui trouvèrent qu'il est formé de 27 parties 27 de carbone et de 72 parties 73 d'oxygène, soit 12 et 32.

Préparation et production. — On le prépare en brûlant du charbon en présence d'un excès d'air, en brûlant l'oxyde de carbone des gazogènes. Il est mélangé d'azote, dont on le sépare en l'absorbant par un carbonate alcalin, puis on décompose le bicarbonate formé en le chauffant. Il doit être pur de toute trace d'oxyde de carbone.

On le prépare, également mélangé d'azote, en calcinant les calcaires dans les fours à chaux.

On le prépare en décomposant un carbonate par un acide, le plus habituellement le carbonate de calcium, marbre ou craie, par l'acide chlorhydrique, pour la préparation en petit, parce qu'il se produit du chlorure de calcium soluble : $CO_3Ca + 2\,HCl = CO_2 + CaCl_2 + H_2O$; par l'acide sulfurique, pour la préparation en grand, parce qu'il est plus économique : $CO_3Ca + SO_4H_2 = CO_2 + SO_4Ca + H_2O$. Mais dans ce cas il faut remuer avec un agitateur pour empêcher le sulfate de calcium peu soluble de venir encroûter la craie.

Il se produit de grandes quantités d'acide carbonique dans la respiration animale et végétale, dans toutes les combustions de matières renfermant du carbone, dans un grand nombre de fermentations : moûts sucrés, etc. Certaines sources naturelles en dégagent des quantités suffisantes pour qu'on les ait utilisées avec profit.

Propriétés physiques. — C'est un gaz incolore, a odeur et à saveur légèrement piquantes.

Il est assez dense. Sa d. = 1,529. 1 litre pèse 1 gramme 966. On peut le recueillir directement dans des flacons.

Il est soluble dans l'eau. 1 litre d'eau en dissout 1 litre 797 à 0°, 1 litre à 15°, sous la pression ordinaire. La quantité de gaz dissous augmente proportionnellement à la pression ; 1 litre d'eau dissout donc toujours 1 litre d'acide carbonique. Cette dissolution a la propriété de dissoudre le phosphate de calcium, la silice, le carbonate de calcium, corps insolubles dans l'eau, en donnant un phosphate acide, un bicarbonate, solubles. C'est là un fait très important, car le phosphate et le carbonate de chaux dissous dans les eaux naturelles servent à la nutrition des végétaux et des animaux.

Le gaz carbonique est plus soluble dans l'alcool que dans l'eau. 1 litre d'alcool dissout 4 litres 33 de gaz carbonique à 0° ; 3 litres 2 à 15° ; 2 litres 95 à 20°.

Le gaz carbonique est impropre à la respiration, et il exerce même une action énergique sur l'économie. Les animaux périssent dans une atmosphère renfermant 30 pour 100 de gaz carbonique. Il produit d'abord une excitation générale, dont on a cherché à tirer parti en l'administrant sous forme de bains ou de douches. Il produit ensuite une insensibilisation, qui va rapidement à la paralysie, à l'asphyxie et à la mort. Ces actions s'exercent non seulement par les poumons, mais encore par la peau. Comme le gaz carbonique s'accumule aisément à cause de sa densité, il donne souvent lieu à des accidents mortels, dans les caves, les puits, les fours à chaux, les cuves de fermentation. Dans toute atmosphère où une bougie refuse de brûler et s'éteint, on ne doit pénétrer qu'après avoir ventilé énergiquement.

Acide carbonique liquide. — La liquéfaction de l'anhydride carbonique a fait l'objet de très nombreux travaux. *Faraday* le premier le liquéfia en le refroidissant à 0° et en le comprimant à 36 atmosphères. La tension de ce liquide est de 1 atmosphère à —79°, de 5 à —36°, de 34,5 à 0°, de 50 à 15°. Sa température critique est 31° ; sa pression critique, de 77 atmosphères. Il bout vers — 79°.

L'acide carbonique liquide est un liquide incolore, fluide. Sa d. = 0,9931 à — 10° ; 0,947 à 0° ; 0,8266 à + 20°. On voit que c'est un liquide très dilatable.

Il ne dissout pas les sels, mais il se dissout en grandes quantités dans l'éther sulfurique. Il dissout les huiles grasses en petites quantités.

L'absorption très grande de chaleur produite par la vaporisation de l'acide carbonique liquide a été utilisée dans les machines frigorifiques des systèmes Windhausen, Hall, Escher, Wyss et Cie, Hulot et Cie, Dyle et Bacalan. .

Les pressions de liquéfaction de l'acide carbonique sont de

17,11 atmosphères à — 25°
23,13 — — 15°
27 — — 10°
30,84 — — 5°
40,46 — + 5°
52,16 — + 15°
66,02 — + 25°

Bien que le point critique soit à + 31°, on a observé dans des bouteilles remplies aux trois quarts à + 15° des pressions de 82,17 atmosphères à + 35°, et 100,47 atmosphères à + 45°.

Voici d'après *Unwin* comment la pression varie avec la température et la fraction de remplissage :

Fraction de remplissage =	$\frac{3}{4}$	$\frac{2}{3}$	$\frac{5}{8}$	$\frac{1}{2}$
Températures.				
32°	104	83	80	77
38°	127	101	94	86
43°	153	118	109	96
49°	180	136	124	107
55°	211	153	140	117
60°		170	156	128
65°		190	172	139

Aussi ne remplit-on qu'aux deux tiers les bouteilles destinées aux pays chauds. Celles destinées aux climats tempérés peuvent contenir 17 litres, mais on n'y met que 12 litres. La charge est limitée par les règlements pour le transport des matières dangereuses à 1 kilo de liquide par 1 litre 34 de capacité.

L'acide carbonique liquide se prépare dans le commerce au moyen de l'acide carbonique impur produit par la combustion du coke. Ce produit impur est lavé dans un cylindre rempli de fragments de marbre sur lesquels coule de l'eau chaude ; l'acide sulfureux est alors absorbé. Puis il est lavé à l'eau froide ; enfin, il passe dans des scrubbers, à lits de coke arrosés par une dissolution de carbonate de potasse qui absorbe l'acide carbonique même et donne du bicarbonate. Le bicarbonate est décomposé par la chaleur, et le carbonate de potasse ainsi régénéré peut servir indéfiniment. L'acide carbonique purifié, qui est libéré dans la décomposition du bicarbonate, est pris par des compresseurs à trois temps, qui le compriment successivement à 1 kilo 4, 9 kilos, 70 kilos, tout en passant intermédiairement dans un épurateur à chlorure de calcium qui lui enlève son humidité, et dans un serpentin refroidi qui enlève la chaleur due à la compression (1). — On utilise aussi l'acide carbonique produit par les fermentations.

(1) On trouvera des détails pour l'installation mécanique dans *Engineering*, 1899, qui décrit celle de Old Ford, permettant de liquéfier 5 tonnes par jour.

On livre le liquide au commerce dans des cylindres en acier doux recuit, très résistants, éprouvés à une pression de 250 kilos par centimètre carré (soit 248 atmosphères, ce qui suffit bien pour l'usage ordinaire, puisque la pression du liquide n'atteint que 74 atmosphères à la température peu de 54°), d'une contenance de 2, 4 ou 8 kilos. 1 kilo d'acide liquide correspond à 550 litres d'acide gazeux.

⁎

L'acide carbonique liquide produit le gaz carbonique avec une rapidité qui rend ses différents usages plus aisés. Son emploi nécessite un appareil intermédiaire entre le cylindre d'acide carbonique liquide et le récipient sur lequel on opère. On se sert de deux détendeurs, le détendeur simple, cylindre plus grand où le gaz se détend à 1 ou 2 atmosphères, et le détendeur automatique, que l'on règle à une pression déterminée pour la journée.

La plus grande quantité est utilisée pour le débit de la bière sous pression, dans les cafés, brasseries, etc. L'acide carbonique présente sur la pompe à air de sérieux avantages. L'air, en effet, mis en contact avec la bière, amène la prompte décomposition de celle-ci, surtout lorsqu'il provient des caves où il est généralement vicié. L'acide carbonique, au contraire, en s'introduisant dans la bière, lui conserve non seulement sa limpidité et son arome, mais il la maintient encore, jusqu'à l'épuisement du tonneau, aussi fraîche et aussi pétillante qu'au sortir de la brasserie. En outre, par l'acide carbonique, il ne se produit aucun dépôt, tandis que par le procédé des pompes à air il reste au fond du tonneau de la bière trouble. Enfin, l'acide carbonique communique à la bière un mousseux particulier, très apprécié des consommateurs.

L'emploi de l'acide carbonique en brasserie présente aussi de grands avantages pour la filtration et le soutirage des bières sous pression, et leur mise en bouteilles à l'abri du contact de l'air. Par son emploi, on obtient non seulement la limpidité désirable, mais encore la conservation de la bière.

Les pressions élevées qu'exerce presque instantanément l'acide carbonique liquide trouvent de nombreuses applications dans son emploi comme force motrice. L'acide carbonique liquide occupe, en effet, un volume 14 fois moindre que de l'air comprimé à 36 atmosphères. Les moteurs à acide carbonique, tel le moteur Francq et Marchena, 1894, ont l'avantage d'être toujours prêts à fonctionner. L'idée première appartient à l'ingénieur français *Brunet,* 1848, mais cette première machine fit explosion. Les tensions de l'acide carbonique aux températures élevées suivent la progression suivante : de 36 atmosphères à 0°, elles passent à 760 pour 100°, 1000 pour 146°, 2000 pour 200°. Ces pressions élevées ont été utilisées à l'usine Krupp d'Essen pour obtenir des moulages d'acier exempts de soufflures, en jetant quelques gouttes d'acide liquide sur la tête des lingots d'acier à l'intérieur des lingotières hermétiquement closes.

C'est encore la pression du gaz carbonique qui est cause de son emploi pour monter ou pour agiter les liquides.

L'acide carbonique liquide trouve un emploi plus important dans la fabrication des eaux gazeuses, des limonades gazeuses, des vins mousseux.

Les eaux gazeuses sont des eaux tenant en solution de l'acide carbonique. *Venel* le premier eut l'idée d'imiter l'eau de Seltz, et *Bergmann* donna le premier des indications et des recettes. *Duchanois,* 1779, publia le premier ouvrage sur la question. La première fabrique importante fut celle de Gasse et Paul, à Genève ; Paul, 1798, vint s'établir à Paris. La fabrication fut perfectionnée par Savaresse, Ozouf, Brahma, Mondollot ; les derniers appareils sont à travail continu. Tous comprennent un producteur de gaz, un laveur, un gazomètre, un saturateur. — L'emploi de l'acide carbonique liquide a, depuis 1885, restreint l'appareil à ne comprendre qu'un détendeur et le saturateur.

Les eaux gazeuses sont saturées d'acide carbonique à une pression supérieure à celle d'une atmosphère. Si la pression vient à diminuer, elles laissent dégager leur gaz et produisent de la mousse. La mousse de la bière, du cidre, des vins de Champagne est due à la production naturelle de l'acide carbonique dans ces liquides.

La préparation des eaux gazeuses ne doit se faire qu'avec des eaux pures et avec de l'acide carbonique pur. Elles ne doivent pas rester en contact avec des parties métalliques en plomb ou en cuivre mal étamé.

Nous avons donné, p. 277, des formules pour préparer les eaux gazeuses artificielles. On s'est servi pendant longtemps, pour la préparation chez soi, du *gazogène Briet,* où l'acide carbonique est produit par l'introduction d'une charge de 18 grammes d'acide tartrique et 21 grammes de bicarbonate de soude. Récemment, on a introduit dans le commerce des petits ovules creux en acier, hermétiquement clos, qui contiennent quelques gouttes : 2 grammes environ, d'acide carbonique liquide, et qui servent à rendre gazeuses, en tout lieu et en tout temps, toutes les boissons froides au moyen de bouteilles spéciales. Ils portent le nom de *sparklets,* du mot anglais to sparkle, qui signifie mousser. La bouteille servant à l'usage des sparklets est en verre fort entouré d'un clissage en rotin ou d'une carapace en métal nickelé, à bouchon métallique, muni intérieurement d'une pointe perforatrice sur laquelle on force le sparklet en vissant rapidement un chapeau à oreilles. Pour servir le liquide, on dévisse le bouchon, et on verse le liquide mousseux. Un perfectionnement heureux apporté à la bouteille permet d'en extraire le liquide gazéifié en tournant simplement un robinet.

Les limonades gazeuses se préparent généralement au moyen de sirops acidulés à l'acide tartrique ou à l'acide citrique, aromatisés avec un peu d'essence de citron, puis étendus avec de l'eau surchargée d'acide carbonique. Le sucre oscille entre 60 et 70 grammes par litre. Il est assez fréquemment remplacé en partie par 0 gramme 05 à 0 gramme 15 de saccharine : quatre cas sur onze produits analysés par *Ch. Blarez*, 1899. L'acide tartrique, le plus fréquemment utilisé, l'est à la dose de 0 gramme 75 à 2 grammes par litre.

La vogue des eaux gazeuses naturelles ou artificielles est basée, à juste titre, sur l'action heureuse que l'acide carbonique exerce sur les organes digestifs. Il les stimule, active la fonction, excite l'appétit, facilite la digestion. Ces eaux possèdent tout d'abord une action rafraîchissante et diurétique : mais leur effet digestif est encore plus puissant.

Les bains, les douches locales d'acide carbonique ont déjà été signalés ; ils ont un effet excitant et tonique. Il en est de même des inhalations et des injections rectales du gaz carbonique, seul ou associé à des substances volatiles, proposées pour le traitement spécifique des tuberculeux.

On a utilisé le gaz carbonique comme anesthésique local. Un simple jet d'eau de Seltz fortement gazéifiée permet de pratiquer de petites opérations. Le jet de l'acide liquide doit être dirigé avec soin et rapidité, pour éviter les eschares que produirait un refroidissement trop intense.

L'acide carbonique sous pression constitue un excellent moyen de conservation pour le lait, *Clerc*, le beurre, la viande, les légumes, etc. *De Lavallée* s'en sert (br. fr., 1897) pour stériliser le lait à froid. — Les ferments aérobies sont détruits par un chauffage de 30 secondes à 70° dans une atmosphère d'acide carbonique sous pression. Les ferments butyriques sont conservés, mais ne se multiplient plus.

Acide carbonique solide. — Lorsqu'on fait arriver un jet d'acide carbonique liquide dans un récipient métallique à parois minces, la gazéification de la partie qui se vaporise entraîne, tellement le refroidissement est intense, la solidification du reste. On peut recueillir l'acide carbonique solide en faisant arriver le jet liquide dans un sac en toile. *Drion et Loir* ont obtenu l'acide solide directement en faisant arriver le gaz dans un tube refroidi à — 87° par vaporisation dans le vide de l'ammoniaque liquide.

L'acide carbonique solide se présente sous la forme d'une neige blanche. Comme il est mauvais conducteur de la chaleur, il reste solide quelques minutes à l'air, sous la pression ordinaire. Il fond à — 56° 7. Sa vaporisation produit un froid énorme. Mais comme il ne mouille pas les corps, son action refroidissante ne s'exerce efficacement que si on ajoute une substance qui établisse le contact, par exemple le chlorure de méthyle ou l'éther. Ces mélanges produisent des abaissements de température de — 85° à — 90° (— 125° à — 100° dans le vide). On les emploie dans les laboratoires pour obtenir des grands froids. D'après *L. Cailletet et E. Collardeau* (C. R., 1884), l'acide carbonique seul donne un abaissement de température de — 60°, et dans le vide de — 76° ; le mélange d'acide carbonique solide et d'éther, de — 77°, et dans le vide de — 103° ; avec le chlorure de méthyle ou l'acide sulfureux, de — 82° ; avec l'alcool absolu, de — 72°.

Propriétés chimiques. — Le gaz carbonique n'est pas combustible. Il n'est pas davantage comburant, bien plus il éteint les corps en combustion ; ce sont là deux de ses propriétés caractéristiques. — On l'utilise pour combattre les incendies, principalement ceux qui se développent dans les houillères. Le procédé est très efficace, puisque toute combustion devient impossible dans une atmosphère renfermant 15 pour 100 de gaz carbonique ; des expériences faites à Berlin sur les appareils Monch, 1883, ont prouvé cette efficacité. De plus, le procédé n'occasionne aucun dégât. Mais il serait impuissant contre un grand incendie, une fois développé. De plus, on ne peut pas utiliser de petits récipients locaux à acide liquide, parce que la volatilisation du début se ralentirait vite à cause du refroidissement énorme qu'elle produit. On est obligé d'employer un grand réservoir central, mis en communication par des tuyaux munis de robinets avec de petits récipients placés dans les pièces à protéger. — C'est le gaz carbonique, mis en liberté au moment de l'incendie, qui est le principe actif du plus grand nombre d'extincteurs automatiques et de grenades contre l'incendie.

Le gaz carbonique est dissocié par la chaleur et par l'électricité.

Il possède la fonction acide, lorsqu'il est en présence de l'eau, bien qu'on ne connaisse pas l'acide hydraté CO^3H^2. Il colore la teinture de tournesol en rouge vineux, mais n'a pas d'action sur l'orangé 2.

Il donne avec les bases des sels, les carbonates. Le carbonate de calcium est insoluble, le gaz carbonique trouble donc l'eau de chaux, ce qui est pour lui une réaction caractéristique. Si l'acide carbonique agit en excès, il finit par se produire du bicarbonate qui est soluble.

L'action de l'acide carbonique sur les bases, et particulièrement sur les bases alcalino-terreuses, est utilisée dans la carbonatation des jus sucrés, la fabrication de l'eau oxygénée, celle des acides tartrique et citrique, du glucose, etc.

La fonction acide que possède ce corps joue un rôle dans le blanchiment par les hypochlorites, comme dans celui par les hydrosulfites.

Le gaz carbonique est le produit ultime de l'oxydation du carbone. Il est réduit par les corps simples combustibles, l'hydrogène, le potassium, le magnésium qui brûle avec éclat dans un flacon de ce gaz, le bore, le silicium, le carbone. Ce dernier le fait repasser à l'état d'oxyde de carbone : $CO^2 + C = 2 CO$; nous l'avons déjà vu au sujet des gaz de gazogènes et des gaz de hauts-fourneaux.

L'acide carbonique a été proposé par *Deininger* (br. all., 1894) pour faciliter l'extraction des produits végétaux : alcaloïdes, extraits tannants et tinctoriaux, etc. Le dissolvant est chargé de ce gaz sous pression ; on chauffe, puis on produit une détente brusque, qui, au dire de l'inventeur, ouvre davantage les cellules végétales. Si cet effet est réel, il serait préférable d'employer un gaz inerte comme l'azote.

La dernière application que nous citerons ici de ce corps si important est son emploi dans quelques procédés spéciaux de tannage pour faciliter l'épilage des peaux, pour compléter la purge de chaux, en transformant les dernières traces en bicarbonate soluble, avant leur mise en travail, enfin pour réaliser leur gonflement.

CARBONATES

Le gaz carbonique donne avec les bases des sels nommés *carbonates*.

Un grand nombre se rencontrent dans la nature, en masses, à l'état de cristaux, ou dissous dans les eaux. Les principaux sont : le natron CO^3Na^2, la withérite CO^3Ba, la strontianite CO^3Sr, les calcaires, le spath d'Islande CO^3Ca, la dolomie $(CO^3)^2CaMg^2$, la giobertite CO^3Mg^2, la sidérose CO^3Fe, la calamine CO^3Zn, la céruse CO^3Pb, la malachite $CO^3Cu^2(OH)^2$, l'azurite $(CO^3)^2Cu^3(OH)^2$, les carbonates alcalins.

Les carbonates sont neutres ou acides selon qu'ils répondent aux formules CO^3M^2 ou CO^3MH pour les métaux monovalents, CO^3M ou $(CO^3)^2MH^2$ pour les métaux divalents.

Ils se préparent en faisant agir directement le gaz carbonique sur les bases. Les carbonates insolubles se préparent par double décomposition. Les carbonates acides ou bicarbonates se préparent en faisant passer un courant de gaz carbonique dans la solution d'un carbonate neutre. Les carbonates cristallisés s'obtiennent en chauffant dans un tube scellé une solution métallique avec un bicarbonate alcalin, *De Sénarmont*.

Propriétés. — Les carbonates sont des corps solides, incolores si la base l'est, inodores sauf ceux d'ammoniaque.

Sont solubles dans l'eau, parmi les carbonates neutres, les alcalins seulement ; parmi les carbonates acides, les alcalins, les alcalino-terreux et plusieurs bicarbonates métalliques. Les autres carbonates ne se dissolvent que dans l'eau chargée d'acide carbonique. Cette faculté permet aux eaux courantes de transporter au loin le carbonate de chaux nécessaire à la végétation ou contribuant à la formation des stalactites.

Tous les carbonates neutres ou acides ont une réaction alcaline au papier de tournesol.

Les carbonates ne fusent pas. Mais la chaleur les décompose tous, à l'exception des alcalins. L'acide carbonique se dégage, l'oxyde reste libre à moins que la base ne soit suroxydable. Les carbonates de chaux, de magnésie, de zinc et de fer sont ainsi décomposés au rouge, ceux de plomb et de cuivre au-dessus du rouge, celui de baryum très lentement au rouge blanc ; il se rapproche des alcalins. Cette décomposition est favorisée par un courant de gaz inerte, ou de vapeur d'eau. Dans ce cas, le carbonate de potassium se décompose lui aussi.

Les métalloïdes sont sans action à froid. A chaud, l'hydrogène donne des hydrates avec les alcalins et les alcalino-terreux, et il réduit les autres. L'oxygène n'agit que sur ceux dont l'oxyde peut se suroxyder. Le soufre fournit un polysulfure et un sulfate. Le carbone donne avec un carbonate facilement réductible le métal et de l'acide carbonique, et avec un carbonate difficilement réductible, il donne de l'oxyde de carbone, et le métal si l'oxyde métallique est décomposable : carbonate de potassium, et l'oxyde dans le cas contraire : carbonate de baryum.

Les carbonates sont décomposés à froid par les acides libres solubles dans l'eau, si on excepte les acides sulfhydrique et cyanhydrique. L'acide carbonique se dégage avec effervescence. Dans le cas d'un carbonate alcalin, il faut ajouter un excès d'acide, sans quoi il se produit un bicarbonate.

La baryte et la chaux ou leurs sels solubles donnent un précipité blanc, soluble dans les acides, avec les solutions de carbonates.

Les carbonates neutres précipitent en blanc les sels de magnésium, et en rouge brique le chlorure mercurique. Les bicarbonates ne précipitent pas les sels de magnésium, et donnent avec le chlorure mercurique un trouble blanc qui se transforme peu à peu en précipité rouge brique.

Le dégagement de gaz carbonique (troublant l'eau de chaux) par action d'un acide libre, la précipitation avec la baryte et la chaux, sont les réactions caractéristiques des carbonates.

* *

Les carbonates métalliques que nous verrons ici sont :

le carbonate d'ammonium
le carbonate de potassium...................... CO^3K^2
le carbonate de sodium .... CO^3Na^2
le bicarbonate de sodium...................... CO^3NaH
le carbonate de baryum....................... CO^3Ba
le carbonate de calcium....................... CO^3Ca
le carbonate de magnésium .... CO^3Mg
le carbonate de zinc........................... CO^3Zn
le carbonate de fer .... CO^3Fe
le carbonate de plomb............ .... CO^3Pb
les carbonates de cuivre

Carbonates d'ammonium. — Le carbonate d'ammonium du commerce est un sesquicarbonate ; mais on connaît le *carbonate neutre* CO^3Am^2, H^2O, et le *bicarbonate* CO^3AmH ; ce dernier existe dans les dépôts de guano.

Le *sesquicarbonate d'ammonium* ou *sel volatil d'Angleterre* a pour formule CO^3Am^2, $2\,CO^3AmH$, $2\,H^2O$. Il s'en produit lorsqu'on distille les os. Il se prépare en chauffant un mélange d'un autre sel ammoniacal et d'un carbonate, à poids égaux. C'est un corps blanc, cristallisé, à saveur caustique. Il perd à l'air du gaz ammoniac et absorbe de l'eau en se transformant à la surface en bicarbonate.

Il sert comme *sel odorant,* pour combattre les vapeurs nerveuses. Les pâtissiers l'utilisent pour rendre plus légères les pâtes. Il sert encore à exalter l'arome des tabacs. En médecine, c'est un stimulant.

On l'a préparé autrefois par la distillation sèche des substances animales, os, cornes, etc.; d'où son nom de *sel de corne de cerf.* C'est un produit accessoire dans la fabrication des prussiates, du noir animal, du phosphore.

Le *bicarbonate d'ammonium,* en agissant sur le chlorure de sodium, le transforme en bicarbonate. Cette propriété très importante est à la base du procédé *Solvay* pour la préparation des soudes commerciales.

Carbonate de potassium CO^3K^2. — Le carbonate de potassium impur est connu dans le commerce sous le nom impropre de *potasse* (1) lorsqu'il est fourni par l'incinération des végétaux; le mot potasse vient des mots anglais pot ashes, qui signifient cendres de pot. — On en extrayait autrefois de grandes quantités des lies de vin; 1 hectolitre de vinasses fournissait 1 kilo de *cendres gravelées.* — On le prépare encore au moyen du chlorure ou du sulfate de potassium par des traitements analogues à ceux qui servent à préparer la soude artificielle. Le procédé Leblanc donne de bons résultats. Le procédé à l'ammoniaque n'a pas eu le même succès que pour la soude. R. Engel, 1881, a proposé de traiter le chlorure de potassium, en présence du carbonate de magnésium, par un courant d'acide carbonique. — On l'extrait enfin des vinasses ou salins de betteraves et du suint de moutons.

Préparation au moyen des cendres de végétaux. — Les cendres de bois (0,1 à 10 pour 100 du bois) sont formées d'une partie soluble, 10-30 pour 100 de la cendre, et d'une partie insoluble, 90-70 pour 100. La partie soluble contient du carbonate de potassium, 16 pour 100, du chlorure et du sulfate de potassium, 2 pour 100, du carbonate de sodium, 3 pour 100; et la partie insoluble, de la silice et des sels de chaux, principalement du carbonate et un peu de phosphate. Les bois une fois incinérés, les cendres sont lessivées, et le residu, ou *charrée,* sert comme engrais, ou pour la préparation artificielle du salpêtre, ou pour la fabrication du verre à bouteilles. La lessive est évaporée : le produit obtenu, ou potasse brute, ou *salin,* est calciné et fournit la potasse calcinée, ou potasse perlasse, ou potasse blanche; on la raffine par un lessivage à froid, parce que le chlorure et le sulfate se dissolvent très peu dans la solution froide de carbonate.

La potasse n'est guère plus préparée par ce moyen qu'en Russie et en Amérique. Les potasses d'Amérique sont de trois sortes : potasses brutes, potasses perlasses ou calcinees, potasses rouges. Les dernières sont des melanges de potasses brutes et de potasses caustifiées par la chaux : leur

(1) La potasse réelle est l'oxyde de potassium. Nous l'avons étudiée p. 410.

coloration rouge est due à des traces d'oxyde de fer. Les ockras, vaidasses, cendres bleues de Pologne, sont des produits intermédiaires entre les cendres et les potasses.

Une potasse du commerce ainsi préparée peut renfermer 40 à 80 pour 100 de carbonate de potassium, 2 à 12 pour 100 de carbonate de sodium, du chlorure et du sulfate de potassium, 3 à 10 pour 100 d'eau et $\frac{1}{10}$ à 4 pour 100 de matières insolubles.

Préparation au moyen des vinasses de betteraves. — Les vinasses de betteraves traitées par la distillation (procédé Ch. Vincent, 1876) donnent des produits volatils : ammoniaque, alcool méthylique, triméthylamine ; des gaz non condensables et combustibles ; et enfin un résidu, *salin* ou *charbon de betteraves*, qui renferme du carbonate de potassium : 30 à 35 pour 100, du carbonate de sodium : 18 à 20 pour 100, du chlorure de potassium : 17 à 22 pour 100, du sulfate de potassium : 7 à 12 pour 100, et des matières insolubles : 10 à 25 pour 100. Ce salin donne le carbonate de potassium par lavages et cristallisations méthodiques. Le salin brut est employé aussi à fabriquer des savons mous.

Dubrunfaut, 1838-1845, à qui est due l'origine de cette préparation, calcinait les vinasses sur la sole d'un four. Aujourd'hui on désucre les mélasses, et le procédé a perdu de son importance.

Préparation au moyen du suint de moutons. — La laine renferme 15 à 20 pour 100 de son poids de suint, dont le quart environ consiste en carbonate de potassium. On le récupère utilement, lorsqu'on ne le fait pas servir, comme en Angleterre, au dégraissage ultérieur de la laine. Lorsqu'on songe que dans des centres de l'industrie lainière, comme Roubaix, on lave plus d'un million de kilos de laine brute par jour, on voit la source énorme de potasse que le suint représente, et la déperdition énorme qui résulte du lavage des toisons à l'eau courante. Vauquelin, Chevreul, Evrard 1847, Hartmann, Märcher et Schulze, Havrez, Maumené et Rogelet 1859, Ulbricht et Reich, Buisine 1887, ont étudié la question. Ce sont encore les indications de Maumené et Rogelet qui sont mises en pratique aujourd'hui pour l'extraction du carbonate de potassium d'une source très riche et d'autant plus précieuse qu'elle permet la récupération des sels de potassium enlevés au sol par l'élevage des moutons. Les eaux de suint sont évaporées à siccité, et le salin est calciné sur sole ou distillé dans des cornues à gaz ; il fournit ainsi de l'ammoniaque, des gaz combustibles, qui servent à l'éclairage ; le résidu charbonneux est traité par lixiviation pour carbonate de potassium : on obtient un sel presque pur. 1000 kilos de laine donnent 200 à 300 kilos de suint, laissant un salin de calcination de 75 kilos à 85 pour 100 de carbonate pur. *Havrez* a indiqué un procédé de calcination avec poids égal de matières animales, qui permet de préparer en même temps du prussiate de potasse. Les eaux de suint fournissent en outre des acides gras propres à la préparation des savons, à la fabrication des acétones.

.·.

Potasses du commerce. — Les potasses du commerce brutes servent à préparer le nitrate de potassium avec le nitrate de chaux. Les potasses raffinées sont employées pour la préparation du chlorate de potassium, de l'eau de Javel, du bleu de Prusse, des cyanures, des silicates ; pour la verrerie de Bohême et la cristallerie. Rendues caustiques par la chaux, elles servent à la fabrication des savons mous, au dégraissage et au blanchiment des tissus.

Les cendres de bois et les potasses commerciales constituent un excellent engrais, mais d'un prix élevé, pour les légumineuses, les vignes, la pomme de terre, surtout dans les terrains crétacés.

Pour connaître le nombre de centièmes de potasse pure renfermée dans une potasse du commerce, on en fait l'essai alcalimétrique par une méthode très simple due à *Descroizilles* et perfectionnée par *Gay-Lussac.* Elle consiste à déterminer la quantité d'acide sulfurique nécessaire pour saturer l'alcali de la potasse analysée. Le point de saturation est indiqué par le passage de la teinture de tournesol du bleu au rouge pelure d'oignon. 98 grammes d'acide sulfurique monohydraté SO^4H^2 doivent saturer 112 grammes de potasse pure KOH (ou 80 grammes de soude NaOH). Le degré français ou degré de Gay-Lussac indique la richesse centésimale en carbonate de potassium ; le degré anglais indique celle en potasse anhydre. L'essai des potasses doit indiquer en même temps la teneur en eau, car les potasses commerciales sont des substances déliquescentes, ce qui les distingue des soudes commerciales qui sont efflorescentes ; les solutions des potasses commerciales ne donnent pas de cristaux, tandis que celles des soudes commerciales en donnent. Ces caractères distinctifs ont eu leur importance, parce que des *potasses factices,* qui n'étaient que des soudes commerciales ayant l'aspect et la couleur rouge de la potasse commerciale, eurent quelque temps de la vogue ; les premières furent dues à *Ador.*

Voici la composition des potasses commerciales, d'après Pesier :

	Carbonate de potassium.	Carbonate de sodium.	Sulfate de potassium.	Chlorure de potassium.	Eau et substances insol.
Potasse de Toscane	74,10	3,01	13,47	0,95	8,47
Potasse de Russie	69,61	3,09	14,11	2,09	11,10
Potasse d'Amérique rouge	68,04	5,85	15,32	8,15	2,64
— perlasse	71,38	2,81	14,38	3,64	8,29
Potasse des Vosges	36,63	4,17	38,84	9,16	9,20
Potasse de mélasses de betteraves :					
Salin brut	35,00	16,00	5,00	17,00	27,00
Potasse ordinaire épurée	53,00	23,17	2,98	19,69	0,26
Potasse raffinée	95,24	2,12	0,70	1,70	0,24

	Titre pondéral d'après Gay-Lussac.	Potasse pure pour 100.	Carbonate de potassium pour 100.
Potasse rouge d'Amérique	48· à 60·5	57·15 à 72·	70·40 à 88·9
Potasse perlasse d'Amérique.......	33,6 à 57,6	39,88 à 68,45	49,13 à 84
Potasse de Russie...............	51,84 à 55,68	61,3 à 66	75,5 à 81,4
Potasse de Toscane..............	48 à 60,5	57,15 à 72	70,4 à 88,7
Potasse des Vosges......·........	38,4 à 43,2	45 à 51	56,47 à 63,1
Cendres gravelées...............	28,8 à 48	33,9 à 57,15	41,8 à 70,4
Salin brut de betteraves..........	32,64 à 48	38,7 à 57,15	47,67 à 70,4
Potasse de betteraves épurée ordin.	53,76 à 57,6	63,69 à 68,45	78,47 à 84
— raffinée......	66,24 à 67,2	78,6 à 80,3	97,5 à 98,5

Carbonate de potassium pur. — Il s'obtient en décomposant par la chaleur le bicarbonate, le bioxalate, le bitartrate.

C'est un sel blanc, déliquescent ; il se dissout dans son poids d'eau froide ; cette dissolution possède une réaction alcaline très prononcée.

Il fond au rouge et n'est pas décomposé par la chaleur. Mais la vapeur d'eau chasse l'acide carbonique à température élevée.

Il sert comme réactif, et pour la fabrication du flint-glass.

Carbonate de sodium. — Le carbonate de sodium existe à l'état naturel, soit de carbonate de sodium plus ou moins hydraté, comme le trona $CO^3Na^2\ 3H^2O$ et le natron ou soda $CO^3Na^2\ 10H^2O$ des lacs égyptiens, employés tous deux aux mêmes usages que le carbonate artificiel, l'urao de Colombie, le székso de Hongrie, le Ccolpa de la République Argentine ; soit de carbonate double de sodium et de calcium, la Gay-Lussite $(CO^3)^2$ $Na^2Ca\ 5H^2O$. Il existe en dissolution dans de nombreuses eaux minérales, à l'état de bicarbonate.

Les carbonates de sodium sont connus dans le commerce sous le nom impropre de soudes (1). Pendant longtemps on n'a employé que des soudes naturelles ; aujourd'hui on emploie des quantités énormes de soudes artificielles.

Soudes naturelles. — Elles proviennent de l'incinération de certaines plantes marines. Elles renferment de 3 à 30 pour 100 de carbonate de sodium, la barille d'Alicante 25 à 30, la salicorne de Narbone 14, la blanquette d'Aiguesmortes 3 à 8, la soude de l'Araxe russe 3 à 8, la soude de varechs bretons 3 à 5, le kelp anglais 3 à 5. Elles sont accompagnées de chlorure et de sulfate de sodium, de carbonate et de phosphate de calcium, de silice.

Les soudes végétales sont remplacées presque partout par les soudes artificielles ; l'Espagne y a perdu le tribut qui lui fut payé pendant si longtemps.

Soudes artificielles. — Le carbonate de sodium du commerce est préparé artificiellement par deux procédés principaux, le procédé Leblanc et le procédé Solvay.

_____

(1) La soude réelle est l'oxyde de sodium. Nous l'avons étudiée p. 412.

Procédé Leblanc. — Les premières recherches de *Leblanc* datent de 1784 ; et son brevet est du 25 septembre 1791. Il autorisa sa publication pour répondre à la demande du Comité de salut public, mais il ne sut pas l'exploiter industriellement ; le mérite en est dû à d'Arcet fils. Le procédé Leblanc reçut une importance considérable du blocus continental, ce qui n'empêcha pas l'auteur de mourir pauvre.

La préparation de la soude est devenue industrie accessoire ou concomitante de la préparation d'autres produits, acide chlorhydrique, chlorures décolorants, soufre, sulfate d'aluminium et aluns, nitrate de potassium, aluminate et hyposulfite de sodium.

Le procédé Leblanc consiste à chauffer ensemble un mélange intime de sulfate de sodium 1000, de craie 1040 et de charbon 380, le mieux dans des fours revolver. La *soude brute* ainsi obtenue donne par lessivage suivi d'une cristallisation à chaud à 25°-35° Bé une soude raffinée, le *sel de soude* CO^3Na^2Aq ; il renferme 82 pour 100 de CO^3Na^2, et du chlorure et du sulfate ; il reste un résidu, le *marc* ou *charrée de soude,* qui contient des sulfures de calcium, d'où l'on peut régénérer le soufre par des procédés dus à Schaffner, Guckelberger, Mond, P.-W. Hoffman, Schaffner et Helbig 1878, Chance 1888.

Le sel de soude est un carbonate de soude impur, contenant du chlorure de sodium et du sulfate de sodium. Par une nouvelle cristallisation à froid, il donne les *cristaux de soude,* carbonate presque pur à 10 molécules d'eau, CO^3Na^2 10 Aq ; il renferme 37 pour 100 de carbonate de sodium.

Les réactions maîtresses du procédé Leblanc sont : $2 NaCl + SO^4H^2 = SO^4Na^2 + 2 HCl$; $SO^4Na^2 + 4 C = Na^2S + 4 CO$; $Na^2S + CO^3Ca = CO^3Na^2 + CaS$. *Haddock et Leith* ont modifié le procédé.

Procédé Solvay. — Le procédé Solvay, ou *procédé à l'ammoniaque,* consiste à faire réagir une dissolution saturée de chlorure de sodium sur du bicarbonate d'ammoniaque : il se forme du bicarbonate de sodium et du chlorhydrate d'ammoniaque. Une légère calcination donne directement le *carbonate de soude neutre* ou *cristaux de soude.* Les réactions maîtresses du procédé à l'ammoniaque sont : $NH^4HCO^3 + NaCl = NaHCO^3 + NH^4Cl$; $2 NH^4Cl + CaO = NH^3 + CaCl^2 + H^2O$; $2 NaHCO^3 = Na^2CO^3 + CO^2 + H^2O$. On récupère l'ammoniaque au moyen de chaux provenant de la calcination du carbonate de chaux, dont l'acide carbonique sert, avec celui résultant de la calcination du bicarbonate de soude, à carbonater l'ammoniaque. — Ce procédé est fort avantageux, car il part directement du chlorure de sodium, n'exige pas de sulfate de sodium, et partant pas d'acide sulfurique, et ne donne aucun résidu. Mais on perd 1 pour 100 de l'ammoniaque employée, et on perd le chlore qui est envoyé au ruisseau sous forme de chlorure de calcium.

. .

Le carbonate de sodium se produit aussi dans le traitement des vinasses de betteraves pour sels de soude, dans la préparation du salpêtre au moyen du carbonate de potassium et du nitrate de sodium, et enfin à partir de la cryolithe et de la bauxite traitées par de la chaux.

G. Greenwood (br. angl., 1894) propose de traiter le chlorure d'ammonium par l'oxyde de zinc : il se dégage NH^3 et le chlorure de zinc est retraité par électrolyse.

Le procédé de fabrication de la soude par l'ammoniaque a été l'objet de nombreuses tentatives. La réaction fondamentale est bien simple et bien facile à obtenir au laboratoire, mais elle présente de grandes difficultés pour la fabrication industrielle. Sa découverte remonte très loin. Dès 1811, *Fresnel* s'était préoccupé de la fabrication de la soude ; en 1822, *Vogel* indique également la réaction ; vers 1837, *John Thom* fait des essais à Glasgow. Le brevet le plus ancien fut pris en Angleterre par Harrisson, Grey Dyar et John Hemming ; il date de 1838. Le premier brevet français fut pris peu de temps après par Delaunay. A partir de cette époque, de nombreux brevets se succédèrent en France et en Angleterre ; la question fut étudiée par Muspratt, Schloesing, Roland, Gossage, Deacon. Non seulement des brevets furent pris, mais des capitaux considérables furent consacrés à des essais et à la fondation d'usines a Widness, 1855 ; à Neaton, près de Nancy, à Puteaux, 1855 ; à Vilvorde, 1842 ; etc. Ernest Solvay prit son premier brevet en 1861, dans lequel il s'attribue la découverte du principe ; en 1863 il prit un brevet pour ses premiers appareils. Il avait auparavant fondé une usine d'essais près de Bruxelles, et les résultats furent assez satisfaisants pour le décider à ériger à Couillet une usine définitive. Ernest Solvay est incontestablement l'inventeur du procédé industriel de la soude à l'ammoniaque. Dans le procédé Leblanc, la soude n'est pas obtenue directement du sel marin ; celui-ci doit être au préalable transformé en sulfate de sodium par un auxiliaire, l'acide sulfurique. Toutes les opérations se faisant par voie sèche et à haute température, la consommation de combustible est fort élevée. Le procédé Solvay, fabricant directement la soude, est le plus économique. Mais le procédé Leblanc peut lutter encore, grâce à la valeur acquise par les produits secondaires, acide chlorhydrique et chlorures décolorants. Créé surtout en vue de la fabrication de la soude et négligeant à l'origine les produits secondaires, il a changé pour ainsi dire de but aujourd'hui : il est devenu le grand producteur de chlore, la soude passant au second rang.

Les prix de vente de la soude commerciale ont varié, depuis le commencement du siècle jusqu'en 1896, de 1250 francs à 110 francs les 1000 kilos. La production totale a atteint en 1896 1 150 000 tonnes, dont plus de la moitié était préparée par le procédé Solvay. Toute l'augmentation de la production est due à celui-ci.

Le procédé Leblanc donne le *sel de soude ;* le procédé Solvay donna d'abord les *cristaux de soude,* qu'on peut retirer aussi du premier, par concentration à chaud à 33° Bé, puis cristallisation par refroidissement. Il donne aujourd'hui du carbonate de sodium anhydre à 98-99 pour 100, ou *sel Solvay*, qui est presque chimiquement pur (1).

Le carbonate neutre de sodium ou *cristaux de soude*, cristallise avec 10 H^2O ; mais il s'effleurit à l'air ordinaire et perd peu à peu 9 H^2O pour donner le sel effleuri CO^3Na^2 H^2O. Il fond au rouge, mais ne se décompose pas par la chaleur. Il est soluble dans l'eau avec une réaction alcaline ; il est insoluble dans l'alcool. Les cristaux de soude sont plus solubles à chaud qu'à froid ; 100 grammes d'eau dissolvent 64 grammes 4 à 14°, 166 grammes à 38° et 145 à 104°.

Les soudes brutes renferment en moyenne carbonate de sodium 45, sulfure de calcium 30, chaux hydratée 10, carbonate de calcium 5, autres 10. Elles sont utilisées directement pour préparer des savons durs, dans le blanchiment des fibres, ou pour fabriquer le verre à bouteilles et la verrerie commune.

Le sel de soude sert dans la verrerie fine et la fabrication des glaces ; les cristaux de soude, dans le blanchiment et la teinture, ainsi que pour l'épuration des eaux industrielles, la préparation de l'eau de Labarraque, du chlorate de sodium, de l'hyposulfite, des sulfites, du borate, du silicate de sodium. Enfin, les soudes brutes rendues caustiques par la chaux servent encore à la fabrication des savons durs. Le carbonate de sodium est le dissolvant du rocou, du carthame.

Le sel Solvay sert directement dans toutes les réactions où il y a un acide à neutraliser ; dans la fabrication des savons durs et des savons de résine, et par extension pour le crémage, le blanchiment des tissus, la préparation de la pâte à papier, pour la dissolution des matières grasses et résineuses ; dans le lavage des laines, la teinturerie, la préparation de divers sels, borax, oléates, acétates, pour la préparation de la soude et des lessives caustiques, pour l'épuration des eaux d'alimentation des chaudières à vapeur. A haute température il forme avec le sable des silicates, dans la verrerie et industries analogues ; il fixe le phosphore et le silicium dans le puddlage du fer ; il est employé dans la préparation du bleu d'outremer, de l'alumine, de la soude caustique par la chaux vive, ou mieux par l'oxyde de fer, procédé *Löwig* ; celui-ci donne directement des lessives caustiques de 35° à 40° Bé et ne laisse pas de résidus, l'oxyde de fer régénéré rentrant en fabrication.

On gâche avec le sel Solvay les mortiers destinés aux maçonneries exécutées pendant les gelées.

La *bouillie bourguignonne* se prépare avec 2 sulfate de cuivre, 2 carbonate de sodium, 100 eau.

(1) Composition d'une soude Solvay, d'après une analyse de l'usine : eau 0,147, silice et charbon 0,053, chlorure de sodium 0,064, sesquioxyde de fer 0,003, alumine 0,009, carbonate de chaux 0,071, carbonate de magnésie 0,021, carbonate de soude 99,632.

Voici la composition des soudes commerciales, d'après Pesier :

	Titre pondéral d'après Gay-Lussac.	Soude pure pour 100 parties.	Carbonate de soude pour 100 parties.
Soude brute artificielle..............	17·30 à 32·69	14,50 à 27,62	19,20 à 36,60
Sel de soude brut.	38,46 à 67,30	32,72 à 57,00	43,35 à 75,60
Sel de soude raffiné caustique...... .	48,07 à 76,92	40,85 à 65,40	54,05 à 86,60
Sel de soude non caustique..........	38,46 à 76,92	32,72 à 65,40	43,35 à 86,60
Cristaux de soude................ ...	32,69 à 34,61	27,62 à 29,33	36,60 à 38,85
Natron d'Egypte.............	43,27 à 55,77	36,60 à 46,80	48,50 à 61,94
Natron de Barbarie.............. .	19,23 à 48,07	16,20 à 40,85	21,40 à 54,05
Potasse d'Amérique factice	48,07 à 54,32	40,85 à 50,00	54,05 à 69,90
Potasse perlasse factice........ ...	48,07 à 54,32	40,85 à 50,00	54,05 à 69,90

Dans les industries tinctoriales, le carbonate de sodium, à la dose de 40 grammes par litre, est un bon fixateur de l'alumine sur le coton.

Pour le blanchissage du linge, on emploie souvent des produits complexes. Tels sont le *sel antiseptique Moret*, mélange de carbonate de sodium, de sulfhydrate et d'hydrate ; ou la *lessive Phénix* perfectionnée de Picot, 1897 : mélange de lessive de soude Solvay 1000, silicate de soude 38° Bé 450 à 480, soude caustique 38° Bé 175 à 165, oléine 30 à 25, et 165 à 170 d'une sauce formée de fucus 100, résine 80 à 100, soude caustique 60 à 70, le tout mis à bouillir jusqu'à 2° à 3° Bé.

Bicarbonate de sodium CO^3NaH. — Ce sel existe dans un grand nombre d'eaux minérales naturelles (voir p. 268), en particulier dans celles de Carlsbad, de Vichy, d'où on l'extrait impur, sous le nom de sel de Vichy, comprimés de Vichy. On le prépare en faisant agir l'acide carbonique qui se dégage des eaux minérales sur le carbonate neutre de sodium, de préférence à l'état solide, ou en faisant agir le bicarbonate d'ammonium sur le chlorure de sodium : procédé *Solvay*.

Il cristallise en gros cristaux de la solution étendue, sous forme d'une poudre cristalline de la solution concentrée. Il est très peu soluble dans l'eau froide, qui n'en dissout que 60 grammes par litre à 0° et 85 à 15°. Cette dissolution portée à 70° perd du gaz carbonique et se transforme en carbonate neutre. Le bicarbonate se change peu à peu dans l'air en natron.

Le bicarbonate de sodium a de nombreux emplois. Traité par un acide, il fournit de l'acide carbonique dans la préparation des eaux gazeuses (voir p. 277). Il entre dans la composition des eaux minérales artificielles. C'est un excellent digestif, utile pour combattre les humeurs acides de l'estomac ; un mélange de bicarbonate 32, de sucre 600 et de mucilage forme les pastilles de Vichy ou de d'Arcet (à 1 gramme). Il est utile pour éliminer l'acide urique des goutteux, alcaliniser le sang et les urines. Il sert à détruire l'acidité des bières et des boissons, à préparer la pâte de pain sans fermentation. On l'a proposé dans le décreusage des soies et le dégraissage des laines.

Le bicarbonate de sodium est très employé en thérapeutique contre la gravelle, et dans les affections calculeuses. On emploie la tisane alcaline à 3 grammes de bicarbonate par litre.

Le bicarbonate de soude à 2 pour 1000 est un excellent bactéricide, à cause de sa nature alcaline. Le pansement bicarbonaté produit d'excellents effets sur toute plaie ou inflammation de la peau suppurante ou non.

Carbonate de baryum. — Le carbonate de baryum naturel, ou withérite CO^3Ba, est employé comme matière première des autres sels de baryum. Il est très lourd ; sa d. $= 4,2$ à 4,3. On trouve aussi dans la nature un carbonate double de baryum et de calcium, la barytocalcite $(CO^3)^2$ BaCa.

Il paraît que le carbonate de baryum est un poison pour les animaux ; les Anglais le nomment pierre contre les rats.

Carbonate de strontium. — Le carbonate de strontium naturel, la strontianite CO^3Sr, sert également comme matière première pour la fabrication des sels de strontium. Il est lourd ; d. $= 3,7$.

Carbonate de calcium. — Le carbonate de calcium est extrêmement répandu dans la nature.

Etat naturel. — Il forme les divers *calcaires*. Les calcaires saccharoïdes sont en grains cristallins, brillant comme le sucre ; d'où leur nom. Ils sont blancs, et constituent le *marbre blanc* ou marbre statuaire, tel le marbre de Carrare. Les calcaires compacts constituent les marbres de couleur ; c'est un calcaire compact, à pâte fine, susceptible de poli, qui donne la *pierre lithographique*. Certains calcaires saccharoïdes, translucides, jaunâtres, constituent les *albâtres calcaires*. Les calcaires amorphes, ou calcaires ordinaires, constituent la plus grande portion des terrains de sédiment ; ce sont des agglomérations de carapaces d'animaux aquatiques. On les emploie partout comme pierres à bâtir, *pierres de taille* ou *moellons*, selon leur cube ; en métallurgie, et dans la fabrication du verre. Certains calcaires amorphes, blancs, à pâte friable et fine, sont utilisés pour la peinture à la détrempe, pour polir les verres, les métaux, pour mastics avec la céruse : tels le *blanc de Meudon* ou *blanc d'Espagne*. Les calcaires fins sont employés pour crayons blancs : c'est la *craie* des écoliers. Les calcaires grossiers sont employés pour fabriquer les chaux. Les calcaires qui renferment 25 à 30 pour 100 d'argile donnent les chaux hydrauliques (voir p. 451). Les craies argileuses forment les *marnes*.

Le calcaire amorphe se rencontre encore dans les os des animaux, la coquille des œufs d'oiseaux.

Le carbonate de calcium existe dans la nature sous des formes cristallisées extrêmement nombreuses. Les deux principales sont le spath d'Islande, en rhomboèdres transparents employés dans les instruments d'optique parce qu'ils sont biréfringents et dévient le plan de polarisation de la lumière, et l'aragonite en orthorhombes laiteux.

Propriétés. — Le carbonate de calcium est insoluble dans l'eau pure : (1 litre d'eau en dissout 2 à 3 centigrammes à 15°, et 11,3 à 100°) ; mais il se dissout dans l'eau déjà chargée d'acide carbonique, en se transformant en bicarbonate, ce qui explique sa présence dans toutes les eaux courantes.

Si l'eau vient à perdre son acide carbonique au contact de l'air, le carbonate de calcium se reprécipite. Ce qui explique la formation des dépôts des sources pétrifiantes, comme celles de Saint-Allyre, près Clermont-Ferrand, de Saint-Philippe, en Toscane ; des dépôts des chaudières à vapeur, des tufs et travertins, des stalactites et des stalagmites.

Voici quelques analyses d'incrustations calcaires de chaudières à vapeur, d'après Fischer :

	1	2	3
carbonate de calcium...............	55,65	81,45	81,10
sulfate de calcium	31,96	1,63	9,86
magnésie........................	7,11	8,10	2,58

Le carbonate de calcium est décomposé par la chaleur en chaux et en gaz carbonique, entre 900° et 950°. Cette calcination sert à préparer ces deux substances ; elle est facilitée par l'intervention de la vapeur d'eau, *Gay-Lussac*. Si la décomposition se fait en vase clos, et sous pression, il fond et se transforme en marbre, *Hales*.

Tous les acides forts décomposent tous les calcaires ; il se produit un sel de l'acide et du gaz carbonique.

Le blanc d'Espagne sert de corps, ou pâte à colorer, pour les *pastels*.

Le blanc d'Espagne entre dans la composition du mastic avec la céruse : blanc 25, céruse 6, huile de lin.

La quenottine, pâte dentifrice de *Dupond* (br. fr., 1898), est un mélange de marbre blanc pulvérisé 51 ; glycérine 5 ; carbonate de sodium 0,1 ; gomme adragante 0,1 ; acide borique 0,25 ; essence de menthe 0,01.

Carbonate de magnésium. — Dans la nature, il existe sous forme de giobertite CO_3Mg, qui sert à la fabrication du sulfate de magnésium, et sous forme de dolomie $(CO_3)_2MgCa$. Dans les laboratoires, on le prépare en versant un excès de carbonate de sodium dans une solution bouillante de sulfate de magnésium, soit 100 grammes du premier contre 40 grammes du second ; il se précipite un hydrocarbonate, *magnésie blanche* des pharmaciens, qui répond à la composition $3 CO_3Mg H_2O$, $Mg(OH)_2$, et qui est employé contre les aigreurs de l'estomac, ou comme purgatif léger.

Il est utilisé aussi dans la déphosphoration des fontes.

Carbonate de zinc. — Le carbonate de zinc naturel, ou calamine, forme l'un des principaux minerais de zinc ; il est exploité aux usines de la Vieille-Montagne, près Liège.

Carbonate de fer. — A l'état naturel, ou sidérose, fer spathique, CO^3Fe, il forme l'un des principaux minerais de fer.

Le carbonate de fer est l'une des meilleures préparations ferrugineuses usitées en thérapeutique. On le prend à la dose de 1 décigramme à 1 gramme.

Carbonate de manganèse. — C'est une poudre blanche, décomposable par la chaleur.

Le carbonate de manganèse dissous dans une masse de sulfure de strontium, lui communique une phosphorescence vert-clair. Pour que cette phosphorescence ait son intensité maximum, il faut soumettre le mélange à l'action de la chaleur au rouge vif pendant trois heures.

Carbonate de plomb. — Le carbonate de plomb du commerce est, comme ceux de magnésium, de cuivre, un hydrocarbonate. Il porte les noms de *céruse, blanc de plomb, blanc d'argent, blanc de Krems*. Sa composition répond à la formule $2\,CO^3Pb, Pb(OH)^2$. La céruse était connue des anciens. On la prépare en faisant agir de l'acide carbonique sur de la litharge ou du plomb en présence d'acide acétique ou sur de l'acétate de plomb. Le dernier procédé, dû à *Thénard* 1811, et dit procédé de Clichy, n'est plus employé ; les deux autres forment la base du procédé anglais et du procédé hollandais, le dernier seul employé en France. La céruse se prépare aussi par des procédés électrolytiques.

La céruse est une substance blanche, insipide, insoluble dans l'eau pure, un peu soluble dans l'eau chargée d'acide carbonique, soluble dans les acides. D'après *Fresenius*, elle se dissout dans 50 551 parties d'eau, 23 450 parties d'eau ammoniacale, 100 parties de butyrate d'ammoniaque.

Elle est employée pour la peinture à l'huile, soit seule comme couleur blanche, blanc d'argent, soit avec d'autres couleurs pour leur donner de l'opacité. Elle est souvent fraudée par des additions de craie, de sulfate de baryum ou de plomb. Les *blancs de Venise,* de Hambourg, de Hollande sont des mélanges de céruse et de sulfate de baryum · soit 2 de céruse pour 1, 4, 6 à 11 de sulfate de baryum. La *céruse de Mulhouse* est du sulfate de plomb, provenant des ateliers d'impression. Le *blanc de perle* est de la céruse additionnée d'un peu d'outremer ou de bleu de Prusse. La céruse sert encore à satiner les papiers, le carton des cartes de visite.

La céruse a l'avantage de couvrir très bien les surfaces. Elle a l'inconvénient de noircir par les émanations d'acide sulfhydrique, et d'être très insalubre à préparer.

La *mine orange* se prépare en chauffant la céruse à l'air ; elle représente du minium accompagné d'une petite quantité de carbonate et de litharge. Elle se divise plus aisément que le minium.

La présence du carbonate de plomb dans les eaux potables les rend malsaines, dès que la proportion atteint deux millionièmes.

Le blanc de plomb brut est employé pour le glaçage des poteries, en Angleterre, etc. ; mais comme il est susceptible de causer l'empoisonnement, on tend à le remplacer par un silicate simple ou complexe de plomb, qui ne provoque pas d'empoisonnement, car il n'est pas soluble dans le suc gastrique.

Le *mastic des vitriers* est formé d'un mélange de blanc de Meudon 25 et de blanc d'argent céruse broyé avec de l'huile de lin.

Carbonates de cuivre. — Dans la nature, le carbonate de cuivre existe sous deux formes hydratées, qui constituent des minerais importants : la malachite : $CO^3Cu, Cu(OH)^2$, de couleur verte, fréquente en Sibérie, employée pour fabriquer des objets d'ornement, des vases, etc., et l'azurite : $2 CO^3Cu, Cu(OH)^2$, de couleur bleue, en beaux cristaux. Tous deux sont employés également pour la peinture.

Le *vert minéral*, ou *vert de montagne artificiel*, vert de Brunswick, est une malachite artificielle préparée en précipitant une solution chaude de sulfate de cuivre par une solution de carbonate de sodium.

Le *bleu de montagne*, ou *cendres bleues naturelles*, *bleu minéral*, est de l'azurite pulvérisée et lavée.

Les *cendres bleues artificielles*, *bleu à la chaux*, bleu de Neuwied, s'obtiennent en précipitant le sulfate de cuivre par la chaux ; c'est un mélange d'hydrate de cuivre, de sulfate de calcium et de chaux.

Percarbonates. — *S. Tanatar* (Berichte, 1899) prépare des percarbonates en faisant agir l'eau oxygénée sur les carbonates alcalins.

CHAPITRE XV

CYANOGÈNE ET COMPOSÉS

Nous étudierons dans ce chapitre le cyanogène, l'acide cyanhydrique, les cyanures, les ferrocyanures, les ferricyanures, les composés oxygénés du cyanogène.

Cyanogène C^2N. — C'est *Gay-Lussac*, 1814, qui isola pour la première fois le cyanogène et montra que ce corps composé, avait des propriétés analogues à celles du chlore. Il introduisit ainsi en chimie la fonction des radicaux. L'acide prussique ou acide cyanhydrique était connu depuis 1782 où Scheele le retira du bleu de Prusse. *Berthollet,* 1787, montra qu'il est formé de carbone, d'hydrogène et d'azote, mais l'on doit sa composition et son nom actuel à *Gay-Lussac.*

Le cyanogène ne peut pas se former directement, parce qu'il nécessite une absorption de chaleur. Mais il se produit lorsque le carbone et l'azote se trouvent à température élevée en présence d'un alcali. On le prépare en décomposant du cyanure de mercure par la chaleur. C'est un gaz incolore, d'une odeur pénétrante, assez dense puisque sa d. $=1,806$. Il est soluble dans l'eau. Il se transforme par la chaleur en *paracyanogène,* substance solide, brune, qui est isomère du cyanogène. Le cyanogène est un gaz combustible; il brûle avec une flamme pourpre violacée caractéristique, en donnant de l'azote et de l'acide carbonique. Au point de vue chimique, il a les mêmes propriétés générales que le chlore.

Le cyanogène n'a pas d'applications directes, mais il entre dans la composition de corps très importants par leurs emplois.

Cyanures. — Le cyanogène (et l'acide cyanhydrique), en se combinant avec les métaux, donne des composés, les *cyanures,* entièrement comparables aux chlorures.

Les cyanures alcalins et alcalino-terreux, ceux de magnésium, de mercure au minimum, d'or, de platine sont solubles dans l'eau, et leurs solutions ont l'odeur de l'acide prussique. Ils sont tous décomposés si on les chauffe avec l'acide sulfurique concentré.

Les cyanures sont caractérisés parce qu'ils donnent avec le nitrate d'argent un précipité blanc de cyanure d'argent, soluble dans le cyanure de potassium ; avec le sulfate ferrosoferrique, après addition d'acide chlorhydrique, et en présence de soude ou de potasse, un précipité vert bleuâtre de bleu de Prusse impur ; avec le perchlorure de fer, après traitement par le sulfhydrate d'ammonium jaune, à l'ébullition, puis addition d'acide chlorhydrique, une coloration rouge sang extrêmement sensible, due à la formation de sulfocyanure ferrique ; avec l'acide picrique à 1 pour 250 d'eau, une coloration rouge très sensible, due à la formation de picrocyaminate de potassium.

Tous les cyanures sont très vénéneux.

*
* *

Nous verrons comme principaux cyanures :

l'acide cyanhydrique............................. HCy
le cyanure de potassium .... KCy
le cyanure de mercure .... HgCy
le cyanure d'argent............................. AgCy

Acide cyanhydrique. — L'*acide cyanhydrique,* ou *acide prussique* de *Scheele,* qui l'a retiré en 1782 du prussiate de potasse, est l'un des corps les plus redoutables que la science chimique ait découvert. Sa composition, reconnue par *Berthollet* et par *Gay-Lussac,* est donnée par la formule HC^2N ou HCy.

L'acide prussique existe tout formé dans les eaux distillées des feuilles de laurier-cerise, d'amandes amères, de pêcher. Les eaux distillées médicinales se préparent en distillant à feu modéré 1 partie de feuilles avec 2 parties d'eau, jusqu'à obtention de 1 partie d'eau distillée. Ces eaux distillées sont utiles dans les cas de toux opiniâtres ; on les ordonne à la dose de 10 à 20 grammes dans une potion.

L'acide prussique se forme aussi lorsqu'on distille avec de l'eau les noyaux de pêche, d'abricot, d'amandes amères, de cerises. Il résulte de la décomposition d'un glucoside particulier : l'amygdaline, sous l'influence d'un ferment. On obtient ainsi le kirsch.

L'acide prussique pur est un poison si terrible qu'il tue à la dose de 5 à 10 centigrammes. Une goutte déposée sur la langue d'un chien le tue après deux ou trois aspirations. L'action est encore plus énergique, lorsque les vapeurs pénètrent dans les poumons : l'oiseau auquel on fait respirer ces vapeurs est foudroyé.

L'acide prussique étendu d'eau a une action moins foudroyante, mais rapidement mortelle, avec accès de tétanos, tumulte du cœur, inspirations convulsives, période comateuse ; mais la mort n'en survient pas moins au bout d'une heure au maximum.

Les prêtres égyptiens punissaient les initiés qui révélaient les mystères en leur faisant boire de l'eau distillée de laurier.

L'empoisonnement se combat par des inhalations de chlore ou d'ammoniaque, et par des affusions d'eau froide sur la tête et le long de la colonne vertébrale. L'haleine possède une odeur d'amandes amères. A l'autopsie, l'estomac, le cerveau répandent cette odeur.

L'acide prussique se prépare en traitant le cyanure de mercure par l'acide chlorhydrique, ou le ferrocyanure de potassium par l'acide sulfurique étendu. On le dessèche en le faisant passer sur du chlorure de calcium.

Anhydre, c'est un liquide incolore, mobile. Il répand une très forte odeur d'amandes amères. Il est soluble dans l'eau. Sa densité n'est que 0,65 à + 20°. Il bout à 26°. Il brûle avec une flamme blanche teintée de violet. Il se solidifie à — 15°.

Pur, il se conserve dans l'obscurité. La moindre impureté l'amène à brunir.

L'acide cyanhydrique se conduit absolument comme l'acide chlorhydrique.

L'action de l'hydrogène naissant conduit à la méthylamine ; celle des acides concentrés, des alcalis caustiques, à l'acide formique. L'acide cyanhydrique est le nitrile formique, comme le cyanogène est le nitrile oxalique.

Les réactions caractéristiques de l'acide cyanhydrique sont de donner avec le nitrate d'argent un précipité de cyanure d'argent, blanc, caillebotté, soluble dans l'ammoniaque, l'hyposulfite de sodium, le cyanure de potassium ; de donner du bleu de Prusse avec un mélange de sel ferreux et de sel ferrique, puis traitant par un excès de potasse caustique, enfin par un excès d'acide chlorhydrique ; de donner, après l'avoir chauffé en solution très étendue avec une goutte de sulfhydrate d'ammonium jusqu'à décoloration, une coloration rouge sang si on ajoute une goutte de sel ferrique. Les deux dernières réactions, et surtout la dernière, sont très sensibles.

Cyanure de potassium.

Cyanure de potassium. — Il se produit lorsque l'acide cyanhydrique se combine avec la potasse. On le prépare industriellement en faisant agir l'azote au rouge sur du charbon de bois imprégné de potasse, ou en calcinant des matières azotées ou du ferrocyanure de potassium avec du carbonate de potassium ; le dernier procédé donne 7 parties de cyanure par 10 parties de ferrocyanure.

Le procédé le plus usité, celui de l'action de l'azote sur le carbonate de potassium, a été essayé à Grenelle par *Boissière et Possoz*, 1843 ; il est pratiqué actuellement à Newcastle-on-Tyne.

Berthelot, 1869, a découvert que l'acétylure de potassium absorbe au rouge l'azote et donne du cyanure. Le procédé est peut-être susceptible d'être mis en pratique.

Le cyanure de potassium a la propriété de dissoudre les autres cyanures métalliques, par suite de la formation d'un cyanure double soluble. Il dissout aussi le chlorure d'argent, le chlorure d'or, l'oxyde de cuivre ; ces dissolutions sont employées pour l'argenture, la dorure, le cuivrage galvaniques.

La propriété qu'a le cyanure de potassium de dissoudre le chlorure d'argent a été employée pour enlever des plaques photographiques le chlorure d'argent non touché par l'action de la lumière. Mais les accidents, parfois mortels, que sa manipulation a occasionnés ont fait rejeter cet emploi. Il doit en être de même de son utilisation au nettoyage de l'argenterie jaunie.

Le cyanure de potassium est un corps blanc, déliquescent, cristallisant en cubes, facilement fusible, très soluble dans l'eau, soluble dans l'alcool ordinaire, mais à peine dans l'alcool absolu.

Il est décomposé par l'acide carbonique humide, en carbonate de potassium et acide cyanhydrique ; aussi faut-il le conserver à l'abri de l'air humide. $2\,KCy + CO^2 + H^2O = CO^3K^2 + 2\,HCy$.

Il est extrêmement toxique : le manier lorsqu'on a une simple coupure au doigt peut entraîner la mort. On l'employait autrefois beaucoup pour la photographie : on l'emploie aujourd'hui en grande quantité dans la dorure et l'argenture galvaniques.

La solution aqueuse s'altère spontanément et renferme alors du formiate.

Fondu avec du soufre, il donne du sulfocyanure.

Le cyanure de potassium peut servir à caractériser l'acide gallique et l'acide tannique, avec lesquels il donne des teintes rouge rubis ou jaune rouge caractéristiques, qui disparaissent par le repos et réapparaissent si on agite de nouveau. Il se produit probablement un phénomène d'oxydation.

*
* *

Le cyanure de potassium jouit de l'importante propriété de dissoudre les métaux, le fer, le zinc, le cuivre, l'or. La dissolution d'or dans le cyanure de potassium convient mieux à la dorure galvanique que celle du chlorure d'or, car celui-ci peut renfermer un peu d'acide, et amener dans ce cas le dégagement d'acide prussique. La dissolution de l'or dans le cyanure de potassium est appliquée à l'extraction de ce métal précieux de ses minerais pauvres et pyriteux : procédé de *cyanuration,* Mac-Arthur et Forest, 1890. On reprécipite l'or de la dissolution en lui faisant traverser des filtres de zinc spongieux. D'après Elsner, l'équation de la cyanuration serait $2\,Au + 4\,CyK + O + OH^2 = 2\,(Au\,Cy,\,KCy) + 2\,KOH$. L'oxygène nécessaire est fourni soit par l'air qui se trouve dissous dans l'eau, soit par une addition de ferricyanure, de permanganates, de chromates, *Moldenhauer* (br. all.), de bioxydes de baryum, de sodium, d'hydrogène, *Chemische Fabrik vormals Schering* (br. all., 1895).

L'action dissolvante des cyanures pour les métaux précieux est augmentée par la présence des agents oxydants : chlore, brome, hypochlorites, peroxydes, persulfates. Le peroxyde de sodium l'augmente, *E. Kendall* (br. amér., 1894). En ajoutant parties égales de persulfate de potassium, *Schering* (br. all., 1895) l'augmente considérablement ; le mélange conseillé se compose de cyanure 5, persulfate 4, carbonate de potassium 1. L'addition d'un composé nitré ou nitrosé organique au bain de cyanure accroît également son pouvoir dissolvant pour l'or et l'argent, *Schering* (br. all., 1895) ; on emploiera ceux de ces produits les moins chers, tels les nitrobenzènesulfonates alcalins, et on ajoutera de l'alcali caustique ou carbonaté.

S. Christy (J. of S. of Chem. Industry, 1898) a étudié la cyanuration des minerais d'or. — Dans le cyanure de potassium la dissolution de l'or se fait sous forme de cyanure double, mais à la condition indispensable qu'il y ait en même temps oxydation et présence de l'eau. La solubilité de l'or est augmentée par les agents oxydants, en particulier par les peroxydes et par le prussiate rouge ; elle est favorisée également par la présence de brome, à condition que les liquides soient très étendus et que l'eau de brome soit ajoutée peu à peu. L'oxygène, le chlore, le brome dissolvent respectivement 4450, 1000 et 445 parties d'or. Le tellurure et l'antimoniure d'or ne se dissolvent pas dans le cyanure de potassium. — Pour reprécipiter l'or de sa solution, on y arriverait d'une façon complète par un essai de nitrate d'argent, mais le procédé est trop coûteux ; on y arriverait aussi par simple calcination au rouge sombre, mais le procédé est trop difficultueux. La précipitation par le zinc est incomplète, de même que l'absorption par le charbon de bois (procédé de W. Johnson, br. amér., 1894). Le procédé *Wilde*, 1894, par filtration sur des couches de massicot, est inférieur au procédé *Haut*, 1895, basé sur l'emploi du sulfate de zinc, et encore plus au procédé *Rinder* (br. 1895), basé sur l'emploi du chlorure de zinc, et surtout à l'emploi du chlorure cuivreux. L'emploi de l'électricité a présenté de grandes difficultés, à cause des masses énormes à traiter.

Cyanure de mercure. — Il se prépare en faisant bouillir du bleu de Prusse avec de l'oxyde ou du sulfate mercurique, ou en faisant agir du cyanure de potassium sur de l'oxyde mercurique. C'est un corps incolore, cristallisé, très soluble dans l'eau chaude, peu soluble dans l'alcool absolu. Sa solution aqueuse dissout l'oxyde mercurique.

La chaleur le décompose en mercure et cyanogène, et cette action est utilisée pour préparer le dernier. Il est soluble dans le cyanure de potassium, et le cyanure double ainsi obtenu est utilisé pour amalgamer les places argentées. Il forme des sels doubles avec un grand nombre de chlorures, bromures, iodures et cyanures, par exemple l'iodure de potassium. Le sel double ainsi obtenu par *Caillot* est employé comme antisyphilitique, ainsi que le cyanure simple.

Cyanure d'argent. — Il se prépare en faisant agir l'acide cyanhydrique sur le nitrate d'argent. C'est un corps blanc, caillebotté, insoluble dans l'eau. Il est très soluble dans les cyanures alcalins, et le cyanure double ainsi obtenu est employé pour l'argenture galvanique.

Ferrocyanures et ferricyanures ou prussiates.

Les ferrocyanures alcalins, les alcalino-terreux, celui de magnésium seuls sont solubles. Tous sont décomposés au rouge. Ils donnent des précipités respectivement bleu, rouge brun, blanc, avec le chlorure ferrique, le sulfate de cuivre, le nitrate d'argent.

Les ferricyanures alcalins, les alcalino-terreux, ceux de magnésium, de fer au maximum, de plomb sont solubles. Tous sont décomposés au rouge. Ils ne précipitent pas le chlorure ferrique, mais ils donnent des précipités respectivement bleu, vert jaunâtre, orange, avec le sulfate ferreux, le sulfate de cuivre, le nitrate d'argent.

Dans les ferrocyanures et les ferricyanures, le fer n'est plus décelable par les réactifs ordinaires. Aussi *Gay-Lussac* y admit l'existence de deux radicaux, le *ferrocyanogène* ($Fe\,Cy^6$) tétravalent, et le *ferricyanogène* ($Fe\,Cy^6$)^2 hexavalent. Les acides ferrocyanhydrique et ferricyanhydrique ont été isolés, en faisant agir l'acide chlorhydrique sur les prussiates.

Les acides ferrocyanhydrique et ferricyanhydrique ont été proposés, en simple badigeonnage, pour préserver le fer de la rouille, *Bayer* (br. fr., 1895). Une solution alcoolique, additionnée ou non d'huile, convient mieux que la solution aqueuse, car l'attaque est moins rapide et l'enduit plus uniforme : soit acide 2, alcool 1, huile soluble 5.

Les *nitroprussiates*, entrevus par *Thomson, Debereiner*, qui observa leur coloration pourpre caractéristique avec des sulfates alcalins, ont reçu leur nom de *L. Playfair*, 1849. Ils ont inspiré des travaux de *Gerhardt, Roussin, Weith, Stadeler*. Ils se produisent lorsqu'on fait agir l'acide nitrique sur les prussiates. Ils donnent une coloration pourpre caractéristique avec les monosulfures alcalins, une coloration rouge avec les aldéhydes.

Le nitroprussiate de sodium $Cy^5NO\,FeNa^2$ cristallise en prismes rouge rubis. Il est soluble en rouge dans 2 parties 5 d'eau à 15°. La coloration pourpre très intense, mais très fugace que sa solution donne avec une solution d'un sulfure alcalin, permet de déceler des traces de l'un ou l'autre corps. L'acide sulfhydrique ne donne rien.

Dans tous les prussiates, le fer est uni si intimement au cyanogène qu'on ne peut ni déceler le fer, ni l'échanger avec un autre métal. On connaît d'autres composés comparables aux ferrocyanures, les cobalticyanures, les chromicyanures, les platinocyanures. Les derniers sont les plus beaux corps de la chimie, et ils font la gloire des expositions. Certains sont luminescents.

Ferrocyanure de potassium. — On peut le préparer en calcinant en vase clos avec du fer le cyanure ou le sulfocyanure de potassium. On l'extrait aujourd'hui des résidus d'épuration du gaz d'éclairage, que l'on fait bouillir avec de la chaux ; le ferrocyanure de calcium ainsi obtenu est ensuite traité par du carbonate de potassium.

Le ferrocyanure de potassium, ou *prussiate jaune*, cristallise avec 3 molécules d'eau, $FeCy^6K^4$, $3H^2O$, dans le système clinorhombique. C'est un corps jaune citron, soluble dans 12 fois son poids d'eau froide et 4 fois son poids d'eau bouillante. Il est insoluble dans l'alcool. Il est inaltérable à l'air.

Une température de 100° suffit pour le déshydrater complètement ; il devient blanc. Il fond au rouge sombre, puis se décompose, avec libération d'azote, et formation d'un résidu constitué par du cyanure de potassium, du carbure de fer, de l'oxyde de fer, du charbon.

Avec le chlore, il donne du ferricyanure et du chlorure. Avec le soufre, il donne du sulfocyanure. Traité par l'acide sulfurique concentré, il donne de l'oxyde de carbone et des sulfates. Par l'acide sulfurique étendu, il donne du ferrocyanure ferreux-potassique, en masse bleu-clair.

Le prussiate jaune donne avec les diverses solutions métalliques des précipités de ferrocyanures caractéristiques. Aussi est-ce un réactif très employé. Le ferrocyanure ferreux est blanc-bleuâtre ; celui ferrique est bleu : bleu de Prusse ; celui de plomb est blanc, ainsi que ceux de zinc et d'argent ; celui de cuivre est marron.

Le ferrocyanure de sodium $FeCy^6Na^4$, $10H^2O$, se dissout dans 4 parties et demie d'eau environ à 15°.

Le prussiate jaune est employé pour préparer les différents bleus de Prusse. C'est un réactif très utile dans les laboratoires. On peut s'en servir pour aciérer le fer à la surface : trempe au paquet. Il entre dans la composition de la poudre blanche au chlorate.

Son action sur le chlorure ferrique est utilisée pour produire des dessins bleus sur fond blanc. Par le procédé H. Pellet, on sensibilise le papier avec une solution renfermant par litre 8 à 12 chlorure ferrique, 12 à 25 gomme, 3 à 5 acide organique. On expose au soleil 20 a 25 secondes, à l'ombre 2 à 5 minutes, par temps couvert 2 à 15 minutes. On développe au prussiate jaune à 25 pour 100. On blanchit avec l'acide chlorhydrique à 8 pour 100.

Ferrocyanure ferrique. — C'est le *bleu de Prusse* ou de Berlin. Il a été découvert par *Diesbach,* 1710, dans l'action du prussiate jaune sur les sels ferriques.

C'est un corps d'une belle couleur bleue, à reflets cuivrés. Il est insoluble dans l'eau et dans l'alcool, soluble dans l'acide oxalique avec une belle coloration bleue, aussi l'a-t-on employé autrefois comme encre bleue. La chaleur le décompose, ainsi que les acides.

Le bleu de Prusse du commerce est d'autant meilleur qu'il est plus léger et plus poreux. Sec, il renferme encore 1 cinquième d'eau. Il est employé dans la teinture et l'impression des tissus, dans la peinture à l'aquarelle et à la colle.

On distingue plusieurs sortes commerciales de bleu de Prusse. Celui de Paris, ou d'Erlangen, ou de Hambourg, ou bleu de Prusse neutre, préparé en versant du prussiate jaune dans du chlorure ferrique, est insoluble dans l'eau, d'une couleur opaque, et renferme toujours un peu de prussiate, car le précipité est difficile à laver. Le bleu de Prusse basique se prépare en faisant agir le prussiate jaune sur un sel ferreux, et le ferrocyanure ferreux ainsi obtenu est oxydé à l'air ou par des oxydants : brome, eau régale, acide chromique ; le bleu de Prusse basique est soluble dans l'eau en présence de prussiate jaune.

Il est souvent fraudé avec du bleu minéral, du plâtre, du blanc fixe, du blanc de zinc, de la magnésie, du kaolin, de l'amidon bleui par l'iode.

La recette de l'encre bleue est : 8 de bleu de Prusse, traité par l'acide sulfurique à 1 pour 1 d'eau, 1 d'acide oxalique, 256 d'eau.

Applications en teinture. — Le bleu de Prusse se rencontre rarement sur coton. On le produit par deux bains successifs. Le premier est un bain tiède de nitrosulfate ferrique à 3° ou 4° Bé ; on lave ensuite. Le second est un bain froid de prussiate jaune à 4 pour 100 d'eau, avec acide sulfurique, la moitié du prussiate ; on lave ensuite. L'intensité du bleu dépend du premier bain. Cette teinture très facile et très solide, sauf aux alcalis, ne se fait presque plus aujourd'hui.

Le *bleu de France* se produit comme le bleu de Prusse, mais en ajoutant au premier bain du chlorure d'étain qui le nuance en pourpre, soit sel d'étain, 2 pour 100.

Voici par exemple la marche pour obtenir sur tissus un bleu drapeau. — 1er bain : nitrosulfate de fer, 30 ; sel d'étain, 0,6. — 2e bain : prussiate jaune, 0,75 ; acide sulfurique, 1,4. — 3e bain : nitrosulfate de fer, 2 ; sel d'étain, 0,3. — 4e bain : prussiate jaune, 0,3 ; acide sulfurique, 0,5.

Une surteinture en bleu de Prusse sur pied de jaune de chrome fournit un vert foncé.

Sur laine, les bleus de France et les bleus de Prusse sont devenus presque sans usage, car ils ne peuvent subir ni le foulage ni le lessivage, mais ils résistent bien à l'air. Leur production reposait soit sur l'emploi d'un sel de fer, nitroprussiate ou fer ; soit sur la mise en liberté de l'acide ferrocyanhydrique ou de l'acide ferricyanhydrique par réaction d'un acide minéral sur une solution de prussiate, et sur la décomposition de l'un de ces acides en bleu sous l'influence de la chaleur.

Sur soie, les bleus de Prusse dits bleus Raymond ou Napoléon ne servent guère que comme pied pour la teinture en noir au campêche, car ils durcissent la soie, ou bien comme fond de gros verts au quercitron pour l'article parapluie. — La soie bien dégorgée de savon est manœuvrée dans un bain de nitrosulfate ferrique additionné à l'occasion de sel d'étain, tordue, égouttée, rincée à grande eau préférablement calcaire, de façon à mieux fixer l'oxyde de fer, puis passée de 50° à 60° dans un bain de prussiate jaune, 8 pour 100, et d'acide chlorhydrique, 8 pour 100. On vire en bain d'ammoniaque, 2 pour 100.

Ferricyanure de potassium.

— On l'obtient en faisant agir le chlore sur le ferrocyanure de potassium, *Gmelin*. C'est un corps rouge, d'où son nom de *prussiate rouge*, cristallisant dans le même système que le prussiate jaune, soluble dans 4 parties d'eau froide, et 2 d'eau bouillante ; la solution saturée est jaune brun foncé. Il est insoluble dans l'alcool.

Il brûle au contact d'une flamme. Son mélange avec l'oxyde de cuivre brûle avec incandescence.

Il donne par réduction du ferrocyanure, avec l'oxyde de chrome, l'oxyde de plomb, etc.

Il donne avec les diverses solutions métalliques des précipités de ferricyanures caractéristiques. Le ferricyanure ferreux est bleu : bleu de Turnbull (le ferricyanure ferrique est brun jaunâtre, mais il se dissout dans l'eau) ; celui de plomb est blanc.

Le prussiate rouge est un oxydant énergique. Il transforme l'oxyde de plomb en peroxyde, l'oxydule de manganèse en peroxyde de manganèse, l'oxyde de chrome en acide chromique. On l'a recommandé jadis pour le blanchiment des chanvres et des tissus ; il conviendrait à ce but, mais il est trop cher. D'après *V. Soxhlet*, ce sel est le meilleur pour transformer l'hématoxyline du campêche en hématéine, l'extraction de la matière colorante ayant été opérée au préalable à l'aide de substances désoxydantes.

Mercer l'a indiqué le premier comme rongeant de l'indigo, d'où son nom de *liqueur de Mercer*. L'enlevage oxydant au prussiate rouge est formé de prussiate rouge, de chlorate, de citrate, d'acide citrique, parfois de carbonate de magnésium. Il est d'un emploi constant pour ronger les couleurs teintes sur mordant de chrome.

Le prussiate rouge est encore employé dans la teinture aux bois de campêche et de Brésil, et dans celle en noir d'aniline.

Il sert à reproduire les dessins en traits blancs sur fond bleu. On sensibilise le papier avec un mélange, fait à l'abri de la lumière, d'une solution de citrate de fer ammoniacal à 1 pour 4 d'eau et d'une solution de prussiate rouge à 1 pour 6 d'eau. On expose au soleil 3 à 5 minutes, et on développe à l'eau courante.

Composés oxygénés du cyanogène.

— Ils se rattachent aux amides et aux nitriles de la série carbonique ; nous les verrons dans le chapitre consacré aux amides, nous bornant ici à quelques remarques.

Le cyanogène représente le dinitrile oxalique, et l'acide cyanhydrique le dinitrile formique.

Le cyanogène, en agissant sur une dissolution de potasse, donne de l'isocyanate de potassium CONK. L'*acide cyanique*, CONH, obtenu en distillant son isomère l'acide cyanurique (CONH)³, est un liquide irritant au plus haut degré. L'*acide cyanurique* s'obtient en décomposant par la chaleur l'*urée* (1), ce terme ultime de la transformation dans l'organisme animal des matières qui doivent être éliminées ; l'urée CON.NH⁴ se dédouble en acide cyanurique et en ammoniaque. La fermentation ammoniacale de l'urée se produit spontanément sous l'action d'un ferment soluble sécrété par un ferment organisé, le micrococcus urcæ de *Van Tieghem ;* il se produit du carbonate d'ammoniaque, qui peut repasser aux végétaux et de là remonter à l'organisme animal. L'urée est d'ailleurs la diamide carbonique (carbamide), tandis que l'acide isocyanique est l'imide carbonique (carbimide). Il en découle que l'urée est isomère avec l'*isocyanate d'ammonium,* CON.NH⁴, et celui-ci se transforme de lui-même, rapidement si on chauffe, en urée. Cette synthèse, réalisée par *Wöhler,* 1878, fut l'une des premières concernant un corps existant dans l'organisme.

De l'acide cyanique et des cyanates, on doit rapprocher l'*acide sulfocyanique* et les *sulfocyanates* ou *sulfocyanures.*

L'*acide sulfocyanique SCyH* s'obtient en faisant agir l'acide sulfhydrique sur le sulfocyanure de mercure. Il donne avec les sels ferriques une coloration rouge sang très sensible.

Les sulfocyanures qui proviennent de la fabrication du gaz d'éclairage peuvent être transformés en ferrocyanures, *Gauthier-Bouchard* (Bull. de Rouen, 1896).

Le *sulfocyanure de potassium SCyK* s'obtient en chauffant du ferrocyanure de potassium avec du carbonate de potassium en présence du soufre. Il cristallise en longs prismes ou en aiguilles. Il est déliquescent, très soluble dans l'eau et dans l'alcool, avec abaissement de température. Il est fusible.

Le chlore donne un précipité orangé de persulfocyanogène, qui peut servir de matière colorante. Le brome, l'acide sulfurique, également, le décomposent.

C'est le réactif des sels ferriques, car il donne avec eux une coloration rouge sang très sensible. On peut se baser sur cette réaction pour combiner une encre sympathique.

Le *sulfocyanure d'ammonium SCyAm* se prépare industriellement en faisant agir le sulfure d'ammonium sur le sulfure de carbone, *Gélis,* 1861.

Les sulfocyanures métalliques, ou rhodonates, sont employés en teinture et en impression.

(1) Elle forme les 12 millièmes de l'urine humaine. L'homme en produit environ 30 grammes par jour.

Les sulfocyanates ont été proposés par *Ed. Siefert* (Bull. de Mulhouse, 1899) pour obtenir des effets plissés sur tissus de laine. L'action est énergique et risque moins que les autres substances proposées d'altérer le tissu. La couleur d'impression renferme 1 500 grammes sulfocyanure de calcium ou de baryum et 1 litre adragante ; celui d'ammonium ne produit aucun retrait. D'après le rapport de *C. Schoen* et *E. Grandmougin,* le procédé est industriel et fournit d'excellents résultats.

Le *sulfocyanure de cuivre* a été proposé pour les peintures sousmarines, *Ch. Dubois* (br. fr., 1872).

Le *sulfocyanure de mercure* se prépare en faisant réagir le sublimé corrosif et le sulfocyanure de potassium. Il brûle en foisonnant beaucoup ; il constitue le jouet connu sous le nom de *serpent de Pharaon.* Il est vénéneux, et ces serpents, présentés sous une forme qui les fait ressembler à des dragées, ont causé plusieurs accidents.

L'*A.-G. für Anilin-Fabrikation* (br. all., 1899) a proposé le sulfocyanure de mercure comme renforceur des images photographiques. Le renforceur est préparé avec sulfocyanure de mercure 10, sulfocyanure alcalino-terreux ou chlorure de sodium 8, eau 100.

. ⁎ .

Enfin, aux composés du cyanogène, se rattache encore le fulminate de mercure que *Bayen* découvrit en dissolvant du mercure dans de l'acide azotique, puis ajoutant de l'alcool et chauffant le tout. L'anglais Howard se mit à le fabriquer en 1800 sous le nom de poudre fulminante d'Howard. Presque en même temps que Bayen, mais par une méthode différente, *Berthollet,* 1788, découvrait l'*argent fulminant,* au cours d'expériences sur les combinaisons des oxydes métalliques avec les alcalis et la chaux. Il considérait ces oxydes comme intermédiaires entre les acides et les alcalis, et ayant précipité le nitrate d'argent par de la chaux, il avait redissous le précipité par de l'ammoniaque : c'était le fulminate d'argent.

Les fulminates sont employés comme explosifs. Le fulminate de mercure détone par une élévation de température montant à 186° ou par un choc brusque, principalement par le choc du fer. Il ne détone plus si on le mouille avec un tiers d'eau, et on peut alors le triturer sur le marbre avec une molette en bois. C'est l'explosif des *capsules fulminantes.* On dépose dans chaque capsule un grain d'un mélange de 100 parties fulminate, 30 eau, 50 nitre (ou 60 pulvérin) ; on recouvre le grain d'une lamelle de cuivre, ou d'une dissolution de mastic dans l'essence de térébenthine. 1 kilo de fulminate de mercure suffit a charger 40 000 capsules.

Le *fulminate de mercure* $C^2N^2O^2Hg$ se prépare en traitant le mercure par un mélange d'acide nitrique et d'alcool. Il faut verser peu à peu la solution mercurique dans l'alcool. Les proportions sont de 1 kilo 5 mercure ; 30 kilos acide nitrique de d. $= 1,33$; 25 kilos alcool à 90 pour 100 de d. $= 0,833$. C'est un corps blanc, cristallisant en aiguilles.

Additions.

Épaillage. — L'application des acides à l'épaillage chimique des tissus, a été brevetée la première fois par *Fenton et Crone* (br. anglais, 1853). Puis par *Izart et Leloup* (br. fr., 1854, 1855). Nous citerons ensuite les brevets de *Brade* (br. fr., 1855), de *Martin et Newmann* (br. anglais, 1856), de Newmann (br. anglais, 1856, 1857), de *Delamotte et Faille* (br. français, 1867), de *Larcade et Pouydebat* (br. fr., 1866), de *Frézon*, de *Bérenger*, etc.

Les acides servent à produire des effets de contraction sur les tissus de soie, *Depouilly* (br. fr., 1894) ; avec l'acide sulfurique, d = 1,375 à 1,400, 5 à 15 minutes de 15° à 37.° ; avec l'acide chlorhydrique, d = 1,130 à 1,145, 5 à 15 minutes de 5° à 35° ; avec l'acide nitrique, d = 1,270 à 1,330, 1/2 à 15 minutes de 5° à 45° ; avec l'acide phosphorique, d = 1.450 à 1,500, 2 à 15 minutes de 25° à 45°.

Tannage au chrome et tannage minéral. — La composition des bains pour le tannage au chrome a été étudiée par *Procter et Paal* (J. of S. of chem. Ind. 1895) ; la question du tannage minéral par *Léo Vignon et L. Manier* (Mon. scient., 1900). On employe les sels d'alumine, de chrome, de fer, soit 2 bains successifs de bichromate, d'alun, de sulfate de fer. *Cavalin*, 1853, employe les proportions suivantes : 1er bain, bichromate 22, alun 44, eau 396 ; 2e bain, vitriol vert 22, eau 22. *Knapp*, 1861, employe le sulfate de fer additionné de soude pour redissoudre le précipité, puis un bain de savon ; *Pfanhauser*, 1864, le sulfate ferrique et un bain de savon ; *Knapp*, 1877, le sulfate ferrosoferrique et un bain de savon ; *Heinzerling*, 1880, dont le procédé a été l'un des premiers qui donnât quelque résultat satisfaisant, un bain de tannage formé de 6 solution de bichromate à 1/2 pour 100, 12 alun à 1 pour 100, 10 sel à 1 pour 100; il donne ensuite un bain de savon ou de chlorure de baryum. Le procédé *Martin Dennis* (br. am., 1893) est exploité industriellement ; on tanne en un bain avec une solution de chlorure de chrome neutre, de carbonate de soude et de sel, vendue sous le nom de *tanolin*. *Procter*, 1897, propose un bain formé de bichromate 3, acide chlorhydrique 5, glucose 1/3 pour 100 ; ou alun de chrome 10, sel de soude, chlorure de sodium. Le procédé *A. Schultz*, 1884, est aussi exploité industriellement ; il offre plus de rapidité, mais moins de sécurité que le procédé Dennis ; il comprend un premier bain de bichromate et d'acide chlorhydrique, un second d'hyposulfite et d'acide, ou de bisulfite. Le procédé *W. Zahn*, 1888, employe un premier bain avec bichromate 5, sel 2, acide chlorhydrique 2,5 et eau ; un second bain avec hyposulfite, acide et eau. On employe aussi du chlorure de chrome plus ou moins basique sous le nom de chromine.

Avant de les soumettre à l'action du chrome, *J. Woelker et Bergmann* (br. fr., 1895) mettent les peaux à 30°, 3 à 10 heures, dans un bain de alun 10, sel 5, eau 100. Le tannage se fait dans un bain de sel de chrome à 5 pour 100, 3 heures à 30° ; il faut tenir le bain au même titre.

Verrerie. — *P. François* (1900, S. des I. C.) propose de fabriquer le verre à vitre et celui a bouteilles directement avec les laitiers des hauts fourneaux, ces laitiers renfermant les mêmes proportions à peu près que le mélange du verre à vitres. Ce mélange comprend 100 sable ou grès à 1-2 pour 100 d'oxyde de fer, 8 à 10 d'alumine ; 33-40 carbonate de soude, 25-35 chaux, 0,5 manganèse, 0,5 acide arsénieux, et du groisil. Les laitiers sont composés de 45 silice, 35 chaux, 10 alumine, 1,5 oxyde de fer, 0,5 oxyde de manganèse ; il suffirait d'ajouter aux laitiers 50-55 sable blanc, 33-40 carbonate de soude, 0,5 acide arsénieux, et du groisil, pour avoir une masse de même composition.

Comme genres de verres spéciaux, nous citerons encore les verres perforés de Em. Trélat, les verres soudés, les *verres armés* de *Schumann,* fabriqués avec une seule lame de verre dans laquelle on incruste le treillis métallique, ou de *Appert,* fabriqués en intercalant le treillis entre deux lames ; enfin la *pierre de verre* de *Garchey,* si résistante à l'usure, que l'on fabrique en ramollissant du verre à bouteilles, le pulvérisant, le ramollissant à 1200°, le comprimant et le recuisant.

FIN DU TOME PREMIER.

TABLE ALPHABÉTIQUE DES MATIÈRES

A

B

C

D

E

F

G

H

I

J

K

L

M

N

O

P

Q

R

S

T

V

W

Z

BIBLIOTHÈQUE NATIONALE R F IMPRIMÉS

FIN DE LA TABLE ALPHABÉTIQUE DES MATIÈRES

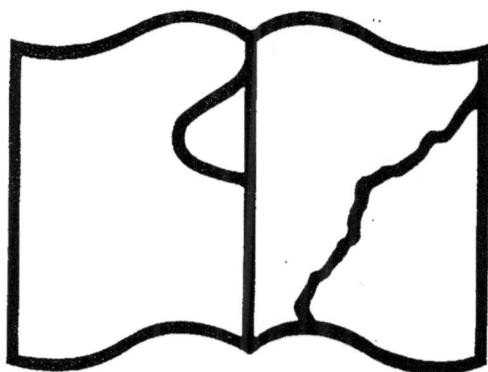

Texte détérioré — reliure défectueuse

NF Z 43-120-11

www.ingramcontent.com/pod-product-compliance
Lightning Source LLC
Chambersburg PA
CBHW030012220326
41599CB00014B/1791